주기율표 (Periodic table)

족 / 주기

족 주기	1A 알칼리금속원소	2A 알칼리토금속원소	3A	4A	5A	6A	7A	8 철족 원소(위 3) 백금족 원소(아래 6개)			1B 구리족원소	2B 아연족원소	3B 붕소족원소	4B 탄소족원소	5B 질소족원소	6B 산소족원소	7B 할로겐족원소	0 비활성기체
1	1.00797 1 **H** 1 수소																	4.0026 0 **He** 2 헬륨
2	6.939 1 **Li** 3 리튬	9.0122 2 **Be** 4 베릴륨											10.811 3 **B** 5 붕소	12.01115 -4 **C** 6 탄소	14.0067 +3 **N** 7 질소	15.9994 -2 **O** 8 산소	18.9984 -1 **F** 9 플루오르	20.179 0 **Ne** 10 네온
3	22.9898 1 **Na** 11 나트륨	24.312 2 **Mg** 12 마그네슘											26.9815 3 **Al** 13 알루미늄	28.086 4 **Si** 14 규소	30.9738 +3 **P** 15 인	32.064 -2 **S** 16 황	35.453 -1 **Cl** 17 염소	39.948 0 **Ar** 18 아르곤
4	39.098 1 **K** 19 칼륨	40.08 2 **Ca** 20 칼슘	44.956 3 **Sc** 21 스칸듐	47.90 3 **Ti** 22 티탄	50.942 4 **V** 23 바나듐	51.996 3 **Cr** 24 크롬	54.9380 2 **Mn** 25 망간	55.847 2 **Fe** 26 철	58.9332 2 **Co** 27 코발트	58.70 2 **Ni** 28 니켈	63.546 2 **Cu** 29 구리	65.38 2 **Zn** 30 아연	69.72 3 **Ga** 31 갈륨	72.59 4 **Ge** 32 게르마늄	74.9216 +3 **As** 33 비소	78.96 -2 **Se** 34 셀렌	79.904 -1 **Br** 35 브롬	83.80 0 **Kr** 36 크립톤
5	85.47 1 **Rb** 37 루비듐	87.62 2 **Sr** 38 스트론튬	88.905 3 **Y** 39 이트륨	91.22 4 **Zr** 40 지르코늄	92.906 4 **Nb** 41 니오브	95.94 5 **Mo** 42 몰리브덴	[97] **Tc** 43 테크네튬	101.07 **Ru** 44 루테늄	102.905 **Rh** 45 로듐	106.4 **Pd** 46 팔라듐	107.868 1 **Ag** 47 은	112.40 2 **Cd** 48 카드뮴	114.82 3 **In** 49 인듐	118.69 4 **Sn** 50 주석	121.75 **Sb** 51 안티몬	127.60 3 **Te** 52 텔루르	126.9044 -1 **I** 53 요오드	131.30 0 **Xe** 54 크세논
6	132.905 1 **Cs** 55 세슘	137.34 2 **Ba** 56 바륨	☆ 57~71 란탄계열	178.49 4 **Hf** 72 하프늄	180.948 **Ta** 73 탄탈	183.85 **W** 74 텅스텐	186.2 **Re** 75 레늄	190.2 **Os** 76 오스뮴	192.2 **Ir** 77 이리듐	195.09 **Pt** 78 백금	196.967 1 **Au** 79 금	200.59 2 **Hg** 80 수은	204.37 1 **Tl** 81 탈륨	207.19 2 **Pb** 82 납	208.980 **Bi** 83 비스무트	[209] **Po** 84 폴로늄	[210] **At** 85 아스타틴	[?] **Rn** 86 라돈
7	[223] 1 **Fr** 87 프랑슘	[226] 2 **Ra** 88 라듐	◎ 89~ 악티늄계열															103 노벨륨

☆ 란탄계열

138.91 3 **La** 57 란탄	140.12 3 **Ce** 58 세륨	140.907 3 **Pr** 59 프라세오디뮴	144.24 3 **Nd** 60 네오디뮴	[145] **Pm** 61 프로메튬	150.35 3 **Sm** 62 사마륨	151.96 3 **Eu** 63 유로퓸	157.25 3 **Gd** 64 가돌리늄	158.925 3 **Tb** 65 테르븀	162.50 3 **Dy** 66 디스프로슘	164.930 3 **Ho** 67 홀뮴	167.26 3 **Er** 68 에르븀	168.934 3 **Tm** 69 툴륨

◎ 악티늄계열

[227] **Ac** 89 악티늄	232.038 3 **Th** 90 토륨	[231] **Pa** 91 프로악티늄	238.03 3 **U** 92 우라늄	[237] **Np** 93 넵투늄	[244] 3 **Pu** 94 플루토늄	[243] 3 **Am** 95 아메리슘	[247] 3 **Cm** 96 퀴륨	[247] 3 **Bk** 97 버클륨	[251] 3 **Cf** 98 캘리포늄	[254] **Es** 99 아인시타이늄	[257] **Fm** 100 페르뮴	[258] **Md** 101 멘델레븀

범례

- 금속 원소
- 비금속 원소
- 전이 원소, 나머지는 전형 원소

[ ] 안의 원자량은 가장 안정한 동위원소의 질량수

원자량 55.847 → 원자기호 **Fe** → 원자번호 26 → 원소명 철
원자가 2, 3

원자가 **굵은 글자**는 보다 안정한 원자가

합격이 보이는

Industrial Engineer Hazardous material

위험물 산업기사

필기

| 김재호 지음 |

BM (주)도서출판 성안당

독자 여러분께 알려드립니다!

CBT로 시행되는 **위험물산업기사 필기**시험을 본 후 출제된 문제 중 다수의 문제를 복원(시행회차 기재)하여 성안당 출판사로 보내주시면, 문제가 채택된 독자에 한해 성안당 수험서 중 선택도서 1부(기술사 도서 제외)를 보내드립니다.

수험생 여러분이 보내주신 기출문제는 도서 개정 시 반영할 예정입니다.

많은 관심 부탁드립니다. 감사합니다.^^

 e-mail coh@cyber.co.kr(최옥현)

★ 메일을 보내주실 때 성명, 연락처, 주소를 기재해 주시기 바랍니다.

★ 보내주신 기출문제는 집필자가 검토한 후에 도서를 증정해 드립니다.

■도서 A/S 안내

성안당에서 발행하는 모든 도서는 저자와 출판사, 그리고 독자가 함께 만들어 나갑니다.

좋은 책을 펴내기 위해 많은 노력을 기울이고 있습니다. 혹시라도 내용상의 오류나 오탈자 등이 발견되면 "좋은 책은 나라의 보배"로서 우리 모두가 함께 만들어 간다는 마음으로 연락주시기 바랍니다. 수정 보완하여 더 나은 책이 되도록 최선을 다하겠습니다.

성안당은 늘 독자 여러분들의 소중한 의견을 기다리고 있습니다. 좋은 의견을 보내주시는 분께는 성안당 쇼핑몰의 포인트(3,000포인트)를 적립해 드립니다.

잘못 만들어진 책이나 부록 등이 파손된 경우에는 교환해 드립니다.

저자 문의 : www.anyhwagong.com(게시판 이용)

본서 기획자 e-mail : coh@cyber.co.kr(최옥현)

홈페이지 : http://www.cyber.co.kr   전화 : 031) 950-6300

Industrial Engineer Hazardous material

우리나라는 산업화의 진전으로 급속도로 발달하는 산업사회에 살고 있다. 이러한 경제 성장과 함께 중화학공업도 급진적으로 발전하면서 여기에 사용되는 위험물의 종류도 다양해지고, 이에 따른 안전 사고도 증가함으로써 많은 인명손실과 재산상의 피해가 늘고 있는 실정이다. 그러므로 인명과 재산을 보호하기 위하여 안전에 대한 인식의 재무장이 무엇보다도 절실히 요구되는 시대이다.

이러한 시대적 요청에 따라 위험물 취급자의 수요는 더욱 증가하리라 생각하여 위험물을 취급하고자 하는 관계자들에게 조금이나마 도움이 되길 바라는 마음으로 이 책을 출간하게 되었다. 그러나 복잡한 생활 속에서 시간적인 여유가 없을 뿐더러 짧은 시간에 위험물 취급에 대한 전반적인 지식을 습득하기에는 많은 어려움이 있을 것이다.

이에 따라 그 동안 강단에서의 오랜 강의 경험과 현장 실무 경험을 토대로 틈틈이 준비하였던 자료를 가지고 책으로 펴내게 되었다. 따라서, 위험물 산업기사 수험생과 산업현장에서 실무에 종사하시는 산업역군들에게 조그마한 도움이 되었으면 저자로서는 다행이라고 생각이 되며, 미흡한 점을 수정·보완하여 판이 거듭될 때마다 완벽한 기술도서가 될 수 있도록 노력할 것을 약속하면서 끝으로 본서의 출간을 위해 온갖 정성을 기울여 주신 성안당 임직원 여러분들에게 감사의 뜻을 표한다.

저자 씀

<NCS(국가직무능력표준) 기반 위험물산업기사>

1. 국가직무능력표준(NCS)이란?

국가직무능력표준(NCS, National Competency Standards)은 산업현장에서 직무를 행하기 위해 요구되는 지식·기술·태도 등의 내용을 국가가 산업 부문별, 수준별로 체계화한 것이다.

(1) 국가직무능력표준(NCS) 개념도

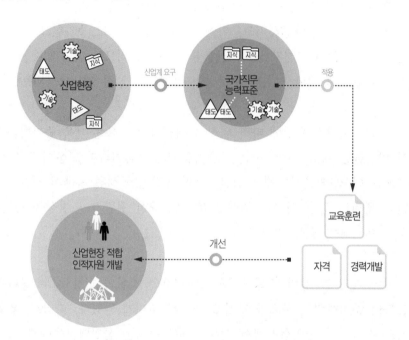

〈직무능력 : 일을 할 수 있는 On-spec인 능력〉
① 직업인으로서 기본적으로 갖추어야 할 공통
　능력 → **직업기초능력**
② 해당 직무를 수행하는 데 필요한 역량(지식,
　기술, 태도) → **직무수행능력**

〈보다 효율적이고 현실적인 대안 마련〉
① 실무중심의 교육·훈련 과정 개편
② 국가자격의 종목 신설 및 재설계
③ 산업현장 직무에 맞게 자격시험 전면 개편
④ NCS 채용을 통한 기업의 능력중심 인사관리
　및 근로자의 평생경력 개발 관리 지원

(2) 국가직무능력표준(NCS) 학습모듈

국가직무능력표준(NCS)이 현장의 '**직무 요구서**'라고 한다면, **NCS 학습모듈은 NCS 능력단위를 교육훈련에서 학습할 수 있도록 구성한 '교수·학습 자료'**이다.

NCS 학습모듈은 구체적 직무를 학습할 수 있도록 이론 및 실습과 관련된 내용을 상세하게 제시하고 있다.

2. 국가직무능력표준(NCS)이 왜 필요한가?

능력 있는 인재를 개발해 핵심 인프라를 구축하고, 나아가 국가경쟁력을 향상시키기 위해 국가
직무능력표준이 필요하다.

(1) 국가직무능력표준(NCS) 적용 전/후

⊖ 지금은,

- 직업 교육·훈련 및 자격제도가 산업현장과 불일치
- 인적자원의 비효율적 관리 운용

→ 국가직무 능력표준 →

⊕ 바뀝니다.

- 각각 따로 운영되었던 교육·훈련, 국가직무능력표준 중심 시스템으로 전환 (일−교육·훈련−자격 연계)
- 산업현장 직무 중심의 인적자원 개발
- 능력중심사회 구현을 위한 핵심 인프라 구축
- 고용과 평생 직업능력개발 연계를 통한 국가경쟁력 향상

(2) 국가직무능력표준(NCS) 활용범위

기업체 Corporation

교육훈련기관 Education and training

자격시험기관 Qualification

− 현장 수요 기반의 인력채용 및 인사 관리 기준 − 근로자 경력개발 − 직무기술서	− 직업교육 훈련과정 개발 − 교수계획 및 매체, 교재 개발 − 훈련기준 개발	− 자격종목의 신설·통합·폐지 − 출제기준 개발 및 개정 − 시험문항 및 평가 방법

3. '위험물산업기사' NCS 학습모듈(www.ncs.go.kr) → 위험물 안전관리, 위험물 운송 · 운반관리

(1) NCS '위험물 안전관리' 직무 정의

위험물 안전관리는 위험물을 안전하게 관리하기 위하여 안전관리계획 수립, 위험물의 특성에 따른 유별 분류, 저장 · 취급, 위험물 시설의 유지관리, 안전감독, 비상시에 대한 대응과 교육훈련을 위험물안전관리법의 행정체계에 따라 위험물 안전관리 업무를 실시하는 일이다.

① '위험물 안전관리' NCS 학습모듈

분류체계				NCS 학습모듈
대분류	중분류	소분류	세분류(직무)	
법률 · 경찰 · 소방 · 교도 · 국방	소방방재	소방	위험물 안전관리	1. 위험물 안전계획 수립
				2. 저장 · 취급 위험물 분류
				3. 위험물 저장 · 취급
				4. 위험물제조소 유지관리
				5. 위험물저장소 유지관리
				6. 위험물취급소 유지관리
				7. 위험물안전관리 감독
				8. 위험물안전관리 교육훈련
				9. 위험물 사고시 비상대응
				10. 위험물 행정처리

② 환경 분석(노동시장 분석, 교육훈련현황 분석, 자격현황 분석, 해외사례 분석)

구분	첨부파일	선택
환경분석	🖼🖼🖼	☐

④ 직업정보

세 분 류	01. 소방시설 (설계 · 감리)	02. 소방시설공사	03. 구조구급	04. 소방안전관리	05. 위험물 운송 · 운반관리	06. 위험물안전관리
직 업 명	소방시설기술자	소방설비기술자	구조구급대원	소방안전관리자	위험물운송원	위험물관리원
종 사 자 수	126,605명	21,405명	3,243명	241,612명	11,496명	57,480명
종사현황 — 연 령	평균 : 45세	평균 : 40대	평균 : 40세	평균 50세	평균 : 50대	평균 : 40대
종사현황 — 임 금	평균 : 250만원	평균 : 3,600만원	평균 : 280만원	평균 : 200만원	평균 : 250만원	평균 : 3,900만원
종사현황 — 학 력	전문대졸	전문대졸	전문대졸	전문대졸	고졸	대졸
종사현황 — 성 비	남성: 95% 여성: 5%	남성: 95% 여성: 5%	남성: 60% 여성: 40%	남성: 100%	남성: 100%	남성: 97% 여성: 3%
종사현황 — 근속년수	평균 15년	평균 : 15년	평균 10년	평균 20년	평균 15년	평균 10년
관 련 자 격	- 소방기술사 - 소방설비기사 (기계 · 전기) - 소방설비산업기사 (기계 · 전기)	- 소방기술사 - 소방설비기사 (기계 · 전기) - 소방설비산업기사 (기계 · 전기)	- 응급구조사 1급 - 응급구조사 2급 - 전문인명구조사 - 1급인명구조사 - 2급인명구조사	- 소방시설관리사 - 소방설비기사 (기계 · 전기) - 소방설비산업기사 (기계 · 전기) - 소방안전관리자 (특급 · 1급 · 2급)	- 위험물기능장 - 위험물산업기사 - 위험물기능사 - 위험물운송자	- 위험물기능장 - 위험물산업기사 - 위험물기능사 - 위험물운송자 - 위험물안전관리자

※ 자료 : 워크넷(www.work.go.kr)의 직업정보

③ NCS 능력단위

순번	분류번호	능력단위명		수준	첨부파일	선택
1	0502010601_14v1	위험물 안전계획 수립	변경이력	6	📄📄📄	☐
2	0502010602_14v1	저장·취급 위험물 분류	변경이력	4	📄📄📄	☐
3	0502010603_14v1	위험물 저장	변경이력	3	📄📄📄	☐
4	0502010604_14v1	위험물 취급	변경이력	3	📄📄📄	☐
5	0502010605_14v1	위험물 제조소 유지관리	변경이력	4	📄📄📄	☐
6	0502010606_14v1	위험물 저장소 유지관리	변경이력	4	📄📄📄	☐
7	0502010607_14v1	위험물 취급소 유지관리	변경이력	4	📄📄📄	☐
8	0502010608_14v1	위험물안전관리 감독	변경이력	5	📄📄📄	☐
9	0502010609_14v1	위험물안전관리 교육훈련	변경이력	5	📄📄📄	☐
10	0502010610_14v1	위험물 사고 시 비상대응	변경이력	6	📄📄📄	☐
11	0502010611_14v1	위험물행정 처리	변경이력	4	📄📄📄	☐

④ NCS 학습모듈

순번	학습모듈명	분류번호	능력단위명	첨부파일	선택
1	위험물 안전계획 수립	0502010601_14v1	위험물 안전계획 수립	📄📄	☐
2	저장.취급 위험물 분류	0502010602_14v1	저장·취급 위험물 분류	📄📄	☐
3	위험물 저장.취급	0502010603_14v1	위험물 저장	📄📄	☐
		0502010604_14v1	위험물 취급		
4	위험물 제조소 유지관리	0502010605_14v1	위험물 제조소 유지관리	📄📄	☐
5	위험물 저장소 유지관리	0502010606_14v1	위험물 저장소 유지관리	📄📄	☐
6	위험물 취급소 유지관리	0502010607_14v1	위험물 취급소 유지관리	📄📄	☐
7	위험물안전관리 감독	0502010608_14v1	위험물안전관리 감독	📄📄	☐
8	위험물안전관리 교육훈련	0502010609_14v1	위험물안전관리 교육훈련	📄📄	☐
9	위험물 사고 시 비상대응	0502010610_14v1	위험물 사고 시 비상대응	📄📄	☐
10	위험물행정 처리	0502010611_14v1	위험물행정 처리	📄📄	☐

⑤ 활용 패키지(평생경력개발경로, 훈련기준, 출제기준)

1. 평생경력개발경로

구분	첨부파일	선택
경력개발경로 모형	📄📄📄	☐
직무기술서	📄📄📄	☐
체크리스트	📄📄📄	☐
자가진단도구	📄📄📄	☐

1-3. 평생경력개발경로

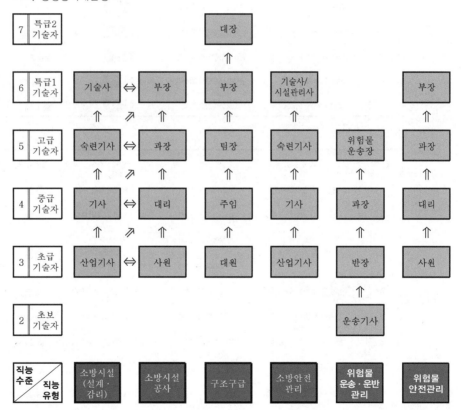

직능수준 / 직능유형	소방시설(설계·감리)	소방시설공사	구조구급	소방안전관리	위험물운송·운반관리	위험물안전관리
7 특급2 기술자			대장			
6 특급1 기술자	기술사 ⇔ 부장		부장	기술사/시설관리사		부장
5 고급 기술자	숙련기사 ⇔ 과장		팀장	숙련기사	위험물운송장	과장
4 중급 기술자	기사 ⇔ 대리		주임	기사	과장	대리
3 초급 기술자	산업기사 ⇔ 사원		대원	산업기사	반장	사원
2 초보 기술자					운송기사	

(2) NCS '위험물 운송 · 운반관리' 직무 정의

위험물을 안전하게 출하 · 수송 · 저장하기 위하여 위험물 관련 법규 검토, 유별 위험물질의 위험성과 취급기준을 파악하고, 운송 · 운반 시 사고대응조치와 교육훈련을 실시하는 일이다.

① '위험물 운송 · 운반 관리' NCS 학습모듈

분류체계				NCS 학습모듈
대분류	중분류	소분류	세분류(직무)	
법률 · 경찰 · 소방 · 교도 · 국방	소방방재	소방	위험물 운송 · 운반 관리	1. 관련 법규 적용
				2. 위험물 분류
				3. 제4류 위험물 취급
				4. 제1, 6류 위험물 취급
				5. 제2, 5류 위험물 취급
				6. 제3류 위험물 취급
				7. 위험물 운송 · 운반 시설기준 파악
				8. 위험물 운송 · 운반 실행
				9. 사고대응 조치
				10. 교육훈련

② 환경 분석(노동시장 분석, 교육훈련현황 분석, 자격현황 분석, 해외사례 분석)
※ 앞의 '위험물 안전관리 ② 환경 분석' 부분 참조!

③ NCS 능력단위
※ 아래의 '④ NCS 학습모듈' 부분 참조!

④ NCS 학습모듈

순번	학습모듈명	분류번호	능력단위명	첨부파일	선택
1	관련 법규 적용	0502010501_13v1	관련법규 적용		☐
2	위험물 분류	0502010502_13v1	위험물 분류		☐
3	제4류 위험물 취급	0502010503_13v1	4류 위험물 취급		☐
4	제1, 6류 위험물 취급	0502010504_13v1	1, 6류 위험물 취급		☐
5	제2, 5류 위험물 취급	0502010505_13v1	2, 5류 위험물 취급		☐
6	제3류 위험물 취급	0502010506_13v1	3류 위험물 취급		☐
7	위험물 운송·운반시설 기준 파악	0502010507_13v1	위험물 운송 - 운반시설 기준 파악		☐
8	위험물 운송·운반 실행	0502010508_13v1	위험물 운송 · 운반 관리		☐
9	사고대응조치	0502010509_13v1	사고대응조치		☐
10	교육훈련	0502010510_13v1	교육훈련		☐

⑤ 활용 패키지(평생경력개발경로, 훈련기준, 출제기준)
※ 앞의 '위험물 안전관리 ⑤ 활용 패키지' 부분 참조!

> ★ 좀더 자세한 내용에 대해서는 **Ncs** 국가직무능력표준 National Competency Standards 홈페이지(www.ncs.go.kr)를 참고해 주시기 바랍니다. ★

출제기준

- 직무 분야 : 화학 · 위험물
- 자격 종목 : 위험물산업기사
- 검정 방법 : 필기(시험시간 : 1시간 30분)

〈적용 기간 : 2020. 1. 1. ~ 2024. 12. 31.〉

시험 과목	출제 문제 수	주요 항목	세부 항목	세세 항목
일반화학	20	1. 기초 화학	(1) 물질의 상태와 화학의 기본 법칙	① 물질의 상태와 변화 ② 화학의 기초 법칙
			(2) 원자의 구조와 원소의 주기율	① 원자의 구조 ② 원소의 주기율표
			(3) 산, 염기, 염 및 수소 이온 농도	① 산과 염기 ② 염 ③ 수소 이온 농도
			(4) 용액, 용해도 및 용액의 농도	① 용액 ② 용해도 ③ 용액의 농도
			(5) 산화, 환원	① 산화 ② 환원
		2. 유 · 무기 화합물	(1) 무기 화합물	① 금속과 그 화합물 ② 비금속 원소와 그 화합물 ③ 무기 화합물의 명명법 ④ 방사성 원소
			(2) 유기 화합물	① 유기 화합물의 특성 ② 유기 화합물의 명명법 ③ 지방족 화합물 ④ 방향족 화합물
화재 예방과 소화 방법	20	1. 화재 예방 및 소화 방법	(1) 화재 및 소화	① 연소이론 ② 소화이론 ③ 폭발의 종류 및 특성 ④ 화재의 분류 및 특성
			(2) 화재 예방 및 소화 방법	① 각종 위험물의 화재 예방 ② 각종 위험물의 화재 시 조치 방법
		2. 소화약제 및 소화기	(1) 소화약제	① 소화약제 종류 ② 소화약제별 소화 원리 및 효과
			(2) 소화기	① 소화기별 종류 및 특성 ② 각종 위험물의 화재 시 조치 방법
		3. 소방시설의 설치 및 운영	(1) 소화설비의 설치 및 운영	① 소화설비의 종류 및 특성 ② 소화설비 설치 기준 ③ 위험물별 소화설비의 적응성 ④ 소화설비 사용법
			(2) 경보 및 피난설비의 설치 기준	① 경보설비 종류 및 특징 ② 경보설비 설치 기준 ③ 피난설비의 설치 기준
위험물의 성질과 취급	20	1. 위험물의 종류 및 성질	(1) 제1류 위험물	① 제1류 위험물의 종류 및 화학적 성질 ② 제1류 위험물의 저장 · 취급
			(2) 제2류 위험물	① 제2류 위험물의 종류 및 화학적 성질 ② 제2류 위험물의 저장 · 취급
			(3) 제3류 위험물	① 제3류 위험물의 종류 및 화학적 성질 ② 제3류 위험물의 저장 · 취급

시험 과목	출제 문제 수	주요 항목	세부 항목	세세 항목
위험물의 성질과 취급	20	1. 위험물의 종류 및 성질	(4) 제4류 위험물	① 제4류 위험물의 종류 및 화학적 성질 ② 제4류 위험물의 저장·취급
			(5) 제5류 위험물	① 제5류 위험물의 종류 및 화학적 성질 ② 제5류 위험물의 저장·취급
			(6) 제6류 위험물	① 제6류 위험물의 종류 및 화학적 성질 ② 제6류 위험물의 저장·취급
		2. 위험물 안전	(1) 위험물의 저장·취급· 운반·운송 방법	① 위험물의 저장 기준 ② 위험물의 취급 기준 ③ 위험물의 운반 기준 ④ 위험물의 운송 기준
		3. 기술 기준	(1) 제조소 등의 위치·구조· 설비 기준	① 제조소의 위치·구조·설비 기준 ② 옥내저장소의 위치·구조·설비 기준 ③ 옥외탱크저장소의 위치·구조·설비 기준 ④ 옥내탱크저장소의 위치·구조·설비 기준 ⑤ 지하탱크저장소의 위치·구조·설비 기준 ⑥ 간이탱크저장소의 위치·구조·설비 기준 ⑦ 이동탱크저장소의 위치·구조·설비 기준 ⑧ 옥외저장소의 위치·구조·설비 기준 ⑨ 암반탱크저장소의 위치·구조·설비 기준 ⑩ 주유취급소의 위치·구조·설비 기준 ⑪ 판매취급소의 위치·구조·설비 기준 ⑫ 이송취급소의 위치·구조·설비 기준 ⑬ 일반취급소의 위치·구조·설비 기준
			(2) 제조소 등의 소화설비, 경보·피난 설비 기준	① 제조소 등의 소화난이도 등급 및 그에 따른 소화설비 ② 위험물의 성질에 따른 소화설비의 적응성 ③ 소요단위 및 능력단위 산정법 ④ 옥내소화전설비의 설치 기준 ⑤ 옥외소화전설비의 설치 기준 ⑥ 스프링클러설비의 설치 기준 ⑦ 물분무소화설비의 설치 기준 ⑧ 포소화설비의 설치 기준 ⑨ 불활성가스소화설비의 설치 기준 ⑩ 할로겐화합물소화설비의 설치 기준 ⑪ 분말소화설비의 설치 기준 ⑫ 수동식 소화기의 설치 기준 ⑬ 경보설비의 설치 기준 ⑭ 피난설비의 설치 기준
			(3) 기타 관련사항	① 기타
		4. 위험물안전관리법 규제의 구도	(1) 제조소 등 설치 및 후속절차	① 제조소 등 허가 ② 제조소 등 완공검사 ③ 탱크안전성능검사 ④ 제조소 등 지위승계 ⑤ 제조소 등 용도폐지
			(2) 행정처분	① 제조소 등 사용정지, 허가취소 ② 과징금 처분
			(3) 정기점검 및 정기검사	① 정기점검 ② 정기검사
			(4) 행정감독	① 출입검사 ② 각종 행정명령 ③ 벌칙
			(5) 기타 관련사항	① 기타

차 례

PART 1 일반화학

Chapter 1 물질의 상태와 구조 / 1-3

Chapter 2 원자 구조 및 화학 결합 / 1-66

Contents

14

Contents

PART 2   화재 예방과 소화 방법

Chapter 1 화재 예방 / 2-3

Chapter 2 소화 방법 / 2-39

Chapter 3 소방 시설 / 2-80

Chapter 4 능력 단위 및 소요 단위 / 2-119

PART 3　위험물의 성질과 취급

Contents

Contents

부 록 　 과년도 출제문제

• 위험물산업기사 필기 기출문제(2014년 1회 ~ 2020년 4회 기출문제 수록)

길을 가다가 돌이 나타나면
약자는 그것을 걸림돌이라 말하고,
강자는 그것을 디딤돌이라고 말한다.

-토마스 칼라일(Thomas Carlyle)-

☆

같은 돌이지만 바라보는 시각에 따라 그리고 마음가짐에 따라
걸림돌이 되기도 하고 디딤돌이 되기도 합니다.
자기에게 주어진 상황을 활용할 줄 아는 자만이
성공의 문에 도달할 수 있답니다.^^

PART 01

일반화학

시험 과목	출제 문제 수	주요 항목	세부 항목
일반화학	20	(1) 기초 화학	① 물질의 상태와 화학의 기본 법칙
			② 원자의 구조와 원소의 주기율
			③ 산, 염기, 염 및 수소 이온 농도
			④ 용액, 용해도 및 용액의 농도
			⑤ 산화, 환원
		(2) 유·무기 화합물	① 무기 화합물
			② 유기 화합물

물질의 상태와 구조

01 물질과 에너지

1-1 물체와 물질

(1) 물체

일정한 형태나 크기를 가지는 것

🔺 가위, 칼, 그릇, 책상 등

(2) 물질

물체를 구성하는 본질, 즉 재료

🔺 철, 목재, 물 등

1-2 물질의 성질

(1) 화학적 성질

물질의 성질 가운데 반응성을 나타내는 것

🔺 화합, 분해, 치환, 복분해 등

(2) 물리적 성질

물질이 가지는 고유의 성질을 나타내는 것

🔺 색깔, 용해도, 비중, 비등점, 전기 전도성 등

1-3 물질의 변화

(1) 물리적 변화

물질의 본질에는 아무런 변화가 없고 그 상태나 모양만이 변하는 것

🔺 얼음이 녹아 물이 되는 것, 소금이 녹아 소금물이 되는 것, 고체인 철이 녹아 액체인 쇳물이 되는 것 등

① 물질의 상태와 에너지와의 관계

모든 물질은 고체, 액체, 기체 상태로 존재하는 것이 가능하므로 이것을 물질의 삼태라 한다.

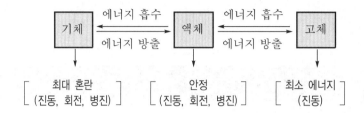

즉, 모든 물질의 화학적 또는 물리적 변화인 상태 변화에는 반드시 에너지의 출입이 따른다.

② 물질의 상태 변화

   ⑦ 융해 : 고체가 액체로 되는 변화

   ⑭ 응고 : 액체가 고체로 되는 변화

   ⑮ 기화 : 액체가 기체로 되는 변화

   ⑯ 액화 : 기체가 액체로 되는 변화

   ⑰ 승화 : 고체가 기체로 되는 변화

         또는 기체가 고체로 되는 변화

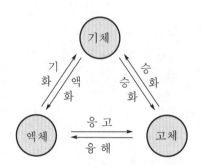

③ 물질의 상태와 성질

구 분 \ 상 태	고 체	액 체	기 체
모 양	일정	용기에 따라 다르다.	일정치 않다.
부 피	일정	일정	일정치 않다.
분자 운동	일정 위치에서 진동 운동	위치가 변하며 느린 진동, 병진, 회전 운동	고속 진동, 병진, 회전 운동
분자 간 인력	강하다.	조금 강하다.	극히 약하다.
에너지 상태	최소(안정한 상태)	보통(보통 상태)	최대(무질서한 상태)

(2) 화학적 변화

물질의 본질이 변하여 전혀 다른 물질로 변화되는 본질적인 변화

  🄰 철(Fe)이 녹슬어 산화철(Fe_2O_3)로 되는 것, 물(H_2O)이 전기 분해되어 수소(H_2)와 산소(O_2)로 되는 것, 발효, 양초가 타는 것

① 화합(combination) : 두 가지 이상의 물질이 결합하여 한 가지 새로운 물질이 생기는 화학 변화

$$A + B \rightarrow AB$$

> 예 탄소(C)와 산소(O_2)가 화합하여 이산화탄소(CO_2)로 되는 것
> $C + O_2 \rightarrow CO_2$

② 분해(decomposition) : 한 물질이 쪼개져서 두 가지 이상의 새로운 물질로 되는 화학 변화

$$AB \rightarrow A + B$$

> 예 물(H_2O)이 전기 분해되어 산소(O_2)와 수소(H_2)로 되는 것
> $2H_2O \rightarrow 2H_2 + O_2$

③ 치환(substitution) : 화합물의 성분 중 일부가 다른 원소로 바뀌는 화학 변화

$$A + BC \rightarrow AC + B \quad 또는 \quad A + BC \rightarrow AB + C$$

> 예 아연(Zn)이 황산(H_2SO_4)과 반응하여 수소(H_2)가 발생하는 것
> $Zn + H_2SO_4 \rightarrow ZnSO_4 + H_2$

④ 복분해(double decomposition) : 두 종류 이상의 화합물 성분 중 일부가 서로 바뀌는 화학 변화

$$AB + CD \rightarrow AD + BC \quad 또는 \quad AB + CD \rightarrow AC + BD$$

> 예 염산(HCl)과 가성소다(NaOH)가 반응하여 염화나트륨(NaCl)이 발생하는 것
> $HCl + NaOH \rightarrow NaCl + H_2O$

1-4 순물질과 혼합물

(1) 순물질

한 가지 물질만으로 되어 있는 것으로서 단체와 화합물의 두 종류가 있다.

① 단체(홑몸) : 다른 물질로 분해될 수 없는 한 종류의 원자만으로 된 물질을 말한다. 즉 물질을 구성하는 가장 기본적인 성분으로 이루어져 있다.

> 예 산소(O_2), 황(S), 철(Fe), 수소(H_2), 염소(Cl_2) 등

② 화합물 : 두 종류 이상의 원소로 이루어진 순물질이며, 화학적 방법으로 분해가 가능하다.

> 예 물(H_2O), 소금(NaCl), 황산(H_2SO_4), 이산화탄소(CO_2) 등

(2) 혼합물

두 종류의 순물질이 섞여 있는 것으로서 균일 혼합물과 불균일 혼합물로 나뉜다.

① 균일 혼합물 : 혼합물 중 그 성분이 고르게 되어 있는 것

> 예 소금물, 설탕물, 공기, 사이다 등

② 불균일 혼합물 : 혼합물 중 그 성분이 고르지 못한 것

@ 우유, 찰흙, 흙탕물, 화강암 등

(3) 순물질과 혼합물의 구별법

① 융점과 비등점을 조사하는 방법

㉮ 순물질 : 고체인 경우 융점과, 액체인 경우 비등점이 일정한 값을 가진다.

㉯ 혼합물 : 융점과 비등점이 일정한 값을 가지지 않는다.

참고 🚩 순물질과 혼합물이 끓을 때의 성질 비교

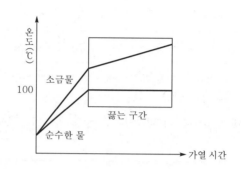

@ 1. 순수한 물 : 0℃에서 얼고, 100℃에서 끓는다(1기압 상태).
  2. 소금물 : 끓는점은 100℃보다 높으며, 끓는 동안 소금물은 계속 농축되므로 시간이 흐를수록 끓는점은 높아진다.

② 성분비를 조사하는 방법

㉮ 순물질 : 성분의 비율이 항상 일정하다.

㉯ 혼합물 : 성분의 비율이 일정하지 않다.

③ 분리 방법으로 구별하는 방법

㉮ 순물질 : 전기 분해와 같은 화학적 분리 방법으로 분리 가능하다.

㉯ 혼합물 : 물리적 분리 방법으로 분리 가능하다.

1-5 혼합물의 분리 방법

(1) 기체 혼합물의 분리법

① 액화 분류법

액체의 비등점의 차를 이용하여 분리하는 방법

@ 공기를 액화시켜 질소(bp : -196℃), 아르곤(bp : -186℃), 산소(bp : -183℃) 등으로 분리하는 방법
  1. 액화되는 순서 : 산소-아르곤-질소
  2. 기화되는 순서 : 질소-아르곤-산소

② 흡수법

혼합 기체를 흡수제로 통과시켜 성분을 분석하는 방법

예 오르자트, 게겔법 등

(2) 액체 혼합물의 분리법

① 여과법(거름법)

고체와 액체의 혼합물을 걸러서 분리하는 방법

예 흙탕물 등과 같은 고체와 액체를 여과기를 통해 물과 흙으로 분리하는 것

② 분액 깔대기법

액체의 비중차를 이용하여 분리하는 방법

예 물이나 니트로벤젠 등과 같이 섞이지 않고, 비중차에 의해 두 층으로 분리되는 것을 이용하는 방법

③ 증류법

액체의 비등점의 차를 이용하여 분리하는 방법

예 1. 에틸알코올과 물과의 혼합물을 증류하면 비등점이 낮은 에틸알코올(bp : 78℃)이 먼저 기화되는 것을 이용하여 분리하는 방법
2. 물의 끓는점을 높이기 위한 방법 : 밀폐된 그릇에서 끓인다.
3. 물의 끓는점을 낮출 수 있는 방법 : 외부 압력을 낮추어 준다.

참고 🔖 증류 실험 장치의 구성

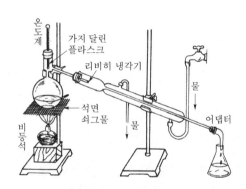

┃실험실에서의 증류 장치┃

㉮ 증류 장치 기기의 종류

㉠ 가지 달린 플라스크 : 주로 증류 장치에 사용되는 것으로서 열에 잘 견디는 바닥이 둥근 것을 사용하며, 여기에 증류하고자 하는 물질을 1/3 가량 넣는다.

㉡ 비등석 : 다공성인 초벌구이 조각 등으로서 원액 가열 시 돌비 현상을 막기 위해 사용한다.

참고 🔖 돌비 현상

액체가 비등점 이상에서도 비등하지 않다가, 어떤 자극으로 인하여 액체 전체 또는 일부분이 폭발적으로 일시에 비등하는 현상으로, 액체가 외부로 튀어 나가는 위험이 있다(보통 돌비를 방지하기 위해 비등석을 2~3개 정도 넣는다).

ⓒ 온도계 : 보통 수은 온도계를 사용하며 온도계의 구 부분이 가지 달린 부분에 오도록 한다. 이것은 유출되는 증기의 온도가 구하고자 하는 액체의 비등점인가를 확인하여, 유출물을 포집하기 위해서이다.
ⓓ 냉각기 : 증류에 주로 사용되는 냉각기로는 리비히 냉각기가 있으며, 찬물을 아래쪽으로부터 서서히 넣어주고 데워진 물이 위쪽으로 빠져나가는 구조이다.

ⓗ 주의 사항
ⓐ 증류에서 최초와 마지막에서 얻은 증류액은 불순물이 섞여 있을 위험이 있으므로 버려야 한다.
ⓑ 휘발성 물질이나 인화성 물질(알코올, 에테르 등)은 직접 가열하는 것을 피하고 중탕 냄비(water bath)를 사용한다.

(3) 고체 혼합물의 분리법

① 재결정법 : 용해도의 차를 이용하여 분리·정제하는 방법
  예 질산칼륨(KNO_3) + 소금
② 추출법 : 특정한 용매에 녹여서 추출하여 분리하는 방법
③ 승화법 : 승화성이 있는 고체 가연 물질을 가열하여 분리하는 방법
  예 장뇌, 나프탈렌, 요오드, 드라이아이스(CO_2) 등

1-6 원소와 동소체

(1) 원소
물질을 구성하는 가장 기본적 성분으로, 더 이상 나누어져 다른 물질로 만들 수 없다.

(2) 동소체(allotrope)
① 같은 원소로 되어있으나 성질이 다른 단체

동소체의 구성 원소	동소체의 종류	연소 생성물
산소(O)	산소(O_2), 오존(O_3)	−
탄소(C)	다이아몬드, 흑연, 숯, 금강석, 활성탄	이산화탄소(CO_2)
인(P_4)	황린(백린), 적린(붉은인)	오산화인(P_2O_5)
황(S_8)	사방황, 단사황, 고무상황(무정형황)	이산화황(SO_2)

② 동소체의 구별 방법
연소 생성물이 같은가를 확인하여 동소체임을 구별한다.
③ 원소의 종류보다 단체의 종류가 많은 것은 동소체가 있기 때문이다.

02　원자, 분자, 이온

2-1　원자, 분자, 이온

(1) 원자

물질을 구성하는 가장 작은 입자(Dalton이 제창)이다.

① 원자량

탄소 원자 $^{12}_{6}C$ 1개의 질량을 12로 정하고, 이와 비교한 다른 원자들의 질량비를 원자량이라 하며, 원소 질량의 표준이 된다.

② 그램 원자(1g 원자, 1mole의 원자)

원자량에 g을 붙여 나타낸 값

　예　탄소 1g 원자는 12g

③ 원자량을 구하는 방법

㉮ 뒬롱 – 프티(Dulong – Petit)의 법칙

상온에서 고체인 단체의 근사치 원자량과 비열의 관계이다.

$$원자량 \times 비열 ≒ 6.4(원자\ 열용량)$$

> 예제　텅스텐의 비열은 약 0.035cal/g이다. 텅스텐의 근사한 원자량은? (단, 원자 열용량은 6.3이다.)
>
> 풀이　$\dfrac{6.3}{0.035} = 180$
>
> 답　180

(2) 분자

순물질(단체, 화합물)의 성질을 띠고 있는 가장 작은 입자로서 1개 또는 그 이상의 원자가 모여 형성된 것으로서 원자수에 따라 구분(Avogadro가 제창)된다.

① 분자의 종류

㉮ 단원자 분자 : 1개의 원자로 구성된 분자

　예　He, Ne, Ar, Kr, Xe, Rn 등 주로 불활성 기체

㉯ 이원자 분자 : 2개의 원자로 구성된 분자

　예　H_2, O_2, CO, F_2, Cl_2, HCl 등

㉰ 삼원자 분자 : 3개의 원자로 구성된 분자

　예　H_2O, O_3, CO_2 등

㉱ 고분자 : 다수의 원자로 구성된 분자

　예 녹말, 수지 등

② 분자량

분자를 구성하는 각 원자의 원자량 합

　예 물(H_2O)의 분자량 = 1×2 + 16 = 18

③ 그램 분자량(1g 분자, g 분자량, 1mole 분자)

분자량에 g단위를 붙여 질량을 나타낸 값으로서 6.02×10^{23}개 분자의 질량을 나타낸 값

　예 산소(O_2) 1mole은 32g이다.

(3) 이온

중성인 원자가 전자를 잃거나(양이온), 얻어서(음이온) 전기를 띤 상태를 이온이라 하며 양이온, 음이온, 라디칼이온으로 구분한다.

① 이온의 종류

㉮ 양이온 : 원자가 전자를 잃어서 (+)전기를 띤 입자

　예 $Na \rightarrow Na^+ + e^-$

㉯ 음이온 : 원자가 전자를 얻어서 (−)전기를 띤 입자

　예 $Cl + e^- \rightarrow Cl^-$

㉰ 라디칼(radical : 원자단, 기) 이온 : 원자단(2개 이상의 원자가 결합되어 있는 것)이 전하 +, −를 띤 이온

　예 NH_4^+, SO_4^{2-}, OH^- 등

② 이온식 양

이온을 구성하는 각 원자의 원자량 총합

　예 나트륨이온(Na^+)의 이온식 양은 23.0, 염화이온(Cl^-)의 이온식 양은 35.5이다.
　따라서 염화나트륨($NaCl$)의 화학식 양은 23 + 35.5 = 58.5이다.

참고 **몰(mole)의 개념**

물질을 이루는 기본 입자인 원자, 분자, 이온 등은 질량이 너무 작기 때문에 6.02×10^{23}개의 입자를 1몰(mole)로 하여 수량을 나타낸 것이다.

즉 원자, 분자, 이온의 각 1mole에는 원자, 분자, 이온의 수가 각각 6.02×10^{23}개가 들어 있다는 것을 의미한다.

이 수를 아보가드로수(Avogadro No.)라 한다.

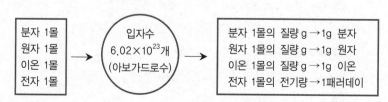

2-2 원자 및 분자에 관한 법칙

(1) 원자에 관한 법칙

① 질량 불변(보존)의 법칙

화학 변화에서 그 변화의 전후에서 반응에 참여한 물질의 질량 총합은 일정 불변이다. 즉, 화학 반응에서 반응 물질의 질량 총합과 생성된 물질의 총합은 같다(라부아지에가 발견).

예 $C + O_2 \rightarrow CO_2$
[12g + 32g = 44g]

② 일정 성분비(정비례)의 법칙

순수한 화합물에서 성분 원소의 중량비는 항상 일정하다. 즉, 한 가지 화합물을 구성하는 각 성분 원소의 질량비는 항상 일정하다(프루스트가 발견).

예 $2H_2 + O_2 \rightarrow 2H_2O$
[4g : 32g] 즉, 물을 구성하는 수소(H_2)와 산소(O_2)의 질량비는 항상 1 : 8이다.

> 예제 수소 2g과 산소 24g을 반응시켜 물을 만들 때 반응하지 않고 남아있는 기체의 무게는?
> 풀이 일정 성분비의 법칙
>
> $2H_2 + O_2 \rightarrow 2H_2O$
> 4g   32g
> 2g   16g
> ∴ 24g－16g＝산소 8g
>
> 답 산소 8g

③ 배수 비례의 법칙

두 가지 원소가 두 가지 이상의 화합물을 만들 때, 한 원소의 일정 중량에 대하여 결합하는 다른 원소의 중량 간에는 항상 간단한 정수비가 성립된다(돌턴이 발견).

예 H_2O(물)과 H_2O_2(과산화수소) 간에는 수소(H)의 일정량 2와 화합하는 산소(O)의 질량 사이에 16 : 32, 즉 1 : 2의 정수비가 성립된다.

> 참고 🚩 배수 비례의 법칙
>
> 1. 배수 비례의 법칙이 성립되는 경우
>   두 원소가 두 가지 이상의 화합물을 만드는 경우에만 성립
>   예 CO와 CO_2, H_2O와 H_2O_2, SO_2와 SO_3, NO와 NO_2, $FeCl_2$와 $FeCl_3$ 등
> 2. 배수 비례의 법칙이 성립되지 않는 경우
>   ㉠ 한 원소와 결합하는 원소가 다를 경우
>   예 CH_4와 CCl_4, NH_3와 NO_2 등
>   ㉡ 세 원소로 된 화합물인 경우
>   예 H_2SO_3와 H_2SO_4 등

(2) 분자에 관한 법칙

① 기체 반응의 법칙

화학 반응을 하는 물질이 기체일 때 반응 물질과 생성 물질의 부피 사이에는 간단한 정수비가 성립된다(게이뤼삭이 발견).

$$2H_2 \ + \ O_2 \rightarrow 2H_2O \qquad\qquad N_2 \ + \ 3H_2 \rightarrow 2NH_3$$
2부피 1부피 2부피　　　　　　　1부피 3부피 2부피

즉, 수소 20mL와 산소 10mL를 반응시키면 수증기 20mL가 얻어진다. 따라서 이들 기체의 부피 사이에는 간단한 정수비 2 : 1 : 2가 성립된다.

> **예제** 1.5 L의 메탄을 완전히 태우는 데 필요한 산소의 부피 및 연소의 결과로 생기는 이산화탄소의 부피는?
>
> **풀이**　$CH_4 \ + \ 2O_2 \ \rightarrow \ CO_2 + 2H_2O$
> 　　　　1.5L　　2×1.5L　　1.5L
> ① 산소의 부피 : 2×1.5L＝3L
> ② 이산화탄소의 부피 : 1.5L
>
> **답** 산소 3L, 이산화탄소 1.5L

② 아보가드로의 법칙

온도와 압력이 일정하면 모든 기체는 같은 부피 속에 같은 수의 분자가 들어 있다. 즉, 모든 기체 1mole이 차지하는 부피는 표준 상태(0℃, 1기압)에서 22.4L이며, 그 속에는 6.02×10^{23}개의 분자가 들어 있다. 따라서 0℃, 1기압에서 22.4L의 기체 질량은 그 기체 1mole(6.02×10^{23}개)의 질량이 되며, 이것을 측정하면 그 기체의 분자량도 구할 수 있다.

> **참고** **기체 1mole의 부피**
>
> 모든 기체 1mole이 차지하는 부피는 표준 상태(0℃, 1기압)에서 22.4L를 차지하며, 그 속에는 6.02×10^{23}개(아보가드로수)의 분자가 들어 있다.

> **예제** 8g의 메탄을 완전 연소시키는 데 필요한 산소 분자의 수는?
>
> **풀이** 메탄의 완전 연소 반응식
> $CH_4 + 2O_2 \rightarrow CO_2 + 2H_2O$
> 16g → 2몰의 산소
> 8g → 1몰의 산소
> ∴ 산소 분자 1몰의 산소 분자수＝6.02×10^{23}개
>
> **답** 6.02×10^{23}개

2-3 화학식과 화학 반응식

(1) 원자가와 당량

① 원자가

어떤 원소의 원자 한 개가 수소 원자 몇 개와 결합 또는 치환할 수 있는가를 나타내는 수

원자가 \ 주기율표의 족	Ⅰ족	Ⅱ족	Ⅲ족	Ⅳ족	Ⅴ족	Ⅵ족	Ⅶ족
양성 원자가	+1	+2	+3	+4 +2	+5 +3	+6 +4	+7 +5
음성 원자가				−4	−3	−2	−1

> **참고** 🚩 **원자가와 화학식과의 관계**
>
> 화합물은 전체가 중성이므로 원자가를 알면 다음과 같이 구한다.
> (+)원자가 × 원자수 = (−)원자가 × 원자수
>
> 🔺 원자가가 +3가인 Al과 원자가가 −2가인 O의 화학식은 다음과 같이 구한다.
>
> $Al^{3+} + O^{2-} \rightarrow Al_2^{3+}O_3^{2-} = Al_2O_3$

② 원소의 당량

수소 1g(1/2몰) 또는 산소 8g(1/4몰)과 결합하거나 치환되는 다른 원소의 양. 즉, 수소 원자 1개의 원자량과 결합하는 원소의 양으로서 원자가 1에 해당하는 원소의 양

$$당량 = \frac{원자량}{원자가}$$

🔺 CO_2에서 탄소(C)의 g당량은 $12 \div 4 = 3g$이다.

> **참고** 🚩 **1g당량**
>
> 수소(H) 1g(1/2mole, 11.2L) 또는 산소(O) 8g(1/4mole, 5.6L)과 결합 또는 치환하는 원소의 g수

(2) 화학식

화학식에는 실험식, 분자식, 시성식, 구조식이 있다.

🔺 아세톤페놀 화학식 : $C_6H_5COCH_3$

① 실험식(조성식)

물질의 조성을 원소 기호로서 간단하게 표시한 식

㉮ 분자가 없는 물질인 경우(즉, 이온 화합물인 경우)

　🔺 NaCl

㉯ 분자가 있는 물질인 경우

🔺 물 질	분자식	실험식	비 고
물	H_2O	H_2O	분자식과 실험식이 같다.
과산화수소	H_2O_2	HO	실험식을 정수배하면 분자식으로 된다.
벤젠	C_6H_6	CH	

참고 · 실험식을 구하는 방법

화학식 $A_m B_n C_p$라고 하면

$$m : n : p = \frac{A의\ 질량(\%)}{A의\ 원자량} : \frac{B의\ 질량(\%)}{B의\ 원자량} : \frac{C의\ 질량(\%)}{C의\ 원자량}$$

즉, 화합물 성분 원소의 질량 또는 백분율을 알면 그 실험식을 알 수 있으며, 실험식을 정수배하면 분자식이 된다.

> **예제** 1. 유기 화합물을 질량 분석한 결과 C 84%, H 16%의 결과를 얻었다. 이 물질의 실험식은?
>
> **풀이** $C : H = \frac{84}{12} : \frac{16}{1} = 7 : 16$
>
> 답 C_7H_{16}

> **예제** 2. 탄소, 산소, 수소로 되어 있는 유기물 8mg을 태워서 CO_2 15.40mg, H_2O 9.18mg 을 얻었다. 이 실험식은?
>
> **풀이** ① 각 원소의 함량을 구한다.
>
> $C의\ 양 = CO_2의\ 양 \times \dfrac{C의\ 양}{CO_2의\ 분자량} = 15.40 \times \dfrac{12}{44} = 4.2$
>
> $H의\ 양 = H_2O의\ 양 \times \dfrac{2H의\ 양}{H_2O의\ 분자량} = 9.18 \times \dfrac{2}{18} = 1.02$
>
> $O의\ 양 = 8 - (4.2 + 1.02) = 2.78$
>
> ② 각 원소의 원소수 비를 구한다.
>
> $C : H : O = \dfrac{4.2}{12} : \dfrac{1.02}{1} : \dfrac{2.78}{16} = 2 : 6 : 1$
>
> ∴ 실험식 $= C_2H_6O$
>
> 답 C_2H_6O

② 분자식

분자를 구성하는 원자의 종류와 그 수를 나타낸 식. 즉, 조성식에 양수를 곱한 식

$$분자식 = 실험식 \times n$$

여기서, n : 양수

예 아세틸렌 : $(CH) \times 2 = C_2H_2$

> **예제** 실험식이 CH_2O이고, 분자량이 60인 물질의 분자식은?
>
> **풀이** 분자량은 실험식 양의 정수 비례이므로
>
> $n = \dfrac{60}{30} = 2$
>
> ∴ $CH_2O \times 2 = C_2H_4O_2$
>
> 답 $C_2H_4O_2$

③ 시성식

분자식 속에 원자단(라디칼) 등의 결합 상태를 나타낸 식으로서, 물질의 성질을 나타낸 것

참고 🚩 원자단(라디칼, radical, 기)

화학 변화가 일어날 때 분해되지 않고 한 분자에서 다른 분자로 이동하는 원자의 모임을 원자단(기)이라 하며, 이는 마치 한 개의 원자처럼 작용하는 집단으로 물질의 성질을 나타낸다.

예 포르밀기($-CHO$), 카르복시기($-COOH$), 히드록시기($-OH$), 에테르기($-O-$) 등

④ 구조식

분자 내의 원자의 결합 상태를 원소 기호와 결합선을 이용하여 표시한 식

예

물 질	NH_3(암모니아)	CH_3COOH(초산)	H_2SO_4(황산)	H_2O(물)
구조식	H | H — N — H	H O | || H — C — C — O — H | H	O O — H \\\\ // S // \\\\ H — O O	O ／＼ H H

(3) 화학 반응식

화학 반응식이란 물질의 화학 반응 변화에서 반응 물질과 생성 물질의 화학식을 이용하여 나타낸 것을 말하며, 화학 반응 전후의 정성적, 정량적 관계를 나타냄으로써 이를 이용하여 반응물과 생성물의 몰수 및 분자수, 질량 또는 부피 등을 구할 수 있다.

예 화학 반응식이 나타내는 의미

반응식	$2H_2$ + O_2 → $2H_2O$		
물질명	수소	산소	물
몰(mole)	2mole	1mole	2mole
분자수	$2 \times 6.02 \times 10^{23}$개	$1 \times 6.02 \times 10^{23}$개	$2 \times 6.02 \times 10^{23}$개
부 피	$2 \times 22.4L$	$1 \times 22.4L$	$2 \times 22.4L$
질 량	$2 \times 2g$	$1 \times 32g$	$2 \times 18g$

03 기체, 액체, 고체의 성질

3-1 기체(gas)

(1) 기체 분자 운동론

① 기체 분자는 계속적으로 불규칙한 직선 운동을 한다.

② 기체의 운동 에너지는 기체 분자의 성질 또는 종류에 관계 없이 온도에 의해서만 변화한다.

③ 기체 분자 자체의 체적은 무시되며, 온도와 압력에 의해 기체 분자 사이의 거리가 변화되어 기체의 부피가 결정된다.

④ 기체 분자와 분자 간에는 인력이나 반발력은 작용하지 않지만, 충돌에 의해서 에너지가 손실되지 않는 완전 탄성체로 되어있다.

(2) 보일의 법칙(Boyle's law)

일정한 온도에서 기체가 차지하는 부피는 압력에 반비례한다. 즉, 압력을 P, 부피를 V라 하면 $PV = \text{Const}$(일정)하다.

$$P_1 V_1 = P_2 V_2 = \text{Const}(\text{일정})$$

여기서, P : 압력, V : 부피

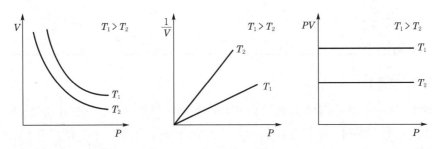

> **[예제]** 1. 게이지 압력이 7atm일 때, 4L로 압축 충전되어 있는 공기를 온도를 바꾸지 않고 게이지 압력 1atm으로 하면 몇 L의 체적을 차지하는가?
>
> **[풀이]** 보일의 법칙에 적용한다.
>
> $PV = P'V'$
>
> $(7+1) \times 4 = (1+1) \times V'$
>
> $\therefore V' = \dfrac{(7+1) \times 4}{(1+1)} = \dfrac{32}{2} = 16L$
>
> **[답]** 16L

> **[예제]** 2. 1기압에서 100L를 차지하고 있는 용기를 내용적 5L의 용기에 넣으면 압력은 몇 기압이 되겠는가? (단, 온도는 일정하다.)
>
> **[풀이]** 온도가 일정하므로 보일의 법칙에 의해 $P_1 V_1 = P_2 V_2$에서 P_2를 구한다.
>
> $P_2 = P_1 \times \dfrac{V_1}{V_2} = 1 \times \dfrac{100}{5} = 20$기압
>
> **[답]** 20기압

(3) 샤를의 법칙(Charles's law)

일정한 압력에서 기체 부피는 온도가 1℃ 상승할 때마다 0℃일 때 부피의 1/273 만큼 증가한다. 즉, 일정한 압력하에서 기체의 부피는 절대 온도에 비례한다.

따라서 절대 온도를 T, 부피를 V라 하면 $V/T = \text{Const}$(일정)하다.

$$\frac{V_1}{T_1} = \frac{V_2}{T_2} = \text{Const(일정)}$$

여기서, T : 절대 온도, V : 부피

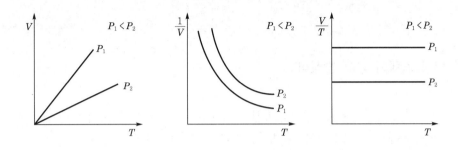

> **[예제]** 기체 산소가 있다. 1℃에서 부피는 274cc이다. 2℃에서의 부피는? (단, 압력은 일정)
>
> **[풀이]** $\dfrac{V_1}{T_1} = \dfrac{V_2}{T_2}$
>
> $$\therefore V_2 = V_1 \times \frac{T_2}{T_1} = 274 \times \frac{(273+2)}{(273+1)} = 275\text{cc}$$
>
> **[답]** 275cc

(4) 보일-샤를의 법칙(Boyle-Charles's law)

일정량의 기체가 차지하는 부피는 압력에 반비례하고 절대 온도에 비례한다. 즉, 압력을 P, 부피를 V, 절대 온도를 T 라 하면

$$\frac{P_1 V_1}{T_1} = \frac{P_2 V_2}{T_2} = \text{Const(일정)}$$

여기서, P : 압력, V : 부피, T : 절대 온도

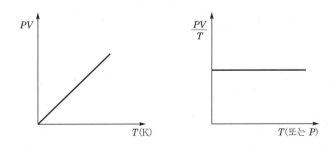

예제 273℃, 5기압에 있는 산소 10L를 100℃, 압력 2기압으로 하면 부피는?

풀이 보일-샤를의 법칙에 의해 $\dfrac{P_1 V_1}{T_1} = \dfrac{P_2 V_2}{T_2}$에서 부피($V_2$)를 구한다.

$$\therefore V_2 = V_1 \times \dfrac{P_1}{P_2} \times \dfrac{T_2}{T_1} = 10 \times \dfrac{5}{2} \times \dfrac{(273+100)}{(273+273)} = 17L$$

답 17L

(5) 이상 기체의 상태 방정식

① 이상 기체

분자 상호 간의 인력을 무시하고 분자 자체의 부피가 전체 부피에 비해 너무 적어서 무시될 때의 기체로서, 보일-샤를의 법칙을 완전히 따르는 기체

참고 ▶ 실제 기체가 이상 기체에 가까울 조건

1. 기체 분자 간의 인력을 무시할 수 있는 조건 : 온도가 높고, 압력이 낮을 경우

실제 기체 $\xrightarrow{\text{(고온, 저압)}}$ 이상 기체

2. 분자 자체의 부피를 무시할 수 있는 경우 : 분자량이 적고, 비점이 낮을 경우

예 H_2, He 등

② 이상 기체 상태 방정식

㉮ 보일-샤를의 법칙에 아보가드로의 법칙을 대입시킨 것으로서, 표준 상태(0℃, 1기압)에서 기체 1mole이 차지하는 부피는 22.4L이며,

$$\frac{PV}{T} = \frac{1\text{atm} \times 22.4\,\text{L}}{(273+0)\text{K}} = 0.082\,\text{atm} \cdot \text{L}/\text{K} \cdot \text{mole} = R(\text{기체 상수})$$

$$\therefore PV = RT$$

만약, n(mole)의 기체라면 표준 상태에서 기체 n(mole)이 차지하는 부피는 22.4L×n이 므로

$$\frac{PV}{T} = \frac{1\text{atm} \times 22.4\text{L} \times n}{(273+0)\text{K}} = n \times 0.082\,\text{atm} \cdot \text{L}/\text{K} \cdot \text{mole} = nR\,(\text{기체 상수})$$

$$\therefore PV = nRT \left(n = \frac{W(\text{무게})}{M(\text{분자량})} \right)$$

예제 1. 730mmHg, 100℃에서 257mL 부피의 용기 속에 어떤 기체가 채워져 있으며 그 무게는 1.671g이다. 이 물질의 분자량은?

풀이 $PV = \dfrac{W}{M}RT$이므로

$$\therefore M = \frac{WRT}{PV} = \frac{1.671\text{g} \times (0.082\text{atm} \cdot \text{L}/\text{K} \cdot \text{mol}) \times (100+273)\text{K}}{(730/760)\text{atm} \times 0.257\text{L}} = 207.04 \fallingdotseq 207$$

답 207

예제 2. 어떤 물질 1g을 증발시켰더니 그 부피가 0℃, 4atm에서 329.2mL였다. 이 물질의 분자량은? (단, 증발한 기체는 이상 기체라 가정한다.)

풀이 $PV = \dfrac{W}{M}RT$ 이므로

$$\therefore M = \dfrac{WRT}{PV} = \dfrac{1 \times 0.082 \times 273}{4 \times 329.2 \times 10^{-3}} = 17$$

답 17

㉯ 이상 기체의 밀도 : 절대 온도에 반비례하고, 압력에 비례한다.

$$PV = \dfrac{W}{M}RT, \ \text{밀도} = \dfrac{W}{V} = \dfrac{PM}{RT}$$

참고 🚩 **기체의 분자량을 구하는 방법**

1. 기체의 밀도로부터 구하는 방법
   표준 상태(0℃, 1기압)에서 기체의 밀도(d)는
   $$d = \dfrac{\text{분자량(g)}}{22.4L} = \dfrac{M}{22.4} \ (g/L) \text{이 되므로}$$
   ∴ 분자량(M) = 밀도(d) × 22.4

2. 같은 부피의 무게 비로부터 구하는 방법
   아보가드로 법칙에 의하면 같은 온도와 압력에서 같은 부피 속에 같은 수의 분자수가 들어 있으므로 같은 조건에서 부피가 같은 두 기체 무게의 비는 분자 1개의 무게 비와 같다. 따라서 같은 조건에서 부피가 같은 두 기체 무게의 비를 $a : b$ 라 하고, 분자량을 아는 A기체의 분자량을 M_A, 모르는 B기체의 분자량을 M_B라 하면
   $$\therefore M_B = M_A \times \dfrac{b}{a}$$

3. 기체의 비중으로부터 구하는 방법
   기체의 비중은 공기의 밀도에 대한 기체 밀도의 비로서 (단, 공기의 평균 분자량은 29이다.)
   $$\text{기체 비중} = \dfrac{\text{기체 분자량}(M)}{29}$$
   ∴ 기체 분자량(M) = 기체 비중 × 29

(6) 돌턴(Dalton)의 분압 법칙

① 혼합 기체의 전압은 각 성분 기체들의 분압의 합과 같다.

$$P = P_A + P_B + P_C$$

여기서, P : 전압

P_A, P_B, P_C : 성분 기체 A, B, C의 각 분압

② 혼합 기체에서 각 성분의 분압은 전압에 각 성분의 몰 분율(부피 분율)을 곱한 것과 같다.

$$\text{분압} = \text{전압} \times \dfrac{\text{성분 기체의 몰수}}{\text{전체 몰수}} = \text{전압} \times \dfrac{\text{성분 기체의 부피}}{\text{전체 부피}}$$

$$P_A = P \times \dfrac{n_A}{n_A + n_B + n_C} = P \times \dfrac{V_A}{V_A + V_B + V_C}$$

예제 질소 2몰과 산소 3몰의 혼합 기체가 나타나는 전압력이 10기압일 때 질소의 분압은?

풀이 질소의 분압 = 전압력 × $\dfrac{\text{질소의 몰수}}{\text{전체 몰수}}$ = $10 \times \dfrac{2}{2+3} = 4$

답 4기압

③ 기체 A(P_1, V_1)와 기체 B(P_2, V_2)를 혼합했을 때 전압을 구하는 식

$$\therefore PV = P_1 V_1 + P_2 V_2, \quad P = \dfrac{P_1 V_1 + P_2 V_2}{V}$$

예제 1기압의 수소 2L와 3기압의 산소 2L를 동일 온도에서 5L의 용기에 넣으면 전체 압력은 몇 기압이 되는가?

풀이 전압 $P = \dfrac{P_1 V_1 + P_2 V_2}{V} = \dfrac{1 \times 2 + 3 \times 2}{5} = \dfrac{8}{5}$

답 $\dfrac{8}{5}$

④ 몰 비(mole %) = 압력 비(압력 %) = 부피 비(vol %) ≠ 무게 비(중량 %)

(7) 그레이엄(Graham)의 기체 확산 속도 법칙

일정한 온도에서 기체의 확산 속도는 그 기체 밀도(분자량)의 제곱근에 반비례한다. 즉, A기체의 확산 속도를 u_1, 그 분자량을 M_1, 밀도를 d_1이라 하고, B기체의 확산 속도를 u_2, 그 분자량을 M_2, 밀도를 d_2라고 하면,

$$\dfrac{u_1}{u_2} = \sqrt{\dfrac{M_2}{M_1}} = \sqrt{\dfrac{d_2}{d_1}}$$

예제 분자량의 무게가 4배이면 확산 속도는 몇 배인가?

풀이 $\dfrac{u_1}{u_2} = \sqrt{\dfrac{M_2}{M_1}} = \sqrt{\dfrac{1}{4}} = \dfrac{1}{2} = 0.5$배

답 0.5배

3-2 액체(liquid)

(1) 액체 상태

① 일정한 부피를 가지나 입자의 위치가 고정되어 있지 않아 모양이 일정치 않다.

② 액체의 분자 운동은 비교적 느린 병진 운동과 회전 및 진동 운동을 한다.

③ 기체에 비해 운동 에너지가 작고, 고체에 비해서는 크며, 분자 간의 간격도 기체보다 짧아서 온도와 압력 변화에 의한 부피의 변화가 크지 않다.

(2) 증발과 증기압

① 증발 : 액체를 공기 중에 방치하여 가열하면 액체 표면의 분자 가운데 운동 에너지가 큰 것은 분자 간의 인력을 이겨내어 표면에서 분자가 기체 상태로 튀어나가는 현상

② 증발열 : 액체 1g이 같은 온도에서 기체 1g으로 되는 데 필요한 열량

　　예 물의 증발열은 539cal/g

③ 증기압 : 액체가 평형 상태 즉, 기화 속도와 액화 속도가 같아졌을 때 증기가 나타내는 압력 즉, 증발에 의해 나타나는 압력으로서 포화 증기압이라 한다.

　　(평형 상태) H_2O(액체) $\xrightleftharpoons[V_2]{V_1}$ H_2O(기체)

　　$V_1 = V_2$

　　여기서, V_1 : 기화 속도, V_2 : 액화 속도

(3) 증기압 곡선과 비등점

① 증기압 곡선

액체의 증기압은 온도와 물질에 따라 그 값이 달라진다. 따라서, 온도와 증기압과의 관계를 그래프로 나타낸 것을 증기압 곡선이라 한다. 즉, 액체를 가열하면 분자의 운동 에너지는 커지고, 표면으로부터 증발이 점차 심하게 일어나 증기압은 커지게 된다.

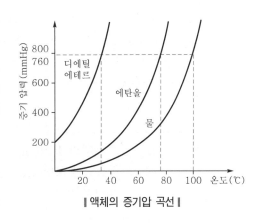

‖ 액체의 증기압 곡선 ‖

② 비등점(bp ; boiling point)

액체의 증기압이 대기압과 같아지는 온도로서 휘발성 물질일수록 증기압이 커지며, 비등점은 낮아진다.

3-3 고체(solid)

(1) 고체 상태

고체는 입자들이 가까이 결합되어 있어 진동 운동만을 하며, 일정한 모양과 부피를 갖는다. 즉, 입자가 규칙적으로 배열되어 있어 에너지의 상태는 액체나 기체에 비해 낮다.

(2) 융해열

고체 1g이 같은 온도에서 액체 1g으로 되는 데 필요한 열량이다.

　　예 얼음의 융해열은 80cal/g

3-4 ▶ 물질의 상태도

(1) 물질의 상태도

순수한 물질의 상태를 온도와 압력의 조건에 의해 평면에 도시한 것이다.

(2) 물의 삼중점(T)

고체(얼음), 액체(물), 기체(수증기)의 삼태가 함께 존재하는 점으로서 0.01℃, 4.58mmHg이다.

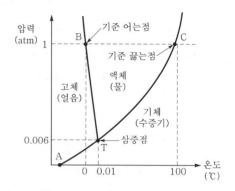

04 열역학의 법칙

(1) 열역학 제0(열평형의)법칙

온도가 서로 다른 두 물체를 접촉시키면 높은 온도를 지닌 물체의 온도는 내려가고(열량을 방출), 낮은 온도의 물체는 온도가 올라가서(열량을 흡수), 두 물체의 온도차가 없어지고 두 물체는 열평형이 된다.

$$t_m(\text{평균 온도}) = \frac{G_1 C_1 t_1 + G_2 C_2 t_2}{G_1 C_1 + G_2 C_2}$$

여기서, G_1, G_2 : 물질의 무게(kg)

$\quad\quad C_1$, C_2 : 물질의 비열(kcal/kg·℃)

$\quad\quad t_1$, t_2 : 물질의 온도(℃)

> [예제] 10℃의 물 400kg과 90℃의 더운물 100kg을 혼합하면 혼합 후의 물의 온도는?
>
> [풀이] $\dfrac{(G_1 C_1 t_1 + G_2 C_2 t_2)}{(G_1 C_1 + G_2 C_2)} = \dfrac{(400 \times 1 \times 10 + 100 \times 1 \times 90)}{(400 \times 1 + 100 \times 1)} = 26℃$
>
> [답] 26℃

(2) 열역학 제1(에너지 보존의)법칙

에너지 변환의 양적 관계를 나타낸 것이며 열(Q)은 일(W)에너지로, 일에너지는 열로 상호 쉽게 바뀔 수 있으며, 그 비는 일정하다.

$$Q = AW \quad \text{또는} \quad W = \frac{1}{A}Q = JQ$$

여기서, Q : 열량(kcal)

W : 일(kg · m)

A : 일의 열당량$\left(\dfrac{1}{427}\text{kcal/kg · m}\right)$

J : 열의 일당량(427kg · m/kcal)

(3) 열역학 제2법칙

열이동의 방향성을 나타내는 경험 법칙이다.

① 켈빈-플랭크(Kelvin-Plank)의 표현

열을 일로 전부 바꿀 수 없다. 즉, 열효율이 100%인 기관은 만들 수 없다.

② 클라우시우스(Clausius)의 표현

저온체에서 고온체로 아무 일도 없이 열을 전달할 수 없다.

열은 높은 곳에서 낮은 곳으로 흐르며, 일을 열로 바꾸기는 쉬워도 열을 일로 바꾸기는 쉽지 않다.

(4) 열역학 제3법칙

어떠한 이상적인 방법으로도 어떤 계를 0K(절대영도)에 이르게 할 수 없다. 0K(절대영도)에서 물질의 엔트로피는 0이다.

(6) 엔탈피와 엔트로피

① 엔탈피(enthalpy)

어떤 물체가 가지는 단위중량당의 열에너지, 즉 전열량 또는 함열량을 말하는 것으로 기체분자 자체가 갖는 내부에너지(u)와 어떤 상태에서 외부로부터 가해진 외부에너지(APV)의 합을 엔탈피라 하며, 그때의 상태에서 결정되는 상태량이다.

$$H = u + APV(\text{kcal}), \quad h = u + APV(\text{kcal/kg})$$

여기서, H(엔탈피 : total enthalpy) : kcal

h(비엔탈피 : specific enthalpy) : kcal/kg

u(내부에너지) : kcal/kg

A(일의 열당량) : $\dfrac{1}{427}$ kcal/kg · m

V(비체적) : m^3/kg

P(압력) : kg/cm^2

② 엔트로피(entropy)

단위중량의 물체가 일정 온도하에 갖는 열량(엔탈피) dQ를 그 상태에서의 절대 온도(T(K))로 나눈 값을 말하며, 비가역성의 정도를 나타내는 상태량으로서 가역 과정에서는 불변이고, 비가역 과정에서는 증가한다(단위는 kcal/kg·K, 기호는 S로 표시).

계의 온도 T에서 흡수된 미소 열량을 dQ라 하면,

$$dS = \frac{dQ}{T}$$

$$\Delta S = S_2 - S_1 = \int_1^2 dS = \int_1^2 \frac{1}{T} dQ$$

05 용액과 용액의 농도

5-1 용액과 용해도

(1) 용액(solution)의 성질

① 정의

두 종류의 순물질이 균일 상태에 섞여 있는 것으로서 용매(녹이는 물질)와 용질(녹는 물질)로 이루어진 것을 용액이라 한다.

> 예 설탕물(용액) = 설탕(용질) + 물(용매)

② 용액의 분류

㉮ 포화 용액 : 일정한 온도, 압력하에서 일정량의 용매에 용질이 최대한 녹아 있는 용액(용해 속도=석출 속도)

㉯ 불포화 용액 : 용질이 더 녹을 수 있는 상태의 용액(용해 속도 > 석출 속도)

㉰ 과포화 용액 : 용질이 한도 이상으로 녹아 있는 용액(용해 속도 < 석출 속도)

(2) 용해도(solubility)와 용해도 곡선

① 용해도

일정한 온도에서 용매 100g에 녹을 수 있는 용질의 최대 g수

$$용해도 = \frac{용질의\ g수}{용매의\ g수} \times 100$$

예제 1. 질산나트륨의 물 100g에 대한 용해도는 80℃에서 148g, 20℃에서 88g이다. 80℃의 포화용액 100g을 70으로 농축시켜서 20℃로 냉각시키면 약 몇 g의 질산나트륨이 석출되는가?

풀이

① 80℃에서 248g의 포화용액에는 148g의 질산나트륨이 녹아 있다.
　100g의 포화용액에는 248 : 148＝100 : x, x＝59.68g
　여기서, 물은 100－59.68g＝40.32g

② 70g으로 농축하면 물만 30g 증발하여 물 10.32g, 질산나트륨 59.69g의 상태가 된다.
　그러므로 20℃로 냉각시키면 100 : 88＝10.32 : x, x＝9.082g
　80℃에서 석출되는 59.68g에서 20℃에서 석출되는 9.082g을 제외하면 석출된 질산나트륨의 g양을 구할 수 있다.
　∴ 59.68－9.082＝50.68g

답 50.68g

예제 2. KNO_3의 물에 대한 용해도는 70℃에서 130이며, 30℃에서 40이다. 70℃의 포화용액 260g을 30℃로 냉각시킬 때 적출되는 KNO_3의 양은?

풀이

용해도 : 용매 100g에 녹는 용질의 양
70℃에서 포화 용액 260g 속에 녹아 있는 용질(KNO_3)의 양을 x라고 하면
$230 : 130 = 260 : x$
$x = 147g$
용매(물) ＝ 용액－용질 ＝ 260－147 ＝ 113g
30℃에서 물 113g에 녹을 수 있는 용질(KNO_3)의 양을 y라고 하면
$100 : 40 = 113 : y$
$y = 45.2$
∴ 석출되는 KNO_3의 양 ＝ $x - y$ ＝ 147－45.2 ≒ 101g

답 101g

② 용해도 곡선

온도 변화에 따른 용해도의 변화를 나타낸 것

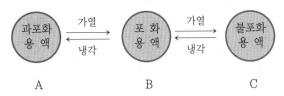

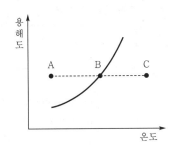

즉, 용해도 곡선에서 곡선의 점(B)은 모두 포화 상태, 온도를 올려 곡선보다 오른쪽인 점(C)은 불포화 상태, 포화 상태(B)보다 온도를 내려 곡선보다 왼쪽인 점(A)은 과포화 상태이다.

(3) 고체, 액체, 기체의 용해도

① 고체의 용해도

대부분이 온도 상승에 따라 용해도가 증가하며, 압력의 영향은 받지 않는다. 그러나 NaCl의 용해도는 온도에 영향을 거의 받지 않으며, $Ca(OH)_2$ 등은 발열 반응이므로 온도가 상승함에 따라 오히려 용해도는 감소하는 경향이 있다.

② 액체의 용해도

액체의 용해도는 용매와 용질의 극성 유무와 관계가 깊다. 즉, 극성 물질은 극성 용매에 잘 녹고, 비극성 물질은 비극성 용매에 잘 녹는다.

㉮ 극성 용매 : 물(H_2O), 아세톤(CH_3COCH_3) 등

　　예 극성 물질 : HF, HCl, NH_3, H_2S 등

㉯ 비극성 용매 : 벤젠(C_6H_6), 사염화탄소(CCl_4) 등

　　예 비극성 물질 : CH_4, CO_2, BF_3, H_2, O_2, N_2 등

③ 기체의 용해도

기체의 용해도는 온도가 올라감에 따라 감소하고, 압력을 올리면 용해도는 커진다.

예 찬물을 컵에 담아서 더운 방에 놓아두었을 때 유리와 물의 접촉면에 기포가 생기는 이유

> **참고** 　**헨리(Henry)의 법칙**
> ---
> 일정 온도에서 일정량의 용매에 용해하는 그 기체의 질량은 압력에 정비례한다. 그러나 보일의 법칙에 따라 기체의 부피는 압력에 반비례하므로 결국, 녹아 있는 기체의 부피는 압력에 관계없이 일정하다. 또한, 헨리의 법칙은 용해도가 큰 기체에는 잘 적용되지 않는다.
> 1. 적용되는 기체(물에 대한 용해도가 작다.)
>   예 CH_4, CO_2, H_2, O_2, N_2 등
> 2. 적용되지 않는 기체(물에 대한 용해도가 크다.)
>   예 HF, HCl, NH_3, H_2S 등

5-2 용액의 농도

(1) 중량 백분율(% 농도)

용액 100g 속에 녹아 있는 용질의 g수를 나타낸 농도

$$\% \text{ 농도} = \frac{\text{용질의 양(g)}}{\text{용액의 양(g)}} \times 100$$

> **예제** 물 100g에 10g의 소금이 용해되어 있다. 소금물은 몇 % 농도인가?
>
> **풀이** % 농도(중량 백분율)
> 용액 속에 녹아 있는 용질의 양(g수)을 %로 나타낸 농도
> $$\therefore \% \text{ 농도} = \frac{\text{용질}}{\text{용액}} \times 100 = \frac{\text{용질}}{\text{용매+용질}} \times 100 = \frac{10}{100+10} \times 100 = 9.1\%$$
>
> 답 9.1%

(2) 몰 농도(M 농도, mole 농도)

① 용액 1L 속에 녹아 있는 용질의 몰수(용질의 무게/용질의 분자량)를 나타낸 농도

$$M \text{ 농도} = \frac{\text{용질의 무게}(W)}{\text{용질의 분자량}(M)} \times \frac{1,000}{\text{용액의 부피(mL)}}$$

> **[예제]** 순황산 9.8g을 물에 녹여 전체 부피가 500mL가 되게 한 용액은 몇 M인가?
>
> **[풀이]** $\dfrac{9.8}{98} \times \dfrac{1,000}{500} = \dfrac{9.8 \times 1,000}{98 \times 500} = 0.2M$
>
> **[답]** 0.2M

② 1,000×비중×%÷용질의 분자량

> **[예제]** 20% HCl(비중 1.10)은 몇 M 농도인가?
>
> **[풀이]** $M = 1,000 \times$ 비중 $\times \% \div$ 용질의 분자량
>
> $\qquad = 1,000 \times 1.10 \times \dfrac{20}{100} \div 36.5 = 6M$
>
> **[답]** 6M

(3) 몰랄 농도(m 농도, molality 농도)

용매 1kg(1,000g)에 녹아 있는 용질의 몰수(용질의 무게/용질의 분자량)를 나타낸 농도

$$m \text{ 농도} = \frac{\text{용질의 무게}(W)}{\text{용질의 분자량}(M)} \times \frac{1,000}{\text{용매의 무게}}$$

> **[예제]** 물 500g 중에 설탕($C_{12}H_{22}O_{11}$) 171g이 녹아 있는 설탕물의 몰랄 농도는?
>
> **[풀이]** 몰랄 농도 $= \dfrac{\text{용질의 무게}(W)}{\text{용질의 분자량}(M)} \times \dfrac{1,000}{\text{용매의 무게(g)}}$
>
> $\qquad\qquad = \dfrac{171g}{(12 \times 12 + 22 + 16 \times 11)g} \times \dfrac{1,000}{500} = 1$
>
> **[답]** 1

(4) 몰분율(mole fraction)

두 성분 이상의 물질계에서 한 성분의 농도를 나타내는 방법의 하나로, 혼합물을 구성하는 한 성분이 전체 몰수에서 차지하는 몰수의 비를 나타낼 때 사용하는 단위

$$A\text{성분의 몰분율} = \frac{A\text{성분의 몰수}}{\text{전체 성분의 총 몰수}}$$

$$= \frac{nA}{nT} = \frac{nA}{nA + nB} \quad (\text{여기서, } nT = nA + nB)$$

> **[예제]** 에탄올 20.0g과 물 40.0g을 함유한 용액에서 에탄올의 몰분율은 약 얼마인가?
>
> **[풀이]** 에탄올 : $\dfrac{20g}{46g} = 0.43 \text{mol}$, 물 : $\dfrac{40g}{18g} = 2.22 \text{mol}$
>
> $\therefore$ 에탄올의 몰분율 $= \dfrac{0.43}{0.43 + 2.22} = 0.162$
>
> **[답]** 0.162

(5) 규정 농도(N 농도, 노르말 농도)

① 용액 1L 속에 녹아 있는 용질의 g당량수를 나타낸 농도

$$N \text{ 농도} = \frac{\text{용질의 무게}(W)}{\text{용질의 g당량}} \times \frac{1,000}{\text{용액의 부피}(mL)}$$

> **예제** 다음 중 순황산 9.8g을 물에 녹여 전체 부피가 500mL가 되게 한 용액은 몇 N인가?
>
> **풀이** 500mL 속에 H_2SO_4 9.8g이므로
>
> $500 : 9.8 = 1,000 : x$ ∴ $x = 19.6$
>
> ∴ $N \text{ 농도} = \dfrac{19.6}{49} = 0.4N$
>
> **답** 0.4N

② $1,000 \times 비중 \times \% \div 용질의 g당량수$

> **예제** 45% NaOH 용액의 비중은 1.2이다. 이 용액의 노르말 농도(N)는?
>
> **풀이** $N = 1,000 \times 비중 \times \% \div 용질의 g당량수 = 1,000 \times 1.2 \times \dfrac{45}{100} \div 40 = 13.5N$
>
> **답** 13.5N

> **참고** 🚩 산, 염기의 당량
>
> 1. 계산식
>   - 산 또는 염기의 당량 $= \dfrac{\text{산 또는 염기의 g분자량}}{\text{염기의 산도 또는 산의 염기도}}$
> 2. 염기의 산도 : OH^- 수
>   - 산의 염기도 : H^+ 수
> 3. 1g당량 값
>   - NaOH의 1g당량 = 40g/1 = 40g, $Ca(OH)_2$의 1g당량 = 74g/2 = 37g
>   - HCl의 1g당량 = 36.5g/1 = 36.5g, H_2SO_4의 1g당량 = 98g/2 = 49g

(6) 몰 농도(mole 농도)와 규정 농도(N 농도)와의 관계

$$N \text{ 농도} = mole \text{ 농도} \times 산도수(염기도수)$$

(7) % 농도와 몰 농도(mole 농도) 또는 규정 농도(N 농도)와의 관계

$$M \text{ 농도} = \frac{\text{용액의 비중} \times 1,000}{\text{용질의 분자량}} \times \frac{\% \text{ 농도}}{100}$$

$$N \text{ 농도} = \frac{\text{용액의 비중} \times 1,000}{\text{용질의 1g당량}} \times \frac{\% \text{ 농도}}{100}$$

5-3 ▶ 묽은 용액과 콜로이드 용액의 성질

(1) 묽은 용액

① 묽은 용액의 비등점 상승과 빙점 강하

소금이나 설탕 등과 같은 비휘발성 물질을 녹인 용액의 증기압은 용매의 증기압보다 작다. 그 이유는 비휘발성 용질이 녹아 있어 증발이 어렵기 때문이다. 따라서 비휘발성 물질이 녹아 있는 용액의 비등점은 순수한 용매(순수한 물 등)일 때보다 높고, 빙점은 낮아진다.

② 비등점 상승도(ΔT_b)와 빙점 강하도(ΔT_f)

> 비등점 상승도(ΔT_b) = 용액의 비등점 − 순용매의 비등점
> 빙점 강하도(ΔT_f) = 순용매의 빙점 − 용액의 빙점

③ 라울(Raoult)의 법칙

일정한 온도에서 비휘발성이며, 비전해질인 용질이 녹는 묽은 용액의 증기압력 내림은 일정량의 용매에 녹아 있는 용질의 몰수에 비례한다.

> 비등점 상승도(ΔT_b) = m(몰랄 농도) × K_b(분자 상승, 몰 오름)
> 빙점 강하도(ΔT_f) = m(몰랄 농도) × K_f(분자 강하, 몰 내림)

여기서,
몰랄 농도(m 농도, 중량 몰 농도) : 용매 1,000g에 녹아 있는 용질의 몰수를 나타낸 농도
몰 오름(K_b) : 1몰랄 농도 용액의 비등점 상승도(예 용매가 물인 경우 K_b = 0.52℃)
몰 내림(K_f) : 1몰랄 농도 용액의 빙점 강하도(예 용매가 물인 경우 K_f = 1.86℃)

예제 1. 물 200g에 A물질 2.9g을 녹인 용액의 빙점은? (단, 물의 어는점 내림 상수는 1.86℃·kg/mol이고, A물질의 분자량은 58이다.)

풀이 $\Delta T_f = \dfrac{2.9}{58} \times \dfrac{1,000}{200} \times 1.86 = -0.465℃$

답 −0.465℃

예제 2. 25.0g의 물속에 2.85g의 설탕($C_{12}H_{22}O_{11}$)이 녹아 있는 용액의 끓는점은? (단, 물의 끓는점 오름 상수는 0.52이다.)

풀이 라울의 법칙(비등점 상승도)

$\Delta T_b = K_b \cdot m = K_b \times \dfrac{a}{W} \times \dfrac{1,000}{M}$

여기서, K_b : 몰 오름, m : 몰랄 농도, a : 용질의 무게, W : 용매의 무게, M : 분자량

K_b = 0.52, a = 2.85g, W = 물 25g

$M = 12 \times 12 + 1 \times 22 + 16 \times 11 = 342g$

$\Delta T_b = 0.52 \times \dfrac{2.85}{342} \times \dfrac{1,000}{25} = 0.17℃$

끓는점 = 100℃(물의 끓는점) + 0.17℃ = 100.17℃

답 100.17℃

> 참고 **비전해질의 분자량 측정법**

라울의 법칙에 의해 비전해질과 비휘발성 물질 용액의 비등점 상승도(ΔT_b)와 빙점 강하도 (ΔT_f)는 몰랄 농도(m 농도)에 비례하므로 분자량을 계산할 수 있다.

$\Delta T_b = m \times K_b$

m 농도 $= \dfrac{\text{용질의 무게}(W)(g)}{\text{용질의 분자량}(M)(g)} \times \dfrac{1{,}000}{\text{용매의 무게}(A)(g수)}$

$\therefore \Delta T_b = \dfrac{W}{M} \times \dfrac{1{,}000}{A} \times K_b$ 즉, $M(\text{분자량}) = \dfrac{1{,}000 \times W \times K_b}{A \cdot \Delta T_b}$

④ 삼투압과 반트 호프의 법칙(Van't Hoff law)

㉮ 삼투압 : 반투막을 사이에 두고 용매와 용액을 접촉시킬 경우 양쪽의 농도가 같게 되려고 용매가 용액쪽으로 침투하는 현상을 삼투라 하고, 이때 나타나는 압력을 삼투압이라 한다.

> 참고 **삼투**

용매분자들이 반투막을 통해서 순수한 용매나 묽은 용액으로부터 좀더 농도가 높은 용액쪽 으로 이동하는 알짜이동

㉯ 반트 호프의 법칙(Van't Hoff law) : 비전해질인 묽은 용액의 삼투압(P)은 용매와 용질의 종류에 관계 없이 용액의 몰 농도와 절대 온도에 비례한다.

따라서, 어떤 물질 n몰이 $V(L)$ 중에 녹아 있을 때의 농도는 $n/V(\text{mol/L})$이 되므로 관 계식은 다음과 같다.

$$\therefore PV = nRT = \dfrac{W}{M}RT$$

여기서, P : 삼투압

일반적으로 반트 호프에 의한 삼투압은 단백질, 녹말, 고무 등의 고분자 물질의 분자량 측정에 이용된다.

[예제] 27℃에서 9g의 비전해질을 녹인 수용액 500cc가 나타내는 삼투압은 7.4기압이었다. 이 물질의 분자량은?

[풀이] 반트 호프의 법칙(Van't Hoff law)

비전해질인 묽은 용액의 삼투압(P)은 용매와 용질의 종류에 관계 없이 용액의 몰 농도와 절대 온도에 비례한다. 따라서, 어떤 물질 n몰이 $V(L)$ 중에 녹아 있을 때의 농도는 n/V (몰/ L)이 되므로 관계식은 다음과 같다.

$PV = nRT = \dfrac{W}{M}RT$이므로

$\therefore M = \dfrac{WRT}{PV} = \dfrac{9 \times 0.082 \times (273+27)}{7.4 \times 0.5} = 60$

답 60

(2) 콜로이드 용액

종류 : 우유, 비눗물, 안개

① 콜로이드 용액

㉮ 진용액(용존 물질)과 현탁액(부유 물질)의 중간 크기($0.001 \sim 0.1\mu m$: $10^{-7} \sim 10^{-5}$cm) 정도의 입자를 콜로이드 입자라 한다.

㉯ 미립자가 액체 중에 분산된 것이다.

㉰ 콜로이드 입자는 (+) 또는 (−)로 대전하고 있다.

㉱ 거름종이를 통과하지만 반투막은 통과하지 못한다.

② 콜로이드의 종류

㉮ 소수 콜로이드 : 물과의 친화력이 작고, 소량의 전해질에 의해 응석이 일어나는 콜로이드

💬 주로 무기 물질로서 먹물, $Fe(OH)_3$, $Al(OH)_3$ 등의 콜로이드

㉯ 친수 콜로이드 : 물과의 친화력이 크고, 다량의 전해질에 의해 염석이 일어나는 콜로이드

💬 주로 유기 물질로서 녹말, 단백질, 비누, 한천, 젤라틴 등의 콜로이드

㉰ 보호 콜로이드 : 불안정한 소수 콜로이드에 친수 콜로이드를 가하면 친수 콜로이드가 소수 콜로이드를 둘러싸서 안정하게 되며, 전해질을 가하여도 응석이 잘 일어나지 않도록 하는 콜로이드

💬 먹물 속의 아교나 젤라틴, 잉크 속의 아라비아 고무 등

③ 콜로이드 용액의 성질

㉮ 틴들(tyndall) 현상 : 콜로이드 입자의 산란성에 의해 빛의 진로가 보이는 현상

💬 어두운 방에서 문틈으로 들어오는 햇빛의 진로가 밝게 보이는 것

㉯ 브라운(Brown) 운동 : 콜로이드 입자가 용매 분자의 불균일한 충돌을 받아서 불규칙한 운동을 하는 현상

㉰ 투석(다이알리시스, dialysis) : 반투막을 이용해서 콜로이드 입자를 전해질이나 작은 분자로부터 분리 정제하는 것

㉱ 흡착 : 콜로이드 입자는 그 무게에 비하여 표면적이 대단히 크므로 흡착력이 강해 수질 오염의 정제에 이용하는 방법

㉲ 전기 영동 : 콜로이드 용액에 (+), (−)의 전극을 넣고 직류 전압을 걸어 주면 콜로이드 입자가 어느 한쪽 극으로 이동하는 현상

㉳ 응석과 염석 : 콜로이드 용액에 전해질을 넣어 주었을 때 침전하는 현상

출·제·예·상·문·제

01 물질과 에너지

1

다음 중 물에 대한 소금의 용해가 물리적 변화라고 할 수 있는 근거로 가장 옳은 것은?

① 소금과 물이 결합한다.　　　　② 용액이 증발하면 소금이 남는다.

③ 용액이 증발할 때 다른 물질이 생성된다.④ 소금이 물에 녹으면 보이지 않게 된다.

🌱해설　물리적 변화란 물질의 본질은 변하지 않고 모양, 상태만이 변화되는 것을 말한다.

2

다음 그림은 일정한 질량의 고체를 일정한 비율의 열(Q(cal/sec))로 가열하였을 때에 시간에 대한 온도의 변화를 나타낸 그래프이다. 설명이 잘못된 것은?

① 이 물질은 AB선상에서는 고체이다.

② 이 물질은 BC선상에서는 액체 상태이다.

③ 이 물질의 융점은 T_m이다.

④ 이 고체의 비열은 질량과 직선 AB의 기울기로 구할 수 있다.

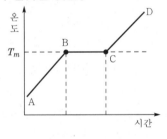

🌱해설　물질의 상태 변화를 시간에 따른 온도로 나타낸 것으로서 AB선상은 고체가 가열되는 부분, BC선상은 고체가 융해되는 부분, CD선상은 액체가 가열되는 부분을 나타내며, T_m은 융점(녹는점)을 표시한 것이다.

3

다음 그림은 어떤 화합물의 상태를 온도와 압력의 함수로 나타낸 것이다. 점 A에서의 화합물은?

① 일정한 압력에서 온도를 낮추면 기체에서 고체로 된다.

② 일정한 압력에서 온도를 낮추면 액체에서 고체로 된다.

③ 일정한 온도에서 압력을 높여주면 액체에서 기체로 된다.

④ 일정한 온도에서 압력을 높여주면 기체에서 액체로 된다.

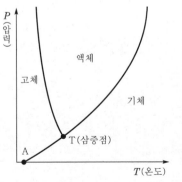

정답　1. ②　2. ②　3. ①

해설 그림은 물질의 상태도를 나타낸 것으로서 점 A는 기체 상태이며 삼중점보다 아래쪽에 있으므로 온도를 낮추면 승화 곡선을 지나 고체로 된다. 삼중점이란 고체, 액체, 기체의 삼태가 함께 존재하는 점을 말하며, 물의 경우 0.01℃, 4.58mmHg이다(본문에서 물질의 상태도 그림 참조).

4 분자 운동 에너지와 분자 간의 인력에 의하여 물질의 상태 변화가 일어난다. 다음 그림에서 (a), (b)의 변화는?

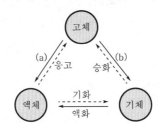

① (a) 융해, (b) 승화   ② (a) 승화, (b) 융해
③ (a) 응고, (b) 승화   ④ (a) 승화, (b) 응고

해설 ① 고체 $\xrightarrow{융해}$ 액체, 고체 $\xrightarrow{승화}$ 기체

5 물질의 삼태 변화에서 꼭 수반되는 것은?

① 원자량   ② 에너지
③ 원자 구조   ④ 분자량

해설 물질의 삼태 변화에서 꼭 수반되는 것은 에너지의 변화이다.

6 다음 중에서 분자가 가지는 Energy가 가장 큰 상태는?

① 기체   ② 액체
③ 고체   ④ 액체 및 고체

해설 분자가 가지는 에너지 크기
기체 > 액체 > 고체

7 다음 중 화학 변화가 일어날 때 관계되는 사항은?

① 원자량   ② 원자 구조
③ 물질의 성질   ④ 운동 에너지

정답   4. ①   5. ②   6. ①   7. ③

해설 ㉠ 물질의 화학적 변화란 물질의 본질이 변하여 전혀 다른 물질로 되는 것
　　㉐ 철이 녹슬어 산화철로 되는 것이나 물이 전기 분해하여 수소와 산소로 분해되는 것
　　㉡ 물리적 변화는 물질의 본질은 변하지 않고 상태나 모양만 변하는 것
　　㉐ 얼음이 녹아 물이 되든지, 철이 녹아 쇳물이 되는 변화 등으로서 이러한 물리적 변화에는 온도, 압력, 분자의 운동 에너지 등의 영향을 받으며, 농도와는 아무런 관계가 없다.

8

물리적 변화보다는 화학적 변화에 해당하는 것은?

① 증류　　　　　　　　　　　② 발효
③ 승화　　　　　　　　　　　④ 용융

해설 ㉠ 물리적 변화 : 물질의 본질에는 변화가 없고, 그 상태나 모양만이 변하는 것
　　㉐ 증류, 승화, 용융
　　㉡ 화학적 변화 : 물질의 본질이 변하여 전혀 다른 물질로 변화되는 본질적인 변화
　　㉐ 발효

9

다음 화학 반응 중 복분해는? (단, A, B, C, D는 원자 또는 라디칼을 나타낸다.)

① $A + B \rightarrow AB$ 　　　　　② $AB \rightarrow A + B$
③ $AB + C \rightarrow BC + A$ 　　④ $AB + CD \rightarrow AD + BC$

해설 ① 화합, ② 분해, ③ 치환, ④ 복분해

10

다음과 같은 화학 변화를 무엇이라 하는가?

$$AgNO_3 + HCl \rightarrow AgCl + HNO_3$$

① 화합　　　　　　　　　　　② 분해
③ 치환　　　　　　　　　　　④ 복분해

해설 $AB + CD \rightarrow AD + BC$

11

고체 유기 물질을 정제하는 과정에서 이 물질이 순물질인지를 알아보기 위한 조사 방법으로 다음 중 가장 적합한 방법은?

① 육안 관찰　　　　　　　　② 녹는점 측정
③ 광학현미경 분석　　　　　④ 전도도 측정

해설 순물질은 녹는점이 일정하다.

정답 　8. ② 　9. ④ 　10. ④ 　11. ②

12

다음 중 단체로만 된 것은?

① 산소, 오존, 금강석

② 수소, 금, 대리석

③ 청동, 은, 철

④ 산소, 금, 수정

 단체

한 가지 원소로만 이루어진 것으로서 산소(O_2), 오존(O_3), 금강석(C), 수소(H_2), 은(Ag), 철(Fe) 등이 있다.

13

다음 물질 중 화합물에 해당되는 것은?

① 수소

② 다이아몬드

③ 과산화수소

④ 나트륨

 화합물

두 종류 이상의 원소로 이루어진 것으로서 과산화수소(H_2O_2)는 H, O의 두 가지 원소로 구성된 화합물이며, 다이아몬드(C), 수소(H_2), 나트륨(Na) 등은 한 가지 원소로만 이루어진 단체이다.

14

어떤 용액이 혼합 용액인지 아닌지를 알아보기 위해 열을 가하여 다음 그림과 같은 그래프를 얻었다. 내용이 옳은 것은?

① 혼합 용액이 아니다.

② 두 가지의 혼합 용액이다.

③ 세 가지 또는 그 이상의 혼합 용액이다.

④ 구별할 수 없다.

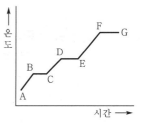

 시간축과 평행한 BC, DE, FG는 물질의 상태가 변하는 구간으로서 이 용액은 세 가지 이상의 물질이 혼합되어 있는 용액이다.

15

액화 공기로부터 질소와 산소를 분류하는 공업적 방법은 어느 성질의 차이를 이용한 것인가?

① 비등점

② 색

③ 반응성

④ 밀도

 공기를 액화시켜 끓는점(비등점)의 차이를 이용하여 질소와 산소를 분리하는 공업적 방법을 분별증류법이라고 한다.

16

물의 끓는점을 낮출 수 있는 방법으로 옳은 것은?

① 밀폐된 그릇에서 물을 끓인다.　　② 끓임쪽을 넣어 준다.

③ 설탕을 넣어 준다.　　④ 외부 압력을 낮추어 준다.

🌱해설 ④ 압력을 낮춰주면 끓는점이 낮아진다.

17

증류 작업에 반드시 필요한 것은?

① 리비히 냉각기　　② 분액 깔대기　　③ 양팔 저울　　④ 시험관

🌱해설 증류 작업에서 반드시 필요한 기구는 리비히 냉각기이다.

18

혼합물의 분리 방법 중 액체의 용해도를 이용하여 미량의 불순물을 제거하는 방법은?

① 증류　　　　　　　　　　② 증발

③ 재결정　　　　　　　　　④ 추출

🌱해설 ③ 재결정 : 용해도 차를 이용하여 혼합물을 분리한다.

19

질산칼륨 수용액 속에 소량의 염화나트륨이 불순물로 포함된 결정이 있다. 이 불순물을 제거하는 방법으로 적당한 것은?

① 증류　　　　　　　　　　② 막분리

③ 재결정　　　　　　　　　④ 전기 분해

🌱해설 고체 혼합물의 분리에서 재결정은 용해도의 차를 이용하여 분리 정제한다.

20

다음 중 동소체가 아닌 것은?

① 황화인과 적린　　　　　　② 숯과 흑연

③ 산소와 오존　　　　　　　④ 단사황과 고무상황

🌱해설 동소체란 같은 원소로 되어있으나 성질과 모양이 다른 단체

성분 원소	동소체	생성 원인	연소 생성물
탄소(C)	숯, 흑연, 다이아몬드	결정 속 원자의 배열이 다름	이산화탄소(CO_2)
산소(O)	산소(O_2), 오존(O_3)	분자를 이루는 조성이 다름	없음
인(P_4)	백린(황린), 붉은인(적린)	결정 속 분자 배열이 다름	오산화인(P_2O_5)
황(S_8)	사방황, 단사황, 고무상황	결정 속 분자 배열이 다름	이산화황(SO_2)

정답 　16. ④　17. ①　18. ③　19. ③　20. ①

21

숲과 금강석이 동소체라는 사실을 증명하는 데 가장 효과적인 실험 방법은?

① 전기 전도도를 측정　　　　　　② 비중을 측정
③ 융점과 비점을 비교　　　　　　④ 연소 생성물을 확인

 동소체는 같은 원소로 되어 있으므로 확인 방법은 연소 생성물을 비교한다. 즉 숯, 흑연, 다이아몬드(금강석)는 탄소(C)로 구성된 단체로서, 연소 생성물은 모두 $C + O_2 \rightarrow CO_2$가 된다.

02 원자, 분자, 이온

1

원소 질량의 표준이 되는 것은?

① ^1H　　　　　　　　　　　　② ^{12}C
③ ^{16}O　　　　　　　　　　　④ ^{235}U

원소 질량의 표준

탄소 원자 $^{12}_{6}C$ 1개의 질량을 12로 정하고, 이와 비교한 다른 원자들의 질량비를 원자량이라 한다.

2

텅스텐의 비열은 약 0.035cal/g이다. 텅스텐의 근사한 원자량은? (단, 원자열 용량은 6.3이다.)

① 60　　　　　　　　　　　　　② 120
③ 180　　　　　　　　　　　　④ 240

$\dfrac{6.3}{0.035} = 180$

3

다음 중 단원자 분자에 해당하는 것은?

① 산소　　　　　　　　　　　　② 질소
③ 네온　　　　　　　　　　　　④ 염소

분자의 종류
　㉠ 단원자 분자 : 1개의 원자로 구성된 분자
　　예 He, Ne, Ar 등 주로 불활성 기체
　㉡ 이원자 분자 : 2개의 원자로 구성된 분자
　　예 H_2, O_2, N_2, Cl_2 등

4

염화칼슘의 화학식 양은? (단, 염소의 원자량은 35.5, 칼슘의 원자량은 40, 황의 원자량은 32, 요오드의 원자량은 127이다.)

① 111   ② 121   ③ 131   ④ 141

 염화칼슘($CaCl_2$)의 화학식 양 : $40+35.5\times2=111$

5

탄소 12g을 공기 중에서 완전 연소시키면 CO_2 44g이 생기나, 늘어난 32g 만큼 공기 중의 산소가 줄어드는 것은 다음의 어느 법칙과 관계가 깊은가?

① 배수 비례의 법칙   ② 기체 반응의 법칙
③ 질량 보존의 법칙   ④ 일정 성분비의 법칙

 질량 불변의 법칙이라고도 하며, 화학 반응에서 반응하는 물질의 무게의 총합은 생성된 물질의 무게의 총합과 같다.
예 $C + O_2 \rightarrow CO_2$
     (반응 전) 12g + 32g → 44g(반응 후)

6

17g의 NH_3가 황산과 반응하여 만들어지는 황산암모늄은 몇 g인가? (단, S의 원자량은 32이고, N의 원자량은 14이다.)

① 66   ② 81
③ 96   ④ 111

 $2NH_3 + H_2SO_4 \rightarrow (NH_4)_2SO_4$
     $2\times17g$ $132g$
     $17g$ $x(g)$
     $\therefore x=\dfrac{17\times132}{2\times17}=66g$

7

수소 2g과 산소 24g을 반응시켜 물을 만들 때 반응하지 않고 남아 있는 기체의 무게는?

① 산소 4g   ② 산소 8g
③ 산소 12g   ④ 산소 16g

해설 일정 성분비의 법칙
     $2H_2 + O_2 \rightarrow 2H_2O$
     2 : 1 : 2
     4g   32g
     2g   16g
     $\therefore$ 24g-16g=산소 8g

정답   4. ①   5. ③   6. ①   7. ②

8

산소 20g과 수소 4g으로부터 몇 g의 물을 얻을 수 있는가?

① 10.5

② 18.5

③ 22.5

④ 36.5

 일정 성분비의 법칙에 따르면, 순수한 화합물에서 성분 원소의 중량비는 항상 일정하다.

즉, $2H_2 + O_2 \rightarrow 2H_2O$에서 물의 수소와 산소의 결합 비율은 $1 : 8$이므로 산소 20g에 대한 수소의 양은 2.5g이 되어 수소의 양은 남게 된다(미반응). 따라서 산소 20g을 기준으로 하여 생성된 물의 양을 계산한다.

$$2H_2 \quad + \quad O_2 \quad \rightarrow \quad 2H_2O$$
$$4g \qquad 32g \quad : \quad 36g$$
$$4g \qquad 20g \quad : \quad x\,(g)$$

$$\therefore x = \frac{20 \times 36}{32} = 22.5g$$

따라서, 산소 20g과 수소 4g으로부터 얻을 수 있는 물의 양은 22.5g이다.

9

다음 중 배수 비례의 법칙은?

① H_3PO_4, H_2SO_4

② KCl, $CaCl_2$

③ $FeCl_2$, $FeCl_3$

④ K_2O, K_2SO_4

 배수 비례의 법칙

두 가지의 원소가 두 가지 이상의 화합물을 만들 때 한 가지 원소의 일정량과 화합하는 다른 원소의 무게비에는 간단한 정수비가 성립된다.

10

분자의 개념을 써야만 설명이 가능한 법칙은?

① 질량 보존의 법칙

② 기체 반응의 법칙

③ 배수 비례의 법칙

④ 일정 성분비의 법칙

 기체 반응의 법칙을 설명하기 위해서는 아보가드로의 분자설이 필요하다. 즉, 기체 반응의 법칙(게이뤼삭의 법칙)이란 화학 반응을 하는 물질이 기체인 경우에는 반응 물질의 부피와 생성 물질의 부피 사이에 간단한 정수비가 성립된다는 것이다. 돌턴의 원자설이 필요한 법칙은 질량 불변의 법칙, 일정 성분비의 법칙, 배수 비례의 법칙 등이 있다.

11

$2H_2 + O_2 \rightarrow 2H_2O$의 반응을 부피로 보면 무슨 법칙이 적용되는가?

① 질량 보존의 법칙

② 정비례의 법칙

③ 배수 비례의 법칙

④ 기체 반응의 법칙

기체 반응의 법칙

두 가지 이상의 기체가 관여하는 반응에서 이들 기체의 부피의 비는 간단한 정수비가 성립된다.

12

물 36g을 모두 증발시키면 수증기가 차지하는 부피는 표준 상태를 기준으로 몇 L인가?

① 11.2   ② 22.4   ③ 33.6   ④ 44.8

 표준 상태에서 기체 1mol은 22.4L이다. 물 36g은 2mol이므로 44.8L가 된다.

13

1.5 L의 메탄을 완전히 태우는 데 필요한 산소의 부피 및 연소의 결과로 생기는 이산화탄소의 부피는?

① 산소 3L, 이산화탄소 4.5L   ② 산소 4.5L, 이산화탄소 3L

③ 산소 3L, 이산화탄소 1.5L   ④ 산소 4.5L, 이산화탄소 4.5L

 $CH_4 + 2O_2 \rightarrow CO_2 + 2H_2O$
1.5L   2×1.5L   1.5L

14

암모니아 합성 때 수소 12L와 질소 12L가 반응이 완료된 후 남은 기체의 명칭과 양은?

① H_2, 8L   ② N_2, 8L

③ N_2, 9L   ④ 남는 것이 없음

해설 $N_2 + 3H_2 \rightleftarrows 2NH_3$
         12L   12L
몰수비 = 1 : 3
즉, 질소 4L와 수소 12L가 반응하면 N_2, 8L가 남는다.

15

같은 온도와 압력에서 기체의 경우, 분자수가 같아지기 위해서는 다음 중 무엇이 같아야 하는가?

① 무게   ② 원자량

③ 당량   ④ 부피

해설 아보가드로의 법칙이란 모든 기체 1mole(분자량 g)이 차지하는 부피는 표준 상태에서 22.4L이며, 그 속에는 6.02×10^{23}개의 분자가 들어 있다는 것이다. 따라서 분자수가 같기 위해서는 같은 부피여야 한다.

16

산소 16g 속에 존재하는 산소 분자의 수와 가장 가까운 것은?

① 수소 0.5g 속의 수소 원자수   ② 탄소 12g 속의 탄소 원자수

③ 수소 0.5g 속의 수소 분자수   ④ 염소 71g 속의 염소 분자수

정답   12. ④   13. ③   14. ②   15. ④   16. ①

산소 16g은 0.5mole로서, 존재하는 산소 분자의 수는 아보가드로의 법칙에 의해 3×10^{23}개 존재한다. 따라서, 각 물질의 mole수를 구하면 ①의 경우 0.5mole, ②의 경우 1mole, ③의 경우 0.25mole, ④의 경우 1mole이다.

17

같은 질량의 산소 기체와 메탄 기체가 있다. 두 물질이 가지고 있는 원자수의 비는?

① 5 : 1   ② 2 : 1

③ 1 : 1   ④ 1 : 5

 산소(O_2) 1몰 : 32g
메탄(CH_4) 1몰 : 16g
같은 질량일 때 몰비는 O_2 : $2CH_4$이므로 원자수의 비는
O_2 : $2CH_4 = 6.02 \times 10^{23} \times 2$: $2 \times 6.02 \times 10^{23} \times 5$
$= 1 : 5$

18

8g의 메탄을 완전 연소시키는 데 필요한 산소 분자의 수는?

① 6.02×10^{23} ② 1.204×10^{23}

③ 6.02×10^{24} ④ 1.204×10^{24}

 메탄의 완전 연소 반응식
$CH_4 + 2O_2 \rightarrow CO_2 + 2H_2O$
16g $\rightarrow$ 2몰의 산소
8g $\rightarrow$ 1몰의 산소
∴ 산소 분자 1몰의 산소 분자수 $= 6.02 \times 10^{23}$개

19

0℃, 1기압에서 수소(H_2) 1.12L 속에 포함된 수소 분자의 수는?

① 6.02×10^{23}개   ② 3.01×10^{22}개

③ 2.05×10^{23}개   ④ 1.04×10^{22}개

 22.4 L : 6.02×10^{23}개 $= 1.12$L : x
$x = \dfrac{1.12 \times 6.02 \times 10^{23}}{22.4}$
∴ $x = 3.01 \times 10^{22}$

20

pH 9인 NaOH 용액 10L 중에 Na^+ 양이온수는 몇 개인가?

① 3.01×10^{20}개   ② 6.02×10^{20}개

③ 3.01×10^{22}개   ④ 6.02×10^{19}개

 pH 9는 10^{-5}mol/L 용액이다. 즉, 이 용액이 10L라 하면 10^{-5}mol/L $\times$ 10 $= 10^{-4}$이 된다.

정답 17. ④ 18. ① 19. ② 20. ④

21

> 어떤 금속의 원자가 산화물의 조성은 금속이 80%이었다. 금속의 원자량은?
>
> ① 27　　　　　② 32　　　　　③ 64　　　　　④ 80

해설 산화물 중 금속의 함량이 80%이므로 산소(O_2)는 20%가 된다. 금속의 당량은 산소(O_2) 8g에 대응하는 값이 된다.

즉, $80:20=x:8$

$x=80 \times \dfrac{8}{20} = 32$

∴ 원자량＝당량×원자가＝$32 \times 2 = 64$

22

> 어떤 원소 M가 산소와 결합하면 분자식이 MO_2인 화합물이 된다. 56g의 M가 128g의 산소와 결합한다면 M의 원자량은?
>
> ① 14　　　　　② 21　　　　　③ 28　　　　　④ 32

해설 당량이란 수소 1g(0.5몰) 또는 산소 8g(0.25몰)과 결합하거나 치환되는 다른 원소의 양을 말한다. 또한, 원자량 = 당량 x 원자가이다. 여기서 어떤 원소 M의 당량을 x라 하면

M　　:　　O
56g　　　128g
x　　　　8

∴ $x = \dfrac{56 \times 8}{128} = 3.5$

따라서, MO_2에서 M의 원자가는 4가이므로 ∴ M 원자량＝당량×원자가＝$3.5 \times 4 = 14$이다.

23

> 실험식이 N_xO_y인 질소의 산화물에서 질소의 당량이 14였다고 하면 x와 y의 값은?
> (단, 질소의 원자량은 14이다.)
>
> ① $x=2,\ y=1$　　　　　　　　② $x=1,\ y=1$
> ③ $x=2,\ y=3$　　　　　　　　④ $x=1,\ y=2$

해설 x와 y의 값은 N와 O의 원자가에 의해 결정되므로 O의 원자가는 −2이며,

N의 원자가 = $\dfrac{원자량}{당량} = \dfrac{14}{14} = 1$이다.

∴ $N^{+1}O^{-2} \rightarrow N_2O$ ($x=2,\ y=1$)

24

> 소금의 화학식을 NaCl로 표시하는데 이것은 어느 것인가?
>
> ① 분자식　　　　② 실험식　　　　③ 시성식　　　　④ 구조식

해설 실험식(조성식)이란 물질의 조성을 원소 기호로 간단하게 표시한 식으로서 주로 이온 화합물에 사용된다.

25

어떤 액체 연료의 질량 조성이 C : 80%, H : 20%일 때 C/H의 mole비는?

① 0.22
② 0.33
③ 0.44
④ 0.55

해설 $\dfrac{80/12}{20/1} = 0.33$

26

어떤 유기 화합물을 원소 분석한 결과 C : 39.9%, H : 6.7%, O : 53.4%이었다. 이 화합물은?
(단, C=12, O=16, H=1)

① $C_2H_4O_2$
② $C_3H_8O_2$
③ C_2H_4O
④ C_2H_6O

해설 $C : H : O = \dfrac{39.9}{12} : \dfrac{6.7}{1} : \dfrac{53.4}{16} = 1 : 2 : 1$

27

탄소, 산소, 수소로 되어 있는 유기물 8mg을 태워서 CO_2 15.40mg, H_2O 9.18mg을 얻었다. 이 실험식은?

① C_2H_6O
② C_2H_6
③ C_2H_5O
④ C_2H_4O

해설 ㉠ 각 원소의 함량을 구한다.

C의 양 $= CO_2$의 양 $\times \dfrac{C의\ 양}{CO_2의\ 분자량} = 15.40 \times \dfrac{12}{44} = 4.2$

H의 양 $= H_2O$의 양 $\times \dfrac{2H의\ 양}{H_2O의\ 분자량} = 9.18 \times \dfrac{2}{18} = 1.02$

O의 양 $= 8 - (4.2 + 1.02) = 2.78$

㉡ 각 원소의 원소수비를 구한다.

$C : H : O = \dfrac{4.2}{12} : \dfrac{1.02}{1} : \dfrac{2.78}{16} = 2 : 6 : 1$

∴ 실험식 $= C_2H_6O$

28

실험식이 CH_2O이고, 분자량이 60인 물질의 분자식은?

① C_2H_6O
② $C_3H_5O_3$
③ $C_2H_4O_2$
④ $C_3H_4O_2$

해설 분자량은 실험식량의 정수 비례이므로

$n = \dfrac{60}{30} = 2$

∴ $CH_2O \times 2 = C_2H_4O_2$

29

분자를 이루고 있는 원자단을 나타내며, 그 분자의 특성을 밝힌 화학식을 무엇이라 하는가?

① 시성식 　　　② 구조식 　　　③ 실험식 　　　④ 분자식

 해설 ① 분자식 속에 원자단(라디칼) 등의 결합 상태를 나타낸 식으로 물질의 성질을 나타낸 것
② 분자 내의 원자의 결합 상태를 원소 기호와 결합선을 이용하여 표시한 식
③ 조성식이라 하며, 물질의 조성을 원소 기호로써 간단하게 표시한 식
④ 분자를 구성하는 원자의 종류와 그 수를 나타낸 식, 즉 조성식에 양수를 곱한 식

30

다음 중에서 n-아밀알코올인 것은?

① $(CH_3)_2CH-CH_2-CH_2OH$

② $CH_3-CH_2-CH_2-CH_2-CH_2-OH$

③ $CH_3-CH_2-CH_2-CH_2-CH_2-CH_2-OH$

④ $CH_3-CH_2-CH_2-CH_2-OH$

해설 n-아밀알코올

$$
\begin{array}{ccccc}
H & H & H & H & H \\
| & | & | & | & | \\
H-C-&C-&C-&C-&C-OH \\
| & | & | & | & | \\
H & H & H & H & H \\
CH_3 & CH_2 & CH_2 & CH_2 & CH_2 \quad OH
\end{array}
$$

31

다음 중 부탄의 구조식은?

①
$$
\begin{array}{cc}
H & H \\
| & | \\
H-C-&C-H \\
| & | \\
H & H
\end{array}
$$

②
$$
\begin{array}{ccc}
H & H & H \\
| & | & | \\
H-C-&C-&C-H \\
| & | & | \\
H & H & H
\end{array}
$$

③
$$
\begin{array}{c}
H \\
| \\
H-C-H \\
| \\
H
\end{array}
$$

④
$$
\begin{array}{cccc}
H & H & H & H \\
| & | & | & | \\
H-C-&C-&C-&C-H \\
| & | & | & | \\
H & H & H & H
\end{array}
$$

해설 ① 에탄, ② 프로판, ③ 메탄, ④ 부탄

32

11g의 프로판(C_3H_8)을 완전 연소시키면 몇 몰(mol)의 이산화탄소(CO_2)가 생성되는가?
(단, C, H, O의 원자량은 각각 12, 1, 16이다.)

① 0.25 　　　② 0.75 　　　③ 1.0 　　　④ 3.0

정답　29. ①　30. ②　31. ④　32. ②

해설　　　$C_3H_8 + 5O_2 \rightarrow 3CO_2 + 4H_2O$

$$1mol(44g) \diagdown 3mol(44g)$$
$$11g(0.25mol) \diagup x(mol)$$

$$\therefore x = \frac{11 \times 3}{44} = 0.75$$

33 프로판 1kg을 완전 연소시키기 위해 표준 상태의 산소는 약 몇 m^3가 필요한가?

① 2.55　　　　　② 5　　　　　③ 7.55　　　　　④ 10

 해설　$C_3H_8 + 5O_2 \rightarrow 3CO_2 + 4H_2O$

$$44kg \diagdown 5 \times 22.4m^3$$
$$1kg \diagup x(m^3)$$

$$x = \frac{1 \times 5 \times 22.4}{44}$$

$$\therefore x = 2.55m^3$$

34 프로판 1몰을 완전 연소하는 데 필요한 산소의 이론량을 표준 상태에서 계산하면 몇 L가 되는가?

① 22.4　　　　　② 44.8　　　　　③ 89.6　　　　　④ 112.0

 해설　0℃, 1기압의 표준 상태에서, 기체 1몰이 차지하는 부피는 22.4L이다. 프로판 1몰이 완전 연소하는 반응식은 $C_3H_8(g) + 5O_2(g) \rightarrow 3CO_2(g) + 4H_2O(l)$이므로 완전 연소에 필요한 산소의 이론량은 $5 \times 22.4 = 112.0L$가 된다.

03 기체, 액체, 고체의 성질

1 보일의 법칙을 설명한 것은?

① 일정한 온도에서 기체의 부피는 그 압력에 비례한다.
② 일정한 온도에서 기체의 부피는 그 압력에 반비례한다.
③ 일정한 압력에서 기체의 부피는 그 온도에 비례한다.
④ 일정한 압력에서 기체의 부피는 그 온도에 반비례한다.

 해설　보일의 법칙

$$PV = P'V'$$

여기서, P : 처음의 압력, V : 처음의 부피
　　　　　P' : 나중의 압력, V' : 나중의 부피

2

1기압에서 100L를 차지하고 있는 용기를 내용적 5L의 용기에 넣으면 압력은 몇 기압이 되겠는가? (단, 온도는 일정하다.)

① 10   ② 20   ③ 30   ④ 40

 온도가 일정하므로 보일의 법칙에 의해 $P_1V_1 = P_2V_2$에서 P_2를 구한다.

$$\therefore P_2 = P_1 \times \frac{V_1}{V_2} = 1 \times \frac{100}{5} = 20 기압$$

3

게이지 압력이 7atm일 때, 4L로 압축 충전되어 있는 공기를 온도를 바꾸지 않고 게이지 압력 1atm으로 하면 몇 L의 체적을 차지하는가?

① 10L   ② 16L   ③ 20L   ④ 28L

 보일의 법칙에 적용한다.

$PV = P'V'$이므로

$(7+1) \times 4 = (1+1) \times V'$

$$\therefore V' = \frac{(7+1) \times 4}{(1+1)} = \frac{32}{2} = 16L$$

4

기체 산소가 있다. 1℃에서 부피는 274cc이다. 2℃에서의 부피는? (단, 압력은 일정)

① 584cc   ② 275cc

③ $274 \times \dfrac{275}{273}$ cc   ④ $274 \times \dfrac{274}{273}$ cc

 $\dfrac{V_1}{T_1} = \dfrac{V_2}{T_2}$이므로

$$\therefore V_2 = V_1 \times \frac{T_2}{T_1} = 274 \times \frac{(273+2)}{(273+1)} = 275cc$$

5

273℃, 5기압에 있는 산소 10L를 100℃, 압력 2기압으로 하면 부피는?

① 24L   ② 20L

③ 17L   ④ 15L

보일-샤를의 법칙에 의해 $\dfrac{P_1V_1}{T_1} = \dfrac{P_2V_2}{T_2}$에서 부피($V_2$)를 구한다.

$$\therefore V_2 = V_1 \times \frac{P_1}{P_2} \times \frac{T_2}{T_1} = 10 \times \frac{5}{2} \times \frac{(273+100)}{(273+273)} = 17L$$

정답   2. ②   3. ②   4. ②   5. ③

6

보일-샤를의 법칙은 다음 어느 경우에 잘 적용되는가?

① 온도가 높고, 압력이 높을 때　　② 온도가 낮고, 압력이 낮을 때

③ 온도가 낮고, 압력이 높을 때　　④ 온도가 높고, 압력이 낮을 때

 이상 기체의 조건
　　　　온도가 높고, 압력이 낮을 때

7

실제 기체가 다음 중 어떤 상태일 때 이상 기체의 상태 방정식에 잘 맞는가?

① 온도가 높고, 압력도 높을 때　　② 온도가 높고, 압력이 낮을 때

③ 온도가 낮고, 압력이 높을 때　　④ 온도가 낮고, 압력도 낮을 때

 이상 기체는 기체 분자 간의 인력을 무시하고, 기체 자신의 체적도 무시한 상태의 기체로서, 온도가
　　　　높고, 압력이 낮을 경우에 잘 적용된다.

8

어떤 물질 1g을 증발시켰더니 그 부피가 0℃, 4atm에서 329.2mL였다. 이 물질의 분자
량은? (단, 증발한 기체는 이상 기체라 가정한다.)

① 17　　　　　　　　　　　　　② 23

③ 30　　　　　　　　　　　　　④ 60

해설 $PV = \dfrac{W}{M}RT$ 이므로

$$\therefore\ M = \dfrac{WRT}{PV} = \dfrac{1 \times 0.082 \times 273}{4 \times 329.2 \times 10^{-3}} = 17$$

9

같은 온도에서 크기가 같은 4개의 용기에 다음과 같은 양의 기체를 채웠을 때 용기의 압
력이 가장 큰 것은?

① 메탄 분자 1.5×10^{23}　　　　　② 산소 1g당량

③ 표준 상태에서 CO_2 16.8L　　　④ 수소 기체 1g

해설 $PV = nRT$ 에서 압력은 몰수에 비례

① $\dfrac{1.5 \times 10^{23}}{6.02 \times 10^{23}} = 0.25$몰

② 산소 1g당량 $= \dfrac{16g}{2} = 8g = 0.25$몰

③ $\dfrac{16.8L}{22.4L} = 0.75$몰

④ $\dfrac{1g}{2g} = 0.5$몰

정답　　6. ④　7. ②　8. ①　9. ③

10

이상 기체 상수 R값이 0.082라면 그 단위로 옳은 것은?

① $\dfrac{atm \cdot mol}{L \cdot K}$

② $\dfrac{mmHg \cdot mol}{L \cdot K}$

③ $\dfrac{atm \cdot L}{mol \cdot K}$

④ $\dfrac{mmHg \cdot L}{mol \cdot K}$

 해설 $R = \dfrac{PV}{T} = \dfrac{1 \times 22.4}{273} = 0.082\left(\dfrac{L \cdot 기압}{mol \cdot K}\right)$

11

어떤 기체가 탄소 원자 1개당 2개의 수소 원자를 함유하고 0℃, 1기압에서 밀도가 1.25g/L일 때 이 기체에 해당하는 것은?

① CH_2 ② C_2H_4 ③ C_3H_6 ④ C_4H_8

 해설 밀도(g/L) $= \dfrac{분자량(g)}{22.4(L)}$

① $CH_2 = \dfrac{12+2g}{22.4L} = 0.625 g/L$

② $C_2H_4 = 24+4 = \dfrac{28g}{22.4L} = 1.25 g/L$

③ $C_3H_6 = 36+6 = \dfrac{42g}{22.4L} = 1.875 g/L$

④ $C_4H_8 = 48+8 = \dfrac{56g}{22.4L} = 2.5 g/L$

12

다음의 화합물 중 화합물 내 질소 분율이 가장 높은 것은?

① $Ca(CN)_2$ ② $NaCN$ ③ $(NH_2)_2CO$ ④ NH_4NO_3

 해설 질소 분율

① $Ca(CN)_2$

$\dfrac{N_2}{Ca(CN)_2} \times 100$이므로   ∴ $\dfrac{28}{40+(24+28)} \times 100 = 30.43\%$

② $NaCN$

$\dfrac{N_2}{NaCN} \times 100$이므로   ∴ $\dfrac{14}{23+12+14} \times 100 = 28.57\%$

③ $(NH_2)_2CO$

$\dfrac{N_2}{(NH_2)_2CO} \times 100$이므로   ∴ $\dfrac{28}{(28+4)+12+16} \times 100 = 46.67\%$

④ NH_4NO_3

$\dfrac{N_2}{NH_4NO_3} \times 100$이므로   ∴ $\dfrac{28}{14+4+14+48} \times 100 = 35\%$

13

질소 2몰과 산소 3몰의 혼합 기체가 나타나는 전압력이 10기압일 때 질소의 분압은?

① 2기압　　　　　② 4기압　　　　　③ 8기압　　　　　④ 10기압

🌱**해설** 질소의 분압＝전압력× $\dfrac{\text{질소의 분압}}{\text{전체 몰수}}$ ＝ $10 \times \dfrac{2}{2+3}$ ＝ 4

14

2기압의 산소 4L와 4기압의 산소 5L를 같은 온도에서 7L의 용기에 넣으면 전체 압력은?

① 4기압　　　　　② 6기압　　　　　③ 2기압　　　　　④ 3기압

🌱**해설** 돌턴의 분압 법칙에서 혼합 기체 전압은 각 성분 기체의 분압의 합과 같다.

$P_1 V_1 + P_2 V_2 = PV$ 에서 전압(P)를 구한다.

$$\therefore P = \frac{P_1 V_1 + P_2 V_2}{V} = \frac{(2 \times 4) + (4 \times 5)}{7} = 4\text{기압}$$

15

그레이엄의 법칙에 따른 기체의 확산 속도와 분자량의 관계를 옳게 설명한 것은?

① 기체 확산 속도는 분자량의 제곱에 비례한다.

② 기체 확산 속도는 분자량의 제곱에 반비례한다.

③ 기체 확산 속도는 분자량의 제곱근에 비례한다.

④ 기체 확산 속도는 분자량의 제곱근에 반비례한다.

🌱**해설** 그레이엄(Graham)의 확산 속도 법칙

일정한 온도에서 기체의 확산 속도는 그 기체 분자량의 제곱근에 반비례한다.

$$\frac{u_A}{u_B} = \sqrt{\frac{M_B}{M_A}}$$

여기서, u_A, u_B : 기체의 확산 속도

M_A, M_B : 분자량

16

"두 가지 기체가 퍼지는 확산 속도는 그 기체의 밀도(분자량)의 제곱근에 반비례한다."라는 법칙과 연관성이 있는 것은?

① 미지의 기체 분자량의 측정에 이용된다.

② 보일−샤를이 정립한 법칙이다.

③ 기체 상수값을 구할 수 있다.

④ 기체 상태 방정식으로 표현된다.

🌱**해설** Graham의 법칙

미지의 기체 분자량의 측정에 이용된다.

17

어떤 기체의 확산 속도는 SO_2의 2배이다. 이 기체의 분자량은?

① 8   ② 16   ③ 32   ④ 64

해설 그레이엄의 확산 속도 법칙

$$\frac{u_A}{u_B} = \sqrt{\frac{M_B}{M_A}}$$

여기서, u_A, u_B : 기체의 확산 속도

M_A, M_B : 분자량

$$\frac{2SO_2}{SO_2} = \sqrt{\frac{64\text{g/mol}}{M_A}}$$

$$\therefore \ M_A = \frac{64\text{g/mol}}{2^2} = 16\text{g/mol}$$

18

$0\,^\circ\!C$, 1atm하에서 22.4L의 무게가 가장 적은 기체는?

① 질소   ② 산소

③ 아르곤   ④ 이산화탄소

해설 모든 기체는 $0\,^\circ\!C$, 1atm · 22.4L에서 1mol 존재

① 28g/mol   ② 32g/mol   ③ 40g/mol   ④ 44g/mol

19

$0\,^\circ\!C$의 얼음 2g을 $100\,^\circ\!C$의 수증기로 변화시키는 데 필요한 열량은? (단, 기화 잠열 : 539cal/g, 융해열 : 80cal/g이다.)

① 1,209cal   ② 1,438cal

③ 1,665cal   ④ 1,980cal

해설 $0\,^\circ\!C$ 얼음 → $0\,^\circ\!C$ 물 → $100\,^\circ\!C$ 물 → $100\,^\circ\!C$ 수증기

$80 \times 2 + 2 \times 1 \times (100) + 2 \times 539 = 1,438\text{cal}$

20

$0\,^\circ\!C$의 얼음 10g을 모두 수증기로 변화시키려면 약 몇 cal의 열량이 필요한가?

① 6,190   ② 6,390

③ 6,890   ④ 7,190

해설 $Q = Q_1 + Q_2 + Q_3$에서

$Q_1 = Gr = 10 \times 80 = 800$

$Q_2 = Gc\Delta t = 10 \times 1 \times (100 - 0) = 1,000$

$Q_3 = Gr = 10 \times 539 = 5,390$

$\therefore \ Q = 800 + 1,000 + 5,390 = 7,190\text{cal}$

04 열역학의 법칙

1

> 열의 평형과 관계되는 법칙은?
>
> ① 열역학 제0법칙   ② 열역학 제1법칙
> ③ 열역학 제2법칙   ④ 열역학 제3법칙

해설 열의 평형과 관계되는 법칙은 열역학 제0법칙

2

> 에너지는 결코 생성될 수도 없어질 수도 없고 단지 형태의 이변이라는 에너지의 보존법칙은?
>
> ① 열역학 제1법칙   ② 열역학 제2법칙
> ③ 열역학 제3법칙   ④ 열역학 제4법칙

해설 열역학 제1법칙을 에너지 불변의 법칙이라고도 한다.

3

> 다음 중 에너지 보존의 법칙 또는 에너지 방정식의 정의식은? (단, Q : 열량, Δv : 내부 에너지 변화량, A : 일의 열당량, W : 일)
>
> ① $Q = \Delta v + AW$ ② $Q = \Delta v - AW$
> ③ $Q = \Delta v \times AW$ ④ $Q = AW / \Delta v$

해설 에너지 보존의 법칙(열역학 제1법칙)은 열은 일에너지로 일에너지는 열로 상호 쉽게 바뀔 수 있다.

4

> 열의 일당량 "줄(J)" kg·m/kcal의 값은?
>
> ① 427   ② 539   ③ 632   ④ 778

해설 $A =$ 일의 열당량 ($\frac{1}{427}$ kcal/kg·m)

$J =$ 열의 일당량 (427kg·m/kcal)

5

> 일을 열로 바꾸는 것은 용이하나, 열을 일로 바꾸는 것은 제한을 받는다. 이 법칙은?
>
> ① 열역학 제1법칙   ② 열역학 제2법칙
> ③ 게이뤼삭의 법칙   ④ 보일-샤를의 법칙

정답   1.①   2.①   3.①   4.①   5.②

열역학 제2법칙

열을 일로 전부 바꿀 수 없다. 열효율이 100%인 기관을 만들 수 없다.

6

'0K(절대영도)에서 완전한 결정을 이루고 있는 물질의 엔트로피는 0이다.'라는 것은 열역학 제 몇 법칙을 의미하는가?

① 열역학 제0법칙   ② 열역학 제1법칙

③ 열역학 제2법칙   ④ 열역학 제3법칙

 열역학 제3법칙

어떤 계를 절대영도(0K)에 이르게 할 수 없다는 법칙

7

다음 중 엔탈피 H의 정의식은? (단, u : 내부 에너지, P : 압력, V : 비체적, A : 일의 열당량)

① $H = u - APV$ ② $H = u + PV/A$

③ $H = u + APV$ ④ $H = u - PV/A$

 엔탈피 : $H = u + APV$

8

표준 상태에서의 생성 엔탈피가 다음과 같다고 가정할 때 가장 안정한 것은?

① $\Delta H_{HF} = -269 \text{kcal/mol}$

② $\Delta H_{HCl} = -92.30 \text{kcal/mol}$

③ $\Delta H_{HBr} = -36.2 \text{kcal/mol}$

④ $\Delta H_{HI} = 25.21 \text{kcal/mol}$

 생성 엔탈피가 작을수록 안정하다.

9

엔트로피(entropy) 증가란 엔탈피의 증가 상태에서 무엇으로 나눈 것인가?

① 질량   ② 절대 온도

③ 압력   ④ 유속

 엔트로피

엔탈피(dQ)를 절대 온도(T(K))로 나눈 값이다.

05 용액과 용액의 농도

1

0℃에서 어떤 물질이 녹아 있는 포화 수용액 100g이 있다. 이 수용액 중에 용질이 30g 녹아있다면 이 물질의 용해도는?

① 10.86

② 50.25

③ 42.86

④ 70.25

 해설 용해도는 용매 100g에 녹는 용질의 양이며, 용액은 용질(녹는 물질) + 용매(녹이는 물질)이다. 따라서, 용매 = 용액 − 용질 = 100 − 30 = 70g이다.

$$\therefore \text{용해도} = \frac{\text{용질}}{\text{용매}} \times 100 = \frac{30}{70} \times 100 = 42.86$$

2

40℃에서 어떤 물질은 그 포화 용액 84g 속에 24g 녹아 있다. 이 온도에서 이 물질의 용해도는?

① 30

② 40

③ 50

④ 60

 해설 $\text{용해도} = \dfrac{24}{84-24} \times 100 = 40$

3

질산칼륨의 용해도는 10℃에서 20, 100℃에서 247이다. 100℃에서 100g의 물에 질산칼륨을 포화시킨 후 10℃로 냉각시키면 몇 g의 질산칼륨이 석출되는가?

① 127g

② 147g

③ 227g

④ 267g

 해설 $347 : 227 = (100 + 247) : x$

$$\therefore x = 227g$$

4

80℃와 40℃에서 물에 대한 용해도가 각각 50, 30인 물질이 있다. 80℃의 이 포화 용액 75g을 40℃로 냉각시키면 몇 g의 물질이 석출되겠는가?

① 25

② 20

③ 15

④ 10

해설 ⊙ 80℃에서의 용해도가 50이다.

80℃에서 용매 100g에 녹을 수 있는 용질의 최대량은 50g이다.

∴ 80℃의 포화 용액 75g은 용매 50g과 용질 25g이다.

ⓒ 40℃에서의 용해도가 30이다.

40℃에서 용매 100g에 녹을 수 있는 용질의 최대량은 30g이다.

∴ 40℃에서 용매 50g에는 15g의 용질이 녹아 있다.

→ 따라서 80℃에서 40℃로 냉각시키면 $(25-15)g = 10g$이 석출된다.

5

다음 중 용해도의 정의로 옳은 것은?

① 용매 1L에 녹는 용질의 몰수

② 용매 1,000g에 녹는 용질의 몰수

③ 용매 100g 중에 녹아 있는 용질의 g수

④ 용매 100g 중에 녹아 있는 용질의 g당량수

해설 용해도

용매 100g 중에 녹아 있는 용질의 g수

6

20℃에서 NaCl의 용해도는 36이다. 20℃에서 NaCl 포화 용액인 것은?

① 용액 100g 중에 NaCl이 35g 녹아 있을 때

② 용액 100g 중에 NaCl이 36g 녹아 있을 때

③ 용액 136g 중에 NaCl이 36g 녹아 있을 때

④ 용액 100g 중에 NaCl이 136g 녹아 있을 때

해설 용해도

일정한 온도에서 용매 100g에 녹일 수 있는 용질의 최대 g수

∴ $36 = \dfrac{36g}{100g} \times 100$

7

다음 중 질산칼륨(KNO_3)의 포화 용액을 불포화 용액으로 만들 수 있는 조건은?

① 압력을 가한다.

② 온도를 올린다.

③ 용질을 가한다.

④ 물을 증발시킨다.

해설 포화 용액 $\xrightarrow{\text{가열}}$ 불포화 용액

정답 **5.** ③ **6.** ③ **7.** ②

8

그림은 어떤 염에 대한 용해도 곡선과 녹아 있는 상태를 A, B, C로 나타낸 것이다. 다음 설명 중 옳지 않은 것은?

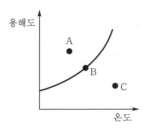

① 점 A는 과포화 상태를 표시한다.
② 점 C는 불포화 상태를 표시한다.
③ 점 B는 포화 상태를 표시한다.
④ 점 B에서의 포화 용액을 가열하면 과포화 용액이 된다.

🌱해설 점 B에서의 포화 용액을 가열하면 불포화 용액이 된다.

9

다음 중 고체 물질이 물에 녹을 때 온도가 높아지면 용해도가 감소하는 것은?

① 소금
② 질산칼륨
③ 염화칼슘
④ 수산화칼슘

🌱해설 NaCl의 용해도는 온도의 영향을 거의 받지 않으며 $Ca(OH)_2$, Na_2SO_4는 발열 반응이므로 온도가 상승함에 따라 오히려 용해도는 감소한다.

10

극성인 용매 P와 비극성 용매 N이 있다. 다음 중 옳은 것은?

① P와 N은 서로 섞인다.
② P는 물에 섞인다.
③ CCl_4는 P와 N에 섞인다.
④ NaCl은 P와 N에 녹는다.

🌱해설 극성은 극성끼리, 무극성은 무극성끼리 녹는다.

11

물, 벤젠, 석유의 3가지 용매가 있다. 이 중 서로 혼합되는 것으로만 짝지어진 것은?

① 물, 벤젠
② 물, 석유
③ 벤젠, 석유
④ 물, 벤젠, 석유

🌱해설 ㉠ 물−극성 용액
ㄴ 벤젠, 석유−무극성 용액

12

다음 중 극성 분자는?

① H_2 ② O_2
③ H_2O ④ CH_4

 ①, ②, ④는 비극성(무극성) 분자이다.

13

다음 중 비극성 분자는?

① HF   ② H_2O
③ NH_3 ④ CH_4

 ㉠ 극성 분자 : HF, NH_3, H_2O
㉡ 무극성 분자 : CH_4, CCl_4, CO_2, Cl_2

14

다음 중 물에 대한 용해도가 가장 작은 것은?

① HCl   ② NH_3
③ CO_2 ④ HF

 물은 극성이며, 극성 물질은 극성 용매에 잘 녹는다. CO_2는 무극성이다.

15

기체의 용해도는 다음 어느 경우에 커지는가?

① 온도·압력이 모두 낮을 때   ② 온도·압력이 모두 높을 때
③ 온도가 낮고, 압력이 높을 때   ④ 온도는 높고, 압력이 낮을 때

 기체의 용해도는 온도가 낮고, 압력이 높을 때 커진다.
예 고압 gas

16

탄산음료수의 병마개를 개방하면 왜 거품(기포)이 솟아오르는가?

① 수증기가 생기기 때문이다.
② 이산화탄소가 분해하기 때문이다.
③ 온도가 올라가게 되어 용해도가 증가하기 때문이다.
④ 액체 위의 압력이 줄어들어 용해도가 줄기 때문이다.

 헨리의 법칙 적용의 예이다.

정답   **12.** ③ **13.** ④ **14.** ③ **15.** ③ **16.** ④

17 찬물을 컵에 담아서 더운 방에 놓아두었을 때 유리와 물의 접촉면에 기포가 생기는 이유
로 가장 옳은 것은?

① 물의 증기 압력이 높아지기 때문에

② 접촉면에서 수증기가 발생하기 때문에

③ 방 안의 이산화탄소가 녹아들어가기 때문에

④ 온도가 올라갈수록 기체의 용해도가 감소하기 때문에

 기체의 용해도 : 온도가 올라감에 따라 줄어드나 압력을 올리면 용해도가 커진다.

예 찬물을 컵에 담아서 더운 방에 놓아두었을 때 유리와 물의 접촉면에 기포가 생기는 이유

18 다음 중 헨리의 법칙에 따르지 않는 기체는?

① 이산화탄소　　　　　② 수소

③ 질소　　　　　　　　④ 암모니아

 헨리의 법칙

기체의 용해도 법칙으로서 일정 온도에서 일정량의 액체에 녹는 기체의 질량은 압력에 정비례한다.
그러나 부피는 압력에 관계 없이 항상 일정하다.

㉠ 물에 약간 녹는 기체(헨리의 법칙에 따름) : CO_2, O_2, N_2, H_2 등

㉡ 물에 잘 녹는 기체(헨리의 법칙에 따르지 않음) : NH_3, HCl, SO_2, H_2S 등

19 용해도가 그다지 크지 않은 기체가 있다. 압력이 P일 때 일정량의 액체에 $a(g)$의 기체
가 녹으면 압력 nP일 때는 몇 g 녹는가?

① $\dfrac{a}{n}$　　　　　　　② na

③ a　　　　　　　　④ $\dfrac{a}{\sqrt{n}}$

헨리의 법칙

기체의 용해도 법칙으로서 일정 온도에서 일정량의 액체에 녹는 기체의 질량은 압력에 정비례한다.

20 압력이 P일 때 녹는 기체의 부피를 V(mL)라고 하면, 압력이 nP일 때 녹는 부피는?

① V/n　　　　　　　② nV

③ V　　　　　　　④ n/nV

헨리의 법칙

기체의 용해도 법칙으로서 일정 온도에서 일정량의 액체에 녹는 기체의 질량은 압력에 정비례한다.
그러나 부피는 압력에 관계 없이 항상 일정하다.

21

> 물 100g에 10g의 소금이 용해되어 있다. 소금물은 몇 % 농도인가?
>
> ① 11% ② 10.1% ③ 10% ④ 9.1%

해설 % 농도(중량 백분율)

용액 속에 녹아 있는 용질의 양(g수)을 %로 나타낸 농도

$$\therefore \% \text{ 농도} = \frac{\text{용질}}{\text{용액}} \times 100 = \frac{\text{용질}}{\text{용매} + \text{용질}} \times 100 = \frac{10}{100 + 10} \times 100 = 9.1\%$$

22

> 다음 중 순황산 9.8g을 물에 녹여 전체 부피가 500mL가 되게 한 용액은 몇 M인가?
>
> ① 0.2 ② 0.4 ③ 2 ④ 4

해설 M 농도 $= \dfrac{\text{용질의 무게}}{\text{용질의 분자량}} \times \dfrac{1,000}{\text{용액의 부피(mL)}} = \dfrac{9.8}{98} \times \dfrac{1,000}{500} = \dfrac{9,800}{49,000} = 0.2\text{M}$

23

> 20% HCl(비중 1.10)은 몇 M 농도인가?
>
> ① 3 ② 5 ③ 6 ④ 9

해설 $M = 1,000 \times \text{비중} \times \% \div \text{용질의 분자량}$

$= 1,000 \times 1.10 \times \dfrac{20}{100} \div 36.5 = 6$

24

> 물 100g에 분자량이 100인 용질 10g을 녹였다. 이 용액의 농도는?
>
> ① 10% 농도 ② 1몰분율 농도
> ③ 1노르말 농도 ④ 1몰랄 농도

해설 무게/분자량 = 10/100 = 0.1mole이 물 100g에 녹아 있으므로 물 1,000g에는 1mole이 녹게 되며, 용액의 농도는 1몰랄 농도가 된다.

25

> 물 500g 중에 설탕($C_{12}H_{22}O_{11}$) 171g이 녹아 있는 설탕물의 몰랄 농도는?
>
> ① 2.0 ② 1.5 ③ 1.0 ④ 0.5

해설 몰랄 농도 $= \dfrac{\text{용질의 무게}(W)}{\text{용질의 분자량}(M)} \times \dfrac{1,000}{\text{용매의 무게(g)}}$

$= \dfrac{171\text{g}}{(12 \times 12 + 22 + 16 \times 11)\text{g}} \times \dfrac{1,000}{500} = 1$

정답 **21.** ④ **22.** ① **23.** ③ **24.** ④ **25.** ③

26

다음 중 순황산 9.8g을 물에 녹여 전체 부피가 500mL가 되게 한 용액은 몇 N인가?

① 0.2   ② 0.4   ③ 2   ④ 4

해설 500mL 속에 H_2SO_4 9.8g이므로

$$500:9.8=1,000:x \quad \therefore x=19.6$$

$$\therefore N\ \text{농도}=\frac{19.6}{49}=0.4\text{N}$$

27

비중이 1.84이고 무게 농도가 96%인 진한 황산(분자량=98g)의 N 농도는 대략 얼마인가?

① 1.8M   ② 3.6M   ③ 18M   ④ 36M

해설 $1,000\times1.84\times\dfrac{96}{100}\div49=36\text{M}$

28

45% NaOH 용액의 비중은 1.20이다. 이 용액의 노르말 농도(N)는?

① 6.75   ② 13.5

③ 20.25   ④ 27

해설 $N=1,000\times\text{비중}\times\%\div\text{용질의 g당량수}$

$$=1,000\times1.2\times\frac{45}{100}\div40=13.5\text{N}$$

29

밀도 1.2g/mL인 36.25% 아세트산의 규정 농도(N)는? (단, 아세트산의 분자량은 60이다.)

① 5.25   ② 7.25   ③ 8.6   ④ 9.12

해설 규정(N) 농도와 % 농도와의 관계

$$N\ \text{농도}=\frac{\text{비중}\times10\times\%\ \text{농도}}{\text{g 당량수}}=\frac{1.2\times10\times36.25}{60}=7.25\text{N}$$

30

10%의 NaOH에서 1N 용액 100mL 만들고자 할 때 옳은 방법은?

① 원용액 40g에 60mL의 물을 가한다.

② 원용액 40g에 물을 가하여 100mL로 한다.

③ 원용액 40mL에 60mL의 물을 가한다.

④ 원용액 40mL에 물을 가하여 100mL로 한다.

🌱해설 1N-NaOH 100mL 속에는 NaOH 4g이 포함되며, NaOH 용액은 10%이므로 4/0.1=40g이 필요하다. 따라서 원용액 40g에 물을 가하여 100mL로 만들면 1N 용액이 된다.

31 물 2.5L 중에 어떤 불순물이 10mg 함유되어 있다면 약 몇 ppm으로 나타낼 수 있는가?

① 0.4   ② 1   ③ 4   ④ 40

🌱해설 $\dfrac{10mg}{2.5L}$=4mg/L=4ppm

32 50ppm 농도로 100mL 용액을 만들려고 한다. 물에 녹일 시료의 양은?

① 3mg   ② 5mg   ③ 10mg   ④ 13mg

🌱해설 50ppm 농도 100mL는

50ppm=$\dfrac{50mg}{1L}$ 즉, $\dfrac{5mg}{100mL}$ 이다.

33 용질이 비전해질일 때 비등점 상승도는 다음 중 어느 것에 비례하는가?

① g 수   ② g 당량수   ③ 분자량   ④ 분자수

🌱해설 빙점 강하도와 비등점 상승도는 용질의 몰수에 비례하며, 몰수의 비와 분자수의 비는 같다(라울의 법칙).

34 같은 몰 농도의 비전해질 용액은 같은 몰 농도의 전해질 용액보다 비등점 상승도의 변화 추이는?

① 크다.
② 작다.
③ 같다.
④ 물질에 따라 클 때도 있고 작을 때도 있다.

🌱해설 전해질은 비전해질보다 비등점 상승도의 변화가 크다.

35 25.0g의 물속에 2.85g의 설탕(분자량 : 342)이 녹아 있는 용액의 끓는점은 약 몇 ℃인가? (단, 물의 분자 상승(몰 오름)은 0.513이다.)

① 102.2   ② 101.2   ③ 100.2   ④ 103.2

정답 **31.** ③ **32.** ② **33.** ④ **34.** ② **35.** ③

해설 $\triangle T_b$(끓는점 오름)$= K_b \times m = 0.513 \times 0.33 = 0.17$

m은 몰랄 농도 $= \dfrac{\frac{2.85}{342}}{0.025\,\mathrm{kg}} = 0.33\,\mathrm{m}$

∴ 끓는점 $100 + 0.17 = 100.17 ≒ 100.2℃$

36

물 200g에 아세톤 2.9g을 녹인 용액의 빙점은? (단, 아세톤의 분자량 58, 물의 몰 내림은 1.86이다.)

① $-0.465℃$ ② $-0.932℃$

③ $-1.871℃$ ④ $-2.453℃$

해설 $\Delta T_f = \dfrac{2.9}{58} \times \dfrac{1,000}{200} \times 1.86 = -0.465℃$

37

어떤 물질 1.5g을 물 75g에 녹인 용액의 어는점이 $-0.310℃$이다. 이 물질의 분자량은? (단, 물의 어는점 계수는 1.86이다.)

① 180   ② 150

③ 120   ④ 100

해설 비전해질의 분자량 측정법

라울의 법칙에 의해 비전해질과 비휘발성 물질의 용액의 비등점 상승도(ΔT_b)와 빙점 강하도(ΔT_f)는 몰랄 농도(m 농도)에 비례하므로 분자량을 계산할 수 있다.

$\triangle T_b = m \times K_b$

m 농도 $= \dfrac{\text{용질의 무게}(W)}{\text{용질의 분자량}(M)} \times \dfrac{1,000}{\text{용매의 무게}\,A(\text{g수})}$

∴ $\Delta T_b = \dfrac{W}{M} \times \dfrac{1,000}{A} \times K_b$

즉, $M(\text{분자량}) = \dfrac{1,000 \times W \times K_b}{A \cdot \Delta T_b} = \dfrac{1,000 \times 1.5 \times 1.86}{75 \times 0.31} = 120$

38

다음 수용액 중 가장 빙점이 낮은 것은?

① 포도당 0.1몰/L   ② 식초산 0.1몰/L

③ NaCl 0.1몰/L   ④ $CaCl_2$ 0.1몰/L

해설 같은 몰수에서는 비전해질보다 전해질의 빙점이 낮고, 전해질끼리는 이온의 수가 많은 것이 빙점이 낮다. 이온수가 가장 많은 것은 $CaCl_2$이다. 그러므로 $CaCl_2$가 가장 빙점이 낮다.

39

27℃에서 9g의 비전해질을 녹인 수용액 500cc가 나타내는 삼투압은 7.4기압이었다. 이 물질의 분자량은?

① 70

② 60

③ 40

④ 15

 해설 반트 호프의 법칙(Van't Hoff law)

비전해질인 묽은 용액의 삼투압(P)은 용매와 용질의 종류에 관계 없이 용액의 몰 농도와 절대 온도에 비례한다. 따라서, 어떤 물질 n몰이 $V(L)$ 중에 녹아 있을 때의 농도는 n/V(몰/ L)이 되므로 관계식은 다음과 같다.

$PV = nRT = \dfrac{W}{M}RT$ 이므로

$\therefore M = \dfrac{WRT}{PV} = \dfrac{9 \times 0.082 \times (273 + 27)}{7.4 \times 0.5} = 60$

40

730mmHg, 100℃에서 257mL 부피의 용기 속에 어떤 기체가 채워져 있으며 그 무게는 1.671g이다. 이 물질의 분자량은 약 얼마인가?

① 28

② 56

③ 207

④ 257

 해설 $PV = \dfrac{W}{M}RT$ 이므로

$\therefore M = \dfrac{WRT}{PV}$

$= \dfrac{1.671\text{g} \times (0.082\text{atm} \cdot \text{L/K} \cdot \text{mol}) \times (100 + 273)\text{K}}{(730/760)\text{atm} \times 0.257\text{L}} = 207.04 ≒ 207$

41

다음 중 고분자 물질의 분자량 측정에 이용되는 법칙은?

① 라울의 법칙

② 보일의 법칙

③ 그레이엄의 법칙

④ 반트 호프의 법칙

해설 반트 호프의 법칙(Van't Hoff law)

비전해질인 묽은 용액의 삼투압(P)은 용매와 용질의 종류에 관계 없이 용액의 몰 농도와 절대 온도에 비례한다. 따라서, 어떤 물질 n몰이 $V(L)$ 중에 녹아 있을 때의 농도는 n/V(몰/ L)이 되므로 관계식은 다음과 같다.

$\therefore PV = nRT = \dfrac{W}{M}RT$

일반적으로 반트 호프에 의한 삼투압은 단백질, 녹말, 고무 등 고분자 물질의 분자량 측정에 이용한다.

42

콜로이드 용액에 대한 다음 설명 중 옳지 않은 것은?

① 콜로이드 용액은 틴들 현상을 보인다.

② 콜로이드 입자의 지름은 대략 $0.001 \sim 0.1 \mu m$이다.

③ 콜로이드 입자는 $(+)$ 혹은 $(-)$로 대전되어 있다.

④ 콜로이드 용액은 거름종이와 투석막을 통과한다.

해설 콜로이드 용액은 거름종이를 통과하지만, 투석막을 통과하지는 못한다.

43

먹물 속에 아교를 넣는 이유는?

① 콜로이드 입자를 보호하기 위해서

② 색깔을 진하게 하기 위해서

③ 건조성을 좋게 하기 위해서

④ 탈색을 방지하기 위해서

해설 **콜로이드의 종류**
  ㉠ 소수 콜로이드 : 물과의 친화력이 작고, 소량의 전해질에 의해 응석이 일어나는 콜로이드
     예 주로 무기 물질로서 금, 백금, 탄소, 황, $Fe(OH)_3$, $Al(OH)_3$ 등의 콜로이드
  ㉡ 친수 콜로이드 : 물과의 친화력이 크고, 다량의 전해질에 의해 염석이 일어나는 콜로이드
     예 주로 유기 물질로서 녹말, 단백질, 비누, 한천, 젤라틴 등의 콜로이드
  ㉢ 보호 콜로이드 : 불안정한 소수 콜로이드에 친수 콜로이드를 가하면 친수 콜로이드가 소수 콜로이드를 둘러싸서 안정하게 되며, 전해질을 가하여도 응석이 잘 일어나지 않도록 하는 콜로이드
     예 먹물 속의 아교, 잉크 속의 아라비아 고무 등

44

콜로이드의 엉김(coagulation)을 일으키는 데 효과가 가장 큰 것은?

① $NaCl$ ② $Al_2(SO_4)_3$

③ $BaCl_2$ ④ $CaCl_2$

해설 $Al_2(SO_4)_3$는 응집제이므로 엉김(coagulation)을 일으킨다.

45

점토의 콜로이드는 $(-)$로 하전되어 있다. 점토에 의해 탁해진 흙탕물을 맑게 하는 데 효과적인 것은?

① 질산칼륨   ② 염화칼슘

③ 백반   ④ 소금

해설 백반은 점토에 의해 탁해진 흙탕물을 맑게 한다.

46

우유와 같이 액체가 분산되어 있을 때를 무엇이라고 하는가?

① 서스팬션

② 에멀젼

③ 소수 콜로이드

④ 친수 콜로이드

해설 에멀젼(emulsion)이란 우유와 같이 액체가 분산되어 있을 때이다.

47

콜로이드의 정제에 이용되는 것은?

① 틴들 현상

② 투석

③ 삼투 현상

④ 브라운 운동

해설 투석이란 반투막을 이용하여 보통 분자나 이온과 콜로이드 입자를 분리시키는 방법이다.

48

굴뚝에서 나오는 연기를 하전된 판 사이로 통과시킴으로써 연기를 제거할 수 있는 것은 콜로이드의 어떤 성질을 이용한 것인가?

① 틴들 현상   ② 브라운 운동   ③ 투석법   ④ 전기 영동

해설 전기 영동이란 콜로이드 용액에 (+), (−)의 전극을 넣고 직류 전압을 걸어 주면 콜로이드 입자가 어느 한쪽 극으로 이동하는 현상이다.

49

콜로이드 입자가 (+) 또는 (−)로 대전하고 있기 때문에 일어나는 전기적인 현상은?

⑦ 전기 영동   ⑭ 브라운 운동

⑭ 염석   ⑭ 투석(다이알리시스)

⑭ 틴들 현상

① ⑦, ⑭   ② ⑭, ⑭   ③ ⑭, ⑭   ④ ⑦, ⑭, ⑭

해설 콜로이드 용액의 성질

㉠ 전기 영동 : 콜로이드 용액에 (+), (−)에 전극을 넣고 직류 전압을 걸어 주면 콜로이드 입자가 어느 한쪽 극으로 이동하는 현상

㉡ 브라운(Brown) 운동 : 콜로이드 입자가 용매 분자의 불균일한 충돌을 받아서 불규칙한 운동을 하는 현상

㉢ 응석과 염석 : 콜로이드 용액에 전해질을 넣어 주었을 때 침전하는 현상

㉣ 투석(dialysis) : 반투막을 이용하여 보통 분자나 이온과 콜로이드 입자를 분리시키는 조작 방법

㉤ 틴들(tyndall) 현상 : 콜로이드 입자의 산란성에 의해 빛의 진로가 보이는 현상

㉥ 흡착 : 콜로이드 입자는 그 무게에 비하여 표면적이 대단히 크므로 흡착력이 강해 수질 오염의 정제에 이용하는 방법

정답 46. ② 47. ② 48. ④ 49. ①

50

비누나 두부를 만들 때 진한 소금물이나 간수를 가하는 것은 콜로이드의 어떤 성질을 이용한 것인가?

① 브라운 운동　　　　　　　② 틴들 현상

③ 전기 분해　　　　　　　　④ 염석

해설 염석이란 다량의 전해질로 콜로이드를 침전시키는 것을 말한다.

02 원자 구조 및 화학 결합

01 원자 구조

1-1 원자의 구성 입자

(1) 원자 구조

① 원자는 (+)전기를 띤 원자핵과 그 주위에 구름처럼 퍼져 있는 (−)전기를 띤 전자로 되어 있다(원자의 크기는 10^{-8}cm 정도).

② 원자핵은 (+)전기를 띤 양성자와 전기를 띠지 않는 중성자로 되어 있다(크기는 10^{-12}cm 정도).

⊕ : 양성자
○ : 중성자
∵ : 중간자
⊖ : 전자

원자 ┬ 원자핵 ┬ 양성자(+)
    │   └ 중성자
    └ 전자(−)

‖ 원자의 구조 ‖

〈원자의 구성 입자〉

소립자		전 하	실제 질량	원자량 단위	기 호	발견자	비 고
원자핵	양성자 (proton)	(+)	1.673×10^{-24}g	1(가정)	P 또는 $_1^1$H	러더퍼드 (Rutherford) (1919)	원자 번호를 정함
	중성자 (neutron)	중성	1.675×10^{-24}g	1	n 또는 $_0^1$n	채드윅 (Chadwick) (1932)	
전자(electron)		(−)	9.11×10^{-28}g	양성자의 $\dfrac{1}{1,840}$	e^-	톰슨 (Thomson) (1898)	양성자수와 같음

(2) 원자 번호와 질량수

① 원자 번호 : 중성 원자가 가지는 양성자수
   원자 번호 = 양성자수 = 전자수

② 질량수 : 원자핵의 무게로 양성자와 중성자의 무게를 각각 1로 했을 경우 상대적인 질량값

질량수 = 양성자수 + 중성자수

예) $^{39}_{19}K$

1. 질량수 : 39
2. 양성자수(원자 번호＝전자수) : 19
3. 중성자수 : 20

(3) 동위 원소(동위체)와 동중 원소(동중체)

① 동위 원소

양성자수는 같으나 질량수가 다른 원소, 즉 중성자수가 다른 원소이다.

동위 원소는 핵의 전자수가 같으므로 화학적 성질은 같고, 질량수가 달라 물리적 성질은 서로 다르다.

예) 수소(H)의 동위 원소

^1_1H(경수소), ^2_1D(중수소), ^3_1T(삼중수소)

> 예제) 염소는 2가지 동위 원소로 구성되어 있는 데 원자량이 35인 염소가 75% 존재하고, 37인 염소는 25% 존재한다고 가정할 때, 이 염소의 평균 원자량은?
>
> 풀이) 평균 원자량＝$35 \times 0.75 + 37 \times 0.25 = 35.5$
>
> 답) 35.5

② 동중 원소

원자 번호가 달라서 서로 다른 원소이나 질량수가 같은 원소, 즉 화학적 성질이 다른 원소

예) $^{14}_6C$와 $^{14}_7N$

1-2 전자 껍질과 전자 배열

(1) 전자 껍질

원자핵을 중심으로 하여 에너지 준위가 다른 몇 개의 전자층을 이루는데 이 전자층을 전자 껍질이라 하며, 주전자 껍질(K, L, M, N, … 껍질)과 부전자 껍질(s, p, d, f 껍질)로 나눈다.

〈전자 껍질의 종류〉

전자 껍질	K 껍질($n=1$)	L 껍질($n=2$)	M 껍질($n=3$)	N 껍질($n=4$)
최대 전자수($2n^2$)	2	8	18	32
부전자 껍질	$1s^2$	$2s^2$, $2p^6$	$3s^2$, $3p^6$, $3d^{10}$	$4s^2$, $4p^6$, $4d^{10}$, $4f^{14}$

① 부전자 껍질(s, p, d, f)에 수용할 수 있는 전자수는 s : 2개, p : 6개, d : 10개, f : 14개
② 주기율표의 족의 수 = 가전자수(화학적 성질을 결정)

주기율표의 주기수 = 전자 껍질의 수

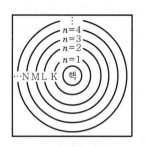

┃전자 껍질의 예┃

(2) 전자의 에너지 준위

전자 껍질을 전자의 에너지 상태로 나타낼 때를 전자의 에너지 준위라 한다.

① 주전자 껍질은 핵에서 가까운 층으로부터 에너지 준위(n : 주 양자수) 1, 2, 3, 4, ⋯ 또는 K, L, M, N, ⋯ 층으로 나눈다.

② 각 층에 들어갈 수 있는 전자의 최대수는 $2n^2$이다.

③ 전자의 에너지 준위 크기는 K<L<M<N ⋯ 순이다.

(3) 가전자(최외각 전자)

전자 껍질에 전자가 채워졌을 때 제일 바깥 전자 껍질에 들어 있는 전자로서 최외각 전자라고 하며, 그 원자의 화학적 성질을 결정한다.

> 예제 염소, 요오드의 최외각 전자수는?
>
> 답 7개

> 참고 ☞ 팔우설(octet rule)
> ──────────────────────
> 모든 원자들은 주기율표 0족에 있는 비활성 기체(Ne, Ar, Kr, Xe 등)와 같이 최외각 전자 8개를 가져서 안정되려는 경향(단, He은 2개의 가전자를 가지고 있으며 안정하다.)이 있다.

> 예제 게르마늄이 반응할 때, 다음 중 어떤 원소의 전자수와 같아지려고 하는가?
>
> 답 Kr

(4) 이온

중성 원자가 전자를 잃어서 (+)이온이 되고, 전자를 얻어서 (−)이온이 되는 것은 최외각 전자가 옥테드(전자수 8개)를 이루어 불활성 기체와 같이 안정하게 되는 것이다.

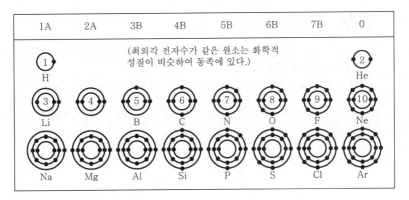

‖ 원자의 전자 배열(1, 2, 3, …은 주기율표의 족 번호) ‖

(5) 궤도 함수(오비탈, orbital)

원자핵 주위에 분포되어 있는 전자의 확률적 분포 상태

오비탈의 이름	s-오비탈	p-오비탈	d-오비탈	f-오비탈
전자수	2	6	10	14
오비탈의 표시법	s^2	p^6	d^{10}	f^{14}
	⇅	↑↓ ↑↓ ↑↓	↑↓ ↑↓ ↑↓ ↑↓ ↑↓	↑↓ ↑↓ ↑↓ ↑↓ ↑↓ ↑↓ ↑↓

(6) 오비탈의 전자 배열

원자의 전자 배열 순서(에너지 준위의 순서)는 다음과 같다.

$1s < 2s < 2p < 3s < 3p < 4s < 3d < 4p < 5s$ …순으로 전자가 채워진다.

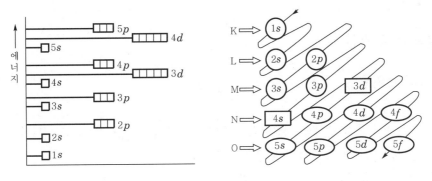

‖ 오비탈의 에너지 준위 ‖   ‖ 오비탈의 전자 배열 순서 ‖

🔺 1. $_{17}$Cl의 전자 배열 : $1s^2 \ 2s^2 \ 2p^6 \ 3s^2 \ 3p^5$
　　2. $_{19}$K의 전자 배열 : $1s^2 \ 2s^2 \ 2p^6 \ 3s^2 \ 3p^6 \ 4s^1$

참고 ↗ 훈트(Hunt)의 법칙

같은 에너지 준위의 오비탈이 여러 개가 있고 여기에 여러 개의 전자가 들어갈 때에는 모든 오비탈에 분산되어 들어가는 성질

1. p 오비탈에 전자가 채워지는 순서 : ① ④ ② ⑤ ③ ⑥

2. 부대 전자 : s, p, d, f 등의 오비탈에 전자가 들어갈 때 쌍을 이루지 않고 혼자 있는 전자

예 $_8O : 1s^2$ 2 s^2 2 p^4

↑↓ ↑↓ ↑↓ ↑ ↑ : 부대 전자 2개

(7) 전자 배치의 원리

① 파울리(Pauli)의 배타 원리

한 원자에서 네 양자수가 똑같은 전자가 2개 이상 있을 수 없다. 즉 한 오비탈에는 전자가 2개까지만 배치된다.

② 훈트(Hunt)의 규칙

같은 에너지 준위의 오비탈에는 먼저 전자가 각 오비탈에 1개씩 채워진 후, 두 번째 전자가 채워진다. 그러므로 홀전자수가 많을수록 에너지가 안정한 전자 배치가 된다.

③ 쌓음의 원리

전자는 낮은 에너지 준위의 오비탈부터 차례로 채워진다.

02 원소의 주기율

2-1 원소의 주기율

(1) 원소의 주기율

① 주기율

원소를 원자 번호 순으로 배열하면 성질이 비슷한 원소가 주기적으로 나타나는 성질

② 멘델레예프(Mendeleev)의 주기율표

원소를 원자량 순으로 배열한 주기율표

③ 모즐리(Moseley)의 주기율표

원소를 원자 번호 순으로 배열한 주기율표(현재 사용)

(2) 주기율표

주기율에 따라 원소를 배열한 표

① 족(group)

　　주기율표의 세로줄을 족(group)이라 하며, 1족부터 7족까지와 0족이 있음

　　㉮ 족(group)은 최외각 전자(가전자)를 결정

　　㉯ 같은 족의 원소를 동족 원소(동족 원소는 가전자수가 같기 때문에 화학적 성질이 비슷)

② 주기(period)

　　주기율표의 가로줄을 주기(period)라 하며, 1~7주기가 있고 전자 껍질을 결정

　　㉮ 단주기형 주기표 : 2주기와 3주기의 8개의 원소를 기준으로 만든 것

　　㉯ 장주기형 주기표 : 4주기와 5주기의 18개의 원소를 기준으로 만든 것

　　같은 주기에 있는 원소들은 왼쪽에서 오른쪽으로 갈수록 산화물들이 점점 산성이 강해진다.

주기 ＼ 족	1A	2A	3A	4A	5A	6A	7A	8			1B	2B	3B	4B	5B	6B	7B	0
1	1 H																	2 He
2	3 Li	4 Be											5 B	6 C	7 N	8 O	9 F	10 Ne
3	11 Na	12 Mg											13 Al	14 Si	15 P	16 S	17 Cl	18 Ar
4	19 K	20 Ca	21 Sc	22 Ti	23 V	24 Cr	25 Mn	26 Fe	27 Co	28 Ni	29 Cu	30 Zn	31 Ga	32 Ge	33 As	34 Se	35 Br	36 Kr
5	37 Rb	38 Sr	39 Y	40 Zr	41 Nb	42 Mo	43 Tc	44 Ru	45 Rh	46 Pd	47 Ag	48 Cd	49 In	50 Sn	51 Sb	52 Te	53 I	54 Xe
6	55 Cs	56 Ba	57~71 * 란타니드	72 Hf	73 Ta	74 W	75 Re	76 Os	77 Ir	78 Pt	79 Au	80 Hg	81 Tl	82 Pb	83 Bi	84 Po	85 At	86 Rn
7	87 Fr	88 Ra	89~103 * * 악티니드															

* 란탄계	57 La	58 Ce	59 Pr	60 Nd	61 Pm	62 Sm	63 Eu	64 Gd	65 Tb	66 Dy	67 Ho	68 Er	69 Tm	70 Yb	71 Lu
* * 악티늄계	89 Ac	90 Th	91 Pa	92 U	93 Np	94 Pu	95 Am	96 Cm	97 Bk	98 Cf	99 Es	100 FM	101 Md	102 No	103 Lr

‖ 장주기형 주기율표 ‖

(3) 전형 원소와 전이 원소

① 전형 원소

　　㉮ 전자 배열에서 s나 p 오비탈에서 전자가 채워지는 원소(1A, 2A족, 3B~7B족, 0족 원소)

　　㉯ 원자 번호 1~20번까지의 원소와 1~3주기의 원소

　　㉰ 전형 원소의 같은 족의 원자들은 가전자수(최외각 전자)가 같아 화학적 성질이 비슷하다.

② 전이 원소

㉮ 전자 배열에서 s 오비탈을 채우고 d나 f 오비탈에 전자가 채워지는 원소(3A~7A족, 8족, 1B, 2B족 원소)

㉯ 전이 원소의 특징

㉠ 착염을 잘 만들어 색이 있는 화합물을 만든다.

㉡ 활성이 적어 공업적으로 촉매로 많이 사용한다.

㉢ 두 종류 이상의 이온 원자가를 가진다.

　　예 $FeCl_2$(염화제1철)과 $FeCl_3$(염화제2철), Hg_2Cl_2(염화제1수은)과 $HgCl_2$(염화제2수은)

2-2 주기표에 의한 원소의 주기성

(1) 금속성과 비금속성

① 금속성

최외각의 전자를 방출하여 양이온으로 되려는 성질(전자를 잃고자 하는 성질)

② 비금속성

최외각의 전자를 받아들여 음이온으로 되려는 성질(전자를 얻고자 하는 성질)

(2) 원자 반지름과 이온 반지름

① 원자 반지름

㉮ 같은 주기에서는 Ⅰ족에서 Ⅶ족으로 갈수록 원자 반지름이 작아진다.

㉯ 같은 족에서는 원자 번호가 증가할수록 원자 반지름이 커진다(전자 껍질이 증가하기 때문이다).

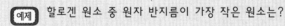

예제 할로겐 원소 중 원자 반지름이 가장 작은 원소는?

답 F

② 이온 반지름

㉮ 양이온은 원자로부터 전자를 잃어 이온 반지름이 원자 반지름보다 작아진다.

㉯ 음이온은 전자를 얻어서 전자가 서로 반발함으로써 이온 반지름이 원자 반지름보다 커진다.

참고 🔖 전자 친화력의 개념

기체 상태의 원자가 전자 1개를 받아들여 음이온으로 될 때 방출되는 에너지로서, 전자 친화력이 큰 원소일수록 음이온이 되기 쉽다.

(3) 이온화 에너지

중성인 원자로부터 전자 1개를 떼어 양이온으로 만드는 데 필요로 하는 최소한의 에너지이다.

① 이온화 에너지는 0족으로 갈수록 증가하고, 같은 족에서는 원자 번호가 증가할수록 작아진다. 즉, 비금속성이 강할수록 이온화 에너지는 증가한다.

② 이온화 에너지가 가장 작은 것은 I 족 원소인 알칼리 금속이다. 즉, 양이온이 되기 쉽다.

③ 이온화 에너지가 가장 큰 것은 0족 원소인 불활성 원소이다. 즉, 이온이 되기 어렵다.

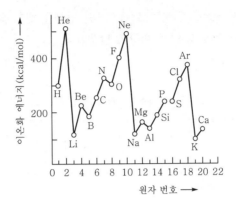

(4) 전기 음성도[폴링(Pauling)이 발견]

중성인 원자가 전자 1개를 잡아당기는 상대적인 수치이다.

① 전기 음성도는 비금속성이 강할수록 커진다.

(증가) F > O > N > Cl > Br > C > S > I > H > P (감소)

　　　　4.10　3.50　3.07　2.83　2.74　2.50　2.44　2.21　2.10　2.06

② 전기 음성도가 클수록 음이온의 비금속성이 커지며, 산화성이 큰 산화제가 된다.

2-3 원자핵 화학

(1) 방사성 원소의 종류와 성질

방사선	본 체	전기량	질 량	투과력	감광, 전리, 형광
α선	헬륨의 원자핵 $_2He^4$	$+2$	4	가장 약함	가장 강함
β선	전자(e^-)의 흐름	-1	H의 $\dfrac{1}{1,840}$	중간	중간
γ선	전기장의 영향을 받지 않아 휘어지지 않는 선	0	0	가장 강함	가장 약함

(2) 방사성 원소의 붕괴

① α 붕괴

방사성 원소가 α선을 방출하고 다른 원소로 되는 현상으로서, 원자 번호가 2 감소되며, 질량수는 4 감소한다(붕괴 원인은 He 원자핵의 방출).

② β 붕괴

방사성 원소에서 β선을 방출하고 다른 원소로 되는 현상으로서, 원자 번호는 1 증가하며, 질량수는 변화하지 않는다(붕괴 원인은 전자 방출).

③ γ 붕괴

방사성 원소에서 γ선을 방출하고 전기장의 영향을 받지 않아 휘어지지 않는 선으로, 원자 번호나 질량수가 변하지 않는 현상이 발생한다.

(3) 반감기

방사성 원소가 붕괴하여 다른 원소로 될 때 그 질량이 처음 양의 1/2이 되는데 걸리는 시간

$$m = M \times \left[\frac{1}{2} \right]^{\frac{t}{T}}$$

여기서, m : t 시간 후에 남은 질량

M : 처음 질량

t : 경과된 시간

T : 반감기

예제 방사성 동위 원소의 반감기가 20일 때 40일이 지난 후 남은 원소의 분율은?

풀이 $m = M \left(\frac{1}{2} \right)^{\frac{t}{T}}$

여기서, m : t 시간 후에 남은 질량

M : 처음 질량

t : 경과된 시간

T : 반감기

$\therefore m = M \left(\frac{1}{2} \right)^{\frac{40}{20}} = \frac{1}{4} M$

답 $\frac{1}{4} M$

---

(4) 원자핵 반응

① 원자핵 에너지(아인슈타인의 상대성 이론) : 질량 결손과 에너지와의 관계식

$$E = m c^2$$

여기서, E : 생성되는 에너지(erg), m : 질량 결손(g), c : 광속도(3×10^{10}cm/sec)

② 핵반응 : 원자핵이 자연적으로 붕괴되거나 고속도 입자로서 질량수, 기타 변화를 일으키는 것

③ 인공 변환 : 인공적으로 원자핵을 고속도 입자로서 충격을 가하면 핵 붕괴가 일어나서 새로운 원소를 만드는 조작을 원자핵의 인공 변환이라 한다.

참고　📍 입자의 가속 장치의 종류

1. 사이클로트론(cyclotron)　　　　　2. 싱클로트론(synclotron)
3. 코스모트론(cosmotron)　　　　　4. 베타트론(betatron)

④ 핵분열 : U에 속도가 느린 중성자(n)로 충격을 주면 원자 핵분열이 연쇄 반응으로 일어나며, 막대한 에너지가 생기는 반응(원자 폭탄의 원리)

　🔺 $^{235}_{92}U + ^{1}_{0}n \longrightarrow ^{92}_{36}Kr + ^{141}_{56}Ba + 에너지$

⑤ 핵융합 : 가벼운 원자핵 몇 개가 하나로 합쳐져 다른 종류의 원자핵으로 변하는 것(수소 폭탄의 원리)

　🔺 $^{2}_{1}D + ^{3}_{1}T \longrightarrow ^{4}_{2}He + ^{1}_{0}n + 에너지$

03　화학 결합

3-1 ▶ 화학 결합의 종류

(1) 이온 결합(ionic bond)

① 정의

양이온과 음이온의 정전 인력(전기적 인력이 작용하여 쿨롱의 힘)에 의해 결합하는 화학 결합
주로 전기 음성도의 차이가 심한(1.7 이상) 금속성이 강한 원소(1A, 2A족)와 비금속성이 강한 원소(6B, 7B족) 간의 결합을 말한다.

🔺 NaCl, KCl, BeF₂, MgO, CaO 등

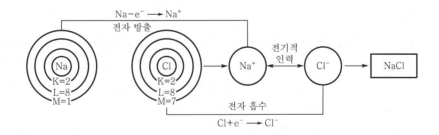

② 특성

㉮ 결합되는 물질은 분자가 존재하지 않는 이온성 결정으로 전기 전도성 등이 없으나, 용융되거나 수용액 상태에서는 전기 전도성이 있다.

㉯ 쿨롱의 힘에 의한 강한 결합이므로 융점(mp)이나 비등점(bp)이 높다.

㉰ 극성 용매(물, 암모니아 등)에 잘 녹는다.

참고 🚩 NaCl의 결정계

1. 입방정계(cubic) : 7정계의 하나로서 격자 정수 사이에 a=b=c, $\alpha=\beta=\gamma=90°$의 관계가 성립되며, 단위격자는 입방체, 단위격자의 대각선 방향으로 3회 회전축을 갖고 있고 a, b, c축 방향으로 2회 또는 4회 대칭축이 존재함. 이 정계의 공간 격자에는 단순 격자, 채심 격자, 면심 격자가 있음

2. 정방정계(tetragonal) : 전후 좌우에 직교하는 2개의 길이가 같은 수평축과 이것과 직교하는 길이가 다른 수직축을 가진 결정계 (예 NaCl)

3. 육방정계(hexagonal) : 한 평면상에서 서로 60°로 교차하는 같은 길이의 3개의 수평축과 이들과 직교하면서 길이가 다른 수직축을 가진 결정계

4. 단사정계(monoclinic) : 길이가 다른 a, b, c의 세 결정축을 가지며, 그 중에 서로 직교하는 a, b의 두 축과 b축과는 직교하나 a축과는 비스듬히 교차하는 c축으로 표시되는 결정계

(2) 공유 결합(covalent bond)

① 정의

안정된 물질 형태인 비활성 기체(0족 원소)의 전자 배열을 이루기 위해 두 원자가 서로 전자 1개 또는 그 이상을 제공하여 전자쌍을 서로 공유함으로써 이루어지는 결합이다.

주로 전기 음성도가 같은 비금속 단체나 전기 음성도의 차이가 심하지 않은(1.7 이하) 비금속과 비금속 간의 결합을 말한다.

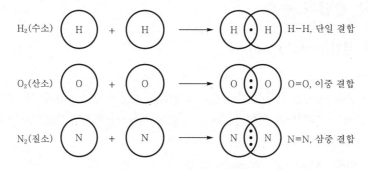

※ 전자쌍(:) 한 개는 결합선(－) 하나로 표시한다.

② 종류

㉮ 극성 공유 결합 : 전기 음성도가 다른 두 원자(또는 원자단) 사이에 결합이 이루어질 때 형성되며, 전기 음성도가 큰 쪽의 원자가 더 강하게 전자쌍을 잡아당기게 되어 분자가 전기적인 극성을 가지게 되는 공유 결합이며, 주로 비대칭 구조로 이루어진 분자

예 HF, HCl, NH_3, CH_3COOH, CH_3COCH_3 등

㉯ 비극성 공유 결합 : 전기 음성도가 같거나 비슷한 원자들 사이의 결합으로, 극성을 지니지 않아 전기적으로 중성인 결합으로, 단체(동종 이원자 분자) 및 대칭 구조로 이루어진 분자

예 Cl_2, O_2, F_2, CO_2, BF_3, CCl_4, C_2H_2, C_2H_4, C_2H_6, C_6H_6 등

③ 특성

㉮ 분자성 물질이므로 분자 간의 인력이 약하여 융점과 비등점이 낮다(다만, 그물 구조를 이루고 있는 다이아몬드, 흑연, 수정 등의 공유 결합 물질은 원자성 결정이므로 mp와 bp가 높다).

㉯ 모두 전기의 부도체이다.

㉰ 극성 용매(H_2O)에 잘 녹지 않으나 비극성 용매(C_6H_6, CCl_4, CS_2 등)에 잘 녹는다.

㉱ 반응 속도가 느리다.

> **참고　전기 음성도 차이에 의한 화학 결합**
>
> 1. 전기 음성도의 차이가 1.7보다 크면 극성이 강한 이온 결합
> 2. 전기 음성도의 차이가 1.7보다 작으면 극성 공유 결합
> 3. 전기 음성도의 차이가 비슷하거나 같으면 비극성 공유 결합

(3) 배위 결합(배위 공유 결합, coordinate covalent bond)

① 정의

공유할 전자쌍을 한쪽 원자에서만 일방적으로 제공하는 형식의 공유 결합으로 주로 착이온을 형성하는 물질이다(단, 배위 결합을 하기 위해서는 반드시 비공유 전자쌍을 가진 원자나 원자단이 있어야 한다).

비공유 전자쌍

② 종류

NH_4^+, H_3O^+, SO_4^{2-}, NO_3^-, $Cu(NH_3)_4^+$, $Ag(NH_3)_2^+$ 등

> **참고**
>
> 공유, 배위 결합을 모두 가지는 화합물 : [NH_4^+]

예 $N + 3H \xrightarrow{\text{공유}} NH_3$, $NH_3 + H^+ \xrightarrow{\text{배위}} [NH_4^+]$

(4) 금속 결합(metallic bond)

① 정의

금속의 양이온들이 자유 전자(free electron)와의 정전기적 인력에 의해 형성되는 결합이며, 모든 금속은 금속 결합을 한다.

② 특성

㉮ 자유 전자에 의해 열, 전기의 전도성이 크다.

㉯ 일반적으로 융점이나 비등점이 높다.

㉰ 금속 광택이 있고 연성, 전성이 크나 자유 전자에 의한 결합이므로 방향성이 없다.

(5) 수소 결합(hydrogen bond)

① 정의

전기 음성도가 매우 큰 F, O, N와 전기 음성도가 작은 H 원자가 공유 결합을 이룰 때 H 원자가 다른 분자 중의 F, O, N에 끌리면서 이루어지는 분자와 분자 사이의 결합이다.

예 HF, H_2O, NH_3, CH_3OH, CH_3COOH, 4℃의 물이 얼음의 밀도보다 큰 이유 등

② 특성

㉮ 전기 음성도의 차이가 클수록 극성이 커지며, 수소 결합이 강해진다.

㉯ 분자 간의 인력이 커져서 같은 족의 다른 수소 화합물보다 비등점이 높고, 증발열도 크다.

  예 물(H_2O)의 비등점은 100℃, 산소(O) 원자 대신에 같은 족의 황(S) 원자를 바꾼 황화수소(H_2S)는 분자량이 큼에도 불구하고 비등점이 −61℃이다.

(6) 반 데르 발스 결합(van der Waals bond)

① 정의

분자와 분자 사이에 약한 전기적 쌍극자에 의해 생기는 반 데르 발스 힘으로 액체나 고체를 이루는 분자 간의 결합이다.

  예 요오드(I_2), 드라이아이스(CO_2), 나프탈렌, 장뇌 등의 승화성 물질

② 특성

㉮ 결합력이 약하여 가열하면 결합이 쉽게 끊어지는 승화성을 갖는다.

㉯ 분자 간의 결합력이 약해 일반적으로 융점이나 비등점이 낮다.

참고 🚩 **결합력의 세기**

1. 공유 결합(그물 구조체) > 이온 결합 > 금속 결합 > 수소 결합 > 반 데르 발스 결합
2. 공유 결합 : 수소 결합 : 반 데르 발스 결합 = 100 : 10 : 1

3-2 분자 궤도 함수와 분자 구조

(1) 분자 궤도 함수

공유 결합 물질에서 공유 결합을 하는 물질들은 전자를 서로 공유함으로써 새로운 전자 구름을 형성하게 되는데, 이 새로운 전자 구름을 분자 궤도 함수라 한다.

(2) 분자 궤도 함수와 분자 모형

분자 궤도 함수	s 결합	sp 결합	sp^2 결합	sp^3 결합	p^3 결합	p^2 결합	p 결합
분자 모형	구형	직선형	평면 정삼각형	정사면체형	피라미드형	굽은형 (V자형)	직선형
결합각	180°	180°	120°	109° 28′	90~93°	90~92°	180°
화합물	H_2	$BeCl_2$ BeF_2 BeH_2 C_2H_2	BF_3 BH_3 C_2H_4 NO_3^-	CH_4 CCl_4 SiH_4 NH_4^+	PH_3 (93.3°) AsH_3 (91.8°) SbH_3 (91.3°) NH_3	H_2S (92.2°) H_2Se (90.9°) H_2Te (90°) H_2O	HF HCl HBr HI

04 화학 반응

4-1 화학 반응과 에너지

(1) 열화학 반응식

① 정의

물질이 화학 반응을 일으키는 경우에는 반드시 열의 출입(열의 발생 또는 흡수)이 따르며, 이 때 발생되는 열을 반응열(Q)이라 한다. 이와 같은 반응열을 포함시켜 나타낸 화학 반응식을 열화학 반응식이라 한다.

> **참고 열의 표시 방법**
> ────────────────────────────
> 1. 반응열(Q) : 화학 반응이 일어날 때 열이 발생 또는 흡수되는 에너지의 양(단위 : cal)
> 2. 엔탈피(H) : 어떤 물질이 생성되는 동안 그 물질 속에 축적된 에너지로서의 열 함량 (단위 : cal)
> 3. 반응 엔탈피(ΔH) : 엔탈피(enthalpy)의 변화된 차이
>   ∴ 생성 물질의 엔탈피−반응 물질의 엔탈피

② 화학 반응의 종류

㉮ 발열 반응 : 열이 발생하는 반응. 즉, 반응계 에너지>생성계 에너지, $\Delta H = (-)$, $Q = (+)$

$$H_2(g) + \frac{1}{2}O_2(g) \rightarrow H_2O(l) + 68.3\text{kcal}, \qquad \therefore \Delta H = -68.3\text{kcal}$$

㉯ 흡열 반응 : 열을 흡수하는 반응. 즉, 반응계 에너지<생성계 에너지, $\Delta H = (+)$, $Q = (-)$

$$\frac{1}{2}N_2(g) + \frac{1}{2}O_2(g) \rightarrow NO - 21.6\text{kcal}, \qquad \therefore \Delta H = +21.6\text{kcal}$$

㉰ 반응열과 안정성 : 화학 반응에서 방출하는 반응열이 클수록 생성 물질은 안정하다. 즉, 엔탈피가 적어질수록 안정하다.

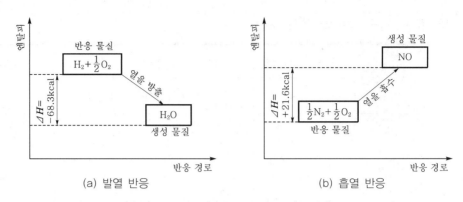

┃ **화학 반응에 따른 엔탈피의 변화** ┃

(2) 반응열의 종류

화학 변화에 수반되어 발생 또는 흡수되는 에너지의 양을 반응열(Q)이라 하며, 일정량의 물질이 25℃, 1기압에서 반응할 때 발생 또는 흡수되는 열량으로 표시한다.

① **생성열**(heat of formation) : 물질 1몰이 그 성분 원소의 단체로부터 생성될 때 발생 또는 흡수되는 에너지(열량)

$$H_2 + \frac{1}{2}O_2 \rightarrow H_2O\,(l) + 68.3\text{kcal}, \qquad \therefore \Delta H = -68.3\text{kcal}$$

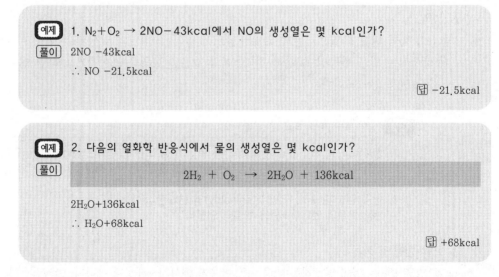

② **분해열**(heat of decomposition) : 물질 1몰을 그 성분 원소로 분해하는 데 발생 또는 흡수하는 에너지(열량)

$$H_2O\,(l) \rightarrow H_2(g) + \frac{1}{2}O_2(g) - 68.3\text{kcal}, \qquad \therefore \Delta H = +68.3\text{kcal}$$

③ **연소열**(heat of combustion) : 물질 1몰을 완전 연소시킬 때 발생하는 에너지(열량)

$$C + O_2 \rightarrow CO_2 + 94.1\text{kcal}, \qquad \therefore \Delta H = -94.1\text{kcal}$$

> **예제** 프로판가스(C_3H_8)의 연소 반응식은 다음과 같다. $C_3H_8 + 5O_2 \rightarrow 3CO_2 + 4H_2O +$ 530cal 프로판가스 1g을 연소시켰을 때 나오는 열량은 몇 cal인가?
>
> **풀이** $C_3H_8 \ + \ 5O_2 \rightarrow 3CO_2 \ + \ 4H_2O \ + \ 530cal$
>
>   44g   530cal
>
>   1g x(cal)
>
> $x = \dfrac{1 \times 530}{44}$, $\therefore \ x = 12.05cal$
>
> **답** 12.05cal

④ 융해열(heat of solution) : 물질 1몰이 물(aq)에 녹을 때 수반되는 에너지(열량)

$$H_2SO_4 + aq \rightarrow H_2SO_4(aq) + 17.9kcal, \quad \therefore \ \Delta H = -17.9kcal$$

⑤ 중화열(heat of neutralization) : 산 1g당량과 염기 1g당량이 중화할 때 발생하는 에너지(열량)

$$HCl(aq) + NaOH(aq) \rightarrow NaCl(aq) + H_2O + 13.7kcal, \quad \therefore \ \Delta H = -13.7kcal$$

(3) 총열량 불변의 법칙(Hess's law)

화학 반응에서 발생 또는 흡수되는 열량은 그 반응 최초의 상태와 최종의 상태만 결정되면, 그 도중의 경로와는 무관하다. 즉, 반응 경로와는 관계 없이 출입하는 총열량은 같다. 따라서 에너지 보존의 법칙이라고도 한다.

예 1. $C + O_2 \rightarrow CO_2 + 94.1kcal : Q$

2. $\begin{cases} C + \dfrac{1}{2}O_2 \rightarrow CO + 26.5kcal : Q_1 \\ CO + \dfrac{1}{2}O_2 \rightarrow CO_2 + 67.6kcal : Q_2 \end{cases}$

$\therefore Q = Q_1 + Q_2 = 26.5 + 67.6 = 94.1kcal$

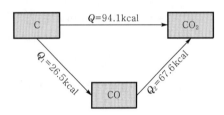

4-2 반응 속도

(1) 정의

반응 속도란 단위 시간 동안 감소된 물질의 양(몰수) 또는 생성된 물질의 증가량(몰수)이다.

(2) 영향 인자

반응 속도는 물질 자체의 성질에 따라 좌우되기는 하나 이들은 농도, 온도, 압력, 촉매 등에 의해 크게 영향을 받는다.

① 농도

반응 속도는 반응하는 각 물질의 농도의 곱에 비례한다. 즉, 농도가 증가함에 따라 단위 부피 속의 입자수가 증가하므로 입자 간의 충돌 횟수가 증가하여 반응 속도가 빨라진다.

> **예제** $CH_4(g) + 2O_2(g) \rightarrow CO_2(g) + 2H_2O(g)$의 반응에서 메탄의 농도를 일정하게 하고 산소의 농도를 2배로 하면 동일한 온도에서 반응 속도는 몇 배로 되는가?
>
> **풀이** 반응 속도는 반응하는 물질의 농도의 곱에 비례하므로 $[CH_4][O_2]^2 = 1 \times 2^2 = 4$배
>
> **답** 4배

② 온도

온도가 상승하면 반응 속도는 증가한다. 일반적으로 아레니우스의 화학 반응 속도론에 의해서 온도가 10℃ 상승할 때마다 반응 속도는 약 2배 증가한다(2^n배).

> **예제** 온도가 10℃ 올라감에 따라 반응 속도는 2배 빨라진다. 10℃에서 50℃로 온도를 올리면 반응 속도는 몇 배 빨라지는가?
>
> **풀이** 온도가 상승하면 반응 속도는 증가(약 10℃ 온도 상승 시 반응 속도는 2배 증가, 즉 2^n배 증가)한다.
> 따라서, $50 - 10 = 40$℃이므로 반응 속도는 16배 증가한다. 즉 2^n로서 $2^4 = 16$배이다.
>
> **답** 16배

③ 압력

④ 촉매

촉매란 자신은 소비되지 않고 반응 속도만 변화시키는 물질이다.
   ㉮ 정촉매 : 활성화 에너지를 낮게 하여 반응 속도를 빠르게 하는 물질
   ㉯ 부촉매 : 활성화 에너지를 높게 하여 반응 속도를 느리게 하는 물질

⑤ 반응물 표면적을 크게 한다.

05 화학 평형

5-1 화학 평형

(1) 정의

가역 반응에서 정반응 속도와 역반응 속도가 같아져서 외관상 반응이 정지된 것처럼 보이는 상태, 즉 정반응 속도(V_1) = 역반응 속도(V_2)

$$A + B \underset{V_2}{\overset{V_1}{\rightleftharpoons}} C + D$$

여기서, V_1 : 정반응 속도, V_2 : 역반응 속도

(2) 평형 상수(K)

① 화학 평형 상태에서 반응 물질의 농도의 곱과 생성 물질의 농도의 곱의 비는 일정하며, 이 일정한 값을 평형 상수(K)라 한다.

② 평형 상수 K값은 각 물질의 농도의 변화에는 관계 없이 온도가 일정할 때는 일정한 값을 가진다. 즉, 평형 상수는 반응의 종류와 온도에 의해서만 결정되는 상수이다.

[가역 반응] $aA + bB \underset{V_2}{\overset{V_1}{\rightleftarrows}} cC + dD\,(a,\ b,\ c,\ d$ 는 계수)

$V_1 = K_1[A]^a[B]^b,\quad V_2 = K_2[C]^c[D]^d,\quad V_1 = V_2$

$K_1[A]^a[B]^b = K_2[C]^c[D]^d$

$\therefore \dfrac{[C]^c[D]^d}{[A]^a[B]^b} = \dfrac{K_1}{K_2} = K$(일정) ($K$: 평형 상수)

5-2 르 샤틀리에의 법칙(Le Chatelier's principle)

(1) 정의

평형 상태에 있는 어떤 물질계의 온도, 압력, 농도의 조건을 변화시키며 이 조건의 변화를 없애려는 방향으로 반응이 진행되어 새로운 평형 상태에 도달하려는 것을 말하며, 르 샤틀리에의 평형 이동의 법칙이라 한다.

(2) 평형 이동에 영향을 주는 인자

① 농도
   ㉮ 농도를 증가시키면 ⟶ 농도가 감소하는 방향
   ㉯ 농도를 감소시키면 ⟶ 농도가 증가하는 방향

② 온도
   ㉮ 온도를 올리면 ⟶ 온도가 내려가는 방향(흡열 반응 쪽)
   ㉯ 온도를 내리면 ⟶ 온도가 올라가는 방향(발열 반응 쪽)

③ 압력
   ㉮ 압력을 높이면 ⟶ 분자수가 감소하는 방향(몰수가 적은 쪽)
   ㉯ 압력을 내리면 ⟶ 분자수가 증가하는 방향(몰수가 큰 쪽)

> **참고 공통 이온 효과**
>
> 공통 이온을 가하면 그 이온이 감소하는 방향으로 평형이 진행되는 것
> 예 $CH_3COOH + H_2O \rightleftarrows CH_3COO^- + H_3O^+$
>
> 위 화학 반응식에서 염산을 가하면 $HCl + H_2O \rightarrow H_3O^+ + Cl^-$로서 H_3O^+가 공통 이온이 된다. 따라서, H_3O^+가 감소하는 방향(←)으로 평형 이동하여 CH_3COOH가 많아지고 CH_3COO^-는 적어진다.

06 산화와 환원

6-1 산화와 환원

(1) 산화

한 원소가 낮은 산화 상태로부터 전자를 잃어서 보다 높은 산화 상태로 되는 화학 변화

(2) 환원

한 원소가 높은 산화 상태로부터 전자를 얻어서 보다 낮은 산화 상태로 되는 화학 변화

구 분	산화(oxidation)	환원(reduction)
산소 관계	산소와 결합하는 현상 $\overbrace{C + O_2}^{산화} \rightarrow CO_2$	산소를 잃는 현상 $\overbrace{CuO + H_2}^{환원} \rightarrow Cu + H_2O$
수소 관계	수소를 잃는 현상 $\overbrace{2H_2S + O_2}^{산화} \rightarrow 2S + 2H_2O$	수소와 결합하는 현상 $\overbrace{H_2S + S}^{환원} \rightarrow H_2S$
전자 관계	전자를 잃는 현상 $\overbrace{Na}^{산화} \rightarrow Na^+ + e^-$	전자를 얻는 현상 $\overbrace{Ag^+ + e^-}^{환원} \rightarrow Ag$
산화수 관계	산화수가 증가되는 현상 $Cu^{2+}O + H_2^0 \rightarrow Cu^0 + H_2^+O$ (산화, 환원)	산화수가 감소되는 현상 $H_2S^{2-} + Cl_2^0 \rightarrow 2HCl^{1-} + S^0$ (환원, 산화)

참고 🚩 산화수의 결정법

1. 단체의 산화수는 0이다.
2. 화합물에서 수소(H)의 산화수는 +1로 한다(단, 수소(H)보다 이온화경향이 큰 금속과 화합되어 있을 때는 수소(H)의 산화수는 −1이다).
3. 화합물에서 산소(O)의 산화수는 −2로 한다(단, 과산화물인 경우 산소는 −1이다).
4. 이온의 산화수는 그 이온의 전하와 같다.
5. 화합물 중에 포함되어 있는 원자의 산화수의 총합은 0이다.
   예 $NH_3 \rightarrow N + (+1) \times 3 = 0$ ∴ N의 산화수 $= -3$
   $H_2SO_4 \rightarrow (+1) \times 2 + S + (-2) \times 4 = 0$ ∴ S의 산화수 $= +6$
   $KMnO_4 \rightarrow (+1) + Mn + (-2) \times 4 = 0$ ∴ Mn의 산화수 $= +7$
6. 화학 결합이나 반응에서 산화와 환원을 나타내는 척도이다.

예제 $Cl_2 + H_2O \rightarrow HClO + HCl$에서 염소 원소는?

📖 Cl_2는 HClO에서 산소와 결합하여 산화되었고, HCl에서 수소를 얻었으므로 환원되었다.

6-2 산화제와 환원제

(1) 산화제

다른 물질을 산화시키는 성질이 강한 물질이며 산화수는 증가한다. 즉 자신은 환원되기 쉬운 물질

① 산소를 내기 쉬운 물질 : H_2O_2, $KClO_3$
② 수소와 결합하기 쉬운 물질 : O_2, Cl_2
③ 전자를 받기 쉬운 물질 : MnO_4^-, $Cr_2O_3^{7-}$, 비금속 단체
④ 발생기 산소[O]를 내기 쉬운 물질 : O_2, MnO_2, $KMnO_4$, HNO_3, $c-H_2SO_4$ 등

> 예제 $H_2S + I_2 \rightarrow HI + S$에서 I_2의 역할은?
> 풀이 반응식에서 요오드(I_2)는 환원되었으므로 산화제 역할을 한다.
> $$I_2^0 \xrightarrow{환원} 2HI^{-1}$$
> 답 산화제

(2) 환원제

다른 물질을 환원시키는 성질이 강한 물질, 즉 자신은 산화되기 쉬운 물질

① 수소를 내기 쉬운 물질 : H_2S
② 산소와 결합하기 쉬운 물질 : H_2, SO_2
③ 전자를 잃기 쉬운 물질 : H_2SO_3, 금속 단체
④ 발생기 수소 [H]를 내기 쉬운 물질 : H_2, CO, H_2S, SO_2, $FeSO_4$, 황산제1철 등

> 참고 산화제와 환원제 양쪽으로 작용하는 물질
> SO_2(아황산가스), H_2O_2(과산화수소) 등

07 전기 화학

7-1 금속의 이온화경향

(1) 정의

금속 원자는 최외각 전자를 잃어 양이온이 되려는 성질이 있다. 이 성질을 금속의 이온화경향이라 한다.

(2) 금속의 이온화경향의 크기와 성질

카	카	나	마	알	아	철	니	주	납	수	구	수	은	백	금
K	Ca	Na	Mg	Al	Zn	Fe	Ni	Sn	Pb	[H]	Cu	Hg	Ag	Pt	Au

1. 이온화경향이 크다.
2. 양이온이 되기 쉽다.
   (전자를 방출하기 쉽다.)
3. 산화되기 쉽다.

1. 이온화경향이 작다.
2. 양이온이 되기 어렵다.
   (전자를 방출하기 어렵다.)
3. 환원되기 쉽다.

※ 이온화경향이 큰 금속일수록 강환원제이다.

(3) 금속의 이온화경향과 화학적 성질

① 공기 속 산소와의 반응

    ㉮ K, Ca, Na, Mg : 산화되기 쉽다.

    ㉯ Al, Zn, Fe, Ni, Sn, Pb, Cu : 습기 있는 공기 속에서 산화된다.

    ㉰ Hg, Ag, Pt, Au : 산화되기 어렵다.

② 물과의 반응

    ㉮ K, Ca, Na : 찬물과 반응해도 심하게 수소를 발생시킨다.

    ㉯ Mg, Al, Zn, Fe : 고온의 수증기와 반응하여 수소를 발생시킨다.

③ 산과의 반응

    ㉮ 수소(H)보다 이온화경향이 큰 금속은 보통 산과 반응하여 수소를 발생시킨다.

    ㉯ Cu, Hg, Ag : 보통의 산에는 녹지 않으나, 산화력이 있는 HNO_3, $c-H_2SO_4$ 등에는 녹는다.

    ㉰ Pt, Au : 왕수($3HCl + HNO_3$)에만 녹는다.

7-2 ▶ 전지

(1) 정의

화학 변화로 생긴 화학적 에너지를 전기적 에너지로 변환시키는 장치

(2) 전지의 종류

① 볼타 전지(Voltaic cell)

동판과 아연판을 도선으로 연결하고 묽은 황산에 넣어 전기를 얻는 구조

$$(-)\ Zn\ \parallel\ H_2SO_4\ \parallel\ Cu\ (+)$$

(−)극 : $Zn \rightarrow Zn^{2+} + 2e^-$: 산화 반응

(+)극 : $2H^+ + 2e^- \rightarrow H_2\uparrow$: 환원 반응

∴ 전체 반응 : $Zn + 2H^+ \rightarrow Zn^{2+} + H_2\uparrow$ (구리판에서 수소 발생)

> **참고** 🌱 분극 작용과 소극제
>
> 1. 감극(depolarization) : 전지가 전류를 흘리면 갑자기 전류가 약해지는 현상인 분극 현상을 일으킨다. 이 작용을 제거하는 것이 감극이며, 산화제로 양극에 발생하는 수소를 산화하여 수소 이온의 발생을 방지한다.
> 2. 소극 : (+)극에 발생한 수소를 산화시켜 없애는 작용
> 3. 분극 : 볼타 전지의 기전력은 약 1.3V인데, 전류가 흐르기 시작하면 곧 0.4V로 되는 것
> 4. 충전 : 전지에 외부로부터 전기 에너지를 공급하여 전지 내에서 이것을 화학 에너지로 축적하는 것

② 다니엘 전지(Daniel's cell)

분극 작용을 없애기 위해 볼타 전지를 개량한 것

$$(-)\ Zn\ \parallel\ ZnSO_4\ 용액\ \parallel\ CuSO_4\ 용액\ \parallel\ Cu\ (+)$$

$(-)$극 : $Zn \rightarrow Zn^{2+} + 2e^-$

$(+)$극 : $Cu^{2+} + 2e^- \rightarrow Cu$

∴ 전체 반응 : $Zn + Cu^{2+} \rightarrow Zn^{2+} + Cu$

③ 건전지(dry cell)

아연통 속에 염화암모늄의 포화 용액과 흑연, 그리고 소극제로 이산화망간(MnO_2)을 넣고 중앙에 탄소 막대를 꽂아 도선으로 연결한 전지

$$(-)\ Zn\ \parallel\ NH_4Cl\ 용액\ \parallel\ MnO_2 \cdot C\ (+)$$

$(-)$극 : $Zn \rightarrow Zn^{2+} + 2e^-$

$(+)$극 : $2MnO_2 + 2NH_4^+ + 2e^- \rightarrow Mn_2O_3 + 2NH_3 + H_2O$

④ 납축전지(storage battery)

납(Pb)을 $(-)$극으로 하고 과산화납(PbO_2)을 $(+)$극으로 하여 묽은 황산에 담근 구조

$$(-)\ Pb\ \parallel\ H_2SO_4\ 용액\ \parallel\ PbO_2\ (+)$$

$(-)$극 : $Pb + SO_4^{2-} \rightarrow PbSO_4 + 2e^-$

$(+)$극 : $PbO_2 + 2H^+ + H_2SO_4 + 2e^- \rightarrow PbSO_4 + 2H_2O$

∴ 전체 반응 : $Pb + PbO_2 + 2H_2SO_4 \rightleftharpoons 2PbSO_4 + 2H_2O$ (방전 및 충전 원리식)

㉮ 방전 : $(-)$극의 $Pb \rightarrow PbSO_4$, $(+)$극의 $PbO_2 \rightarrow PbSO_4$로 되어 두 극의 무게가 증가하며 용액의 비중은 감소한다(H_2SO_4 감소).

㉯ 충전 : 납축전지를 그대로 놓고 전기 분해시키면 전지의 역반응이 일어나서 처음의 전지로 되돌아간다.

7-3 전기 분해 및 패러데이 법칙

(1) 전기 분해

① 원리

전해질의 수용액이나 용융점에 전극을 담그고 직류 전류를 통하면 두 극에서 화학 변화를 일으키는 것을 전기 분해라 한다.

■ 전해질 $\rightleftharpoons$ ⊕ 이온 + ⊖ 이온
  (+)극 : ⊖ 이온 → 중성 + e^- : 산화 반응
  (−)극 : ⊕ 이온 + e^- → 중성 : 환원 반응

② 전기 분해의 예

㉮ 소금물($NaCl$)의 전기 분해

$$NaCl \rightleftharpoons Na^+ + Cl^-, \quad H_2O \rightleftharpoons H^+ + OH^-$$

(+)극에서의 변화 : $2Cl^- \longrightarrow Cl_2\uparrow + 2e^-$ (산화)

(−)극에서의 변화 : $2H^+ + 2e^- \longrightarrow H_2\uparrow$ (환원)

$$\therefore \text{전체 반응} : 2NaCl + 2H_2O \xrightarrow{\text{전기 분해}} \underset{(-)극}{2NaOH} + \underset{}{H_2\uparrow} + \underset{(+)극}{Cl_2\uparrow}$$

㉯ 물(H_2O)의 전기 분해

(+)극에서의 변화 : $2OH^- \longrightarrow H_2O + \frac{1}{2}O_2\uparrow + 2e^-$ (산화)

(−)극에서의 변화 : $2H^+ + 2e^- \longrightarrow H_2\uparrow$ (환원)

$$\text{전체 반응} : H_2O \xrightarrow{\text{전기 분해}} H_2 + \frac{1}{2}O_2$$

예제 1패러데이(Faraday)의 전기량으로 물을 전기분해하였을 때 생성되는 기체 중 산소기체는 0℃, 1기압에서 몇 L인가?

풀이 $H_2O \xrightarrow[1F]{\text{전기분해}}$ ┌ (+)극 : $O_2 \to$ 1g당량 생성 : 8g : 5.6L
  └ (−)극 : $H_2 \to$ 1g당량 생성 : 1g : 11.2L

∴ 5.6L

답 5.6L

㉰ 황산구리($CuSO_4$) 수용액의 전기 분해

$$CuSO_4 \rightleftharpoons Cu^{2+} + SO_4^{2-}, \quad H_2O \rightleftharpoons H^+ + OH^-$$

$$(+)극에서의\ 변화 : 2OH^- \longrightarrow H_2O + \frac{1}{2}O_2 \uparrow + 2e^-$$

$$(-)극에서의\ 변화 : Cu^{2+} + 2e^- \longrightarrow Cu \downarrow$$

$$CuSO_4 \text{ 수용액} \xrightarrow[\text{Pt 전극 사용}]{\text{전기 분해}} \begin{cases} (+)극 : 산소(O_2)\ 발생 \\ (-)극 : 구리(Cu)\ 석출 \end{cases}$$

(2) 패러데이(Faraday) 법칙

전극에서 유리되고 화학 물질의 무게가 전지를 통하여 사용된 전류의 양에 정비례하고 또한 주어진 전류량에 의하여 생성된 물질의 무게는 그 물질의 당량에 비례한다.

① 제1법칙

같은 물질에 대하여 전기 분해로 전극에서 석출 또는 용해되는 물질의 양은 통한 전기량에 비례한다.

② 제2법칙

전기 분해에서 일정량의 전기량에 대하여 석출되는 물질의 양은 그 물질의 당량에 비례한다.

> **참고** 🌱 1F(패러데이)
>
> 물질 1g당량을 석출하는 데 필요한 전기량(96,500쿨롬, 전자(e^-) 1몰(6.02×10^{23}개)의 전기량)

‖ 1F(96,500C)로 석출(또는 발생)되는 물질의 양 ‖

전해액	전극	(−)극	(+)극
물(NaOH 또는 H_2SO_4 용액)	Pt	H_2 1g (11.2L)	O_2 8g (5.6L)
NaCl 수용액	Pt	NaOH 40g, H_2 1g (11.2L)	Cl_2 35.5g (11.2L)
$CuSO_4$ 수용액	Pt	Cu 31.7g	O_2 8g (5.6L)

[예제] $CuSO_4$ 수용액을 10A의 전류로 32분 10초 동안 전기 분해시켰다. 음극에서 석출되는 Cu의 질량은 몇 g인가? (단, Cu의 원자량은 63.6이다.)

[풀이] 전기량 1F(패러데이)=96,500C에 의하여 석출되는 Cu의 양은 63.6/2=31.8g(1g당량)이다.

전기량(C)=I(전류)$\times T$(시간)

$\qquad = 10 \times (32 \times 60 + 10) = 19,300C$

여기서 석출되는 Cu의 양은 다음과 같다.

$96,500C : 31.8g = 19,300C : x$

$\therefore x = 6.36g$

[답] 6.36g

08 산과 염기 및 염

8-1 산(acid)과 염기(base)

(1) 산(acid)의 정의와 성질

① 정의 : 수용액에서 수소 이온(H^+)을 내는 물질이다.

> 예 $HCl \rightleftharpoons H^+ + Cl^-$, $H^+ + H_2O \longrightarrow H_3O^+$(하이드로늄 이온 또는 옥소늄 이온)
> $HCl + H_2O \rightleftharpoons H_3O^+ + Cl^-$

② 성질

㉮ 수용액은 신맛이다.

㉯ 푸른색 리트머스 종이를 붉게 변화시킨다.

㉰ 염기와 작용하여 염과 물을 생성(중화 작용)한다.

㉱ 이온화경향이 (H)보다 큰 금속과 반응하여 수소(H_2)가 발생한다.

㉲ pH값이 작을수록 강산이다.

(2) 염기(base)의 정의와 성질

① 정의 : 수용액에서 수산화 이온(OH^-)을 내는 물질이다.

> 예 $NaOH \rightleftharpoons Na^+ + OH^-$, $Ca(OH)_2 \rightleftharpoons Ca^{2+} + 2OH^-$

② 성질

㉮ 수용액은 쓴맛이다.

㉯ 붉은 리트머스 종이를 푸르게 변화시킨다.

㉰ 산과 작용하여 염과 물을 생성(중화 반응)한다.

㉱ 양쪽성 원소(Al, Zn, Sn, Pb 등)와 반응하여 수소(H_2)가 발생한다.

(3) 산, 염기의 학설

학 설	산(acid)	염기(base)
아레니우스설	수용액에서 $H^+(H_3O^+)$을 내는 것	수용액에서 OH^-을 내는 것
브뢴스테드설	H^+을 줄 수 있는 것	H^+를 받을 수 있는 것
루이스설	비공유 전자쌍을 받는 물질	비공유 전자쌍을 줄 수 있는 물질

> 예제 브뢴스테드(J.N. Bronsted)설을 설명하시오.
> 풀이 H^+을 주는 물질을 산, H^+을 받는 물질을 염기라 한다.
> $$NH_3 + H_2O \rightleftharpoons NH_4^+ + OH^-$$
> 염기   산   산   염기

(4) 산, 염기의 구분

① 산도 : 산 1분자 속에 포함되어 있는 H^+의 수

구 분	산	
	강 산	약 산
1가의 산	HCl, HNO_3	CH_3COOH
2가의 산	H_2SO_4	H_2CO_3, H_2S
3가의 산	H_3PO_4	H_3BO_3

② 염기도 : 염기의 1분자 속에 포함되어 있는 OH^-의 수

구 분	염 기	
	강염기	약염기
1가의 염기	NaOH, KOH	NH_4OH
2가의 염기	$Ca(OH)_2$, $Ba(OH)_2$	$Mg(OH)_2$
3가의 염기		$Fe(OH)_3$, $Al(OH)_3$

(5) 산, 염기의 강약(강전해질과 약전해질)

① 강전해질 : 전리도가 커서 전류를 잘 통하는 물질

　⑩ 강산(HCl, HNO_3, H_2SO_4), 강염기(NaOH, KOH, $Ca(OH)_2$, $Ba(OH)_2$ 등)

② 약전해질 : 전리도가 적어서 전류를 잘 통하지 못하는 물질

　⑩ 약산(CH_3COOH, H_2CO_3 등), 약염기(NH_4OH 등)

> **참고** 🚩 **전리 평형 상수(전리 상수)**
>
> 1. 전리 평형 상수(K) : 약전해질(약산 또는 약염기)은 수용액 중에서 전리하여 전리 평형 상태를 이룬다. 이때 K값을 전리 상수라 하며, 일정 온도에서 항상 일정한 값을 갖는다. 즉, 온도에 의해서만 변화되는 값이다.
>
> $aA + bB \rightleftharpoons cC + dD$의 반응이 평형 상태에서
>
> $$\frac{[C]^c[D]^d}{[A]^a[B]^b} = K(일정) \rightarrow \frac{생성물의\ 농도의\ 곱}{반응물의\ 농도의\ 곱} = 평형\ 상수(일정)$$
>
> 2. 전리도(α) : 전해질이 수용액에서 전리되어 이온으로 되는 비율로서 전리도가 클수록 강전해질이며, 일반적으로 전리도는 온도가 높을수록, 농도(c)가 묽을수록 커진다.
> $CH_3COOH \rightleftharpoons CH_3COO^- + H^+$
> 전리 전 농도 : c
> 전리 후 농도 : $c - c\alpha$
>
> $\therefore$ 전리 상수 $K = \dfrac{[CH_3COO^-][H^+]}{[CH_3COOH]} = \dfrac{c^2\alpha^2}{c(1-\alpha)} = \dfrac{c\alpha^2}{1-\alpha}$
>
> 약산의 전리도는 매우 작은 $1 - \alpha = 1$이므로
> $$\therefore \alpha = \sqrt{\frac{K}{C}}$$

8-2 ▶ 산화물

(1) 정의

물에 녹으면 산 또는 염기가 될 수 있는 산소와의 화합물

(2) 산화물의 종류

① 산성 산화물

물에 녹아 산이 되거나 염기와 반응할 때 염과 물을 만드는 비금속 산화물(대부분 산화수가 +3가 이상)

예 CO_2, SiO_2, NO_2, SO_3, P_2O_5 등

② 염기성 산화물

물에 녹아 염기가 되거나 산과 반응하여 염과 물을 만드는 금속 산화물(대부분 산화수가 +2가 이하)

예 CaO, MgO, BaO, Na_2O, CuO 등

③ 양쪽성 산화물

양쪽성 원소(Al, Zn, Sn, Pb 등)의 산화물로서 산, 염기와 모두 반응하여 염과 물을 만드는 양쪽성 산화물

예 Al_2O_3, ZnO, SnO, PbO 등

참고 ▶ 산화물의 성질과 주기율표와의 관계

족	I	II	III	IV	V	VI	VII
원소	Na	Mg	Al	Si	P	S	Cl
산화물	Na_2O	MgO	Al_2O_3	SiO_2	P_2O_5	SO_3	Cl_2O_7
분류	염기성 산화물		양쪽성 산화물	산성 산화물			
산·염기의 강약	강염기성 ◀──▶ 약염기성			약산성 ◀──────▶ 강산성			
물과의 화합물	$NaOH$	$Mg(OH)_2$	$Al(OH)_3$, $HAlO_2$	H_2SiO_3	H_3PO_4	H_2SO_4	$HClO_4$

8-3 ▶ 염과 염의 가수분해

(1) 염(salt)의 정의

산의 수소 원자 일부 또는 전부가 금속 또는 NH_4^+기로 치환된 화합물

염 = 염기의 양이온(금속 또는 NH_4^+) + 산의 음이온(산기)

(2) 염의 종류

① 산성염 : 염 속에 수소 원자(H)가 들어 있는 염

🔺예 $NaHCO_3$, $NaHSO_4$, $Ca(HCO_3)_2$ 등

② 염기성염 : 염 속에 수산기(OH)를 포함하는 염

🔺예 $Mg(OH)Cl$ 등

③ 중성염(정염) : 염 속에 수소 원자(H)나 수산기(OH)를 포함하지 않는 염

🔺예 $NaCl$ 등

④ 복염 : 2종의 염이 결합하여 만들어진 새로운 염으로서, 이들 염이 물에 녹아서 성분염이 내는 이온과 동일한 이온으로 전리되는 염

🔺예 $KAl(SO_4)_2 \cdot 12H_2O$(백반) 등

⑤ 착염 : 2종의 염이 결합하여 만들어진 염으로서, 성분염의 이온과 다른 이온으로 전리되는 염

🔺예 $K_4Fe(CN)_6$ (황혈염) 등

(3) 염의 가수분해

염과 물이 반응하여 산과 염기로 되는 현상

① 강산과 강염기로 된 염 : 가수분해하지 않음

🔺예 $NaCl$, KCl, $NaNO_3$

② 강산과 약염기로 된 염 : 가수분해, 산성

③ 약산과 강염기로 된 염 : 가수분해, 염기성(알칼리성)

④ 약산과 약염기로 된 염 : 가수분해, 중성

(4) 산기, 염기와 염의 반응

① 약산의 염 + 강산 → 강산의 염 + 약산

② 약염기의 염 + 강염기 → 강염기의 염 + 약염기

③ 휘발성 산의 염 + 비휘발성 산 → 비휘발성 산의 염 + 휘발성 산

④ 휘발성 염기의 염 + 비휘발성 염기 → 비휘발성 염기의 염 + 휘발성 염기

⑤ 가용성 염 + 가용성 염 → 불용성 염 + 가용성 염

8-4 ▶ 중화 반응과 수소 이온 지수

(1) 중화와 당량의 관계

① 중화 반응

산과 염기가 반응하여 염과 물이 생기는 반응, 즉 산의 수소 이온(H^+)과 염기의 수산화 이온(OH^-)이 반응하여 중성인 물을 만드는 반응이다.

② 중화 반응의 예

HCl + NaOH → NaCl(염) + H₂O(물)

$$H^+ + OH^- \rightarrow H_2O$$

(2) 중화 적정

① 산과 염기가 완전 중화하려면 산의 g당량수와 염기의 g당량수가 같아야 한다.

즉, 산의 g당량수 = 염기의 g당량수이다.

② g당량수

$$\text{g당량수} = \text{규정 농도}(N) = \frac{\text{g당량수}}{\text{용액 1L}} \times \text{용액의 부피}[V(\text{L})]$$

∴ g당량수 $= N \times V$

③ 중화 공식

N_1 농도의 산 V_1(mL)을 완전히 중화시키는 데 N_2 농도의 염기 V_2(mL)가 소비되었다면 다음 식이 성립된다.

즉, 산의 g당량수 = 염기의 g당량수

$$N_1 \times \frac{V_1}{1,000} = N_2 \times \frac{V_2}{1,000}$$

∴ $N_1 V_1 = N_2 V_2$(중화 적정 공식)

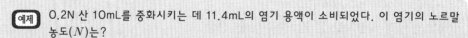

예제 0.2N 산 10mL를 중화시키는 데 11.4mL의 염기 용액이 소비되었다. 이 염기의 노르말 농도(N)는?

풀이 $NV = N'V'$

$0.2 \times 10 = N' \times 11.4$

$N' = \dfrac{0.2 \times 10}{11.4}$

∴ $N' = 0.175N$

답 0.175N

(3) 수소 이온 지수(power of Hydrogen, pH)

① 물의 이온적(K_w)

㉮ 물의 전리와 수소 이온 농도

H₂O = H⁺ + OH⁻

$[H^+] = [OH^-] = 10^{-7} \text{mole/L(g이온/L)}$

㉯ 물의 이온적 상수(K_w)

H₂O = H⁺ + OH⁻에서 전리 상수를 구하면

$$K = \frac{[H^+][OH^-]}{[H_2O]}$$

$[H^+][OH^-] - K[H_2O] = K_w$(물의 이온적 상수)

$\therefore K_w = [\text{H}^+][\text{OH}^-] = 10^{-7} \times 10^{-7} = 10^{-14}(\text{mole/L})^2 \ (25\,℃, \ 1기압)$

물의 이온적(K_w)은 용액의 농도에 관계 없이 온도가 높아지면 커지며, 온도가 일정하면 항상 일정하다.

② 수소 이온 지수(pH)

㉮ 수소 이온 지수(pH) : 수소 이온 농도의 역수를 상용대수(log)로 나타낸 값

$$\text{pH} = \log \frac{1}{[\text{H}^+]} = -\log[\text{H}^+]$$

$\therefore \text{pH} + \text{pOH} = 14$

> **예제** 1. $\text{H}^+ = 2 \times 10^{-6}\text{M}$인 용액의 pH는 약 얼마인가?
>
> **풀이** $\text{pH} = -\log[\text{H}^+] = -\log(2 \times 10^{-6}) = 5.699 = 5.7$
>
> 답 5.7

> **예제** 2. 0.001N−HCl의 pH는?
>
> **풀이** $\text{pH} = -\log[\text{H}^+] = -\log[10^{-3}] = 3$
>
> 답 3

㉯ 용액의 액성과 pH

액성	산성					중성					알칼리성			
pH	0 1	2	3	4	5	6	7	8	9	10	11	12	13	14
[H⁺]	1	10^{-1}	10^{-2}	10^{-3}	10^{-4}	10^{-5}	10^{-6}	10^{-7}	10^{-8}	10^{-9}	10^{-10}	10^{-11}	10^{-12}	10^{-13} 10^{-14}
[OH⁻]	10^{-14}	10^{-13}	10^{-12}	10^{-11}	10^{-10}	10^{-9}	10^{-8}	10^{-7}	10^{-6}	10^{-5}	10^{-4}	10^{-3}	10^{-2}	10^{-1} 1
[H⁺][OH⁻]	10^{-14}	10^{-14}	10^{-14}	10^{-14}	10^{-14}	10^{-14}	10^{-14}	10^{-14}	10^{-14}	10^{-14}	10^{-14}	10^{-14}	10^{-14}	10^{-14}

(4) 지시약과 완충 용액

① 지시약

㉮ 지시약 : 색의 변화로 용액의 액성을 나타내는 시약

지시약 \ pH	산성 1	2	3	4	중성 5	6	7	8	알칼리성 9	10	11	pH의 변색 범위
메틸오렌지		적색			등황색							3.2~4.4
메틸레드			적색			황색						4.2~6.3
리트머스				적색				청색				6.0~8.0
크레졸레드						황색			적색			7.0~8.8
페놀프탈레인							무색		적색			8.0~10.0

⑭ 지시약의 선택

    ㉠ 강산 + 강염기(HCl + $NaOH$) ⟶ 메틸오렌지 또는 페놀프탈레인

    ㉡ 강산 + 약염기(HCl + NH_4OH) ⟶ 메틸오렌지 또는 메틸레드

    ㉢ 약산 + 강염기(CH_3COOH + $NaOH$) ⟶ 페놀프탈레인

    ㉣ 약산 + 약염기(CH_3COOH + NH_4OH) ⟶ 적합한 시약 없음

② 완충 용액(buffer solution)

약산에 그 약산의 염을 포함한 혼합 용액에 산을 가하거나 또는 약염기에 그 약염기의 염을 포함한 혼합 용액에 염기를 가하여도 혼합 용액의 pH는 그다지 변하지 않는다. 이와 같은 용액을 완충 용액이라 한다.

참고   pH가 변하지 않는 이유

평형 이동 법칙에 의한 공통 이온 효과와 전리 평형에 의하여 H^+ 또는 OH^-의 농도가 별로 변하지 않기 때문이다.

예) 완충 용액 : CH_3COOH + CH_3COONa(약산 + 약산의 염)

        └─ 완충 용액 ─┘

       CH_3COOH + $Pb(CH_3COO)_2$(약산 + 약산의 염)

          └ 완충 용액 ┘

       NH_4OH + NH_4Cl(약염기 + 약염기의 염)

          └ 완충 용액 ┘

출·제·예·상·문·제

01 원자 구조

1

다음 중 원자핵을 구성하는 물질이 아닌 것은?

① 전자
② 양성자
③ 중간자
④ 중성자

원자핵 → ⊕ : 양성자
○ : 중성자
∴ 원자핵은 양성자 및 중성자를 연결하는 중간자로 구성
되어 있다.
⬚ : 중간자
⊖ : 전자

┃ 원자의 구조 ┃

2

원자를 이루고 있는 전자의 발견자는?

① 러더퍼드
② 채드윅
③ 돌턴
④ 톰슨

🌱해설 러더퍼드는 양성자 발견, 채드윅은 중성자 발견, 돌턴은 원자설 주장, 톰슨은 전자 발견

3

원자의 질량수는?

① 양성자수 + 전자수
② 중성자수 + 원자량
③ 양성자수 + 중성자수
④ 전자수 + 원자 번호

🌱해설 ㉠ 원자 번호 = 양성자수 = 전자수
㉡ 질량수 = 양성자수(전자수) + 중성자수

4

F^- 이온의 전자수, 양성자수, 중성자수는 각각 얼마인가? (단, F의 원자량은 19이다.)

① 9, 9, 10
② 9, 9, 19
③ 10, 9, 10
④ 10, 10, 10

해설 ㉠ 전자수는 F^-이므로 : 양성자수+1이므로, 즉 10
㉡ 양성자수=원자 번호=9
㉢ 중성자수=원자량−양성자수=19−9=10

5

다음 중 전자의 수가 같은 것으로 나열된 것은?

① Ne, Cl^- ② Mg^{2+}, O^{2-} ③ F, Ne ④ Na, Cl^-

해설 ① Ne : 10, Cl^- : 17+1
② Mg^{2+} : 12−2, O^{2-} : 8+2
③ F : 9, Ne : 10
④ Na : 11, Cl^- : 17+1

6

원자 번호 19, 질량수 39인 칼륨 원자의 중성자수는?

① 19 ② 20 ③ 39 ④ 58

해설 원자 번호=양성자수=전자수
원자량=양성자+중성자수
$39=19+x$
$\therefore x=20$

7

원자 A가 이온 A^{2+}로 되었을 때 갖는 전자수와 원자 번호 n인 원자 B가 이온 B^{3-}으로 되었을 때 갖는 전자수가 같았다면 A의 원자 번호는?

① $n-1$ ② $n+2$ ③ $n-3$ ④ $n+5$

해설 원자 번호 = 양성자수 = 전자수
A의 원자 번호를 x라고 하면
A^{2+}의 전자수 : $x-2$, B^{3-}의 전자수 : $n+3$,
A^{2+}의 전자수 = B^{3-}의 전자수
$x-2=n+3$
$\therefore x=n+5$

8

돌턴의 원자설에서 "같은 원소의 원자는 그 모양, 크기 및 무게가 같고, 원소가 다르면 그 원자도 다르다."는 구절이 지금은 바뀌어야 하는데 그 이유는 무엇인가?

① 전자의 발견 ② 동위 원소의 발견
③ X선의 발견 ④ 분자의 발견

해설 동위 원소는 같은 원소이면서 원자 번호는 같으나 질량수가 다른 원소이다.

정답 5. ② 6. ② 7. ④ 8. ②

9

동위 원소인 두 중성 원자에 대하여 틀린 것은?

① 전자의 수는 같다.　　　　　　② 양자의 수는 같다.

③ 중성자수는 같다.　　　　　　④ 화학적 성질이 같다.

해설 원자 번호 = 양성자수 = 전자수, 질량수 = 양성자수(전자수) + 중성자수

동위 원소란 양성자수는 같으나 중성자수가 다른 원소, 즉 원자 번호는 같으나 질량수가 다른 원소

10

염소는 2가지 동위 원소로 구성되어 있는데 원자량이 35인 염소가 75% 존재하고, 37인 염소는 25% 존재한다고 가정할 때, 이 염소의 평균 원자량은?

① 34.5　　　　　　　　　　② 35.5

③ 36.5　　　　　　　　　　④ 37.5

해설 평균 원자량 $= 35 \times 0.75 + 37 \times 0.25 = 35.5$

11

전자 배치를 갖는 원자에서 L껍질에 배치되어 있는 전자수는?

① 2개　　　　　② 6개　　　　　③ 8개　　　　　④ 10개

해설 전자 궤도는 K, L, M, N, … 순서로 K=1번 궤도($n = 1$), L=2번 궤도($n = 2$), M=3번 궤도($n = 3$), N=4번 궤도($n = 4$)이므로 L껍질은 $2s^2\ 2p^6$이므로 전자수는 2+6=8이다.

12

원자의 전자 껍질에 따른 전자 수용 능력으로, M껍질에 들어갈 수 있는 최대 전자수는?

① 2개　　　　　② 8개　　　　　③ 18개　　　　　④ 32개

해설 M껍질에는 $n=3$　　　$l=0,\ 1,\ 2$　　　$l=0\quad m_l=0$

$l=1\quad m_l=-1,\ 0,\ 1$

$l=2\quad m_l=-2,\ -1,\ 0,\ 1,\ 2$

∴ 총 $m_l=9$개이므로 들어갈 수 있는 전자수는 18개이다.

13

염소 원자의 최외각 전자수는 몇 개인가?

① 1　　　　　② 2　　　　　③ 7　　　　　④ 8

해설 전자 껍질의 종류

전자 껍질	K	L	M
Cl	2	8	7

정답　　9. ③　10. ②　11. ③　12. ③　13. ③

14

다음과 같은 전자 배열을 갖는 원소 중에서 −2가 이온으로 될 수 있는 것은?

① (2, 8, 8) ② (2, 8, 8, 2)

③ (2, 8, 8, 6) ④ (2, 8, 4)

> **해설** 제일 마지막이 6이므로 8개가 되려면 2개의 전자가 더 필요하다.

15

옥텟 규칙(octet rule)에 따르면 게르마늄이 반응할 때, 다음 중 어떤 원소의 전자수와 같아지려고 하는가?

① Kr ② Si

③ Sn ④ As

> **해설** 옥텟 규칙(octet rule)
> 모든 원자들은 주기율표 0족에 있는 비활성 기체(Ne, Ar, Kr, Xe 등)와 같이 최외각 전자 8개를 가져서 안정되려는 경향(단, He은 2개의 가전자를 가지고 있으며 안정하다.)

16

어떤 원소의 화학적 성질을 지배하는 것은?

① 제일 바깥 전자 껍질의 전자수 ② 원자 번호와 원자량

③ 끓는점과 녹는점 ④ 전자의 총수

> **해설** 최외각 전자(가전자)는 족의 번호이며, 원자가를 결정하고 화학적 성질을 결정한다.

17

원자의 M껍질에 들어 있지 않는 오비탈은?

① s ② p

③ d ④ f

> **해설** K껍질은 $n=1(s)$, L껍질은 $n=2(s, p)$, M껍질은 $n=3(s, p, d)$, N껍질은 $n=4(s, p, d, f)$

18

전자 궤도의 d 오비탈에 들어갈 수 있는 전자의 총수는?

① 2 ② 6

③ 10 ④ 14

> **해설** d에 들어갈 수 있는 오비탈은 $m_l = -2, -1, 0, 1, 2$
> 각각 전자 2개씩 들어갈 수 있으므로 전자 10개

정답 14. ③ 15. ① 16. ① 17. ④ 18. ③

19

주양자수가 4일 때 이 속에 포함된 오비탈수는?

① 4　　　　　　　　　　　　② 9

③ 16　　　　　　　　　　　　④ 32

> 🌱해설　주양자수 $n=4$
>
> $=s$, p, d, f의 오비탈 종류를 가진다.
>
> ∴ s는 1개, p는 3개, d는 5개, f는 7개의 오비탈을 가지므로 주양자수 4일 때의 오비탈수는 1+3+5+7=16이 된다.

20

방위 양자수(l)에 의해 원자 궤도 함수의 모양이 결정된다. 방위 양자수가 0, 1, 2, 3, … 순서로 구성될 때 문자 기호가 올바른 것은?

① s, p, d, f　　　　　　　② j, f, p, s

③ d, s, p, g　　　　　　　④ p, e, s, f

> 🌱해설　㉠ 방위 양자수 : $0 \rightarrow s$　　　㉡ 방위 양자수 : $2 \rightarrow d$
>
> 　　　　㉢ 방위 양자수 : $1 \rightarrow p$　　　㉣ 방위 양자수 : $3 \rightarrow f$

21

에너지 준위의 순서를 옳게 나타낸 것은?

① $2s < 2p < 3s < 3p < 4s < 4p$　　　　② $2s < 2p < 3s < 3p < 3d < 3s$

③ $2s < 3s < 4s < 2p < 3p < 4p$　　　　④ $2s < 2p < 3s < 3p < 4s < 3d$

> 🌱해설　오비탈의 에너지 준위는 $1s < 2s < 2p < 3s < 3p < 4s < 3d < 4p < 5s$ … 순이다.

22

원소들 중 원자 가전자 배열이 $ns^2\, np^3\,(n=2, 3, 4)$인 것은?

① N, P, As　　　　　　　　② C, Si, Ge

③ Li, Na, K　　　　　　　　④ Be, Mg, Ca

> 🌱해설　원자 가전자가 5이므로 5족 원소이다.

23

$1s^2 2s^2 2p^5$의 전자 배치를 갖는 원자의 원자 가전자수는 몇 개인가?

① 2개　　　　　　　　　　　② 5개

③ 7개　　　　　　　　　　　④ 9개

> 🌱해설　최외각 전자는 $2s$ 오비탈에 2개, $2p$ 오비탈에 5개를 가지므로 7개의 전자를 갖는다.

정답　　19. ③　20. ①　21. ④　22. ①　23. ③

24

산소의 원자 번호는 8이다. O^{2-} 이온의 바닥 상태의 전자 배치로 맞는 것은?

① $1s^2,\ 2s^2,\ 2p^4$

② $1s^2,\ 2s^2,\ 2p^6,\ 3s^2$

③ $1s^2,\ 2s^2,\ 2p^6$

④ $1s^2,\ 2s^2,\ 2s^4,\ 3s^2$

🌱해설 O^{2-} 전자수는 10개이다.

25

$^{23}_{11}Na$의 옳은 전자 배열은?

① $1s^2,\ 2s^2,\ 2p^6,\ 3s^1$

② $1s^2,\ 2s^2,\ 2p^6,\ 3s^2,\ 3p^6,\ 3d^4,\ 4s^1$

③ $1s^2,\ 2s^2,\ 2p^6,\ 2d^1$

④ $1s^2,\ 2s^2,\ 2p^6,\ 2d^{10},\ 3s^2,\ 3p^1$

🌱해설 원자 번호＝양성자＝전자

Na 전자＝11

$1s^2 2s^2 2p^6 3s^1$

26

다음 중 $_{12}Mg^{2+}$의 전자 배치로 옳은 것은?

① $1s^2 2s^2 2p^6 3s^2$

② $1s^2 2s^2 2p^6 3s^1$

③ $1s^2 2s^2 2p^6$

④ $1s^2 2s^2 2p^6 3s^2 3p^6$

🌱해설 $_{12}Mg$는 원자 번호가 12로서 전자는 12개이나, $_{12}Mg^{2+}$은 2가의 양이온으로 전자 2개를 잃음으로써 10개의 전자를 갖는다.

27

다음 중 Al의 궤도 함수(orbital)에서 전자 배치가 맞는 것은? (단, Al의 원자 번호는 13, 원자량은 27이다.)

① $1s^2 2s^2 2p^6 3s^2 3p^1$

② $1s^2 2s^2 2p^6 3s^1 3p^2$

③ $1s^2 2s^2 2p^6 3s^2 3p^3$

④ $1s^2 2s^2 2p^6 3s^2 3p^2$

🌱해설 전자수는 13이다. $3s$가 $3p$보다 에너지가 낮으므로 $3s^2$ 채우고, $3p^1$으로 들어가야 한다.

28

다음 중 에너지를 가장 많이 가지는 빛은?

① 빨강

② 노랑

③ 파랑

④ 보라

🌱해설 파장이 짧을수록 많은 에너지를 가지므로 에너지를 가장 많이 가지는 것은 자외선쪽(보라)이 짧다.

정답 **24.** ③ **25.** ① **26.** ③ **27.** ① **28.** ④

29 원자에서 복사되는 빛은 선 스펙트럼을 만드는데 이것으로부터 알 수 있는 사실은?

① 빛에 의한 광전자의 방출
② 빛이 파동의 성질을 가지고 있다는 사실
③ 전자 껍질의 에너지의 불연속성
④ 원자핵 내부의 구조

🌱해설 원자로에서 복사되는 빛은 선 스펙트럼을 만든다. 이것은 전자 껍질의 에너지의 불연속성이다.

30 수소가 빛을 발산하였다. 보어의 원자 모델에 의하여 옳은 것은?

① 바깥 전자가 안으로 뛰어들어왔다.
② 안의 전자가 밖으로 튀어나왔다.
③ 전자가 갑자기 빨리 돌았다.
④ 전자가 밖으로 튀어나왔다.

🌱해설 핵에서 먼 높은 에너지 준위의 전자가 낮은 에너지 준위로 떨어질 때 빛을 발산한다.

31 다음에서 설명하는 이론의 명칭으로 옳은 것은?

> 같은 에너지 준위에 있는 여러 개의 오비탈에 전자가 들어갈 때는 모든 오비탈에 분산되어 들어가려고 한다.

① 러더퍼드의 법칙   ② 파울리의 배타 원리
③ 헨리의 법칙   ④ 훈트의 규칙

🌱해설 훈트(Hunt)의 법칙에 대한 설명이다.

32 중성 원자가 다음과 같은 전자 배치를 하고 있다. 옳게 나타낸 것은?

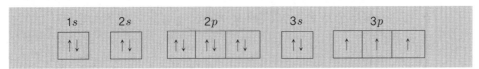

① 최외각 전자수는 3개이다.   ② 부대 전자수는 3개이다.
③ 고립 전자쌍은 3쌍이다.   ④ 중성자수는 15개이다.

🌱해설 최외각 전자수는 $3s$와 $3p$의 전자로 5개이며, 부대 전자는 $3p$에 3개 있다.

02 원소의 주기율

1

> 주기율표에서 원소의 배열 순서를 결정하는 것은?
>
> ① 원자핵의 양성자수　　　　　② 원자핵의 중성자수
> ③ 원자의 산화수　　　　　　　④ 원자핵의 질량수

🌱**해설** 현재 사용되고 있는 주기율표는 모즐리(Moseley)가 만든 것으로서, 원자 번호 순으로 배열된 주기표를 사용하고 있다(원자 번호 = 양성자수 = 전자수).

2

> 주기율표를 보면 같은 족이 아래로 갈수록 점차 증가하는 성질이 있는데, 이에 해당되지 않는 것은?
>
> ① 원자 번호
> ② 원자량
> ③ 가전자의 수
> ④ 오비탈의 총수

🌱**해설** 주기율표를 보면 같은 족이 아래로 갈수록 가전자의 수는 같다.

3

> 주기율표의 알칼리족에서는 위에서 아래로 갈수록 점차 증가하는 성질이 있는데, 옳지 않은 것은?
>
> ① 원자 번호　　　　　　　　　② 원자 반지름
> ③ 가전자의 수　　　　　　　　④ 금속성

🌱**해설** 같은 족의 최외각 전자수는 같으므로 성질이 비슷하다.

4

> 주기율표상에서 원자 번호 7의 원소와 비슷한 성질을 가진 원소의 원자 번호는 다음 중 어느 것인가?
>
> ① 2　　　　　　　　　　　　　② 11
> ③ 15　　　　　　　　　　　　④ 17

🌱**해설** 같은 족의 원소들은 화학적 성질이 비슷하다.
예 $^{14}_{7}N$, $^{30}_{15}P$, $^{75}_{33}As$, …

정답　1. ①　2. ③　3. ③　4. ③

5 화학적 성질이 활발한 금속일수록 어떤 성질이 커지는가?

① 전자를 받아들이는 성질

② 양성자를 받아들이는 성질

③ 전자를 잃는 성질

④ 양성자를 내어 놓는 성질

> **해설** 화학적으로 성질이 활발한 것은 금속성이 강한 것으로서 양이온이 되기 쉬운 물질이다. 즉 전자를 잃기 쉬운 물질이다.

6 같은 족에서 양이온이 되기 쉬운 원자는 일반적으로 어떤 것인가?

① 이온화경향이 수소보다 작은 것

② 원자의 크기가 큰 것

③ 원자의 크기가 작은 것

④ 이온의 하전량이 큰 것

> **해설** 원자의 반지름이 큰 원자는 전자를 잃기 쉽고, 따라서 양이온이 되기 쉽다.

7 주기율표의 같은 주기에서 일반적으로 원자 번호가 증가함에 따라 증가하는 것이 아닌 것은?

① 원자 반지름이 증가한다.

② 산화성이 증가한다.

③ 이온 반지름이 증가한다.

④ 이온화 에너지가 증가한다.

> **해설** 같은 주기에서 원자 번호가 증가함에 따라 핵의 하전량이 커지므로 전자를 강하게 잡아당겨 원자 반지름이 감소한다.

8 원자의 전자 친화력과 음이온이 되려는 성질과는 어떤 관계가 있는가?

① 전자 친화력이 큰 원자일수록 음이온이 되기 쉽다.

② 전자 친화력이 작은 원자일수록 음이온이 되기 쉽다.

③ 전자 친화력이 큰 원자일수록 음이온이 되기 어렵다.

④ 전자 친화력과는 아무런 관계가 없다.

> **해설** 족수가 증가하고, 주기가 감소할수록 전자 친화력이 커진다.

9

알칼리 금속이 다른 금속 원소에 비해 반응성이 큰 이유와 밀접한 관련이 있는 것은?

① 밀도가 작기 때문이다.

② 물에 잘 녹기 때문이다.

③ 이온화 에너지가 작기 때문이다.

④ 녹는점과 끓는점이 비교적 낮기 때문이다.

 ㉠ 이온화 에너지 : 원자로부터 하나의 전자를 떼어내는 데 필요한 에너지

㉡ 알칼리 금속은 이온화 에너지가 가장 작다. 따라서 양이온이 되기 쉬우므로 다른 금속 원소에 비해 반응성이 크다.

10

다음 중 가장 높은 이온화 에너지를 갖는 것은?

① 비활성 기체 　　　　　　② 할로겐 원소

③ 비금속 　　　　　　　　④ 금속

 안정한 상태에 있는 비활성 기체는 전자를 떼어내기 어렵기 때문에 가장 높은 이온화 에너지값을 갖는다.

11

다음에 열거한 원소 중 이온화 에너지가 가장 큰 것은?

① C 　　　　　② N 　　　　　③ O 　　　　　④ F

 같은 주기에서 족↑ → 이온화 E↑

12

다음 원소들 중 전기 음성도 값이 가장 큰 것은?

① C 　　　　　② N 　　　　　③ O 　　　　　④ F

해설 전기 음성도

원자가 전자를 잡아당기는 능력을 상대적인 값으로 나타낸 수치이며, 일반적으로 비금속성이 강할수록 증가한다.

$F > O > N > Cl > Br > C > S > I > H > P$

13

반응이 일어나기 어려운 것은?

① $2I^- + Cl_2 \rightarrow 2Cl^- + I_2$ 　　　　② $2Br^- + Cl_2 \rightarrow 2Cl^- + Br_2$

③ $2Cl^- + F_2 \rightarrow 2F^- + Cl_2$ 　　　　④ $2F^- + Br_2 \rightarrow 2Br^- + F_2$

해설 할로겐 원소의 활성도 순서
$$F_2 > Cl_2 > Br_2 > I_2$$

14

α, β, γ의 방사선 중 투과력의 강약 순서가 맞는 것은?

① $\alpha > \beta > \gamma$ ② $\alpha < \beta < \gamma$

③ $\beta < \alpha < \gamma$ ④ $\gamma < \alpha < \beta$

해설 $\gamma > \beta > \alpha$이므로 γ선이 가장 강하다.

15

방사성 원소에서 방출되는 방사선 중 전기장의 영향을 받지 않아 휘어지지 않는 선은?

① α선   ② β선

③ γ선   ④ α, β, γ선

해설 방사선의 종류와 작용
㉠ α선 : 전기장을 작용하면 (−) 쪽으로 구부러지므로 그 자신은 (+) 전기를 가진 입자의 흐름임을 알게 된다.
㉡ β선 : 전기장을 작용하면 (+) 쪽으로 구부러지므로 그 자신은 (−) 전기를 가진 입자의 흐름임을 알게 된다. 즉 전자의 흐름이다.
㉢ γ선 : 전기장의 영향을 받지 않아 휘어지지 않는 선이며, 광선이나 X선과 같은 일종의 전자파이다.

16

방사성 원소가 α 붕괴하면?

① 원자 번호는 2 감소, 질량수는 4 감소   ② 원자 번호는 2 감소, 질량수는 2 감소

③ 원자 번호는 1 감소, 질량수는 무변   ④ 원자 번호는 1 감소, 질량수는 1 감소

해설 방사성 원소의 붕괴
㉠ α 붕괴 : 방사성 원소에서 α선을 방출하고 다른 원소로 되는 현상으로서, 원자 번호가 2 감소되며, 질량수는 4 감소한다(붕괴 원인은 He 원자핵이 방출).
㉡ β 붕괴 : 방사성 원소에서 β선을 방출하고 다른 원소로 되는 현상으로서, 원자 번호는 1 증가하며, 질량수는 변함없다(붕괴 원인은 전자 방출).
㉢ γ 붕괴 : 방사성 원소에서 γ선을 방출하나 원자 번호나 질량수가 변하지 않는 현상

17

다음 불활성 기체 중 방사성 원소가 α 붕괴할 때 방출되는 것은?

① He   ② Ne   ③ Ar   ④ Kr

해설 원자 번호 2 감소 질량이 4 감소한다.

예 $^{238}_{92}\text{U} \xrightarrow{\alpha \text{붕괴}} {}^{234}_{90}\text{Th} + {}^{4}_{2}\text{He}$

정답 14. ② 15. ③ 16. ① 17. ①

18

> 방사선 원소에서 발생되는 α선에 대한 다음 설명 중 틀린 것은?
>
> ① 투과력이 가장 강하다.
>
> ② 본체는 헬륨의 원자핵이다.
>
> ③ 방사선 원소에 따라 속도는 다르다.
>
> ④ 감광 작용, 전리 작용이 가장 강하다.

해설 ㉠ 투과력이 가장 약하다.

19

> $^{237}_{93}$Np 방사선 원소가 β선을 1회 방출한 경우 생성되는 원소는?
>
> ① Pa   ② U
>
> ③ Po   ④ Pu

해설 β 붕괴하면 원자 번호가 1이 증가한다.

20

> $^{222}_{86}$Rn이 $^{210}_{81}$Ra로 변하려면 다음 붕괴 중 어느 것인가?
>
> ① 1회의 α 붕괴와 3회의 β 붕괴
>
> ② 3회의 α 붕괴와 1회의 β 붕괴
>
> ③ 3회의 α 붕괴와 2회의 β 붕괴
>
> ④ 2회의 α 붕괴와 2회의 β 붕괴

해설 질량수 차이로 α 붕괴의 횟수를 알 수 있다.

21

> 방사성 동위 원소의 반감기가 20일 때 40일이 지난 후 남은 원소의 분율은?
>
> ① 1/2   ② 1/3
>
> ③ 1/4   ④ 1/6

해설
$$m = M\left(\frac{1}{2}\right)^{\frac{t}{T}}$$

여기서, m : t시간 후에 남은 질량

M : 처음 질량

t : 경과된 시간

T : 반감기

$$\therefore\ m = M\left(\frac{1}{2}\right)^{\frac{40}{20}} = \frac{1}{4}M$$

22

반감기가 5일인 미지 시료가 2g 있을 때 10일이 경과하면 남은 양은 몇 g인가?

① 2

② 1

③ 0.5

④ 0.25

🌱해설

$$m = M \times \left(\frac{1}{2}\right)^{\frac{t}{T}}$$

여기서, m : t 시간 후에 남은 질량

M : 처음 질량

t : 경과된 시간

T : 반감기

$$\therefore 2g \times \left(\frac{1}{2}\right)^2 = 0.5g$$

23

원자로에서 Cd(카드뮴)이 하는 일은?

① 중성자수를 조절

② 중성자를 공급

③ 중성자의 속도를 감속

④ 우라늄(U)과 핵반응

🌱해설 Cd(카드뮴)은 제어봉으로서 중성자를 흡수하므로 중성자수를 조절한다.

24

다음 핵화학 반응에서 ( ) 안에 들어갈 수 있는 것은?

$$^{9}_{4}Be + ^{4}_{2}He \rightarrow (\quad) + ^{1}_{0}n$$

① $^{10}_{4}Be$

② $^{11}_{5}B$

③ $^{12}_{6}C$

④ $^{13}_{7}N$

🌱해설 핵반응에서 반응 전후의 원자 번호와 질량수는 같다.

25

다음 핵화학 반응식에서 산소(O)의 원자 번호는?

$$^{14}_{7}N + ^{4}_{2}He(\alpha) \rightarrow O + ^{1}_{1}H$$

① 6

② 7

③ 8

④ 9

🌱해설 $^{14}_{7}N + ^{4}_{2}He(\alpha) \rightarrow ^{17}_{8}O + ^{1}_{1}H$

03 화학 결합

1

알칼리 금속에 속하는 원소와 할로겐족에 속하는 원소가 결합하여 화합물을 생성하였다. 이 화합물의 화학 결합은? (단, 수소는 제외한다.)

① 이온 결합   ② 공유 결합

③ 금속 결합   ④ 배위 결합

해설 예 $NaCl$, KCl

2

다음은 이온 결합성 물질의 성질을 설명한 것이다. 틀린 것은?

㉮ mp와 bp가 낮다.   ㉯ 용융 상태에서는 전해질이다.
㉰ 극성 용매에 잘 녹는다.   ㉱ 결정 상태에서 분자성이다.

① ㉮와 ㉯   ② ㉯와 ㉱

③ ㉮와 ㉱   ④ ㉮와 ㉯와 ㉱

해설 ㉮ mp와 bp가 높다.
㉱ 이온성이다.

3

융해점이 가장 높다고 생각되는 화합물은?

① $LiCl$ ② $BeCl_2$

③ CCl_4 ④ NCl_3

해설 용융점이 가장 높은 것은 이온성이 큰 이온 화합물이다.

4

$NaCl$의 결정계는 다음 중 무엇에 해당되는가?

① 입방정계(cubic)   ② 정방정계(tetragonal)

③ 육방정계(hexagonal)   ④ 단사정계(monoclinic)

해설 ㉠ 7정계의 하나로서 격자정수 사이에 a＝b＝c, $\alpha＝\beta＝\gamma＝90°$의 관계가 성립되며, 단위격자는 입방체, 단위 격자의 대각선 방향으로 3회 회전축을 갖고 있고 a, b, c축 방향으로 2회 또는 4회 대칭축이 존재함. 이 정계의 공간 격자에는 단순 격자, 체심 격자, 면심 격자가 있음
㉡ 전후 좌우에 직교하는 2개의 길이가 같은 수평축과 이것과 직교하는 길이가 다른 수직축을 가진 결정계 예 $NaCl$

정답   1. ①   2. ③   3. ②   4. ①

ⓒ 한 평면상에서 서로 60°로 교차하는 같은 길이의 3개의 수평축과 이들과 직교하면서 길이가 다른 수직축을 가진 결정계

ⓓ 길이가 다른 a, b, c의 세 결정축을 가지며, 그 중에 서로 직교하는 a, b의 두 축과 b축과는 직교하나 a축과는 비스듬히 교차하는 c축으로 표시되는 결정계

5

> 수소 분자(H_2)에서 수소 원자(H) 사이의 결합은?
> ① 금속 결합　　　　　　　　② 수소 결합
> ③ 배위 결합　　　　　　　　④ 공유 결합

해설 동종 이원자 분자는 모두 공유 결합을 한다.

6

> 다이아몬드의 결합 형태는?
> ① 금속 결합　　　　　　　　② 이온 결합
> ③ 공유 결합　　　　　　　　④ 수소 결합

해설 다이아몬드는 공유 결합 형태로 그물 구조로 결합력이 가장 크다.

7

> 비공유 전자쌍을 가지고 있는 분자는?
> ① NH_3　　　　　　　　　② CH_4
> ③ H_2　　　　　　　　　　④ C_2H_4

해설

8

> CH_4, NH_3 및 H_2O의 결합각은 각각 109°, 107°, 105°의 순으로 작아진다. 그 이유는 무엇인가?
> ① 분자 간의 거리　　　　　　② 이온화 전위
> ③ 수소 결합　　　　　　　　④ 비공유 전자쌍

해설

비공유 전자쌍이 많아질수록 결합각이 줄어든다.

9 다음 중 비극성 공유 결합은?

① HCl과 NH_3　　　　　　② H_2와 O_2

③ H_2O와 NH_3　　　　　　④ O_2와 H_2O

> **해설** 동종 이원자 분자(O_2, N_2, H_2 등)는 모두 비극성 공유 결합을 한다.

10 $NH_3 + H_2O \rightleftharpoons NH_4^+ + OH^-$에 있어서 NH_4^+이 생성될 때의 결합 양식은?

① 이온 결합　　　　　　② 공유 결합

③ 배위 결합　　　　　　④ 수소 결합

> **해설** 한 원자에서만 전자쌍을 내어서 서로 공유하는 결합을 배위 결합이라 한다.

11 다음 중 배위 결합 물질이 아닌 것은 어느 것인가?

①
$$\left[\begin{array}{c} H \\ H : \overset{..}{N} : H \\ \overset{..}{H} \end{array} \right]^+$$

②
$$\left[\begin{array}{c} \overset{..}{H} : \overset{..}{O} : H \\ H \end{array} \right]^+$$

③
$$H : \overset{..}{\underset{H}{N}} : H$$

④ $Cu(NH_3)_4^{2+}$

> **해설** 배위 결합 물질은 비공유 전자쌍에서 이온·원자·분자가 결합한다.

12 한 분자 내에서 배위 결합과 이온 결합을 동시에 가지고 있는 것은?

① NH_4Cl　　　　　　② K_2CO_3

③ $MgCl_2$　　　　　　④ $CHCl_3$

> **해설** NH_4Cl은 한 분자 내에 공유, 배위, 이온 결합을 동시에 한다.
> ㉠ 공유 결합 : $N + 3H \rightarrow NH_3$
> ㉡ 배위 결합 : $NH_3 + H^+ \rightarrow NH_4^+$
> ㉢ 이온 결합 : $NH_4^+ + Cl^- \rightarrow NH_4Cl$

13 자유 전자의 존재하에서 이루어지는 화학 결합은?

① 금속 결합　　　　　　② 수소 결합

③ 배위 결합　　　　　　④ 공유 결합

> **해설** 금속 결합은 모두 자유 전자에 의한 결합 형태이다.

정답　9. ②　10. ③　11. ③　12. ①　13. ①

14

다음 결정의 4가지 형태 중 결정의 구성 단위가 양이온과 전자로 이루어진 결정은?

① 공유 결합 결정
② 이온 결정
③ 분자 결정
④ 금속 결정

💊해설 금속 결정에 대한 설명이다.

15

금속이 전기의 양도체인 이유는 어느 것인가?

① 질량수가 크기 때문에
② 중성자가 많기 때문에
③ 양자수가 많기 때문에
④ 자유 전자수가 많기 때문에

💊해설 금속 결합은 자유 전자에 의한 결합이므로 전기의 양도체이다.

16

물(H_2O)의 끓는점이 황화수소(H_2S)의 끓는점보다 높은 이유는?

① 분자량의 차이 때문
② 분자 간의 수소 결합 차이 때문
③ 용액의 pH 차이 때문
④ 극성 결합의 차이 때문

💊해설 물은 수소 결합에 의해 끓는점이 높다.

17

4℃의 물이 얼음의 밀도보다 큰 이유는 물분자의 무슨 결합 때문인가?

① 이온 결합
② 공유 결합
③ 배위 결합
④ 수소 결합

💊해설 4℃의 물이 얼음의 밀도보다 큰 이유
보통 다른 물질들은 고체가 되면 분자끼리 최대한 거리를 줄이는 배열을 하게 되어 부피가 줄어들지만, 물의 경우, 수소 결합을 하게 되면 사이 공간이 약간 벌어지면서 육각형 구조를 형성하기 때문에 부피가 늘어나게 된다. 그러므로 물은 얼음이 되면서 부피가 늘어나기 때문에 밀도가 낮아진다.

18

다음 결합 중 결합력이 가장 약한 것은?

① 공유 결합
② 이온 결합
③ 금속 결합
④ 반 데르 발스 결합

💊해설 결합력 중 반 데르 발스 결합(분산력)이 가장 작다.

정답 14. ④ 15. ④ 16. ② 17. ④ 18. ④

19

다음 물질 중 분산력(반 데르 발스 힘)이 가장 큰 물질은?

① CH_4 ② SiH_4

③ CF_4 ④ CCl_4

해설 무극성인 물질 중 분자량이 클수록 분산력이 커진다.

20

결합력의 크기 순으로 되어 있는 것은?

① 수소 결합>반 데르 발스 결합>공유 결합

② 공유 결합>수소 결합>반 데르 발스 결합

③ 반 데르 발스 결합>수소 결합>공유 결합

④ 수소 결합>공유 결합>반 데르 발스 결합

해설 결합력의 세기

    ㉠ 공유 결합(그물 구조체) > 이온 결합 > 금속 결합 > 수소 결합 > 반 데르 발스 결합

    ㉡ 공유 결합 : 수소 결합 : 반 데르 발스 결합 = 100 : 10 : 1

21

다음 물질 중 sp^3 혼성 궤도 함수와 가장 관계가 있는 것은?

① CH_4 ② $BeCl_2$

③ BF_3 ④ HF

해설 ① sp^3 결합, ② sp 결합, ③ sp^2 결합, ④ p 결합

22

암모니아 분자의 구조는?

① 평면   ② 선형

③ 피라밋   ④ 사각형

해설 암모니아 분자의 구조(피라밋, p^3형)

질소 원자는 그 궤도 함수가 $1s^2 2s^2 2p^3$로서, $2p$ 궤도 3개에 쌍을 이루지 않은 전자가 3개여서 3개의 H 원자의 $1s^1$과 공유 결합하여 Ne형의 전자 배열이 된다. 이 경우 3개의 H는 N 원자를 중심으로 이론상 90°이지만 실제는 107°의 각도를 유지하며, 그 모형이 피라밋이다.

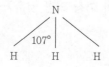

23

다음 화합물 중 원소의 전자가 p^2 결합을 하는 것은?

① CH_4 ② H_2O

③ BeH_2 ④ NH_3

 ① CH_4 : sp^3 결합

② H_2O : p^2 결합

③ BeH_2 : sp 결합

④ NH_3 : p^3 결합

04 화학 반응

1

열화학 반응에서 발열 반응의 등식을 옳게 설명한 것은?

① 반응계의 에너지 > 생성계의 에너지

② 반응계의 에너지 < 생성계의 에너지

③ 반응계의 에너지 = 생성계의 에너지

④ 반응계의 에너지 ≦ 생성계의 에너지

 ㉠ 발열 반응으로 반응계 에너지>생성계 에너지로서 $Q = (+)$이며 $\Delta H = (-)$

㉡ 흡열 반응으로 반응계 에너지<생성계 에너지로서 $Q = (-)$이며 $\Delta H = (+)$

2

수소와 질소로 암모니아를 합성하는 반응의 화학 반응식은 다음과 같다. 암모니아의 생성률을 높이기 위한 조건은?

$$N_2 + 3H_2 \rightarrow 2NH_3 + 22.1kcal$$

① 온도와 압력을 낮춘다.

② 온도는 낮추고, 압력은 높인다.

③ 온도를 높이고, 압력은 낮춘다.

④ 온도와 압력을 높인다.

 발열 반응 : 온도를 낮추고, 압력을 높인다.

3

다음 반응식 중 흡열 반응을 나타내는 것은?

① $CO + \frac{1}{2}O_2 \rightarrow CO_2 + 68kcal$ ② $N_2 + O_2 \rightarrow 2NO$, $\Delta H = +42kcal$

③ $C + O_2 \rightarrow CO_2$, $\Delta H = -94kcal$ ④ $H_2 + \frac{1}{2}O_2 \rightarrow H_2O - 58kcal$

🌱 *해설* ㉠ 발열 반응 : 열을 방출하는 경우(ΔH가 음의 값)
　　　㉡ 흡열 반응 : 열을 흡수하는 경우(ΔH가 양의 값)

4

다음 화학 평형을 오른쪽으로 진행시키기 위한 조건은?

$$C + CO_2 \rightleftarrows 2CO - 40kcal$$

① 고온, 가압   ② 저온, 가압   ③ 저온, 감압   ④ 고온, 감압

🌱 *해설* 흡열 반응이므로 온도를 높이고, 반응계의 몰수는 1몰(CO_2), 생성계의 몰수는 2몰($2NO$)이므로 압력을 낮춘다.

5

다음 중 온도와 압력을 함께 낮게 할 때 평형이 오른쪽으로 이동하는 것은?

① $2H_2(g) + O_2(g) \rightarrow 2H_2O(g) + 58.7kcal$

② $2CO_2(g) \rightarrow 2CO(g) + O_2(g) - 134.4kcal$

③ $2CH_3OH(g) + 3O_2(g) \rightarrow 2CO_2(g) + 4H_2O(g) + 156.8kcal$

④ $H_2S(g) \rightarrow H_2(g) + S(g) - 4.5kcal$

🌱 *해설* 발열 반응이며, 몰수가 증가한다.

6

다음 반응 중 평형 상태가 압력의 영향을 받지 않는 것은?

① $2NO_2 \leftrightarrows N_2O_4$ ② $2CO + O_2 \leftrightarrows 2CO_2$

③ $N_2 + O_2 \leftrightarrows 2NO$ ④ $NH_3 + HCl \leftrightarrows NH_4Cl$

🌱 *해설* 반응물과 생성물의 몰수, 즉 분자수가 같은 것은 압력의 영향을 받지 않는다.

7

다음의 반응 화합물 중 가장 안정한 화합물의 반응식은?

① $H_2 + F_2 \rightarrow 2HF + 128kcal$ ② $H_2 + Cl_2 \rightarrow 2HCl + 44kcal$

③ $H_2 + Br_2 \rightarrow 2HBr + 25kcal$ ④ $H_2 + I_2 \rightarrow 2HI + 2.5kcal$

정답   3. ②   4. ④   5. ③   6. ③   7. ①

🌱해설 방출되는 반응열이 클수록 생성 물질이 안정하다.

8

다음의 열화학 반응식에서 물의 생성열은 몇 kcal인가?

$$2H_2 + O_2 \rightarrow 2H_2O + 136\text{kcal}$$

① -68 ② $+68$

③ -136 ④ $+136$

🌱해설 생성열
물질 1몰이 성분 원소로부터 생성될 때 발생 또는 흡수되는 열

9

$N_2 + O_2 \rightarrow 2NO - 43\text{kcal}$에서 NO의 생성열은 몇 kcal인가?

① -21.5 ② $+21.5$

③ -43 ④ $+43$

🌱해설 생성열
물질 1몰이 성분 원소로부터 생성될 때 발생 또는 흡수되는 열

10

프로판가스(C_3H_8)의 연소 반응식은 다음과 같다. $C_3H_8 + 5O_2 \rightarrow 3CO_2 + 4H_2O + 530\text{cal}$
프로판가스 1g을 연소시켰을 때 나오는 열량은 몇 cal인가?

① 12.05 ② 23.69

③ 120.5 ④ 530.6

🌱해설 $C_3H_8 + 5O_2 \rightarrow 3CO_2 + 4H_2O + 530\text{cal}$
44g   530cal
1g x(cal)
$x = \dfrac{1 \times 530}{44}$, ∴ $x = 12.05\text{cal}$

11

$C_2H_6(g) \rightarrow 2C(s) + 3H_2(g)$ $\Delta H = +20.4\text{kcal}$

$2C(s) + 2O_2(g) \rightarrow 2CO_2(g)$ $\Delta H = -188.0\text{kcal}$

$3H_2(g) + \dfrac{3}{2}O_2(g) \rightarrow 3H_2O(g)$ $\Delta H = -173.0\text{kcal}$

일 때 에탄이 산소 중에서 연소하여 CO_2와 수증기로 될 때의 연소열을 계산하면?

① $\Delta H = -340.6\text{kcal}$ ② $\Delta H = 340.6\text{kcal}$

③ $\Delta H = -35.4\text{kcal}$ ④ $\Delta H = 35.4\text{kcal}$

해설

$$C_2H_6(g) \longrightarrow 2C(s) + 3H_2(g) \qquad \Delta H = +20.4kcal \cdots\cdots\cdots\cdots ㉠$$
$$2C(s) + 2O_2(g) \longrightarrow 2CO_2(g) \qquad \Delta H = -188.0kcal \cdots\cdots\cdots\cdots ㉡$$
$$+ \quad 3H_2(g) + \frac{3}{2}O_2(g) \longrightarrow 3H_2O(g) \qquad \Delta H = -173.0kcal \cdots\cdots\cdots\cdots ㉢$$

㉠ + ㉡ + ㉢

$$C_2H_6(g) + \frac{7}{2}O_2(g) \longrightarrow 2CO_2(g) + 3H_2O(g)$$

$$\therefore \Delta H = (+20.4) + (-188.0) + (-173.0)$$
$$= -340.6kcal$$

12

화학 반응에서 반응 전과 반응 후의 상태가 결정되면 반응의 경로와 관계 없이 반응열의 총량은 일정하다는 법칙은?

① 르 샤틀리에의 법칙　　　　　　　　② 헨리의 법칙

③ 화학 평형의 법칙　　　　　　　　　④ 헤스의 법칙

해설 총열량 불변의 법칙(헤스의 법칙)이다.

13

다음 중 화학 반응 속도에 영향을 미치지 아니하는 것은?

① 반응계의 온도 변화

② 촉매의 유무

③ 반응 물질의 농도 변화

④ 일정한 농도에서의 부피 변화

해설 반응 속도란 단위 시간에 감소된 물질의 양(몰수) 또는 생성된 물질의 양(몰수)으로서 물질 자체의 성질에 따라 좌우되기는 하지만 이들은 농도, 압력, 촉매, 표면적, 빛 등의 영향을 크게 받는다.
㉠ 반응 속도와 농도 : 반응 속도는 반응하는 물질의 농도의 곱에 비례한다.
㉡ 반응 속도와 온도 : 온도가 상승하면 반응 속도는 증가(약 10℃ 상승 시 반응 속도는 2배 증가)
㉢ 반응 속도와 촉매 : 정촉매(반응 속도를 빠르게 한다.), 부촉매(반응 속도를 느리게 한다.)

14

다음과 같은 반응에서 A와 B의 농도를 각각 2배로 해주면 반응 속도는 몇 배가 되겠는가?

$$A + 2B \longrightarrow 3C + D$$

① 2배　　　　　　　　　　　　　　　② 4배

③ 6배　　　　　　　　　　　　　　　④ 8배

해설 $v = [A][B]^2 = 2 \times 2^2 = 8$배

15

다음과 같은 반응에서 A와 B의 농도를 모두 2배로 해주면 반응 속도는 이론적으로 몇 배가 되겠는가?

$$A + 3B \rightarrow 3C + 5D$$

① 2배 ② 4배

③ 8배 ④ 16배

해설 $v = [A] \times [B]^3 = 2 \times 2^3 = 16$배

16

$CH_4(g) + 2O_2(g) \rightarrow CO_2(g) + 2H_2O(g)$의 반응에서 메탄의 농도를 일정하게 하고 산소의 농도를 2배로 하면 동일한 온도에서 반응 속도는 몇 배로 되는가?

① 2배 ② 4배

③ 6배 ④ 8배

해설 반응 속도는 반응하는 물질의 농도의 곱에 비례하므로
$[CH_4][O_2]^2 = 1 \times 2^2 = 4$배

17

온도가 10℃ 올라감에 따라 반응 속도는 2배 빨라진다. 10℃에서 50℃로 온도를 올리면 반응 속도는 몇 배 빨라지는가?

① 10배 ② 14배

③ 16배 ④ 20배

해설 온도가 상승하면 반응 속도는 증가(약 10℃ 온도 상승 시 반응 속도는 2배 증가, 즉 2^n배 증가)한다. 따라서, $50 - 10 = 40$℃이므로 반응 속도는 16배 증가한다. 즉 2^n로서 $2^4 = 16$배이다.

18

기체상의 반응에서 온도를 10℃ 올려주면 일반적으로 반응 속도가 2~3배 정도 빨라진다. 그 이유는?

① 평형이 이동하기 때문이다.
② 활성화 에너지가 작아지기 때문이다.
③ 운동 에너지가 큰 분자들이 많아지기 때문이다.
④ 활성화 에너지가 커지기 때문이다.

해설 온도를 올려주면 운동 에너지가 큰 분자들이 많아지므로 반응 속도가 빨라진다.

19

화학 반응 시 촉매 역할을 옳게 설명한 것은?

① 정반응의 속도는 증가시키나 역반응의 속도는 감소시킨다.

② 활성화 에너지를 증가시켜 반응 속도를 빠르게 한다.

③ 정반응의 속도는 감소시키나 역반응의 속도는 증가시킨다.

④ 활성화 에너지를 감소시켜 반응 속도를 빠르게 한다.

해설 촉매는 활성화 에너지를 감소시켜 반응 속도를 빠르게 한다.

20

다음 중 촉매에 의하여 변화되지 않는 것은?

① 정반응의 활성화 에너지

② 역반응의 활성화 에너지

③ 반응열

④ 반응 속도

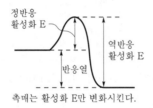

정반응
활성화 E

역반응
활성화 E

반응열

촉매는 활성화 E만 변화시킨다.

21

활성화 에너지란 어느 것인가?

① 물질이 반응할 때 방출하는 에너지

② 물질이 반응할 때 흡수하는 에너지

③ 물질이 반응을 일으키기 전에 가지고 있는 에너지

④ 물질이 반응을 일으키는 데 필요한 에너지

해설 활성화 에너지란 물질이 반응을 일으키는 데 필요한 에너지로서 활성화 에너지가 클수록 반응 속도가 느려진다.

05 화학 평형

1

화학 반응이 평형 상태에 도달하였다는 것은 다음 중 어느 것인가?

① 정반응과 역반응이 같은 속도로 진행된다.

② 촉매를 넣으면 발열 반응 쪽으로 평형이 이동된다.

③ 온도를 높이면 발열 반응 쪽으로 평형이 이동된다.

④ 분자 사이의 모든 반응은 완전히 끝났다.

해설 화학 평형이란 가역 반응에서 정반응 속도와 역반응 속도가 같아져서 외관상 반응이 정지된 것처럼 보이는 상태로서 정반응 속도(V_1) = 역반응 속도(V_2)이다.

2

화학 반응에서 정반응과 역반응의 속도가 같아지는 상태를 화학 평형(chemical equilibrium)이라 한다. 이 화학 평형에 영향을 끼치는 인자는 온도, 압력 및 농도인데 평형 상태에 놓여 있는 반응계의 온도, 압력, 농도를 변화시키면 그 변화에 대하여 영향을 적게 받는 쪽으로 반응이 진행된다. 이것을 무슨 법칙이라 하는가?

① 보일   ② 샤를

③ 아레니우스   ④ 르 샤틀리에

해설 르 샤틀리에의 법칙에 대한 설명이다.

3

반응의 평형에 영향을 미치지 않는 것은?

① 온도   ② 압력

③ 농도   ④ 촉매

해설 평형 이동에 영향을 주는 인자

　㉠ 농도의 영향
　　• 농도를 증가시키면 ➝ 농도가 감소하는 방향
　　• 농도를 감소시키면 ➝ 농도가 증가하는 방향
　㉡ 온도의 영향
　　• 온도를 올리면 ➝ 온도가 내려가는 방향(흡열 반응 쪽)
　　• 온도를 내리면 ➝ 온도가 올라가는 방향(발열 반응 쪽)
　㉢ 압력의 영향
　　• 압력을 높이면 ➝ 분자수가 감소하는 방향(몰수가 적은 쪽)
　　• 압력을 내리면 ➝ 분자수가 증가하는 방향(몰수가 큰 쪽)
　㉣ 촉매의 영향 : 촉매는 화학 평형 시간을 단축시키지만, 화학 평형 이동과는 아무런 관련이 없다.

정답 　1. ①　2. ④　3. ④

4

CO$+$2H$_2$ $\rightarrow$ CH$_3$OH의 반응에 있어서 평형 상수 K를 나타내는 식은?

① $K = \dfrac{[\text{CH}_3\text{OH}]}{[\text{CO}][\text{H}_2]}$　　　　　② $K = \dfrac{[\text{CH}_3\text{OH}]}{[\text{CO}][\text{H}_2]^2}$

③ $K = \dfrac{[\text{CO}][\text{H}_2]}{[\text{CH}_3\text{OH}]}$　　　　　④ $K = \dfrac{[\text{CO}][\text{H}_2]^2}{[\text{CH}_3\text{OH}]}$

해설 CO $+$ 2H$_2$ $\rightarrow$ CH$_3$OH의 반응에서 평형 상수 K는

$K = \dfrac{[\text{CH}_3\text{OH}]}{[\text{CO}][\text{H}_2]^2}$ 이다.

5

다음 평형식에 맞는 화학 반응식은?

$$K = \frac{[\text{NO}_2]^4 [\text{H}_2\text{O}]^6}{[\text{NH}_3]^4 [\text{O}_2]^7}$$

① NH$_3$(s)$+$7O$_2$(g) $\rightleftarrows$ NO$_2$(g)$+$H$_2$O(g)

② 4NH$_3$(s)$+$7O$_2$(g) $\rightleftarrows$ 4NO$_2$(g)$+$6H$_2$O(g)

③ NH$_3$(g)$+$O$_2$(g) $\rightleftarrows$ NO$_2$(g)$+$H$_2$O(g)

④ 4NH$_3$(g)$+$7O$_2$(g) $\rightleftarrows$ 4NO$_2$(g)$+$6H$_2$O(g)

해설 aA(g)$+b$B(g) $\rightleftarrows$ cC(g)$+d$D(g)

$\therefore K = \dfrac{[\text{C}]^c[\text{D}]^d}{[\text{A}]^a[\text{B}]^b}$

6

다음 반응의 평형 상수는? (단, 평형 상태에서 A, B, C 및 D의 각 농도는 1 L당 1.0, 2.0, 6.0 및 20mole이었다.)

| A $+$ B $\rightarrow$ C $+$ D |

① 20　　　　　② 40

③ 60　　　　　④ 80

해설 $K = \dfrac{[\text{C}][\text{D}]}{[\text{A}][\text{B}]} = \dfrac{6 \times 20}{1 \times 2} = 60$

정답　4. ② 5. ④ 6. ③

06 산화와 환원

1

다음 산화에 대한 설명이다. 다음 중 틀린 것은?

① 산소와 결합하거나 잃은 상태
② 원자가 산화수가 증가한 상태
③ 원자가 전자를 잃은 상태
④ 수소를 빼앗긴 상태

해설 ㉠ 산화 : 산소와 결합하는 것
㉡ 환원 : 산소를 잃는 것

2

산화-환원에 대한 설명 중 틀린 것은?

① 한 원소의 산화수가 증가하였을 때 산화되었다고 한다.
② 전자를 잃은 반응을 산화라 한다.
③ 산화제는 다른 화학종을 환원시키며, 그 자신의 산화수는 증가하는 물질을 말한다.
④ 중성인 화합물에서 모든 원자와 이온들의 산화수의 합은 0이다.

해설 ③ 산화제는 다른 화학종을 산화시키며, 그 자신의 산화수는 감소하는 물질이다.

3

$Cl_2 + H_2O \rightarrow HClO + HCl$에서 염소 원소는?

① 산화만 되었다.
② 환원만 되었다.
③ 산화도 되고, 환원도 되었다.
④ 산화도 되지 않고, 환원도 되지 않았다.

해설 Cl_2는 HClO에서 산소와 결합하여 산화되었고, HCl에서 수소를 얻었으므로 환원되었다.

4

다음 중 산화제가 될 수 있는 조건으로서 옳지 않은 것은?

① 산소를 잃기 쉬운 것　　　　② 수소와 결합하기 쉬운 것
③ 전자를 버리기 쉬운 것　　　　④ 산화수가 감소되기 쉬운 것

해설 전자를 버리기 쉬운 것은 산화수가 증가되는 산화 반응으로서 환원제가 된다.

5

H₂S+I₂ → HI+S에서 I₂의 역할은?

① 산화제이다.

② 환원제이다.

③ 산화제이면서 환원제이다.

④ 촉매 역할을 한다.

해설 반응식에서 요오드(I_2)는 환원되었으므로 산화제 역할을 한다.

$$I_2^0 \rightarrow 2HI^-$$

환원 ↑

6

이산화황이 산화제로 작용하는 화학 반응은?

① $SO_2 + H_2O \rightarrow H_2SO_4$

② $SO_2 + NaOH \rightarrow NaHSO_3$

③ $SO_2 + 2H_2S \rightarrow 3S + 2H_2O$

④ $SO_2 + Cl_2 + 2H_2O \rightarrow H_2SO_4 + 2HCl$

해설 ㉠ 환원력이 강한 H_2S와 반응하면 산화제로 작용한다.

$$S^{4+}O_2 + 2H_2S \rightarrow 2H_2O + 3S^0$$

환원(산화제로 작용)

㉡ 환원제로 작용한 것

$$S^{4+}O_2 + 2H_2O + Cl_2 \rightarrow H_2S^{6+}O_4 + 2HCl$$

산화(환원제로 작용)

7

다음 중 환원제(reducing agent)로 작용할 수 없는 물질은?

① 수소 원자를 내기 쉬운 물질   ② 산소와 화합하기 쉬운 물질

③ 전자를 잃기 쉬운 물질   ④ 발생기의 산소를 내는 물질

해설 ④ 산화제

8

표준 전극 전위(E^o)가 다음과 같을 때 가장 강한 환원제는?

① $F_2 = +2.87V$ ② $MnO_4^- = +1.51V$

③ $Cr_2O_7^{2-} = +1.33V$ ④ $NO_3^- = +0.96V$

해설 표준 전위 전극이 클수록 강한 산화제이다.

정답   5. ① 6. ③ 7. ④ 8. ④

9 다음 물질 중 환원제로 이용되는 물질인 것은?

① H_2SO_4　　　　　　　　　　② HNO_3

③ $KMnO_4$　　　　　　　　　　④ SO_2

🌱해설 환원제란 다른 물질을 환원시켜 주는 물질로서 자기 자신은 산화된다.

10 A는 B 이온과 반응하나 C 이온과는 반응하지 않고 D는 C 이온과 반응한다고 할 때 A, B, C, D 이온의 환원력의 세기는?

① $B > A > C > D$　　　　　　② $D > C > A > B$

③ $B > D > A > C$　　　　　　④ $C > A > D > B$

🌱해설 $A > B$, $C > A$, $D > C$　∴$D > C > A > B$이다.

11 다음 산화수에 대한 설명 중 틀린 것은?

① 화학 결합이나 반응에서 산화, 환원을 나타내는 척도이다.
② 자유 원소 상태의 원자의 산화수는 0이다.
③ 이온 결합 화합물에서 각 원자의 산화수는 이온 전하의 크기와 관계 없다.
④ 화합물에서 각 원자의 산화수는 총합이 0이다.

🌱해설 ③ 이온 결합 화합물에서 각 원자의 산화수는 그 이온의 전하와 같다.

12 다음 중 산소의 산화수가 가장 큰 것은?

① O_2　　　　　　　　　　　② H_2O

③ NaO_2　　　　　　　　　　④ OF_2

🌱해설 ① 0가　② -2가　③ -1가　④ +2가

13 다음 중 산소의 산화수가 가장 큰 것은?

① O_2　　　　② $KClO_4$　　　　③ H_2SO_4　　　　④ H_2O_2

🌱해설　① O_2 : O　　② $K\underline{Cl}O_4$ (-2)　　③ $H_2\underline{S}O_4$ (-2)　　④ $H_2\underline{O}_2$ (-1)

$$2 \times (1) + 2 \times (x) = 0$$
$$\therefore x = -1$$

14

+2, +4, +7의 원자가를 갖고 있는 원소는?

① Mn   ② As   ③ N   ④ S

해설 Mn은 +2, +4, +7의 원자가를 가질 수 있다.

15

다음 중 Mn의 산화수가 +6인 것은?

① $KMnO_4$ ② MnO_2

③ $MnSO_4$ ④ K_2MnO_4

해설   ① $(+1)+Mn+(-2)×4=0$ $∴ Mn=+7$

② $Mn+(-2)×2=0$ $∴ Mn=+4$

③ (SO_4)가 -2이므로 $∴ Mn=+2$

④ $(+1)×2+Mn+(-2)×4=0$ $∴ Mn=+6$

16

다음 밑줄 친 원소의 산화수는?

$\underline{Mn}O_4^-$, $\underline{N}O$

① $+7$, $+2$ ② $+4$, $+2$

③ -1, -2 ④ -7, -2

해설   ㉠ $\underline{Mn}O_4^-$, $Mn+(-2)×4=-1$ $∴ Mn=+7$

㉡ $\underline{N}O$, $N+(-2)×1=0$ $∴ N=+2$

17

다음 화학식 중에서 밑줄 친 원소의 산화수가 +5인 것은?

① $Ca\underline{C}O_3$ ② $Na_2\underline{Cr}O_4$

③ $K\underline{N}O_3$ ④ $Ba\underline{S}O_4$

해설 $K\underline{N}O_3$에서 K : +1, O : -2가

$+1+x+(-2×3)=0$

$∴ x=5$

18

다음 반응식 중에서 실제로 수소 가스가 발생하지 않는 화학 반응은?

① $2Na+2H_2O \rightarrow 2NaOH+H_2$ ② $3Fe+4H_2O \rightarrow Fe_3O_4+4H_2$

③ $H_2SO_4+Zn \rightarrow ZnSO_4+H_2$ ④ $H_2SO_4+Cu \rightarrow CuSO_4+H_2$

해설 ㉠ 금속의 이온화경향 : K>Ca>Na>Mg>Al>Zn>Fe>Ni>Sn>Pb>(H)>Cu>Hg>Ag>Pt>Au
㉡ 수소보다 이온화경향이 작은 금속은 수소가 발생하지 않는다.

19

다음 물질을 반응시켜 수소를 얻을 수 없는 것은?

① 구리에 황산을 가한다.
② 철에 묽은 염산을 가한다.
③ 나트륨을 물속에 넣는다.
④ 알루미늄을 수산화나트륨 용액에 넣는다.

 해설 ㉠ 금속의 이온화경향 : K>Ca>Na>Mg>Al>Zn>Fe>Ni>Sn>Pb>(H)>Cu>Hg>Ag>Pt>Au
㉡ 수소보다 이온화경향이 작은 금속은 수소가 발생하지 않는다.

20

다음 (   ) 안에 알맞는 것은?

CuSO₄에 Zn을 넣으면 Cu가 석출된다. 그 이유는 아연이 구리보다 (   ).

① 이온화경향이 크기 때문이다.　　② 원자 번호가 크기 때문이다.
③ 원자와 전자가 많기 때문이다.　　④ 전기 저항이 크기 때문이다.

 해설 이온화경향이 작은 금속이 석출된다.

21

다음 중 반응이 정반응으로 진행되는 것은?

① $Pb^{2+}+Zn \rightarrow Zn^{2+}+Pb$　　　② $I_2+2Cl^- \rightarrow 2I^-+Cl_2$
③ $2Fe^{3+}+3Cu \rightarrow 3Cu^{2+}+2Fe$　　④ $Mg^{2+}+Zn \rightarrow Zn^{2+}+Mg$

해설 ㉠ 금속의 이온화경향 : K>Ca>Na>Mg>Al>Zn>Fe>Ni>Sn>Pb>H>Cu>Hg>Ag>Pt>Au
㉡ 전기 음성도 : F>O>N>Cl>Br>C>S>I>H>P

22

다음 화학 반응 중 오른쪽으로 반응이 일어날 수 없는 것은?

① $Mg+Zn^{2+} \rightarrow Mg^{2+}+Zn$　　　② $3Cu+2Fe^{3+} \rightarrow 3Cu^{2+}+2Fe$
③ $Pb^{2+}+Zn \rightarrow Pb+Zn^{2+}$　　　④ $2Ag^++Cu \rightarrow 2Ag+Cu^{2+}$

해설 ㉠ 금속의 이온화경향
K > Ca > Na > Mg > Al > Zn > Fe > Ni > Sn > Pb > (H) > Cu > Hg > Ag > Pt > Au
㉡ 금속의 이온화경향이 큰 쪽에서 작은 쪽으로 가는 것은 오른쪽으로 반응이 일어날 수 없다.

정답 19. ① 　20. ① 　21. ① 　22. ②

07 전기 화학

1

> 다음과 같은 구조를 가진 전자를 무엇이라 하는가?
>
> $(-) \ Zn \mid H_2SO_4 \mid Cu \ (+)$
>
> ① 볼타 전지(volta cell)　　　　② 다니엘 전지(Daniel cell)
>
> ③ 건전지(dry cell)　　　　　　④ 납축전지(battery)

 ① 볼타 전지 : $(-) \ Zn \mid H_2SO_4 \mid Cu \ (+)$
② 다니엘 전지 : $(-) \ Zn \mid ZnSO_4 \parallel CuSO_4 \mid Cu \ (+)$
③ 건전지 : $(-) \ Zn \mid NH_4Cl$ 포화 용액 $\mid MnO_2, \ C \ (+)$
④ 납축전지 : $(-) \ Pb \mid H_2SO_4 \mid PbO_2 \ (+)$

2

> 볼타 전지에서 갑자기 전류가 약해지는 현상을 '분극 현상'이라고 한다. 이 분극 현상을 방지해 주는 감극제로 사용되는 물질은?
>
> ① MnO_2　　　　　　　　　② $CuSO_4$
>
> ③ $NaCl$　　　　　　　　　④ $Pb(NO_3)_2$

분극 현상은 수소에 원인이 있으므로 수소를 산화시킬 수 있는 산화제가 되어야 한다.

3

> 볼타 전지의 기전력은 약 1.3V인데, 전류가 흐르기 시작하면 곧 0.4V로 된다. 이러한 현상을 무엇이라고 하는가?
>
> ① 감극　　　　② 소극　　　　③ 분극　　　　④ 충전

① 감극(depolarization) : 전지가 전류를 흘리면 분극 현상을 일으킨다. 이 작용을 제거하는 것이 감극이며, 산화제로 양극에 발생하는 수소를 산화하여 수소 이온의 발생을 방지한다.
② 소극 : (+)극에 발생한 수소를 산화시켜 없애는 작용
③ 분극 : 볼타 전지의 기전력은 약 1.3V인데, 전류가 흐르기 시작하면 곧 0.4V로 되는 것
④ 충전 : 전지에 외부로부터 전기 에너지를 공급하여 전지 내에서 이것을 화학 에너지로 축적하는 것

4

> 전지에서 감극제를 썼을 때 양극으로 적당한 것은?
>
> ① 탄소　　　　② 구리　　　　③ 납　　　　④ 아연

감극제(소극제)로 MnO_2를 사용하면 (+)극은 탄소(C)를 사용하며 (−)극은 아연(Zn)을 사용한다.

정답　1. ①　2. ①　3. ③　4. ①

5

> 전지를 구성할 때, 양극에서 일어나는 반응은?
>
> ① 환원 반응   ② 산화 반응
>
> ③ 중화 반응   ④ 침전 반응

해설 ㉠ 음극 : 산화 반응
       ㉡ 양극 : 환원 반응

6

> 납축전지 속에서는 전체적으로 다음 반응이 일어난다. 방전할 때 (−)극에서 일어나는 반응은?
>
> $$2PbSO_4 + 2H_2O \underset{\text{충전}}{\overset{\text{방전}}{\rightleftharpoons}} Pb + PbO_2 + 2H_2SO_4$$
>
> ① $PbO_2 + 4H^+ + SO_4^{2-} + 2e^- \rightarrow PbSO_4 + 2H_2O$
>
> ② $PbSO_4 + 2e^- \rightarrow Pb + SO_4^{2-}$
>
> ③ $PbSO_4 + 2H_2O \rightarrow PbO_2 + 4H^+ + SO_4^{2-} + 2e^-$
>
> ④ $Pb + SO_4^{2-} \rightarrow PbSO_4 + 2e^-$

해설 ①항은 +극에서 일어나는 반응이다.

7

> 다음은 납축전지를 충전할 때 일어나는 현상을 설명한 것이다. 옳은 것은?
>
> ① 액의 비중은 변하지 않는다.
>
> ② 황산이 없어지므로 액의 비중은 작아진다.
>
> ③ 황산이 더 많이 생기므로 액의 비중은 커진다.
>
> ④ 납(Pb) 이온이 많이 생기므로 액의 비중은 커진다.

해설 황산이 더 많이 생기면 액의 비중은 커진다.

8

> 염화나트륨(NaCl) 수용액을 전기 분해할 때 (−)극에서 생기는 기체는?
>
> ① 금속 Na   ② 기체 Cl_2
>
> ③ 기체 O_2 ④ 기체 H_2

해설 소금물의 전기 분해식
$$2NaCl + 2H_2O \rightarrow 2NaOH + Cl_2\uparrow + H_2\uparrow$$
                   (−극)   (+극) (−극)

9

> 1몰(mole)의 물을 완전히 전기 분해하는 데 필요한 전기량은?
>
> ① 1F ② 2F
>
> ③ 3F ④ 4F

해설 1F(패러데이)란 물질 1g당량을 석출하는 데 필요한 전기량(96,500쿨롬, 전자(e^-) 1몰(6×10^{23}개)의 전기량)

$H_2O \rightarrow H_2 + \frac{1}{2}O_2$에서 H와 O는 각각 2g당량을 가진다. 1g당량을 전기 분해할 때 1F의 전기량이 필요하므로 2g당량이 필요한 전기량은 2F(패러데이)이다.

10

> 물의 전기 분해에서는 두 전극으로부터 발생한 가스가 혼합되면 위험하므로 석면 격막을 쓴다. 이 석면 격막의 역할은?
>
> ① 기체의 기포를 통과시키지 않는다.
> ② 기체의 기포를 통과시킨다.
> ③ 이온의 이동을 막는다.
> ④ 물보다 큰 분자의 이동을 막는다.

해설 석면 격막은 기체의 기포를 통과하지 못하게 한다.

11

> 물을 전기 분해하여 표준 상태에서 22.4L의 산소를 얻는 데 소요되는 전기량은?
>
> ① 1F ② 2F
>
> ③ 3F ④ 4F

해설 1F(패러데이)란 물질 1g당량을 석출하는 데 필요한 전기량으로서, 산소 22.4L는 1몰이며 4g당량이다. 따라서 1F의 전기량으로 1g당량이 전기 분해되므로 4F의 전기량이 필요하다.

12

> 황산구리 수용액에 1.93A의 전류를 통할 때 매초 음극에서 석출되는 Cu의 원자수를 구하면 약 몇 개가 존재하는가?
>
> ① 3.12×10^{18} ② 6.02×10^{18}
>
> ③ 6.12×10^{18} ④ 6.12×10^{19}

해설 $CuSO_4$ $Cu^{2+} + 2e^- \rightarrow Cu(s)$

1.93A 전류를 1초 동안 흘렸다고 하면

$Q = nF$, $Q = it$이므로 $n \times 96,500 = 1.93 \times 1$

$\therefore n = 0.00002mol$

전자 2mol이 흐르면 Cu 1몰이 생성되므로 전자 0.00002mol이 흐르면 Cu 0.00001mol 생성

$\therefore 6.02 \times 10^{23} \times 0.00001 = 6.02 \times 10^{18}$개

정답 9. ② 10. ① 11. ④ 12. ②

13

CuSO₄ 용액에 0.5F의 전자를 흘렸을 때 약 몇 g의 구리가 석출되겠는가? (단, 원자량 Cu : 64, S : 32, O : 16이다.)

① 16   ② 32   ③ 64   ④ 128

해설 1F = Cu 0.5mol 석출, 0.5F이므로 Cu 0.25mol 석출
∴ 64×0.25=16g

14

CuSO₄ 수용액을 10A의 전류로 32분 10초 동안 전기 분해시켰다. 음극에서 석출되는 Cu의 질량은 몇 g인가? (단, Cu의 원자량은 63.6이다.)

① 3.18   ② 6.36   ③ 9.54   ④ 12.72

해설 전기량 1F(패러데이)=96,500C에 의하여 석출되는 Cu의 양은 63.6/2=31.8g(1g당량)이다.
전기량(C)=I(전류)×T(시간)
=10×(32×60+10)=19,300C
여기서 석출되는 Cu의 양은 다음과 같다.
96,500C : 31.8g = 19,300C : x
∴ x=6.36g

15

전극에서 유리되고 화학 물질의 무게가 전지를 통하여 사용된 전류의 양에 정비례하고, 또한 주어진 전류량에 의하여 생성된 물질의 무게는 그 물질의 당량에 비례한다는 화학 법칙은?

① 르 샤틀리에의 법칙   ② 아보가드로의 법칙
③ 패러데이의 법칙   ④ 보일-샤를의 법칙

해설 ① 르 샤틀리에의 법칙(Le Chatelier's principle) : 화학 평형계의 평형은 정하는 변수(온도와 압력, 농도)의 하나에 변화가 가해졌을 때 계가 어떻게 반응하는가를 설명한 것. 즉, 화학 평형에 있는 계는 평형을 정하는 인자의 하나가 변동하면 변화를 받게 되는데 그 변화는 생각하고 있는 인자를 역방향으로 변동시킨다는 법칙으로, 이 법칙은 열역학적으로 깁스 에너지가 최소의 조건에서 유도된다.
② 아보가드로의 법칙(Avogadro's law) : 같은 온도와 압력하에서 모든 기체는 같은 부피 속에 같은 수의 분자가 있다는 법칙이다.
④ 보일-샤를의 법칙(Boyle-Charle's law) : 온도가 일정할 때 기체의 압력은 부피에 반비례하고, 절대온도에 비례한다.

16

다음 식 중 전류 효율(%)를 구하는 식으로 알맞는 것은? (단, 실제 생성량 → 전해 후 생성량, 이론 생성량 → 패러데이 법칙에 의한 양임.)

① $\dfrac{\text{실제 생성량}}{\text{이론 생성량}} \times 100$ ② $\dfrac{\text{이론 생성량}}{\text{실제 생성량}} \times 100$

③ 실제 생성량×100   ④ 이론 생성량×100

해설 전류 효율(%) = $\dfrac{\text{실제 생성량}}{\text{이론 생성량}} \times 100$

17

1F(패러데이)의 전기량은?

① 전자 96,500개가 갖는 전기량이다.

② 1amp의 전류로 1초 동안 전기 분해할 때 흐르는 전기량이다.

③ 6×10^{23} 쿨롬의 전기량이다.

④ 아보가드로수 만큼의 전자가 가지는 전기량이다.

해설 1F(패러데이)란 물질 1g당량을 석출하는 데 필요한 전기량(96,500쿨롬, 전자(e^-) 1몰(6×10^{23}개)의 전기량)

18

다음 물질을 석출시키는 데 필요한 전기량이 0.1F에 가장 가까운 것은? (단, 원자량은 Cu 63.5, Ag 108, Cl 35.5이다.)

① 구리 3.18g

② 은 0.54g

③ 산소 11.2L(0℃, 1기압)

④ 염소 5.6L(0℃, 2기압)

해설 Cu는 2+의 전하를 가지므로 g당량수는 $\dfrac{1}{2}$배를 해주어야 한다.

0.1F는 0.1mol과 같은 의미이므로

∴ $63.5 \times 0.1 \times \dfrac{1}{2} = 3.18\text{g}$

19

20%의 소금물을 전기 분해하여 수산화나트륨 1mol을 얻는 데는 1A의 전류를 몇 시간 통해야 하는가?

① 13.4

② 26.8

③ 53.6

④ 104.2

해설 $F = 96485.3383\text{C/mol}$

$Q = I \cdot t$

여기서, Q의 단위 : C

I의 단위 : A

t의 단위 : s

수산화나트륨 1mol을 전기 분해하기 위해서는 전자 1mol이 필요하다. 즉, 96,485C의 전하를 얻기 위해서는 1A의 전류를 96,485s의 시간만큼 흘려주어야 한다. 96,485초는 약 26.8시간이다.

정답 17. ④ 18. ① 19. ②

20

> $CuCl_2$의 용액에 5A 전류를 1시간 동안 흐르게 하면 몇 g의 구리가 석출되는가? (단, Cu의 원자량은 63.54이며, 전자 1개의 전하량은 1.602×10^{-19} C이다.)
>
> ① 3.17 ② 4.83
>
> ③ 5.93 ④ 6.35

해설 $Q = I \cdot t = 5A \times 3,600s = 18,000C$

여기서, Q : 전하량[C]

  I : 전류[A]

  t : 시간[s]

$Cu^{2+} + 2e^- \rightarrow Cu$

Cu 1몰(63.54g)이 석출되는 데 약 $2 \times 96,500(2e^-)$[C]의 전하량이 필요하므로, 18,000C의 전하량으로 석출되는 구리의 양을 x라고 하면 $2 \times 96,500C : 63.54g = 18,000C : x$

∴ $x = 5.93g$

---

08 산과 염기 및 염

1

> 산(acid)의 성질을 설명한 것 중 틀린 것은?
>
> ① 수용액 속에서 H^+를 내는 화합물이다.
> ② pH 값이 작을수록 강산이다.
> ③ 금속과 반응하여 수소를 발생하는 것이 많다.
> ④ 붉은색 리트머스 종이를 푸르게 변화시킨다.

해설 ④ 푸른색 리트머스 종이를 붉게 변화시킨다.

2

> 다음 중 산의 정의가 부적당한 것은?
>
> ① 비공유 전자쌍을 받아들이는 이온 또는 분자
> ② 비공유 전자쌍을 주는 이온 또는 분자
> ③ 수용액에서 옥소늄 이온을 낼 수 있는 분자 또는 이온
> ④ 플로톤을 낼 수 있는 분자 또는 이온

해설 비공유 전자쌍을 주는 것이 염기이다.

3

다음 중 물이 산으로 작용하는 반응은?

① $NH_4^+ + H_2O \rightleftarrows NH_3 + H_3O^+$

② $HCOOH + H_2O \rightleftarrows HCOO^- + H_3O^+$

③ $CH_3COO^- + H_2O \rightleftarrows CH_3COOH + OH^-$

④ 이상 없음

 ③ H_2O, CH_3COOH : 산으로 쓰인다. OH, CH_3COO^- 염기로 쓰인다.

4

다음 중 염기의 성질에 해당하지 않는 것은?

① 붉은 리트머스 종이를 푸르게 변화시킨다.

② 페놀프탈레인을 떨어뜨리면 붉게 된다.

③ 쓴맛이 있으며, pH가 7 이하이다.

④ 산기와 반응하여 염을 생성한다.

 염기는 pH가 7 이상이다.

5

다음 물질 중에서 염기로 작용할 수 있는 물질은?

① $C_6H_5NH_2$ ② $C_6H_5NO_2$

③ C_6H_5OH ④ $C_6H_5CH_3$

해설 염기

H^+을 받아들일 수 있는 물질

6

다음 중 물이 산으로 작용하는 반응은?

① $NH_4^+ + H_2O \rightarrow NH_3 + H_3O^+$ ② $HCOOH + H_2O \rightarrow HCOO^- + H_3O^+$

③ $CH_3COO^- + H_2O \rightarrow CH_3COOH + OH^-$ ④ $HCl + H_2O \rightarrow H_3O^+ + Cl^-$

해설

학 설	산(acid)	염기(base)
브뢴스테드설	H^+을 줄 수 있는 것	H^+을 받을 수 있는 것

① $NH_4^+ + H_2O \rightarrow NH_3 + H_3O^+$
    산   염기

② $HCOOH + H_2O \rightarrow HCOO^- + H_3O^+$
      산   염기

③ $CH_3COO^- + H_2O \rightarrow CH_3COOH + OH^-$
        염기   산

④ $HCl + H_2O \rightarrow H_3O^+ + Cl^-$
    산   염기

정답   3. ③   4. ③   5. ①   6. ③

7 다음 물질의 같은 농도의 수용액 중 가장 강한 산성을 나타내는 것은?

① H_2CO_3

② HCl

③ H_3PO_4

④ CH_3COOH

> **해설** ㉠ 강산 : 염산, 질산, 황산
> ㉡ 약산 : 탄산, 인산, 아세트산

8 다음 화합물의 액성이 모두 염기성인 것은?

① SO_2, Na_2O

② CaO, KCl

③ Na_2O, K_2CO_3

④ CO_2, $NaNO_3$

> **해설** 금속 산화물은 염기성 산화물이다.

9 다음 중 전리도가 가장 커지는 경우는?

① 농도와 온도가 일정할 때

② 농도가 진하고, 온도가 높을수록

③ 농도가 묽고, 온도가 높을수록

④ 농도가 진하고, 온도가 낮을수록

> **해설** ㉠ 전리도(이온화도) : 전해질 수용액에서 용해된 전해질의 몰수에 대한 이온화된 전해질의 몰수의 비
> $$전리도(이온화도, \ \alpha) = \frac{이온화된 \ 전해질의 \ 몰수}{전해질의 \ 전체 \ 몰수}$$
> $(0 < \alpha < 1)$
> ㉡ 전리도는 농도가 묽고, 온도가 높을수록 커진다.

10 전리도가 0.01인 염산 용액 0.1N 농도의 pH는?

① 5

② 4

③ 3

④ 2

> **해설** $HCl \rightarrow H^+ + Cl^-$에서 H^+의 농도 $= 0.01 \times 0.1 = 0.001 = 10^{-3}$
> $\therefore pH = -\log[10^{-3}] = 3$

11 다음 산화물 중 산성 산화물은?

① Na_2O

② MgO

③ Al_2O_3

④ P_2O_5

> **해설** 비금속 산화물은 산성 산화물이다.

12

다음 중에서 염기성 산화물로만 묶어진 것은?

① CaO, Fe_2O_3
② K_2O, SO_2
③ CO_2, SO_3
④ Al_2O_3, N_2O_5

해설 금속 산화물은 염기성 산화물이다.

13

다음 중 양쪽성 산화물인 것은?

① NO_2
② Al_2O_3
③ MgO
④ SO_2

해설 양쪽성 산화물(ZnO, Al_2O_3, SnO, PbO)이다.

14

다음 원소 중 양쪽성 원소에 해당되는 것은?

① Be
② Na
③ Li
④ Zn

해설 양쪽성 원소
Al, Zn, Sn, Pb, As 등

15

다음 중 염의 정의에 대한 설명으로 옳은 것은?

① 소금과 같이 짠 물질
② 산과 염기가 중화될 때 생기는 물질
③ 금속과 산의 음이온이 결합한 물질
④ 중성이며 물에 잘 녹는 물질

해설 염이란 산의 산기(음이온)와 염기의 금속 이온(양이온)이 결합한 것이다.
예 $NaOH + HCl \rightarrow \underline{NaCl} + H_2O$
　　　　　　　　　　　 염

16

다음 중 산도 염기도 아닌 것은?

① NH_4Cl
② H_2SO_4
③ $NaOH$
④ HNO_3

해설 $NH_4OH + HCl \rightarrow \underline{NH_4Cl} + H_2O$
　　　　　　　　　　　　 염

정답　12. ①　13. ②　14. ④　15. ③　16. ①

17 다음 산성염의 성질 중 틀린 것은?

① 산성염의 수용액은 모두 산성이다.

② 산성염은 이염기산 이상의 다염기산의 염이다.

③ 산성염은 모두 수소를 포함하고 있다.

④ 산성염은 다시 강염기와 반응시키면 정염이 된다.

 산성염의 수용액은 모두 산성이 아니다.

18 다음 물질 중 가수분해되어 산성이 되는 염은?

① $NaHCO_3$　　② $NaHSO_4$　　③ $NaCN$　　④ NH_4CN

 강산+강염기 → 중성

단, 산성염은 산성($NaHSO_4$), 염기성염은 알칼리성($Ca(OH)Cl$)

① 알칼리성, ③ 알칼리성, ④ 알 수 없음

19 다음 중 물에 녹아 산성을 나타내는 염은?

① KCN　　　　　　② CH_3COONa

③ NH_4Cl　　　　　④ $NaHCO_3$

 $NH_4Cl + H_2O \rightarrow NH_4OH + H^+ + Cl^-$

20 다음 중 착염에 해당하는 것은?

① $Al_2(SO_4)_3$　　　　② $Pb(CH_3COO)_2$

③ $KAl(SO_4)_2$　　　　④ $K_4Fe(CN)_6$

두 가지 염이 결합되어 새로운 염을 만들었을 때 이 염을 착염이라 한다.

21 다음 염 가운데 가수분해되지 않는 것은?

① $(NH_4)_2SO_4$　　　② $AgNO_3$

③ KCl　　　　　　④ K_2CO_3

강산과 강염기로 생성된 염은 가수분해되지 않는다.

$\underline{KOH} + \underline{HCl} \rightarrow \underline{KCl} + H_2O$
　강염기　강산　염

22 다음 화합물 중 가수분해되지 않는 것은?

① Na_2SO_4 ② NH_4Cl

③ Na_2CO_3 ④ CH_3COONa

 강산(H_2SO_4)과 강염기(NaOH)로 된 염(Na_2SO_4)은 가수분해되지 않는다.

염의 가수분해(염과 물이 반응하여 산과 염기를 내는 현상)

① 강산과 강염기로 된 염 : 가수분해되지 않음

② 강산과 약염기로 된 염 : 가수분해, 산성

③ 약산과 강염기로 된 염 : 가수분해, 염기성(알칼리성)

④ 약산과 약염기로 된 염 : 가수분해, 중성

23 다음의 염들 중 그 수용액의 액성이 중성이 되는 것은?

① 강산과 강염기의 염 ② 강산과 약염기의 염

③ 강염기와 약산의 염 ④ 강염기와 유기산(약산)

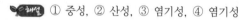 ① 중성, ② 산성, ③ 염기성, ④ 염기성

24 0.2N 산 10mL를 중화시키는 데 11.4mL의 염기 용액이 소비되었다. 이 염기의 노르말 농도(N)는?

① 0.160 ② 0.570 ③ 0.175 ④ 0.805

 $NV = N'V'$ 에서

$0.2 \times 10 = N' \times 11.4$

$N' = \dfrac{0.2 \times 10}{11.4}$

$\therefore N' = 0.175N$

25 10.0mL의 0.1M−NaOH을 25.0mL의 0.1M−HCl에 혼합하였을 때 이 혼합 용액의 pH는?

① 1.37 ② 2.82 ③ 3.37 ④ 4.82

 10.0mL의 0.1M−NaOH, 25.0mL의 0.1M−HCl에서

$M = \dfrac{N_1 V_1 - N_2 V_2}{V_1 + V_2} = \dfrac{25 \times 0.1 - 10 \times 0.1}{10 + 25} = 0.04286$

$\therefore pH = -\log[H^+]$

$= -\log(0.04286) = 1.37$

26

> 0.001N – HCl 용액의 pH는?
>
> ① 1   ② 2
>
> ③ 3   ④ 4

해설 $pH = -\log[H^+]$
$= -\log[10^{-3}] = 3$

27

> 염산이 0.365g 녹아 있는 용액이 1L 있다. 이 용액의 pH는?
>
> ① 2   ② 0.2
>
> ③ 3.65   ④ 0.365

해설 HCl의 몰 농도 $= \dfrac{0.365}{36.5} = 0.01$몰/L
$HCl \rightarrow H^+ + Cl^-$ 에서, $[H^+] = 0.01 = 10^{-2}$
$\therefore pH = -\log[10^{-2}] = 2$

28

> 0.001mol/L NaOH 수용액의 pH는?
>
> ① 3   ② 10
>
> ③ 11   ④ 12

해설 $14 - (-\log 0.001) = 14 - 3 = 11$

29

> 0.0016N에 해당하는 염기의 pH값은?
>
> ① 10.28   ② 3.20
>
> ③ 11.20   ④ 2.80

해설 0.0016N 염기
$pOH = -\log(0.0016) = -\log(1.6 \times 10^{-3}) = 2.80$
$pH + pOH = 14$
$\therefore pH = 14 - pOH = 14 - 2.80 = 11.20$

30

> $H^+ = 2 \times 10^{-6} M$인 용액의 pH는 약 얼마인가?
>
> ① 5.7   ② 4.7
>
> ③ 3.7   ④ 2.7

해설 $pH = -\log[H^+] = -\log(2 \times 10^{-6}) = 5.699 = 5.7$

정답   **26.** ③   **27.** ①   **28.** ③   **29.** ③   **30.** ①

31

어떤 용액의 $[OH^-]=2\times10^{-5}$M이었다. 이 용액의 pH는?

① 11.3　　　　　　② 10.3

③ 9.3　　　　　　④ 8.3

 해설　$pOH=-\log[OH^-]=-\log(2\times10^{-5})=4.7$

∴ $pH=14-pOH=14-4.7=9.3$

32

$[OH^-]=1\times10^{-5}$mol/L인 용액의 pH와 액성으로 옳은 것은?

① pH 5, 산성　　　　　② pH 5, 약알칼리성

③ pH 9, 약산성　　　　④ pH 9, 알칼리성

 해설　$[OH^-]=10^{-5}$이므로 $[H^+]=10^{-9}$

$pH=-\log[H^+]=9$

∴ pH > 7이므로 알칼리성

33

pH 2인 수용액의 $[H^+]$는 pH 4인 수용액의 $[H^+]$의 몇 배가 되겠는가?

① 2배　　　　　　② 100배

③ 0.5배　　　　　④ 0.01배

해설　pH 2의 $H^+=10^{-2}$, pH 4의 $H^+=10^{-4}$이므로 $\dfrac{10^{-2}}{10^{-4}}=100$배

34

지시약으로 사용되는 페놀프탈레인 용액은 산성에서 어떤 색을 띠는가?

① 적색　　　　　　② 청색

③ 무색　　　　　　④ 황색

해설　페놀프탈레인은 산성에서 무색이며, pH 8.3~10.0에서 붉은색으로 변한다.

35

다음 중 산성 용액에서 색깔을 나타내지 않는 것은?

① 메틸오렌지　　　　② 페놀프탈레인

③ 메틸레드　　　　　④ 티몰블루

해설　페놀프탈레인은 산성에서 무색이다.

36

NH₄OH와 NH₄Cl 혼합 용액에 알칼리성 용액을 조금씩 가하면 어떻게 되겠는가?

① 액성이 중성이 된다.
② 액성이 알칼리성이 된다.
③ 액성이 산성이 된다.
④ 액성은 크게 변하지 않는다.

🌱**해설** 완충 용액은 산, 염기를 가해도 그 액성이 크게 변하지 않는다.
완충 용액(buffers) : 약산에 그 약산의 염을 포함한 혼합 용액에 산을 가하거나 또는 약염기에 그 약염기의 염을 포함한 혼합 용액에 염기를 가하여도 혼합 용액의 pH는 그다지 변하지 않는다.

37

다음 중 완충 용액에 해당하는 것은?

① CH₃COONa와 CH₃COOH
② NH₄Cl와 HCl
③ CH₃COONa와 NaOH
④ HCOONa와 Na₂SO₄

🌱**해설** 완충 용액(buffer solution)
약산에 그 약산의 염을 포함한 혼합 용액에 산을 가하거나 약염기에 그 약염기의 염을 포함한 혼합 용액에 염기를 가하여도 pH의 변화가 거의 없는 용액이다.
예 CH₃COOH+CH₃COONa(약산+약산의 염)
　　NH₄OH+NH₄Cl(약염기+약염기의 염)

Chapter 03 금속 및 비금속 원소와 그 화합물

01 금속과 그 화합물

1-1 금속 원소의 일반적 성질

(1) 일반적 성질

① 상온에서 고체이다(단, Hg은 액체 상태).

② 비중은 1보다 크다(단, K, Na, Li은 1보다 작다).

③ 금속은 주로 전자를 방출하여 양이온으로 되며, 주로 자유 전자에 의한 금속 결합을 하므로 전기 전도성이 크다.

④ 전기 전도성, 전성을 가지며 일반적으로 융해점이 높다.

⑤ 염기성 산화물을 만들며, 산에 녹는 것이 많다(단, Au, Pt 등은 왕수에만 녹는다).

⑥ 수소와 반응하여 화합물을 만들기 어렵다.

⑦ 원자 반지름은 크며, 이온화 에너지는 작다.

(2) 물리적 성질

① 열 및 전기 전도성이 크다(Ag>Cu>Au>Al …).

② 전성(퍼짐성) 및 연성(뽑힘성)이 크다(Au>Ag>Cu …).

③ 융점이 높다(W>Pt>Au …).

④ 비중이 크다(중금속>비중 4>경금속).

⑤ 합금을 만든다.

    ㉮ 황동(brass, 놋쇠) : 구리(Cu) + 주석(Sn)

    ㉯ 청동(bronze) : 구리(Cu) + 아연(Zn)

    ㉰ 양은(germansilver) : 구리(Cu) + 니켈(Ni) + 아연(Zn)

    ㉱ 두랄루민(duralumin) : 알루미늄(Al) + 구리(Cu) + 마그네슘(Mg) + 규소(Si)

1-2 알칼리 금속(1A족)과 그 화합물

(1) 알칼리 금속(1A족)의 특성

리튬(Li), 나트륨(Na), 칼륨(K), 루비듐(Rb), 세슘(Cs), 프랑슘(Fr) 등의 6개 원소로, 화학적으로 활성이 큰 금속이다.

① 은백색의 연하고 가벼운 금속으로 융점이 낮고, 특유의 불꽃 반응을 한다.

원 소	Li	Na	K	Rb	Cs
불꽃 반응색	빨강	노랑	보라	연빨강	연파랑

② 최외각 전자(가전자)가 1개이므로 전자를 잃어 1가의 양이온이 되기 쉽다.

③ 물과 쉽게 반응하여 수소가 발생하며, 수용액은 강알칼리성이다.

④ 원자 번호가 증가함에 따라 이온화 에너지가 작기 때문에 반응성이 커지고 비점, 융점은 낮아진다.

⑤ 화합물은 모두 이온 결합을 잘 하며, 물에 잘 녹는다.

(2) 알칼리 금속의 화합물

① NaOH(수산화나트륨)

㉮ 성질 : 조해성이 있는 백색 고체로 수용액은 알칼리성이며, 공기 중의 CO_2를 흡수하여 Na_2CO_3(탄산나트륨)이 된다.

㉯ 제법(소금물의 전기 분해법 : 격막법, 수은법)

$$2NaCl + 2H_2O \rightarrow 2NaOH + \underset{(-\exists)}{\underline{H_2\uparrow}} + \underset{(+\exists)}{\underline{Cl_2\uparrow}}$$

> **참고 🪧 소금물의 전기 분해법**
>
> 1. 격막법 : (+)극을 탄소, (−)극을 철(Fe)로 하여 두 극 사이에 격막으로 석면을 사용하여 두 극의 생성물이 혼합되는 것을 막는다.
> 2. 수은법 : (+)극을 탄소, 수은(Hg)을 (−)극으로 하여 소금물을 전기 분해하면 Na^+이 방전하여 Na으로 되고, 이 Na이 수은 속에 녹아서 Na 아말감(수은과 다른 금속의 합금)을 만든다.
> $$Na^+ + e^- + Hg(음극) \longrightarrow Na(Hg)$$
>   이 아말감[Na(Hg)]을 별실에 보내어 물과 반응시키면 NaOH가 생성된다.
> $$2Na(Hg) + 2H_2O \longrightarrow 2NaOH + H_2 + 2Hg$$

② Na_2CO_3(탄산나트륨, 소다회)

㉮ 성질 : 무수물은 백색 분말이며, 수화물은 풍해성이 있으며 강산에 의해 CO_2를 발생한다.

참고 ▶ 풍해

결정(수화물)이 공기 중에서 결정수를 잃고 부스러지는 현상
예 Na_2CO_3, $10H_2O$ 등

㉯ 제법(Solvay법, 암모니아소다법)

$2NaCl + CaCO_3 \longrightarrow Na_2CO_3 + CaCl_2$

$NH_3 + CO_2 + H_2O + NaCl \longrightarrow NH_4Cl + NaHCO_3$

$2NaHCO_3 \longrightarrow Na_2CO_3 + CO_2 \uparrow + H_2O$

$CaCO_3 \xrightarrow{\text{가열}} CaO + CO_2$

$CaO + H_2O \longrightarrow Ca(OH)_2$

$2NH_4Cl + Ca(OH)_2 \longrightarrow CaCl_2 + 2NH_3 + 2H_2O$

참고 ▶ 솔베이법

1. 솔베이(Solvay)법에서 만들어지는 물질은 Na_2CO_3, NH_4Cl, $CaCl_2$(유일한 부산물)이다.
2. 염화칼슘($CaCl_2$)의 화학식 양 : $40 + 35.5 \times 2 = 111$

1-3 알칼리 토금속(2A족)과 그 화합물

(1) 알칼리 토금속(2A족)의 특성

베릴륨(Be), 마그네슘(Mg), 칼슘(Ca), 스트론튬(Sr), 바륨(Ba), 라듐(Ra)의 6개의 원소로서 반응성이 크며, 원자 가전자가 2개로서 +2가의 양이온을 이루는 금속이다.

① 알칼리 금속과 비슷한 성질을 갖는 은회백색의 금속으로 가볍고 연하다.
② Be, Mg은 찬물과 반응하지 않으나 Ca, Sr, Ba, Ra은 찬물에 녹아 수소를 발생한다.
③ Be과 Mg을 제외한 산화물, 수산화물은 물에 잘 녹으며, 황산염(Be, Mg은 제외)과 탄산염은 물에 잘 녹지 않는다.
④ Be, Mg을 제외한 금속은 불꽃 반응을 하여 독특한 색을 나타낸다.

원 소	Ca	Sr	Ba	Ra
불꽃 반응색	등색	적색	황록색	적색

(2) 알칼리 토금속의 화합물

① $MgCl_2 \cdot 6H_2O$(염화마그네슘, 간수)
조해성의 결정으로 단백질을 응고시킨다.

참고 ▶ 조해

결정이 공기 중에서 수분을 흡수하여 용해하는 현상
예 NaOH, KOH, $CaCl_2$, $MgCl_2$ 등

② CaO(산화칼슘, 생석회)

$CaCO_3$(석회석)을 열분해시켜 생성하며, 물과 반응하여 $Ca(OH)_2$(석회유)를 생성한다.

③ CaC_2(탄화칼슘, 카바이드)

생석회(CaO)와 코크스(C)를 고온에서 반응시켜 생성하며, 물과 반응하여 아세틸렌을 생성한다.

예 $CaC_2 + 2H_2O \rightarrow Ca(OH)_2 + C_2H_2\uparrow$

(3) 센물과 단물

① 센물

물속에 칼슘 이온(Ca^{2+})이나 마그네슘 이온(Mg^{2+})이 비교적 많이 포함되어 비누 거품이 잘 일지 않는 물이다.

② 단물

빗물과 같이 칼슘 이온(Ca^{2+})이나 마그네슘 이온(Mg^{2+})이 적게 포함된 물이다.

③ 센물을 단물로 만드는 방법(연화법)

㉮ 탄산나트륨(Na_2CO_3)법

㉯ 퍼뮤티트(permutite)법

㉰ 이온 교환 수지법

1-4 붕소족(3B족) 원소와 그 화합물

(1) 붕소(B)

① 준금속 원소로 유리 상태로 자연계에 존재하지 않고 붕산이나 붕사($Na_2B_4O_7 \cdot 10H_2O$)로 존재한다.

② 수소와 할로겐 원소와 반응하여 BH_3, BF_3와 같은 옥테드를 이루지 않는 물질을 만들어 루이스산이 된다.

(2) 알루미늄(Al)

① 연성, 전성이 큰 은백색의 연한 금속으로 열, 전기의 양도체이다.

② 공기 중에서 Al_2O_3(산화막)을 만들어 내부를 보호한다(알루마이트 : 인공적으로 만든 Al_2O_3막).

③ 강한 환원력이 있어 금속 산화물을 환원시킨다.

㉮ 테르밋(thermit)법 : Al 가루와 Fe_2O_3 가루의 혼합물(특수 용접에 사용)

㉯ 골드슈미트(Goldschmidt)법 : 금속(Cr, Mn, W 등)을 유리시키는 야금법

④ 양쪽성 원소로 산, 알칼리에 모두 반응하여 수소가 발생한다.

⑤ 진한 질산($c-HNO_3$)과는 표면에 치밀한 산화막의 부동태를 만들어 내부를 보호한다.

(3) 알루미늄의 화합물

① 백반($KAl(SO_4)_2 \cdot 12H_2O$) : 복염으로서 가수분해되어 산성을 나타내고, 물의 정화 매염제로 이용된다.

② 산화알루미늄(Al_2O_3) : 산화크롬(Cr_2O_3)이 미량 함유된 것은 루비, 이산화티탄(TiO_2)이 미량 함유된 것은 사파이어이다.

③ 황산알루미늄[황산반토, $Al_2(SO_4)_3$] : 물의 불순물 침전제로 사용되며, 포말 소화기의 내통제로도 사용된다.

1-5 철족(8족) 원소와 기타 화합물

(1) 철족(8족) 원소

Fe(철), Co(코발트), Ni(니켈) 등의 전이 원소로서, 착염과 착이온의 촉매로 많이 사용된다.

① 철이온 검출

㉮ Fe^{2+} : $K_3Fe(CN)_6$를 가하면 푸른색 침전

㉯ Fe^{3+} : $K_4Fe(CN)_6$를 가하면 푸른색 침전

② 착염 생성(착화합물)

㉮ 페로시안화칼륨 : $K_4Fe(CN)_6 \rightleftharpoons 4K^+ + Fe(CN)_6^{4-}$

㉯ 페리시안화칼륨 : $K_3Fe(CN)_6 \rightleftharpoons 3K^+ + Fe(CN)_6^{3-}$

> **참고** 🔖 **자철광 제조법**
>
> $3Fe + 4H_2O \longrightarrow Fe_3O_4 + 4H_2$

(2) 기타 화합물

① 염화제1수은(Hg_2Cl_2) : 감홍이라 하며, 물에 녹지 않고 독성이 없다.

② 염화제2수은($HgCl_2$) : 승홍이라 하며, 물에 녹고 맹독성이 있으나 0.1%의 용액은 소독제로 사용된다.

02 비금속과 그 화합물

2-1 비금속 원소의 일반적 성질

① 상온에서 기체 또는 고체이다(단, Br_2은 액체 상태).

② 비중은 1보다 작다.

③ 주로 전자를 받아들여 음이온으로 되며, 주로 공유 결합을 한다.

④ 전성, 연성을 가지며 일반적으로 융해점이 높다.

⑤ 산성 산화물을 만들며, 산과 반응하기 힘들다.

⑥ 수소와 반응하여 화합물을 만들기 쉽다.

⑦ 원자 반지름은 작으며, 이온화 에너지는 크다.

2-2 비활성 기체(0족)와 수소(1A족)

(1) 비활성 기체(0족 원소)

헬륨(He), 네온(Ne), 아르곤(Ar), 크립톤(Kr), 크세논(Xe), 라돈(Rn) 등의 6개 원소이며, 최외각 전자가 8개로 안정하며, 단원자 분자이다. 또한 대부분 화합물을 만들지 않는 원소이다.

① 일반적인 성질

㉮ 상온에서 무색, 무미, 무취의 단원자 분자의 기체이다.

㉯ 융점, 비등점이 낮아서 액화하기 어렵다.

㉰ 분자 간에 반 데르 발스 힘만이 존재하므로 비등점이 낮다.

㉱ 이온화 에너지가 가장 크다.

㉲ 낮은 압력에서 방전시키면 독특한 빛깔을 낸다.

② 비활성 기체의 성상

원소 기호	He	Ne	Ar	Kr	Xe	Rn
방전색	황백색	주황색	적색	녹자색	청자색	청록색
비등점($℃$)	-185.9	-246.0	-269.0	-152.9	-107.1	-65.0

(2) 수소(H_2)와 그 화합물

① 수소(H_2)

㉮ 성질

㉠ 무색, 무취, 무미로 원소 중 가장 가벼운 기체이다(확산 속도가 가장 빠르다).

㉡ 공기 중에서 산소와 반응하여 수소 폭명기를 형성하여 폭발한다.

예 $2H_2 + O_2 \rightarrow 2H_2O$

㉢ 햇빛이나 가열에 의해 염소 폭명기를 형성한다.

예 $H_2 + Cl_2 \rightarrow 2HCl$

㉣ 알칼리 금속, 알칼리 토금속과는 이온 결합을 하며, 비금속과는 공유 결합을 한다.

㉤ 고온에서 금속 산화물을 환원시킨다.

예 $CuO + H_2 \rightarrow Cu + H_2O$

    ㉯ 제법

        ㉠ 킵(kipp) 장치를 사용하여 수소보다 이온화경향이 큰 금속에 묽은 산을 가하여 생성

            예 $Zn + 2HCl \rightarrow ZnCl_2 + H_2 \uparrow$

        ㉡ 가열된 코크스에 수증기를 작용시켜 수소 발생

            예 $C + H_2O \rightarrow \underline{CO + H_2}$ (수성 가스법)
                        수성 가스(water gas)

        ㉢ 물을 전기 분해하여 (−)극에서 수소를 발생

            예 $2H_2O \rightarrow 2H_2(-극) + O_2(+극)$

        ㉣ 소금물을 전기 분해하여 (−)극에서 수소를 발생

            예 $2NaCl + 2H_2O \rightarrow 2NaOH + H_2(-극) + Cl_2(+극)$

        ㉤ 양쪽성 원소(Al, Zn, Sn, Pb 등)에 산 또는 알칼리를 작용시켜 수소 발생

② 과산화수소(H_2O_2)

    ㉮ 성질

        ㉠ 무색의 액체로 물에 잘 녹으며, 3% 수용액을 과산화수소수 또는 옥시풀이라 한다.

        ㉡ 극히 불안정하며, 햇빛에 의해 분해되고 살균, 소독, 표백, 산화 작용을 한다.

        ㉢ 무색의 요오드화칼륨(KI) 녹말 종이를 푸른 보라색으로 변색시킨다(산화제로 작용).

        ㉣ 환원제로도 사용(과망간산칼륨의 적자색 수용액에 묽은 황산을 가하고 여기에 H_2O_2를 가하면 적자색이 없어진다).

    ㉯ 제법 : 과산화물(Na_2O_2 또는 BaO_2 등)에 묽은 황산을 반응시켜 생성

        예 $Na_2O_2 + H_2SO_4 \rightarrow Na_2SO_4 + H_2O_2$

2-3 ▶ 할로겐화족 원소(7B족)와 그 화합물

(1) 할로겐족 원소의 일반적 성질

불소(F), 염소(Cl), 브롬(Br), 요오드(I), 아스탄틴(At) 등 5가지 원소를 말하며, 최외각 전자가 7개로서 전자 1개를 받아서 −1가의 음이온이 되는 원소

① 일반적인 특성

    ㉮ 단체의 상태는 옥테드의 전자 배치를 한 이원자 분자이다.

        예 F_2, Cl_2, Br_2, I_2 등

    ㉯ 수소나 금속에 대하여 화합력(산화력)이 매우 크다.

    ㉰ 할로겐화 수소는 HF(약산)을 제외하고는 모두 강산이다.

        예 HI > HBr > HCl > HF

    ㉱ 할로겐 원소(요오드는 제외)는 물에 녹는다.

        예 용해도 크기 : F > Cl > Br

    ㉲ 원자 번호가 작을수록 반응성은 커진다(전기 음성도가 증가한다).

        예 반응성의 크기 : $F_2 > Cl_2 > Br_2 > I_2$

ⓑ 단체의 비등점과 융점은 원자 번호가 커질수록 커진다(반 데르 발스 힘이 강해진다).

ⓢ 금속 화합물은 F를 제외한 할로겐 원소의 은염, 제일수은염, 납염을 제외하고는 물에 잘 녹는다.

> 📐 물에 불용인 염 : $AgCl$, Hg_2Cl_2, $PbCl_2$, Cu_2Cl_2 등

ⓐ 염화 이온은 염화은의 흰색 침전 생성에 관여한다.

② 종류

㉮ 불소(F_2) : 연한 황색 기체이며, 자극성이 강하고 가장 강한 산화제로서 화합력이 강해 모든 원소와 반응한다.

㉯ 염소(Cl_2)

  ㉠ 황록색의 자극성 기체로 매우 유독하며, 액화하기 쉬운 물질이다.

  ㉡ 요오드화칼륨 녹말 종이를 보라색으로 변색시킨다(염소 검출법).

  ㉢ 알칼리 용액에 잘 녹는다(표백제로 사용).

> **참고** 🚩 수산화칼슘에 염소가스를 흡수시켜 만든 물질
>
> $$Ca(OH)_2 + Cl_2 \longrightarrow \underset{\text{표백분}}{CaOCl_2 \cdot H_2O}$$

㉰ 브롬(Br_2)

  ㉠ 비금속 중 유일한 상온에서 적갈색의 액체로 강한 자극성을 지닌다.

  ㉡ 수용액은 브롬수로서 표백 작용을 한다.

㉱ 요오드(I_2)

  ㉠ 판상 흑자색의 고체로 승화성이 있다.

  ㉡ 물에는 녹지 않으나 KI 용액, 알코올, 클로로포름 등에 녹는다.

  ㉢ 요오드 녹말 반응(I_2 + 녹말 → 청색으로 변색)을 한다(요오드의 검출법).

  ㉣ 요오드는 티오황산나트륨($Na_2S_2O_3$)과 작용하여 무색으로 된다.

(2) 할로겐족 원소의 화합물

① 플루오르화수소(HF)

㉮ 무색의 자극성이 있는 기체로 물에 잘 녹으며, 수용액은 약산인 플루오르화수소산이다.

㉯ 모래, 석영을 부식시킨다(특히 유리를 부식시키는 유일한 물질).

> 📐 $SiO_2 + 4HF \rightarrow 2H_2O + SiF_4\uparrow$

② 염화수소(HCl)

㉮ 자극성 냄새를 가진 무색 기체로서 공기보다 약 1.3배 무겁다.

㉯ 물에 잘 녹고 수용액은 염산이며, 강한 산성을 나타낸다.

㉰ 암모니아와 반응하여 흰 연기를 발생시킨다(염화수소의 검출법).

> 📐 $NH_3 + HCl \rightarrow NH_4Cl\uparrow$

㉣ 염산은 수소보다 이온화경향이 큰 금속(K~Sn까지)과 반응하여 수소를 발생시킨다.

㉤ 제조법은 합성법과 소금의 황산 분해법 등이 있다.

③ 브롬화수소(HBr)와 요오드화수소(HI)

㉮ HBr, HI는 발연성 기체로 물에 녹아 강산을 만든다.

㉯ HF 이외에 할로겐화수소산은 질산은 수용액을 가하면 침전이 생긴다.

    예 $HX + AgNO_3 \longrightarrow HNO_3 + AgX(X : Cl, Br, I)$

    $AgCl\downarrow$(흰색 침전), $AgBr\downarrow$(담황색 침전), $AgI\downarrow$(노란색 침전)

〈할로겐화수소의 성질〉

구 분	비등점(℃)	융점(℃)	산 성	할로겐화은
HF	19.9	-83.0	약산	AgF(물에 용해)
HCl	-85.1	-114.2	강산	AgCl↓(흰색 침전)
HBr	-66.7	-86.9	강산	AgBr↓(담황색 침전)
HI	-35.4	-50.8	강산	AgI↓(노란색 침전)

참고 🚩 감광성

필름이나 인화지 등에 칠한 감광제가 색에 대해 얼마만큼 반응하느냐 하는 감광역을 말한다.

예 AgCl

2-4 산소족(6B족) 원소와 그 화합물

(1) 산소족 원소의 일반적 성질

산소(O), 유황(S), 셀레늄(Se), 텔루르(Te), 폴로늄(Po)의 5개 원소를 산소족 원소라 하며, 최외각 전자가 6개 있어 산화수가 -2로서 전자를 2개 잃는 2가의 음이온이 되는 원소

(2) 산소족 원소의 종류

① 산소(O_2)

㉮ 성질

    ㉠ 무미, 무취의 기체로서 물에 조금 녹으며, 수상 치환하여 얻는다.

    ㉡ 비활성 기체와 금, 은, 백금 등을 제외한 모든 원소와 화합하여 산화물을 생성한다.

㉯ 제법

    ㉠ 화학적 방법 : 산소 화합물을 이산화망간(MnO_2)의 촉매하에서 분해시켜 생성

        예 $2KClO_3 \rightarrow 2KCl + 3O_2$, $2H_2O_2 \rightarrow 2H_2O + O_2$

    ㉡ 물리적 방법(액체 공기 분류법) : 공업적으로 공기를 액화시켜 액체 공기를 만든 후 비등점의 차이에 의해 분별 증류시켜 질소와 아르곤, 산소를 분리

② 유황(S_8)

  ⑦ 성질

    ㉠ 노란색 고체로서 열과 전기의 부도체이다.

    ㉡ 황에는 결정형의 단사황과 사방황이 있고, 무정형의 고무상황이 있으며(황의 동소체), 물에는 불용이며, 단사황과 사방황은 CS_2에 잘 녹으나 고무상황은 녹지 않는다.

    ㉢ 연소시키면 푸른 불꽃을 내면서 타고, 이산화황이 된다.

      🔺 예 $S + O_2 \rightarrow SO_2$

  ⑭ 제법 : 실험적으로 황화수소(H_2S)에 이산화황(SO_2)을 반응시켜 황(S)을 얻는다.

    🔺 예 $2H_2S + SO_2 \rightarrow 2H_2O + 3S$

(3) 산소족 원소의 화합물

① 오존(O_3)

  ⑦ 특이한 냄새를 가진 담청색의 기체이며, 산소(O_2)와 동소체이다.

  ⑭ 강한 산화 작용이 있다.

  ⑮ 요오드칼륨 녹말 종이를 보라색으로 변화시킨다.

    🔺 예 $2KI + O_3 + H_2O \rightarrow I_2 + O_2 + 2KOH$

  ⑯ 소독제, 산화제, 표백제 등으로 이용된다.

② 이산화황(SO_2, 아황산가스)

  ⑦ 무색, 자극성의 유독성 기체이며, 공기보다 약 2.5배 정도 무겁다.

  ⑭ 물에 잘 녹으며, 약산성을 나타낸다(아황산을 생성).

  ⑮ 수용액에서는 발생기 수소(H)를 내므로 강한 환원 작용을 한다(환원성 표백제로 이용).

    🔺 예 $SO_2 + 2H_2O \rightarrow H_2SO_4 + 2[H]$

  ⑯ 환원력이 큰 물질과는 산화제로도 작용한다.

    🔺 예 $SO_2 + 2H_2SO_4 \rightarrow 2H_2O + 3S + 2O_2$

  ⑰ 기화열이 커서 냉매로도 이용한다.

③ 황산(H_2SO_4)

  ⑦ 진한 황산(c$-H_2SO_4$)

    ㉠ 점성이 큰 무색 액체로 비휘발성이다.

    ㉡ 흡수성이 커서 산성 기체(NO_2, Cl_2, HCl 등)의 건조제로 사용한다.

    ㉢ 탈수성이 강하다.

    ㉣ 용해열이 크다. 따라서 묽은 황산을 만들 때는 물에다 진한 황산을 조금씩 가한다.

    ㉤ 가열된 진한 황산은 발생기 산소를 내므로 산화 작용을 한다.

      🔺 예 $H_2SO_4 \rightarrow H_2O + SO_2 + [O]$

    ㉥ 수소보다 이온화경향이 작은 금속(Cu, Hg, Ag)과 반응하여 이산화황(SO_2)을 발생한다.

      🔺 예 $Cu + 2H_2SO_4 \rightarrow CuSO_4 + 2H_2O + SO_2$

ⓝ 묽은 황산(d − H_2SO_4)

    ㉠ 강한 산성 작용을 나타내므로 전리도가 크다.

       ⟨예⟩ $H_2SO_4 \rightarrow H^+ + HSO_4^- \rightarrow 2H^+ + SO_4^{2-}$

    ㉡ 흡수성, 탈수성, 산화성이 없다.

    ㉢ 수소보다 이온화경향이 큰 금속과 반응하여 수소를 발생한다.

       ⟨예⟩ $Zn + H_2SO_4 \rightarrow ZnSO_4 + H_2$

    ㉣ 염화바륨($BaCl_2$)과 반응하여 흰색 침전을 만든다(황산의 검출법).

       ⟨예⟩ $H_2SO_4 + BaCl_2 \rightarrow BaSO_4 + 2HCl$

ⓓ 발연 황산

    SO_3를 황산에 흡수시킨 것

④ 황화수소(H_2S)

  ㉮ 성질

    ㉠ 무색, 달걀 썩는 냄새를 가진 유독한 기체이다.

    ㉡ 물에 녹아 약산성을 나타낸다.

    ㉢ 강한 환원제로 작용한다.

       ⟨예⟩ $2H_2S + SO_2 \rightarrow 2H_2O + 3S$

    ㉣ 완전 연소 시 이산화황(SO_2)이 발생하고, 불완전 연소 시는 S(황)을 유리시킨다.

       ⟨예⟩ $2H_2S + 3O_2 \rightarrow 2H_2O + 2SO_2$ (완전 연소 시)

            $2H_2S + O_2 \rightarrow 2H_2O + 2S$ (불완전 연소 시)

    ㉤ 초산납종이(연당지)를 흑색으로 변색시킨다.

  ㉯ 제법 : 황화철(FeS)에 묽은 황산이나 묽은 염산을 가한다(Kipp 장치를 이용).

    ⟨예⟩ $FeS + 2HCl \rightarrow FeCl_2 + H_2S$, $FeS + H_2SO_4 \rightarrow FeSO_4 + H_2S$

> **참고** 🪧 **킵 장치(Kipp apparatus)**
>
> 고체에 액체를 넣어 가열하지 않고, 기체를 발생시킬 때 사용하는 장치
> ⟨예⟩ $Zn + d-H_2SO_4 \rightarrow ZnSO_4 + H_2 \uparrow$
> $CaCO_3$(대리석) $+ 2HCl \rightarrow CaCl_2 + H_2O + CO_2 \uparrow$
> $FeS + 2HCl \rightarrow FeCl_2 + H_2S \uparrow$

2-5 ▶ 질소족(5B족) 원소와 그 화합물

(1) 질소족(5B족) 원소의 일반적 성질

질소(N), 인(P), 비소(As), 안티몬(Sb), 비스무트(Bi) 등의 5개 원소로서, 최외각 전자가 5개 있어 산화수가 +5 또는 −3인 원소

(2) 질소족 원소의 종류

① 질소(N_2)

㉠ 무색, 무미, 무취의 기체로 공기 중에 약 79vol%가 존재한다.

㉡ 상온에서는 안정하여 화학적으로 반응성이 작은 기체이다.

㉢ 고온에서 촉매 작용으로 금속, 비금속과 반응하여 질소 화합물을 만든다.

㉣ 화학적으로 아질산암모늄(NH_4NO_2)이나 아질산나트륨($NaNO_2$)과 염화암모늄(NH_4Cl)의 혼합물을 가열하여 만든다.

㉤ 공업적으로 액체 공기를 분별 증류하여 얻는다.

② 인(P_4)

㉠ 4원자 분자로 두 가지의 동소체를 갖는다.

성 질	황 린	적 린
상 태	백색 또는 담황색의 고체	암적색 무취의 분말
독 성	맹독성이 있다.	없다.
용해성	CS_2, C_6H_6 등 유기 용매에 녹는다.	CS_2에 녹지 않는다.
자연 발화성	한다.	한다.
연 소	P_2O_5 생성	P_2O_5 생성

㉡ 물에는 녹지 않으나 연소시키면 오산화인(P_2O_5)을 생성한다.

예 $4P + 5O_2 \rightarrow 2P_2O_5$

(3) 질소족 원소의 화합물

① 암모니아(NH_3)

㉠ 성질

㉠ 무색의 자극성 기체이며, 물에 잘 녹고 액화하기 쉽다.

㉡ 주위의 기화열을 흡수하므로 냉매로 사용한다.

㉢ 수용액은 약한 알칼리성이다(붉은 리트머스 종이를 푸르게 변화).

㉣ 염화수소(HCl)와 반응하여 흰 연기를 낸다(암모니아 검출법).

예 $NH_3 + HCl \rightarrow NH_4Cl$

㉤ 네슬러 시약에 의해 암모늄염 중 암모니아 적정에서 암모니아가 완전히 추출되었는지를 확인한다.

㉥ 공기와의 혼합물을 백금 촉매하에 가열하면 산화질소가 된다.

㉦ Cu^{2+}, Zn^{2+}, Ag^+과 반응하여 착이온을 만든다.

㉡ 제법

㉠ 하버보시법 : 질소(N_2)와 수소(H_2)를 500℃, 200기압에서 Fe + Al_2O_3 촉매를 사용하여 반응시킨다.

예 $N_2 + 3H_2 \rightarrow 2NH_3 + 22kcal$

㉡ 석회질소법

예 $CaCN_2 + 3H_2O \rightarrow CaCO_3 + 2NH_3$

② 질산(HNO₃)

   ㉮ 성질

      ㉠ 무색의 발연성 기체로 빛에 의해 분해되므로 갈색병에 보관한다.

      ㉡ 수용액은 강산성이며, 분해 시 발생기 산소[O]를 내어 강한 산화력을 가진다.

      ㉢ 왕수(royal water, 염산 3부피＋질산 1부피)를 만들어 Pt(백금), Au(금) 등을 녹인다.

      ㉣ Fe, Ni, Cr, Al 등은 묽은 질산에는 녹으나, 진한 질산에는 금속 표면에 치밀한 금속 산화물의 피막을 형성시켜 부동체를 만들기 때문에 녹지 않는다.

      ㉤ 단백질에 진한 질산을 가하면 황색으로 변한다.

   ㉯ 제법

      ㉠ 칠레초석($NaNO_3$)의 황산 분해법

        예 $NaNO_3 + H_2SO_4 \rightarrow NaHSO_4 + HNO_3$(저온)

            $2NaNO_3 + H_2SO_4 \rightarrow Na_2SO_4 + 2HNO_3$(고온)

      ㉡ 오스트발트법(Ostwald process, 암모니아 산화법)

        예 $4NH_3 + 5O_2 \rightarrow 4NO + 6H_2O$ (Pt 촉매, 700℃)

            $2NO + O_2 \rightarrow 2NO_2$

            $3NO_2 + H_2O \rightarrow 2HNO_3 + NO$

③ 질소 산화물

   ㉮ 일산화질소(NO)

      ㉠ 무색의 기체로 물에 녹지 않는다.

      ㉡ 상온에서 공기 중의 산소와 반응하여 적갈색의 NO_2가 된다.

        예 $2NO + O_2 \rightarrow 2NO_2$

      ㉢ 산성 산화물의 성질이 없다.

   ㉯ 이산화질소(NO_2)

      ㉠ 적갈색의 특유한 냄새가 나는 유독성 기체이다.

      ㉡ 산성 산화물로서 물과 반응하여 질산을 만든다.

        예 $3NO_2 + H_2O \rightarrow 2HNO_3 + NO$

      ㉢ 적갈색의 NO_2를 20℃ 이하로 냉각시키거나, 600℃ 이상으로 가열하면 무색으로 된다.

④ 인산(H_3PO_4)

   ㉮ 3염기산으로 염기와 중화 반응하여 3가지 종류의 염을 생성한다.

      예 NaH_2PO_4 : 산성, Na_2HPO_4, Na_3PO_4 : 염기성

   ㉯ 제조법에는 습식법(인광석의 황산 분해법)과 건식법 등이 있다.

2-6 ▶ 탄소족(4B족) 원소와 그 화합물

(1) 탄소족 원소의 일반적 성질

탄소(C), 규소(Si), 게르마늄(Ge), 주석(Sn), 납(Pb) 등의 원소를 탄소족 원소라 하며, C, Si는 비금속 원소, Ge은 준금속 원소, Sn, Pb은 양쪽성 원소이다.

(2) 탄소족 원소의 종류

① 탄소(C)

㉮ 세 가지의 동소체가 존재한다.

🔺 숯, 흑연, 다이아몬드 등

동소체	결정체		무정형
	다이아몬드, 수정	흑 연	숯, 활성탄, 코크스
결정 구조	공유 결정(원자 결정), 그물 구조를 형성	금속 광택의 6각형 판상 결정	흑연 구조의 미세한 입자의 불규칙한 모임
성 질	• 전기의 절연체 • 모든 물질 중에 가장 단단하고 굴절률이 크다. • 연소하면 CO_2로 된다 (900℃). • 녹는점이 매우 높다.	• 전기의 양도체 • 구조의 상하 결합력이 약해 층으로 벗겨진다. • 연소하면 CO_2로 된다 (700℃).	• 전기의 도체 • 입자가 작고 표면적이 크므로 흡착력이 크다.
용 도	보석 연마제, 유리칼	탄소 섬유를 만드는 데 사용되는 연료, 연필심, 원자로 감속제	흑색 안료, 탈색제, 탈취제

㉯ 환원 작용이 강하다.

🔺 $Fe_2O_3 + 3C \rightarrow 2Fe + 3CO$
　$ZnO + C \rightarrow Zn + CO$
　$C + H_2O \rightarrow CO + H_2$

② 규소(Si)

㉮ 자연계에는 이산화규소(SiO_2)나 규산염의 광석으로 존재한다.

㉯ 그물 구조로 경도가 크고, 용융점과 비등점이 높다.

㉰ 게르마늄(Ge) 등과 같이 반도체에 이용된다.

(3) 탄소족 원소의 화합물

① 이산화탄소(CO_2)

㉮ 성질

㉠ 무색, 무취의 불연성 기체로 공기 중에 약 0.03% 정도 존재한다.

㉡ 물에 약간 녹아 약산성(H_2CO_3)이 된다.

㉢ 압력을 가해 액화·응고시키면 승화성이 있는 고체 드라이아이스(dry ice)가 된다.

㉣ $Ca(OH)_2$(석회수)을 통과시키면 $CaCO_3$(탄산칼슘)의 흰색 침전이 일어난다(CO_2의 검출법).

🔺 $Ca(OH)_2 + CO_2 \rightarrow CaCO_3 + H_2O$

㉤ 소다 및 요소 제조의 원료, 청량음료 등에 사용한다.

ⓝ 제법 : Kipp 장치를 이용하여 석회석($CaCO_3$)에 HCl를 가하여 CO_2를 발생시킨다.

　예 $CaCO_3 + 2HCl \rightarrow CaCl_2 + H_2O + CO_2\uparrow$

② 일산화탄소(CO)

　㉮ 성질

　　㉠ 무색, 무취의 독성 가스이다.

　　㉡ 환원성이 강한 기체이며, 금속 산화물을 환원시킨다.

　　　예 $Fe_2O_3 + 3CO \rightarrow 2Fe + 3CO_2$

　　㉢ 메탄올(CH_3OH)의 합성 원료, 야금 등에 사용한다.

　㉯ 제법

　　㉠ 포름산(HCOOH, 개미산)에 c$-H_2SO_4$를 작용시켜 얻는다.

　　　예 $HCOOH \rightarrow H_2O + CO$

　　㉡ 옥살산에 c$-H_2SO_4$를 작용시켜 얻는다.

　　　예 $HOOCCOOH \rightarrow H_2O + CO_2 + CO$

　　㉢ 가열된 코크스(C)에 수증기나 CO_2를 가하여 생성한다.

　　　예 $C + H_2O \rightarrow CO + H_2$
　　　$C + CO_2 \rightarrow 2CO$

③ 이산화규소(SiO_2)

　㉮ 무색 투명한 6방정계에 속하며, 수정, 석영, 규사(모래) 등의 주성분이다.

　㉯ 그물 구조의 결정으로서 경도가 크고 용융점과 비등점이 높다.

　㉰ HF(플루오르화수소산, 불화수소산)에는 잘 녹으나 보통 산이나 물에는 녹지 않는다.

　　예 $SiO_2 + 4HF \rightarrow 2H_2O + SiF_4$

　㉱ KOH, NaOH 등 강한 알칼리와 함께 가열하면 서서히 녹는다.

　　예 $2NaOH + SiO_2 \rightarrow Na_2SiO_3 + H_2O$

　㉲ 규산나트륨을 물과 함께 끓이면 물유리가 된다.

④ 탄화규소(SiC, 카보런덤)

　전기로에서 탄소와 모래를 용융 화합시켜서 얻을 수 있는 물질이다.

출·제·예·상·문·제

금속과 그 화합물

1

상온에서 액체인 금속은?

① Pb   ② Hg   ③ Ag   ④ Br

🌱해설 금속은 상온에서 고체이다. Hg(수은)만이 유일한 액체이며, 비금속 중에서는 Br_2(브롬)만이 유일한 액체이다.

2

다음 금속 중에서 전기 전도성이 제일 좋은 것은?

① Ag   ② Fe   ③ Al   ④ Cu

🌱해설 금속의 일반적인 성질
     ㉠ 연성의 크기 : Au>Ag>Pt>Fe>Cu>Al>Sn>Pb
     ㉡ 전성의 크기 : Au>Ag>Cu>Al>Sn>Pt>Pb>Fe
     ㉢ 열, 전기 전도성의 크기 : Ag>Cu>Al>Ag>Zn>Pt>Fe>Pb>Hg
     ㉣ 융점의 크기 : W>Pt>Au>Na>K>Hg
     ㉤ 비중의 크기 : Os>Pt>Au>Pb>Cu>Fe>Al>Mg>Ca>K>Na>Li

3

융점이 가장 높은 금속은?

① 텅스텐(W)   ② 백금(Pt)
③ 수은(Hg)   ④ 나트륨(Na)

🌱해설 텅스텐은 융점이 매우 높다.

4

다음 합금 중 니켈(Ni)이 들어 있는 것은?

① 양은   ② 놋쇠
③ 땜납   ④ 활자금

🌱해설 ① 양은(Cu+Ni+Zn), ② 놋쇠(Cu+Zn), ③ 땜납(Pb+Sn), ④ 활자금(Al+Cu+Mn+Mg)

   1. ②   2. ①   3. ①   4. ①

5 알칼리 금속에 대한 설명으로 틀린 것은?

① 공기 중에서 쉽게 산화되어 금속 광택을 잃는다.

② 원자 가전자가 1개이므로 +1가의 양이온이 되기 쉽다.

③ 할로겐 원소와 직접 반응하여 할로겐 화합물을 만든다.

④ 원자 번호가 증가함에 따라 금속 결합력이 강해지므로 융점과 끓는점이 높아진다.

🌿해설 결합이 약해져서 융점과 끓는점이 낮아진다.

6 다음 중 알칼리 금속 원소의 성질에 해당되는 것은?

① 물과 반응하여 산소를 발생시킨다.

② 반응성의 순서는 K>Na>Li이다.

③ 매우 안정하여 물과 반응하지 않는다.

④ 환원되면 비활성 기체와 같은 전자 배치를 갖는다.

🌿해설 ㉠ 알칼리 금속은 물과 반응하여 H_2(수소)를 발생시킨다.
ⓛ 산화되면 비활성 기체와 같은 전자 배치를 갖는다.

7 알칼리 금속은 반응성이 크다. 그 이유는 무엇인가?

① 물에 잘 녹기 때문에   ② 이온화 에너지가 크기 때문에

③ 양이온이 되기 쉽기 때문에   ④ 불꽃 반응을 하기 때문에

🌿해설 알칼리 금속은 이온화 에너지가 가장 작은 금속으로서, 양이온이 되기 쉽기 때문에 활성, 즉 반응성이 가장 크다.

8 불꽃 반응 시 보라색을 나타내는 금속은?

① Li   ② K

③ Na   ④ Ba

🌿해설 불꽃 반응(flame reaction) : 염색 반응이라고도 하며 홑원소 물질 또는 화합물을 불꽃 속에 넣어 가열하면 불꽃이 그 원소 특유의 색을 띠는 반응이다. 이때의 색은 열에 의해 들뜬 원자가 불안정한 들뜬 상태에서 안정된 들뜬 상태로 돌아올 때 발하는 휘선 스펙트럼 때문인데, 알칼리 금속이나 알칼리 토금속 등 원소의 정성 분석의 보조 수단으로 이용된다.

① Li : 빨간색

② K : 보라색

③ Na : 노란색

④ Ba : 황록색

정답 5.④ 6.② 7.③ 8.②

9 NaCl과 KCl을 구별할 수 있는 가장 좋은 방법은?

① 불꽃 반응을 실시한다.   ② $AgNO_3$ 용액을 가한다.

③ H_2SO_4 용액을 가한다.   ④ 페놀프탈레인 용액을 가한다.

해설 알칼리 금속은 불꽃 반응에서 Na는 노란색, K은 보라색을 나타낸다.

10 가성소다(NaOH)를 전해법으로 만들 때 격막법이나 수은법을 사용하는 데 격막을 사용하는 이유는 무엇을 막기 위해서인가?

① $NaOH$, Cl_2 ② $NaOH$, H_2

③ H_2, Cl_2 ④ $NaCl$, $NaClO$

해설 NaOH의 제조법 중 소금물의 전해법

소금물(NaCl)을 전기 분해하면 양극에서 염소(Cl_2)가 발생하고, 음극에서는 수소(H_2)가 발생하며, NaOH가 생성된다.

$2NaCl + 2H_2O \rightarrow 2NaOH + H_2 + Cl_2$

이때 양극에서 발생한 Cl_2와 음극에서 생성된 NaOH가 반응하여 NaCl과 NaClO를 만든다.

$2NaOH + Cl_2 \rightarrow NaCl + NaClO + H_2O$

따라서, 이런 반응을 막기 위해서 석면으로 된 격막을 사용하는 격막법이나 수은법을 사용한다.

11 솔베이법에서 탄산나트륨(Na_2CO_3)을 만들 때 부산물로 얻어지는 조해성이 있는 물질은 무엇인가?

① $NaOH$ ② $(NH_4)_2CO$

③ $CaCl_2$ ④ Na_2CO_3

해설 솔베이법(암모니아소다법)의 주 생성물은 Na_2CO_3(탄산나트륨)이며, 부산물로 얻어지는 것은 염화칼슘($CaCl_2$)이다.

12 $Na_2CO_3 \cdot 10H_2O$을 건조한 공기 중에 놓아두면 일부분의 결정수를 잃어 $Na_2CO_3 \cdot H_2O$의 조성으로 된다. 이와 같은 현상을 무엇이라 하는가?

① 산화   ② 풍해

③ 용융   ④ 삼투

해설 풍해란 수화물이 공기 중에서 결정수의 일부 또는 전부를 잃고 백색 분말로 되는 현상이다.

예 $Na_2CO_3 \cdot 10H_2O$(결정) $\rightarrow$ $Na_2CO_3 \cdot H_2O$(백색 분말)

13

> Ca^{2+}과 HCO_3^-이 많이 들어 있는 일시적 경수(센물)를 처리하여 비누가 잘 풀리는 연수 (단물)로 만들려고 한다. 다음 중 적당하지 않은 방법은?
>
> ① 양이온 교환 수지를 통한다.   ② 염화마그네슘을 가한다.
> ③ 끓인다.   ④ 석회수를 가한다.

 염화마그네슘($MgCl_2$)을 가하면 더욱 경수가 된다.

 🚩 **센물을 단물로 만드는 방법**
- -
    ⊙ 탄산나트륨법
    ⓛ 퍼뮤티트(permutite)법
    ⓒ 이온 교환 수지법

14

> 알루미늄이 건축 자재에 사용되는 주요 이유는?
>
> ① 값이 저렴하기 때문에
> ② 표면에 산화막이 생겨 내부를 보호하기 때문에
> ③ 화학적 반응성이 약하기 때문에
> ④ 단단하고 질기기 때문에

 알루미늄(Al)은 공기 중에서 산화(산소와 반응)하여 Al_2O_3(산화알루미늄)의 산화막을 생성하여 내부를 보호한다.

15

> 테르밋이 되는 주 성분은?
>
> ① Mg와 Al_2O_3 ② Al과 Fe_2O_3
> ③ Zn과 Fe_2O_3 ④ Cr와 Al_2O_3

 테르밋(Thermit)법
Al 가루와 Fe_2O_3 가루의 혼합물을 발화시키면 3,000℃ 이상의 열을 내므로 레일의 용접 등에 사용한다.
$$2Al + Fe_2O_3 \rightarrow Al_2O_3 + 2Fe$$

16

> $Fe(CN)_6^{4-}$와 4개의 K^+이온으로 이루어진 물질 $K_4Fe(CN)_6$을 무엇이라고 하는가?
>
> ① 착화합물   ② 할로겐 화합물
> ③ 유기 혼합물   ④ 수소 화합물

 $\underline{K_4Fe(CN)_6} \rightarrow \underline{4K^+ + Fe(CN)_6^{4-}}$
    착염   착이온

17 독성이 강한 물질로서 약 0.1%의 용액을 소독약으로 사용하며 "승홍"이라고 불리는 것의 화학식은?

① $HgCl_2$ ② Hg_2Cl_2
③ $HgCl$ ④ $AgCl$

해설 ㉠ $HgCl_2$: 승홍
㉡ Hg_2Cl_2 : 감홍

18 수은의 염화물인 감홍(염화제1수은)의 화학식 및 색깔을 옳게 표시한 것은?

① Hg_2Cl_2 − 검은색 ② Hg_2Cl_2 − 흰색의 광택
③ $HgCl_2$ − 검은색 ④ $HgCl_2$ − 흰색 결정

해설 ㉠ $HgCl_2$: 승홍
㉡ Hg_2Cl_2 : 감홍

02 비금속과 그 화합물

1 다음 물질 중 상온에서 액체이며, 독성이 강한 것은?

① F_2 ② Cl_2
③ CO ④ Br_2

해설 브롬(Br_2)은 적갈색의 독성을 지닌 액체이다.

2 비활성 기체의 설명으로 적당하지 않은 것은?

① 단원자 분자이다.
② 화합물을 잘 만든다.
③ 대부분 최외각 전자는 8개이다.
④ 저압에서 방전되면 색을 나타낸다.

해설 비활성 기체는 안정하여 화합물을 만들지 않는다.

3

수성 가스(water gas)의 주 성분을 옳게 나타낸 것은?

① CO_2, CH_4 ② CO, H_2

③ CO_2, H_2, O_2 ④ H_2, H_2O

> **해설** 수성 가스(water gas)
> 100℃ 이상으로 적열한 코크스에 수증기를 통하면 코크스에서 환원되어 얻어지는 가스이며, 발열량은 2,800kcal/Nm³ 정도이다.
> $$C+H_2O \rightarrow \underline{CO+H_2}$$
> 수성 가스

4

할로겐 원소에 대한 설명 중 옳지 않은 것은?

① 요오드의 최외각 전자는 7개이다.

② 할로겐 원소 중 원자 반지름이 가장 작은 원소는 F이다.

③ 염화 이온은 염화은의 흰색 침전 생성에 관여한다.

④ 브롬은 상온에서 적갈색 기체로 존재한다.

> **해설** ④ 브롬은 상온에서 적갈색의 액체로 존재한다.

5

다음 염소 기체를 건조하는 데 가장 적당한 건조제는?

① 생석회   ② 가성소다

③ 진한 황산   ④ 진한 질산

> **해설** 염소 기체는 산성이므로 산성 건조제인 c−H_2SO_4 또는 P_2O_5를 사용한다.

6

석영, 유리가 질산이나 황산에는 침식되지 않으나 HF에는 침식되는 이유로 올바르게 설명한 것은?

① HF는 HNO_3나 H_2SO_4보다 강산이기 때문이다.

② HF는 SiO_2와 반응하여 SiF_4가 생성되기 때문이다.

③ HNO_3와 H_2SO_4는 환원성 산이기 때문이다.

④ HNO_3와 H_2SO_4는 산소를 발생하기 때문이다.

> **해설** HF(플루오르화수소)는 모래 석영을 부식하므로 폴리에틸렌, 베이클라이트, 납그릇에 저장한다.
> $$SiO_2+4HF \rightarrow 2H_2O+SiF_4\uparrow$$

정답   3. ② 4. ④ 5. ③ 6. ②

7

할로겐 원소의 수소와의 반응성의 크기를 옳게 표시한 것은?

① $I > Cl > F > Br$ ② $F > Cl > Br > I$

③ $Cl > Br > I > F$ ④ $F > Br > Cl > I$

🍋해설 할로겐 원소는 원자 번호가 작아질수록 반응성이 커진다.

8

다음은 할로겐화수소의 결합 에너지 크기를 비교하여 나타낸 것이다. 올바르게 표시된 것은?

① $HI > HBr > HCl > HF$ ② $HBr > HI > HF > HCl$

③ $HF > HCl > HBr > HI$ ④ $HCl > HBr > HF > HI$

🍋해설 강산은 쉽게 H^+을 내놓으므로 결합 에너지가 작다. 따라서 약산인 HF의 결합 에너지가 가장 크다.

9

할로겐화수소산의 세기를 옳게 나타낸 것은?

① $HF > HCl > HBr > HI$ ② $HCl > HBr > HI > HF$

③ $HCl > HF > HBr > HI$ ④ $HI > HCl > HBr > HF$

🍋해설 ㉠ 강산 : $HCl > HBr > HI$
ⓛ 약산 : HF

10

무색의 액체가 든 병이 있다. 이 병에 진한 암모니아수가 든 병을 가까이 가져갔더니 흰 연기가 생겼다. 이 병에 든 화합물은?

① H_2SO_4 ② HCl

③ KNO_3 ④ NaOH 수용액

🍋해설 $NH_3 + HCl \rightarrow NH_4Cl$

11

질산은($AgNO_3$) 용액을 가했을 때 노란색 침전이 생기는 것은?

① HF   ② HCl   ③ HBr   ④ HI

🍋해설 질산은($AgNO_3$) 용액과 할로겐화수소산과의 반응
㉠ $AgNO_3 + HCl \rightarrow HNO_3 + AgCl \downarrow$ (흰색 침전)
ⓛ $AgNO_3 + HBr \rightarrow HNO_3 + AgBr \downarrow$ (담황색 침전)
㉢ $AgNO_3 + HI \rightarrow HNO_3 + AgI \downarrow$ (노란색 침전)

12

다음 물질 중 감광성이 가장 큰 것은?

① HgO

② CuO

③ NaNO₃

④ AgCl

해설 감광성 : 필름이나 인화지 등에 칠한 감광제가 색에 대해 얼마만큼 반응하느냐 하는 감광역을 말한다. 예 AgCl

13

산소를 제조할 때 사용되는 MnO_2(이산화망간)에 어떤 물질이 포함되어 있으면 폭발할 위험이 있는가?

㉮ 유기물

㉯ 무기물

㉰ 산화물

㉱ 수산화물

해설 이산화망간(MnO_2)은 산화제이며, 촉매이므로 유기물과 접촉 시에는 폭발할 위험이 있다.

14

다음 물질 중 탈수제로 사용되는 물질은?

① N₂

② H₂SO₄

③ CH₃COOH

④ NaCl

해설 H_2SO_4는 탈수제로 사용한다.

15

고체에 액체를 넣어 가열하지 않고 기체를 발생시킬 때 킵 장치(Kipp apparatus)를 사용한다. 다음 화학 반응식 중 킵 장치를 사용할 필요가 없는 것은?

① $Cu + H_2SO_4 \rightarrow CuSO_4 + H_2$

② $Zn + H_2SO_4 \rightarrow ZnSO_4 + H_2$

③ $CaCO_3 + 2HCl \rightarrow CaCl_2 + CO_2 + H_2O$

④ $FeS + 2HCl \rightarrow FeCl_2 + H_2S$

해설 킵 장치(Kipp apparatus)는 고체에 액체를 넣어 가열하지 않고 기체를 발생시킬 때 사용하는 장치이다.

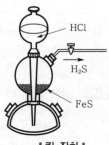

HCl

H₂S

FeS

┃킵 장치┃

16 대기를 오염시키고 산성비의 원인이 되며, 광화학 스모그 현상을 일으키는 중요한 원인이 되는 물질은?

① 프레온 가스 　　　　　　　② 질소 산화물

③ 할로겐화수소 　　　　　　　④ 중금속 물질

 해설 질소 산화물은 광화학 스모그 현상을 일으키는 중요한 원인이다.

17 암모니아소다법의 탄산화 공정에서 사용되는 원료가 아닌 것은?

① NaCl 　　　　　　　　　　② NH₃

③ CO₂ 　　　　　　　　　　④ H₂SO₄

해설 암모니아소다법(Solvay법)

소금 수용액에 암모니아와 이산화탄소 가스를 순서대로 흡수시켜 용해도가 작은 탄산수소나트륨을 침전시킨다.

$$NaCl + NH_3 + CO_2 + H_2O \rightarrow \underline{NaHCO_3} + NH_4Cl$$
$$\text{(중조)}$$

18 NH_4^+을 검출할 수 있는 시약은?

① KI 녹말지 　　　　　　　② 네슬러 시약

③ BaCl₂ 용액 　　　　　　　④ AgNO₃ 용액

 해설 NH_3, NH_4^+ + 네슬러 시약 → 황갈색이 적갈색으로 변색

19 귀금속인 금이나 백금 등을 녹이는 왕수의 제조 비율로 옳은 것은?

① 질산 3부피 + 염산 1부피 　　　② 질산 3부피 + 염산 2부피

③ 질산 1부피 + 염산 3부피 　　　④ 질산 2부피 + 염산 3부피

해설 왕수(aqua regia)

염산이나 질산에도 녹지 않는 금, 백금과 같은 귀금속도 염화물로 녹이기 때문에 이런 이름이 붙었다. 보통 사용되는 것은 진한 질산 1부피와 진한 염산 3부피의 혼합물이지만 오래 보존하면 조성이 변화하므로 사용할 때마다 새로 조제한다. 특유한 자극성 냄새가 나는 노란색 액체이며, 이 용액 속에서는 $HNO_3 + 3HCl \rightarrow Cl_2 + NOCl + 2H_2O$와 같은 반응에 의해서 발생기의 염소와 염화나이트로실(NOCl)이 생기기 때문에 강력한 산화 용해성을 지닌다. 왕수는 금이나 백금 외에 황화물 광석, 텔루륨, 셀레늄 광물, 납이나 구리의 합금, 여러 가지 금속의 비화물 광석, 아연 합금, 니켈 광석, 페로 텅스텐 등의 분석 시료를 잘 용해시키므로 화학 분석에서 용해제로 사용된다.

20

다음 암모니아(NH_3)에 대한 설명 중 맞지 않는 것은?

① HCl과 반응하면 흰연기를 낸다.

② NH_4^+이온은 네슬러 시약에 의해 검출된다.

③ 물에 불용성 물질이다.

④ 요소 비료의 원료이다.

 해설 ① $NH_3 + HCl \rightarrow NH_4Cl$(흰연기)

② NH_4^+이온은 네슬러 시약에 의해 적갈색으로 변한다.

③ NH_3는 물에 잘 용해된다.

④ $2NH_3 + CO_2 \rightarrow (NH_2)_2CO$(요소)

21

CO_2와 CO의 성질에 대하여 틀리게 설명한 것은?

① CO_2는 불연성 기체이며, CO는 가연성 기체로 파란 불꽃을 내며 탄다.

② 모두 무색 기체로서 CO_2는 독성이 없고, CO는 독성이 있다.

③ CO_2와 CO는 모두 석회수와 반응하여 흰색 침전이 생긴다.

④ CO_2는 환원력이 없고, CO는 환원력이 있다.

 해설 ㉠ CO_2는 석회수와 반응한다($CO_2 + Ca(OH)_2 \rightarrow CaCO_3 + H_2O$).

㉡ CO는 독성이 있고 환원 작용이 있으나 석회수($Ca(OH)_2$)와는 반응하지 않는다.

22

탄소와 모래를 전기로에 넣어서 가열하면 연마제로 쓰이는 물질이 생긴다. 다음 중 어느 것인가?

① 카보런덤   ② 카바이드

③ 카본 블랙   ④ 규소

 해설 ㉠ 탄화규소(SiC : 카보런덤) : 코크스(탄소 성분)와 규사(모래)를 전기로 속에서 1,800~1,900℃로 서 가열하여 만든다.

㉡ 카본 블랙 : 천연 가스, 석유 등을 불완전 연소 또는 열분해하여 얻는 탄소(C) 가루이다.

정답 20. ③ 21. ③ 22. ①

유기 화합물

01 유기 화합물의 기초

1-1 유기 화합물

(1) 유기 화합물의 정의와 특성

① 정의

유기 화합물이란 탄소를 가지는 화합물 즉, 탄소 화합물로서 독일의 화학자 뵐러(Wöhler)가 무기 화합물인 NH_4CNO(시안산암모늄)에서 유기 화합물인 $(NH_2)_2CO$(요소)를 합성한 것이 기초가 되었다.

$$NH_4CNO \quad \rightarrow \quad (NH_2)_2CO$$
$$\text{시안산암모늄} \qquad\qquad \text{요소}$$

[예제] 요소[$(NH_2)_2CO$]의 질소 분율은?

[풀이] $\dfrac{N_2}{(NH_2)_2CO} \times 100 = \dfrac{28}{(28+4)+12+16} \times 100 = 46.67\%$

[답] 46.67%

---

② 특성

㉮ 성분 원소 : 주로 C, H, O이며 기타 N, P, S 등의 비금속 원소를 포함한다.

㉯ 종류 : 이성체가 많아 종류가 대단히 많다.

㉰ 융점과 비등점 : 분자 사이의 힘(반 데르 발스의 힘)이 약하므로 융점이나 비등점이 낮다 (용융점은 대체로 300℃ 이하이다).

㉱ 화학 결합 : 공유 결합을 하고 있으므로 비전해질이 많다(단, 포름산, 아세트산, 옥살산 등은 전해질이다).

㉲ 연소 : 대부분 연소하여 연소 생성물인 CO_2와 H_2O를 생성한다.

㉳ 용해성 : 대부분 물에 녹기 어려우나 알코올, 벤젠, 아세톤, 에테르 등의 유기 용매에 잘 녹는다(단, 알코올, 아세트산, 알데히드, 설탕, 포도당 등은 물에 녹는다).

㉴ 반응 속도 : 유기 화합물은 이온 반응이 아니고 분자와 분자 사이의 반응이므로 반응 속도 가 느리다.

(2) 탄소 화합물의 분류

① 탄소 원자의 결합 형식(모양)에 따른 분류

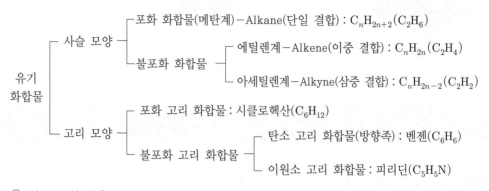

유기 화합물
- 사슬 모양
  - 포화 화합물(메탄계)—Alkane(단일 결합) : $C_nH_{2n+2}(C_2H_6)$
  - 불포화 화합물
    - 에틸렌계—Alkene(이중 결합) : $C_nH_{2n}(C_2H_4)$
    - 아세틸렌계—Alkyne(삼중 결합) : $C_nH_{2n-2}(C_2H_2)$
- 고리 모양
  - 포화 고리 화합물 : 시클로헥산(C_6H_{12})
  - 불포화 고리 화합물
    - 탄소 고리 화합물(방향족) : 벤젠(C_6H_6)
    - 이원소 고리 화합물 : 피리딘(C_5H_5N)

㉮ 사슬 모양 화합물(지방족 탄화수소 화합물)의 구조식

$$H-\overset{\overset{\displaystyle H}{|}}{\underset{\underset{\displaystyle H}{|}}{C}}-\overset{\overset{\displaystyle H}{|}}{\underset{\underset{\displaystyle H}{|}}{C}}-H \qquad \overset{H}{\underset{H}{}}C=C\overset{H}{\underset{H}{}} \qquad H-C\equiv C-H$$

C_2H_6(에탄) C_2H_4(에틸렌) C_2H_2(아세틸렌)

㉯ 고리 모양 화합물(방향족 탄화수소 화합물)의 구조식

C_6H_{12}(시클로헥산) C_6H_6(벤젠) C_5H_5N(피리딘)

예제 사슬 모양의 탄화수소 분자식이 $C_{16}H_{28}$인 물질 1분자 속에 이중 결합이 몇 개 있을 수 있는가?

풀이 알칸족 탄화수소(C_nH_{2n+2})는 단일 결합으로 이중 결합이 없다. 이중 결합은 수소 원자 (H)가 2개 감소됨에 따라 1개가 생기므로 알칸족 탄화수소에서 감소된 수소(H)의 수에 의해 계산한다.

$$C_{16}H_{34}(C_nH_{2n+2}) \longrightarrow C_{16}H_{28}$$

감소된 수소수$=34-28=6$

$\therefore$ 이중 결합수$=\dfrac{6}{2}=3$개

답 3개

② 관능기(작용기, 원자단)에 의한 분류

원자단(관능기)		일반 명칭	특 성	보 기
히드록시기 (수산기)	$-OH$	알코올 페놀	지방족 $-OH$ 중성 방향족 $-OH$ 산성 ⎤ Na과 반응하여 H_2 발생	C_2H_5OH(에틸알코올) C_6H_5OH(페놀)
포르밀기 (알데히드기)	$-CHO$	알데히드	환원성(펠링 용액을 환원, 은거울 반응)	HCHO(포름알데히드) CH_3CHO(아세트알데히드)
카르복시기	$-COOH$	카르복시산	산성, 알코올과 에스테르 반응	CH_3COOH(아세트산)
카르보닐기	$-CO-$	케톤	저급은 용매로 사용	CH_3COCH_3(아세톤)
에스테르기	$-COO-$	에스테르	저급은 방향성, 가수분해됨	CH_3COOCH_3(아세트산메틸)
에테르기	$-O-$	에테르	저급은 마취성, 휘발성, 인화성 가수분해 안 됨	CH_3OCH_3(메틸에테르)
비닐기	$CH_2=CH-$	비닐	첨가 반응과 중합 반응을 잘 함	$CH_2 = CHCl$(염화비닐)
니트로기	$-NO_2$	니트로 화합물	폭발성이 있으며, 환원하면 아민 이 됨	$C_6H_5NO_2$(니트로벤젠)
아미노기	$-NH_2$	아민	염기성을 나타냄	$C_6H_5NH_2$(아닐린)
술폰산기	$-SO_3H$	술폰산	강산성을 나타냄	$C_6H_5SO_3H$(벤젠술폰산)

1-2 이성질체

(1) 정의

분자를 구성하는 원소의 수는 같으나 원자의 배열이나 구조가 달라서 물리적·화학적 성질이 다른 화합물을 이성질체라 한다.

즉, 분자식은 같으나 시성식이나 구조식이 다른 물질이다.

(2) 분류

① 구조 이성질체

㉮ 사슬 이성질체(탄소 골격이 달라서 생기는 이성질체)

분자식	C_4H_{10}	C_5H_{12}	C_6H_{14}	C_7H_{16}	C_8H_{18}	C_9H_{20}	$C_{10}H_{22}$
이성질체	2	3	5	9	18	36	75

㉠ C_5H_{12}(펜탄)의 경우

$CH_3 - CH_2 - CH_2 - CH_2 - CH_3$

$CH_3 - CH_2 - CH - CH_3$
　　　　　　　|
　　　　　　CH_3

$$CH_3 - \overset{\overset{\displaystyle CH_3}{|}}{\underset{\underset{\displaystyle CH_3}{|}}{C}} - CH_3$$

노르말(n)-펜탄(bp : 36℃)　　　이소(iso)-펜탄(bp : 28℃)　　　네오(neo)-펜탄(bp : 9.5℃)

참고 ✦ 사슬 이성질체

같은 탄소수에서는 가지수가 많을수록 bp(비등점)가 낮다.

ⓛ 위치 이성질체(치환체나 2중 결합의 위치에 따라 생기는 이성질체)

　㉠ 치환체의 위치에 따라 생기는 이성질체

　　예 C_3H_7Cl(모노클로로프로판)의 경우

$$\overset{1}{C}H_2 - \overset{2}{C}H_2 - \overset{3}{C}H_3 \qquad\qquad \overset{1}{C}H_3 - \overset{2}{C}H_2 - \overset{3}{C}H_3$$
$$\mid \qquad\qquad\qquad\qquad\qquad\qquad \mid$$
$$Cl \qquad\qquad\qquad\qquad\qquad\qquad Cl$$

　　　1-모노클로로프로판　　　　　　　　2-모노클로로프로판

　㉡ 2중 결합의 위치에 따라 생기는 이성질체

　　예 C_4H_8(부틸렌)의 경우

$$\overset{1}{C}H_2 = \overset{2}{C}H - \overset{3}{C}H_2 - \overset{4}{C}H_3 \qquad \overset{1}{C}H_3 - \overset{2}{C}H = \overset{3}{C}H - \overset{4}{C}H_3$$

　　　1-부텐(1-부틸렌)　　　　　　　　2-부텐(2-부틸렌)

② 입체 이성질체

　㉮ 기하 이성질체 : 두 탄소 원자가 2중 결합으로 연결될 때 탄소에 결합된 원자나 원자단
　　의 위치가 다름으로 인하여 생기는 이성질체로서 cis형과 $trans$형으로 구분

　　예 $CH_3 - CH = CH - CH_3$(2-부텐)의 경우

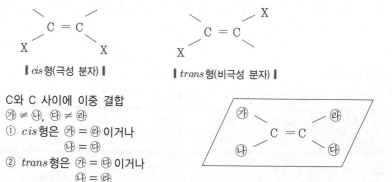

　　　∥ cis-2-부텐 ∥　　　　　　　　　　∥ $trans$-2-부텐 ∥

참고 ✦ 기하 이성질체

$$\begin{array}{c} \diagdown \quad\quad \diagup \\ C = C \\ X \diagup \quad\quad \diagdown X \end{array} \qquad\qquad \begin{array}{c} \diagdown \quad\quad \diagup X \\ C = C \\ X \diagup \quad\quad \diagdown \end{array}$$

　　∥ cis형(극성 분자) ∥　　　　∥ $trans$형(비극성 분자) ∥

C와 C 사이에 이중 결합
㉮ ≠ ㉯, ㉰ ≠ ㉱
① cis형은 ㉮ = ㉱이거나
　　　㉯ = ㉰
② $trans$형은 ㉮ = ㉰이거나
　　　㉯ = ㉱

㉯ 광학 이성질체 : 같은 분자식을 가지면서 각각을 서로 겹치게 할 수 없는 거울상의 구조
　　를 갖는 분자

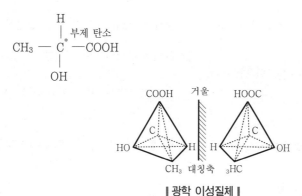

예 젖산(락트산)의 경우

| 광학 이성질체 |

참고 광학 이성질체는 사면체 구조일 것

1. ㉮, ㉯, ㉰, ㉱가 모두 달라야 한다(부제 탄소).
2. 편광면을 우측으로 회전 → 우선성(d 또는 $+$)
3. 편광면을 좌측으로 회전 → 좌선성(l 또는 $-$)

참고 부제 탄소(비대칭 탄소)

탄소 원자의 4개의 꼭짓점에 각각 다른 원자나 원자단이 결합되어 있는 탄소

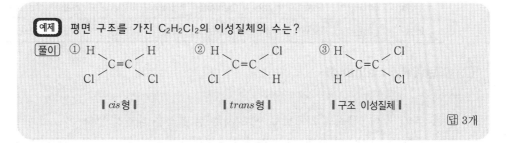

예제 평면 구조를 가진 $C_2H_2Cl_2$의 이성질체의 수는?

풀이

① | cis형 | ② | trans형 | ③ | 구조 이성질체 |

답 3개

02 지방족 탄화수소

2-1 지방족 탄화수소의 특성

(1) 정의

탄소와 수소만으로 이루어진 화합물을 탄화수소라고 하며, 탄소가 사슬 모양으로 결합된 화합물을 지방족 탄화수소라 한다.

(2) 분류

지방족 탄화수소
- 포화 탄화수소 — 알칸계(Alkane : 단일 결합) 일반식 C_nH_{2n+2}
- 불포화 탄화수소
  - 알켄계(Alkene : 이중 결합) 일반식 C_nH_{2n}
  - 알킨계(Alkyne : 삼중 결합) 일반식 C_nH_{2n-2}

2-2 메탄계 탄화수소(Alkane족, 알칸족 C_nH_{2n+2}, 파라핀계)

(1) 일반적 성질과 명명법

① 일반적인 성질

㉮ 메탄계 또는 파라핀계 탄화수소이다.

㉯ 단일 결합으로 반응성이 작아 안정된 화합물이다.

㉰ 할로겐 원소와 치환 반응을 한다.

㉱ 탄소수가 많을수록 비중, 용융점, 비등점이 높아진다(일반적으로 탄소수가 4개 이하는 기체, 탄소수가 5~16개는 액체, 탄소수가 17개 이상은 고체이다).

② 명명법(이름 끝에 -ane을 붙임)

CH_4	C_2H_6	C_3H_8	C_4H_{10}	C_5H_{12}	C_6H_{14}	C_7H_{16}	C_8H_{18}	C_9H_{20}	$C_{10}H_{22}$
methane	ethane	propane	butane	pentane	hexane	heptane	octane	nonane	decane
메탄	에탄	프로판	부탄	펜탄	헥산	헵탄	옥탄	노난	데칸

(2) 메탄(CH_4, methane)

① 성질

㉮ 무색, 무미, 무취의 기체로서 연소 시 파란 불꽃을 내면서 탄다.

㉯ 공기 또는 산소와 혼합 시 점화하면 폭발한다(메탄의 연소 범위 : 5~15 %).

㉰ 연료로 사용되며, 열분해나 불완전 연소로서 생성되는 카본 블랙(Carbon black)은 흑색 잉크의 원료로 사용된다.

㉱ 할로겐 원소와 치환 반응을 하여 염화수소와 치환체를 생성한다.

$CH_4 + Cl_2 \rightarrow HCl + CH_3Cl$(염화메탄) : 냉동제
$CH_3Cl + Cl_2 \rightarrow HCl + CH_2Cl_2$(염화메틸렌)
$CH_2Cl_2 + Cl_2 \rightarrow HCl + CHCl_3$(클로로포름) : 마취제
$CHCl_3 + Cl_2 \rightarrow HCl + CCl_4$(사염화탄소) : 소화제

② 메탄의 할로겐 치환체의 종류

㉮ 염화메틸(CH_3Cl) : 무색의 기체로 액화하기 쉽고 기화열이 크므로 냉동기 등의 냉매로 이용한다.

㉯ 클로로포름($CHCl_3$) : 무색의 특수한 냄새를 가진 액체로 마취제로 이용한다.

ⓒ 사염화탄소(CCl_4) : 특수한 냄새를 가진 액체로서 불연성이므로 소화제나 용제로 이용한다.

ⓓ 요오드포름(CHI_3) : 노란색의 특수한 냄새를 가진 고체로 승화성이 있으며, 살균, 소독, 방부제 등으로 이용한다.

ⓔ 프레온(CCl_2F_2) : 무색, 무취의 불연성 기체로서 냉동기의 냉매로 이용한다.

2-3 에틸렌계 탄화수소(Alkene족, 알켄족, C_nH_{2n}, 올레핀계)

(1) 일반적 성질과 명명법

① 일반적인 성질

ⓐ 에틸렌계 또는 올레핀계 탄화수소이다.

ⓑ 불포화 탄화수소로서 2중 결합을 하여 메탄계보다 반응성이 크다.

ⓒ 부가나 부가 중합 반응이 일어나기 쉽고, 치환 반응은 일어나기 어렵다.

ⓓ 탄소수가 많을수록 비중, 용융점, 비등점이 높아진다.

ⓔ 구조 이성질체와 기하 이성질체(시스형과 트랜스형)를 갖는다.

② 명명법(이름 끝에 −ene를 붙임)

$$\overset{4}{C}H_3 - \overset{3}{C}H_2 - \overset{2}{C}H = \overset{1}{C}H_2$$
1−butene

$$\overset{1}{C}H_3 - \overset{2}{C}H = \overset{3}{C}H - \overset{4}{C}H_3$$
2−butene

$$H_3\overset{1}{C} - \overset{2}{\underset{|}{C}} = \overset{3}{C}H_2 \quad (CH_3)$$
2−methyl propene

$$H_3\overset{1}{C} - \overset{2}{\underset{|}{C}} = \overset{3}{C}H - \overset{4}{C}H_3 \quad (CH_3)$$
2−methyl 2−butene

(2) 에틸렌(C_2H_4, ethylene)

① 성질

ⓐ 달콤한 냄새를 가진 무색의 기체로 공기 중에서 연소시키면 밝은 빛을 내면서 타며, 물에 녹지 않는 마취성 기체이다.

ⓑ Pt(백금)이나 니켈(Ni) 촉매하에서 수소를 첨가시키면 에탄(C_2H_6)이 생성된다(첨가 반응 또는 부가 반응 : $C_2H_4 + H_2 \longrightarrow C_2H_6$).

ⓒ 할로겐 원소 또는 할로겐 수소(HCl, HBr 등)와 부가 반응을 한다.

$$\begin{matrix} H \\ \diagdown \\ \diagup \\ H \end{matrix} C = C \begin{matrix} H \\ \diagup \\ \diagdown \\ H \end{matrix} + Br_2 \text{(적갈색)} \longrightarrow H - \overset{\overset{H}{|}}{C} - \overset{\overset{H}{|}}{\underset{\underset{Br}{|}}{C}} - H : \text{불포화 결합의 검출법}$$

디브롬화에탄(무색)

㉘ 묽은 황산을 촉매로 하여 물(H_2O)을 부가시키면 에탄올(C_2H_5OH)이 생성된다.

$$\begin{array}{c} H \\ H \end{array} \!\!\! C = C \!\!\! \begin{array}{c} H \\ H \end{array} + HOH \xrightarrow{H_2SO_4} H - \overset{\displaystyle H}{\underset{\displaystyle H}{C}} - \overset{\displaystyle H}{\underset{\displaystyle H}{C}} - OH$$

에탄올(C_2H_5OH)

㉙ 에틸렌 기체에 지글러(ziegler) 촉매를 사용하여 1,000~2,000기압으로 부가 중합시키면 폴리에틸렌이 된다.

예 $n\,CH_2 = CH_2 \quad \rightarrow \quad - CH_2 - CH_{2-n}$

에틸렌(단량체 : 모노머)　　　폴리에틸렌(중합체 : 폴리머)

참고　✏ **중합 반응과 마르코니코프(Markownikoff)의 법칙**

1. 중합 반응 : 분자량이 적은 분자 몇 개가 결합하여 큰 분자인 고분자 화합물을 만드는 것을 중합이라 하고, 부가 반응에 의하여 중합되는 반응을 부가 중합 또는 첨가 중합이라 한다. 또한 중합 생성물을 중합체(polymer)라 하고, 중합체를 만드는 저분자량 물질을 단량체(monomer)라 한다.

2. 마르코니코프(Markownikoff)의 법칙 : 프로필렌($CH_3 - CH = CH_2$)과 같이 비대칭 이중 결합물(이중 결합의 탄소에 결합된 수소 원자수가 다른 화합물)에 부가 시약(HCl, HBr 등)이 부가될 때는 부가 시약의 양성 부분은 수소 원자가 더 많이 결합된 이중 결합의 탄소에, 수소 원자수가 적은 탄소에는 다른 원자가 부가된다.

$$CH_3 - CH = CH_2 + HBr \quad \rightarrow \quad CH_3 - \underset{\displaystyle Br}{CH} - CH_3$$

---

② 제법

에틸알코올(에탄올 : C_2H_5OH)에 $c-H_2SO_4$을 가하여 160~180℃로 가열하여 탈수시킨다.

$$H - \overset{\displaystyle H}{\underset{\displaystyle \boxed{H}}{C}} - \overset{\displaystyle H}{\underset{\displaystyle \boxed{OH}}{C}} - H \xrightarrow[160\sim180℃]{c - H_2SO_4} CH_2 = CH_2 + H_2O$$

2-4 **아세틸렌계 탄화수소(Alkyne족, 알킨족, C_nH_{2n-2})**

(1) 일반적 성질과 명명법

① 일반적인 성질

불포화 탄화수소로서 3중 결합을 하여 반응성이 크며, 부가 반응 및 중합 반응이 쉽게 일어나고, 치환 반응도 한다.

참고 🚩 반응성의 크기

알킨계(3중 결합) > 알켄계(2중 결합) > 알칸계(단일 결합)

② 명명법(이름 끝에 -yne을 붙임)

$$CH \equiv CH$$

etyne(에틴) 또는 아세틸렌

$$CH_3 - C \equiv CH$$

propyne(프로핀)

$$\overset{5}{CH_3} - \overset{4}{CH_2} - \overset{3}{C} \equiv \overset{2}{C} - \overset{1}{CH_3}$$

2-pentyne(펜틴)

$$\overset{1}{CH_3} \equiv \overset{2}{C} - \overset{3}{CH_2} - \overset{4}{C} \equiv \overset{5}{C} - \overset{6}{CH_3}$$

1, 4-hexadyne(헥사딘)

예제 아세틸렌계열 탄화수소는?

풀이 일반식 : C_nH_{2n-2}

$n=5$, $C_5H_{10-2}=C_5H_8$

답 C_5H_8

---

(2) 아세틸렌(C_2H_2, ethyne, acetylene)

① 성질

㉮ 순수한 것은 무색, 무취의 기체이나 H_2S, PH_3 등 불순물을 갖는 것은 불쾌한 냄새를 가진다.

㉯ 공기 중에서 밝은 불꽃을 내면서 연소한다.

예 $2C_2H_2 + 5O_2 \rightarrow 4CO_2 + 2H_2O + 62.48kcal$

㉰ 금속의 용접 또는 절단에 이용한다.

㉱ 합성 수지나 합성 고무의 제조 원료로 이용된다.

② 제법

㉮ 카바이드(CaC_2)에 물을 가하여 얻는다(주수식, 투입식, 접촉식).

예 $CaC_2 + 2H_2O \rightarrow Ca(OH)_2 + C_2H_2\uparrow$

㉯ 공업적으로 천연 가스나 석유 분해 가스 속에 포함된 탄화수소를 $1,200 \sim 2,000\,℃$로 열분해 하여 얻는다.

예 $C_2H_4 \rightarrow C_2H_2 + H_2$, $C_3H_8 \rightarrow C_2H_2 + CH_4 + H_2$

③ 반응성

㉮ 부가 반응

㉠ 수소와 부가 반응(에틸렌 또는 에탄 생성)

에틸렌(C_2H_4)　　　　에탄(C_2H_6)

ⓒ 할로겐과 부가 반응(디클로로에틸렌 생성)

$$H - C \equiv C - H \xrightarrow{Cl_2} \begin{matrix} H \\ C \\ Cl \end{matrix} = \begin{matrix} H \\ C \\ Cl \end{matrix} \xrightarrow{Cl_2} H - \underset{Cl}{\overset{Cl}{C}} - \underset{Cl}{\overset{Cl}{C}} - H$$

디클로로에틸렌　　테트라클로로에탄

ⓓ 할로겐 수소와 부가 반응(염화비닐 생성)

$$H - C \equiv C - H + HCl \longrightarrow CH_2 = CHCl$$
염화비닐

※ $CH_2 = CH-$: 비닐기

ⓔ 초산과 부가 반응(초산비닐 생성)

$$H - C \equiv C - H + CH_3 - \underset{\underset{O}{\|}}{C} - OH \longrightarrow \begin{matrix} H \\ C \\ H \end{matrix} = \begin{matrix} H \\ C \\ O - \underset{\underset{O}{\|}}{C} - CH_3 \end{matrix}$$

초산　　　　　　　　　　　초산비닐

ⓕ 물과 부가 반응(아세트알데히드 생성)

$$H - C \equiv C - H + HOH \xrightarrow{\text{촉매} : HgSO_4(\text{황산수은})} [CH_2 = CH - OH] \longrightarrow CH_3CHO$$
순간적으로 비닐 알코올　　아세트알데히드

ⓖ HCN(시안화수소)와 부가 반응(아크릴로니트릴 생성)

$$H - C \equiv C - H + HCN \longrightarrow CH_2 = CH - CN$$
아크릴로니트릴

㉯ 중합 반응

ⓐ 아세틸렌 2분자의 중합 반응(촉매 : Cu_2Cl_2 – 비닐아세틸렌 생성)

$$H - C \equiv C - H + H - C \equiv C - H \xrightarrow[\text{중합}]{Cu_2Cl_2} CH_2 = CH - C \equiv CH$$
비닐아세틸렌(합성고무의 원료)

ⓑ 아세틸렌 3분자의 중합 반응(벤젠 생성)

$$3H - C \equiv C - H \longrightarrow \text{벤젠} : 벤젠(C_6H_6)$$

㉰ 치환 반응 : 금속(Ag, Cu 등)과 반응하여 폭발성인 금속 아세틸라이드(M_2C_2)를 생성

$$H - C \equiv C - H + Cu_2Cl_2 \longrightarrow Cu - C \equiv C - Cu + 2HCl$$
구리아세틸리드

$$H - C \equiv C - H + 2AgNO_3 \longrightarrow Ag - C \equiv C - Ag + 2HNO_3$$
은아세틸리드

2-5 석유(petroleum)

(1) 석유의 성분 및 정유

① 성분

㉠ 파라핀계(메탄계 : $C_5H_{12} \sim C_{18}H_{38}$) + 나프텐계(cyclo계 : C_5H_{10}, C_6H_{12}) : 80~90%

㉡ 방향족 탄화수소 : 5~15%

㉢ 비탄화수소 성분(N, P, S 등) : 4% 이하

② 정유(비등점의 차를 이용)

원유를 가열하면 먼저 에탄, 프로판이 나오며, 계속 증류하면 나프타(가솔린), 등유, 경유, 중유 등이 비등점 차에 의해 분리되어 정제된다.

유 분	온 도	탄소수	용 도
가스상 탄화수소	30℃ 이하	$C_1 \sim C_4$ (파라핀가스)	LPG, 석유 화학 원료
나프타(가솔린)	40~200℃	$C_5 \sim C_{12}$	용매, 내연 기관의 연료
등 유	150~250℃	$C_9 \sim C_{18}$	용매, 석유 발동기 연료, 가정용 연료
경 유	200~350℃	$C_{14} \sim C_{23}$	디젤 엔진 연료(대형 기관용), 크래킹의 원료
중 유	300℃ 이상	C_{17} 이상	디젤 엔진 연료
피 치	잔류물	유리 탄소	도로 포장, 방수제

※ bp 30~120℃의 것을 경질 나프타, bp 100~200℃의 것을 중질 나프타라 한다.

(2) 크래킹(cracking)과 리포밍(reforming)

① 크래킹(cracking)

탄소수가 많은 탄화수소를 500~600℃의 고온에서 SiO_2나 Al_2O_3 촉매하에서 가열하여 열분해시켜 탄소수가 적은 탄화수소를 만드는 것

📌 펜탄(C_5H_{12})의 열분해 반응

$$C_5H_{12} \xrightarrow[Al_2O_3(촉매)]{열분해} \underset{에틸렌}{CH_2 = CH_2} + \underset{프로판}{C_3H_8}$$

$$C_5H_{12} \xrightarrow{열분해} \underset{프로필렌}{CH_3 - CH = CH_2} + \underset{에탄}{C_2H_6}$$

② 리포밍(reforming)

옥탄가가 낮은 탄화수소나 중질 나프타(가솔린 등)를 옥탄가가 높은 가솔린으로 만들거나 파라핀계 탄화수소나 나프텐계 탄화수소를 방향족 탄화수소로 이성화하는 조작

예 $n-C_7H_{16}(n-$헵탄$)$과 $C_6H_{12}($시클로헥산$)$의 개질법

$$C_7H_{16} \xrightarrow{\text{Pt(촉매)}} \text{톨루엔}(C_6H_5CH_3) + 4H_2 \qquad C_6H_{12} \longrightarrow \text{벤젠}(C_6H_6) + 3H_2$$

$n-$헵탄　　　　톨루엔$(C_6H_5CH_3)$　　　시클로헥산　벤젠(C_6H_6)

(3) 옥탄가(octane number)

① 정의

옥탄가란 가솔린의 안티 노킹성(anti knocking)을 수치로 나타낸 값

> **참고** 🚩 안티 노킹제(anti knocking)
>
> 휘발유의 옥탄가를 향상시켜 줌으로써 노킹 현상을 방지해 주는 역할을 한다.
> 예 사에틸납[T.E.L : $Pb(C_2H_5)_4$], 사메틸납[T.M.L : $Pb(CH_3)_4$]

② 계산식

$iso-$옥탄(C_8H_{18})을 옥탄가 100, $n-$헵탄(C_7H_{16})의 옥탄가를 0을 기준으로 나타낸 값

$$\text{옥탄가} = \frac{iso-\text{옥탄}}{iso-\text{옥탄} + n-\text{헵탄}} \times 100$$

> **참고** 🚩 옥탄가 70의 개념
>
> $iso-$옥탄 : 70%, $n-$헵탄 : 30%의 휘발유를 의미한다.
> 일반적으로 포화 탄화수소에서는 분자가 많은 탄화수소가 직쇄의 탄화수소보다 옥탄가가 높고 분자량이 적을수록 높다. 또 포화 탄화수소보다는 불포화 탄화수소가 높고, 나프텐계 탄화수소보다는 방향족 탄화수소가 옥탄가가 높다.

03 지방족 탄화수소의 유도체

3-1 지방족 탄화수소의 유도체

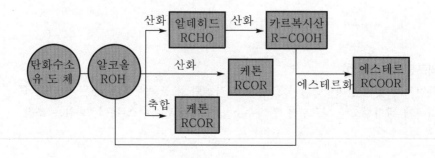

3-2 알코올류($C_nH_{2n+1}OH$, R−OH)

(1) 알코올의 정의와 분류, 성질

① 정의

지방족(사슬 모양) 탄화수소의 수소 원자 일부가 수산기(−OH)로 치환된 것

화학식	만국명(학술명)	관용명	카르비놀(carbinol)명
CH_3OH	methanol(메탄올)	methyl alcohol	carbinol(메틸알코올)
C_2H_5OH	ethanol(에탄올)	ethyl alcohol	methyl carbinol
C_3H_7OH	propanol(프로판올)	propyl alcohol	ethyl carbinol
C_4H_9OH	$n-$butanol($n-$부탄올)	$n-$bytyl alcohol	propyl carbinol
$C_5H_{11}OH$	$n-$pentanol($n-$펜탄올)	$n-$amyl alcohol	$n-$butyl carbinol

② 분류

㉮ OH기의 수에 의한 분류

㉠ 1가 알코올(OH수 1개) : CH_3OH, C_2H_5OH 등

㉡ 2가 알코올(OH수 2개) : $C_2H_4(OH)_2$ 등

㉢ 3가 알코올(OH수 3개) : $C_3H_5(OH)_3$ 등

㉯ OH기가 결합된 탄소수에 따른 분류

㉠ 1차(급) 알코올 : OH기가 결합된 탄소가 다른 탄소 1개와 연결된 알코올

$$CH_3CH_2OH \xrightarrow{\text{산화}} CH_3CHO \xrightarrow{\text{산화}} CH_3COOH$$

제1차(급) 알코올 $\xrightarrow{\text{산화}}$ 알데히드 $\xrightarrow{\text{산화}}$ 카르복시산

㉡ 2차(급) 알코올 : OH기가 결합된 탄소가 다른 탄소 2개와 연결된 알코올

$$2CH_3 - \underset{\underset{\displaystyle OH}{|}}{CH} - CH_3 + O_2 \longrightarrow 2CH_3 - CO - CH_3 + 2H_2O$$

제2차(급) 알코올 $\underset{\text{환원}}{\overset{\text{산화}}{\rightleftarrows}}$ 케톤

㉢ 3차(급) 알코올 : OH기가 결합된 탄소가 다른 탄소 3개와 연결된 알코올

$(CH_3)_3COH$: 트리메틸카르비놀

3차(급) 알코올은 산화가 안 됨

③ 알코올의 일반적 성질

㉮ 탄소수에 따라 그 성질이 다르다.

㉯ 고급 알코올일수록 비등점과 융점이 높다.

㉰ 물에 녹아 전리되지 않는 비전해질이며, 액성은 중성이다.

ⓐ 알칼리 금속(Na, K 등)과 반응하여 수소(H_2)가 발생한다.

  예 $2C_2H_5OH + 2Na \rightarrow 2C_2H_5ONa + H_2$

ⓑ 산과 반응하여 에스테르를 만든다($c-H_2SO_4$는 탈수제).

$$R-O\boxed{H} + R-CO\boxed{OH} \xrightarrow[\text{에스테르화}]{c-H_2SO_4} R'-COO-R + H_2O$$

ⓒ 알코올 2분자에 $c-H_2SO_4$을 가한 후 130℃로 가열하면 에테르($R-O-R$)가 생기고, 알코올 1분자에 $c-H_2SO_4$을 가한 후 160℃로 가열하면 에틸렌(C_2H_4)이 생성된다.

$$CH_3CH_2-\boxed{H} + CH_3CH_2\boxed{OH} \xrightarrow[130℃]{c-H_2SO_4} CH_3CH_2-O-CH_2CH_3 + H_2O$$
                                  디에틸에테르

$$\underset{\boxed{H}\ H}{\overset{H\ H}{H-\overset{|}{\underset{|}{C}}-\overset{|}{\underset{|}{C}}-}}\boxed{OH} \xrightarrow[160℃]{c-H_2SO_4} CH_2=CH_2 + H_2O$$
                                      에틸렌

ⓓ 할로겐화수소(HX)와 반응하여 할로겐화알킬(RX)이 생성된다.

  예 $R-OH + HX \rightarrow RX + H_2O$

(2) 메탄올(CH_3OH)의 성질

① 무색의 향기로운 액체로, 독성을 지닌다.
② 공기 중에서 연소시키면 연한 파란 불꽃을 내면서 탄다.
③ 산화시키면 HCHO(포름알데히드)를 거쳐 HCOOH(포름산)이 된다.

$$\underset{H}{\overset{H}{H-\overset{|}{\underset{|}{C}}-O-H}} \xrightarrow[-H_2O]{[O]} H-C\overset{\diagup O}{\diagdown H} \xrightarrow{[O]} H-C\overset{\diagup O}{\diagdown O-H}$$
                                    포름알데히드   포름산

④ 메탄올 검출법 : $CH_3OH + CuO \rightarrow Cu\downarrow + H_2O + HCHO$

(3) 에탄올(C_2H_5OH)의 성질

① 무색의 향기 있는 휘발성 액체(bp : 78℃)로서 수용성이며, 공기 중에서 태우면 연한 불꽃을 내면서 탄다.
② 산화시키면 CH_3CHO(아세트알데히드)를 거쳐 CH_3COOH(아세트산)이 된다.

$$CH_3CH_2OH \xrightarrow[H_2O]{[O]} CH_3CHO \xrightarrow{[O]} CH_3COOH$$
                               아세트알데히드   아세트산

③ 에탄올 검출법 : $C_2H_5OH + KOH(NaOH) + I_2 \rightarrow \underline{CHI_3(\text{노란색 침전})}$
                                                          요오드포름

3-3 ▶ 에테르류(R−O−R′)

(1) 일반적인 성질

① 두 개의 알킬기$(R : C_nH_{2n+1})$가 산소 원자 하나와 결합된 형태이다.

② 인화성 및 마취성이 있으며, 유기 용제로 사용한다.

③ 비등점이 낮고, 휘발성이 크다.

④ 극성을 띠지 않아 물에 불용이다.

⑤ 알코올 두 분자에서 탈수 축합 반응을 하여 생성된다.

> 예 $R − OH + R′ − OH \rightarrow R − O − R′ + H_2O$

(2) 디에틸에테르$(C_2H_5OC_2H_5)$

① 두 분자의 에틸알코올을 130℃에서 $c − H_2SO_4$에 의해 탈수 축합시켜 얻는다.

② 무색의 향기로운 액체로 비등점이 낮다(bp : 35℃).

③ 휘발성이 강하고, 인화성이 크다.

④ 증기는 마취성이 있다.

⑤ 2개의 알킬기가 있다.

⑥ 물에 불용이며, 알코올 등에 녹는다.

⑦ 금속 Na과는 반응하지 않으며, 가수분해되지도 않는다.

3-4 ▶ 알데히드류(R−CHO)

(1) 일반적인 성질

① 알킬기(R−)와 포르밀기(−CHO)가 결합된 형태이다(R−CHO).

② 1차 알코올$(R−CH_3OH)$을 산화시켜 얻으며, 알데히드(R−CHO)는 계속 산화하여 카르복′′산$(R−COOH)$이 된다.

$$R − CH_3OH \xrightarrow{[O]} R − CHO \xrightarrow{[O]} RCOO$$

③ 알데히드는 쉽게 산화하므로 강한 환원성을 ㄱ 반응을 한다.

> 참고 ▶ 은거울 반응과 펠링 반응
>
> 1. 은거울 반응(silver mirror reaction)
>   R−CHO에 암모니아ㅅ
>   R − CHO + 2Ag
> 2. 펠링 반응(Feh′
>   R−CHO에 ㅍ
>   는 반응
>   R − CHO

1-182

(2) 종류

① 포름알데히드(HCHO)

㉮ 메탄올(CH_3OH)의 증기를 300℃로 가열된 Pt 또는 Cu를 촉매로 하여 산화시켜 얻는다.

예 $CH_3OH + [O] \rightarrow HCHO + H_2O$

㉯ 자극성의 무색 기체로 물에 잘 녹으며, 40%의 수용액을 포르말린(formalin)이라 한다.

㉰ 쉽게 산화되어 포름산(HCOOH)이 된다.

㉱ 환원력이 강하므로 은거울 반응과 펠링 반응을 한다. 그러나 요오드포름 반응은 하지 않는다.

㉲ 소독, 방부제, 환원제, 페놀 수지 및 요소 수지의 원료로 사용된다.

② 아세트알데히드(CH_3CHO)

㉮ 에틸알코올(C_2H_5OH)을 산화시키거나, 아세틸렌(C_2H_2)을 $HgSO_4$ 촉매하에서 물을 작용시켜 얻는다.

$$C_2H_5OH \xrightarrow[\text{[O]}]{(K_2Cr_2O_7 + H_2SO_4 : 산화제)} CH_3CHO + H_2O$$

$$CH \equiv CH + H_2O \xrightarrow{HgSO_4} CH_3CHO$$

㉯ 자극성인 무색 액체로 물에 잘 녹는다.

㉰ 공기 중에서 산화하여 아세트산(CH_3COOH : 초산)이 된다.

㉱ 환원력이 강하므로 은거울 반응과 펠링 반응을 한다.

㉲ 요오드포름(CHI_3) 반응을 한다.

3-5 케톤류(R−CO−R′)

(1) 일반적인 성질

① 알킬기(R−) 두 개와 카르보닐기(−CO−) 한 개가 결합된 형태이다(R−CO−R′).

② 2차 알코올을 산화시켜 얻는다.

$$\begin{matrix} R \\ \diagdown \\ \quad CHOH \xrightarrow{\text{[O]}} R-CO-R' + H_2O \\ \diagup \\ R' \end{matrix}$$

케톤은 알데히드보다 안정되며, 잘 산화되지 않는다. 따라서 환원성이 없으므로 은거울 반응

펠링 용액을 환원시키지 못한다.

물에 잘 녹는다.

'메틸케톤)

부가시켜 이소프로필알코올($(CH_3)_2 CH \cdot OH$)을 만들고, 이

$$CH_3-CH=CH_2 + H_2O \longrightarrow CH_3-\underset{\underset{OH}{|}}{CH}-CH_3$$

이소프로필알코올

$$\underset{CH_3}{\overset{CH_3}{\diagdown}}CH-OH \xrightarrow{[O]} CH_3COCH_3 + H_2O$$

② 자극성인 무색 액체로 극성 분자이므로 물에 잘 녹는다.

③ 환원성이 없으므로 은거울 반응이나 펠링 용액을 환원시키지 못한다.

④ 요오드포름(CHI_3) 반응을 한다.

⑤ 용해 작용이 커서 용매제로 사용된다.

3-6 카르복시산류(R-COOH)

(1) 일반적인 성질

① 유기산이라고도 하며, 유기물 분자 내에 카르복시기(-COOH)를 갖는 화합물을 말한다.

② 알데히드(R-CHO)를 산화시키면 카르복시산(R-COOH)이 된다.

③ 물에 녹아 약산성을 나타낸다.

　예 $CH_3COOH + H_2O = CH_3COO^- + H_3O^+$

④ 수소 결합을 하므로 비등점이 높다.

⑤ 알코올(R-OH)과 반응하여 에스테르(R-O-R′)가 생성된다.

$$CH_3COOH + C_2H_5OH \xrightarrow[\text{탈수 축합}]{c-H_2SO_4} CH_3COOC_2H_5 + H_2O$$

⑥ 염기와 중화 반응을 한다.

　예 $RCOOH + NaOH \rightarrow RCOONa + H_2O$

⑦ 알칼리 금속(K, Na 등)과 반응하여 수소(H_2)를 발생시킨다.

　예 $2R-COOH + 2Na \rightarrow 2RCOONa + H_2\uparrow$

참고　🚩 옥시산(옥시 카르복시산)

같은 분자 속에 카르복시기(-COOH)와 수산기(-OH)를 동시에 갖는 유기산을 말한다.

이 름	락트산(젖산)	타르타르산(주석산)	시트르산(구연산)
화학식	$CH_3-\underset{\underset{COOH}{\mid}}{\overset{\overset{H}{\mid}}{C}}-OH$	$\begin{array}{c} CH(OH)COOH \\ \mid \\ CH(OH)COOH \end{array}$	$\begin{array}{c} CH_2COOH \\ \mid \\ C(OH)COOH \\ \mid \\ CH_2COOH \end{array}$
특 성	광학 이성질체를 갖는다.	무색 결정으로 포도 속에 있다.	무색 결정으로 굴 속에 있다.

(2) 종류

① 포름산(HCOOH : 개미산)

㉮ 메틸알코올(CH_3OH)이나 포름알데히드($HCHO$)를 산화시켜 만든다.

$$CH_3OH \xrightarrow{\ [O]\ } HCHO \xrightarrow{\ [O]\ } HCOOH$$

㉯ 무색의 자극성 액체로서 물에 잘 녹아 약산성을 나타낸다.
(지방산 중 제일 강한 산성 반응)

$$HCOOH \rightarrow HCOO^- + H^+$$

㉰ 진한 황산과 가열하면 탈수되어 일산화탄소(CO)를 생성한다.

$$HCOOH \xrightarrow{\ c-H_2SO_4\ } H_2O + CO\uparrow$$

㉱ 강한 환원력이 있으므로 은거울 반응과 펠링 용액을 환원시킨다.

㉲ 포름산(개미산)은 분자 속에 산성을 나타내는 카르복시기($-COOH$)와 환원성을 나타내는 알데히드기($-CHO$)를 동시에 갖고 있다.

② 아세트산(CH_3COOH, 초산)

㉮ 에틸알코올(C_2H_5OH)이나 아세트알데히드(CH_3CHO)를 산화시켜 만든다.

$$C_2H_5OH \xrightarrow{\ [O]\ } CH_3CHO \xrightarrow{\ [O]\ } CH_3COOH$$

㉯ 아세틸렌(C_2H_2)을 $HgSO_4$ 촉매하에서 물을 부가시켜 아세트알데히드(CH_3CHO)를 만들고, 다시 초산망간 촉매하에서 공기로 산화시켜 얻는다.

$$HC \equiv CH + H_2O \xrightarrow{\ HgSO_4\ } CH_3CHO \xrightarrow[\text{Mn염}]{[O]} CH_3COOH$$

㉰ 무색의 자극성 액체로 순수한 것은 16.5℃에서 얼음과 같이 되므로 빙초산이라고도 한다
(일반적으로 3~4%의 수용액을 식초라 한다).

㉱ 물에 잘 녹아 약산성을 나타내며, 연소 시 푸른 불꽃을 내면서 탄다.

㉲ 알코올과 에스테르 반응을 한다.

3-7 에스테르류(R-COO-R′)

(1) 일반적인 성질

① 산과 알코올로부터 물이 빠지고 축합된 화합물(R-COO-R′)이다.

> **참고 🚩 에스테르(ester) 반응**
> ─────────────────────────────────
>
> $$산 + 알코올 \underset{\text{가수분해}}{\overset{\text{에스테르화}}{\rightleftharpoons}} 에스테르 + 물$$
>
> $$ROOH + R'OH \underset{\text{가수분해}}{\overset{\text{에스테르화}}{\rightleftharpoons}} RCOOR' + H_2O$$

② 저급 에스테르는 무색 액체로 향기가 나며, 고급 에스테르는 고체이다.

③ 물에는 녹지 않으나 오래 방치하거나 묽은 산성 용액에서 가수분해된다.

④ 알칼리에 의해서 비누화된다.

  ⟨예⟩ $R-COO-R' + NaOH \rightarrow R-COONa + R'-OH$

(2) 아세트산에틸($CH_3COOC_2H_5$, 메틸에틸에스테르)

① 아세트산(CH_3COOH)과 에틸알코올(C_2H_5OH)을 혼합하여 탈수제로 $c-H_2SO_4$를 가하여 가열하면 에스테르화 반응이 일어나 아세트산에틸($CH_3COOC_2H_5$)이 생성된다.

  ⟨예⟩ $CH_3COOH + C_2H_5OH \xrightarrow{H_2SO_4} CH_3COOC_2H_5 + H_2O$

② 과일 냄새가 나는 무색의 액체이다.

04 방향족 탄화수소의 유도체

4-1 방향족 탄화수소와 벤젠

(1) 방향족 탄화수소

방향족 탄화수소란 벤젠 고리 또는 나프탈렌 고리를 가진 탄화수소로서 석탄을 건류할 때 생기는 콜타르를 분별 증류하여 얻는 화합물이며, 벤젠, 톨루엔, 크실렌이 대표적이다.

(2) 벤젠(benzene, C_6H_6)

① 벤젠(C_6H_6)의 구조(케쿨레(Kekule)의 벤젠 구조)

㉮ 벤젠은 반응성이 작고 부가 반응을 하지 않는 것으로 보아 사슬 모양이 아닌 고리 모양으로 되어 있다.

㉯ 벤젠의 탄소(C) 원자는 고리 모양으로 되어 있으며, 하나 건너 2중 결합으로 되어 있기 때문에 탄소의 원자가 수소의 원자가를 모두 만족시키므로 안정한 화합물이다.

㈐ 원자 간의 거리가 1.39Å(단일 결합인 경우 1.54Å, 2중 결합인 경우 1.34Å)으로 단일 결합도 아니고 2중 결합도 아닌 공명 혼성체의 구조로 되어 있다.

㈑ 벤젠의 육각형 구조의 고리 모양을 벤젠핵 또는 벤젠 고리라고 한다.

참고 ⚑ **공명 구조**

벤젠 고리에서 탄소-탄소 결합에 참여하는 전자의 수는 총 18개인데, 이 중 12개는 두 개씩 짝을 지어 결합을 형성하면서 총 6개의 전자는 모든 탄소들 사이를 자유롭게 옮겨 다닌다. 이렇게 전자들이 어느 한 곳에 고정되어 있지 않고 분자 사이를 자유롭게 오가기 때문에 공명 구조라고 하며, 벤젠처럼 공명 구조를 갖는 분자들은 비슷한 분자식을 가지면서도 공명 구조가 존재하지 않는 분자들에 비해 에너지가 낮은 안전한 분자를 형성한다.

② 성질

㈎ 무색의 휘발성 액체(bp : $80.13℃$)인 특수한 냄새를 지닌 인화성 물질이다.

㈏ 물보다 가벼우며(비중 0.88), 비극성 공유 결합 물질로서 물에는 녹지 않고 유기 물질에 녹는다.

㈐ 부가 반응보다 치환 반응이 잘 일어난다(공명 혼성체의 구조로 되어 있기 때문에).

㈑ 불이 붙으면 그을음을 많이 내면서 탄다. 그 이유는 수소수(H)에 비해 탄소(C)의 함량이 많기 때문이다.

🔎 $2C_6H_6 + 15O_2 \rightarrow 12CO_2 + 6H_2O$

㈒ 치환 반응

㈀ 할로겐화(halogenation) : 벤젠을 염화철 촉매하에서 염소(Cl_2)와 반응하여 클로로벤젠(C_6H_5Cl)을 생성한다.

㈁ 니트로화(nitration) : 벤젠을 진한 황산 촉매 존재하에 진한 질산을 작용시키면 니트로벤젠($C_6H_5NO_2$)을 생성한다.

㈂ 술폰화(sulfonation) : 벤젠을 발연 황산(진한 황산)과 가열하면 벤젠술폰산($C_6H_5SO_3H$)을 생성한다.

㈃ 알킬화(alkylnation, 일명 : 프리델 - 그라프츠 반응) : 벤젠을 무수 염화알루미늄($AlCl_3$)을 촉매로 하여 할로겐화 알킬(RX)을 치환시키면 알킬기(R)가 치환되어 알킬벤젠(C_6H_5R)을 생성한다.

$$\bigcirc\!\!-\boxed{H}+\boxed{Cl}- R \xrightarrow{AlCl_3} \bigcirc\!\!- R + HCl$$

알킬벤젠

㉺ 부가 반응(특수한 촉매와 특수한 조건에 의해서만 발생)

　㉠ 수소(H_2) 부가 반응 : 벤젠을 300℃ 고온에서 Ni 촉매하에 수소(H_2)를 부가시키면 시클로헥산(C_6H_{12})이 생성

　예 $C_6H_6 + 3H_2 \xrightarrow[300℃]{Ni} C_6H_{12}$(cyclo hexane)

(시클로헥산)

　㉡ 염소(Cl_2) 부가 반응 : 벤젠을 일광 존재하에서 염소(Cl_2)를 작용시키면 B.H.C(Benzene Hexa Chloride)를 생성

　예 $C_6H_6 + 3Cl_2 \rightarrow C_6H_6Cl_6$

4-2 벤젠의 유도체

(1) 톨루엔(tolune, $C_6H_5CH_3$)

① 콜타르를 분별 증류하거나 벤젠의 알킬화 반응(프리델－그라프츠 반응)에 의해서 얻는다.

$$\bigcirc\!\!-H+CH_3Cl \xrightarrow{AlCl_3} \bigcirc\!\!-CH_3 + HCl$$

② 방향성을 가진 무색 액체이다.

③ 톨루엔에 산화제($KMnO_4 + H_2SO_4$)를 작용시키면 산화되어 벤젠알데히드(C_6H_5CHO)를 거쳐 벤조산(C_6H_5COOH, 안식향산)이 된다.

④ 진한 질산과 진한 황산으로 니트로화시키면 폭약인 TNT(Tri Nitro Toluene)가 제조된다.

TNT(Tri Nitro Toluene)

⑤ 톨루엔은 핵치환과 측쇄 치환을 한다.

　㉮ 핵치환 : 톨루엔에 Fe를 촉매로 하여 염소(Cl_2)를 작용시키면 벤젠핵을 구성하는 6개의 탄소(C)에 붙은 수소가 치환되는 것으로서 오르토($o-$), 메타($m-$), 파라($p-$)의 3가지 이성질체가 생성된다.

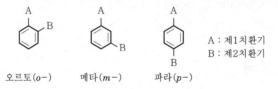

ㄸ 측쇄 치환 : 톨루엔에 햇빛을 촉매로 하여 염소(Cl_2)를 작용시키면 벤젠핵에 붙어 있는 메틸기($-CH_3$)의 수소가 치환되는 것이다.

참고 🚩 핵치환 방법

1. 벤젠핵에 제1치환체로서 $-Cl$, $-CH_3$, $-OH$, $-NH_2$, $-COCH_3$ 등이 치환되어 있을 때, 제2의 치환기는 제1치환기에 대하여 주로 오르토, 파라 위치에 핵치환이 일어난다.
2. 벤젠핵에 제1치환체로서 $-NO_2$, $-SO_3H$, $-CHO$, $-COOH$ 등이 치환되어 있을 때, 제2의 치환기는 제1치환기에 대하여 주로 메타 위치에 핵치환이 일어난다.

오르토($o-$)   메타($m-$)   파라($p-$)

A : 제1치환기
B : 제2치환기

(2) 크실렌(xylene, $C_6H_4(CH_3)_2$)

① 콜타르를 분별 증류하여 얻는다.
② 크실렌에는 3가지 이성질체($o-$크실렌, $m-$크실렌, $p-$크실렌)가 있다.
③ 산화되면 프탈산이 된다.

(3) 나프탈렌($C_{10}H_8$)

① 벤젠 고리가 2개 연결된 구조이다.
② 무색이며, 특유한 냄새를 지닌 판상 결정이다.
③ 승화성이 있고, 산화시키면 프탈산이 된다.
④ 나프탈렌에는 2가지 이성질체가 있다($\alpha-$나프탈렌, $\beta-$나프탈렌).
⑤ 염료의 원료나 방충제로 이용된다.

▌나프탈렌의 구조식 ▌

4-3 페놀(C_6H_5OH)과 그 유도체

(1) 페놀(phenol, C_6H_5OH, 석탄산)

① 제조법

㉮ 쿠멘법(cumene)

㉯ 벤젠의 알칼리 용융법

② 성질

㉮ 특유의 강한 냄새를 가진 무색의 결정이며, 물에 약간 녹아 약산성을 나타낸다.

㉯ 공기나 햇빛을 쬐이면 붉은색으로 변하므로 갈색병에 보관한다.

㉰ 염기(NaOH)와 중화 반응을 하여 나트륨페놀레이터(C_6H_5ONa)와 물로 된다.

　예) $C_6H_5OH + NaOH \rightarrow C_6H_5ONa + H_2O$

㉱ 진한 질산과 진한 황산으로 니트로화시키면 피크린산(Tri Nitro Phenol)이 된다.

㉲ 페놀류의 검출법 : 벤젠핵에 수산기(−OH)가 붙어 있는 페놀류의 수용액에 $FeCl_3$ 수용액을 가하면 청자색이나 적자색을 띤다.

페놀(보라색)　　크레졸(청색)　　살리실산(적자색)

(2) 페놀의 유도체

① 크레졸(cresol, $C_6H_4(CH_3)OH$) : 벤젠에 수소 원자 한 개는 −CH_3기로 또 다른 수소 원자 한 개는 −OH기로 치환한 것

㉮ 이성질체는 3가지가 있다.

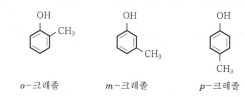

o-크레졸   m-크레졸   p-크레졸

㉯ 소독 살균제로 이용한다.

② 다가 페놀

OH의 수	2가 페놀(세 종류의 이성질체)			3가 페놀
명칭	카테콜	레조르시놀	히드로키논	피로가롤
구조식	OH OH o-형	OH OH m-형	HO—OH p-형	OH HO OH

③ 나프톨(naphtol, $C_{10}H_7OH$)

염료의 원료로 이용

α-나프톨(mp 96.1℃)   β-나프톨(mp 123℃)

4-4 방향족 카르복시산의 종류

① 벤조산(안식향산, C_6H_5COOH)
② 살리실산($C_6H_4(OH)COOH$)
③ 프탈산($C_6H_4(COOH)_2$)

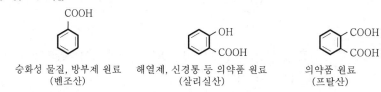

승화성 물질, 방부제 원료   해열제, 신경통 등 의약품 원료   의약품 원료
(벤조산)   (살리실산)   (프탈산)

4-5 방향족 아민과 염료

(1) 아닐린(aniline, $C_6H_5NH_2$)

① 제법 : 니트로벤젠의 증기에 수소를 혼합한 뒤 촉매를 사용하여 환원시킨다.

$$C_6H_5NO_2 + 3H_2 \xrightarrow{\text{Fe, Sn+HCl}} C_6H_5NH_2 + 2H_2O$$

② 성질

㉮ 무색의 기름 모양 액체로서, 물에는 불용이다(bp 180℃, 비중 1.02).

   ⑭ 방향족 1차 아민으로 염기성이며, 산과 중화 반응을 하여 염을 생성한다.

   ⑮ 합성 염료의 제조 및 의약품 원료로 이용된다.

   ㉠ 아닐린의 검출법

      아닐린에 표백분($CaOCl_2$)을 가하면 붉은 보라색으로 변색된다.

> **참고　✿ 디아조화(diazotation) 반응과 커플링(coupling) 반응**
>
> 1. 디아조화 반응 : 방향족 1차 아민의 산성 용액에 아질산염을 작용시켜 디아조늄염을 얻는 반응
>
> $$\text{◯}-NH_2 + NaNO_2 + 2HCl \xrightarrow{\text{디아조화}} \left[\text{◯}-N^+\equiv N\right]Cl^- + NaCl + 2H_2O$$
>   염화벤젠디아조늄
>
> 2. 커플링 반응 : 방향족 디아조늄 화합물에 페놀류나 방향족 아민을 작용시키면 아조기($-N=N-$)를 갖는 새로운 아조 화합물을 만드는 반응
>
> $$\text{◯}-N_2\boxed{Cl+H}-\text{◯}-OH+\boxed{NaOH} \longrightarrow \text{◯}-N=N-\text{◯}-OH+NaCl+H_2O$$
>   중화   파라히드록시아조벤젠(염료)
>
> 3. 아민(amine) : 암모니아의 수소 원자가 탄화수소기(알킬기(C_nH_{2n+1}), 페닐기(C_6H_6-)로 치환된 형태의 화합물, 즉 탄화수소에 아미노기($-NH_2$)가 결합된 화합물

(2) 염료(dye)

① **염료의 분자 구조**

   발색단과 조색단의 두 가지 원자단을 동시에 가지고 있는 유기 물질

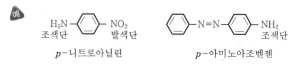
      H_2N-◯$-NO_2$　　　　　◯$-N=N-$◯$-NH_2$
      조색단　　　　발색단　　　　　　　　　　　　조색단
     p-니트로아닐린　　　　　　　p-아미노아조벤젠

   ㉮ 발색단 : 염료가 색을 나타내는 원인이 되는 원자단

• 아조기($-N=N-$)	• 니트로소기($-N=O$)
• 카르보닐기($>C=O$)	• 티오카르보닐기($>C=S$)
• 에틸렌기($>C=C<$)	• 니트로기($-N{<}^O_O$)

   ㉯ 조색단 : 색을 진하게 하고 염색이 잘 되도록 하는 산성, 염기성의 원자단

• 아미노기($-NH_2$)	• 히드록시기($-OH$)
• 카르복시기($-COOH$)	• 술폰산기($-SO_3H$)

② **염료의 종류**

   ㉮ 직접 염료(direct dye) : 대부분의 아조 염료(콩코렛 등)

   ㉯ 산성 염료(acid dye) : 에오신, 메틸오렌지 등

ⓒ 염기성 염료(basic dye) : 메틸렌블루

ⓡ 배트 염료(vat dye) : 인디고 등

ⓜ 매염 염료(mordant dye) : 알리자린 등

05 고분자 화합물

5-1 탄수화물

(1) 탄수화물의 정의

C, H, O의 3가지 원소로 되어 있으며, 일반식이 $C_m(H_2O)_n$로 표시되는 탄소와 물의 화합물

(2) 탄수화물의 종류와 성질

분 류	정 의	분자식	종 류	가수분해 생성물	환원 작용	단맛과 용해성
단당류	가수분해되지 않는 탄수화물	$C_6H_{12}O_6$ $C_6(H_2O)_6$	포도당 과당 갈락토오스	가수분해되지 않는다.	있다.	있다.
이당류	가수분해에 의해 두 분자의 단당류가 생기는 화합물	$C_{12}H_{22}O_{11}$ $C_{12}(H_2O)_{11}$	설탕	포도당 + 과당	없다.	있다.
			맥아당	포도당 + 포도당	있다.	있다.
			젖당	포도당 + 갈락토오스	있다.	있다.
다당류 (비당류)	가수분해에 의해 많은 분자의 단당류가 생기는 화합물	$(C_6H_{10}O_5)_n$ $[C_6(H_2O)_5]_n$	녹말(전분) 셀룰로오스 글리코겐	포도당	없다.	없다.
			이눌린	과당	없다.	없다.

(3) 탄수화물의 종류

① 단당류($C_6H_{12}O_6$) : 포도당, 과당 등

② 이당류($C_{12}H_{22}O_{11}$) : 설탕, 맥아당(엿당) 등

③ 다당류($C_6H_{10}O_5)_n$) : 녹말(전분), 셀룰로오스 등

참고

$$\underset{\text{맥아당(엿당)}}{C_{12}H_{22}O_{11}} + H_2O \xrightarrow{\text{말타아제}} \underset{\text{포도당}}{2C_6H_{12}O_6}$$

5-2 아미노산과 단백질

(1) 아미노산(amino acid)

① 한 분자 속에 염기성을 나타내는 아미노기($-NH_2$)와 산성을 나타내는 카르복시기($-COOH$)를 모두 가진 양쪽성 물질로서, 수용액은 중성이며, 대표적인 물질은 글리신, 알라닌, 글루탐산 등이 있다.

② 아미노산은 3가지 이성질체가 있다(α, β, γ 아미노산).

③ 물에는 잘 녹으나 유기 용매인 에테르, 벤젠 등에는 녹지 않는다.

④ 휘발성이 없고, 밀도나 융점이 비교적 높다.

(2) 단백질(protein)

① 아미노산의 탈수 축합 반응에 의해 펩티드(peptide) 결합($-CO-NH-$)으로 된 고분자 물질이다. 또한 펩티드 결합을 갖는 물질을 폴리아미드(poly amide)라 한다.

② 물에는 잘 녹지 않으나 산·알칼리 촉매 및 효소 등에 의해 가수분해되어 아미노산이 된다.

③ 정색 반응을 한다.

> **참고** ✈ 단백질의 검출법
>
> 1. 뷰렛(biuret) 반응 : 단백질 용액 + NaOH $\xrightarrow{1\% \ CuSO_4}$ 적자색
>
> 2. 크산토프로테인(xanthoprotein) 반응 : 단백질 용액 $\xrightarrow[\text{가열}]{HNO_3}$ 노란색 $\xrightarrow{NaOH}$ 오렌지색
>
> 3. 밀론(Millon) 반응 : 단백질 용액 + 밀론시약[HNO_3 + $Hg(NO_3)_2$] $\xrightarrow[\text{가열}]{}$ 적색
>
> 4. 닌히드린(ninhydrin) 반응 : 단백질 용액 + 1% 닌히드린 용액 → 끓인 후 냉각 → 보라색 또는 적자색

5-3 합성 고분자 화합물

(1) 합성 수지

① 열가소성 수지

가열하면 부드러워져 소성을 나타내고, 식히면 경화하는 수지

㉮ 폴리에틸렌 수지($[-CH_2-CH_2-]_n$) : 에틸렌을 지글러 촉매($Al(C_2H_5)_3 + TiCl_4$)를 사용하여 1,000~2,000기압에서 부가 중합시켜 만든 수지로서, 포장용으로 이용

㉯ 폴리염화비닐(PVC) 수지($[-CH_2=CHCl-]_n$) : 염화비닐을 과산화물 촉매하에서 첨가 중합시켜 만든 수지로서, 상수도관으로 이용

㉰ 폴리스티렌 수지 : 스티렌을 과산화물 촉매하에서 부가 중합시켜 만든 수지로서, 내약품성이 강해 주로 화학용 기구나 내산 도료 등에 이용

ⓓ 아크릴 수지 : 메타아크릴산 또는 메틸에스테르 등의 부가 중합체로서, 주로 항공기의 방풍 유리로 이용

ⓔ 실리콘(규소) 수지 : 규소(Si)를 포함한 유기물 중합체로서, 내열성, 내약품성, 전지 절연성 등이 우수한 수지

② 열경화성 수지

축합 중합에 의한 중합체로, 한 번 성형되어 경화된 후에는 재차 용융하지 않는 수지

㉮ 페놀 수지(베이클라이트, bakelite) : 페놀(C_6H_5OH)과 포름알데히드(HCHO)의 혼합 용액을 알칼리나 산 촉매하에서 가열하여 축합 중합시킨 수지로서, 내열, 전기 절연성이 우수하여 전기 절연 재료 또는 기계 부속에 이용

㉯ 요소 수지 : 요소($CO(NH_2)_2$)와 포름알데히드(HCHO)를 알칼리 촉매하에서 축합 중합시킨 것으로서 내수성, 내열성이 좋아 파이프나 접착제에 이용

㉰ 멜라민 수지 : 멜라민과 포름알데히드를 축합 중합시킨 것으로서 내수성, 내열성, 전기 절연성이 우수한 수지

(2) 합성 섬유

① 나일론 6, 6(폴리아미드계 합성 수지) : 헥사메틸렌디아민과 아디프산의 축합 중합체로서 펩티드 결합을 하는 섬유

② 테트론(폴리에스테르계 합성 수지) : 테레프탈산과 에틸렌글리콜의 축합 중합체

③ 비닐론(폴리비닐계 합성 수지) : 초산비닐을 중합시켜 가수분해한 후 포름알데히드를 작용, 산화시켜 만든 축합 중합체

(3) 천연 고무와 합성 고무

① 천연 고무

생고무로서 이소프렌의 중합체

② 합성 고무

㉮ 부나-S(S.B.R)

　㉠ 부타디엔과 스티렌의 공중합체(에멀젼 중합 방법 이용)

　㉡ 가황 조작이 가능하고 내열, 내수성이 좋아 타이어, 벨트, 패킹 등에 이용

㉯ 부나-N(N.B.R)

　㉠ 부타디엔과 아크릴로니트릴의 공중합체

　㉡ 내유성이 좋아 기계 부속에 이용

㉰ 네오프렌 고무(CR)

　㉠ 클로로프렌의 중합체

　㉡ 내약품성, 내열성, 내유성 등이 강해 타이어, 튜브, 호스 등에 이용

5-4 유지와 비누

(1) 유지(fats & oils)

① 정의

고급 지방산과 글리세린의 에스테르 화합물

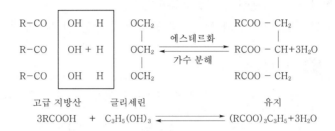

② 유지의 종류

가수분해 : 지방이 글리세린과 지방산으로 되는 것

구 분	결합 관계	지방산	글리세린에스테르	존 재
포 화	단일 결합	팔미트산 $C_{15}H_{31}COOH$ 스테아르산 $C_{17}H_{35}COOH$	팔미트산 $(C_{15}H_{31}COO)_3C_3H_5$ 스테아린 $(C_{17}H_{35}COO)_3C_3H_5$	모든 유지 모든 유지
불포화	이중 결합 1개 이중 결합 2개 이중 결합 3개	올레산 $C_{17}H_{33}COOH$ 리놀산 $C_{17}H_{31}COOH$ 리놀레산 $C_{17}H_{29}COOH$	올레인 $(C_{17}H_{33}COO)_3C_3H_5$ 리놀 $(C_{17}H_{31}COO)_3C_3H_5$ 리놀레인 $(C_{17}H_{29}COO)_3C_3H_5$	모든 유지 많은 건성유 모든 건성유

③ 유지(지방 또는 기름)의 분류

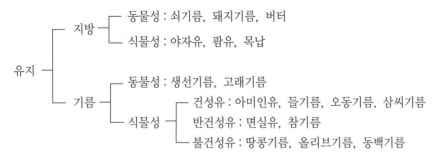

④ 유지의 성질

㉮ 무색, 무취, 무미의 중성 물질이다.

㉯ 공기 중에서 방치하면 산성을 띠게 된다(산패).

㉰ 물, 알코올에는 녹지 않으나 벤젠, 사염화탄소, 에테르 등 유기 용매에 잘 녹는다.

㉱ 효소, 산, 알칼리에 의해 가수분해되어 고급 지방산과 글리세린이 된다.

㉮ 염기(NaOH, KOH)에 의해 비누화되면 고급 지방산의 알칼리염(비누)과 글리세린이 된다.

$$(RCOO)_3C_3H_5 + 3NaOH \xrightarrow{\text{비누화}} 3RCOONa + C_3H_5(OH)_3$$

유지   비누   글리세린

(2) 비누(soap)

① 고급 지방산의 알칼리 금속염이다.

② 물에 잘 녹으며, 수용액은 알칼리성이다.

③ 센물에서는 Ca^{2+}, Mg^{2+}과 작용하여 물에 녹지 않는 침전이 생긴다.

> **참고** 🚩 **비누의 세척 작용**
>
> 비누는 소수성(친유성)기인 탄화수소기(R)와 친수성기인 −COONa, −SO₃Na 등을 모두 가지고 있으므로 세척 작용을 한다.
> 1. 유화 작용 : 비누의 소수성(친유성)기는 때와 배합하고, 친수성기는 물과 배합하여 때 입자를 물속에 분산시킴으로써 유화시키는 작용
> 2. 침투, 흡착 작용 : 비누는 계면활성제의 역할을 하므로 섬유소 깊숙히 침투하여 흡착하는 작용

(3) 합성 세제

① 강산과 강염기의 염으로서 수용액은 중성이며, 센물에서도 세척 효과를 가진다.

② 종류

    ㉮ 알킬벤젠술폰산나트륨(ABS) : $R-\langle\bigcirc\rangle-SO_3H$

    ㉯ 라우릴황산나트륨(LAS)

    ㉰ 역성 비누

출·제·예·상·문·제

01 유기 화합물의 기초

1

> 탄소 화합물(유기물)의 특성을 설명한 것이다. 틀린 것은?
>
> ① 유기 용매에 녹는 것이 많다.
> ② 공유 결합을 하며, 녹는점이 매우 높다.
> ③ 유기물은 연소하여 CO_2와 H_2O이 생성된다.
> ④ 구성 원소는 대부분 C, H, O로 되어 있으며, 약간의 N, P, S 등의 원소로 구성되어 있다.

 녹는점이 높지 않다.

2

> 다음의 질소 비료 중 질소 함량이 가장 많은 것은?
>
> ① $(NH_4)_2SO_4$ ② NH_4NO_3
> ③ NH_4Cl ④ $(NH_2)_2CO$

해설 ① $\dfrac{N_2}{(NH_4)_2SO_4} \times 100 = \dfrac{28}{132} \times 100 = 21.2\%$

② $\dfrac{N_2}{NH_4NO_3} \times 100 = \dfrac{28}{80} \times 100 = 35\%$

③ $\dfrac{N}{NH_4Cl} \times 100 = \dfrac{14}{53.5} \times 100 = 26.1\%$

④ $\dfrac{N_2}{(NH_2)_2CO} \times 100 = \dfrac{28}{60} \times 100 = 46.7\%$

3

> 유기 화합물 간의 반응이 무기 화합물 간의 반응에 비해 일반적으로 더디게 일어나는 이유는 유기 화합물이 대체로 어떤 화합물이기 때문인가?
>
> ① 공유 결합   ② 분자량이 큰 화합물
> ③ 이온 결합   ④ 끓는점이 높은 화합물

해설 유기 화합물은 공유 결합을 하고 있어 비전해질의 성질을 띠며, 반응 속도도 대체로 느리다. 그에 반해 무기 화합물은 이온 결합을 하고 있어 반응 속도가 빠르다.

4

다음 작용기 중에서 메틸(methyl)기는?

① $-C_2H_5$

② $-COCH_3$

③ $-NH_2$

④ $-CH_3$

 해설 ① 에틸기
② ether
③ 아미노기
④ 메틸기

5

다음 중 카르보닐기를 갖는 화합물은?

① $C_6H_5CH_3$

② $C_6H_5NH_2$

③ CH_3OCH_3

④ CH_3COCH_3

 해설 카르보닐기 : $-CO-$이다.
예 CH_3COCH_3(아세톤)

6

다음은 관능기와 그 명칭을 적은 것이다. 맞지 않는 것은?

① $-OH$: 히드록시기

② $-NH_2$: 암모니아기

③ $-CHO$: 알데히드기

④ $-NO$: 니트로소기

해설 ② $-NH_2$: 아미노기

7

탄소 사이의 결합 길이가 가장 짧은 것은?

① $-\overset{|}{\underset{|}{C}}-\overset{|}{\underset{|}{C}}-$

② $-\overset{|}{C}=\overset{|}{C}-$

③ $-C\equiv C-$

④ ⬡

해설 결합 길이
삼중 결합 < 이중 결합 < 단일 결합

8

분자식이 같고, 구조식이 다른 화합물을 서로 무엇이라 하는가?

① 동소체

② 이성질체

③ 동위 원소

④ 동족렬

해설 ② 이성질체 : 분자식이 같고, 구조식이 다른 화합물

정답 4. ④ 5. ④ 6. ② 7. ③ 8. ②

9

> CH₃OCH₃와 C₂H₅OH는 이성질체 관계가 있다. 이들을 구별하는 방법으로 적당하지 못한 것은?
>
> ① 끓는점을 비교한다.   ② Na와 반응시켜 본다.
>
> ③ 연소 생성물을 본다.   ④ 요오드포름 반응

 해설 디메틸에테르와 에틸알코올은 이성질체로서 원소의 구성비가 같으므로 연소 생성물이 같다.

10

> 펜탄(C_5H_{12}) 이성질체의 수는 몇 개인가?
>
> ① 2개   ② 3개
>
> ③ 4개   ④ 5개

해설 이성질체란 분자를 구성하는 원소의 수는 같으나 원자의 배열이나 구조가 달라 물리적, 화학적 성질이 다르게 되는 관계가 있는 화합물 즉, 분자식은 같으나 구조식과 시성식이 다른 물질이다.

n-pentane iso-pentane neo-pentane

11

> 다음 화학식의 올바른 명명법은?
>
> ① 3-메틸펜탄
>
> ② 2, 3, 5-트리메틸헥산
>
> ③ 이소부탄
>
> ④ 1, 4-헥산
>
> CH₃－CH₂－CH－CH₂－CH₃
> |
>   CH₃

해설 $^1CH_3-^2CH_2-^3CH-^4CH_2-^5CH_3$
                     |
                   CH₃

구조식에서 직선상의 탄소수가 5개이므로 펜탄이 되며, 세 번째 탄소의 메틸기($-CH_3$)가 붙어 있으므로 3-methyl pentane이 된다.

12

> CH₃－CHCl－CH₃의 명명법이 맞는 것은?
>
> ① 2－mono－chloro－propane   ② Di－chloro－ethylene
>
> ③ Di－mothyl－methane   ④ Di－mothyl－ethane

해설 탄소가 3개이므로 프로판이다.

정답   9. ③   10. ②   11. ①   12. ①

13

2, 3─dimethyl─1, 3─butadiene의 화학식(구조식)으로 올바른 것은?

① CH₂=C─CH=CH₂
      |
      CH₃

② CH₂=C ─ C=CH₂
      | |
      CH₃ CH₃

③ CH₃─C=CH─CH₃
       |
       CH₃

④ CH₃
          ＞CH─CH=CH₂
    CH₃

해설 2, 3─dimethyl이란 CH₃ 2개가 기본 골격 2번 탄소와 3번 탄소에 연결되어 있다는 뜻이고, 1, 3─butadiene이란 기본 골격 1번 탄소에 이중 결합이 있다는 것이다.

14

포화 탄화수소에 대한 설명 중 옳은 것은?

① 2중 결합으로 되어 있다.　　② 치환 반응을 한다.
③ 첨가 반응을 잘 한다.　　④ 기하 이성질체를 갖는다.

해설 ㉠ 포화 탄화수소 : 단일 결합으로 되어 있다. → 치환 반응을 한다.
㉡ 불포화 탄화수소 : 2중 결합 또는 3중 결합이 들어 있다. → 첨가 반응을 한다.

15

포화 탄화수소에 해당하는 것은?

① 톨루엔　　　　　② 에틸렌
③ 프로판　　　　　④ 아세틸렌

해설 포화 탄화수소 : C_nH_{2n+2}
               $n=3$, C_3H_8

02 지방족 탄화수소

1

메탄에 직접 염소를 작용시켜 클로로포름을 만드는 반응을 무엇이라 하는가?

① 환원　　　　　　② 치환
③ 탈수　　　　　　④ 탈수소

해설 $CH_4 + Cl_2 \rightarrow CH_3Cl$　계속 반응되어 CCl_4가 된다.
이 반응은 치환 반응이다.

정답　13. ② 14. ② 15. ③ | 1. ②

2

다음 중 지방족 화합물이 아닌 것은?

① CH_4　　　　　　　② C_2H_4

③ C_2H_2　　　　　　　④ C_6H_6

🍬해설 ① CH_4 : 메탄(알칸계, 파라핀계)

② C_2H_4 : 에틸렌(올레핀계, 알켄계)

③ C_2H_2 : 아세틸렌(알킨계) → 지방족 탄화수소

④ C_6H_6 : 벤젠 → 방향족 탄화수소

3

다음 유기 화합물 중 반응성이 가장 큰 것은?

① CH_4　　　　　　　② C_2H_6

③ C_2H_4　　　　　　　④ C_2H_2

🍬해설 ①　　　　②　　　　③　　　　④

$$H-C\equiv C-H$$

4

사슬 모양의 탄화수소 분자식이 $C_{16}H_{28}$인 물질 1분자 속에 이중 결합이 몇 개 있을 수 있는가?

① 1개　　　　　　　　② 2개

③ 3개　　　　　　　　④ 4개

🍬해설 알칸족 탄화수소(C_nH_{2n+2})는 단일 결합으로 이중 결합이 없다. 이중 결합은 수소 원자(H)가 2개 감소됨에 따라 1개가 생기므로 알칸족 탄화수소에서 감소된 수소(H)의 수에 의해 계산한다.

$C_{16}H_{34}(C_nH_{2n+2}) \longrightarrow C_{16}H_{28}$

감소된 수소수 $=34-28=6$

∴ 이중 결합수 $=\dfrac{6}{2}=3$개

5

C_nH_{2n}의 일반식을 갖는 탄화수소는?

① 파라핀계　　　　　　② 올레핀계

③ 알킨계　　　　　　　④ 알칸계

🍬해설 유기 화합물(지방족 탄화수소)은 포화 탄화수소(단일 결합)인 C_nH_{2n+2}(알칸계, 메탄계, 파라핀계)와 불포화 탄화수소(2중 결합과 3중 결합)인 2중 결합 구조의 C_nH_{2n}(알켄계, 에틸렌계, 올레핀계)와 3중 결합 구조인 C_nH_{2n-2}(알킨계, 아세틸렌계) 등으로 나눌 수 있다.

정답　**2.** ④　**3.** ②　**4.** ③　**5.** ②

6

올레핀계 탄화수소에 해당하는 것은?

① CH_4

② $CH_2=CH_2$

③ $CH\equiv CH$

④ CH_3CHO

해설 ㉠ 메탄계 탄화수소 : C_nH_{2n+2}

㉡ 에틸렌계 탄화수소 : C_nH_{2n}

㉢ 아세틸렌계 탄화수소 : C_nH_{2n-2}

㉣ 알데히드류($R-CHO$)

7

다음 반응식 중에서 첨가 반응에 해당되는 것은?

① $3C_2H_2 \rightarrow C_6H_6$

② $C_2H_4+Br_2 \rightarrow C_2H_4Br_2$

③ $C_2H_5OH \rightarrow C_2H_4+H_2O$

④ $CH_4+Cl_2 \rightarrow CH_3Cl+HCl$

해설 ① 중합 ③ 분해 ④ 복치환

8

다음 분자식 중 알킨(alkyne)족 화합물에 속하는 것은?

① C_2H_2

② C_2H_4

③ C_2H_6

④ C_3H_6

해설 ① 알킨(alkyne)족 : C_nH_{2n-2}

9

아세틸렌 계열 탄화수소에 해당되는 것은?

① C_5H_8

② C_6H_{12}

③ C_6H_8

④ C_3H_2

해설 아세틸렌 계열 탄화수소 : C_nH_{2n-2}

$C_5H_{10-2}=C_5H_8$

10

할로겐 및 수소를 첨가할 수 있고 금속과 치환하여 금속 아세틸라이드를 생성할 수 있는 것은?

① 아세틸렌

② 메탄

③ 부타디엔

④ 에탄

알킨계(C_nH_{2n-2})인 아세틸렌(C_2H_2)은 3중 결합을 가진 구조로서 반응성이 풍부하여 부가(첨가) 또는 중합 반응을 일으키기 쉬운 물질이며, 금속(Ag, Cu 등)과는 치환 반응을 일으켜 폭발성인 금속 아세틸라이드(M_2C_2)를 생성한다.

11

> 카바이드에 물을 넣어 발생하는 기체에 수은염을 촉매로 물을 부가시켜 생성된 물질은?
>
> ① CH_3CHO ② CH_2CHCl
> ③ CH_3COOH ④ C_2H_5OH

 $CaC_2 + 2H_2O \rightarrow Ca(OH)_2 + C_2H_2\uparrow$, $C_2H_2 + H_2O \rightarrow CH_3CHO$(아세트알데히드)

12

> 아세틸렌으로부터 만들 수 있는 것은?
>
> ① 포름알데히드   ② TNT
> ③ 아세트산   ④ 아닐린

해설 $C_2H_2 + H_2O \rightarrow CH_3CHO$(아세트알데히드) $\xrightarrow{[O]} CH_3COOH$(아세트산, 초산)

13

> 나프타(naphtha)에 포함되어 있는 파라핀, 나프텐계 탄화수소를 방향족 탄화수소로 바꾸거나, 이성화하는 조작을 무엇이라 하는가?
>
> ① 축·중합   ② 리포밍
> ③ 크래킹   ④ 부가 중합

해설 ㉠ 크래킹(cracking) : 탄소수가 많은 탄화수소를 500~600℃의 고온에서 SiO_2나 Al_2O_3 촉매하에서 가열하여 열분해시켜 탄소수가 적은 탄화수소를 만드는 것
㉡ 리포밍(reforming) : 옥탄가가 낮은 탄화수소나 중질 나프타(가솔린 등)를 옥탄가 높은 가솔린으로 만들거나 파라핀계 탄화수소나 나프텐계 탄화수소를 방향족 탄화수소로 이성화하는 조작

03 지방족 탄화수소의 유도체

1

> 일반식이 알코올에 해당하는 것은?
>
> ① $R-O-R$ ② $R-CHO$ ③ $R-COOH$ ④ $R-OH$

해설 ① ether, ② 알데히드, ③ 카르복시산, ④ 알코올

2

> 알코올을 산화시키면 알데히드가 생성된다. 이때 알데히드를 얻을 수 없는 알코올은?
>
> ① CH_3CH_2OH
>
> ② CH_3CHCH_2OH
> |
> CH_3
>
> ③ CH_3CHOH
> |
> CH_3
>
> ④ $CH_3CH_2CH_2OH$

해설 ㉠ 제1급(차) 알코올 $\underset{\text{환원}}{\overset{\text{산화}}{\rightleftarrows}}$ 알데히드 $\underset{\text{환원}}{\overset{\text{산화}}{\rightleftarrows}}$ 카르복시산

㉡ 제2급(차) 알코올 $\underset{\text{환원}}{\overset{\text{산화}}{\rightleftarrows}}$ 케톤

3

> 알코올($R-OH$)은 1차, 2차, 3차 알코올로 분류한다. 다음 중 2차 알코올에 해당되는 물질은?
>
> ① CH_3CH_2OH
>
> ② CH_3CH-CH_2OH
> |
> CH_3
>
> ③ CH_3
> |
> CH_3-C-OH
> |
> CH_3
>
> ④ CH_3CH-OH
> |
> CH_3

해설 ① 1차(급) 알코올
② 1차(급) 알코올
③ 3차(급) 알코올
④ 2차(급) 알코올

4

> 다음 중 3차 알코올에 해당되는 것은?
>
> ①   OH H H
> | | |
> H$-$C$-$C$-$C$-$H
> | | |
>   H H H
>
> ②   H H H
> | | |
> H$-$C$-$C$-$C$-$OH
> | | |
>   H H H
>
> ③   H   H H
> | | |
> H$-$C$-$C$-$C$-$H
> | | |
>   H OH H
>
> ④ CH_3
> |
> CH_3-C-CH_3
> |
>   OH

정답   2.③ 3.④ 4.④

OH기가 결합된 탄소의 수에 따른 분류

    ⊙ 1차(제1급) 알코올($R-CH_2OH$) : OH기가 결합된 탄소가 다른 탄소 1개와 연결된 알코올

        제1급 알코올 $\xrightarrow{\text{산화}}$ 알데히드 $\xrightarrow{\text{산화}}$ 카르복시산

        예 $CH_3CH_2OH \xrightarrow{[O]} CH_3CHO \xrightarrow{[O]} CH_3COOH$

    ⊙ 2차(제2급) 알코올($R-\overset{\overset{\displaystyle R}{|}}{C}HOH$) : OH기가 결합된 탄소가 다른 탄소 2개와 연결된 알코올

        제2급 알코올 $\xrightarrow{\text{산화}}$ 케톤

        예 $2CH_3 - \underset{\underset{\displaystyle OH}{|}}{C}H - CH_3 + O_2 \rightarrow \underline{2CH_3 - CO - CH_3} + 2H_2O$

                                        아세톤

    © 3차(제3급) 알코올($R-\overset{\overset{\displaystyle R}{|}}{\underset{\underset{\displaystyle R}{|}}{C}}-OH$) : OH기가 결합된 탄소가 다른 탄소 3개와 연결된 알코올

        예 $(CH_3)_3C \cdot OH$(트리메틸카르비놀)

5

산화시키면 카르복시산이 되고, 환원시키면 알코올이 되는 것은?

① C_2H_5OH ② $C_2H_5OC_2H_5$

③ CH_3CHO ④ CH_3COCH_3

해설 ⊙ 1차 알코올 $\underset{\text{환원}}{\overset{\text{산화}}{\rightleftarrows}}$ 알데히드 $\underset{\text{환원}}{\overset{\text{산화}}{\rightleftarrows}}$ 카르복시산

     ⊙ 2차 알코올 $\underset{\text{환원}}{\overset{\text{산화}}{\rightleftarrows}}$ 케톤

6

아세틸렌에 $HgSO_4$을 촉매로 하여 물을 부가 반응시켜 생성되는 물질을 다시 Ni 촉매로 환원시킬 때 생성되는 물질은?

① C_2H_6 ② CH_3CH_2OH

③ CH_3OH ④ CH_3COOH

해설 $HC \equiv CH + H_2O \rightarrow CH_3CHO$, $CH_3CHO + H_2 \rightarrow CH_3CH_2OH$(에틸알코올)

7

KOH와 I_2를 작용시킬 때 요오드포름 반응을 하지 않는 것은?

① CH_3OH ② C_2H_5OH

③ CH_3CHO ④ CH_3COCH_3

 에탄올 검출법(요오드포름 반응)

    에탄올(C_2H_5OH)에 KOH(또는 NaOH)와 I_2(요오드)를 작용시키면 독특한 냄새를 가진 CHI_3(요오드 포름)의 노란색 침전이 생기는 반응($C_2H_5OH + KOH + I_2 \rightarrow CHI_3\downarrow$(노란색 침전))

정답   5. ③   6. ②   7. ①

참고 📌 요오드포름 반응을 하는 물질 예

CH₃CHO(아세트알데히드), CH₃COCH₃(아세톤, 디메틸케톤), C₂H₅OH(에탄올), CH₃CH(OH)CH₃(이소프로필알코올) 등

8

다음 중 에테르와 관계가 없는 것은?

① 물에 잘 녹는다.
② 산소 원자에 두 개의 알킬기가 결합되어 있다.
③ 에틸알코올에 진한 황산을 넣어 130℃로 가열하여 얻는다.
④ 휘발성이 강하고 증기는 인화성, 마취성이 있으므로 실험실에서 사고를 내기 쉽다.

해설 에테르(ether)는 극성을 띠지 않아 물에 불용이다.

9

에틸알코올에 진한 황산을 넣고, 130℃에서 가열할 때 생기는 물질은?

① 디에틸에테르   ② 초산
③ 디메틸에테르   ④ 포름알데히드

해설 에틸알코올에 진한 황산을 가한 후 130℃로 가열하면 에테르($R-O-R'$)가 생기고, 160℃로 가열하면 에틸렌(C_2H_4)이 생긴다.

10

다음 중 암모니아성 질산은($AgNO_3$) 수용액과 반응하여 쉽게 산화되는 물질은?

① CH_3CH_2OH ② CH_3CHO
③ CH_3COCH_3 ④ CH_3COOH

해설 알데히드($-CHO$)는 환원성이 있기 때문에 암모니아성 질산은 용액 속에서 은(Ag)을 유리시키는 은거울 반응을 하며, 자신은 산화되어 카르복시산($-COOH$)이 된다.

11

펠링 용액을 환원시키는 물질은?

① 아세트알데히드   ② 초산
③ 아세톤   ④ 메탄올

해설 알데히드류(RCHO)의 환원 반응(펠링 반응, Fehling's solution)
R-CHO에 푸른색의 펠링 용액을 반응시키면 환원 반응에 의해 적색의 Cu_2O 침전이 생기는 반응
$R-CHO + 2CuO \rightarrow RCOOH + Cu_2O \downarrow$

정답   8. ① 9. ① 10. ② 11. ①

12 메탄올의 증기를 300℃ 구리 분말 위에서 공기로 산화시켜 만들고 자극성 냄새가 나는 기체로서, 살균력이 커 방부제나 소독제로 쓰이는 것은?

① 에틸렌글리콜
② 글리세린
③ 에틸알코올
④ 포름알데히드

 $CH_3OH \underset{환원}{\overset{산화}{\rightleftarrows}} HCHO \underset{환원}{\overset{산화}{\rightleftarrows}} HCOOH$

13 과망간산칼륨($KMnO_4$)에 의해 쉽게 산화되는 유기 물질은?

① HCHO ② CH_3COOH
③ C_2H_5OH ④ $CH_3CH_2CH_3$

 포름알데히드(HCHO)는 환원성이 있기 때문에 과망간산칼륨 등의 산화제에 의해 쉽게 산화되어 포름산(HCOOH)이 된다.

14 상온에서 무색의 액체 상태의 유기 화합물을 에탄올과 반응시켰더니 에스테르를 형성하였으며, 펠링 용액과 반응시켰더니 붉은 침전이 생겼다. 또한 진한 황산과 함께 가열하였더니 일산화탄소가 발생하였다. 이 화합물은?

① 에테르 ② 개미산
③ 아세톤 ④ 포름알데히드

 $HCOOH \xrightarrow{H_2SO_4} H_2O + CO\uparrow$

15 다음 반응 중 에스테르화 반응은?

① $C_6H_6 + HNO_3 \rightarrow C_6H_5NO_2 + H_2O$
② $CH_3COOH + C_2H_5OH \rightarrow CH_3COOC_2H_5 + H_2O$
③ $C_{17}H_{35}COOH + NaOH \rightarrow C_{17}H_{35}COONa + H_2O$
④ $2C_2H_5OH \rightarrow C_2H_5OC_2H_5 + H_2O$

해설 에스테르화 반응
$R-COOH + R'-OH \rightarrow RCOOR' + H_2O$
① 니트로화, ② 에스테르화, ③ 치환, ④ 축합 중합 반응

04 방향족 탄화수소의 유도체

1

다음 중 방향족 화합물은?

① CH_4　　　　　　　　　　　② C_2H_4

③ C_3H_8　　　　　　　　　　　④ C_6H_6

해설 ① 메탄(포화 탄화수소)　　② 에틸렌(불포화 탄화수소)

③ 프로판(포화 탄화수소)　　④ 벤젠 (방향족 고리 화합물)

2

다음 중 방향족 화합물이 아닌 것은?

① 톨루엔　　　　　　　　　② 아세톤

③ 페놀　　　　　　　　　　④ 아닐린

해설 ① CH_3　　② CH_3COCH_3　　③ OH　　④ NH_2

3

벤젠의 구조에 관한 설명 중 틀린 것은?

① C-C 결합의 길이는 모두 같다.

② 한 탄소 원자가 다른 두 탄소 원자와 형성하는 결합각은 120°이다.

③ 6개의 C-C 결합 중 3개는 단일 결합이며, 나머지 3개는 2중 결합이다.

④ 같은 탄소수를 가진 사슬 모양의 포화 탄화수소보다 8개의 수소가 부족하다.

해설 벤젠의 구조는 고리 모양으로 된 공명 혼성체로 되어 있다(원자 간의 거리는 1.39Å).

4

벤젠을 햇빛 촉매하에서 염소와 반응시키면 생성되는 물질은?

① BHC　　　　　　　　　② 시클로헥산

③ 염화벤젠　　　　　　　④ 벤젠술폰산

해설 $+3Cl_2$ $\xrightarrow{햇빛}$ [Cl 구조] BHC(Benzene Hexa Chloride)

  정답　1. ④　2. ②　3. ③　4. ①

5

다음 중 벤젠의 유도체가 아닌 것은?

① 페놀　　　　　　　　　② 톨루엔

③ 아세톤　　　　　　　　④ 크실렌

6

톨루엔에 염소를 반응시킬 때 촉매로 $FeCl_3$를 사용하였다. 이때의 생성물은?

①
②
③
④

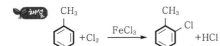

7

벤젠에 진한 황산과 진한 질산의 혼합물을 작용시킬 때 얻어지는 화합물은?

① ⟨⟩$-NO_2$　　　　　　② ⟨⟩$-COOH$

③ ⟨⟩$-CH_2$　　　　　　④ ⟨⟩$-CH_3$

해설 니트로화(nitration)

벤젠을 진한 황산 촉매 존재하에 진한 질산을 작용시키면 니트로벤젠($C_6H_6NO_2$)이 생성된다.

8

다음 반응식 중 프리델-그라프츠 반응을 나타낸 것은?

① $C_6H_6 + CH_3Cl \xrightarrow{AlCl_3} C_6H_5CH_3 + HCl$

② $C_6H_6 + Cl_2 \xrightarrow{Fe} C_6H_5Cl + HCl$

③ $C_6H_6 + HNO_3 \xrightarrow{H_2SO_4} C_6H_5NO_2 + H_2O$

④ $C_6H_6 + 3H_2 \xrightarrow{Ni} C_6H_{12}$

해설 ① 프리델-그라프츠 반응(알킬화 반응), ② 할로겐화 반응, ③ 니트로화 반응, ④ 수소 첨가 반응

정답 5. ③　6. ②　7. ①　8. ①

9

다음 중 $o-$, $m-$, $p-$의 세 가지 이성질체를 갖는 유기 물질은?

① 크실렌   ② 아닐린

③ 페놀   ④ 나프탈렌

🍃해설 크실렌($C_6H_4(CH_3)_2$)은 오르토($o-$), 메타($m-$), 파라($p-$) 크실렌의 3가지 이성질체를 갖는다.

10

다음 중 나프탈렌의 구조식으로 맞는 것은?

①

② OH / CH₃

③

④

🍃해설 나프탈렌의 구조식은 ⬡⬡ 이다.

11

HO₃S—⬡—NH₂ $\xrightarrow{NaNO_2+HCl}$ HO₂S—⬡—N₂Cl 이 되는 반응은?

① 니트로화   ② 디아조화

③ 산화   ④ 환원

🍃해설 방향족 1차 아민과 산성 용액에서 아질산염을 작용시켜 디아조염으로 만드는 반응을 디아조화라고 한다.

12

페놀(C_6H_5OH)에 대한 설명 중 옳은 것은?

① 산($-COOH$)과 반응하여 에테르를 만들어 낸다.

② $FeCl_3$과 반응하여 수소 기체를 발생시킨다.

③ 수용액은 염기성이다.

④ 금속나트륨과 반응하여 수소 기체를 발생시킨다.

🍃해설 ① 페놀은 산이므로 염기와 반응한다.
② 나트륨과 반응하여 수소(H_2)를 발생시킨다.
③ 수용액은 산성이다.

정답   9. ①   10. ③   11. ②   12. ④

13

벤젠에 수소 원자 한 개는 −CH₃기로, 또 다른 수소 원자 한 개는 −OH기로 치환되었다면 이성질체수는 몇 개인가?

① 1
② 2
③ 3
④ 4

해설 크레졸은 세 가지 이성질체를 갖는다.

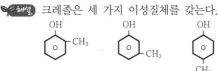

(ortho)　　(meta)　　(para)

14

니트로벤젠의 증기에 수소를 혼합한 뒤 촉매를 사용하여 환원시키면 무엇이 되는가?

① 페놀
② 톨루엔
③ 아닐린
④ 나프탈렌

해설 아닐린(aniline, $C_6H_5NH_2$ 제법)

$$C_6H_5NO_2 + 3H_2 \xrightarrow[\text{환원}]{\text{Fe, Sn+HCl}} C_6H_5NH_2 + 2H_2O$$
니트로벤젠　　　　　　　　　　　　　　　아닐린

15

다음 중 커플링(coupling) 반응 시 생성되는 작용기는?

① −NH₂
② −CH₃
③ −COOH
④ −N=N−

해설 커플링 반응은 아조기(−N=N−)가 탄화수소기의 탄소 원자와 결합해 있는 유기 화합물 RN=NR′을 말한다.

16

다음 화합물 중 알코올과 작용해도 에스테르를 만들며, 유기산과 작용해도 에스테르를 생성할 수 있는 것은?

① ⟨COOH⟩
② ⟨OH COOH⟩
③ ⟨OH OH⟩
④ ⟨OH CH₃⟩

해설 살리실산[$C_6H_4(OH)COOH$]은 카르복시기(−COOH)와 수산기(−OH)를 동시에 갖고 있으므로 알코올이나 유기산에 의해 에스테르화 반응을 한다.

정답　13. ③　14. ③　15. ④　16. ②

17

다음 중 벤젠핵이 들어 있는 화합물은?

① 젖산(락트산)   ② 아스피린

③ 나일론   ④ 글리세린

 ① 젖산(락트산) : $CH_3C(OH)COOH$

② 아스피린(살리실산이 주원료) : $C_6H_4(OH)COOH$

③ 나일론 : 헥사메틸렌디아민과 아디프산의 중합체

④ 글리세린 : $C_3H_5(OH)_3$

18

다음 염료의 구조에서 발색단이 아닌 것은?

① $-N=O$ ② $-N=N-$

③ $-C=C-$ ④ $-NH_2$

 ㉠ 발색단 : 아조기($-N=N-$), 니트로소기($-N=O$), 카르보닐기($-C=O$), 니트로기($-NO_2$), 에틸렌기($C=C$) 등

㉡ 조색단 : 아미노기($-NH_2$), 히드록시기($-OH$), 카르복시기($-COOH$), 술폰산기($-SO_3H$) 등

05 고분자 화합물

1

포도당의 분자식은?

① $C_6H_{12}O_6$ ② $C_{12}H_{22}O_{11}$

③ $(C_6H_{10}O_5)_n$ ④ $C_{12}H_{20}O_{10}$

해설 포도당은 단당류이다.

2

녹말을 염산과 더불어 가수분해할 때 마지막으로 생성되는 물질은?

① $C_{12}H_{22}O_{11}$ ② $C_6H_{10}O_6$

③ $(C_6H_{10}O_5)_n$ ④ $C_6H_{12}O_6$

해설 녹말(전분 : starch)은 염산과 가수분해하여 최종 포도당($C_6H_{12}O_6$)을 생성한다.

3

다음 반응식은 어떤 과정을 나타낸 것인가?

$$C_6H_{12}O_6 \xrightarrow{\text{치마제}} 2C_2H_5OH + 2CO_2$$

① 에스테르화   ② 가수분해   ③ 축합   ④ 발효

 알코올 발효
포도당(glucose)은 물에 녹으면 단맛이 있는 흰색 고체로 효소 치마제(zymase)와 반응하여 알코올을 만든다.

4

다음 중 환원성이 없는 것은?

① 포도당   ② 과당
③ 설탕   ④ 맥아당

 이당류에서 설탕과 다당류는 환원성이 없다.

5

아미노기와 카르복시기가 동시에 존재하는 화합물은?

① 식초산   ② 석탄산
③ 아미노산   ④ 아민

 아미노산은 이름에서 알 수 있듯이, 아미노기($-NH_2$)와 카르복시기($-COOH$)를 포함하고 있다.
예 가장 간단한 아미노산인 글라이신의 분자 구조

$$\underset{HO}{\overset{O}{\diagdown}} C-CH_2-N \underset{H}{\overset{H}{\diagup}}$$

6

다음 중 아미노산의 검출 반응은?

① 닌히드린 반응   ② 리베르만 반응
③ 요오드포름 반응   ④ 은거울 반응

해설 ② 단백질   ③ 아세톤, 에탄올 등   ④ 알데히드

7

알칼리성으로 하고 황산구리 수용액에 넣었을 때 보라색으로 되는 물질은?

① 포도당   ② 콩기름
③ 단백질   ④ 녹말

단백질의 검출법

ⓐ 뷰렛(biuret) 반응 : 단백실 용액 + NaOH $\xrightarrow{1\% \text{ CuSO}_4}$ 적자색 또는 보라색

ⓑ 크산토프로테인(xanthoprotein) 반응 : 단백질 용액 $\xrightarrow[\text{가열}]{\text{NHO}_3}$ 노란색 $\xrightarrow{\text{NaOH}}$ 오렌지색

ⓒ 밀론(Millon) 반응 : 단백질 + 액 + 밀론 시약[$NO_3 + Hg(NO_3)_2$] $\xrightarrow{\text{가열}}$ 적색

ⓓ 닌히드린(ninhydrin) 반응 : 단백질 용액 + 1% 닌히드린 용액 ⇨ 끓인 후 냉각 ⇨ 보라색

8

펩티드 결합($-NH-CO-$)을 하지 않는 물질은?

① 단백질
② 아세트아닐리드
③ 6, 6 나일론
④ 아미노산

 아미노산은 펩티드 결합($-NH-CO-$)을 하지 않는다.

9

나일론에는 어떤 결합이 들어 있는가?

① $-S-S-$
② $-O-$
③ $-C-O-$ (아래 O, 이중결합)
④ $-C-N-$ (아래 O 이중결합, H)

 나일론 6, 6은 헥사메틸렌디아민($H_2N(CH_2)_6NH_2$)과 아디프산($HOOC(CH_2)_4COOH$)을 축중합하여 만든 것으로서 $-NH-CO-$(펩티드 결합)의 결합으로 되어 있다.

10

다음 중 천연 고무의 단위체로 옳은 것은?

① 부타디엔
② 이소프렌
③ 클로로프렌
④ 비닐아세틸렌

이소프렌의 구조식
$$CH_2 = CH - C = CH_2$$
$$| \quad CH_3$$

11

고무의 노화 현상은 화학적으로 어떤 반응인가?

① 탈수
② 환원
③ 승화
④ 산화

고무의 노화 현상은 화학적으로 산화 반응의 일종이다.

12

유지에 대한 설명으로 옳은 것은?

① 지방산과 1가 알코올의 에스테르이다.

② 지방산과 2가 알코올의 에스테르이다.

③ 지방산과 글리세린의 에스테르이다.

④ 유지는 상온에서 고체이다.

해설 유지는 지방산과 글리세린의 에스테르이다.

13

다음 유지 중 요오드화값이 가장 큰 물질은?

① $(C_{17}H_{33}COO)_3C_3H_5$　　　　　② $(C_{17}H_{35}COO)_3C_3H_5$

③ $(C_{17}H_{29}COO)_3C_3H_5$　　　　　④ $(C_{17}H_{31}COO)_3C_3H_5$

해설 유지의 분자 속에 불포화 결합이 많을수록 요오드화값은 커진다.

14

기름을 공기 중에 오래 방치하면 쉽게 굳어지는 성질은 무엇 때문인가?

① 분자량이 크기 때문에　　　　　② 환원이 잘 되기 때문에

③ 중합이 잘 일어나기 때문에　　　④ 분자 중에 2중 결합이 많기 때문에

해설 기름 분자 속에 불포화 결합이 많을수록 요오드화값은 커지며 잘 굳어지는 성질이 있다.

15

경화유를 제조할 때 널리 사용되는 촉매는?

① 구리　　　　　② 코발트　　　　　③ 니켈　　　　　④ 철

해설 경화유

불포화 액체 상태의 기름을 Ni 촉매하에서 H_2를 첨가하면 포화된 고체 상태의 유지로서 버터의 제조 등에 이용

16

쌀이나 고구마와 엿기름을 가지고 엿을 만들 때 엿이 완전히 되었는가를 알아보는 데 이용하는 방법은?

① 은거울 반응　　　　　　　　② 뷰렛 반응

③ 요오드 녹말 반응　　　　　　④ 요오드포름 반응

해설 요오드에 녹말을 가하면 보라색으로 되고, 이때 가열하면 무색이 되며 다시 냉각하면 보라색으로 되는 반응을 요오드 녹말 반응이라고 하며, 녹말의 검출법으로 이용한다.

17

비누의 세척 작용의 원인이 되는 것은?

① 소수성 $-COO^-$ 와 친수성 알킬기 때문

② 친수성 $-NH_2$ 와 소수성 $-COO^-$ 때문

③ 소수성 $-COO^-$ 와 소수성 알킬기 때문

④ 친수성 $-COO^-$ 와 소수성 알킬기 때문

해설 비누의 일반식(RCOONa)은 소수성(친유성)인 R(알킬기)와 친수성인 COONa를 동시에 가지고 있으므로 때(먼지와 기름)가 알킬기(R)에 녹는 것을 친수성인 $-$COONa기가 물에 녹게 하여 세척 작용을 하는 것이다.

18

유지 1mol을 비누화 하는데 필요한 NaOH의 무게는? (단, 반응식은 $(RCOO)_3C_3H_5 + 3NaOH \rightarrow 3RCOONa + C_3H_5(OH)_3$ 이고, NaOH 분자량은 40이다.)

① 80g

② 100g

③ 120g

④ 140g

해설 NaOH = 40g이므로 $3 \times 40g = 120g$

19

다음과 같은 유기 화합물의 화학 반응식을 무슨 반응이라 하는가?

$$(C_{15}H_{31}COO)_3C_3H_5 + 3NaOH \rightarrow 3C_{15}H_{31}COONa + C_3H_5(OH)_3$$

① 중화

② 산화

③ 발효화

④ 비누화

해설 염기성 용액에서 에스터의 가수분해 반응을 비누화 반응이라 한다.

20

다음 화합물 중 중성 세제는 어떤 것인가?

① $C_{15}H_{31}COOK$

② $CH_3-\bigcirc-COONa$

③ $C_{17}H_{24}COONa$

④ $CH_3-\bigcirc-SO_3Na$

해설 강산과 강염기로 된 화합물

PART 02

화재 예방과 소화 방법

시험 과목	출제 문제 수	주요 항목	세부 항목
화재 예방과 소화 방법	20	(1) 화재 예방 및 소화 방법	① 화재 및 소화
			② 화재 예방 및 소화 방법
		(2) 소화 약제 및 소화기	① 소화 약제
			② 소화기
		(3) 소방 시설의 설치 및 운영	① 소화 설비의 설치 및 운영
			② 경보 및 피난 설비의 설치 기준

화재 예방

01 연소 이론

(1) 연소의 정의

연소란 가연성 물질이 공기 중의 산소와 반응하여 열과 빛을 내는 산화 반응을 말한다(즉, 산화 반응과 발열 반응이 동시에 일어나는 경우이며, 연소 속도는 산화 속도와 같은 의미이다.)

① 완전 연소

$$C + O_2 \rightarrow CO_2\uparrow + 94.2kcal$$

> **예제** 탄소 1mol이 완전 연소하는 데 필요한 최소 이론 공기량은 약 몇 L인가? (단 0℃, 1기압 기준이며, 공기 중 산소의 농도는 21vol%이다.)
>
> **풀이** 완전 연소 : $C + O_2 \rightarrow CO_2$
>
> ∴ 최소 이론 공기량 $= \dfrac{22.4L}{0.21} = 107L$
>
> **답** 107L

② 불완전 연소

$$C + \frac{1}{2}O_2 \rightarrow CO\uparrow + 24.5kcal$$

③ 연소라고 볼 수 없는 경우

  ㉮ 철이 녹스는 경우

    $4Fe + 3O_2 \rightarrow 2Fe_2O_3$(산화 반응이지만 발열 반응 아님)

  ㉯ 질소 산화물이 생성되는 경우

    $N_2 + O_2 \rightarrow 2NO - 43.2kcal$(산화 반응이면서 흡열 반응임)

④ 탄화수소(C_mH_n)의 연소

완전 연소의 경우에는 탄산가스(CO_2)와 물(H_2O)이 생성되며, 불완전 연소의 경우에는 일산화탄소(CO)와 수소(H_2)가 생성된다.

예제 프로판 $2m^3$이 완전 연소할 때 필요한 이론 공기량은 약 몇 m^3인가? (단, 공기 중 산소 농도는 21vol%이다.)

풀이 $C_3H_8 + 5O_2 \rightarrow 3CO_2 + 4H_2O$

$22.4m^3 \quad 5 \times 22.4m^3$

$2m^3 \quad x(m^3)$

$x = \dfrac{5 \times 22.4 \times 2}{22.4} = 10m^3$

$\therefore$ 이론 공기량 $= \dfrac{\text{산소량}}{\text{산소 농도}} = \dfrac{10}{0.21} = 47.62m^3$

답 $47.62m^3$

(2) 연소의 구비 조건

① 연소의 4요소

㉮ 가연물 : 연소가 일어나려면 발열 반응을 일으키는 것

㉯ 조연(지연)물 : 가연물을 산화시키는 것

㉰ 점화원 : 가연물과 조연물을 활성화시키는 데 필요한 에너지

㉱ 순조로운 연쇄 반응

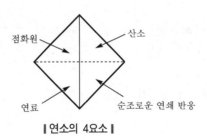

┃연소의 4요소┃

② 연소의 3요소

㉮ 가연물 : 산화 작용을 일으킬 수 있는 모든 물질이다.

㉠ 가연물이 될 수 없는 경우

ⓐ 원소 주기율표상의 0족 원소(비활성 원소)로서 다른 원소와 화합할 수 없는 물질

예 He(헬륨), Ne(네온), Ar(아르곤), Kr(크립톤), Xn(크세논), Rn(라돈) 등

ⓑ 이미 산소와 화합하여 더 이상 화합할 수 없는 물질(산화 반응이 완결된 안정된 산화물)

예 CO_2(이산화탄소), P_2O_5(오산화인), Al_2O_3(산화알루미늄), SO_3(삼산화황) 등

$C + O_2 \rightarrow CO_2\uparrow$

ⓒ 산화 반응은 일어나지만 발열 반응 물질이 아닌 화합물(질소 또는 질소 산화물)

예 N_2, NO, NO_2 등

$N_2 + O_2 \rightarrow 2NO\uparrow$

　　ⓛ 가연물이 되기 쉬운 조건

　　　ⓐ 산소와의 친화력이 클 것(화학적 활성이 강할 것)

　　　ⓑ 열전도율이 적을 것

　　　ⓒ 산소와의 접촉 면적이 클 것(표면적이 넓을 것)

　　　ⓓ 발열량(연소열)이 클 것

　　　ⓔ 활성화 에너지가 적을 것(발열 반응을 일으키는 물질)

　　　ⓕ 건조도가 좋을 것(수분의 함유가 적을 것)

④ 조연(지연)물 : 연소는 산화 반응이므로 가연물이 산소와 결합되어야 한다. 즉, 다른 물질의 산화를 돕는 물질이다.

　　㉠ 공기

<공기의 조성>

조성 비율 ＼ 성분	질소(N_2)	산소(O_2)	아르곤(Ar)	이산화탄소(CO_2)
부피(vol%)	78.03	20.99	0.95	0.03
중량(wt%)	75.51	23.15	1.30	0.04

　　㉡ 산화제(제1류 위험물, 제6류 위험물 등)

　　㉢ 자기 반응성 물질(제5류 위험물)

⑤ 점화원(열에너지원, 열원, heat energy sources) : 가연물을 연소시키는 데 필요한 에너지원으로서 연소 반응에 필요한 활성화 에너지를 부여하는 물질이다.

　　㉠ 화학적 에너지원

　　　ⓐ 연소열　　　　　　　　ⓑ 자연 발화

　　　ⓒ 분해열　　　　　　　　ⓓ 융해열

　　㉡ 전기적 에너지원

　　　ⓐ 저항열　　　　　　　　ⓑ 유도열

　　　ⓒ 유전열　　　　　　　　ⓓ 정전기열(정전기 불꽃)

　　　ⓔ 낙뢰에 의한 열　　　　ⓕ 아크열(전기 불꽃 에너지)

　　㉢ 기계적 에너지원

　　　ⓐ 마찰열　　　　　　　　ⓑ 마찰 스파크 열(충격열)

　　　ⓒ 단열 압축열

　　㉣ 원자력 에너지원

　　　ⓐ 핵분열 열　　　　　　　ⓑ 핵융합 열

　　㉤ 점화원이 되지 못하는 것

　　　ⓐ 기화열(증발 잠열)　　　ⓑ 온도

　　　ⓒ 압력　　　　　　　　　ⓓ 중화열

‖ 연소의 3요소 ‖

(3) 고온체의 색깔과 온도

① 발광에 따른 온도 측정

㉮ 적열 상태 : 500℃ 부근

㉯ 백열 상태 : 1,000℃ 이상

② 화염색에 따른 불꽃의 온도

㉮ 암적색 : 700℃ 　　㉯ 적색 : 850℃

㉰ 회적색 : 950℃ 　　㉲ 황적색 : 1,100℃

㉱ 백적색 : 1,300℃ 　㉴ 회백색 : 1,500℃

(4) 연소의 난이성

① 산화되기 쉬운 것일수록 연소하기 쉽다.

② 산소와의 접촉 면적이 클수록 연소하기 쉽다.

③ 발열량(연소열)이 큰 것일수록 연소하기 쉽다.

④ 열전도율이 작은 것일수록 연소하기 쉽다.

⑤ 건조제가 좋은 것일수록 연소하기 쉽다.

> **참고　화재의 원인**
>
> 1. 연소 대상물의 열전도율이 좋을수록 연소가 안 된다.
> 2. 온도가 높을수록 연소 위험이 높아진다.
> 3. 화학적 친화력이 클수록 연소가 잘 된다.
> 4. 산소와 접촉이 잘 될수록 연소가 잘 된다.

(5) 정상 연소와 비정상 연소

① 정상 연소

연소로 인한 열의 발생 속도와 확산 속도(일산 속도)가 평형을 유지하면서 정상적으로 연소하는 형태이다.

예 화재 등

② 비정상 연소

연소로 인한 열의 발생 속도가 확산 속도를 능가하여 일어나는 연소 형태이다.

예 폭발 등

(6) 연소의 형태

① 기체의 연소(발염 연소, 확산 연소)

가연성 기체와 공기의 혼합 방법에 따라 확산 연소와 혼합 연소로 구분되며 산소, 아세틸렌 등과 같은 가연성 가스가 배관의 출구 등에서 공기 중으로 유출하면서 연소하는 것이다.

㉮ 확산 연소(불균질 연소) : 가연성 기체를 대기 중에 분출·확산시켜 연소하는 방식(불꽃은 있으나 불티가 없는 연소)

㉯ 혼합 연소(예혼합 연소, 균질 연소) : 먼저 가연성 기체를 공기와 혼합시켜 놓고 연소하는 방식

> **참고** 🚩 **기체 연료가 완전 연소하기에 유리한 이유**
> 1. 활성화 에너지가 작다.
> 2. 공기 중에서 확산되기 쉽다.
> 3. 산소는 충분히 공급 받을 수 있다.
> 4. 분자의 운동이 활발하다.

② 액체의 연소(증발 연소)

에테르, 가솔린, 석유, 알코올 등 가연성 액체의 연소는 액체 자체가 연소하는 것이 아니라 액체 표면에서 발생한 가연성 증기가 착화되어 화염을 발생시키고 이 화염의 온도에 의해 액체의 표면이 더욱 가열되면서 액체의 증발을 촉진시켜 연소를 계속해 가는 형태의 연소이다.

> **참고** 🚩 **액체의 연소**
> 1. 액체의 연소 방법 : 액체의 연소는 액의 증발 과정에 의해 액면 연소, 심화 연소, 분무 연소, 증발 연소로 구분되며 액체의 표면적과 깊은 관계가 있다. 즉, 액체의 표면적이 클수록 증발량이 많아지고 연소 속도도 그만큼 빨라진다.
>   • 액면 연소 : 화염으로부터 연료 표면적에 복사나 대류로 열이 전달되어 증발이 일어나고 발생된 증기가 공기와 접촉하여 유면의 상부에서 확산 연소를 하지만, 화염 시에 볼 수 있을 뿐 실용 예는 거의 없는 연소 형태이다.
>   • 심화 연소 : 모세관 현상에 의해 심지라고 불리는 헝겊의 일부분으로부터 연료를 빨아 올려서 다른 부분으로 전달하여, 거기서 연소열을 받아 증발된 증기가 확산 연소하는 형태이다.
>   • 분무(액적) 연소 : 일반적인 석유 난로의 연소 형태로 점도가 높고, 비휘발성인 액체를 안개상으로 분사하여 액체의 표면적을 넓혀 연소시키는 형태이다.
>   • 증발 연소 : 열면에서 연료를 증발시켜 예혼합 연소나 부분 예혼합 연소를 시키는 연소 형태이다.
> 2. 분해 연소 : 점도가 높고 비휘발성인 가연성 액체의 연소로, 열분해에 의하여 발생된 분해가스의 연소 형태이다.
>   🪨 중유, 제4석유류 등

③ 고체의 연소(표면 연소, 분해 연소, 증발 연소, 내부 연소)

㉮ 표면(직접) 연소 : 열분해에 의해 가연성 가스를 발생시키지 않고 그 자체가 연소하는 형태(연소 반응이 고체 표면에서 이루어지는 형태), 즉 가연성 고체가 열분해하여 증발하지 않고 고체의 표면에서 산소와 직접 반응하여 연소하는 형태이다.

🪨 숯, 목탄, 코크스, 나트륨, 금속분(아연분) 등

> **참고** 코크스의 연소 방정식
>
> 1. 1차 반응(1,300℃) : $4C + 3O_2 \rightarrow 2CO_2 + 2CO$
> 2. 0차 반응(1,500℃) : $3C + 2O_2 \rightarrow CO_2 + 2CO$

㉯ 분해 연소 : 가연성 고체에 충분한 열이 공급되면 가열 분해에 의하여 발생된 가연성 가스 (CO, H_2, CH_4 등)가 공기와 혼합되어 연소하는 형태이다.

　예 목재, 석탄, 종이, 플라스틱 등

㉰ 증발 연소 : 고체 가연물을 가열하면 열분해를 일으키지 않고 증발하여 그 증기가 연소하거나 열에 의한 상태 변화를 일으켜 액체가 된 후 어떤 일정한 온도에서 발생된 가연성 증기가 연소하는 형태, 즉 가연성 고체에 열을 가하면 융해되어 여기서 생긴 액체가 기화되고 이로 인한 연소가 이루어지는 형태이다.

　예 유황, 나프탈렌, 장뇌 등과 같은 승화성 물질, 촛불(양초, 파라핀), 고급 알코올 등

㉱ 내부(자기) 연소 : 가연성 고체 물질이 자체 내에 산소를 함유하고 있거나 분자 내의 니트로기와 같이 쉽게 산소를 유리할 수 있는 기를 가지고 있어 외부에서 열을 가하면 분해되어 가연성 기체와 산소를 발생하게 되므로 공기 중의 산소를 필요로 하지 않고 그 자체의 산소에 의해 연소하는 형태이다.

　예 질산에스테르류, 니트로셀룰로오스, 셀룰로이드류, 니트로 화합물, 히드라진과 유도체 등과 같은 제5류 위험물(피크린산) 등

(7) 연소에 관한 물성

① 인화점(flash point)

㉮ 가연물을 가열하면 한쪽에서 점화원을 부여하여 발화점보다 낮은 온도에서 연소가 일어나는데 이를 인화라고 하며, 인화가 일어나는 최저의 온도를 인화점 또는 인화 온도라 한다.

㉯ 주로 상온에서 액체 상태로 존재하는 인화성 물질의 연소하기 쉬운 상태 정도를 측정하는 데 사용된다.

㉰ 액체 가연물의 인화점은 비중과 점도가 낮을수록, 주위 온도와 압력이 높을수록 낮아진다.

㉱ 인화 온도가 낮을수록 낮은 온도에서 증기를 발생시켜 불꽃이나 불씨 등의 점화원을 잡아당겨 연소하기 쉬우므로 위험성이 증대된다.

> **참고** 인화점 50℃의 의미
>
> 액체의 온도가 50℃ 이상이 되면 가연성 증기를 발생하여 점화원에 의해 인화한다.

② 연소점(fire point)

㉮ 상온에서 액체 상태로 존재하는 액체 가연물의 연소 상태를 5초 이상 유지시키기 위한 온도로서 일반적으로 인화점보다 약 10℃ 정도 높은 온도이다.

㉯ 액체 가연물의 연소는 액체 가연물의 표면으로부터 증발된 증기가 연소하는 것이므로 불꽃이나 불씨에 인화하였다 하더라도 계속적인 연소 현상을 유지시키기 위해서는 어느 정도 지속적인 연소에 필요한 온도가 요구되므로 연소 온도 이상이 되어야 한다.

③ 발화점(발화 온도, 착화점, 착화 온도)

㉮ 외부에서 점화하지 않더라도 발화하는 최저온도

　　예 프라이팬에 기름을 붓고 가열한다. 시간이 흐른 후 기름에 불이 붙는다.

㉯ 대부분 상온에서 고체 상태로 존재하는 가연물을 연소시킬 때 많이 사용한다.

㉰ 발화점이 낮다는 것은 연소하기 쉽다는 것을 의미한다.

㉱ 발화점은 물질을 가열하는 용기의 표면 상태, 가열 속도 등에 의하여 영향을 받으며 압력에도 큰 영향을 받는다. 즉, 높은 압력하에서 발화도가 저하하는 경향이 있다. 또한 발화점은 측정 조건에 따라서 큰 차이가 있으므로 물질의 고유 정수는 아니다.

㉲ 발화점이 달라지는 요인

　㉠ 가연성 가스와 공기와의 혼합비

　㉡ 발화를 일으키는 공간의 형태와 크기

　㉢ 가열 속도와 가열 시간

　㉣ 용기벽의 재질과 촉매

　㉤ 점화원의 종류와 에너지 투입 방법

㉳ 발화점이 낮아지는 경우

　㉠ 압력이 높을 때　　　　㉡ 발열량이 클 때

　㉢ 산소의 농도가 클 때　　㉣ 산소와 친화력이 좋을 때

　㉤ 증기압이 낮을 때　　　㉥ 습도가 낮을 때

　㉦ 분자 구조가 복잡할 때　㉧ 반응 활성도가 클수록

④ 최소 착화 에너지(최소 점화 에너지, 정전기 방전 에너지, MIE ; Minimum Ignition Energy)

㉮ 최소 착화 에너지란 가연성 혼합 가스에 전기적 스파크(전기 불꽃)로 점화 시 착화하기 위해 필요한 최소한의 에너지를 말한다.

㉯ 최소 착화 에너지는 혼합 가스의 종류, 농도, 압력에 따라 다르며, 가장 낮은 최소 점화 에너지는 대개 이론 농도 혼합기 부근에서 최소가 된다.

㉰ 최소 착화 에너지가 적을수록 폭발하기 쉽고 위험하다.

㉱ 정전기 방전 에너지(E)를 구하는 공식

$$E = \frac{1}{2} Q \cdot V = \frac{1}{2} C \cdot V^2$$

여기서, E : 정전기 에너지(J), Q : 전기량(C)

　　　　V : 전압(V), C : 정전 용량(F)

　　예제 어떤 가연물의 착화에너지가 24cal일 때, 이것을 일 에너지의 단위로 환산하면 약 몇 Joule인가?

　　풀이 1cal＝4.186J

　　　　∴ 24cal×4.186＝100Joule

　　　　　　　　　　　　　　　　답 100Joule

⑤ 연소 범위(연소 한계, 폭발 범위, 폭발 한계, 가연 범위, 가연 한계)

㉮ 연소가 일어나는 데 필요한 공기 중 가연성 가스의 농도(vol%)를 말한다. 보통 1atm의 상온(20℃)에서 측정한 측정치로 최고 농도를 상한(UEL), 최저 농도를 하한(LEL)이라 하며, 온도, 압력, 농도, 불활성 가스 등에 의해 영향을 받는다.

㉯ 반응열(연소열)의 발생 속도와 일산 속도와의 관계 : 연소 범위가 발생하는 원인은 혼합 가스(가연성 가스와 공기와의 혼합물)의 연소 시 발생하는 반응열(연소열)의 발열 속도 (발생 속도)와 일산 속도(방열 속도)와 밀접한 관계가 있다. 즉, 발열 속도(발생 속도)가 방열 속도(일산 속도)보다 클 때의 혼합 비율($C_1 \sim C_2$)에서만 연소가 일어난다.

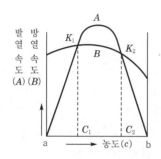 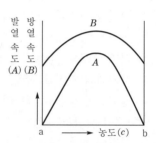

┃가연성 혼합기의 발열 속도와 방열 속도의 변화 관계┃

㉠ 연소 하한(C_1, LEL) : 공기 등 지연성 가스의 양이 많으나 가연성 가스의 양이 적어 그 이하에서는 연소가 전파 또는 지속될 수 없는 한계치로서, 가스의 연소열이나 활성화 에너지의 영향을 받는다.

㉡ 연소 상한(C_2, UEL) : 가연성 가스의 양이 많으나 공기 등 지연성 가스의 양이 적어 그 이상에서는 연소가 전파 또는 지속될 수 없는 한계치로서, 산화제의 영향을 받는다.

㉢ 연소 범위($C_1 \sim C_2$) : 혼합 가스 농도가 C_1에서 C_2 사이에만 존재할 때 연소가 일어난다.

㉰ 연소 범위에 영향을 주는 인자

㉠ 온도의 영향 : 아레니우스의 화학 반응 속도론에 의해 온도가 올라가면 기체 분자의 운동이 증가하여 반응성이 활발해져 연소 하한은 낮아지고, 연소 상한은 높아지는 경향에 의해 연소 범위는 넓어진다.

㉡ 압력의 영향 : 일반적으로 압력이 증가할수록 연소 하한은 변하지 않으나 연소 상한이 증가하여 연소 범위는 넓어진다.

㉢ 농도의 영향 : 산소 농도가 증가할수록 연소 상한이 증가하므로 연소 범위는 넓어진다.

㉱ 화재의 위험성이 증가하는 경우

㉠ 발화점이 낮아지고, 인화점이 낮아질수록

㉡ 폭발 하한값이 작아지고, 폭발 범위가 넓어질수록

㉢ 주변 온도가 높을수록

㉣ 산소 농도가 높을수록

⑥ 위험도(*H*, Hazards)

가연성 혼합 가스 연소 범위의 제한치를 나타내는 것으로서 위험도가 클수록 위험하다.

$$H = \frac{U - L}{L}$$

여기서, *H* : 위험도
U : 연소 범위의 상한치(UFL ; Upper Flammability Limit)
L : 연소 범위의 하한치(LFL ; Lower Flammability Limit)

예제 1. 아세틸렌(C₂H₂)의 위험도는?
풀이 아세틸렌의 연소 범위가 2.5~81%이므로 위험도(*H*)는 다음과 같다.
$H = \frac{81 - 2.5}{2.5} = 31.4$

답 31.4

예제 2. 가솔린의 위험도는?
풀이 가솔린의 연소 범위가 1.4~7.6%이므로 위험도(*H*)는 다음과 같다.
$H = \frac{7.6 - 1.4}{1.4} = 4.43$

답 4.43

예제 3. 아세톤의 위험도는?
풀이 아세톤의 연소 범위가 2~13%이므로 위험도(*H*)는 다음과 같다.
$H = \frac{13 - 2}{2} = 5.5$

답 5.5

02 발화 이론

(1) 자연 발화

① 정의

가연성 물질이 서서히 산화 또는 분해되면서 발생된 열에 의하여 비교적 적게 방산하는 상태에서 열이 축적됨으로써 물질 자체의 온도가 상승하여 발화점에 도달해 스스로 발화하는 현상을 말한다.

② 조건

㉮ 표면적이 넓을 것
㉯ 발열량이 많을 것

㉘ 열전도율이 적을 것

㉙ 발화되는 물질보다 주위 온도가 높을 것

㉚ 열 축적이 클수록

㉛ 적당량의 수분이 존재할 때

③ 형태

　㉮ 분해열에 의한 발화

　　📕 셀룰로이드류, 니트로셀룰로오스(질화면), 과산화수소, 염소산칼륨 등

　㉯ 산화열에 의한 발화

　　📕 건성유, 원면, 석탄, 고무 분말, 액체 산소, 발연 질산 등

　㉰ 중합열에 의한 발화

　　📕 시안화수소(HCN), 산화에틸렌(C_2H_4O), 염화비닐(CH_2CHCl), 부타디엔(C_4H_6) 등

　㉱ 흡착열에 의한 발화

　　📕 활성탄, 목탄 분말 등

　㉲ 미생물에 의한 발화

　　📕 퇴비, 퇴적물, 먼지 등

④ 영향을 주는 인자

　㉮ 열의 축적　　　　　㉯ 열전도율

　㉰ 퇴적 방법　　　　　㉱ 공기의 유동 상태

　㉲ 발열량　　　　　　㉳ 수분(건조 상태)

　㉴ 촉매 물질

⑤ 방지법

　㉮ 통풍이 잘 되게 할 것

　㉯ 저장실의 온도를 낮출 것

　㉰ 습도가 높은 것을 피할 것

　㉱ 열의 축적을 방지할 것(퇴적 및 수납 시)

　㉲ 정촉매 작용을 하는 물질을 피할 것

참고　준자연 발화와 자연 발화점(AIT)

1. 준자연 발화 : 준자연 발화란 가연물이 공기 또는 물과 접촉할 때 발열·발화하는 현상으로 짧은 시간에 급격한 발열 반응이 일어나는 경우를 말한다.

　📕 알킬알루미늄(희석액 : 벤젠 또는 헥산)

　　K, Na 등(보호액 : 석유)

　　황린(P_4), 이황화탄소(CS_2), (보호액 : 물)

2. 자연 발화점(AIT) : 자연 발화점이란 가연성 혼합물이 주위로부터 스스로 발화할 수 있도록 충분한 에너지를 제공할 수 있는 일정한 온도로서 농도, 압력, 부피 등의 환경과 촉매 및 발화 지연 시간 등의 영향을 받는다.

(2) 혼합 발화

① 정의

두 가지 또는 그 이상의 물질이 서로 혼합, 접촉하였을 때 발열 발화하는 현상을 말한다.

② 혼합 위험성

㉮ 폭발성 화합물을 생성하는 경우

> 예) 아세틸렌(C_2H_2) 가스는 Ag, Cu, Hg, Mg의 금속과 반응하여 폭발성인 금속 아세틸라이드를 생성
> $C_2H_2 + 2Cu \rightarrow Cu_2C_2 + H_2 \uparrow$

㉯ 시간이 경과하거나 바로 분해되어 발화 또는 폭발하는 경우

> 예) 아염소산염류 등과 유기산이 혼합할 경우 발화 폭발
> 아염소산나트륨 + 유기산 → 자연 발화

㉰ 폭발성 혼합물을 생성하는 경우

> 예) 톨루엔($C_6H_5CH_3$)에 진한 질산과 진한 황산을 가하여 니트로화시키면 폭발성 혼합물인 TNT(트리니트로톨루엔)가 생성

㉱ 가연성 가스를 생성하는 경우

> 예) 금속 나트륨이 알코올과 격렬히 반응하여 가연성인 수소 가스가 발생
> $2Na + 2C_2H_5OH \rightarrow 2C_2H_5ONa + H_2 \uparrow$

03 폭발 이론

(1) 정의

정상적인 연소 반응이 급격히 진행되어 열과 빛을 발하는 것 이외에 폭음과 충격 압력을 발생시켜 반응을 순간적으로 진행시키는 것을 말한다. 즉, 정상 연소에 비해 연소 속도와 화염 전파 속도가 빠른 비정상 연소 반응을 말한다.

① 폭발의 종류

폭발은 충격파의 전파 속도에 따라 폭연과 폭굉으로 구분한다.

㉮ 폭연(deflagration) : 충격파가 미반응 매질 속으로 음속보다 느리게 이동하는 현상

㉯ 폭굉(detonation) : 충격파가 미반응 매질 속으로 음속보다 빠르게 이동하는 현상

② 화재(fire)와 폭발(explosion)의 차이점

에너지 방출 속도의 차, 즉 화재는 에너지를 느리게 방출하고 폭발은 순간적으로 마이크로초(micro sec) 차원으로 아주 빠르게 진행되는 것을 말한다.

(2) 폭발의 성립 조건

① 가연성 가스, 증기 및 분진 등이 공기 또는 산소와 접촉, 혼합되어 있을 때

② 혼합되어 있는 가스, 증기 및 분진 등이 어떤 구획되어 있는 방이나 용기 같은 것의 공간에 존재하고 있을 때

③ 그 혼합된 물질(가연성 가스, 증기 및 분진 + 공기)의 일부에 점화원이 존재하고 그것이 매개가 되어 어떤 한도 이상의 에너지(활성화 에너지)를 줄 때

(3) 분진 폭발

① 분진 폭발 : 고체의 미립자가 공기 중에서 착화 에너지를 얻어 폭발하는 현상이다.

㉮ 화재 측면에서는 최대 $1,000\mu m$ 이하의 입자 크기를 갖는 분체의 정의를 받아들이는 것이 편리하며, 분진이란 200BS mesh체를 통과하는 $76\mu m$ 이하의 입자로서 한정되고 있다.

㉯ 분진은 기체 중에 부유하는 미세한 고체 입자를 총칭하는 것으로서 입자상 물질을 파쇄, 선별, 퇴적, 이적, 기타 기계적 처리 또는 연소, 합성 분해 시 발생이 된다.

㉰ 가연성 고체 분진이 공기 중에서 일정 농도 이상으로 부유하다 점화원을 만나면 폭발을 일으킨다. 특성은 가스 폭발과 비슷하다.

㉱ 공기 중의 산소와 반응하여 폭발하는 성질을 가지고 있는 물질을 대상으로 가능하며 분진은 가연성의 고체를 세분화한 것으로 상당히 입자가 작다.

② 분진 폭발이 대형화 하는 조건

㉮ 산소의 농도가 증가하는 경우

㉯ 밀폐된 공간이 고온, 고압인 경우

㉰ 분진이 인화성 액체나 고체의 증기와 혼합된 경우

㉱ 분진 자체가 폭발성 물질인 경우

③ 분진의 폭발성에 영향을 주는 인자

㉮ 분진의 화학적 성질과 조성

㉯ 입로

㉰ 분진의 부유성

㉱ 수분

④ 분진 폭발의 예방 대책

㉮ 작업장의 청소와 정비

㉯ 건물의 위치와 구조

㉰ 공정 및 장치

㉱ 금속분 제조 공장의 예방

㉲ 폭발 벤트(폭발 방산공)

㉳ 폭발 억제 설비의 이용

㉴ 불활성 물질의 이용

㉵ 발화원의 제거

⑤ 분진 폭발 물질

　마그네슘 분말, 알루미늄 분말, 황, 실리콘, 금속분, 석탄, 플라스틱, 담뱃가루, 커피 분말, 설탕, 옥수수, 감자, 밀가루, 나뭇가루 등

⑥ 분진 폭발을 하지 않는 물질

　시멘트 가루, 석회분, 염소산칼륨 가루, 모래, 염화아세틸(제4류 위험물) 등

⑦ 분진 상태일 때 위험성이 증가하는 이유

　㉮ 유동성의 증가

　㉯ 비열의 감소

　㉰ 정전기 발생 위험성 증가

　㉱ 표면적의 증가

⑧ 분진의 폭발 범위 : 하한치는 25~45mg/L, 상한치는 80mg/L

⑨ 분진운의 화염 전파 속도 : 100~300m/sec

⑩ 분진운의 착화 에너지 : 10^{-3}~10^{-2}J

(4) BLEVE(Boiling Liquid Expanding Vapor Explosion) 액화 가스 탱크의 폭발(비등 액체 팽창 증기 폭발) : 비등 상태의 액화 가스가 기화하여 팽창하고 폭발하는 현상

주변의 제트 화재(jet fire) 또는 풀 화재(pool fire)의 화염이 LPG 저장 탱크를 가열할 경우에 탱크 속의 휘발성 물질의 온도가 상승하여서 높은 증기압이 발생되며, 이로 인하여 안전밸브를 작동시킨다. 그리고 급격한 압력의 상승은 열화되기 쉬운 탱크의 기상부와 같은 가장 약한 부분으로부터 찢어져 폭발하는 BLEVE의 사고가 일어난다.

탱크 안에 있는 물질은 가열되어 있으므로 액상 성분이 폭발적으로 증발하고 이에 불이 붙어 그림과 같은 화구(fire ball)를 이루며 상승한다.

탱크 내부의 외각에 화염이 접촉되어도 어느 정도 평형을 유지하다가 탱크가 뚫어지면 기상부는 바로 대기압 가까이로 떨어지기 때문에 과열되어 있던 액체는 갑작스런 비등을 일으키며 원래 체적의 약 200배 이상으로 팽창되면서 외부로 분출되어 급격히 기화하여서 대량의 증기운을 만든다. 이 팽창력은 탱크 파편을 멀리까지 비산시킨다. 이 현상은 액체가 비등하고, 증기가 팽창하면서 폭발을 일으키는 현상을 말한다.

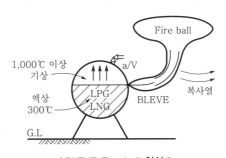

‖ BLEVE Fire ball 형성 ‖

① BLEVE에 영향을 주는 인자
  ㉮ 저장된 물질의 종류와 형태
  ㉯ 저장 용기 재질
  ㉰ 주위의 온도와 압력 상태
  ㉱ 내용물의 인화성 및 독성 여부
  ㉲ 내용물의 물리적 역학 상태

② BLEVE가 일어나기 위한 조건
  ㉮ 가연성 가스 또는 액체가 밀폐계 내에 존재한다.
  ㉯ 화재 등의 원인으로 인하여 가연물의 비점 이상 가열되어야 한다.
  ㉰ 저장 탱크의 기계적 강도 이상 압력이 형성되어야 한다.
  ㉱ 파열이나 균열 등에 의하여 내용물이 대기 중으로 방출되어야 한다.

③ BLEVE가 일어날 수 있는 곳
  ㉮ LPG 저장 탱크
  ㉯ 액화 가스 탱크로리
  ㉰ LNG 저장 탱크

(5) 탱크의 화재 현상

① 보일 오버(boil over) : 원추형 탱크의 지붕판이 폭발에 의해 날아가고 화재가 확대될 때 저장된 연소 중인 기름에서 발생할 수 있는 현상으로, 기름의 표면부에서 장시간 조용히 타고 있는 동안 갑자기 탱크로부터 연소 중인 기름이 폭발적으로 분출되어 화재가 일시에 격화된다. 화재가 지속된 부유식 탱크나 지붕과 측판을 약하게 결합한 구조의 기름 탱크에서도 일어난다.

② 슬롭 오버(slope over) : 원유처럼 비점이 넓은 중질유가 연소하는 경우에는 하나의 비점을 가진 유류의 연소와 달리 연소 시 액체의 증류가 발생한다. 연소 시 표면 가까이의 뜨거운 중질 성분과 그 아래 차가운 경질 성분이 바뀌는 약 1시간 후 거의 균등한 온도 분포를 이루게 되며, 이때 탱크 내에 존재하던 수분이나 소화를 위해 투입된 소화 용수가 뜨거운 액 표면에 유입되면 유류 속의 수분과 투입된 소화 용수가 급격히 증발하여 기름 거품이 되고, 더욱 팽창하여 기름 탱크 밖으로 내뿜어진다. 이처럼 탱크 상부로부터 기름이 넘쳐 흐르는 현상이 슬롭 오버이다.

③ 프로스 오버(froth over) : 보일 오버 현상과 밀접한 관계를 가지고 있으며 원유, 중유 등 고점도의 기름 속에 수증기를 포함한 볼 형태의 물방울이 형성되는데, 이것은 고점도유로 싸여 있으며, 이러한 액적이 생겨 탱크 밖으로 넘치는 현상이 프로스 오버이다.

④ 파이어 볼(fire ball) : 대량으로 증발된 가연성 액체가 갑자기 연소했을 때 커다란 구형의 불꽃을 발한다. 이 파이어 볼의 생성 형태는 가연성 액화 가스가 누출되어 지면 등으로부터 흡수된 열에 의해 급속히 기화한다. 결국 액화 가스는 정상적으로 증발이 되어 확산되며 개방 공간에서 증기운(vapor cloud)을 형성한다. 여기에 착화해서 연소한 결과 파이어 볼을 형성한다. 대형 탱크 화재의 경우 화재의 열에 의해 유증기를 순간적으로 다량 방출하여 예측하지도 못한 상태에서 폭발과 동시에 파이어 볼을 형성하는 때가 많다.

⑤ 블레비(BLEVE ; Boiling Liquid Expanding Vapor Explosion) : 가연성 액화가스의 탱크 주위에서 화재가 발생한 경우에 탱크의 가열로 인하여 그 부분의 강도가 약해져 탱크가 파열됨으로 내부의 가열된 액화가스가 급속히 팽창하면서 폭발하는 현상

1. 플래시 오버(flash over)
   ㉠ 화재가 구획된 방 안에서 발생하면 플래시 오버가 발생한다. 그러면 수 초 안에 온도가 약 5배로 높아지고 산소는 급격히 감소되며, 일산화탄소가 치사량으로 발생하고 이산화탄소는 급격히 증가한다. 이 가연성 가스 농도가 증가하여 연소 범위 내의 농도에 도달하면 착화하여 천장에 화염이 쌓이게 된다. 이 이후에는 천장면으로부터의 복사열에 의하여 바닥면 위의 가연물이 급격히 가열 착화하여 바닥면 전체가 화염으로 덮이게 된다. 이를 순발 연소라 한다.
   순발 연소 영향 인자는 다음과 같다.
   • 내장재의 재질(종류)과 두께
   • 화원 크기
   • 개구부 크기
   ㉡ 국소 화재에서 실내의 가연물이 연소하는 대화재로의 전이
   ㉢ 연료지배형 화재에서 환기지배용 화재로 전이
   ㉣ 실내의 천장 쪽에 축적된 미연소 가연성 증기나 가스를 통한 화염의 급격한 전파
   ㉤ 내화 건축물의 실내 화재 온도 상황으로 보아 성장기에서 최성기로의 진입
2. 플래시백(Flash Back) 현상 : 연소 속도보다 가스 분출 속도가 작을 때
3. 백드래프트(Back Draft) 현상 : 산소가 부족하거나 훈소 상태에 있는 실내에 산소가 일시적으로 다량 공급될 때 연소 가스가 순간적으로 발화하는 것

(6) 폭발의 영향 인자

① 온도 : 발화점이 낮을수록 폭발하기 쉽다.

<가연성 물질의 발화점>

물 질	발화점(℃)	물 질	발화점(℃)
메탄	615~682	부탄	430~510
프로판	460~520	가솔린	210~300
건조 목재	280~300	석탄	330~450
목탄	250~320	코크스	450~550

② 조성(폭발 범위)
폭발 범위가 넓을수록 폭발의 위험이 크다. 그러나 아세틸렌, 산화에틸렌, 히드라진, 오존 등은 조성에 관계 없이 조건이 형성되면 단독으로도 폭발할 수 있으며, 일반적으로 가연성 가스의 폭발 범위는 공기 중에서보다 산소 중에서 더 넓어진다.

〈주요 가스의 공기 중 폭발 범위(1atm, 상온 기준)〉

가 스	하한계	상한계	가 스	하한계	상한계
수소	4.0	75.0	벤젠	1.4	7.1
일산화탄소	12.5	74.0	톨루엔	1.4	6.7
시안화수소	6.0	41.0	메틸알코올	7.3	36.0
메탄	5.0	15.0	에틸알코올	4.3	19.0
에탄	3.0	12.4	아세트알데히드	4.1	57.0
프로판	2.1	9.5	에테르	1.9	48.0
부탄	1.8	8.4	아세톤	3.0	13.0
에틸렌	2.7	36.0	산화에틸렌	3.0	80.0
프로필렌	2.4	11.0	산화프로필렌	2.0	22.0
아세틸렌	2.5	81.0	염화비닐	4.0	22.0
암모니아	15.0	28.0	이황화탄소	1.2	44.0
황화수소	4.3	45.4	―	―	―

㉮ 폭굉 범위(폭굉 한계) : 폭발 범위 내에서도 특히 격렬한 폭굉을 생성하는 조성 범위

㉯ 르 샤틀리에(Le Chatelier)의 혼합 가스 폭발 범위를 구하는 식

$$\frac{100}{L} = \frac{V_1}{L_1} + \frac{V_2}{L_2} + \frac{V_3}{L_3} + \cdots$$

여기서, L : 혼합 가스의 폭발 한계치

L_1, L_2, L_3, ⋯ : 각 성분의 단독 폭발 한계치(vol%)

V_1, V_2, V_3, ⋯ : 각 성분의 체적(vol%)

예제 메탄 60vol%, 에탄 30vol%, 프로판 10vol%로 혼합된 가스의 공기 중 폭발 하한값은 약 몇 %인가?

풀이 $\frac{100}{L} = \frac{V_1}{L_1} + \frac{V_2}{L_2} + \frac{V_3}{L_3}$ 이므로 $\frac{100}{L} = \frac{60}{5} + \frac{30}{3} + \frac{10}{2.1}$

$L = \frac{100}{26.76}$ ∴ $L = 3.74\%$

답 3.74%

③ 압력

일반적으로 가스 압력이 높아질수록 발화점은 낮아지고, 폭발 범위는 넓어지는 경향이 있다. 따라서 가스 압력이 높아질수록 폭발의 위험이 크다.

④ 용기의 크기와 형태

온도, 조성, 압력 등의 조건이 갖추어져 있어도 용기가 적으면 발화하지 않거나, 발화해도 화염이 전파되지 않고 도중에 꺼져버린다.

㉮ 소염(quenching, 화염 일주) 현상

발화된 화염이 전파되지 않고 도중에 꺼져버리는 현상

㉯ 안전 간격(MESG, 최대 안전 틈새, 화염 일주 한계, 소염 거리)

어떤 위험 물질의 화염 전파 속도를 알아보기 위하여 표준 용기(내용적 8L, 틈새 길이 25mm) 내에서 점화시켜 폭발시켰을 때 발생된 화염이 용기 밖으로 전파하여 폭발성 혼합 가스에 점화되지 않는 최대값으로서 내압 방폭 구조(d)에 있어서 대상 가스의 폭발 등급을 구분하는 데 사용되며, 또한 역화 방지기 설계의 중요한 기초 자료로 이용된다.

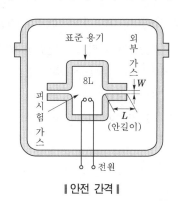

▌ 안전 간격 ▐

㉠ 안전 간격에 따른 폭발 등급 구분

ⓐ 폭발 1등급(안전 간격 : 0.6mm 초과)

🔺예 LPG, 일산화탄소, 아세톤, 벤젠, 에틸에테르, 암모니아 등

ⓑ 폭발 2등급(안전 간격 : 0.4mm 초과 0.6mm 이하)

🔺예 에틸렌, 석탄 가스 등

ⓒ 폭발 3등급(안전 간격 : 0.4mm 이하)

🔺예 아세틸렌, 수소, 이황화탄소, 수성 가스($CO + H_2$) 등

㉡ 결론 : 안전 간격이 적은 물질일수록 폭발하기 쉽다.

(7) 연소파(combustion wave)와 폭굉파(detonation wave)

① 연소파

가연성 가스와 공기를 혼합할 때 그 농도가 연소 범위에 이르면 확산의 과정은 생략하고 전파 속도가 매우 빠르게 되어 그 진행 속도가 대체로 0.1~10m/sec 정도로 연소가 진행하게 되는데, 이 영역을 연소파라 한다.

② 폭굉파

가연성 가스와 공기의 혼합 가스가 밀폐계 내에서 연소하여 폭발하는 경우, 그때 발생한 연소열로 인해 폭발적으로 연소 속도가 증가하여 그 속도가 1,000~3,500m/sec에 도달하면서 급격한 폭발을 일으키는데, 이 영역을 폭굉파라 한다.

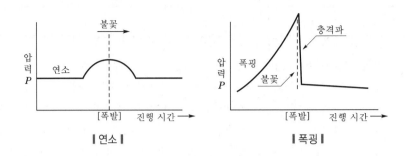

‖연소‖ ‖폭굉‖

(8) 폭굉 유도 거리(DID ; Detonation Induction Distance)

관중에 폭굉성 가스가 존재할 경우 최초의 완만한 연소가 격렬한 폭굉으로 발전할 때까지의 거리이다. 일반적으로 짧아지는 경우는 다음과 같다.

① 정상 연소 속도가 큰 혼합 가스일수록

② 관속에 방해물이 있거나 관지름이 가늘수록

③ 압력이 높을수록

④ 점화원의 에너지가 강할수록

(9) 전기 방폭 구조의 종류

① **내압 방폭 구조(d)** : 용기 내부에 폭발성 가스의 폭발이 일어나는 경우에 용기가 폭발 압력에 견디고 또한 접합면 개구부를 통하여 외부의 폭발성 분위기에 착화되지 않도록 한 구조

② **유입 방폭 구조(o)** : 전기 불꽃을 발생하는 부분을 기름 속에 잠기게 함으로써 기름면 위 또는 용기 외부에 존재하는 폭발성 분위기에 착화할 우려가 없도록 한 구조

③ **압력 방폭 구조(p)** : 점화원이 될 우려가 있는 부분을 용기 안에 넣고 신선한 공기나 불활성 기체를 용기 안으로 넣어 폭발성 가스가 침입하는 것을 방지하는 구조

④ **안전증 방폭 구조(e)** : 전기 기기의 과도한 온도 상승, 아크 또는 스파크 발생의 위험을 방지하기 위해 추가적인 안전 조치를 통한 안전도를 증가시킨 구조

⑤ **본질 안전 방폭 구조(ia, ib)** : 정상 설계 및 단선, 단락, 지락 등 이상 상태에서 전기 회로에 발생한 전기 불꽃이 규정된 시험 조건에서 소정의 시험 가스에 점화하지 않고 또한 고온에 의한 폭발성 분위기에 점화할 염려가 없게 한 구조

⑥ **특수 방폭 구조(s)** : 모래를 삽입한 사입 방폭 구조와 밀폐 방폭 구조가 있으며 폭발성 가스의 인화를 방지할 수 있는 특수한 구조로서 폭발성 가스의 인화를 방지할 수 있는 것이 시험에 의하여 확인된 구조

(10) 위험 장소

가연성 가스가 폭발할 위험이 있는 농도에 도달할 우려가 있는 장소를 말한다.

① **0종 장소**

상용 상태에서 가연성 가스의 농도가 연속해서 폭발하는 한계 이상으로 되는 장소

② 1종 장소

상용 상태에서, 또는 정비 보수, 누출 등으로 인해 종종 가연성 가스가 체류하여 위험하게 될 우려가 있는 장소

③ 2종 장소

㉮ 밀폐된 용기 또는 설비 내에 밀봉된 가연성 가스가 그 용기 또는 설비의 사고로 인해 파손되거나 오조작의 경우에만 누출할 우려가 있는 장소

㉯ 확실한 기계적 환기 조치에 의하여 가연성 가스가 체류하지 않도록 되어 있으나 환기 장치에 이상이나 사고가 발생한 경우에는 가연성 가스가 체류하여 위험하게 될 우려가 있는 장소

㉰ 1종 장소의 주변 또는 인접한 실내에서 위험한 농도의 가연성 가스가 종종 침입할 우려가 있는 장소

출·제·예·상·문·제

1

가연성 물질이 산소와 급격히 반응하여 열과 빛을 내는 현상은?

① 자연 발화　　　　　　　　② 산화 반응

③ 연소 현상　　　　　　　　④ 폭발 현상

 ㉠ 연소(combustion) : 가연물이 공기 중의 산소와 반응하여 열과 빛을 내는 현상
　　　㉡ 폭발(explosion) : 정상 연소 반응이 급격히 진행되어 열과 빛을 내는 것 이외에 폭음과 충격 압력(충격파)을 형성하여 반응이 순식간에 진행되는 것으로서, 충격파의 전파 속도에 따라 폭연과 폭굉으로 나눈다.

2

다음 중 연소와 관계되는 반응은?

① 산화 반응　　　　　　　　② 환원 반응

③ 연쇄 반응　　　　　　　　④ 치환 반응

해설 연소란 산화 반응과 발열 반응이 동시에 일어나는 것을 말한다.

3

다음 중 연소 속도와 의미가 가장 가까운 것은?

① 기화열의 발생 속도　　　　② 환원 속도

③ 착화 속도　　　　　　　　④ 산화 속도

해설 연소란 가연성 물질이 공기 중의 산소와 반응하여 열과 빛을 내는 산화 반응이므로 연소 속도는 산화 속도라 한다.

4

탄소 80%, 수소 14%, 황 6%인 물질 1kg이 완전 연소하기 위해 필요한 이론 공기량은 약 몇 kg인가? (단, 공기 중 산소＝23wt%)

① 3.31　　　　　　　　　　② 7.05

③ 11.62　　　　　　　　　　④ 14.41

해설 ㉠ C : 80% → 0.8kg
　　　　H : 14% → 0.14kg
　　　　S : 6% → 0.06kg

정답　　1. ③　2. ①　3. ④　4. ④

ⓛ 완전 연소 시 필요한 산소(O_2)

ⓐ $C + O_2 \rightarrow CO_2$

$12 : 32 = 0.8 : x$

$\therefore x = 2.13\text{kg}$

ⓑ $4H + O_2 \rightarrow 2H_2O$

$4 : 32 = 0.14 : x$

$\therefore x = 1.12\text{kg}$

ⓒ $S + O_2 \rightarrow SO_2$

$32 : 32 = 0.06 : x$

$\therefore x = 0.06\text{kg}$

$\therefore$ 완전 연소 시 필요한 산소

$= 2.13 + 1.12 + 0.06 = 3.31\text{kg}$

ⓒ 필요한 이론 공기량

$0.23 : 3.31 = 1 : x$

$\therefore x = \dfrac{3.31}{0.23} ≒ 14.39\text{kg}$

5

> 프로판 2m^3이 완전 연소할 때 필요한 이론 공기량은 약 몇 m^3인가? (단, 공기 중 산소 농도는 21vol%이다.)
>
> ① 23.81   ② 35.72
>
> ③ 47.62   ④ 71.43

 $C_3H_8 + 5O_2 \rightarrow 3CO_2 + 4H_2O$

$22.4\text{m}^3 \quad 5 \times 22.4\text{m}^3$

$2\text{m}^3 \qquad x\,(\text{m}^3)$

$x = \dfrac{5 \times 22.4 \times 2}{22.4} = 10\text{m}^3$

$\therefore$ 이론 공기량 $= \dfrac{\text{산소량}}{\text{산소 농도}} = \dfrac{10}{0.21} = 47.62\text{m}^3$

6

> 메탄 1g이 완전 연소하면 발생되는 이산화탄소는 몇 g인가?
>
> ① 1.25   ② 2.75
>
> ③ 14   ④ 44

 $CH_4 + 2O_2 \rightarrow CO_2 + 2H_2O$

$16\text{g} \qquad 44\text{g}$

$1\text{g} \qquad x\,(\text{g})$

$\therefore x = \dfrac{1 \times 44}{16} = 2.75\text{g}$

7

산화제와 환원제를 연소의 4요소와 연관지어 연결한 것으로 옳은 것은?

① 산화제−산소 공급원, 환원제−가연물

② 산화제−가연물, 환원제−산소 공급원

③ 산화제−연쇄 반응, 환원제−점화원

④ 산화제−점화원, 환원제−가연물

 해설 연소의 4요소

ㄱ 산화제−산소 공급원

ㄴ 환원제−가연물

ㄷ 점화원

ㄹ 순조로운 연쇄 반응

8

다음 중 연소의 3요소가 아닌 것은?

① 가연물   ② 산소 공급원

③ 점화원   ④ 인화점

 해설 ㄱ 연소 : 가연성 물질이 공기 중의 산소와 화학적 반응을 하여 열과 빛을 발화하는 현상

ㄴ 연소의 3요소(표면 연소의 경우) : 가연물, 산소 공급원, 점화원(활성화 에너지)

ㄷ 연소의 4요소(불꽃 연소의 경우) : 가연물, 산소 공급원, 점화원, 순조로운 연쇄 반응

9

다음 중 연소할 수 있는 조건을 갖춘 것은?

① 아세톤 + 수소 + 성냥불

② 알코올 + 수소 + 산소

③ 가솔린 + 공기 + 수소

④ 성냥불 + 황 + 산소

해설 연소의 3요소

가연물(황), 산소 공급원(산소), 점화원(성냥불)

10

다음 중 산소와 화합하지 않는 원소는?

① 황   ② 질소

③ 인   ④ 헬륨

해설 ④ 헬륨 : 비활성 기체이므로 산소와 화합하지 않는다.

정답   7. ①   8. ④   9. ④   10. ④

11

이산화탄소와 일산화탄소의 공통점은?

① 소화제로 사용할 수 있다.
② 물질이 연소할 때 발생할 수도 있다.
③ 가연성 기체가 아니다.
④ 공기보다 무겁다.

해설 물질이 완전 연소하면 CO_2, 불완전 연소하면 CO가 발생한다.

12

이산화탄소가 불연성인 이유는?

① 산소와의 반응이 잘 되기 때문
② 산소와 반응하지 않기 때문
③ 착화되어도 곧 불이 꺼지기 때문
④ 산화 반응이 되어도 열발생이 없기 때문

해설 이산화탄소는 산소와 산화 반응이 완결된 물질($C + O_2 \rightarrow CO_2 + 94.2kcal$)로서, 더이상 산화 반응이 일어나지 않기 때문에 불연성이 된다.

13

다음 기체 중 화학적 성질이 다른 것은?

① 질소
② 불소
③ 아르곤
④ 이산화탄소

해설 ①, ③, ④는 가연물이 될 수 없다.

14

공기 중 산소는 부피 백분율과 질량 백분율로 각각 약 몇 %인가?

① 79, 21
② 21, 23
③ 23, 21
④ 21, 79

해설 산소는 공기 중에 21%(용량) 또는 23%(중량) 존재하고 있으므로 공급되는 공기 중의 산소의 양에 따라 화재가 확대 또는 축소되기도 하므로 가연 물질의 연소 또는 화재에 미치는 산소의 역할은 크다.

15

연소가 잘 일어나지 못하는 이유는?

① 산소와 화학적 친화력이 클 것
② 산소와 접촉 면적이 클 것
③ 열전도율이 클 것
④ 발열량이 클 것

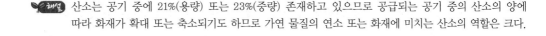
정답 11. ② 12. ② 13. ② 14. ② 15. ③

🌱해설 가연물이 되기 쉬운 조건
　　⊙ 산소와의 친화력이 클 것(화학적 활성이 강할 것)
　　ⓒ 열전도율이 적을 것
　　ⓒ 산소와의 접촉 면적이 클 것
　　ⓔ 발열량(연소열)이 클 것
　　ⓜ 활성화 에너지가 적을 것(발열 반응을 일으키는 물질)
　　ⓗ 건조도가 좋을 것(수분의 함유가 적을 것)

16

가연물이 고체일 때 덩어리보다 가루가 불타기 쉬운 이유는?

① 발화점이 낮기 때문에　　　② 발열량이 크기 때문에
③ 공기와의 접촉 면적이 크기 때문에　　④ 열전도율이 크기 때문에

🌱해설 석탄을 미분탄으로 하면 괴상일 때보다 산소와의 접촉 면적이 커지므로 연소하기 쉽다.

17

고온체의 색깔과 온도 관계에서 다음 중 가장 낮은 온도의 색깔은?

① 적색　　　　　　　　　② 암적색
③ 회적색　　　　　　　　④ 백적색

🌱해설 1. 발광에 따른 온도 구분
　　⊙ 적열 상태 : 500℃ 부근
　　ⓒ 백열 상태 : 1,000℃ 이상
　　2. 고온체의 색깔과 온도의 관계
　　⊙ 암적색 : 700℃
　　ⓒ 적색 : 850℃
　　ⓒ 회적색 : 950℃
　　ⓔ 황적색 : 1,100℃
　　ⓜ 백적색 : 1,300℃
　　ⓗ 회백색 : 1,500℃

18

불꽃의 색깔로 온도를 짐작할 수 있다. 몇 도 이상을 백열 상태라 하는가?

① 300℃　　　　　　　　② 600℃
③ 1,000℃　　　　　　　④ 1,500℃

🌱해설 ⊙ 발광에 따른 온도 구분 : 적열 상태(500℃ 부근), 백열 상태(1,000℃ 이상)
　　ⓒ 고온체의 색깔과 온도와의 관계
　　　• 암적색(700℃)　　• 적색(850℃)
　　　• 회적색(950℃)　　• 황적색(1,100℃)
　　　• 백적색(1,300℃)　• 회백색(1,500℃)

19 연소할 때 고온체가 발하는 색깔로 온도를 측정할 수 있다. 다음 중 가장 높은 온도의 색깔은?

① 암적색

② 백적색

③ 황적색

④ 회백색

 해설 ① 암적색 : 700℃   ② 백적색 : 1,300℃   ③ 황적색 : 1,100℃   ④ 회백색 : 1,500℃

20 다음 고온체의 색깔을 낮은 온도부터 옳게 나열한 것은?

① 암적색＜황적색＜백적색＜회적색

② 회적색＜백적색＜황적색＜암적색

③ 회적색＜암적색＜황적색＜백적색

④ 암적색＜회적색＜황적색＜백적색

 해설 암적색(700℃)＜회적색(950℃)＜황적색(1,100℃)＜백적색(1,300℃)

21 화재를 잘 일으킬 수 있는 일반적인 경우에 대한 설명 중 틀린 것은?

① 산소와 친화력이 클수록 연소가 잘 된다.

② 온도가 상승하면 연소가 잘 된다.

③ 연소 범위가 넓을수록 연소가 잘 된다.

④ 발화점이 높을수록 연소가 잘 된다.

해설 ④ 발화점이 낮을수록 연소가 잘 된다.

22 다음 중 위험물의 화재 위험에 관한 사항을 옳게 설명한 것은?

① 비점이 높을수록 위험하다.

② 폭발 한계가 좁을수록 위험하다.

③ 착화 에너지가 작을수록 위험하다.

④ 인화점이 높을수록 위험하다.

해설 ① 비점이 낮을수록 위험하다.
② 폭발 한계가 넓을수록 위험하다.
④ 인화점이 낮을수록 위험하다.

23

정상 연소란?

① 열의 일산 속도 > 열의 생성 속도

② 열의 생성 속도 > 열의 일산 속도

③ 열의 생성 속도 = 열의 일산 속도

④ 관계 없다.

 ㉠ 정상 연소(화재) : 열의 생성(발열) 속도 = 열의 방산(일산) 속도

㉡ 비정상 연소(폭발) : 열의 발생 속도 > 열의 방산 속도

24

수소, 아세틸렌과 같은 가연성 가스가 공기 중에 유출 시, 연소되는 형식으로 옳은 것은?

① 확산 연소   ② 증발 연소

③ 분해 연소   ④ 표면 연소

 ① 확산 연소 : 가연성 기체를 대기 중에 분출·확산시켜 연소하는 방식(불꽃은 있으나 불티가 없는 연소)이다.

25

고체 및 액체상 물질의 연소 형태에 대한 설명으로 옳지 않은 것은?

① 목탄과 같이 공기와 접촉하는 표면에서 불타는 연소를 표면 연소라 한다.

② 알코올의 연소는 표면 연소이다.

③ 산소 공급원을 가진 물체 자체가 연소하는 것을 자기 연소라 한다.

④ 목재와 같이 열분해되어 가연성 기체가 연소하는 것을 분해 연소라 한다.

해설 알코올의 연소는 증발 연소이다.

26

가연물의 주된 연소 형태에 대한 설명으로 옳지 않은 것은?

① 유황의 연소 형태는 증발 연소이다.

② 목재의 연소 형태는 분해 연소이다.

③ 에테르의 연소 형태는 표면 연소이다.

④ 숯의 연소 형태는 표면 연소이다.

해설 ③ 에테르의 연소 형태는 증발 연소이다.

27 연소할 때 자기 연소를 일으키지 않는 것은?

① $C_2H_5ONO_2$

② $[C_6H_7O_2(ONO_2)_3]n$

③ CH_3ONO_2

④ $C_6H_5NO_2$

해설 ④ 증발 연소

28 일반적인 석유난로의 연소 형태로, 점도가 높고 비휘발성인 액체를 안개상으로 분사하여 액체의 표면적을 넓혀 연소시키는 방법은?

① 액적 연소

② 증발 연소

③ 분해 연소

④ 표면 연소

해설 액체의 연소 방법은 액의 증발 과정에 의해 액면 연소, 심화 연소, 분무(액적) 연소, 증발 연소가 있다.

29 중유의 주된 연소 형태는?

① 표면 연소

② 분해 연소

③ 증발 연소

④ 자기 연소

해설 ② 분해 연소 : 점도가 높고 비휘발성인 가연성 액체의 연소로, 열분해에 의하여 발생된 분해 가스의 연소 형태
예 중유, 제4석유류 등

30 고체의 일반적인 연소 형태에 속하지 않는 것은?

① 표면 연소 ② 확산 연소 ③ 자기 연소 ④ 증발 연소

해설 연소의 형태
㉠ 기체의 연소 : 발염 연소, 확산 연소
㉡ 액체의 연소 : 증발 연소
㉢ 고체의 연소 : 표면(직접) 연소, 분해 연소, 증발 연소, 내부(자기) 연소

31 고체 연료(무연탄, 목탄, 코크스)가 처음에는 화염을 내면서 연소하다가 점차 화염이 없어지고 공기 접촉으로 계속되는 연소는?

① 확산 연소 ② 증발 연소 ③ 분해 연소 ④ 표면 연소

해설 표면 연소에 대한 설명이다.

32

니트로 화합물과 같은 가연성 물질이 자체 내에 산소를 함유하고 있어 공기 중의 산소를 필요로 하지 않고 자체의 산소에 의해서 연소되는 현상은?

① 자기 연소
② 등심 연소
③ 훈소 연소
④ 분해 연소

 해설 ① 자기(내부) 연소 : 니트로 화합물과 같은 가연성 물질이 자체 내에 산소를 함유하고 있어 공기 중의 산소를 필요로 하지 않고 자체의 산소에 의해서 연소되는 현상이다.
② 등심 연소(심화 연소, wick combustion) : 석유 스토브나 램프에서와 같이 연료를 심지로 빨아 올려 심지 표면에서 증발시켜 확산 연소를 시키는 것이다.
③ 훈소 연소(작열 연소, glowing combustion) : 화재가 본격적인 단계에 이르기 전인 초기 단계를 말하며 이때는 주변의 산소 농도에 크게 영향을 받지 않는 속불 형태의 연소가 일어나게 되며, 훈소 연소 상태에서는 화염 온도가 불꽃 연소를 유지하기에는 미흡한 상태이다.
④ 분해 연소 : 가연성 고체에 충분한 열이 공급되면 가열 분해에 의하여 발생된 가연성 가스(CO, H_2, CH_4 등)가 공기와 혼합되어 연소하는 형태이다.

33

일반 건축물 화재에서 내장재로 사용한 폴리스티렌 폼(polystyrene foam)이 화재 중 연소했다면 이 플라스틱의 연소 형태는?

① 증발 연소
② 자기 연소
③ 분해 연소
④ 표면 연소

해설 고체의 연소 형태
㉠ 표면(직접) 연소 : 목탄, 숯, 코크스, 금속분, Na 등
㉡ 분해 연소 : 석탄, 목재, 종이, 플라스틱, 고무 등
㉢ 증발 연소 : 촛불, 황, 나프탈렌, 왁스, 파라핀, 장뇌 등
㉣ 자기(내부) 연소 : 제5류 위험물(니트로셀룰로오스, 셀룰로이드, TNT, 피크린산, 히드라진 유도체 등)

34

촛불의 연소 형태는?

① 분해 연소
② 표면 연소
③ 내부 연소
④ 증발 연소

해설 촛불의 연소는 고체 가연물의 연소 형태 중 증발 연소로서, 고체 가연물을 가열하면 열분해를 일으키지 않고 증발하여 그 증기가 연소하는 것을 말하는데, 유황, 나프탈렌, 장뇌 등 승화성 물질이 이러한 형태로 연소된다.

35

가연성 액체로부터 발생한 증기가 액체 표면에서 연소 범위의 하한에 도달할 수 있는 최저 온도를 무엇이라 하는가?

① 비점
② 인화점
③ 발화점
④ 연소점

해설 인화점의 정의이다.

36 다음 중 "인화점 50℃"의 의미를 가장 옳게 설명한 것은?

① 주변의 온도가 50℃ 이상이 되면 자발적으로 점화원 없이 발화한다.

② 액체의 온도가 50℃ 이상이 되면 가연성 증기를 발생하여 점화원에 의해 인화한다.

③ 액체를 50℃ 이상으로 가열하면 발화한다.

④ 주변의 온도가 50℃일 경우 액체가 발화한다.

🌱해설 인화점 50℃란 액체의 온도가 50℃ 이상이 되면 가연성 증기를 발생하여 점화원에 의해 인화하는 것을 말한다.

37 보통 연소점은 인화점보다 몇 ℃ 정도 높은가?

① 5℃   ② 10℃

③ 20℃   ④ 30℃

🌱해설 연소점(연소 온도, fire point)이란 상온에서 액체 상태로 존재하는 액체 가연물의 연소 상태를 5초 이상 지속시키기 위한 온도로서, 일반적으로 인화점보다 약 10℃ 정도 높은 온도를 말한다.

38 발화점이 낮아지는 요인이 아닌 것은?

① 압력이 높다.

② 습도가 높다.

③ 발열량이 크다.

④ 분자 구조가 복잡하다.

🌱해설 ㉯ 습도가 높으면 발화점이 높아진다.

39 발화점에 대한 설명으로 가장 옳은 것은?

① 외부에서 점화하지 않더라도 발화하는 최저 온도

② 외부에서 점화했을 때 발화하는 최저 온도

③ 외부에서 점화했을 때 발화하는 최고 온도

④ 외부에서 점화하지 않더라도 발화하는 최고 온도

🌱해설 발화점(ignition point)

외부에서 점화하지 않더라도 발화하는 최저 온도, 즉 공기 중에서 점차로 온도가 상승하면 이화(open flame) 상태로 점화 에너지를 공급하지 않아도 물질이 산화열에 의해 발화점보다 낮은 온도에서 서서히 발열하고 그 반응열이 축적되어 발화점에 도달하여 자연히 발화되는 현상으로 자연 발화 현상이 발생할 때의 최저 온도이다.

40

발화점 600℃의 의미는?

① 600℃로 가열하면 불탄다.

② 600℃로 가열하면 비로소 인화한다.

③ 600℃ 이하에서는 점화원이 있어도 인화하지 않는다.

④ 600℃로 가열하면 공기 중에서 스스로 불타기 시작한다.

 ㉠ 발화점 : 불씨(점화원) 없이 가열만으로 공기 중에서 스스로 연소하는 최저의 온도를 말한다.
ㄴ 인화점 : 불씨(점화원)가 부여될 때 연소가 시작되는 최저의 온도를 말한다.

41

전기 불꽃 에너지 공식에서 (   )에 알맞은 것은? (단, Q는 전기량, V는 방전 전압, C는 전기 용량을 나타낸다.)

$$E = \frac{1}{2}(\quad) = \frac{1}{2}(\quad)$$

① QV, CV ② QC, CV

③ QV, CV^2 ④ QC, QV^2

 전기 불꽃 에너지 공식

$$E = \frac{1}{2}QV = \frac{1}{2}CV^2$$

여기서, Q : 전기량
V : 방전 전압
C : 전기 용량

42

그림에서 C_1과 C_2 사이를 무엇이라고 하는가?

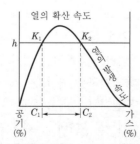

① 폭발 범위   ② 발열량

③ 흡열량   ④ 안전 범위

 화염의 전파가 일어나지 않는 농도로서 농도가 낮은 경우를 폭발 하한계, 높은 경우를 폭발 상한계라 하며 그 사이를 폭발 범위라 한다.

43 연소 범위에 대한 설명으로 옳지 않은 것은?

① 연소 범위는 연소 하한값부터 연소 상한값까지이다.

② 연소 범위의 단위는 공기 또는 산소에 대한 가스의 %농도이다.

③ 연소 하한이 낮을수록 위험이 크다.

④ 온도가 높아지면 연소 범위가 좁아진다.

 해설 온도가 높아지면 연소 범위는 커진다.

44 연소 이론에 대한 설명으로 가장 거리가 먼 것은?

① 발화점이 낮을수록 위험성이 크다.

② 인화점이 낮을수록 위험성이 크다.

③ 인화점이 낮은 물질은 발화점도 낮다.

④ 폭발 한계가 넓을수록 위험성이 크다.

 해설 인화점이 낮다고 해서 발화점이 낮지는 않다.

45 아세톤의 위험도를 구하면 얼마인가? (단, 아세톤의 연소 범위는 2~13vol%이다.)

① 0.846   ② 1.23

③ 5.5   ④ 7.5

 해설

$$H = \frac{U - L}{L}$$

$$= \frac{13 - 2}{2} = 5.5$$

여기서, H : 위험도

U : 연소 범위의 상한치

L : 연소 범위의 하한치

46 가연물이 스스로 산화되어 산화열이 축적됨으로써 발열, 발화하는 현상은?

① 연소 폭발   ② 혼합 발화

③ 자연 발화   ④ 준자연 발화

 해설 자연 발화란 가연물이 서서히 산화 또는 분해될 때 발생한 열이 비교적 적게 방산하는 상태에서 열이 축적되고 물질 자체의 온도가 상승하여 발화점에 도달함으로써 스스로 발화하는 현상을 말한다.

47

자연 발화가 일어날 수 있는 조건으로 가장 옳은 것은?

① 주위의 온도가 낮을 것
② 표면적이 작을 것
③ 열전도율이 작을 것
④ 발열량이 작을 것

해설 자연 발화가 일어날 수 있는 조건
　㉠ 표면적이 넓을 것
　㉡ 발열량이 많을 것
　㉢ 열전도율이 적을 것
　㉣ 발화되는 물질보다 주위 온도가 높을 것

48

니트로셀룰로오스의 자연 발화는 일반적으로 무엇에 기인한 것인가?

① 산화열
② 중합열
③ 흡착열
④ 분해열

해설 자연 발화의 형태
　㉠ 분해열에 의한 발화
　　예 셀룰로이드류, 니트로셀룰로오스(질화면), 과산화수소, 염소산칼륨 등
　㉡ 산화열에 의한 발화
　　예 건성유, 원면, 석탄, 고무 분말, 액체 산소, 발연 질산 등
　㉢ 중합열에 의한 발화
　　예 시안화수소(HCN), 산화에틸렌(C_2H_4O), 염화비닐(CH_2CHCl), 부타디엔(C_4H_6) 등
　㉣ 흡착열에 의한 발화
　　예 활성탄, 목탄 분말 등
　㉤ 미생물에 의한 발화
　　예 퇴비, 퇴적물, 먼지 등

49

자연 발화에 영향을 주는 인자 중 가장 영향을 적게 주는 것은?

① 발열량
② 수분
③ 열축적
④ 미생물

해설 미생물은 자연 발화의 형태이다.

50

자연 발화 방지법에 해당하지 않는 것은?

① 습도가 높은 것을 피할 것
② 저장실의 온도를 높일 것
③ 통풍을 잘 시킬 것
④ 열이 쌓이지 않도록 퇴적 방법에 유의할 것

해설 자연 발화 방지법
ㄱ 통풍이 잘 되게 할 것
ㄴ 저장실의 온도를 낮출 것
ㄷ 습도가 높은 것을 피할 것
ㄹ 열의 축적을 방지할 것
ㅁ 정촉매 작용을 하는 물질을 피할 것

51

산업 폐기물에서 산화 분해되어 화재가 발생한 원인은?

① 과열
② 나화(裸火)
③ 자연 발화
④ 마찰

해설 자연 발화
산화하기 쉬운 물질이 공기 중에서 산화하여 축적된 열에 의해서 자연적으로 발화하는 현상이다.

52

분진 폭발의 위험이 가장 낮은 것은?

① 아연분
② 시멘트
③ 밀가루
④ 커피

해설 분진 폭발
가연성 고체 미분→공기 중 분산→점화원의 존재하에 착화·폭발→2차·3차 폭발
ㄱ 분진 폭발하는 물질 : 금속분, 밀가루, 석탄, 플라스틱, 설탕, 황, 실리콘, 옥수수, 감자, 나무 가루 등이 있다.
ㄴ 분진 폭발하지 않는 물질 : 시멘트 가루, 석회분, 염소산칼륨 가루, 모래, 염화아세틸(4류) 등이 있다.

53

분진 폭발을 일으킬 때 폭발 범위의 하한은?

① 15~25mg/L
② 25~45mg/L
③ 45~65mg/L
④ 65~85mg/L

해설 분진 폭발
가연성 고체의 미분 등이 어느 농도 이상 공기 중에 분산되어 있을 때 점화원에 의해 착화, 폭발하는 것
예 유황 가루, 플라스틱, 알루미늄, 티탄, 석탄 가루 등의 미분 폭발
ㄱ 분진의 폭발 범위(하한치 : 25~45mg/L, 상한치 : 80mg/L)
ㄴ 분진운의 화염 전파 속도(100~300m/sec)
ㄷ 분진운의 착화 에너지($10^{-3} \sim 10^{-2}$J)

정답 51. ③ 52. ② 53. ②

54

탱크 화재 현상 중 BLEVE(Boiling Liquid Expanding Vapor Explosion)에 대한 설명으로 가장 옳은 것은?

① 기름 탱크에서의 수증기 폭발 현상이다.

② 비등 상태의 액화 가스가 기화하여 팽창하고, 폭발하는 현상이다.

③ 화재 시 기름 속의 수분이 급격히 증발하여 기름 거품이 되고, 팽창해서 기름 탱크에서 밖으로 내뿜어져 나오는 현상이다.

④ 고점도의 기름 속에 수증기를 포함한 볼 형태의 물방울이 형성되어 탱크 밖으로 넘치는 현상이다.

 BLEVE

액화 가스 탱크의 폭발로, 비등 상태의 액화 가스가 기화하여 팽창하고 폭발하는 현상이다.

55

탱크 내 액체가 급격히 비등하고, 증기가 팽창하면서 폭발을 일으키는 현상은?

① Fire ball ② Back draft

③ BLEVE ④ Flash over

 ① Fire ball : 액화 가스 탱크가 폭발하면서 플래시(flash) 증발을 일으켜 가연성 액체 및 기체 혼합물이 대량으로 분출한다. 이것이 발화하면 지면에 반구상으로 화염을 형상한 후 부력으로 상승함과 동시에 주변의 공기를 말아 올려 화염은 구상으로 되면서 버섯 형태의 화재를 만드는 것

② Back draft : 폭발적 연소와 함께 폭풍을 동반하여 화염이 외부로 분출되는 현상

③ BLEVE(Boiling Liquid Expanding Vapor Explosion) : 액화 가스 탱크의 폭발 또는 비등점 액체 팽창 증기 폭발로 탱크 내 액체가 급격히 비등하고 증기가 팽창하면서 폭발을 일으키는 현상

④ Flash over : 폭발적인 착화 현상 및 급격한 화염의 확대 현상

56

건축물 화재 시 성장기에서 최성기로 진행될 때 실내 온도가 급격히 상승하기 시작하면서 화염이 실내 전체로 급격히 확대되는 연소 현상은?

① 슬롭 오버(slop over) ② 플래시 오버(flash over)

③ 보일 오버(boil over) ④ 프로스 오버(froth over)

① 슬롭 오버(slop over) : 원유처럼 비점 범위가 넓은 기름이 연소하는 경우에는 단 하나의 비점을 가진 기름의 연소와 달리 연소하고 있을 때 액체의 증류가 일어난다. 그래서 표면 가까이에 있는 뜨거운 중질 성분과 그 아래의 차가운 경질 성분이 바뀌어 들어가서 약 1시간 전후로 하여 거의 균일한 온도 분포를 이루게 된다.

③ 보일 오버(boil over) : 원추형 탱크의 지붕판이 폭발에 의해 날아가고 화재가 확대될 때 저장된 연소 중인 기름에서 발생할 수 있는 현상으로, 기름의 표면부에서 장시간 조용히 타고 있는 동안 갑자기 탱크로부터 연소 중인 기름이 폭발적으로 분출되어 화재가 일시에 격화된다.

④ 프로스 오버(froth over) : 원유나 중유 탱크의 화재 중에 일어나는 보일 오버 현상과 관련해서 원유, 중유 등 고점도의 기름 속에 수증기를 포함한 볼 형태의 물방울이 형성되는데 이것은 고점도유로 싸여 있으며, 이러한 액적이 생겨 탱크 밖으로 넘치는 현상을 말한다.

57 플래시오버에 대한 설명으로 틀린 것은?

① 국소 화재에서 실내의 가연물들이 연소하는 대화재로의 전이

② 환기지배형 화재에서 연료지배형 화재로의 전이

③ 실내의 천장 쪽에 축적된 미연소 가연성 증기나 가스를 통한 화염의 급격한 전파

④ 내화 건축물의 실내 화재 온도 상황으로 보아 성장기에서 최성기로의 진입

 ② 연료지배형 화재에서 환기지배형 화재로의 전이

58 가연성 액화 가스의 탱크 주위에서 화재가 발생한 경우에 탱크의 가열로 인하여 그 부분의 강도가 약해져 탱크가 파열됨으로 내부의 가열된 액화 가스가 급속히 팽창하면서 폭발하는 현상은?

① 블레비(BLEVE) 현상

② 보일오버(Boil Over) 현상

③ 플래시백(Flash Back) 현상

④ 백드래프트(Back Draft) 현상

 ② 보일오버(Boil Over) 현상 : 원추형 탱크의 지붕판이 폭발에 의해 날아가고 화재가 확대될 때 저장된 연소 중인 기름에서 발생할 수 있는 현상으로, 기름 표면부에서 장시간 조용히 타고 있는 동안 갑자기 탱크로부터 연소 중인 기름이 폭발적으로 분출되어 화재가 일시에 격화된다.
③ 플래시백(Flash Back) 현상 : 연소 속도보다 가스 분출 속도가 작을 때 발생한다.
④ 백드래프트(Back Draft) 현상 : 산소가 부족하거나 훈소 상태에 있는 실내에 산소가 일시적으로 다량 공급될 때 연소 가스가 순간적으로 발화하는 것이다.

59 폭발 시 연소파의 전파 속도 범위에 가장 가까운 것은?

① 0.1~10m/s

② 100~1,000m/s

③ 2,000~3,500m/s

④ 5,000~10,000m/s

해설 폭발 시 연소파의 전파 속도 범위는 0.1~10m/s이다.

60 폭굉 유도 거리(DID)가 짧아지는 요건에 해당되지 않는 것은?

① 정상 연소 속도가 큰 혼합 가스일 경우

② 관 속에 방해물이 없거나 관경이 큰 경우

③ 압력이 높을 경우

④ 점화원의 에너지가 클 경우

정답 57. ② 58. ① 59. ① 60. ②

해설 **폭굉 유도 거리**

① 폭굉(detonation)
- 화염 전파 속도가 음속 이상, 고압 발생 및 충격파 발생
- 연소 속도 : 1,000~3,500m/sec

ⓒ 폭굉 유도 거리(DID ; Detonation Induction Distance)가 짧아지는 요건
- 정상 연소 속도가 큰 혼합 가스일수록
- 관 속에 방해물이 있거나 관지름이 가늘수록
- 압력이 높을수록
- 점화원의 에너지가 강할수록

61

위험 장소 중 0종 장소에 대한 설명으로 올바른 것은?

① 정상 상태에서 위험 분위기가 장시간 지속적으로 존재하는 장소
② 정상 상태에서 위험 분위기가 주기적 또는 간헐적으로 생성될 우려가 있는 장소
③ 이상 상태하에서 위험 분위기가 단시간 동안 생성될 우려가 있는 장소
④ 이상 상태하에서 위험 분위기가 장시간 동안 생성될 우려가 있는 장소

해설 **위험 장소**

인화성 물질이나 가연성 가스가 폭발성 분위기를 생성하거나 생성할 우려가 있는 장소
㉠ 0종 장소 : 정상 상태에서 위험 분위기가 장시간 지속적으로 존재하는 장소
㉡ 1종 장소 : 정상 상태에서 위험 분위기가 주기적 또는 간헐적으로 생성될 우려가 있는 장소
㉢ 2종 장소 : 이상 상태에서 위험 분위기가 단시간 동안 생성될 우려가 있는 장소

Chapter

02 소화 방법

01 화재 이론

(1) 화재(fire)의 정의

인명 및 재산상에 피해를 주기 때문에 소화할 필요성이 있는 연소 현상, 즉 가연성 물질이 사람의 의도에 반하여 연소함으로써 손실을 발생시키는 것을 말한다.

① 실화 또는 방화 등으로 사람의 의도에 반하여 발생 혹은 확대되는 연소 현상

② 사회 공익을 해치거나 인명 및 경제적인 손실을 가져오기 쉬우므로 이를 방지하기 위하여 소화할 필요성이 있는 연소 현상

③ 소화 시설 또는 이와 같은 정도의 효과가 있는 것을 사용할 필요가 있는 연소 현상

(2) 화재의 종류

화재의 크기, 대상물의 종류, 원인, 발생 시기, 가연 물질의 종류 등 각각의 주관적인 판단에 따라 구분할 수 있다. 일반적인 분류로서 연소의 3요소 중 하나인 가연 물질의 종류에 따라 A, B, C, D급 화재로 분류한다.

〈화재의 구분〉

화재별 급수	가연 물질의 종류
A급 화재	종이, 목재, 섬유류 등
B급 화재	유류(가연성 액체 포함)
C급 화재	전기
D급 화재	금속

① A급 화재(일반 화재 – 백색)

다량의 물 또는 수용액으로 화재를 소화할 때 냉각 효과가 가장 큰 소화 역할을 할 수 있는 것으로, 연소 후 재를 남기는 화재

📌 종이, 목재, 섬유류 등

② B급 화재(유류 화재 – 황색)

유류와 같이 연소 후 아무 것도 남기지 않는 화재

📌 위험물안전관리법상 제4류 위험물 등

③ C급 화재(전기 화재 – 청색)

전기에 의한 발열체가 발화원이 되는 화재

🔵 예 전기 합선, 과전류, 지락, 누전, 정전기 불꽃, 전기 불꽃 등

④ D급 화재(금속 화재)

가연성 금속류의 화재

🔵 예 위험물안전관리법상 제2류 위험물 중 금속분과 제3류 위험물 등

(3) 열의 이동 원리

① 전도 : 물질의 이동 없이 열이 물체의 고온부에서 저온부로 이동하는 것

> **예제** 열의 전달에 있어서 열전달 면적과 열전도도가 각각 2배로 증가한다면, 다른 조건이 일정한 경우 전도에 의해 전달되는 열의 양은 몇 배가 되는가?
>
> **풀이** 푸리에의 법칙(Fourier's law)
>
> $$\frac{g}{A} = -k\frac{dT}{dx}$$
>
> 여기서, g : 열량
>
> A : 단위 면적
>
> k : 물질의 고유 상수(열전도도)
>
> dT : 온도 변화
>
> dx : 거리 변화
>
> 이때 열전달 면적과 열전도도가 각 2배로 증가하면,
>
> $$\frac{g}{2A} = -2k\frac{dT}{dx}$$
>
> $$g = -4k\frac{dT}{dx} \cdot A$$
>
> g는 4배로 증가한다.
>
> 답 4배

② 대류 : 유체의 실질적인 흐름에 의해 열이 전달되는 것

🔵 예 해풍과 육풍이 일어나는 원리

③ 복사 : 물체의 온도 때문에 에너지를 파장의 형태로 계속적으로 방사하는 에너지

🔵 예 그늘이 시원한 이유, 더러운 눈이 빨리 녹는 현상, 보온병 내부를 거울벽으로 만드는 것

> **예제** 불꽃의 표면 온도가 300℃에서 360℃로 상승하였다면 300℃보다 약 몇 배의 열을 방출하는가?
>
> **풀이** 슈테판-볼츠만의 법칙(Stefan-Boltzman's law)
>
> $$\frac{Q_2}{Q_1} = \frac{(273+t_2)^4}{(273+t_1)^4}$$
>
> $$\frac{Q_2}{Q_1} = \frac{(273+360)^4}{(273+300)^4} = 1.49배$$
>
> 답 1.49배

02 소화 이론

2-1 소화의 원리 및 방법

(1) 소화 방법
① 물리적 소화 방법
㉮ 화재를 물 등의 소화 약제로 냉각시키는 방법
㉯ 혼합기의 조성 변화에 의한 방법
㉰ 유전 화재를 강풍으로 불어 소화하는 방법
㉱ 기타의 작용에 의한 소화 방법
② 화학적 소화 방법 : 첨가 물질의 연소 억제 작용에 의한 방법

(2) 소화 원리

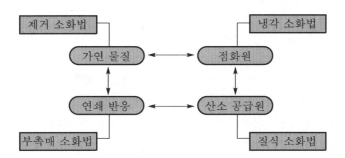

(3) 소화 방법의 종류
① 제거 소화 : 연소의 3요소나 4요소를 구성하는 가연물을 연소 구역으로부터 제거함으로써 화재의 확산을 저지하는 소화 방법, 즉 화재로부터 연소물(가연물)을 제거하는 방법으로서 가장 확실한 방법이 될 수도 있고, 가장 원시적인 소화 방법이다.
㉮ 액체 연료 탱크에서 화재가 발생한 경우 다른 빈 연료 탱크로 펌프 등을 이용하여 연료를 이송하는 방법
㉯ 배관이나 부품 등이 파손되어 발생한 가스 화재의 경우 가스가 분출하지 않도록 가스 공급 밸브를 차단하는 방법
㉰ 산림 화재 시 불이 진행하는 방향을 앞질러 벌목하여 진화하는 방법
㉱ 인화성 액체 저장 탱크에 있어서 저장 온도가 인화점보다 낮거나 빈 탱크로 이송할 수 없는 경우 차가운 아랫부분의 액체를 뜨거운 윗부분의 액체와 교체될 수 있도록 교반함으로써 증기의 발생을 억제시키는 방법
㉲ 목재 물질의 표면을 방염성이 있는 메타인산 등으로 코팅하는 방법
② 질식 소화 : 가연물이 연소할 때 공기 중의 산소 농도를 한계 산소량 이하로 낮추어 산소의 양을 16% 이하로 함으로써 연소를 중단시키는 소화 방법으로 산소 농도는 10~15% 이하이다.

㉮ 무거운 불연성 기체로 가연물을 덮는 방법

> 예 CO_2, 할로겐 화합물 등

㉯ 불연성 거품(foam)으로 연소물을 덮는 방법

> 예 화학포, 기계포 등

㉰ 고체로 가연물을 덮는 방법

> 예 건조사, 가마니, 분말 등

㉱ 연소실을 완전 밀폐하고, 소화하는 방법

> 예 CO_2, 할로겐 화합물 등의 고정포 소화 설비 등

③ 냉각 소화 : 연소 3요소나 4요소를 구성하고 있는 활성화 에너지(점화원)를 물 등을 사용하여 냉각시킴으로써 가연물을 발화점 이하의 온도로 낮추어 연소의 진행을 막는 소화 방법이다.

㉮ 액체를 이용하는 방법

> 예 물이나 그 밖의 액체의 증발 잠열을 이용하여 소화하는 방법

㉯ 고체를 이용하는 방법

> 예 튀김 냄비 등의 기름에 인화되었을 때 싱싱한 야채 등을 넣어 기름의 온도를 내림으로써 냉각하는 방법

④ 희석 소화법 : 가연성 가스의 산소 농도, 가연물의 조성을 연소 한계점 이하로 소화하는 방법이다.

㉮ 공기 중의 산소 농도를 CO_2 가스로 희석하는 방법

㉯ 수용성의 가연성 액체를 물로 묽게 희석하는 방법(다량의 물을 방사하여 가연 물질의 농도를 연소 농도 이하가 되도록 하여 소화시키는 것)

⑤ 부촉매 소화(억제 소화, 화학 소화) : 불꽃 연소의 4요소 중 하나인 가연물의 순조로운 연쇄 반응이 진행되지 않도록 연소 반응의 억제제인 부촉매 소화 약제(할로겐계 소화 약제)를 이용하여 소화하는 방법이다.

참고 할로겐 화합물의 부촉매 효과의 크기

I(옥소, 요오드) > Br(브롬, 취소) > Cl(염소) > F(불소)

2-2 소화기

(1) 소화기의 정의

소화 약제인 물이나 가스, 분말 및 그 밖의 소화 약제를 일정한 용기에 압력과 함께 저장하였다가 화재 시에 방출시켜 소화하는 초기 소화 용구를 말한다.

(2) 소화기의 분류

① 작동 방식에 따른 분류

㉮ 수동식 소화기 : 사람이 직접 조작하여 용기 내의 소화 약제를 방출하는 소화기(간이 소화 용구도 포함)

제조소 등에 전기 설비가 설치된 장소의 바닥 면적이 150m²인 경우 설치해야 하는 소형 수동식 소화기의 최소 개수는 2개이다.

  ㉯ 자동식 소화기 : 화재 발생 또는 가연성 가스의 누출을 자동으로 감지 또는 경보하고 소화 약제를 방출하여 소화할 수 있는 소화기

② 가압(방출) 방식에 따른 분류

  ㉮ 가압식 소화기 : 소화 약제의 방출원이 되는 압축 가스를 별도의 전용 용기(압력 봄베)에 저장하였다가 사용할 때 압력 용기에 부착되어 있는 봉판을 파괴시켜 봄베의 가스 압력으로 소화 약제를 방출하는 방식의 소화기

  ㉯ 축압식 소화기 : 소화 약제와 함께 방출원이 되는 압축 가스(질소, 이산화탄소 등)를 본체에 봉입하는 방식으로, 별도의 전용 압력 용기가 필요 없는 소화기

③ 소화 약제의 종류에 따른 분류

  ㉮ 포말(포) 소화기

    ㉠ 화학포 소화기

    ㉡ 기계포 소화기

  ㉯ 분말 소화기(dry chemical 소화기)

    ㉠ 중탄산나트륨 분말 소화기

    ㉡ 중탄산칼륨 분말 소화기

    ㉢ 인산암모늄 분말 소화기

  ㉰ 탄산가스(CO_2) 소화기

  ㉱ 할로겐화물 소화기

  ㉲ 강화액 소화기

  ㉳ 간이 소화 용구

④ 소화 약제의 저장량에 따른 구분

  ㉮ 대형 소화기 : 소화기 용기 본체에 충전하는 규정된 소화 약제량이 규정된 양 이상인 소화기

  ㉯ 소형 소화기 : 소화기 용기 본체에 충전하는 규정된 소화 약제량이 규정된 양 미만인 소화기

(3) 소화기의 성상

① 포말 소화기(포 소화기)

  ㉮ 화학포 소화기

    ㉠ 정의 : A제(중조, 중탄산나트륨, $NaHCO_3$)와 B제(황산알루미늄, $Al_2(SO_4)_3$)의 화학 반응에 의해 생성된 포(CO_2)에 의해 소화하는 소화기

    ㉡ 화학 반응식

      $6NaHCO_3 + Al_2(SO_4)_3 + 18H_2O \rightarrow 3Na_2SO_4 + 2Al(OH)_3 + 6CO_2\uparrow + 18H_2O$

                          (질식)   (냉각)

      ⓐ A제(외통제) : 중조($NaHCO_3$) 등

ⓑ B제(내통제) : 황산알루미늄[Al₂(SO₄)₃]

ⓒ 기포 안정제 : 가수분해 단백질, 젤라틴, 카세인, 사포닌, 계면활성제 능

ⓒ 용도 : A, B급 화재

ⓔ 종류 : 보통 전도식, 내통 밀폐식, 내통 밀봉식

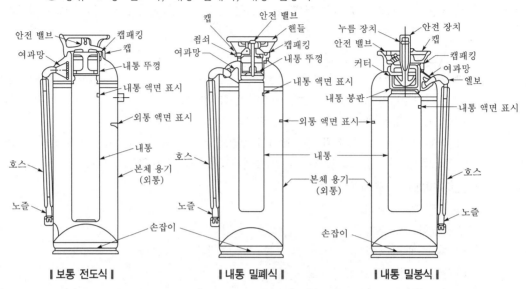

| 보통 전도식 | | 내통 밀폐식 | | 내통 밀봉식 |

ⓑ 기계포(air foam) 소화기

ⓒ 정의 : 소화 원액과 물을 일정량 혼합한 후 발포 장치에 의해 거품을 내어 방출하는 소화기

ⓐ 소화 원액 : 가수분해 단백질, 계면활성제, 일정량의 물

ⓑ 포핵(거품 속의 가스) : 공기

ⓒ 발포 배율(팽창비) $= \dfrac{\text{내용적(용량)}}{\text{전체 중량} - \text{빈 시료 용기의 중량}}$

> **예제** 공기포 발포 배율을 측정하기 위해 중량 340g, 용량 1,800mL의 포 수집 용기에 가득히 포를 채취하여 측정한 용기의 무게가 540g이었다면 발포 배율은? (단, 포 수용액의 비중은 1로 가정한다.)
>
> **풀이** 발포 배율(팽창비) $= \dfrac{\text{내용적(용량)}}{\text{전체 중량} - \text{빈 시료 용기의 중량}} = \dfrac{1,800}{540 - 340} = 9$배
>
> 답 9배

ⓒ 포 소화 약제의 종류

ⓐ 저팽창 포 소화 약제 : 팽창비 20 이하

예 단백포, 불화 단백포, 수성막포 소화 약제

ⓑ 고팽창 포 소화 약제 : 팽창비 80 이상 1,000 미만

예 합성 계면활성제 포 소화 약제

ⓒ 특수 포 소화 약제 : 알코올 같은 수용성 화재에 사용하는 소화 약제

예 내알코올형 소화 약제

ⓔ 용도 : 일반 기연물의 화재, 유류 화재 등

참고 기계포(공기포) 소화 약제의 종류

1. 단백포 소화 약제(protein foam)
   ㉠ 동·식물성 단백질을 가수분해한 것을 주원료로 하는 소화 약제이다.
   ㉡ 조정 공정 : 단백포 소화 약제의 제조 공정 등 마지막 단계로서, 소화용 이외의 이·화학적 성능을 향상시키기 위해서 방부제, 부동제 등을 첨가한다.
     • 방부제 : 트리클로로페놀, 펜타클로로페놀 등
     • 부동제 : 에틸렌글리콜[$C_2H_4(OH)_2$], 프로필렌글라이콜[$C_3H_6(OH)_2$] 등
2. 불화 단백포 소화 약제(fluoro protein foam)
   단백포 소화 약제의 소화 성능을 향상시키기 위하여 불소 계통의 계면활성제를 소량 첨가한 약제이다.
3. 수성막포 소화 약제(aqueous film forming foam)
   ㉠ 일명 light water라 하며 분말 소화 약제와 함께 사용하여도 소포 현상이 일어나지 않고 트윈 에이전트 시스템에 사용되어 소화 효과를 높일 수 있는 포 소화 약제
   ㉡ 수용성 알코올 화재 시 사용하면 소화 효과가 떨어지는 이유 : 알코올은 소포성을 가지므로
   ㉢ 불소계 계면활성제
   ㉣ 수성막포 소화약제를 수용성 알코올 화재 시 사용하면 소화효과가 떨어지는 이유 : 알코올이 포 속의 물을 탈취하여 포가 파괴되므로
4. 합성 계면활성제 포 소화 약제(synthetic surface active foam)
   일반적으로 고급알코올 황산에스테르염을 기포제로 사용하며 냄새가 없는 황색의 액체로서 밀폐 또는 준밀폐 구조물의 화재 시 고팽창포로 사용하여 화재를 진압할 수 있는 포소화약제
5. 알코올형(내알코올) 포 소화 약제(alcohol resistant foam)
   물과 친화력이 있는 수용성 용매의 화재에 보통의 포 소화 약제를 사용하면 포가 파괴되기 때문에 소화 효과를 잃게 된다. 이와 같은 단점을 보완한 소화 약제로 가연성인 수용성 용매의 화재에 유효한 효과를 가지고 있는 것

㉺ 포(foam)의 성질로서 구비하여야 할 조건
  ㉠ 화재면과 부착성이 있을 것
  ㉡ 열에 대한 센막을 가지며, 유동성이 있을 것
  ㉢ 바람 등에 견디고 응집성과 안정성이 있을 것

② 분말 소화기
  ㉮ 정의 : 소화 약제로 고체의 미세한 분말을 이용하는 소화기로서, 분말은 자체압이 없기 때문에 가압원(N_2, CO_2 가스 등)이 필요하며, 소화 분말의 방습 표면 처리제로 금속 비누(스테아린산 아연, 스테아린산 알루미늄 등)를 사용한다.
  ㉯ 종류
    ㉠ 1종 분말(dry chemicals)−탄산수소나트륨($NaHCO_3$)
      특수 가공한 중조의 분말을 넣어서 방사용으로 축압한 질소, 탄산가스 등의 불연성 가스를 봉입한 봄베를 개봉하여 약제를 방사한다. 흰색 분말이며 B, C급 화재에 좋다. 특히 요리용 기름의 화재(식당, 주방 화재) 시 비누화 반응을 일으켜 질식 효과와 재발화 방지 효과를 나타낸다.
      ⓐ 270℃에서 반응
      $$2NaHCO_3 \xrightarrow{\Delta} Na_2CO_3 + \underset{질식}{CO_2} + \underset{냉각}{H_2O} - 19.9kcal(흡열 반응)$$

ⓑ 850℃ 이상에서 반응

$$2NaHCO_3 \rightarrow Na_2O + 2CO_2 + H_2O - Q(kcal)$$

> **예제** 분말 소화 약제인 탄산수소나트륨 10kg이 1기압, 270℃에서 방사되었을 때 발생하는
> 이산화탄소의 양은 약 몇 m³인가?
>
> **풀이** $PV = \dfrac{W}{M}RT$ 이므로
>
> $\therefore V = \dfrac{WRT}{PM} = \dfrac{10 \times 0.082 \times (273+270)}{1 \times 168} = 2.65m^3$
>
> 답 $2.65m^3$

참고 🚩 제1종 분말 소화 약제의 소화 효과

1. 열분해 시 발생하는 이산화탄소와 수증기에 의한 질식 효과
2. 열분해 시 흡열 반응에 의한 냉각 효과
3. 분말 운무에 의한 열방사의 차단 효과

ⓛ 2종 분말 - 탄산수소칼륨(KHCO₃)

1종 분말보다 2배의 소화 효과가 있다. 보라색(담회색) 분말이며 B, C급 화재에 좋다.

ⓐ 190℃에서 반응

$$2KHCO_3 \xrightarrow{\Delta} K_2CO_3 + \underset{질식}{\underline{CO_2}} + \underset{냉각}{\underline{H_2O}}$$

ⓑ 590℃에서 반응

$$2KHCO_3 \rightarrow K_2O + 2CO_2 + H_2O - Q(kcal)$$

ⓒ 3종 분말 - 인산암모늄(NH₄H₂PO₄)

광범위하게 사용하며, 담홍색(핑크색) 분말이며 A, B, C급 화재에 좋다.

ⓐ 166℃에서 반응

$$NH_4H_2PO_4 \rightarrow H_3PO_4 + NH_3$$

ⓑ 360℃에서 반응

$$NH_4H_2PO_4 \xrightarrow{\Delta} \underset{질식}{\underline{HPO_3}} + NH_3 + \underset{냉각}{\underline{H_2O}}$$

인산암모늄은 190℃에서 오르소인산, 215℃에서 피로인산, 300℃ 이상에서 메타인산으로 열분해 된다.

ⓐ 190℃ : $NH_4H_2PO_4 \rightarrow H_3PO_4 + NH_3$

ⓑ 215℃ : $2H_3PO_4 \rightarrow H_4P_2O_7 + H_2O$

ⓒ 300℃ 이상 : $H_4P_2O_7 \rightarrow 2HPO_3 + H_2O$

인산에는 올토인산(H_3PO_4), 피로인산($H_4P_2O_7$), 메타인산(HPO_3)이 있으며, 이들은 모두 인(P)을 완전 연소시켰을 때 발생되는 연소 생성물인 오산화인(P_2O_5)으로부터 얻는다. 인산암모늄을 소화 작용과 연관하여 정리하면 다음과 같다.

$$NH_4H_2PO_4 \longrightarrow H_3PO_4 + \underline{NH_3} - Q(kcal)$$

⇩　　　　　　└ (냉각 · 질식 소화 작용)

$$2H_3PO_4 \longrightarrow H_4P_2O_7 + \underline{H_2O} - Q(kcal)$$

⇩　　　　　　　└ (냉각 · 질식 소화 작용)

$$H_4P_2O_7 \longrightarrow 2HPO_3 + H_2O - Q(kcal)$$

⇩

$$\underline{2HPO_3} \longrightarrow P_2O_3 + H_2O - Q(kcal)$$

└ (유리(glass) 상으로 융착)

참고 ➤ 제3종 소화분말 소화작용

1. 올토인산(H_3PO_4) : 목재, 섬유 등을 구성하고 있는 섬유소를 탈수, 탄화시켜 연소를 억제한다.
2. 메탄인산(HPO_3)
   - 방진 효과로 A급 화재의 진화에 효과적인 물질
   - 제3종 소화 약제를 화재면에 방출 시 부착성이 좋은 막을 형성하여 연소에 필요한 산소의 유입을 차단하기 때문에 연소를 중단시킬 수 있다. 그러한 막을 구성하는 물질
3. 제3종 분말 소화 약제의 부촉매 효과 : 제1인산암모늄($NH_4H_2PO_4$)으로부터 유리되어 나온 활성화된 암모늄이온(NH_4^+)이 가연 물질 내부에 함유되어 있는 활성화된 수산이온(OH^-)과 반응하여 연속적인 연소의 연쇄 반응을 억제 · 방해 또는 차단시킴으로써 화재를 소화한다.

ⓐ 축압식 : 용기의 재질은 철재로서 본체 내부를 내식 가공 처리한 것을 사용한다. 축압식은 우선 용기에 분말 소화 약제를 채우는데, 소화 약제 방출 압력원으로는 질소가스가 충전되어 있으며 압력 지시계가 부착되어 있다. 주로 ABC 분말 소화기에 사용된다.

ⓑ 가스 가압식(봄베식) : 용기의 재질은 축압식과 같으나 소화 약제 압력 방출원으로는 용기 본체 내부 또는 외부에 설치된 봄베 속에 충전되어 있는 탄산가스(CO_2)를 이용하는 소화기로서 주로 BC 분말 소화기, ABC 분말 소화기에 사용한다.

ㄹ 4종 분말

탄산수소칼륨($KHCO_3$)＋요소[$(NH_2)_2CO$] : 2종 분말 약제를 개량한 것으로 회백색(회색) 분말이며 B, C급 화재에 좋다.

$$2KHCO_3 + (NH_2)_2CO \xrightarrow{\Delta} K_2CO_3 + 2NH_3 + \underset{질식}{\underline{2CO_2}}$$

㉰ 분말 소화 약제의 특성

㉠ Knock−down 효과 : 분말 소화 약제 특성의 하나로 소화 약제 방사 개시 후 10～20초 이내에 소화되는 것을 Knock−down 효과라고 한다. 일반적으로 소화 약제 방사 후 30초 이내에 Knock−down되지 않으면 소화 불가능으로 판단하며 이는 불꽃 규모에 대한 소화 약제 방출률이 부족할 때 일어나는 현상이다.

㉡ 비누화(검화) 현상 : 가열 상태의 유지에 제1종 분말 약제가 반응하여 금속 비누를 만들고 이 비누가 거품을 생성하여 질식 효과를 갖는 것을 비누화(검화) 현상이라고 하며, 식용유나 지방질유 등의 화재에는 제1종 분말 약제가 효과적이다.

ⓒ CDC 분말 소화 약제 : 분말의 신속한 화재 진압 효과와 포의 재연 방지 효과를 동시에 얻기 위하여 두 소화 약제(ABC 분말 소화 약제 + 수성막포 소화 약제)를 혼합하여 포가 파괴되지 않는 분말 소화 약제를 CDC 분말 소화 약제라 한다.

③ 탄산가스(CO_2) 소화기

㉮ 정의 : 소화 약제를 불연성인 CO_2 가스의 질식과 냉각 효과를 이용한 소화기로서, CO_2는 자체압을 가져 방출원이 별도로 필요하지 않으며 방사구로는 가스상으로 방사된다. 불연성 기체로서 비교적 액화가 용이하며, 안전하게 저장할 수 있고 전기 절연성이 좋다.

> **예제** 소화기 속에 압축되어 있는 이산화탄소 1.1kg을 표준 상태에서 분사하였다. 이산화탄소의 부피는 몇 m^3가 되는가?
>
> **풀이** $PV = \dfrac{W}{M}RT$ 에서
>
> $\therefore V = \dfrac{WRT}{PM} = \dfrac{1.1 \times 0.082 \times 273}{1 \times 44} = 0.56 m^3$
>
> **답** $0.56 m^3$

㉯ 질식 소화의 한계 산소 농도

㉠ 이산화탄소로 가연물을 질식 소화하기 위해서는 각 가연물에 대한 한계 산소 농도(vol%)가 있으므로 공기 중의 산소의 농도를 한계 산소 농도 이하로 하여야 한다. 그러므로 가연 물질에 공급되는 공기 중의 산소 농도에 이산화탄소 소화 약제를 방출하여 한계 산소 농도 이하가 되게 치환하여야 한다. 이러한 과정에 의해서 화재가 소화되므로 이와 같은 형태의 소화 작용을 산소 희석 소화 작용 또는 질식 소화 작용이라고 한다.

㉡ 가연 물질의 한계 산소 농도

가연 물질의 종류		한계 산소 농도
고체 가연 물질	종이, 섬유류	10vol% 이하
액체 가연 물질	가솔린, 아세톤	15vol% 이하
기체 가연 물질	수소	8vol% 이하

㉰ 종류 : 소형 소화기(레버식), 대형 소화기(핸들식)

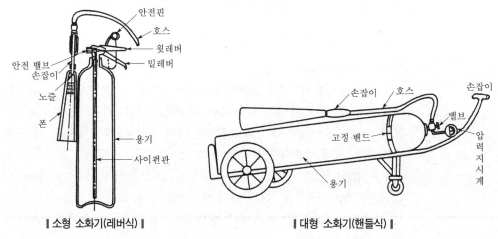

‖ 소형 소화기(레버식) ‖   ‖ 대형 소화기(핸들식) ‖

④ 소화 약제의 특성
  ㉠ 소화 약제로 사용하는 이유는 산소와 반응하지 않기 때문이다.
  ㉡ 상온·상압에서 무색, 무취, 부식성이 없는 불연성 기체로 비전도성이며 비중이 1.53 으로 침투성이 뛰어나 심부 화재에 적합하다.
  ㉢ 냉각 또는 압축에 의해 쉽게 액화될 수 있고 냉각과 팽창을 반복함으로써 고체 상태인 드라이아이스(−78℃)로 변화가 가능하여 냉각 효과가 크다.

> **예제** 드라이아이스 1kg이 완전히 기화하면 약 몇 몰의 이산화탄소가 되겠는가?
>
> **풀이** 1kg = 1,000g이므로
> ∴ 1,000g ÷ 44g = 22.7mol
>
> **답** 22.7mol

  ㉣ 자체 압력원을 보유하므로 다른 압력원이 필요하지 않으며 임계온도는 약 31℃이다.
  ㉤ 체적 팽창은 CO_2 1kg이 15℃에서 대기 중으로 534L를 방출시키므로 과량 존재 시 질식 효과가 크다.
  ㉥ 전기 절연성이 없어 고가의 전기 시설의 화재에 적합하다.
  ㉦ 이산화탄소는 자체 독성은 미약하나 소화에 소요되는 농도하에서 호흡을 계속하면 위험하고 방출 시 보안 대책이 필요하다(허용 농도는 5,000ppm).
  ㉧ 탄산가스의 함량은 99.5% 이상으로 냄새가 없어야 하며, 수분의 중량은 0.05% 이하 여야 한다. 만약 수분이 0.05% 이상이면 줄−톰슨 효과에 의하여 수분이 결빙되어 노즐의 구멍을 폐쇄시키기 때문이다.
  ㉨ 줄−톰슨 효과는 기체 또는 액체가 가는 관을 통과할 때 온도가 급강하하여 고체로 되는 현상이다.
⑤ 소화 약제 저장 용기의 충전비
  ㉠ 고압식 : 1.5~1.9L/kg
  ㉡ 저압식 : 1.1~1.4L/kg
⑥ 소화 농도
  ㉠ 화재 발생 시 CO_2 소화 약제를 방출하여 소화하는 경우 CO_2의 질식 소화 작용에 의해 소화된다. CO_2 소화 약제를 방출할 때에는 CO_2로 공기 중의 산소를 치환시켜 한계 산소 농도(vol%) 이하가 되게 함으로써 산소의 양이 부족하여 소화가 된다.
  ㉡ CO_2의 소화 농도(vol%) $= \dfrac{21 - 한계\ 산소\ 농도(vol\%)}{21} \times 100$

> **예제** 화재 시 이산화탄소를 사용하여 공기 중 산소의 농도를 21vol%에서 13vol%로 낮추려면 공기 중 이산화탄소의 농도는 약 몇 vol%가 되어야 하는가?
>
> **풀이** CO_2의 소화 농도(vol%)
> $= \dfrac{21 - 한계\ 산소\ 농도(vol\%)}{21} \times 100 = \dfrac{21 - 13}{21} \times 100 = 38.1vol\%$
>
> **답** 38.1vol%

    ㉛ 장 · 단점

        ㉠ 장점

            ⓐ 소화 후 증거 보존이 용이하다.

            ⓑ 전기 절연성이 우수하여 전기 화재에 효과적이다.

            ⓒ 자체의 압력으로 방출할 수가 있다.

            ⓓ 소화 후 소화약제에 의한 오손이 없다.

        ㉡ 단점

            ⓐ 밀폐된 공간에서 사용 시 질식으로 인명피해가 발생할 수 있다.

            ⓑ 방사 거리가 짧다.

            ⓒ 고압이므로 취급에 주의하여야 한다.

            ⓓ 금속분 화재 시 연소 확대의 우려가 있다.

                 예 $2Mg + CO_2 \rightarrow 2MgO + C$

    ㉜ 용도 : B, C급 화재

④ 할로겐화물 소화기(증발성 액체 소화기)

    ㉮ 정의 : 소화 약제로 증발성이 강하고 공기보다 무거운 불연성인 할로겐 화합물을 이용하여 부촉매 효과, 질식 효과 및 냉각 효과를 하는 소화기이다.

    ㉯ 소화 약제의 조건

        ㉠ 비점이 낮을 것

        ㉡ 기화되기 쉽고, 증발 잠열이 클 것

        ㉢ 공기보다 무겁고(증기 비중이 클 것) 불연성일 것

        ㉣ 증발 잔유물이 없을 것

        ㉤ 전기 절연성이 우수할 것

        ㉥ 인화성이 없을 것

    ㉰ 위험물 종류에 대한 소화 약제의 계수

위험물의 종류	할로겐화물	
	할론 1301	할론 1211
이황화탄소	4.2	1.0
아세톤	1.0	1.0
아닐린	1.1	1.1
에탄올	1.0	1.2
휘발유	1.0	1.0
경유	1.0	1.0
중유	1.0	1.0
윤활유	1.0	1.0
등유	1.0	1.0
톨루엔	1.0	1.0
피리딘	1.1	1.1
벤젠	1.0	1.0
초산(아세트산)	1.1	1.1
초산에틸	1.0	1.0
초산메틸	1.0	1.0

위험물의 종류	할로겐화물	
	할론 1301	할론 1211
산화프로필렌	2.0	1.8
메탄올	2.2	2.4
메틸에틸케톤	1.1	1.1

④ 할론 소화 약제의 종류 및 상온에서의 상태

Halon 명칭	상온에서의 상태
Halon 1301	기체
Halon 1211	기체
Halon 2402	액체
Halon 1011	액체
Halon 104	액체

⑰ 오존 파괴 지수(ODP ; Ozone Depletion Potential)

㉠ 정의 : 삼염화일불화메탄($CFCl_3$)인 CFC-11이 오존층의 오존을 파괴하는 능력을 1로 기준하였을 때 다른 할로겐 화합 물질이 오존층의 오존을 파괴하는 능력을 비교한 지수이다.

$$ODP = \frac{어떠한\ 물질\ 1kg에\ 의해\ 파괴되는\ 오존량}{CFC-11\ 물질\ 1kg에\ 의해\ 파괴되는\ 오존량}$$

㉡ 오존 파괴 지수가 높은 순 : Halon 1301 > Halon 2402 > Halon 1211

㉢ Halon 1301 : 포화 탄화수소인 메탄에 불소 3분자와 취소 1분자를 치환시켜 제조된 물질(CF_3Br)로서, 비점(bp)이 -57.75℃이며, 모든 할론 소화 약제 중 소화 성능이 가장 우수하나 오존층을 구성하는 오존(O_3)과의 반응성이 강하여 오존 파괴 지수가 가장 높다.

⑭ 할론 1301(CF_3Br)의 증기 비중 $= \dfrac{12+(19\times3)+80}{29} = \dfrac{149}{29} ≒ 5.14$

⑰ 할론 번호 순서

㉠ 첫째 : 탄소(C) ㉡ 둘째 : 불소(F) ㉢ 셋째 : 염소(Cl)

㉣ 넷째 : 취소(Br) ㉤ 다섯째 : 옥소(I)

⑭ 종류

㉠ 사염화탄소(CCl_4) : CTC 소화기(사염화탄소를 압축 압력으로 방사한다.)

ⓐ 밀폐된 장소에서 CCl_4를 사용해서는 안 되는 이유

• $2CCl_4 + O_2 \rightarrow 2COCl_2 + 2Cl_2$ (건조된 공기 중)

• $CCl_4 + H_2O \rightarrow COCl_2 + 2HCl$ (습한 공기 중)

• $CCl_4 + CO_2 \rightarrow 2COCl_2$ (탄산가스 중)

• $3CCl_4 + Fe_2O_3 \rightarrow 3COCl_2 + 2FeCl_3$ (철이 존재 시)

ⓑ 설치 금지 장소(할론 1301은 제외)

• 지하층

• 무창층

• 거실 또는 사무실로서 바닥 면적이 $20m^2$ 미만인 곳

ⓛ 일염화일취화메탄(CH_2ClBr, $H-\overset{\displaystyle Cl}{\underset{\displaystyle Br}{C}}-H$, Halon 1011) : CB 소화기

    ⓐ 무색·투명하고, 특이한 냄새가 나는 불연성 액체이다.

    ⓑ CCl_4에 비해 약 3배의 소화 능력이 있다.

    ⓒ 금속에 대하여 부식성이 있다.

    ⓓ 주의 사항

      • 방사 후에는 밸브를 꼭 잠가 내압이나 소화제의 누출을 방지한다.

      • 액은 분무상으로 하고 연소면에 직사로 하여 한쪽으로부터 순차로 소화한다.

ⓒ 일취화일염화이불화메탄(CF_2ClBr, Halon 1211) : BCF 소화기

ⓓ 일취화삼불화메탄(CF_3Br, Halon 1301) : BT 소화기

    ⓐ 저장 용기에 액체상으로 충전한다.

    ⓑ 비점이 낮아서 기화가 용이하다.

    ⓒ 공기보다 무겁다.

| 사염화탄소 소화기(밸브식) | | 일염화일취화메탄 소화기(레버식) |

ⓜ 이취화사불화에탄($C_2F_4Br_2$, Halon 2402) : FB 소화기

    ⓐ 사염화탄소, 일염화일취화메탄에 비해 우수하다.

    ⓑ 독성과 부식성이 비교적 적으며, 내절연성도 좋다.

㉚ 주의 사항

    ㉠ 수시로 중량을 재어서 소화제가 30% 이상 감소된 경우 재충전한다.

    ㉡ 기동 장치는 헛되게 방사되지 않도록 한다.

    ㉢ 열원에 가깝게 하거나 직사광선을 피한다.

    ㉣ 사용 시 사정이 짧아져 화점에 접근해 사용한다.

    ㉤ 옥외에서 바람이 있을 경우에는 바람 위에서 사용한다.

㉛ 용도 : A, B, C급 화재

⑤ 강화액 소화기

㉮ 정의 : 물의 소화력을 향상시키기 위해서 물에 탄산칼륨(K_2CO_3)을 첨가시킨 고농도의 수용액이며, 동결되지 않도록 하여 재연을 방지하고 −20℃ 이하의 겨울철이나 한랭지에서 사용 가능하도록 개발된 소화기로서, 독성과 부식성이 없으며 질소가스에 의해 강화액을 방출한다.

㉯ 소화 약제(탄산칼륨)의 특성

ㄱ 비중 : 1.3~1.4

ㄴ 응고점 : −30~−17℃

ㄷ 강알칼리성 : pH 12

ㄹ 독성과 부식성이 없다.

㉰ 종류

ㄱ 축압식 : 가장 많이 사용하는 방식으로 본체는 철재이고 내면에는 합성 수지의 내식 라이닝이 되어있으며, 강화액 소화 약제를 정량 충전시킨 소화기로, 압력 지시계가 부착되어 있고, 방출 방식이 봉상 또는 무상 형태인 소화기

ㄴ 가스 가압식 : 용기 속에 가압용 가스 용기가 장착되어 있거나, 별도로 외부에 압력 봄베가 있어 이 가스 압력에 의해 소화 약제(물+K_2CO_3)가 방사되어 소화하는 방식으로, 축압식과는 달리 압력지시계는 없으며, 안전밸브와 액면 표시가 되어있는 소화기

🔺예 $K_2CO_3 + 2H_2O \rightarrow 2KOH + CO_2\uparrow + H_2O$

ㄷ 반응식(파병식, 화학 반응식) : 알칼리 금속염의 수용액에 황산을 반응시켜 생성되는 가스(CO_2)의 압력으로 소화 약제를 방사하여 소화하는 방식

🔺예 $K_2CO_3 + H_2SO_4 \rightarrow K_2SO_4 + H_2O + CO_2\uparrow$

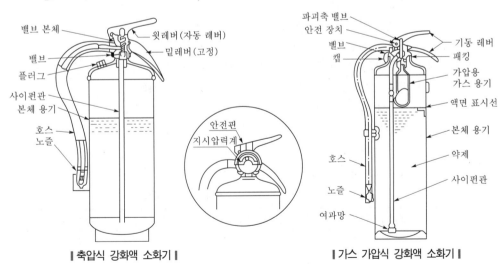

‖ 축압식 강화액 소화기 ‖   ‖ 가스 가압식 강화액 소화기 ‖

㉱ 용도

ㄱ 봉상일 경우 : A급 화재

ㄴ 무상일 경우 : A, C급 화재

⑥ 산알칼리 소화기

 ⑦ 정의 : 황산과 중조수의 화합액에 탄산가스를 내포한 소화액을 방사한다.

 ⑭ 주성분

  ⊙ 산 : H_2SO_4

  ⓒ 알칼리 : $NaHCO_3$

 ⑮ 반응식

  $2NaHCO_3 + H_2SO_4 \rightarrow Na_2SO_4 + 2CO_2 + 2H_2O$

 ⑯ 주의 사항

  ⊙ 이중식은 물만을 1년에 1회 교환한다.

  ⓒ 황산병과 중조수를 사용한다.

  ⓒ 약제를 교환할 경우에는 용기 내부를 완전히 물로 씻는다.

  ⓔ 겨울철에도 약액이 얼지 않도록 한다.

  ⓜ 조작해도 노즐의 끝에서 방사되지 않을 경우에는 안전밸브를 연다.

 ⑰ 용도

  ⊙ 봉상일 경우 : A급 화재

  ⓒ 무상일 경우 : A, C급 화재

⑦ 물 소화기

 ⑦ 정의 : 물을 펌프 또는 가스로 방출한다.

 ⑭ 소화제로 사용하는 이유

  ⊙ 기화열(증발 잠열)이 커서(539cal/g) 냉각능력(기화 시 다량의 열을 제거)이 크기 때문이다.

  ⓒ 구입이 용이하다.

  ⓒ 취급상 안전하고, 숙련을 요하지 않는다.

  ⓔ 가격이 저렴하다.

  ⓜ 분무 시 적외선 등을 흡수하여 외부로부터의 열을 차단하는 효과가 있다.

  ⓗ 펌프, 호스 등을 이용하여 이송이 비교적 용이하다.

 ⑮ 물의 특성 및 소화 효과

  ⊙ CO_2보다 기화 잠열이 크다.

  ⓒ 극성 분자이다.

  ⓒ CO_2보다 비열이 크다.

<**물과 CO_2의 비열**>

물질명	비열(cal/g · ℃)
물	1.00
CO_2	0.20

  ⓔ 주된 소화 효과가 냉각 소화이다.

  ⓜ 유화 효과(emulsification effect)도 기대할 수 있다.

  ⓗ 기화 팽창률이 커서 질식 효과가 있다.

예제 1. 20℃의 물 100kg이 100℃의 수증기로 증발하면 최대 몇 kcal의 열량을 흡수할 수 있는가? (단, 물의 증발 잠열은 540cal/g이다.)

풀이 $Q_1 = Gc\Delta t = 100 \times 1 \times (100 - 20) = 8,000\text{kcal}$

$Q_2 = Gr = 100 \times 540 = 54,000\text{kcal}$

$Q = Q_1 + Q_2 = 8,000 + 54,000 = 62,000\text{kcal}$

답 62,000kcal

예제 2. 15℃의 기름 100g에 8,000J의 열량을 주면 기름의 온도는 몇 ℃가 되겠는가? (단, 기름의 비열은 2J/g·℃이다.)

풀이 기름의 온도 변화를 x라고 하면

$$x = \frac{8,000\text{J}}{2\text{J/g}\cdot\text{℃} \times 100\text{g}} = 40\text{℃}$$

∴ 기름의 온도 = 15℃ + 40℃ = 55℃

답 55℃

라 물의 소화 효과를 높이기 위한 무상주수

ㄱ 무상주수 : 물을 방사하는 부분이 특수 제작되어 물을 구름 또는 안개 모양으로 방사하는 방법으로 고압으로 방사되기 때문에 물 입자가 서로 이격되어 있고 입자의 직경이 0.01~1.0mm로 적어 대기에 방사되면 안개 모양을 갖는다.

ㄴ 무상주수 효과

ⓐ 질식 소화 작용 : 안개 모양의 물 입자는 공기 중의 산소의 공급을 차단하기 때문에 질식 소화 작용을 한다.

ⓑ 유화 소화 작용 : 비점이 비교적 높은 제4류 제3석유류인 중질유 및 고비중을 가지는 윤활유, 아스팔트유 등의 화재 시 유류 표면에 엷은 유화층을 형성하여 공기 중의 산소의 공급을 차단하는 에멀젼 효과를 나타낸다.

마 용도 : A급 화재

⑧ **청정 소화 약제(clean agent)**

가 정의 : 전기적으로 비전도성이며, 휘발성이 있거나 증발 후 잔여물을 남기지 않는 소화 약제이다.

나 청정 소화 약제의 구비 조건

ㄱ 소화 성능이 기존의 할론 소화 약제와 유사하여야 한다.

ㄴ 독성이 낮아야 하며, 설계 농도는 최대 허용 농도(NOAEL) 이하이어야 한다.

ㄷ 환경 영향성 ODP, GWP, ALT가 낮아야 한다.

ㄹ 소화 후 잔존물이 없어야 하며 전기적으로 비전도성이며, 냉각 효과가 커야 한다.

ㅁ 저장 시 분해되지 않고 금속 용기를 부식시키지 않아야 한다.

ㅂ 기존의 할론 소화 약제보다 설치 비용이 크게 높지 않아야 한다.

참고 ▶ 환경 평가 기준

1. NOAEL(No Observed Adverse Effect Level) : 농도를 증가시킬 때 아무런 악영향도 감지할 수 없는 최대 허용 농도
2. LOAEL(Lowest Observed Adverse Effect Level) : 농도를 감소시킬 때 악영향을 감지할 수 있는 최소 허용 농도
3. ODP(Ozone Depletion Potential) : 오존 파괴 지수
   (물질 1kg에 의해 파괴되는 오존량)÷(CFC-11 1kg에 의해 파괴되는 오존량)
   할론 1301 : 14.1, NAFS-Ⅲ : 0.044
4. GWP(Global Warming Potential) : 지구온난화 지수
   (물질 1kg이 영향을 주는 지구온난화 정도)÷(CFC-11 1kg이 영향을 주는 지구온난화 정도)
5. ALT(Atmospheric Life Time) : 대기권 잔존 수명 물질이 방사된 후 대기권 내에서 분해되지 않고 체류하는 잔류 기간

㉲ 할로겐 화합물 청정 소화 약제 : 불소, 염소, 브롬, 요오드 중 하나 이상의 원소를 포함하고 있는 유기 화합물을 기본 성분으로 하는 소화 약제

  ㉠ HFC(Hydro Fluoro Carbon) : 불화탄화수소

  ㉡ HBFC(Hydro Bromo Fluoro Carbon) : 브롬불화탄화수소

  ㉢ HCFC(Hydro Chloro Fluoro Carbon) : 염화불화탄화수소

  ㉣ FC, PFC(Perfluoro Carbon) : 불화탄소, 과불화탄소

  ㉤ FIC(Fluoro Iodo Carbon) : 불화요오드화탄소

㉳ 불활성 가스 청정 소화 약제

  헬륨, 네온, 아르곤, 질소가스 중 하나 이상의 원소를 기본 성분으로 하는 소화 약제

소화 약제	상품명	화학식
퍼플루오르부탄(FC-3-1-10)	PFC-410	C_4F_{10}
하이드로클로로플루오르카본 혼화제 (HCFC BLEND A)	NAFS-Ⅲ	• HCFC-22($CHClF_2$) : 82% • HCFC-123($CHCl_2CF_3$) : 4.75% • HCFC-124($CHClFCF_3$) : 9.5% • $C_{10}H_{16}$: 3.75%
클로로테트라플루오르에탄 (HCFC-124)	FE-24	$CHClFCF_3$
펜타플루오르에탄(HFC-125)	FE-25	CHF_2CF_3
헵타플루오르프로판(HFC-227ea)	FM-200	CF_3CHFCF_3
트리플루오르메탄(HFC-23)	FE-13	CHF_3
헥사플루오르프로판(HFC-236fa)	FE-36	$CF_3CH_2CF_3$
트리플루오르이오다이드(FIC-1311)	Tiodide	CF_3I
도데카플루오르-2-메틸펜탄-3-원(FK-5-1-12)	–	$CF_3CF_2C(O)CF(CF_3)_2$
불연성·불활성 기체 혼합 가스(IG-01)	Argon	Ar
불연성·불활성 기체 혼합 가스(IG-100)	Nitrogen	N_2
불연성·불활성 기체 혼합 가스(IG-541)	Inergen	N_2 : 52%, Ar : 40%, CO_2 : 8%
불연성·불활성 기체 혼합 가스(IG-55)	Argonite	N_2 : 50%, Ar : 50%

⑨ 간이 소화제

　㉮ 건조사(마른 모래)

　　㉠ 모래는 반드시 건조되어 있을 것

　　㉡ 가연물이 함유되어 있지 않을 것

　　㉢ 모래는 반절된 드럼통 또는 벽돌담 안에 저장하며, 양동이, 삽 등의 부속 기구를 항상 비치할 것

　㉯ 팽창 질석, 팽창 진주암

　　㉠ 질석을 고온 처리(약 1,000~1,400℃)해서 10~15배 팽창시킨 것으로 비중이 아주 적음

　　㉡ 발화점이 특히 낮은 알킬알루미늄(자연 발화의 위험)의 화재에 적합

　㉰ 중조 톱밥

　　㉠ 중조($NaHCO_3$)에 마른 톱밥을 혼합한 것

　　㉡ 인화성 액체의 소화에 적합

　㉱ 수증기

　　질식 소화에는 큰 성과가 없으나 소화하는 데 보조 역할을 한다.

　㉲ 소화탄

　　$NaHCO_3$, Na_3PO_4, CCl_4 등의 수용액을 유리 용기에 넣은 것으로서 이것을 화재 현장에 던지면 유리가 깨지면서 소화액이 유출 분해되어서 불연성 이산화탄소가 발생된다.

(4) 소화기의 유지 관리

① 각 소화기의 공통 사항

　㉮ 소화기의 설치 위치는 바닥으로부터 1.5m 이하의 높이에 설치할 것

　㉯ 통행이나 피난 등에 지장이 없고 사용할 때에는 쉽게 반출할 수 있는 위치에 있을 것

　㉰ 각 소화 약제가 동결, 변질 또는 분출할 염려가 없는 곳에 비치할 것

　㉱ 소화기가 설치된 주위의 잘 보이는 곳에 '소화기'라는 표시를 할 것

② 소화기의 사용 방법

　㉮ 적응 화재에만 사용할 것

　㉯ 성능에 따라 방출 거리 내에서 사용할 것

　㉰ 소화 시에는 바람을 등지고 풍상에서 풍하의 방향으로 소화할 것

　㉱ 소화 작업은 양 옆으로 비로 쓸듯이 골고루 사용할 것

③ 소화기 관리상 주의 사항

　㉮ 겨울철에는 소화 약제가 동결되지 않도록 보온에 유의할 것

　㉯ 전도되지 않도록 안전한 장소에 설치할 것

　㉰ 사용 후에도 반드시 내·외부를 깨끗하게 세척하고, 재충전 시에는 허가받은 제조업자에게서 규정된 검정 약품을 재충전할 것

　㉱ 온기가 적고 건조하며, 서늘한 곳에 둘 것

　㉲ 소화기 상부 레버 부분에는 어떠한 물품도 올려놓지 말 것

⠘ 비상 시를 대비하여 분기별로 소화 약제의 변질 상태 및 작동 이상 유무를 확인할 것

⠟ 소화기의 뚜껑은 완전히 잠그고 반드시 완전 봉인토록 할 것

④ 소화기의 점검

 ㉮ 외관 검사 : 월 1회 이상

 ㉯ 기능 검사 : 분기 1회 이상

 ㉰ 정밀 검사 : 반기 1회 이상

⑤ 소화기 외부 표시 사항

 ㉮ 소화기의 명칭

 ㉯ 적응 화재 표시

 ㉰ 사용 방법

 ㉱ 용기 합격 및 중량 표시

 ㉲ 취급상 주의 사항

 ㉳ 능력 단위

 ㉴ 제조 연월일

참고 소화기에 "B-2" 표시란?

유류 화재에 대한 능력 단위 2단위에 적용되는 소화기

2-3 ▶ 피뢰 설치

(1) 설치 대상

지정 수량 10배 이상의 위험물을 취급하는 제조소(단, 제6류 위험물의 제조소 제외)

(2) 설치 기준

① 돌침의 보호각은 45° 이하로 한다.

② 돌침부의 취부 위치는 피보호물의 보호 및 부분의 전체가 보호 범위 내에 들어오도록 한다.

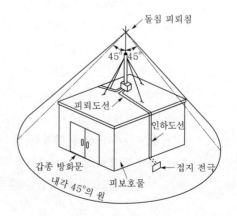

출·제·예·상·문·제

1

물질의 연소 후 재를 남기는 화재는?

① 일반 화재　　　　　　　　　　② 유류 화재

③ 전기 화재　　　　　　　　　　④ 금속 화재

 A급 화재(일반 가연물의 화재)란 일반적으로 다량의 물 또는 수용액으로 화재를 소화할 때 냉각 효과가 가장 큰 화재로서, 연소 후 재를 남긴다.

2

한옥에 불이 났을 때 어느 소화기를 사용하는 것이 적당한가?

① A급　　　　　　　　　　　　② B급

③ C급　　　　　　　　　　　　④ D급

 일반 화재

3

인화성 액체의 화재를 나타내는 것은?

① A급 화재　　　　　　　　　　② B급 화재

③ C급 화재　　　　　　　　　　④ D급 화재

 화재의 구분

화재별 급수	가연 물질의 종류
A급 화재	목재, 종이, 섬유류 등 일반 가연물
B급 화재	유류(가연성·인화성 액체 포함)
C급 화재	전기
D급 화재	금속

4

전기 화재의 급수와 표시 색상을 옳게 나타낸 것은?

① C급－백색　　　　　　　　　② D급－백색

③ C급－청색　　　　　　　　　④ D급－청색

해설 화재의 종류
    ㉠ A급 화재(일반 화재) : 백색
    ㉡ B급 화재(유류 화재) : 황색
    ㉢ C급 화재(전기 화재) : 청색
    ㉣ D급 화재(금속 화재) : −

5

위험물안전관리법령상 제2류 위험물 중 지정 수량이 500kg인 물질에 의한 화재는?

① A급 화재   ② B급 화재
③ C급 화재   ④ D급 화재

해설 D급 화재−금속 화재

6

열의 이동 원리 중 복사에 관한 예로 적당하지 않은 것은?

① 그늘이 시원한 이유   ② 더러운 눈이 빨리 녹는 현상
③ 보온병 내부를 거울벽으로 만드는 것   ④ 해풍과 육풍이 일어나는 원리

해설 대류 : 액체와 기체를 가열하면 가열된 물질은 가벼워져 위로 올라가고, 차가운 물질은 아래로 내려오면서 전체의 온도가 올라가게 된다. 이와 같이 물질이 직접 이동하면서 열이 이동하는 것을 대류라고 한다. 햇빛이 비치는 낮에는 육지가 바다보다 먼저 데워진다. 그러면 육지 바로 위의 공기도 데워져 위로 올라가고, 이 빈자리를 육지보다 덜 데워진 바다 위의 공기가 채우게 된다. 이렇게 대류에 의해 공기가 크게 움직여 바닷가에서는 낮에는 해풍, 밤에는 육풍이 분다. 이와 같은 해풍, 육풍은 대기의 대류 현상에 의해 나타나는 기상 현상이다.

7

다음 중 화학적 소화에 해당하는 것은?

① 냉각 소화   ② 질식 소화
③ 제거 소화   ④ 억제 소화

해설 화학적 소화 방법 : 억제 소화

8

다음 중 제거 소화의 예가 아닌 것은?

① 가스 화재 시 가스 공급을 차단하기 위해 밸브를 닫아 소화시킨다.
② 유전 화재 시 폭약을 사용하여 폭풍에 의하여 가연성 증기를 날려보내 소화시킨다.
③ 연소하는 가연물을 밀폐시켜 공기 공급을 차단하여 소화한다.
④ 촛불 소화 시 입으로 바람을 불어서 소화시킨다.

해설 ③ 질식 소화

9

질식 소화를 하는 경우 공기 중의 산소의 유효 농도는?

① 1~5%   ② 5~10%   ③ 10~15%   ④ 15~20%

 해설 ㉠ 질식 소화 : 가연물이 연소하기 위해서는 산소가 필요한데, 산소를 공급하는 산소 공급원(공기
또는 산화제 등)을 연소계로부터 차단시켜 연소에 필요한 산소의 양을 16% 이하로 하여 연소의
진행을 억제시켜 소화하는 방법
㉡ 질식 소화 시 산소 농도의 유효 한계치 : 산소 농도 10~15% 이하

10

건조사와 같은 불연성 고체로 가연물을 덮는 것은 어떤 소화에 해당하는가?

① 제거 소화   ② 질식 소화   ③ 냉각 소화   ④ 억제 소화

해설 질식 소화 : 건조사와 같은 불연성 고체로 가연물을 덮는 것

11

소화 효과에 대한 설명으로 틀린 것은?

① 기화 잠열이 큰 소화 약제를 사용할 경우 냉각 소화 효과를 기대할 수 있다.
② 이산화탄소에 의한 소화는 주로 질식 소화로 화재를 진압한다.
③ 할로겐 화합물 소화 약제는 주로 냉각 소화를 한다.
④ 분말 소화 약제는 질식 효과와 부촉매 효과 등으로 화재를 진압한다.

해설 ③ 할로겐 화합물 소화 약제는 주로 질식 효과, 부촉매 효과 및 냉각 효과를 한다.

12

포 소화 약제 중 A제의 주성분으로 틀린 것은?

① 중조   ② 카세인
③ 황산알루미늄   ④ 소다회

해설 화학포의 구성 성분
㉠ A제 : $NaHCO_3$(중조, 탄산수소나트륨, 중탄산나트륨) + 기포 안정제(단백질 분해물, 계면활성제,
사포닌, 소다회를 혼합시킨 것)
㉡ B제 : 황산알루미늄[$Al_2(SO_4)_3$]

13

화학포 소화 약제의 주성분은?

① 탄산수소나트륨과 황산알루미늄   ② 탄산나트륨과 황산알루미늄
③ 탄산나트륨과 황산나트륨   ④ 탄산수소나트륨과 황산나트륨

해설 $6NaHCO_3 + Al_2(SO_4)_3 + 18H_2O \rightarrow 3Na_2SO_4 + 2Al(OH)_3 + 6CO_2 + 18H_2O$

14

화학포 소화기의 포핵은?

① 질소   ② 공기
③ 암모니아   ④ 이산화탄소

 화학포말의 포핵으로서 화학포말을 외부로부터 방출하는 데 사용되는 방출원 역할을 하며, 기체상의 이산화탄소로 전환되면서 주위로부터 많은 열을 빼앗는 냉각 소화 작용과 동시에 기체화 된 이산화탄소는 공기 중의 산소보다 비중이 커 산소의 공급을 차단시켜 화재를 소화시키는 질식 작용을 한다.

15

탄산수소나트륨과 황산알루미늄으로 만든 소화기를 사용했을 경우 생성되는 것이 아닌 것은?

① 일산화탄소   ② 이산화탄소
③ 수산화알루미늄   ④ 황산나트륨

해설 $6NaHCO_3 + Al_2(SO_4)_3 + 18H_2O \rightarrow 3Na_2SO_4 + 2Al(OH)_3 + 6CO_2 + 18H_2O$

16

화학포의 기포 안정제가 아닌 것은?

① 단백질 분해물   ② 사포닌
③ 탄산수소나트륨   ④ 계면활성제

해설 기포 안정제의 종류
단백질 분해물, 사포닌, 계면활성제, 소다회 등

17

질식 소화 효과를 주로 이용하는 소화기는?

① 포 소화기   ② 강화액 소화기
③ 수(물) 소화기   ④ 할로겐 화합물 소화기

해설 ① 포 소화기 : 질식 효과
② 강화액 소화기 : 냉각 효과 및 질식 효과
③ 수(물) 소화기 : 냉각 효과
④ 할로겐 화합물 소화기 : 냉각 효과 및 질식 효과

18

포 소화 약제의 주된 소화 효과를 모두 옳게 나타낸 것은?

① 촉매 효과와 억제 효과   ② 억제 효과와 제거 효과
③ 질식 효과와 냉각 효과   ④ 연소 방지와 촉매 효과

정답   14. ④   15. ①   16. ③   17. ①   18. ③

해설 포 소화 약제 화학 반응식

$$6NaHCO_3 + Al_2(SO_4)_3 + 18H_2O \rightarrow 2Na_2SO_4 + 2Al(OH)_3 + \underline{6CO_2} + \underline{18H_2O}$$

질식   냉각
효과   효과

19 목재, 종이 및 섬유 화재에 가장 적합한 소화기는?

① 포말 소화기   ② 사염화탄소 소화기

③ 탄산가스 소화기   ④ 할로겐화물 소화기

해설 목재, 종이 및 섬유 화재 : A급
      ① A · B급, ② B · C급, ③ B · C급, ④ A · B · C급

20 공기포 발포 배율을 측정하기 위해 중량 340g, 용량 1,800mL의 포 수집 용기에 가득히 포를 채취하여 측정한 용기의 무게가 540g이었다면 발포 배율은? (단, 포 수용액의 비중은 1로 가정한다.)

① 3배   ② 5배   ③ 7배   ④ 9배

해설 발포 배율(팽창비) $= \dfrac{\text{내용적(용량)}}{\text{전체 중량} - \text{빈 시료 용기의 중량}} = \dfrac{1,800}{540 - 340} = 9$배

21 단백포 소화 약제 제조 공정에서 부동제로 사용하는 것은?

① 에틸렌글리콜   ② 물

③ 가수분해 단백질   ④ 황산제1철

해설 ㉠ 단백포 소화 약제 : 단백질을 가수분해한 것을 주원료로 하는 포 소화 약제
      ㉡ 조정 공정 : 단백포 소화 약제의 제조 공정 중 마지막 단계로서, 소화용 이외의 이·화학적 성능을 향상시키기 위해서 방부제·부동제 등을 첨가한다. 이 경우 방부제로는 트리클로로페놀(trichlorophenol), 펜타클로로페놀(pentachlorophenol) 등의 수용성 염류 등이 사용되며, 부동제로는 에틸렌글리콜[$C_2H_4(OH)_2$], 프로필렌글라이콜[$C_3H_6(OH)_2$] 등이 사용된다.

22 수성막포 소화 약제를 수용성 알코올 화재 시 사용하면 소화 효과가 떨어지는 가장 큰 이유는?

① 유독가스가 발생하므로

② 화염의 온도가 높으므로

③ 알코올은 포와 반응하여 가연성 가스를 발생하므로

④ 알코올은 소포성을 가지므로

해설 수성막포 소화 약제를 수용성 알코올 화재 시 사용하면 소화 효과가 떨어지는 이유 : 알코올은 소포성을 가지므로

23

물과 친화력이 있는 수용성 용매의 화재에 보통의 포 소화 약제를 사용하면 포가 파괴되기 때문에 소화 효과를 잃게 된다. 이와 같은 단점을 보완한 소화 약제로 가연성인 수용성 용매의 화재에 유효한 효과를 가지고 있는 것은?

① 알코올형 포 소화 약제

② 단백포 소화 약제

③ 합성 계면활성제 포 소화 약제

④ 수성막포 소화 약제

🌿**해설** 수용성 유류 화재, 가연성 액체 화재 시 내알코올형(알코올형) 포 소화 약제를 사용한다.

24

소화 효과를 증대시키기 위하여 분말 소화 약제와 병용하여 사용할 수 있는 것은?

① 단백포   ② 알코올형 포

③ 합성 계면활성제 포   ④ 수성막포

🌿**해설** 포 소화 약제

	화학포	• $NaHCO_3$: 외통, 외약제, A제 • $Al_2(SO_4)_3 \cdot 18H_2O$: 내통, 내약제, B제 • 기포 안정제(가수분해(수용성) 단백질, 젤라틴, 카세인, 사포닌, 계면활성제 등) • $6NaHCO_3 + Al_2(SO_4)_3 \cdot 18H_2O \rightarrow 3Na_2SO_4 + 2Al(OH)_3 + 6CO_2 + 18H_2O$
기계포 (공기포)	단백포	가수분해 단백질 + 방부제 + 포 안정제(염화제1철염, $FeCl_2$염)
	수성막포(AFFF, light water)	• 불소 계통의 습윤제 + 합성 계면활성제 • 소화력은 단백포의 3배 이상으로 유류 화재 진압에 가장 좋음 • 타 약제(분말 소화 약제)와 겸용 가능
	내알코올형 포	• 가수분해 단백질 + 합성 세제 • 수용성 유류 화재, 가연성 액체 화재에 가장 좋음
	불화단백포	• 단백포 + 불소계 계면활성제 • 소화 성능이 가장 우수, 가격은 제일 비쌈 • 표면하 주입 방식(SSI)에도 적합
	합성 계면활성제 포	• 고급 알코올 황산에스테르와 고급 알코올 황산염 사용 • 저발포, 고발포 겸용 • 유동성, 저장성이 좋음

25

다음 중 포 소화제의 조건에 해당되지 않는 것은?

① 부착성이 있을 것   ② 유동성이 있을 것

③ 부서지기 어려운 응집성을 가질 것   ④ 열에 의해 빨리 증발할 것

🌿**해설** 열에 의해 센막을 가질 것

26 분말 소화 약제의 가압용 및 축압용 가스는?

① 네온가스   ② 프로판가스

③ 수소가스   ④ 질소가스

해설 ㉠ 가스 가압식 : 본체 용기에 직접 가스를 가하지 않고 별도의 압력 용기를 소화기에 내장하든지 외부에 설치하여 질소 또는 탄산 가스를 이용하여 분말 약제를 분사시키는 방식
㉡ 축압식 : 소화기 내부에 직접 질소 또는 탄산 가스를 주입시켜 소화기 내부 압력을 $9 \sim 10 kg/cm^2$ 로 유지시켜 분말 약제를 분사시키는 방식

27 분말 소화 설비에서 분말 소화 약제의 가압용 가스로 사용하는 것은?

① CO_2 ② He   ③ CCl_4 ④ Cl_2

해설 분말 소화 약제의 가압용 가스 : N_2, CO_2 등

28 다음 중 분말 소화 약제의 주된 소화 작용에 가장 가까운 것은?

① 질식   ② 냉각   ③ 유화   ④ 제거

해설 분말 소화 약제의 주된 소화 작용은 질식 효과이다.

29 분말 소화기의 각 종별 소화 약제 주성분이 옳게 연결된 것은?

① 제1종 소화 분말 : $KHCO_3$

② 제2종 소화 분말 : $NaHCO_3$

③ 제3종 소화 분말 : $NH_4H_2PO_4$

④ 제4종 소화 분말 : $NaHCO_3 + (NH_2)_2CO$

해설 분말 소화 약제의 종류
① 제1종 분말($NaHCO_3$)
② 제2종 분말($KHCO_3$)
③ 제3종 분말($NH_4H_2PO_4$)
④ 제4종 분말[$KHCO_3 + (NH_2)_2CO$]

30 제1종 분말 소화 약제의 적응 화재 급수는?

① A급   ② B, C급

③ A, B급   ④ A, B, C급

분말 소화 약제

종 별	분자식	적응 화재
제1종	중탄산나트륨($NaHCO_3$)	B, C
제2종	중탄산칼륨($KHCO_3$)	B, C
제3종	제1인산암모늄($NH_4H_2PO_4$)	A, B, C
제4종	중탄산칼륨＋요소($KHCO_3 + (NH_2)_2CO$)	B, C

31

제1종 분말 소화 약제의 소화 효과에 대한 설명으로 가장 거리가 먼 것은?

① 열분해 시 발생하는 이산화탄소와 수증기에 의한 질식 효과

② 열분해 시 흡열 반응에 의한 냉각 효과

③ H^+이온에 의한 부촉매 효과

④ 분말 운무에 의한 열 방사의 차단 효과

 ③ 부촉매 효과 : 화학적으로 활성을 가진 물질이 가연 물질의 연속적인 연소의 연쇄 반응을 더 이상 진행하지 않도록 억제·차단 또는 방해하여 소화시키는 역할을 하므로 부촉매 소화 작용을 일명 화학 소화 작용이라 한다. 제1종 분말 소화 약제는 탄산수소나트륨($NaHCO_3$)으로부터 유리되어 나온 나트륨 이온(Na^+)이 가연 물질 내부에 함유되어 있는 화염의 연락 물질인 활성화된 수산 이온(OH^-)과 반응하여 더 이상 연쇄 반응이 진행되지 않도록 함으로써 화재가 소화되도록 한다.

32

B, C 화재에 효과가 있는 드라이케미컬의 주성분은?

① 인산염류

② 할로겐화물

③ 탄산수소나트륨

④ 수산화알루미늄

 ③ 제1종 분말 소화 약제

33

드라이케미컬(dry chemical)로 10m³의 탄산가스를 얻자면 표준 상태에서 몇 kg의 탄산수소나트륨이 사용되겠는가? (단, 탄산수소나트륨의 분자량은 84이다.)

① 18.75

② 37.5

③ 56.25

④ 75

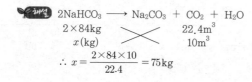

$2NaHCO_3 \longrightarrow Na_2CO_3 + CO_2 + H_2O$

$2 \times 84kg$ $22.4m^3$

$x(kg)$ $10m^3$

$$\therefore x = \frac{2 \times 84 \times 10}{22.4} = 75kg$$

34

분말 소화 약제인 탄산수소나트륨 10kg이 1기압, 270℃에서 방사되었을 때 발생하는 이산화탄소의 양은 약 몇 m³인가?

① 2.65 　　　　　　　　　② 3.65

③ 18.22 　　　　　　　　　④ 36.44

 $PV = \dfrac{W}{M}RT$

$$V = \dfrac{WRT}{PM} = \dfrac{10 \times 0.082 \times (273+270)}{1 \times 2 \times 84} = 2.65\,\text{m}^3$$

35

식용유 화재 시 제1종 분말 소화 약제를 이용하여 화재의 제어가 가능하다. 이때의 소화 원리에 가장 가까운 것은?

① 촉매 효과에 의한 질식 소화 　　　② 비누화 반응에 의한 질식 소화

③ 요오드화에 의한 냉각 소화 　　　④ 가수분해 반응에 의한 냉각 소화

 ㉠ 제1종 분말 : 식용유 및 지방질유 화재에 적합하다.
　　　㉤ 식당, 주방 화재
　　　㉡ 비누화 반응 : Na이 기름을 둘러쌈으로써 질식 효과 및 재발화 억제 효과가 발생한다.

36

요리용 기름의 화재 시 비누화 반응을 일으켜 질식 효과와 재발화 방지 효과를 나타내는 소화 약제는?

① $NaHCO_3$ 　　　　　　　　② $KHCO_3$

③ $BaCl_2$ 　　　　　　　　　④ $NH_4H_2PO_4$

해설 $NaHCO_3$: 요리용 기름의 화재 시 비누화 반응을 일으켜 질식 효과와 재발화 방지 효과를 나타낸다.

37

분말 소화제(드라이케미컬)의 소화 효과에 대하여 가장 적당하게 설명한 것은?

① 주로 화재의 열을 흡수하는 냉각 효과이다.

② 분말에 의한 억제 냉각 질식의 상승 효과와 열분해로 발생하는 탄산가스의 질식 효과로 소화한다.

③ 연소물을 급속하게 냉각시켜 소화한다.

④ 열분해에 의하여 생긴 불연성 가스가 연소물에 접촉하여 불연성 물질로 변화시킨다.

해설 $2NaHCO_3 \xrightarrow{\Delta} Na_2CO_3 + \underset{\text{질식}}{CO_2} + \underset{\text{냉각}}{H_2O} - 30.3\text{kcal}$

38

분말 소화 약제 중 제1종과 제2종 분말이 각각 열분해될 때 공통적으로 생성되는 물질은?

① N_2, CO_2 ② N_2, O_2

③ H_2O, CO_2 ④ H_2O, N_2

 ㉠ 제1종 분말 소화 약제 : $2NaHCO_3 \xrightarrow{\Delta} Na_2CO_3 + CO_2 + H_2O$
㉡ 제2종 분말 소화 약제 : $2KHCO_3 \xrightarrow{\Delta} K_2CO_3 + CO_2 + H_2O$
∴ 공통적으로 생성되는 물질 : H_2O, CO_2

39

제3종 분말 소화 약제의 열분해 반응식을 옳게 나타낸 것은?

① $NH_4H_2PO_4 \rightarrow HPO_3 + NH_3 + H_2O$ ② $2KNO_3 \rightarrow 2KNO_2 + O_2$

③ $KClO_4 \rightarrow KCl + 2O_2$ ④ $2CaHCO_3 \rightarrow 2CaO + H_2CO_3$

 분말 소화 약제의 열분해 반응식
㉠ 제1종 : $2NaHCO_3 \rightarrow Na_2CO_3 + CO_2 + H_2O$
㉡ 제2종 : $2KHCO_3 \rightarrow K_2CO_3 + CO_2 + H_2O$
㉢ 제3종 : $NH_4H_2PO_4 \rightarrow HPO_3 + NH_3 + H_2O$
㉣ 제4종 : $2KHCO_3 + (NH_2)_2CO \rightarrow K_2CO_3 + 2NH_3 + 2CO_2$

40

제3종 분말 소화 약제의 표시 색상은?

① 백색   ② 담홍색

③ 검은색   ④ 회색

 분말 소화 약제의 종류
㉠ 제1종 분말 소화 약제 : $NaHCO_3$(백색)
㉡ 제2종 분말 소화 약제 : $KHCO_3$(보라색)
㉢ 제3종 분말 소화 약제 : $NH_4H_2PO_4$(담홍색 또는 핑크색)
㉣ 제4종 분말 소화 약제 : $BaCl_2$, $KHCO_3 + (NH_2)_2CO$(회백색)

41

소화 효과 중 부촉매 효과를 기대할 수 있는 소화 약제는?

① 물 소화 약제   ② 포 소화 약제

③ 분말 소화 약제   ④ 이산화탄소 소화 약제

해설 제3종 분말 소화 약제의 부촉매 효과 : 제1인산암모늄($NH_4H_2PO_4$)으로부터 유리되어 나온 활성화된 암모늄 이온(NH_4^+)이 가연 물질 내부에 함유되어 있는 활성화된 수산 이온(OH^-)과 반응하여 연속적인 연소의 연쇄 반응을 억제·방해 또는 차단시킴으로써 화재를 소화한다.

42 분말 소화 약제인 인산암모늄을 사용하였을 때 열분해되어 부착성인 막을 만들어 공기를 차단시키는 것은?

① HPO_3
② PH_3
③ NH_3
④ P_2O_3

해설 $NH_4H_2PO_4 \xrightarrow{\Delta} HPO_3 + NH_3 + H_2O$

43 $NH_4H_2PO_4$가 열분해하여 생성되는 물질 중 암모니아와 수증기의 부피 비율은?

① 1 : 1
② 1 : 2
③ 2 : 1
④ 3 : 2

해설 인산암모늄($NH_4H_2PO_4$)의 열분해 반응식

$$NH_4H_2PO_4 \xrightarrow{\Delta} HPO_3 + NH_3 + H_2O$$
메타인산　암모니아　수증기
1 　:　 1

44 불연성 기체로서 비교적 액화가 용이하며 안전하게 저장할 수 있고, 전기 절연성이 좋아 C급 화재에 사용되기도 하는 기체는?

① N_2
② CO_2
③ Ar
④ He

해설 CO_2 : 불연성 기체로서 비교적 액화가 용이하며, 안전하게 저장할 수 있고 전기 절연성이 좋아 C급 화재에 사용된다.

45 다음 중 이산화탄소(CO_2)의 주된 소화 효과는?

① 가연물 제거
② 인화점 인하
③ 산소 공급 차단
④ 점화원 파괴

해설 CO_2의 소화 효과는 질식 소화 작용과 냉각 소화 작용이 우수하다.

46 이산화탄소 소화기의 사용 중 소화기 출구에 생길 수 있는 물질은?

① 포스겐
② 일산화탄소
③ 드라이아이스
④ 수성가스

해설 줄-톰슨 효과에 의하여 CO_2가 발생한다.

47

이산화탄소 소화기 사용 시 줄−톰슨 효과에 의해서 생성되는 물질은?

① 포스겐　　　　　　　　　　② 일산화탄소
③ 드라이아이스　　　　　　　　④ 수성가스

해설 줄−톰슨 효과에 의해 액화 이산화탄소가 대기에 급격하게 방출되는 경우, 주위로부터 일시에 많은 기화열을 흡수하지 못해 고체상의 드라이아이스(dryice)가 생성된다. 한편, 이산화탄소 소화기의 수분 함유량은 이산화탄소 중량의 0.05% 이하여야 하는데, 그 이유는 줄−톰슨 효과에 의해 온도가 내려가게 되면 수분이 결빙되어 노즐이 막힐 우려가 있기 때문이다.

48

드라이아이스 1kg이 완전히 기화되면 약 몇 mol의 탄산가스가 되겠는가?

① 22.7　　　　　　　　　　　② 51.3
③ 230.1　　　　　　　　　　　④ 515.0

해설 1kg = 1,000g이므로
$\therefore$ 1,000g ÷ 44g = 22.7mol

49

94wt% 드라이아이스 100g은 표준 상태에서 몇 L의 CO_2가 되는가?

① 22.40　　　　　　　　　　　② 47.85
③ 50.90　　　　　　　　　　　④ 62.74

해설 94wt% 드라이아이스 100g은 100g×0.94=94g이므로
44g : 22.4L=94g : x(L)
$\therefore x$ =47.85g

50

0.99atm, 55℃에서 이산화탄소의 밀도는 약 몇 g/L인가?

① 0.62　　　② 1.62　　　③ 9.65　　　④ 12.65

해설 $PV = \dfrac{W}{M}RT$이므로

$\therefore$ 밀도$(\rho) = \dfrac{M}{V} = \dfrac{PM}{RT} = \dfrac{0.99 \times 44}{0.082 \times (273+15)} = 1.62$g/L

51

소화기 속에 압축되어 있는 이산화탄소 1.1kg을 표준 상태에서 분사하였다. 이산화탄소의 부피는 몇 m^3가 되는가?

① 0.56　　　② 5.6　　　③ 11.2　　　④ 24.6

$PV = \dfrac{W}{M}RT$ 이므로

$$\therefore V = \dfrac{WRT}{PM} = \dfrac{1.1\text{kg} \times 0.082 \times (273 + 0)}{1\text{atm} \times 44\text{kg}} = 0.56\text{m}^3$$

52

화재 시 이산화탄소를 방출하여 산소의 농도를 13vol%로 낮추어 소화를 하려면 공기 중의 이산화탄소는 몇 vol%가 되어야 하는가?

① 28.1   ② 38.1

③ 42.86   ④ 48.36

해설 CO_2의 농도(%) $= \dfrac{21 - O_2}{21} \times 100 = \dfrac{21 - 13}{21} \times 100 = 38.1\,\text{vol}\%$

53

이산화탄소 소화기의 장점으로 옳은 것은?

① 전기 설비 화재에 유용하다.

② 마그네슘과 같은 금속분 화재 시 유용하다.

③ 자기 반응성 물질의 화재 시 유용하다.

④ 알칼리 금속 과산화물 화재 시 유용하다.

해설 이산화탄소 소화기의 장점 : 유류 화재 및 전기 화재에 좋다.

54

이산화탄소의 특성에 대한 설명으로 옳지 않은 것은?

① 전기 전도성이 우수하다.

② 냉각, 압축에 의하여 액화된다.

③ 과량 존재 시 질식할 수 있다.

④ 상온, 상압에서 무색, 무취의 불연성 기체이다.

해설 ① 전기 전도성이 없다.

55

연소의 연쇄 반응을 차단 및 억제하여 소화하는 방법은?

① 냉각 소화   ② 부촉매 소화

③ 질식 소화   ④ 제거 소화

해설 부촉매 소화

연소의 연쇄 반응을 차단 또는 억제하여 소화하는 방법

56

할로겐화물의 소화 약제의 구비 조건으로 틀린 것은?

① 전기 절연성이 우수할 것
② 공기보다 가벼울 것
③ 증발 잔유물이 없을 것
④ 인화성이 없을 것

해설 할로겐화물 소화 약제의 구비 조건
ⓐ 비점이 낮을 것
ⓑ 기화되기 쉽고, 증발 잠열이 클 것
ⓒ 공기보다 무겁고(증기 비중이 클 것) 불연성일 것
ⓓ 기화 후 잔유물을 남기지 않을 것
ⓔ 전기 절연성이 우수할 것
ⓕ 인화성이 없을 것

57

다음 [보기] 중 상온에서의 상태(기체, 액체, 고체)가 동일한 것을 모두 나열한 것은?

> Halon 1301, Halon 1211, Halon 2402

① Halon 1301, Halon 2402
② Halon 1211, Halon 2402
③ Halon 1301, Halon 1211
④ Halon 1301, Halon 1211, Halon 2402

해설 할로겐 화합물 소화 약제의 상온에서의 상태

Halon 명칭	Halon 1301	Halon 1211	Halon 2402	Halon 1011	Halon 104
상온에서의 상태	기체	기체	액체	액체	액체

58

다음 중 오존층 파괴 지수가 가장 큰 것은?

① Halon 104
② Halon 1211
③ Halon 1301
④ Halon 2402

해설 ⓐ 오존 파괴 지수(ODP ; Ozone Depletion Potential)가 높은 순 : Halon 1301>Halon 2402>Halon 1211
ⓑ 지구온난화 : 소화제로 사용하고 있는 Halon 1301, Halon 2402, Halon 1211은 비중이 공기보다 무겁고 열전도도 작아 대기 중에 방출되면 대기 중의 적외선을 흡수한 다음 대기로 다시 방출하고 지표면으로부터 복사열, 증발열 등의 발생을 억제하며, 대기의 유통을 방해함으로써 지표면의 온도를 상승시켜 이산화탄소와 함께 지구를 온실화하는 역할을 한다.

  56. ② 57. ③ 58. ③

59

Halon 1301 소화 약제에 대한 설명으로 틀린 것은?

① 저장 용기에 액체상으로 충전한다.

② 화학식은 CF_3Br이다.

③ 비점이 낮아서 기화가 용이하다.

④ 공기보다 가볍다.

 해설 ④ CF_3Br은 분자량 149, 증기의 비중은 $\frac{149}{29} = 5.14$이다.

60

할론 1301의 증기 비중은? (단, 불소의 원자량은 19, 브롬의 원자량은 80, 염소의 원자량은 35.5이고 공기의 분자량은 29이다.)

① 2.14   ② 4.15

③ 5.14   ④ 6.15

 해설 할론 1301(CF_3Br)의 증기 비중 $= \frac{12 + (19 \times 3) + 80}{29} = \frac{149}{29} \fallingdotseq 5.14$

61

A, B, C, D가 의미하는 것 중 옳지 않은 것은?

$$\text{할론 } 1\ 3\ 0\ 1$$
$$\uparrow\ \uparrow\ \uparrow\ \uparrow$$
$$A\ \ B\ \ C\ \ D$$

① A−H(수소)의 수   ② B−F(불소)의 수

③ C−Cl(염소)의 수   ④ D−Br(브롬)의 수

해설 ① A−C(탄소)의 수

62

Halon 1011에 함유되지 않은 원소는?

① H   ② Cl

③ Br   ④ F

해설 ㉠ Halon 번호
첫째−탄소수, 둘째−불소수, 셋째−염소수, 넷째−브롬수
㉡ Halon 1011−CH_2ClBr

63

할로겐 화합물 소화기에서 사용되는 할론의 명칭과 화학식을 옳게 짝지은 것은?

① CBr_2F_2-1202

② $C_2Br_2F_2$-2422

③ $CBrClF_2$-1102

④ $C_2Br_2F_4$-1242

해설 할론의 명칭 순서

㉠ 첫째 : 탄소

㉡ 둘째 : 불소

㉢ 셋째 : 염소

㉣ 넷째 : 브롬

64

밀폐된 장소에서 사용 시 유독한 기체가 발생되어 좋지 않은 소화제는?

① 공기포

② 액화 이산화탄소

③ 소화 분말

④ 사염화탄소

해설 밀폐된 장소에서 CCl_4를 사용해서는 안 되는 이유

㉠ 건조된 공기 중 : $2CCl_4 + O_2 \rightarrow 2COCl_2 + 2Cl_2$

㉡ 습한 공기 중 : $CCl_4 + H_2O \rightarrow COCl_2 + 2HCl$

㉢ 탄산가스 중 : $CCl_4 + CO_2 \rightarrow 2COCl_2$

㉣ 철이 존재 시 : $3CCl_4 + Fe_2O_3 \rightarrow 3COCl_2 + 2FeCl_3$

65

사염화탄소 소화 약제는 화염에 분해되어 맹독성의 가스가 발생하므로 사용하지 못하도록 하고 있다. 이때 발생하는 가스는?

① $COCl_2$

② HCN

③ PH_3

④ HBr

해설 $2CCl_4 + O_2 \rightarrow 2COCl_2 + 2Cl_2$

66

소화제로 사용되는 사염화탄소가 공기 중의 물과 반응하여 생성되는 물질은?

① 포스겐과 염소

② 포스겐과 수증기

③ 포스겐과 탄산가스

④ 포스겐과 염화수소

해설 $CCl_4 + H_2O \rightarrow COCl_2 + 2HCl$

67

연소물과 작용하여 유독한 $COCl_2$ 가스를 발생시키는 소화 약제는?

① CH_2ClBr

② CCl_4

③ $CBrClF_2$

④ CO_2

해설 $CCl_4 + CO_2 \rightarrow 2COCl_2$

정답 63. ① 64. ④ 65. ① 66. ④ 67. ②

68

BCF(Bromochlorodifluoromethane) 소화 약제의 화학식으로 옳은 것은?

① CCl_4

② CH_2ClBr

③ CF_3Br

④ CF_2ClBr

해설 BCF 소화 약제의 화학식 : CF_2ClBr(일취화일염화이불화메탄, Halon 1211)

69

다음은 어떤 화합물의 구조식인가?

① 할론 1301

② 할론 1201

③ 할론 1011

④ 할론 2402

해설 할론 1011 : CH_2ClBr,

```
        Cl
        |
   H -  C - H
        |
        Br
```

70

화재 시 밀폐된 장소에서 사용할 때 유독한 가스를 발생시키는 소화제는?

① 공기포

② 액화 이산화탄소

③ 드라이케미컬

④ 사염화탄소

해설 증발성 액체 소화제 중의 사염화탄소는 공기, 수분, 탄산가스 등의 존재하에서 맹독성인 포스겐($COCl_2$)가스를 발생시키므로 밀폐된 거실 또는 지하층, 무창층에서는 사용 불가하다.

71

할로겐화물 소화 약제의 조건으로 옳은 것은?

① 비점이 높을 것

② 기화되기 쉬울 것

③ 공기보다 가벼울 것

④ 연소되기 좋을 것

해설 할로겐화물 소화 약제의 조건
ㄱ 비점이 낮을 것
ㄴ 기화되기 쉽고, 증발 잠열이 클 것
ㄷ 공기보다 무겁고(증기 비중이 클 것) 불연성일 것
ㄹ 기화 후 잔유물을 남기지 않을 것
ㅁ 전기 전연성이 우수할 것
ㅂ 인화성이 없을 것

72 강화액 소화기의 소화 약제 액성은?

① 산성　　　　　　　　　　　　② 강알칼리성

③ 중성　　　　　　　　　　　　④ 강산성

해설 강화액 소화기는 pH 12 이상인 강알칼리성이다.

73 강화액 소화기의 주성분은?

① 물과 탄산칼륨　　　　　　　　② CO_2와 물

③ 황산과 탄산수소나트륨　　　　④ 물과 사염화탄소

해설 물소화기의 소화 능력을 높이기 위하여 물에 탄산칼륨을 용해시킨 소화기이다.

74 강화액 소화기에 대한 설명이 아닌 것은?

① 알칼리 금속 염류가 포함된 고농도의 수용액이다.

② A급 화재에 적응성이 있다.

③ 어는점이 낮아서 동절기에도 사용이 가능하다.

④ 물의 표면 장력을 강화시킨 것으로 심부 화재에 효과적이다.

해설 ④ 물의 어는점을 강화시킨 것으로 응고점은 $-30 \sim -17℃$이며, 일반 화재에 효과적이다.

75 산, 알칼리 소화 약제의 화학 반응식으로 옳은 것은?

① $2NaHCO_3 + H_2SO_4 \rightarrow Na_2SO_4 + 2CO_2 + 2H_2O$

② $2CCl_4 + CO_2 \rightarrow 2COCl_2$

③ $2K + 2H_2O \rightarrow 2KOH + H_2$

④ $2Na + 2C_2H_5OH \rightarrow 2C_2H_5ONa + H_2$

해설 내통에 충전되는 황산 수용액은 진한 황산 70%와 물 30%의 비율로 혼합되어 있으며, 외통에 충전되는 탄산수소나트륨 수용액은 물 93%와 탄산수소나트륨 7%의 비율로 혼합되어 있다.

76 화재 시 소화제로 물을 가장 많이 이용하는 이유는?

① 값이 저렴하기 때문에　　　　② 산소를 잘 흡수하기 때문에

③ 기화 잠열이 크기 때문에　　　④ 연소하지 않기 때문에

해설 물은 기화 잠열(539cal/g)이 크다.

정답　72. ②　73. ①　74. ④　75. ①　76. ③

77

물의 특성 및 소화 효과에 관한 설명으로 틀린 것은?

① 이산화탄소보다 기화 잠열이 크다.

② 극성 분자이다.

③ 이산화탄소보다 비열이 작다.

④ 주된 소화 효과가 냉각 소화이다.

 해설

물질명	비열(cal/g · ℃)
물	1.00
이산화탄소	0.20

78

분무 소화기에서 나온 물 18kg이 100℃, 2atm에서 차지하는 부피는? (단, 기체 상수값은 0.082m^3 · atm/kmol · K이고, 이상 기체임을 가정한다.)

① 10.29m^3

② 15.29m^3

③ 20.29m^3

④ 25.29m^3

 해설 $PV = \dfrac{W}{M}RT$이므로

$$\therefore V = \frac{WRT}{PM} = \frac{18 \times 0.082 \times (273+100)}{2 \times 18} = \frac{550.548}{36} = 15.29\text{m}^3$$

79

20℃의 물 100kg이 100℃ 수증기로 증발하면 최대 몇 kcal의 열량을 흡수할 수 있는가?

① 540

② 7,800

③ 62,000

④ 108,000

 해설 흡수 열량

$Q = Gc\Delta t + G\gamma = 100\text{kg} \times 1\text{kcal/kg} \cdot ℃ \times (100℃ - 20℃) + 100\text{kg} \times 540\text{kcal/kg}$

$= 62,000\text{kcal}$

여기서, c : 물의 비열, γ : 증발 잠열

80

간이 소화제인 마른 모래의 보관법으로 옳지 않은 것은?

① 가연물이 함유되어 있지 않을 것

② 부속 기구로 삽, 양동이를 비치할 것

③ 포대 또는 반절 드럼에 넣어 보관할 것

④ 충분한 습기를 함유할 것

해설 ④ 습기가 생기지 않도록 항상 건조한 곳에 둔다.

81

인화성 액체의 소화 용도로 개발되었으며, 모세관 현상의 원리를 이용한 소화 기구는?

① 강화액 소화기　　　　　　　　② 중조 톱밥

③ 팽창 질석　　　　　　　　　　④ 소화탄

🌱해설 중조 톱밥은 마른 톱밥 사이로 중조가 혼합되어 있으며, 소화 시 마른 톱밥 사이로 중조가 방사되므로 모세관 현상의 원리를 이용한 소화 기구로서 인화성 액체의 화재 진압에 좋다.

82

소화기를 설치하려 할 때 바닥으로부터의 높이는?

① 2m 이상　　　　　　　　　　② 1.5m 이하

③ 1m 이하　　　　　　　　　　④ 0.5m 이상

🌱해설 소화기는 바닥으로부터 1.5m 이하의 위치에 설치한다.

83

소화기의 사용 방법에 대한 설명으로 가장 옳은 것은?

① 소화기는 화재 초기에만 효과가 있다.

② 소화기는 대형 소화 설비의 대용으로 사용할 수 있다.

③ 소화기는 어떠한 소화에도 만능으로 사용할 수 있다.

④ 소화기는 구조와 성능, 취급법을 명시하지 않아도 된다.

🌱해설 ② 소화기는 대형 소화 설비의 대용이 될 수 없다.
　　　③ 소화기는 어떠한 소화에도 만능은 없다.
　　　④ 소화기는 구조와 성능, 취급법을 명시하여야 한다.

84

소화기의 사용 방법을 바르게 설명한 것끼리 묶어 놓은 것은?

> ㉠ 적응 화재에만 사용할 것
> ㉡ 불과 멀리하여 사용할 것
> ㉢ 바람을 등지고 풍하에서 풍상의 방향으로 사용할 것
> ㉣ 양 옆으로 비로 쓸듯이 골고루 사용할 것

① ㉠, ㉡

② ㉠, ㉢

③ ㉠, ㉣

④ ㉠, ㉢, ㉣

🌱해설 소화기의 사용 방법
　ⓐ 적응 화재에만 사용한다.
　ⓑ 불과 가까이 사용한다.
　ⓒ 바람을 등지고 풍상에서 풍하의 방향으로 사용한다.
　ⓓ 양 옆으로 비로 쓸듯이 골고루 사용한다.

85

소화기의 사용 방법으로 잘못된 것은?

① 적응 화재에 따라 사용할 것
② 성능에 따라 방출 거리 내에서 사용할 것
③ 바람을 마주보며, 소화할 것
④ 양 옆으로 비로 쓸듯이 방사할 것

🌱해설 ③ 바람을 등지고 풍상에서 풍하의 방향으로 사용한다.

86

다음 중 소화기의 외부 표시 사항으로 가장 거리가 먼 것은?

① 유효 기간　　　　　　　　② 적응 화재 표시
③ 능력 단위　　　　　　　　④ 취급상 주의 사항

🌱해설 소화기의 외부 표시 사항
　ⓐ 소화기의 명칭
　ⓑ 적응 화재 표시
　ⓒ 사용 방법
　ⓓ 용기 합격 및 중량 표시
　ⓔ 취급상 주의 사항
　ⓕ 능력 단위
　ⓖ 제조 연월일

87

소화기에 "B-2"라고 표시되어 있었다. 이 표시의 의미를 가장 옳게 나타낸 것은?

① 일반 화재에 대한 능력 단위 2단위에 적용되는 소화기
② 일반 화재에 대한 압력 단위 2단위에 적용되는 소화기
③ 유류 화재에 대한 능력 단위 2단위에 적용되는 소화기
④ 유류 화재에 대한 압력 단위 2단위에 적용되는 소화기

🌱해설 소화기에 "B-2" 표시 : 유류 화재에 대한 능력 단위 2단위에 적용되는 소화기를 말한다.

Chapter 03 소방 시설

소화 설비, 경보 설비, 피난 설비, 소화 용수 설비 및 소화 활동에 필요한 설비로 구분한다.

01 소방 시설의 종류

1-1 소화 설비

물 또는 기타 소화 약제를 사용하여 소화하는 기계·기구 또는 설비

(1) 소화 기구

① 소화기 : 방호 대상물의 각 부분으로부터 수동식 소화기까지의 보행 거리
  ㉠ 소형 수동식 소화기 : 20m 이하
  ㉡ 대형 수동식 소화기 : 30m 이하
② 간이 소화 용구 : 에어로졸식 소화 용구, 투척용 소화 용구 및 소화 약제 외의 것을 이용한 간이 소화 용구
③ 자동 확산 소화기

(2) 자동 소화 장치

① 주거용 주방 자동 소화 장치
② 상업용 주방 자동 소화 장치
③ 캐비닛형 자동 소화 장치
④ 가스 자동 소화 장치
⑤ 분말 자동 소화 장치
⑥ 고체 에어로졸 자동 소화 장치

(3) 옥내 소화전 설비

① 개요
  방호 대상물의 내부에서 발생한 화재를 조기에 진화하기 위하여 설치한 수동식 고정 설비
② 설치 기준
  ㉠ 옥내 소화전의 개폐 밸브, 호스 접속구의 설치 위치 : 바닥면으로부터 1.5m 이하

ⓝ 옥내 소화전의 개폐 밸브 및 방수용 기구를 격납하는 상자(소화전함)는 불연 재료를 제작하고 점검에 편리하고 화재 발생 시 연기가 충만할 우려가 없는 장소 중 쉽게 접근이 가능하고 화재 등에 의한 피해를 받을 우려가 적은 장소에 설치한다.

ⓓ 가압 송수 장치의 시동을 알리는 표시등(시동 표시등)은 적색으로 하고 옥내 소화전함의 내부 또는 그 직근의 장소에 설치한다(자체소방대를 둔 제조소 등으로서 가압 송수 장치의 기동 장치를 기동용 수압 개폐 장치로 사용하는 경우에는 시동 표시등을 설치하지 아니할 수 있다).

ⓡ 옥내 소화전함에는 그 표면에 "소화전"이라고 표시한다.

ⓜ 옥내 소화전함의 상부의 벽면에 적색의 표시등을 설치하되, 해당 표시등의 부착면과 15° 이상의 각도가 되는 방향으로 10m 떨어진 곳에서 용이하게 식별이 가능하도록 한다.

③ **옥내 소화전 설비의 비상전원** : 자가발전 설비 또는 축전지 설비로 45분 이상 작동할 수 있어야 한다.

④ **배관의 설치 기준**

㉠ 전용으로 할 것

㉡ 가압 송수 장치의 토출측 직근부분의 배관에는 체크 밸브 및 개폐 밸브를 설치할 것

㉢ 주배관 중 입상관은 관의 직경이 50mm 이상인 것으로 할 것

㉣ 개폐 밸브에는 그 개폐 방향을, 체크 밸브에는 그 흐름 방향을 표시할 것

⑤ **가압 송수 장치의 설치 기준**

㉮ 고가 수조를 이용한 가압 송수 장치

㉠ 낙차(수조의 하단으로부터 호스 접속구까지의 거리)는 다음 식에 의하여 구한 수치 이상으로 한다.

$$H = h_1 + h_2 + 35\text{m}$$

여기서, H : 필요 낙차(m)

　　　　h_1 : 방수용 호스의 마찰 손실 수두(m)

　　　　h_2 : 배관의 마찰 손실 수두(m)

㉡ 고가 수조에는 수위계, 배수관, 오버플로용 배수관, 보급수관 및 맨홀을 설치한다.

㉯ 압력 수조를 이용한 가압 송수 장치

㉠ 압력수조의 압력은 다음 식에 의하여 구한 수치 이상으로 한다.

$$P = P_1 + P_2 + P_3 + 0.35\text{MPa}$$

여기서, P : 필요한 압력(MPa), P_1 : 소방용 호스의 마찰 손실 수두압(MPa)

　　　　P_2 : 배관의 마찰 손실 수두압(MPa), P_3 : 낙차의 환산 수두압(MPa)

> **예제** 위험물안전관리법령상 압력 수조를 이용한 옥내 소화전 설비의 가압 송수 장치에서 압력 수조의 최소 압력(MPa)은? (단, 소방용 호스의 마찰 손실 수두압은 3MPa, 배관의 마찰 손실 수두압은 1MPa, 낙차의 환산 수두압은 1.35MPa이다.)
>
> **풀이** $P = P_1 + P_2 + P_3 + 0.35\text{MPa} = 3 + 1 + 1.35 + 0.35 = 5.70\text{MPa}$
>
> 🖐 5.70MPa

㉡ 압력 수조의 수량은 해당 압력 수조 체적의 $\dfrac{2}{3}$ 이하일 것

© 압력 수조에는 압력계, 수위계, 배수관, 보급수관, 통기관 및 맨홀을 설치한다.
㉺ 펌프를 이용한 가압 송수 장치
  ㉠ 펌프의 전양성을 다음 식에 의하여 구한 수치 이상으로 한다.

$$H = h_1 + h_2 + h_3 + 35\text{m}$$

여기서, H : 펌프의 전양정(m), h_1 : 소방용 호스의 마찰 손실 수두(m)
  h_2 : 배관의 마찰 손실 수두(m), h_3 : 낙차(m)

> **예제** 위험물 제조소 등에 펌프를 이용한 가압 송수 장치를 사용하는 옥내 소화전을 설치하는
> 경우 펌프의 전양정은 몇 m인가? (단, 소방용 호스의 마찰 손실 수두는 6m, 배관의 마찰
> 손실 수두는 1.7m, 낙차는 32m이다.)
>
> **풀이** $H = h_1 + h_2 + h_3 + 35\text{m}$
> $= 6\text{m} + 1.7\text{m} + 32\text{m} + 35\text{m} = 74.7\text{m}$
>
> **답** 74.7m

  ㉡ 펌프의 토출량이 정격 토출량의 150%인 경우에는 전양정은 정격 전양정의 65% 이상
  일 것
  ㉢ 펌프는 전용으로 할 것
  ㉣ 펌프에는 토출측에 압력계, 흡입측에 연성계를 설치할 것
  ㉤ 가압 송수 장치에는 정격 부하 운전 시 펌프의 성능을 시험하기 위한 배관 설비를 설
  치한다.
  ㉥ 가압 송수 장치에는 체절 운전 시에 수온 방지를 위한 순한 배관을 설치한다.
⑥ **수원의 양**(Q) : 옥내 소화전이 가장 많이 설치된 층의 옥내 소화전 설비의 설치 개수(N :
  설치 개수가 5개 이상인 경우는 5개의 옥내 소화전)에 7.8m³를 곱한 양 이상

$$Q(\text{m}^3) = N \times 7.8\text{m}^3$$

여기서, Q : 수원의 양, N : 옥내 소화전 설비의 설치 개수
즉, 7.8m³란 법정 방수량 260L/min으로 30min 이상 기동할 수 있는 양

> **예제** 위험물 제조소 등에 설치하는 옥내 소화전 설비가 설치된 건축물에 옥내 소화전이 1층에
> 5개, 2층에 6개가 설치되어 있다. 이때 수원의 수량은 몇 m³ 이상으로 하여야 하는가?
>
> **풀이** $Q = N \times 7.8\text{m}^3 = 5 \times 7.8 = 39\text{m}^3$
>   여기서, Q : 수원의 수량
> N : 옥내 소화전 설비의 설치 개수(설치 개수가 5개 이상인 경우는 5개의 옥내 소
>   화전)
>
> **답** 39m³

⑦ 소화전의 노즐 선단의 성능 기준 : 방수압 350kPa 이상, 방수량 260L/min 이상

⑧ 옥내 소화전은 제조소 등의 건축물의 층마다 하나의 호스 접속구까지의 수평 거리가 25m 이하가 되도록 설치한다. 이 경우 옥내 소화전은 각 층의 출입구 부근에 1개 이상 설치하여야 한다.

⑨ 가압 송수 장치에는 해당 옥내 소화전의 노즐 선단에서 방수 압력이 0.7MPa을 초과하지 아니하도록 한다.

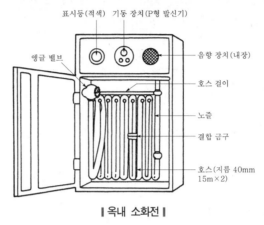

┃ 옥내 소화전 ┃

(4) 옥외 소화전 설비

① 개요

건축물의 1, 2층 부분만을 방사 능력 범위로 하고 지하층 및 3층 이상의 층에 대하여 다른 소화 설비를 설치해야 하는 소화 설비로서, 옥외 설비 및 기타 장치에서 발생하는 화재의 진압 또는 인접 건축물로의 연소 확대를 방지할 목적으로 방호 대상물의 옥외에 설치하는 수동식 고정 소화 설비를 말하며, 주요 구성 요소는 수원(물탱크), 가압 송수 장치, 배관, 호스, 소화전함으로 구성되어 있다.

② 종류

㉮ 방수구의 설치 위치에 따른 구분

㉠ 지상식(stand식) : 방수구를 지상으로 노출시킨 것으로, 개폐 밸브가 지상에 있는 것

㉡ 지하식 : 옥외 소화전의 개폐 밸브가 지면하에 설치되어 있는 것으로, 지상에서 개폐 기구를 이용하여 개방할 수 있도록 한 것

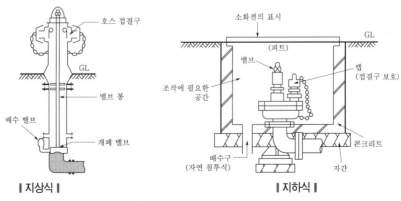

┃ 지상식 ┃   ┃ 지하식 ┃

④ 호스 접결구(방수구)의 형식에 따른 분류
　　㉠ 쌍구형
　　㉡ 단구형
③ 설치 기준
　㉮ 수원의 양(Q) : 옥외 소화전 설비의 설치 개수(설치 개수가 4개 이상인 경우는 4개의 옥외 소화전)에 13.5m³를 곱한 양 이상

$$Q\,(\mathrm{m}^3) = N \times 13.5\mathrm{m}^3$$

여기서, Q : 수원의 양
　　　　N : 옥외 소화전 설비 설치 개수

즉, 13.5m³란 법정 방수량 450L/min으로 30min 이상을 기동할 수 있는 양

> 예제 위험물 제조소 등에 옥외 소화전을 6개 설치할 경우 수원의 수량은 몇 m³ 이상이어야 하는가?
> 풀이 $Q\,(\mathrm{m}^3) = N \times 13.5 = 4 \times 13.5 = 54\mathrm{m}^3$
> 여기서, Q : 수원의 양
> 　　　　N : 옥외 소화전 설비 설치 개수
> (설치 개수가 4개 이상인 경우는 4개의 옥외 소화전)
> 답 54m³

　㉯ 소화전 노즐 선단의 성능 기준
　　방수압 350kPa 이상, 방수량 450L/min 이상
　㉰ 방수구의 설치 기준
　　㉠ 당해 소방 대상물의 각 부분으로부터 하나의 옥외 소화전 방수구(호스 접결구)까지의 수평 거리가 40m 이하가 되도록 할 것
　　㉡ 호스의 구경은 65mm 이상의 것으로 할 것
　㉱ 옥외 소화전함의 설치 기준
　　㉠ 옥외 소화전으로부터 보행 거리 5m 이하의 장소에 설치할 것
　　㉡ 옥외 소화전함의 호스 길이는 20m의 것 2개, 구경 19mm의 노즐 1개를 수납할 것
　㉲ 개폐 밸브 및 호스 접속구의 설치 기준
　　지반면으로부터 1.5m 이하의 높이에 설치할 것

(5) 스프링클러 설비

1) 스프링클러 설비

① 개요
　물을 소화약제로 하는 자동식 소화설비로서 화재가 발생한 경우에 소방대상물의 천장, 벽 등에 설치되어 있는 스프링클러 헤드로 자동으로 물이 방사되어 화재를 진압할 수 있는 소화설비이다. 초기 소화에 절대적인 효과를 가지고 있으며, 소화뿐 아니라 화재경보도 할 수 있다.

② 종류

  ㉮ 습식 스프링클러 설비(wet pipe sprinkler system)

  ㉯ 건식 스프링클러 설비(dry pipe sprinkler system)

  ㉰ 준비 작동식 스프링클러 설비(preaction sprinkler system)

  ㉱ 일제 살수식 스프링클러 설비(deluge sprinkler system)

  ㉲ 부압식 스프링클러 설비

③ 스프링클러 헤드의 종류

  ㉮ 감열체의 유무에 따른 분류

    ㉠ 폐쇄형 스프링클러 헤드

    ㉡ 개방형 스프링클러 헤드

  ㉯ 부착 방식에 따른 분류

    ㉠ 상향형

    ㉡ 하향형

    ㉢ 측벽형

④ 스프링클러 헤드의 설치 방법

  ㉮ 개방형 스프링클러 헤드는 방호 대상물의 모든 표면이 헤드의 유효 사정 내에 있도록 설치한다.

    ㉠ 스프링클러 헤드의 반사판으로부터 하방으로 0.45m, 수평방향으로 0.3m의 공간을 보유할 것

    ㉡ 스프링클러 헤드는 헤드의 축심이 해당 헤드의 부착면에 대하여 직각이 되도록 설치할 것

  ㉯ 폐쇄형 스프링클러 헤드는 방호 대상물의 모든 표면이 헤드의 유효 사정 내에 있도록 설치한다.

    ㉠ 스프링클러 헤드의 반사판과 당해 헤드의 부착면과의 거리는 0.3m 이하일 것

    ㉡ 스프링클러 헤드는 당해 헤드의 부착면으로부터 0.4m 이상 돌출한 보 등에 의하여 구획된 부분마다 설치할 것. 다만, 당해 보 등의 상호간의 거리(보 등의 중심선을 기산점으로 한다)가 1.8m 이하인 경우에는 그러하지 아니하다.

    ㉢ 흡배기 덕트 등의 긴변의 길이가 1.2m를 초과하는 것이 있는 경우에는 당해 덕트 등의 아래면에도 스프링클러 헤드를 설치할 것

    ㉣ 스프링클러 헤드의 부착 위치

      ⓐ 가연성 물질을 수납하는 부분에 스프링클러 헤드를 설치하는 경우에는 당해 헤드의 반사판으로부터 하방으로 0.9m, 수평방향으로 0.4m의 공간을 보유할 것

      ⓑ 개구부에 설치하는 스프링클러 헤드는 당해 개구부의 상단으로부터 높이 0.5m 이내의 벽면에 설치할 것

    ㉤ 건식 또는 준비 작동식의 유수 검지 장치의 2차측에 설치하는 스프링클러 헤드는 상향식 스프링클러 헤드로 할 것. 다만, 동결할 우려가 없는 장소에 설치하는 경우에는 그러하지 아니하다.

ⓗ 스프링클러 헤드 부착 장소의 평상 시 최고 주위 온도와 표시 온도

부착 장소의 최고 주위 온도(℃)	표시 온도(℃)
28 미만	58 미만
28 이상 39 미만	58 이상 79 미만
39 이상 64 미만	79 이상 121 미만
64 이상 106 미만	121 이상 162 미만
106 이상	162 이상

⑤ 스프링클러 설비의 장·단점

장 점	단 점
• 특히 초기 진화에 절대적인 효과가 있다. • 약제가 물이기 때문에 값이 저렴하고, 복구가 쉽다. • 오동작, 오보가 없다(감지부가 기계적). • 조작이 간편하고 안전하다. • 야간이라도 자동으로 화재 감지 경보, 소화할 수 있다.	• 초기 시설비가 많이 든다. • 시공이 다른 설비와 비교했을 때 복잡하다. • 물로 인한 피해가 크다.

⑥ 스프링클러 설비의 설치 기준

㉮ 수원의 양(Q)

㉠ 폐쇄형 스프링클러 헤드를 사용하는 경우

$$Q(\text{m}^3) = N(\text{헤드의 설치 개수 : 최대 30개}) \times 2.4\text{m}^3$$

여기서, Q : 수원의 양

N : 스프링클러 헤드의 설치 개수

즉 2.4m³란 법정 방수량 80L/min으로 30min 이상을 기동할 수 있는 양

㉡ 개방형 스프링클러 헤드를 사용하는 경우

ⓐ 헤드 수가 30개 미만인 경우

$$Q(\text{m}^3) = N(\text{헤드의 설치 개수}) \times 2.4\text{m}^3$$

여기서, Q : 수원의 양

N : 스프링클러 헤드의 설치 개수

ⓑ 헤드 수가 30개 초과하는 경우

$$Q(\text{m}^3) = K\sqrt{P}\,(\text{L/min}) \times 30\,\text{min} \times N(\text{헤드 설치 개수})$$

여기서, Q : 수원의 양

K : 상수

P : 방수 압력

N : 스프링클러 헤드의 설치 개수

㉯ 수동식 개방 밸브를 개방 조작하는 데 필요한 힘

개방형 스프링클러 헤드를 사용하는 경우 : 15kg 이하

ⓒ 가압 송수 장치의 송수량 기준

방수압 100kPa(0.1MPa) 이상, 방수량 80L/min 이상

⑦ 제어 밸브의 설치 위치

㉮ 방사 구역마다 제어 밸브를 설치한다.

㉯ 바닥으로부터 0.8m 이상 1.5m 이하에 설치한다.

2) 간이 스프링클러 설비(캐비닛형 간이 스프링클러 설비 포함)

3) 화재 조기진압용 스프링클러 설비

(6) 물분무등 소화 설비

1) 물분무 소화 설비

① 개요

화재 발생 시 분무 노즐에서 물을 미립자로 방사하여 소화하고, 화재의 억제 및 연소를 방지하는 소화 설비이다. 즉, 미세한 물의 냉각 작용, 질식 작용, 유화 작용, 희석 작용을 이용한 소화 설비이다.

② 설치 기준

㉮ 위험물 제조소 등

구 분	기 준
방사 구역	150m² 이상
방사 압력	350kPa 이상
수원의 수량	• Q(L) ≧ <u>방호 대상물 표면적(m²)</u>×20L/min·m²×30min 　　　(건축물의 경우 바닥 면적) • Q(L) ≧ <u>2πr</u>×37L/min·m×20min(탱크 높이 15m마다) 　　　(탱크 원주 둘레)
비상 전원	45분 이상 작동할 것

㉯ 옥외 저장 탱크에 설치하는 물분무 설비 기준

㉠ 탱크 표면에 방사하는 물의 양 : 원주 둘레(m)×37L/m·min 이상

㉡ 수원의 양 : 방사하는 물의 양을 20분 이상 방사할 수 있는 수량

> 예제 높이 15m, 지름 20m인 옥외 저장 탱크에 보유 공지의 단축을 위해서 물분무 설비로 방호 조치를 하는 경우 수원의 양은 약 몇 L 이상으로 하여야 하는가?
>
> 풀이 보유 공지의 단축을 위해 물분무 설비로 방호 조치를 하는 경우 수원의 양은 탱크의 원주 길이 1m에 대하여 분당 37L 이상으로 20분 이상 방사할 수 있는 수량으로 한다.
>
> 수원의 양 = 20m×π×37L/min·m×20min 이상 = 46,472L 이상
>
> 답 46,472L

ⓐ 물분무 소화 설비에 2 이상의 방사 구역을 두는 경우에 화재를 유효하게 소화할 수 있도록 인접하는 방사 구역이 상호 중복되도록 한다.

ⓑ 고압의 전기 설비가 있는 장소에는 당해 전기 설비와 분무 헤드 및 배관 사이에 전기 절연을 위하여 필요한 공간을 보유한다.

ⓒ 물분무 소화 설비에는 각 층 또는 방사 구역마다 제어 밸브, 스트레이너 및 일제 개방 밸브 또는 수동식 개방 밸브를 다음에 정한 것에 의하여 설치한다.
- 제어 밸브 및 일제 개방 밸브 또는 수동식 개방 밸브는 스프링클러 설비 기준의 예에 의한다.
- 스트레이너 및 일제 개방 밸브 또는 수동식 개방 밸브는 제어 밸브의 하류측 부근에 스트레이너, 일제 개방 밸브 또는 수동식 개방 밸브의 순으로 설치한다.

ⓓ 기동 장치는 스프링클러 설비 기준의 예에 의한다.

ⓔ 가압 송수 장치, 물올림 장치, 비상 전원, 조작 회로의 배선 및 배관 등은 옥내 소화전 설비의 예에 준하여 설치한다.

> **참고 👉 옥내 소화전 설비의 기준**
>
> 수원의 수위가 펌프(수평 회전식의 것에 한한다)보다 낮은 위치에 있는 가압 송수 장치는 다음에 정한 것에 의하여 물올림 장치를 설치한다.
> 1. 물올림 장치에는 전용의 물올림 탱크를 설치한다.
> 2. 물올림 탱크의 용량은 가압 송수 장치를 유효하게 작동할 수 있도록 한다.
> 3. 물올림 탱크에는 감수 경보 장치 및 물올림 탱크에 물을 자동으로 보급하기 위한 장치가 설치되어 있어야 한다.

③ 제어 밸브

바닥으로부터 0.8m 이상 1.5m 이하

2) 미분무 소화 설비

3) 포 소화 설비

① 개요

포 소화 약제를 사용하여 포 수용액을 만들고 이것을 화학적 또는 기계적으로 발포시켜 연소 부분을 피복, 질식 효과에 의해 소화 목적을 달성하는 소화 설비이다. 이동식 포 소화 설비는 4개(호스 접속구가 4개 미만인 경우에는 그 개수)의 노즐을 동시에 사용할 경우에 각 노즐 선단의 방사 압력은 0.35MPa 이상이고, 방사량은 옥내에 설치한 것을 200L/min 이상, 옥외에 설치한 것은 400L/min 이상으로 30분간 방사할 수 있는 양이다.

② 설치 기준

㉮ 위험물 제조소 등에 적용되는 방출 방식 및 수원

방출 방식	수 원
이동식 포 소화 설비 방식(옥외)	12,000L(400L/min×30min) × 보조 포 소화전(최대 4개) + 배관 용량
이동식 포 소화 설비 방식(옥내)	6,000L (200L/min×30min) × 보조 포 소화전(최대 4개) + 배관 용량

㉯ 고정 포 방출구의 포 수용액량 및 방출률

포 방출구의 종류	제4류 위험물	인화점이 21℃ 미만	인화점이 21℃ 이상 70℃ 미만	인화점이 70℃ 이상
Ⅰ형	포 수용액량(L/m^2)	120	80	60
	방출률($L/m^2 \cdot min$)	4	4	4
Ⅱ형	포 수용액량(L/m^2)	220	120	100
	방출률($L/m^2 \cdot min$)	4	4	4
특형	포 수용액량(L/m^2)	240	160	120
	방출률($L/m^2 \cdot min$)	8	8	8
Ⅲ형	포 수용액량(L/m^2)	220	120	100
	방출률($L/m^2 \cdot min$)	4	4	4
Ⅳ형	포 수용액량(L/m^2)	220	120	100
	방출률($L/m^2 \cdot min$)	4	4	4

※ 옥외 탱크 저장소의 고정 포 방출구 수에서 정한 고정 지붕 구조의 탱크 중 탱크 직경이 24m 미만인 것은 당해 포 방출구(Ⅲ형 및 Ⅳ형은 제외)의 개수에서 1을 뺀 개수에 유효하게 방출할 수 있도록 설치할 것

③ 종류

㉮ 소화 장치에 의한 분류

㉠ 전고정식

㉡ 반고정식

㉢ 이동식(가반식)

㉯ 방출 방식에 의한 분류

㉠ 고정 포 방출구 방식

ⓐ Ⅰ형 포 방출구 방식 : 콘루프 탱크(CRT)

방출된 포가 위험물과 섞이지 않고 탱크 속으로 흘러들어가 소화 작용을 하도록 통계단 등의 설비가 된 포 방출구로서, 주로 콘루프 탱크(CRT)에 설치

ⓑ Ⅱ형 포 방출구 방식 : 콘루프 탱크(CRT)

방출된 포가 반사판(deflector, 디플렉터)에 의하여 탱크의 벽면에 따라 흘러들어가 소화 작용을 하도록 된 포 방출구로서, 주로 콘루프 탱크(CRT)에 설치

ⓒ 특형 포 방출구 방식 : 플루팅 루프 탱크(FRT)

플루팅 루프 탱크(FRT)의 측면과 굽도리판에 의하여 형성된 환상 부분에 포를 방출하여 소화 작용을 하도록 한 포 방출구

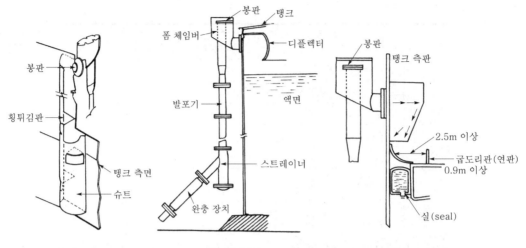

|I형 포 방출구| |II형 포 방출구| |특형 포 방출구|

ⓒ 고정식 포 소화 설비의 포 방출구

탱크의 구조	포 방출구
고정 지붕 구조	I형 방출구 II형 방출구 III형 방출구 IV형 방출구
부상 덮개 부착 고정 지붕 구조	II형 방출구
부상 지붕 구조	특형 방출구

ⓒ 고정 포 방출구 방식 보조 포 소화전

고정 포 방출구 방식 보조 포 소화전은 3개(호스 접속구가 3개 미만인 경우에는 그 개수)의 노즐을 동시에 사용할 경우, 각각 노즐 선단의 방사 압력은 0.35MPa 이상이고, 방사량은 400L/min 이상의 성능이 되도록 설치한다.

ⓔ 포 헤드 방식

ⓐ 포 워터 스프링클러 헤드 방식 : 비행기 격납고

ⓑ 포 헤드 방식 : 차고 또는 주차장

ⓜ 포 헤드 방식의 포 헤드 설치 기준

ⓐ 포 헤드는 방호 대상물의 모든 표면이 포 헤드의 유효 사정 내에 있도록 설치

ⓑ 방호 대상물 표면적(건축물의 경우 바닥 면적) 9m²당 1개 이상의 헤드를 설치

ⓒ 방호 대상물의 표면적 1m²당 방사량이 6.5L/min 이상의 비율로 계산한 양의 포 수용액을 표준 방사량으로 방사할 수 있도록 설치한다.

ⓓ 방사 구역은 100m² 이상으로 할 것(방호 대상물 표면적이 100m² 미만일 경우는 해당 표면적)

㉰ 이동식
  ㉠ 포 소화전 방식
  ㉡ 호스릴 방식

> **참고 🚩 표면하 주입식 방출구**
>
> 탱크 측면에 내유성, 내식성이 있는 철판으로 포 안내통을 만들어 통 끝이 탱크 바닥으로부터
> 1.2m 위치에 설치하여 방출된 포가 저장액의 밑으로부터 떠오르게 하여 질식 효과를 높이는
> 포 방출구로서 주로 콘루프 탱크(CRT)에 설치
> 1. 사용 포 소화 약제 : 불화단백포, 수성막포(AFFF, 일명 light water)
> 2. 포 방출량과 방출 시간 : Ⅱ형 포 방출구와 동일
> 3. 발포기 : 고압 발포기를 사용
> 4. 장점
>   ㉠ 탱크의 화재로 인하여 폭발로 인한 고정 포 방출구의 파괴되는 단점을 보완한 형태
>   ㉡ 직경이 큰 탱크(60m 초과)에 적합
>   ㉢ 점도가 낮은 위험물 탱크에 적합
>   ㉣ 포의 유동은 액면에서 30m의 깊이가 가장 효과적
>   ㉤ 콘루프형의 대기압 상태로 저장된 탱크에 적합

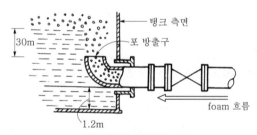

‖ 표면하 주입 방식 ‖

④ 포 소화 약제의 혼합 장치
  ㉮ 펌프 혼합 방식(펌프 프로포셔너 방식, pump proportioner type)
    펌프의 토출관과 흡입관 사이의 배관 도중에 설치한 흡입기에 펌프에서 토출된 물의 일
    부를 보내고 농도 조절 밸브에서 조정된 포 소화 약제의 필요량을 포 소화 약제 탱크에서
    펌프 흡입측으로 보내어 이를 혼합하는 방식

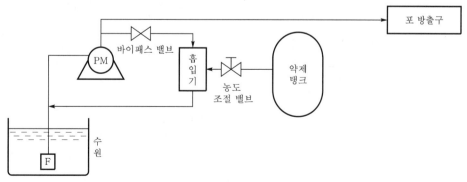

‖ 펌프 프로포셔너 방식 ‖

㉯ 차압 혼합 방식(프레셔 프로포셔너 방식, pressure proportioner type)
펌프와 발포기 중간에 설치된 벤투리관(venturi tube)의 벤투리 작용과 펌프 가압수의 포 소화 약제 저장 탱크에 대한 압력에 의하여 포 소화 약제를 흡입·혼합하는 방식

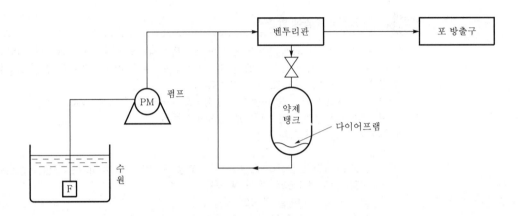

| 프레셔 프로포셔너 방식 |

참고 벤투리 작용

관의 도중을 가늘게 하여 흡입력으로 약제와 물을 혼합하는 작용

㉰ 관로 혼합 방식(라인 프로포셔너 방식, line proportioner type)
펌프와 발포기 중간에 설치된 벤투리관의 벤투리 작용에 의해 포 소화 약제를 흡입하여 혼합하는 방식

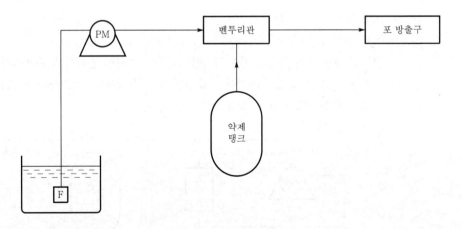

| 라인 프로포셔너 방식 |

㉡ 압입 혼합 방식(프레셔 사이드 프로포셔너 방식, pressure side proportioner type)

펌프의 토출관에 압입기를 설치하여 포 소화 약제 압입용 펌프로 포 소화 약제를 압입시켜 혼합하는 방식

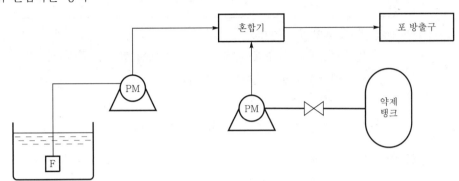

┃ 프레셔 사이드 프로포셔너 방식 ┃

⑤ 팽창 비율에 따른 포 방출구의 종류

팽창 비율에 의한 포의 종류	포 방출구의 종류
저발포(팽창비가 20 이하인 것)	포 헤드
고발포(팽창비가 80 이상 1,000 미만인 것)	고발포용 고정 포 방출구

㉮ 저발포 : 단백포 소화 약제, 불화단백포액, 수성막포액, 수용성 액체용 포 소화 약제, 모든 화학포 소화 약제 등

㉯ 고발포 : 합성 계면활성제 포 소화 약제 등

㉰ 팽창비 $= \dfrac{\text{포 방출구에 의해 방사되어 발생한 포의 체적(L)}}{\text{포 수용액(원액+물)(L)}}$

예제 3%의 포 원액을 사용하여 500 : 1의 발포 배율로 할 때 고팽창포 1,700L에는 몇 L의 물이 포함되어 있는가?

풀이 발포 배율(팽창비) $= \dfrac{\text{방출된 포의 체적(L)}}{\text{방출 전 포 수용액의 체적(L)}}$ 에서

방출 전 포 수용액의 체적 $= \dfrac{\text{방출된 포의 체적(L)}}{\text{발포 배율(팽창비)}} = \dfrac{1,700}{500} = 3.4\text{L}$

포 수용액=포 원액+물에서, 포 원액이 3%이므로 물은 97%($w-3=97\%$)가 된다.

즉, 물=3.4L×0.97=3.298≒3.3L

답 3.3L

---

⑥ 고팽창(고발포) 소화 설비

고팽창 포인 합성 계면활성제 포 원액을 포 제너레이터(포 발생기)를 사용하여 80~1,000배의 고발포를 팽창시켜 방사하는 포 소화 설비로서 화면이 큰 화재에 많이 사용하는 설비

⑦ 가압 송수 장치

압력 수조를 이용한 가압 송수 징치

$$P = P_1 + P_2 + P_3 + P_4$$

여기서, P : 필요한 압력(MPa)

P_1 : 방출구의 설계 압력 또는 노즐 선단의 방사 압력(MPa)

P_2 : 배관의 마찰 손실 수두압(MPa)

P_3 : 낙차의 환산 수두압

P_4 : 소방용 호스의 마찰 손실 수두압(MPa)

4) 불활성가스 소화 설비

① 개요

불연성 가스인 CO_2 가스를 고압가스 용기에 저장하여 두었다가 화재가 발생할 경우 미리 설치된 소화 설비에 의하여 화재 발생 지역에 CO_2 가스를 방출, 분사시켜 질식 및 냉각 작용에 의하여 소화를 목적으로 설치한 고정 소화 설비이다.

② 방출 방식에 따른 불활성가스 소화 설비의 종류

㉮ 전역 방출 방식(total flooding system) : 일정 방호 구역 전체에 방출하는 경우 해당 부분의 구획을 밀폐하여 불연성 가스를 방출하는 방식

㉯ 국소 방출 방식(local application system) : 소방 대상물에 커다란 개구부가 있어 전역 방출 방식으로 소화가 곤란한 경우 한정된 연소 부분에 CO_2 가스를 집중적으로 분사하여 산소의 공급을 일시적으로 급히 차단시켜 소화하는 방법

㉠ 분사 헤드에서 방출되는 소화약제 방사기준 : 30초 이내에 균일하게 방사할 수 있을 것

㉰ 이동식(portable installation) : 분사 헤드가 배관에 고정되어 있지 않고 고정 설치된 CO_2 용기에 호스를 연결하여 사람이 직접 수동으로 연소 부분에 호스를 최대한 가까이 하고 CO_2를 방사시켜 소화하는 방법

참고

위험물제조소 등에 설치하는 이동식 불활성가스 소화 설비의 소화약제 양은 하나의 노즐마다 90kg 이상으로 하여야 한다.

③ 불활성가스 소화 약제의 저장 용기 설치 장소

㉮ 방호 구역 외의 장소에 설치한다.

㉯ 온도가 40℃ 이하이고, 온도 변화가 적은 곳에 설치한다.

㉡ 직사광선 및 빗물이 침투할 우려가 적은 장소에 설치한다.

㉣ 저장용기에는 안전장치(용기밸브에 설치되어 있는 것 포함)를 설치한다.

㉤ 저장용기의 외면에 소화약제의 종류와 양, 제조년도 및 제조사를 표시할 것

④ 불활성가스 소화 약제의 저장 용기 설치 기준

㉮ 저장 용기의 충전비는 고압식에 있어서는 1.5~1.9 이하, 저압식에 있어서는 1.1~1.4 이하로 한다.

㉯ 저압식 저장 용기에는 내압 시험 압력의 0.64~0.8배의 압력에서 작동하는 안전밸브와 내압 시험 압력의 0.8~내압 시험 압력에서 작동하는 봉판을 설치한다.

㉰ 저압식 저장 용기에는 액면계 및 압력계와 2.3MPa 이상 1.9MPa 이하의 압력에서 작동하는 압력 경보 장치를 설치한다.

㉱ 저압식 저장 용기에는 용기 내부의 온도를 −20℃ 이상 −18℃ 이하로 유지할 수 있는 자동 냉동기를 설치한다.

㉲ 저장 용기는 고압식은 25MPa 이상, 저압식은 3.5MPa 이상의 내압 시험 압력에 합격한 것으로 한다.

⑤ 기동 장치

㉮ 기동 장치의 조작부는 바닥으로부터 높이 0.8m 이상 1.5m 이하의 위치에 설치하고 보호판 등에 따른 보호 장치를 설치한다.

㉯ 기동용 가스 용기 및 해당 용기에 사용하는 밸브를 25MPa 이상의 압력에 견딜 수 있는 것으로 한다.

⑥ 저압식 저장 용기에 설치하는 압력 경보 장치의 작동 압력 : 2.3MPa 이상의 압력 및 1.9MPa 이하의 압력

⑦ 불활성가스 소화 설비의 배관 기준

㉮ 배관을 전용으로 한다.

㉯ 동관의 배관은 저압식을 3.75MPa 이상의 압력에 견딜 수 있는 것을 사용한다.

㉰ 고압식의 경우 개폐 밸브 또는 선택 밸브의 2차측 배관 부속은 호칭 압력 2.0MPa 이상의 것을 사용하여야 하며, 1차측 배관 부속은 호칭 압력 4.0MPa 이상의 것을 사용하여야 하고, 저압식의 경우에는 2.0MPa의 압력에 견딜 수 있는 배관 부속을 사용한다.

⑧ 전역 방출 방식 분사 헤드의 방사 압력

㉮ 고압식 : 2.1MPa 이상

㉯ 저압식 : 1.05MPa 이상

5) 할로겐화물 소화 설비

① 개요

할로겐 화합물 소화 약제를 사용하여 화재의 연소 반응을 억제함으로써 소화 가능하도록 하는 것을 목적으로 설치된 고정 소화 설비로서, 불활성가스 소화 설비와 비슷하다.

할로겐화합물 소화약제가 전기 화재에 사용될 수 있는 이유 : 전기적으로 부도체이다.

② 저장 용기의 충전비

㉮ 할론 2402를 저장하는 것 중 가압식 저장 용기에 있어서는 0.51 이상 0.67 미만, 축압식 저장 용기에 있어서는 0.67 이상 2.75 이하

      ㉯ 할론 1211에 있어서는 0.7 이상 1.4 이하

      ㉰ 할론 1301에 있어서는 0.9 이상 1.6 이하

  ③ 축압식 저장 용기 : 압력은 온도 20℃에서 질소가스로 축압한다.

      ㉮ 할론 1211 : 1.1MPa 또는 2.5MPa

      ㉯ 할론 1301 : 2.5MPa 또는 4.2MPa

  ④ 전역 방출 방식 분사 헤드의 방사 압력

      ㉮ 할론 2402 : 0.1MPa 이상

      ㉯ 할론 1211 : 0.2MPa 이상

      ㉰ 할론 1301 : 0.9MPa 이상

6) 청정 소화 설비

7) 분말 소화 설비

분말 소화 약제 저장 탱크에 저장된 소화 분말을 가압용 또는 축압용 가스로 질소나 탄산가스의 압력에 의해 미리 설계된 배관 및 설비에 따라 화재 발생 시 분말과 함께 방호 대상물에 방사하여 소화하는 설비로서, 표면 화재 및 연소면이 급격히 확대되는 인화성 액체의 화재에 적합한 방식이다.

  ① 가압식의 분말 소화 설비에는 2.5MPa 이하의 압력으로 조정할 수 있는 압력 조정기를 설치할 것

  ② 축압식의 분말 소화 설비에는 사용 압력의 범위를 녹색으로 표시한 지시 압력계를 설치할 것

8) 강화액 소화 설비

1-2 경보 설비

화재 발생 사실을 통보하는 기계·기구 또는 설비

(1) 단독 경보형 검지기

(2) 비상 경보 설비

1) 비상벨 설비

2) 자동식 사이렌 설비

(3) 시각 경보기

(4) 자동 화재 탐지 설비 및 시각 경보기

  ① 개요

    자동 화재 탐지 설비는 건물의 화재 발생 시 신속한 경보로 초기에 피난할 수 있도록 하며 화재발생 위치를 파악하여 인명과 재산 피해를 효과적으로 경감시킬 수 있는 설비

㉮ 자동 화재 탐지 설비의 설치 기준

㉠ 경계 구역(화재가 발생한 구역을 다른 구역과 구분하여 식별할 수 있는 최고 단위의 구역을 말한다)은 건축물 그 밖의 공작물의 2 이상의 층에 걸치지 아니하도록 할 것. 다만, 하나의 경계 구역의 면적이 $500m^2$ 이하이면서 해당 경계 구역이 두 개의 층에 걸치는 경우이거나 계단·경사로·승강기의 승강로 그 밖에 이와 유사한 장소에 연기 감지기를 설치하는 경우에는 그러하지 아니하다.

㉡ 하나의 경계 구역의 면적은 $600m^2$ 이하로 하고, 그 한변의 길이는 50m(광전식 분리형 감지기를 설치할 경우에는 100m) 이하로 할 것. 다만, 해당 건축물 그 밖의 공작물의 주요한 출입구에서 그 내부의 전체를 볼 수 있는 경우에 있어서는 그 면적을 $1,000m^2$ 이하로 할 수 있다.

㉢ 감지기는 지붕(상층이 있는 경우에는 상층의 바닥) 또는 벽의 옥내에 면한 부분(천장이 있는 경우에는 천장 또는 벽의 옥내에 면한 부분 및 천장의 뒷부분)에 유효하게 화재의 발생을 감지할 수 있도록 설치할 것

㉣ 비상 전원을 설치할 것

㉤ 위험물 제조소의 경우 연면적이 최소 $500m^2$일 때 설치한다.

(5) 비상 방송 설비

(6) 자동 화재 속보 설비

소방 대상물에 화재가 발생하면 자동으로 소방관서에 통보해 주는 설비

(7) 통합 감시 시설

(8) 누전 경보기

건축물의 천장, 바닥, 벽 등의 보강재로 사용하고 있는 금속류 등이 누전의 경로가 되어 화재를 발생시키므로 이를 방지하기 위하여 누설 전류가 흐르면 자동으로 경보를 발할 수 있도록 설치된 경보 설비

(9) 가스 누설 경보기

가연성 가스나 독성 가스의 누출을 검지하여 그 농도를 지시함과 동시에 경보를 발하는 설비

1-3 피난 설비

화재가 발생할 경우 피난하기 위하여 사용하는 기구 또는 설비

(1) 피난 기구

① 피난 사다리 : 소방 대상물에 고정시키거나 매달아 피난용으로 사용하는 금속제의 사다리

② 구조대 : 평상 시 건축물의 창이나 발코니, 벽 등에 고정으로 설치해 두고 피난 시에 지상까지 포대를 내려서 그 포대 속을 활강하는 피난 기구로, 3층 이상의 건물에 설치하는 피난 기구

③ 완강기 : 2층 이상의 건물에 설치하는 것으로 조속기, 로프, 벨트 및 훅으로 구성되며, 피난자의 제중에 의해 로프의 강하 속도를 조속기가 자동으로 조정하여 완만하게 강하할 수 있는 피난 기구
④ 그 밖에 법 제9조 제1항에 따라 소장청장이 정하여 고시하는 화재안전기준으로 정하는 것

(2) 인명 구조 기구

① 방열복
② 공기 호흡기
③ 인공 소생기

(3) 유도등

① 피난 유도선
② 피난구 유도등
  ㉮ 피난구의 바닥으로부터 1.5m 이상의 곳에 설치한다.
  ㉯ 조명도는 피난구로부터 30m의 거리에서 문자 및 색채를 쉽게 식별할 수 있는 것이어야 한다.
③ 통로 유도등
  ㉮ 종류
    ㉠ 복도 통로 유도등
    ㉡ 거실 통로 유도등
    ㉢ 계단 통로 유도등
  ㉯ 조도는 통로 유도등의 바로 밑의 바닥으로부터 수평으로 0.5m 떨어진 지점에서 측정하여 1Lux 이상이어야 한다.
  ㉰ 백색 바탕에 녹색으로 피난 방향을 표시한 등으로 하여야 한다.
④ 객석 유도등
  ㉮ 조도는 통로 바닥의 중심선에서 측정하여 0.2Lux 이상이어야 한다.
  ㉯ 설치 개수 $= \dfrac{\text{객석의 통로 직선 부분의 길이(m)}}{4} - 1$
⑤ 유도 표지
  ㉮ 피난구 유도 표지는 출입구 상단에 설치한다.
  ㉯ 통로 유도 표지는 바닥으로부터 높이 1.5m 이하의 위치에 설치한다.
⑥ 비상조명등 휴대용비상조명등

1-4 소화 용수 설비

화재를 진압하는 데 필요한 물을 공급하거나 저장하는 설비
① 상수도 소화 용수 설비
② 소화 수조·저수조 그 밖의 소화 용수 설비

1-5 소화 활동 설비

화재를 진압하거나 인명 구조 활동을 위하여 사용하는 설비

(1) 제연(배연) 설비

화재 시 발생한 연기가 피난 경로가 되는 복도, 계단 전실 및 거실 등에 침입하는 것을 방지하고 거주자를 유해한 연기로부터 보호하여 안전하게 피난시킴과 동시에 소화 활동을 원활하게 하기 위한 설비

(2) 연결 송수관 설비

고층 빌딩의 화재는 소방차로부터 주수 소화가 불가능한 경우가 많기 때문에 소방차와 접속이 가능한 도로변에 송수구를 설치하고 건물 내에 방수구를 설치하여 소방차의 송수구로부터 전용 배관에 의해 가압 송수할 수 있도록 한 설비를 말한다.

(3) 연결 살수 설비

지하층 화재의 경우 개구부가 작아 연기가 충만하기 쉽고 소방대의 진입이 용이하지 못하므로 이에 대한 대책으로 일정 규모 이상의 지하층 천장면에 스프링클러 헤드를 설치하고 지상의 송수구로부터 소방차를 이용하여 송수하는 소화 설비

(4) 비상 콘센트 설비

지상 11층 미만의 건물에 화재가 발생한 경우에는 소방차에 적재된 비상 발전 설비 등의 소화 활동상 필요한 설비로서 화재 진압 활동이 가능하지만 지상 11층 이상의 층 및 지하 3층 이상에서 화재가 발생한 경우에는 소방차에 의한 전원 공급이 원활하지 않아 내화 배선으로 비상 전원이 공급될 수 있도록 한 고정 전원 설비를 말한다.

(5) 무선 통신 보조 설비

지하에서 화재가 발생한 경우 효과적인 소화 활동을 위해 무선 통신을 사용하고 있는데, 지하의 특성상 무선 연락이 잘 이루어지지 않아 방재 센터 또는 지상에서 소화 활동을 지휘하는 소방 대원과 지하에서 소화 활동을 하는 소방 대원 간의 원활한 무선 통신을 위한 보조 설비를 말한다.

(6) 연소 방지 설비

지하구 화재 시 특성상 연소 속도가 빠르고, 개구부가 적기 때문에 연기가 충만되기 쉽고, 소방대의 진입이 용이하지 못한 관계로 지하구에 방수 헤드 또는 스프링클러 헤드를 설치하고, 지상의 송수구로부터 소방차를 이용하여 송수 소화하는 설비를 말한다.

출·제·예·상·문·제

1 다음 중 위험물안전관리법상의 기타 소화 설비에 해당하지 않는 것은?

① 마른 모래   ② 수조

③ 소화기   ④ 팽창 질석

> **해설** 기타 소화 설비
> ㉠ 물통 또는 수조
> ㉡ 건조사
> ㉢ 팽창 질석 또는 팽창 진주암

2 위험물안전관리법령에 따른 대형 수동식 소화기의 설치 기준에서 방호 대상물의 각 부분으로부터 하나의 대형 수동식 소화기까지의 보행 거리는 몇 m 이하가 되도록 설치하여야 하는가? (단, 옥내 소화전 설비, 옥외 소화전 설비, 스프링클러 설비 또는 물분무 등 소화 설비와 함께 설치하는 경우는 제외한다.)

① 10   ② 15   ③ 20   ④ 30

> **해설** 수동식 소화기의 설치 기준
>
> | 구 분 | 설치 거리 |
> | --- | --- |
> | 소형 | 보행 거리 20m 이하 |
> | 대형 | 보행 거리 30m 이하 |

3 옥내 소화전 설비의 저수량은 옥내 소화전 설치 개수가 가장 많은 층의 설치 개수에 얼마를 곱한 값 이상이어야 하는가?

① $2m^3$ ② $2.2m^3$ ③ $2.4m^3$ ④ $7.8m^3$

> **해설** ㉠ 옥내 소화전의 수원의 양(Q)
> 옥내 소화전 설비의 설치 개수(N : 5개 이상인 경우에는 5개)에 $7.8m^3$를 곱한 양 이상
> $Q(m^3) = N \times 7.8m^3$
> 즉, $7.8m^3$란 법정 방수량 260L/min에 30min 이상을 기동할 수 있는 양
> ㉡ 옥외 소화전의 수원의 양(Q)
> 옥외 소화전 설비의 설치 개수(N : 4개 이상인 경우에는 4개)에 $13.5m^3$를 곱한 양 이상
> $Q(m^3) = N \times 13.5m^3$
> 즉, $13.5m^3$란 법정 방수량 450L/min에 30min 이상을 기동할 수 있는 양

4

위험물을 취급하는 건축물의 옥내 소화전이 1층에 6개, 2층에 5개, 3층에 4개가 설치되었다. 이때 수원의 수량은 몇 m^3 이상이 되도록 설치하여야 하는가?

① 23.4 　　　　　② 31.8 　　　　　③ 39.0 　　　　　④ 46.8

 해설 수원의 양 $Q(m^3) = N \times 7.8 m^3$

(N : 설치 개수가 5개 이상인 경우는 5개의 옥내 소화전)

∴ $39 m^3 = 5 \times 7.8 m^3$

5

위험물 제조소에서 옥내 소화전이 1층에 4개, 2층에 6개가 설치되어 있을 때 수원의 수량은 몇 L 이상이 되도록 설치하여야 하는가?

① 13,000 　　　　　　　　　② 15,600

③ 39,000 　　　　　　　　　④ 46,800

 해설 옥내 소화전 수원의 양(L)

소화전 최대 설치 개수(최대 5개)

∴ $Q(L) = 5 \times 7,800 L = 39,000 L$

6

옥내 소화전의 법정 방수량과 방수 압력은?

① 100L/min 이상, 170kPa 이상 　　② 260L/min 이상, 350kPa 이상

③ 350L/min 이상, 250kPa 이상 　　④ 80L/min 이상, 100kPa 이상

 해설 ㉠ 옥내 소화전 노즐 선단의 성능 기준

방수압 350kPa 이상, 방수량 260L/min 이상

㉡ 옥외 소화전 노즐 선단의 성능 기준

방수압 350kPa 이상, 방수량 450L/min 이상

㉢ 스프링클러 헤드의 성능 기준

방수압 100kPa 이상, 방수량 80L/min 이상

7

옥내 소화전 설비의 기준으로 옳지 않은 것은?

① 옥내 소화전함에는 그 표면에 '소화전'이라고 표시하여야 한다.

② 옥내 소화전함의 상부의 벽면에 적색의 표시등을 설치하여야 한다.

③ 표시등 불빛은 부착면으로부터 10도 이상으로 8m 이내에서 쉽게 식별할 수 있어야 한다.

④ 호스 접속구는 바닥면으로부터 1.5m 이하의 높이에 설치하여야 한다.

해설 표시등 불빛은 부착면으로부터 15° 이상으로 10m 이내에서 식별할 수 있어야 한다.

8

옥내 소화전 설비의 기준으로 옳지 않은 것은?

① 각 배관은 겸용으로 쓰는 것이 가능하도록 설치할 것
② 시동 표시등은 적색으로 하고, 소화전함의 내부 또는 그 직근의 장소에 설치할 것
③ 개폐 밸브는 바닥면으로부터 1.5m 이하의 높이에 설치할 것
④ 비상 전원은 유효하게 45분 이상 작동시키는 것이 가능할 것

 해설 ① 각 배관은 겸용으로 사용하지 말아야 한다.

9

위험물안전관리법령에 따라 옥내 소화전 설비를 설치할 때 배관의 설치 기준에 대한 설명으로 옳지 않은 것은?

① 배관용 탄소 강관(KS D 3507)을 사용할 수 있다.
② 주배관의 입상관 구경은 최소 60mm 이상으로 한다.
③ 펌프를 이용한 가압 송수 장치의 흡수관은 펌프마다 전용으로 설치한다.
④ 원칙적으로 급수 배관은 생활 용수 배관과 같이 사용할 수 없으며, 전용 배관으로만 사용한다.

해설 ② 주배관의 입상관 구경은 최소 50mm 이상으로 한다.

10

압력 수조를 이용한 옥내 소화전 설비의 가압 송수 장치에서 압력 수조의 최소 압력(MPa)은? (단, 소방용 호스의 마찰 손실 수두압은 3MPa, 배관의 마찰 손실 수두압은 1MPa, 낙차의 환산 수두압은 1.35MPa이다.)

① 5.35
② 5.70
③ 6.00
④ 6.35

해설 $P = P_1 + P_2 + P_3 + 0.35\text{MPa}$
$= 3 + 1 + 1.35 + 0.35 = 5.70\text{MPa}$

11

위험물안전관리법령상 옥내 소화전 설비의 비상 전원은 몇 분 이상 작동할 수 있어야 하는가?

① 45분
② 30분
③ 20분
④ 10분

해설 위험물안전관리법령상 옥내 소화전 설비의 비상 전원은 45분 이상 작동할 수 있어야 한다.

정답 8. ① 9. ② 10. ② 11. ①

12

건축물의 1층 및 2층 부분만을 방사 능력 범위로 하고 지하층 및 3층 이상의 층에 대하여 다른 소화 설비를 설치해야 하는 소화 설비는?

① 스프링클러 설비　　　　　　② 포 소화 설비
③ 옥외 소화전 설비　　　　　　④ 물분무 소화 설비

 옥외 소화전 설비
　　　건축물의 1층 및 2층 부분만을 방사 능력 범위로 하고 지하층 및 3층 이상의 층에 대하여 다른 소화 설비를 설치해야 하는 소화 설비

13

위험물안전관리법령상 옥외 소화전 설비의 옥외 소화전이 3개 설치되었을 경우 수원의 수량은 몇 m³ 이상이 되어야 하는가?

① 7　　　　　　　　　　　　　② 20.4
③ 40.5　　　　　　　　　　　　④ 100

 $Q(\mathrm{m^3}) = N \times 13.5\mathrm{m^3}$
　　　　　　$= 3 \times 13.5 = 40.5\mathrm{m^3}$
　　여기서, Q : 수원의 수량
　　　　　　N : 옥외 소화전 설비 설치 개수(설치 개수가 4개 이상인 경우는 4개의 옥외 소화전)

14

위험물안전관리법령상 옥외 소화전 설비는 모든 옥외 소화전을 동시에 사용할 경우 각 노즐 선단의 방수 압력은 얼마 이상이 되어야 하는가?

① 100kPa　　　　　　　　　　② 170kPa
③ 350kPa　　　　　　　　　　④ 520kPa

 옥내 소화전 설비와 옥외 소화전 설비

구 분	옥내 소화전 설비	옥외 소화전 설비
수평 거리	25m 이하	40m 이하
방수량	260L/min 이상	450L/min 이상
방수 압력	350kPa 이상	350kPa 이상
수원의 수량	$Q \geqq 7.8N$ (N : 최대 5개)	$Q \geqq 13.5N$ (N : 최대 4개)

15

옥외 소화전의 호스 접결구는 소방 대상물의 각 부분으로부터 하나의 호스 접결구까지의 수평 거리가 몇 m 이하가 되도록 설치하는가?

① 10　　　　　② 20　　　　　③ 30　　　　　④ 40

해설 옥외 소화전의 호스 접결구는 소방 대상물 각 부분으로부터 호스 접결구까지의 수평 거리가 40m 이하가 되도록 설치한다.

16 위험물안전관리법령상 옥외 소화전 설비에서 옥외 소화전함은 옥외 소화전으로부터 보행 거리 몇 m 이하의 장소에 설치하여야 하는가?

① 5m 이내　　　　　　　　　　② 10m 이내
③ 20m 이내　　　　　　　　　　④ 40m 이내

해설 옥외 소화전 설비에서 옥외 소화전함 : 옥외 소화전으로부터 보행 거리 5m 이하의 장소에 설치한다.

17 옥외 소화전의 개폐 밸브 및 호스 접속구는 지반면으로부터 몇 m 이하의 높이에 설치해야 하는가?

① 1.5　　　　　② 2.5　　　　　③ 3.5　　　　　④ 4.5

해설 옥외 소화전의 개폐 밸브 및 호스 접속구는 지반면으로부터 1.5m 이하의 높이에 설치한다.

18 위험물 제조소 등에 설치해야 하는 각 소화 설비의 설치 기준에 있어서 각 노즐 또는 헤드 선단의 방사 압력 기준이 나머지 셋과 다른 설비는?

① 옥내 소화전 설비　　　　　　② 옥외 소화전 설비
③ 스프링클러 설비　　　　　　　④ 물분무 소화 설비

해설 위험물 제조소 등에 설치하는 각 소화 설비의 각 노즐 또는 헤드 선단의 방사 압력 기준

소화 설비 종류	방사 압력
옥내 소화전 설비	350kPa 이상
옥외 소화전 설비	350kPa 이상
스프링클러 설비	100kPa 이상
물분무 소화 설비	350kPa 이상

19 스프링클러 설비 중 소화의 목적을 최종적으로 결정하는 장치는?

① 감시 장치　　　　　　　　　　② 경보 장치
③ 헤드　　　　　　　　　　　　　④ 급수 장치

해설 헤드는 화재 발생 시 화재 감지는 물론 가압 송수 장치를 기동하게 하고 화재 경보를 발하는 동시에 헤드로부터 물을 방사하여 소화하도록 하는 장치이다. 즉 소화액의 방사는 헤드에서 행한다.

20

위험물안전관리법령에 의거하여 개방형 스프링클러 헤드를 이용하는 스프링클러 설비에 설치하는 수동식 개방 밸브를 개방 조작하는 데 필요한 힘은 몇 kg 이하가 되도록 설치하여야 하는가?

① 5
② 10
③ 15
④ 20

 해설 ㉠ 개방형 스프링클러 헤드 : 감열체 없이 방수구가 항상 열려 있는 스프링클러 헤드를 말한다.
㉡ 개방형 스프링클러 헤드를 이용하는 스프링클러 설비에 설치하는 수동식 개방 밸브를 개방 조작하는 데 필요한 힘은 15kg 이하가 되도록 설치한다.

21

위험물안전관리법령에 따른 스프링클러 헤드의 설치 방법에 대한 설명으로 옳지 않은 것은?

① 개방형 헤드는 반사판으로부터 하방으로 0.45m, 수평 방향으로 0.3m 공간을 보유할 것
② 폐쇄형 헤드는 가연성 물질 수납 부분에 설치 시 반사판으로부터 하방으로 0.9m, 수평 방향으로 0.4m의 공간을 확보할 것
③ 폐쇄형 헤드 중 개구부에 설치하는 것은 해당 개구부의 상단으로부터 높이 0.15m 이내의 벽면에 설치할 것
④ 폐쇄형 헤드 설치 시 급배기용 덕트의 긴 변의 길이가 1.2m를 초과하는 것이 있는 경우에는 해당 덕트의 윗부분에만 헤드를 설치할 것

해설 ④ 폐쇄형 헤드 설치 시 급배기용 덕트의 긴 변의 길이가 1.2m를 초과하는 것이 있는 경우에는 해당 덕트의 아래 면에도 스프링클러 헤드를 설치한다.

22

폐쇄형 스프링클러 헤드는 설치 장소의 평상시 최고 주위 온도에 따라서 결정된 표시 온도의 것을 사용해야 한다. 설치 장소의 최고 주위 온도가 28℃ 이상 39℃ 미만일 때, 표시 온도는?

① 58℃ 미만
② 58℃ 이상 79℃ 미만
③ 79℃ 이상 121℃ 미만
④ 121℃ 이상 162℃ 미만

해설 스프링클러 헤드 부착 장소의 평상시 최고 주위 온도와 표시 온도(℃)

부착 장소의 최고 주위 온도(℃)	표시 온도(℃)
28 미만	58 미만
28 이상 39 미만	58 이상 79 미만
39 이상 64 미만	79 이상 121 미만
64 이상 106 미만	121 이상 162 미만
106 이상	162 이상

23

스프링클러 설비의 장점이 아닌 것은?

① 화재의 초기 진압에 효율적이다.

② 사용 약제를 쉽게 구할 수 있다.

③ 자동으로 화재를 감지하고, 소화할 수 있다.

④ 다른 소화 설비보다 구조가 간단하고, 시설비가 적다.

 해설 스프링클러 설비의 장·단점

장 점	단 점
• 초기 진화에 특히 절대적인 효과가 있다. • 약제가 물이라서 값이 저렴하고, 복구가 쉽다. • 오동작, 오보가 없다(감지부가 기계적). • 조작이 간편하고 안전하다. • 야간이라도 자동으로 화재 감지 경보, 소화할 수 있다.	• 초기 시설비가 많이 든다. • 시공이 다른 설비와 비교했을 때 복잡하다. • 물로 인한 피해가 크다.

24

스프링클러 설비에 방사 구역마다 제어 밸브를 설치하고자 한다. 바닥면으로부터의 높이 기준으로 옳은 것은?

① 0.8m 이상 1.5m 이하

② 1.0m 이상 1.5m 이하

③ 0.5m 이상 0.8m 이하

④ 1.5m 이상 1.8m 이하

해설 스프링클러 설비는 방사 구역마다 제어 밸브를 설치한다. 바닥면으로부터 0.8m 이상 1.5m 이하이다.

25

소화 설비의 구분에서 물분무 등 소화 설비에 속하는 것은?

① 포 소화 설비

② 옥내 소화전 설비

③ 스프링클러 설비

④ 옥외 소화전 설비

해설 물분무 등 소화 설비

㉠ 물분무 소화 설비

㉡ 포 소화 설비

㉢ 불활성가스 소화 설비

㉣ 할로겐화물 소화 설비

㉤ 분말 소화 설비

㉥ 청정 소화 설비

26

물분무 소화 설비의 방사 구역은 몇 m² 이상이어야 하는가? (단, 방호 대상물의 표면적이 300m²이다.)

① 100

② 150

③ 300

④ 450

정답 23. ④ 24. ① 25. ① 26. ②

물분무 소화 설비

구 분	기 준
방사 구역	150m² 이상
방사 압력	350kPa 이상
수원의 수량	20L/min · m² × 30min 이상

27

높이 15m, 지름 20m인 옥외 저장 탱크에 보유 공지의 단축을 위해서 물분무 설비로 방호 조치를 하는 경우 수원의 양은 약 몇 L 이상으로 하여야 하는가?

① 46,496 ② 58,090

③ 70,259 ④ 95,880

 보유 공지의 단축을 위해 물분무 설비로 방호 조치를 하는 경우 수원의 양은 탱크의 원주 길이 1m 에 대하여 분당 37L 이상으로 20분 이상 방사할 수 있는 수량으로 하여야 한다.

수원의 양 = 20m × π × 37L/분 · m × 20분 = 46,472L

28

위험물안전관리법령상 물분무 소화 설비의 제어 밸브는 바닥으로부터 어느 위치에 설치하여야 하는가?

① 0.5m 이상 1.5m 이하 ② 0.8m 이상 1.5m 이하

③ 1m 이상 1.5m 이하 ④ 1.5m 이상

 물분무 소화 설비 제어 밸브 : 바닥으로부터 0.8m 이상 1.5m 이하

29

고정식 포 소화 설비의 포 방출구의 형태 중 고정 지붕 구조의 위험물 탱크에 적합하지 않은 것은?

① 특형 ② II형

③ III형 ④ IV형

 포 방출구

탱크의 구조	포 방출구
고정 지붕 구조	• I 형 방출구 • II형 방출구 • III형 방출구 • IV형 방출구
부상 덮개 부착 고정 지붕 구조	II형 방출구
부상 지붕 구조	특형 방출구

30

위험물안전관리법령상 포 소화 설비의 고정 포 방출구를 설치한 위험물 탱크에 부속하는 보조 포 소화전에서 3개의 노즐을 동시에 사용할 경우 각각의 노즐 선단에서의 분당 방사량은 몇 L/min 이상이어야 하는가?

① 80   ② 130

③ 230   ④ 400

🌱해설 고정식 포 방출구 방식 보조 포 소화전은 3개(호스 접속구가 3개 미만인 경우에는 그 개수)의 노즐을 동시에 사용할 경우에 각각의 노즐 선단의 방사 압력이 0.35MPa 이상이고, 방사량이 400L/min 이상의 성능이 되도록 설치한다.

31

위험물 제조소 등에 설치하는 포 소화 설비에 있어서 포 헤드 방식의 포 헤드는 방호 대상물의 표면적(m^2) 얼마당 1개 이상의 헤드를 설치하여야 하는가?

① 3   ② 6

③ 9   ④ 12

🌱해설 포 헤드 : 특정 소방 대상물의 천장 또는 반자에 설치하되, 바닥 면적 $9m^2$/1개 이상으로 하여 해당 방호 대상물의 화재를 유효하게 소화할 수 있도록 한다.

32

위험물 제조소 등에 설치하는 포 소화 설비의 기준에 따르면 포 헤드 방식의 포 헤드는 방호 대상물의 표면적 $1m^2$당의 방사량이 몇 L/min 이상의 비율로 계산한 양의 포 수용액을 표준 방사량으로 방사할 수 있도록 설치하여야 하는가?

① 3.5   ② 4

③ 6.5   ④ 9

🌱해설 위험물 제조소 등에 설치하는 포 소화 설비의 기준
포 헤드 방식의 포 헤드는 방호 대상물의 표면적 $1m^2$당의 방사량이 6.5L/min 이상의 비율로 계산한 양의 포 수용액을 표준 방사량으로 방사할 수 있도록 설치한다.

33

펌프와 발포기의 중간에 설치된 벤투리관의 벤투리 작용과 펌프 가압수의 포 소화 약제 저장 탱크에 대한 압력에 의하여 포 소화 약제를 흡입·혼합하는 방식은?

① 프레셔 프로포셔너

② 펌프 프로포셔너

③ 프레셔 사이드 프로포셔너

④ 라인 프로포셔너

포 소화 약제 혼합 장치의 종류

㉠ 펌프 혼합 방식(펌프 프로포셔너 방식, pump proportioner type) : 펌프의 토출관과 흡입관 사이의 배관 도중에 설치한 흡입기에 펌프에서 토출된 물의 일부를 보내고 농도 조절 밸브에서 조정된 포 소화 약제의 필요량을 포 소화 약제 탱크에서 펌프 흡입측으로 보내어 이를 혼합하는 방식

㉡ 차압 혼합 방식(프레셔 프로포셔너 방식, pressure proportioner type) : 펌프와 발포기 중간에 설치된 벤투리관(venturi tube)의 벤투리 작용과 펌프 가압수의 포 소화 약제 저장 탱크에 대한 압력에 의하여 포 소화 약제를 흡입·혼합하는 방식

※ 벤투리 작용 : 관의 도중을 가늘게 하여 흡입력으로 약제와 물을 혼합하는 작용

㉢ 관로 혼합 방식(라인 프로포셔너 방식, line proportioner type) : 펌프와 발포기 중간에 설치된 벤투리관의 벤투리 작용에 의해 포 소화 약제를 흡입하여 혼합하는 방식

㉣ 압입 혼합 방식(프레셔 사이드 프로포셔너 방식, pressure side proportioner type) : 펌프의 토출관에 압입기를 설치하여 포 소화 약제 압입용 펌프로 포 소화 약제를 압입시켜 혼합하는 방식

34

펌프의 공동 현상(cavitation)을 방지하기 위한 방법이 아닌 것은?

① 흡입 양정을 될 수 있는 한 작게 한다.
② 흡입관의 구경을 펌프의 구경보다 작게 한다.
③ 흡입 배관의 구부림을 적게 한다.
④ 흡입 배관에는 스톱 밸브보다 슬루스 밸브를 사용한다.

해설 관지름이 작아지면 유속이 증가하며, 속도 손실 수두가 증가하는 공동 현상(cavitation)이 발생한다.

35

3%의 포 원액을 사용하여 500 : 1의 발포 배율로 할 때 고팽창포 1,700L에는 몇 L의 물이 포함되어 있는가?

① 1.3   ② 2.3
③ 3.3   ④ 4.3

해설 발포 배율(팽창비) $= \dfrac{\text{방출된 포의 체적(L)}}{\text{방출 전 포 수용액의 체적(L)}}$ 에서

방출 전 포 수용액의 체적 $= \dfrac{\text{방출된 포의 체적(L)}}{\text{발포 배율(팽창비)}} = \dfrac{1,700}{500} = 3.4L$

포 수용액＝포 원액＋물에서, 포 원액이 3%이므로 물은 97%($w-3=97\%$)가 된다.

즉, 물＝3.4L×0.97＝3.298≒3.3L

36

비행기 격납고 등에 설치하여야 할 소화 설비의 종류는?

① 포말 소화 설비   ② 분말 소화 설비
③ 물분무 소화 설비   ④ 불활성가스 소화 설비

해설 비행기 격납고 등에는 포 소화 설비가 가장 적합하며, 포워터 스프링클러 헤드 방식이 좋다. 또한 차고나 주차장의 경우는 포 헤드 방식의 포 소화 설비가 효과적이다.

정답 34. ② 35. ③ 36. ①

37

포 소화 설비의 가압 송수 장치에서 압력 수조의 압력 산출 시 필요 없는 것은?

① 낙차의 환산 수두압

② 배관의 마찰 손실 수두압

③ 노즐선의 마찰 손실 수두압

④ 소방용 호스의 마찰 손실 수두압

해설 압력 수조를 이용한 가압 송수 장치

$P = P_1 + P_2 + P_3 + P_4$

여기서, P : 필요한 압력(MPa)

$\quad\quad P_1$: 방출구의 설계 압력 또는 노즐 선단의 방사 압력(MPa)

$\quad\quad P_2$: 배관의 마찰 손실 수두압(MPa)

$\quad\quad P_3$: 낙차의 환산 수두압(MPa)

$\quad\quad P_4$: 소방용 호스의 마찰 손실 수두압(MPa)

38

무색이고 비중이 1.53인 대단히 안정된 불연성 가스상 물질로 값이 저렴하고, 저장이 편리하여 주로 가연성 액체와 전기 화재에 많이 쓰이는 소화 약제는?

① 탄산수소칼슘

② 인산암모늄

③ 탄산수소나트륨

④ 이산화탄소

해설 CO_2의 비중은 1.53이다.

39

위험물 제조소 등에 설치하는 전역 방출 방식의 불활성가스 소화 설비 분사 헤드의 방사 압력은 고압식의 경우 몇 MPa 이상이어야 하는가?

① 1.05

② 1.7

③ 2.1

④ 2.6

해설 전역 방출 방식의 불활성가스 소화 설비의 분사 헤드의 방사 압력

고압식	저압식
2.1MPa 이상	1.05MPa 이상

40

다음 중 국소 방출 방식의 불활성가스 소화 설비의 분사 헤드에서 방출되는 소화 약제의 방사 기준은?

① 10초 이내에 균일하게 방사할 수 있을 것

② 15초 이내에 균일하게 방사할 수 있을 것

③ 30초 이내에 균일하게 방사할 수 있을 것

④ 60초 이내에 균일하게 방사할 수 있을 것

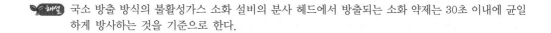

해설 국소 방출 방식의 불활성가스 소화 설비의 분사 헤드에서 방출되는 소화 약제는 30초 이내에 균일하게 방사하는 것을 기준으로 한다.

41

위험물 제조소 등에 설치하는 불활성가스 소화 설비의 소화 약제 저장 용기 설치 장소로 적합하지 않은 곳은?

① 방호 구역 외의 장소

② 온도가 40℃ 이하이고, 온도 변화가 적은 장소

③ 빗물이 침투할 우려가 적은 장소

④ 직사일광이 잘 들어오는 장소

해설 불화성가스 소화 설비의 소화 약제 저장 용기 설치 장소
 ㉠ 방호 구역 외의 장소에 설치할 것. 단, 방호 구역 내에 설치할 경우에는 피난 및 조작이 용이하도록 피난구 부근에 설치하여야 한다.
 ㉡ 온도가 40℃ 이하이고, 온도 변화가 적은 곳에 설치한다.
 ㉢ 직사광선 및 빗물이 침투할 우려가 적은 장소에 설치한다.
 ㉣ 저장용기에는 안전장치(용기밸브에 설치되어 있는 것 포함)를 설치한다.
 ㉤ 저장용기의 외면에 소화 약제의 종류와 양, 제조년도 및 제조자를 표시할 것

42

불활성가스 소화 약제의 저장 용기 설치 기준이 아닌 것은?

① 저장 용기의 충전비는 고압식에 있어서는 1.5~1.9 이하, 저압식에 있어서는 1.1~1.4 이하로 한다.

② 저압식 저장 용기에는 2.3MPa 이상 및 1.9MPa 이하의 압력에서 작동하는 압력 경보 장치를 설치한다.

③ 저압식 용기에는 용기 내부의 온도를 −20℃ 이상 −18℃ 이하로 유지할 수 있는 자동 냉동기를 설치한다.

④ 기동용 가스 용기는 20MPa 이상의 압력에 견딜 수 있는 것이어야 한다.

해설 기동용 가스 용기 및 당해 용기에 사용하는 밸브는 25MPa 이상의 압력에 견딜 수 있는 것으로 한다.

43

불활성가스 소화 설비의 저압식 저장 용기에 설치하는 압력 경보 장치의 작동 압력은?

① 1.9MPa 이상의 압력 및 1.5MPa 이하의 압력

② 2.3MPa 이상의 압력 및 1.9MPa 이하의 압력

③ 3.75MPa 이상의 압력 및 2.3MPa 이하의 압력

④ 4.5MPa 이상의 압력 및 3.75MPa 이하의 압력

해설 불활성가스 소화 설비의 저압식 저장 용기의 압력 경보 장치의 작동 압력 : 2.3MPa 이상의 압력 및 1.9MPa 이하의 압력

44 소화 설비의 주된 소화 효과를 옳게 설명한 것은?

① 옥내 · 옥외 소화전 설비 : 질식 소화

② 스프링클러 설비, 물분무 소화 설비 : 억제 소화

③ 포, 분말 소화 설비 : 억제 소화

④ 할로겐 화합물 소화 설비 : 억제 소화

> 해설 ① 옥내 · 옥외 소화전 설비 : 냉각 소화
> ② 스프링클러 설비, 물분무 소화 설비 : 냉각 소화, 질식 소화
> ③ 포, 분말 소화 설비 : 질식 소화
> ④ 할로겐 화합물 소화 설비 : 억제 소화

45 위험물안전관리법령상 위험물 제조소 등에서 전기 설비가 있는 곳에 적응하는 소화 설비는?

① 옥내 소화전 설비

② 스프링클러 설비

③ 포 소화 설비

④ 할로겐 화합물 소화 설비

> 해설 위험물 제조소 등에서 전기 설비가 있는 곳에 적응하는 소화 설비는 할로겐 화합물 소화 설비이다.

46 할로겐 화합물 소화 설비의 작동 경로가 바르게 된 것은?

① 화재 발생−기동 장치−수신반−감지기 동작−선택 밸브−할로겐 화합물 방출

② 화재 발생−수신반−감지기 동작−기동 장치−선택 밸브−할로겐 화합물 방출

③ 화재 발생−감지기 동작−수신반−선택 밸브−기동 장치−할로겐 화합물 방출

④ 화재 발생−감지기 동작−수신반−기동 장치−선택 밸브−할로겐 화합물 방출

> 해설 할로겐 화합물 소화 설비의 작동 경로
> 화재 발생 − 감지기 동작 − 수신반 − 기동 장치 − 선택 밸브 − 할로겐 화합물 방출

47 할로겐 화합물의 소화제에서 할론 2402의 화학식은?

① CF_2Br_2

② ClF_2Br

③ CF_3Br

④ $C_2F_4Br_2$

> 해설 순서가 CFClBr이므로 할론 2402는 $C_2F_4Br_2$이다.

48 할로겐화물 소화 설비의 소화 약제 중 축압식 저장 용기에 저장하는 할론 2402의 충전 비는?

① 0.51 이상 0.67 이하
② 0.67 이상 2.75 이하
③ 0.7 이상 1.4 이하
④ 0.9 이상 1.6 이하

해설 할로겐화물 소화 약제의 저장 용기 충전비 : 할론 2402
㉠ 가압식 : 0.51 이상 0.67 이하
㉡ 축압식 : 0.67 이상 2.75 이하

49 다음은 위험물안전관리법령에 따른 할로겐화물 소화 설비에 관한 기준이다. ( )에 알맞은 수치는?

축압식 저장 용기 등은 온도 20℃에서 할론 1301을 저장하는 것은 ( )MPa 또는 ( )MPa이 되도록 질소가스로 가압할 것

① 0.1, 1.0
② 1.1, 2.5
③ 2.5, 1.0
④ 2.5, 4.2

해설 할로겐화물 소화 약제의 저장 용기
축압식 저장 용기의 압력은 온도 20℃에서 할론 1211을 저장하는 것은 1.1MPa 또는 2.5MPa, 할론 1301을 저장하는 것은 2.5MPa 또는 4.2MPa이 되도록 질소가스로 축압한다.

50 위험물안전관리법령상 분말 소화 설비의 기준에서 규정한 전역 방출 방식 또는 국소 방출 방식 분말 소화 설비의 가압용 또는 축압용 가스에 해당하는 것은?

① 네온가스
② 아르곤가스
③ 수소가스
④ 이산화탄소가스

해설 분말 소화 설비에서 전역 방출 방식 또는 국소 방출 방식에서 가압용 또는 축압용 가스 : 이산화탄소

51 이동식 분말 소화 설비를 제3종 소화 분말로 할 경우 하나의 노즐마다 소화 약제의 양은 얼마 이상으로 하여야 하는가?

① 20kg
② 25kg
③ 30kg
④ 50kg

소화 약제의 종별	소화 약제의 양
제1종 분말	50kg
제2종 분말 또는 제3종 분말	30kg
제4종 분말	20kg

52

전역 방출 방식의 분말 소화 설비에서 분사 헤드의 방사 압력(MPa)은 얼마 이상이어야 하는가?

① 0.1

② 0.5

③ 1

④ 3

 전역 방출 방식의 분말 소화 설비 분사 헤드의 방사 압력은 0.1MPa 이상이다.

53

전역 방출 방식 분말 소화 설비의 분사 헤드는 기준에서 정하는 소화 약제의 양을 몇 초 이내에 균일하게 방사해야 하는가?

① 10

② 15

③ 20

④ 30

 제조소 등에서 분말 소화 설비의 분사 헤드 기준에서 정하는 소화 약제 방사 시간
ㄱ 전역 방출 방식 : 30초 이내
ㄴ 국소 방출 방식 : 30초 이내

54

다음 청정 소화 약제 중 종류가 다른 하나는?

① 트리플루오르메탄

② 퍼플루오르부탄

③ 펜타프루오르에탄

④ 헵타플루오르프로판

청정 소화 약제 : 취소(bromine)가 함유되어 있지 않으므로 오존층을 파괴하는 오존 파괴 지수(ODP)와 지구의 온도를 상승시켜 지구를 온실화하는 지구온난화 지수(GWP)가 소화 약제로 사용되는 Halon 물질과 CO_2에 비하여 무시할 수 있을 정도로 낮으며, 화재에 대하여 질식, 냉각 소화 기능 및 부촉매 소화 기능이 우수하다.

55

위험물 제조소 등 별로 설치하여야 하는 경보 설비의 종류에 해당하지 않는 것은?

① 비상 방송 설비

② 비상 조명등 설비

③ 자동 화재 탐지 설비

④ 비상 경보 설비

② 비상 조명등 설비 : 피난 설비

56

제조소 등은 경보 설비를 지정 수량 몇 배 이상의 위험물을 취급하는 데 설치하는가?

① 5배
② 10배
③ 15배
④ 20배

🌱해설 지정 수량 10배 이상의 위험물을 제조, 저장, 취급하는 제조소 등에는 경보 설비를 설치하여야 한다.

57

위험물안전관리법령에 따른 자동 화재 탐지 설비의 설치 기준에서 하나의 경계 구역의 면적은 얼마 이하로 하여야 하는가? (단, 해당 건축물 그 밖의 공작물의 주요한 출입구에서 그 내부의 전체를 볼 수 없는 경우이다.)

① $500m^2$
② $600m^2$
③ $800m^2$
④ $1,000m^2$

🌱해설 자동 화재 탐지 설비의 설치 기준 : 하나의 경계 구역의 면적을 $600m^2$ 이하로 한다.

58

위험물 제조소 등에 설치하여야 하는 자동 화재 탐지 설비의 설치 기준에 대한 설명 중 틀린 것은?

① 자동 화재 탐지 설비의 경계 구역은 건축물, 그 밖의 공작물의 2 이상의 층에 걸치도록 할 것
② 하나의 경계 구역에서 그 한 변의 길이는 50m(광전식 분리형 감지기를 설치할 경우에는 100m) 이하로 할 것
③ 자동 화재 탐지 설비의 감지기는 지붕 또는 벽의 옥내에 면한 부분에 유효하게 화재의 발생을 감지할 수 있도록 설치할 것
④ 자동 화재 탐지 설비에는 비상 전원을 설치할 것

🌱해설 ① 자동 화재 탐지 설비의 경계 구역은 건축물, 그 밖의 공작물의 2 이상의 층에 걸치지 아니하도록 할 것

59

자동 화재 탐지 설비 중 발신기의 누름 스위치의 설치 위치는?

① 0.3~1.9m 이하
② 0.5~1.7m 이하
③ 0.8~1.5m 이하
④ 1.0~1.3m 이하

🌱해설 자동 화재 탐지 설비의 발신기 누름 스위치는 바닥으로부터 높이 0.8~1.5m 이하의 위치에 설치하여야 한다.

60

다음 중 피난 설비에 해당되지 않는 것은?

① 자동식 사이렌   ② 방열복
③ 유도등   ④ 완강기

해설 피난 설비
1. 피난 설비 : 화재 발생 시 화재 구역 내에 있는 불특정 다수인을 안전한 장소로 피난 및 대피시키기 위해 사용하는 설비를 말한다.
   ㉠ 피난 기구
   ㉡ 인명 구조 기구(방열복, 공기 호흡기 등)
   ㉢ 유도등 및 유도 표지
   ㉣ 비상 조명 설비
2. 자동식 사이렌 : 경보 설비 중 비상 경보 설비의 일종이다.

61

다음 중 피난 기구의 종류로 적당하지 않은 것은?

① 피난 사다리   ② 피난구 유도등
③ 미끄럼대   ④ 완강기

해설 피난 기구
1. 피난 기구의 종류
   ㉠ 피난 사다리   ㉡ 완강기
   ㉢ 구조대   ㉣ 미끄럼대
   ㉤ 미끄럼봉   ㉥ 피난 로프
   ㉦ 피난용 트랩   ㉧ 피난교
2. 피난구 유도등 : 피난 시 설비 중 유도등과 유도 표지의 일종이다.

62

인명 구조 기구에 해당되지 않는 것은?

① 안전모   ② 공기 호흡기
③ 방열복   ④ 인공 소생기

해설 인명 구조 기구
방열복, 공기 호흡기, 인공 소생기

63

피난구 유도등의 조명도는 피난구로부터 몇 m의 거리에서 문자 및 색채를 쉽게 식별할 수 있어야 하는가?

① 5   ② 10
③ 20   ④ 30

해설 30m 이내에서 식별할 수 있어야 한다.

정답 60. ① 61. ② 62. ① 63. ④

64 피난구 유도등은 피난구의 밑바닥으로부터 높이가 얼마 이상인 곳에 설치하여야 하는가?

① 0.5m 이상　　　　　　　② 1.0m 이상

③ 1.5m 이상　　　　　　　④ 2m 이상

 유도등의 설치 위치

　　　㉠ 피난구 유도등 : 높이 1.5m 이상

　　　㉡ 통로 유도등 : 높이 1m 이하

　　　㉢ 객석 유도등 : 객석의 통로 바닥 또는 벽

65 피난 방향을 표시한 통로 유도등의 색깔은?

① 적색　　　　　　　　　　② 청색

③ 녹색　　　　　　　　　　④ 황색

통로 유도등은 피난의 방향을 표시한 녹색의 등으로 설치하여야 한다.

66 피난 시설을 해야 할 층은?

① 지하층　　　　　　　　　② 1층

③ 피난층　　　　　　　　　④ 11층 이상

1층, 피난층, 11층 이상의 층을 제외한 모든 층에 적당한 피난 설비를 갖추어야 한다.

67 통로 유도등 표시면의 표시 방법은?

① 녹색 바탕에 백색 글씨　　　② 백색 바탕에 녹색 글씨

③ 황색 바탕에 흑색 글씨　　　④ 백색 바탕에 적색 글씨

피난구 유도등의 경우는 녹색 바탕에 백색 글씨로 '비상구', '비상 계단' 또는 '계단' 등으로 표시하여야 한다.

68 통로 유도등은 바로 밑으로부터 0.5m 떨어진 바닥에서 측정하였을 때 조도는 얼마 이상 이어야 하는가?

① 0.2Lux 이상　　　　　　② 0.5Lux 이상

③ 1Lux 이상　　　　　　　④ 2Lux 이상

㉠ 통로 유도등의 조명도는 1Lux 이상

㉡ 객석 유도등의 조명도는 0.2Lux 이상

69

소화 용수 설비가 아닌 것은?

① 상수도 소화 용수 설비　　　　② 저수조 설비
③ 하수도 소화 용수 설비　　　　④ 소화 수조 설비

 해설 소화 용수 설비
화재 진압 시 소방 대상물에 설치되어 있는 소화 설비 전용 수원만으로 원활하게 소화하기가 어려울 때나 부족할 때 즉시 사용할 수 있도록 소화에 필요한 수원을 별도의 안전한 장소에 저장하여 유사시에 사용할 수 있도록 한 설비를 말한다.
㉠ 상수도 용수 설비
㉡ 소화 수조 및 저수조 설비

70

소화 용수 설비는 소방 펌프차가 얼마의 거리 이내에 접근할 수 있도록 설치하여야 하는가?

① 1m 이내　　　　② 2m 이내
③ 3m 이내　　　　④ 5m 이내

해설 소화 수조는 소방 펌프 자동차가 배수구로부터 2m 이내의 지점까지 접근할 수 있는 위치에 설치하여야 한다.

71

소화 활동상 필요한 설비가 아닌 것은?

① 제연 설비　　　　② 연소 방지 설비
③ 소화 용수 설비　　　　④ 비상 콘센트 설비

해설 소화 활동상 필요한 설비
전문 소방대원 또는 자체 소방요원이 화재 발생 시 초기 진압 활동을 원활하게 할 수 있도록 지원해 주는 설비를 말한다.
㉠ 제연 설비　　　　㉡ 연결 송수관 설비
㉢ 연결 살수 설비　　　　㉣ 비상 콘센트 설비
㉤ 무선 통신 보조 설비　　　　㉥ 연소 방지 설비

능력 단위 및 소요 단위

(1) 능력 단위

소방 기구의 소화 능력을 나타내는 수치, 즉 소요 단위에 대응하는 소화 설비 소화 능력의 기준 단위

① 마른 모래(50L, 삽 1개 포함) : 0.5단위

> **예제** 메틸알코올 8,000리터에 대한 소화 능력으로 삽을 포함한 마른모래를 몇 리터 설치하여야 하는가?
>
> **풀이** 소요단위= $\dfrac{저장량}{지정수량 \times 10배}$ = $\dfrac{8,000}{400 \times 10}$ = 2단위
>
> 마른모래(50L, 삽 1개 포함)=0.5단위 이므로
>
> 50L : xL=0.5단위 : 2단위, $x = \dfrac{50 \times 2}{0.5}$
>
> ∴ x=200L
>
> **답** 200L

② 팽창 질석 또는 팽창 진주암(160L, 삽 1개 포함) : 1단위

③ 소화 전용 물통(8L) : 0.3단위

④ 수조

   ⑦ 190L(8L 소화 전용 물통 6개 포함) : 2.5단위

   ⑭ 80L(8L 소화 전용 물통 3개 포함) : 1.5단위

(2) 소요 단위(1단위)

소화 설비의 설치 대상이 되는 건축물, 그 밖의 인공 구조물 규모 또는 위험물 양에 대한 기준 단위

① 제조소 또는 취급소용 건축물의 경우

   ⑦ 외벽이 내화 구조로 된 것으로 연면적 100m²

> **예제** 위험물 취급소의 건축물 연면적이 500m²인 경우 소요 단위는? (단, 단외벽은 내화 구조이다.)
>
> **풀이** $\dfrac{500\text{m}^2}{100\text{m}^2}$ = 5단위
>
> **답** 5단위

⨭ 외벽이 내화 구조가 아닌 것으로 연면적이 50m²

② 저장소 건축물의 경우

⨯ 외벽이 내화 구조로 된 것으로 연면적 150m²

> **예제** 건축물 외벽이 내화 구조이며, 연면적 300m²인 위험물 옥내 저장소의 건축물에 대하여 소화 설비의 소화 능력 단위는 최소 몇 단위 이상이 되어야 하는가?
>
> **풀이** $\dfrac{300\text{m}^2}{150\text{m}^2} = 2$단위
>
> 답 2단위

⨯ 외벽이 내화 구조가 아닌 것으로 연면적이 75m²

③ 위험물의 경우 : 지정 수량 10배

> **예제** 1. 가솔린 저장량이 2,000L일 때 소화 설비 설치를 위한 소요 단위는?
>
> **풀이** 소요 단위 $= \dfrac{\text{저장량}}{\text{지정 수량} \times 10\text{배}}$
>
> $\therefore \dfrac{2,000\text{L}}{200\text{L} \times 10} = 1$
>
> 답 1단위

> **예제** 2. 디에틸에테르 2,000L와 아세톤 4,000L를 옥내 저장소에 저장하고 있다면 총 소요 단위는 얼마인가?
>
> **풀이** 소요 단위 $= \dfrac{\text{저장량}}{\text{지정 수량} \times 10\text{배}} + \dfrac{\text{저장량}}{\text{지정 수량} \times 10\text{배}}$
>
> $= \dfrac{2,000}{50 \times 10} + \dfrac{4,000}{400 \times 10} = 5$
>
> 답 5단위

출·제·예·상·문·제

1

위험물안전관리법령에서 정한 소화 설비의 소요 단위 산정 방법에 대한 설명 중 옳은 것은?

① 위험물은 지정 수량의 100배를 1소요 단위로 함

② 저장소용 건축물로 외벽이 내화 구조인 것은 연면적 100m²를 1소요 단위로 함

③ 제조소용 건축물로 외벽이 내화 구조가 아닌 것은 연면적 50m²를 1소요 단위로 함

④ 저장소용 건축물로 외벽이 내화 구조가 아닌 것은 연면적 25m²를 1소요 단위로 함

 소요 단위(1단위)
소화 설비의 설치 대상이 되는 건축물, 그 밖의 인공 구조물 규모 또는 위험물 양에 대한 기준 단위
  ㉠ 제조소 또는 취급소용 건축물의 경우
    • 외벽이 내화 구조로 된 것으로 연면적 100m²
    • 외벽이 내화 구조가 아닌 것으로 연면적 50m²
  ㉡ 저장소 건축물의 경우
    • 외벽이 내화 구조로 된 것으로 연면적 150m²
    • 외벽이 내화 구조가 아닌 것으로 연면적 75m²
  ㉢ 위험물의 경우 : 지정 수량 10배

2

마른 모래 0.5단위란?

① 삽을 상비한 10L 이상의 것 1포   ② 삽을 상비한 25L 이상의 것 1포

③ 삽을 상비한 50L 이상의 것 1포   ④ 삽을 상비한 100L 이상의 것 1포

해설

간이 소화 용구		능력 단위
마른 모래	삽을 상비한 50L 이상의 것 1포	0.5단위
팽창 질석 또는 팽창 진주암	삽을 상비한 160L 이상의 것 1포	1단위

3

간이 소화 용구로 팽창 질석 또는 팽창 진주암을 삽과 함께 준비하는 경우 능력 단위 3단위에 해당하는 양은?

① 240L 이상   ② 300L 이상

③ 480L 이상   ④ 600L 이상

해설 160L는 1단위이므로 160L×3 = 480L이다.

4 소화 전용 물통 8L의 소화 능력 단위는?

① 0.3단위 ② 0.5단위

③ 1.0단위 ④ 2.5단위

해설 기타 소화 설비의 능력 단위

소화 설비	용량	능력 단위
소화 전용(專用) 물통	8L	0.3
수조(소화 전용 물통 3개 포함)	80L	1.5
수조(소화 전용 물통 6개 포함)	190L	2.5
마른 모래(삽 1개 포함)	50L	0.5
팽창 질석 또는 팽창 진주암(삽 1개 포함)	160L	1.0

5 위험물 취급소의 건축물(외벽이 내화 구조임)의 연면적이 500m²인 경우 소화 기구의 소요 단위는?

① 4단위 ② 5단위

③ 6단위 ④ 7단위

해설 제조소 또는 취급소용 건축물의 경우(외벽이 내화 구조로 된 것 : 100m²)

$$\therefore \ \frac{500m^2}{100m^2} = 5단위$$

6 위험물 저장소의 건축물로서 외벽이 내화 구조로 된 것은 연면적 몇 m²를 소요 단위 1단위로 하는가?

① 50 ② 100

③ 150 ④ 200

해설 저장소 건축물의 경우
　㉠ 외벽이 내화 구조로 된 것으로 연면적이 150m²
　㉡ 외벽이 내화 구조가 아닌 것으로 연면적이 75m²

7 외벽이 내화 구조인 위험물 저장소 건축물의 연면적이 1,500m²인 경우 소요 단위는?

① 6 ② 10

③ 13 ④ 14

🌱해설 저장소 건축물의 경우
ㄱ 외벽이 내화 구조로 된 것으로 연면적이 150m²
ㄴ 외벽이 내화 구조가 아닌 것으로 연면적이 75m²

∴ 소요 단위 $= \dfrac{1,500m^2}{150m^2} = 10$

8

제조소 등의 소요 단위 산정 시 위험물은 지정 수량의 몇 배를 1소요 단위로 하는가?

① 5배   ② 10배

③ 20배   ④ 50배

🌱해설 소요 단위(1단위)
위험물의 경우 : 지정 수량 10배

9

아염소산염류 500kg과 질산염류 3,000kg을 함께 저장하는 경우 위험물의 소요 단위는?

① 2   ② 4

③ 6   ④ 8

🌱해설 소요 단위 $= \dfrac{\text{저장량}}{\text{지정 수량} \times 10\text{배}}$

$= \dfrac{500}{50 \times 10} + \dfrac{3,000}{300 \times 10} = 2$

10

탄화칼슘 60,000kg의 소화 설비의 설치 소요 단위는 몇 단위인가?

① 10   ② 20

③ 30   ④ 40

🌱해설 소요 단위 $= \dfrac{\text{저장량}}{\text{지정 수량} \times 10\text{배}} = \dfrac{60,000}{300 \times 10\text{배}} = 20$

11

알코올류 20,000L의 소화 설비 설치 시 소요 단위는?

① 5   ② 10

③ 15   ④ 20

🌱해설 소요 단위 $= \dfrac{\text{저장량}}{\text{지정 수량} \times 10} = \dfrac{20,000}{400 \times 10} = 5$

정답   8. ② 9. ① 10. ② 11. ①

12

> 경유 1,000m³를 저장하는 탱크의 소요 단위는?
>
> ① 1　　　　　　　　　　　② 10
> ③ 100　　　　　　　　　　④ 1,000

 소요 단위 $= \dfrac{\text{저장량}}{\text{지정 수량} \times 10\text{배}} = \dfrac{1,000 \times (10^3)\text{L}}{1,000\text{L} \times 10\text{배}} = 100$

13

> 피리딘 20,000리터에 대한 소화 설비의 소요 단위는?
>
> ① 5단위　　　　　　　　　② 10단위
> ③ 15단위　　　　　　　　　④ 100단위

 소요 단위 $= \dfrac{\text{저장량}}{\text{지정수량} \times 10\text{배}} = \dfrac{20,000\text{L}}{400 \times 10\text{배}}$
　　　　　 $= 5$단위

14

> 질산의 비중이 1.5일 때, 1소요 단위는 몇 L인가?
>
> ① 150　　　　　　　　　　② 200
> ③ 1,500　　　　　　　　　④ 2,000

 소요 단위(1단위)
　　　 ㉠ 위험물의 경우 지정 수량의 10배이다.
　　　 ㉡ 질산의 지정 수량은 300kg이다.
　　　 즉, 300kg × 10배＝3,000kg이다.
　　　 ∴ 1소요 단위는 3,000kg이다. 여기서, 비중이 1.5이므로 2,000L가 된다.

PART 03

위험물의 성질과 취급

시험 과목	출제 문제 수	주요 항목	세부 항목
위험물의 성질과 취급	20	(1) 위험물의 종류 및 성질	① 제1류 위험물
			② 제2류 위험물
			③ 제3류 위험물
			④ 제4류 위험물
			⑤ 제5류 위험물
			⑥ 제6류 위험물
		(2) 위험물 안전	① 위험물의 저장·취급·운반·운송 방법
		(3) 기술 기준	① 제조소 등의 위치 구조 설비 기준
			② 제조소 등의 소화 설비·경보·피난 설비 기준
			③ 기타 관련 사항
		(4) 위험물안전관리법 규제의 구도	① 제조소 등 설치 및 후속 절차
			② 행정 처분
			③ 정기 점검 및 정기 검사
			④ 행정 감독
			⑤ 기타 관련 사항

제1류 위험물

01 제1류 위험물의 종류와 지정 수량

성 질	위험 등급	품 명	지정 수량
산화성 고체	Ⅰ	1. 아염소산염류 2. 염소산염류 3. 과염소산염류 4. 무기 과산화물류	50kg 50kg 50kg 50kg
	Ⅱ	5. 브롬산염류 6. 질산염류 7. 요오드산염류	300kg 300kg 300kg
	Ⅲ	8. 과망간산염류 9. 중크롬산염류	1,000kg 1,000kg
	Ⅰ~Ⅲ	10. 그 밖에 행정안전부령이 정하는 것 　① 과요오드산염류(300kg) 　② 과요오드산(300kg) 　③ 크롬, 납 또는 요오드의 산화물 　④ 아질산염류 　⑤ 차아염소산염류 　⑥ 염소화이소시아눌산 　⑦ 퍼옥소이황산염류 　⑧ 퍼옥소붕산염류 11. 1.~10.에 해당하는 어느 하나 이상을 함유한 것	50kg, 300kg 또는 1,000kg

02 위험성 시험 방법

(1) 연소 시험

고체 물질(분말)이 가연성 물질과 혼합했을 때, 그 가연성 물질의 연소 속도를 증대시키는 산화력의 잠재적 위험성을 판단하는 것을 목적으로 한다.

(2) 낙구식 타격 감도 시험

고체 물질(분말)의 충격에 대한 민감성을 판단하는 것을 목적으로 한다.

(3) 대량 연소 시험

고체 물질(분말 외)이 가연성 물질과 혼합했을 때 그 가연성 물질의 연소 속도를 증대시키는 산화력의 잠재적 위험성을 판단하는 것을 목적으로 한다.

(4) 철관 시험

고체 물질(분말 외)이 가연성 물질과 혼합했을 때에 폭굉 또는 폭연할 위험성과 산화성 물질의 충격에 대한 민감성을 판단하는 것을 목적으로 한다.

03 공통 성질 및 저장·취급 시 유의 사항

(1) 공통 성질

① 대부분 무색 결정 또는 백색 분말로서 비중이 1보다 크고 대부분 물에 잘 녹으며, 물과 작용하여 열과 산소를 발생시키는 것도 있다.
② 일반적으로 불연성이며, 산소를 많이 함유하고 있는 강산화제이다.
③ 조연성 물질로서 반응성이 풍부하여 열, 충격, 마찰 또는 분해를 촉진하는 약품과의 접촉으로 인해 폭발할 위험이 있다.
④ 모두 무기 화합물이다.

(2) 저장·취급 시 유의 사항

① 대부분 조해성을 가지므로 방습 등에 주의하며, 밀폐하여 저장할 것
② 복사열이 없고 환기가 잘 되는 서늘한 곳에 저장할 것
③ 열원과 산화되기 쉬운 물질 및 화재 위험이 있는 곳을 멀리할 것
④ 가열, 충격, 마찰 등을 피하고 분해를 촉진하는 약품류 및 가연물과의 접촉을 피할 것
⑤ 취급 시 용기 등의 파손에 의한 위험물의 누설에 주의할 것
⑥ 알칼리 금속의 과산화물을 저장 시에는 다른 1류 위험물과 분리된 장소에 저장한다. 가연물 및 유기물 등과 같이 있을 경우에 충격 또는 마찰 시 폭발할 위험이 있기 때문이다.

(3) 예방 대책

① 가열 금지, 화기 엄금 및 직사광선을 차단한다.
② 충격, 타격, 마찰 등 기계적 점화 에너지가 부여되지 않도록 주의한다.
③ 용기의 가열, 누출, 파손, 진도를 방지한다.

④ 분해 촉매, 이물질과의 접촉을 금지한다.

⑤ 강산류와는 어떠한 경우에도 접촉을 방지한다.

⑥ 조해성 물질은 방습하며, 용기는 밀전한다.

⑦ 공기(습기)나 물과의 접촉(무기 과산화물류)을 피한다.

⑧ 환원제, 산화되기 쉬운 물질 또는 다른 유별 위험물(제2류 위험물, 제3류 위험물, 제4류 위험물, 제5류 위험물)과의 접촉 및 혼합 · 혼입을 엄금하며, 같은 저장소에 함께 저장하면 안 된다.

⑨ 저장 · 운반 시에는 다른 유별의 위험물, 가연성 가스, 화학류와 혼합 저장 또는 혼합 적재를 절대 피한다.

(4) 소화 방법

① 자신은 불연성이기 때문에 가연물의 종류에 따라서 소화 방법을 검토한다.

② 산화제의 분해 온도를 낮추기 위하여 물을 주수하는 냉각 소화가 효과적이다.

③ 무기 과산화물(알칼리 금속의 과산화물)은 물과 급격히 발열 반응을 하므로 건조사에 의한 피복 소화를 실시한다(단, 주수 소화는 절대 엄금).

④ 소화 작업 시 공기 호흡기, 보안경, 방호의 등 보호 장구를 착용한다.

(5) 진압 대책

① 산소의 분해 방지를 위해서 온도를 낮추고 타고 있는 주위의 가연물 소화에 주력한다. 즉, 무기 과산화물류를 제외하고 냉각 소화가 유효하다.

② 공기가 없는 곳에서도 급격한 산화성 화약류 화재에는 할로겐 화합물 소화 약제(할론 1211, 할론 1301)는 소화 효과가 없다.

③ 많은 양이 격렬히 분해하고 있을 경우 또는 가연물과 혼합하여 연소하고 있는 경우는 폭발의 위험이 크므로 모든 안전 확보에 유의하지 않으면 안 된다.

④ 화재 진화 후 생기는 소화 잔수는 산화성이 있으므로 여기서 오염 · 건조된 가연물은 연소성이 증가할 위험성이 있다.

⑤ 소화 작업 시 공기 호흡기, 보안경, 방호의 등 보호 장구를 착용한다.

04 위험물의 성상

4-1 아염소산염류(지정 수량 50kg)

아염소산($HClO_2$)의 수소(H)가 금속 또는 다른 원자단으로 치환된 염(Na, K, Ca, Pb)을 말한다. 특히 중금속염은 민감한 폭발성을 가지므로 기폭제로 많이 사용된다.

(1) 아염소산나트륨($NaClO_2$, 아염소산소다)

① 일반적 성질

㉮ 자신은 불연성이며, 무색의 결정성 분말로 조해성이 있어서 물에 잘 녹는다.

㉯ 순수한 무수물의 분해 온도는 약 350℃ 이상이지만, 수분 함유 시에는 약 120~130℃에서 분해된다.

> 예 $3NaClO_2 \rightarrow 2NaClO_3 + NaCl$
> $NaClO_3 \rightarrow NaClO + O_2\uparrow$

㉰ 산을 가하면 이산화염소(ClO_2)를 발생시키기 때문에 종이, 펄프 등의 표백제로 쓰인다.

> 예 $3NaClO_2 + 2HCl \rightarrow 3NaCl + 2ClO_2 + H_2O_2$

㉱ 분자량 90.5

② 위험성

㉮ 비교적 안정하나 시판품은 140℃ 이상의 온도에서 발열 분해하여 폭발을 일으킨다.

㉯ 매우 불안정하여 180℃ 이상 가열하면 산소를 발생한다.

> 예 $NaClO_2 \xrightarrow{\Delta} NaCl + O_2\uparrow$
>
> $4NaClO_3 \xrightarrow{\Delta} 3NaClO_4 + NaCl$
>
> $NaClO_4 \xrightarrow{\Delta} NaCl + 2O_2\uparrow$

㉰ 수용액 상태에서도 강력한 산화력을 가지고 있다.

㉱ 환원성 물질(황, 유기물, 금속분 등)과 접촉 시 폭발한다.

> 예 $2NaClO_2 + 3S \rightarrow Cl_2 + 2SO_2 + Na_2S$
> $4Al + 3NaClO_2 \rightarrow 2Al_2O_3 + 3NaCl$
> $2Mg + NaClO_2 \rightarrow 2MgO + NaCl$

㉲ 티오황산나트륨, 디에틸에테르 등과 혼합 시 혼촉 발화의 위험이 있다.

③ 저장 및 취급 방법

㉮ 환원성 물질과 격리 저장한다.

㉯ 건조한 냉암소에 저장한다.

㉰ 습기에 주의하며 용기는 밀봉, 밀전한다.

④ 용도

폭약의 기폭제로 이용한다.

⑤ 소화 방법

소량의 물은 폭발의 위험이 있으므로 다량의 물로 주수 소화한다.

(2) 아염소산칼륨($KClO_2$)

기타 아염소산나트륨과 비슷하다.

4-2 염소산염류(지정 수량 50kg)

염소산($HClO_3$)의 수소(H)가 금속 또는 다른 원자단으로 치환된 화합물이다.

(1) 염소산칼륨($KClO_3$, 염소산칼리)

① 일반적 성질

   ⑦ 상온에서 광택이 있는 무색·무취의 결정이다. 또는 백색 분말로서 불연성 물질이다.

   ⑭ 찬물이나 알코올에는 녹기 어렵고, 온수나 글리세린 등에 잘 녹는다.

   ⑮ 비중 2.32, 융점 368.4℃, 분해 온도 400℃이다.

② 위험성

   ⑦ 차가운 느낌이 있으며, 인체에 유독하다.

   강산화제이며 가열에 의해 분해하여 산소를 발생한다. 촉매 없이 400℃ 정도에서 가열하면서 분해한다.

     🔺예 $2KClO_3 \xrightarrow{\Delta} 2KCl + 3O_2\uparrow$

   ⑭ 약 400℃ 부근에서 열분해되기 시작하여 540~560℃에서 과염소산칼륨($KClO_4$)이 분해하여 염화칼륨(KCl)과 산소(O_2)를 방출한다.

     🔺예 $2KClO_3 \rightarrow KCl + KClO_4 + O_2\uparrow$

       $KClO_4 \rightarrow KCl + 2O_2\uparrow$

   ⑮ 촉매인 이산화망간(MnO_2) 등이 존재 시 분해가 촉진되어 산소를 방출하여 다른 가연물의 연소를 촉진시킨다.

   ⑯ 상온에서 단독으로는 안정하나 이산화성 물질(황, 적린, 목탄, 알루미늄의 분말, 유기 물질, 염화철 및 차아인산염 등), 강산, 중금속염 등 분해 촉매가 혼합 시 약한 자극에도 폭발한다.

   ⑰ 황산 등 강산과의 접촉으로 격렬하게 반응하여 폭발성의 이산화염소를 발생하고 발열 폭발한다.

     🔺예 $KClO_3 + H_2SO_4 \rightarrow KHSO_4 + HClO_3 + 열$

       $2HClO_3 \rightarrow Cl_2O_5 + H_2O + 열$

       $2Cl_2O_5 \rightarrow 4ClO_2 + O_2 + 열$

       $4KClO_3 + 4H_2SO_4 \rightarrow 4KHSO_4 + 4ClO_2 + O_2 + 2H_2O + 열$

③ 저장 및 취급 방법

   ⑦ 산화되기 쉬운 물질이나 강산, 분해를 촉진하는 중금속류와의 혼합을 피하고 가열, 충격, 마찰 등에 주의할 것

   ⑭ 환기가 잘 되는 차가운 곳에 저장할 것

   ⑮ 용기가 파손되거나 공기 중에 노출되지 않도록 밀봉하여 저장할 것

④ 용도 : 폭약, 불꽃, 성냥, 염색, 소독, 표백, 제초제, 방부제, 인쇄 잉크 등

⑤ 소화 방법 : 주수 소화

(2) 염소산나트륨(NaClO₃, 염소산소다)

① 일반적 성질

㉮ 무색, 무취의 결정이다.

㉯ 조해성이 강하며 흡습성이 있고 물, 알코올, 글리세린, 에테르 등에 잘 녹는다.

㉰ 비중 2.5, 융점 240℃, 분해 온도 300℃이다.

② 위험성

㉮ 매우 불안정하여 300℃의 분해 온도에서 열분해하여 산소를 발생하고, 촉매에 의해서는 낮은 온도에서 분해한다.

$$\text{예 } 2NaClO_3 \xrightarrow[\text{촉매}]{\Delta} 2NaCl + 3O_2\uparrow$$

㉯ 흡습성이 좋아 강한 산화제로서 철제 용기를 부식시킨다.

㉰ 자신은 불연성 물질이지만 강한 산화제이다.

㉱ 염산과 반응하여 유독한 이산화염소(ClO_2)를 발생하며, 이산화염소는 폭발성을 지닌다.

$$\text{예 } 2NaClO_3 + 2HCl \rightarrow 2NaCl + 2ClO_2 + H_2O_2$$

㉲ 분진이 있는 대기 중에 오래 있으면 피부, 점막 및 시력을 잃기 쉬우며, 다량 섭취할 경우에는 생명이 위험하다.

㉳ 강산과 혼합하면 폭발할 수 있다.

㉴ 암모니아, 아민류와 접촉으로 폭발성 화합물을 생성한다.

③ 저장 및 취급 방법

㉮ 조해성이 크므로 방습에 주의하고 용기는 밀전시키며, 습기가 없는 찬 장소, 환기가 잘 되는 냉암소에 보관한다.

㉯ 철제 용기에 저장을 피한다.

㉰ 가열, 충격, 마찰 등을 피하고, 점화원의 접촉을 피한다.

④ 용도 : 폭약원료, 불꽃, 성냥, 잡초의 제초제, 의약 등

⑤ 소화 방법 : 주수 소화

(3) 염소산암모늄(NH₄ClO₃)

① 일반적 성질

㉮ 조해성과 금속의 부식성, 폭발성이 크며, 수용액은 산성이다.

㉯ 비중 1.8, 분해 온도 100℃이다.

② 위험성 : 폭발기(NH₄)와 산화기(ClO₃)가 결합되었기 때문에 폭발성이 크다.

③ 저장 및 취급 방법 : 염소산칼륨에 준한다.

(4) 기타

염소산칼슘([$Ca(ClO_3)_2$]), 염소산은($AgClO_3$), 염소산아연([$Zn(ClO_3)_2$]), 염소산바륨([$Ba(ClO_3)_2$]), 염소산스트론튬([$Sr(ClO_3)_2$])

4-3 과염소산염류(지정 수량 50kg)

과염소산($HClO_4$)의 수소(H)가 금속 또는 다른 원자단으로 치환된 화합물이다.

(1) 과염소산칼륨($KClO_4$, 과염소산칼리)

① 일반적 성질
  ㉮ 무색, 무취의 결정 또는 백색의 분말이다.
  ㉯ 물에 녹기 어렵고, 알코올이나 에테르 등에도 녹지 않는다.
  ㉰ 염소산칼륨보다는 안정하나 가열, 충격, 마찰 등에 의해 분해한다.
  ㉱ 비중 2.52, 융점 610℃, 분해 온도 400℃이다.

② 위험성
  ㉮ 강력한 산화제이며, 자신은 불연성 물질이다.
  ㉯ 약 400℃에서 열분해하기 시작하여 약 610℃에서 완전 분해되어 염화칼륨과 산소를 방출한다.
  $KClO_4 \rightarrow KCl + 2O_2\uparrow$
  이때 MnO_2와 같은 촉매가 존재하면 분해를 촉진한다.
  ㉰ 진한 황산과 접촉하면 폭발성 가스를 생성하고 튀는 듯이 폭발할 위험이 있다.
  ㉱ 목탄, 인, 황, 탄소, 가연성 고체, 유기물 등이 혼합되어 있을 때 가열, 충격, 마찰 등에 의해 폭발한다.

③ 저장 및 취급 방법 : 인, 황, 탄소 등의 가연물, 유기물과 함께 저장하지 않는다.
④ 용도 : 폭약, 화약, 섬광제, 의약, 시약 등
⑤ 소화 방법 : 주수 소화

(2) 과염소산나트륨($NaClO_4$, 과염소산소다)

① 일반적 성질
  ㉮ 무색, 무취의 사방정계 결정이다.
  ㉯ 조해성이 있으며 물, 알코올, 아세톤에 잘 녹으나 에테르에는 녹지 않는다.
  ㉰ 분자량 122, 비중 2.50, 융점 482℃, 분해 온도 400℃이다.

② 위험성
  ㉮ 130℃ 이상으로 가열하면 분해하여 산소를 발생한다.
  $NaClO_4 \xrightarrow{\Delta} NaCl + 2O_2\uparrow$

ⓝ 가연물과 유기물 등이 혼합되어 있을 때 가열, 충격, 마찰 등에 의해 폭발한다.

ⓓ 기타 과염소산칼륨에 준한다.

③ **저장 및 취급 방법** : 과염소산칼륨에 준한다.

④ **용도** : 산화제, 폭약이나 나염 등에 이용한다.

⑤ **소화 방법** : 주수 소화

(3) 과염소산암모늄(NH_4ClO_4, 과염소산암몬)

① **일반적 성질**

ⓐ 무색, 무취의 결정(상온 → 사방정계, 240℃ 이상 → 입방정계)

ⓝ 물, 알코올, 아세톤에는 잘 녹으나 에테르에는 녹지 않는다.

ⓓ 비중 1.87, 분해 온도 130℃이다.

② **위험성**

ⓐ 강산과 접촉하거나 가연물 또는 산화성 물질 등과 혼합 시 폭발의 위험이 있다.

　　예 $NH_4ClO_4 + H_2SO_4 \rightarrow NH_4HSO_4 + HClO_4$

ⓝ 상온에서는 비교적 안정하나 약 130℃에서 분해하기 시작하여 약 300℃ 부근에서 급격히 가열하면 분해하여 폭발한다.

　　예 $2NH_4ClO_4 \xrightarrow{\Delta} \underbrace{N_2\uparrow + Cl_2\uparrow + 2O_2\uparrow + 4H_2O\uparrow}_{\text{다량의 가스}}$

ⓓ 충격이나 화재에 의해 단독으로 폭발할 위험이 있으며, 금속분이나 가연성 물질과 혼합하면 위험하다.

ⓡ 강한 충격이나 마찰에 의해 발화, 폭발의 위험이 있다.

③ **저장 및 취급 방법** : 염소산칼륨에 준한다.

④ **용도** : 폭약, 성냥이나 나염 등에 이용한다.

⑤ **소화 방법** : 주수 소화

(4) 과염소산마그네슘($Mg(ClO_4)_2$)

① **일반적 성질**

ⓐ 백색의 결정성 덩어리이다.

ⓝ 조해성이 강하며 물, 에탄올에 녹는다.

② **위험성**

ⓐ 방수, 방습에 주의한다.

ⓝ $KClO_4$와 거의 같은 성질을 가지므로 산화력이 강한 위험성이 있다.

ⓓ 금속분, 가연물과 혼합되면 조건에 따라서 폭발의 위험성이 있다.

ⓡ 분말의 흡입은 위험하다.

③ 용도 : 분석 시약, 가스 건조제, 불꽃류 제조

④ 저장 및 취급 방법 : 과염소산칼륨에 준한다.

⑤ 소화 방법 : 주수 소화

4-4 ▶ 무기 과산화물(지정 수량 50kg)

무기 과산화물은 불안정한 고체 화합물로서, 분해가 용이하여 산소를 발생하며, 알칼리 금속의 과산화물은 물과 급속히 반응하여 산소를 발생한다.

[1] 알칼리 금속의 과산화물(M_2O_2)

리튬(Li), 나트륨(Na), 칼륨(K), 루비듐(Rb), 세슘(Cs) 등의 과산화물은 물과 접촉을 피해야 하는 금수성 물질이다.

(1) 과산화칼륨(K_2O_2, 과산화칼리)

① 일반적 성질

㉮ 무색 또는 오렌지색의 등축정계 분말이다.

㉯ 가열하면 열분해하여 산화칼륨(K_2O)과 산소(O_2)를 발생한다.

  예 $2K_2O_2 \rightarrow 2K_2O + O_2$

㉰ 흡습성이 있으므로 물과 접촉하면 수산화칼륨(KOH)과 산소(O_2)를 발생한다.

  예 $2K_2O_2 + 2H_2O \rightarrow 4KOH + O_2\uparrow$

㉱ 공기 중의 탄산가스를 흡수하여 탄산염이 생성된다.

  예 $2K_2O_2 + 2CO_2 \rightarrow 2K_2CO_3 + O_2\uparrow$

㉲ 에틸알코올에는 용해하며, 묽은 산과 반응하여 과산화수소(H_2O_2)를 생성시킨다.

  예 $K_2O_2 + 2CH_3COOH \rightarrow 2CH_3COOK + H_2O_2\uparrow$

㉳ 분자량 110, 비중 2.9, 융점 490℃이다.

② 위험성

㉮ 물과 접촉하면 발열하면서 폭발 위험성이 증가한다.

㉯ 가열하면 위험하며 가연물과 혼합 시 충격이 가해지면 발화할 위험이 있다.

㉰ 염산과 반응하여 과산화수소를 만든다.

  예 $K_2O_2 + 2HCl \rightarrow 2KCl + H_2O_2\uparrow$

㉱ 접촉 시 피부를 부식시킬 위험이 있다.

③ 저장 및 취급 방법

㉮ 가열, 충격, 마찰 등을 피하고 가연물, 유기물, 황분, 알루미늄분의 혼입을 방지한다.

㉯ 물과 습기가 들어가지 않도록 용기는 밀전, 밀봉한다.

㉰ 위험물의 누출을 방지한다.

④ 용도 : 표백제, 소독제, 제약, 염색 등

⑤ 소화 방법 : 건조사, 소다회(Na_2CO_3), 암분 등으로 피복 소화한다.

(2) 과산화나트륨(Na_2O_2, 과산화소다)

① 일반적 성질

㉠ 순수한 것은 백색이지만 보통은 황색의 분말 또는 과립상이다.

㉡ 가열하면 열분해하여 산화나트륨(Na_2O)과 산소(O_2)를 발생한다.

　예 $2Na_2O_2 \rightarrow 2Na_2O + O_2\uparrow$

㉢ 흡습성이 있으므로 물과 접촉하면 수산화나트륨(NaOH)과 산소(O_2)를 발생한다.

　예 $Na_2O_2 + H_2O \rightarrow 2NaOH + \frac{1}{2}O_2$

㉣ 공기 중의 탄산가스를 흡수하여 탄산염이 생성된다.

　예 $2Na_2O_2 + 2CO_2 \rightarrow 2Na_2CO_3 + O_2\uparrow$

㉤ 피부를 부식시킨다.

㉥ 에틸알코올에는 녹지 않으나 묽은 산과 반응하여 과산화수소(H_2O_2)를 생성시킨다.

　예 $Na_2O_2 + 2CH_3COOH \rightarrow 2CH_3COONa + H_2O_2\uparrow$

㉦ 비중 2.805, 융점 460℃, 분해온도 600℃이다.

> **참고 📋 과산화나트륨의 제법**
> ──────────────────────────────────────
> 순수한 금속 나트륨을 고온으로 건조한 공기 중에서 연소시켜 얻는다.
> $2Na + O_2 \xrightarrow{\Delta} 2Na_2O_2$

② 위험성

㉠ 강력한 산화제로서 금, 니켈을 제외한 다른 금속을 침식하여 산화물을 만든다.

㉡ 상온에서 물과 급격히 반응하며, 가열하면 분해되어 산소(O_2)를 발생한다.

㉢ 불연성이나 물과 접촉하면 발열하며, 대량의 경우에는 폭발한다.

㉣ 탄산칼슘, 마그네슘, 알루미늄 분말, 초산(아세트산), 에테르 등과 혼합하면 폭발의 위험이 있다.

㉤ 피부에 닿으면 부식한다.

③ 저장 및 취급 방법

㉠ 가열, 충격, 마찰 등을 피하고, 가연물이나 유기물, 황분, 알루미늄분의 혼입을 방지한다.

㉡ 물과 습기가 들어가지 않도록 용기는 밀전, 밀봉한다. 또한 저장실 내에는 스프링클러 설비, 옥내 소화전 설비, 포 소화 설비 또는 물분무 소화 설비 등을 설치하여도 안 되며 이러한 소화 설비에서 나오는 물과의 접촉을 피해야 한다.

㉢ 용기의 파손에 유의하며 누출을 방지한다.

④ 용도 : 표백제, 소독제, 방취제, 약용 비누, 열량 측정 분석 시험 등

⑤ 소화 방법 : 건조사나, 소다회(Na_2CO_3), 암분 등으로 피복 소화한다.

(3) 과산화리튬(Li_2O_2)

① 일반적 성질

㉮ 백색의 분말로서 에테르에 약간 녹는다.

㉯ 분자량 48.5, 융점 180℃, 비점 1,336℃이다.

② 위험성

㉮ 가열 또는 산화물과 접촉하면 분해하여 산소를 방출한다.

㉯ 물과 심하게 반응하여 발열하고, 산소를 발생한다.

예 $2Li_2O_2 + 2H_2O \rightarrow 4LiOH + O_2\uparrow$

㉰ CO_2와 폭발적으로 반응한다.

③ 저장 및 취급 방법 : Na_2O_2에 준한다.

(4) 기타

과산화세슘(CsO_2)

[2] 알칼리 금속 이외의 무기 과산화물

마그네슘(Mg), 칼슘(Ca), 베릴륨(Be), 스트론튬(Sr), 바륨(Ba) 등의 알칼리 토금속의 산화물
이 대부분이다.

(1) 과산화마그네슘(MgO_2, 과산화마그네시아)

① 일반적 성질

㉮ 백색 분말로, 시판품은 MgO_2의 함량이 15~25% 정도이다.

㉯ 물에 녹지 않으며, 산에 녹아 과산화수소(H_2O_2)를 발생한다.

예 $MgO_2 + 2HCl \rightarrow MgCl_2 + H_2O_2\uparrow$

㉰ 습기 또는 물과 반응하여 발생기 산소[O]를 낸다.

예 $MgO_2 + H_2O \rightarrow Mg(OH)_2 + [O]$

② 위험성 : 환원제 및 유기물과 혼합 시 마찰 또는 가열, 충격에 의해 폭발의 위험이 있다.

③ 저장 및 취급 방법

㉮ 유기 물질의 혼입, 가열, 충격, 마찰을 피하고, 습기나 물에 접촉되지 않도록 용기를 밀
봉, 밀전한다.

㉯ 산류와 격리하고, 용기 파손에 의한 누출이 없도록 한다.

④ 용도 : 산화제, 표백제, 살균제, 소독제, 의약

⑤ 소화 방법 : 주수 소화도 사용되지만, 건조사에 의한 피복 소화가 효과적이다.

(2) 과산화칼슘(CaO_2, 과산화석회)

① 일반적 성질

㉮ 무정형의 백색 분말이며, 물에 녹기 어렵고 알코올이나 에테르 등에도 녹지 않는다.

㉯ 산과 반응하여 과산화수소를 생성한다.

$$\text{예} \quad CaO_2 + 2HCl \rightarrow CaCl_2 + H_2O_2$$

㉰ 수화물($CaO_2 \cdot 8H_2O$)은 백색 결정이며, 물에는 조금 녹고 온수에서는 분해된다.

㉱ 비중 1.7, 분해 온도 275℃이다.

② 위험성

㉮ 분해 온도 이상으로 가열하면 폭발의 위험이 있다.

$$\text{예} \quad 2CaO_2 \xrightarrow{\Delta} 2Ca + 2O_2$$

㉯ 묽은 산류에 녹아서 과산화수소가 생긴다.

③ 저장 및 취급 방법 : 과산화나트륨에 준한다.

④ 용도 : 표백제, 소독제 등

⑤ 소화 방법 : 주수 소화도 사용되나 건조사에 의한 피복 소화가 효과적이다.

(3) 과산화바륨(BaO_2)

① 일반적 성질

㉮ 백색의 정방정계 분말로서 알칼리 토금속의 과산화물 중 가장 안정한 물질이다.

㉯ 물에는 약간 녹으나 알코올, 에테르, 아세톤 등에는 녹지 않는다.

㉰ 고온 800~840℃에서 분해하여 산소를 발생한다.

$$\text{예} \quad 2BaO_2 \xrightarrow{\Delta} 2BaO + O_2$$

㉱ 수화물($BaO_2 \cdot 8H_2O$)은 무색 결정으로 묽은 산에 녹으며, 100℃에서 결정수를 잃는다.

㉲ 비중 4.96, 융점 450℃, 분해 온도 840℃이다.

② 위험성

㉮ 산 및 온수에 의해 분해되어 과산화수소(H_2O_2)와 발생기 산소를 발생하면서 발열한다.

$$\text{예} \quad BaO_2 + H_2SO_4 \rightarrow BaSO_4 + H_2O_2 \uparrow$$
$$2BaO_2 + 2H_2O \rightarrow 2Ba(OH)_2 + O_2 \uparrow$$

㉯ 유독성이 있다.

㉰ 유기물과의 접촉을 피한다.

③ 저장 및 취급 방법 : 과산화나트륨에 준한다.

④ 용도 : 표백제, 매염제, 테르밋(Al과 Fe_2O_3의 혼합물)의 점화제 등

⑤ 소화 방법 : CO_2 가스, 사염화탄소, 건조사에 의한 피복 소화

4-5 브롬산염류(지정 수량 300kg)

취소산($HBrO_3$)의 수소(H)가 금속 또는 다른 원자단으로 치환된 염이다.

(1) 브롬산칼륨($KBrO_3$)

① 일반적 성질

㉮ 백색의 결정성 분말이며, 물에는 잘 녹으나 알코올에는 난용이다.

㉯ 융점 이상으로 가열하면 분해되어서 산소를 발생한다.

예 $2KBrO_3 \rightarrow 2KBr + 3O_2\uparrow$

㉰ 비중 3.27, 융점 370℃이다.

> 예제 2몰의 브롬산칼륨이 모두 열분해 되어 생긴 산소의 양은 2기압 27℃에서 약 몇 L인가?
>
> 풀이 $2KBrO_3 \rightarrow 2KBr + 3O_2\uparrow$: 3몰의 산소 생성
>
> $PV = nRT$ 이므로
>
> $\therefore V = \dfrac{nRT}{P} = \dfrac{3 \times 0.082 \times (273+27)}{2} = 36.92L$
>
> 답 36.92L

② 위험성

㉮ 황, 숯, 마그네슘 분말, 기타 다른 가연물과 혼합되어 있을 때 가열하면 폭발한다.

㉯ 분진을 흡입하면 구토나 위장에 해를 입힌다.

㉰ 혈액 속에서 메타헤모글로빈 증세를 일으킨다.

③ 저장 및 취급 방법

㉮ 분진이 비산되지 않도록 조심히 다루며 밀봉, 밀전한다.

㉯ 습기에 주의하며, 열원을 멀리한다.

④ 용도 : 분석 시약, 콜드파마 용제, 브롬산염 적정

⑤ 소화 방법 : 대량의 주수 소화

(2) 브롬산나트륨($NaBrO_3$)

① 일반적 성질

㉮ 무색의 결정 또는 결정성 분말로 물에 잘 녹는다.

㉯ 강한 산화력이 있고, 고온에서 분해하여 산소를 방출한다.

㉰ 비중 3.3, 융점 381℃이다.

② 위험성 : 브롬산칼륨에 준한다.

③ 저장 및 취급 방법 : 브롬산칼륨에 준한다.

④ 소화 방법 : 대량의 주수 소화

(3) 브롬산아연[Zn(BrO$_3$)$_2$ · 6H$_2$O]

① 일반적 성질

㉮ 무색의 결정이며 물, 에탄올, 이황화탄소, 클로로포름에 잘 녹는다.

㉯ 강한 산화제이지만, Cl$_2$ 보다 약하다.

㉰ 비중 2.56, 융점 100℃이다.

② 위험성

㉮ 가연물과 혼합되어 있을 때는 폭발적으로 연소한다.

㉯ F$_2$와 심하게 반응하여 불화취소가 생성된다.

㉰ 연소 시 유독성 증기를 발생하고, 부식성이 강하며, 금속 또는 유기물을 침해한다.

③ 저장 및 취급 방법 : 브롬산칼륨에 준한다.

④ 소화 방법 : 초기 소화는 CO$_2$, 분말 소화 약제, 기타의 경우에는 다량의 물로 냉각 소화한다.

(4) 브롬산바륨[Ba(BrO$_3$)$_2$ · H$_2$O]

① 일반적 성질

㉮ 무색의 결정으로, 물에 약간 녹는다.

㉯ 120℃에서 결정수를 잃고, 무수염이 된다.

㉰ 비중 3.99, 융점 414℃이다.

② 위험성

㉮ 융점 이상 가열하거나 충격 · 마찰에 의해 분해하여 산소를 발생한다.

㉯ 강한 산화력이 있어 가연성 물질과 혼합된 것은 가열 · 충격 · 마찰에 의해 발화 폭발의 위험이 있다.

③ 저장 및 취급 방법 : 브롬산칼륨에 준한다.

④ 용도 : 의약, 시약, 산화제

⑤ 소화 방법 : 대량의 주수 소화

(5) 브롬산마그네슘[Mg(BrO$_3$) · H$_2$O]

① 일반적 성질

㉮ 무색 또는 백색 결정으로 물에 잘 녹는다.

㉯ 냉각하거나 물로 희석하면 산화력을 상실한다.

㉰ 200℃에서 무수물이 된다.

② 위험성

㉮ 가열하면 분해하여 산소를 발생한다.

㉯ 유기물과 반응하면 발화, 폭발의 위험이 있다.

㉰ 불순물이 혼입된 것은 분해 위험이 있다.

③ 소화 방법 : 대량의 주수 소화

(6) 기타

브롬산암모늄(NH_4BrO_3), 브롬산납($[Pb(BrO_3)_2 \cdot H_2O]$), 브롬산은($AgBrO_3$)

4-6 **질산염류(지정 수량 300kg)**

질산(HNO_3)의 수소(H)가 금속 또는 다른 양이온으로 치환된 화합물을 말한다. 물에 녹고, 폭약의 원료로 많이 사용된다.

(1) 질산칼륨(KNO_3, 초석)

① 일반적 성질

㉮ 무색, 무취의 흰색의 결정 분말이다.

㉯ 물이나 글리세린 등에는 잘 녹고, 알코올에는 녹지 않는다(수용액은 중성 반응).

㉰ 약 400℃로 가열하면 분해하여 아질산칼륨(KNO_2)과 산소(O_2)가 발생한다.

예 $2KNO_3 \xrightarrow{\Delta} 2KNO_2 + O_2 \uparrow$

㉱ 강산화제이다.

㉲ 분자량 101, 비중 2.1, 융점 339℃, 분해 온도 400℃이다.

예제 질산칼륨 1mol 중의 질소함량은 약 몇 wt%인지 구하시오. (단, K의 원자량은 39이다.)

풀이 질소 : $\dfrac{14}{101} \times 100 = 13.86 \text{wt}\%$

답 13.86wt%

---

② 위험성

㉮ 강한 산화제이므로 가연성 분말이나 유기물과 접촉 시 폭발한다.

㉯ 흑색 화약(blakgun powder)을 질산칼륨(KNO_3)과 유황(S), 목탄분(C)을 75% : 10% : 15%의 비율로 혼합한 것으로 각자는 폭발성이 없으나 적정 비율로 혼합되면 폭발력이 생긴다. 이것은 뇌관을 사용하지 않고도 충분히 폭발시킬 수 있다. 흑색 화약의 분해 반응식은 다음과 같다.

$16KNO_3 + 3S + 21C \rightarrow 13CO_2 \uparrow + 3CO \uparrow + 8N_2 \uparrow + 5K_2CO_3 + K_2SO_4 + K_2S$

㉰ 혼촉 발화가 가능한 물질로는 황린, 유황, 금속분, 목탄분, 나트륨아미드, 나트륨, 에테르, 이황화탄소, 아세톤, 톨루엔, 크실렌, 등유, 에탄올, 에틸렌글리콜, 황화티탄, 황화안티몬 등이 있다.

③ 저장 및 취급 방법

㉮ 유기물과의 접촉을 피한다.

㉯ 건조한 냉암소에 보관한다.

㉰ 가연물과 산류 등의 혼합 시 가열, 충격, 마찰 등을 피한다.

④ 용도 : 흑색 화약, 불꽃놀이의 원료, 의약, 비료, 촉매, 야금, 금속 열처리제, 유리 청정제 등

⑤ 소화 방법 : 주수 소화

(2) 질산나트륨($NaNO_3$, 칠레초석)

① 일반적 성질

㉮ 무색, 무취의 투명한 결정 또는 백색 분말이다.

㉯ 조해성이 있으며, 물이나 글리세린 등에는 잘 녹고 알코올에는 녹지 않는다. 수용액은 중성이다.

㉰ 약 380℃에서 분해되어 아질산나트륨($NaNO_2$)과 산소(O_2)를 생성한다.

⑩ $2NaNO_3 \rightarrow 2NaNO_2 + O_2\uparrow$

㉱ 비중 2.27, 융점 308℃, 분해 온도 380℃이다.

② 위험성

㉮ 강한 산화제로서 황산과 접촉 시 분해하여 질산을 유리시킨다.

㉯ 유기물, 가연물과 혼합하면 가열, 충격, 마찰에 의해 발화할 수 있다.

㉰ 티오황산나트륨과 함께 가열하면 폭발한다.

③ 저장 및 취급 방법 : 질산칼륨에 준한다.

④ 용도 : 유리 발포제, 열처리제, 비료, 염료, 의약, 담배 조연제 등

⑤ 소화 방법 : 주수 소화

(3) 질산암모늄(NH_4NO_3)

① 일반적 성질

㉮ 상온에서 무색, 무취의 결정 고체이다.

㉯ 흡습성과 조해성이 강하며 물, 알코올, 알칼리 등에 잘 녹으며, 불안정한 물질이고 물에 녹을 때는 흡열 반응을 한다.

㉰ 질산암모늄이 원료로 된 폭약은 수분이 흡수되지 않도록 포장하며, 비료용인 경우에는 우기 때 사용하지 않는 것이 좋다.

㉱ 비중 1.73, 융점 165℃, 분해 온도 220℃이다.

> 예제 질산암모늄(NH_4NO_3)에 함유되어 있는 질소와 수소의 함량은 몇 wt%인가?
>
> 풀이 ① 질소 : $\frac{28}{80} \times 100 = 35wt\%$
>
> ② 수소 : $\frac{4}{80} \times 100 = 5wt\%$
>
> 답 ① 질소 : 35wt%, ② 수소 : 5wt%

② 위험성

㉮ 가연물, 유기물이 혼합되면 가열, 충격, 마찰에 의해 폭발한다.

100℃ 부근에서 반응하고, 200℃에서 열분해하여 산화이질소와 물로 분해한다.

예 $NH_4NO_3 \xrightarrow{\Delta} N_2O + 2H_2O$

㉯ 급격한 가열이나 충격을 주면 단독으로 폭발한다.

예 $2NH_4NO_3 \rightarrow 2N_2 + 4H_2O + O_2\uparrow$

㉰ 황분말, 금속분, 가연성의 유기물이 섞이면 가열 또는 충격에 의해 폭발을 일으킨다.

③ 저장 및 취급 방법 : 질산칼륨에 준한다.

④ 용도 : 폭약의 제조 원료, 불꽃놀이의 원료, 비료, 오프셋 인쇄, 질산염 제조 등

⑤ 소화 방법 : 주수 소화

(4) 기타

질산은($AgNO_3$), 질산리튬($LiNO_3$), 질산마그네슘($[Mg(NO_3)_2 \cdot 6H_2O]$)

4-7 요오드산염류(지정 수량 300kg)

요오드산(HIO_3)의 수소(H)가 금속 또는 다른 원자단으로 치환된 화합물이다. 대부분 결정성 고체로서 산화력이 강하고, 탄소나 유기물과 섞여 가열하면 폭발한다.

(1) 옥소산칼륨(KIO_3)

① 일반적 성질

㉮ 무색 결정 또는 광택이 나는 무색의 결정성 분말이다.

㉯ 물에 녹으며, 수용액은 리트머스 시험지에 중성 반응을 나타낸다.

㉰ 비중 3.89, 융점 560℃이다.

② 위험성

㉮ $MClO_3$나 $MBrO_3$보다 안정하지만 산화력이 강하고 융점 이상으로 가열하면 분해하여 산소를 발생한다.

㉯ 유기물, 가연물과 혼합한 것은 가열·충격·마찰에 의해 폭발한다.

㉰ 황린, 목탄분, 금속분, 칼륨, 나트륨, 인화성 액체류, 셀룰로오스, 황화합물 등과 혼촉 시 가열, 충격, 마찰에 의해 폭발의 위험이 있다.

③ 저장 및 취급 방법

㉮ 화기 엄금, 직사광선을 피하여 저장한다.

㉯ 가연성 물질과 황화합물 등과 함께 저장하지 않도록 한다.

㉰ 이물질과 혼합, 혼입을 방지한다.

④ 용도 : 의약 분석 시약, 용량 분석, 침전제

⑤ 소화 방법 : 초기 소화 시는 포, 분말 소화제를 사용하며, 기타의 경우는 다량의 물로 냉각 소화한다.

(2) 옥소산나트륨($NaIO_3$)

① 일반적 성질

㉮ 조해성이 있으며, 물에 녹는다.

㉯ 융점 42℃이다.

② 위험성 : 옥소산칼륨에 준한다.

③ 저장 및 취급 방법 : 옥소산칼륨에 준한다.

④ 용도 : 의약, 탈취 소재

⑤ 소화 방법 : 초기 소화 시는 포, 분말 소화제를 사용하며, 고온에서 폭발의 위험성이 있으므로 다량의 물로 냉각 소화한다.

(3) 옥소산암모늄(NH_4IO_3)

① 일반적 성질

㉮ 무색의 결정이다.

㉯ 비중 3.3이다.

② 위험성

㉮ 금속과 접촉 시 심하게 분해한다.

㉯ 150℃ 이상으로 가열 시 분해한다.

㉰ 황린, 인화성 액체류, 칼륨, 나트륨 등과 혼촉에 의해 폭발의 위험이 있다.

③ 저장 및 취급 방법 : 옥소산칼륨에 준한다.

④ 용도 : 산화제

⑤ 소화 방법 : 옥소산칼륨에 준한다.

(4) 옥소(아이오딘)산 아연[$Zn(IO_3)_2$]

① 일반적 성질

㉮ 백색의 결정성 분말로 물에 약간 녹으나 에탄올에는 녹지 않는다.

㉯ 유기물과 혼합 시 연소 위험이 있다.

㉰ 산화력이 강하다.

㉱ 수용액은 리트머스 시험지에 중성 반응이 나타난다.

㉲ 분자량 204.3, 비중 5.06이다.

② 위험성

㉮ 충격을 주거나 강산의 첨가로 단독 폭발할 위험이 있다.

㉯ 유기물과 화합 시 급격한 연소, 폭발을 일으킨다.

③ 저장 및 취급 방법, 소화 방법 : KIO_3에 준한다.

(5) 기타 옥소산염

옥소산은($AgIO_3$), 옥소산바륨($[Ba(IO_3)_2]$), 옥소산마그네슘($[Mg(IO_3)_2]$), 옥소산칼슘($[Ca(IO_3)_2]$), 옥소산바륨($[Ba(IO_3)_2]$)

4-8 과망간산염류(지정 수량 1,000kg)

과망간산($HMnO_4$)의 수소(H)가 금속 또는 다른 원자단으로 치환된 물질이다.

(1) 과망간산칼륨($KMnO_4$, 카멜레온, 과망간산칼리)

① 일반적 성질
  ㉮ 단맛이 나는 흑자색의 사방정계 결정이다.
  ㉯ 물에 녹아 진한 보라색이 되며, 강한 산화력과 살균력을 지닌다.
  ㉰ 240℃에서 가열하면 과망간산칼륨, 이산화망간, 산소를 발생한다.
    📕 $2KMnO_4 \rightarrow K_2MnO_4 + MnO_2 + O_2\uparrow$
  ㉱ 2분자가 중성 또는 알칼리성과 반응하면 3원자의 산소를 방출한다.
  ㉲ 비중 2.7, 분해 온도 240℃이다.

② 위험성
  ㉮ 진한 황산과 반응하면 격렬하게 튀는 듯이 폭발을 일으킨다.
    📕 $2KMnO_4 + H_2SO_4 \rightarrow K_2SO_4 + 2HMnO_4$
    $2HMnO_4 \rightarrow Mn_2O_7 + H_2O$
    $2Mn_2O_7 \rightarrow 4MnO_2 + 3O_2\uparrow$
  ㉯ 묽은 황산과의 반응은 다음과 같다.
    📕 $4KMnO_4 + 6H_2SO_4 \rightarrow 2K_2SO_4 + 4MnSO_4 + 6H_2O + 5O_2\uparrow$
  ㉰ 강력한 산화제로 다음과 같은 경우 순간적으로 혼촉 발화하고, 폭발의 위험성이 상존한다.
    ㉠ 과망간산칼륨 + 에테르 : 최대 위험 비율 = 8wt%
    ㉡ 과망간산칼륨 + 글리세린 : 최대 위험 비율 = 15wt%
    ㉢ 과망간산칼륨 + 염산 : 최대 위험 비율 = 63wt%
  ㉱ 환원성 물질(목탄, 황 등)과 접촉 시 폭발할 위험이 있다.
  ㉲ 유기물(알코올, 에테르, 글리세린 등)과 접촉 시 폭발할 위험이 있다.

③ 저장 및 취급 방법
  ㉮ 일광을 차단하고, 냉암소에 저장한다.
  ㉯ 용기는 금속 또는 유리 용기를 사용하며 산, 가연물, 유기물 등과의 접촉을 피한다.

④ 용도 : 살균제, 의약품(무좀약 등), 촉매, 표백제, 사카린의 제조, 특수 사진 접착제 등

⑤ 소화 방법 : 폭발 위험에 대비하여 안전 거리를 충분히 확보하고, 공기 호흡기 등의 보호 장비를 착용하며, 초기 소화는 건조사 피복 소화하거나 물, 포, 분말도 유효하지만 기타의 경우는 다량의 물로 주수 소화한다.

(2) 과망간산나트륨($NaMnO_4 \cdot 3H_2O$, 과망간산소다)

① 일반적 성질

㉮ 적자색 결정으로 물에 매우 잘 녹는다.

㉯ 조해성이 있어 수용액($NaMnO_4 \cdot 3H_2O$)으로 시판한다.

㉱ 가열하면 융점 부근에서 분해하여 산소를 발생한다.

$$2NaMnO_4 \xrightarrow{170℃ \text{ 이상}} Na_2MnO_4 + MnO_4 + O_2\uparrow$$

㉲ 비중 2.46, 융점 170℃이다.

② 위험성

㉮ 적린, 황, 금속분, 유기물과 혼합하면 가열, 충격에 의해 폭발한다.

㉯ 나트륨, 에테르, 이황화탄소, 아닐린, 아세톤, 톨루엔, 에탄올, 진한 초산, 에틸렌글리콜, 황산, 삼산화크롬 등과 혼촉 발화의 위험이 있다.

③ 저장 및 취급 방법 : 과망간산칼륨에 준한다.

④ 용도 : 살균제, 소독제, 사카린 원료, 중독 해독제 등

⑤ 소화 방법 : 과망간산칼륨에 준한다.

4-9 중크롬산염류(지정 수량 1,000kg)

중크롬산($H_2Cr_2O_7$)의 수소(H)가 금속 또는 다른 원자단으로 치환된 화합물이다. 이 물질을 중크롬산염($M_2Cr_2O_7$)이라 하고, 이들 염의 총칭을 중크롬산염류라 한다.

(1) 중크롬산칼륨($K_2Cr_2O_7$)

① 일반적 성질

㉮ 중크롬산나트륨 용액에 염화칼륨을 가해서 용해, 가열시켜 얻는다.

$$Na_2Cr_2O_7 + 2KCl \xrightarrow{\Delta} K_2Cr_2O_7 + 2NaCl$$

㉯ 흡습성이 있는 등적색의 결정 또는 결정성 분말로, 쓴맛이 있고 물에는 녹으나 알코올에는 녹지 않는다.

㉱ 산성 용액에서 강한 산화제이다.

$$K_2Cr_2O_7 + 4H_2SO_4 \rightarrow K_2SO_4 + Cr_2(SO_4)_3 + 4H_2O + 3[O]$$

㉲ 독성이 있으며, 쓴맛과 금속성 맛이 있다.

㉳ 분자량 294, 비중 2.69, 융점 398℃, 분해 온도 500℃이다.

② 위험성

㉮ 강산화제이며, 500℃에서 분해하여 산소를 발생한다.

$$4K_2Cr_2O_7 \rightarrow 4K_2CrO_4 + 2Cr_2O_3 + 3O_2\uparrow$$

㉯ 부식성이 강해 피부와 접촉 시 점막을 자극한다.

    ㉓ 단독으로는 안정된 화합물이지만 가열하거나 가연물, 유기물 등과 접촉할 때 가열, 마찰, 충격을 가하면 폭발한다.

    ㉔ 수산화칼슘, 히드록실아민, (아세톤+황산)과 혼촉 시 발화 폭발의 위험이 있다.

    ㉕ 분진은 기관지를 자극하며, 상처와 접촉하면 염증을 일으키며, 흡입 시 중독 증상이 나타난다.

  ③ 저장 및 취급 방법

    ㉮ 화기 엄금, 가열, 충격, 마찰을 피한다.

    ㉯ 산, 유황, 화합물, 유지 등의 이물질과의 혼합을 금지한다.

    ㉰ 용기는 밀봉하여 저장한다.

  ④ 용도 : 산화제, 성냥, 의약품, 피혁 다듬질, 방부제, 인쇄 잉크, 사진 인쇄, 클리닝 용액 등

  ⑤ 소화 방법 : 초기 소화는 물, 포 소화 약제가 유효하며, 기타의 경우 다량의 물로 주수 소화한다.

(2) 중크롬산나트륨($Na_2Cr_2O_7 \cdot 2H_2O$)

  ① 일반적 성질

    ㉮ 크롬산나트륨에 황산을 가하여 만든다.

      예 $2Na_2CrO_4 + H_2SO_4 + H_2O \rightarrow Na_2Cr_2O_7 \cdot 2H_2O + Na_2SO_4$

    ㉯ 흡습성을 가진 등황색 또는 등적색의 결정으로 무취이다.

    ㉰ 물에는 녹으나 알코올에는 녹지 않는다.

    ㉱ 84.6℃에서 결정수를 잃고, 400℃에서 분해하여 산소를 발생한다.

    ㉲ 비중 2.52, 융점 356℃, 분해 온도 400℃이다.

  ② 위험성

    ㉮ 가열될 경우에는 분해되어 산소를 발생하여 근처에 있는 가연성 물질을 연소시킬 수 있다.

    ㉯ 황산, 히드록실아민, (에탄올+황산), (TNT+황산)과 혼촉 시 발화 폭발의 위험이 있다.

    ㉰ 눈에 들어가면 결막염을 일으킨다.

  ③ 저장 및 취급 방법 : 중크롬산칼륨에 준한다.

  ④ 용도 : 화약, 염료, 촉매, 분석 시약, 전지, 목재의 방부제, 유리 기구 세척용 클리닝 용액 등

  ⑤ 소화 방법 : 중크롬산칼륨에 준한다.

(3) 중크롬산암모늄($(NH_4)_2Cr_2O_7$)

  ① 일반적 성질

    ㉮ 중크롬산나트륨과 황산암모늄을 복분해하여 만든다.

      예 $(NH_4)_2SO_4 + Na_2Cr_2O_7 \rightarrow (NH_4)_2Cr_2O_7 + Na_2SO_4$

    ㉯ 삼산화크롬에 암모니아를 작용하여 만든다.

      예 $2Cr_2O_3 + 2NH_3 + H_2O \rightarrow (NH_4)_2Cr_2O_7$

    ㉰ 적색 또는 등적색의 침상 결정이다.

   ⓓ 물, 알코올에는 녹지만, 아세톤에는 녹지 않는다.

   ⓔ 가열 분해 시 질소(N_2)가스, 물 및 푸석푸석한 초록색의 Cr_2O_3를 만든다.

$$(NH_4)_2Cr_2O_7 \xrightarrow{\Delta} N_2\uparrow + 4H_2O + Cr_2O_3$$

   ⓕ 비중 2.15, 분해 온도 225℃이다.

 ② 위험성

   ⓐ 상온에서 안정하지만, 강산을 가하면 산화성이 증가한다.

   ⓑ 강산류, 환원제, 알코올류와 반응한다.

   ⓒ 밀폐 용기를 가열하면 심하게 파열한다.

   ⓓ 분진은 눈을 자극하고, 상처에 접촉 시 염증이 있으며, 흡입 시에는 기관지의 점막에 침투하고, 중독 증상이 나타난다.

 ③ **저장 및 취급 방법** : 중크롬산칼륨에 준한다.

 ④ **용도** : 인쇄 제판, 매염제, 피혁 정제, 불꽃놀이 제조, 양초 심지, 도자기의 유약 등

 ⑤ **소화 방법** : 초기 소화는 건조사, 분말, CO_2 소화기가 유효하며, 기타의 경우는 다량의 물로 주수 소화한다. 화재 진압 시는 방열복과 공기 호흡기를 착용한다.

(4) 기타

중크롬산아연($ZnCr_2O_7 \cdot 3H_2O$), 중크롬산칼슘($CaCr_2O_7$), 중크롬산납($PbCr_2O_7$), 중크롬산제이철($[Fe_2(Cr_2O_7)_3]$)

4-10 그 밖에 행정안전부령이 정하는 것 — 삼산화크롬(CrO_3, 무수크롬산, 지정 수량 300kg)

 ① 일반적 성질

   ⓐ 암적색의 침상 결정으로 물, 에테르, 알코올, 황산에 잘 녹는다.

   ⓑ 융점 이상으로 가열하면 200~250℃에서 분해하여 산소를 방출하고 녹색의 삼산화이크롬으로 변한다.

$$4CrO_3 \xrightarrow{\Delta} 2Cr_2O_3 + 3O_2\uparrow$$

 ② 위험성

   ⓐ 강력한 산화제이다. 크롬산화물의 산화성 크기는 다음과 같다.

    $CrO_3 > Cr_2O_3 > CrO$

   ⓑ 산화되기 쉬운 물질이나 유기물, 인, 피크린산, 목탄분, 가연물과 혼합하면 심한 반응열에 의해 연소·폭발의 위험이 있다.

   ⓒ 유황, 목탄분, 적린, 금속분 등과 같은 강력한 환원제와 접촉 시 가열, 충격으로 폭발의 위험이 있다.

   ⓓ $CrO_3 + CH_3COOH$는 혼촉 발화한다.

   ⓔ 페리시안화칼륨($K_3[Fe(CN)_6]$)과 혼합한 것을 가열하면 폭발한다.

③ 저장 및 취급 방법
  ㉮ 물 또는 습기의 접촉을 피하며 냉암소에 보관하다.
  ㉯ 철제 용기에 밀폐하여 차고 건조한 곳에 보관한다.
④ 용도 : 합성 촉매, 크롬 도금, 의약, 염료 등
⑤ 소화 방법 : 건조사가 부득이한 경우, 소량의 경우는 다량의 물로 소화한다.

출·제·예·상·문·제

1

위험물안전관리법령상 위험 등급 Ⅰ의 위험물로 옳은 것은?

① 무기 과산화물 ② 황화인, 적린, 유황

③ 제1석유류 ④ 알코올류

 ① 무기 과산화물 : 위험 등급 Ⅰ의 위험물

② 황화인, 적린, 유황 : 위험 등급 Ⅱ의 위험물

③ 제1석유류 : 위험 등급 Ⅱ의 위험물

④ 알코올류 : 위험 등급 Ⅱ의 위험물

2

위험물안전관리법령상 염소화이소시아눌산은 제 몇 류 위험물인가?

① 제1류 ② 제2류

③ 제5류 ④ 제6류

해설 제1류 위험물의 종류와 지정 수량

성 질	위험 등급	품 명	지정 수량
산화성 고체	Ⅰ	1. 아염소산염류	50kg
		2. 염소산염류	50kg
		3. 과염소산염류	50kg
		4. 무기 과산화물류	50kg
	Ⅱ	5. 브롬산염류	300kg
		6. 질산염류	300kg
		7. 요오드산염류	300kg
	Ⅲ	8. 과망간산염류	1,000kg
		9. 중크롬산염류	1,000kg
	Ⅰ~Ⅲ	10. 그 밖에 행정안전부령이 정하는 것 ① 과요오드산염류 ② 과요오드산 ③ 크롬, 납 또는 요오드의 산화물 ④ 아질산염류 ⑤ 차아염소산염류 ⑥ 염소화이소시아눌산 ⑦ 퍼옥소이황산염류 ⑧ 퍼옥소붕산염류 11. 1.~10.에 해당하는 어느 하나 이상을 함유한 것	50kg 300kg 또는 1,000kg

3 위험물안전관리법령상 행정안전부령으로 정하는 제1류 위험물에 해당하지 않는 것은?

① 과요오드산
② 질산구아니딘
③ 차아염소산염류
④ 염소화이소시아눌산

🌱 **해설** 행정안전부령으로 정하는 위험물

품 명	지정 물질
제1류 위험물	1. 과요오드산염류 2. 과요오드산 3. 크롬, 납 또는 요오드의 산화물 4. 아질산염류 5. 차아염소산염류 6. 염소화이소시아눌산 7. 퍼옥소이황산염류 8. 퍼옥소붕산염류
제3류 위험물	염소화규소 화합물
제5류 위험물	1. 금속의 아지 화합물 2. 질산구아니딘
제6류 위험물	할로겐간 화합물

4 다음 위험물 품명 중 지정 수량이 나머지 셋과 다른 것은?

① 염소산염류
② 질산염류
③ 무기 과산화물
④ 과염소산염류

🌱 **해설** 제1류 위험물의 종류와 지정 수량

성 질	위험 등급	품 명	지정 수량
산화성 고체	I	1. 아염소산염류 2. 염소산염류 3. 과염소산염류 4. 무기 과산화물류	50kg 50kg 50kg 50kg
	II	5. 브롬산염류 6. 질산염류 7. 요오드산염류	300kg 300kg 300kg
	III	8. 과망간산염류 9. 중크롬산염류	1,000kg 1,000kg

	I ~ III	10. 그 밖에 행정안전부령이 정하는 것
		  ① 과요오드산염류
		  ② 과요오드산
		  ③ 크롬, 납 또는 요오드의 산화물
		  ④ 아질산염류
		  ⑤ 차아염소산염류
		  ⑥ 염소화이소시아눌산
		  ⑦ 퍼옥소이황산염류
		  ⑧ 퍼옥소붕산염류
		11. 1.~10.에 해당하는 어느 하나 이상을 함유한 것
			50kg
			300kg
			또는
			1,000kg

5 위험물 제조소에서 다음과 같이 위험물을 취급하고 있는 경우 각각의 지정 수량 배수의 총합은?

> • 브롬산나트륨 : 300kg
> • 과산화나트륨 : 150kg
> • 중크롬산나트륨 : 500kg

① 3.5 ② 4.0 ③ 4.5 ④ 5.0

해설 $\dfrac{300\text{kg}}{300\text{kg}} + \dfrac{150\text{kg}}{50\text{kg}} + \dfrac{500\text{kg}}{1{,}000\text{kg}} = 4.5$배

6 제1류 위험물의 일반적인 성질이 아닌 것은?

① 불연성 물질이다.
② 유기 화합물이다.
③ 산화성 고체로서 강산화제이다.
④ 알칼리 금속의 과산화물은 물과 작용하여 발열한다.

해설 ② 모두 무기 화합물이다.

7 다음 위험물에 해당되는 것은?

> • 대부분 무색의 결정, 백색 분말이다.
> • 물과 작용하여 열과 산소를 발생시키는 것도 있다.
> • 가열 등에 의해 산소를 발생한다.

① 제1류 위험물 ② 제2류 위험물
③ 제3류 위험물 ④ 제5류 위험물

해설 제1류 위험물에 대한 설명이다.

8 제1류 위험물과 제6류 위험물의 공통 성상은?

① 금수성 ② 가연성
③ 산화성 ④ 자기 반응성

해설 ㉠ 제1류 위험물 : 산화성 고체
㉡ 제6류 위험물 : 산화성 액체

정답 5. ③ 6. ② 7. ① 8. ③

9 산화성 고체의 저장 및 취급 방법으로 옳지 않은 것은?

① 가연물과 접촉 및 혼합을 피한다.
② 분해를 촉진하는 물품의 접근을 피한다.
③ 조해성 물질의 경우 물속에 보관하고, 과열·충격·마찰 등을 피하여야 한다.
④ 알칼리 금속의 과산화물은 물과의 접촉을 피하여야 한다.

✿해설 ③ 조해성 물질의 경우 방습하고 용기를 밀전해야 하며, 과열, 충격, 마찰 등을 피하여야 한다.

10 제1류 위험물 중 염소산염류는 다음 중 어느 것인가?

① NH_4ClO_3 ② $KClO_4$
③ Na_2O_2 ④ $Ca(ClO)_2$

✿해설 염소산염류($MClO_3$)는 염소산($HClO_3$)의 수소가 금속 또는 양이온으로 치환된 것이다.

11 염소산칼륨의 성질에 대한 설명 중 틀린 것은?

① 찬물 및 에테르에 잘 녹는다.
② 무색, 무취의 결정 또는 분말로서, 불연성 물질이다.
③ 촉매 없이 400℃에서 분해되어 산소를 발생시킨다.
④ MnO_2의 촉매가 존재할 때 분해 반응이 빠르게 진행된다.

✿해설 글리세린은 온수에 잘 녹고, 알코올은 냉수에는 잘 녹지 않는다.

12 염소산칼륨의 성질이 아닌 것은?

① 황산과 반응하여 이산화염소를 발생한다.
② 상온에서 고체이다.
③ 알코올보다는 글리세린에 더 잘 녹는다.
④ 환원력이 강하다.

✿해설 ④ 산화력이 강하다.

13 염소산칼륨이 고온으로 가열되었을 때의 현상으로 가장 거리가 먼 것은?

① 분해한다.   ② 산소를 발생한다.
③ 염소를 발생한다.   ④ 염화칼륨이 생성된다.

해설 염소산칼륨이 촉매 없이 400℃ 정도에서 가열하면 분해한다.

$$2KClO_3 \xrightarrow{\Delta} 2KCl + 3O_2 \uparrow$$

14 다음 중 염소산나트륨의 화학식을 올바르게 나타낸 것은?

① NaClO   ② NaClO_2

③ NaClO_3   ④ NaClO_4

해설 ① 차아염소산나트륨, ② 아염소산나트륨, ④ 과염소산나트륨

15 염소산나트륨($NaClO_3$)의 성상에 관한 설명으로 올바른 것은?

① 황색의 결정이다.

② 비중은 1.0이다.

③ 환원력에 매우 강한 물질이다.

④ 물, 에테르, 글리세린에 잘 녹으며, 조해성이 강하다.

해설 ① 무색, 무취의 결정이다.
   ② 비중은 2.5이다.
   ③ 산화력이 강한 물질이다.

16 염소산나트륨과 반응하여 ClO_2 가스를 발생시키는 것은?

① 글리세린   ② 질소

③ 염산   ④ 산소

해설 염소산나트륨은 염산과 반응하면 유독하고 폭발성, 유독성의 ClO_2를 발생한다.

17 다음은 염소산나트륨에 대한 설명이다. 옳은 것은?

① 물에는 녹지 않는다.

② 악취를 내며, 황색의 고체이다.

③ 조해성은 있으나 흡습성은 없다.

④ 가열하면 분해하여 산소를 발생한다.

해설 $2NaClO_3 \xrightarrow[\Delta]{300℃} 2NaCl + 3O_2 \uparrow$

18 염소산나트륨의 성질에 속하지 않는 것은?

① 환원력이 강하다.
② 무색 결정이다.
③ 주수 소화가 가능하다.
④ 강산과 혼합하면 폭발할 수 있다.

 해설 ① 산화력이 강하다.

19 염소산나트륨의 성상에 대한 설명으로 옳지 않은 것은?

① 자신은 불연성 물질이지만 강한 산화제이다.
② 유리를 녹이므로 철제 용기에 저장한다.
③ 열분해하여 산소를 발생한다.
④ 산과 반응하면 유독성의 이산화염소를 발생한다.

해설 ② 철을 부식시키므로 철제 용기에 저장하지 말아야 한다.

20 염소산소다를 가열하면 몇 ℃에서 분해를 시작하는가?

① 200
② 300
③ 400
④ 500

해설 매우 불안정하여 300℃의 분해 온도에서 산소를 분해 방출하고 촉매에 의해서는 낮은 온도에서 분해한다.

$$2NaClO_3 \xrightarrow[\text{촉매}]{\Delta} 2NaCl + 3O_2 \uparrow$$

21 염소산나트륨의 저장 및 취급 시 주의할 사항으로 틀린 것은?

① 철제 용기에 저장은 피해야 한다.
② 열분해 시 이산화탄소가 발생하므로 질식에 유의한다.
③ 조해성이 있으므로 방습에 유의한다.
④ 용기에 밀전(密栓)하여 보관한다.

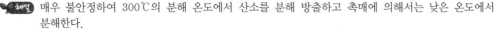 해설 ② 염소산나트륨($NaClO_3$)은 매우 불안정하여 300℃의 분해 온도에서 산소를 분해 방출하고 촉매에 의해서는 낮은 온도에서 분해한다.

$$4NaClO_3 \xrightarrow{\Delta} 3NaClO_4 + NaCl$$

$$NaClO_4 \xrightarrow{\Delta} NaCl + 2O_2 \uparrow$$

$$2NaClO_3 \xrightarrow[\Delta]{\text{촉매}} 2NaCl + 3O_2 \uparrow$$

22 과염소산칼륨과 아염소산나트륨의 공통 성질이 아닌 것은?

① 지정 수량이 50kg이다.

② 열분해 시 산소를 방출한다.

③ 강산화성 물질이며, 가연성이다.

④ 상온에서 고체의 형태이다.

해설 ③ 강력한 산화제이며, 불연성이다.

23 과염소산칼륨과 가연성 고체 위험물이 혼합되는 것은 위험하다. 그 주된 이유는?

① 전기가 발생하고, 자연 가열되기 때문이다.

② 중합 반응을 하여 열이 발생되기 때문이다.

③ 혼합하면 과염소산칼륨이 연소하기 쉬운 액체로 변하기 때문이다.

④ 가열, 충격 및 마찰에 의하여 발화·폭발 위험이 높아지기 때문이다.

해설 과염소산칼륨($KClO_4$)과 가연성 고체 위험물이 혼합되는 것이 위험한 주된 이유 : 가열, 충격 및 마찰에 의하여 발화·폭발 위험이 높아지기 때문이다.

24 과염소산칼륨의 성질에 대한 설명 중 틀린 것은?

① 무색, 무취의 결정으로 물에 잘 녹는다.

② 화학식은 $KClO_4$이다.

③ 에탄올, 에테르에는 녹지 않는다.

④ 화약, 폭약, 섬광제 등에 쓰인다.

해설 ① 무색, 무취의 결정으로 물에 그다지 녹지 않는다.

25 과염소산칼륨의 일반적인 성질에 대한 설명 중 틀린 것은?

① 강한 산화제이다.

② 불연성 물질이다.

③ 과일향이 나는 보라색 결정이다.

④ 가열하여 완전 분해시키면 산소를 발생한다.

해설 ③ 무색, 무취의 결정 또는 백색의 분말이다.

정답 22. ③ 23. ④ 24. ① 25. ③

26

다음 중에서 과염소산나트륨의 분자식은?

① NaClO

② NaClO₂

③ NaClO₃

④ NaClO₄

해설 ① 차아염소산나트륨, ② 아염소산나트륨, ③ 염소산나트륨, ④ 과염소산나트륨

27

과염소산나트륨의 성질이 아닌 것은?

① 수용성이다.

② 조해성이 있다.

③ 분해 온도는 약 400℃이다.

④ 물보다 가볍다.

해설 ④ 물보다 무겁다(비중 2.5).

28

과염소산나트륨의 성질이 아닌 것은?

① 황색의 분말로 물과 반응하여 산소를 발생한다.

② 가열하면 분해되어 산소를 방출한다.

③ 융점은 약 482℃이고, 물에 잘 녹는다.

④ 비중은 약 2.5로 물보다 무겁다.

해설 ① 무색, 무취의 결정 또는 백색 분말이며, 물에 매우 잘 녹는다.

29

과염소산나트륨에 대한 설명으로 옳지 않은 것은?

① 가열하면 분해하여 산소를 방출한다.

② 환원제이며, 수용액은 강한 환원성이 있다.

③ 수용성이며, 조해성이 있다.

④ 제1류 위험물이다.

해설 ② 산화제이며, 수용액은 강한 산화성이 있다.

30

무취의 결정이며, 분자량이 약 122, 녹는점이 약 482℃이고 산화제, 폭약 등에 사용되는 위험물은?

① 염소산바륨

② 과염소산나트륨

③ 과산화바륨

④ 아염소산나트륨

해설 과염소산나트륨(NaClO₄)에 대한 설명이다.

31 다음 중 과염소산암모늄에 대한 성질 중 틀린 것은?

① 무색의 수용성 분말이다.

② 폭약의 원료로 사용된다.

③ 강한 충격 또는 분해 온도 이상에서 폭발한다.

④ 130℃에서 분해하기 시작하여 산소를 방출한다.

🌱해설 과염소산암모늄(NH_4ClO_4)은 무색 결정으로 물, 알코올, 아세톤에는 녹고 에테르에는 녹지 않으며, 강한 충격이나 분해 온도(약 130℃)에서 분해되며, 산소를 방출하는 과염소산염류로서 폭약이나 성냥 등의 원료로 사용된다.

32 과염소산암모늄의 위험성에 대한 설명으로 올바르지 않은 것은?

① 급격히 가열하면 폭발의 위험이 있다.

② 건조 시에는 안정하나 수분 흡수 시에는 폭발한다.

③ 가연성 물질과 혼합하면 위험하다.

④ 강한 충격이나 마찰에 의해 폭발의 위험이 있다.

🌱해설 과염소산암모늄은 산화력이 강한 위험성이 있다.

33 다음에서 설명하는 위험물은?

분석 시약, 가스 건조제, 불꽃류 제조에 쓰이는 백색의 결정 덩어리로 조해성이 강하여 방수, 방습에 주의하여야 한다. 또 물, 에탄올에 녹으며, 금속분, 가연물과 혼합하면 위험성이 있고 분말의 흡입은 위험하다.

① 염소산칼륨   ② 과염소산마그네슘

③ 과산화나트륨   ④ 과산화수소

🌱해설 과염소산마그네슘에 대한 설명이다.

34 다음 중 알칼리 금속의 과산화물이 아닌 것은?

① Li_2O_2 ② Na_2O_2

③ Rb_2O_2 ④ CaO_2

🌱해설 과산화칼슘(CaO_2)은 알칼리 토금속의 과산화물이다.

㉠ 알칼리 금속 : Li, Na, K, Rb, Cs, Fr 등

㉡ 알칼리 토금속 : Be, Mg, Ca, Sr, Ba, Ra 등

35

알칼리 금속은 화재 예방의 측면에서 다음 중 어떤 기(원자단)를 가지고 있는 물질과 접촉할 때 가장 위험한가?

① $-OH$
② $-O-$
③ $-COO-$
④ $-NO_2$

 해설 알칼리 금속은 물과 급속히 반응하여 수소(H_2)를 발생시킨다.

36

일반적으로 다음에서 설명하는 성질을 가지고 있는 위험물은?

- 불안정한 고체 화합물로서, 분해가 용이하여 산소를 방출한다.
- 물과 격렬하게 반응하여 발열한다.

① 무기 과산화물
② 과망간산염류
③ 과염소산염류
④ 중크롬산염류

 해설 무기 과산화물의 설명이다.

37

제1류 위험물의 저장 방법에 대한 설명으로 틀린 것은?

① 조해성 물질은 방습에 주의한다.
② 무기 과산화물은 물속에 보관한다.
③ 분해를 촉진하는 물품과의 접촉을 피하여 저장한다.
④ 복사열이 없고, 환기가 잘 되는 서늘한 곳에 저장한다.

 해설 ② 물(습기, 빗물, 눈, 얼음, 수증기, 우박)과의 접촉을 피하며 저장 용기는 밀전·밀봉하여 수분의 침투를 막는다. 또한 저장 시설 내에는 스프링클러 설비, 옥내 소화전 설비, 포 소화 설비 또는 물분무 소화 설비 등을 설치하여도 안 되며 이러한 소화 설비에서 나오는 물과의 접촉도 피해야 한다.

38

다음 물질 중 오렌지색 또는 무색의 분말로 흡습성이 있으며 에탄올에 녹는 것으로서, 물과 급격히 반응하여 발열하고 산소를 방출시키는 물질은?

① 과산화수소
② 과황산칼륨
③ 과산화바륨
④ 과산화칼륨

 해설 자신은 불연성이지만 물과 급격히 반응하여 발열하고 산소를 방출한다.
$$2K_2O_2 + 2H_2O \rightarrow 4KOH + O_2\uparrow$$

39

제1류 위험물 중의 과산화칼륨을 다음과 같이 반응시켰을 때 공통적으로 발생되는 기체는?

> • 물과 반응을 시켰다.
> • 가열하였다.
> • 탄산가스와 반응시켰다.

① 수소　　　　　② 이산화탄소　　　③ 산소　　　　　④ 이산화황

 ㉠ 물과 반응을 시켰다.

$$2K_2O_2 + 2H_2O \rightarrow 4KOH + O_2\uparrow$$

㉡ 가열하였다.

$$2K_2O_2 \xrightarrow{\Delta} 2K_2O + O_2\uparrow$$

㉢ 탄산가스와 반응시켰다.

$$2K_2O_2 + 2CO_2 \rightarrow 2K_2CO_3 + O_2\uparrow$$

40

물과 접촉 시 발열하면서 폭발 위험성이 증가하는 것은?

① 과산화칼륨　　　　　　　② 과망간산나트륨
③ 요오드산칼륨　　　　　　④ 과염소산칼륨

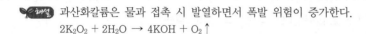 과산화칼륨은 물과 접촉 시 발열하면서 폭발 위험이 증가한다.

$$2K_2O_2 + 2H_2O \rightarrow 4KOH + O_2\uparrow$$

41

주수 소화를 하면 위험성이 증가하는 것은?

① 과산화칼륨　　　　　　　② 과망간산칼륨
③ 과염소산칼륨　　　　　　④ 브롬산칼륨

 과산화칼륨의 화재 시 금수성 물질이기 때문에 물 사용을 금한다. 자신은 불연성이지만 물과 급격히 반응하여 발열하고, 산소를 방출한다.

$$2K_2O_2 + 2H_2O \rightarrow 2KOH + O_2\uparrow$$

42

과산화칼륨과 과산화마그네슘이 염산과 각각 반응했을 때 공통으로 나오는 물질의 지정 수량은?

① 50L　　　　　　　　　　② 100kg
③ 300kg　　　　　　　　　④ 1000L

㉠ $K_2O_2 + 2HCl \rightarrow 2KCl + H_2O_2$

㉡ $MgO_2 + 2HCl \rightarrow MgCl_2 + H_2O_2$

위 반응에서 공통으로 나오는 물질은 H_2O_2이므로 지정 수량은 300kg이다.

43

제1류 위험물인 과산화나트륨의 보관 용기에 화재가 발생하였다. 소화 약제로 가장 적당한 것은?

① 포 소화 약제

② 물

③ 마른 모래

④ 이산화탄소

 과산화나트륨 소화 약제 : 마른 모래, 소금 분말, 건조 석회 등

44

과산화나트륨 78g과 충분한 양의 물이 반응하여 생성되는 기체의 종류와 생성량을 옳게 나타낸 것은?

① 수소, 1g

② 산소, 16g

③ 수소, 2g

④ 산소, 32g

 $Na_2O_2 + 2H_2O \rightarrow 2NaOH + H_2O + \dfrac{1}{2}O_2$
  78g   고체   액체   기체(16g)

45

물과 접촉하면 가장 위험이 따르는 물질은?

① 과산화마그네슘

② 과산화수소

③ 과산화나트륨

④ 과산화벤조일

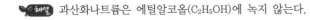 제1류 위험물 중 알칼리 금속(K, Na 등)의 과산화물(K_2O_2, Na_2O_2 등)은 제3류 위험물과 같은 금수성 물질로서 물과 심하게 반응하여 발열하고, 폭발의 위험이 있다.

($2Na_2O_2 + 4H_2O \rightarrow 4NaOH + 2H_2O + O_2 \uparrow$)

46

Na_2O_2와 혼합하여도 발화되지 않고, 폭발로 인한 화재 위험이 없는 물질은?

① $C_2H_5OC_2H_5$

② CH_3COOH

③ CaC_2

④ C_2H_5OH

 과산화나트륨은 에틸알코올(C_2H_5OH)에 녹지 않는다.

47

2몰의 브롬산칼륨이 모두 열분해되어 생긴 산소의 양은 2기압 27℃에서 약 몇 L인가?

① 32.42

② 36.92

③ 41.34

④ 45.64

 $2KBrO_3 \rightarrow 2KBr + 3O_2 \uparrow$: 3몰의 산소 생성

$PV = nRT$ 이므로

$\therefore V = \dfrac{nRT}{P} = \dfrac{3 \times 0.082 \times 300}{2} = 36.92 \, L$

정답   43. ③   44. ②   45. ③   46. ④   47. ②

48 다음 중 질산염류가 아닌 것은?

① 질산칼슘　　　　　　　　② 질산바륨

③ 질산섬유소　　　　　　　④ 질산나트륨

 질산(HNO_3)의 수소(H) 원자가 금속 원소로 치환된 염류를 말하며, 질산칼륨(KNO_3, 초석), 질산나트륨($NaNO_3$, 칠레초석), 질산암모늄(NH_4NO_3, 질안, 암몬), 질산바륨[$Ba(NO_3)_2$] 등이 있으며, 질산 섬유소는 니트로셀룰로오스로 제5류 위험물에 속한다.

49 질산염류 물질을 취급하는 과정에서 화재(혼촉 발화)나 폭발 등의 위험성이 없는 경우는?

① 황린을 섞는 경우

② 마찰시키는 경우

③ 가열하는 경우

④ 물에 용해시키는 경우

 질산염류는 물에 잘 녹는다.

50 질산칼륨에 대한 설명 중 틀린 것은?

① 무색의 결정 또는 백색 분말이다.

② 비중 1.11, 녹는점 209℃이다.

③ 가열하면 열분해하여 산소를 방출한다.

④ 황린, 유황과 혼합한 것은 혼촉 발화가 가능하다.

 ② 비중은 2.1, 융점은 339℃이다.

51 질산칼륨의 성질에 해당하는 것은?

① 무색 또는 흰색 결정이다.

② 물과 반응하면 폭발의 위험이 있다.

③ 물에 녹지 않으나 알코올에 잘 녹는다.

④ 황산, 목분과 혼합하면 흑색 화약이 된다.

 ② 물과 반응하면 폭발의 위험이 없다.

③ 물, 글리세린, 에탄올에 잘 녹고, 에테르에 녹지 않는다.

④ 질산칼륨(KNO_3)과 유황(S), 목탄분(C)을 75% : 10% : 15% 비율로 혼합하면 흑색 화약(blackgun powder)이 된다.

52

흑색 화약의 원료로 사용되는 위험물의 유별을 옳게 나타낸 것은?

① 제1류, 제2류
② 제1류, 제4류
③ 제2류, 제4류
④ 제4류, 제5류

해설 흑색 화약(blackgun powder) : 질산칼륨(KNO_3)과 유황(S), 목탄분(C)을 75% : 10% : 15%의 비율 (표준 배합 비율)로 혼합한 것이다.

여기서, ㉠ 질산칼륨(KNO_3) : 제1류 위험물
㉡ 유황(S) : 제2류 위험물

53

다음 중 질산나트륨의 성상에 대한 설명으로 틀린 것은?

① 조해성이 있다.
② 강력한 환원제이며, 물보다 가볍다.
③ 열분해하여 산소를 방출한다.
④ 가연물과 혼합하면 충격에 의해 발화할 수 있다.

해설 ② 강력한 산화제이며, 물보다 무겁다(비중 2.27).

54

다음 중 질산나트륨에 대한 설명 중 잘못된 것은?

① 가열하면 산소를 방출한다.
② 조해성이 있다.
③ 별명은 칠레초석이라 한다.
④ 황색의 결정이다.

해설 질산나트륨($NaNO_3$, 칠레초석)은 무색·무취의 결정 또는 분말로서 물, 글리세린 등에는 잘 녹고 알코올 등에는 녹지 않으며, 조해성을 지닌 물질로서 가열하면 310℃에서 분해되어 아질산나트륨과 산소를 방출하며, 유기물과 혼합하면 강렬하게 폭발하는 질산염류로서, 유리 발포제, 열 처리제, 비료, 염료, 의약 등에 이용된다.

55

다음 질산암모늄에 대한 설명 중 옳은 것은?

① 물에 녹을 때는 발열 반응을 하므로 위험하다.
② 가열하면 폭발적으로 분해하여 산소와 암모니아를 생성한다.
③ 소화 방법으로는 질식 소화가 좋다.
④ 단독으로는 급격한 가열, 충격으로 분해 폭발하는 수도 있다.

해설 ① 물에 녹을 때 다량의 물을 흡수하여(흡열 반응) 온도가 내려가므로 한제로 쓰인다.
② 가열하면 250~260℃에서 분해가 급격히 일어나 폭발한다.
$$2NH_4NO_3 \rightarrow 2N_2 + 4H_2O + O_2$$
③ 소화 방법으로는 주수 소화가 좋다.

56

질산암모늄의 일반적 성질에 대한 설명 중 옳은 것은?

① 불안정한 물질이고 물에 녹을 때는 흡열 반응을 나타낸다.

② 물에 대한 용해도 값이 매우 작아 물에 거의 불용이다.

③ 가열 시 분해하여 수소를 발생한다.

④ 과일향의 냄새가 나는 적갈색 비결정체이다.

해설 ② 물에 잘 녹고 물에 녹을 때 다량의 물을 흡수하여 온도가 내려가므로 한제로 쓰인다.
③ 가열 시 분해하여 N_2, H_2O(수증기), O_2를 발생한다.
$$2NH_4NO_3 \rightarrow 2N_2\uparrow + 4H_2O\uparrow + O_2\uparrow$$
④ 무취, 백색, 무색 또는 연희석의 결정이다.

57

다음 중 질산암모늄에 대한 설명으로 틀린 것은?

① 비료로 사용한다.

② 가열, 충격으로 폭발하는 수도 있다.

③ 조해성이 강하다.

④ 물에 녹을 때 발열 반응을 일으킨다.

해설 ④ 물에 녹을 때 많은 열을 흡수한다.

58

질산암모늄에 관한 설명 중 틀린 것은?

① 상온에서 고체이다.

② 폭약의 제조 원료로 사용할 수 있다.

③ 흡습성과 조해성이 있다.

④ 물과 반응하여 발열하고, 다량의 가스를 발생한다.

해설 ④ 물과 반응하여 흡열 반응을 한다.

59

다음 옥소산칼륨(KIO_3)에 대한 설명 중 옳지 않은 것은?

① 광택이 나는 무색의 결정성 분말이다.

② 융점 이상으로 가열하면 산소를 방출시키며, 가연물과 혼합하면 폭발 위험이 있다.

③ 물이나 알코올에는 녹으나 진한 황산에는 녹지 않는다.

④ 염소산칼륨보다는 위험성이 작다.

해설 물이나 $c-H_2SO_4$에는 용해되나 알코올에는 용해되지 않는다.

60

과망간산칼륨의 성질을 설명한 것 중 옳은 것은?

① 강한 산화제이다.

② 물에는 용해되나 알코올에는 불용이다.

③ 진한 황산과 접촉하면 서서히 반응한다.

④ 용기는 나무 상자에 넣어둔다.

 ② 물, 에탄올, 빙초산, 아세톤에 녹는다.

③ 진한 황산과 접촉하면 격렬하게 튀는 듯이 폭발을 일으킨다.

④ 직사광선을 차단하고, 저장 용기는 밀봉한다.

61

과망간산칼륨이 240℃의 분해 온도에서 분해되었을 때 생길 수 없는 물질은?

① O_2　　　　　　　　　　　② MnO_2

③ K_2O　　　　　　　　　　　④ K_2MnO_4

 $2KMnO_4 \rightarrow K_2MnO_4 + MnO_2 + O_2\uparrow$

62

다음 중 과망간산칼륨과 혼촉하였을 때 위험성이 가장 낮은 물질은?

① 물　　　　　　　　　　　　② 에테르

③ 글리세린　　　　　　　　　④ 염산

 혼촉 발화 : 일반적으로 2가지 이상 물질의 혼촉에 의해 위험한 상태가 생기는 것을 말하지만, 혼촉 발화가 모두 발화 위험을 일으키는 것은 아니며 유해 위험도 포함된다.

② $KMnO_4 + (C_2H_5)_2O$: 최대 위험 비율=8wt%

③ $KMnO_4 + CH_2OHCHOHCH_2OH$: 최대 위험 비율=15wt%

④ $KMnO_4 + HCl$: 최대 위험 비율=63wt%

63

과망간산칼륨의 위험성에 대한 설명 중 틀린 것은?

① 진한 황산과 접촉하면 폭발적으로 반응한다.

② 알코올, 에테르, 글리세린 등 유기물과 접촉을 금한다.

③ 가열하면 약 60℃에서 분해하여 수소를 방출한다.

④ 목탄, 황과 접촉 시 충격에 의해 폭발할 위험성이 있다.

 ③ 가열하면 240℃에서 분해하며, 산소를 방출한다.

$$2KMnO_4 \xrightarrow{\Delta} K_2MnO_4 + MnO_2 + O_2\uparrow$$

64

중크롬산칼륨의 화재 예방 및 진압 대책에 관한 설명 중 틀린 것은?

① 가열, 충격, 마찰을 피한다.
② 유기물, 가연물과 격리하여 저장한다.
③ 화재 시 물과 반응하여 폭발하므로 주수 소화를 금한다.
④ 소화 작업 시 폭발 우려가 있으므로 충분한 안전 거리를 확보한다.

해설 제1류 위험물 : 주수에 의한 냉각 효과(무기 과산화물 제외)

65

중크롬산칼륨에 대한 설명으로 틀린 것은?

① 열분해하여 산소를 발생한다.
② 물과 알코올에 잘 녹는다.
③ 등적색의 결정으로 쓴맛이 있다.
④ 산화제, 의약품 등에 사용된다.

해설 ② 물에 잘 녹고, 알코올에는 녹지 않는다.

66

오렌지색의 단사정계 결정이며, 약 225℃에서 질소가스가 발생되는 것은?

① 중크롬산칼륨 ② 중크롬산나트륨
③ 중크롬산암모늄 ④ 중크롬산아연

해설 $(NH_4)_2Cr_2O_7 \rightarrow Cr_2O_3 + N_2 \uparrow + 4H_2O$

제2류 위험물

Chapter 02

01 제2류 위험물의 품명과 지정 수량

성 질	위험 등급	품 명	지정 수량
가연성 고체	Ⅱ	1. 황화인 2. 적린 3. 유황	100kg 100kg 100kg
	Ⅲ	4. 철분 5. 금속분 6. 마그네슘	500kg 500kg 500kg
	Ⅱ~Ⅲ	7. 그 밖의 행정안전부령이 정하는 것 8. 1.~7.에 해당하는 어느 하나 이상을 함유한 것	100kg 또는 500kg
	Ⅲ	9. 인화성 고체	1,000kg

02 위험성 시험 방법

작은 불꽃 착화 시험으로, 가연성 고체인 무기 물질에 대해 화염에 의한 착화 위험성을 판단하는 것을 목적으로 한다.

03 공통 성질 및 저장·취급 시 유의 사항

(1) 공통 성질

① 비교적 낮은 온도에서 연소하기 쉬운 가연성 고체로서 이연성, 속연성 물질이다.

② 연소 속도가 매우 빠르고, 연소 시 유독가스를 발생하며, 연소열이 크고, 연소 온도가 높다.

③ 강환원제로서 비중이 1보다 크고, 물에 녹지 않는다.

④ 산화제와 접촉, 마찰로 인하여 착화되면 급격히 연소한다.

⑤ 철분, 마그네슘, 금속분은 물과 산의 접촉 시 발열한다.

⑥ 금속은 양성 원소이므로 산소와의 결합력이 일반적으로 크고, 이온화경향이 큰 금속일수록 산화되기 쉽다.

(2) 저장 및 취급 시 유의 사항

① 점화원을 멀리하고, 가열을 피한다.

② 산화제의 접촉을 피한다.

③ 용기 등의 파손으로 위험물이 누출되지 않도록 한다.

④ 금속분(철분, 마그네슘, 금속분 등)은 물이나 산과의 접촉을 피한다.

(3) 예방 대책

① 화기 엄금, 가열 엄금, 고온체와의 접촉을 피한다.

② 산화제인 제1류 위험물, 제6류 위험물 같은 물질과 혼합, 혼촉을 방지한다.

③ 통풍이 잘 되는 냉암소에 보관·저장하며, 폐기 시 소량씩 소각 처리한다.

④ 철분, 마그네슘, 금속 분류는 물, 습기, 습한 공기, 산과의 접촉을 피하여 저장하여야 한다.

⑤ 저장 용기는 밀봉하여 용기의 파손과 위험물의 누출을 방지한다.

(4) 소화 방법

① 주수에 의한 냉각 소화 및 질식 소화 실시

② 금속분의 화재에는 건조사 등에 의한 피복 소화 실시

> **참고 🚩 피복 소화**
>
> 화재 발생 시 가연 물질에 방출하면 미연소된 가연 물질의 표면뿐만 아니라 내부 구석구석까지 침투하여 가연 물질의 주위를 둘러싼 산소의 공급을 차단함으로써 더 이상 연소되는 것을 방지하는 소화 작용

(5) 위험성

① 연소 위험

② 폭발 위험

③ 소화 곤란 위험

④ 특수 위험 : 금속이 덩어리 상태일 때보다 가루 상태일 때 연소 위험성이 증가하는 이유

　㉮ 비표면적의 증가 → 반응 면적의 증가

　㉯ 비열의 감소 → 적은 열로 고온 형성

　㉰ 복사열의 흡수율 증가 → 열의 축적이 용이

　㉱ 대전성의 증가 → 정전기가 발생

　㉲ 체적의 증가 → 인화, 발화의 위험성 증가

ⓑ 보온성의 증가 → 발생열의 축적 용이

ⓢ 유동성의 증가 → 공기와 혼합가스 형성

ⓐ 부유성의 증가 → 분진운(dust cloud)의 형성

(6) 진압 대책

① 금속분, 철분, 마그네슘, 황화인은 건조사, 건조 분말 등으로 질식 소화하며, 적린과 유황은 물에 의한 냉각 소화가 적당하다.

② 금속분, 철분, 마그네슘이 연소하고 있을 때 주수하면 급격히 발생한 수증기의 압력이나 분해에 의해서 발생한 수소로 인해 폭발의 위험이 있으며 연소 중인 금속의 비산을 가져와 오히려 화재 면적을 확대시킬 수 있다.

③ 금속분, 철분, 마그네슘이 밀폐 공간에서 발화하면 분진 폭발로 이어지므로 소화 작업 시에는 충분한 안전 거리를 확보한다.

④ 연소 시 발생하는 다량의 유독성 연소 생성물의 흡입을 방지하기 위하여 반드시 공기 호흡기를 착용한다.

⑤ 질식 소화하기 위해 건조사를 사용할 수 있으나, 장기간 방치된 건조사는 공기 중 습기를 흡수하기 때문에 습한 상태로 되어 타고 있는 금속분에 덮었을 때 습기와의 반응으로 수소가스가 발생되므로 사용 시 주의가 필요하다.

⑥ 인화성 고체는 석유류 화재와 같이 질식 소화한다.

04 위험물의 성상

4-1 황화인(지정 수량 100kg)

(1) 일반적 성질

성 질 \ 종 류	삼황화인(P_4S_3)	오황화인(P_2S_5, P_4S_{10})	칠황화인(P_4S_7)
색 상	황색 결정	담황색 결정	담황색 결정
비 중	2.03	2.09	2.19
융 점	172.5	290	310
비 점	407℃	514℃	523℃
발화점	약 100℃	142℃	−
물에 대한 용해성	불용성	조해성	조해성

① **삼황화인**(P_4S_3) : 황색의 결정성 덩어리로 물, 염소, 황산, 염산 등에는 녹지 않고, 질산이나 이황화탄소(CS_2), 알칼리 등에 녹는다.

② **오황화인**(P_2S_5) : 분자량 222, 조해성이 있는 담황색 결정성 덩어리로 알코올이나 이황화탄소 (CS_2)에 녹으며, 물이나 알칼리와 반응하면 분해하여 유독성 가스인 황화수소(H_2S)와 인산 (H_3PO_4)으로 된다.

> 예 $P_2S_5 + 8H_2O \rightarrow 5H_2S\uparrow + 2H_3PO_4$, $2H_2S + 3O_2 \rightarrow 2H_2O + 2SO_2\uparrow$

③ **칠황화인**(P_4S_7) : 조해성이 있는 담황색 결정으로 이황화탄소(CS_2)에는 약간 녹으며, 냉수에 는 서서히, 고온의 물에는 급격히 분해하여 황화수소를 발생한다.

(2) 위험성

① 황화인이 눈에 들어가면 눈을 자극하고 피부에 접촉하면 피부염, 탈색을 일으킨다.
② 가연성 고체 물질로서 약간의 열에 의해서도 대단히 연소하기 쉬우며, 때에 따라 폭발한다.
③ 연소 생성물은 모두 유독하다.

> 예 $P_4S_3 + 8O_2 \rightarrow 2P_2O_5\uparrow + 3SO_2\uparrow$
> $2P_2S_5 + 15O_2 \rightarrow 2P_2O_5\uparrow + 10SO_2\uparrow$

④ 단독 또는 유기물, 무기 과산화물류, 과망간산염류, 안티몬, 납, 금속분 등과 혼합하면 가열, 충격, 마찰에 의해 발화, 폭발한다.
⑤ 알칼리, 알코올류, 아민류, 유기산, 강산과 접촉 시 심하게 반응한다.

(3) 저장 및 취급 방법

① 가열 금지, 직사광선 차단, 화기를 엄금하고, 충격과 마찰을 피한다.
② 빗물의 침투를 막고, 습기와의 접촉을 피한다.
③ 소량인 경우 유리병, 대량인 경우 양철통에 넣은 후 나무 상자에 보관한다.
④ 용기는 밀폐하여 보존하고, 밖으로 누출되지 않도록 한다.
⑤ 산화제와의 접촉을 피한다.

(4) 용도

① 삼황화인 : 성냥, 유기 합성 탈색 등
② 오황화인 : 선광제, 윤활유 첨가제, 의약품 제조, 농약 제조 등
③ 칠황화인 : 유기 합성 등

4-2 적린(P, 붉은인, 지정 수량 100kg)

(1) 일반적 성질

① 전형적인 비금속의 원소이며, 안정한 암적색 분말로서 황린을 약 260℃로 가열하여 만든다.
② 황린과 성분 원소가 같다.

③ 브롬화인에 녹고 물, 이황화탄소, 에테르, 암모니아 등에는 녹지 않는다.

④ 황린에 비하여 화학적으로 활성이 적고, 공기 중에서 대단히 안정하다.

⑤ 황린과 달리 발화성이 없고, 독성이 약하며, 어두운 곳에서 인광을 발생하지 않는다.

⑥ 비중 2.2, 융점 596℃, 발화점 260℃, 승화 온도 400℃

(2) 위험성

① 염소산염류, 과염소산염류 등 강산화제와 혼합하면 마찰에 의해 착화하기 쉽고, 불안정한 폭발물과 같이 되어 약간의 가열, 충격, 마찰에도 폭발한다.

　📐 $6P + 5KClO_3 \rightarrow 3P_2O_5 + 5KCl \uparrow$

② 공기 중에서 연소하면 유독성이 심한 백색 연기의 오산화인(P_2O_5)이 생성된다.

　📐 $4P + 5O_2 \rightarrow 2P_2O_5$

③ 오황화인에 물을 흡수시키면 인산이 된다.

　📐 $P_2O_5 + 3H_2O \rightarrow 2H_3PO_4$

④ 불량품에는 황린이 혼재할 수 있으며, 이 경우는 자연 발화할 수 있다.

⑤ 강알칼리와 반응하여 유독성의 포스핀가스를 발생한다.

(3) 저장 및 취급 방법

① [석유(등유), 경유, 유동파라핀] 속에 보관한다.

② 화기 엄금, 가열 금지, 충격, 타격, 마찰이 가해지지 않도록 한다.

③ 직사광선을 피하며, 냉암소에 보관한다.

④ 제1류 위험물, 산화제와 절대 혼합하지 않도록 하며, 화약류, 폭발성 또는 가연성 물질과 격리한다.

(4) 용도

성냥, 불꽃놀이, 의약, 농약, 유기 합성, 구리의 탈탄, 폭음제 등

(5) 소화 방법

다량의 물로 주수 소화한다. 소량인 경우는 건조사나 CO_2도 효과가 있고, 연소 시 발생하는 P_2O_5의 흡입 방지를 위해서 공기 호흡기 등의 보호 장구를 착용한다.

4-3 ▶ 유황(S, 지정 수량 100kg)

천연 유황, 지하 유황에서 직접 얻거나 석유 정제 시 유황을 회수하여 얻는다. 유황은 순도가 60wt% 이상인 것을 말한다. 이 경우 순도 측정에 있어서 불순물은 활석 등 불연성 물질과 수분에 한한다.

(1) 일반적 성질

성 질 \ 종 류	단사황(S_8)	사방황(S_8)	고무상황(S_8)
결정형	바늘 모양(침상)	팔면체	무정형
비 중	1.95	2.07	–
융 점	119℃	113℃	–
비 점	445℃	–	–
발화점	232℃	–	360℃
물에 대한 용해도	녹지 않음	녹지 않음	녹지 않음
CS_2에 대한 용해도	잘 녹음	잘 녹음	녹지 않음
온도에 대한 안정성	95.5℃ 이상에서 안정	95.5℃ 이하에서 안정	–

① 분사량 32, 물에 불용성인 황색의 결정 또는 미황색의 분말로서 단사황, 사방황 및 고무상황 등이 있으며, 이들은 동소체 관계에 있다. 황의 결정에는 8면체인 사방황 S_α와 바늘 모양의 단사황 S_β가 있으며, 비결정성의 고무상황이 있다. 사방황을 95.5℃로 가열하면 단사황이 되고, 119℃로 가열하면 단사황이 녹아서 노란색의 액체황이 된다. 계속 444.6℃ 이상 가열 시 비등하게 되며 용용된 황을 물에 넣어 급하게 냉각시키면 탄력성 있는 고무상황을 얻을 수 있다.

② 물, 산에는 녹지 않으며 알코올에는 약간 녹고, 이황화탄소(CS_2)에는 잘 녹는다(단, 고무상황은 녹지 않는다).

③ 공기 중에서 연소하면 푸른 빛을 내며, 아황산가스(SO_2)를 발생한다.

④ 전기의 부도체이므로 전기의 절연 재료로 사용되어 정전기 발생에 유의하여야 한다.

⑤ 높은 온도에서 금속, 할로겐 원소, 탄소 등 비금속과 작용하여 황화합물을 만든다.

예 $H_2 + S \rightarrow H_2S\uparrow +$ 발열
$Fe + S \rightarrow FeS +$ 발열
$Cl_2 + S \rightarrow S_2Cl_2 +$ 발열
$C + 2S \rightarrow CS_2 +$ 발열
여기서 H_2S, S_2Cl_2, CS_2는 가연성 물질이다.

(2) 위험성

① SO_2는 눈이나 점막을 자극하고 흡입하면 기관지염, 폐염, 위염, 혈담 증상이 발생한다.

② 산화제와 목탄 가루 등이 혼합되어 있을 때 마찰이나 열에 의해 정전기가 발생하여 착화 폭발을 일으킨다.

③ 미세한 분말 상태에서 부유할 때 공기 중의 산소와 혼합하여 폭명기(최저 폭발 한계 30mg/l)를 만들어 분진 폭발의 위험이 있다.

④ 연소 시 발생하는 아황산가스는 인체에 유독하다. 소화 종사자에게 치명적인 영향을 주기 때문에 소화가 곤란하다.

(예) $S + O_2 \rightarrow SO_2 + 71kcal$

⑤ 고온에서 용융된 유황은 수소와 반응한다.

(예) $H_2 + S \rightarrow H_2S + 발열$

(3) 저장 및 취급 방법

① 산화제와 멀리하고, 화기 등에 주의한다.

② 정전기의 축적을 방지하고, 가열, 충격, 마찰 등은 피한다.

③ 미분은 분진 폭발의 위험이 있으므로 취급 시 유의하여야 한다.

④ 제1류 위험물과 같은 강산화제, 유기 과산화물, 탄화수소류, 화약류, 목탄분, 산화성 가스류와의 혼합을 피한다.

(4) 용도

흑색 화약 원료, 고무가황, 이황화탄소(CS_2)의 제조, 성냥, 의약, 농약, 살균, 살충, 염료, 표백 등

(5) 소화 방법

소규모 화재는 모래로 질식 소화하며, 보통 직사 주수할 경우 비산의 위험이 있으므로 다량의 물로 분무 주수에 의해 냉각 소화한다.

4-4 철분(Fe, 지정 수량 500kg)

철의 분말로서 53마이크로미터(μm)의 표준체를 통과하는 것이 50중량퍼센트(wt%) 이상인 것을 위험물로 본다.

(1) 일반적 성질

① 회백색의 분말이며, 강자성체이지만 766℃에서 강자성을 상실한다.

② 공기 중에서 서서히 산화하여 산화철(Fe_2O_3)이 되어 은백색의 광택이 황갈색으로 변한다.

(예) $4Fe + 3O_2 \rightarrow 2Fe_2O_3$

③ 강산화제인 발연 질산에 넣었다 꺼내면 산화 피복을 형성하여 부동태(passivity)가 된다.

④ 알칼리에 녹지 않지만 산화력을 갖지 않은 묽은 산에 용해가 된다.

(예) $Fe + 4HNO_3 \rightarrow Fe(NO_3)_3 + NO + 2H_2O$

⑤ 비중 7.86, 융점 1,530℃, 비점 2,750℃이다.

(2) 위험성

① 철분에 절삭유가 묻는 것을 장기 방치하면 자연 발화하기 쉽다.

② 상온에서 산과 반응하여 수소를 발생한다.

(예) $Fe + 2HCl \rightarrow FeCl_2 + H_2\uparrow$

③ 뜨거운 철분, 철솜과 브롬을 접촉하면 격렬하게 발열 반응을 일으키고 연소한다.

    예 $2Fe + 3Br_2 \rightarrow 2FeBr_3 + Q(kcal)$

(3) 저장 및 취급 방법

① 가열, 충격, 마찰 등을 피한다.
② 산화제와 격리한다.
③ 직사광선을 피하고, 냉암소에 저장한다.

(4) 용도

각종 철화합물의 제조, 유기 합성 시 촉매, 환원제 등으로 이용한다.

(5) 소화 방법

건조사, 소금 분말, 건조 분말, 소석회로 질식 소화

4-5 금속분(지정 수량 500kg)

알칼리 금속, 알칼리 토금속, 철, 마그네슘 이외의 금속분을 말하며, 구리, 니켈분과 150마이크로미터(μm)의 체를 통과하는 것이 50중량퍼센트(wt%) 미만인 것은 제외

(1) 알루미늄분(Al)

① 일반적 성질
    ㉮ 보크사이트나 빙정석에서 산화알루미늄 분말을 만들며, 이것을 녹여 전해하여 얻는다.

        예 $Al_2O_3 \xrightarrow{\text{전해}} 2Al + \frac{3}{2}O_2\uparrow$

    ㉯ 연성(뽑힘성), 전성(퍼짐성)이 좋으며 열전도율, 전기 전도도가 큰 은백색의 무른 금속이다.
    ㉰ 공기 중에서는 표면에 산화피막(산화알루미늄, 알루미나)을 형성하여 내부를 부식으로부터 보호한다.

        예 $4Al + 3O_2 \rightarrow 2Al_2O_3 + 339kcal$

    ㉱ 황산, 묽은 질산, 묽은 염산에 침식당한다. 그러나 진한 질산에는 침식당하지 않는다.
    ㉲ 산, 알칼리 수용액에서 수소(H_2)를 발생한다.

        예 $2Al + 6HCl \rightarrow 2AlCl_3 + 3H_2\uparrow$

        $2Al + 2KOH + H_2O \rightarrow 2KAlO_2 + 3H_2\uparrow$

    ㉳ 다른 금속 산화물을 환원한다.

        예 $3Fe_3O_4 + 8Al \rightarrow 4Al_2O_3 + 9Fe$(테르밋 반응)

    ㉴ 비중 2.7, 융점 660.3℃, 비점 2,470℃이다.

② 위험성

㉮ 알루미늄 분말이 발화하면 다량의 열을 발생하며, 광택 및 흰 연기를 내면서 연소하므로 소화가 곤란하다.

例 $4Al + 3O_2 \rightarrow 2Al_2O_3 + 4 \times 199.6kcal$

㉯ 대부분의 산과 반응하여 수소를 발생한다(단, 진한 질산 제외).

例 $2Al + 6HCl \rightarrow 2AlCl_3 + 3H_2$

㉰ 알칼리 수용액과 반응하여 수소를 발생한다.

例 $2Al + 2NaOH + 2H_2O \rightarrow 2NaAlO_2 + 3H_2$

㉱ 분말은 찬물과 반응하면 매우 느리고, 끓는 물과는 격렬하게 반응하여 수소를 발생한다.

例 $2Al + 6H_2O \rightarrow 2Al(OH)_3 + 3H_2\uparrow$

활성이 매우 커서 미세한 분말이나 미세한 조각이 대량으로 쌓여 있을 때 수분, 빗물의 침투, 또는 습기가 존재하면 자연 발화의 위험성이 있다.

㉲ 할로겐 원소와 접촉 시 자연 발화의 위험이 있다.

㉳ 셀렌과 반응해 발열한다.

③ 저장 및 취급 방법

㉮ 가열, 충격, 마찰 등을 피하고, 산화제, 수분, 할로겐 원소와 접촉을 피한다.

㉯ 분진 폭발의 위험이 있으므로 분진이 비산되지 않도록 취급 시 주의한다.

④ 용도 : 도료, 인쇄, 전선, 압연폼 등에 이용한다.

⑤ 소화 방법 : 건조사

(2) 아연분(Zn)

① 일반적 성질

㉮ 황아연광을 가열하여 산화아연을 만들어 1,000℃에서 코크스와 반응하여 환원시킨다.

例 $2ZnS + 3O_2 \xrightarrow{\Delta} 2ZnO + 2SO_2\uparrow$
$ZnO + C \xrightarrow{\Delta} Zn + CO\uparrow$

㉯ 흐릿한 회색의 분말로 산, 알칼리와 반응하여 수소를 발생한다.

㉰ 아연분은 공기 중에서 표면에 흰 염기성 탄산아연의 얇은 막을 만들어 내부를 보호한다.

例 $2Zn + CO_2 + H_2O + O_2 \rightarrow Zn(OH)_2 \cdot ZnCO_3$

㉱ KCN 수용액과 암모니아수에 녹는다.

㉲ 비중 7.142, 융점 420℃, 비점 907℃이다.

② 위험성

㉮ 공기 중에서 융점 이상 가열 시 용이하게 연소한다.

例 $2Zn + O_2 \xrightarrow{\Delta} 2ZnO$

㉯ 석유류, 유황 등의 가연물이 혼입되면 산화열이 촉진된다.

⑭ 양쪽성을 나타내고 있어 산이나 알칼리와 반응하고, 뜨거운 물과는 격렬하게 반응하여 수소를 발생한다.

예) $Zn + H_2SO_4 \rightarrow ZnSO_4 + H_2 \uparrow$

$Zn + 2HCl \rightarrow ZnCl_2 + H_2 \uparrow$

$Zn + H_2O \rightarrow Zn(OH)_2 + H_2 \uparrow$

$Zn + 2NaOH \rightarrow Na_2ZnO_2 + H_2 \uparrow$

분말은 적은 양의 물과 혼합하거나 저장 중 빗물이 침투되어 열이 발생·축적되면 자연 발화한다.

③ 저장 및 취급 방법 : 직사광선, 높은 온도를 피하며, 냉암소에 저장한다.

④ 용도 : 연막, 의약, 도료, 염색 가공, 유리 화학 반응, 금속 제련 등에 이용한다.

⑤ 소화 방법 : 건조사

(3) 주석분(Sn, tin powder)

분말의 형태로서 $150\mu m$의 체를 통과하는 50wt% 이상인 것

① 일반적 성질

㉮ 은백색의 청색 광택을 가진 금속이다.

㉯ 공기나 물속에서 안정하고, 습기 있는 공기에서도 녹슬기 어렵다.

㉰ 뜨겁고 진한 염산과 반응하여 수소를 발생한다.

$Sn + 2HCl \rightarrow SnCl_2 + H_2 \uparrow$

㉱ 뜨거운 염기와 서서히 반응하여 수소를 발생한다.

$Sn + 2NaOH \rightarrow Na_2SnO_2 + H_2 \uparrow$

㉲ 황산, 진한 질산, 왕수와 반응하면 수소를 발생하지 못한다.

$Sn + 2H_2SO_4 \rightarrow SnSO_4 + SO_2 \uparrow + 2H_2O$

$Sn + 4HNO_3 \rightarrow SnO_2 + 4NO_2 \uparrow + 4H_2O$

$Sn + 4HNO_3 \rightarrow 6HCl \rightarrow H_2SnCl_6 + 4NO_2 \uparrow + 4H_2O$

㉳ 원자량 118.69, 비중 7.31, 융점 232℃, 비점 2,270℃이다.

② 용도 : 청동 합금(Sn + Cu), 땜납(Sn + Pb), 양철 도금, 통조림통, 양철, 담배 및 과자의 포장지 등에 이용한다.

(4) 안티몬분(Sb)

① 일반적 성질

㉮ 은백색의 광택이 있는 금속으로 여러 가지의 이성질체를 갖는다.

㉯ 진한 황산, 진한 질산 등에는 녹으나 묽은 황산에는 녹지 않는다.

㉰ 물, 염산, 묽은 황산, 알칼리 수용액에 녹지 않고 왕수, 뜨겁고 진한 황산에는 녹으며, 뜨겁고 진한 질산과 반응을 한다.

$2Sb + 10HNO_3 \rightarrow Sb_2O_3 + 5NO_2 \uparrow + H_2O$

㉛ 비중 6.68, 융점 630℃, 비점 1,750℃이다.

② 위험성

㉮ 흑색 안티몬은 공기 중에서 발화한다.

㉯ 무정형 안티몬은 약간의 자극 및 가열로 인하여 폭발적으로 회색 안티몬으로 변한다.

㉰ 약 630℃ 이상 가열하면 발화한다.

③ 저장 및 취급 방법 : 가열, 충격, 마찰 등을 피하고, 냉암소에 저장한다.

④ 기타 금속분 : 구리분(Cu), 니켈분(Ni), 크롬분(Cr), 은분(Ag), 카드뮴분(Cd), 납분(Pb)

⑤ 용도 : 활자의 주조, 베어링 합금, 촉매 등에 이용한다.

⑥ 소화 방법 : 건조사

(5) 6A족 원소의 금속분

Cr, Mo, W

4-6 ▶ 마그네슘분(Mg, 지정 수량 500kg)

마그네슘 또는 마그네슘을 함유한 것 중 2mm의 체를 통과한 덩어리 상태의 것과 직경 2mm 미만의 막대 모양인 것만 위험물에 해당한다.

(1) 일반적 성질

① 은백색의 광택이 있는 가벼운 금속 분말로 공기 중 서서히 산화되어 광택을 잃는다.

② 열전도율 및 전기 전도도가 큰 금속이다.

③ 산 및 온수와 반응하여 수소(H_2)를 발생한다.

> 🔵 $Mg + 2HCl \rightarrow MgCl_2 + H_2\uparrow$
> $Mg + 2H_2O \rightarrow Mg(OH)_2 + H_2\uparrow$

④ 공기 중 부식성은 적지만, 산이나 염류에는 침식된다.

⑤ 비중 1.74, 융점 650℃, 비점 1,107℃, 발화점 473℃이다.

(2) 위험성

① 공기 중에 부유하면 분진 폭발의 위험이 있다.

② 공기 중의 습기 또는 할로겐 원소와는 자연 발화할 수 있다.

③ 산화제와의 혼합 시 타격, 충격, 마찰 등에 의해 착화되기 쉽다.

④ 일단 점화되면 발열량이 크고, 온도가 높아져 백광을 내고, 자외선을 많이 함유한 푸른 불꽃을 내면서 연소하므로 소화가 곤란할 뿐 아니라 위험성도 크다.

> 🔵 $2Mg + O_2 \rightarrow 2MgO + 2 \times 143.7kcal$

⑤ 연소하고 있을 때 주수하면 다음과 같은 과정을 거쳐 위험성이 증대한다.

㉮ 1차(연소) : $2Mg + O_2 \rightarrow 2MgO + 발열$

㉯ 2차(주수) : $Mg + 2H_2O \rightarrow Mg(OH)_2 + H_2 \uparrow$

㉰ 3차(수소 폭발) : $2H_2 + O_2 \rightarrow 2H_2O$

⑥ CO_2 등 질식성 가스와 연소 시에는 유독성인 CO 가스를 발생한다.

> 예 $2Mg + CO_2 \rightarrow 2MgO + C$
> $Mg + CO_2 \rightarrow MgO + CO \uparrow$

⑦ 사염화탄소(CCl_4)나 C_2H_4ClBr 등과 고온에서 작용 시에는 맹독성인 포스겐($COCl_2$)가스가 발생한다.

⑧ 알칼리 수용액과 반응하여 수소를 발생하지 않지만 대부분의 강산과 반응하여 수소가스를 발생한다.

> 예 $Mg + H_2SO_4 \rightarrow MgSO_4 + H_2 \uparrow$

⑨ 가열된 마그네슘을 SO_2 속에 넣으면 SO_2가 산화제로 작용하여 다음과 같이 연소한다.

> 예 $3Mg + SO_2 \rightarrow 2MgO + MgS$

(3) 저장 및 취급 방법

① 가열, 충격, 마찰 등을 피하고, 산화제, 수분, 할로겐 원소와의 접촉을 피한다.

② 분진 폭발의 위험이 있으므로 분진이 비산되지 않도록 취급 시 주의한다.

③ 소화 방법은 분말의 비산을 막기 위해 건조사, 가마니 등으로 피복 후 주수 소화를 실시한다.

(4) 용도

환원제(grinard 시약), 주물 제조, 섬광분, 사진 촬영, 알루미늄 합금의 첨가제 등으로 이용한다.

(5) 소화 방법

물, CO_2, 할로겐 화합물 소화 약제는 소화 적응성이 없으며, 건조사로 소화한다.

4-7 인화성 고체(지정 수량 1,000kg)

고형 알코올 그 밖의 1기압에서 인화점이 40℃ 미만인 고체이다.

(1) 고형 알코올

① 합성 수지에 메틸알코올을 침투시켜 만든 고체 상태(페이스트 상태)로 인화점이 30℃이다.

② 등산, 낚시 등 휴대용 연료로 사용한다.

③ 가연성 증기, 화학적 성질, 위험성 및 기타 소화 방법은 메틸알코올과 비슷하다.

(2) 락카퍼티

① 백색 진탕 상태이고, 공기 중에서는 비교적 단시간 내에 고화된다.

② 휘발성 물질을 함유하고 있어 대기 중에 인화성 증기를 발생시키고, 인화점은 21℃ 미만이다.

(3) 고무풀

① 생고무에 휘발유나 기타 인화성 용제를 가공하여 풀과 같은 상태로 만든 것으로 가황에 의하여 경화된다.

② 가솔린 등을 함유하므로 상온 이하에서 인화성 증기를 발생하며, 인화점은 $-20 \sim -43℃$ 이다.

③ 상온에서 고체인 것으로서 40℃ 미만에서 가연성의 증기를 발생한다.

(4) 메타알데히드

① 무색 침상의 결정으로 111.7~115.6℃에서 승화하고, 공기 중에 방치하면 파라알데히드 $[(CH_3CHO)_3]$로 변한다.

② 중합도가 4인 것($n=4$)은 인화점이 36℃이며, 중합도(n)가 증가할수록 인화점이 높아진다.

(5) 제삼부틸알코올

① 무색의 결정으로 물, 알코올, 에테르 등 유기 용제와 자유로이 혼합한다.

② 정부틸알코올보다 알코올로서 특성이 약하여 탈수제에 의해 쉽게 탈수되어 이소부틸렌이 되며, 이 에스테르 또한 불안정하여 쉽게 비누화(검화) 된다.

③ 비중 0.78, 융점 25.6℃, 비점 82.4℃, 인화점 11.1℃이다.

출·제·예·상·문·제

1

위험물안전관리법령상 제2류 위험물의 위험 등급에 대한 설명으로 옳은 것은?

① 제2류 위험물은 위험 등급 Ⅰ에 해당되는 품명이 없다.

② 제2류 위험물 중 위험 등급 Ⅲ에 해당되는 품명은 지정 수량이 500kg인 품명만 해당된다.

③ 제2류 위험물 중 황화인, 적린, 유황 등 지정 수량이 100kg인 품명은 위험 등급 Ⅰ에 해당한다.

④ 제2류 위험물 중 지정 수량이 1,000kg인 인화성 고체는 위험 등급 Ⅱ에 해당한다.

해설 제2류 위험물(가연성 고체)의 품명 및 지정 수량

성질	위험 등급	품명	지정 수량
가연성 고체	Ⅱ	1. 황화인 2. 적린 3. 유황	100kg 100kg 100kg
	Ⅲ	4. 철분 5. 금속분 6. 마그네슘	500kg 500kg 500kg
	Ⅱ~Ⅲ	7. 그 밖의 행정안전부령이 정하는 것 8. 1.~7.에 해당하는 어느 하나 이상을 함유한 것	100kg 또는 500kg
	Ⅲ	9. 인화성 고체	1,000kg

2

제2류 위험물의 종류에 해당되지 않는 것은?

① 마그네슘

② 고형 알코올

③ 칼슘

④ 안티몬분

해설 ③ 칼슘 : 제3류 위험물

3

위험물안전관리법령상 지정 수량이 나머지 셋과 다른 하나는?

① 적린

② 황화인

③ 유황

④ 마그네슘

정답 1. ① 2. ③ 3. ④

해설 제2류 위험물의 품명과 지정 수량

성 질	위험 등급	품 명	지정 수량
가연성 고체	II	1. 황화인 2. 적린 3. 유황	100kg 100kg 100kg
	III	4. 철분 5. 금속분 6. 마그네슘	500kg 500kg 500kg
	II~III	7. 그 밖의 행정안전부령이 정하는 것 8. 1.~7.에 해당하는 어느 하나 이상을 함유한 것	100kg 또는 500kg
	III	9. 인화성 고체	1,000kg

4 제2류 위험물의 일반적 성질에 대한 설명으로 가장 거리가 먼 것은?

① 가연성 고체 물질이다.

② 연소 시 연소열이 크고, 연소 속도가 빠르다.

③ 산소를 포함하여 조연성 가스의 공급 없이 연소가 가능하다.

④ 비중이 1보다 크고 물에 녹지 않는다.

해설 ③ 대부분 비중은 1보다 크고 물에 녹지 않으며, 인화성 고체를 제외하고 모두 무기 화합물이며, 강력한 환원성 물질이다.

5 제2류 위험물의 공통적 위험성은?

① 마찰, 충격 등에 의해 폭발한다.

② 타기 쉬운 고체 결정이다.

③ 물과 작용하여 발열, 발화한다.

④ 공기 중에서 환원하며 발열한다.

해설 제2류 위험물이란 가연성 고체 물질을 말한다.

6 제2류 위험물의 저장 및 취급 방법이다. 해당되지 않는 것은?

① 산화제와의 접촉을 피한다.

② 타격 및 충격을 피한다.

③ 점화원 또는 가열을 피한다.

④ 물 또는 습기를 피한다.

해설 ④ 금속분(철분, 마그네슘분, 금속분) 등은 물이나 산과의 접촉을 피한다.

 정답 4. ③ 5. ② 6. ④

7

가연성 고체 위험물의 일반 성질로서 잘못 설명된 것은?

① 모두 단체의 비금속 원소이다.

② 물에 불응하며, 산화되기 쉬운 물질이다.

③ 연소할 때 유독한 기체가 발생하는 것도 있다.

④ 비교적 낮은 온도에서 착화되기 쉬운 가연성 물질이다.

해설 ① 화합물 및 금속 원소가 있다.

8

제2류 위험물을 저장할 때 특히 주의할 점은?

① 환원제와 접촉을 피한다. ② 가연물과 접촉을 피한다.

③ 금속분은 습기를 피한다. ④ 가열을 피하고, 찬 곳에 저장한다.

해설 제2류 위험물은 가연성 고체 물질이므로 화기 등 점화원으로부터 먼 곳에 저장하도록 한다.

9

제2류 위험의 소화 방법으로 틀린 것은?

① 아연분은 주수 소화가 적당하다.

② 적린은 대량의 물로 소화하는 것이 좋다.

③ 알루미늄분은 모래 등을 뿌려서 소화하는 것이 좋다.

④ 황화인은 탄산가스에 의한 소화가 가능하다.

해설 금속분은 주수하면 분말의 비산으로 분진 폭발의 위험이 있다.

10

황화인은 보통 3종류의 화합물을 갖고 있다. 다음에서 그 3종에 속하지 않는 것은?

① PS ② P_4S_3 ③ P_2S_5 ④ P_4S_7

해설 황화인은 P_4S_3, P_2S_5, P_4S_7이 있다.

11

황화인에 대한 설명 중 잘못된 것은?

① P_4S_3는 황색 결정 덩어리로 조해성이 있고, 공기 중 약 50℃에서 발화한다.

② P_2S_5는 담황색 결정으로 조해성이 있고, 알칼리와 분해하여 가연성 가스를 발생한다.

③ P_4S_7는 담황색 결정으로 조해성이 있고, 온수에 녹아 유독한 H_2S를 발생한다.

④ P_4S_3와 P_2S_5의 연소 생성물은 모두 P_2O_5와 SO_2이다.

해설 삼황화인(P_4S_3)은 황색의 결정성 덩어리로 이황화탄소, 질산, 알칼리에 녹지만 물, 염소, 염산, 황산에는 녹지 않으며, 발화점은 100℃이다.

12 황화인에 대한 설명 중 옳지 않은 것은?

① 삼황화인은 황색 결정으로 공기 중 약 100℃에서 발화할 수 있다.
② 오황화인은 담황색 결정으로 조해성이 있다.
③ 오황화인은 물과 접촉하여 유독성 가스를 발생할 위험이 있다.
④ 삼황화인은 연소하여 황화수소가스를 발생할 위험이 있다.

해설 ④ 삼황화인은 연소하여 아황산가스를 발생할 위험이 있다.
$P_4S_3 + 8O_2 \rightarrow 2P_2O_5\uparrow + 3SO_2\uparrow$

13 삼황화인(P_4S_3)은 다음 중 어느 물질에 녹는가?

① 물   ② 염산   ③ 질산   ④ 황산

해설 삼황화인은 물, 염소, 황산, 염산 등에는 녹지 않고 질산, CS_2, 알칼리 등에 녹는다.

14 삼황화인의 연소 생성물을 옳게 나열한 것은?

① P_2O_5, SO_2 ② P_2O_5, H_2S
③ H_3PO_4, SO_2 ④ H_3PO_4, H_2S

해설 삼황화인의 연소 생성물은 유독하다.
$P_4S_3 + 8O_2 \rightarrow 2P_2O_5\uparrow + 3SO_2\uparrow$

15 오황화인이 물과 반응하였을 때 발생하는 물질로 옳은 것은?

① 황화수소, 오산화인   ② 황화수소, 인산
③ 이산화황, 오산화인   ④ 이산화황, 인산

해설 오황화인은 물과 접촉하여 가수분해하거나 습한 공기 중에서 분해하여 황화수소를 발생하며, 발생된 황화수소는 가연성, 유독성, 기체로 공기와 혼합 시 인화 폭발성 혼합기를 형성하므로 위험하다.
$P_2S_5 + 8H_2O \rightarrow 5H_2S\uparrow + 2H_3PO_4$

16 오황화인과 칠황화인이 물과 반응했을 때 공통으로 나오는 물질은?

① 이산화황   ② 황화수소
③ 인화수소   ④ 삼산화황

🌰해설 ㉠ 오황화인은 물이나 알칼리와 반응하여 황화수소(H_2S)와 인산이 된다.

$P_2S_5 + 8H_2O \rightarrow 5H_2S\uparrow + 2H_3PO_4$

㉡ 칠황화인(P_4S_7)은 물과 반응하여 황화수소(H_2S)를 발생한다.

17 오황화인의 저장 및 취급 방법으로 틀린 것은?

① 산화제와의 접촉을 피한다.

② 물속에 밀봉하여 저장한다.

③ 불꽃과의 접근이나 가열을 피한다.

④ 용기의 파손, 위험물의 누출에 유의한다.

🌰해설 ② 빗물의 침투를 막고, 습기와의 접촉을 피한다.

18 적린의 성상은?

① 암적색 무취의 분말　　　　② 황색의 무독성 결정

③ 담황색의 결정　　　　　　④ 암적색 무취의 결정

🌰해설 적린은 암적색 무취의 분말이다.

19 적린의 일반적인 성질에 대한 설명으로 틀린 것은?

① 비금속 원소이다.

② 암적색의 분말이다.

③ 승화 온도가 약 260℃이다.

④ 이황화탄소에 녹지 않는다.

🌰해설 ③ 승화 온도가 400℃이다.

20 적린의 성질에 대한 설명 중 틀린 것은?

① 물이나 이황화탄소에 녹지 않는다.

② 발화점은 약 260℃ 정도이다.

③ 연소할 때 인화수소가스가 발생한다.

④ 산화제가 섞여 있으면 마찰에 의해 착화하기 쉽다.

🌰해설 ③ 연소할 때 유독성이 심한 백색 연기의 오산화인을 발생한다.

$4P + 5O_2 \rightarrow 2P_2O_5\uparrow$

21

적린에 관한 설명 중 틀린 것은?

① 황린의 동소체이고, 황린에 비하여 안정하다.
② 성냥, 화약 등에 이용된다.
③ 연소 생성물은 황린과 같다.
④ 자연 발화를 막기 위해 물속에 보관한다.

 ④ 적린은 석유 속에 보관한다.

22

다음 중 적린의 성질로 잘못된 것은?

① 황린과 성분 원소는 같다.
② 발화점은 황린보다 낮다.
③ 물, 이황화탄소에 녹지 않는다.
④ 황린에 비해 화학적 활성이 적다.

 적린의 발화점은 260℃이고, 황린의 발화점은 34℃이다.

23

적린이 공기 중에서 연소할 때 생성되는 물질은?

① P_2O ② PO_2
③ PO_3 ④ P_2O_5

 적린은 연소하면 황린과 같이 유독성이 심한 백색 연기의 오산화인을 발생한다.
$$4P + 5O_2 \rightarrow 2P_2O_5 \uparrow$$

24

표준 상태에서 적린 8mol이 완전 연소하여 오산화인을 만드는 데 필요한 이론 공기량은 약 몇 L인가? (단, 공기 중 산소는 21vol%이다.)

① 1066.7   ② 806.7
③ 224   ④ 22.4

 $4P$ + $5O_2$ → $2P_2O_5$
4mol ╳ 5×22.4
8mol ╱ $x(L)$

$x = 224L$

$$\therefore 224L \times \frac{100}{21} = 1066.7L$$

25

적린의 성상에 관한 설명 중 옳은 것은?

① 물과 반응하여 고열이 발생한다.

② 공기 중에 방치하면 자연 발화된다.

③ 마찰 충격에 의해서 발화된다.

④ 수소와 반응해서 발화된다.

해설 ① 습기를 흡수하여 인산(H_3PO_4)이 되어 산성을 나타낸다.
② 공기 중 방치하면 자연 발화하지 않는다.
④ 불량품에는 황린이 혼재할 수 있는데, 이 경우에는 자연 발화할 수 있다.

26

적린과 황린의 공통점이 아닌 것은?

① 화재 발생 시 물을 이용한 소화가 가능하다.

② 이황화탄소에 잘 녹는다.

③ 연소 시 P_2O_5의 흰 연기가 생긴다.

④ 구성 원소는 P이다.

해설 ㉠ 적린 : CS_2에 녹지 않는다.
㉡ 황린 : CS_2에 잘 녹는다.

27

적린과 염소산칼륨의 위험물을 혼합하면 안 되는 주된 이유는?

① 용해되기 때문이다.

② 반응하여 수소가 발생하기 때문이다.

③ 저장 용기를 부식, 용해시키기 때문이다.

④ 가열, 충격, 마찰에 의해 폭발하기 때문이다.

해설 염소산염류 및 과염소산염류 등 강산화제와 혼합하면 불안정한 폭발물과 같이 되어 약간의 가열, 충격, 마찰에 의해서도 폭발한다.
$6P + 5KlO_3 \rightarrow 5KCl + 3P_2O_5\uparrow$

28

화재 발생 시 주수 소화가 가장 적당한 물질은?

① 마그네슘   ② 철분

③ 칼륨   ④ 적린

해설 적린을 주수 소화하며, 마그네슘, 철분, 칼륨은 건조사에 의한 소화가 좋다.

29

황의 동소체 중 이황화탄소에는 녹지 않고, 350℃로 가열하여 용해한 것을 찬물에 넣으면 생성되는 것은?

① 고무상황

② 단사황

③ 노란색 유동성 황

④ 사방황

해설 고무상황은 CS_2에 녹지 않는다.

30

다음은 유황의 동소체를 나열한 것이다. 이들 중 이황화탄소(CS_2)에 녹는 것들로 바르게 짝지어 놓은 것은?

⊙ 사방황	ⓒ 단사황	ⓒ 고무상황

① ⊙, ⓒ

② ⊙, ⓒ

③ ⓒ, ⓒ

④ ⊙, ⓒ, ⓒ

해설 고무상황은 CS_2에 녹지 않는다.

31

유황에 대한 설명으로 옳지 않은 것은?

① 연소 시 황색 불꽃을 보이며, 유독한 이황화탄소를 발생한다.

② 미세한 분말 상태에서 부유하면 분진 폭발의 위험이 있다.

③ 마찰에 의해 정전기가 발생할 우려가 있다.

④ 고온에서 용융된 유황은 수소와 반응한다.

해설 ① 연소 시 푸른 불꽃을 보이며, 유독한 이산화황을 발생한다.

32

유황의 성질을 설명한 것으로 옳은 것은?

① 전기의 양도체이다.

② 물에 잘 녹는다.

③ 연소하기 어려워 분진 폭발의 위험성은 없다.

④ 높은 온도에서 탄소와 반응하여 이황화탄소가 생긴다.

해설 ① 전기의 절연체이다.

② 물이나 산에 잘 녹지 않는다.

③ 미세한 가루 상태로 밀폐 공간 내에서 공기 중을 부유할 때는 공기 중의 산소와 혼합하여 폭명기를 만들어 분진 폭발을 일으킨다.

33 다음 중 황의 성질로 틀린 것은?

① 전기의 불량 도체이다.

② 물에는 녹지 않는다.

③ 이황화탄소에는 잘 녹는다.

④ 미분으로 되어도 분진 폭발의 위험성은 없다.

해설 미세한 가루 상태로 밀폐 공간 내에서 공기 중 부유할 때는 공기 중의 산소와 혼합하여 폭명기(최저 폭발 한계 30mg/L)를 만들어 분진 폭발을 일으킨다.

34 황이 연소할 때 발생하는 가스는?

① H_2S　　　　② SO_2　　　　③ CO_2　　　　④ H_2O

해설 황이 연소하면 자극성이 강하고, 매우 유독한 이산화황이 발생된다.
$S + O_2 \rightarrow SO_2 + 71.0kcal$

35 다음 중 황분말과 혼합했을 때 가열 또는 충격에 의해서 폭발할 위험이 가장 높은 것은?

① 질산암모늄　　　　　　　　② 물

③ 이산화탄소　　　　　　　　④ 마른 모래

해설 유황은 염소산칼륨, 질산암모늄, 과산화나트륨 등 강산화제인 제1류 위험물 또는 PbO_2, Fe_2O_3, ClO_2와 혼합한 것을 가열, 충격, 마찰할 경우 발화, 폭발의 위험이 있다.

36 황분말과 혼합하였을 때 폭발의 위험이 있는 것은?

① 소화제　　　　　　　　② 산화제

③ 가연물　　　　　　　　④ 환원제

해설 유황은 산화제나 목탄 가루 등과 혼합되면 가열, 충격, 마찰로 폭발한다.

37 황을 목탄 가루 등과 혼합하면 약간의 충격, 가열 등으로 발화한다. 이때 가장 적당한 소화 방법은?

① 포의 방사에 의한 소화　　　　② 분말 소화제에 의한 소화

③ 다량의 물에 의한 소화　　　　④ 할로겐 화합물의 방사에 의한 소화

해설 황은 소규모 화재 시 모래로 질식 소화하며, 보통 직사주수할 경우 비산의 위험이 있으므로 다량의 물로 분무주수에 의해 냉각 소화한다.

정답 　33. ④　34. ②　35. ①　36. ②　37. ③

38

다음 중 공기 중에서 서서히 산화되어 황갈색으로 되는 은백색의 분말로, 기름이 묻은 분말일 경우에는 자연 발화의 위험이 있는 것은?

① 철분   ② 적린   ③ 황화인   ④ 유황

> **해설** 철분에 절삭유가 묻는 것을 장기 방치하면 자연 발화하기 쉽다.

39

위험물안전관리법령상 품명이 금속분에 해당하는 것은? (단, 150μm의 체를 통과하는 것이 50wt% 이상인 경우이다.)

① 니켈분   ② 마그네슘분
③ 알루미늄분   ④ 구리분

> **해설** 위험물안전관리법령상 품명이 금속분에 해당하는 것(150μm의 체를 통과하는 것이 50wt% 이상인 경우) : ㉠ 알루미늄분(Al), ㉡ 아연분(Zn), ㉢ 주석분(Sn), ㉣ 안티몬분(Sb)

40

금속 분류가 산과 반응하여 발생하는 기체는?

① 일산화탄소   ② 이산화탄소
③ 수소   ④ 산소

> **해설** $2Al + 6HCl \rightarrow 2AlCl_3 + 3H_2 \uparrow$

41

다음 금속 중 은백색의 분말로서 전기 전도도가 좋으며, 진한 질산에는 침식되지 않으나 묽은 질산에는 침식되는 것은?

① 아연분   ② 마그네슘분
③ 안티몬분   ④ 알루미늄분

> **해설** 알루미늄분은 황산, 묽은 질산, 묽은 염산에는 침식되며, 진한 질산에는 침식되지 않는다.

42

다음 중 알루미늄 성질에 대한 설명으로 잘못된 것은?

① 진한 질산에 녹는다.
② 열전도율, 전기 전도도가 크다.
③ 질소나 할로겐과 반응하여 질화물과 할로겐화물을 형성한다.
④ 공기 중에서 표면에 치밀한 산화 피막이 형성되어 내부를 보호하므로 부식성이 적다.

> **해설** 진한 질산과는 반응이 잘 되지 않으나 묽은 염산, 황산, 묽은 질산에는 잘 녹는다.

43

알루미늄분의 저장 및 취급 시 주의 사항으로 옳지 못한 것은?

① 분진 폭발에 주의한다.

② 브롬과 혼합하여 저장한다.

③ 산화제와 격리시켜 저장한다.

④ 수분과 접촉시키지 않도록 한다.

🌱**해설** 알루미늄분은 할로겐 원소와 접촉하면 발화되는 경우도 있다.

44

위험물의 저장 및 취급 방법에 대한 설명으로 틀린 것은?

① 적린은 화기와 멀리하고 가열, 충격이 가해지지 않도록 한다.

② 이황화탄소는 발화점이 낮으므로 물속에 저장한다.

③ 마그네슘은 산화제와 혼합되지 않도록 취급한다.

④ 알루미늄분은 분진 폭발의 위험이 있으므로 분무 주수하여 저장한다.

🌱**해설** ④ 알루미늄분은 분진 폭발의 위험이 있으므로 산, 물 또는 습기와의 접촉을 피하며 완전 밀봉 저장한다.

45

알루미늄 분말 화재 시 주수하여서는 안 되는 가장 큰 이유는?

① 수소가 발생하여 연소가 확대되기 때문에

② 유독가스가 발생하여 연소가 확대되기 때문에

③ 산소의 발생으로 연소가 확대되기 때문에

④ 분말의 독성이 강하기 때문에

🌱**해설** 알루미늄분말(Al)은 물과 반응하여 수소를 발생한다.

$$2Al + 6H_2O \rightarrow 2Al(OH)_3 + 3H_2\uparrow$$

46

다음 중 위험물 화재 시 주수에 의한 냉각 소화가 좋지만 주수 소화(燒火)에 의해서 오히려 위험성이 있는 것은?

① 황   ② 적린

③ 황화인   ④ 알루미늄분

🌱**해설** 황, 적린, 황화인은 주수에 의한 냉각 소화가 좋고, 알루미늄분은 건조사에 의한 피복 소화가 좋다.

정답 **43.** ② **44.** ④ **45.** ① **46.** ④

47 공기 중에서 표면에 산화 피막을 형성하는 제2류 위험물로 짝지어진 것은?

① 황화인, 마그네슘

② 적린, 알루미늄분

③ 알루미늄분, 아연분

④ 아연분, 제삼부틸알코올

해설 Al_2O_3, $ZnCO_3 \cdot Zn(OH)_2$

48 분말의 형태로서 $150\mu m$의 체를 통과하는 $50wt\%$ 이상인 것만 위험물로 취급되는 것은?

① Fe

② Sn

③ Ni

④ Cu

해설 금속 분류

알칼리 금속, 알칼리 토금속, 철, 마그네슘 이외의 금속물을 말하며, 구리, 니켈분과 $150\mu m$의 체를 통과하는 것이 $50wt\%$ 미만인 것은 위험물에서 제외된다.

49 제2류 위험물인 마그네슘에 대한 설명으로 옳지 않은 것은?

① 2mm 체를 통과한 것만 위험물에 해당한다.

② 화재 시 이산화탄소 소화 약제로 소화가 가능하다.

③ 가연성 고체로 산소와 반응하여 산화 반응을 한다.

④ 주수 소화를 하면 가연성의 수소가스가 발생한다.

해설 ② 화재 시 건조사로 소화한다.

50 위험물의 반응성에 대한 설명 중 틀린 것은?

① 마그네슘은 온수와 작용하여 산소를 발생하고, 산화마그네슘이 된다.

② 황린은 공기 중에서 연소하여 오산화인을 발생한다.

③ 아연 분말은 공기 중에서 연소하여 산화아연을 발생한다.

④ 삼황화인은 공기 중에서 연소하여 오산화인을 발생한다.

해설 ① 마그네슘은 온수와 작용하여 수소를 발생하고, 수산화마그네슘이 된다.

$Mg + 2H_2O \rightarrow Mg(OH)_2 + H_2 \uparrow$

51

마그네슘분(Mg)의 성질에 대한 설명 중 옳은 것은?
① 강산과 반응하면 수소가스가 발생한다.
② 분말의 비중은 물보다 적으므로 물 위에 뜬다.
③ 알칼리 수용액과 반응하여 수소가스가 발생한다.
④ 상온에서 수분과 반응하여 산화마그네슘이 생성된다.

 해설 $Mg + 2HCl \rightarrow MgCl_2 + H_2 \uparrow$

52

마그네슘분에 관한 설명으로 옳은 것은?
① 가벼운 금속분으로 비중은 물보다 약간 작다.
② 금속이므로 연소되지 않는다.
③ 산 및 알칼리와 반응하여 산소가 발생된다.
④ 분진 폭발의 위험이 있다.

 해설 마그네슘분은 분진 폭발의 위험이 있다.

53

마그네슘 리본에 불을 붙인 다음 가스 중에 넣을 때 계속 연소할 수 있는 것은?
① 탄산가스   ② 헬륨가스
③ 아르곤가스   ④ 할로겐가스

해설 $2Mg + CO_2 \rightarrow 2MgO + C$
$Mg + CO_2 \rightarrow MgO + CO$

54

마그네슘 분말의 화재 시 이산화탄소 소화 약제는 소화 적응성이 없다. 그 이유로 가장 적합한 것은?
① 분해 반응에 의하여 산소가 발생하기 때문이다.
② 가연성의 일산화탄소 또는 탄소가 생성되기 때문이다.
③ 분해 반응에 의하여 수소가 발생하고, 이 수소는 공기 중의 산소와 폭명 반응을 하기 때문이다.
④ 가연성의 아세틸렌가스가 발생하기 때문이다.

해설 마그네슘 분말은 CO_2와 같은 질식성 가스 중에서도 마그네슘이 불이 붙은 채로 넣으면 연소한다.
㉠ $2Mg + CO_2 \rightarrow 2MgO + 2C$
㉡ $Mg + CO_2 \rightarrow MgO + CO \uparrow$
이때 분해된 C는 흑연을 내면서 연소하고, CO는 맹독성, 가연성 가스이다.

55

다음 위험물의 화재 시 물에 의한 소화 방법이 가장 부적합한 것은?

① 황린   ② 적린

③ 마그네슘분   ④ 황분

해설 마그네슘분 : 초기 소화 또는 소규모 화재 시는 석회분, 마른 모래 등으로 소화하고 기타의 경우는 다량의 소화 분말, 소석회, 건조사 등으로 질식 소화한다. 물, 건조 분말, CO_2, N_2, 포, 할로겐 화합물 소화 약제는 소화 적응성이 없으므로 절대 사용을 엄금한다.

56

다음은 위험물안전관리법령에서 정한 내용이다. ( ) 안에 알맞은 용어는?

(   )라 함은 고형 알코올, 그 밖에 1기압에서 인화점이 섭씨 40도 미만인 고체를 말한다.

① 가연성 고체   ② 산화성 고체

③ 인화성 고체   ④ 자기 반응성 고체

해설 인화성 고체 : 고형 알코올, 그 밖에 1기압에서 인화점이 섭씨 40도 미만인 고체

03 제3류 위험물

01 제3류 위험물의 품명과 지정 수량

성 질	위험 등급	품 명	지정 수량
자연 발화성 물질 및 금수성 물질	Ⅰ	1. 칼륨 2. 나트륨 3. 알킬알루미늄 4. 알킬리튬 5. 황린	10kg 10kg 10kg 10kg 20kg
	Ⅱ	6. 알칼리 금속(칼륨 및 나트륨 제외) 및 알칼리 토금속 7. 유기 금속 화합물(알킬알루미늄 및 알킬리튬 제외)	50kg 50kg
	Ⅲ	8. 금속의 수소화물 9. 금속의 인화물 10. 칼슘 또는 알루미늄의 탄화물 11. 그 밖에 행정안전부령이 정하는 것 　　　염소화규소 화합물	300kg 300kg 300kg 300kg
	Ⅰ~Ⅲ	12. 1.~11.에 해당하는 어느 하나 이상을 함유한 것	10kg, 20kg, 50kg 또는 300kg

02 위험성 시험 방법

(1) 자연 발화성 시험

고체 또는 액체 물질이 공기 중에서 발화의 위험성이 있는가를 판단하는 것을 목적으로 한다.

(2) 물과의 반응성 시험

고체 또는 액체 물질이 물과 접촉해서 발화하고 또는 가연성 가스를 발생할 위험성을 판단하는 것을 목적으로 한다.

03 공통 성질 및 저장·취급 시 유의 사항

(1) 공통 성질

① 대부분 무기물의 고체이지만 알킬알루미늄과 같은 액체도 있다.

② 금수성 물질로서 물과 접촉하면 발열 또는 발화한다.

③ 자연 발화성 물질로서 공기와의 접촉으로 자연 발화하는 경우도 있다.

④ 물과 반응하여 화학적으로 활성화된다.

(2) 저장 및 취급 시 유의 사항

① 물과 접촉하여 가연성 가스를 발생하므로 화기로부터 멀리할 것

② 금수성 물질로서 용기의 파손이나 부식을 방지하고, 수분과의 접촉을 피할 것

③ 보호액 속에 저장하는 경우에는 위험물이 보호액 표면에 노출되지 않도록 할 것

④ 다량으로 저장하는 경우에는 소분하여 저장하고, 물기의 침입을 막도록 할 것

(3) 예방 대책

① 용기는 완전히 밀전하고, 공기 또는 물과의 접촉을 방지한다.

② 강산화제, 강산류, 기타 약품 등과 접촉하지 않는다.

③ 용기가 가열되지 않도록 하며, 보호액이 들어있는 것은 용기 밖으로 누출하지 않도록 해야한다.

④ 알킬알루미늄, 알킬리튬, 유기 금속 화합물류는 화기를 엄금하며, 기내 내압이 상승하지 않도록 해야 한다.

⑤ 알킬알루미늄과 알킬리튬을 취급하는 설비는 불활성 기체를 봉입할 수 있는 장치를 설치해야하며, 이들을 저장하는 이동 탱크 저장소에는 긴급 시의 연락처, 응급 조치를 할 수 있는 장비를 휴대시켜야 한다.

⑥ 칼륨, 나트륨 및 알칼리 금속을 석유, 등유 등의 산소가 함유되지 않은 석유류에 저장하고, 이 보호액의 증발을 막으며 보호액 중에 물이 들어가지 않도록 한다. 저장 용기의 부식, 균열 등을 정기적으로 점검하고 운반 시 안전용 용제의 누출을 방지하고 낙하, 전도에 주의한다. 황린은 물속에 저장한다.

⑦ 유별이 다른 위험물과는 동일한 위험물 저장소에 함께 저장해서는 안 된다.

⑧ 저장, 취급 장소는 부식성 가스가 발생한 장소, 고습의 장소, 빗물이 침투하는 장소 및 습지대를 피한다.

(4) 소화 방법

① 건조사, 팽창 질석 및 팽창 진주암 등을 사용한 질식 소화를 실시한다.

② 금속 화재용 분말 소화 약제(탄산수소염류 분말 소화 설비)에 의한 질식 소화를 실시한다.

(5) 진압 대책

① 황린을 제외하고 절대 주수를 엄금하며, 어떠한 경우든 물에 의한 냉각 소화는 불가능하다.

② 건조 분말, 건조사, 팽창 질석, 건조 석회를 상황에 따라 조심스럽게 사용하여 질식 소화한다.

③ 칼륨, 나트륨을 격렬히 연소하기 때문에 특별한 소화 수단이 없으므로 연소할 때 연소 확대방지에 주력한다.

④ 알킬알루미늄, 알킬리튬 및 유기 금속 화합물류는 화재 시 초기에는 유기 화합물과 같은 연소 형태에서 후기에는 금속 화재와 같은 양상이 되므로 진압 시 특히 주의한다.

04 위험물의 성상

4-1 금속 칼륨(K, 포타시움, 지정 수량 10kg)

(1) 일반적 성질

① 화학적으로 이온화경향이 크므로 화학적 활성이 매우 큰 은백색의 광택이 있는 무른 경금속으로, 연하여 칼로 자르기 쉬우며 융점이 낮다.

② 공기 중에서 빠르게 산화하여 피막을 형성하고 광택을 잃는다.

③ 녹는점(mp) 이상으로 가열하면 보라색 불꽃을 내면서 연소한다.

> 예 $4K + O_2 \rightarrow 2K_2O$

④ 물 또는 알코올과 반응하지만, 에테르와는 반응하지 않는다.

⑤ 수은과 격렬히 반응하여 아말감을 만든다.

⑥ 비중 0.86, 융점 63.7℃, 비점 774℃이다.

> **참고 🚩 금속의 불꽃색**
>
> K : 보라색,　Na : 황색,　Li : 적색,　Cu : 청록색

(2) 위험성

① 공기 중의 수분 또는 물과 반응하여 수소가스를 발생하고 발화한다.

> 예 $2K + 2H_2O \rightarrow 2KOH + H_2\uparrow + 92.4kcal$

② 알코올과 반응하여 칼륨알코올레이드와 수소가스를 발생한다.

> 예 $2K + 2C_2H_5OH \rightarrow 2C_2H_5OK + H_2\uparrow$

③ 피부에 접촉 시 화상을 입는다.

④ 대량의 금속 칼륨이 연소할 때 적당한 소화 방법이 없으므로 매우 위험하다.

⑤ 습기에서 CO와 접촉 시 폭발한다.

⑥ 소화 약제로 쓰이는 CO_2와 반응하면 폭발 등의 위험이 있고, CCl_4와 접촉하면 폭발적으로 반응한다.

> 예 $4K + 3CO_2 \rightarrow 2K_2CO_3 + C$(연소·폭발)
> $4K + CCl_4 \rightarrow 4KCl + C$(폭발)

⑦ 연소 중인 K에 모래를 뿌리면 모래 중의 규소와 결합하여서 격렬히 반응하므로 위험하다.

(3) 저장 및 취급 방법

① 습기나 물에 접촉하지 않도록 할 것

② 보호액[등유, 경유, 유동 파라핀] 속에 저장할 것

③ 보호액 속에 저장 시 용기 파손이나 보호액 표면에 노출되지 않도록 할 것

④ 저장 시에는 소분하여 소분병에 넣고, 습기가 닿지 않도록 소분병을 밀전 또는 밀봉할 것

⑤ 용기의 부식을 예방하기 위하여 강산류와의 접촉을 피할 것

(4) 용도

금속 나트륨(Na)과의 합금은 원자로의 냉각제, 감속제, 고온 온도계의 재료, 황산칼륨(비료)의 제조

(5) 소화 방법

초기의 소화 약제로는 건조사 또는 금속 화재용 분말 소화 약제가 적당하며, 다량의 칼륨이 연소할 때는 적당한 소화 수단이 없으므로 확대 방지에 노력하여야 한다.

4-2 금속 나트륨(Na, 금속 소다, 지정 수량 10kg)

(1) 일반적 성질

① 화학적 활성이 매우 큰 은백색의 광택이 있는 무른 금속이다.

② 녹는점(mp) 이상으로 가열하면 노란색 불꽃을 내면서 연소한다.

> 예 $4Na + O_2 \rightarrow 2Na_2O$

③ 물 또는 알코올과 반응하지만 에테르와는 반응하지 않는다.

④ 액체 암모니아에 녹아 청색으로 변하며, 나트륨아미드와 수소를 발생한다.

> 예 $2Na + 2NH_3 \rightarrow 2NaNH_2 + H_2\uparrow$

⑤ 비중 0.97, 융점 97.8℃, 비점 880℃, 발화점 121℃이다.

(2) 위험성

① 물과 격렬하게 반응하여 발열하고, 수소가스를 발생하고 발화한다.

　🔺예 $2Na + 2H_2O \rightarrow 2NaOH + H_2\uparrow + 88.2kcal$

② 알코올과 반응하여 나트륨알코올레이드와 수소가스를 발생한다.

　🔺예 $2Na + 2C_2H_5OH \rightarrow 2C_2H_5ONa + H_2\uparrow$

③ 피부에 접촉할 경우 화상을 입는다.

④ 강산화제로 작용하는 염소가스에서도 연소한다.

　🔺예 $2Na + Cl_2 \rightarrow 2NaCl$

(3) 저장 및 취급 방법

① 습기나 물에 접촉하지 않도록 할 것

② 보호액([석유(등유), 경유, 유동 파라핀]) 속에 저장할 것

③ 보호액 속에 저장 시 용기가 파손되거나 보호액 표면에 노출되지 않도록 할 것

④ 저장 시에는 소분하여 소분병에 넣고 습기가 닿지 않도록 소분병을 밀전 또는 밀봉할 것

(4) 용도

금속 Na-K 합금은 원자로의 냉각제, 열매, 감속제, 수은과 아말감 제조, Na 램프, 고급 알코올 제조, U 제조 등

(5) 소화 방법

주수 엄금, 포, 물분무, 할로겐 화합물, CO_2는 사용할 수 없고, 기타 사항은 칼륨에 준한다.

4-3 ▶ 알킬알루미늄(RAl, 지정 수량 10kg)

알킬기(C_nH_{2n+1})와 알루미늄(Al)의 유기 금속 화합물이다.

[1] 트리에틸알루미늄([$(C_2H_5)_3Al$, TEA])

(1) 일반적 성질

① 수소화알루미늄과 에틸렌을 반응시켜 대량으로 제조한다.

　🔺예 $AlH_3 + 3C_2H_4 \rightarrow (C_2H_5)_3Al$

② 상온에서 무색 투명한 액체 또는 고체로, 독성이 있으며 자극적인 냄새가 난다.

③ 대표적인 알킬알루미늄(RAl)의 종류는 다음과 같다.

화학명	약호	화학식	끓는점 (bp)	녹는점 (mp)	비중	상태
트리메틸알루미늄	TMA	$(CH_3)_3Al$	127.1℃	15.3℃	0.748	무색 액체
트리에틸알루미늄	TEA	$(C_2H_5)_3Al$	186.6℃	-45.5℃	0.832	무색 액체
트리프로필알루미늄	TNPA	$(C_3H_7)_3Al$	196.0℃	-60℃	0.821	무색 액체
트리이소부틸알루미늄	TIBA	$iso-(C_4H_9)_3Al$	분해	1.0℃	0.788	무색 액체
에틸알루미늄디클로로라이드	EADC	$C_2H_5AlCl_2$	115℃	32℃	1.21	무색 고체
디에틸알루미늄하이드라이드	DEAH	$(C_2H_5)_2AlH$	227.4℃	-59℃	0.794	무색 액체
디에틸알루미늄클로라이드	DEAC	$(C_2H_5)_2AlCl$	214℃	-74℃	0.971	무색 액체

④ 비중 0.83, 증기 비중 3.9, 융점 -46℃, 비점 185℃이다.

(2) 위험성

① 탄소수가 $C_1 \sim C_4$까지는 공기와 접촉하여 자연 발화한다.

$2(C_2H_5)_3Al + 21O_2 \rightarrow 12CO_2 + Al_2O_3 + 15H_2O + 1,470.4kcal$

② 물과 폭발적 반응을 일으켜 에탄(C_2H_6)가스가 발화 비산되므로 위험하다.

$(C_2H_5)_3Al + 3H_2O \rightarrow Al(OH)_3 + 3C_2H_6\uparrow$

③ 피부에 닿으면 심한 화상을 입으며, 화재 시 발생된 가스는 기관지와 폐에 손상을 준다.

④ 산과 격렬히 반응하여 에탄을 발생한다.

$(C_2H_5)_3Al + HCl \rightarrow (C_2H_5)_2AlCl + C_2H_6\uparrow$

⑤ 알코올과 폭발적으로 반응한다.

$(C_2H_5)_3Al + 3CH_3OH \rightarrow Al(CH_3O)_3 + 3C_2H_6$
$(C_2H_5)_3Al + 3C_2H_5OH \rightarrow Al(C_2H_5O)_3 + 3C_2H_6$

⑥ CCl_4와 CO_2와 발열 반응하므로 소화제로 적당하지 않다.

⑦ 증기압이 낮아서 누출되어도 폭명기를 만들지 않으며, 연소 속도는 휘발유의 반 정도이다.

(3) 저장 및 취급 방법

① 용기는 완전 밀봉하고, 공기와 물의 접촉을 피하며, 질소 등 불연성 가스로 봉입할 것
② 실제 사용 시 희석제(벤젠, 톨루엔, 펜탄, 헥산 등 탄화수소 용제)로 20~30% 희석하여 안전을 도모할 것
③ 용기 파손으로 인한 공기 누출을 방지할 것

(4) 용도

미사일 원료, 알루미늄의 도금 원료, 유리 합성용 시약, 제트 연료 등

(5) 소화 방법

팽창 질석, 팽창 진주암

[2] 트리메틸알루미늄[(CH₃)₃AI, TMA]

(1) 일반적 성질

① 무색의 액체이다.

② 증기 비중 2.5, 융점 15℃, 비점 126℃, 인화점 8℃, 발화점 190℃이다.

(2) 위험성

① 공기 중에 노출되면 자연 발화한다.

② 물과 반응 시 메탄(CH_4)을 생성하고 이때 발열, 폭발에 이른다.

  🅰 $(CH_3)_3AI + 3H_2O \rightarrow AI(OH)_3 + 3CH_4 + 발열$

4-4 ▶ 알킬리튬(RLi, 지정 수량 10kg)

알킬기(C_nH_{2n+1})와 리튬(Li)의 유기 금속 화합물을 말한다.

(1) 일반적 성질

① 가연성의 액체이다.

② CO_2와는 격렬하게 반응한다.

(2) 위험성, 저장 및 취급 방법

알킬알루미늄에 준한다.

(3) 소화 방법

물, 내알코올 포, 포, CO_2, 할로겐 화합물 소화 약제의 사용을 금하며, 건조사, 건조 분말을 사용하여 소화한다.

4-5 ▶ 황린(P₄, 백린, 지정 수량 20kg)

(1) 일반적 성질

① 백색 또는 담황색의 고체로 강한 마늘 냄새가 난다. 증기는 공기보다 무거우며, 가연성이다. 또한 매우 자극적이며, 맹독성 물질이다.

② 화학적 활성이 커서 유황, 산소, 할로겐과 격렬히 반응한다.

③ 상온에서 서서히 산화하여 어두운 곳에서 청백색의 인광을 낸다.

④ 공기 중 O_2는 황린 표면에서 일부가 O_3로 된다.

⑤ 물에는 녹지 않으나 벤젠, 알코올에는 약간 녹고, 이황화탄소 등에는 잘 녹는다.

⑥ 공기를 차단하고, 약 260℃로 가열하면 적린(붉은인)이 된다.

⑦ 다른 원소와 반응하여 인화합물을 만든다.

⑧ 분자량 123.9, 비중 1.82, 증기 비중 4.3, 융점 44℃, 비점 280℃, 발화점 34℃이다.

(2) 위험성

① 약 50℃ 전후에서 공기와의 접촉으로 자연 발화되며, 오산화인(P_2O_5)의 흰 연기를 발생한다.

> 예 $4P + 5O_2 \rightarrow 2P_2O_5 + 2 \times 370.8kcal$

② 독성이 강하며, 치사량은 0.05g이다.

③ 연소 시 발생하는 오산화인의 증기는 유독하며, 흡습성이 강하고 물과 접촉하여 인산(H_3PO_4)을 생성하므로 부식성이 있다. 즉 피부에 닿으면 피부 점막에 염증을 일으키고, 흡수 시 폐의 손상을 유발한다.

> 예 $2P_2O_5 + 6H_2O \rightarrow 4H_3PO_4$

④ 황린이 연소 시 공기를 적게 공급하면 P_2O_3가 되며, 이것은 물과 반응하여 아인산을 만든다.

> 예 $4P + 3O_2 \rightarrow 2P_2O_3$
> $2P_2O_3 + 6H_2O \rightarrow 4H_3PO_3$

⑤ 환원력이 강하므로 산소 농도가 낮은 분위기 속에서도 연소한다.

⑥ 강알칼리성 용액과 반응하여서 가연성, 유독성의 포스핀가스를 발생한다.

> 예 $P_4 + 3KOH + H_2O \rightarrow PH_3\uparrow + 3KH_2PO_2$

⑦ 온도가 높아지면 용해도가 증가한다.

⑧ $HgCl_2$와 접촉, 혼합한 것은 가열, 충격에 의해 폭발한다.

(3) 저장 및 취급 방법

① 자연 발화성이 있어 물속에 저장하며, 온도 상승 시 물의 산성화가 빨라져 용기를 부식시키므로 직사광선을 막는 차광 덮개를 하여 저장할 것

② 맹독성이 있으므로 취급 시 고무장갑, 보호복, 보호 안경을 착용할 것

③ 인화수소(PH_3)의 생성을 방지하기 위해 보호액은 pH 9로 유지하기 위하여 알칼리제($Ca(OH)_2$ 또는 소다회 등)로 pH를 높일 것

④ 이중 용기에 넣어 냉암소에 저장할 것

⑤ 산화제와의 접촉을 피할 것

⑥ 화기의 접근을 피할 것

> **참고** 🚩 황린을 물속에 보관하는 이유
> --
> 인화수소(PH_3)가스의 발생을 억제하기 위해서이다.

(4) 용도

적린 제조, 인산, 인화합물의 원료, 쥐약, 살충제, 연막탄 등

(5) 소화 방법

주수, 건조사, 흙, 토사 등의 질식 소화

4-6 알칼리 금속류 및 알칼리 토금속(지정 수량 50kg)

[1] 알칼리 금속류(K, Na 제외)

(1) 리튬(Li)

① 일반적 성질

㉮ 은백색의 무르고 연한 금속이며, 비중 0.53, 융점 180.5℃, 비점 1,350℃이다.

㉯ 알칼리 금속이지만 K, Na보다는 화학 반응성이 크지 않다.

㉰ 가연성 고체로서 건조한 실온의 공기에서 반응하지 않지만 100℃ 이상으로 가열하면 적색 불꽃을 내면서 연소하여 미량의 Li_2O_2와 Li_2O로 산화된다.

② 위험성

㉮ 피부 등에 접촉 시 부식 작용이 있다.

㉯ 물과 만나면 심하게 발열하고, 가연성의 수소가스를 발생하므로 위험하다.

　　🔺 $Li + H_2O \rightarrow LiOH + 0.5\,H_2\uparrow + 52.7kcal$

㉰ 공기 중에서 서서히 가열해도 발화하여 연소하며, 연소 시 탄산가스(CO_2) 속에서도 꺼지지 않고 연소한다.

㉱ 의산, 초산, 에탄올 등과 반응하여 수소를 발생한다.

㉲ 산소 중에서 격렬히 반응하여 산화물을 생성한다.

　　🔺 $4Li + O_2 \rightarrow 2LiO$

㉳ 질소와 직접 결합하여 생성물로 적갈색 결정의 질화리튬을 만든다.

　　🔺 $6Li + N_2 \rightarrow 2LiN$

③ 저장 및 취급 방법

㉮ 건조하여 환기가 잘 되는 실내에 저장할 것

㉯ 수분과의 접촉 혼입을 방지할 것

④ 용도 : 2차 전지, 중합 반응의 촉매, 비철 금속의 가스 제거, 냉동기 등

⑤ 소화 방법 : 건조사

(2) 루비늄(Rb)

① 일반적 성질

㉮ 은백색의 금속이다.

㉯ 수은에 격렬하게 녹아서 아말감을 만든다.

㉰ 비중 1.53, 융점 38.89℃, 비점 688℃이다.

② 위험성

㉮ 물 또는 묽은 산과 폭발적으로 반응하여 수소를 발생한다.

예 $2Rb + 2H_2O \rightarrow 2RbOH + H_2\uparrow$

㉯ 액체 암모니아에 녹아서 수소를 발생한다.

예 $2Rb + 2NH_3 \rightarrow 2RbNH_2 + H_2\uparrow$

③ 저장 및 취급 방법 : 반응성이 매우 크기 때문에 아르곤 중에서 취급할 것

④ 용도 : 유기 화합물 중합 촉매이다.

⑤ 소화 방법 : 금속 칼륨에 준한다.

(3) 세슘(Cs)

① 일반적 성질

㉮ 염화세슘에 칼슘 환원제를 넣어 가열하여 만든다.

예 $2CsCl + Ca \xrightarrow{\Delta} CaCl_2 + 2Cs$

㉯ 노란색의 금속이며, 알칼리 금속 중 반응성이 가장 풍부하다.

㉰ 비중 1.87, 융점 28.4℃, 비점 678.4℃이다.

② 위험성

㉮ 공기 중에서 청색 불꽃을 내며 연소한다.

예 $Cs + O_2 \rightarrow CSO_2$

㉯ 암모니아수에 녹아서 수소를 발생한다.

예 $2Cs + 2NH_3 \rightarrow 2CsNH_2 + H_2\uparrow$

③ 저장 및 취급 방법 : 루비듐에 준한다.

④ 용도 : 합성고무 중합 촉매이다.

⑤ 소화 방법 : 루비듐에 준한다.

(4) 프란슘(Fr)

① 은백색의 금속으로 자연 방사성 원소의 붕괴 계열이나 원자로에서 생성되는 짧은 수명의 방사성 원소이다.

② 융점 27℃, 비점 677℃이다.

[2] 알칼리 토금속류(Mg 제외)

(1) 베릴륨(Be)

① 일반적 성질

㉮ 회백색의 단단하고, 가벼운 금속이다.

㉯ 진한 질산과는 반응하지 않고 염산, 황산과는 즉시 반응한다.

㉰ 비중 1.85, 융점 1,280℃, 비점 2,970℃이다.

② 위험성

㉮ 증기, 분진 등을 흡입하면 호흡기 질환이 생기고, 폐조직이 변질되며, 중독 증상이 나타난다.

㉯ 고온에서 분말이 연소하면 BeO이 된다.

③ 저장 및 취급 방법 : 증기, 분진, 연기를 흡입하지 않도록 저장할 것

④ 용도 : X선 튜브, 우주 항공 재료 등

⑤ 소화 방법 : 건조 분말로 질식 소화하며, 기타 소화 활동 시 방호의와 공기 호흡기를 착용한다.

(2) 칼슘(Ca)

① 일반적 성질

㉮ 산화칼슘 분말과 알루미늄 분말을 혼합하여서 고압으로 압축시켜 얻는다.

예 $6CaO + 2Al \rightarrow 3Ca + 3CaO \cdot Al_2O_3$

㉯ 은백색의 금속이며, 냄새가 없고, 묽은 액체 암모니아에 녹아서 청색을 띠는 용액이 되는데 이것은 전기를 전도한다.

㉰ 비중 1.55, 융점 839℃, 비점 1,480℃이다.

② 위험성

㉮ 물과 반응하여 상온에서 서서히 고온에서 격렬하게 수소를 발생한다.

예 $Ca + 2H_2O \rightarrow Ca(OH)_2 + H_2\uparrow$

㉯ 실온의 공기에서 표면이 산화되어서 고온에서 등색 불꽃을 내며, 연소하여 CaO이 된다.

㉰ 대량으로 쌓인 분말도 습기에 장시간 방치, 금속 산화물이 접촉하면 자연 발화의 위험이 있다.

③ 저장 및 취급 방법

㉮ 물, 알코올류, 할로겐, 강산류와의 접촉을 피할 것

㉯ 통풍이 잘 되는 냉암소에 저장할 것

④ 용도 : 환원제, 가스의 정제, 축전지 전극

⑤ 소화 방법 : 건조사

(3) 스트론튬(Sr)

① 일반적 성질

㉮ 은백색의 금속이다.

㉯ 묽은 액체 암모니아에 녹아 청색이 띠는 용액이 되며, 이것은 전기를 전도한다.

㉰ 수소와 반응하여 수소화물(SrH_2)을 만든다.

㉱ 비중 2.54, 융점 769℃, 비점 1,380℃이다.

② 위험성

㉮ 물 또는 묽은 산과 격렬하게 반응하여 수소를 발생한다.

　　　㉯ 고온에서 홍색 불꽃을 내며, 연소한다.

　　　　　📖 $2Sr + O_2 \rightarrow 2SrO$

　　③ 용도 : 발염 착색제, 광학 유리 등

　　④ 소화 방법 : 건조사

(4) 바륨(Ba)

　　① 일반적 성질

　　　㉮ 은백색의 금속이다.

　　　㉯ 고온에서 수소와 수소화물(BaH_2), 질소화질화물(Ba_3N_2)을 만든다.

　　② 위험성

　　　㉮ 산과 격렬하게 반응하여 수소를 발생한다.

　　　㉯ 고온의 공기 중에서 황록색 불꽃을 내며, 연소하여 BaO이 된다.

　　③ 용도 : 바륨 화합물 제조, TV 제조

　　④ 소화 방법 : 건조사

(5) 라듐(Ra)

　　① 일반적 성질

　　　㉮ 백색의 광택을 가진 금속으로 알칼리 토금속류 중 가장 반응성이 크다.

　　　㉯ 동위 원소 모두가 방사성이다.

　　　㉰ 비중 5.0, 융점 700℃, 비점 1,140℃이다.

　　② 위험성

　　　㉮ 방사성에 따른 특성이 있고, 피부 장애, 암, 백혈병을 발생한다.

　　　㉯ 물 또는 산에 녹고, 수소를 발생한다.

　　　㉰ 공기 중에서 산화되어 흑색으로 변한다.

　　③ 저장 및 취급 방법 : 납, 철, 콘크리트 차폐물을 설치하며, 금속제 캅셀 속에 저장할 것

　　④ 용도 : 의료용, 시험용

　　⑤ 소화 방법 : 화재 시에는 적절한 방호 복장을 갖추어야 한다.

4-7 유기 금속 화합물류(알킬알루미늄, 알킬리튬 제외)(지정 수량 50kg)

　　유기 금속 화합물이란 알킬기(R : C_nH_{2n+1})와 아닐기(C_6H_5) 등 탄화수소기와 금속 원자가 결합된 화합물, 즉 탄소-금속 사이에 치환 결합을 갖는 화합물을 말한다.

(1) 디에틸텔르륨[Te(C₂H₅)₂]

① 일반적 성질

㉮ 가연성이며 무취, 황적색의 유동성 액체이다.

㉯ 공기 또는 물과 접촉하여 분해한다.

㉰ 분자량 185.6, 비점 138℃이다.

② 위험성

㉮ 흡입하면 점막을 자극한다.

㉯ 공기 중에 노출되면 자연 발화하며, 푸른색 불꽃을 내며, 연소한다.

㉰ 산화제, 메탄올, 할로겐과 심하게 반응한다.

③ 저장 및 취급 방법 : 건조하며 통풍이 잘 되는 냉암소에 저장할 것

④ 용도 : 유기 화합물의 합성, 반도체 공업 등

⑤ 소화 방법 : 분무 주수, 방호의와 공기 호흡기 등을 착용한다.

(2) 디메틸텔르륨[Te(CH₃)₂]

디에틸텔르륨과 유사하다.

(3) 디에틸아연[Zn(C₂H₅)₂]

① 일반적 성질

㉮ 무색, 마늘 냄새가 나는 유동성 액체로 가연성이다.

㉯ 물에 분해한다.

㉰ 비중 1.21, 융점 -28℃, 비점 117℃이다.

② 위험성

㉮ 흡입 시 점막을 자극하여 폐부종을 일으킨다.

㉯ 공기와의 접촉에 의해 자연 발화하며, 푸른 불꽃을 내며, 연소한다.

㉰ 120℃ 이상 가열 시 분해 폭발한다.

③ 저장 및 취급 방법 : 대량 저장 시 톨루엔, 헥산 등 안전 용제를 넣을 것

④ 용도 : 반도체 공업

⑤ 소화 방법 : 디에틸텔르륨과 유사하다.

(4) 디메틸아연[Zn(CH₃)₂]

디에틸아연과 유사하다.

(5) 사에틸연[(C₂H₅)₄Pb]

① 일반적 성질

㉮ 그리냐르 시약을 전해하여 만든다.

$$\text{예} \quad 4C_2H_5MgBr + Pb \xrightarrow{\text{전해}} (C_2H_5)_4Pb + 2Hg + 2MgBr$$

㉯ 매우 유독하며, 상온에서 무색 액체이고 단맛이 있으며, 특유한 냄새가 난다.

㉰ 비중 1.65, 융점 $-136℃$, 비점 195℃, 인화점 85~105℃이다.

② 위험성

㉮ 상온에서 기화하기 쉽고, 증기는 공기와 혼합하여 인화·폭발하기 쉽다.

㉯ 햇빛에 쪼이거나 가열하면 195℃ 정도에서 분해·발열하며, 폭발 위험이 있다.

③ 저장 및 취급 방법 : 증기 누출을 방지하며, 강산류, 강산화제, 주위의 혼촉 위험성이 있는 물질을 제거할 것

④ 용도 : 자동차, 항공기 연료의 안티노킹제

⑤ 소화 방법 : 물분무, 포, 분말, CO_2가 유효하다.

(6) 기타

공기 중 자연 발화의 위험이 있고, 물과 격렬하게 반응하며, 반도체 공업에 이용된다. 디메틸카드뮴[(CH₃)₂Cd], 디에틸카드뮴[(C₂H₅)₂Cd], 트리메틸칼륨[(CH₃)₃K], 트리에틸갈륨[(C₂H₅)₃Ga], 트리메틸인듐[(CH₃)₃In], 트리에틸인듐[(C₂H₅)₃In], 디메틸주석[(CH₃)₄Sn] 등

4-8 금속의 수소화물(지정 수량 300kg)

(1) 수소화리튬(LiH)

① 일반적 성질

㉮ 유리 모양의 무색 투명한 고체로, 물과 작용하여 수소를 발생한다.

$$\text{예} \quad LiH + H_2O \rightarrow LiOH + H_2\uparrow + Q(kcal)$$

㉯ 알코올 등에 녹지 않고, 알칼리 금속의 수소화물 중 가장 안정한 화합물이다.

㉰ 비중 0.82, 융점 680℃이다.

② 용도 : 유기 합성의 촉매, 건조제, 수소화알루미늄의 제조 등

(2) 수소화나트륨(NaH)

① 일반적 성질

㉮ 회색의 입방정계 결정으로, 습한 공기 중에서 분해하고, 물과는 격렬하게 반응하여 수소 가스를 발생시킨다.

$$\text{예} \quad NaH + H_2O \rightarrow NaOH + H_2\uparrow + 21kcal$$

㉯ 비중 0.92, 분해 온도 800℃이다.

예제 수소와 나트륨 240g과 충분한 물이 완전 반응하였을 때 발생하는 수소의 부피는? (단, 표준 상태를 가정하며, 나트륨의 원자량은 23이다.)

풀이 $NaH + H_2O \rightarrow NaOH + H_2\uparrow$

24g — 22.4L

240g — x(L)

$x = \dfrac{240 \times 22.4}{24}, \quad \therefore x = 224L$

답 224L

② 용도 : 건조제, 금속 표면의 스케일 제거제 등

③ 소화 방법 : 건조사, 팽창 질석, 팽창 진주암

(3) 수소화칼슘(CaH_2)

① 일반적 성질

㉮ 무색의 사방정계 결정으로 675℃까지는 안정하며, 물에는 용해되지만 에테르에는 녹지 않는다.

㉯ 물과 접촉 시에는 가연성의 수소가스와 수산화칼슘을 생성한다.

예 $CaH_2 + 2H_2O \rightarrow Ca(OH)_2 + 2H_2\uparrow + 48kcal$

㉰ 비중 1.7, 융점 814℃, 분해 온도 675℃이다.

② 용도 : 건조제, 환원제, 축합제, 수소 발생제 등

(4) 수소화알루미늄리튬[Li(AlH₄)]

① 일반적 성질

㉮ 백색 또는 회색의 분말로서 에테르에 녹고, 물과 접촉하여 수소를 발생시킨다.

㉯ 분자량 37.9, 비중 0.92, 융점 125℃이다.

② 위험성

㉮ 물과 접촉 시 수소를 발생하고 발화한다.

예 $LiAlH_4 + 4H_2O \rightarrow LiOH + Al(OH)_3 + 4H_2$

㉯ 약 125℃로 가열하면 Li, Al과 H_2로 분해된다.

③ 용도 : 유기 합성제 등의 환원제, 수소 발생제 등

4-9 금속 인화합물(지정 수량 300kg)

(1) 인화석회(Ca_3P_2, 인화칼슘)

① 일반적 성질

㉮ 적갈색의 괴상(덩어리 상태) 고체이다.

㉯ 분자량 182.3, 비중 2.51, 융점 1,600℃이다.

② 위험성 : 물 또는 산과 반응하여 유독하고, 가연성인 인화수소가스(PH_3, 포스핀)를 발생한다.

예 $Ca_3P_2 + 6H_2O \rightarrow 3Ca(OH)_2 + 2PH_3\uparrow$
$Ca_3P_2 + 6HCl \rightarrow 3CaCl_2 + 2PH_3\uparrow$

③ 저장 및 취급 방법
㉮ 물기 엄금, 화기 엄금. 건조되고 환기가 좋은 곳에 저장할 것
㉯ 용기는 밀전하고, 파손에 주의할 것

④ 용도 : 살서제(쥐약)의 원료, 수중 및 해상 조명 등

(2) 인화알루미늄(AlP)

① 일반적 성질
㉮ 암회색 또는 황색의 결정 또는 분말이며, 가연성이다.
㉯ 습기찬 공기 중 탁한 색으로 변한다.
㉰ 분자량 58, 비중 2.40~2.85, 융점 1,000℃ 이하이다.

② 위험성
㉮ 공기 중 안정하지만 습기 찬 공기, 물, 스팀과 접촉 시 가연성, 유독성의 포스핀가스를 발생한다.
$AlP + 3H_2O \rightarrow Al(OH)_3 + PH_3\uparrow$
포스핀은 맹독성의 무색 기체로서 연소할 때도 유독성의 P_2O_5를 발생한다.
㉯ 공기 중에서 서서히 포스핀을 발생한다.

③ 저장 및 취급 방법
㉮ 물기 엄금(스프링클러 소화 설비를 설치해서는 안 된다.)
㉯ 누출 시 모든 점화원을 제거하고, 마른 모래나 건조 흙으로 흡수 회수할 것

4-10 칼슘 또는 알루미늄의 탄화물(지정 수량 300kg)

칼슘 또는 알루미늄의 탄화물이란 칼슘 또는 알루미늄과 탄소와의 화합물로서 CaC_2(탄화칼슘), 탄화알루미늄(Al_4C_3) 등이 있다.

(1) 탄화칼슘(CaC_2, 카바이드)

① 일반적 성질
㉮ 순수한 것은 정방정계인 백색 입방체의 결정이며, 시판품은 회색 또는 회흑색의 불규칙한 괴상의 고체이다.
㉯ 건조한 공기 중에서는 안정하나 335℃ 이상에서는 산화되며, 고온에서 강한 환원성을 가지므로 산화물을 환원시킨다.
예 $2CaC_2 + 5O_2 \rightarrow 2CaO + 4CO_2\uparrow$

ⓓ 질소와는 약 700℃ 이상에서 질화되어 칼슘시안아미드($CaCN_2$, 석회질소)가 생성된다.

  🔺 예 $CaC_2 + N_2 \rightarrow CaCN_2 + C + 74.6kcal$

ⓔ 물 또는 습기와 작용하여 아세틸렌가스를 발생하고, 수산화칼슘을 생성한다.

  🔺 예 $CaC_2 + 2H_2O \rightarrow Ca(OH)_2 + C_2H_2\uparrow + 27.8kcal$

  생성되는 아세틸렌가스의 발화점 335℃ 이상, 연소 범위 2.5~81%이다.

ⓕ 비중 2.22, 융점 2,300℃이다.

② 위험성

  ㉮ 물 또는 습기와 작용하여 폭발성 혼합가스인 아세틸렌(C_2H_2)가스를 발생하며, 생성되는 수산화칼슘[$Ca(OH)_2$]은 독성이 있기 때문에 인체에 부식 작용(피부 점막 염증, 시력 장애 등)이 있다.

  ㉯ 생성되는 아세틸렌가스는 매우 인화되기 쉬운 가스로, 1기압 이상으로 가압하면 그 자체로 분해·폭발한다.

  🔺 예 $2C_2H_2 + 5O_2 \rightarrow 4CO_2 + 2H_2O\uparrow + 2 \times 310kcal$
  $C_2H_2 \rightarrow 2C + H_2 + 45kcal$

  ㉰ 생성되는 아세틸렌가스는 금속(Cu, Ag, Hg 등)과 반응하여 폭발성 화합물인 금속 아세틸레이드(M_2C_2)를 생성한다.

  🔺 예 $C_2H_2 + 2Ag \rightarrow Ag_2C_2 + H_2\uparrow$

  ㉱ 탄화칼슘(CaC_2)은 여러 가지 불순물을 함유하고 있어 물과 반응 시 아세틸렌가스 외에 유독한 가스(AsH_3, PH_3, H_2S, NH_3 등)가 발생한다.

③ 저장 및 취급 방법

  ㉮ 습기가 없는 건조한 장소에 밀봉·밀전하여 보관할 것

  ㉯ 저장 용기 등에는 질소가스 등 불연성 가스를 봉입할 것

  ㉰ 빗물 또는 침수 우려가 없고, 화기가 없는 장소에 저장할 것

④ **용도** : 용접 및 용단 작업, 유기 합성, 탈수제, 강철의 탈황제, 금속 산화물의 환원 등

⑤ 기타 카바이드

  ㉮ 아세틸렌(C_2H_2)가스를 발생시키는 카바이드 : Li_2C_2, Na_2C_2, K_2C_2, MgC_2

  🔺 예 $Li_2C_2 + 2H_2O \rightarrow 2LiOH + C_2H_2\uparrow$
  $Na_2C_2 + 2H_2O \rightarrow 2NaOH + C_2H_2\uparrow$
  $K_2C_2 + 2H_2O \rightarrow 2KOH + C_2H_2\uparrow$
  $MgC_2 + 2H_2O \rightarrow Mg(OH)_2 + C_2H_2\uparrow$

  ㉯ 메탄(CH_4)가스를 발생시키는 카바이드 : BeC_2

  🔺 예 $Be_2C_2 + 4H_2O \rightarrow 2Be(OH)_2 + CH_4\uparrow$

  ㉰ 메탄(CH_4)과 수소(H_2)가스를 발생시키는 카바이드 : Mn_3C

  🔺 예 $Mn_3C + 6H_2O \rightarrow 3Mn(OH)_2 + CH_4\uparrow + H_2\uparrow$

(2) 탄화알루미늄(Al_4C_3)

① 일반적 성질

㉮ 황색(순수한 것은 백색)의 단단한 결정 또는 분말로서 1,400℃ 이상 가열 시 분해한다.

㉯ 비중 2.36, 분해 온도 1,400℃ 이상이다.

② 위험성 : 물과 반응하여 가연성인 메탄(폭발 범위 : 5~15%)을 발생하므로 인화의 위험이 있다.

　예 $Al_4C_3 + 12H_2O \rightarrow 4Al(OH)_3 + 3CH_4\uparrow + 360kcal$

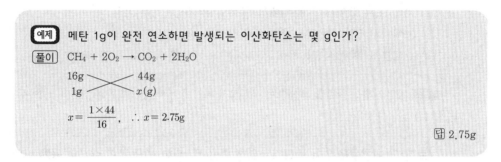

예제　메탄 1g이 완전 연소하면 발생되는 이산화탄소는 몇 g인가?

풀이　$CH_4 + 2O_2 \rightarrow CO_2 + 2H_2O$

$$\begin{matrix} 16g & 44g \\ 1g & x(g) \end{matrix}$$

$x = \dfrac{1 \times 44}{16}$, ∴ $x = 2.75g$

답 2.75g

③ 용도 : 촉매, 메탄가스의 발생, 금속 산화물의 환원, 질화알루미늄의 제조 등

출·제·예·상·문·제

1

자연 발화성 물질에 대한 설명으로 가장 옳은 것은?

① 고체 또는 액체로서 공기 중에서 발화의 위험성이 있는 것
② 고체 또는 액체로서 물속에서 발화의 위험성이 있는 것
③ 고체로서 공기 중에서 발화의 위험성이 있는 것
④ 고체로서 공기와 접촉하여 발화되거나 가연성 가스의 발생 위험성이 있는 것

해설 자연 발화성 물질은 고체 또는 액체로서 공기 중에서 자연 발화의 위험이 있는 것이다.

2

〈보기〉의 위험물을 위험 등급 Ⅰ, 위험 등급 Ⅱ, 위험 등급 Ⅲ의 순서로 옳게 나열한 것은?

〈보기〉 황린, 인화칼슘, 리튬

① 황린, 인화칼슘, 리튬   ② 황린, 리튬, 인화칼슘
③ 인화칼슘, 황린, 리튬   ④ 인화칼슘, 리튬, 황린

해설 ㉠ 위험 등급 Ⅰ : 황린
　　　㉡ 위험 등급 Ⅱ : 리튬
　　　㉢ 위험 등급 Ⅲ : 인화칼슘

3

염소화규소 화합물은 제 몇 류 위험물에 해당되는가?

① 제1류   ② 제2류
③ 제3류   ④ 제5류

해설 염소화규소 화합물은 제3류 위험물이다.

4

다음 중 제3류 위험물이 아닌 것은?

① 황린   ② 나트륨
③ 칼륨   ④ 마그네슘

해설 ④ 마그네슘 : 제2류 위험물

정답 　1.① 　2.② 　3.③ 　4.④

5

위험물안전관리법령에서 제3류 위험물에 해당하지 않는 것은?

① 알칼리 금속
② 칼륨
③ 황화인
④ 황린

🌱 해설 ③ 황화인 : 제2류 위험물

6

다음 중 위험물안전관리법령에 따른 지정 수량이 나머지 셋과 다른 하나는?

① 황린
② 칼륨
③ 나트륨
④ 알킬리튬

🌱 해설 ① 황린 : 20kg
② 칼륨 : 10kg
③ 나트륨 : 10kg
④ 알킬리튬 : 10kg

7

Ca_3P_2 600kg을 저장하려 한다. 지정 수량의 배수는?

① 2배
② 3배
③ 4배
④ 5배

🌱 해설 Ca_3P_2의 지정 수량은 300kg이다.
즉, 600kg÷300kg=2배

8

다음 각 위험물의 지정 수량의 총합은 몇 kg인가?

알킬리튬, 리튬, 수소화나트륨, 인화칼슘, 탄화칼슘

① 820
② 900
③ 960
④ 1,260

🌱 해설 지정 수량
㉠ 알킬리튬 : 10kg
㉡ 리튬 : 50kg
㉢ 수소화나트륨 : 300kg
㉣ 인화칼슘 : 300kg
㉤ 탄화칼슘 : 300kg
∴ 10+50+300+300+300=960kg

9

제3류 위험물의 공통적인 성질을 설명한 것 중 옳은 것은? (단, 황린은 제외)

① 모두 무기 화합물이다.   ② 저장액으로 석유류를 이용한다.

③ 햇빛에 노출되는 순간 발화된다.   ④ 물과 반응 시 발열 또는 발화된다.

 제3류 위험물의 공통적 성질은 물과 반응 시 발열 또는 발화하고, 가연성 가스의 발생 위험이 있어야 한다.

10

다음 중 제3류 위험물의 일반적 성질에 대한 설명으로 올바른 것은?

① 무기 화합 물질로만 구성되어 있다.

② 대표적인 성질은 자기 반응성 물질이다.

③ 황린을 제외하고, 모두 물에 대하여 반응이 일어나는 물질이다.

④ 칼륨, 나트륨, 알킬리튬은 물보다 무겁고 나머지 품목은 물보다 가볍다.

 ① 제3류 위험물은 무기·유기 화합물로 구성되어 있다.

② 대표적인 성질은 자연 발화성 물질 및 물과 반응하여 가연성 가스를 발생하는 물질로서 복합적 위험성을 가지고 있다.

④

종 류	비 중
칼륨	0.86
나트륨	0.97
알킬리튬	–

11

제3류 위험물의 성질로서 적합한 것은?

① 산화력이 강하다.

② 물과 반응하여 화학적으로 활성화된다.

③ 전부 보호액 중에 보관해야 된다.

④ 전부 단체 금속이다.

 제3류 위험물은 자연 발화성 물질 및 금수성 물질이다.

12

제3류 위험물의 취급상 공통적 위험성은?

① 화기와의 접근을 피한다.   ② 충격에 주의한다.

③ 직사광선을 피한다.   ④ 물과의 접촉을 피한다.

 위험물안전관리법상 제3류 위험물은 자연 발화성 물질 또는 금수성 물질로서, 물과 접촉하면 가연성 가스가 발생하거나 많은 열을 내는 물질을 말한다.

정답   9. ④ 10. ③ 11. ② 12. ④

13 제3류 위험물에 물을 가했을 때 일어나는 반응은?

① 흡열 반응　　　　　　② 산화 반응

③ 발열 반응　　　　　　④ 연쇄 반응

 제3류 위험물은 자연 발화성 물질 또는 금수성 물질로서, 물과 접촉하면 가연성 가스가 발생하거나 많은 열을 내는 물질을 말한다(발열 반응).

14 제3류 위험물 가운데 보호액 속에 저장하는 것이 있다. 그 이유는?

① 공기와의 접촉을 막기 위하여

② 승화를 막기 위하여

③ 산소 발생을 피하기 위하여

④ 화기를 피하기 위하여

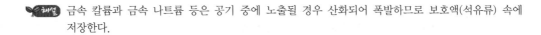 금속 칼륨과 금속 나트륨 등은 공기 중에 노출될 경우 산화되어 폭발하므로 보호액(석유류) 속에 저장한다.

15 위험물 저장 방법에 관한 설명 중 틀린 것은?

① 알킬알루미늄은 물속에 보관한다.

② 황린은 물속에 보관한다.

③ 금속 나트륨은 등유 속에 보관한다.

④ 금속 칼륨은 경유 속에 보관한다.

 알킬알루미늄의 저장 용기는 밀전하여 차고 어두운 곳에 저장하며, 항상 건조되고 통풍 환기가 양호한 곳에 둔다.

16 위험물이 물과 반응하였을 때 발생하는 가연성 가스를 잘못 나타낸 것은?

① 금속 칼륨 – 수소

② 금속 나트륨 – 수소

③ 인화칼슘 – 포스겐

④ 탄화칼슘 – 아세틸렌

 ① $2K + 2H_2O \rightarrow 2KOH + H_2\uparrow + 2 \times 46.2kcal$

② $2Na + 2H_2O \rightarrow 2NaOH + H_2\uparrow + 2 \times 44.1kcal$

③ $Ca_3P_2 + 6H_2O \rightarrow 3Ca(OH)_2 + 2PH_3\uparrow$

④ $CaC_2 + 2H_2O \rightarrow Ca(OH)_2 + C_2H_2\uparrow + 32kcal$

정답　　**13.** ③　**14.** ①　**15.** ①　**16.** ③

17

> 제3류 위험물 중 금수성 물질에 적응할 수 있는 소화 설비는?
>
> ① 포 소화 설비
> ② 불활성가스 소화 설비
> ③ 탄산수소염류 분말 소화 설비
> ④ 할로겐 화합물 소화 설비

해설 제3류 위험물 중 금수성 물질에 적응하는 소화 설비
탄산수소염류 분말 소화 설비

18

> 제3류 위험물에 적응하는 소화 방법으로 옳은 것은?
>
> ① 젖은 거적을 씌운다.
> ② 마른 모래를 뿌린 뒤에 주수한다.
> ③ 마른 모래로 질식 소화한다.
> ④ 거품을 방사한다.

해설 제3류 위험물은 자연 발화성 물질 또는 금수성 물질로서, 물과 접촉하면 가연성 가스가 발생하거나 많은 열을 내는 물질을 말하며, 소화 방법으로는 건조사에 의한 질식 소화가 가장 효과적이다.

19

> 금속 칼륨에 관한 성질로서 틀린 것은?
>
> ① 칼륨은 연해서 칼로 자를 수 있다.
> ② 칼륨의 입자를 수조 중에 넣으면 서서히 녹아 수산화칼륨이 된다.
> ③ 산소와 결합력이 강하기 때문에 공기 중에서 즉시 광택을 잃는다.
> ④ 석유류를 보호액으로 해서 저장한다.

해설 실온의 공기 중 빠르게 산화되어 피막을 형성하여 곧 광택을 잃는다.

20

> 다음 중 물과 접촉하였을 때 위험성이 가장 높은 것은?
>
> ① S
> ② CH_3COOH
> ③ C_2H_5OH
> ④ K

해설 K(칼륨)
물과 격렬히 반응하여 발열하고, 수소를 발생한다.
$2K + 2H_2O \rightarrow 2KOH + H_2\uparrow + 2 \times 46.2kcal$
여기서, H_2는 가연성 가스이고, KOH는 부식성이 매우 강한 물질이며 반응 시 소량의 증기로 변하여 눈, 목, 피부를 자극한다. 발생된 반응열은 K를 태우기도 하고 H_2와 공기 혼합물을 폭발시킬 수 있으므로 반응열과 나타난 현상은 매우 위험하다.

21

금속 칼륨은 공기 속에서 수분과 반응하여 수소를 발생시킨다. 이때 열량은 약 몇 kcal인가?

$$2K + 2H_2O \rightarrow 2KOH + H_2 + Q(kcal)$$

① 62.8　　　② 72.8　　　③ 82.8　　　④ 92.4

해설 $2K + 2H_2O \rightarrow 2KOH + H_2 + 2 \times 46.2kcal$

22

다음은 금속 칼륨이 물과 반응했을 때 일어난 것을 나타낸 것이다. 옳은 것은?

① 수산화칼륨 + 수소 + 발열　　② 수산화칼륨 + 수소 + 흡열

③ 수산화나트륨 + 산소 + 흡열　　④ 산화칼륨 + 산소 + 발열

해설 $2K + 2H_2O \rightarrow 2KOH + H_2 + 92.8kcal$

23

칼륨이 에틸알코올과 반응할 때 나타나는 현상은?

① 산소가스를 생성한다.

② 칼륨에틸레이트를 생성한다.

③ 칼륨과 물이 반응할 때와 동일한 생성물이 나온다.

④ 에틸알코올이 산화되어 아세트알데히드를 생성한다.

해설 칼륨은 메탄올, 에탄올, 부탄올 등 알코올과 반응하여 알코올레이트와 수소를 발생한다.
$2K + 2C_2H_5OH \rightarrow 2C_2H_5OK + H_2\uparrow$

24

비중은 0.86이고 은백색의 무른 경금속으로 보라색 불꽃을 내면서 연소하는 제3류 위험물은?

① 칼슘　　　② 나트륨　　　③ 칼륨　　　④ 리튬

해설 **칼륨(K)** : 비중 0.86인 은백색의 무른 경금속으로 보라색 불꽃을 내면서 연소하는 제3류 위험물이다.

25

다음 중 금속 칼륨(K)을 석유에 넣어 보관하는 이유로 가장 타당한 것은?

① 산화력이 크기 때문에

② 취급이 대단히 위험함을 표시하기 위해서

③ 수분과 접촉을 차단하고 산화를 방지하기 위해서

④ 마찰, 충격에 의한 분진 발생을 방지하기 위해서

해설 칼륨은 물과 격렬하게 반응하여 수소를 생성한다.

26

금속 칼륨의 보호액으로 적당하지 않은 것은?

① 등유   ② 유동 파라핀
③ 경유   ④ 에탄올

🌱해설 금속 칼륨 보호액 : 등유(석유), 경유, 유동 파라핀

27

금속 칼륨의 성상 중 가장 적당한 것은?

① 금속 가운데 가장 무거운 금속이다.
② 대기 중에서 수분을 흡수하지만 산화물을 만들지 않는다.
③ 화학적으로 매우 활발한 금속이다.
④ 상온에서 은백색의 광택이 나는 금속이다.

🌱해설 금속 칼륨은 화학적 활성이 대단히 큰 은백색의 광택 있는 무른 경금속으로, 공기 중의 수분이나
물과 반응하여 수소가스를 발생시키며 폭발한다. 보호액은 석유류(등유)이다.

28

금속 칼륨의 성질로 옳은 것은?

① 중금속류에 속한다.   ② 화학적으로 이온화경향이 큰 금속이다.
③ 물속에 보관한다.   ④ 화학적으로 안정한 액체 금속이다.

🌱해설 금속의 이온화경향

$K > Ca > Na > Mg > Al > Zn > Fe > Ni > Sn > Pb > (H) > Cu > Hg > Ag > Pt > Au$

29

금속 칼륨(2mol)을 산소(0.5mol)와 반응시키면 생성되는 물질은?

① KOH   ② KCl   ③ K_2O ④ KNO_3

🌱해설 $2K + \dfrac{1}{2}O_2 \rightarrow K_2O$

30

금속 칼륨 표면이 회백색으로 변했다. 이때의 분자식은?

① KOH   ② KCl
③ K_2O ④ KNO_3

🌱해설 $4K + O_2 \rightarrow 2K_2O$

정답 26. ④ 27. ③ 28. ② 29. ③ 30. ③

31 금속 칼륨에 대한 초기의 소화 약제로서 적합한 것은?

① 물
② 마른 모래
③ CCl_4
④ CO_2

 금속 칼륨 소화 약제 : 주수를 절대 엄금하며, 포, 건조 분말, CO_2, 할론 소화 약제(할론 1211, 할론 1301)를 사용하지 말아야 한다. 초기의 소화 약제로는 마른 모래가 적당하며, 다량의 칼륨이 연소할 때는 적당한 소화 수단이 없으므로 확대 방지에 노력하여야 한다.

32 칼륨이나 나트륨을 주수하면 발생하는 기체는?

① 수산화나트륨
② 수산화칼륨
③ 수소
④ 인화수소

 $2K + 2H_2O \rightarrow 2KOH + H_2 \uparrow$
$2Na + 2H_2O \rightarrow 2NaOH + H_2 \uparrow$

33 금속 나트륨과 금속 칼륨의 공통적인 성질에 대한 설명으로 옳은 것은?

① 불연성 고체이다.
② 물과 반응하여 산소를 발생한다.
③ 은백색의 매우 단단한 금속이다.
④ 물보다 가벼운 금속이다.

	Na	K
①	가연성 고체	가연성 고체
②	물과 반응하여 수소 발생	물과 반응하여 수소 발생
③	은백색의 광택이 있는 경금속	은백색의 광택이 있는 경금속
④	물보다 가벼움(비중 0.97)	물보다 가벼움(비중 0.86)

34 금속 나트륨에 대한 설명으로 틀린 것은?

① 제3류 위험물이다.
② 융점은 약 297℃이다.
③ 은백색의 가벼운 금속이다.
④ 물과 반응하여 수소를 발생한다.

 ② 융점은 97.8℃이다.

35 금속 나트륨이 물과 반응하면 위험한 이유 중 알맞은 것은?

① 물과 반응해서 질산나트륨이 되기 때문에
② 물과 반응해서 산소를 발생하기 때문에
③ 물과 반응해서 높은 열과 수소를 발생하기 때문에
④ 물과 반응해서 수산화칼륨을 만들기 때문에

해설 금속 나트륨은 물과 격렬하게 반응하여 수소를 발생하고 발화한다.
$2Na + 2H_2O \rightarrow 2NaOH + H_2 \uparrow + 2 \times 44.1 kcal$

36 금속 나트륨에 대한 설명으로 옳지 않은 것은?

① 물과 격렬히 반응하여 발열하고, 수소가스를 발생한다.
② 에틸알코올과 반응하여 나트륨에틸라이트와 수소가스를 발생한다.
③ 할로겐 화합물 소화 약제는 사용할 수 없다.
④ 은백색의 광택이 있는 중금속이다.

해설 ④ 은백색의 광택이 있는 경금속이다.

37 다음 중 금속 나트륨의 보호액으로 적당한 것은?

① 페놀   ② 벤젠
③ 아세트산   ④ 에틸알코올

해설 K, Na, 적린(붉은인)의 보호액 : 석유 또는 벤젠

38 석유 속에 저장되어 있는 금속 조각을 떼어 불꽃 반응을 하였더니, 노란 불꽃을 나타냈다. 어떤 금속인가?

① 칼륨   ② 나트륨   ③ 칼슘   ④ 리튬

해설 나트륨의 불꽃 반응색은 노란색이다.

39 나트륨(Na)을 잘못 취급해 표면이 회백색으로 변했다. 이 나트륨 표면에 생성된 물질의 분자식을 올바르게 표시한 것은?

① Na_2O ② $NaCl$ ③ $NaNO_3$ ④ $NaOH$

해설 $4Na + O_2 \rightarrow 2Na_2O$

정답   35. ③   36. ④   37. ②   38. ②   39. ①

40

금속 나트륨 화재에 적응하는 소화 약제는?

① 팽창 질석, 마른 모래
② 할로겐 화합물
③ 분말 소화 약제
④ 이산화탄소

 해설 나트륨, 칼륨 화재는 건조사 또는 금속 화재용 분말 소화 약제를 사용한다.

41

물과 접촉하면 위험성이 증가하므로 주수 소화를 할 수 없는 물질은?

① $C_6H_2CH_3(NO_2)_3$
② $NaNO_3$
③ $(C_2H_5)_3Al$
④ $(C_6H_5CO)_2O_2$

해설 물과 접촉하면 폭발적으로 반응하여 에탄을 생성하고 이때 발열, 폭발에 이른다.
$(C_2H_5)_3Al + 3H_2O \rightarrow Al(OH)_3 + 3C_2H_6 \uparrow + 발열$
이 C_2H_6는 순간적으로 발생하고 반응열에 의해 연소한다. 그러므로 주수 소화는 할 수 없다.

42

물과 접촉하였을 때 에탄이 발생되는 물질은?

① CaC_2
② $(C_2H_5)_3Al$
③ $C_6H_3(NO_2)_3$
④ $C_2H_5ONO_2$

해설 ① $CaC_2 + 2H_2O \rightarrow Ca(OH)_2 + C_2H_2 \uparrow + 27.8kcal$
② $(C_2H_5)_3Al + 3H_2O \rightarrow Al(OH)_3 + 3C_2H_6 \uparrow$
③ 물에 녹지 않는다.
④ 물에 녹지 않는다.

43

트리메틸알루미늄이 물과 반응 시 생성되는 물질은?

① 산화알루미늄
② 메탄
③ 메틸알코올
④ 에탄

해설 트리메틸알루미늄은 물과 반응 시 메탄을 생성하고, 이때 발열·폭발에 이른다.
$(CH_3)3Al + 3H_2O \rightarrow Al(OH)_3 + 3CH_4 \uparrow + 발열$

44

알킬알루미늄의 저장 및 취급 방법으로 옳은 것은?

① 용기는 완전 밀봉하고, CH_4, C_3H_8 등을 봉입한다.
② C_6H_6 등의 희석제를 넣어준다.
③ 용기의 마개에 다수의 미세한 구멍을 뚫는다.
④ 통기구가 달린 용기를 사용하여 압력 상승을 방지한다.

해설 알킬알루미늄[$(C_2H_5)_3Al$]의 저장 및 취급 방법

실제 사용 시에는 희석제(벤젠, 헥산, 톨루엔, 펜탄 등 탄화수소 용제)로 20~30% 희석히여 안전을 도모한다.

45

알킬알루미늄 화재 시 가장 적당한 소화제는?

① CO_2
② 물
③ 팽창 질석
④ 산, 알칼리

해설 알킬알루미늄의 화재 시 소화제로는 팽창 질석 또는 팽창 진주암이 가장 효과적이다.

46

알킬리튬에 대한 설명으로 틀린 것은?

① 제3류 위험물이며, 지정 수량은 10kg이다.
② 가연성의 액체이다.
③ 이산화탄소와 격렬하게 반응한다.
④ 소화 방법으로는 물로 주수가 불가하며, 할로겐 화합물 소화 약제를 사용하여야 한다.

해설 ④ 소화 방법으로 물, 포, CO_2, 할로겐 화합물 소화 약제의 사용을 금하며 건조사, 건조 분말을 사용하여 소화한다.

47

다음 물질의 화재 시 내알코올 포를 쓰지 못하는 것은?

① 아세트알데히드
② 알킬리튬
③ 아세톤
④ 에탄올

해설 ㉠ 내알코올 포 : 물에 녹는 위험물이 적합
예 아세트알데히드, 아세톤, 에탄올
㉡ 건조사 : 물과 심하게 반응하는 위험물
예 알킬리튬

48

다음의 조건을 갖추고 있는 위험물은?

- 지정 수량은 20kg이고, 백색 또는 담황색 고체이다.
- 상온에서 증기를 발생하고, 천천히 산화된다.
- 비중 1.92, 융점 44℃, 비점 280℃, 발화점 34℃이다.

① 적린
② 황린
③ 유황
④ 마그네슘

해설 황린에 대한 설명이다.

정답 45. ③ 46. ④ 47. ② 48. ②

49

다음 위험물을 저장할 때 보호액으로 물을 사용하는 물질은?

① 황   ② 아연
③ 구리   ④ 황린

해설 황린은 자연 발화성이 있어 물속에 저장한다.

50

황린의 연소 생성물은?

① 삼황화인   ② 인화수소
③ 오산화인   ④ 오황화인

해설 황린은 공기 중에서 격렬하게 다량의 백색 연기를 내면서 연소한다.
$$4P + 5O_2 \rightarrow 2P_2O_5 + 2 \times 370.8 kcal$$

51

공기를 차단하고, 황린이 적린으로 만들어지는 가열 온도는 약 몇 ℃ 정도인가?

① 260   ② 310   ③ 340   ④ 430

해설 황린은 약 260℃로 가열하면 적린이 된다.

52

다음 설명 중 올바르게 표현된 것은?

① 황린은 담황색이며, 자극성 냄새를 가지고 있으며, 맹독성이다.
② 황화인은 녹색의 결정이며, 물에 분해되어 이산화황과 인산이 된다.
③ 적린은 적갈색의 분말로서, 조해성이 있는 자연 발화성 물질이다.
④ 유황은 고체 또는 분말이며, 많은 이성질체를 갖고 있는 전기 도체이다.

해설 ① 백색 또는 담황색의 정사면체 구조를 가진 고체상의 가연성, 자연 발화성 고체이다.
② 삼황화인(P_4S_3)는 황색의 결정성 덩어리, 오황화인(P_2S_5), 칠황화인(P_4S_7)은 담황색의 결정성 덩어리로 물에 분해되어 황화수소와 인산이 된다.
③ 적린은 암적색의 분말로 조해성, 자연 발화성이 없다.
④ 유황은 황색의 결정 또는 미황색의 분말이며, 3가지 이성질체를 가지고 있는 전기 절연체이다.

53

황린을 취급할 때 다음의 물질이 혼합되었다. 가장 위험한 것은?

① $KClO_3$ ② S
③ H_2O ④ 가솔린

해설 황린을 CS_2 중에서 녹인 뒤 $KClO_3$ 등의 염소산염류와 접촉시키면 발열하면서 심하게 폭발한다.

정답   49. ④   50. ③   51. ①   52. ①   53. ①

54

저장 용기에 물을 넣어 보관하고 Ca(OH)$_2$를 넣어 pH 9의 약알칼리성으로 유지시키면서 저장하는 물질은?

① 적린 ② 황린
③ 질산 ④ 황화인

🌱해설 황린 : 반드시 저장 용기에 물을 넣어 보관한다. 저장 시 pH를 측정하여 산성을 나타내면 Ca(OH)$_2$ 를 넣어 약알칼리성(pH=9)이 유지되도록 하며, 경우에 따라 불활성 가스를 봉입하기도 한다.

55

다음 중 황린이 자연 발화가 쉽게 일어나는 이유로 올바른 것은?

① 조해성이 커서 공기 중 수분을 흡수하여 분해하기 때문이다.
② 환원력이 강하여 분해되면서 폭발성 가스를 생성하기 때문이다.
③ 발화점이 매우 낮고, 화학적 활성이 크기 때문이다.
④ 상온에서 산화성 고체이기 때문이다.

🌱해설 발화점(34℃)이 매우 낮고, 공기 중의 산소와 산화할 때 산화열이 크고, 발화점 자체가 낮기 때문에 공기 중 노출이 되어 방치하면 액화되면서 자연 발화한다.

56

황린은 공기 속에서 서서히 산화하여 발화점에 달하면 자연 발화하는데, 이때 생기는 흰 연기는?

① P$_2$O$_5$ ② PH$_3$
③ PO$_2$ ④ P$_2$O

🌱해설 4P + 5O$_2$ → 2P$_2$O$_5$

57

다음 위험물 중에서 발화점이 가장 낮은 것은?

① 황린 ② 황화인
③ 마그네슘 ④ 실린더유

🌱해설 ① 34℃, ② 100℃, ③ 400℃, ④ 170℃

58

황린의 저장 및 취급에 있어서 주의할 사항 중 옳지 않은 것은?

① 독성이 있으므로 취급에 주의할 것 ② 물과의 접촉을 피할 것
③ 산화제와의 접촉을 피할 것 ④ 화기의 접근을 피할 것

🌱해설 ② 물과 반응하지 않으며, 물에 녹지 않는다. 따라서 물속에 저장한다.

정답 **54.** ② **55.** ③ **56.** ① **57.** ① **58.** ②

59

다음 중 물과 작용하여도 가연성 기체를 발생시키지 않는 것은?

① 수소화칼슘　　　　　　② 탄화칼슘

③ 산화칼슘　　　　　　　④ 금속 칼륨

 ① $CaH_2 + 2H_2O \rightarrow Ca(OH)_2 + 2H_2 + 48kcal$

② $CaC_2 + 2H_2O \rightarrow C_2H_2 + Ca(OH)_2 + 27.8kcal$

③ $CaO + 2H_2O \rightarrow Ca(OH)_2 + H_2O + 102kcal$

④ $2K + 2H_2O \rightarrow 2KOH + H_2 + 92.8kcal$

60

다음 제3류 위험물인 금속 수소화물 중에서 가장 안전한 것은?

① $Li(AlH_4)$　　　　　　② $NaBH_4$

③ KH　　　　　　　　　④ LiH

 금속 수소화물 중에서 수소화리튬(LiH)이 가장 안전하다.

61

수소화나트륨이 물과 반응 시 발생하는 것은?

① 일산화탄소　　　　　　② 산소

③ 아세틸렌　　　　　　　④ 수소

해설 수소화나트륨(NaH) : 제3류 위험물(금수성 물질)

물과 실온에서 격렬하게 반응하여 수소를 발생하고 발열하며, 습도가 높을 때에는 공기 중의 수증기와 반응을 한다.

$NaH + H_2O \rightarrow NaOH + H_2 \uparrow$

이때 발생한 반응열에 의해 자연 발화한다.

62

수소화나트륨 240g과 충분한 물이 완전 반응하였을 때 발생하는 수소의 부피는? (단, 표준 상태를 가정하며, 나트륨의 원자량은 23이다.)

① 22.4L　　　　　　　　② 224L

③ $22.4m^3$　　　　　　　④ $224m^3$

$$\therefore x = \frac{240 \times 22.4}{24}, \quad \therefore x = 224L$$

63

수소화칼슘이 물과 반응하였을 때의 생성물은?

① 칼슘과 수소

② 수산화칼슘과 수소

③ 칼슘과 산소

④ 수산화칼슘과 산소

 물과 실온에서 격렬히 반응하여 수산화칼슘과 수소를 발생하며 발열한다.

$$CaH_2 + 2H_2O \rightarrow Ca(OH)_2 + 2H_2 \uparrow$$

64

제3류 위험물을 취급할 때 물과 접촉하여 발생하는 기체로서 옳은 것은?

① 탄화칼슘-발열

② 인화석회-인화수소

③ 나트륨-산소

④ 산화칼슘-아세틸렌

 ① $CaC_2 + 2H_2O \rightarrow Ca(OH)_2 + C_2H_2 \uparrow$

② $Ca_3P_2 + 6H_2O \rightarrow 3Ca(OH)_2 + 2PH_3 \uparrow$

③ $2Na + 2H_2O \rightarrow 2NaOH + H_2 \uparrow$

④ $CaO + H_2O \rightarrow Ca(OH)_2$

65

다음 중 화재 시 물을 사용할 경우 가장 위험한 물질은?

① 염소산칼륨

② 인화칼슘

③ 황린

④ 과산화수소

 물과 심하게 반응하여 포스핀을 발생한다.

$$Ca_3P_2 + 6H_2O \rightarrow 3Ca(OH)_2 + 2PH_3 \uparrow$$

그러므로 주수 엄금, 마른 모래, 건조 흙, 건조 소석회 등으로 질식 소화한다.

66

다음은 위험물의 성질을 설명한 것이다. 위험물과 그 위험물의 성질을 모두 옳게 연결한 것은?

A. 건조 질소와 상온에서 반응한다.
B. 물과 작용하면 가연성 가스를 발생한다.
C. 물과 작용하면 수산화칼슘을 발생한다.
D. 비중이 1 이상이다.

① K-A, B, C

② Ca_3P_2-B, C, D

③ Na-A, C, D

④ CaC_2-A, B, D

① K

    B. 물과 작용하면 가연성 가스를 발생한다.

       $2K + 2H_2O \rightarrow 2KOH + H_2\uparrow + 2 \times 46.2kcal$

② Ca_3P_2

    B. 물과 작용하면 가연성 가스를 발생한다.

    C. 물과 작용하면 수산화칼슘을 발생한다.

       $Ca_3P_2 + 6H_2O \rightarrow 3Ca(OH)_2 + 2PH_3\uparrow$

    D. 비중(2.5)이 1 이상이다.

③ Na

    C. 물과 작용하면 가연성 가스를 발생한다.

       $2Na + 2H_2O \rightarrow 2NaOH + H_2\uparrow + 2 \times 44.1kcal$

④ CaC_2

    B. 물과 작용하면 가연성 가스를 발생한다.

       $CaC_2 + 2H_2O \rightarrow Ca(OH)_2 + C_2H_2\uparrow + 32kcal$

    C. 비중(2.2)이 1 이상이다.

67

위험물과 그 보호액 또는 안정제의 연결이 틀린 것은?

① 황린-물

② 인화석회-물

③ 금속 칼륨-등유

④ 알킬알루미늄-헥산

 ② 인화석회-건조되고 환기가 잘 되는 곳

68

탄화칼슘에 대한 설명으로 옳은 것은?

① 분자식은 CaC이다.

② 물과의 반응 생성물에는 수산화칼슘이 포함된다.

③ 순수한 것은 흑회색의 불규칙한 덩어리이다.

④ 고온에서도 질소와는 반응하지 않는다.

① 분자식은 CaC_2이다.

② 물과의 반응 생성물에는 수산화칼슘이 포함된다.

    $CaC_2 + 2H_2O \rightarrow Ca(OH)_2 + C_2H_2$

③ 순수한 것은 무색 투명하나 보통은 흑회색이며, 불규칙적인 덩어리 상태이다.

④ 질소 중에서 고온으로 가열하면 석회질소가 얻어진다.

    $CaC_2 + N_2 \xrightarrow{\Delta} CaCN_2 + C$

69

탄화칼슘을 습한 공기 중에 보관하면 위험한 이유로 가장 옳은 것은?

① 아세틸렌과 공기가 혼합된 폭발성 가스가 생성될 수 있으므로
② 에틸렌과 공기 중 질소가 혼합된 폭발성 가스가 생성될 수 있으므로
③ 분진 폭발의 위험성이 증가하기 때문에
④ 포스핀과 같은 독성 가스가 발생하기 때문에

> **해설** 탄화칼슘은 물과 심하게 반응하여 수산화칼슘(소석회)과 아세틸렌을 만들며 공기 중 수분과 반응하여도 아세틸렌을 발생한다.
> $CaC_2 + 2H_2O \rightarrow Ca(OH)_2 + C_2H_2 \uparrow + 32kcal$
> 아세틸렌 발생량은 약 366L/kg이다.

70

다음 위험물 중 물과 반응하여 연소 범위가 약 2.5~81%인 위험한 가스를 발생시키는 것은?

① Na
② P
③ CaC_2
④ Na_2O_2

> **해설** $CaC_2 + 2H_2O \rightarrow Ca(OH)_2 + C_2H_2 \uparrow + 32kcal$
> 아세틸렌은 고도의 가연성 가스로서 연소 범위가 2.5~81%로 대단히 넓다.

71

탄화칼슘에서 아세틸렌가스가 발생하는 반응식으로 옳은 것은?

① $CaC_2 + 2H_2O \rightarrow Ca(OH)_2 + C_2H_2$
② $CaC_2 + H_2O \rightarrow CaO + C_2H_2$
③ $2CaC_2 + 6H_2O \rightarrow 2Ca(OH)_3 + 2C_2H_3$
④ $CaC_2 + 3H_2O \rightarrow CaCO_3 + 2CH_3$

> **해설** 탄화칼슘은 물과 심하게 반응하여 수산화칼슘(소석회)과 아세틸렌을 만들며, 공기 중 수분과 반응하여도 아세틸렌을 발생한다.
> $CaC_2 + 2H_2O \rightarrow Ca(OH)_2 + C_2H_2 \uparrow + 32kcal$
> 아세틸렌 발생량은 약 366L/kg이다.

72

탄화칼슘의 취급 방법에 대한 설명으로 옳지 않은 것은?

① 물, 습기와의 접촉을 피한다.
② 건조한 장소에 밀봉·밀전하여 보관한다.
③ 습기와 작용하여 다량의 메탄이 발생하므로 저장 중에 메탄가스의 발생 유무를 조사한다.
④ 저장 용기에 질소가스 등 불활성 가스를 충전하여 저장한다.

해설 ② 물 또는 습기와 작용하여 아세틸렌가스를 발생하고, 수산화칼슘을 생성한다.
$$CaC_2 + 2H_2O \rightarrow Ca(OH)_2 + C_2H_2 \uparrow + 27.8kcal$$

73

탄화칼슘(CaC_2)의 대량 저장 시 용기에 어떤 가스를 봉입하는가?

① 포스겐
② 인화수소
③ 질소가스
④ 아황산가스

해설 용기에 질소가스 등 불연성 가스를 봉입할 것

74

카바이드(CaC_2)를 저장할 때 주의해야 할 사항은?

① 저장 용기는 나무 상자를 사용한다.
② 철제 용기에 밀봉하여 습기가 없는 곳에 저장한다.
③ 저장 창고는 통풍시키지 말아야 한다.
④ 어둡고 습기가 많은 곳에 저장한다.

해설 밀폐된 저장 용기에 저장하며, 물 또는 습기, 눈, 얼음 등의 침투를 막아야 하며, 산화성 물질과의 접촉을 방지한다.

75

다음 물질 중 물과 반응하여 가연성 가스인 아세틸렌이 발생되지 않는 것은?

① Na_2C_2
② CaC_2
③ MgC_2
④ Be_2C

 해설 ① $Na_2C_2 + 2H_2O \rightarrow 2NaOH + C_2H_2 \uparrow$
② $CaC_2 + 2H_2O \rightarrow Ca(OH)_2 + C_2H_2 \uparrow$
③ $MgC_2 + 2H_2O \rightarrow Mg(OH)_2 + C_2H_2 \uparrow$
④ $Be_2C + 4H_2O \rightarrow 2Be(OH)_2 + CH_4 \uparrow$

76

물과 작용하여 메탄과 수소를 발생시키는 것은?

① Al_4C_3
② Mn_3C
③ Na_2C_2
④ MgC_2

 해설 ① $Al_4C_3 + 12H_2O \rightarrow 4Al(OH)_3 + 3CH_4 \uparrow$
② $Mn_3C + 6H_2O \rightarrow 3Mn(OH)_2 + CH_4 \uparrow + H_2 \uparrow$
③ $Na_2C_2 + 2H_2O \rightarrow 2NaOH + C_2H_2 \uparrow$
④ $MgC_2 + 2H_2O \rightarrow Mg(OH)_2 + C_2H_2 \uparrow$

정답 73. ③ 74. ② 75. ④ 76. ②

77 탄화알루미늄을 저장하는 저장고에 스프링클러 소화 설비를 하면 안 되는 이유는?

① 물과 반응 시 메탄가스를 발생하기 때문이다.

② 물과 반응 시 수소가스를 발생하기 때문이다.

③ 물과 반응 시 에탄가스를 발생하기 때문이다.

④ 물과 반응 시 프로판가스를 발생하기 때문이다.

🌱해설 $\underline{Al_4C_3}$ + $\underline{12H_2O}$ → $\underline{4Al(OH)_3}$ + $\underline{3CH_4}$ + 발열
　　　 탄화알루미늄　　물　　 수산화알루미늄　　메탄

78 탄화알루미늄이 물과 반응하여 폭발의 위험이 있는 것은 어떤 가스가 발생하기 때문인가?

① 수소　　　　　　　　　② 메탄

③ 아세틸렌　　　　　　　④ 암모니아

🌱해설   탄화알루미늄(Al_4C_3)은 상온에서 물과 반응하면 가연성, 폭발성의 메탄가스를 발생하고 발열한다.
　　　 $Al_4C_3 + 12H_2O → 4Al(OH)_3 + 3CH_4\uparrow$
　　　 밀폐된 실내에서 메탄이 축적되어 인화성 혼합기를 형성하면 2차 폭발의 위험이 있다.

제4류 위험물

01 제4류 위험물의 품명과 지정 수량

성 질	위험 등급	품 명		지정 수량
인화성 액체	I	특수 인화물류		50L
	II	제1석유류	비수용성	200L
			수용성	400L
		알코올류		400L
	III	제2석유류	비수용성	1,000L
			수용성	2,000L
		제3석유류	비수용성	2,000L
			수용성	4,000L
		제4석유류		6,000L
		동·식물유류		10,000L

02 위험성 시험 방법

(1) 시험의 개관

① 액상의 확인

㉮ 액상 확인 방법 : 1기압, 20℃에서 액상을 확인한다. 20℃에서 액상 판정이 되지 않는 경우 20℃ 이상 40℃ 이하에서 액상을 확인한다. 이때에도 액상으로 판정되지 않는 경우에는 제4류 위험물에서 제외한다(비위험물이 아니라 다른 시험을 통해 타류 위험물에 속하는지 확인해야 함).

㉯ 액상 확인 시험 목적 : 시험 물질이 액상인가의 여부를 판단할 목적으로 시험 온도로 유지한 시험 물품을 넣은 시험관을 넘어뜨려 액면의 끝부분이 일정 거리 이동하는 데 걸리는 시간을 측정한다.

② 인화점의 측정

㉮ 인화점 측정 방법 : 액상으로 확인된 시험 물품에 대하여 한국산업규격 KS M 2010에 의하여 인화점을 측정한다.

㉯ 인화점 측정 시험의 목적 : 액체 물질이 인화하는지 안 하는지 판단하는 것을 목적으로 인화점 측정기에 의해 시험 물품이 인화하는 최저 온도를 측정한다.

③ 비점의 확인

㉮ 인화점이 -20℃ 이하인 경우 비점을 측정한다.

㉯ 인화점이 100℃ 미만인 경우 발화점을 측정한다.

㉰ 비점이 40℃ 이하이고, 발화점이 100℃ 이하인 경우 당해 시험 물품은 특수 인화물류에 해당한다.

④ 연소점 등의 확인

도료류와 그 밖의 물품은 다음을 측정한다.

㉮ 인화점이 40℃ 이상 60℃ 미만인 경우에는 연소점을 측정한다.

㉯ '㉮'에서 얻어진 연소점이 60℃ 이상인 경우 또는 인화점이 60℃ 이상인 경우에는 가연성 액체량을 측정한다.

㉰ '㉯'에서 얻어진 가연성 액체량이 40vol% 이하인 경우 시험 물품은 제4류 위험물에 해당되지 않는다.

㉱ '㉰'의 측정으로 얻어진 동점성률이 $10mm^2/s$ 이상의 경우에는 세타 밀폐식 인화점 측정기에 의해 인화점을 측정한다.

⑤ 품목의 구분

인화점의 차이는 곧 물질의 연소 위험도를 비교하는 가장 적절한 기준이며, 인화점이 낮을수록 위험도가 높고 동일 품목이라도 비수용성 석유류는 수용성 석유류보다 화재 진압상 어렵기 때문에 위험도가 더 높다.

(2) 인화점 측정 시험

① 태그(tag) 밀폐식 인화점 측정기

시료를 시료컵에 넣고 뚜껑을 덮은 후 규정된 속도로 서서히 가열한다. 규정된 온도로 상승시키면 규정된 크기의 시험 불꽃을 직접 시료컵 중앙으로 접근시켜, 시료의 증기에 인화되는 최저의 온도를 측정한다.

② 태그 개방식 인화점 측정기

시료를 태그 개방식 시험기의 단지에 넣고, 서서히 일정한 속도로 가열한 다음 규정된 간격으로 작은 시험 불꽃을 일정한 속도로 단지 위에 통과시킨다. 그 시험 불꽃으로 단지에 들어 있는 액체의 표면에서 불이 붙는 최저 온도를 인화점으로 한다.

③ 신속 평형법 인화점 측정기

㉮ 시험장소는 1기압, 무풍의 장소로 할 것

㉯ 시료컵의 온도를 1분간 설정온도로 유지할 것

㉰ 시험불꽃을 점화하고 화염의 크기를 직경 4mm가 되도록 조정할 것

㉣ 1분 경과 후 개폐기를 작동하여 시험불꽃을 시료컵에 7.5초간 노출시키고 닫을 것. 이 경우 시험불꽃을 급격히 상하로 움직이지 아니하여야 한다.

④ 펜스키 마르텐스(Pensky Martens) 밀폐식 인화점 시험 방법

시료를 밀폐된 시료컵 속에서 교반하면서 규정 속도로 서서히 가열한다. 규정 온도 간격마다 교반을 중지하고, 시험 불꽃을 시료컵 속으로 접근시켜 시료의 증기에 인화하는 최저의 온도를 측정한다.

⑤ 클리브랜드(Cleveland) 개방컵 인화점 측정기

인화점이 80℃ 이상인 시료에 적용하며 통상, 원유 및 연료유에는 적용하지 않는다.

> 참고 🚩 제4류 인화성 액체의 판정을 위한 인화점 시험 방법
>
> 1. 인화점 시험 방법
>
> | 시험 방법 | | 인화점에 의한 적용 구분 |
> |---|---|---|
> | 태그(tag) | 밀폐식 | 인화점이 95℃ 이하인 시료에 적용한다. |
> | | 개방식 | 인화점이 −163~−18℃인 휘발성 재료에 적용한다. |
> | 펜스키 마르텐스(Pensky Martens) 밀폐 | | 인화점이 50℃ 이상인 시료에 적용한다. |
> | 클리브랜드(Cleveland) 개방식 | | 인화점이 80℃ 이상인 시료에 적용한다. 통상, 원유 및 연료유에는 적용하지 않는다. |
>
> 2. 태그 밀폐식 인화점 측정기에 의한 시험을 실시하여 측정 결과가 인화점이 95℃ 이하인 시료에 적용한다.

(3) 발화점 측정 시험

용기 안에 액체 물질을 넣고 대기압하에서 용기를 균일하게 가열하여 액체 물질의 고온 불꽃 자연 발화점과 저온 불꽃 자연 발화점을 결정한다.

03 공통 성질 및 저장 · 취급 시 유의 사항

(1) 공통 성질

① 상온에서 액상인 가연성 액체로 대단히 인화하기 쉽다.
② 대부분 물보다 가볍고, 물에 녹기 어렵다.
③ 증기는 공기보다 무겁다(단, HCN은 제외).
④ 발화점이 낮은 것은 위험하다.
⑤ 증기와 공기가 약간 혼합되어 있어도 연소한다.

> 참고 🚩 고인화점 위험물
>
> 인화점이 100℃ 이상인 제4류 위험물

(2) 저장 및 취급 시 유의 사항

① 용기는 밀전하고, 통풍이 잘 되는 찬 곳에 저장할 것
② 화기 및 점화원으로부터 멀리 저장할 것
③ 증기 및 액체의 누설에 주의하여 저장할 것
④ 인화점 이상으로 가열하지 말 것
⑤ 정전기 발생에 주의하여 저장·취급할 것
⑥ 증기는 가급적 높은 곳으로 배출할 것

(3) 예방 대책

① 누출을 방지한다.
② 폭발성 혼합기의 형성을 방지한다.
③ 점화원을 제거한다.
④ 석유류 탱크의 관리를 철저히 한다.

(4) 소화 방법

이산화탄소, 할로겐화물, 분말, 포 등으로 질식 소화한다.

(5) 화재의 특성

① 유동성 액체이므로 연소의 확대가 빠르다.
② 증발 연소하므로 불티가 나지 않는다.
③ 인화성이므로 풍하의 화재에도 인화된다.
④ 소화 후에도 발화점 이상으로 가열된 물체 등에 의해 재연소 또는 폭발한다.

(6) 진압 대책

① 타고 있는 위험물을 제거시킨다.
② 일반적으로 물에 의한 소화는 위험물의 비중이 물보다 가벼워서 물 위에 뜨기 때문에 화재 면적을 확대하므로 부적당하며, 소량의 위험물 연소에는 모래, 소다회, 포, 분말, CO_2, 할로 겐화물, 물분무 등에 의한 질식 소화가 적당하다. 대량의 위험물 연소에는 포에 의한 질식 소화가 좋다.
③ 높은 인화점을 갖거나 휘발성이 낮은 위험물을 저장하고 있는 탱크나 용기의 화재는 냉각을 위해 외부 벽에 주수함으로써 가연성의 증기 발생을 억제한다.
④ 알코올류, 케톤류, 에스테르류 중 수용성 위험물은 알코올형 포를 방사하거나 다량의 물로 희석하여 가연성 증기 발생을 억제하여 소화한다.

04 위험물의 성상

4-1 특수 인화물류(지정 수량 50L)

디에틸에테르, 이황화탄소, 그 밖에 1기압에서 발화점이 100℃ 이하 또는 인화점이 −20℃ 이하로서 비점이 40℃ 이하인 것을 말한다. 특수 인화물류의 위험 성상은 발화점, 인화점, 비점이 매우 낮아서 휘발·기화하기 쉽기 때문에 이들의 유증기는 가연성 가스 다음으로 연소, 폭발의 위험성이 매우 높다.

(1) 디에틸에테르($C_2H_5OC_2H_5$, 에테르, 에틸에테르)

① 일반적 성질

㉮ 비점이 낮고 무색 투명하며, 인화되기 쉬운 휘발성, 유동성의 액체이다.

㉯ 물에는 약간 녹고, 알코올 등에는 잘 녹는다.

㉰ 전기의 불량 도체로서 정전기가 발생하기 쉽다.

㉱ 증기는 마취성이 있다.

㉲ 일반식은 ROR이다.

㉳ 완전 연소 반응은 다음과 같다.

$$C_2H_5OC_2H_5 + 6O_2 \rightarrow 4CO_2 + 5H_2O$$

㉴ 분자량 74, 비중 0.71, 증기 비중 2.6, 비점 34.48℃, 인화점 −45℃, 발화점 180℃, 연소 범위 1.9~48%이다.

> **참고 🚩 에테르의 제법**
>
> 에탄올에 진한 황산을 넣고 130~140℃로 가열하면 에탄올 2분자 중에서 간단히 물이 빠지면서 축합 반응이 일어나 에테르가 얻어진다.
>
> $$2C_2H_5OH \xrightarrow{c-H_2SO_4} C_2H_5OC_2H_5 + H_2O$$

② 위험성

㉮ 인화점이 낮고, 휘발성이 강하다(제4류 위험물 중 인화점이 가장 낮음).

㉯ 진한 증기는 마취성이 있어 장시간 흡입 시 위험하다.

㉰ 증기와 공기의 혼합가스는 발화점이 낮고, 폭발성을 지닌다.

㉱ 정전기 발생의 위험성이 있다.

㉲ 공기 중에 장시간 접촉 시 폭발성의 과산화물이 생성되는 경우 가열, 충격 및 마찰 등에 의해 격렬하게 폭발한다.

※ 이소펜탄 인화점 : −53.54℃

③ 저장 및 취급 방법

㉮ 직사광선에 분해되어 과산화물을 생성하므로 갈색병을 사용하여 밀전하고 용기는 밀봉하여 냉암소 등에 보관한다.

㉯ 불꽃 등 화기를 멀리하고, 통풍 환기가 잘 되는 곳에 저장한다.

㉰ 탱크나 용기 저장 시 공간 용적을 유지하고, 대량 저장 시에는 불활성 가스를 봉입시킨다.

㉱ 과산화물

    ㉠ 과산화물 검출 시약은 10% KI 용액(무색 → 황색) : 과산화물 존재

    ㉡ 과산화물 제거 시약 : 황산제일철($FeSO_4$), 환원철 등

    ㉢ 과산화물 생성 방지법 : 40메시(mesh)의 구리(Cu)망을 넣는다.

㉲ 정전기 생성 방지를 위해 소량의 $CaCl_2$를 넣어준다.

> **참고** 🚩 **에테르 중의 과산화물 확인 방법**
>
> 시료 100mL를 무색의 마개 달린 시험관에 취하고 새로 만든 요오드화칼륨 용액 1mL를 가한 후 1분간 계속 흔든다. 흰 종이를 배경으로 하여 정면에서 보았을 때 두 층에 색이 나타나면 과산화물이 생성된 것으로 본다.

④ 용도 : 유기 용제, 무연 화약 제조, 시약, 의약, 유기 합성 등에 사용한다.

⑤ 소화 방법 : CO_2, 포말

(2) 이황화탄소(CS_2)

① 일반적 성질

㉮ 순수한 것은 무색 투명한 액체로 냄새가 없으나, 시판품은 불순물로 인해 황색을 띠고 불쾌한 냄새를 지닌다.

㉯ 비극성이며 물보다 무겁고 물에 녹지 않으나, 알코올, 에테르, 벤젠 등에는 잘 녹으며, 유지, 수지, 생고무, 황, 황린 등을 녹인다.

㉰ 독성을 지니고 있어 액체가 피부에 오래 닿아 있거나 증기 흡입 시 인체에 유해하다.

㉱ 비중 1.26, 증기 비중 2.64, 비점 46℃, 인화점 −30℃, 발화점 100℃, 연소 범위 1.2~44%이다.

② 위험성

㉮ 휘발하기 쉽고 인화성이 강하며, 제4류 위험물 중 발화점이 가장 낮다.

㉯ 연소 시 유독한 아황산(SO_2)가스를 발생한다.

    🔖 예 $CS_2 + 3O_2 → CO_2 + 2SO_2↑$

㉰ 연소 범위가 넓고 물과 150℃ 이상으로 가열하면 분해되어 이산화탄소(CO_2)와 황화수소(H_2S)가스를 발생한다.

    🔖 예 $CS_2 + 2H_2O → CO_2↑ + 2H_2S↑$

③ 저장 및 취급 방법

㉮ 발화점이 낮으므로 화기를 멀리한다.

㉯ 직사광선을 피하고, 통풍이 잘 되는 찬 곳에 저장한다.

ⓓ 밀봉, 밀전하여 액체나 증기의 누설을 방지한다.

ⓔ 물보다 무겁고 물에 녹지 않아 저장 시 가연성 증기의 발생을 억제하기 위해 콘크리트 물 (수조)속의 위험물 탱크에 저장한다.

④ 용도 : 유기 용제, 고무가황 촉진제, 살충제, 방부제, 비스코스레이온의 제조 원료 등

⑤ 소화 방법 : CO_2, 불연성 가스 분무상의 주수

(3) 아세트알데히드(CH_3CHO)

① 일반적 성질

ⓐ 자극성의 과일향을 지닌 무색 투명한 인화성이 강한 휘발성 액체이다.

ⓑ 환원성이 커서 은거울 반응을 한다.

ⓒ 화학적 활성이 크며, 물에 잘 녹고 유기 용제 및 고무를 잘 녹인다.

ⓓ 산화 시 초산, 환원 시 에탄올이 생성된다.

> 예 $CH_3CHO + \dfrac{1}{2}O_2 \rightarrow CH_3COOH$
>
> $CH_3CHO + H_2 \rightarrow C_2H_5OH$

ⓔ 비중 0.783, 증기 비중 1.5, 비점 21℃, 인화점 −37.7℃, 발화점 185℃, 연소 범위 4.1~ 57%이다.

② 위험성

ⓐ 비점이 매우 낮아 휘발하거나 인화하기 쉽다.

ⓑ 자극성이 강해 증기 및 액체는 인체에 유해하다.

ⓒ 발화점이 낮고, 연소 범위가 넓어 폭발의 위험이 크다.

ⓓ 구리, 마그네슘, 은, 수은 및 그 합금과의 반응은 폭발성인 아세틸라이드를 생성한다.

③ 저장 및 취급 방법

ⓐ 공기와 접촉 시 폭발성의 과산화물이 생성된다.

ⓑ 산 또는 강산화제의 존재하에서는 격심한 중합 반응을 하기 때문에 접촉을 피한다.

ⓒ 취급 설비, 이동 탱크 및 옥외 탱크에 저장 시 용기 내부에는 질소 등 불연성 가스를 봉입 한다.

ⓓ 자극성이 강하므로 증기의 발생이나 흡입을 피하도록 한다.

④ 용도 : 플라스틱, 합성 고무의 원료, 곰팡이 방지제, 사진 현상용, 용제 등에 이용한다.

⑤ 소화 방법 : 수용성이기 때문에 분무상의 물로 희석 소화, CO_2, 분말

(4) 산화프로필렌(CH_3CHOCH_2, 프로필렌옥사이드)

① 일반적 성질

ⓐ 무색 투명하며, 에테르 냄새가 나는 휘발성 액체이다.

ⓑ 반응성이 풍부하며, 물 또는 유기 용제(벤젠, 에테르, 알코올 등)에 잘 녹는다.

㉰ 비중 0.83, 증기 비중 2.0, 비점 34℃, 인화점 −37.2℃, 발화점 465℃, 연소 범위 2.5 ~38.5%이다.

② 위험성

㉮ 휘발, 인화하기 쉽고, 연소 범위가 넓어서 위험성이 크다.

㉯ 증기압이 매우 높으므로(20℃에서 45.5mmHg) 상온에서 쉽게 위험 농도에 도달된다.

㉰ 구리, 마그네슘, 은, 수은 및 그 합금과의 반응은 폭발성인 아세틸라이드를 생성한다.

㉱ 증기는 눈, 점막 등을 자극하며 흡입 시 폐부종 등을 일으키고, 액체가 피부와 접촉할 때에는 동상과 같은 증상이 나타난다.

㉲ 산 및 알칼리와는 중합 반응을 한다.

참고 🌼 중합 반응(polymerization)

분자량이 작은 분자가 연속적으로 결합하여 분자량이 큰 분자 하나를 만드는 것이다.

---

③ 저장 및 취급 방법

㉮ 중합 반응 요인을 제거하고 강산화제, 산, 염기와의 접촉을 피한다.

㉯ 취급 설비, 이동 탱크 및 옥외 탱크 저장 시는 질소 등 불연성 가스 및 수증기를 봉입하고 냉각 장치를 설치하여 증기의 발생을 억제한다.

④ 용도 : 용제, 안료, 살균제, 계면활성제, 프로필렌글리콜 등의 제조

⑤ 기타 : 이소프렌[CH_2=$C(CH_3)CH$=CH_2], 이소프로필아민[$(CH_3)_2CHNH_2$] 등

(5) 디메틸설파이드[$(CH_3)_2S$, DMS, 황화디메틸]

① 일반적 성질

㉮ 무색의 무나 양배추 썩는 듯한 불쾌한 냄새가 나는 휘발성, 가연성의 액체이다.

㉯ 분자량 62.1, 비중 0.85, 증기 비중 2.14, 비점 37℃, 인화점 −38℃, 발화점 206℃, 연소 범위 2.2~19.7%이다.

② 위험성

㉮ 인화점, 비점이 낮아 인화가 용이하다.

㉯ 연소 시 역화의 위험이 있으며, 이산화황 등의 유독성 가스를 발생한다.

③ 저장 및 취급 방법

㉮ 강산화제와 격리하며, 외부와 멀리 떨어지는 것이 좋다.

㉯ 누설 시는 모든 점화원을 제거하고, 누출액은 불연성 물질에 의해 회수한다.

④ 소화 방법 : 건조 분말, 포, CO_2, 물분무에 의한 질식 소화

(6) 이소프로필아민[$(CH_3)_2CHNH_2$]

① 일반적 성질

㉮ 강한 암모니아 냄새가 나는 무색의 액체이며, 물에 녹는다.

     ⓝ 분자량 59.1, 비중 0.69, 증기 비중 2.04, 비점 34℃, 인화점 −32℃, 발화점 402℃, 연소 범위 2.0~10.4%이다.

  ② 위험성

     ㉮ 인화 위험이 매우 높다.

     ⓝ 연소 시 유독성의 질소산화물을 포함한 연소 생성물을 발생한다.

  ③ 저장 및 취급 방법

     ㉮ 강산류, 케톤류, 에폭시와의 접촉을 방지한다.

     ⓝ 누출 방지를 위해 용기를 완전히 밀봉한다. 저장·취급 시설 내의 전기 설비는 방폭 조치한다.

(7) 펜타보란(B_5H_9)

  ① 일반적 성질

     ㉮ 강한 자극성 냄새가 나는 무색의 액체이며, 물에 녹지 않는다.

     ⓝ 분자량 63.2, 비중 0.61~0.66, 증기 비중 2.18, 인화점 30℃, 발화점 35℃, 연소 범위 0.4~98%이다.

  ② 위험성

     ㉮ 발화점이 매우 낮기 때문에 공기 중 노출되면 자연 발화의 위험성이 높은 가연성의 액체이다.

     ⓝ 밀폐 용기가 가열되면 심하게 파열한다.

4-2 제1석유류(지정 수량 $\frac{비수용성\ 액체\ 200L}{수용성\ 액체\ 400L}$)

아세톤 및 휘발유, 그 밖의 액체로서 인화점이 21℃ 미만인 것

석유류가 연소할 때 발생하는 가스로 강한 자극적인 냄새가 나며 취급하는 장치를 부식시키는 것 : SO_2

(1) 아세톤(CH_3COCH_3, 디메틸케톤) − 수용성 액체

  ① 일반적 성질

     ㉮ 무색, 투명한 액체로서 자극성의 과일 냄새(특이한 냄새)를 가진다.

     ⓝ 물과 에테르, 알코올에 잘 녹는다.

     ㉯ 일광에 쪼이면 분해되어 황색으로 변색되며 유지, 수지, 섬유, 고무 유기물 등을 용해시킨다.

     ㉱ 요오드포름 반응을 한다.

     ㉲ 완전 연소 반응은 다음과 같다.

       $CH_3COCH_3 + 4O_2 \rightarrow 3CO_2 + 3H_2O$

     ㉳ 비중 0.79, 증기 비중 2.0, 비점 60℃, 인화점 −18℃, 발화점 538℃, 연소 범위 2.5~12.8%이다.

> **[예제]** 1기압 27℃에서 아세톤 58g을 완전히 기화시키면 부피는 약 몇 L가 되는가?
>
> **[풀이]** $PV = \dfrac{W}{M}RT$, $V = \dfrac{WRT}{PM}$, $\dfrac{58 \times 0.082 \times (273 + 27)}{1 \times 58} = 24.6\text{L}$
>
> **[답]** 24.6L

[참고] 🚩 아세톤의 제법

1. 이소프로필알코올을 산화구리 또는 산화아연 촉매하에 상압~3atm, 400~500℃에서 탈수 소화한다.
2. 프로필렌은 $PdCl_2$ − $CuCl_2$ 촉매 존재하에 9~12atm, 90~120℃에서 산소 또는 공기로 산화한다.

② 위험성

㉮ 비점이 낮고 인화점도 낮아 겨울철에도 인화의 위험이 크다.

㉯ 독성은 없으나 피부에 닿으면 탈지 작용을 하고, 장시간 흡입 시 구토가 일어난다.

③ 저장 및 취급 방법

㉮ 화기 등에 주의하고, 통풍이 잘 되는 찬 곳에 저장한다.

㉯ 저장 용기는 밀봉하여 냉암소 등에 보관한다.

④ 용도 : 용제, 아세틸렌가스의 흡수제, 도료 등에 이용한다.

⑤ 소화 방법 : CO_2, 포, 알코올포, 수용성 석유류이므로 대량 주수하거나 물분무에 의해 희석 소화가 가능하다.

(2) 휘발유(C_5H_{12}~C_9H_{20}, 가솔린)−비수용성 액체

① 일반적 성질

㉮ 원유의 성질·상태·처리 방법에 따라 탄화수소의 혼합 비율이 다르다.

㉯ 탄소수가 C_5~C_9까지의 포화, 불포화 탄화수소의 혼합물인 휘발성 액체로서 알칸 또는 알 켄이다.

㉰ 물에는 녹지 않으나 유기 용제에는 잘 녹으며 고무, 수지, 유지 등을 잘 용해시킨다.

㉱ 물보다 가벼우며, 전기의 불량 도체로서 정전기 축적이 용이하다.

㉲ 옥탄가를 높이기 위해 첨가제[$(C_2H_5)_4Pb$]를 넣어 착색한다.

㉠ 공업용(무색)

㉡ 자동차용(오렌지색)

㉢ 항공기용(청색 또는 붉은 오렌지색)

㉳ 연소성의 측정 기준을 옥탄값이라 한다.

㉠ 옥탄값 $= \dfrac{\text{이소옥탄}}{\text{이소옥탄} + \text{노르말헵탄}} \times 100$

㉡ 옥탄값이 0인 물질 : 노르말헵탄

㉢ 옥탄값이 100인 물질 : 이소옥탄

⑭ 비중 0.65~0.8, 증기 비중 3~4, 증기 밀도 3.21~5.71, 비점 30~225℃, 인화점 −20~ −43℃, 발화점 300℃, 연소 범위 1.4~7.6%이다.

② **위험성**

㉮ 휘발, 인화, 가연성 증기를 발생하기 쉽고, 증기는 공기보다 3~4배 정도 무거워 누설 시 낮은 곳에 체류되어 연소를 확대시킨다.

㉯ 비전도성이므로 정전기 발생에 의한 인화의 위험이 있다.

㉰ 사에틸납[$(C_2H_5)_4Pb$]의 첨가로 유독성이 있으며, 혈액에 들어가 빈혈 또는 뇌에 손상을 준다.

㉱ 불순물에 의해 연소 시 유독한 아황산(SO_2)가스를 발생시키며, 내연 기관의 고온에 의해 질소산화물을 생성시킨다.

③ **저장 및 취급 방법**

㉮ 화기 등의 점화원을 피하고, 통풍이 잘 되는 냉암소에 저장한다.

㉯ 용기의 누설 및 증기가 배출되지 않도록 취급에 주의한다.

㉰ 온도 상승에 의한 체적 팽창을 감안하여 밀폐 용기는 저장 시 약 10% 정도의 여유 공간을 둔다.

④ **용도** : 자동차 및 항공기의 연료, 공업용 용제, 희석제 등

⑤ **소화 방법** : 포말, CO_2, 분말

(3) 벤젠(C_6H_6, ⬡, 벤졸)−비수용성 액체

① **일반적 성질**

㉮ 무색 투명하며, 독특한 냄새를 가진 휘발성이 강한 액체로서 분자량은 78.1로 증기는 마취성과 독성이 있는 방향족 유기 화합물이다.

㉯ 물에는 녹지 않으나 알코올, 에테르 등 유기 용제에는 잘 녹으며 유지, 수지, 고무 등을 용해시킨다.

㉰ 벤젠은 여러 가지 첨가 반응 및 치환 반응을 한다.

㉠ 수소 첨가 : $C_6H_6 + 3H_2 \xrightarrow[\Delta]{Ni} C_6H_{12}$(시클로헥산)

㉡ 니트로화 : $C_6H_6 + HNO_3 \xrightarrow{c-H_2SO_4} C_6H_5 \cdot NO_2 + H_2O$

㉢ 술폰화 : $C_6H_6 + H_2SO_4 \xrightarrow[\Delta]{SO_3} C_6H_5 \cdot SO_3H + H_2O$

㉣ 할로겐화 : $C_6H_6 + Cl_2 \xrightarrow{Fe} C_6H_6 \cdot Cl + HCl$

$C_6H_6 + 3Cl_2 \xrightarrow{햇빛} C_6H_6Cl_6$(B.H.C)

㉱ 연소시키면 그을음을 많이 내면서 탄다(탄소수에 비해 수소수가 적기 때문).

㉲ 융점이 5.5℃이므로 겨울에 찬 곳에서는 고체로 되는 경우도 있다.

㉳ 비중 0.879, 증기 비중 2.8, 융점 5.5℃, 비점 80℃, 인화점 −11.1℃, 발화점 498℃, 연소 범위 1.4~7.8%이다.

② 위험성

㉮ 증기는 마취성이고 독성이 강하여 2% 이상 고농도의 증기를 5~10분간 흡입 시에는 치명적이고, 저농도(100ppm)의 증기도 장기간 흡입 시에는 만성 중독이 일어난다.

㉯ 융점이 5.5℃이거나, 인화점이 −11.1℃이므로 겨울철에 응고된 고체 상태에서도 인화의 위험이 있다.

③ 저장 및 취급 방법

㉮ 정전기 발생에 주의한다.

㉯ 피부에 닿지 않도록 한다.

㉰ 증기는 공기보다 무거워 낮은 곳에 체류하므로 환기에 주의한다.

㉱ 통풍이 잘 되는 서늘하고 어두운 곳에 저장한다.

④ 용도 : 합성 원료, 농약(BHC), 가소제, 방부제, 절연제, 용제 등에 이용한다.

⑤ 소화 방법 : 분말, CO_2, 포말

(4) 톨루엔($C_6H_5CH_3$, $\overset{CH_3}{\bigcirc}$, 메틸벤젠) − 비수용성 액체

벤젠 수소 원자 하나가 메틸기로 치환된 것이다.

① 일반적 성질

㉮ 벤젠보다는 독성이 적으나 벤젠과 같은 독특한 향기를 가진 무색 투명한 액체이다.

㉯ 물에는 녹지 않으나 유기 용제 및 수지, 유지, 고무를 녹이며 벤젠보다 휘발하기 어렵다.

㉰ 산화 반응하면 벤조산(C_6H_5COOH, 안식향산)이 된다.

㉱ 톨루엔이 진한 질산과 진한 황산을 가하면 니트로화가 일어나 트리니트로톨루엔(TNT)이 생성된다.

$$\overset{CH_3}{\bigcirc} + 3HNO_3 \xrightarrow{c-H_2SO_4} O_2N\overset{CH_3}{\underset{NO_2}{\bigcirc}}NO_2 + 3H_2O$$

㉲ 완전 연소 반응은 다음과 같다.

$$C_6H_5CH_3 + 9O_2 \rightarrow 7CO_2 + 4H_2O$$

㉳ 비중 0.871, 증기 비중 3.17, 비점 111℃, 인화점 4.5℃, 발화점 552℃, 연소 범위 1.4 ~6.7%이다.

② 위험성

㉮ 연소 시 자극성, 유독성 가스를 발생한다.

㉯ 고농도의 이산화질소 또는 삼불화취소와 혼합 시 폭발한다.

③ 저장 및 취급 방법 : 독성이 있으므로 벤젠에 준한다.

④ 용도 : 잉크, 락카, 페인트 제조, 합성 원료, 용제 등

⑤ 소화 방법 : 분말, CO_2, 포말

(5) 크실렌[$C_6H_4(CH_3)_2$] – 비수용성 액체

벤젠핵에 메틸기($-CH_3$) 2개가 결합한 물질이다.

① 일반적 성질

    ㉮ 무색 투명하고 단맛이 있으며, 방향성이 있다.

    ㉯ 3가지 이성질체가 있다.

구 분 \ 명 칭	o–크실렌	m–크실렌	p–크실렌
구조식	CH₃ / CH₃	CH₃ / CH₃	CH₃ / CH₃
비 중	0.88	0.86	0.86
융 점	−25℃	−48℃	13℃
비 점	144.4℃	139.1℃	138.4℃
인화점	17.2℃	23.2℃	23.0℃
발화점	463.9℃	527.8℃	528.9℃
연소 범위	1.0~6.0%	1.0~6.0%	1.1~7.0%
구 분	제1석유류	제2석유류	제2석유류

    ㉰ 혼합 크실렌은 단순 증류 방법으로는 비점이 비슷하기 때문에 분리해 낼 수 없다.

    ㉱ BTX(솔벤트나프타)는 벤젠(C_6H_6), 톨루엔($C_6H_5CH_3$), 크실렌[$C_6H_4(CH_3)_2$]이다.

② 위험성

    ㉮ 염소산염류, 질산염류, 질산 등과 반응하여 혼촉 발화 폭발의 위험이 높다.

    ㉯ 연소 시 자극적인 유독가스를 발생한다.

③ 저장 및 취급 방법 : 벤젠에 준한다.

④ 용도 : 용제, 도료, 신나, 합성 섬유 등

⑤ 소화 방법 : 벤젠에 준한다.

(6) 콜로디온

① 일반적 성질

    ㉮ 무색의 끈기 있는 액체이며, 인화점은 −18℃ 이하이다.

    ㉯ 질화도가 낮은 질화면을 에틸알코올 3, 에테르 1의 비율로 혼합한 액에 녹인 것이다.

    ㉰ 엷게 늘이면 용제가 휘발하여 질화면의 막(필름)이 된다.

② 위험성 : 상온에서 휘발하여 인화하기 쉬우며, 질화면(니트로셀룰로오스)이 연소할 때 폭발적으로 연소한다.

③ 저장 및 취급 방법

    ㉮ 화기, 가열, 충격을 피하고, 찬 곳에 저장한다.

    ㉯ 용제의 증기를 막기 위해 밀봉, 밀전한다.

④ 소화 방법 : 탄산가스(CO_2), 불연성 가스, 사염화탄소

(7) 메틸에틸케톤($CH_3COC_2H_5$, MEK)－비수용성 액체

① 일반적 성질

㉮ 아세톤과 같은 냄새를 가지는 무색의 휘발성 액체이다.

㉯ 물에 잘 녹으며(용해도 26.8), 유기 용제에도 잘 녹고, 수지 및 섬유소 유도체를 잘 용해시킨다.

㉰ 열에 비교적 안정하나 500℃ 이상에서 열분해되어 케텐과 메틸케텐이 생성된다.

㉱ 분자량 72, 비중 0.8, 증기 비중 2.5, 비점 80℃, 인화점 －1℃, 발화점 516℃, 연소 범위 1.8～10%이다.

> **참고 · 메틸에틸케톤의 제법**
>
> 부탄, 부텐 유분에 황산을 반응한 후 가수분해하여 얻은 부탄올을 탈수소하여 얻는다.

② 위험성

㉮ 비점, 인화점이 낮아 인화에 대한 위험성이 크다.

㉯ 탈지 작용이 있으므로 피부에 접촉되지 않도록 주의한다.

㉰ 다량의 증기를 흡입하면 마취성과 구토가 일어난다.

③ 저장 및 취급 방법

㉮ 화기 등을 멀리하고 직사광선을 피하며, 통풍이 잘 되는 찬 곳에 저장한다.

㉯ 용기는 갈색병을 사용하여 밀전하고, 저장 시에는 용기 내부에 10% 이상의 여유 공간을 둔다.

④ 용도 : 용제, 부나 － N용 접착제, 인쇄 잉크, 가황 촉진제, 인조 피혁의 원료 등

⑤ 소화 방법 : 분무 주수, CO_2, 알코올포

(8) 피리딘(C_5H_5N, ⬡, 아딘)－수용성 액체

① 일반적 성질

㉮ 순수한 것은 무색이며, 불순물을 포함한 경우에는 담황색을 띤 약알칼리성 액체이다.

㉯ 상온에서 인화의 위험이 있으며, 독성이 있다.

㉰ 강한 악취와 흡습성이 있고 물에 잘 녹으며, 질산과 혼합하여 가열할 때 안정하다.

㉱ 분자량 79, 비중 0.982, 증기 비중 2.73, 비점 115℃, 인화점 20℃, 발화점 482℃, 연소 범위 1.8～12.4%이다.

② 위험성

㉮ 증기는 독성(최대 허용 농도 5ppm)을 지닌다.

㉯ 상온에서 인화의 위험이 있으므로 화기 등에 주의한다.

③ 저장 및 취급 방법

㉮ 화기 등을 멀리하고, 통풍이 잘 되는 찬 곳에 저장한다.

㉯ 취급 시에는 피부나 호흡기에 액체를 접촉시키거나 증기를 흡입하지 않도록 주의한다.

④ 용도 : 용제, 변성 알코올의 첨가제, 유기 합성의 원료, 의약(설파민제) 등

⑤ 소화 방법 : 분무 주수, CO_2, 알코올포

(9) 초산에스테르류(CH_3COOR, 아세트산에스테르류) - 수용성 액체

초산(CH_3COOH)에서 카르복시기(-COOH)의 수소(H)가 알킬기(R, C_nH_{2n+1})로 치환된 화합물이다. 분자량의 증가에 따라 수용성, 연소 범위, 휘발성이 감소되고, 인화성, 증기 비중, 점도, 이성질체수가 증가되며, 발화점이 낮아지고, 비중이 작아진다.

① 초산메틸(CH_3COOCH_3)

㉮ 일반적 성질

㉠ 향기가 나는 무색 휘발성의 액체로 마취성이 있다.

㉡ 물, 유기 용제 등에 잘 녹는다.

㉢ 가수분해하여 초산과 메틸알코올로 된다.

예 $CH_3COOCH_3 + H_2O \rightleftarrows CH_3COOH + CH_3OH$

㉣ 비중 0.92, 증기 비중 2.56, 비점 60℃, 인화점 -10℃, 발화점 454℃, 연소 범위 3.1~16%이다.

㉯ 위험성

㉠ 휘발성 및 인화의 위험이 있다.

㉡ 독성에 주의한다.

㉢ 피부와 접촉 시 탈지 작용이 있다.

㉰ 저장 및 취급 방법

㉠ 화기를 피하며, 용기의 파손 및 누출에 주의한다.

㉡ 밀봉, 밀전하고, 통풍이 잘 되는 냉암소에 저장한다.

㉱ 용도 : 용제, 유지의 추출제, 도료의 원료 등

㉲ 소화 방법 : 알코올포, CO_2, 소화 분말

② 초산에틸($CH_3COOC_2H_5$)

㉮ 일반적 성질

㉠ 무색 투명한 가연성 액체로서 딸기향의 과일 냄새가 난다.

㉡ 물에는 약간 녹고, 유기 용제에 잘 녹는다.

㉢ 가수분해하여 초산과 에틸알코올로 된다.

예 $CH_3COOC_2H_5 + H_2O \rightleftarrows CH_3COOH + C_2H_5OH$

㉣ 비중 0.9, 비점 77℃, 인화점 -4.4℃, 발화점 427℃, 연소 범위 2.2~11.4%이다.

㉯ 위험성 : 수용액 상태에서도 인화의 위험이 있다.

㉰ 저장 및 취급 방법 : 초산메틸에 준한다.

㉱ 용도 : 초산메틸에 준한다.

㉲ 소화 방법 : 알코올포, CO_2, 소화 분말

③ 초산프로필($CH_3COOC_3H_7$)

㉮ 일반적 성질

㉠ 과일향이 나는 무색의 가연성 액체이다.

㉡ 물에는 약간 녹고, 유기 용제에는 잘 녹는다.

㉢ 비중 0.88, 비점 102℃, 인화점 14.4℃, 발화점 450℃, 연소 범위 2~8%이다.

㉯ 기타 : 초산메틸에 준한다.

(10) 의산에스테르류(HCOOR, 개미산에스테르류) - 수용성 액체

의산(HCOOH)에서 카르복시기(-COOH)의 수소(H)가 알킬기(R, C_nH_{2n+1})로 치환된 화합물이다.

① 의산메틸($HCOOCH_3$)

㉮ 일반적 성질

㉠ 럼주향이 나는 무색의 휘발성 액체로 증기는 약간의 마취성이 있고, 독성은 없다.

㉡ 물 및 유기 용제 등에 잘 녹는다.

㉢ 가수분해하여 의산과 메탄올로 된다.

예 $HCOOCH_3 + H_2O \rightleftarrows HCOOH + CH_3OH$

㉣ 비중 0.97, 비점 32℃, 인화점 -19℃, 발화점 456.1℃, 연소 범위 5.9~20%이다.

㉯ 위험성 : 인화 및 휘발의 위험성이 크다.

㉰ 저장 및 취급 방법 : 통풍이 잘 되는 곳에 저장한다.

㉱ 소화 방법 : 초산에스테르류에 준한다.

② 의산에틸($HCOOC_2H_5$)

㉮ 일반적 성질

㉠ 럼주향이 나는 무색의 휘발성 액체로 증기는 약간의 마취성이 있고, 독성이 없다.

㉡ 가수분해하여 의산과 에탄올로 된다.

예 $HCOOC_2H_5 + H_2O \rightleftarrows HCOOH + C_2H_5OH$

㉢ 비중 0.92, 비점 54.4℃, 인화점 -20℃, 발화점 455℃, 연소 범위 2.7~13.5%이다.

㉯ 기타 : 의산메틸에 준한다.

③ 의산프로필($HCOOC_3H_7$)

㉮ 일반적 성질

㉠ 무색이며, 특유의 냄새를 가지고 물에 녹기 어렵다.

㉡ 비중 0.9, 비점 81.1℃, 인화점 -3℃, 발화점 455℃, 연소 범위 2.9~11.4%이다.

㉯ 기타 : 의산메틸에 준한다.

(11) 시클로헥산(C_6H_{12})

① 일반적 성질

㉮ 무색이며, 석유와 같은 자극성 냄새를 가진 휘발성의 강한 액체이다.

㉯ 물에는 녹지 않지만 광범위하게 유기 화합물을 녹인다.

㉰ 분자량 84.16, 비중 0.8, 증기 비중 2.9, 비점 82℃, 인화점 −20℃, 발화점 245℃, 연소 범위 1.3~8.0%이다.

② 위험성

㉮ 가열에 의해 발열 발화하며, 화재 시 자극성, 유독성의 가스를 발생한다.

㉯ 산화제와 혼촉하거나 가열, 충격, 마찰에 의해 발열 발화한다.

③ 저장 및 취급 방법 : 벤젠에 준한다.

④ 소화 방법 : 초기 화재 시에는 분말 CO_2, 알코올형 포가 유효하며, 대형 화재인 경우는 알코올형 포로 일시에 소화하고 무인 방수포 등을 이용하는 것이 좋다.

(12) 에틸벤젠($C_6H_5C_2H_5$,)

① 일반적 성질

㉮ 무색의 방향성이 있는 가연성의 액체이다.

㉯ 분자량 106.2, 비중 0.9, 비점 136℃, 인화점 21℃, 발화점 432℃, 연소 범위 0.8~6.9%이다.

② 위험성

㉮ 연소 또는 분해 시 유독성, 자극성의 가스를 발생한다.

㉯ 산화성 물질과 반응한다.

(13) 시안화수소(HCN, 청산)

① 일반적 성질

㉮ 독특한 자극성의 냄새가 나는 무색의 액체이며, 물, 알코올에 잘 녹으며, 수용액은 약산성이다.

㉯ 분자량 27, 비중 0.69, 증기 비중 0.94, 비점 26℃, 인화점 −18℃, 발화점 540℃, 연소 범위 6~41%이다.

② 위험성

㉮ 맹독성 물질이며, 휘발성이 매우 높아 인화 위험도 매우 높다.

㉯ 매우 불안정하여 장기간 저장하면 암갈색의 폭발성 물질로 변한다.

4-3 알코올류(R-OH, 지정 수량 400L) - 수용성 액체

한 분자 내의 탄소 원자수가 3개까지인 포화 1가의 알코올로서 변성 알코올을 포함하며, 알코올 함유량이 60wt% 이상인 것을 말한다.

참고 🚩 **탄소수가 증가할수록 변화되는 현상**

1. 인화점이 높아진다.
2. 발화점이 낮아진다.
3. 연소 범위가 좁아진다.
4. 수용성이 감소된다.
5. 액체 비중, 증기 비중이 커진다.
6. 비등점, 융점이 좁아진다.

(1) 메틸알코올(CH_3OH, 메탄올, 목정)

① 일반적 성질

㉮ 방향성이 있고, 무색 투명한 휘발성이 강한 액체로 분자량이 32이다.

㉯ 물에는 잘 녹고 유기 용매 등에는 농도에 따라 녹는 정도가 다르며, 수지 등을 잘 용해시킨다.

㉰ 백금(Pt), 산화구리(CuO) 존재하의 공기 속에서 산화되면 포르말린(HCHO)이 되며, 최종적으로 포름산(HCOOH)이 된다.

㉱ 비중 0.79, 증기 비중 1.1, 증기 밀도 1.43, 비점 63.9℃, 인화점 11℃, 발화점 464℃, 연소 범위 7.3~36%이다.

참고 🚩 **메탄올의 검출법과 제법**

1. 메탄올의 검출법
   시험관에 메탄올을 넣고 여기에 불에 달군 구리줄을 넣으면 자극성의 포름알데히드 냄새가 나며, 붉은색 침전 구리가 생긴다.
   $CH_3OH + CuO \rightarrow Cu\downarrow + H_2O + HCHO$
2. 제법
   ㉠ 촉매 존재하에서 일산화탄소와 수소를 고온·고압에서 합성시켜 만든다.
   $CO + 2H_2 \rightarrow CH_3OH$
   ㉡ 천연가스 또는 나프타를 원료로 하여 촉매, 고온, 고압에서 합성하여 만든다.

② 위험성

㉮ 연소할 때 연기가 거의 나지 않아 밝은 곳에서 연소 시 불꽃이 잘 보이지 않으므로 화상의 위험이 있다.

예 $2CH_3OH + 3O_2 \xrightarrow{\Delta} 2CO_2\uparrow + 4H_2O\uparrow$

㉯ 인화점(11℃) 이상이 되면 폭발성 혼합가스가 생성되어 밀폐된 상태에서 폭발한다.

㉰ 독성이 강하여 소량 마시면 시신경을 마비시키며, 7~8mL를 마시면 실명한다.

㉱ 증기는 환각성 물질이다.

㉲ 30~100mL를 마시면 사망한다.

㉳ 겨울에는 인화의 위험이 여름보다 작다.

㉴ 나트륨과 반응하여 수소 기체를 발생한다.

③ 저장 및 취급 방법

㉮ 화기 등을 멀리하고, 액체의 온도가 인화점 이상으로 올라가지 않도록 한다.

㉯ 밀봉, 밀전하며 통풍이 잘 되는 냉암소 등에 저장한다.

④ 용도 : 의약, 염료, 용제, 포르말린의 원료, 에틸알코올의 변성제 등

⑤ 소화 방법 : 알코올포, CO_2, 분말

(2) 에틸알코올(C_2H_5OH, 에탄올, 주정)

① 일반적 성질

㉮ 당밀, 고구마, 감자 등을 원료로 발효 방법으로 제조한다.

㉯ 방향성이 있고, 무색 투명한 휘발성 액체이다.

㉰ 물에는 잘 녹고, 유기 용매 등에는 농도에 따라 녹는 정도가 다르며, 수지 등을 잘 용해시킨다.

㉱ 산화되면 아세트알데히드(CH_3CHO)가 되며, 최종적으로 초산(CH_3COOH)이 된다.

> 예 $2C_2H_5OH + O_2 \rightarrow 2CH_3CHO + H_2O$
> $2CH_3CHO + O_2 \rightarrow 2CH_3COOH$

㉲ 비중 0.79, 증기 비중 1.59, 비점 78℃, 인화점 13℃, 발화점 423℃, 연소 범위 4.3~19% 이다.

> **참고** 🚩 **에탄올의 검출법과 제법**
>
> 1. 에탄올의 검출법
>   에탄올에 KOH와 I_2를 작용시키면 독특한 냄새를 갖는 노란색의 CHI_3(요오드포름)가 침전한다.
> $C_2H_5OH + 6KOH + 4I_2 \rightarrow CHI_3 \downarrow + 5KI + HCOOK + 5H_2O$
>   (노란색 침전)
>
> 2. 제법
>   ㉠ 당밀, 고구마, 감자 등을 원료로 하는 발효 방법으로 제조한다.
>   ㉡ 에틸렌을 황산에 흡수시켜 가수분해하여 만든다.
> $CH_2 = CH_2 + H_2SO_4 \rightarrow C_2H_5OSO_3H$
> $2CH_2 = CH_2 + H_2SO_4 \rightarrow (C_2H_5)_2SO_4$
> $(C_2H_5)_2SO_4 + 2H_2O \rightarrow 2C_2H_5OH + H_2SO_4$
>   ㉢ 에틸렌을 물과 합성하여 만든다.
> $$C_2H_4 + H_2O \xrightarrow[300℃,\ 70kg/cm^2]{인산} C_2H_5OH$$

② 위험성

㉮ 밝은 곳에서 연소 시 불꽃이 잘 보이지 않으며, 그을음도 발생하지 않는다. 따라서 화점 발견이 곤란하다.

> 예 $2C_2H_5OH + 6O_2 \xrightarrow{\Delta} 4CO_2 \uparrow + 6H_2O \uparrow$

㉯ 인화점(13℃) 이상으로 올라가면 폭발성 혼합가스가 생성되어 밀폐된 상태에서 폭발한다.

㉰ 독성이 없다.

③ 저장 및 취급 방법

㉮ 화기 등을 멀리하고, 액체의 온도가 인화점 이상으로 올라가지 않도록 한다.

㉯ 밀봉, 밀전하며 통풍이 잘 되는 냉암소 등에 저장한다.

④ 용도 : 용제, 음료, 화장품, 소독제, 세척제, 알카로이드의 추출, 생물 표본 보존제 등

⑤ 소화 방법 : 알코올포, CO_2, 분말 등이며, 알코올은 수용성이기 때문에 보통의 포를 사용하는 경우 기포가 파괴되므로 사용하지 않는 것이 좋다.

(3) 프로필알코올[$CH_3(CH_2)_2OH$]

① 일반적 성질

㉮ 무색 투명하며 물, 에테르, 아세톤 등 유기 용매에 녹으며, 유지, 수지 등을 녹인다.

㉯ 비중 0.80, 증기 비중 2.07, 비점 97℃, 인화점 15℃, 발화점 371℃, 연소 범위 2.1~ 13.5%이다.

② 위험성 및 기타 : 메탄올에 준한다.

(4) 이소프로필알코올[$(CH_3)_2CHOH$]

① 일반적 성질

㉮ 무색 투명하며, 에틸알코올보다 약간 강한 향기가 나는 액체이다.

㉯ 물, 에테르, 아세톤에 녹으며, 유지, 수지 등 많은 유기 화합물을 녹인다.

㉰ 산화하면 프로피온알데히드(C_2H_5CHO)를 거쳐 프로피온산(C_2H_5COOH)이 되고, 황산(H_2SO_4)으로 탈수하면 프로필렌($CH_3CH=CH_2$)이 된다.

㉱ 비중 0.79, 증기 비중 2.07, 융점 -89.5℃, 비점 81.8℃, 인화점 12℃, 발화점 398.9℃, 연소 범위 2.0~12%이다.

② 위험성 및 기타 : 메탄올에 준한다.

> **참고 ☞ 부틸알코올의 인화점**
>
> 부틸알코올[$CH_3(CH_2)_3OH$]의 인화점 : 28.8℃

(5) 변성 알코올

에틸알코올(C_2H_5OH)에 메틸알코올(CH_3OH), 가솔린, 피리딘을 소량 첨가하여 공업용으로 사용하고, 음료로는 사용하지 못하는 알코올을 말한다.

4-4 제2석유류(지정 수량 $\frac{\text{비수용성 액체 } 1,000L}{\text{수용성 액체 } 2,000L}$)

등유, 경유 및 그 밖에 1기압에서 인화점이 21℃ 이상, 70℃ 미만인 것이다. 다만, 도료류, 그 밖의 물품에 있어서 가연성 액체량이 40wt% 이하이면서 인화점이 40℃ 이상인 동시에 연소점이 60℃ 이상인 것은 제외한다.

(1) 등유(kerosene) - 비수용성 액체

① 일반적 성질
- ㉮ 탄소수가 $C_9 \sim C_{18}$가 되는 포화·불포화 탄화수소의 혼합물이다.
- ㉯ 물에는 불용이며, 여러 가지 유기 용제와 잘 섞이고 유지, 수지 등을 잘 녹인다.
- ㉰ 순수한 것은 무색이며, 오래 방치하면 연한 담황색을 띤다.
- ㉱ 비중 0.8, 증기 비중 4~5, 비점 150~300℃, 인화점 30~60℃, 발화점 254℃, 연소 범위 1.1~6.0%이다.

② 위험성
- ㉮ 상온에서는 인화의 위험이 없으나 인화점 이하의 온도에서 안개 상태나 헝겊(천)에 배어 있는 경우에는 인화의 위험이 있다.
- ㉯ 전기의 불량 도체로서 분위기에 따라서 정전기를 발생 축적하므로 증기가 발생할 때 방전 불꽃에 의해 인화할 위험이 있다.

③ 저장 및 취급 방법
- ㉮ 다공성 가연물과의 접촉을 방지한다.
- ㉯ 화기를 피하고, 용기는 통풍이 잘 되는 냉암소에 저장한다.

④ 용도 : 연료, 살충제의 용제 등

⑤ 소화 방법 : CO_2, 분말, 할론, 포

(2) 경유(디젤류) - 비수용성 액체

① 일반적 성질
- ㉮ 탄소수가 $C_{11} \sim C_{19}$인 포화·불포화 탄화수소의 혼합물로 담황색 또는 담갈색의 액체이다.
- ㉯ 물에는 불용이며, 여러 가지 유기 용제와 잘 섞이고 유지, 수지 등을 잘 녹인다.
- ㉰ 비중 0.82~0.85, 증기 비중 4~5, 비점 150~300℃, 인화점 50~70℃, 발화점 257℃, 연소 범위 1.0~6.0%이다.

② 위험성, 저장 및 취급 방법 : 등유에 준한다.

③ 용도 : 디젤 기관의 연료, 보일러의 연료

④ 소화 방법 : CO_2, 분말, 할론, 포

참고 🔥 경유의 대규모 화재 시 주수 소화가 부적당한 이유

경유는 물보다 가볍고, 물에 녹지 않기 때문에 화재가 널리 확대되므로

(3) 의산(HCOOH, 개미산, 포름산) - 수용성 액체

① 일반적 성질
- ㉮ 자극성 냄새가 나는 무색 투명한 액체로 아세트산보다 산성이 강한 액체이다.

㉯ 연소 시 푸른 불꽃을 내면서 탄다.

> 📐 $2HCOOH + O_2 \rightarrow 2CO_2 + 2H_2O$

㉰ 강한 환원제이며, 물, 에테르, 알코올 등과 어떤 비율로도 섞인다.

㉱ 황산과 함께 가열하여 분해하면 일산화탄소(CO)가 발생한다.

> 📐 $HCOOH \xrightarrow{H_2SO_4} H_2O + CO\uparrow$

㉲ 비중 1.22, 증기 비중 1.59, 비점 101℃, 인화점 69℃, 발화점 601℃이다.

② **위험성** : 피부에 닿으면 수종(수포상의 화상)을 일으키고, 진한 증기를 흡입하는 경우에는 점막을 자극하는 염증을 일으킨다.

③ **저장 및 취급 방법** : 용기는 내산성 용기를 사용한다.

④ **용도** : 염색 조제, 에폭시 가소용, 고무 응고제, 살균제, 향료 등

⑤ **소화 방법** : 알코올포, 분무상의 주수

(4) 초산(CH_3COOH, 아세트산, 빙초산)−수용성 액체

① 일반적 성질

㉮ 무색 투명의 자극적인 식초 냄새가 나는 물보다 무거운 액체이다.

㉯ 물에 잘 녹고 16.7℃ 이하에서는 얼음 같이 되며, 연소 시 파란 불꽃을 내면서 탄다.

> 📐 $CH_3COOH + 2O_2 \rightarrow 2CO_2 + 2H_2O$

㉰ 알루미늄 이외의 금속과 작용하여 수용성인 염을 생성한다.

㉱ 묽은 용액은 부식성이 강하나, 진한 용액은 부식성이 없다.

㉲ 분자량 60, 비중 1.05, 증기 비중 2.07, 비점 118℃, 융점 16.7℃, 인화점 42.8℃, 발화점 463℃, 연소 범위 5.4~16%이다.

② 위험성

㉮ 피부에 닿으면 화상을 입게 되고, 진한 증기를 흡입 시에는 점막을 자극하는 염증을 일으킨다.

㉯ 질산과 과산화나트륨과 반응하여 폭발을 일으키는 경우도 있다.

③ **저장 및 취급 방법** : 용기는 내산성 용기를 사용한다.

④ **용도** : 초산비닐, 초산셀룰로오스, 니트로셀룰로오스, 식초, 아스피린, 무수초산 등의 제조 원료 등

⑤ **소화 방법** : 알코올포, 분무상의 주수

(5) 아크릴산($CH_2 = CHCOOH$)

① 일반적 성질

㉮ 무색이고 초산과 같은 자극성 냄새가 나며, 물, 알코올, 에테르에 잘 녹는다.

㉯ 매우 독성이 강하며, 고온에서 중합하기 쉽다.

㉰ 분자량 72.06, 비중 1.05, 증기 비중 2.48, 비점 141℃, 인화점 51℃, 발화점 438℃이다.

② 위험성

㉮ 밀폐된 용기는 가열에 의해 심하게 파열한다.

㉯ 200℃ 이상 가열하면 CO, CO_2 및 증기를 발생한다.

(6) 테레핀유(송정유)−비수용성 액체

① 일반적 성질

㉮ 소나무와 식물 및 뿌리에서 채집하여 증류·정제하여 만든 물질로, 강한 침엽수 수지 냄새가 나는 무색 또는 담황색의 액체이며, α−피넨($C_{10}H_{16}$)이 주성분이다.

㉯ 공기 중에 방치하면 끈기 있는 수지 상태의 물질이 되며, 산화되기 쉽고 독성을 지닌다.

㉰ 물에는 녹지 않으나 유기 용제 등에 녹으며, 수지, 유지, 고무 등을 녹인다.

㉱ 비중 0.86, 비점 153~175℃, 인화점 35℃, 발화점 253℃이다.

② 위험성 : 공기 중에서 산화 중합하므로 헝겊, 종이 등에 스며들어 자연 발화의 위험성이 있다.

③ 저장·취급 방법 및 기타 : 등유에 준한다.

④ 용도 : 용제, 향료, 방충제, 의약품의 원료 등

(7) 스티렌($C_6H_5CH=CH_2$, 비닐벤젠)−비수용성 액체

① 일반적 성질

㉮ 방향성을 갖는 독특한 냄새가 나는 무색 투명한 액체로서 물에는 녹지 않으나 유기 용제 등에 잘 녹는다.

㉯ 빛, 가열 또는 과산화물에 의해 중합되어 중합체인 폴리스티렌을 만든다.

㉰ 분자량 104.2, 비중 0.91, 증기 비중 3.6, 비점 146℃, 인화점 32℃, 발화점 490℃, 연소 범위 1.1~6.1%이다.

> **참고** 🚩 **스티렌의 제법**
>
> 1. 에틸벤젠을 탈수소반응으로 만든다.
>
>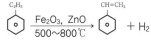
>
> 2. 에틸벤젠을 산화, 환원 탈수하여 만든다.

② 위험성, 저장 및 취급 방법 : 독성이 있으므로 증기 및 액체의 흡입이나 접촉을 피하고, 중합되지 않도록 한다.

③ 용도 : 폴리스티렌 수지, 합성 고무, ABS 수지, 이온 교환 수지, 합성 수지 및 도료의 원료 등

(8) 장뇌유($C_{10}H_{16}O$)−비수용성 액체

① 일반적 성질

㉮ 주성분은 장뇌($C_{10}H_{16}O$)로서 엷은 황색의 액체이며, 유출 온도에 따라 백색유, 적색유, 감색유로 분류한다.

〈장뇌유의 구분〉

구 분 \ 종 류	백색유	적색유	감색유
비 점	150~180℃	180~280℃	280~300℃
비 중	0.87~0.91	1.00~1.035	0.95~0.96
인화점	47℃	–	–

　　　㉯ 물에는 녹지 않으나 알코올, 에테르, 벤젠 등의 유기 용제에 잘 녹는다.

　② 위험성, 저장·취급 방법 및 기타 : 등유에 준한다.

　③ 용도 : 백색유(방부제, 테레핀유의 대용 등), 적색유(비누의 향료 등), 감색유(선광유 등)

(9) 송근유 - 비수용성 액체

　① 일반적 성질

　　　㉮ 소나무 뿌리에서 추출한 방향성을 갖는 황갈색 액체이다.

　　　㉯ 물에는 녹지 않으나 유기 용제 등에는 잘 녹는다.

　　　㉰ 비중 0.86~0.87, 비점 155~180℃, 인화점 54~78℃, 발화점 355℃이다.

　② 위험성, 저장 및 취급 방법 : 등유에 준한다.

　③ 용도 : 테레핀유에 준한다.

(10) 클로로벤젠(C_6H_5Cl, ⬡) - 비수용성 액체

　① 일반적 성질

　　　㉮ 마취성이 있고, 석유와 비슷한 냄새를 가진 무색의 액체이다.

　　　㉯ 물에는 녹지 않으나 유기 용제 등에는 잘 녹고, 천연수지, 고무, 유지 등을 잘 녹인다.

　　　㉰ 비중 1.11, 증기 비중 3.9, 비점 132℃, 인화점 32℃, 발화점 638℃, 연소 범위 1.3~7.1% 이다.

　② 위험성

　　　㉮ 가열에 의해 용기의 폭발 위험이 있으며, 연소 시 포스겐($COCl_2$), 염화수소(HCl)를 포함한 유독성 가스를 발생한다.

　　　㉯ 마취성이 있고, 독성이 있으나 벤젠보다 약하다.

　③ 저장 및 취급 방법 : 가솔린에 준한다.

　④ 용도 : 용제, 염료, 향료, DDT의 원료, 유기 합성의 원료 등

(11) 부틸알코올(C_4H_9OH)

　① 일반적 성질

　　　㉮ 무색 투명한 액체로서 퓨젤유와 같은 냄새가 난다.

　　　㉯ 액체 에테르, 아세톤 등 유기 용매에 잘 녹고, 물에는 잘 녹지 않는다(용해도 7.3%).

  Ⓓ 실내의 기온에서는 연소 범위의 혼합가스는 내지 않으나 가열로 말미암아 인화하는 일이 있다.

  Ⓔ 독성은 거의 없고, 불용성이므로 소화제로서의 포는 일반포를 써도 된다.

  Ⓕ 비중 0.81, 증기 비중 2.56, 비점 117.2℃, 인화점 37℃, 발화점 343.3℃, 연소 범위 1.4~11.2%이다.

 ② 위험성 및 기타 : 에탄올에 준한다.

(12) 아밀알코올($C_5H_{11}OH$)

8종의 이성체가 있으나, 그 중 정·이소·활성 아밀알코올이 가장 많이 쓰인다.

품 명	화학식	비 중	증기 비중	비점(℃)	인화점(℃)	발화점(℃)	연소 범위(%)
정아밀 알코올	$CH_3CH_2CH_2$ CH_2CH_2OH	0.824	3.04	137.7	32.7	300	1.2~10.0
이소아밀 알코올	$(CH_3)_2CHCH_2$ CH_3OH	0.813	3.04	132.2	42.7	342.2	1.2~9.0
활성아밀 알코올	CH_3CH_2CH $(CH_3)CH_2OH$	0.81 ~0.82	3.04	118.3	34.4	343.3	—

 ① 일반적 성질

  ⓐ 감자의 전분을 발효 시 에탄올의 부산물로서 얻어진다.

  ⓑ 무색의 독특한 냄새가 나는 액체로 물에는 녹지 않으나 에테르, 아세톤, 벤젠 등 많은 유기 용제에는 잘 녹는다.

  ⓒ 독성은 없고 마취성이 있으며, 유지, 수지, 셀룰로오스를 잘 녹인다.

  ⓓ 비중 0.82, 인화점 34~43℃, 발화점 343~375℃이다.

 ② 위험성 및 기타 : 프로필 알코올에 준한다.

(13) 히드라진(N_2H_4) − 수용성 액체

 ① 일반적 성질

  ⓐ 과잉의 암모니아를 차아염소산나트륨 용액에 산화시켜 만든다.

   예 $2NH_3 + NaClO \rightarrow N_2H_4 + NaCl + H_2O$

  ⓑ 외관은 물과 같으나 무색의 가연성 액체로 물과 알코올에 녹는다.

  ⓒ 분해 과정은 상온에서 완만하며, 원래 불안정한 물질이다.

  ⓓ 공기 중에 180℃에서 가열하면 분해한다.

   예 $2N_2H_4 \xrightarrow{\Delta} 2NH_3 + N_2 + H_2$

  ⓔ H_2O_2와 혼촉 발화한다.

   예 $N_2H_4 + 2H_2O_2 \longrightarrow 4H_2O + N_2$

ⓑ 석면, 목재, 섬유상의 물질을 흡수하여 자연 발화한다.

ⓐ 비중 1.0, 비점 113℃, 인화점 38℃, 발화점 270℃, 연소 범위 4.7~100%이다.

② 위험성 : 인체 발암성이 높고, 호흡기, 피부 등에 영향을 끼칠 수 있는 유독성의 물질이다.

(14) 큐멘[(CH₃)₂CHC₆H₅]

① 일반적 성질

㉮ 방향성 냄새가 나는 무색의 액체이다.

㉯ 물에 녹지 않으며, 알코올, 에테르, 벤젠 등에 녹는다.

㉰ 분자량 120.2, 비중 0.86, 증기 비중 4.14, 비점 152℃, 인화점 36℃, 발화점 425℃, 연소 범위 0.9~6.5%이다.

② 위험성

㉮ 산화성 물질과 반응하며, 질산, 황산과 반응하여 열을 방출한다.

㉯ 공기 중에 노출되면 유기 과산화물(큐멘하이드로퍼옥사이드)을 생성한다.

4-5 제3석유류(지정 수량 $\frac{\text{비수용성 액체 2,000L}}{\text{수용성 액체 4,000L}}$)

중유, 크레오소트유 및 그 밖의 1기압 20℃에서 액체로서 인화점이 70℃ 이상 200℃ 미만인 것이다. 다만, 도료류 그 밖의 물품은 가연성 액체량이 40중량% 이하인 것을 제외한다.

(1) 중유(heavy oil)-비수용성 액체

① 일반적 성질

㉮ 원유의 성분 중 비점이 300~350℃ 이상인 갈색 또는 암갈색의 액체 직류 중유와 분해 중유로 나눌 수 있다.

㉠ 직류 중유(디젤 기관의 연료용)

ⓐ 원유를 300~350℃에서 추출한 유분 또는 이에 경유를 혼합한 것으로 포화 탄화수소가 많으므로 점도가 낮고 분무성이 좋으며, 착화가 잘 된다.

ⓑ 비중 0.85~0.93, 인화점 60~150℃, 발화점 254~405℃이다.

㉡ 분해 중유(보일러의 연료용)

ⓐ 중유 또는 경유를 열분해하여 가솔린을 제조한 잔유에 이 계통의 분해 경유를 혼합한 것으로 불포화 탄화수소가 많아 분무성도 좋지 않아 탄화수소가 불안정하게 형성된다.

ⓑ 비중 0.95~1.00, 인화점 70~150℃, 발화점 380℃ 이하이다.

㉯ 등급은 점도차에 따라 A중유, B중유, C중유로 구분하며, 벙커 C유는 C중유에 속한다.

② 위험성

㉮ 인화점이 높아서 가열하지 않으면 위험하지 않으나 80℃로 예열해서 사용하므로 인화의 위험이 있다.

⨁ 분해 중유는 불포화 탄화수소이므로 산화 중합하기 쉽고, 액체의 누설은 자연 발화의 위험이 있다.

⨁ 위험물 저장 탱크 화재 시 이상 현상은 다음과 같다.

  ㉠ 슬롭 오버(slop over) 현상 : 포말 및 수분이 함유된 물질의 소화는 시간이 지연되면 수분이 비등 증발하여 포가 파괴되어 화재 면의 액체가 포말과 함께 혼합되어 넘쳐 흐르는 것

  ㉡ 보일 오버(boil over) 현상 : 연소열에 의하여 탱크 내부 수분 층의 이상 팽창으로 수분 팽창 층 윗부분의 기름이 급격히 넘쳐 나오는 것

③ 저장 및 취급 방법 : 등유에 준한다.

④ 용도 : 디젤 기관 또는 보일러의 연료, 금속 정련용 등

⑤ 소화 방법 : CO_2, 분말

(2) 크레오소트유(타르유, 액체피치유) − 비수용성 액체

① 일반적 성질

  ㉮ 황색 또는 암록색의 끈기가 있는 액체로, 물보다 무겁고 물에 녹지 않으며, 유기 용제에는 잘 녹는다.

  ㉯ 콜타르를 230~300℃에서 증류할 때 혼합물로 얻으며, 주성분으로 나프탈렌과 안트라센을 함유하고 있는 혼합물이다.

  ㉰ 비중 1.02~1.05, 비점 194~400℃, 인화점 74℃, 발화점 336℃이다.

② 위험성 : 타르산을 많이 함유한 것은 금속에 대한 부식성이 있다.

③ 저장 및 취급 방법 : 타르산을 많이 함유한 것은 용기를 부식시키므로 내산성 용기에 수납 저장한다.

④ 용도 : 카본 블랙의 제조 및 목재의 방부제, 살충제, 도료 등

(3) 아닐린($C_6H_5NH_2$, 아미노벤젠) − 비수용성 액체

① 일반적 성질

  ㉮ 물보다 무겁고 물에 약간 녹으며, 유기 용제 등에는 잘 녹는 특유한 냄새를 가진 황색 또는 담황색의 끈기 있는 기름 상태의 액체로서 햇빛이나 공기의 작용에 의해 흑갈색으로 변색한다.

  ㉯ 알칼리 금속 또는 알칼리 토금속과 반응하여 수소와 아닐리드를 생성한다.

  ㉰ 비중 1.02, 융점 −6℃, 비점 184.2℃, 인화점 70℃, 발화점 538℃이다.

② 위험성 : 가연성이고 독성이 강하므로 증기를 흡입하거나 액체가 피부에 닿으면 급성 또는 만성 중독을 일으킨다.

③ 저장 및 취급 방법 : 중유에 준하며, 취급 시 피부나 호흡기 등에 보호 조치를 하여야 한다.

④ 용도 : 염료, 고무 유화 촉진제, 의약품, 유기 합성, 살균제, 페인트, 향료 등의 원료

(4) 니트로벤젠($C_6H_5NO_2$, $\begin{array}{c}NO_2\\ \bigcirc\end{array}$, 니트로벤졸) − 비수용성 액체

① 일반적 성질

㉮ 물보다 무겁고 물에 녹지 않으며, 유기 용제 등에는 잘 녹는 암모니아와 같은 냄새가
나는 담황색 또는 갈색의 유상 액체이다.

㉯ 벤젠을 니트로화시켜 제조하며, 니트로화제로는 진한 황산과 진한 질산을 사용한다.

㉰ 산이나 알칼리에는 비교적 안정하나 주석, 철 등의 금속 촉매에 의해 염산을 첨가시키면
환원되면서 아닐린이 생성된다.

㉱ 분자량 123.1, 비중 1.2, 융점 5.7℃, 비점 211℃, 인화점 88℃, 발화점 482℃이다.

② 위험성

㉮ 비점이 높아 증기 흡입은 적지만 독성이 강하여 피부와 접촉하면 쉽게 흡수된다.

㉯ 증기를 오래 흡입하면 혈액 속의 메타헤모글로빈을 생성하므로 두통, 졸음, 구토 현상이
나타나며, 심하면 의식 불명 상태에 이르러 사망하게 된다.

③ 저장 및 취급 방법 : 아닐린에 준한다.

④ 용도 : 연료, 향료, 독가스(아담사이드의 원료), 산화제, 용제 등

(5) 에틸렌글리콜[$C_2H_4(OH)_2$, 글리콜] − 수용성 액체

① 일반적 성질

㉮ 무색, 무취의 단맛이 나고, 흡습성이 있는 끈끈한 액체로서 2가 알코올이다.

㉯ 물, 알코올, 에테르, 글리세린 등에는 잘 녹고, 사염화탄소, 이황화탄소, 클로로포름에는
녹지 않는다.

㉰ 독성이 있으며, 무기산 및 유기산과 반응하여 에스테르를 생성한다.

㉱ 분자량 62, 비중 1.113, 융점 −12℃, 비점 197℃, 인화점 111℃, 발화점 402℃

② 위험성 : 가연성이며, 독성이 있다.

③ 저장 및 취급 방법 : 중유에 준한다.

④ 용도 : 부동액 원료, 유기 합성, 부동 다이너마이트, 계면활성제의 제조 원료, 건조 방지제 등

⑤ 소화 방법 : CO_2, 분말

(6) 글리세린[$C_3H_5(OH)_3$, 감유] − 수용성 액체

① 일반적 성질

㉮ 물보다 무겁고 단맛이 나는 시럽상 무색 액체로서, 흡습성이 좋은 3가의 알코올이다.

㉯ 물, 알코올과는 어떤 비율로도 혼합되며, 에테르, 벤젠, 클로로포름 등에는 녹지 않는다.

㉰ 비중 1.26, 증기비중 3.1, 융점 19℃, 인화점 160℃, 발화점 393℃이다.

② 위험성 : 독성이 없다.

③ 저장·취급 방법 및 기타 : 에틸렌글리콜에 준한다.

④ 용도 : 용제, 흡습제, 윤활제, 투명 비누, 제약, 화장품 등

(7) 염화벤조일[$(C_6H_5)COCl$]

① 일반적 성질

㉮ 최루성이 있는 무색의 액체이며, 벤젠, 에테르를 녹인다.

㉯ 비중 1.21, 증기 비중 4.8, 인화점 72℃, 연소 범위 1.2~4.9%이다.

② 위험성

㉮ 연소 시 유독성의 염화수소가스와 자극성의 연소 생성물을 발생한다.

㉯ 가열하면 유독성의 포스겐($COCl_2$)을 발생한다.

③ 저장 및 취급 방법 : 물, 습기, 알칼리류, 산화성 물질 및 알코올류와의 접촉을 방지한다.

④ 소화 방법 : 건조 분말, 포, CO_2를 사용하여 질식 소화한다.

(8) 담금질유

① 일반적 성질

철, 강철 등 기타 금속을 900℃ 정도로 가열하여 기름 속에 넣어 급격히 냉각시킴으로써 금속의 재질을 열처리 전보다 단단하게 하는 데 사용하는 기름이다. 이 중 인화점이 200℃ 이상의 것은 제4석유류에 속한다.

② 위험성 : 인화점이 높으므로 인화의 위험이 없으나 국부 가열에 의한 화재에 주의해야 한다.

③ 저장 및 취급 방법 : 중유에 준한다.

④ 용도 : 금속의 열처리제 등

(9) 니트로톨루엔[$NO_2(C_6H_4)CH_3$]

① 일반적 성질

㉮ 방향성 냄새가 나는 황색의 액체이며, 물에 잘 녹지 않는다.

㉯ 알코올, 에테르, 벤젠 등 유기 용제에 잘 녹는다.

㉰ 분자량 137.1, 비중 1.16, 증기 비중 4.72이다.

② 위험성

㉮ 상온에서 연소 위험성은 없으나 가열하면 위험하다.

㉯ 연소 시 질소산화물을 포함한 자극성, 유독성의 가스를 발생한다.

4-6 ▶ 제4석유류(지정 수량 6,000L)

기어유, 실린더유 및 그 밖의 액체로서 인화점이 200℃ 이상 250℃ 미만인 액체이다. 다만, 도료류, 그 밖의 물품은 가연성 액체량이 40wt% 이하인 것을 제외한다.

(1) 기어유(gear oil)

① 기계, 자동차 등의 기어에 이용한다.

② 비중 0.90, 인화점 220℃, 유동점 −12℃, 수분 0.2%이다.

(2) 실린더유(cylinder oil)

① 각종 증기 기관의 실린더에 사용된다.
② 비중 0.90, 인화점 250℃, 유동점 −10℃, 수분 0.5%이다.

(3) 윤활유

기계에서 마찰을 많이 받는 부분을 적게 하기 위해 사용하는 기름이다.

(4) 가소제(plasticizer)

휘발성이 작은 용제에 합성 고무, 합성 수지 등에 가소성을 주는 액체 위험물이다.

4-7 동·식물유류(지정 수량 10,000L)

동물의 지육 등 또는 식물의 종자나 과육으로부터 추출한 것으로서 1기압에서 인화점이 250℃ 미만인 것을 말한다.

(1) 성상

① 화학적 주성분은 고급 지방산으로 포화 또는 불포화 탄화수소로 되어 있다.
② 순수한 것은 무색·무취이나 불순물이 함유된 것은 미황색 또는 적갈색으로 착색되어 있다.
③ 장기간 저장된 것은 냄새가 난다.

(2) 위험성

① 인화점 이상에서는 가솔린과 같은 인화의 위험이 있다.
② 연소하면 열에 의해 액온이 상승하여 화재가 커질 위험이 있다.
③ 건성유는 헝겊 또는 종이 등에 스며들어 있는 상태로 방치하면 분자 속의 불포화 결합이 공기 중의 산소에 의해 산화 중합 반응을 일으켜 자연 발화의 위험이 있다.
④ 1기압에서 인화점은 대체로 220~250℃ 미만이며, 개자유만 46℃이다.

(3) 저장 및 취급 방법

① 화기 및 점화원을 멀리할 것
② 증기 및 액체의 누설이 없도록 할 것
③ 가열 시 인화점 이상 가열하지 말 것

(4) 소화 방법

① 안개 상태의 분무 주수
② 탄산가스, 분말, 할로겐 화합물

(5) 종류

① 요오드값(옥소값) : 유지 100g에 부가되는 요오드의 g수

② 요오드값이 크면 불포화도가 커지고 요오드값이 작으면 불포화도가 작아진다. 불포화도가 클수록 자연 발화(산화)를 일으키기 쉽다.

③ 요오드값에 따른 종류

㉮ 건성유 : 요오드값이 130 이상인 것

이중 결합이 많아 불포화도가 높기 때문에 공기 중에서 산화되어 액 표면에 피막을 만드는 기름

에 들기름(192~208), 아마인유(168~190), 정어리기름(154~196), 동유(145~176), 해바라기유(113~146)

㉯ 반건성유 : 요오드값이 100~130인 것

공기 중에서 건성유보다 얇은 피막을 만드는 기름

에 청어기름(123~147), 콩기름(114~138), 옥수수기름(88~147), 참기름(104~118), 면실유(88~121), 채종유(97~107)

※ 참기름 : 인화점 255℃

㉰ 불건성유 : 요오드값이 100 이하인 것

공기 중에서 피막을 만들지 않는 안정된 기름

에 낙화생기름(땅콩기름, 82~109), 올리브유(75~90), 피마자유(81~91), 야자유(7~16)

출·제·예·상·문·제

1 위험물안전관리법령상 위험물의 운반에 관한 기준에 따르면 알코올류의 위험 등급은?

① 위험 등급 I ② 위험 등급 II
③ 위험 등급 III ④ 위험 등급 IV

위험 등급	품 명
II	알코올류

2 위험물안전관리법령상 위험물의 품명이 다른 하나는?

① CH_3COOH ② C_6H_5Cl
③ $C_6H_5CH_3$ ④ C_6H_5Br

 ㉠ 제1석유류 : $C_6H_5CH_3$
㉡ 제2석유류 : CH_3COOH, C_6H_5Cl, C_6H_5Br

3 등유의 지정 수량에 해당하는 것은?

① 100L ② 200L
③ 1,000L ④ 2,000L

 제4류 위험물의 품명과 지정 수량

성 질	위험 등급	품 명		지정 수량
인화성 액체	I	특수 인화물류		50L
	II	제1석유류	비수용성	200L
			수용성	400L
		알코올류		400L
	III	제2석유류	비수용성(등유)	1,000L
			수용성	2,000L
		제3석유류	비수용성	2,000L
			수용성	4,000L
		제4석유류		6,000L
		동·식물유류		10,000L

정답 1. ② 2. ③ 3. ③

4

히드라진의 지정 수량은?

① 200kg
② 200L
③ 2,000kg
④ 2,000L

해설 히드라진(N_2H_4)은 제4류 위험물, 제2석유류이며, 수용성으로 지정 수량은 2,000L이다.

5

산화프로필렌 300L, 메탄올 400L, 벤젠 200L를 저장하고 있는 경우 각 지정 수량 배수의 총합은?

① 4
② 6
③ 8
④ 10

해설 $\frac{300}{50} + \frac{400}{400} + \frac{200}{200} = 6 + 1 + 1 = 8$배

6

제4류 위험물의 공통적인 성질이 아닌 것은?

① 대부분 물보다 가볍고, 물에 녹기 어렵다.
② 공기와 혼합된 증기는 연소의 우려가 있다.
③ 인화되기 쉽다.
④ 증기는 공기보다 가볍다.

해설 ④ 증기는 공기보다 무겁다(단, HCN은 제외).

7

제4류 위험물의 성질 및 취급 시 주의 사항에 대한 설명 중 가장 거리가 먼 것은?

① 액체의 비중은 물보다 가벼운 것이 많다.
② 대부분 증기는 공기보다 무겁다.
③ 제1석유류와 제2석유류는 비점으로 구분한다.
④ 정전기 발생에 주의하여 취급하여야 한다.

해설 ③ 제1석유류와 제2석유류는 인화점으로 구분한다.

8

가연성 액체의 증기가 공기보다 무겁다는 것은 위험성과 어떤 관계가 있는가?

① 발화점이 낮다.
② 인화점이 낮다.
③ 자연 발화되기 쉽다.
④ 지면 멀리까지 퍼져 인화의 위험이 크다.

정답 4. ④ 5. ③ 6. ④ 7. ③ 8. ④

인화성 액체의 누설 시 증기는 공기보다 무겁기 때문에 낮은 곳에 체류하기 쉬워 화재를 확대시키는 경향이 크다.

9 다음 물질 중 공기보다 증기 비중이 낮은 것은?

① 이황화탄소(CS_2)   ② 시안화수소(HCN)

③ 아세트알데히드(CH_3CHO)   ④ 에테르($C_2H_5OC_2H_5$)

 제4류 위험물의 증기는 공기보다 무겁다. 단, HCN은 $\dfrac{27}{29}=0.98$이므로 예외이다.

10 다음 중 증기의 밀도가 가장 큰 것은?

① 디에틸에테르   ② 벤젠

③ 가솔린(옥탄 100%)   ④ 에틸알코올

 증기 밀도(g/L) $= \dfrac{\text{분자량(g)}}{22.4L}$

① 디에틸에테르($C_2H_5OC_2H_5$) : 분자량 74

   $\therefore$ 증기밀도 $= \dfrac{74g}{22.4L} = 3.30g/L$

② 벤젠(C_6H_6) : 분자량 78

   $\therefore$ 증기 밀도 $= \dfrac{78g}{22.4L} = 3.48g/L$

③ 가솔린-옥탄 100%($C_5H_{12} \sim C_9H_{20}$) : 분자량 72~128

   $\therefore$ 증기 밀도 $= \dfrac{72g}{22.4L} = 3.21g/L \sim \dfrac{128g}{22.4L} = 5.71g/L$

④ 에틸알코올(C_2H_5OH) : 분자량 46

   $\therefore$ 증기 밀도 $= \dfrac{46g}{22.4L} = 2.05g/L$

11 제4류 위험물의 물에 대한 성질과 화재 위험이 직접 관계가 있는 것은?

① 수용성과 인화성

② 비중과 인화점

③ 비중과 발화점

④ 비중과 화재 확대

 제4류 위험물은 대부분 물보다 가볍고, 물에 녹지 않으므로 소화 시 주수하면 화재 확대 위험성이 커진다.

12

다음 인화성 액체 위험물의 위험 인자 중 그 정도가 작거나 낮을수록 위험성이 커지는 것은?

① 비열   ② 증기압

③ 연소열   ④ 연소 범위(폭발 범위)

해설 ① 비열이 작을수록 위험성이 커진다.

13

인화성 액체 위험물의 화재 시 가장 많이 쓰이는 소화 방법은?

① 물을 뿌린다.   ② 공기를 차단한다.

③ 연소물을 제거한다.   ④ 인화점 이하로 냉각한다.

해설 제4류 위험물 화재는 질식 소화한다.

14

제4류 위험물의 연소에 대한 설명으로 옳은 것은?

① 수증기와 산소 혼합물의 연소이다.   ② 수증기와 산소 화합물의 연소이다.

③ 가연성 증기와 공기 혼합물의 연소이다.   ④ 가연성 증기와 공기 화합물의 연소이다.

해설 제4류 위험물은 가연성 증기와 공기 혼합물의 연소이다.

15

제4류 위험물 저장 및 취급 시 화재 예방 및 주의 사항에 대한 일반적인 설명으로 틀린 것은?

① 증기의 누출에 유의할 것

② 증기는 낮은 곳에 체류하기 쉬우므로 조심할 것

③ 전도성이 좋은 석유류는 정전기 발생에 유의할 것

④ 서늘하고 통풍이 양호한 곳에 저장할 것

해설 ③ 비전도성이 좋은 석유류는 정전기 발생에 유의할 것

16

다음 중 제4류 위험물의 화재에 적응성이 없는 소화기는?

① 포 소화기   ② 봉상수 소화기

③ 인산염류 소화기   ④ 이산화탄소 소화기

해설 제4류 위험물의 화재에 적응성이 있는 소화기

    ㉠ 포 소화기

    ㉡ 인산염류 소화기

    ㉢ 이산화탄소 소화기

17 위험물안전관리법령에서 정의한 특수 인화물의 조건으로 옳은 것은?

① 1기압에서 발화점이 100℃ 이상인 것 또는 인화점이 영하 10℃ 이하이고, 비점이 40℃ 이하인 것

② 1기압에서 발화점이 100℃ 이하인 것 또는 인화점이 영하 20℃ 이하이고, 비점이 40℃ 이하인 것

③ 1기압에서 발화점이 200℃ 이하인 것 또는 인화점이 영하 10℃ 이하이고, 비점이 40℃ 이하인 것

④ 1기압에서 발화점이 200℃ 이상인 것 또는 인화점이 영하 20℃ 이하이고, 비점이 40℃ 이하인 것

해설 특수 인화물의 조건 : 1기압에서 발화점이 100℃ 이하인 것 또는 인화점이 영하 20℃ 이하이고, 비점이 40℃ 이하인 것

18 다음 위험물 중 특수 인화물이 아닌 것은?

① 메틸에틸케톤퍼옥사이드　　　　② 산화프로필렌
③ 아세트알데히드　　　　　　　　④ 이황화탄소

해설 ① 메틸에틸케톤퍼옥사이드 : 제5류 위험물 중 유기 과산화물

19 특수 인화물의 일반적인 성질에 대한 설명으로 가장 거리가 먼 것은?

① 비점이 높다.　　　　　　　　　② 인화점이 낮다.
③ 연소 하한값이 낮다.　　　　　　④ 증기압이 높다.

해설 ① 비점이 낮다.

20 다음 중 인화점이 0℃보다 작은 것은 모두 몇 개인가?

$C_2H_5OC_2H_5$, CS_2, CH_3CHO

① 0개　　　　　② 1개　　　　　③ 2개　　　　　④ 3개

해설

위험물	인화점
$C_2H_5OC_2H_5$	−45℃
CS_2	−30℃
CH_3CHO	−37.7℃

정답　17. ②　18. ①　19. ①　20. ④

21

에테르(ether)의 일반식으로 옳은 것은?

① ROR
② RCHO
③ RCOR
④ RCOOH

 에테르(디에틸에테르, 제4류 특수 인화물)
ⓐ 화학식(시성식) : $C_2H_5OC_2H_5$
ⓑ 일반식 : $R-O-R$ (R : 알킬기)
ⓒ 구조식

$$\begin{array}{ccccc} & H & H & & H & H \\ & | & | & & | & | \\ H- & C- & C- & O- & C- & C-H \\ & | & | & & | & | \\ & H & H & & H & H \end{array}$$

22

다음 중 분자량이 약 74, 비중이 약 0.71인 물질로서 에탄올 두 분자에서 물이 빠지면서 축합 반응이 일어나 생성되는 물질은?

① $C_2H_5OC_2H_5$
② C_2H_5OH
③ C_6H_5Cl
④ CS_2

에테르 제법 : 에탄올에 진한 황산을 넣고 130~140℃로 가열하면 에탄올 2분자 중에서 간단히 물이 빠지면서 축합 반응이 일어나 에테르가 얻어진다.

$$2C_2H_5OH \xrightarrow{\text{c}-H_2SO_4} C_2H_5OC_2H_5 + H_2O$$

23

디에틸에테르의 성상에 해당하는 것은?

① 청색 액체
② 무미, 무취 액체
③ 휘발성 액체
④ 불연성 액체

디에틸에테르 : 무색 투명한 휘발성 액체로 자극성, 마취 작용이 있다.

24

다음 중 전기의 불량 도체로 정전기가 발생되기 쉽고, 폭발 범위가 가장 넓은 위험물은?

① 아세톤
② 톨루엔
③ 에틸알코올
④ 에틸에테르

 폭발 범위
① 2.6~12.8%
② 1.4~6.7%
③ 4.3~19%
④ 1.9~48%
∴ 에틸에테르는 전기의 불량 도체로 정전기가 발생되기 쉽고, 폭발 범위가 넓은 위험물이다.

25

디에틸에테르에 관한 설명으로 옳지 않은 것은?

① 휘발성이 강하고, 인화성이 크다.

② 증기는 마취성이 있다.

③ 2개의 알킬기가 있다.

④ 물에 잘 녹지만 알코올에는 불용이다.

 ④ 물에는 잘 녹지 않지만 알코올에는 잘 녹는다.

26

다음 중 연소 범위가 가장 넓은 위험물은?

① 휘발유   ② 톨루엔

③ 에틸알코올   ④ 디에틸에테르

 ① 1.4~7.6%

② 1.1~7.1%

③ 3.3~19%

④ 1.9~48%

27

다음 물질 중 인화점이 가장 낮은 것은?

① 디에틸에테르   ② 이황화탄소

③ 아세톤   ④ 벤젠

 ① 디에틸에테르 : −45℃

② 이황화탄소 : −30℃

③ 아세톤 : −18℃

④ 벤젠 : −11.1℃

28

디에틸에테르의 저장 시 소량의 염화칼슘을 넣어주는 목적은?

① 정전기 발생 방지   ② 과산화물 생성 방지

③ 저장 용기의 부식 방지 ④ 동결 방지

🌱해설 에테르

건조 과정이나 여과를 할 경우는 유체 마찰에 의해 정전기를 발생·축적하기 쉬우며, 또한 소량의 물을 함유하고 있는 경우 이 수분으로 대전되기 쉬우므로 비닐관 등의 절연성 물체 내를 흐르면 정전기를 발생한다. 이 정전기로 인한 스파크는 에테르 증기의 연소 폭발을 일으키는 데 충분하다. 정전기 생성 방지를 위해 약간의 CaCl을 넣어준다.

29

에테르 속 과산화물의 존재 여부를 확인하는 데 사용하는 용액은?

① 나트륨 10% 용액

② 옥화칼륨 10% 용액

③ 황산제일철 30% 용액

④ 환원철 5g

 에테르의 과산화물

① 성질 : 제5류 위험물(자기 반응성 물질)과 같은 위험성

② 과산화물 검출 시약 : 요오드화칼륨(KI, 옥화칼륨) 용액 → 황색(과산화물 존재 시)

③ 과산화물 제거 시약 : 황산제일철($FeSO_4$), 환원철 등

④ 과산화물 생성 방지법 : 40메시(mesh)의 Cu망을 넣는다.

30

디에틸에테르의 보관 · 취급에 관한 설명으로 틀린 것은?

① 용기는 밀봉하여 보관한다.

② 환기가 잘 되는 곳에 보관한다.

③ 정전기가 발생하지 않도록 취급한다.

④ 저장 용기에 빈 공간이 없게 가득 채워 보관한다.

 ④ 탱크나 용기 저장 시 공간 용적을 유지하고, 대량 저장 시에는 불활성 가스를 봉입시킨다.

31

물보다 무겁고, 물에 녹지 않아 저장 시 가연성 증기 발생을 억제하기 위해 콘크리트 수조 속의 위험물 탱크에 저장하는 물질은?

① 디에틸에테르　　　　　　　　② 에탄올

③ 이황화탄소　　　　　　　　　④ 아세트알데히드

 이황화탄소(CS_2)의 설명이다.

32

1몰의 이황화탄소와 고온의 물이 반응하여 생성되는 유독한 기체 물질의 부피는 표준 상태에서 얼마인가?

① 22.4L　　　　　　　　　　② 44.8L

③ 67.2L　　　　　　　　　　④ 134.4L

 $CS_2 + 2H_2O \rightarrow CO_2 + \underline{2H_2S}$
　　　　　　　　　　　　　　　유독한 기체 물질

즉, $2 \times 22.4L = 44.8L$

33

다음 중 고무의 용제로 사용되며, 연소할 때 매우 유독한 기체를 생성하는 휘발성 액체는?

① 톨루엔   ② 아세톤
③ 이황화탄소   ④ 클로로포름

 해설 $CS_2 + 3O_2 \rightarrow CO_2 + 2SO_2\uparrow$

34

이황화탄소 기체는 수소 기체보다 20℃, 1기압에서 몇 배 더 무거운가?

① 11   ② 22
③ 32   ④ 38

 해설 ㉠ 이황화탄소(CS_2) 분자량 : 76
㉡ 수소(H_2) 분자량 : 2
즉, 76÷2 = 38배

35

이황화탄소에 관한 설명으로 틀린 것은?

① 비교적 무거운 무색의 고체이다.
② 인화점이 0℃ 이하이다.
③ 약 100℃에서 발화할 수 있다.
④ 이황화탄소의 증기는 유독하다.

 해설 ① 비교적 무거운(비중 1.26) 무색 투명한 액체이다.

36

이황화탄소 저장 시 물속에 저장하는 이유로 가장 옳은 것은?

① 공기 중 수소와 접촉하여 산화되는 것을 방지하기 위하여
② 공기와 접촉 시 환원하기 때문에
③ 가연성 증기의 발생을 억제하기 위하여
④ 불순물을 제거하기 위하여

 해설 이황화탄소(CS_2)를 물속에 저장하는 이유 : 가연성 증기의 발생을 억제하기 위하여

37

다음 위험물 중 물보다 가볍고, 인화점이 0℃ 이하인 것은?

① 에탄올   ② 경유
③ 니트로벤젠   ④ 아세트알데히드

정답   **33.** ③   **34.** ④   **35.** ①   **36.** ③   **37.** ④

① 에탄올 : 비중 0.79, 인화점 13℃
② 경유 : 비중 0.85, 인화점 50~70℃
③ 니트로벤젠 : 비중 1.2, 인화점 88℃
④ 아세트알데히드 : 비중 0.8, 인화점 −39℃

38 아세트알데히드의 연소 범위는?

① 1.4~7.6% ② 1.2~7.5%
③ 4.1~57% ④ 5.6~10%

 CH_3CHO(아세트알데히드)의 연소 범위는 4.1~57%이다.

39 아세트알데히드에 압력을 가했을 때 무엇이 발생하는가?

① 마취성 가스의 발생 ② 과산화물 생성
③ 가연성 증기 발생 ④ 아세틸라이드 발생

 아세트알데히드는 직사광선을 받으면 압력의 증가로 인해 분해하여 과산화물이 생성되어 위험하다.

40 다음 물질 중에서 은거울 반응과 요오드포름 반응을 모두 할 수 있는 것은?

① CH_3OH ② C_2H_5OH
③ CH_3CHO ④ CH_3COOCH_3

 ㉠ 은거울 반응 : 암모니아성 질산은 용액 → 은거울 생성
㉡ 요오드포름 반응 : 산화 → CH_3COOH 생성

41 아세트알데히드의 저장·취급 시 주의 사항으로 틀린 것은?

① 강산화제와의 접촉을 피한다.
② 취급 설비에는 구리 합금의 사용을 피한다.
③ 수용성이기 때문에 화재 시 물로 희석 소화가 가능하다.
④ 옥외 저장 탱크에 저장 시 조연성 가스를 주입한다.

 ④ 옥외 저장 탱크에 저장 시 냉각 장치 또는 보냉 장치 그리고 혼합 기체의 생성에 의한 폭발을 방지하기 위한 불활성 기체를 봉입하는 장치를 설치한다.

42 다음 위험물 중에서 인화점이 가장 낮은 것은?

① $C_6H_5CH_3$

② $C_6H_5CHCH_2$

③ CH_3OH

④ CH_3CHO

 ① 톨루엔($C_6H_5CH_3$) : 4.5℃

② 스티렌($C_6H_5CH=CH_2$) : 31℃

③ 메탄올(CH_3OH) : 11℃

④ 아세트알데히드(CH_3CHO) : −39℃

43 아세트알데히드와 아세톤의 공통 성질에 대한 설명 중 틀린 것은?

① 증기는 공기보다 무겁다.

② 무색 액체로서 인화점이 낮다.

③ 물에 잘 녹는다.

④ 특수 인화물로 반응성이 크다.

④ 아세트알데히드는 특수 인화물이고, 아세톤은 제1석유류이다.

44 산화프로필렌의 성질 및 위험성에 관한 설명으로 틀린 것은?

① 연소 범위는 가솔린보다 넓다.

② 산, 알칼리가 존재하면 중합 반응을 한다.

③ 인화점이 −37℃이므로 제1석유류에 속한다.

④ 화학적으로 활성이 크고, 반응을 할 때에는 발열 반응을 한다.

③ 인화점이 −37℃이고, 특수 인화물에 속한다.

45 구리, 은, 마그네슘과 접촉 시 아세틸라이드를 만들고, 연소 범위가 2.5~38.5%인 물질은?

① 아세트알데히드

② 알킬알루미늄

③ 산화프로필렌

④ 콜로디온

 산화프로필렌($CH_3\ \underset{O}{\underline{CH}}\ CH_2$)

구리, 마그네슘, 은, 수은 및 그 합금과의 반응은 폭발성인 아세틸라이드를 생성하며, 연소 범위는 2.5~38.5%이다.

46

위험물안전관리법령상 어떤 위험물을 저장 또는 취급하는 이동 탱크 저장소가 불활성 기체를 봉입할 수 있는 구조를 하여야 하는가?

① 아세톤
② 벤젠
③ 과염소산
④ 산화프로필렌

 이동 탱크 저장소에 불활성 기체를 봉입하는 구조로 하여야 하는 것 : 산화프로필렌

47

석유류의 위험성을 구분하는 척도는?

① 비등점　　　　　　　② 연소 범위
③ 발화점　　　　　　　④ 인화점

 인화점(flash point)
　㉠ 가연물을 가열할 때 가연성 증기가 연소 범위 하한에 달하는 최저 온도, 즉 가연물의 가열 시 점화원이 주어졌을 때 인화하는 최저의 온도로서 인화점이 낮을수록 위험하다.
　㉡ 인화성 액체(제4류 위험물)의 화재에 대한 위험성의 척도이다.

48

위험물 분류에서 제1석유류에 대한 설명으로 옳은 것은?

① 아세톤, 휘발유, 그 밖에 1기압에서 인화점이 섭씨 21도 미만인 것
② 등유, 경유, 그 밖의 액체로서 인화점이 섭씨 21도 이상 70도 미만인 것
③ 중유, 도료류로서 인화점이 섭씨 70도 이상 200도 미만의 것
④ 기계유, 실린더유, 그 밖의 액체로서 인화점이 섭씨 200도 이상 250도 미만인 것

 제1석유류 : 아세톤, 휘발유, 그 밖에 1기압에서 인화점이 섭씨 21도 미만인 것

49

제4류 위험물 중 제1석유류에 속하는 것은?

① 에틸렌글리콜　　　　② 글리세린
③ 아세톤　　　　　　　④ n-부탄올

 ① 에틸렌글리콜 : 제4류 위험물 제3석유류
　② 글리세린 : 제4류 위험물 제3석유류
　③ 아세톤 : 제4류 위험물 제1석유류
　④ n-부탄올 : 제4류 위험물 제2석유류

50

제1석유류 중에서 인화점이 −18℃, 분자량이 58.08이고, 햇빛에 분해되며 발화점이 538℃인 위험물은?

① 가솔린
② 아세톤
③ 에틸알코올
④ 벤젠

해설 아세톤에 대한 설명이다.

51

아세톤의 물리적 특성으로 틀린 것은?

① 무색, 투명한 액체로서 독특한 자극성의 냄새를 가진다.
② 물에 잘 녹으며, 에테르, 알코올에도 녹는다.
③ 화재 시 대량 주수 소화로 희석 소화가 가능하다.
④ 증기는 공기보다 가볍다.

해설 ④ 증기는 공기보다 무겁다(증기 비중 : 2.0).

52

아세톤에 관한 설명 중 틀린 것은?

① 무색의 액체로서 특이한 냄새를 가지고 있다.
② 가연성이며, 비중은 물보다 작다.
③ 화재 발생 시 이산화탄소나 포에 의한 소화가 가능하다.
④ 알코올, 에테르에 녹지 않는다.

해설 ④ 알코올, 에테르에 잘 녹는다.

53

아세톤의 성질에 대한 설명으로 옳은 것은?

① 자연 발화성 때문에 유기 용제로서 사용할 수 없다.
② 무색, 무취이고 겨울철에 쉽게 응고한다.
③ 증기 비중은 약 0.79이고, 요오드포름 반응을 한다.
④ 물에 잘 녹으며, 끓는점이 60℃보다 낮다.

해설 ① 유기물을 잘 녹이므로 유기 용제로서 사용할 수 있다.
② 무색, 자극성의 과일 냄새가 나며, 겨울철에 쉽게 응고하지 않는다.
③ 증기 비중은 약 2.0이고, 요오드포름 반응을 한다.
④ 물에 잘 녹으며, 끓는점이 56℃이다.

54 다음 중 인화점이 낮은 것부터 높은 순서로 나열된 것은?

① 톨루엔 – 아세톤 – 벤젠　　　　② 아세톤 – 톨루엔 – 벤젠

③ 톨루엔 – 벤젠 – 아세톤　　　　④ 아세톤 – 벤젠 – 톨루엔

해설 인화점 : 아세톤 : −18℃, 벤젠 : −11.1℃, 톨루엔 : 4.5℃

55 휘발유에 대한 설명으로 옳지 않은 것은?

① 지정 수량은 200L이다.

② 전기의 불량 도체로서 정전기 축적이 용이하다.

③ 원유의 성질·상태·처리 방법에 따라 탄화수소의 혼합 비율이 다르다.

④ 발화점은 −43∼−20℃ 정도이다.

해설 ④ 발화점은 300℃이다.

56 가솔린의 연소 범위에 가장 가까운 것은?

① 1.4∼7.6%　　　　　　　　　② 2.0∼23.0%

③ 1.8∼36.5%　　　　　　　　　④ 1.0∼50.0%

해설 가솔린(휘발유)
　　㉠ 연소 범위 : 1.4∼7.6%
　　㉡ 위험도(H) $= \dfrac{7.6 - 1.4}{1.4} = 4.43$

57 옥탄가의 정의 중 가장 옳은 것은?

① 노르말옥탄을 100, 헥산을 0으로 한 것　② 노르말옥탄을 100, 헵탄을 0으로 한 것

③ 이소옥탄을 100, 헥산을 0으로 한 것　④ 이소옥탄을 100, 헵탄을 0으로 한 것

해설 옥탄가는 가솔린의 연소성을 이소옥탄과 노르말 헵탄 혼합물의 연소성과 비교한 값

58 가솔린의 화재 시 가장 적합한 것은?

① 물에 의한 냉각 소화　　　　　② 포에 의한 소화

③ 강화액에 의한 소화　　　　　　④ 산, 알칼리에 의한 소화

해설 액체 위험물의 소화는 질식 소화가 효과적이다(포말, 분말, CO_2 등).

59

벤젠에 대한 설명으로 옳은 것은?

① 휘발성이 강한 액체이다.

② 물에 매우 잘 녹는다.

③ 증기의 비중은 1.5이다.

④ 순수한 것의 융점은 30℃이다.

 해설 ② 물에 녹지 않는다.

③ 증기의 비중은 2.8이다.

④ 순수한 것의 융점은 5.5℃이다.

60

벤젠의 성질로 옳지 않은 것은?

① 휘발성을 갖는 갈색, 무취의 액체이다.

② 증기는 유해하다.

③ 인화점은 0℃보다 낮다.

④ 끓는점은 상온보다 높다.

해설 ① 휘발성이 강하고, 무색 투명하며, 독특한 냄새를 가진 액체이다.

61

벤젠의 성질에 대한 설명 중 틀린 것은?

① 증기는 유독하다.

② 물에 녹지 않는다.

③ CS_2보다 인화점이 낮다.

④ 독특한 냄새가 있는 액체이다.

해설 ③

구 분	C_6H_6	CS_2
인화점	-11.1℃	-30℃

62

벤젠에 관한 설명 중 틀린 것은?

① 인화점은 약 -11℃이다.

② 이황화탄소보다 발화점이 높다.

③ 벤젠 증기는 마취성은 있으나 독성은 없다.

④ 취급할 때 정전기 발생을 조심해야 한다.

해설 ③ 벤젠 증기는 마취성이고, 독성이 강하다.

  정답 59. ① 60. ① 61. ③ 62. ③

63

벤젠 1몰을 충분한 산소가 공급되는 표준 상태에서 완전 연소시켰을 때 발생하는 이산화탄소의 양은 몇 L인가?

① 22.4　　　　② 134.4　　　　③ 168.8　　　　④ 224.0

 $C_6H_6 + 7.5O_2 \rightarrow 6CO_2 + 3H_2O$
∴ $6 \times 22.4L = 134.4L$

64

겨울에는 응고하고, 고체 상태에서도 가연성 증기를 발생시키는 것은?

① 벤젠　　　　② 톨루엔　　　　③ 크실렌　　　　④ 아세톤

 벤젠(C_6H_6)의 융점은 5.5℃이고, 인화점은 −11℃로 겨울에 응고하고, 응고된 상태에서도 가연성 증기를 발생하여 인화의 위험성이 큰 물질이다.

65

벤젠의 연소 시 알코올보다 매연이 많이 발생되는 이유는?

① 비등점이 낮아서　　　　　　　　② 인화점이 높아서
③ 분자식 중 탄소의 비율이 크기 때문에　④ 탄소 내 이중 결합 때문에

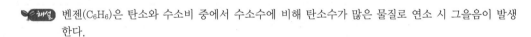 벤젠(C_6H_6)은 탄소와 수소비 중에서 수소수에 비해 탄소수가 많은 물질로 연소 시 그을음이 발생한다.

66

벤젠의 저장 및 취급 시 주의 사항에 대한 설명으로 틀린 것은?

① 정전기 발생에 주의한다.
② 피부에 닿지 않도록 주의한다.
③ 증기는 공기보다 가벼워 높은 곳에 체류하므로 환기에 주의한다.
④ 통풍이 잘 되는 서늘하고, 어두운 곳에 저장한다.

 ③ 증기는 공기보다 무거워 낮은 곳에 체류하며, 이때 점화원에 의해 불이 일시에 번지며, 역화의 위험이 있다.

67

제4류 위험물 중 무색 투명하고, 휘발하기 쉬운 액체로 BTX라고 부르는 것은?

① 벤젠, 톨루엔, 크실렌　　　　　　② 벤젠, 티록신, 크레졸
③ 비닐콜로라이드, 톨루엔, 크레졸　　④ 비닐콜로라이드, 테트론, 크실렌

BTX란 Benzene(벤젠), Toluene(톨루엔), Xylene(크실렌)을 말한다.

68

벤젠핵에 메틸기 한 개가 결합된 구조를 가진 무색 투명한 액체로서, 방향성의 독특한 냄새를 가지고 있는 물질은?

① $C_6H_5CH_3$

② $C_6H_4(CH_3)_2$

③ CH_3COCH_3

④ $HCOOCH_3$

 ① 톨루엔: CH_3

69

톨루엔의 위험성을 설명한 것 중 틀린 것은?

① 증기는 마취성이 있다.

② 독성이 벤젠보다 대단히 크다.

③ 인화점이 낮다.

④ 유체 마찰 등으로 정전기가 생겨서 인화하기도 한다.

 톨루엔의 독성은 벤젠의 $\dfrac{1}{10}$ 정도이다.

70

다음 중 TNT의 원료로 사용되는 것은?

① CH_3

② OH

③ NO_2

④

 TNT의 원료는 톨루엔이다.

71

톨루엔을 산화(MnO_2＋황산)시킬 때 생성되는 물질은?

① $C_6H_4(CH_3)_2$

② $C_6H_5NH_2$

③ C_6H_5COOH

④ $C_6H_5NO_2$

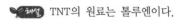
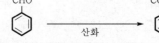

72

다음 중 인화점이 가장 낮은 것은?

① $C_6H_5NH_2$

② $C_6H_5NO_2$

③ C_5H_5N

④ $C_6H_5CH_3$

해설 ① $C_6H_5NH_2$: 70℃

② $C_6H_5NO_2$: 88℃

③ C_5H_5N : 20℃

④ $C_6H_5CH_3$: 4.5℃

73

크실렌의 화학식은?

① $C_6H_4(CH_3)_2$

② $C_6H_5NO_2$

③ $C_6H_5CH_3$

④ CH_3COCH_3

해설 크실렌[$C_6H_4(CH_3)_2$]은 톨루엔($C_6H_5CH_3$)보다 적은 독성을 갖는 방향성의 무색 액체이며, 물에는 녹지 않으나 유기 용제 등에는 잘 녹는다.

74

다음 중 3개의 이성질체가 존재하는 물질은?

① 아세톤

② 톨루엔

③ 벤젠

④ 자일렌

해설 자일렌(크실렌)의 3가지 이성질체

명칭\구분	o-자일렌 (크실렌)	m-자일렌 (크실렌)	p-자일렌 (크실렌)
구조식			

75

다음 설명은 어떤 물질을 설명하고 있는가?

• 질화도(窒化度)가 낮은 질화면(窒化綿)을 에틸알코올 3, 에테르 1 비율의 혼합액에 녹인 것이다.
• 이 물질의 용제가 알코올, 에테르이므로 상온에서 휘발하여 인화되기 쉽고, 연소할 때는 용제가 휘발한 후에 질화면이 폭발적으로 연소한다.
• 셀룰로이드, 필름의 제조에 사용된다.

① 산화프로필렌　　② 에틸니트리트　　③ 에틸클로라이드　　④ 콜로디온

해설 콜로디온에 관한 설명이다.

76 다음 제4류 위험물 중 무색의 끈기 있는 액체로 인화점이 −18℃인 위험물은?

① 이소프렌

② 펜타보란

③ 콜로디온

④ 아세트알데히드

🍬해설 ③ 콜로디온은 셀룰로이드, 필름 제조에 이용한다.

77 메틸에틸케톤의 성질 중 옳지 않은 것은?

① 휘발성의 무색 액체이다.

② 알코올, 벤젠 등 유기 용제에 잘 녹는다.

③ 물에는 녹지 않는다.

④ 증기 비중은 공기보다 크다.

🍬해설 메틸에틸케톤(MEK, $CH_3COC_2H_5$)의 성상

비중 0.806, 비점 80℃, 인화점 −1℃, 발화점 516℃, 연소 범위 1.8~10%, 증기 비중 2.44이며, 아세톤과 같은 냄새를 가진 무색 액체로 물과 유기 용제 등에 잘 녹는다.

78 메틸에틸케톤을 취급할 때의 주의 사항으로서 가장 옳은 것은?

① 인화점이 −1℃이므로 겨울에는 여름보다 인화의 위험이 적을 것

② 물과 접촉하면 발열하므로 주의할 것

③ 연소 범위가 가솔린보다 넓으므로 증기에 주의할 것

④ 발화점이 등유보다 낮으므로 주의할 것

🍬해설 메틸에틸케톤의 인화점은 −1℃, 증기 비중은 2.44, 비중은 0.806이다.

79 다음 중 C_5H_5N에 대한 설명으로 틀린 것은?

① 순수한 것은 무색이고, 악취가 나는 액체이다.

② 상온에서 인화의 위험이 있다.

③ 물에 녹는다.

④ 강한 산성을 나타낸다.

🍬해설 ④ 약알칼리성을 나타낸다.

80

다음 중 인화점이 상온에 가장 가까운 것은?

① 피리딘

② 클로로벤젠

③ 스티렌

④ 피크린산

해설 피리딘(C_5H_5N)은 제1석유류로서 악취 발생과 독성이 강한 위험물이며 비중은 0.982, 비점은 115℃, 인화점은 20℃, 발화점은 482℃, 연소 범위는 1.8~12.4%이며, 증기 비중은 2.73으로 공기보다 무겁다. 특히, 인화점이 상온(20℃)인 것이 특징이다.

81

에스테르의 일반식은?

① R-COO-R′

② R-CO-R′

③ R-O-R′

④ R-COOH

해설 ① -COO- : 에스테르기   ② -CO- : 케톤기
③ -O- : 에테르기   ④ -COOH : 카르복시기

82

초산에스테르류의 분자량이 증가할수록 달라지는 성질 중 옳지 않은 것은?

① 인화점이 높아진다.

② 수용성이 감소된다.

③ 이성질체가 줄어든다.

④ 증기 비중이 커진다.

해설 에스테르 물질의 분자량 증가에 따른 공통점
㉠ 수용성이 감소
㉡ 연소 범위가 감소
㉢ 인화점이 증가
㉣ 증기 비중이 증가
㉤ 휘발성이 감소
㉥ 발화점이 낮아짐
㉦ 비중이 작아짐
㉧ 점도가 증가
㉨ 이성질체수가 증가

83

다음 중 인화점이 가장 낮은 것은?

① 초산에틸

② 초산메틸

③ 초산부틸

④ 초산아밀

해설 에스테르류에서는 분자량이 증가할수록 인화점이 높아지므로 분자량이 제일 적은 초산메틸이 인화점이 가장 낮다.

84

다음 중 증기의 밀도가 가장 큰 것은?

① CH_3OH

② C_2H_5OH

③ CH_3COCH_3

④ $CH_3COOC_5H_{11}$

 ① $\dfrac{32\,g}{22.4\,L} = 1.43g/L$ ② $\dfrac{46\,g}{22.4\,L} = 2.05g/L$

③ $\dfrac{58\,g}{22.4\,L} = 2.59g/L$ ④ $\dfrac{130\,g}{22.4\,L} = 5.80g/L$

85

초산에틸의 성상 중 옳은 것은?

① 물에 안 녹는다.

② 무색, 불쾌한 냄새가 나는 액체이다.

③ 비중이 1.2이다.

④ 인화점이 0℃ 이하이다.

 초산에틸($CH_3COOC_2H_5$)은 과일 냄새가 나는 무색의 가연성 액체로 물에는 약간 녹고, 유기 용매에 잘 녹는다.

㉠ 비중 0.9, 비점 77℃, 발화점 427℃, 인화점 −4.4℃, 연소 범위 2.2~11.4%이다.

㉡ 가수분해 시 초산과 에틸알코올로 분해되며, 기타 초산메틸과 비슷하다.

86

개미산에스테르의 성상으로 틀리는 것은?

① 분자량이 증가할수록 이성질체수가 많아진다.

② 분자량이 증가할수록 수용성이 증가한다.

③ 분자량이 증가할수록 인화점이 높아진다.

④ 분자량이 증가할수록 증기 비중이 증가한다.

에스테르 물질의 분자량 증가에 따른 공통점

㉠ 수용성이 감소   ㉡ 연소 범위가 감소

㉢ 인화점이 높아짐   ㉣ 증기 비중이 증가

㉤ 휘발성이 감소   ㉥ 발화점이 낮아짐

㉦ 비중이 작아짐   ㉧ 점도가 증가

㉨ 이성질체수가 증가

87

가수분해되기 쉽고, 순수한 것은 메탄올과 의산으로 분해되는 물질은?

① 의산에틸

② 의산메틸

③ 초산메틸

④ 초산에틸

$HCOOCH_3 + H_2O \rightarrow HCOOH + CH_3OH$

정답   84. ④   85. ④   86. ②   87. ②

88

다음 물질 중 장기간 저장 시 암갈색의 폭발성 물질로 변하는 것은?

① $(CH_3CO)_2O$
② Br_2
③ HNO_3
④ HCN

 ⊙ HCN(시안화수소)는 맹독성 물질이며, 휘발성이 매우 높아 인화 위험도 매우 높다.
ⓒ 증기는 공기보다 약간 가벼우며, 연소하면 푸른 불꽃을 내면서 탄다.

89

탄화수소에서 탄소의 수가 증가할수록 나타나는 현상들로 옳게 짝지어 놓은 것은?

⊙ 연소 속도가 늦어진다.
ⓒ 발화점이 낮아진다.
ⓒ 발열량이 커진다.
② 연소 범위가 넓어진다.

① ⊙
② ⊙, ⓒ
③ ⊙, ⓒ, ⓒ
④ ⊙, ⓒ, ⓒ, ②

 탄화수소에서 탄소의 수가 증가할수록 나타나는 현상
⊙ 연소 속도가 늦어진다.
ⓒ 발화점이 낮아진다.
ⓒ 발열량이 커진다.
② 연소 범위가 좁아진다.

90

$C_nH_{2n+1}OH$의 명칭은?

① 알코올
② 유기산
③ 에테르
④ 에스테르

 $R-OH$: 알코올

91

다음 중 메탄올의 연소 범위에 가장 가까운 것은?

① 약 $1.4\sim5.6\%$
② 약 $7.3\sim36\%$
③ 약 $20.3\sim66\%$
④ 약 $42.0\sim77\%$

 메탄올의 연소 범위 : $7.3\sim36\%$

92

메탄올의 증기를 300℃의 구리 분말 위에서 공기로 산화시켜 만드는 자극성 냄새가 나는 기체로서, 살균력이 커 방부제나 소독제로 쓰이는 것은?

① 에틸렌글리콜   ② 글리세린

③ 에틸알코올   ④ 포름알데히드

 $CH_3OH \underset{\text{환원}}{\overset{\text{산화}}{\rightleftharpoons}} HCHO \underset{\text{환원}}{\overset{\text{산화}}{\rightleftharpoons}} HCOOH$

93

메탄올이 산화되었을 때 최종 생성물은?

① 이산화탄소   ② 메탄

③ 포름알데히드   ④ 개미산

 1가의 알코올(-OH 수가 한 개인 알코올)인 메틸알코올(CH_3OH)은 산화되어 포름알데히드(HCHO)를 거쳐 포름산(개미산, 의산, HCOOH)이 생성된다. 즉, 1가 알코올이 산화되면 알데히드를 거쳐 카르복시산이 되고, 2가 알코올이 산화되면 케톤이 된다.

94

메틸알코올의 성질로 옳은 것은?

① 인화점 이하가 되면 밀폐된 상태에서 연소하여 폭발한다.

② 비점은 물보다 높다.

③ 물에 녹기 어렵다.

④ 증기 비중이 공기보다 크다.

 ① 인화점 이상이 되면 밀폐된 상태에서 연소하여 폭발한다.
② 메틸알코올(64℃)은 물(100℃)보다 비점이 낮다.
③ 물에 잘 녹는다.

95

메틸알코올에 대한 설명 중 틀린 것은?

① 증기는 가열된 산화구리를 환원하여 구리를 만들고 포름알데히드가 된다.

② 연소 범위는 에틸알코올보다 좁다.

③ 소량 마시면 눈이 멀게 된다.

④ 물에 잘 녹는다.

 ㉠ 메틸알코올의 연소 범위 : 7.3~36%
㉡ 에틸알코올의 연소 범위 : 4.3~19%

96

다음 알코올류 중 분자량이 약 32이고, 취급 시 소량이라도 마시면 시신경을 마비시키는 물질은?

① 메틸알코올
② 에틸알코올
③ 아밀알코올
④ n – 부틸알코올

해설 메탄올의 치사량은 30~100mL이다.

97

메탄올의 성질로 맞지 않는 것은?

① 무색, 투명한 무취의 액체이다.
② 먹으면 눈이 멀거나 생명을 잃는다.
③ 물에는 무제한 녹는다.
④ 비중이 물보다 작다.

해설 휘발성이 강하고, 약한 향기를 가지고 있다.

98

인화점이 가장 낮은 알코올은?

① 메틸알코올
② 에틸알코올
③ 프로필알코올
④ 이소아밀알코올

해설 알코올류에서 탄소수가 증가할수록 변화되는 현상
① 11℃ ② 13℃ ③ 15℃ ④ 12℃

99

메틸알코올(methyl alcohol)의 비등점은?

① 30℃
② 65℃
③ 78℃
④ 100℃

해설 메틸알코올의 비점은 63.9℃이다.

100

메틸알코올의 위험성으로 옳지 않은 것은?

① 나트륨과 반응하여 수소기체를 발생한다.
② 휘발성이 강하다.
③ 연소 범위가 알코올류 중 가장 좁다.
④ 인화점이 상온(25℃)보다 낮다.

③ 연소 범위가 알코올류 중 가장 넓다.

〈알코올류의 연소 범위〉

알코올류	연소 범위	알코올류	연소 범위
메틸알코올	7.3~36%	에틸알코올	4.3~19%
프로필알코올	2.1~13.5%	이소프로필알코올	2.0~12%

101

메틸알코올의 위험성 설명으로 틀린 것은?

① 겨울에는 인화의 위험이 여름보다 작다.

② 증기 밀도는 가솔린보다 크다.

③ 독성이 있다.

④ 연소 범위는 에틸알코올보다 넓다.

 ② 증기 밀도는 가솔린보다 작다.

구 분	메틸알코올	가솔린
증기 밀도	1.43	3.21 ~ 5.71

102

다음 사항 중 메탄올과 에탄올의 공통 성질이 아닌 것은?

① 무색 투명하다.　　　　② 휘발성이 있다.

③ 독성이 있다.　　　　④ 비중은 물보다 작다.

 메탄올(목정)과 에탄올(주정)의 차이점

독성 유무(메탄올 : 독성 있음, 에탄올 : 독성 없음)

103

메탄올과 에탄올의 공통점을 설명한 내용으로 틀린 것은?

① 휘발성의 무색 액체이다.　　　② 인화점이 0℃ 이하이다.

③ 증기는 공기보다 무겁다.　　　④ 비중이 물보다 작다.

구 분	메탄올	에탄올
인화점	11℃	13℃

104

에틸알코올의 증기 비중은 약 얼마인가?

① 0.72　　　　　　　　② 0.91

③ 1.13　　　　　　　　④ 1.59

에틸알코올(C_2H_5OH)
- ㉠ 증기 비중 : 1.59
- ㉡ 분자량 : 46
- ㉢ 비점 : 78℃
- ㉣ 인화점 : 13℃
- ㉤ 발화점 : 363℃
- ㉥ 연소 범위 : 3.3~19%

105

요오드포름 반응을 나타내는 물질은?

① 아세톤   ② 포도당

③ 페놀   ④ 에틸알코올

 요오드포름 반응은 에틸알코올의 검출 반응이다.

106

에틸알코올이 탈 때 그을음이 나지 않는 이유는?

① 산소의 함유량이 적기 때문이다.

② 탄소의 함유량이 적기 때문이다.

③ 증기 밀도가 크기 때문이다.

④ 물에 녹기 때문이다.

 연소 시 그을음은 탄소의 함유량과 관계된다.

107

1몰의 에틸알코올이 완전 연소하였을 때 생성되는 이산화탄소는 몇 몰인가?

① 1몰   ② 2몰

③ 3몰   ④ 4몰

 에틸알코올의 완전 연소 반응식
$$C_2H_5OH + 3O_2 \rightarrow 2CO_2 + 3H_2O$$

108

다음은 어떤 위험물에 대한 내용인가?

- 지정 수량 : 400L
- 증기 비중 : 2.07
- 인화점 : 12℃
- 녹는점 : -89.5℃

① 메탄올   ② 에탄올

③ 이소프로필알코올   ④ 부틸알코올

 이소프로필알코올[$(CH_3)_2CHOH$]은 분자량이 60.1이며, 무색 투명한 유동성의 액체로서 알코올 냄새가 난다. 또한 안정한 화합물이고 흡습성은 없으나 물, 알코올, 에테르에 녹는다.

109

다음 설명 중 제2석유류에 해당하는 것은? (단, 1기압 상태이다.)

① 착화점이 21℃ 미만인 것
② 착화점이 30℃ 이상 50℃ 미만인 것
③ 인화점이 21℃ 이상 70℃ 미만인 것
④ 인화점이 21℃ 이상 90℃ 미만인 것

🌱해설 석유류의 구분(단, 1기압 상태)
ㄱ 제1석유류 : 인화점이 21℃ 미만인 것
ㄴ 제2석유류 : 인화점이 21℃ 이상 70℃ 미만인 것
ㄷ 제3석유류 : 인화점이 70℃ 이상 200℃ 미만인 것
ㄹ 제4석유류 : 인화점이 200℃ 이상 250℃ 미만인 것

110

제2석유류에 해당하는 물질로만 짝지어진 것은?

① 등유, 경유
② 등유, 중유
③ 글리세린, 기계유
④ 글리세린, 장뇌유

🌱해설 ① 등유, 경유 : 제2석유류
② 등유 : 제2석유류, 중유 : 제3석유류
③ 글리세린 : 제3석유류, 기계유 : 제4석유류
④ 글리세린 : 제3석유류, 장뇌유 : 제2석유류

111

다음 구조식 중 제4류 위험물 제2석유류에 해당되는 것은?

①
②
③ C₂H₅

④ CHO

🌱해설 ① 벤젠 인화점 : -11.1℃
② 시클로헥산 인화점 : -20℃
③ 에틸벤젠 인화점 : 15℃
④ 벤즈알데히드 인화점 : 64.4℃

112

등유의 인화성에 대하여 옳은 것은?

① 겨울에는 어떠한 상태에서도 인화되지 않는다.
② 인화점 이하에서도 안개 모양으로 공기 속에 떠 있으면 인화되기 쉽다.
③ 인화점 이하의 어떤 상태로는 인화되지 않는다.
④ 액체인 것은 상온에서 항상 인화의 위험이 있다.

해설 등유의 위험성
상온에서는 인화의 위험이 없으나 인화점 이하의 온도에서 안개 상태나 헝겊(천)에 배어있는 경우에는 인화의 위험이 있다.

113

등유의 성질에 대한 설명 중 틀린 것은?

① 증기는 공기보다 가볍다.

② 인화점이 상온보다 높다.

③ 전기에 대해 불량 도체이다.

④ 물보다 가볍다.

해설 ① 증기는 공기보다 무겁다(증기 비중 4~5).

114

제4류 위험물 중에서 비중이 0.82~0.85 정도이며, 원유의 증류에서 나오는 혼합 탄화수소로 끓는점이 200~350℃, 탄소수가 11~19인 물질은?

① 휘발유   ② 경유

③ 납사   ④ 초산

해설 경유는 탄소수가 C_{11}~C_{19}이다.

115

경유에 대한 설명으로 틀린 것은?

① 물에 녹지 않는다.   ② 비중은 1 이하이다.

③ 발화점이 인화점보다 높다.   ④ 인화점은 상온 이하이다.

해설 ④ 인화점은 50~70℃이다.

116

경유의 성상에 대해 틀린 것은?

① C_{15}~C_{20}의 포화, 불포화 탄화수소의 혼합물이다.

② 제2석유류에 속한다.

③ 발화점은 가솔린보다 높다.

④ 증기 밀도는 가솔린보다 크다.

해설

종 류	발화점
가솔린	300℃
경유	257℃

정답 113. ① 114. ② 115. ④ 116. ③

117

경유의 대규모 화재 발생 시 주소 소화가 부적당한 이유에 대한 설명으로 가장 옳은 것은?

① 경유가 연소할 때 물과 반응하여 수소가스를 발생하여 연소를 돕기 때문에

② 주소 소화하면 경유의 연소열 때문에 분해하여 산소를 발생하고, 연소를 돕기 때문에

③ 경유는 물과 반응하여 유독가스를 발생하므로

④ 경유는 물보다 가볍고, 또 물에 녹지 않기 때문에 화재가 널리 확대되므로

 경유의 대규모 화재 발생 시 주소 소화가 부적당한 이유
경유는 물보다 가볍고(비중 0.85), 물에 녹지 않기 때문에 화재가 널리 확대되므로

118

다음 약품 중 피부에 대한 부식성이 있고, 점화하면 푸른 불꽃을 내면서 연소하는 것은?

① 포름산
② 벤조산
③ 아세트산
④ 황산

 $2HCOOH + O_2 \rightarrow 2CO_2 + 2H_2O$
포름산은 연소 시 푸른 불꽃을 내며 탄다.

119

초산이 응고하여 빙초산을 이룰 때의 융점은?

① 17.6℃
② 16.7℃
③ 16℃
④ 17℃

 초산
무색 투명한 자극성의 식초 냄새를 지닌 물보다 무거운 액체로서, 물에 잘 녹으며, 16.7℃(융점, 녹는점) 이하에서는 얼음(고체 상태) 같이 되며, 연소 시 파란 불꽃을 내면서 탄다($CH_3COOH + 2O_2 \rightarrow 2CO_2 + 2H_2O\uparrow$). 비중 1.05, 증기 비중 2.07, 비점 118℃, 융점 16.7℃, 인화점 40℃, 발화점 427℃이고, 연소 범위는 5.4~16%이다.

120

헝겊, 종이에 스며 배인 기름이 자연 발화를 일으킬 수 있는 위험물은?

① 테레핀유
② 등유
③ 크레오소트유
④ 퓨젤유

 제2석유류인 테레핀유는 소나무과 식물에서 추출한 독특한 냄새를 가진 무색 또는 담황색의 액체로서, 주성분은 피넨($C_{10}H_{16}$)이며, 공기 중에 방치하면 끈기 있는 수지 상태의 물질이 되고, 산화되기 쉬우며 독성이 있다. 물에는 녹지 않으나 유기 용제(알코올, 에테르, 벤젠 등) 등에 녹으며, 수지, 유지, 고무 등을 녹인다. 비중 0.86, 비점 153~175℃, 인화점 35℃, 발화점은 240℃이고, 연소 범위의 하한은 0.8% 이상이다. 공기 중에서 산화 중합하므로 헝겊, 종이 등에 스며들어 자연 발화의 위험성이 있다.

121

> 다음 중 독성이 있고, 제2석유류에 속하는 것은?
>
> ① CH_3CHO
> ② C_6H_6
> ③ $C_6H_5CH=CH_2$
> ④ $C_6H_5NH_2$

 ① 특수 인화물로서 무색이며, 고농도의 것은 자극성 냄새가 나고, 저농도의 것은 과일 같은 냄새가 난다.
② 제1석유류로 무색 투명하며, 독특한 냄새를 가진 휘발성이 강한 액체이다.
③ 제2석유류이며, 유독성 및 마취성이 있다.
④ 제3석유류이며, 무색 또는 담황색의 특이한 아민 같은 냄새가 있는 기름상의 액체이다.

122

> 상온에서는 인화의 위험이 없으나 화기가 있으면 위험하고, DDT 제조에 쓰이는 위험물은?
>
> ① 톨루엔
> ② 아닐린
> ③ 클로로벤젠
> ④ 클로로술폰산

 클로로벤젠(C_6H_5Cl)은 DDT, 용제, 염료 등에 이용된다.

123

> 1기압에서 인화점이 70℃ 이상 200℃ 미만인 위험물은 어디에 속하는가? (단, 도료류, 그 밖의 물품은 가연성 액체량이 40중량% 이하인 것은 제외한다.)
>
> ① 제1석유류
> ② 제2석유류
> ③ 제3석유류
> ④ 제4석유류

 ③ 제3석유류 : 인화점이 70℃ 이상 200℃ 미만인 액체

124

> 제3석유류를 대표하는 위험물은?
>
> ① 중유, 경유
> ② 중유, 등유
> ③ 중유, 크레오소트유
> ④ 중유, 담금질유

 위험물안전관리법상 제3석유류란 중유, 크레오소트유, 그 밖의 액체로서 인화점이 70℃ 이상 200℃ 미만인 액체
예 아닐린, 니트로벤젠, 에틸렌글리콜, 글리세린, 담금질유, 메타크레졸 등

125

> 중유 화재 시 포말 등 수분이 포함된 소화기를 사용할 때 일어나는 현상은?
>
> ① slop over
> ② time over
> ③ boil over
> ④ flash over

해설 액체 위험물 저장 탱크 화재 시 이상 현상
　㉠ 슬롭오버(slop over) 현상 : 화재 면의 액체가 포말과 함께 혼합되어 넘쳐 흐르는 현상
　㉡ 보일오버(boil over) 현상 : 연소열에 의하여 탱크 내부의 수분층 이상 팽창으로 수분 팽창층 윗
　부분의 기름이 급격히 넘쳐 나오는 현상

126

크레오소트유에 대한 설명으로 틀린 것은?

① 제3석유류로 지정된 품목이다.
② 독특한 냄새를 지녔으나 증기는 독성이 없다.
③ 황록색의 기름 모양의 액체이다.
④ 물보다 무겁고, 물에 녹지 않는다.

해설 ② 황색 또는 암록색의 끈기 있는 액체로, 증기는 독성이 있다.

127

목재의 방부제로 사용되는 위험물은?

① 아스팔트　　　　　　　　　② 에틸알코올
③ 크레오소트유　　　　　　　④ 벙커 C유

해설 크레오소트유는 나프탈렌과 안트라센 등을 함유하여 목재 등에 바르면 곤충의 침입을 방지하므로
철도의 침목, 전봇대 등의 도료로 널리 이용된다.

128

다음 내용에 해당하는 화합물 A의 명칭은?

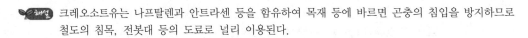
• 화합물 A는 HCl과 반응하여 염산염을 만든다.
• 화합물 A는 니트로벤젠을 수소로 환원하여 만든다.
• 화합물 A는 $CaOCl_2$ 용액에서 붉은 보라색을 띤다.

① 페놀　　　　　　　　　　　② 아닐린
③ 톨루엔　　　　　　　　　　④ 벤젠술폰산

해설 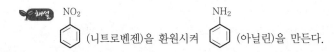(니트로벤젠)을 환원시켜 (아닐린)을 만든다.

129

니트로벤젠이 속하는 것은?

① 제1석유류　　　　　　　　② 제2석유류
③ 제3석유류　　　　　　　　④ 제4석유류

해설 니트로벤젠은 제3석유류에 속한다.

130

> 벤젠에 진한 황산과 진한 질산의 혼합물을 적용시킬 때 얻어지는 화합물은?
>
> ① 니트로벤젠　　　　　　② 벤젠술폰산
> ③ 페놀　　　　　　　　　④ 아닐린

 $C_6H_6 + HNO_3 \rightarrow C_6H_5NO_2 + H_2O$(니트로화, 탈수제 H_2SO_4를 사용)

131

> 니트로벤젠의 성질 중 옳지 않은 것은?
>
> ① 비중이 물보다 크다.
> ② 갈색의 독성이 있는 액체이다.
> ③ 물에 잘 녹는다.
> ④ 폭발성이 없다.

해설 제3석유류인 니트로벤젠은 물보다 무겁고 물에 녹지 않으며 유기 용제 등에는 잘 녹는 특유한 냄새를 지닌 담황색 또는 갈색의 액체이고, 벤젠을 니트로화시켜 제조하며, 니트로화제로는 진한 황산과 진한 질산을 사용한다. 비중 1.2, 비점 211℃, 융점 5.7℃, 인화점은 88℃이고, 발화점은 482℃이다.

132

> 다음 각각의 위험물의 화재 발생 시 위험물안전관리법령상 적응 가능한 소화 설비를 옳게 나타낸 것은?
>
> ① $C_6H_5NO_2$: 이산화탄소 소화기
> ② $(C_2H_5)_3Al$: 봉상수 소화기
> ③ $C_2H_5OC_2H_5$: 봉상수 소화기
> ④ $C_3H_5(ONO_2)_3$: 이산화탄소 소화기

해설 ② $(C_2H_5)_3Al$: 팽창 질석, 팽창 진주암
③ $C_2H_5OC_2H_5$: CO_2
④ $C_3H_5(ONO_2)_3$: 다량의 물

133

> 에틸렌글리콜의 성질로 옳지 않은 것은?
>
> ① 갈색의 액체로 방향성이 있고, 쓴맛이 난다.
> ② 물, 알코올 등에 잘 녹는다.
> ③ 분자량은 약 62이고, 비중은 약 1.1이다.
> ④ 부동액의 원료로 사용된다.

해설 ① 무색, 무취의 끈적끈적한 액체로서 강한 흡습성이 있고, 단맛이 있다.

정답 130. ① 131. ③ 132. ① 133. ①

134

에틸렌글리콜은 몇가 알코올인가?

① 1가   ② 2가   ③ 3가   ④ 4가

해설 에틸렌글리콜(CH_2OHCH_2OH)은 −OH(수산기)를 2개 가진 2가의 알코올로서 무색, 무취의 단맛이 나고 흡습성이 있는 끈끈한 액체로 물, 알코올, 에테르, 글리세린 등에 잘 녹고 사염화탄소, 이황화탄소, 클로로포름에는 녹지 않는다. 또한, 독성이 있으며 무기산과 유기산에 반응하여 에스테르를 생성한다. 비중 1.113, 비점 197℃, 융점 −12℃, 인화점 111℃, 발화점은 413℃이고, 연소 범위 하한은 3.2% 이상이다.

135

다음 중 에틸렌글리콜과 글리세린의 공통점이 아닌 것은?

① 독성이 있다.   ② 수용성이다.

③ 무색의 액체이다.   ④ 단맛이 있다.

해설 ① 에틸렌글리콜은 독성이 있으나 글리세린은 독성이 없다.

136

글리세린에 대한 설명 중 올바른 것은?

① 에테르, 벤젠 등에 잘 녹는다.   ② 불연성 물질이다.

③ 흡습성이 있다.   ④ 무색, 무취의 고체이다.

해설 글리세린[$C_3H_5(OH)_3$, 감유, 글리세롤, 글리실알코올, 리스린]은 물보다 무겁고 단맛이 있는 시럽 상태의 무색 액체로서, 흡습성이 좋은 3가의 알코올이다. 물, 알코올과는 어떤 비율로도 혼합되며 에테르, 벤젠, 클로로포름 등에는 녹지 않는다. 비중 1.26, 융점 19℃, 인화점 160℃이고, 발화점 393℃이다.

137

제4석유류 중 담금질유의 인화점은?

① 100℃   ② 200℃   ③ 300℃   ④ 400℃

해설 담금질유는 철, 강철 등 기타 금속을 900℃ 정도로 가열한 다음 기름 속에 넣어 급격히 냉각시킴으로써 금속의 재질이 열처리 전보다 단단하게 하는데 사용하는 기름으로, 인화점이 200℃ 미만인 것은 제3석유류이고, 인화점이 200℃ 이상인 것은 제4석유류이다.

138

1기압 20℃에서 액상이며, 인화점이 200℃ 이상인 물질은?

① 벤젠   ② 톨루엔

③ 글리세린   ④ 실린더유

해설 석유류의 구분

ㄱ 제1석유류 : 1기압에서 인화점이 21℃ 미만인 것

예 벤젠(인화점 −11.1℃), 톨루엔(인화점 4.5℃)

ㄴ 제2석유류 : 1기압에서 인화점이 21℃ 이상 70℃ 미만인 것

예 등유(인화점 30~60℃)

ㄷ 제3석유류 : 1기압에서 인화점이 70℃ 이상 200℃ 미만인 것

예 글리세린(인화점 160℃)

ㄹ 제4석유류 : 1기압에서 인화점이 200℃ 이상 250℃ 미만인 것

예 실린더유(인화점 250℃)

139

위험물안전관리법령상 동·식물유류의 경우 1기압에서 인화점을 섭씨 몇도 미만으로 규정하고 있는가?

① 150℃   ② 250℃

③ 450℃   ④ 600℃

해설 동·식물유류 : 동물의 지육 등 또는 식물의 종자나 과육으로부터 추출한 것으로서 1기압에서 인화점이 250℃ 미만인 것

140

기름 100g에 부가되는 요오드의 g수를 무엇이라 하는가?

① 비누화값   ② 요오드값

③ 옥탄값   ④ 세탄값

 해설 ㄱ 비누화값 : 유지 1g을 비누화 하는 데 필요한 KOH의 mg수를 말하며, 비누화값이 클수록(분자량이 적을수록) 저급 지방산 에스테르 화합물이고, 비누화값이 적을수록(분자량이 클수록) 고급 지방산 에스테르 화합물이다.

ㄴ 요오드값 : 기름 100g에 부가되는 요오드(I_2)의 g수를 말하며, 기름의 불포화도를 가리킨다. 이 중 결합이 많을수록 요오드값이 커진다. 즉, 건성유일수록 자연 발화의 위험이 크다.

141

위험물안전관리법령상의 동·식물유류에 대한 설명으로 옳은 것은?

① 피마자유는 건성유이다.

② 요오드값이 130 이하인 것이 건성유이다.

③ 불포화도가 클수록 자연 발화하기 쉽다.

④ 동·식물유류의 지정 수량은 20,000L이다.

해설 ① 피마자유는 불건성유이다.

② 요오드값이 130 이상인 것이 건성유이다.

④ 동·식물유류의 지정 수량은 10,000L이다.

142

동·식물유류에 대한 설명으로 틀린 것은?

① 건성유는 자연 발화의 위험성이 높다.

② 불포화도가 높을수록 요오드가 크며, 산화되기 쉽다.

③ 요오드값이 130 이하인 것이 건성유이다.

④ 1기압에서 인화점이 섭씨 250도 미만이다.

 ③ 요오드값이 130 이상인 것이 건성유이다.

143

동·식물유류 중 넝마, 섬유류 등에 스며든 건성유가 자연 발화를 일으키는 이유는?

① 인화점이 상온보다 낮기 때문에

② 수분과 만나서 분해되기 때문에

③ 공기 중의 산소와 산화 중합하기 때문에

④ 공기 중의 수소와 반응하기 때문에

 건성유는 이중 결합이 많아 불포화도가 크므로 공기 중에서 산화 중합되어 자연 발화를 일으키기 쉬운 동·식물유류이다.

144

건성유에 해당되지 않는 것은?

① 들기름   ② 동유

③ 아마인유   ④ 피마자유

해설 ④ 피마자유(81~91) : 불건성유

145

다음 중 요오드가가 가장 큰 것은?

① 땅콩기름   ② 해바라기기름

③ 면실유   ④ 아마인유

해설 ① 82~109

② 113~146

③ 88~121

④ 222

Chapter 05

제5류 위험물

01 제5류 위험물의 품명과 지정 수량

성 질	위험 등급	품 명	지정 수량
자기 반응성 물질	I	1. 유기 과산화물 2. 질산에스테르류	10kg 10kg
	II	3. 니트로 화합물 4. 니트로소 화합물 5. 아조 화합물 6. 디아조 화합물 7. 히드라진 유도체 8. 히드록실아민 9. 히드록실아민염류 10. 그 밖에 행정안전부령이 정하는 것 　① 금속의 아지드 화합물 　② 질산구아니딘	200kg 200kg 200kg 200kg 200kg 100kg 100kg 200kg
	I～II	11. 1.~10.에 해당하는 어느 하나 이상을 함유한 것	10kg, 100kg 또는 200kg

02 위험성 시험 방법

(1) 열분석 시험

고체 또는 액체 물질의 폭발성을 판단하는 것을 목적으로 하며, 이를 위해 시험 물품의 온도 상승에 따른 분해 반응 등의 자기 반응성에 의한 발열 특성을 측정한다.

(2) 압력 용기 시험

고체 또는 액체 물질의 가열 분해의 격심한 정도를 판단하는 것을 목적으로 한다.

이를 위해 시험 물품을 압력 용기 속에서 가열했을 때 규정의 올리피스판을 사용해서 50% 이 상의 확률로 파열판이 파열하는가를 조사한다.

(3) 내열 시험

화약류의 안정도에 대한 성능 시험 방법에 대하여 규정한 것이다.

(4) 낙추 감도 시험

시험기의 받침쇠 위에 놓은 2개의 강철 원주의 평면 사이에 시료를 끼워 놓고, 철추를 그 위에 떨어뜨려서, 떨어지는 높이와 폭발 발생 여부의 관계로 화약의 감도를 조사하는 시험이다.

(5) 순폭 시험

폭약이 근접하고 있는 다른 폭약의 폭발로 인하여 기폭되는 것을 순폭이라고 한다. 여기서는 같은 종류 폭약의 모래 위에서의 순폭 시험으로 한다.

(6) 마찰 감도 시험

시험기에 부착된 자기체 마찰봉과 마찰판 사이에 소량의 시료를 끼워 놓고, 하중을 건 상태에서 마찰 운동을 시켜서, 그 하중과 폭발의 발생 여부로부터 화약류의 감도를 조사하는 시험이다.

(7) 폭속 시험

화약류의 폭속에 대한 성능 시험으로 도트리쉬법에 따른다.

(8) 탄동 구포 시험

화약류의 폭발력에 대한 성능 시험 방법을 규정한 것이다.

(9) 탄동 진자 시험

화약류의 폭발력에 대한 성능 시험 방법을 규정한 것이다.

참고 🚩 **제5류 위험물의 판정을 위한 시험**

---

1. 폭발성 시험
2. 가열 분해성 시험

03 공통 성질 및 저장·취급 시 유의 사항

(1) 공통 성질

① 가연성 물질로서 그 자체가 산소를 함유하므로(모두 산소를 포함하고 있지는 않다) 내부 (자기)연소를 일으키기 쉬운 자기 반응성 물질이다.

② 연소 시 연소 속도가 매우 빨라 폭발성이 강한 물질이다.

③ 가열, 충격, 타격 등에 민감하며, 강산화제 또는 강산류와 접촉 시 위험하다.

④ 장시간 공기에 방치하면 산화 반응에 의해 열분해하여 자연 발화를 일으키는 경우도 있다.

⑤ 대부분 물에 잘 녹지 않으며, 물과의 직접적인 반응 위험성은 적다.

(2) 저장 및 취급 시 유의 사항

① 화재 발생 시 소화가 곤란하므로 적은 양으로 나누어 저장할 것

② 용기의 파손 및 균열에 주의하며, 통풍이 잘 되는 냉암소 등에 저장할 것

③ 가열, 충격, 마찰 등을 피하고, 화기 및 점화원으로부터 멀리 저장할 것

④ 용기는 밀전, 밀봉하고, 운반 용기 및 포장 외부에는 '화기 엄금', '충격 주의' 등의 주의 사항을 게시할 것

(3) 예방 대책

① 사전에 충분한 시험 평가를 실시하여 안전관리가 이루어져야 한다.

② 폭발에 대비해 토담, 제방 등을 설치하고, 폭풍으로 인한 직접 피해를 줄인다.

③ 직사광선을 차단하고, 습도에 주의하며, 통풍이 양호한 찬 곳에 저장한다.

④ 가급적 소분하여 저장하고, 용기의 파손 및 위험물의 누출을 방지한다.

⑤ 화약류의 기폭제 원료로 사용되는 미세한 분말 상태의 것을 정전기에 의해서도 폭발의 우려가 있으므로 완전한 접지 등 철저한 안전 대책을 강구하고, 전기 기기는 방폭 조치한다.

(4) 소화 방법

대량의 주수 소화가 효과적이다.

(5) 진압 대책

① 질식 소화는 효과가 없다. 산소가 함유된 자기 연소성 물질인 유기 과산화물류, 질산에스테르류, 셀룰로이드류, 니트로 화합물류, 니트로소 화합물류에는 더욱 효과가 없다.

② 산소를 함유하지 않아 자체 산소 공급이 안 되는 아조 화합물류, 디아조 화합물류, 히드라진도 특성상 할로겐화물 소화 약제(할론 1211, 할론 1301)는 소화에 적응하지 않는 소화 약제이므로 사용해서는 안 된다.

③ 화재 시 분해 생성 가스나 연소 생성 가스가 많이 발생할 뿐만 아니라 유독성 가스가 포함되어 있으므로 공기 호흡기 등의 보호 장구를 착용한다.

④ 화재 시 폭발의 위험성이 상존하므로 안전 거리를 충분히 확보하고, 가급적 무인 방수포 등에 의해 진압하고 부득이하게 접근이 필요할 경우는 소화 종사 요원을 철저히 엄폐 조치한다.

⑤ 일시적, 순간적, 예기치 못한 시기에의 폭발과 예기치 못한 장소, 피해 전파 등을 고려하여 철저히 불필요한 사람의 접근을 통제하고 위험 지역 밖으로 사람을 대피시킨다.

04 위험물의 성상

4-1 유기 과산화물(지정 수량 10kg)

(1) 유기 과산화물의 의의

과산화기(−O−O−)를 가진 유기 화합물과 소방청장이 정하여 고시하는 품명을 말한다(단, 함유율 이상인 유기 과산화물을 '지정 과산화물'이라 함).

품 명		함유율(중량%)
디이소프로필퍼옥시디카보네이트		60 이상
아세틸퍼옥사이드		25 이상
터셔리부틸퍼피바레이트		75 이상
터셔리부틸퍼옥시이소부틸레이트		
벤조일퍼옥사이드	수성의 것	80 이상
	그 밖의 것	55 이상
터셔리부틸퍼아세이트		75 이상
호박산퍼옥사이드		90 이상
메틸에틸케톤퍼옥사이드		60 이상
터셔리부틸하이드로퍼옥사이드		70 이상
메틸이소부틸케톤퍼옥사이드		80 이상
시클로헥사논퍼옥사이드		85 이상
디터셔리부틸퍼옥시프타레이트		60 이상
프로피오닐퍼옥사이드		25 이상
파라클로로벤젠퍼옥사이드		50 이상
2−4 디클로로벤젠퍼옥사이드		
2−5 디메틸헥산		70 이상
2−5 디하이드로퍼옥사이드		
비스하이드록시시클로헥실퍼옥사이드		90 이상

① 저장 또는 운반 시(화재 예방상) 주의 사항
  ㉮ 직사광선을 피하고, 냉암소에 저장한다.
  ㉯ 불티, 불꽃 등의 화기 및 열원으로부터 멀리하고, 산화제 또는 환원제와도 격리시킨다.
  ㉰ 용기의 파손이나 손상을 정기적으로 점검하며, 위험물이 누설되거나 오염되지 않도록 한다.
  ㉱ 가능한 한 소용량으로 저장한다.
  ㉲ 알코올류 등 제4류 위험물과 혼재하여 운반할 수 있다.
② 취급상 주의 사항
  ㉮ 취급 시에는 보호 안경과 보호구를 착용한다.
  ㉯ 취급 장소에는 필요 이상의 양을 두지 않도록 하며, 불필요한 것은 저장소에 보관한다.

  ⓓ 피부나 눈에 들어갔을 경우에는 비누액이나 다량의 물로 씻어낸다.

  ⓔ 누설 시에는 흡수제 등을 사용하여 이를 제거한 후 폐기 처분한다.

  ⓕ 물기와의 접촉은 착화, 분해의 원인이 되므로 설비류는 항상 청결을 유지한다.

  ⓖ 취급 시에는 포장용 라벨 및 주의서를 숙독한 후 이를 준수한다.

③ 폐기 처분 시 주의 사항

  ㉮ 누설된 유기 과산화물은 배수구 등으로 흘려버리지 말아야 하며, 강철제의 곡괭이나 삽 등을 사용해서는 안 된다.

  ㉯ 액체가 누설되었을 경우에는 팽창 질석 또는 팽창 진주암으로 흡수시키고, 고체일 경우에는 혼합시켜 제거한다.

  ㉰ 흡수 또는 혼합된 유기 과산화물은 소량씩 소각하거나 흙속에 매몰시킨다.

(2) 벤조일퍼옥사이드[$(C_6H_5CO)_2O_2$, ⟨⟩—CO—OC—⟨⟩, BPO, 과산화벤조일]

① 일반적 성질

  ㉮ 무색, 무미의 백색 분말 또는 무색의 결정 고체로서 물에는 잘 녹지 않으나 알코올, 식용 유에 약간 녹으며, 유기 용제에 녹는다.

  ㉯ 상온에서는 안정하며, 강한 산화 작용을 한다.

  ㉰ 가열하면 약 100℃ 부근에서 흰 연기를 내면서 분해한다.

  ㉱ 비중 1.33, 융점 103~105℃, 발화점 125℃이다.

② 위험성

  ㉮ 상온에서는 안정하나 열, 빛, 충격, 마찰 등에 의해 폭발의 위험이 있다.

  ㉯ 강한 산화성 물질로서 진한 황산, 질산, 초산 등과 혼촉 시 화재나 폭발의 우려가 있다.

  ㉰ 수분이 흡수되거나 비활성 희석제(프탈산디메틸, 프탈산디부틸 등)가 첨가되면 폭발성을 낮출 수 있다.

  ㉱ 디에틸아민, 황화디메틸과 접촉하면 분해를 일으키며, 폭발한다.

③ 저장 및 취급 방법

  ㉮ 이물질이 혼입되지 않도록 주의하며, 액체가 누출되지 않도록 한다.

  ㉯ 마찰, 충격, 화기, 직사광선 등을 피하며, 냉암소에 저장한다.

  ㉰ 저장 용기에는 희석제를 넣어서 폭발의 위험성을 낮추며, 건조 방지를 위해 희석제의 증발도 억제하여야 한다.

  ㉱ 환원성 물질과 격리하여 저장한다.

④ 소화 방법

다량의 물에 의한 주수 소화가 효과적이며, 소량일 경우에는 탄산가스, 소화 분말, 건조사, 암분 등을 사용한 질식 소화를 실시한다.

(3) 메틸에틸케톤퍼옥사이드[(CH₃COC₂H₅)₂O₂, MEKPO, 과산화메틸에틸케톤]

① 일반적 성질

㉮ 독특한 냄새가 있는 기름 상태의 무색 액체이다.

㉯ 강한 산화 작용으로 자연 분해되며, 알칼리 금속 또는 알칼리 토금속의 수산화물, 과산화철 등에서는 급격하게 반응하여 분해된다.

㉰ 물에는 약간 녹고, 알코올, 에테르, 케톤류 등에는 잘 녹는다.

㉱ 시판품은 50~60% 정도의 희석제(프탈산디메틸, 프탈산디부틸 등)를 첨가하여 희석시킨 것이며, 함유율(중량퍼센트)은 60 이상이다.

㉲ 융점 −20℃, 인화점 58℃, 발화점 205℃이다.

② 위험성

㉮ 상온에서는 안정하고, 40℃에서 분해하기 시작하여 80~100℃에서는 급격히 분해하며, 110℃ 이상에서는 흰 연기를 심하게 내면서 맹렬히 발화한다.

㉯ 상온에서 헝겊, 쇠녹 등과 접하면 분해 발화하고, 다량 연소 시는 폭발의 우려가 있다.

㉰ 강한 산화성 물질로서 상온에서 규조토, 탈지면과 장시간 접촉하면 연기를 내면서 발화한다.

③ 저장·취급 및 소화 방법 : 과산화벤조일에 준한다.

4-2 질산에스테르류(R-ONO₂, 지정 수량 10kg)

질산(HNO_3)의 수소(H) 원자를 알킬기(R, C_nH_{2n+1})로 치환한 화합물이다.

(1) 질산메틸(CH₃ONO₂)

① 일반적 성질

㉮ 무색 투명한 액체로서 분자량이 77이다.

㉯ 물에 약간 녹으며, 알코올에 잘 녹는다.

㉰ 비중 1.22, 증기 비중 2.66, 비점 66℃이다.

② 위험성 : 고농도는 마취성이 있고, 유독하다.

③ 저장 및 취급 방법 : 질산에틸에 준한다.

(2) 질산에틸(C₂H₅ONO₂)

① 일반적 성질

㉮ 에탄올을 진한 질산에 작용시켜 얻는다.

㉯ 무색 투명하고 상온에서 액체이며, 방향성과 단맛을 지닌다.

㉰ 물에는 녹지 않으나 알코올, 에테르 등에 녹는다.

㉱ 인화성이 강해 휘발하기 쉽고 증기 비중(약 3.1 정도)이 높아 누설 시 낮은 곳에 체류하기 쉽다.

㉲ 분자량 91, 비중 1.11, 융점 −112℃, 비점 88℃, 인화점 −10℃이다.

② 위험성

㉮ 인화점이 낮아 비점 이상으로 가열하거나 아질산(HNO_2)과 접촉시키면 격렬하게 폭발한다.

㉯ 기타 위험성은 제1석유류와 비슷하다.

③ 저장 및 취급 방법

㉮ 화기 등을 피하고, 통풍이 잘 되는 냉암소 등에 저장한다.

㉯ 용기는 갈색병을 사용하고, 밀전, 밀봉한다.

④ 소화 방법 : 분무상의 물이 효과적이다.

(3) 니트로셀룰로오스([$C_6H_7O_2(ONO_2)_3$]$_n$, NC, 질화면, 질산섬유소)

① 일반적 성질

㉮ 천연 셀룰로오스를 진한 질산과 진한 황산의 혼합액에 작용시켜 제조한다.

예 $C_6H_{10}O_5 + 11HNO_3 \xrightarrow{\text{H}_2\text{SO}_4} C_{24}H_{29}O_9(NO_3)_{11} + 11H_2O$

㉯ 맛과 냄새가 없으며, 물에는 녹지 않고 아세톤, 초산에틸, 초산아밀에는 잘 녹는다.

㉰ 에테르(2)와 알코올(1)의 혼합액에 녹는 것을 약면약, 녹지 않는 것을 강면약이라 한다. 또한 질화도가 12.5~12.8% 범위를 피로 면약이라 한다.

㉱ 질화도는 니트로셀룰로오스 중에 포함된 질소의 농도(%)이다.

㉠ 강질 면약(강면약) : 질화도 12.76% 이상

㉡ 약질 면약(약면약) : 질화도 10.18~12.76%

> 참고 🔖 **질화면을 강면약과 약면약으로 구분하는 기준?**
> --
> 질산기의 수

㉲ 비중 1.7, 인화점 13℃, 발화점 160~170℃이다.

② 위험성

㉮ 질화도가 클수록 분해도, 폭발성, 위험성이 증가한다. 질화도에 따라 차이는 있지만 점화, 가열, 충격 등에 격렬히 연소하고, 양이 많을 때는 압축 상태에서도 폭발한다.

㉯ 약 130℃에서 서서히 분해되고, 180℃에서 격렬하게 연소하며, 다량의 CO_2, CO, H_2, N_2, H_2O 가스를 발생한다.

예 $2C_{24}H_{29}O_9(ONO_2)_{11} \xrightarrow{\Delta} 24CO + 24CO_2 + 17H_2 + 12H_2O + 11N_2$

㉰ 건조된 면약은 충격, 마찰 등에 민감하여 발화되기 쉽고, 점화되면 폭발한다.

㉱ 햇빛, 산, 알칼리 등에 의해 분해되어 자연 발화하고, 폭발 위험이 증가한다.

㉲ 정전기 불꽃에 의해 폭발 위험이 있다.

③ 저장 및 취급 방법

㉮ 물과 혼합 시 위험성이 감소하므로 저장, 수송할 때 타격 및 마찰에 의한 폭발을 막기 위해 물(20%)이나 알코올(30%)로 습면시킨다.

ⓝ 불꽃 등 화기를 멀리하고, 마찰, 충격, 전도, 낙하 등을 피한다.

ⓓ 저장 시 소분하여 저장한다.

ⓡ 직사광선을 피하고, 통풍이 잘 되는 냉암소 등에 보관한다.

④ 용도 : 다이너마이트의 원료, 무연 화약의 원료, 의약품 등

⑤ 소화 방법 : 다량의 주수나 건조사 등

(4) 니트로글리세린[$C_3H_5(ONO_2)_3$]

① 일반적 성질

㉮ 글리세린에 질산과 황산의 혼산으로 반응시켜 만든다.

$$C_3H_5(OH)_3 + 3HNO_3 \xrightarrow{H_2SO_4} C_3H_5(NO_3)_3 + 3H_2O$$

㉯ 여름철(30℃) 액체, 겨울철(0℃) 고체이다. 순수한 것은 동결 온도가 8~10℃이며, 얼게 되면 백색 결정으로 변한다. 이때 체적이 수축하고 밀도가 커진다.

㉰ 순수한 것은 무색 투명한 기름 상태의 액체이나, 공업용으로 제조된 것은 담황색을 띠고 있다.

㉱ 다공질의 규조토에 흡수하여 다이너마이트를 제조할 때 사용한다.

㉲ 물에는 거의 녹지 않으나 메탄올, 벤젠, 클로로포름, 아세톤 등에는 녹는다.

㉳ 점화하면 적은 양은 타기만 하지만 많은 양은 폭발한다.

㉴ 비중 1.6, 융점 2.8℃, 비점 160℃이다.

② 위험성

㉮ 가열, 충격, 마찰 등에 매우 예민하다.

㉯ 다량이면 폭발력이 강하고, 점화하면 즉시 연소한다.

$$4C_3H_5(ONO_2)_3 \xrightarrow{\Delta} 12CO_2 + 10H_2O + 6N_2 + O_2$$

㉰ 산과 접촉하면 분해가 촉진되어 폭발할 수도 있다.

㉱ 증기는 유독성이다.

㉲ 공기 중의 수분과 작용하면 가수분해하여 질산을 생성할 수 있는데 이질산과 니트로글리세린의 혼합물은 특이한 위험성을 갖는다.

③ 저장 및 취급 방법

㉮ 다공성 물질에 흡수시켜서 운반하며, 액체 상태로 운반하지 않는다.

㉯ 구리제 용기에 저장한다.

㉰ 증기는 유독성이므로 피부를 보호하거나 보호구 등을 착용하여야 한다.

④ 소화 방법 : 화재 발생 시 폭발적으로 연소하므로 소화할 시간적 여유가 없으며, 화재 확대 위험이 있는 주위를 제거한다.

(5) 니트로글리콜[$(CH_2ONO_2)_2$, $\left(H-\underset{\underset{H}{|}}{\overset{\overset{O}{|}}{C}}-N\overset{O}{\underset{O}{\diagdown}}\right)_2$]

① 일반적 성질
㉮ 순수한 것은 무색, 공업용은 암황색의 무거운 기름상 액체로 유동성이 있다.

㉯ 니트로글리세린으로 제조한 다이너마이트는 여름철에 휘발성이 커서 흘러나오는 결점을 가지고 있다.

㉰ 비중 1.5, 발화점 215℃, 응고점 −22℃이다.

> **예제** 니트로글리콜의 질소 함량(%)은?
>
> **풀이** 니트로글리콜$(CH_2ONO_2)_2$의 분자량=152
>
> $\therefore \dfrac{28}{152} \times 100 = 53.85\%$
>
> **답** 53.85%

② 위험성
㉮ 충격이나 급열하면 폭굉하나 그 감도는 NG보다 둔하다.

㉯ 뇌관에 예민하고 폭발 속도는 7,800m/s, 폭발열은 1,550kcal/kg이다.

㉰ 여름철에 휘발성의 증기를 발생할 때는 인화점이 낮은 석유류처럼 위험하다.

③ 저장 및 취급 방법
㉮ 화기 엄금, 직사광선 차단, 충격, 마찰을 방지하고, 환기가 잘 되는 찬 곳에 저장한다.

㉯ 수송 시 안정제에 흡수시켜 운반한다.

④ 소화 방법 : 다량의 주수, 포

(6) 펜트리트[$C(CH_2NO_3)_4$, 페틴]

① 일반적 성질
㉮ 아세트알데히드에 포름알데히드를 가하며, 질산을 반응시켜서 니트로화하여 만든다.

🟠 $CH_3CHO \xrightarrow{HCHO} C(CH_2OH)_4 \xrightarrow{HNO_3} C(CH_2NO_3)_4$

㉯ 백색 분말 결정으로 물, 알코올, 에테르에 녹지 않고, 니트로글리세린에는 녹는다.

㉰ 안정제도 아세톤을 첨가하여 저장한다.

㉱ 비중 1.74, 융점 141℃, 발화점 215℃이다.

② 용도 : 군용 폭약, 뇌관의 첨장약 등

4-3 ▶ 셀룰로이드류(celluloid, 지정 수량 100kg)

① 일반적 성질
㉮ 질소 함유량 약 11%의 니트로셀룰로오스를 장뇌와 알코올에 녹여 교질 상태로 만든 것

ⓝ 무색 또는 황색의 반투명 유연성을 가진 고체로서 일종의 합성 수지와 같다. 열, 햇빛, 산소의 영향을 받아 남황색으로 변한다.

ⓓ 물에 녹지 않지만 진한 황산, 알코올, 아세톤, 초산, 에스테르에 녹는다.

ⓡ 비중 1.32, 발화점 180℃

② 위험성

ⓚ 열을 가하면 매우 연소하기 쉽고 외부에서 산소 공급이 없어도 연소가 지속되므로 일단 연소하면 소화가 곤란하다.

ⓝ 180℃로 가열하면 백색 연기를 발생하고 발화한다.

③ 저장 및 취급 방법

ⓚ 저장 창고에는 통풍 장치, 냉방 장치 등을 설치하여 저장 창고 안의 온도가 30℃ 이하를 유지하도록 하여야 한다.

ⓝ 저장 창고 내에 강산화제, 강산류, 알칼리, 가연성 물질을 함께 저장하지 말아야 한다.

ⓓ 가온, 가습 및 열분해가 되지 않도록 주의한다.

④ 소화 방법 : 다량의 물

4-4 니트로 화합물($R-NO_2$, 지정 수량 200kg)

유기 화합물의 수소 원자[H]가 니트로기($-NO_2$)로 치환된 화합물로서 니트로기가 2개 이상인 것이다.

(1) 트리니트로톨루엔 [$C_6H_2CH_3(NO_2)_3$, TNT, , 다이너마이트]

① 일반적 성질

ⓚ 담황색의 주상 결정으로 작용기는 $-NO_2$기이며, 햇빛을 받으면 다갈색으로 변한다.

ⓝ 물에는 불용이며, 에테르, 벤젠, 아세톤 등에는 잘 녹고, 알코올에는 가열하면 약간 녹는다.

ⓓ 충격, 마찰 감도는 피크린산보다 둔하지만, 급격한 타격을 주면 폭발한다. 이때 다량의 가스를 발생한다.

  예 $2C_6H_2(NO_2)_3CH_3 \xrightarrow{\Delta} 12CO + 3N_2 + 5H_2 + 2C$

ⓡ 3가지의 이성질체(α, β, γ)가 있으며, α형인 2, 4, 6-트리니트로톨루엔의 폭발력이 가장 강하다.

ⓜ 폭약의 원료로 사용하며, 폭약류의 폭력을 비교할 때 기준 폭약으로 활용된다.

ⓑ 분자량 227, 비중 1.8, 비점 255℃, 융점 81℃, 비점 240℃, 인화점 150℃, 발화점 300℃ 이다.

> **참고** 🔧 **트리니트로톨루엔의 제법**
> ···
> 톨루엔에 질산, 황산을 반응시켜 mononitro toluene을 만든 후 니트로화하여 만든다.
> $C_6H_5CH_3 + 3HNO_3 \xrightarrow{H_2SO_4} C_6H_2CH_3(NO_2)_3 + 3H_2O$

② 위험성

㉮ 비교적 안정된 니트로 폭약이나 산화되기 쉬운 물질과 공존하면 타격 등에 의해 폭발한다.

㉯ 폭발 시 피해 범위가 크고, 위험성이 크므로 세심한 주의를 요한다.

㉰ 화학적으로 벤젠 고리에 붙은 $-NO_2$기가 TNT의 급속한 폭발에 대한 신속한 산소 공급원으로 작용하여 피해 범위가 넓다.

㉱ 자연 분해의 위험성이 적어 장기간 저장이 가능하다.

③ 저장 및 취급 방법

㉮ 마찰, 충격, 타격 등을 피하고, 화기로부터 격리시킨다.

㉯ 순간적으로 사고가 발생하므로 취급 시 세심한 주의를 요한다.

㉰ 운반 시에는 10%의 물을 넣어 운반한다.

④ 소화 방법 : 다량의 주수 소화를 하지만 소화가 곤란하다.

(2) 트리니트로페놀[$C_6H_2(NO_2)_3$, TNP, , 피크린산]

① 일반적 성질

㉮ 페놀을 진한 황산에 녹여 이것을 질산에 작용시켜 만든다.

$$C_6H_5OH + 3HNO_3 \xrightarrow{H_2SO_4} C_6H_2(OH)(NO_2)_3 + 3H_2O$$

㉯ 가연성 물질이며, 강한 쓴맛과 독성이 있고 순수한 것은 무색이지만 공업용은 휘황색의 침상 결정으로 분자 구조 내에 히드록시기를 가지고 있다.

㉰ 찬물에는 거의 녹지 않으나 온수, 알코올, 에테르, 벤젠 등에는 잘 녹는다.

㉱ 중금속(Fe, Cu, Pb 등)과 화합하여 예민한 금속염을 만든다.

㉲ 충격, 마찰에 비교적 둔감하며, 공기 중 자연 분해되지 않기 때문에 장기간 저장할 수 있다.

㉳ 비중 1.8, 융점 122.5℃, 비점 255℃, 인화점 150℃, 발화점 300℃이다.

> **예제** 피크린산의 질소 함량(%)은?
>
> **풀이** 피크린산[$C_6H_2OH(NO_2)_3$]의 분자량 = 229
>
> $\therefore \dfrac{42}{229} \times 100 = 18.34\%$
>
> **답** 18.34%

② 위험성

㉮ 단독으로는 타격, 마찰, 충격 등에 둔감하고 비교적 안정하지만, 산화철과 혼합한 것과 에탄올을 혼합한 것은 급격한 타격에 의해 격렬히 폭발한다.

㉯ 요오드, 가솔린, 황, 요소 등 기타 산화되기 쉬운 유기물과 혼합한 것은 충격, 마찰에 의하여 폭발한다.

㉰ 용융하여 덩어리로 된 것은 타격에 의하여 폭굉을 일으키며, TNT보다 폭발력이 크다.

$$2C_6H_2OH(NO_2)_3 \xrightarrow{\Delta} 12CO + H_2 + 3N_2 + 2H_2O$$

③ 저장 및 취급 방법
  ㉮ 건조된 섯일수록 폭발의 위험이 증대되므로 화기 등으로부터 밀리한다.
  ㉯ 산화되기 쉬운 물질과 혼합되지 않도록 한다.
  ㉰ 운반 시에는 10~20%의 물로 젖게 하면 안전하다.
④ 소화 방법 : 다량의 주수 소화에 의한 냉각 소화

(3) 트리니트로페놀니트로아민[(NO$_2$)$_4$C$_6$H$_2$N(CH$_3$), 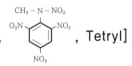, Tetryl]

① 일반적 성질
  ㉮ 담황색의 결정형이며, 흡습성이 없다.
  ㉯ 물에 녹지 않고 알코올, 벤젠, 아세톤 등에 잘 녹는다. 흡습성이 없으며 공기 중 자연분해하지 않는다.
  ㉰ 비중 1.57, 융점 131℃, 발화점 190℃이다.
② 위험성
  ㉮ 열에 대하여 불안정하여 분해하고, 260℃에서 폭발한다.
  ㉯ 충격과 마찰에 매우 민감하고, 충격 감도는 피크린산이나 TNT에 비해 예민하고 폭발력도 크며, 폭발 속도는 7,500m/s이다.

(4) 디니트로톨루엔(DNT)

① 일반적 성질
  ㉮ 담황색의 결정으로 물에 녹지 않고, 유기 용제 등에 녹는다.
  ㉯ 질산암모늄 폭약의 예감제로 사용한다.
  ㉰ 비중 1.3~1.5, 비점 250℃, 인화점 207℃이다.
② 위험성
  ㉮ 연소 시 질소산화물의 유독성 가스를 발생한다.
  ㉯ 폭발 에너지는 TNT의 85% 정도이다.
③ 저장 및 취급 방법
  ㉮ 직사광선, 충격, 마찰을 방지한다.
  ㉯ 강산화제, 환원제, 이물질과의 접촉을 방지한다.
④ 소화 방법 : 다량의 물에 의한 주수
⑤ 용도 : 유기 합성, 화약의 중간체 등

(5) 디니트로나프탈렌[C$_{10}$H$_6$(NO$_2$)$_2$, DNN]

① 일반적 성질
  ㉮ 무색 또는 황백색의 침상 결정으로 물에 녹지 않고, 유기 용제 등에 녹는다.
  ㉯ 발화점 310~320℃이다.
② 소화 방법 : 다량의 물에 의한 주수
③ 용도 : 염료, 유기 합성, 다이너마이트

4-5 니트로소 화합물(R-NO)

니트로소기(-NO)를 가진 화합물로서 벤젠핵의 수소 원자 대신 니트로소기가 2개 이상 결합된 화합물이다.

(1) 파라디니트로소벤젠[$C_6H_4(NO)_2$]

① 가열, 충격, 마찰 등에 의해 폭발하지만, 그 폭발력은 그다지 크지 않다.
② 고무 가황제 및 퀴논디옥시움의 제조 등에 사용된다.

(2) 디니트로소레조르신[$C_6H_2(OH)_2(NO)_2$]

① 회흑색의 결정으로 폭발성이 있다.
② 물이나 유기 용제에 녹으며, 목면의 나염 등에 사용된다.

(3) 디니트로소펜타메틸렌테드라민[$C_5H_{10}N_4(NO)_2$, DPT]

① 광택이 나는 크림색의 미세한 분말이다.
② 화기나 산과 접촉하면 폭발한다.
③ 천연고무, 합성고무, 에틸렌수지, 페놀수지의 발포제로 사용된다.
④ 비중 1.75, 분해 온도 약 200℃이다.

4-6 아조 화합물(-N=N-, 지정 수량 200kg)

아조기(-N=N-)가 주성분으로 함유된 화합물이다.

(1) 아조디카르본아미드 ($H_2N-\overset{\overset{\displaystyle O}{\|}}{C}-N=N-\overset{\overset{\displaystyle O}{\|}}{C}-NH_2$, ADCA)

① 담황색 또는 황백색의 미세 분말이며, 독성이 없고 물보다 무겁다.
② 발포제로 사용한다.
③ 유기산과 접촉하면 분해 온도가 낮아진다.
④ 비중 1.65, 분해 온도 205℃이다.

(2) 아조비스이소부티로니트릴 ($CH_3-\overset{\overset{\displaystyle CH_3}{|}}{\underset{\underset{\displaystyle CN}{|}}{C}}-N=N-\overset{\overset{\displaystyle CH_3}{|}}{\underset{\underset{\displaystyle CN}{|}}{C}}-CH_3$, AIBN)

① 백색의 결정성 분말이며, 물에 잘 녹지 않고, 유기 용제 등에 녹는다.
② 비닐수지, 에폭시 및 PVC 발포제에 사용한다.
③ 비중 1.64, 분해 온도 100℃이다.

(3) 아조벤젠 ($C_6H_5N=NC_6H_5$)

① 트랜스(trans)형과 시스(sis)형이 있다.

② 트랜스아조벤젠은 등적색 결정이고 융점 68℃, 비점 293℃이며, 물에는 잘 녹지 않고 알코올, 에테르 등에는 잘 녹는다.

③ 시스형 아조벤젠은 융점이 71℃로 불안정하여 실온에서 서서히 트랜스형으로 이성질화한다.

4-7 디아조 화합물(지정 수량 200kg)

디아조기($-N≡N$)를 가진 화합물이다.

(1) 디아조디니트로페놀[$C_6H_2ON_2(NO_2)_2$, DDNP]

① 빛나는 황색, 홍황색의 미세한 무정형 분말 또는 결정으로서, 물에는 녹지 않고 $CaCO_3$에 녹으며, NaOH 용액에는 분해한다.

② 매우 예민한 물질이며, 가열, 충격, 타격, 작은 압력에 의해서 폭발한다.

③ 저장 시 황산알루미늄의 안정제를 넣는다.

④ 비중 1.63, 융점 158℃, 발화점 170~180℃이다.

(2) 디아조아세토니트릴(C_2HN_3)

① 담황색의 액체로서 물에 녹고, 에테르 중에서 비교적 안정하다.

② 공기 중에서 매우 불안정하다.

③ 비점 45.6℃이며, 점막 등을 자극하는 물질이다.

(3) 디아조카르복실산에스테르

① 사슬식 디아조 화합물이다.

② α-아미노산의 에스테르에 아질산(HNO_2)을 작용시켜 만든다.

4-8 히드라진 유도체(지정 수량 200kg)

(1) 다이메틸히드라진[$(CH_3)_2NNH_2$]

① 무색 또는 미황색의 기름상 액체로서 암모니아 냄새가 나며, 고농도의 것은 충격, 마찰, 점화원에 의해 인화, 폭발한다.

② 연소 시 유독한 질소산화물 등을 발생한다.

③ 누출 시는 불연성 물질로 희석하여 회수한다.

(2) 염산히드라진($N_2H_4 \cdot HCl$)

① 백색의 결정성 분말로 물에 녹기 쉬우며, 에탄올에 조금 녹는다.

② 흡습성이 강하고, $AgNO_3$ 용액을 가하면 백색의 침전이 생긴다.

③ 융점 890℃이며, 피부 접촉 시 부식성이 매우 강하다.

(3) 메틸히드라진(CH_3NHNH_2)

① 가연성 액체로 물에 용해하며, 독성이 강하고 암모니아 냄새가 난다.
② 상온에서는 안정하나 발화점이 낮아서 가열 시 연소 위험이 있다.
③ 비점 88℃, 융점 −52℃, 인화점 70℃, 발화점 196℃이다.

(4) 황산히드라진($N_2H_4 \cdot H_2SO_4$)

① 무색·무취의 결정 또는 백색 결정성 분말로 더운물에 녹고 알코올에 녹지 않는다.
② 강력한 산화제이며, 유독한 물질로서 피부 접촉 시 부식성이 강하다.
③ 비중 1.37, 융점 85℃로 유기물과 접촉하고 있을 경우에는 위험하다.

(5) 히드라조벤젠($C_6H_5NHHNC_6H_5$)

① 무색 결정으로 융점 126℃이며, 물, 아세트산에는 녹지 않으나 유기 용매에는 녹는다.
② 아조벤젠의 환원으로 얻으며, 산화되어 아조벤젠이 되기 쉽다.
③ 강하게 환원되면 아닐린($C_6H_5NH_2$)이 된다.

4-9 ▶ 히드록실아민(NH_2OH, 지정 수량 100kg)

① 백색의 침상 결정이다.
② 가열 시 폭발의 위험이 있으며, 129℃에서 폭발한다.
③ 불안정한 화합물로 산화질소와 수소로 분해되기 쉬우며, 대개 염 형태로 취급된다.
④ 비중 1.024, 융점 33.5℃, 비점 70℃이다.

4-10 ▶ 히드록실아민염류(지정 수량 100kg)

(1) 황산히드록실아민[$(NH_2OH)_2 \cdot H_2SO_4$]

① 백색 결정으로 약한 산화제이며, 강력한 환원제이다.
② 독성에 주의하고, 취급 시 보호 장구를 착용한다.
③ 융점 170℃이다.

(2) 염산히드록실아민($NH_2OH \cdot HCl$)

① 무색의 조해성 결정으로 물에 거의 녹지 않고, 에탄올에 잘 녹는다.
② 습한 공기 중에서는 서서히 분해한다.

(3) N−벤조일−N−페닐히드록실아민

① 백색 결정으로 에틸알코올, 벤젠에 쉽게 녹으며, 물에는 녹지 않는다.
② 용도 : 킬레이트 적정 시약

출·제·예·상·문·제

1

위험물 운반에 관한 기준 중 위험 등급 I에 해당하는 위험물은?

① 황화인   ② 피크린산

③ 벤조일퍼옥사이드   ④ 질산나트륨

> **해설** ① 황화인 : II
> ② 피크린산 : II
> ③ 벤조일퍼옥사이드 : I
> ④ 질산나트륨 : II

2

과산화벤조일의 지정 수량은?

① 10kg   ② 50L   ③ 100kg   ④ 1,000L

> **해설** 제5류 위험물의 품명과 지정 수량

성 질	위험 등급	품 명	지정 수량
자기 반응성 물질	I	1. 유기 과산화물	10kg
		2. 질산에스테르류	10kg
	II	3. 니트로 화합물	200kg
		4. 니트로소 화합물	200kg
		5. 아조 화합물	200kg
		6. 디아조 화합물	200kg
		7. 히드라진 유도체	200kg
		8. 히드록실아민	100kg
		9. 히드록실아민염류	100kg
		10. 그 밖에 행정안전부령이 정하는 것 ① 금속의 아지드 화합물 ② 질산구아니딘	200kg
	I~II	11. 1.~10의 ①에 해당하는 어느 하나 이상을 함유한 것	10kg, 100kg 또는 200kg

3

질산의 수소 원자를 알킬기로 치환한 제5류 위험물의 지정 수량은?

① 10kg   ② 100kg   ③ 200kg   ④ 300kg

> **해설** 질산에스테르류($R-ONO_2$, 지정 수량 10kg)
> 질산(HNO_3)의 수소(H) 원자를 알킬기(R, C_nH_{2n+1})로 치환한 화합물

 정답   **1.** ③   **2.** ①   **3.** ①

4 과산화벤조일 100kg을 저장하려 한다. 지정 수량의 배수는?

① 5배　　　　　　　　　　② 7배

③ 10배　　　　　　　　　　④ 15배

해설　과산화벤조일$[(C_6H_5CO)_2O_2]$의 지정 수량은 10kg이다.

$$\therefore \frac{100\text{kg}}{10\text{kg}} = 10\text{배}$$

5 제5류 위험물 중 유기 과산화물 30kg과 히드록실아민 500kg을 함께 보관하는 경우 지정 수량의 몇 배인가?

① 3배　　　　　　　　　　② 8배

③ 10배　　　　　　　　　　④ 18배

해설　$\dfrac{30}{10} + \dfrac{500}{100} = 8$배

6 위험물안전관리법령상 유별이 같은 것으로만 나열된 것은?

① 금속의 인화물, 칼슘의 탄화물, 할로겐간 화합물

② 아조벤젠, 염산히드라진, 질산구아니딘

③ 황린, 적린, 무기 과산화물

④ 유기 과산화물, 질산에스테르류, 알킬리튬

해설　① 금속의 인화물, 칼슘의 탄화물 : 제3류 위험물, 할로겐간 화합물 : 제6류 위험물

② 아조벤젠, 염산히드라진, 질산구아니딘 : 제5류 위험물

③ 황린 : 제3류 위험물, 적린 : 제2류 위험물, 무기 과산화물 : 제1류 위험물

④ 유기 과산화물, 질산에스테르류 : 제5류 위험물, 알킬리튬 : 제3류 위험물

7 위험물안전관리법령은 위험물의 유별에 따른 저장·취급상의 유의 사항을 규정하고 있다. 이 규정에서 특히 과열, 충격, 마찰을 피하여야 할 류(類)에 속하는 위험물 품명을 나열한 것은?

① 히드록실아민, 금속의 아지 화합물　　② 금속의 산화물, 칼슘의 탄화물

③ 무기 금속 화합물, 인화성 고체　　　④ 무기 과산화물, 금속의 산화물

해설　제5류 위험물은 특히 과열, 충격, 마찰을 피하여야 할 위험물이다.

예 히드록실아민, 금속의 아지 화합물

8

제5류 위험물인 자기 반응성 물질에 포함되지 않는 것은?

① CH_3ONO_2

② $[C_6H_7O_2(ONO_2)_3]_n$

③ $C_6H_2CH_3(NO_2)_3$

④ $C_6H_5NO_2$

🌱해설 ① 질산메틸 : 제5류 위험물 중 질산에스테르류(자기 반응성 물질)

② 니트로셀룰로오스 : 제5류 위험물 중 질산에스테르류(자기 반응성 물질)

③ 트리니트로톨루엔(TNT) : 제5류 위험물 중 니트로 화합물(자기 반응성 물질)

④ 니트로벤젠 : 제4류 위험물 중 제3석유류(인화성 액체)

9

제5류 위험물의 위험성에 대한 설명으로 옳지 않은 것은?

① 가연성 물질이다.

② 대부분 외부의 산소 없이도 연소하며, 연소 속도가 빠르다.

③ 물에 잘 녹지 않으며, 물과의 반응 위험성이 크다.

④ 가열, 충격, 타격 등에 민감하며, 강산화제 또는 강산류와 접촉 시 위험하다.

🌱해설 ③ 대부분 물에 잘 녹지 않으며, 물과의 직접적인 반응 위험성은 적다.

10

위험물안전관리법령상 제5류 위험물의 판정을 위한 시험의 종류로 옳은 것은?

① 폭발성 시험, 가열 분해성 시험

② 폭발성 시험, 충격 민감성 시험

③ 가열 분해성 시험, 착화의 위험성 시험

④ 충격 민감성 시험, 착화의 위험성 시험

🌱해설 제5류 위험물의 판정을 위한 시험

㉠ 폭발성 시험 : 폭발성으로 인한 위험성의 정도를 판단하기 위한 시험

㉡ 가열 분해성 시험 : 가열 분해성으로 인한 위험성의 정도를 판단하기 위한 시험

11

위험물안전관리법령상 제5류 위험물의 공통된 취급 방법으로 옳지 않은 것은?

① 용기의 파손 및 균열에 주의한다.

② 저장 시 과열, 충격, 마찰을 피한다.

③ 운반 용기 외부에 주의 사항으로 "화기 주의" 및 "물기 엄금"을 표기한다.

④ 불티, 불꽃, 고온체와의 접근을 피한다.

🌱해설 ③ 운반 용기 외부에 주의 사항으로 "화기 주의" 및 "충격 주의"를 표기한다.

12

제5류 위험물의 일반적 성질에 관한 설명으로 옳지 않은 것은?

① 화재 발생 시 소화가 곤란하므로 적은 양으로 나누어 저장한다.

② 운반 용기 외부에 충격 주의, 화기 엄금의 주의 사항을 표시한다.

③ 자기 연소를 일으키며, 연소 속도가 대단히 빠르다.

④ 가연성 물질이므로 질식 소화하는 것이 가장 좋다.

해설 ④ 자기 반응성 물질이므로 다량의 물로 주수 소화하는 것이 가장 좋다.

13

제5류 위험물의 화재 예방상 주의 사항은?

① 자기 반응성 유기질 화합물로 자연 발화의 위험성을 갖는다.

② 무기질 화합물로 가열, 충격, 마찰에는 위험성이 없다.

③ 무기질 화합물로 직사일광에는 자연 발화가 일어나지 않는다.

④ 자기 반응성 유기질 화합물로 연소가 잘 일어나지 않는다.

해설 유기 질소 화합물은 불안정하여 분해가 용이하고, 공기 중 장시간에 걸쳐 분해열이 축적되면 자연 발화하는 것도 있다.

14

제5류 위험물의 화재 시 소화 방법에 대한 설명으로 옳은 것은?

① 가연성 물질로서 연소 속도가 빠르므로 질식 소화가 효과적이다.

② 할로겐 화합물 소화기가 적응성이 있다.

③ CO_2 및 분말 소화기가 적응성이 있다.

④ 다량의 주수에 의한 냉각 소화가 효과적이다.

해설 제5류 위험물 화재 시에는 다량의 주수에 의한 냉각 소화를 한다.

15

제5류 위험물에 속하는 위험물의 소화가 곤란한 이유는?

① 연소물이 비산하기 쉽다.

② 물과 발열 반응을 한다.

③ 연소 시 불꽃을 내지 않아 환원의 발전이 곤란하다.

④ 연소에 관여하는 산소를 함유하고 있는 물질이므로 연소 속도가 빠르다.

해설 위험물안전관리법상 제5류 위험물은 자기 반응성 물질로서, 그 자체 산소를 함유하고 있어서 연소 시 외부의 산소 공급이 없더라도 연소가 가능한 자기 연소(내부 연소)를 일으켜 연소 속도가 대단히 빠르고 폭발적이다.

정답 12. ④ 13. ① 14. ④ 15. ④

16

화재 발생 시 산소 공급원이 될 수 있는 위험물은?

① 제1류 위험물, 제2류 위험물, 제3류 위험물

② 제2류 위험물, 제4류 위험물, 제5류 위험물

③ 제3류 위험물, 제5류 위험물, 제6류 위험물

④ 제1류 위험물, 제5류 위험물, 제6류 위험물

해설 제1류 위험물(산화성 고체), 제5류 위험물(자기 반응성 물질), 제6류 위험물(산화성 액체)는 산소 함유 물질이다.

17

제5류 위험물에 관한 내용으로 틀린 것은?

① $C_2H_5ONO_2$: 상온에서 액체이다.

② $C_6H_2OH(NO_2)_3$: 공기 중 자연 분해가 매우 잘 된다.

③ $C_6H_3(NO_2)_2CH_3$: 담황색의 결정이다.

④ $C_3H_5(ONO_2)_3$: 혼산 중에 글리세린을 반응시켜 제조한다.

해설 피크린산[$C_6H_2OH(NO_2)_3$] : 공기 중 자연 분해하지 않기 때문에 장기간 저장할 수 있다.

18

유기 과산화물의 화재 예방상 주의 사항으로 틀린 것은?

① 열원으로부터 멀리 한다.

② 직사광선을 피한다.

③ 용기의 파손 여부를 정기적으로 점검한다.

④ 가급적 환원제와 접촉하고, 산화제는 멀리 한다.

해설 ④ 가급적 환원제 또는 산화제와 멀리한다.

19

유기 과산화물의 저장 시 주의 사항으로 옳은 것은?

① 일광이 드는 건조한 곳에 저장한다.

② 자신은 불연성이지만 다른 가연물이 있으면 폭발의 위험이 있다.

③ 강한 환원제를 가까이하지 말아야 한다.

④ 산화제이므로 다른 산화제와 같이 저장해도 좋다.

해설 ① 직사광선을 피하고, 냉암소에 저장한다.

정답 16. ④ 17. ② 18. ④ 19. ③

20

다음 위험물 중 발화점이 가장 낮은 것은?

① 피크린산
② TNT
③ 과산화벤조일
④ 니트로셀룰로오스

 해설 ① 피크린산 : 300℃
② TNT : 300℃
③ 과산화벤조일 : 125℃
④ 니트로셀룰로오스 : 160~170℃

21

과산화벤조일의 일반적인 성질로 옳은 것은?

① 비중은 약 0.33이다.
② 무미, 무취의 고체이다.
③ 물에 잘 녹지만 디에틸에테르에는 녹지 않는다.
④ 녹는점은 약 300℃이다.

해설 ① 비중은 1.33이다.
③ 물에는 녹지 않으며, 알코올, 식용유에 약간 녹고 디에틸에테르에 녹는다.
④ 녹는점은 105℃이다.

22

과산화벤조일에 대한 설명으로 틀린 것은?

① 발화점이 약 425℃로 상온에서 비교적 안전하다.
② 상온에서 고체이다.
③ 산소를 포함하는 산화성 물질이다.
④ 물을 혼합하면 폭발성이 줄어든다.

해설 ① 발화점이 125℃로 상온에서 비교적 안전하다.

23

과산화벤조일(벤조일퍼옥사이드)에 대한 설명 중 틀린 것은?

① 환원성 물질과 격리하여 저장한다.
② 물에 녹지 않으나 유기 용매에 녹는다.
③ 희석제로 묽은 질산을 사용한다.
④ 결정성의 분말 형태이다.

해설 ③ 희석제로 프탈산디메틸, 프탈산디부틸 등을 사용한다.

24

질산에스테르의 제법에 대한 기술 중 바른 것은?

① 질산에 알칼리 금속을 반응시켜 만든 화합물이다.

② 질산의 수소 원자를 알킬기로 치환하여 만든 화합물이다.

③ 질산과 황산을 반응시켜 만든 화합물이다.

④ 질산의 수소 원자를 금속으로 치환시켜 만든 화합물이다.

 질산에스테르류란 질산(HNO_3)의 수소 원자(H)를 알킬기(R, C_nH_{2n+1})로 치환한 형태의 화합물로서 질산메틸(CH_3ONO_2), 질산에틸($C_2H_5ONO_2$), 니트로글리세린(NG), 니트로셀룰로오스(NC) 등이 있다.

25

질산메틸의 분자량은? (단, 각 원소의 원자량은 C=12, H=1, N=14, O=16이다.)

① 77   ② 88

③ 91   ④ 94

 질산메틸의 화학식 : CH_3ONO_2

26

다음 위험물 중 상온에서 액체인 것은?

① 질산에틸   ② 트리니트로톨루엔

③ 셀룰로이드   ④ 피크린산

 ① 무색 투명한 액체

② 순수한 것은 무색의 결정

③ 무색 또는 황색의 반투명 유연성을 가진 고체

④ 순수한 것은 무색이지만 보통 공업용은 휘황색의 침상 결정

27

질산에틸에 대한 설명으로 틀린 것은?

① 에탄올을 진한 질산에 작용시켜서 얻는다.

② 방향을 가진 무색의 액체이다.

③ 비중 1.11, 끓는점 88℃를 가진다.

④ 인화점이 높아서 인화의 위험이 적다.

 ④ 인화점이 −10℃로 낮다.

28 질산에틸의 성질로 맞지 않는 것은?

① 물에는 녹지 않으나 알코올에는 녹는다.

② 증기는 공기보다 무겁다.

③ 인화점은 30℃이다.

④ 물보다 무겁다.

> 해설 질산에틸($C_2H_5ONO_2$)의 성상은 비중 1.11, 비점 88℃, 융점 −94.6℃, 인화점 −10℃, 증기 비중 3.14이다.

29 니트로셀룰로오스의 제법 중 가장 적당한 것은?

① 셀룰로이드에 진한 황산과 진한 질산의 혼산으로 에스테르화한다.

② 글리세린에 진한 황산과 진한 질산의 혼산으로 에스테르화한다.

③ 셀룰로이드에 진한 염산과 진한 질산으로 에스테르화한다.

④ 글리세린에 진한 염산과 진한 질산으로 에스테르화한다.

> 해설 ㉠ 니트로셀룰로오스는 셀룰로이드에 니트로화제(진한 황산 1 : 진한 질산 3)를 혼합하여 축합한 에스테르화물이다.
> ㉡ 셀룰로이드는 질화도 11%, 중합도 400~500 정도의 니트로셀룰로오스를 장뇌 + 알코올에 녹인 것이다.

30 니트로셀룰로오스의 성질에 맞는 것은?

① 질화도가 클수록 폭발성이 크다.

② 수분을 많이 포함할수록 폭발성이 크다.

③ 외관상 솜과 같은 진한 갈색의 물질이다.

④ 질화도가 클수록 아세톤에 녹기 힘들다.

> 해설 ② 수분을 많이 포함할수록 폭발성이 감소된다.
> ③ 무색 또는 백색의 고체이며, 햇빛에서 황갈색으로 변한다.
> ④ 질화도가 클수록 분해도, 폭발성, 위험도가 증가하며, 아세톤에 녹기 쉽다.

31 질화면을 강면약과 약면약으로 구분하는 기준은?

① 물질의 경화도 ② 수산기의 수

③ 질산기의 수 ④ 탄소 함유량

> 해설 질화면은 질산기의 수를 기준으로 강면약과 약면약으로 구분한다.

32 니트로셀룰로오스 중 강질화면의 질화도는?

① 6.77%　　　　② 10.18%　　　　③ 10.5%　　　　④ 12.76%

해설 니트로셀룰로오스(질화면)는 질화도에 따라, 강질화면은 12.76% 이상, 약질화면은 10.8~12.76%이다. 즉 질화도란 니트로셀룰로오스 중 질소의 농도이다.

33 니트로셀룰로오스의 안전한 저장 및 운반에 대한 설명으로 옳은 것은?

① 습도가 높으면 위험하므로 건조한 상태로 취급한다.
② 아닐린과 혼합한다.
③ 산을 첨가하여 중화시킨다.
④ 알코올 수용액으로 습면시킨다.

해설 ① 습도가 높으면 안전하므로 즉시 습한 상태를 유지시킨다.
② 아닐린과 혼합하면 자연 발화의 위험이 있다.
③ 산을 첨가하면 직사광선과 습기의 영향에 따라 분해하여 자연 발화하고, 폭발 위험이 증가한다.

34 니트로셀룰로오스의 저장 방법으로 올바른 것은?

① 물이나 알코올로 습윤시킨다.　　　② 에탄올과 에테르 혼액에 침윤시킨다.
③ 수은염을 만들어 저장한다.　　　　④ 산에 용해시켜 저장한다.

해설 니트로셀룰로오스의 저장 방법 : 물이나 알코올로 습윤시킨다.

35 다음 중 니트로셀룰로오스 위험물의 화재 시에 가장 적절한 소화 약제는?

① 사염화탄소　　　　　　　　　　② 이산화탄소
③ 물　　　　　　　　　　　　　　④ 인산염류

해설 니트로셀룰로오스$[C_6H_7O_2(ONO_2)_3]_n$는 질식 소화는 효과가 적고, 특히 CO_2, 건조 분말 및 할로겐 화합물 소화 약제에는 적용성이 없으며, 다량의 물로 냉각 소화한다.

36 순수한 것은 무색, 투명한 기름상의 액체이고 공업용은 담황색인 위험물로 충격, 마찰에 매우 예민하며, 겨울철에는 동결할 우려가 있는 것은?

① 펜트리트　　　　　　　　　　　② 트리니트로벤젠
③ 니트로글리세린　　　　　　　　④ 질산메틸

🍃해설 니트로글리세린[C₃H₅(ONO₂)₃] : 순수한 것은 무색, 투명한 기름상의 액체이고 공업용은 담황색인 위험물로 충격, 마찰에 매우 예민하며, 겨울철에는 동결할 우려가 있다.

37 충격이나 마찰에 민감하고 가수분해 반응을 일으키는 단점을 가지고 있어 이를 개선하여 다이너마이트를 발명하는 데 주 원료로 사용한 위험물은?

① 셀룰로이드 ② 니트로글리세린
③ 트리니트로톨루엔 ④ 트리니트로페놀

🍃해설 니트로글리세린
충격이나 마찰에 민감하고 가수분해 반응을 일으키는 단점을 가지고 있어 이를 개선하여 다이너마이트를 발명하는 데 주 원료로 사용한 위험물이다.

38 다음 중 니트로글리세린의 성질에 관한 설명으로 올바른 것은?

① 물에 매우 잘 녹는다.
② 알코올, 에테르 등에 녹는다.
③ 상온에서는 백색 결정으로 존재한다.
④ 순수한 것은 황색 또는 담황색의 끈기 있는 액체이다.

🍃해설 니트로글리세린은 물에는 녹지 않지만 메탄올, 벤젠, 클로로포름, 아세톤 등에는 녹는다.

39 니트로글리세린의 성상 중 옳은 것은?

① 상온에서 무색의 고체이다. ② 물에 잘 녹으며, 독성이 없다.
③ 니트로 화합물에 속한다. ④ 상온에서 무색인 기름 모양의 액체이다.

🍃해설 니트로글리세린은 순수한 것은 상온에서 무색 투명한 기름 모양의 액체이나, 공업적으로 제조된 것은 담황색이다.

40 규조토에 흡수시켜 다이너마이트를 제조할 때 사용되는 위험물은?

① 디니트로톨루엔
② 질산에틸
③ 니트로글리세린
④ 니트로셀룰로오스

🍃해설 니트로글리세린[C₃H₅(ONO₂)₃]은 규조토에 흡수시켜 다이너마이트를 제조할 때 사용한다.

41

다음 반응식 중 니트로글리세린의 분해(폭발) 반응식으로 맞는 것은?

① $C_3H_5(NO_3)_3 + 3H_2O \rightarrow C_3H_5(OH)_3 + 3HNO_3$

② $4C_3H_5(NO_3)_3 \rightarrow 12CO_2 + 10H_2O + 6N_2 + O_2$

③ $2C_3H_5(NO_3)_3 \rightarrow 6CO_2 + 3H_2O + 3NO + 1.5N_2 + 2H_2$

④ $C_3H_5(NO_3)_3 + 4H_2O \rightarrow C_3H_5(OH)_3 + 3HNO_3 + H_2 + O$

해설 $4C_3H_5(NO_3)_3 \rightarrow 12CO_2 + 10H_2O + 6N_2 + O_2$
이때의 온도는 300℃에 달하며, 폭발 시의 폭발 속도는 7,500m/sec이고, 폭발열은 1,470kcal/kg이다.

42

다이너마이트는 다공질 물질(규조토)에 무엇을 흡수시킨 것인가?

① 질산메틸
② 질산에틸
③ 니트로셀룰로오스
④ 니트로글리세린

해설 니트로글리세린은 규조토에 흡수하여 다이너마이트 제조 시 사용한다.

43

낮은 온도에서도 잘 얼지 않는 다이너마이트를 제조하기 위해 니트로글리세린의 일부를 대체하여 첨가하는 물질은?

① 니트로셀룰로오스
② 니트로글리콜
③ 트리니트로톨루엔
④ 디니트로벤젠

해설 니트로글리콜(nitroglycol)의 설명이다.

44

셀룰로이드에 관한 설명 중 틀린 것은?

① 물에 잘 녹으며, 자연 발화의 위험이 있다.
② 지정 수량은 10kg이다.
③ 탄력성이 있는 고체의 형태이다.
④ 장시간 방치된 것은 햇빛, 고온 등에 의해 분해가 촉진된다.

해설 ② 지정 수량은 100kg이다.

45

질소 함유량 약 11%의 니트로셀룰로오스를 장뇌와 알코올에 녹여 교질 상태로 만든 것을 무엇이라고 하는가?

① 셀룰로이드　　　　　　　　　② 펜트리트

③ TNT　　　　　　　　　　　　④ 니트로글리콜

🌱해설　셀룰로이드 제법 : 일종의 인조 플라스틱으로 질화도가 낮은 니트로셀룰로오스(질소 함유량 10.5~11.5%)에 장뇌와 알코올을 녹여 교질 상태로 만든다. 보통 니트로셀룰로오스 40~45%, 장뇌 15~20%, 알코올 40% 비율로 배합하여 24시간 반죽하여 섞어 만든다.

46

셀룰로이드류를 저장할 경우 가장 알맞은 장소는?

① 습도가 높고, 온도가 높은 장소　　　② 습도가 높고, 온도가 낮은 장소

③ 습도가 낮고, 온도가 높은 장소　　　④ 습도가 낮고, 온도가 낮은 장소

🌱해설　습도가 낮고, 온도가 낮은 장소

47

제5류 위험물 중 자연 발화를 일으키는 것은?

① 니트로글리세린　　　　　　　② 셀룰로이드류

③ 질산에틸　　　　　　　　　　④ 트리니트로페놀

🌱해설　셀룰로이드류는 습도와 온도가 높은 경우 자연 발화의 위험이 있으므로 습도가 낮고, 통풍이 잘 되는 찬 곳에 저장하도록 한다.

48

다음 중 니트로 화합물은?

① TNT　　　　　　　　　　　　② 질산암모늄

③ 질산메틸　　　　　　　　　　④ 셀룰로이드류

🌱해설　니트로 화합물
트리니트로톨루엔, 트리니트로페놀, 디니트로톨루엔, 디니트로나프탈렌

49

다음 물질 중 제5류의 니트로 화합물에 속하는 것은?

① 니트로셀룰로오스　　　　　　② 모노니트로벤젠

③ 질산에틸　　　　　　　　　　④ 트리니트로톨루엔

🌱해설　위험물안전관리법상 니트로 화합물이란 피크린산(트리니트로페놀)과 트리니트로톨루엔(TNT) 외에 니트로기($-NO_2$)를 2개 이상 가진 화합물을 말한다.

정답　　45. ①　46. ④　47. ②　48. ①　49. ④

50

다음 위험물 중 톨루엔에 질산, 황산을 반응시켜 생성되는 물질로서, 니트로글리세린과 달리 장기간 저장해도 자연 분해될 위험 없이 안전한 것은?

① $C_6H_2(NO_2)_3OH$　　　　　　　② $(CH_2)_3(NO_2)_3$

③ $C_6H_2CH_3(NO_2)_3$　　　　　　④ $C_6H_3(NO_2)_3$

해설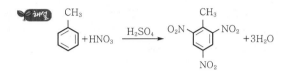

51

트리니트로톨루엔의 성질에 대한 설명 중 옳지 않은 것은?

① 담황색의 결정이다.
② 폭약으로 사용된다.
③ 자연 분해의 위험성이 적어 장기간 저장이 가능하다.
④ 조해성과 흡습성이 매우 크다.

해설 ④ 조해성과 흡습성이 없다.

52

TNT(trinitrotoluene)의 분자량은? (단, H＝1, C＝12, O＝16, N＝14)

① 77　　　　　　　　　　　　　② 91

③ 227　　　　　　　　　　　　④ 239

해설 $C_6H_2CH_3(NO_2)_3＝227$

53

다음 벤젠의 유도체 중에서 TNT(trinitrotoluene)의 구조식은?

①
$$O_2N\text{—}\text{—}NO_2 \quad (CH_3,\ NO_2)$$

②
$$O_2N\text{—}\text{—}NO_2 \quad (OH,\ NO_2)$$

③
$$O_2N\text{—}\text{—}NO_2 \quad (NH_2,\ NO_2)$$

④
$$O_2N\text{—}\text{—}NO_2 \quad (SO_3H,\ NO_2)$$

해설 TNT(트리니트로톨루엔) : $C_6H_2CH_3(NO_2)_3$

54

제5류 위험물 중에서 취급이 불편하기 때문에 다공질의 규조토에 흡수시켜 폭약으로 사용하고 있는 것이 있다. 그 상품명은?

① 고체 규조토
② 니트로셀룰로오스
③ 다이너마이트
④ 면화약

해설 다이너마이트는 니트로글리세린에 다공질 물질을 흡수시킨 것이다.

55

다음 중 트리니트로톨루엔을 녹일 수 없는 용제는?

① 물
② 벤젠
③ 아세톤
④ 에테르

해설 트리니트로톨루엔은 물에 불용이고 에테르, 벤젠, 아세톤에 잘 녹는다.

56

트리니트로톨루엔의 위험성 중 틀린 것은?

① 햇빛에 의해 색이 변색되는데, 이것은 폭발성을 가해준다.
② 산화되기 쉬운 물질과 공존하면 타격 등에 의해 폭발한다.
③ 디니트로톨루엔보다 폭발력이 강하다.
④ 연소 속도가 빠르므로 위험하다.

해설 트리니트로톨루엔은 담황색의 주상 결정으로 햇빛을 쪼이면 다갈색으로 변색되며, 이것은 폭발성과 아무런 관계가 없다.

57

TNT가 폭발·분해하였을 때 생성되는 가스가 아닌 것은?

① CO
② N_2
③ SO_2
④ H_2

해설 TNT는 폭발·분해하면 다량의 가스를 발생한다.

$$2C_6H_5CH_3(NO_2)_3 \xrightarrow{\Delta} 12CO\uparrow + 2C + 3N_2 + 5H_2\uparrow$$

58

위험물을 분류할 때 니트로 화합물류에 속하는 것은?

① 질산에틸($C_2H_5ONO_2$)
② 히드라진(N_2H_4)
③ 질산메틸(CH_3ONO_2)
④ 피크르산[$C_6H_2(OH)(NO_2)_3$]

해설 ① 질산에스테르류, ② 히드라진 유도체류, ③ 질산에스테르류

정답 54. ③ 55. ① 56. ① 57. ③ 58. ④

59

C₆H₂(NO₂)₃OH와 C₂H₅NO₃의 공통 성질에 해당하는 것은?

① 니트로 화합물이다.

② 인화성과 폭발성이 있는 액체이다.

③ 무색의 방향성 액체이다.

④ 에탄올에 녹는다.

 해설

	$C_6H_2(NO_2)_3OH$	$C_2H_5NO_3$
①	니트로 화합물	질산에스테르류
②	폭발성이 있는 침상 결정	인화성과 폭발성이 있는 액체
③	순수한 것은 무색이지만 보통 공업용은 휘황색의 침상 결정	무색 투명한 액체
④	더운물, 알코올, 에테르, 아세톤, 벤젠 등에 녹는다.	물에 약간 녹고, 에탄올에 잘 녹는다.

60

피크린산 제조에 사용되는 물질과 가장 관계가 있는 것은?

① C₆H₆

② C₆H₅CH₃

③ C₃H₅(OH)₃

④ C₆H₅OH

 해설 **피크린산 제법**

페놀을 진한 황산에 녹이고, 이것을 질산에 작용시켜 만든다.

$$C_6H_5OH + 3HNO_3 \xrightarrow{H_2SO_4} C_6H_2(OH)(NO_2)_3 + 3H_2O$$

61

다음 물질 중 황색 염료와 산업용 도폭선의 심약으로 사용되는 것으로 페놀에 의한 황산을 녹이고 이것을 질산에 작용시켜 생성되는 것은?

① 트리니트로페놀

② 질산에틸

③ 니트로셀룰로오스

④ 트리니트로페놀니트로아민

해설

$$C_6H_5OH + 3HNO_3 \xrightarrow{H_2SO_4} C_6H_2(OH)(NO_2)_3 + 3H_2O$$

62

니트로 화합물류 중 분자 구조 내에 히드록시기를 갖는 위험물은?

① 피크린산

② 트리니트로톨루엔

③ 트리니트로벤젠

④ 테트릴

해설 피크린산 :

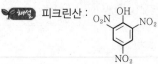

정답   **59.** ④ **60.** ④ **61.** ① **62.** ①

63

트리니트로페놀의 성상에 대한 설명 중 틀린 것은?

① 융점은 약 61℃이고, 비점은 약 120℃이다.
② 쓴맛이 있으며, 독성이 있다.
③ 단독으로는 마찰, 충격에 비교적 안정하다.
④ 알코올, 에테르, 벤젠에 녹는다.

해설 ① 융점은 122℃이고, 비점은 255℃이다.

64

트리니트로페놀의 성질에 대한 설명 중 틀린 것은?

① 폭발에 대비하여 철, 구리로 만든 용기에 저장한다.
② 휘황색을 띤 침상 결정이다.
③ 비중이 약 1.8로 물보다 무겁다.
④ 단독으로는 충격, 마찰에 둔감한 편이다.

해설 ① 제조 시 중금속과의 접촉을 피하며 철, 구리, 납으로 만든 용기에 저장하지 말아야 한다.

65

트리니트로페놀에 대한 일반적인 설명으로 틀린 것은?

① 가연성 물질이다.
② 공업용은 보통 휘황색의 결정이다.
③ 알코올에 녹지 않는다.
④ 납과 화합하여 예민한 금속염을 만든다.

해설 트리니트로페놀은 더운물, 알코올, 에테르, 아세톤, 벤젠 등에 녹는다.

66

피크린산의 성질로 잘못된 것은?

① 빛나는 황색의 결정이다.
② 냉수에는 거의 녹지 않는다.
③ 발화점은 약 300℃이다.
④ 타격 마찰에 민감하여 약간의 충격으로도 폭발할 위험이 있다.

해설 ④ 단독으로는 타격, 마찰 등에 둔감하고, 연소 시 많은 그을음을 낸다.

정답 63. ① 64. ① 65. ③ 66. ④

67

니트로 화합물류 중 분자 구조 내에 히드록시기를 갖는 위험물은?

① 피크린산   ② 테트릴

③ 트리니트로벤젠   ④ 트리니트로톨루엔

해설 ①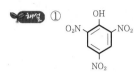

68

피크린산의 각 특성 온도 중 가장 낮은 것은?

① 인화점   ② 발화점

③ 녹는점   ④ 끓는점

해설 ① 인화점 : 150℃

② 발화점 : 300℃

③ 녹는점 : 122.5℃

④ 끓는점 : 255℃

69

다음 위험물(법령상) 중 단독으로는 마찰 충격에 둔감하나 금속염으로 했을 때 폭발이 쉬운 것은?

① 피크린산   ② 암모니아

③ 알루미늄   ④ 톨루엔

해설 피크린산[$C_6H_2(OH)(NO_2)_3$]의 설명이다.

70

니트로 화합물 중 쓴맛이 있고 유독하며, 물에 전리하여 강한 산이 되며, 뇌관의 첨장약으로 사용되는 것은?

① 니트로글리세린   ② 셀룰로이드

③ 트리니트로페놀   ④ 트리메틸렌트리니트로아민

해설 트리니트로페놀(, 피크린산)의 설명이다.

71

니트로소 화합물은 소방법상 니트로소기가 몇 개 이상인가?

① 한 개
② 두 개
③ 세 개
④ 네 개

 위험물안전관리법상 니트로소 화합물은 1개의 벤젠핵에 니트로소기가 2개 이상 결합된 화합물을 말한다.

72

니트로소 화합물의 성질에 관한 설명으로 맞는 것은?

① −NO기를 가진 화합물이다.
② 질소의 원자가 +6을 갖는다.
③ −NO₂기를 가진 화합물이다.
④ 약한 질화도를 갖는다.

 니트로소 화합물(R−NO)

니트로소기(−NO)를 가진 화합물로서 벤젠핵의 수소 원자 대신 니트로소기가 2개 이상 결합된 화합물이다.

73

다음 제5류 위험물이며 자기 반응성 물질로서, 목면의 나염 등에 사용하는 물질은?

① 디니트로나프탈렌
② 디아조디니트로페놀
③ 디니트로소레조르신
④ 트리메틸렌트리니트라민

○ 디니트로소레조르신은 니트로소 화합물로서 목면의 나염 등에 사용되는 흑회색의 결정이다.
ⓛ 파라디니트로소벤젠(고무 가황제 및 퀴논디옥시옴의 원료), 디니트로소펜타메틸렌테드라민(천연 및 합성 고무의 발포제)

제6류 위험물

성 질	위험 등급	품 명	지정 수량
산화성 액체	I	1. 과염소산 2. 과산화수소 3. 질산	300kg
		4. 그 밖의 행정안전부령이 정하는 것 　할로겐간 화합물(BrF_3, BrF_5, IF_5 등) 5. 1.~4.에 해당하는 어느 하나 이상을 함유 　한 것	300kg

(1) 연소 시험

산화성 액체 물질이 가연성 물질과 혼합했을 때, 가연성 물질이 연소 속도를 증대시키는 산화력의 잠재적 위험성을 판단하는 것을 목적으로 한다.

(2) 액체 비중 측정 시험

액체의 비중 측정 방법에는 비중병, 비중 천칭, 비중계, 압력을 이용한 것 또는 부유법 등 여러 가지 방법이 있다. 이들 중 간편하고 정밀도가 좋아 많이 사용되는 것이 비중병과 비중계에 의한 비중 측정 방법이다.

03 공통 성질 및 저장 · 취급 시 유의 사항

(1) 공통 성질

① 불연성 물질로서 강산화제이며, 다른 물질의 연소를 돕는 조연성 물질이다.
② 모두 강산성의 액체이다(H_2O_2는 제외).
③ 비중이 1보다 크며, 물에 잘 녹고 물과 접촉하면 발열한다.
④ 가연물과 유기물 등과의 혼합으로 발화한다.
⑤ 분해하여 유독성 가스를 발생하며, 부식성이 강하여 피부에 침투한다(H_2O_2는 제외).

(2) 저장 및 취급 시 유의 사항

① 유기물 가연물 및 산화제와의 접촉 · 혼합이나 분해를 촉진하는 물품과의 접근 또는 과열을 피하여야 한다.
② 저장 용기는 내산성 용기를 사용하며, 흡습성이 강하므로 용기는 밀전, 밀봉하여 액체에 누설되지 않도록 한다.
③ 증기는 유독하므로 취급 시에는 보호구를 착용한다.

(3) 예방 대책

① 염기 및 물과의 접촉을 피한다.
② 저장 창고의 위험물이 침윤될 우려가 있는 부분은 아스팔트로 피복하여 부식되지 않도록 유지한다.
③ 화기 및 분해를 촉진하는 물품 엄금, 직사광선 차단, 가열을 피하고, 강환원제, 유기 물질, 가연성 위험물과의 접촉을 피한다.
④ 용기는 내산성의 것을 사용하며, 용기의 밀전, 파손 방지, 전도 방지, 용기 변형 방지에 주의한다.
⑤ 제1류 위험물과의 혼합, 접촉을 방지한다.

(4) 소화 방법

① 주수 소화는 곤란하다.
② 건조사나 인산염류의 분말 등을 사용한다.
③ 과산화수소는 양의 대소에 관계 없이 다량의 물로 희석 소화한다.

(5) 진압 대책

① 과산화수소는 양의 대소에 관계 없이 다량의 물로 희석 소화하며, 나머지는 소량인 경우 다량의 물로 희석시키고 기타는 건조사, 건조 분말 등으로 질식 소화한다.
② 옥내 소화전 설비, 물분무 소화 설비를 사용하여 소화할 수 있다.
③ 가연물과 혼합하여 연소하므로 가연물과 격리한다.
④ 소화 작업 시 피부 노출을 방지하며 연소 시 유독성 가스에 대비하여 방호의, 고무장갑, 보호 안경, 공기 호흡기를 착용한다.

⑤ 저장 용기의 냉각을 위해 용기벽에 주수하고, 이때 뜨거운 용액에 직접 물이 들어가면 비산하여 피부에 접촉하면 화상을 입을 수 있으므로 주의한다.

⑥ 소량 누출 시 마른 모래나 흙으로 흡수시키며, 대량으로 누출 시 과산화수소는 물로, 나머지는 약알칼리의 중화제(소다회, 중탄산나트륨, 소석회 등)로 중화한 후 다량의 물로 씻는다.

04 위험물의 성상

4-1 과염소산($HClO_4$, 지정 수량 300kg)

(1) 일반적 성질

① 무색의 유동하기 쉬운 액체로서 공기 중에 방치하면 분해하고, 가열하면 폭발한다.

② 산화제이므로 쉽게 환원될 수 있다.

③ 염소산 중에서 가장 강한 산이다.

> 예 $HClO_4$ > $HClO_3$ > $HClO_2$ > $HClO$

④ 이온은 다른 대부분의 산 라디칼보다도 착화합물의 형성이 작다.

⑤ 비중 1.76, 증기 비중 3.5, 융점 $-112℃$, 비점 $39℃$이다.

(2) 위험성

① 불안정하며, 강력한 산화성 물질이다.

② 가열하면 폭발한다.

③ 산화력이 강하여 종이, 나무 조각 등과 접촉하면 연소 시 동시에 폭발한다.

④ 물과 접촉하면 심하게 반응하여 발열한다.

⑤ 불연성이지만 유독성이 있다.

⑥ 유기물과 접촉 시 발화의 위험이 있다.

⑦ 무수과염소산을 상압에서 가열하면 폭발적으로 분해하며 때로는 폭발한다. 이때 유독성 가스인 HCl을 발생한다.

⑧ $BaCl_2$과의 혼촉에 의해 발열, 발화하며, NH_3와 접촉 시 격렬하게 반응하여 폭발·비산의 위험이 있다.

(3) 저장 및 취급 방법

① 비, 눈 등의 물, 가연물, 유기물 등과 접촉을 피하여야 하며, 화기와는 멀리한다.

② 유리 또는 도자기 등의 밀폐 용기에 넣어 밀전, 밀봉하여 저장한다.

③ 누설될 경우는 톱밥, 종이, 나무 부스러기 등에 섞여 폐기되지 않도록 한다.

(4) 용도

산화제, 전해 연마제, 분석 화학 시약 등

(5) 소화 방법

다량의 물에 의한 분무 주수, 분말 소화

4-2 과산화수소(H_2O_2, 지정 수량 300kg)

수용액의 농도가 36wt%(비중 약 1.13) 이상인 것을 위험물로 본다.

(1) 일반적 성질

① 순수한 것은 점성이 있는 무색의 액체이나, 양이 많을 경우에는 청색을 띤다.

② 강한 산화성이 있고, 물과는 임의로 혼합하며 수용액 상태는 비교적 안정하며 알코올, 에테르 등에는 녹으나 석유, 벤젠 등에는 녹지 않는다.

③ 알칼리 용액에서는 급격히 분해하나, 약산성에서는 분해하기 어렵다.

④ 일반 시판품은 30~40%의 수용액으로 분해하기 쉬워 분해 방지 안정제[인산(H_3PO_4), 요산($C_2H_4N_4O_3$), 인산나트륨, 요소, 글리세린] 등을 가하거나 햇빛을 차단하며, 약산성으로 만든다. 과산화수소는 산화제 및 환원제로 작용한다.

   ㉮ 산화제 : $2KI + H_2O_2 \rightarrow 2KOH + I_2$

   ㉯ 환원제 : $2KMnO_4 + 3H_2SO_4 + 5H_2O_2 \rightarrow K_2SO_4 + 2MnSO_4 + 8H_2O + 5O_2$

⑤ 분해할 때 발생하는 발생기 산소[O]는 난분해성 유기 물질을 산화시킬 수 있다.

⑥ 강한 표백 작용과 살균 작용이 있다.

⑦ 비중 1.465, 융점 $-0.89℃$, 비점 152℃이다.

> **참고 과산화수소의 제법**
>
> 1. 금속과산화물을 묽은 산으로 분해하여 수용액으로 얻는다.
> $BaO_2 + H_2SO_4 \rightarrow BaSO_4 + H_2O_2$
> $2Na_2O_2 + 2H_3PO_4 \rightarrow 2Na_3PO_4 + 3H_2O_2$
> 2. 과산화바륨 분말에 물을 혼합하고 이산화탄소를 통하여 얻는다.
> $BaO_2 + H_2O + CO_2 \rightarrow BaCO_3 + H_2O_2$

(2) 위험성

① 강력한 산화제로서 분해하여 발생한 발생기 산소[O]는 분자상의 O_2가 산화시키지 못한 물질도 산화시킨다.

   예 $H_2O_2 \xrightarrow{\Delta} H_2O + [O]$

② 가열, 햇빛 등에 의해 분해가 촉진되며, 보관 중에도 분해되기 쉽다.

③ 농도가 높을수록 불안정하여 방치하거나 누출되면 산소를 분해하며, 온도가 높아질수록 분해 속도가 증가하고 비점 이하에서도 폭발한다. 또한 열, 햇빛에 의해서도 쉽게 분해하여 산소를 방출하고 HF, HBr, KI, Fe^{3+}, OH^-, 촉매(MnO_2)하에서 분해가 촉진된다.

$$2H_2O_2 \xrightarrow{\Delta} 2H_2O + O_2\uparrow + 발열$$

용기가 가열되면 내부에 분해 산소가 발생하기 때문에 용기가 파열하는 경우가 있다.

㉮ 3% : 옥시풀(소독약), 산화제, 발포제, 탈색제, 방부제, 살균제 등

㉯ 30% : 표백제, 양모, 펄프, 종이, 면, 실, 식품, 섬유, 명주, 유지 등

㉰ 85% : 비닐 화합물 등의 중합 촉진제, 중합 촉매, 폭약, 유기 과산화물의 제조, 농약, 의약품, 제트기, 로켓의 산소 공급제 등

④ 농도가 66% 이상인 것은 단독으로 분해 폭발하기도 하며, 이 분해 반응은 발열 반응이고, 다량의 산소를 발생한다.

⑤ 농도가 진한 것은 피부와 접촉하면 수종을 일으키며, 고농도의 것을 피부에 닿으면 화상의 위험이 있다.

⑥ 히드라진과 접촉하면 분해 폭발한다. 이것을 잘 통제하여 이용하면 유도탄의 발사에 사용할 수 있다.

예 $N_2H_4 + 2H_2O_2 \rightarrow N_2 + 4H_2O$

(3) 저장 및 취급 방법

① 용기는 뚜껑에 작은 구멍을 뚫은 갈색 유리병을 사용하며, 직사광선을 피하고 냉암소 등에 저장한다.

② 용기는 밀전하지 말고, 구멍이 뚫린 마개를 사용한다.

③ 유리 용기는 알칼리성으로 H_2O_2를 분해 촉진하며, 유리 용기에 장기간 보존하지 않아야 한다.

(4) 용도

산화제, 발포제, 로켓 원료, 의약, 화장품 정성 분석 등

(5) 소화 방법

다량의 물로 냉각 소화, 분무주수, 마른모래

4-3 질산(HNO_3, 지정 수량 300kg)

비중 1.49(약 89.6wt%) 이상인 것은 위험물로 본다.

예제 옥내 저장소에 질산 600L를 저장하고 있다. 저장하고 있는 질산은 지정 수량의 몇 배인가? (단, 질산의 비중은 1.5이다.)

풀이 1.5kg/L×600L＝900kg

∴ $\dfrac{900kg}{300kg} = 3$배

답 3배

(1) 일반적 성질

① 무색 액체이나 보관 중 담황색으로 변하며, 직사광선에 의해 공기 중에서 분해되어 유독한 갈색 이산화질소(NO_2)를 생성시킨다.

$$4HNO_3 \rightarrow 2H_2O + 4NO_2\uparrow + O_2$$

> **예제** 유독한 갈색증기(NO_2)의 분자량은?
>
> **풀이** $14+16 \times 2 = 46$
>
> 답 46

② 금속(Au, Pt, Al은 제외)과 산화 반응하여 부식시키며, 질산염을 생성한다.

$$Zn + 4HNO_3 \rightarrow Zn(NO_3)_2 + 2H_2O + 2NO_2\uparrow$$

③ 물과는 임의로 혼합하고, 발열한다(용해열은 7.8kcal/mol).

④ 흡습성이 강하고, 공기 중에서 발열한다.

⑤ 진한 질산을 $-42℃$ 이하로 냉각하면 응축 결정된다.

⑥ 왕수(royal water, 질산 1 : 염산 3)에 녹으며, Au, Pt는 녹지 않는다.

⑦ 진한 질산에는 Al, Fe, Ni, Cr 등은 부동태를 만들며, 녹지 않는다.

> **참고 부동태**
>
> 금속 표면에 치밀한 금속 산화물의 피막을 형성해 그 이상의 산화 작용을 받지 않는 상태이다.

⑧ 크산토프로테인 반응을 한다.

⑨ 분자량 63, 비중 1.49 이상, 융점 $-43.3℃$, 비점 $86℃$이다.

(2) 위험성

① 산화력과 부식성이 강해 피부에 닿으면 화상을 입는다.

② 질산 자체는 연소성, 폭발성이 없으나 환원성이 강한 물질(목탄분, 나무 조각, 톱밥, 종이 부스러기, 천, 실, 솜뭉치)에 스며들어 방치하면 서서히 갈색 연기를 발생하면서 발화 또는 폭발한다. Na, K, Mg, $NaClO_3$, C_2H_5OH, 강산화제와 접촉 시 폭발의 위험성이 있다.

③ 화재 시 열에 의해 유독성의 질소산화물을 발생하며, 여러 금속과 반응하여 가스를 방출한다.

④ 불연성이지만 다른 물질의 연소를 돕는 조연성 물질이다.

⑤ 물과 접촉하면 심하게 발열한다.

⑥ 진한 질산을 가열 시 발생되는 증기(NO_2)는 인체에 해로운 유독성이다.

$$2HNO_3 \rightarrow 2NO_2 + H_2O + O$$

⑦ 진한 질산이 손이나 몸에 묻었을 경우에는 다량의 물로 충분히 씻는다.

⑧ 묽은 질산을 칼슘과 반응하면 수소를 발생한다.

$$2HNO_3 + 2Ca \rightarrow 2CaNO_3 + H_2$$

(3) 저장 및 취급 방법

① 직사광선에 의해 분해되므로 갈색병에 넣어 냉암소 등에 저장한다.

② 테레핀유, 카바이드, 금속분 및 가연성 물질과는 격리시켜 저장하여야 한다.

(4) 용도

야금용, 폭약 및 니트로 화합물의 제조, 질산염류의 제조, 유기 합성, 사진 제판 등

(5) 소화 방법

다량의 물로 희석 소화

출·제·예·상·문·제

1

위험물안전관리법령상 제6류 위험물이 아닌 것은?

① H_3PO_4 ② IF_5

③ BrF_5 ④ BrF_3

해설 ① H_3PO_4 : 화공약품

2

다음 중 위험물안전관리법령상 제6류 위험물에 해당하는 것은?

① 황산 ② 염산

③ 질산염류 ④ 할로겐간 화합물

해설 ①, ② : 화공약품, ③ : 제1류 위험물, ④ : 제6류 위험물

〈제6류 위험물(산화성 액체)의 품명 및 지정 수량〉

위험등급	품 명	지정 수량
I	1. 과염소산 2. 과산화수소 3. 질산	300kg
	4. 그 밖의 행정안전부령이 정하는 것 할로겐간 화합물(BrF_3, IF_5 등) 5. 1.~4.에 해당하는 어느 하나 이상을 함유한 것	300kg

3

제6류 위험물의 지정 수량은?

① 20kg ② 50kg

③ 10kg ④ 300kg

해설 제6류 위험물의 지정 수량은 300kg이다.

4

위험물안전관리법령에서 정한 위험물의 유별 성질을 잘못 나타낸 것은?

① 제1류 : 산화성 ② 제4류 : 인화성

③ 제5류 : 자기 반응성 ④ 제6류 : 가연성

위험물의 유별 성질
    ㉠ 제1류 : 산화성
    ㉡ 제2류 : 가연성
    ㉢ 제3류 : 자연 발화성 및 금수성
    ㉣ 제4류 : 인화성
    ㉤ 제5류 : 자기 반응성
    ㉥ 제6류 : 산화성

5

다음은 위험물안전관리법령에서 정한 제조소 등에서 위험물의 저장 및 취급에 관한 기준 중 위험물의 유별 저장·취급 공통 기준의 일부이다. (　　) 안에 알맞은 위험물 유별은?

> (　　) 위험물은 가연물과 접촉·혼합이나 분해를 촉진하는 물품과의 접근 또는 과열을 피하여야 한다.

① 제2류
② 제3류
③ 제5류
④ 제6류

해설 제6류 위험물
가연물과의 접촉·혼합이나 분해를 촉진하는 물품과의 접근 또는 과열을 피하여야 한다.

6

위험물안전관리법령에 따른 제6류 위험물의 특성에 대한 설명 중 틀린 것은?

① 과염소산은 유기물과 접촉 시 발화의 위험이 있다.
② 과염소산은 불안정하며, 강력한 산화성 물질이다.
③ 과산화수소는 알코올, 에테르에 녹지 않는다.
④ 질산은 부식성이 강하고, 햇빛에 의해 분해된다.

해설 ③ 물과는 임의로 혼합하며, 수용액 상태는 비교적 안정하다. 알코올, 에테르에는 녹지만 벤젠, 석유에는 녹지 않는다.

7

제6류 위험물을 저장하는 제조소 등에 적응성이 없는 소화 설비는?

① 옥외 소화전 설비
② 탄산수소염류 분말 소화 설비
③ 스프링클러 설비
④ 포 소화 설비

해설 제6류 위험물을 저장하는 제조소 등에 적응성이 있는 소화 설비 : 옥외 소화전 설비, 스프링클러 설비, 포 소화 설비

8

제6류 위험물의 화재 예방 및 진압 대책으로 옳은 것은?

① 과산화수소는 화재 시 주수 소화를 절대 금한다.
② 질산은 소량의 화재 시 다량의 물로 희석한다.
③ 과염소산은 폭발 방지를 위해 철제 용기에 저장한다.
④ 제6류 위험물의 화재에는 건조사만 사용하여 진압할 수 있다.

 ① 과산화수소 화재 시 다량의 물로 주수 소화함으로써 희석, 연소 확대를 방지한다.
③ 과염소산은 밀폐 용기에 넣어 저장하고, 통풍이 잘 되는 냉암소에 보관한다.
④ 제6류 위험물 화재 시 마른 모래나 건조 분말로 질식 소화하거나 다량의 물로 희석 및 연소 확대를 방지한다.

9

제6류 위험물의 화재 예방 및 진압 대책으로 적합하지 않은 것은?

① 가연물과의 접촉을 피한다.
② 과산화수소를 장기 보존할 때는 유리 용기를 사용하여 밀전한다.
③ 옥내 소화전 설비를 사용하여 소화할 수 있다.
④ 물분무 소화 설비를 사용하여 소화할 수 있다.

 ② 유리 용기는 알칼리성으로 과산화수소(H_2O_2)를 분해 촉진하므로 유리 용기에 장기 보존하지 않아야 한다.

10

다음에 설명하는 위험물에 해당하는 것은?

• 지정 수량은 300kg이다.
• 산화성 액체 위험물이다.
• 가열하면 분해하여 유독성 가스를 발생한다.
• 증기 비중은 약 3.5이다.

① 브롬산칼륨　　② 클로로벤젠
③ 질산　　④ 과염소산

 과염소산($HClO_4$)의 설명이다.

11

과염소산에 대한 설명으로 틀린 것은?

① 물과 접촉하면 발열한다.　　② 불연성이지만 유독성이 있다.
③ 증기 비중은 약 3.5이다.　　④ 산화제이므로 쉽게 산화할 수 있다.

 ④ 산화제이므로 쉽게 환원될 수 있다.

12

다음 중 가장 약산은?

① HClO
② $HClO_2$
③ $HClO_3$
④ $HClO_4$

해설 $HClO < HClO_2 < HClO_3 < HClO_4$

13

과염소산이 물과 접촉하는 경우의 반응은?

① 폭발 반응
② 연소 반응
③ 연쇄 반응
④ 발열 반응

해설 과염소산(H_2O_2)은 제6류 위험물(산화성 액체)로서 물과 접촉하면 발열 반응을 한다.

14

다음 위험물 중 비중이 물보다 큰 것은 모두 몇 개인가?

과염소산, 과산화수소, 질산

① 0
② 1
③ 2
④ 3

해설

종 류	비 중
과염소산	1.76
과산화수소	1.47
질산	1.49

15

다음 물질 중에서 위험물안전관리법상 위험물의 범위에 포함되는 것은?

① 농도가 40중량퍼센트인 과산화수소 350kg
② 비중이 1.40인 질산 350kg
③ 직경 2.5mm의 막대 모양인 마그네슘 500kg
④ 순도가 55중량퍼센트인 유황 50kg

해설 위험물의 범위

㉠ 수용액의 농도가 36wt%(비중 약 1.13) 이상인 과산화수소 300kg
㉡ 비중 1.49(약 89.6wt%) 이상인 질산 300kg
㉢ 직경 2mm 미만의 막대 모양인 마그네슘 500kg
㉣ 순도가 60wt% 이상인 유황 100kg

16

제6류 위험물 중 수용액의 농도가 36wt% 이상인 경우만 위험물로 취급하며 분해 시 발생기 산소를 내는 것은?

① 과산화수소
② 과염소산
③ 할로겐간 화합물
④ 질산

🌱해설 과산화수소에 대한 설명이다.

17

과산화수소와 산화 프로필렌의 공통점으로 옳은 것은?

① 특수 인화물이다.
② 분해 시 질소를 발생한다.
③ 끓는점이 200℃ 이하이다.
④ 수용액 상태에서도 자연 발화 위험이 있다.

🌱해설

	과산화수소	산화 프로필렌
①	제6류 위험물	제4류 위험물 중 특수 인화물
②	분해 시 산소 발생 $H_2O_2 \xrightarrow{\Delta} H_2O + [O]$	휘발, 인화하기 쉽고, 연소 범위가 넓어서 위험성이 크다.
③	끓는점 152℃	끓는점 34℃
④	수용액 상태에서는 비교적 안정하다.	수용액 상태에서는 인화 위험이 높다.

18

과산화수소가 녹지 않는 것은?

① 물
② 벤젠
③ 에테르
④ 알코올

🌱해설 과산화수소는 물과는 임의로 혼합하고 수용액 상태는 비교적 안정하며, 알코올, 에테르에는 녹지만 벤젠, 석유에는 녹지 않는다.

19

과산화수소는 일반적으로 몇 %의 수용액으로 취급되는가?

① 5~10
② 10~15
③ 20~30
④ 30~40

🌱해설 과산화수소의 시판품은 36wt%이며, 단독 폭발 농도는 60% 이상이다. 또한 3%의 과산화수소를 옥시풀(소독제)이라 한다.

20

과산화수소의 위험성으로 옳지 않은 것은?

① 산화제로서 불연성 물질이지만 산소를 함유하고 있다.

② 이산화망간 촉매하에서 분해가 촉진된다.

③ 분해를 막기 위해 히드라진을 안정제로 사용할 수 있다.

④ 고농도의 것은 피부에 닿으면 화상의 위험이 있다.

해설 ③ 과산화수소 농도가 클수록 위험성이 높아지므로 분해 방지 안정제(인산나트륨, 인산, 요산, 요소, 글리세린 등)를 넣어 산소 분해를 억제시킨다.

21

다음에서 설명하는 물질은?

• 살균제 및 소독제로도 사용된다.
• 분해할 때 발생하는 발생기 산소[O]는 난분해성 유기 물질을 산화시킬 수 있다.

① $HClO_4$ ② CH_3OH

③ H_2O_2 ④ H_2SO_4

해설 난분해성 유기 물질 : 산화시키지 못한 물질

22

과산화수소 용액의 분해를 방지하기 위한 방법으로 가장 거리가 먼 것은?

① 햇빛을 차단한다.   ② 암모니아를 가한다.

③ 인산을 가한다.   ④ 요산을 가한다.

해설 과산화수소 용액의 분해를 방지하기 위한 방법
㉠ 햇빛을 차단한다.
㉡ 인산, 요산, 요소, 글리세린, 인산나트륨을 가한다.

23

다음의 (㉠)과 (㉡)에 알맞은 용어는?

과산화수소는 자신이 분해되어 발생기 산소를 발생시켜 강한 산화 작용을 한다. 이는 (㉠) 종이를 보라색으로 변화시키는 것으로 확인되며, 이 과산화수소는 (㉡) 등에 황산을 작용시켜 얻는다.

① ㉠ 리트머스, ㉡ 염소산칼륨   ② ㉠ 요오드화칼륨 녹말, ㉡ 염소산칼륨

③ ㉠ 리트머스, ㉡ 과산화바륨   ④ ㉠ 요오드화칼륨 녹말, ㉡ 과산화바륨

해설 $BaO_2 + H_2SO_4 \rightarrow H_2O_2 + BaSO_4$

정답   20. ③   21. ③   22. ②   23. ④

24 다음 제6류 위험물 중 강한 표백 작용과 살균 작용을 하고, 장기간 저장·보존 시 유리 용기 사용을 자제해야 하는 것은?

① HClO
② H_2O_2
③ H_2SO_4
④ HNO_3

 해설 30% 표백 작용, 3% 살균 작용을 하는 물질은 H_2O_2이다.

25 과산화수소의 저장 용기로 알맞는 것은?

① 나무 상자
② 투명 유리병
③ 착색 유리병
④ 금속 용기

 해설 과산화수소는 착색 유리병에 저장한다.

26 위험물안전관리법상 위험물 분류 기준이 되는 질산의 비중은 얼마 이상인가?

① 1.49
② 1.24
③ 1.14
④ 1.04

해설 질산의 비중은 1.49이다.

27 가열했을 때 분해하여 적갈색의 유독한 가스를 방출하는 것은?

① 과염소산
② 질산
③ 과산화수소
④ 적린

해설 $2HNO_3 \rightarrow \underline{2NO_2} + H_2O + O$
적갈색의 유독한 가스

28 질산이 공기 중에서 분해되어 발생하는 유독한 갈색 증기의 분자량은?

① 16
② 40
③ 46
④ 71

 해설 $4HNO_3 \xrightarrow{\Delta} \underline{4NO_2} + O_2 + 2H_2O$
유독한 적갈색의 기체
∴ NO_2 분자량 = $14 + 16 \times 2 = 46$

29 질산에 대한 설명으로 틀린 것은?

① 무색 또는 담황색의 액체이다.

② 유독성이 강한 산화성 물질이다.

③ 위험물안전관리법령상 비중이 1.49 이상인 것만 위험물로 규정한다.

④ 햇빛이 잘 드는 곳에서 투명한 유리병에 보관하여야 한다.

🌱해설 ④ 햇빛이 차단되고, 통풍이 잘 되는 차고 어두운 곳에서 갈색 유리병에 보관해야 한다.

30 위험물안전관리법령상 제6류 위험물에 해당하는 물질로서 햇빛에 의해 갈색의 연기를 내며, 분해할 위험이 있으므로 갈색병에 보관해야 하는 것은?

① 질산　　　　　　　　　　② 황산

③ 염산　　　　　　　　　　④ 과산화수소

🌱해설 질산(HNO_3)
제6류 위험물에 해당하는 물질로서 햇빛에 의해 갈색의 연기를 내며, 분해할 위험이 있으므로 갈색병에 보관하는 것

$$2HNO_3 \rightarrow \underset{\text{갈색 연기}}{2NO_2} + H_2O + O$$

31 제6류 위험물 중 공기 중에서 갈색의 연기를 내며, 갈색병에 보관해야 하는 것은?

① 질산　　　　　　　　　　② 황산

③ 염산　　　　　　　　　　④ 과산화수소

🌱해설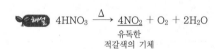
$$4HNO_3 \xrightarrow{\Delta} \underset{\substack{\text{유독한}\\\text{적갈색의 기체}}}{4NO_2} + O_2 + 2H_2O$$

32 질산은 대부분의 금속을 부식시킨다. 다음 중 부식시키지 못하는 금속은?

① 철　　　　　② 구리　　　　　③ 은　　　　　④ 백금

🌱해설 질산은 금속(Au, Pt, Al은 제외)과 산화 반응하여 부식시키며, 질산염을 생성한다.

33 다음 금속 중 진한 질산에 의하여 부동태가 되는 금속은?

① Fe　　　　　② Sb　　　　　③ Zn　　　　　④ Mg

부동태란 금속 표면에 치밀한 금속 산화물의 피막을 형성하여 그 이상의 산화 작용을 받지 않는 상태이며, Fe, Ni, Al, Cr 등은 묽은 질산에는 녹으나 진한 질산에는 부동태를 만들어 녹지 않는다.

34

다음은 진한 질산의 성질에 관한 설명이다. 틀린 것은?
① 부식성이 강하다.
② 강한 산화 작용을 한다.
③ 물과는 임의로 혼합하고 발열한다.
④ 진한 질산을 가열하면 분해되어 수소가 발생한다.

 ④ $2HNO_3 \rightarrow 2NO_2 + H_2O + O$

35

왕수의 조합비로 옳은 것은?
① 농질산 1 : 농염산 3
② 농질산 3 : 농염산 1
③ 농질산 1 : 농황산 3
④ 농질산 3 : 농황산 1

 왕수란 진한 염산 3 : 진한 질산 1의 비율로 혼합한 용액으로 귀금속인 Pt, Au 등을 녹인다.

36

질산을 보관할 때의 용기 마개로 가장 적합한 것은?
① 코르크 마개   ② 도자기 마개
③ 무명천   ④ 고무 마개

 질산 용기에 사용하는 마개는 내산성이 강한 유리 및 도자기 등으로 된 것을 사용한다.

37

다음 중 제6류 위험물로서 분자량이 약 63인 것은?
① 과염소산   ② 질산
③ 과산화수소   ④ 삼불화브롬

 ① $HClO_4$: $1+35.5+64=100.5$
② HNO_3 : $1+14+48=63$
③ H_2O_2 : $2+32=34$
④ BrF_3 : $80+19\times3=137$

38

질산의 위험성에 관한 설명으로 옳은 것은?

① 충격에 의해 착화된다.

② 공기 속에서 자연 발화된다.

③ 인화점이 낮고, 발화되기 쉽다.

④ 환원성 물질과 혼합 시 발화된다.

🌱 **해설** 질산은 환원성 물질과 혼합 시 발화한다.

39

진한 질산이 손이나 몸에 묻었을 때 응급 처치 방법 중 가장 먼저 해야 할 일은?

① 묽은 황산으로 씻는다.

② 암모니아수로 중화시킨다.

③ 다량의 물로 충분히 씻는다.

④ 수산화나트륨 용액으로 중화시킨다.

🌱 **해설** 진한 질산이 손이나 몸에 묻었 때 다량의 물로 충분히 씻어서 응급 처치를 한다.

위험물안전관리법

01 총칙

(1) 위험물안전관리법의 목적

위험물의 저장·취급 및 운반과 이에 따른 안전관리에 관한 사항을 규정함으로써 위험물로 인한 위해를 방지하여 공공의 안전을 확보함을 목적으로 한다.

(2) 용어의 정의

① 위험물 : 인화성 또는 발화성 등의 성질을 가지는 것으로서 대통령령이 정하는 물품을 말한다.

② 지정 수량 : 위험물의 종류별로 위험성을 고려하여 대통령령이 정하는 수량으로서 제조소 등의 설치 허가 등에 있어서 최저의 기준이 되는 수량을 말한다.

③ 제조소 : 위험물을 제조할 목적으로 지정 수량 이상의 위험물을 취급하기 위하여 허가를 받은 장소를 말한다.

④ 저장소 : 지정 수량 이상의 위험물을 저장하기 위한 대통령령이 정하는 장소로서 허가를 받은 장소를 말한다.

⑤ 취급소 : 지정 수량 이상의 위험물을 제조 외의 목적으로 취급하기 위한 대통령령이 정하는 장소로서 허가를 받은 장소를 말한다.

⑥ 제조소 등 : 제조소·저장소 및 취급소를 말한다.

> **참고** 🌱 신고를 하지 아니하고 위험물이 품명·수량 또는 지정 수량의 배수를 변경할 수 있는 경우
>
> 1. 주택의 난방 시설(공동 주택의 중앙 난방 시설 제외)을 위한 저장소 또는 취급소
> 2. 농예용·축산용 또는 수산용으로 필요한 난방 시설 또는 건조 시설을 위한 지정 수량 20배 이하의 저장소

(3) 제조소 등의 승계 및 용도 폐지

제조소 등의 승계	제조소 등의 용도 폐지
• 신고처 : 시·도지사	• 신고처 : 시·도지사
• 신고 기간 : 30일 이내	• 신고 기간 : 14일 이내

① 완공 검사 필증을 첨부한 용도 폐지 신고서를 제출하는 방법으로 신고한다.

② 전자 문서로 된 용도 폐지 신고서를 제출하는 경우에도 완공 검사 필증을 제출하여야 한다.

③ 신고 의무의 주체는 해당 제조소 등의 관계인이다.

(4) 제조소 등의 변경 신고

제조소 등의 위치 · 구조 또는 설비의 변경 없이 해당 제조소 등에서 저장하거나 취급하는 위험물의 품명, 수량 또는 지정수량의 배수를 변경하고자 하는 자는 변경하고자 하는 날의 1일 전까지 행정안전부령이 정하는 바에 따라 시 · 도지사에게 신고하여야 한다.

> **참고**
>
> 1. 제조소 등에 대한 긴급 사용 정지 명령 등을 할 수 있는 권한이 있는 자
>   ㉠ 시 · 도지사 ㉡ 소방본부장 ㉢ 소방서장
> 2. 제소소 등의 허가 취소 또는 사용 정지의 사유
>   ㉠ 완공 검사를 받지 않고, 제조소 등을 사용한 때
>   ㉡ 위험물 안전관리자를 선임하지 아니한 때
>   ㉢ 제조소 등의 정기 검사를 받지 아니한 때

(5) 위험물 안전관리자

① 안전관리자를 해임하거나 퇴직한 때에는 그 날로부터 30일 이내에 다시 선임하여야 하고, 선임 시에는 14일 이내에 소방본부장 또는 소방서장에게 신고하여야 한다.

② 안전관리자를 선임한 제조소 등의 관계인은 안전관리자가 여행 · 질병 그 밖의 사유로 인하여 일시적으로 직무를 수행할 수 없거나 안전관리자의 해임 또는 퇴직과 동시에 다른 안전관리자를 선임하지 못하는 경우에는 국가기술자격법에 따른 위험물의 취급에 관한 자격취득자 또는 위험물 안전에 관한 기본 지식과 경험이 있는 자로서 행정안전부령이 정하는 자를 대리자(代理者)로 지정하여 그 직무를 대행하게 하여야 한다. 이 경우 대리자가 안전관리자의 직무를 대행하는 기간은 30일을 초과할 수 없다.

③ 안전관리자는 위험물을 취급하는 작업을 하는 때에는 작업자에게 안전관리에 관한 필요한 지시를 하는 등 행정안전부령이 정하는 바에 따라 위험물의 취급에 관한 안전관리와 감독을 하여야 하고, 제조소 등의 관계인과 그 종사자는 안전관리자의 위험물 안전관리에 관한 의견을 존중하고, 그 권고에 따라야 한다.

> **참고** 위험물 제조소 등의 위험물 안전관리자의 선임 시기
>
> 위험물 제조소 등에서 위험물을 저장 또는 취급하기 전

(6) 위험물 안전관리자의 책무

안전관리자는 위험물의 취급에 관한 안전관리와 감독에 관한 다음의 업무를 성실하게 행하여야 한다.

① 위험물의 취급 작업에 참여하여 당해 작업이 법 제5조 제3항의 규정에 의한 저장 또는 취급에 관한 기술 기준과 법 제17조의 규정에 의한 예방 규정에 적합하도록 해당 작업자(당해 작업에 참여하는 위험물 취급 자격자를 포함한다. 이하 같다)에 대하여 지시 및 감독하는 업무
② 화재 등의 재난이 발생한 경우 응급 조치 및 소방관서 등에 대한 연락 업무
③ 위험물 시설의 안전을 담당하는 자를 따로 두는 제조소 등의 경우에는 그 담당자에게 다음 규정에 의한 업무의 지시, 그 밖의 제조소 등의 경우에는 다음의 규정에 의한 업무
　㉮ 제조소 등의 위치·구조 및 설비를 법 제5조 제4항의 기술 기준에 적합하도록 유지하기 위한 점검과 점검 상황의 기록·보존
　㉯ 제조소 등의 구조 또는 설비의 이상을 발견한 경우 관계자에 대한 연락 및 응급 조치
　㉰ 화재가 발생하거나 화재 발생의 위험성이 현저한 경우 소방관서 등에 대한 연락 및 응급 조치
　㉱ 제조소 등의 계측 장치, 제어 장치 및 안전 장치 등의 적정한 유지·관리
　㉲ 제조소 등의 위치·구조 및 설비에 관한 설계 도서 등의 정비·보존 및 제조소 등의 구조 및 설비의 안전에 관한 사무의 관리
④ 화재 등의 재해의 방지에 관하여 인접하는 제조소 등과 그 밖의 관련되는 시설의 관계자와 협조 체제의 유지
⑤ 위험물의 취급에 관한 일지의 작성·기록
⑥ 그 밖에 위험물을 수납한 용기를 차량에 적재하는 작업, 위험물 설비를 보수하는 작업 등 위험물의 취급과 관련된 작업의 안전에 관하여 필요한 감독의 수행

(7) 예방 규정

제조소 등의 관계인은 제조소 등의 화재 예방과 화재 등 재해 발생 시의 비상 조치에 필요한 사항을 서면으로 작성하여 시·도지사 또는 소방서장에게 제출한다.

① 예방 규정 작성 대상

작성 대상	지정 수량의 배수	제외 대상
제조소	10배 이상	지정 수량의 10배 이상의 위험물을 취급하는 일반 취급소. 다만, 제4류 위험물(특수 인화물을 제외한다)만을 지정 수량의 50배 이하로 취급하는 일반 취급소(제1석유류, 알코올류의 취급량이 지정 수량의 10배 이하인 경우에 한한다)로서 다음의 어느 하나에 해당하는 것을 제외한다. ① 보일러·버너 또는 이와 비슷한 것으로서 위험물을 소비하는 장치로 이루어진 일반 취급소 ② 위험물을 용기에 옮겨 담거나 차량에 고정된 탱크에 주입하는 일반 취급소
옥내 저장소	150배 이상	
옥외 탱크 저장소	200배 이상	
옥외 저장소	100배 이상	
이송 취급소	전 대상	
일반 취급소	10배 이상	
암반 탱크 저장소	전 대상	

② 예방 규정에서 정할 사항

㉮ 위험물의 안전관리 업무를 담당하는 사람의 직무 및 조직에 관한 사항

㉯ 위험물 안전관리자가 그 직무를 수행할 수 없는 경우 그 직무를 대행하는 사람에 관한 사항

㉰ 자체 소방대의 편성 및 화학 소방 자동차의 배치에 관한 사항

㉱ 위험물 안전에 관계된 작업에 종사하는 사람에 대한 안전 교육에 관한 사항

㉲ 위험물 시설 및 사업장에 대한 안전 순찰에 관한 사항

㉳ 제조소 등의 시설과 관련 시설에 대한 점검 및 정비에 관한 사항

㉴ 제조소 등의 시설의 운전 또는 조작에 관한 사항

㉵ 위험물 취급 작업의 기준에 관한 사항

㉶ 이송 취급소에 있어서는 배관 공사 시의 안전 확보에 관한 사항

㉷ 재난, 그 밖의 비상 시의 경우에 취하여야 하는 조치에 관한 사항

㉸ 위험물의 안전에 관한 기록에 관한 사항

㉹ 제조소 등의 위치·구조 및 설비를 명시한 서류와 도면의 정비에 관한 사항

㉺ 그 밖에 위험물의 안전 관리에 관하여 필요한 사항

(8) 정기 점검 대상이 되는 제조소 등

① 예방 규정 작성 대상인 제조소 등

㉮ 지정 수량의 10배 이상의 제조소·일반 취급소

㉯ 지정 수량의 100배 이상의 옥외 저장소

㉰ 지정 수량의 150배 이상의 옥내 저장소

㉱ 지정 수량의 200배 이상의 옥외 탱크 저장소

㉲ 암반 탱크 저장소

㉳ 이송 취급소

② 지하 탱크 저장소

③ 이동 탱크 저장소

④ 위험물을 취급하는 탱크로서 지하에 매설된 탱크가 있는 제조소·주유 취급소 또는 일반 취급소

참고

예방 규정을 정하여야 하는 제조소 등의 관계인은 위험물 제조소 등에 기술 기준에 적합한지 여부를 연 1회 이상 점검한다(단, 100만L 이상의 옥외 탱크 저장소는 제외한다).

(9) 자체 소방 조직을 두어야 할 제조소 등의 기준

① 제조소 및 일반 취급소의 자체 소방대의 기준

사업소의 구분	화학 소방 자동차	자체 소방대원의 수
제18조의 규정에 의한 제조소 등에서 취급하는 제4류 위험물의 최대 수량이 지정 수량의 12만 배 미만인 사업소	1대	5인
제18조의 규정에 의한 제조소 등에서 취급하는 제4류 위험물의 최대 수량이 지정 수량의 12만 배 이상 24만 배 미만인 사업소	2대	10인
제18조의 규정에 의한 제조소 등에서 취급하는 제4류 위험물의 최대 수량이 지정 수량의 24만 배 이상 48만 배 미만인 사업소	3대	15인
제18조의 규정에 의한 제조소 등에서 취급하는 제4류 위험물의 최대 수량이 지정 수량의 48만 배 이상인 사업소	4대	20인

[비고] 화학 소방 자동차에는 행정안전부령이 정하는 소화 능력 및 설비를 갖추어야 하고, 소화 활동에 필요한 소화 약제 및 기구(방열복 및 개인 장구를 포함한다)를 비치하여야 한다.

② 포 수용액을 방사하는 화학 소방차의 대수는 화학 소방차 대수의 2/3 이상

> 예제 취급하는 제4류 위험물의 수량이 지정 수량의 30만 배인 일반 취급소가 있는 사업장에 자체 소방대를 설치함에 있어서 전체 화학 소방차 중 포 수용액을 방사하는 화학 소방차는 몇 대 이상 두어야 하는가?
>
> 풀이 $3대 \times \dfrac{2}{3} = 2대$ 이상
>
> 답 2대 이상

③ 설치 대상

㉮ 지정 수량 3,000배 이상의 제4류 위험물을 저장, 취급하는 제조소

㉯ 지정 수량 3,000배 이상의 제4류 위험물을 저장, 취급하는 일반 취급소

④ 자체 소방대에 두어야 하는 화학 소방 자동차에 갖추어야 하는 소화 능력 및 설비 기준

화학 소방차의 구분	소화 능력	비치량
분말 방사차	35kg/s 이상	1,400kg 이상
할로겐화물 방사차	40kg/s 이상	1,000kg 이상
CO_2 방사차		3,000kg 이상
포 수용액 방사차	2,000L/min 이상	10만L 이상
제독차		가성소다 및 규조토를 각각 50kg 이상

(10) 소방 신호의 종류

화재 예방·소방 활동 또는 소방 훈련을 위하여 사용되는 소방 신호의 종류와 방법은 행정안전부령으로 정한다.

① 경계 신호 : 화재 예방상 필요하다고 인정할 때 또는 화재 위험 경보 시
② 발화 신호 : 화재가 발생한 때
③ 해제 신호 : 진화 또는 소화 활동의 필요가 없다고 인정될 때
④ 훈련 신호 : 훈련상 필요하다고 인정될 때

(11) 소방 신호의 방법

종 별 ＼ 신호 방법	타종 신호	사이렌 신호	그 밖의 신호
경계 신호	1타와 연 2타를 반복	5초 간격을 두고 30초씩 3회	"통풍대" "게시판" "기"
발화 신호	난타	5초 간격을 두고 5초씩 3회	적색 백색 / 화재경보발령중 / 적색 백색
해제 신호	상당한 간격을 두고 1타씩 반복	1분간 1회	
훈련 신호	연 3타 반복	10초 간격을 두고 1분씩 3회	

[비고] 1. 소방 신호의 방법은 그 전부 또는 일부를 함께 사용할 수 있다.
2. 게시판을 철거하거나 통풍대 또는 기를 내리는 것으로 소방 활동이 해제되었음을 알린다.
3. 소방대의 비상 소집을 하는 경우에는 훈련 신호를 사용할 수 있다.

(12) 화재 경계 지구의 지정 대상 지역

① 시장 지역
② 공장, 창고가 밀집한 지역
③ 위험물의 저장 및 처리 시설이 밀집한 지역
④ 목조 건물이 밀접한 지역
⑤ 석유 화학 제품을 생산하는 공장이 있는 지역
⑥ 소방 시설, 소방 용수 시설 또는 소방 통로가 없는 지역
⑦ 소방서장이 화재가 발생할 우려가 높거나 화재가 발생하는 경우 그로 인하여 피해가 클 것으로 인정하는 지역

(13) 화재 경계 지구의 지정 대상 지역 지정권자

화재 경계 지구의 지정 대상 지역 지정권자 : 시·도지사

(14) 한국소방산업기술원이 시·도지사로부터 위탁받아 수행하는 탱크 안전 성능 검사 업무와 관계 있는 액체 위험물 탱크

① 암반 탱크
② 지하 탱크 저장소의 이중벽 탱크
③ 100만L 용량의 지하 저장 탱크

(15) 위험물 탱크 성능 시험자가 갖추어야 할 등록 기준

① 기술 능력
② 시설
③ 장비

(16) 탱크 안전 성능 검사 내용

① 기초·지반 검사
② 충수·수압 검사
③ 용접부 검사

(17) 탱크 시험자의 기술 능력

① 필수 인력
  ㉮ 위험물 기능장·위험물 산업기사 또는 위험물 기능사 1인 이상
  ㉯ 비파괴검사 기술사 1명 이상 또는 방사선비파괴검사·초음파비파괴검사·자기비파괴검사 및 침투비파괴검사의 기사 또는 산업기사 1명 이상
② 필요한 경우에 두는 인력
  ㉮ 누설비파괴검사의 기사, 산업기사 또는 기능사
  ㉯ 금속 분야의 비파괴검사 기능사 및 토목 분야의 측량·지형공간정보 관련 기술사·기사·산업기사 또는 기능사

02 위험물의 취급 기준

(1) 위험물의 취급 기준

① 지정 수량 이상의 위험물인 경우 : 제조소 등에서 취급

② 지정 수량 미만의 위험물인 경우 : 특별시 · 광역시 및 도의 조례에 의해 취급

③ 지정 수량 이상의 위험물을 임시로 제조소 등이 아닌 장소에서 취급할 경우 : 관할 소방서장에게 승인 후 90일 이내

④ 제조소 등의 구분 : 제조소

참고

1. 위험물의 저장 또는 취급에 관한 기술상의 기준과 관련하여 시 · 도의 규제에 의하여 규제를 받는 경우

- 윤활유 5,000L를 저장하는 경우 : $\dfrac{5,000L}{6,000L}$ = 0.83배

2. 조례 : 지방자치 단체가 고유 사무와 위임 사무 등을 지방의회의 결정에 의하여 제정하는 것

(2) 위험물의 저장 및 취급에 관한 공통 기준

① 제조소 등에서는 신고와 관련되는 품명 외의 위험물 또는 이러한 허가 및 신고와 관련되는 수량 또는 지정 수량의 배수를 초과하는 위험물을 저장 또는 취급하지 아니하여야 한다.

② 위험물을 저장 또는 취급하는 건축물 그 밖의 인공 구조물 또는 설비는 당해 위험물의 성질에 따라 차광 또는 환기를 해야 한다.

③ 위험물은 온도계, 습도계, 압력계 그 밖의 계기를 감시하여 당해 위험물의 성질에 맞는 적당한 온도, 습도 또는 압력을 유지하도록 저장 또는 취급하여야 한다.

④ 위험물을 저장 또는 취급하는 경우에는 위험물의 변질, 이물의 혼입 등에 의하여 당해 위험물의 위험성이 증대되지 아니하도록 필요한 조치를 강구하여야 한다.

⑤ 위험물이 남아있거나 남아있을 우려가 있는 설비 · 기계 · 기구 · 용기 등을 수리하는 경우에는 안전한 장소에서 위험물을 완전히 제거한 후에 실시하여야 한다.

⑥ 위험물을 용기에 수납하여 저장 또는 취급할 때에는 그 용기는 당해 위험물의 성질에 적응하고 파손 · 부식 · 균열 등이 없는 것으로 하여야 한다.

⑦ 가연성의 액체 · 증기 또는 가스가 새거나 체류할 우려가 있는 장소 또는 가연성의 미분이 현저하게 부유할 우려가 있는 장소에서는 전선과 전기 기구를 완전히 접속하고 불꽃을 발하는 기계 · 기구 · 공구 등을 사용하거나 마찰에 의하여 불꽃을 발산하는 기계 · 기구 · 공구 · 신발 등을 사용하지 아니하여야 한다.

⑧ 위험물을 보호액 중에 보존하는 경우에는 당해 위험물이 보호액으로부터 노출하지 아니하도록 하여야 한다.

> **참고** 🚩 **위험물 제조소 등의 관리**
>
> 1. 제조소 등의 관계인이 위험물 제조소 등에 대해 적합한 지의 여부 점검 주기 : 연 1회 이상
> 2. 제조소 등에서 위험물을 유출시켜 사람의 신체 또는 재산에 대하여 위험을 발생시킨 자에 대한 벌칙 : 1년 이상 10년 이하의 징역
> 3. 제조소 등에서 위험물을 유출·방출 또는 확산시켜 사람을 상해에 이르게 한 경우의 벌칙 : 무기 또는 3년 이상의 징역

> **참고** 🚩 **위험물 제조소 내의 위험물을 취급하는 배관**
>
> 1. 배관을 지하에 매설하는 경우 : 접합 부분에는 점검구를 설치하여야 한다.
> 2. 배관을 지하에 매설하는 경우 : 금속성 배관의 외면에는 부식 방지 조치를 하여야 한다.
> 3. 최대 상용 압력의 1.5배 이상의 압력으로 수압 시험을 실시하여 이상이 없어야 한다.
> 4. 배관을 지상에 설치하는 경우에는 지진·풍압·지반 침하 및 온도 변화에 안전한 구조의 지지물에 설치하되 지면에 닿지 아니하도록 하고 배관의 외면에 부식 방지를 위한 도장을 하여야 한다. 다만, 불변강의 경우에는 부식 방지를 위한 도장을 아니할 수 있다.

(3) 위험물 제조 과정에서의 취급 기준

① 증류 공정

위험물을 취급하는 설비의 내부 압력의 변동 등에 의하여 액체 또는 증기가 새지 않도록 해야 한다.

② 추출 공정

추출관의 내부 압력이 이상 상승하지 않도록 해야 한다.

③ 건조 공정

위험물의 온도가 국부적으로 상승하지 않는 방법으로 가열 또는 건조시켜야 한다.

④ 분쇄 공정

위험물의 분말이 현저하게 부유하고 있거나 기계, 기구 등에 위험물이 부착되어 있는 상태로 그 기계·기구를 사용해서는 안 된다.

(4) 위험물을 소비하는 작업에 있어서의 취급 기준

① 열처리 작업

위험물이 위험한 온도에 이르지 아니하도록 하여 실시하여야 한다.

② 분사 도장 작업

방화상 유효한 격벽 등으로 구획된 안전한 장소에서 해야 한다.

③ 담금질 또는 열처리 작업

위험물이 위험한 온도에 이르지 아니하도록 해야 한다.

④ 버너를 사용하는 경우

버너의 역화를 방지하고, 위험물이 넘치지 않도록 해야 한다.

(5) 위험물을 폐기하는 작업에 있어서의 취급 기준

① 소각할 경우

안전한 장소에서 감시원의 감시하에 소각하되 연소 또는 폭발에 의하여 타인에게 위해나 손해를 주지 않는 방법으로 해야 한다.

② 매몰할 경우

위험물의 성질에 따라 안전한 장소에서 해야 한다.

③ 폐기하는 경우

위험물은 해중 또는 수중에 유출시키거나 투하해서는 안 된다. 다만, 타인에게 위해나 손해를 줄 우려가 없거나 재해 및 환경 오염 방지를 위하여 적당한 조치를 한 때에는 제외된다.

(6) 위험물의 운반에 관한 기준

위험물	수납률
알킬알루미늄 등	90% 이하(50℃에서 5% 이상 공간 용적 유지)
고체 위험물	95% 이하
액체 위험물	98% 이하(55℃에서 누설되지 않는 것)

> **참고** 🚩 운반 용기에 수납하여 적재하지 않아도 되는 경우
> ---
> 1. 덩어리 상태의 유황을 운반하기 위하여 적재하는 경우
> 2. 위험물을 동일구 내에 있는 제조소 등의 상호간에 운반하기 위하여 적재하는 경우

(7) 감독 및 조치 명령

소방공무원 또는 경찰공무원은 위험물의 운송에 따른 화재의 예방을 위하여 꼭 필요하다고 인정하는 경우에는 주행 중의 이동 탱크 저장소를 정지시켜 당해 이동 탱크 저장소에 승차하고 있는 자에 대하여 위험물의 취급에 관한 국가기술자격증 또는 교육수료증의 제시를 요구할 수 있다. 이 직무를 수행하는 경우에 있어서 소방공무원과 국가경찰공무원은 긴밀히 협력하여야 한다.

(8) 지정 수량 이상의 위험물을 차량으로 운반할 때의 기준

① 운반하는 위험물에 적응성이 있는 소형 수동식 소화기를 구분한다.
② 위험물 또는 위험물을 수납한 용기가 현저하게 마찰 또는 동요되지 않도록 운반한다.
③ 위험물이 현저하게 새어 재난 발생 우려가 있는 경우 응급 조치를 강구하는 동시에 가까운 소방관서, 그 밖의 관계 기관에 통보한다.
④ 휴식·고장 등으로 차량을 일시 정차시킬 때는 안전한 장소를 택하고, 위험물의 안전 확보에 주의한다.

참고 🚩 위험물의 품명·수량 또는 지정 수량 배수의 변경 신고

1. 허가청과 협의하여 설치한 군용 위험 시설의 경우에도 적용된다.
2. 변경하고자 하는 날의 7일 전까지 완공 검사 필증을 첨부하여 신고하여야 한다.
3. 제조소 등의 위치·구조 또는 설비의 변경 없이 위험물의 품명·수량 또는 지정 수량의 배수를 변경하는 경우에 신고한다.
4. 제조소 등의 위치·구조 또는 설비를 변경할 때에는 허가를 신청하여야 한다.

(9) 위험물 적재 방법

위험물은 그 운반 용기의 외부에 다음에서 정하는 바에 따라 위험물의 품명, 수량 등을 표시하여 적재하여야 한다.

① 위험물의 품명·위험 등급·화학명 및 수용성('수용성' 표시는 제4류 위험물로서 수용성인 것에 한한다)

② 위험물의 수량

③ 수납하는 위험물에 따라 다음의 규정에 의한 주의 사항

1) 위험물 운반 용기 주의 사항

㉠ 제1류 위험물 중 알칼리 금속의 과산화물 또는 이를 함유한 것에 있어서는 '화기·충격 주의', '물기 엄금' 및 '가연물 접촉 주의', 그 밖의 것에 있어서는 '화기·충격 주의' 및 '가연물 접촉 주의'

㉡ 제2류 위험물 중 철분·금속분·마그네슘 또는 이들 중 어느 하나 이상을 함유한 것에 있어서는 '화기 주의' 및 '물기 엄금', 인화성 고체에 있어서는 '화기 엄금', 그 밖의 것에 있어서는 '화기 주의'

㉢ 제3류 위험물 중 자연 발화성 물품에 있어서는 '화기 엄금' 및 '공기 접촉 엄금', 금수성 물품에 있어서는 '물기 엄금'

㉣ 제4류 위험물에 있어서는 '화기 엄금'

㉤ 제5류 위험물에 있어서는 '화기 엄금' 및 '충격 주의'

㉥ 제6류 위험물에 있어서는 '가연물 접촉 주의'

2) 제조소의 게시판 주의 사항

위험물		주의 사항
제1류 위험물	알칼리 금속의 과산화물	물기 엄금
	기타	별도의 표시를 하지 않는다.
제2류 위험물	인화성 고체	화기 엄금
	기타	화기 주의
제3류 위험물	자연 발화성 물질	화기 엄금
	금수성 물질	물기 엄금
제4류 위험물		화기 엄금
제5류 위험물		
제6류 위험물		별도의 표시를 하지 않는다.

(10) 방수성이 있는 피복 조치

유 별	적용 대상
제1류 위험물	알칼리 금속의 과산화물
제2류 위험물	철분, 금속분 마그네슘
제3류 위험물	금수성 물품

(11) 차광성이 있는 피복 조치

유 별	적용 대상
제1류 위험물	전부
제3류 위험물	자연 발화성 물품
제4류 위험물	특수 인화물
제5류 위험물	전부
제6류 위험물	

(12) 위험물의 위험 등급

① 위험 등급 Ⅰ의 위험물

  ㉮ 제1류 위험물 중 아염소산염류, 염소산염류, 과염소산염류, 무기 과산화물, 그 밖에 지정 수량이 50kg인 위험물

  ㉯ 제3류 위험물 중 칼륨, 나트륨, 알킬알루미늄, 알킬리튬, 황린, 그 밖에 지정 수량이 10kg인 위험물

  ㉰ 제4류 위험물 중 특수 인화물

  ㉱ 제5류 위험물 중 유기 과산화물, 질산에스테르류, 그 밖에 지정 수량이 10kg인 위험물

  ㉲ 제6류 위험물

② 위험 등급 Ⅱ의 위험물

  ㉮ 제1류 위험물 중 브롬산염류, 질산염류, 요오드산염류, 그 밖에 지정 수량이 300kg인 위험물

  ㉯ 제2류 위험물 중 황화인, 적린, 유황, 그 밖에 지정 수량이 100kg인 위험물

  ㉰ 제3류 위험물 중 알칼리 금속(칼륨 및 나트륨을 제외한다) 및 알칼리 토금속, 유기 금속 화합물(알킬알루미늄 및 알킬리튬을 제외한다), 그 밖에 지정 수량이 50kg인 위험물

  ㉱ 제4류 위험물 중 제1석유류 및 알코올류

  ㉲ 제5류 위험물 중 '①의 ㉮'에 정하는 위험물 외의 것

③ 위험 등급 Ⅲ의 위험물

  '①' 및 '②'에서 정하지 아니한 위험물

(13) 유별을 달리하는 위험물의 혼재 기준

위험물의 구분	제1류	제2류	제3류	제4류	제5류	제6류
제1류		×	×	×	×	○
제2류	×		×	○	○	×
제3류	×	×		○	×	×
제4류	×	○	○		○	×
제5류	×	○	×	○		×
제6류	○	×	×	×	×	

[비고] 1. 'ㄨ' 표시는 혼재할 수 없음을 표시한다.
2. 'ㅇ' 표시는 혼재할 수 있음을 표시한다.
3. 이 표는 지정 수량 $\frac{1}{10}$ 이하의 위험물에 대하여는 적용하지 아니한다.

위험물 운반을 위해 적재하는 경우 제4류 위험물과 혼재가 가능한 액화 석유 가스 또는 압축 천연 가스의 용기 내용적은 120L 미만이다.

(14) 위험물 저장 탱크의 용량

① 위험물을 저장 또는 취급하는 탱크의 용량은 당해 탱크의 내용적에서 공간 용적을 뺀 용적으로 한다. 이 경우 소화 약제 방출구를 탱크 안의 윗부분에 설치하는 탱크의 공간 용적은 당해 소화 설비의 소화 약제 방출구 아래의 0.3m 이상 1m 사이의 면으로부터 윗부분의 용적이다. 단, 이동 탱크 저장소의 탱크인 경우에는 내용적에서 공간 용적을 뺀 용적이 자동차 관리 관계 법령에 의한 최대 적재량 이하이어야 한다.

② 탱크의 공간 용적은 탱크 내용적의 100분의 5 이상 100분의 10 이하로 한다.

> [예제] 1. 위험물 저장 탱크의 내용적이 300L일 때 탱크에 저장하는 위험물 용량 범위로 적합한 것은? (단, 원칙적인 것에 한한다.)
>
> [풀이] 탱크의 공간 용적 : 탱크 내용적의 $\frac{5}{100}$ 이상 $\frac{10}{100}$ 이하로 한다.
>
> ① 300L×0.9=270L
> ② 300L×0.95=285L
> 즉, 270~285L이다.
>
> 답 270~285L

> [예제] 2. 횡으로 설치한 원통형 위험물 저장 탱크의 내용적이 500L일 때 공간 용적은 최소 몇 L이어야 하는가? (단, 원칙적인 경우에 한한다.)
>
> [풀이] 일반적인 탱크 공간 용적 : 탱크 내용적의 $\frac{5}{100}$ 이상 $\frac{10}{100}$ 이하이므로
>
> ∴ 500L×0.05=25L
>
> 답 25L

③ 탱크의 내용적 계산법

㉮ 타원형 탱크의 내용적

㉠ 양쪽이 볼록한 것 : $V = \frac{\pi ab}{4}\left[l + \frac{l_1 + l_2}{3}\right]$

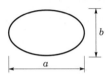 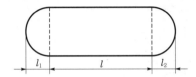

예제 그림과 같은 타원형 탱크의 내용적은 약 몇 m^3인가?

풀이 $V = \frac{\pi ab}{4}\left(l + \frac{l_1 + l_2}{3}\right)$

$= \frac{3.14 \times 8 \times 6}{4} \times \left(16 + \frac{2+2}{3}\right)$

$= 653 m^3$

답 $653 m^3$

㉡ 한쪽이 볼록하고, 다른 한쪽은 오목한 것 : $V = \frac{\pi ab}{4}\left[l + \frac{l_1 - l_2}{3}\right]$

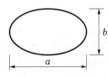 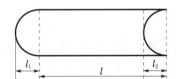

㉯ 원형 탱크의 내용적

㉠ 횡(수평)으로 설치한 것 : $V = \pi r^2 \left[l + \frac{l_1 + l_2}{3}\right]$

 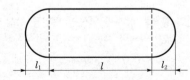

예제 그림과 같이 횡으로 설치한 원통형 위험물 탱크에 대하여 탱크의 용량을 구하면 약 몇 m³인가? (단, 공간 용적은 탱크 내용적의 100분의 5로 한다.)

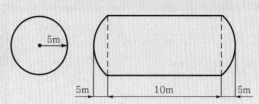

풀이 $V = \pi r^2 \left(l + \dfrac{l_1 + l_2}{3} \right) = 3.14 \times 5^2 \left(10 + \dfrac{5+5}{3} \right) = 1046.67\text{m}^3$

여기서, 공간 용적이 5%인 탱크의 용량 = $1046.67 \times 0.95 = 994.34\text{m}^3$

답 994.34m^3

ⓛ 종(수직)으로 설치한 것 : $V = \pi r^2 l$(탱크의 지붕 부분(l_2)은 제외)

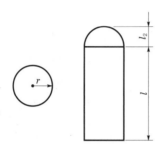

예제 고정된 지붕 구조를 가진 높이 15m의 원통 종형 옥외 위험물 저장 탱크 안의 탱크 상부로부터 아래로 1m 지점에 고정식 포 방출구가 설치되어 있다. 이 조건의 탱크를 신설하는 경우 최대 허가량은? (단, 탱크의 내부 단면적은 100m²이고, 탱크 내부에는 별다른 구조물이 없으며, 공간 용적 기준은 만족하는 것으로 가정한다.)

풀이 ① 원통 종형 탱크의 내용적(V) $= \pi r^2 l = 100\text{m}^2 \times 15\text{m} = 1{,}500\text{m}^3$

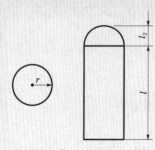

② 소화 설비를 설치하는 탱크의 공간 용적 : 소화 약제 방출구 아래의 0.3m 이상 1m 미만 사이의 면으로부터 윗 부분의 용적

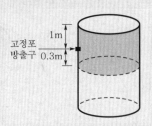

즉, 공간 용적 $= 100\text{m}^2 \times (1+0.3)\text{m} = 130\text{m}^3$

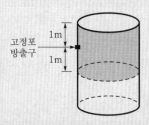

즉, 공간 용적 $= 100\text{m}^2 \times (1+1)\text{m} = 200\text{m}^3$

③ 탱크의 용량 = 내용적－공간 용적

∴ $Q_1 = 1{,}500\text{m}^3 - 130\text{m}^3 = 1{,}370\text{m}^3$

$Q_2 = 1{,}500\text{m}^3 - 200\text{m}^3 = 1{,}300\text{m}^3$

그러므로, 탱크의 용량은 $1{,}300\text{m}^3 \sim 1{,}370\text{m}^3$이며, 최대 허가 용량은 $1{,}370\text{m}^3$이다.

답 $1{,}370\text{m}^3$

03 위험물 시설의 구분

3-1 제조소

위험물을 제조하는 시설이다.

참고 ▶ 위험물 제조소 등에 설치하는 설비

1. 피난 설비 : 피난 사다리, 완강기, 구조대
2. 경보 설비 : 확성 장치

(1) 안전 거리

위험물 시설 또는 그 구성부분과 다른 공작물(고압가공전선) 또는 방호대상물과의 사이에 소방안전상 확보해야 할 수평거리를 말한다.

① '②' 또는 '③'의 규정에 의한 것 외의 건축물 그 밖의 인공 구조물로서 주거용으로 사용되는 것(제조소가 설치된 부지 내에 있는 것을 제외한다)에 있어서는 10m 이상

② 학교·병원·극장, 그 밖의 다수인을 수용하는 시설로서 다음에 해당하는 것에 있어서는 30m 이상

  ㉮ 초·중등 교육법 제2조 및 고등 교육법 제2조에 정하는 학교

  ㉯ 의료법 제3조 제2항의 의료 기관 중 종합 병원, 병원, 치과 병원, 한방 병원 및 요양 병원

  ㉰ 공연법 제2조 제4호의 규정에 의한 공연장, 영화진흥법 제2조 제13호의 규정에 의한 영화 상영관, 그 밖의 이와 유사한 시설로서 3백 명 이상의 인원을 수용할 수 있는 것

  ㉱ 아동복지법 제2조 제5호의 규정에 의한 아동 복지 시설, 노인복지법 제31조 제1호 내지 제3호의 규정에 의한 노인 복지 시설, 장애인복지법 제48조 제1항의 규정에 의한 장애인 복지 시설, 모·부자 복지법 제19조 제1항 제1호 내지 제7호의 규정에 의한 모·부자 복지 시설, 영유아보육법 제2조 제2호의 규정에 의한 보육 시설, 윤락 행위 등 방지법 제11조 제1항의 규정에 의한 요보호자를 위한 복지 시설, 정신보건법 제3조 제2호의 규정에 의한 정신 보건 시설, 가정 폭력 방지 및 피해자 보호 등에 관한 법률 제7조 제1항의 규정에 의한 가정 폭력 피해자 보호 시설, 그 밖의 이와 유사한 시설로서 20명 이상의 인원을 수용할 수 있는 것

③ 문화재보호법의 규정에 의한 유형 문화재와 기념물 중 지정 문화재에 있어서는 50m 이상

④ 고압가스, 액화석유가스 또는 도시가스를 저장 또는 취급하는 시설로서 다음에 해당하는 것에 있어서는 20m 이상. 다만, 당해 시설의 배관 중 제조소가 설치된 부지 내에 있는 것은 제외한다.

  ㉮ 고압가스 안전관리법의 규정에 의하여 허가를 받거나 신고를 하여야 하는 고압가스 제조 시설(용기에 충전하는 것을 포함한다) 또는 고압가스 사용 시설로서 1일 $30m^3$ 이상의 용적을 취급하는 시설이 있는 것

  ㉯ 고압가스 안전관리법의 규정에 의하여 허가를 받거나 신고를 하여야 하는 고압가스 저장 시설

  ㉰ 고압가스 안전관리법의 규정에 의하여 허가를 받거나 신고를 하여야 하는 액화 산소를 소비하는 시설

  ㉱ 액화석유가스의 안전관리 및 사업법의 규정에 의하여 허가를 받아야 하는 액화석유가스 제조 시설 및 액화석유가스 저장 시설

  ㉲ 도시가스 사업법 제2조 제5호의 규정에 의한 가스 공급 시설

⑤ 사용 전압이 7,000V 초과 35,000V 이하의 특고압 가공 전선에 있어서는 3m 이상

⑥ 사용 전압이 35,000V를 초과하는 특고압 가공 전선에 있어서는 5m 이상

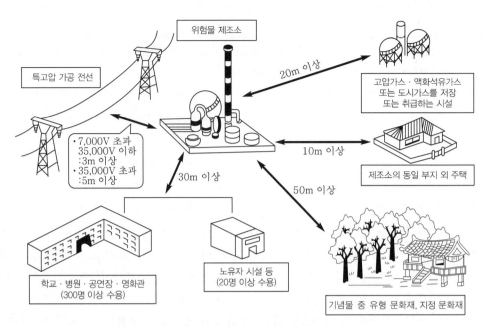

위험물 제조소

특고압 가공 전선

20m 이상

고압가스 · 액화석유가스
또는 도시가스를 저장
또는 취급하는 시설

· 7,000V 초과
35,000V 이하
: 3m 이상
· 35,000V 초과
: 5m 이상

10m 이상

제조소의 동일 부지 외 주택

30m 이상

50m 이상

학교 · 병원 · 공연장 · 영화관
(300명 이상 수용)

노유자 시설 등
(20명 이상 수용)

기념물 중 유형 문화재, 지정 문화재

‖ 위험물 제조소와의 안전 거리 ‖

(2) 안전 거리의 적용 대상

① 위험물 제조소(제6류 위험물을 취급하는 제조소 제외)

② 일반 취급소

③ 옥내 저장소

④ 옥외 탱크 저장소

⑤ 옥외 저장소

(3) 보유 공지

위험물 시설 또는 그 구성부분의 주위에 확보해야 할 절대공간을 말하며, 소방활동의 공간을 제공하고 화재 시 상호연소방지를 위해 설치한다.

취급하는 위험물의 최대 수량	공지의 너비
지정 수량 10배 이하	3m 이상
지정 수량 10배 초과	5m 이상

참고 ✍ 보유 공지를 두는 목적

1. 위험물 시설의 화염이 인근 시설이나 건축물 등으로의 연소 확대 방지를 위한 완충 공간 기능을 하기 위해서
2. 위험물 시설의 주변에 장애물이 없도록 공간을 확보함으로써 소화 활동이 쉽도록 하기 위해서
3. 위험물 시설의 주변에 장애물이 없도록 공간을 확보함으로써 피난자가 피난하기 쉽도록 하기 위해서

(4) 제조소의 표지 및 게시판

① 규격 : 한 변의 길이 0.3m 이상, 다른 한 변의 길이 0.6m 이상인 직사각형

② 색깔 : 백색 바탕에 흑색 문자

③ 표지판 기재 사항 : 제조소 등의 명칭

④ 게시판 기재 사항

    ㉮ 취급하는 위험물의 유별 및 품명

    ㉯ 저장 최대 수량 및 취급 최대 수량, 지정 수량의 배수

    ㉰ 안전관리자 성명 및 직명

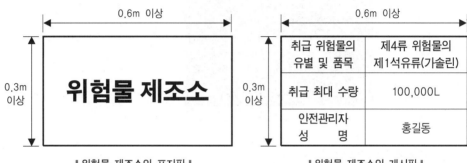

┃위험물 제조소의 표지판┃   ┃위험물 제조소의 게시판┃

(5) 주의 사항 게시판

① 규격 : 방화에 관하여 필요한 사항을 기재한 게시판 이외의 것이다. 한 변의 길이 0.3m 이상, 다른 한 변의 길이 0.6m 이상

② 색깔

    ㉮ 화기 엄금(적색 바탕에 백색 문자)

        ⟨예⟩ 제2류 위험물 중 인화성 고체, 제3류 위험물 중 자연 발화성 물품, 제4류 위험물, 제5류 위험물

    ㉯ 화기 주의(적색 바탕에 백색 문자)

        ⟨예⟩ 제2류 위험물(인화성 고체 제외)

    ㉰ 물기 엄금(청색 바탕에 백색 문자)

        ⟨예⟩ 제1류 위험물 중 무기 과산화물, 제3류 위험물 중 금수성 물품

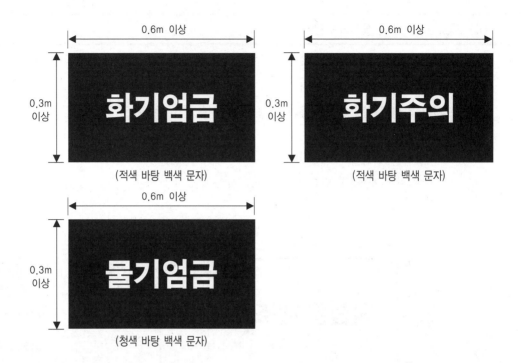

(6) 제조소의 건축물 구조 기준

① 지하층이 없도록 한다.

② 벽, 기둥, 바닥, 보, 서까래 및 계단은 불연 재료로 하고, 연소의 우려가 있는 외벽은 개구부가 없는 내화 구조의 벽으로 하여야 한다.

③ 지붕은 폭발력이 위로 방출될 정도의 가벼운 불연 재료로 덮어야 한다.

④ 출입구와 비상구는 갑종 방화문 또는 을종 방화문을 설치하며, 연소의 우려가 있는 외벽에 설치하는 출입구에는 수시로 열 수 있는 자동 폐쇄식의 갑종 방화문을 설치한다.

⑤ 위험물을 취급하는 건축물의 창 및 출입구에 유리를 이용하는 경우에는 망입 유리로 한다.

⑥ 액체의 위험물을 취급하는 건축물의 바닥은 위험물이 스며들지 못하는 재료를 사용하고, 적당한 경사를 두어 그 최저부에 집유 설비를 한다.

참고 🚩 **제1석유류를 취급하는 위험물 제조소 등의 건축물의 지붕**

1. 위험물 건축물의 지붕은 폭발력이 방출될 정도의 가벼운 불연 재료로 덮어야 한다.
2. 다만, 예외적으로 내화 구조를 할 수 있는 경우가 있다.
   ㉠ 제2류 위험물(분상·인화성 고체 제외)
   ㉡ 제4류 위험물(제4석유류, 동·식물유류)
   ㉢ 제6류 위험물

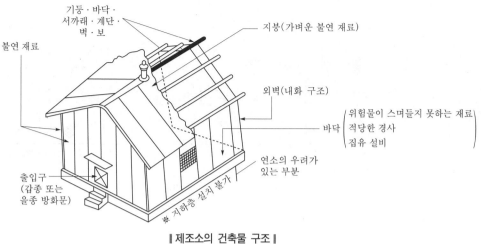

‖ 제조소의 건축물 구조 ‖

(7) 채광 설비

불연 재료로 하고, 연소의 우려가 없는 장소에 설치하되 채광 면적을 최소로 한다.

(8) 조명 설비

① 가연성 가스 등이 체유할 우려가 있는 장소의 조명등은 방폭등으로 한다.
② 전선은 내화·내열 전선으로 한다.
③ 점멸 스위치는 출입구 바깥 부분에 설치한다. 다만, 스위치의 스파크로 인한 화재·폭발의 우려가 없는 경우에는 그러하지 아니하다.

(9) 환기 설비

① 환기는 자연 배기 방식으로 한다.
② 급기구는 당해 급기구가 설치된 실의 바닥 면적 150m²마다 1개 이상으로 하되, 급기구의 크기는 800cm² 이상으로 한다. 다만, 바닥 면적이 150m² 미만인 경우에는 다음의 크기로 하여야 한다.

바닥 면적	급기구의 면적
60m² 미만	150cm² 이상
60m² 이상 90m² 미만	300cm² 이상
90m² 이상 120m² 미만	450cm² 이상
120m² 이상 150m² 미만	600cm² 이상

③ 급기구는 낮은 곳에 설치하고, 가는 눈의 구리망 등으로 인화 방지망을 설치한다.
④ 환기구는 지붕 위 또는 지상 2m 이상의 높이에 회전식 고정 벤틸레이터 또는 루프팬 방식으로 설치한다.

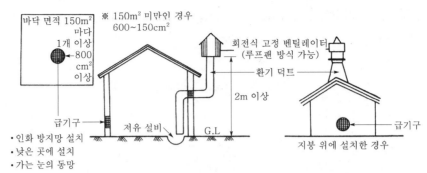

‖ 자연 배기 방식 환기 설비 ‖

(10) 배출 설비

가연성의 증기 또는 미분이 체류할 우려가 있는 건축물에는 그 증기 또는 미분을 옥외의 높은 곳으로 배출할 수 있도록 배출 설비를 설치하여야 한다.

① 배출 설비는 예외적인 경우를 제외하고는 국소 방식으로 하여야 한다. 다만, 다음에 해당하는 경우에는 전역 방식으로 할 수 있다.
　㉮ 위험물 취급 설비가 배관 이음 등으로만 된 경우
　㉯ 건축물의 구조, 작업 장소의 분포 등의 조건에 의하여 전역 방식이 유효한 경우

② 배출 설비는 배풍기·배출 덕트·후드 등을 이용하여 강제적으로 배출하는 것으로 하여야 한다.

③ 국소 방식의 경우 배출 능력은 1시간당 배출 장소 용적의 20배 이상인 것으로 하여야 한다. 다만, 전역 방식의 경우에는 바닥 면적 $1m^2$당 $18m^3$ 이상으로 할 수 있다.

④ 배출 설비의 급기구 및 배출구는 다음의 기준에 의하여야 한다.
　㉮ 급기구는 높은 곳에 설치하고, 가는 눈의 구리망 등으로 인화 방지망을 설치할 것
　㉯ 배출구는 지상 2m 이상으로서 연소의 우려가 없는 장소에 설치하고, 배출 덕트가 관통하는 벽 부분의 바로 가까이에 화재 시 자동으로 폐쇄되는 방화 댐퍼를 설치할 것

⑤ 배풍기는 강제 배기 방식으로 하고, 옥내 덕트의 내압이 대기압 이상이 되지 아니하는 위치에 설치하여야 한다.

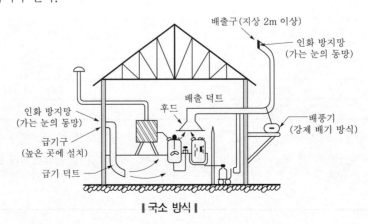

‖ 국소 방식 ‖

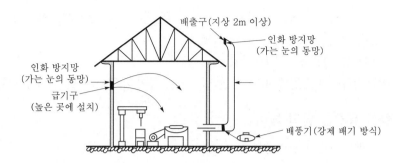

※ 배출 능력 : 1시간당 배출 장소 용적의 20배 이상인 것

∥전역 방식∥

(11) 정전기 제거 설비의 설치 기준

① 접지에 의한 방법(접지법)
② 공기 중의 상대 습도를 70% 이상으로 하는 방법(수증기 분사법)
③ 공기를 이온화하는 방식(공기의 이온화법)

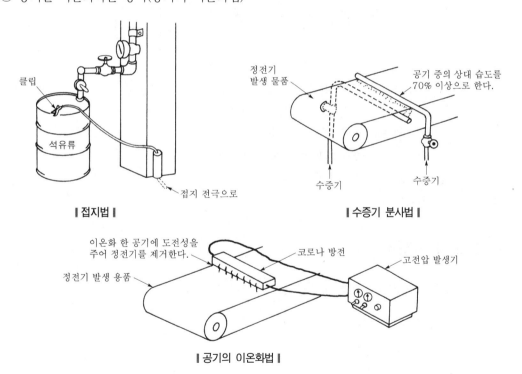

∥접지법∥　　　　　　　　　　　　　　∥수증기 분사법∥

∥공기의 이온화법∥

(12) 압력계 및 안전 장치

위험물을 가압하는 설비 또는 취급하는 위험물의 반응 등에 의해 압력이 상승할 우려가 있는 설비는 적정한 압력 관리를 하지 않으면 위험물의 분출, 설비의 파괴 등에 의해 화재 등의 사고를 일으킬 우려가 있기 때문에 이러한 설비는 압력계 및 안전 장치를 설치한다. 안전 장치의 종류는 다음과 같다.

① 자동적으로 압력의 상승을 정지시키는 장치(일반적으로 안전 밸브를 사용)

② 감압측에 안전 밸브를 부착한 감압 밸브

③ 안전 밸브를 병용하는 경보 장치

④ 파괴판(위험물의 성질에 따라 안전 밸브의 작동이 곤란한 가압 설비에 한함)

(13) 방화상 유효한 담의 높이

다음에 의하여 산정한 높이 이상으로 한다.

① $H \leq p\,D^2 + a$인 경우 : $h = 2$

② $H > p\,D^2 + a$인 경우 : $h = H - p(D^2 + d^2)$

③ '①' 및 '②'에서 D, H, a, d, h 및 p는 다음과 같다.

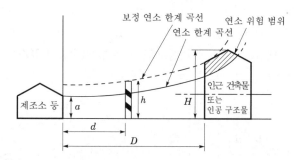

여기서, D : 제조소 등과 인근 건축물 또는 공작물과의 거리(m)

        H : 인근 건축물 또는 공작물의 높이(m)

        a : 제조소 등의 외벽의 높이(m)

        d : 제조소 등과 방화상 유효한 담과의 거리(m)

        h : 방화상 유효한 담의 높이(m)

        p : 상수

3-2 옥내 저장소

위험물을 용기에 수납하여 건축물 내에 저장하는 저장소이다.

(1) 옥내 저장소의 기준

① 안전 거리에서 제외되는 경우

   ⑦ 위험물의 조건

      ㉠ 지정 수량 20배 미만의 제4석유류와 동·식물유류 저장·취급 장소

      ㉡ 제6류 위험물 저장·취급 장소

   ④ 건축물의 조건 : 지정 수량 20배(하나의 저장 창고의 바닥 면적이 150m² 이하인 경우 50배) 이하인 장소

　　　⊙ 저장 창고의 벽, 기둥, 바닥, 보 및 지붕을 내화 구조로 할 경우
　　　ⓛ 저장 창고의 출입구에 자동 폐쇄식 갑종 방화문을 설치한 경우
　　　ⓒ 저장 창고에 창을 설치하지 아니한 경우
② 보유 공지

저장 또는 취급하는 위험물의 최대 수량	공지의 너비	
	벽·기둥 및 바닥이 내화 구조로 된 건축물	그 밖의 건축물
지정 수량의 5배 이하	−	0.5m 이상
지정 수량의 5배 초과 10배 이하	1m 이상	1.5m 이상
지정 수량의 10배 초과 20배 이하	2m 이상	3m 이상
지정 수량의 20배 초과 50배 이하	3m 이상	5m 이상
지정 수량의 50배 초과 200배 이하	5m 이상	10m 이상
지정 수량의 200배 초과	10m 이상	15m 이상

단, 지정 수량의 20배를 초과하는 옥내 저장소와 동일한 부지 내에 있는 다른 옥내 저장소와의 사이에는 공지 너비의 $\frac{1}{3}$(당해 수치가 3m 미만인 경우는 3m)의 공지를 보유할 수 있다.

참고 　보유 공지

위험물을 취급하는 건축물, 그 밖의 시설 주위에 마련해 놓은 안전을 위한 빈 터

③ 옥내 저장소의 건축물 구조 기준
　㉮ 다음의 위험물을 저장하는 창고 : 1,000m² 이하
　　⊙ 제1류 위험물 중 아염소산염류, 염소산염류, 과염소산염류, 무기 과산화물, 그 밖에 지정 수량이 50kg인 위험물
　　ⓛ 제3류 위험물 중 칼륨, 나트륨, 알킬알루미늄, 알킬리튬, 그 밖에 지정 수량이 10kg인 위험물 및 황린
　　ⓒ 제4류 위험물 중 특수 인화물, 제1석유류 및 알코올류
　　ⓔ 제5류 위험물 중 유기 과산화물, 질산에스테르류, 그 밖에 지정 수량이 10kg인 위험물
　　ⓜ 제6류 위험물
　㉯ ㉮의 위험물 외의 위험물을 저장하는 창고 : 2,000m² 이하
　㉰ ㉮의 위험물과 ㉯의 위험물을 내화 구조의 격벽으로 완전히 구획된 실에 각각 저장하는 창고 : 1,500m²(㉮의 위험물을 저장하는 실의 면적은 500m²를 초과할 수 없다)
　　⊙ 지면에서 처마까지의 높이를 20m 이하로 할 수 있는 위험물
　　　ⓐ 제2류 위험물
　　　ⓑ 제4류 위험물 중 건축물의 규정에 적합한 경우

ⓛ 저장 창고의 바닥이 물이 스며나오거나 스며들지 않는 구조로 해야 하는 위험물 : 제1류 위험물 중 알칼리 금속의 과산화물 또는 이를 함유한 것, 제2류 위험물 중 철분·금속분·마그네슘 또는 이중 어느 하나 이상을 함유한 것 또는 제3류 위험물 중 금수성 물질 또는 제4류 위험물

㉣ 벽, 기둥, 바닥의 재질은 내화 구조로 한다.

㉤ 저장 창고는 지붕을 폭발력이 위로 방출될 정도의 가벼운 불연 재료로 하고, 천장을 만들지 아니하여야 한다. 다만, 제2류 위험물(분상의 것과 인화성 고체를 제외한다)과 제6류 위험물만의 저장 창고에 있어서는 지붕을 내화 구조로 할 수 있고, 제5류 위험물만의 저장 창고에 있어서는 당해 저장 창고 내의 온도를 저온으로 유지하기 위하여 난연 재료 또는 불연 재료로 된 천장을 설치할 수 있다.

㉥ 출입구는 갑종 방화문, 을종 방화문으로 한다.

㉦ 배출 설비는 인화점 70℃ 이상인 위험물은 제외한다.

> **참고 🚩 옥내 저장소 배출 설비 설치**
>
> 인화점이 70℃ 미만인 위험물의 옥내 저장소

㉧ 피뢰 설비는 지정 수량 10배 이상의 위험물 저장 창고에 설치한다.

㉠ 중도리 또는 서까래의 간격은 30cm 이하로 한다.

ⓛ 지붕의 아래쪽 면에는 한 변의 길이가 45cm 이하의 환강(丸鋼)·경량환강(輕量丸鋼) 등으로 된 강제(鋼製)의 격자를 설치한다.

ⓒ 지붕의 아래쪽 면에 철망을 쳐서 불연 재료의 도리·보 또는 서까래에 단단히 결합한다.

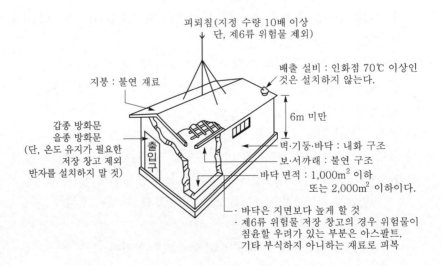

┃ 옥내 저장소의 구조 ┃

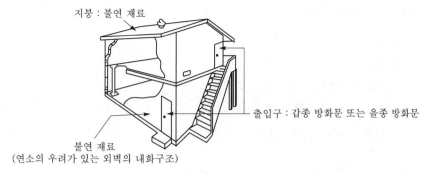

┃ 다층 건물의 저장 창고의 구조 ┃

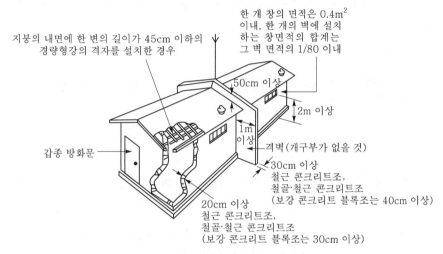

┃ 지정 유기 과산화물 저장 창고 ┃

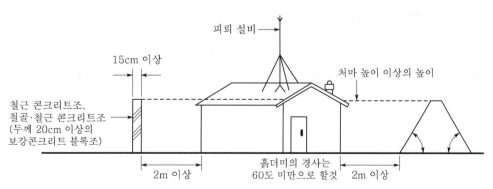

┃ 지정 유기 과산화물의 담 ┃

(2) 위험물의 저장 기준

① 운반 용기에 수납하여 저장한다.

② 품명별로 구분하여 저장한다.

③ 위험물과 비위험물과의 상호 거리 : 1m 이상

④ 혼재할 수 있는 위험물과 위험물의 상호 거리 : 1m 이상

⑤ 자연 발화 위험이 있는 위험물 : 지정 수량 10배 이하마다 0.3m 이상 간격을 둔다.

(3) 위험물 용기를 겹쳐 쌓을 수 있는 높이

① 기계에 의하여 하역하는 구조로 된 용기만을 겹쳐 쌓는 경우 : 6m

② 제4류 위험물 중 제3석유류, 제4석유류 및 동·식물유류를 수납하는 용기만을 겹쳐 쌓는 경우 : 4m

③ 그 밖의 경우 : 3m

> **참고** 🚩 기계에 의하여 하역하는 구조로 된 운반 용기의 외부에 행하는 표시 내용
> ────────────────────────────────────
> 1. 운반 용기의 제조 연월
> 2. 제조자의 명칭
> 3. 겹쳐 쌓기의 시험 하중

(4) 지정 과산화물을 저장하는 옥내 저장소의 창고 기준

① 저장 창고는 바닥 면적 150m^2 이내마다 격벽으로 완전하게 구획하여야 한다.

② 저장 창고 상부의 지붕으로부터 50cm 이상 돌출하게 하여야 한다.

③ 저장 창고 양측의 외벽으로부터 1m 이상 돌출하게 하여야 한다.

④ 철근 콘크리트조의 경우 두께가 30cm 이상이어야 한다.

> **참고** 🚩 지정 과산화물
> ────────────────────────────────────
> 제5류 위험물 중 유기 과산화물 또는 이를 함유한 것으로 지정 수량이 10kg인 것

(5) 상호 1m 이상의 간격을 유지하는 경우에도 동일한 옥내 저장소에 저장할 수 있는 것

① 제1류 위험물(알칼리 금속의 과산화물 또는 이를 함유한 것은 제외) + 제5류 위험물

② 제1류 위험물 + 제6류 위험물

③ 제1류 위험물 + 자연 발화성 물품(황린)

④ 제2류 위험물 중 인화성 고체 + 제4류 위험물

⑤ 제3류 위험물 중 알킬알루미늄 등 + 제4류 위험물(알킬알루미늄·알킬리튬을 함유한 것)

⑥ 제4류 위험물 중 유기 과산화물 또는 이를 함유하는 것 + 제5류 위험물 중 유기 과산화물 또는 이를 함유하는 것

3-3 옥외 저장소

옥외의 장소에서 용기나 드럼 등에 위험물을 넣어 저장하는 저장소를 말한다.

① 옥외 저장소에서 저장 취급할 수 있는 위험물

  ㉮ 제2류 위험물 중 유황 또는 인화성 고체(인화점 0℃ 이상인 것에 한한다)

  ㉯ 제4류 위험물 중 제1석유류(인화점 0℃ 이상인 것에 한한다), 알코올류, 제2석유류,
  제3석유류, 제4석유류, 동·식물유류

  ㉰ 제6류 위험물

(1) 설치 장소

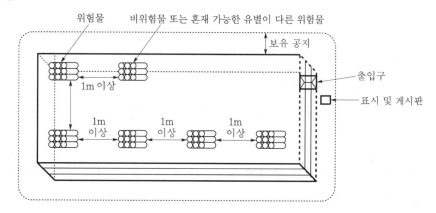

① 다른 건축물과 안전 거리를 유지한다.

② 습기가 없고, 배수가 잘 되는 장소에 설치한다.

③ 위험물을 저장 또는 취급하는 장소의 주위에는 경계 표시(울타리의 기능이 있는 것에 한함)
를 하여 명확하게 구분한다.

(2) 보유 공지

저장 또는 취급하는 위험물의 최대 수량	공지의 너비
지정 수량의 10배 이하	3m 이상
지정 수량의 10배 초과 20배 이하	5m 이상
지정 수량의 20배 초과 50배 이하	9m 이상
지정 수량의 50배 초과 200배 이하	12m 이상
지정 수량의 200배 초과	15m 이상

단, 제4류 위험물 중 제4석유류와 제6류 위험물을 저장 또는 취급하는 보유 공지는 공지 너비의 $\frac{1}{3}$ 이상으로 할 수 있다.

(3) 옥외 저장소의 선반 설치 기준

① 선반은 불연 재료로 만들고, 견고한 지반면에 고정할 것
② 선반은 당해 선반 및 그 부속 설비의 자중, 저장하는 위험물의 중량·풍하중·지진의 영향 등에 의하여 생기는 응력에 대하여 안전할 것
③ 선반의 높이는 6m를 초과하지 아니할 것
④ 선반에는 위험물을 수납한 용기가 쉽게 낙하하지 아니하는 조치를 강구할 것

(4) 위험물의 저장 기준

① 운반 용기에 수납하여 저장한다.
② 위험물과 비위험물의 상호 거리 : 1m 이상
③ 위험물과 위험물의 상호 거리 : 1m 이상

(5) 위험물을 저장하는 경우 높이를 초과하여 겹쳐 쌓지 아니 한다.

① 기계에 의하여 하역하는 구조로 된 용기만을 겹쳐 쌓는 경우 : 6m
② 제4류 위험물 중 제3석유류, 제4석유류 및 동·식물유류를 수납하는 용기만을 겹쳐 쌓는 경우 : 4m
③ 그 밖의 경우 : 3m

(6) 옥외 저장소 중 덩어리 상태의 유황만을 지반면에 설치한 경계 표시의 안쪽에서 저장·취급하는 것

① 하나의 경계 표시의 내부 면적 : 100m² 이하
② 2개 이상의 경계 표시를 설치하는 경우에 있어서는 각각의 경계 표시 내부의 면적을 합산한 면적 : 1,000m² 이하
③ 유황 옥외 저장소의 경계 표시 높이 : 1.5m 이하
④ 경계 표시에는 유황이 넘치거나 비산하는 것을 방지하기 위한 천막 등을 고정하는 장치를 설치하되 천막 등을 고정하는 장치는 경계 표시의 길이 2m마다 1개 이상 설치한다.

3-4 옥외 탱크 저장소

옥외에 있는 탱크에 위험물을 저장하는 저장소이다.

(1) 안전 거리

제조소의 안전 거리에 준용한다.

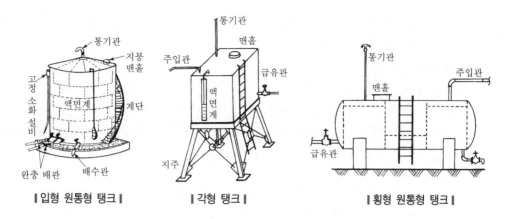

‖입형 원통형 탱크‖ ‖각형 탱크‖ ‖횡형 원통형 탱크‖

(2) 보유 공지

저장 또는 취급하는 위험물의 최대 수량	공지의 너비
지정 수량의 500배 이하	3m 이상
지정 수량의 500배 초과 1,000배 이하	5m 이상
지정 수량의 1,000배 초과 2,000배 이하	9m 이상
지정 수량의 2,000배 초과 3,000배 이하	12m 이상
지정 수량의 3,000배 초과 4,000배 이하	15m 이상
지정 수량의 4,000배 초과	당해 탱크의 수평 단면의 최대 지름(횡형인 경우에는 긴 변)과 높이 중 큰 것과 같은 거리 이상. 다만, 30m 초과의 경우에는 30m 이상으로 할 수 있고, 15m 미만의 경우에는 15m 이상으로 하여야 한다.

> 참고 📢 특례 : 제6류 위험물을 저장, 취급하는 옥외 탱크 저장소의 경우
> 1. 당해 보유 공지의 1/3 이상의 너비로 할 수 있다(단, 1.5m 이상일 것).
> 2. 동일 대지 내에 2기 이상의 탱크를 인접하여 설치하는 경우에는 당해 보유 공지 너비의 1/3 이상에 다시 1/3 이상의 너비로 할 수 있다(단, 1.5m 이상일 것).

(3) 탱크 구조 기준

① 재질 및 두께 : 두께 3.2mm 이상의 강철판
② 시험 기준
　㉮ 압력 탱크의 경우 : 최대 상용 압력의 1.5배의 압력으로 10분간 실시하는 수압 시험에 각각 새거나 변형되지 아니하여야 한다.
　㉯ 압력 탱크 외의 탱크일 경우 : 충수 시험
③ 부식 방지 조치
　㉮ 탱크의 밑판 아래에 밑판의 부식을 유효하게 방지할 수 있도록 아스팔트 샌드 등의 방식 재료를 댄다.
　㉯ 탱크의 밑판에 전기 방식의 조치를 강구한다.

④ 탱크의 내진 풍압 구조 : 지진 및 풍압에 견딜 수 있는 구조로 하고, 그 지주는 철근 콘크리트조, 철골 콘크리트조로 한다.

⑤ 탱크 통기 장치의 기준

　　㉮ 밸브 없는 통기관

　　　㉠ 통기관의 직경 : 30mm 이상

　　　㉡ 통기관의 선단은 수평으로부터 45° 이상 구부려 빗물 등의 침투를 막는 구조일 것

　　　㉢ 가는 눈의 구리망 등으로 인화 방지 장치를 설치할 것

　　㉯ 대기 밸브 부착 통기관

　　　㉠ 5kPa 이하의 압력 차이로 작동할 수 있을 것

　　　㉡ 가는 눈의 구리망 등으로 인화 방지 장치를 설치할 것

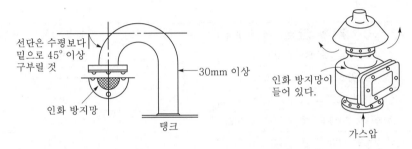

▌밸브 없는 통기관▐　　▌대기 밸브 부착 통기관▐

⑥ 자동 계량 장치 설치 기준

　　㉮ 위험물의 양을 자동적으로 표시할 수 있도록 한다.

　　㉯ 종류

　　　㉠ 기밀 부유식 계량 장치

　　　㉡ 부유식 계량 장치(증기가 비산하지 않는 구조)

　　　㉢ 전기 압력 자동 방식 또는 방사성 동위 원소를 이용한 자동 계량 장치

　　　㉣ 유리 게이지(금속관으로 보호된 경질 유리 등으로 되어 있고, 게이지가 파손되었을 때 위험물의 유출을 자동으로 정지할 수 있는 장치가 되어 있는 것에 한한다)

⑦ 탱크 주입구 설치 기준

　　㉮ 화재 예방

　　㉯ 주입 호스 또는 주유관과 결합할 수 있도록 하고, 위험물이 새지 않는 구조일 것

　　㉰ 주입구에는 밸브 또는 뚜껑을 설치할 것

　　㉱ 휘발유, 벤젠, 그 밖의 정전기에 의한 재해가 발생할 우려가 있는 액체 위험물의 옥외 저장 탱크 주입구 부근에는 정전기를 유효하게 제거하기 위한 접지 전극을 설치한다.

　　㉲ 인화점이 21℃ 미만의 위험물 탱크 주입구에는 보기 쉬운 곳에 게시판을 설치한다.

참고 　"옥외저장탱크 주입구" 표시한 게시판

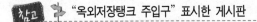

백색바탕에 흑색문자

⑧ 옥외 탱크 저장소의 금속 사용 제한 및 위험물 저장 기준

㉮ 금속 사용 제한 조치 기준 : 아세트알데히드 또는 산화프로필렌의 옥외 탱크 저장소에는 은, 수은, 동, 마그네슘 또는 이들 합금과는 사용하지 말 것

㉯ 아세트알데히드, 산화프로필렌 등의 저장 기준

㉠ 옥외 저장 탱크에 아세트알데히드 또는 산화프로필렌을 저장하는 경우에는 그 탱크 안에 불연성 가스를 봉입해야 한다.

㉡ 옥외 저장 탱크(옥내 저장 탱크 또는 지하 저장 탱크) 중 압력 탱크 외의 탱크에 저장하는 경우

ⓐ 에틸에테르 또는 산화프로필렌 : 30℃ 이하

ⓑ 아세트알데히드 : 15℃ 이하

㉢ 옥외 저장 탱크(옥내 저장 탱크 또는 지하 저장 탱크) 중 압력 탱크에 저장하는 경우 : 에틸에테르, 아세트알데히드 또는 산화프로필렌의 온도 : 40℃ 이하

참고 ▶ 보냉 장치의 유무에 따른 이동 저장 탱크

1. 보냉 장치가 있는 이동 저장 탱크에 저장하는 아세트알데히드 등 또는 디에틸에테르 등의 온도는 당해 위험물의 비점 이하로 유지한다.
2. 보냉 장치가 없는 이동 저장 탱크에 저장하는 아세트알데히드 등 또는 디에틸에테르 등의 온도는 40℃ 이하로 유지한다.

참고 ▶ 아세트알데히드의 옥외 저장 탱크에 필요한 설비

1. 보냉 장치
2. 냉각 장치
3. 불활성 기체를 봉입하는 장치

---

(4) 옥외 저장 탱크의 펌프 설비 설치 기준

① 펌프 설비 보유 공지

㉮ 설비 주위에는 너비 3m 이상의 공지를 보유한다.

㉯ 펌프 설비와 탱크 사이의 거리는 당해 탱크의 보유 공지 너비의 1/3 이상의 거리를 유지한다.

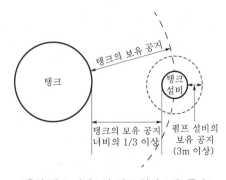

‖ 옥외 탱크 저장소의 펌프 설비 보유 공지 ‖

ⓒ 보유 공지 제외 기준

  ㉠ 방화상 유효한 격벽으로 설치된 경우

  ㉡ 제6류 위험물을 저장, 취급하는 경우

  ㉢ 지정 수량 10배 이하의 위험물을 저장, 취급하는 경우

② 펌프실의 구조

  ㉮ 바닥의 기준

    ㉠ 재질은 콘크리트·기타 위험물이 스며들지 않는 재료로 한다.

    ㉡ 턱 높이는 0.2m 이상으로 한다.

    ㉢ 적당히 경사지게 하고, 집유 설비를 설치한다.

  ㉯ 펌프실의 창 및 출입구에는 갑종 방화문 또는 을종 방화문을 설치한다.

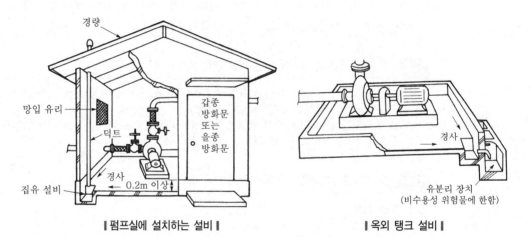

┃펌프실에 설치하는 설비┃　　　　　　　　┃옥외 탱크 설비┃

③ 펌프실 외의 장소에 설치하는 펌프 설비의 기준

  ㉮ 펌프 설비 그 직하의 지반면 주위에 높이 0.15m 이상의 턱을 만든다.

  ㉯ 펌프 설비 그 직하의 지반면의 최저부에는 집유 설비를 만든다.

  ㉰ 제4류 위험물(온도 20℃의 물 100g에 용해되는 양이 1g 미만인 것에 한한다.)을 취급하는 펌프 설비에 있어서는 당해 위험물이 직접 배수구에 유입되지 아니하도록 집유 설비에 유분리 장치를 설치하여야 한다.

(5) 옥외 탱크 저장소의 방유제 설치 기준

① 설치 목적 : 저장 중인 액체 위험물이 주위로 누설 시 그 주위에 피해 확산을 방지하기 위하여 설치한 담이다.

② 용량

  ㉮ 인화성 액체 위험물(CS_2 제외)의 옥외 탱크 저장소의 탱크

    ㉠ 1기 이상 : 탱크 용량의 110% 이상(인화성이 없는 액체 위험물은 탱크 용량의 100% 이상)

    ㉡ 2기 이상 : 최대 용량의 110% 이상

> **예제** 경유 옥외 탱크 저장소에서 10,000L 탱크 1기가 설치된 곳의 방유제 용량은 얼마 이상
> 이 되어야 하는가?
>
> **풀이** 옥외 탱크 저장소 방유제 용량(탱크 1기인 경우)
> = 탱크 용량 × 1.1 이상(비인화성 액체의 경우 × 1.0 이상)
> = 10,000 × 1.1
> = 11,000L 이상
>
> **답** 11,000L 이상

㉯ 위험물 제조소의 옥외에 있는 위험물 취급 탱크(용량이 지정 수량의 $\frac{1}{5}$ 미만인 것은 제외)

　㉠ 1개의 탱크 : 방유제 용량 = 탱크 용량 × 0.5

　㉡ 2개 이상의 탱크 : 방유제 용량 = 최대 탱크 용량 × 0.5 + 기타 탱크 용량의 합 × 0.1

> **예제** 제조소의 옥외에 모두 3기의 휘발유 취급 탱크를 설치하고, 그 주위에 방유제를 설치하
> 고자 한다. 방유제 안에 설치하는 각 취급 탱크의 용량이 5만L, 3만L, 2만L일 때 필요
> 한 방유제의 용량은 몇 L 이상인가?
>
> **풀이** 방유제 용량 = 최대 용량 × 0.5 + (기타 용량의 합×0.1)
> = 50,000 × 0.5 + (30,000 + 20,000 × 0.1) = 25,000 + 5,000
> = 30,000L 이상
>
> **답** 30,000L 이상

㉰ 위험물 제조소의 옥내에 있는 위험물 취급 탱크의 방유턱의 용량

　㉠ 1기일 때 : 탱크 용량 이상

　㉡ 2기 이상 : 최대 탱크 용량 이상

③ **높이** : 0.5m 이상 3.0m 이하

④ **면적** : 80,000m² 이하

⑤ **하나의 방유제 안에 설치되는 탱크의 수** : 10기 이하(단, 방유제 내 전 탱크의 용량이 200kL
이하이고, 인화점이 70℃ 이상 200℃ 미만인 경우에는 20기 이하)

⑥ **방유제와 탱크 측면과의 이격 거리**

탱크 지름	이격 거리
15m 미만	탱크 높이의 $\frac{1}{3}$ 이상
15m 이상	탱크 높이의 $\frac{1}{2}$ 이상

> **예제** 인화점이 섭씨 200℃ 미만인 위험물을 저장하기 위하여 높이가 15m이고, 지름이 18m
> 인 옥외 저장 탱크를 설치하는 경우 옥외 저장 탱크와 방유제와의 사이에 유지하여야 하
> 는 거리는?
>
> **풀이** $15m × \frac{1}{2} = 7.5m$ 이상
>
> **답** 7.5m 이상

참고 🚩 **고정식 포 소화 설비**

방유제 외측에 설치하는 보조포 소화전 상호 간의 거리는 보행 거리 75m 이하이다.

⑦ 방유제의 구조

㉮ 방유제는 철근 콘크리트 또는 흙으로 만들고, 위험물이 방유제의 외부로 유출되지 아니하는 구조로 한다.

㉯ 방유제 내에는 당해 방유제 내에 설치하는 옥외 저장 탱크를 위한 배관(당해 옥외 저장 탱크의 소화 설비를 위한 배관을 포함한다), 조명 설비 및 계기 시스템과 이들에 부속하는 설비 그 밖의 안전 확보에 지장이 없는 부속 설비 외에는 다른 설비를 설치하지 아니 한다.

㉰ 방유제 또는 칸막이 둑에는 당해 방유제를 관통하는 배관을 설치하지 아니한다. 다만, 방유제 또는 칸막이 둑에 손상을 주지 아니하도록 하는 조치를 강구하는 경우에는 그러하지 아니 하다.

㉱ 방유제에는 그 내부에 고인 물을 외부로 배출하기 위한 배수구를 설치하고, 이를 개폐하는 밸브 등을 방유제의 외부에 설치한다.

㉲ 용량이 100만 L 이상인 위험물을 저장하는 옥외 저장 탱크에 있어서는 밸브 등에 그 개폐 상황을 쉽게 확인할 수 있는 장치를 설치한다.

㉳ 높이가 1m를 넘는 방유제 및 칸막이 둑의 안팎에는 방유제 내에 출입하기 위한 계단 또는 경사로를 약 50m마다 설치한다.

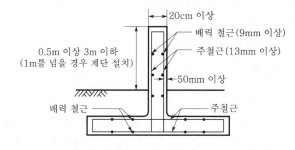

‖ 철근 콘크리트조의 방유제 ‖

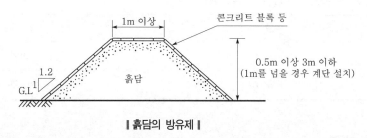

‖ 흙담의 방유제 ‖

참고 🚩 **옥외 탱크 저장소 설치 기준**

1. 금수성 위험물의 옥외 탱크 저장소 설치 기준 : 탱크에는 방수성의 불연 재료로 피복할 것
2. 이황화탄소의 옥외 탱크 저장소 설치 기준 : 탱크 전용실(수조)의 구조
   ㉠ 재질 : 누수가 되지 아니하는 철근 콘크리트 수조
   ㉡ 벽, 바닥의 두께 : 0.2m 이상

(6) 옥외 탱크 저장소의 외부 구조 및 설비

① 압력 탱크 외의 탱크 : 충수 시험(새거나 변형되지 아니할 것)
② 압력 탱크 : 최대 상용 압력의 1.5배의 압력으로 10분간 실시하는 수압 시험(새거나 변형되지 아니할 것)

> **참고** 📌 허가량이 1,000만 L인 위험물 옥외 저장 탱크의 바닥판 전면 교체 시 법적 절차
>
> 기술 – 검토 변경 허가 – 안전 성능 검사 – 완공 검사

(7) 특정 옥외 저장 탱크의 풍하중

$$q = 0.588k\sqrt{h}$$

여기서, q : 풍하중(kN/m^2)
k : 풍력 계수(원통형 탱크의 경우는 0.7, 그 외의 탱크는 1.0)
h : 지반면으로부터의 높이(m)

> **예제** 특정 옥외 저장 탱크를 원통형으로 설치하고자 한다. 지반면으로부터의 높이가 16m일 때 이 탱크가 받는 풍하중은 1m^{2}당 얼마 이상으로 계산하여야 하는가? (단, 강풍을 받을 우려가 있는 장소에 설치하는 경우는 제외한다.)
>
> **풀이** 특정 옥외 저장 탱크의 풍하중
> $q = 0.588k\sqrt{h}$
> 　　여기서, q : 풍하중(kN/m^2)
> 　　　　　　k : 풍력 계수(원통형 탱크의 경우는 0.7, 그 외의 탱크는 1.0)
> 　　　　　　h : 지반면으로부터의 높이(m)
> $= 0.588 \times 0.7\sqrt{16} = 1.646 \, kN$
>
> 📝 1.646kN

> **참고** 📌 특정 옥외 저장 탱크 등
>
> 1. 특정 옥외 저장 탱크 : 옥외 탱크 저장소 중 그 저장 또는 취급하는 액체 위험물의 최대 수량이 100만L 이상의 것
> 2. 준특정 옥외 탱크 저장소 : 옥외 탱크 저장소 중 저장 · 취급하는 액체 위험물의 50만 이상 100만L 미만인 것
> 3. 표준 관입 시험 및 평판 재하 시험을 실시하여야 하는 특정 옥외 저장 탱크의 지반의 범위 : 기초의 외측이 지표면과 접하는 선의 범위 내에 있는 지반으로서 지표면으로부터 깊이 15m 까지로 한다.

3-5 옥내 탱크 저장소

옥내에 있는 탱크에 위험물을 저장하는 저장소이다.

(1) 탱크 전용실의 설치 기준

- 원칙적으로 옥내 탱크 저장소의 탱크는 단층 건물의 탱크 전용실에 설치할 것
- 옥내 저장 탱크의 용량은 40배(제4 석유류 및 동식물유류외의 제4류 위험물 : 20,000L를 초과할 때에는 20,000L) 이하일 것

참고 🚩 건축물에 저장, 취급할 수 있는 위험물의 종류

1. 단층이 아닌 건축물의 1층 또는 지하층에 저장, 취급할 수 있는 위험물의 종류
   - ㉠ 제2류 위험물 중 황화인, 적린 및 덩어리 유황
   - ㉡ 제3류 위험물 중 황린
   - ㉢ 제4류 위험물 중 인화점이 38℃ 이상인 것
   - ㉣ 제6류 위험물 중 질산
2. 단층이 아닌 건축물의 1층 내지 5층 또는 지하층의 탱크 전용실에 저장, 취급할 수 있는 위험물의 종류 : 제4류 위험물 중 제2석유류, 제3석유류, 제4석유류 및 동·식물유류

---

① 단층 건축물에 설치하는 탱크 전용실의 구조 기준
  ㉮ 벽, 기둥, 바닥의 설치 기준
    ㉠ 재질은 내화 구조로 한다.
    ㉡ 연소의 우려가 없는 곳의 재료는 불연 재료로 한다.
    ㉢ 액체 위험물 탱크 전용실의 바닥은 다음과 같다.
      ⓐ 물이 침투하지 아니하는 구조로 한다.
      ⓑ 적당히 경사를 지게 한다.
      ⓒ 최저부에 집유 설비를 한다.
  ㉯ 보 및 서까래의 재질 : 불연 재료로 할 것
  ㉰ 지붕 설치 기준 : 불연 재료로 하고, 반자를 설치하지 아니할 것
  ㉱ 출입구 설치 기준
    ㉠ 갑종 또는 을종 방화문을 설치할 것
    ㉡ 문턱의 높이는 0.2m 이상으로 할 것

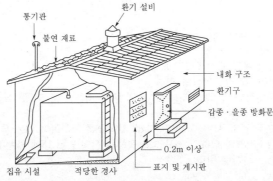

┃단층 건축물의 탱크 전용실┃

② 단층이 아닌 건축물의 1층 내지 5층 또는 지하층에 설치하는 탱크 전용실의 구조 기준
  ㉮ 벽, 기둥, 바닥, 보, 서까래의 설치 기준
    ㉠ 새질은 내화 구조로 할 것

    ⓒ 제6류 위험물 탱크 전용실에 있어서 위험물이 침윤할 우려가 있는 부분의 경우에는 내화 구조 또는 불연 재료를 대신하여 아스팔트 및 기타 부식하지 않는 재료로 피복할 것

    ⓓ 상층의 바닥 재질은 내화 구조로 할 것

    ⓔ 액체 위험물 탱크 전용실의 바닥은 콘크리트 및 기타 불침윤성 재료로 적당히 경사지게 하고, 그 최저부에는 집유 설비를 설치할 것

  ㉱ 지붕 설치 기준(상층이 없는 부분의 경우) : 불연 재료로 하고, 반자를 설치하지 말 것

  ㉲ 창 설치 기준 : 창은 설치하지 말 것(단, 제6류 위험물의 탱크 전용실의 경우 갑종 또는 을종 방화문이 있는 창은 설치 가능)

  ㉳ 출입구 설치 기준

    ㉠ 갑종 방화문을 설치할 것(단, 제6류 위험물의 탱크 전용실의 경우 을종 방화문 가능)

    ⓛ 문턱의 높이는 0.2m 이상으로 할 것

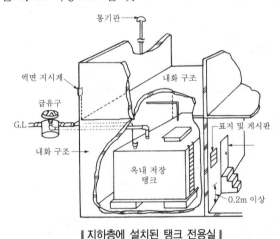

┃ 지하층에 설치된 탱크 전용실 ┃

(2) 옥내 탱크 저장소의 위험물 저장 기준

① 탱크와 탱크 전용실과의 이격 거리

  ㉮ 탱크와 탱크 전용실 벽과의 사이 : 0.5m 이상

  ㉯ 탱크와 탱크 상호 간 : 0.5m 이상(단, 탱크의 점검 및 보수에 지장이 없는 경우는 예외)

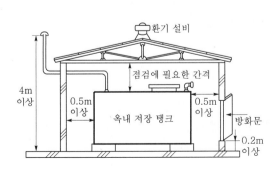

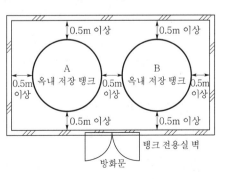

② 탱크 전용실의 탱크 용량 기준(2기 이상의 탱크는 각 탱크의 용량을 합한 양을 기준)

㉮ 지정 수량의 40배 이하

㉯ 제4석유류, 동·식물유류 외의 탱크 설치 시 20,000L 이하

(3) 옥내 탱크의 통기 장치(밸브 없는 통기관) 기준

① 통기관의 지름 : 30mm 이상

② 통기관의 선단은 수평면에 대하여 아래로 45° 이상 구부려 빗물 등이 들어가지 않는 구조로 한다(단, 빗물이 들어가지 않는 구조일 경우는 제외).

③ 통기관의 선단은 건축물의 창 또는 출입구 등의 개구부로부터 1m 이상 떨어진 옥외에 설치할 것

④ 통기관 선단으로부터 지면까지의 거리는 4m 이상의 높이로 할 것

⑤ 통기관은 가스 등이 체류하지 않도록 굴곡이 없게 할 것

3-6 ▶ 지하 탱크 저장소

지하에 매설된 탱크에 위험물을 저장하는 저장소이다.

(1) 지하 탱크 저장소의 구조

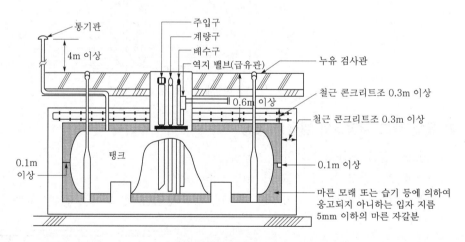

|지하 탱크 매설도|

① 강철판의 두께는 3.2mm 이상

② 탱크의 외면은 방청 도장

③ 배관을 위쪽으로 설치

(2) 탱크 전용실의 구조

① 탱크 전용실 콘크리트의 두께(벽, 바닥 및 뚜껑) : 0.3m 이상
② 탱크 전용실과 대지 경계선, 지하 매설물과의 거리 : 0.1m 이상(단, 전용실이 설치되지 않을 경우 : 0.6m 이상)
③ 탱크와 탱크 전용실과의 간격 : 0.1m 이상
④ 탱크 본체의 윗부분과 지면까지의 거리 : 0.6m 이상
⑤ 당해 탱크 주위에 마른 모래 또는 습기 등에 의하여 응고되지 아니하는 입자 지름 5mm 이하의 마른 자갈분을 채워야 한다.
⑥ 탱크를 2개 이상 인접하였을 때 상호 거리는 다음과 같다.
　㉮ 지정 수량 100배 초과 : 1 m 이상　　㉯ 지정 수량 100배 이하 : 0.5m 이상
⑦ 누유 검사관의 개수는 4개소 이상 적당한 위치에 설치한다.
　㉮ 이중관으로 할 것. 다만, 소공이 없는 상부는 단관으로 할 수 있다.
　㉯ 재료는 금속관 또는 경질 합성수지관으로 한다.
　㉰ 관은 탱크실 또는 탱크의 기초 위에 닿게 한다.
　㉱ 관의 밑부분으로부터 탱크의 중심 높이까지의 부분에는 소공이 뚫려있을 것. 다만, 지하 수위가 높은 장소에 있어서는 지하 수위 높이까지의 부분에 소공이 뚫려있어야 한다.
　㉲ 상부는 물이 침투하지 아니하는 구조로 하고, 뚜껑은 검사 시 쉽게 열 수 있도록 한다.

(3) 탱크 전용실을 설치하지 않는 구조

제4류 위험물의 지하 저장 탱크에 한한다.
① 당해 탱크를 지하철·지하가 또는 지하 터널로부터 수평 거리 10m 이내의 장소 또는 지하 건축물 내의 장소에 설치하지 아니 한다.
② 당해 탱크를 그 수평 투영의 세로 및 가로보다 각각 0.6m 이상 크고, 두께가 0.3m 이상인 철근 콘크리트조의 뚜껑으로 덮어야 한다.
③ 뚜껑에 걸리는 중량이 직접 당해 탱크에 걸리지 아니하는 구조이다.
④ 당해 탱크를 견고한 기초 위에 고정한다.
⑤ 당해 탱크를 지하의 가장 가까운 벽·피트·가스관 등의 시설물 및 대지 경계선으로부터 0.6m 이상 떨어진 곳에 매설한다.

(4) 과충전 방지 장치

탱크 용량의 최소 90%가 찰 때 경보음이 울린다.

(5) 강화 플라스틱 이중벽 탱크의 내수압

① 압력 탱크(최대 상용 압력이 46.7kPa 이상인 탱크) 외의 탱크 : 70kPa의 압력으로 10분간 실시
② 압력 탱크 : 최대 상용 압력의 1.5배의 압력으로 10분간 실시

(6) 탱크의 외면에는 녹방지를 위한 도장을 하여야 한다.

3-7 ▶ 이동 탱크 저장소

차량(견인되는 차를 포함)의 고정 탱크에 위험물을 저장하는 저장소이다.

(1) 이동 탱크 저장소의 탱크 구조 기준

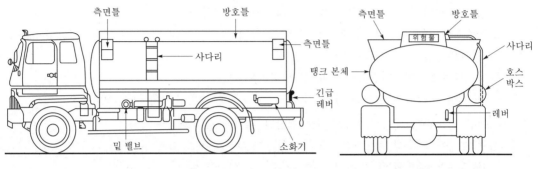

┃이동 탱크 저장소 측면┃   ┃이동 탱크 저장소 뒷면┃

탱크 강철관의 두께는 다음과 같다.

① 본체 : 3.2mm 이상

② 측면틀 : 3.2mm 이상

③ 안전 칸막이 : 3.2mm 이상

④ 방호틀 : 2.3mm 이상

⑤ 방파판 : 1.6mm 이상

(2) 수압 시험

① 압력 탱크 : 최대 상용 압력의 1.5배의 압력으로 각각 10분간 수압 시험을 실시하여 새거나 변형되지 아니할 것. 이 경우 수압 시험은 용접부에 대한 비파괴 시험과 기밀 시험으로 대신할 수 있다.

② 압력 탱크 외의 탱크 : 70kPa의 압력으로 10분간 수압 시험을 실시하여 새거나 변형되지 아니할 것

(3) 안전 장치 작동 압력

① 상용 압력이 20kPa 이하 : 20kPa 이상 24kPa 이하의 압력

② 상용 압력이 20kPa 초과 : 상용 압력이 1.1배 이하의 압력

(4) 측면틀 설치 기준

① 설치 목적 : 탱크가 전도될 때 탱크 측면이 지면과 접촉하여 파손되는 것을 방지하기 위해 설치한다(단, 피견인차에 고정된 탱크에는 측면틀을 설치하지 않을 수 있다.).

② 외부로부터 하중에 견딜 수 있는 구조로 할 것

③ 측면틀의 설치 위치

㉮ 탱크 상부 네 모퉁이에 설치

㉯ 탱크의 전단 또는 후단으로부터 1m 이내의 위치에 설치

④ 측면틀 부착 기준

㉮ 최외측선(측면틀의 최외측과 탱크의 최외측을 연결하는 직선)의 수평면에 대하여 내각이 75° 이상일 것

㉯ 최대 수량의 위험물을 저장한 상태에 있을 때의 당해 탱크 중량의 중심선과 측면틀의 최외측을 연결하는 직선과 그 중심선을 지나는 직선 중 최외측선과 직각을 이루는 직선과의 내각이 35° 이상이 되도록 할 것

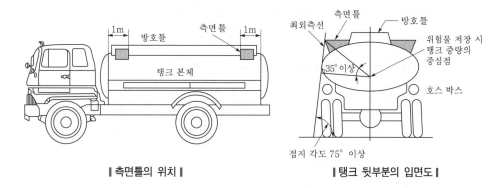

┃측면틀의 위치┃   ┃탱크 뒷부분의 입면도┃

⑤ 측면틀의 받침판 설치 기준 : 측면틀에 걸리는 하중에 의해 탱크가 손상되지 않도록 측면틀의 부착 부분에 설치할 것

(5) 방호틀 설치 기준

① 설치 목적 : 탱크의 운행 또는 전도 시 탱크 상부에 설치된 각종 부속 장치의 파손을 방지하기 위해 설치할 것

② 재질은 두께 2.3mm 이상의 강철판으로 제작할 것

③ 산 모양의 형상으로 하거나 이와 동등 이상의 강도가 있는 형상으로 할 것

④ 정상 부분은 부속 장치보다 50mm 이상 높게 하거나 동등 이상의 성능이 있는 것으로 할 것

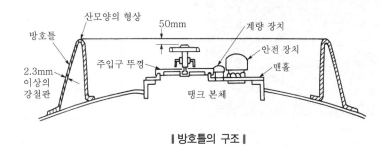

┃방호틀의 구조┃

(6) 안전 칸막이 및 방파판의 설치 기준

① 안전 칸막이 설치 기준

㉮ 재질은 두께 3.2mm 이상의 강철판으로 제작

㉯ 4,000L 이하마다 구분하여 설치

② 방파판 설치 기준

㉮ 재질은 두께 1.6mm 이상의 강철판으로 제작

㉯ 하나의 구획 부분에 2개 이상의 방파판을 이동 탱크 저장소의 진행 방향과 평형으로 설치하되, 그 높이와 칸막이로부터의 거리를 다르게 할 것

㉰ 하나의 구획 부분에 설치하는 각 방파판의 면적 합계는 당해 구획 부분의 최대 수직 단면적의 50% 이상으로 할 것. 다만, 수직 단면이 원형이거나 짧은 지름이 1m 이하의 타원형인 경우에는 40% 이상으로 할 수 있다.

(7) 이동 탱크 저장소의 표지판과 게시판의 기준

① 표지판의 기준

㉮ 차량의 전·후방에 설치할 것

㉯ 규격 : 사각형의 구조로 한 변의 길이가 0.3m 이상, 다른 한 변의 길이가 0.6m 이상

㉰ 색깔 : 흑색 바탕에 황색 반사 도료 그 밖의 반사성이 있는 재료로 '위험물'이라고 표시

② 게시판의 기준 : 탱크의 뒷면 보기 쉬운 곳에 표시

㉮ 표시 사항

㉠ 위험물의 유별

㉡ 품명

㉢ 최대 수량 및 적재 중량

㉯ 표시 문자의 크기

㉠ 가로 40mm 이상, 세로 45mm 이상

㉡ 혼재할 수 있는 위험물 문자의 크기 : 적재 품명별 문자의 가로, 세로 모두 20mm 이상

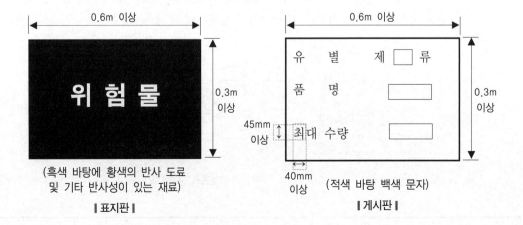

| 표지판 | | 게시판 |

(8) 이동 탱크 저장소의 위험물 취급 기준

① 액체 위험물을 다른 탱크에 주입할 경우 취급 기준

   ㉮ 당해 탱크의 주입구에 이동 탱크의 급유 호스를 견고하게 결합할 것

   ㉯ 펌프 등 기계 장치로 위험물을 주입하는 경우 : 토출 압력을 당해 설비의 기준 압력 범위 내로 유지할 것

   ㉰ 이동 탱크 저장소의 원동기를 정지시켜야 하는 경우 : 인화점 40℃ 미만인 위험물 주입 시

② 전기에 의한 재해 발생의 우려가 있는 액체 위험물(휘발유, 벤젠 등)을 이동 탱크 저장소에 주입하는 경우의 취급 기준

   ㉮ 주입관의 선단을 이동 저장 탱크 안의 밑바닥에 밀착시킬 것

   ㉯ 정전기 등으로 인한 재해 발생 방지 조치 사항

      예 휘발유를 저장하던 이동 저장 탱크에 등유나 경유를 주입하거나, 등유나 경유를 저장하던 이동 저장 탱크에 휘발유를 저장하는 경우

      ㉠ 탱크의 위쪽 주입관에 의해 위험물을 주입할 경우의 주입 속도 1m/sec 이하

      ㉡ 탱크의 밑바닥에 설치된 고정 주입 배관에 의해 위험물을 주입할 경우 주입 속도 1m/sec 이하

      ㉢ 기타의 방법으로 위험물을 주입하는 경우 : 위험물을 주입하기 전에 탱크에 가연성 증기가 없도록 조치하고 안전한 상태를 확인한 후 주입할 것

   ㉰ 이동 저장 탱크는 완전히 빈 탱크 상태로 차고에 주차할 것

③ 이동 탱크 저장소에는 해당 이동 탱크 저장소의 완공 검사 필증 및 정기 점검 기록을 비치하여야 한다.

④ 이동 저장 탱크에 알킬알루미늄 등을 꺼낼 때에는 동시에 200kPa 이하의 압력으로 불활성의 기체를 봉입한다.

⑤ 이동저장탱크에 아세트알데히드 등을 꺼낼 때에는 동시에 100kPa 이하의 압력으로 불활성 기체를 봉입한다.

(9) 컨테이너식 이동 탱크 저장소

① 이동 저장 탱크 및 부속 장치(맨홀·주입구 및 안전 장치 등을 말한다)는 강재로 된 상자 형태의 틀(이하 "상자틀"이라 한다)에 수납한다.

② 상자틀의 구조물 중 이동 저장 탱크의 이동 방향과 평행한 것과 수직인 것은 당해 이동 저장 탱크, 부속 장치 및 상자틀의 자중과 저장하는 위험물의 무게를 합한 하중(이하 "이동 저장 탱크 하중"이라 한다)의 2배 이상의 하중에, 그 외 이동 저장 탱크의 이동 방향과 직각인 것은 이동 저장 탱크 하중 이상의 하중에 각각 견딜 수 있는 강도가 있는 구조로 한다.

③ 이동 저장 탱크·맨홀 및 주입구의 뚜껑은 두께 6mm(당해 탱크의 직경 또는 장경이 1.8m 이하인 것은 5mm) 이상의 강판 또는 이와 동등 이상의 기계적 성질이 있는 재료로 한다.

④ 이동 저장 탱크에 칸막이를 설치하는 경우에는 당해 탱크의 내부를 완전히 구획하는 구조로 하고, 두께 3.2mm 이상의 강판 또는 이와 동등 이상의 기계적 성질이 있는 재료로 한다.

⑤ 이동 저장 탱크에는 맨홀 및 안전 장치를 한다.

⑥ 부속 장치는 상자틀의 최외측과 50mm 이상의 간격을 유지한다.

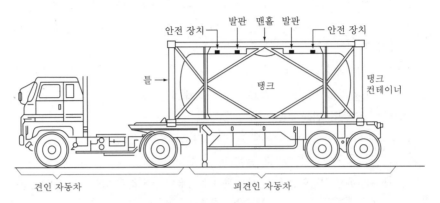

‖ 컨테이너식 이동 탱크 저장소 ‖

(10) 알킬알루미늄 등을 저장 또는 취급하는 이동 탱크 저장소

① 이동 저장 탱크는 두께 10mm 이상의 강판 또는 이와 동등 이상의 기계적 성질이 있는 재료로 기밀하게 제작하고, 1MPa 이상의 압력으로 10분간 실시하는 수압 시험에서 새거나 변형하지 아니할 것

② 이동 저장 탱크의 용량은 1,900L 미만일 것

③ 안전 장치는 이동 저장 탱크의 수압 시험 압력의 $\frac{2}{3}$를 초과하고, $\frac{4}{5}$를 넘지 아니하는 범위의 압력으로 작동할 것

④ 이동 저장 탱크의 맨홀 및 주입구의 뚜껑을 두께 10mm 이상의 강판 또는 이와 동등 이상의 기계적 성질이 있는 재료로 할 것

⑤ 이동 저장 탱크의 배관 및 밸브 등을 당해 탱크의 윗부분에 설치할 것

⑥ 이동 탱크 저장소에는 이동 저장 탱크 하중의 4배의 전단 하중에 견딜 수 있는 걸고리 체결 금속구 및 모서리 체결 금속구를 설치할 것

⑦ 이동 저장 탱크는 불활성의 기체를 봉입할 수 있는 구조로 할 것

⑧ 이동 저장 탱크는 그 외면을 적색으로 도장하는 한편, 백색 문자로서 동판의 양 측면 및 경판에 주의 사항을 표시할 것

(11) 위험물을 운송할 때 위험물 운송자가 위험물 안전 카드 작성 대상 위험물

① 제1류 위험물

② 제2류 위험물

③ 제3류 위험물

④ 제4류 위험물(특수인화물, 제1석유류)

⑤ 제5류 위험물

⑥ 제6류 위험물

(12) 위험물 운송 책임자의 감독 또는 지원의 방법으로 운송의 감독 또는 지원을 위하여 마련한 별도의 사무실에 운송 책임자가 대기하면서 이행하는 사항

① 운송 경로를 미리 파악하고 관할 소방관서 또는 관련 업체에 대한 연락 체제를 갖추는 것
② 이동 탱크 저장소의 운전자에 대하여 수시로 안전 확보 상황을 확인하는 것
③ 비상 시에 응급 처치에 관하여 조언을 하는 것
④ 위험물의 운송 중 안전 확보에 관하여 필요한 정보를 제공하고 감독 또는 지원하는 것

(13) 이동 탱크 저장소에서 구조물 등의 시설을 변경할 때 변경 허가를 취득하는 경우

탱크 본체를 절개하여 탱크를 보수하는 경우

(14) 이동 탱크 저장소의 위험물 운송 시 운송 책임자의 감독·지원을 받아야 하는 위험물

① 알킬알루미늄
② 알킬리튬
③ 알킬알루미늄 또는 알킬리튬을 함유하는 위험물

(15) 이동 탱크 저장소의 위험물 운송 시 운송 책임자의 자격 조건

① 당해 위험물의 취급에 관한 국가기술자격을 취득하고, 관련 업무에 1년 이상 종사한 경력이 있는 자
② 위험물의 운송에 관한 안전 교육을 수료하고 관련 업무에 2년 이상 종사한 경력이 있는 자

(16) 이동 저장 탱크의 외부 도장

유 별	외부 도장 색상	비 고
제1류	회색	탱크의 앞면과 뒷면을 제외한 면적의 40% 이내의 면적은 다른 유별의 색상 외의 색상으로 도장하는 것이 가능하다.
제2류	적색	
제3류	청색	
제4류	도장에 색상 제한은 없으나 적색을 권장한다.	
제5류	황색	
제6류	청색	

(17) 위험물 이동 탱크 저장소 관계인은 해당 제조소 등에 대하여 연간 1회 이상 정기 점검을 실시한다.

3-8 ▶ 간이 탱크 저장소

(1) 정의

간이 탱크에 위험물을 저장하는 저장소이다.

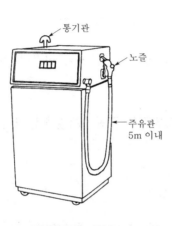

┃전동식 주유 시설┃

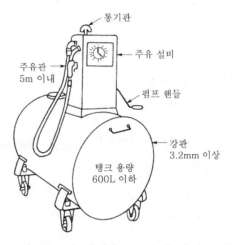

┃수동식 주유 시설┃

(2) 간이 탱크 저장소의 설비 기준

① 옥외에 설치한다.

② 전용실 안에 설치하는 경우 채광, 조명, 환기 및 배출의 설비를 한다.

③ 탱크의 구조 기준

㉮ 두께 3.2mm 이상의 강판으로 흠이 없도록 제작

㉯ 시험 방법 : 70kPa 압력으로 10분간 수압 시험을 실시하여 새거나 변형되지 아니할 것

㉰ 하나의 탱크 용량은 600L 이하로 할 것

㉱ 탱크의 외면에는 녹을 방지하기 위한 도장을 할 것

④ 탱크의 설치 방법

㉮ 하나의 간이 탱크 저장소에 설치하는 탱크의 수는 3기 이하로 할 것(단, 동일한 품질의 위험물 탱크를 2기 이상 설치하지 말 것)

㉯ 탱크는 움직이거나 넘어지지 않도록 지면 또는 가설대에 고정시킬 것

㉰ 옥외에 설치하는 경우에는 그 탱크 주위에 너비 1m 이상의 공지를 보유할 것

㉱ 탱크를 전용실 안에 설치하는 경우에는 탱크와 전용실 벽과의 사이에 0.5m 이상의 간격을 유지할 것

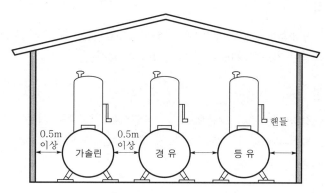

┃탱크 전용실에 설치하는 간이 탱크 저장소┃

⑤ 간이 탱크 저장소의 통기 장치(밸브 없는 통기관) 기준
 ㉮ 통기관의 지름 : 25mm 이상
 ㉯ 옥외 설치하는 통기관
  ㉠ 선단 높이 : 지상 1.5m 이상
  ㉡ 선단 구조 : 수평면에 대하여 아래로 45° 이상 구부려 빗물 등이 침투하지 아니하도록
   한다.
 ㉰ 가는 눈의 구리망 등으로 인화 방지 장치를 할 것

3-9 ▶ 암반 탱크 저장소

암반을 굴착하여 형성한 지하 공동에 석유류 위험물을 저장하는 저장소이다.

(1) 암반 탱크 설치 기준

① 암반 탱크는 암반 투수 계수가 1초당 10만분의 1m 이하인 천연 암반 내에 설치한다.
② 암반 탱크는 저장할 위험물의 증기압을 억제할 수 있는 지하 수면하에 설치한다.
③ 암반 탱크의 내벽은 암반 균열에 의한 낙반을 방지할 수 있도록 볼트·콘크리트 등으로 보강한다.

(2) 암반 탱크의 수리 조건 기준

① 암반 탱크 내로 유입되는 지하수의 양은 암반 내의 지하수 충전량보다 적을 것
② 암반 탱크의 상부로 물을 주입하여 수압을 유지할 필요가 있는 경우에는 수벽공을 설치할 것
③ 암반 탱크에 가해지는 지하 수압은 저장소의 최대 운영압보다 항상 크게 유지할 것

(3) 지하 수위 관측공

암반 탱크 저장소 주위에는 지하 수위 및 지하수의 흐름 등을 확인·통제할 수 있는 관측공을 설치하여야 한다.

(4) 계량 장치

암반 탱크 저장소에는 위험물의 양과 내부로 유입되는 지하수의 양을 측정할 수 있는 계량구
와 자동 측정이 가능한 계량 장치를 설치하여야 한다.

(5) 배수 시설

암반 탱크 장소에는 주변 암반으로부터 유입되는 침출수를 자동으로 배출할 수 있는 시설을
설치하고, 침출수에 섞인 위험물이 직접 배수구로 흘러 들어가지 아니하도록 유분리 장치를
설치하여야 한다.

(6) 펌프 설비

암반 탱크 저장소의 펌프 설비는 점검 및 보수를 위하여 사람의 출입이 용이한 구조의 전용
공동에 설치하여야 한다.

(7) 공간 용적

위험물 암반 탱크의 공간 용적은 당해 탱크 내에 용출하는 7일간의 지하수 양에 상당하는 용
적과 당해 탱크 내용적 $\frac{1}{100}$ 의 용적 중 보다 큰 용적으로 한다.

04 위험물 취급소 구분

4-1 주유 취급소

차량, 항공기, 선박에 주유(등유, 경유 판매 시설 병설 가능)한다. 고정된 주유 설비에 의하
여 위험물을 자동차 등의 연료 탱크에 직접 주유하거나 실소비자에게 판매하는 위험물 취급소
이다.

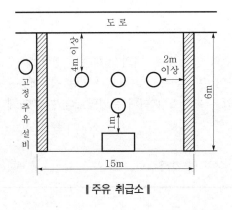

|주유 취급소|

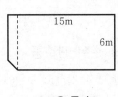

|보유 공지|

(1) 주유 공지 및 급유 공지

① 주유 공지 : 주유를 받으려는 자동차 등이 출입할 수 있도록 너비 15m 이상, 길이 6m 이상의 콘크리트 등으로 포장한 공지

② 급유 공지 : 고정 급유 설비의 호스 기기의 주위에 필요한 공지

③ 공지의 기준

㉮ 바닥은 주위 지면보다 높게 한다.

㉯ 그 표면을 적당하게 경사지게 하여 새어나온 기름, 그 밖의 액체가 공지의 외부로 유출되지 아니하도록 배수구 · 집유 설비 및 유분리 장치를 한다.

(2) 주유 취급소의 게시판 기준

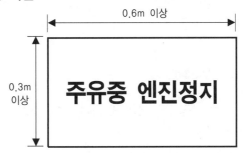

① 규격 : 한 변의 길이가 0.3m 이상, 다른 한 변의 길이가 0.6m 이상

② 색깔 : 황색 바탕에 흑색 문자

(3) 전용 탱크 1개의 용량 기준

① 자동차용 고정 주유 설비 및 고정 급유 설비는 50,000L 이하이다.

② 보일러에 직접 접속하는 탱크는 10,000L 이하이다.

③ 자동차 등을 점검 · 정비하는 작업장 등에서 사용하는 폐유 · 윤활유 등의 위험물을 저장하는 탱크는 2,000L 이하이다.

④ 고속도로변에 설치된 주유 취급소의 탱크 1개 용량은 60,000L이다.

(4) 고정 주유 설비 등

① 펌프 기기의 주유관 선단에서 최대 토출량

㉮ 제1석유류 : 50L/min 이하

㉯ 경유 : 180L/min 이하

㉰ 등유 : 80L/min 이하

㉱ 이동 저장 탱크에 주입하기 위한 등유용 고정 급유 설비 : 300l/min 이하

⑩ 분당 토출량이 200*l* 이상인 것의 경우에는 주유 설비에 관계된 모든 배관의 반지름을 400mm 이상으로 한다.

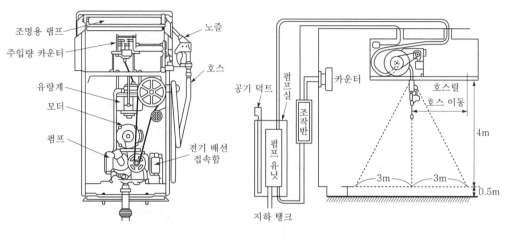

| 고정 주입 설비 | | 현수식 주입 설비 |

② 고정 주유 설비 또는 고정 급유 설비의 중심선을 기점으로

　㉮ 도로 경계선으로 : 4m 이상

　㉯ 대지 경계선·담 및 건축물의 벽까지 : 2m 이상

　㉰ 개구부가 없는 벽으로부터 : 1m 이상

　㉱ 고정 주유 설비와 고정 급유 설비 사이 : 4m 이상

참고　고정 주유 설비와 고정 급유 설비

1. 고정 주유 설비 : 펌프 기기 및 호스 기기로 되어 위험물을 자동차 등에 직접 주유하기 위한 설비로서 현수식을 포함한다.
2. 고정 급유 설비 : 펌프 기기 및 호스 기기로 되어 위험물을 용기에 옮겨 담거나 이동 저장 탱크에 주입하기 위한 설비로서 현수식을 포함한다.

③ 주유관의 기준

　㉮ 고정 주유관 길이 : 5m 이내

　㉯ 현수식 주유관 길이 : 지면 위 0.5m, 반경 3m 이내

　㉰ 노즐 선단에서는 정전기 제거 장치를 한다.

(5) 캐노피

① 배관이 캐노피 내부를 통과할 경우에는 1개 이상의 점검구를 설치한다.

② 캐노피 외부의 점검이 곤란한 장소에 배관을 설치하는 경우에는 용접 이음으로 한다.

③ 캐노피 외부의 배관이 일광열의 영향을 받을 우려가 있는 경우에는 단열재로 피복한다.

(6) 셀프 주유 취급소

고객이 직접 자동차 등의 연료 탱크 또는 용기에 위험물을 주입하는 고정 주유 설비 또는 고정 급유 설비를 설치하는 주유 취급소이다.

① 셀프용 고정 주유 설비의 기준

1회의 연속 주유량 및 주유 시간의 상한을 미리 설정할 수 있는 구조이다. 이 경우 상한은 다음과 같다.
- ㉮ 휘발유 : 100L 이하
- ㉯ 경유 : 200L 이하
- ㉰ 주유 시간의 상한 : 4분 이하

② 셀프용 고정 급유 설비의 기준

1회의 연속 급유량 및 급유 시간의 상한을 미리 설정할 수 있는 구조이다.
- ㉮ 급유량의 상한 : 100L 이하
- ㉯ 급유 시간의 상한 : 6분 이하

(7) 주유 취급소의 위험물 취급 기준

① 자동차 등에 주유할 때에는 고정 주유 설비를 사용하여 직접 주유해야 한다.
② 자동차 등이 주유할 때에는 자동차 등의 원동기를 정지시켜야 하는 위험물의 인화점은 40℃ 미만이다.
③ 자동차 등의 일부 또는 전부가 주유 취급소의 공지 밖에 나온 채로 주유해서는 안 된다.
④ 주유 취급소의 전용 탱크에 위험물을 주입할 때에는 그 탱크에 접결되는 고정 주유 설비의 사용을 중지해야 하며, 자동차 등을 그 탱크의 출입구에 접근시켜서는 안 된다.
⑤ 유분리 장치에 고인 유류는 넘치지 않도록 수시로 퍼내야 한다.
⑥ 고정 주유 설비에 유류를 공급하는 배관은 전용 탱크로부터 고정 주유 설비에 직접 접결된 것이어야 한다.
⑦ 자동차 등에 주유할 때에는 정당한 이유 없이 다른 자동차 등을 그 주유 취급소에 주차시켜서는 안 된다. 다만, 재해 발생의 우려가 없는 경우에는 주차시킬 수 있다.

> **참고 ➡ 주유 취급소의 피난 설비 기준**
>
> 주유 취급소 중 건축물의 2층을 휴게 음식점의 용도로 사용하는 것에 있어 당해 건축물의 2층으로부터 직접 주유 취급소의 부지 밖으로 통하는 출입구와 당해 출입구로 통하는 통로 계단에는 유도등을 설치한다.

(8) 주유 취급소에 설치할 수 있는 건축물

① 주유 또는 등유·경유를 옮겨 담기 위한 작업장
② 주유 취급소의 업무를 행하기 위한 사무소

③ 자동차 등의 점검 및 간이정비를 위한 작업장

④ 자동차 등의 세정을 위한 작업장

⑤ 주유 취급소에 출입하는 사람을 대상으로 한 점포, 휴게음식점 또는 전시장

⑥ 주유 취급소의 관계자가 거주하는 주거시설

⑦ 전기 자동차용 충전설비(전기를 동력원으로 하는 자동차에 직접 전기를 공급하는 장치)

4-2 판매 취급소

용기에 수납하여 위험물을 판매하는 취급소이다.

(1) 제1종 판매 취급소

저장 또는 취급하는 위험물의 수량이 지정 수량의 20배 이하인 취급소이다.

① 건축물의 1층에 설치한다.

② 배합실은 다음과 같다.

    ㉮ 바닥 면적은 $6m^2$ 이상 $15m^2$ 이하이다.

    ㉯ 내화 구조 또는 불연 재료로 된 벽으로 구획한다.

    ㉰ 바닥은 위험물이 침투하지 아니하는 구조로 하여 적당한 경사를 두고 집유 설비를 한다.

    ㉱ 출입구에는 수시로 열 수 있는 자동 폐쇄식의 갑종 방화문을 설치한다.

    ㉲ 출입구 문턱의 높이는 바닥면으로 0.1m 이상으로 한다.

    ㉳ 내부에 체류한 가연성 증기 또는 가연성의 미분을 지붕 위로 방출하는 설비를 한다.

(2) 제2종 판매 취급소

저장 또는 취급하는 위험물의 수량이 40배 이하인 취급소로 위치, 구조 및 설비의 기준은 다음과 같다.

① 벽, 기둥, 바닥 및 보를 내화 구조로 하고, 천장이 있는 경우에는 이를 불연 재료로 하며, 판매 취급소로 사용하는 부분과 다른 부분과의 격벽을 내화 구조로 한다.

② 상층이 있는 경우에는 상층의 바닥을 내화 구조로 하는 동시에 상층으로의 연소를 방지하기 위한 조치를 강구하고, 상층이 없는 경우에는 지붕을 내화 구조로 한다.

③ 연소의 우려가 없는 부분에 한하여 창을 두되, 당해 창에는 갑종 방화문 또는 을종 방화문을 설치한다.

④ 출입구에는 갑종 방화문 또는 을종 방화문을 설치한다. 단, 당해 부분 중 연소의 우려가 있는 벽 또는 창의 부분에 설치하는 출입구에는 수시로 열 수 있는 자동 폐쇄식의 갑종 방화문을 설치한다.

(3) 제2종 판매 취급소 작업실에서 배합할 수 있는 위험물의 종류

① 유황

② 도료류

③ 제1류 위험물 중 염소산염류 및 염소산염류만을 함유한 것

4-3 이송 취급소

배관 및 이에 부속된 설비에 의하여 위험물을 이송하는 장치를 말한다.

(1) 설치하지 못하는 장소

① 철도 및 도로의 터널 안

② 고속국도 및 자동차 전용 도로의 차도, 길어깨 및 중앙 분리대

③ 호수, 저수지 등으로서 수리의 수원이 되는 곳

④ 급경사 지역으로서 붕괴의 위험이 있는 지역

4-4 일반 취급소

주유 취급소, 판매 취급소 및 이송 취급소에 해당하지 않는 모든 취급소로서, 위험물을 사용하여 일반 제품을 생산, 가공 또는 세척하거나 버너 등에 소비하기 위하여 1일에 지정 수량 이상의 위험물을 취급하는 시설을 말한다.

① 도장, 인쇄 또는 도포를 위하여 제2류 위험물 또는 제4류 위험물(특수 인화물을 제외한다)을 취급하는 일반 취급소로서 지정 수량의 30배 미만의 것(위험물을 취급하는 설비를 건축물에 설치하는 것에 한하며, 이하 "분무 도장 작업 등의 일반 취급소"라 한다)

② 세정을 위하여 위험물(인화점이 40℃ 이상인 제4류 위험물에 한한다)을 취급하는 일반 취급소로서 지정 수량의 30배 미만의 것(위험물을 취급하는 설비를 건축물에 설치하는 것에 한하며, 이하 "세정 작업의 일반 취급소"라 한다)

③ 열처리 작업 또는 방전 가공을 위하여 위험물(인화점이 70℃ 이상인 제4류 위험물에 한한다)을 취급하는 일반 취급소로서 지정 수량의 30배 미만의 것(위험물을 취급하는 설비를 건축물에 설치하는 것에 한하며, 이하 "열처리 작업 등의 일반 취급소"라 한다)

④ 보일러, 버너 그 밖의 이와 유사한 장치로 위험물(인화점이 38℃ 이상인 제4류 위험물에 한한다)을 소비하는 일반 취급소로서 지정 수량의 30배 미만의 것(위험물을 취급하는 설비를 건축물에 설치하는 것에 한하며, 이하 "보일러 등으로 위험물을 소비하는 일반 취급소"라 한다)

⑤ 이동 저장 탱크에 액체 위험물(알킬알루미늄 등, 아세트알데히드 등 및 히드록실아민 등을 제외한다. 이하 이 호에서 같다)을 주입하는 일반 취급소(액체 위험물을 용기에 옮겨 담는 취급소를 포함하며, 이하 "충전하는 일반 취급소"라 한다)

⑥ 고정 급유 설비에 의하여 위험물(인화점이 38℃ 이상인 제4류 위험물에 한한다)을 용기에 옮겨 담거나 4,000L 이하의 이동 저장 탱크(용량이 2,000L를 넘는 탱크에 있어서는 그 내부를 2,000L 이하마다 구획한 것에 한한다)에 주입하는 일반 취급소로서 지정 수량의 40배 미만인 것(이하 "옮겨 담는 일반 취급소"라 한다)

⑦ 위험물을 이용한 유압 장치 또는 윤활유 순환 장치를 설치하는 일반 취급소(고인화점 위험물만을 100℃ 미만의 온도로 취급하는 것에 한한다)로서 지정 수량의 50배 미만의 것(위험물을 취급하는 설비를 건축물에 설치하는 것에 한하며, 이하 "유압 장치 등을 설치하는 일반 취급소"라 한다)

⑧ 절삭유의 위험물을 이용한 절삭 장치, 연삭 장치 그 밖의 이와 유사한 장치를 설치하는 일반 취급소(고인화점 위험물만을 100℃ 미만의 온도로 취급하는 것에 한한다)로서 지정 수량의 30배 미만의 것(위험물을 취급하는 설비를 건축물에 설치하는 것에 한하며, 이하 "절삭 장치 등을 설치하는 일반 취급소"라 한다)

⑨ 위험물 외의 물건을 가열하기 위하여 위험물(고인화점 위험물에 한한다)을 이용한 열매체유 순환 장치를 설치하는 일반 취급소로서 지정 수량의 30배 미만의 것(위험물을 취급하는 설비를 건축물에 설치하는 것에 한하며, 이하 "열매체유 순환 장치를 설치하는 일반 취급소"라 한다)

참고 🚩 **고인화점 위험물의 일반 취급소**
_____

인화점이 100℃ 이상인 제4류 위험물만을 100℃ 미만의 온도에서 취급하는 일반 취급소

05 소화 난이도 등급별 소화 설비, 경보 설비 및 피난 설비

5-1 소화 설비

(1) 소화 난이도 등급 Ⅰ의 제조소 등 및 소화 설비

① 소화 난이도 등급 Ⅰ에 해당하는 제조소 등

제조소 등의 구분	제조소 등의 규모, 저장 또는 취급하는 위험물의 품명 및 최대 수량 등
제조소 일반 취급소	연면적 1,000m² 이상인 것
	지정 수량의 100배 이상인 것(고인화점 위험물만을 100℃ 미만의 온도에서 취급하는 것 및 제48조의 위험물을 취급하는 것은 제외)
	지반면으로 부터 6m 이상의 높이에 위험물 취급 설비가 있는 것(고인화점 위험물만을 100℃ 미만의 온도에서 취급하는 것은 제외)
	일반 취급소로 사용되는 부분 외의 부분을 갖는 건축물에 설치된 것(내화 구조로 개구부 없이 구획된 것 및 고인화점 위험물만을 100℃ 미만의 온도에서 취급하는 것은 제외)
옥내 저장소	지정 수량의 150배 이상인 것(고인화점 위험물만을 저장하는 것 및 제48조의 위험물을 저장하는 것은 제외)
	연면적 150m²를 초과하는 것(150m² 이내마다 불연 재료로 개구부 없이 구획된 것 및 인화성 고체 외의 제2류 위험물 또는 인화점 70℃ 이상의 제4류 위험물만을 저장하는 것은 제외)
	처마 높이가 6m 이상인 단층 건물의 것
	옥내 저장소로 사용되는 부분 외의 부분이 있는 건축물에 설치된 것(내화 구조로 개구부 없이 구획된 것 및 인화성 고체 외의 제2류 위험물 또는 인화점 70℃ 이상의 제4류 위험물만을 저장하는 것은 제외)
옥외 탱크 저장소	액표면적이 40m² 이상인 것(제6류 위험물을 저장하는 것 및 고인화점 위험물만을 100℃ 미만의 온도에서 저장하는 것은 제외)
	지반면으로부터 탱크 옆판의 상단까지 높이가 6m 이상인 것(제6류 위험물을 저장하는 것 및 고인화점 위험물만을 100℃ 미만의 온도에서 저장하는 것은 제외)
	지중 탱크 또는 해상 탱크로서 지정 수량의 100배 이상인 것(제6류 위험물을 저장하는 것 및 고인화점 위험물만을 100℃ 미만의 온도에서 저장하는 것은 제외)
	고체 위험물을 저장하는 것으로서 지정 수량의 100배 이상인 것
	액표면적이 40m² 이상인 것(제6류 위험물을 저장하는 것 및 고인화점 위험물만을 100℃ 미만의 온도에서 저장하는 것은 제외)
	바닥면으로부터 탱크 옆판의 상단까지 높이가 6m 이상인 것(제6류 위험물을 저장하는 것 및 고인화점 위험물만을 100℃ 미만의 온도에서 저장하는 것은 제외)
	탱크 전용실이 단층 건물 외의 건축물에 있는 것으로서 인화점 40℃ 이상 70℃ 미만의 위험물을 지정 수량의 5배 이상 저장하는 것(내화 구조로 개구부 없이 구획된 것은 제외)
옥외 저장소	인화성 고체(인화점 21℃ 미만인 것) 덩어리 상태의 유황을 저장하는 것으로서 경계 표시 내부의 면적(2 이상의 경계 표시가 있는 경우에는 각 경계 표시의 내부의 면적을 합한 면적)이 100m² 이상인 것
	제2류 위험물 중 또는 제4류 위험물 중 제1석유류 또는 알코올류의 위험물을 저장하는 것으로 지정 수량의 100배 이상인 것
암반 탱크 저장소	액표면적이 40m² 이상인 것(제6류 위험물을 저장하는 것 및 고인화점 위험물만을 100℃ 미만의 온도에서 저장하는 것은 제외)
	고체 위험물을 저장하는 것으로서 지정 수량의 100배 이상인 것
이송 취급소	모든 대상

예제 연면적이 1,000m² 이고 지정 수량이 100배의 위험물을 취급하며, 지반면으로부터 6m 높이에 위험물 취급 설비가 있는 제조소의 소화 난이도 등급은?

답 소화 난이도 등급 Ⅰ

② 소화 난이도 등급 Ⅰ의 제조소 등에 설치하여야 하는 소화 설비

제조소 등의 구분			소화 설비
제조소 및 일반 취급소			옥내 소화전 설비, 옥외 소화전 설비, 스프링클러 설비 또는 물분무 등 소화 설비(화재 발생 시 연기가 충만할 우려가 있는 장소에는 스프링클러 설비 또는 이동식 외의 물분무 등 소화 설비에 한한다)
옥내 저장소	처마 높이가 6m 이상인 단층 건물 또는 다른 용도의 부분이 있는 건축물에 설치한 옥내 저장소		스프링클러 설비 또는 이동식 외의 물분무 등 소화 설비
	그 밖의 것		옥외 소화전 설비, 스프링클러 설비, 이동식 외의 물분무 등 소화 설비 또는 이동식 포 소화 설비(포 소화전을 옥외에 설치하는 것에 한한다)
옥외 탱크 저장소	지중 탱크 또는 해상 탱크 외의 것	유황만을 저장·취급하는 것	물분무 소화 설비
		인화점 70℃ 이상의 제4류 위험물만을 저장·취급하는 것	물분무 소화 설비 또는 고정식 포 소화 설비
		그 밖의 것	고정식 포 소화 설비(포 소화 설비가 적응성이 없는 경우에는 분말 소화 설비)
	지중 탱크		고정식 포 소화 설비, 이동식 외의 불활성가스 소화 설비 또는 이동식 이외의 할로겐 화합물 소화 설비
	해상 탱크		고정식 포 소화 설비, 물분무 소화 설비, 이동식 외의 불활성가스 소화 설비 또는 이동식 외의 할로겐 화합물 소화 설비
옥내 탱크 저장소	유황만을 저장·취급하는 것		물분무 소화 설비
	인화점 70℃ 이상의 제4류 위험물만을 저장·취급하는 것		물분무 소화 설비, 고정식 포 소화 설비, 이동식 외의 불활성가스 소화 설비, 이동식 외의 할로겐 화합물 소화 설비 또는 이동식 외의 분말 소화 설비
	그 밖의 것		고정식 포 소화 설비, 이동식 외의 불활성가스 소화 설비, 이동식 외의 할로겐 화합물 소화 설비 또는 이동식 외의 분말 소화 설비
옥외 저장소 및 이송 취급소			옥내 소화전 설비, 옥외 소화전 설비, 스프링클러 설비 또는 물분무 등 소화 설비(화재 발생 시 연기가 충만할 우려가 있는 장소에는 스프링클러 설비 또는 이동식 외의 물분무 등 소화 설비에 한한다)
암반 탱크 저장소	유황 등만을 저장·취급하는 것		물분무 소화 설비
	인화점 70℃ 이상의 제4류 위험물만을 저장·취급하는 것		물분무 소화 설비 또는 고정식 포 소화 설비
	그 밖의 것		고정식 포 소화 설비(포 소화 설비가 적응성이 없는 경우에는 분말 소화 설비)

[비고] 1. 위 표 오른쪽 난의 소화 설비를 설치함에 있어서는 당해 소화 설비의 방사 범위가 당해 제조소, 일반 취급소, 옥내 저장소, 옥외 탱크 저장소, 옥내 탱크 저장소, 옥외 저장소, 암반 탱크 저장소(암반 탱크에 관계되는 부분을 제외한다) 또는 이송 취급소(이송 기지 내에 한한다)의 건축물, 그 밖의 인공 구조물 및 위험물을 포함하도록 하여야 한다. 다만, 고인화점 위험물만을 100℃ 미만의 온도에서 취급하는 제조소 또는 일반 취급소의 경우에는 당해 제조소 또는 일반 취급소의 건축물 및 그 밖의 인공 구조물만 포함하도록 할 수 있다.

2. 고인화점 위험물만을 100℃ 미만의 온도에서 취급하는 제조소 또는 일반 취급소의 위험물에 대해서는 대형 수동식 소화기 1개 이상과 당해 위험물의 소요 단위에 해당하는 능력 단위의 소형 수동식 소화기를 설치하여야 한다. 다만, 당해 제조소 또는 일반 취급소에 옥내·외 소화전 설비, 스프링클러 설비 또는 물분무 등 소화 설비를 설치한 경우에는 당해 소화 설비의 방사 능력 범위 내에는 대형 수동식 소화기를 설치하지 아니할 수 있다.

3. 가연성 증기 또는 가연성 미분이 체류할 우려가 있는 건축물 또는 실내에는 대형 수동식 소화기 1개 이상과 당해 건축물, 그 밖의 인공 구조물 및 위험물의 소요 단위에 해당하는 능력 단위의 소형 수동식 소화기 등을 추가로 설치하여야 한다.

4. 제4류 위험물을 저장 또는 취급하는 옥외 탱크 저장소 또는 옥내 탱크 저장소에는 소형 수동식 소화기 등을 2개 이상 설치하여야 한다.

5. 제조소, 옥내 탱크 저장소, 이송 취급소, 또는 일반 취급소의 작업 공정상 소화 설비의 방사 능력 범위 내에 당해 제조소 등에서 저장 또는 취급하는 위험물의 전부가 포함되지 아니하는 경우에는 당해 위험물에 대하여 대형 수동식 소화기 1개 이상과 당해 위험물의 소요 단위에 해당하는 능력 단위의 소형 수동식 소화기 등을 추가로 설치하여야 한다.

> **예제** 1. 소화 난이도 등급 I인 옥외 탱크 저장소에 있어서 제4류 위험물 중 인화점이 70℃ 이상인 것을 저장·취급하는 경우 어느 소화 설비를 설치해야 하는가? (단, 지중 탱크 또는 해상 탱크 외의 것이다.)
>
> 답 물분무 소화 설비 또는 고정식 포 소화 설비

> **예제** 2. 소화 난이도 등급 I인 옥내 저장소에 설치하여야 하는 소화 설비는?
>
> 답 옥외 소화전 설비, 스프링클러 설비, 이동식 외의 물분무 등 소화 설비 또는 이동식 포 소화 설비(포 소화전을 옥외에 설치하는 것에 한함)

(2) 소화 난이도 등급 Ⅱ의 제조소 등 및 소화 설비

① 소화 난이도 등급 Ⅱ에 해당하는 제조소 등

제조소 등의 구분	제조소 등의 규모, 저장 또는 취급하는 위험물의 품명 및 최대 수량 등
제조소 일반 취급소	연면적 600m² 이상인 것
	지정 수량의 10배 이상인 것(고인화점 위험물만을 100℃ 미만의 온도에서 취급하는 것 및 제48조의 위험물을 취급하는 것은 제외)
	일반 취급소로서 소화 난이도 등급 I의 제조소 등에 해당하지 아니하는 것(고인화점 위험물만을 100℃ 미만의 온도에서 취급하는 것은 제외)
옥내 저장소	단층 건물 외의 것
	옥내 저장소
	지정 수량의 10배 이상인 것(고인화점 위험물만을 저장하는 것 및 제48조의 위험물을 저장하는 것은 제외)
	연면적 150m² 초과인 것
	옥내 저장소로서 소화 난이도 등급 I의 제조소 등에 해당하지 아니하는 것

제조소 등의 구분	제조소 등의 규모, 저장 또는 취급하는 위험물의 품명 및 최대 수량 등
옥외 탱크 저장소 옥내 탱크 저장소	소화 난이도 등급 Ⅰ의 제조소 등 외의 것(고인화점 위험물만을 100℃ 미만의 온도로 저장하는 것 및 제6류 위험물만을 저장하는 것은 제외)
옥외 저장소	덩어리 상태의 유황을 저장하는 것으로서 경계 표시 내부의 면적(2 이상의 경계 표시가 있는 경우에는 각 경계 표시의 내부 면적을 합한 면적)이 5m² 이상 100m² 미만인 것
	위험물을 저장하는 것으로서 지정 수량의 10배 이상 100배 미만인 것
	지정 수량의 100배 이상인 것(덩어리 상태의 유황 또는 고인화점 위험물을 저장하는 것은 제외)
주유 취급소	옥내 주유 취급소
판매 취급소	제2종 판매 취급소

② 소화 난이도 등급 Ⅱ의 제조소 등에 설치하여야 하는 소화 설비

제조소 등의 구분	소화 설비
제조소 옥내 저장소 옥외 저장소 주유 취급소 판매 취급소 일반 취급소	방사 능력 범위 내에 당해 건축물, 그 밖의 인공 구조물 및 위험물이 포함되도록 대형 수동식 소화기를 설치하고, 당해 위험물의 소요 단위의 1/5 이상에 해당하는 능력 단위의 소형 수동식 소화기 등을 설치할 것
옥외 탱크 저장소 옥내 탱크 저장소	대형 수동식 소화기 및 소형 수동식 소화기 등을 각각 1개 이상 설치할 것

[비고] 1. 옥내 소화전 설비, 옥외 소화전 설비, 스프링클러 설비 또는 물분무 등 소화 설비를 설치한 경우에는 당해 소화 설비의 방사 능력 범위 내의 부분에 대해서는 대형 수동식 소화기를 설치하지 아니할 수 있다.
2. 소형 수동식 소화기 등이란 제4호의 규정에 의한 소형 수동식 소화기 또는 기타 소화 설비를 말한다.

(3) 소화 난이도 등급 Ⅲ의 제조소 등 및 소화 설비

① 소화 난이도 등급 Ⅲ에 해당하는 제조소 등

제조소 등의 구분	제조소 등의 규모, 저장 또는 취급하는 위험물의 품명 및 최대 수량 등
제조소 일반 취급소	위험물을 취급하는 것
	위험물 외의 것을 취급하는 것으로서 소화 난이도 등급 Ⅰ 또는 소화 난이도 등급 Ⅱ의 제조소 등에 해당하지 아니하는 것
옥내 저장소	위험물을 취급하는 것
	위험물 외의 것을 취급하는 것으로서 소화 난이도 등급 Ⅰ 또는 소화 난이도 등급 Ⅱ의 제조소 등에 해당하지 아니하는 것

제조소 등의 구분	제조소 등의 규모, 저장 또는 취급하는 위험물의 품명 및 최대 수량 등
지하 탱크 저장소 간이 탱크 저장소 이동 탱크 저장소	모든 대상
옥외 저장소	덩어리 상태의 유황을 저장하는 것으로서 경계 표시 내부의 면적(2 이상의 경계 표시가 있는 경우에는 각 경계 표시의 내부 면적을 합한 면적)이 $5m^2$ 미만인 것
	덩어리 상태의 유황 외의 것을 저장하는 것으로서 소화 난이도 등급 Ⅰ 또는 소화 난이도 등급 Ⅱ의 제조소 등에 해당하지 아니하는 것
주유 취급소	옥내 주유 취급소 외의 것
제1종 판매 취급소	모든 대상

[비고] 제조소 등의 구분별로 오른쪽 난에 정한 제조소 등의 규모, 저장 또는 취급하는 위험물의 수량 및 최대 수량 등의 어느 하나에 해당하는 제조소 등은 소화 난이도 등급 Ⅲ에 해당하는 것으로 한다.

② 소화 난이도 등급 Ⅲ의 제조소 등에 설치하여야 하는 소화 설비

제조소 등의 구분	소화 설비	설치 기준	
지하 탱크 저장소	소형 수동식 소화기 등	능력 단위의 수치가 3 이상	2개 이상
이동 탱크 저장소	자동차용 소화기	무상의 강화액 8L 이상	2개 이상
		이산화탄소 3.2kg 이상	
		일브롬화일염화이플루오르화메탄(CF_2ClBr) 2L 이상	
		일브롬화삼플루오르화메탄(CF_3Br) 2L 이상	
		이브롬화사플루오르화에탄($C_2F_4Br_2$) 1L 이상	
		소화 분말 3.5kg 이상	
	마른 모래 및 팽창 질석 또는 팽창 진주암	마른 모래 150L 이상	
		팽창 질석 또는 팽창 진주암 640L 이상	
그 밖의 제조소 등	소형 수동식 소화기 등	능력 단위의 수치가 건축물, 그 밖의 인공 구조물 및 위험물의 소요 단위의 수치에 이르도록 설치할 것. 다만, 옥내 소화전 설비, 옥외 소화전 설비, 스프링클러 설비, 물분무 등 소화 설비 또는 대형 수동식 소화기를 설치한 경우에는 당해 소화 설비의 방사 능력 범위 내의 부분에 대하여는 수동식 소화기 등을 그 능력 단위의 수치가 당해 소요 단위의 수치의 1/5 이상이 되도록 하는 것으로 족하다.	

[비고] 알킬알루미늄 등을 저장 또는 취급하는 이동 탱크 저장소에 있어서는 자동차용 소화기를 설치하는 외에 마른 모래나 팽창 질석 또는 팽창 진주암을 추가로 설치하여야 한다.

(4) 소화 설비의 적응성

소화 설비의 구분		건축물·그 밖의 공작물	전기설비	제1류 위험물 알칼리금속 과산화물 등	제1류 위험물 그 밖의 것	제2류 위험물 철분·금속분·마그네슘 등	제2류 위험물 인화성 고체	제2류 위험물 그 밖의 것	제3류 위험물 금수성 물품	제3류 위험물 그 밖의 것	제4류 위험물	제5류 위험물	제6류 위험물
옥내 소화전 설비 또는 옥외 소화전 설비		○			○		○	○		○		○	○
스프링클러 설비		○			○		○	○		○	△	○	○
물분무 등 소화 설비	물분무 소화 설비	○	○		○		○	○		○	○	○	○
	포 소화 설비	○			○		○	○		○	○	○	○
	불활성가스 소화 설비		○				○				○		
	할로겐화물 소화 설비		○				○				○		
	분말 소화 설비 인산염류 등	○	○		○		○	○			○		○
	분말 소화 설비 탄산수소염류 등		○	○		○	○		○		○		
	분말 소화 설비 그 밖의 것			○		○			○				
대형·소형 수동식 소화기	봉상수(棒狀水) 소화기	○			○		○	○		○		○	○
	무상수(霧狀水) 소화기	○	○		○		○	○		○		○	○
	봉상 강화액 소화기	○			○		○	○		○		○	○
	무상 강화액 소화기	○	○		○		○	○		○	○	○	○
	포 소화기	○			○		○	○		○	○	○	○
	이산화탄소 소화기		○				○				○		△
	할로겐화물 소화기		○				○				○		
	분말 소화기 인산염류 소화기	○	○		○		○	○			○		○
	분말 소화기 탄산수소염류 소화기		○	○		○	○		○		○		
	분말 소화기 그 밖의 것			○		○			○				
기타	물통 또는 수조	○			○		○	○		○		○	○
	건조사			○	○	○	○	○	○	○	○	○	○
	팽창 질석 또는 팽창 진주암			○	○	○	○	○	○	○	○	○	○

[비고] 1. "○"표시는 당해 소방 대상물 및 위험물에 대하여 소화 설비가 적응성이 있음을 표시하고, "△"표시는 제4류 위험물을 저장 또는 취급하는 장소의 살수 기준 면적에 따라 스프링클러 설비의 살수 밀도가 표에서 정하는 기준 이상인 경우에는 당해 스프링클러 설비가 제4류 위험물에 대하여 적응성이 있음을, 제6류 위험물을 저장 또는 취급하는 장소로서 폭발의 위험이 없는 장소에 한하여 이산화탄소 소화기가 제6류 위험물에 대하여 적응성이 있음을 각각 표시한다.

살수 기준 면적(m²)	방사 밀도(L/m²분)		비 고
	인화점 38℃ 미만	인화점 38℃ 이상	
279 미만	16.3 이상	12.2 이상	살수 기준 면적은 내화 구조의 벽 및 바닥으로 구획된 하나의 실의 바닥 면적을 말하고, 하나의 실의 바닥 면적이 465m² 이상인 경우의 살수 기준 면적은 465m²로 한다. 다만, 위험물의 취급을 주된 작업 내용으로 하지 아니하고 소량의 위험물을 취급하는 설비 또는 부분이 넓게 분산되어 있는 경우에는 방사 밀도는 8.2L/m²분 이상, 살수 기준 면적은 279m² 이상으로 할 수 있다.
279 이상 372 미만	15.5 이상	11.8 이상	
372 이상 465 미만	13.9 이상	9.8 이상	
465 이상	12.2 이상	8.1 이상	

2. 인산염류 등은 인산염류, 황산염류, 그 밖에 방염성이 있는 약제를 말한다.
3. 탄산수소염류 등은 탄산수소염류 및 탄산수소염류와 요소의 반응 생성물을 말한다.
4. 알칼리 금속 과산화물 등은 알칼리 금속의 과산화물 및 알칼리 금속의 과산화물을 함유한 것을 말한다.
5. 철분·금속분·마그네슘 등은 철분·금속분·마그네슘과 철분·금속분 또는 마그네슘을 함유한 것을 말한다.

> 인화점이 38℃ 이상인 제4류 위험물 취급을 주된 작업 내용으로 하는 장소에 스프링클러 설비를 설치할 경우 확보하여야 하는 1분당 방사 밀도는 몇 L/m² 이상이어야 하는가? (단, 살수 기준 면적은 250m²이다.)
>
> 🖐 12.2L/m² 이상

5-2 경보 설비

〈제조소 등별로 설치하여야 하는 경보 설비의 종류〉

제조소 등의 구분	제조소 등의 규모, 저장 또는 취급하는 위험물의 종류 및 최대 수량 등	경보 설비
제조소 및 일반 취급소	연면적 500m² 이상인 것	자동 화재 탐지 설비
	옥내에서 지정 수량의 100배 이상을 취급하는 것(고인화점 위험물만을 100℃ 미만의 온도에서 취급하는 것을 제외한다)	
	일반 취급소로 사용되는 부분 외의 부분이 있는 건축물에 설치된 일반 취급소(일반 취급소와 일반 취급소 외의 부분이 내화 구조의 바닥 또는 벽으로 개구부 없이 구획된 것을 제외한다)	
옥내 저장소	지정 수량의 100배 이상을 저장 또는 취급하는 것(고인화점 위험물만을 저장 또는 취급하는 것을 제외한다)	
	저장 창고의 연면적이 150m²를 초과하는 것[당해 저장 창고가 연면적 150m² 이내마다 불연 재료의 격벽으로 개구부 없이 완전히 구획된 것과 제2류 또는 제4류의 위험물(인화성 고체 및 인화점이 70℃ 미만인 제4류 위험물을 제외한다)만을 저장 또는 취급하는 것에 있어서는 저장 창고의 연면적이 500m² 이상의 것에 한한다]	
	처마 높이가 6m 이상인 단층 건물의 것	
	옥내 저장소로 사용되는 부분 외의 부분이 있는 건축물에 설치된 옥내 저장소[옥내 저장소와 옥내 저장소 외의 부분이 내화 구조의 바닥 또는 벽으로 개구부 없이 구획된 것과 제2류 또는 제4류의 위험물(인화성 고체 및 인화점이 70℃ 미만인 제4류 위험물을 제외한다)만을 저장 또는 취급하는 것을 제외한다]	

제조소 등의 구분	제조소 등의 규모, 저장 또는 취급하는 위험물의 종류 및 최대 수량 등	경보 설비
옥내 탱크 저장소	단층 건물 외의 건축물에 설치된 옥내 탱크 저장소로서 소화 난이도 등급 Ⅰ에 해당하는 것	자동 화재 탐지 설비
주유 취급소	옥내 주유 취급소	
위의 자동 화재 탐지 설비 설치 대상에 해당하지 아니하는 제조소 등	지정 수량의 10배 이상을 저장 또는 취급하는 것	자동 화재 탐지 설비, 비상 경보 설비, 확성 장치 또는 비상 방송 설비 중 1종 이상

> **예제** 옥내에서 지정 수량 100배 이상을 취급하는 일반 취급소에 설치하여야 하는 경보 설비는?
> (단, 고인화점 위험물만을 취급하는 경우는 제외한다.)
>
> 답 자동 화재 탐지 설비

5-3 피난 설비

① 주유 취급소 중 건축물의 2층 이상의 부분을 점포, 휴게 음식점 또는 전시장의 용도로 사용하는 것에 있어서는 당해 건축물의 2층 이상으로부터 직접 주유 취급소의 부지 밖으로 통하는 출입구와 당해 출입구로 통하는 통로·계단 및 출입구에 유도등을 설치하여야 한다.

② 옥내 주유 취급소에 있어서는 당해 사무소 등의 출입구 및 피난구와 당해 피난구로 통하는 통로·계단 및 출입구에 유도등을 설치하여야 한다.

③ 유도등에는 비상 전원을 설치하여야 한다.

06 운반 용기의 최대 용적 또는 중량

(1) 고체 위험물

운반 용기				수납 위험물의 종류								
내장 용기		외장 용기		제1류			제2류		제3류		제4류	
용기의 종류	최대 용적 또는 중량	용기의 종류	최대 용적 또는 중량	I	II	III	II	III	I	II	I	II
유리 용기 또는 플라스틱 용기	10L	나무 상자 또는 플라스틱 상자(필요에 따라 불활성의 완충재를 채울 것)	125kg	○	○	○	○	○	○	○	○	○
			225kg		○	○		○		○		○
		파이버판 상자(필요에 따라 불활성의 완충재를 채울 것)	40kg	○	○	○	○	○	○	○	○	○
			55kg			○		○		○		○
금속제 용기	30L	나무 상자 또는 플라스틱 상자	125kg	○	○	○	○	○	○	○	○	○
			225kg		○	○		○		○		○
		파이버판 상자	40kg	○	○	○	○	○	○	○	○	○
			55kg			○		○		○		○
플라스틱 필름 포대 또는 종이 포대	5kg	나무 상자 또는 플라스틱 상자	50kg	○	○	○	○	○	○	○	○	○
	50kg			○	○	○	○	○				○
	125kg		125kg		○	○	○	○				
	225kg		225kg			○		○				
	5kg	파이버판 상자	40kg	○	○	○	○	○	○	○	○	○
	40kg			○	○	○	○	○				○
	55kg		55kg			○		○				
		금속제 용기 (드럼 제외)	60L	○	○	○	○	○	○	○	○	○
		플라스틱 용기 (드럼 제외)	10L		○	○	○	○		○		○
			30L			○		○				
		금속제 드럼	250L	○	○	○	○	○	○	○	○	○
		플라스틱 드럼 또는 파이버 드럼(방수성이 있는 것)	60L	○	○	○	○	○	○	○	○	○
			250L		○	○		○		○		○
		합성 수지 포대(방수성이 있는 것), 플라스틱 필름 포대, 섬유 포대(방수성이 있는 것 또는 종이 포대(여러 겹으로서 방수성이 있는 것)	50kg		○	○	○	○		○		○

[비고] 1. "○" 표시는 수납 위험물의 종류별 각 난에 정한 위험물에 대하여 당해 각 난에 정한 운반 용기가 적응성이 있음을 표시한다.
2. 내장 용기는 외장 용기에 수납하여야 하는 용기로서 위험물을 직접 수납하기 위한 것을 말한다.
3. 내장 용기의 "용기의 종류"란이 공란인 것은 외장 용기에 위험물을 직접 수납하거나 유리 용기, 플라스틱 용기, 금속제 용기, 폴리에틸렌 포대 또는 종이 포대를 내장 용기로 할 수 있음을 표시한다.

(2) 액체 위험물

운반 용기				수납 위험물의 종류							
내장 용기		외장 용기		제3류		제4류			제5류		제6류
용기의 종류	최대 용적 또는 중량	용기의 종류	최대 용적 또는 용적	I	II	I	II	III	I	II	I
유리 용기	5L	나무 또는 플라스틱 상자(불활성의 완충재를 채울 것)	75kg	○	○	○	○	○	○	○	○
	10L		125kg		○		○	○		○	
			225kg					○			
	5L	파이버판 상자(불활성의 완충재를 채울 것)	40kg	○	○	○	○	○	○	○	○
	10L		55kg					○			
플라스틱 용기	10L	나무 또는 플라스틱 상자(필요에 따라 불활성의 완충재를 채울 것)	75kg	○	○	○	○	○	○	○	○
			125kg		○		○	○		○	
			225kg					○			
		파이버판 상자(필요에 따라 불활성의 완충재를 채울 것)	40kg	○	○	○	○	○	○	○	○
			55kg					○			
금속제 용기	30L	나무 또는 플라스틱 상자	125kg	○	○	○	○	○	○	○	○
			225kg					○			
		파이버판 상자	40kg	○	○	○	○	○	○	○	○
			55kg		○		○	○		○	
		금속제 용기(금속제 드럼 제외)	60L		○		○	○		○	
		플라스틱 용기(플라스틱 드럼 제외)	10L		○		○	○		○	
			20L				○	○			
			30L					○		○	
		금속제 드럼(뚜껑 고정식)	250L	○	○	○	○	○	○	○	○
		금속제 드럼(뚜껑 탈착식)	250L				○	○			
		플라스틱 또는 파이버 드럼(플라스틱 내 용기 부착의 것)	250L		○			○		○	

[비고] 1. "○" 표시는 수납 위험물의 종류별 각 난에 정한 위험물에 대하여 당해 각 난에 정한 운반 용기가 적응성이 있음을 표시한다.
2. 내장 용기는 외장 용기에 수납하여야 하는 용기로서 위험물을 직접 수납하기 위한 것을 말한다.
3. 내장 용기의 "용기의 종류"란이 공란인 것은 외장 용기에 위험물을 직접 수납하거나 유리 용기, 플라스틱 용기 또는 금속제 용기를 내장 용기로 할 수 있음을 표시한다.

07 위험물의 운송 시에 준수하는 기준

위험물 운송자는 장거리(고속국도에 있어서는 340km 이상, 그 밖의 도로에 있어서는 200km 이상을 말한다)에 걸친 운송을 하는 때에는 2명 이상의 운전자로 한다.

① 운송 책임자를 동승시킨 경우
② 운송하는 위험물이 제2류 위험물, 제3류 위험물(칼슘 또는 알루미늄의 탄화물과 이것만을 함유한 것에 한한다) 또는 제4류 위험물(특수인화물 제외한다)인 경우
③ 운송도중에 2시간 이내마다 20분 이상씩 휴식하는 경우
※ 서울 – 부산 거리(서울 톨게이트에서 부산 톨게이트까지) : 410.3km

출·제·예·상·문·제

1

다음은 위험물안전관리법령에서 정한 정의이다. 무엇의 정의인가?

> 인화성 또는 발화성 등의 성질을 가지는 것으로서 대통령령이 정하는 물품을 말한다.

① 위험물   ② 가연물
③ 특수 인화물   ④ 제4류 위험물

 위험물
인화성 또는 발화성 등의 성질을 가지는 것으로서 대통령령이 정하는 물품

2

위험물안전관리법령상 위험물의 품명별 지정 수량의 단위에 관한 설명 중 옳은 것은?

① 액체인 위험물은 지정 수량의 단위를 "리터"로 하고, 고체인 위험물은 지정 수량의
단위를 "킬로그램"으로 한다.
② 액체만 포함된 유별은 "리터"로 하고, 고체만 포함된 유별은 "킬로그램"으로 하며, 액
체와 고체가 포함된 유별은 "리터"로 한다.
③ 산화성인 위험물은 "킬로그램"으로 하고, 가연성인 위험물은 "리터"로 한다.
④ 자기 반응성 물질과 산화성 물질은 액체와 고체의 구분에 관계 없이 "킬로그램"으로 한다.

해설 지정 수량의 표시
고체에 대하여는 "kg"으로 무게를 정하고 있고, 질량은 온도나 압력 변화에도 일정하다. 액체에 대
하여는 "L"로 용량을 나타낸다. 액체는 직접 그 질량을 측정하기가 곤란하고 통상 용기에 수납하므로
실용상 편의에 따라 용량으로 표시한다. 단, 제6류 위험물은 액체인데도 "kg"으로 표시하는 것은
비중을 고려, 엄격히 규제하고자 하는 의미가 있다.

3

위험물 제조소 등의 용도 폐지 신고에 대한 설명으로 옳지 않은 것은?

① 용도 폐지 후 30일 이내에 신고하여야 한다.
② 완공 검사 필증을 첨부한 용도 폐지 신고서를 제출하는 방법으로 신고한다.
③ 전자 문서로 된 용도 폐지 신고서를 제출하는 경우에도 완공 검사 필증을 제출하여야 한다.
④ 신고 의무의 주체는 해당 제조소 등의 관계인이다.

 해설 제조소 등의 용도를 폐지한 날부터 14일 이내에 시·도지사에게 신고하여야 한다.

정답   1. ① 2. ④ 3. ①

4

제조소 등의 설치자가 그 제조소 등의 용도를 폐지할 때 폐지한 날로부터 며칠 이내에
신고(시·도지사에게)하여야 하는가?

① 7일   ② 14일   ③ 30일   ④ 90일

 제조소 등의 설치자가 그 제조소 등의 용도를 폐지할 때는 폐지한 날로부터 14일 이내에 시·도지
사에게 신고를 한다.

5

제조소 등의 위치·구조 또는 설비의 변경 없이 당해 제조소 등에서 취급하는 위험물의
품명을 변경하고자 하는 자는 변경하고자 하는 날의 며칠(몇 개월) 전까지 신고하여야
하는가?

① 1일   ② 14일   ③ 1개월   ④ 6개월

 제조소 등의 변경 신고
변경하고자 하는 날의 1일 전까지 시·도지사에게 신고하여야 한다.

6

위험물안전관리법상 위험물 제조소 등의 설치 허가의 취소 또는 사용 정지 처분권자는?

① 국가안전처 장관   ② 시·도지사
③ 경찰서장   ④ 시장·군수

해설 위험물 제조소 등의 설치 허가의 취소 또는 사용 정지 처분권자는 시·도지사이다.

7

위험물 안전관리자를 선임한 제조소 등의 관계인은 그 안전관리자를 해임하거나 안전관
리자가 퇴직한 때에는 해임하거나 퇴직한 날부터 며칠 이내에 다시 안전관리자를 선임
해야 하는가?

① 10일   ② 20일
③ 30일   ④ 40일

해설 위험물 안전관리자의 재선임 : 30일 이내

8

위험물의 안전 관리와 관련된 업무를 수행하는 자에 대한 안전 실무 교육 실시자는 누구
인가?

① 소방본부장   ② 소방학교장
③ 시장   ④ 한국소방안전원장

정답   4. ②   5. ①   6. ②   7. ③   8. ④

위험물의 안전 관리와 관련된 업무를 수행하는 자에 대한 안전 실무 교육은 한국소방안전협회장이 실시한다.

9

위험물안전관리법령에 따라 관계인이 예방 규정을 정하여야 할 옥외 탱크 저장소에 저장되는 위험물의 지정 수량 배수는?

① 100배 이상
② 150배 이상
③ 200배 이상
④ 250배 이상

해설 예방 규정

작성 대상	지정 수량의 배수
제조소	10배 이상
옥내 저장소	150배 이상
옥외 탱크 저장소	200배 이상
옥외 저장소	100배 이상
이송 취급소	전 대상
일반 취급소	10배 이상
암반 탱크 저장소	전 대상

10

정기 점검 대상 제조소 등에 해당하지 않는 것은?

① 이동 탱크 저장소
② 지정 수량 120배의 위험물을 저장하는 옥외 저장소
③ 지정 수량 120배의 위험물을 저장하는 옥내 저장소
④ 이송 취급소

해설 정기 점검 대상 제조소

1. 예방 규정을 정해야 하는 제조소 등
   ㉠ 지정 수량의 10배 이상의 위험물을 취급하는 제조소
   ㉡ 지정 수량의 100배 이상의 위험물을 저장하는 옥외 저장소
   ㉢ 지정 수량의 150배 이상의 위험물을 저장하는 옥내 저장소
   ㉣ 지정 수량의 200배 이상의 위험물을 저장하는 옥외 탱크 저장소
   ㉤ 암반 탱크 저장소
   ㉥ 이송 취급소
   ㉦ 지정 수량의 10배 이상의 위험물을 취급하는 일반 취급소. 다만, 인화점이 40℃ 이상인 제4류 위험물만을 지정 수량의 40배 이하로 취급하는 일반 취급소로서 다음에 해당하는 것을 제외한다.
     • 보일러, 버너 또는 이와 비슷한 것으로 위험물을 소비하는 장치로 이루어진 일반 취급소
     • 위험물을 용기에 다시 채워 넣는 일반 취급소
2. 지하 탱크 저장소
3. 이동 탱크 저장소
4. 위험물을 취급하는 탱크로서 지하에 매설된 탱크가 있는 제조소, 주유 취급소 또는 일반 취급소

11

위험물 제조소 등에 자체 소방대를 두어야 할 대상의 위험물안전관리법령상 기준으로 옳은 것은? (단, 원칙적인 경우에 한한다.)

① 지정 수량 3,000배 이상의 위험물을 저장하는 저장소 또는 제조소
② 지정 수량 3,000배 이상의 위험물을 취급하는 제조소 또는 일반 취급소
③ 지정 수량 3,000배 이상의 제4류 위험물을 저장하는 저장소 또는 제조소
④ 지정 수량 3,000배 이상의 제4류 위험물을 취급하는 제조소 또는 일반 취급소

해설 자체 소방대를 두어야 할 대상의 기준
지정 수량 3,000배 이상의 제4류 위험물을 취급하는 제조소 또는 일반 취급소

12

다음 중 소방 신호에 해당되지 않는 것은?

① 경계 신호   ② 발화 신호
③ 대피 신호   ④ 훈련 신호

해설 소방 신호
㉠ 경계 신호, ㉡ 발화 신호, ㉢ 해제 신호, ㉣ 훈련 신호

13

위험물안전관리법령에 근거하여 자체 소방대에 두어야 하는 제독차의 경우 가성소다 및 규조토를 각각 몇 kg 이상 비치하여야 하는가?

① 30   ② 50
③ 60   ④ 100

해설 화학 소방 자동차의 소화 능력 및 설비의 기준

화학 소방 자동차의 구분	소화 능력 및 설비의 기준
포 수용액 방사차	• 포 수용액의 방사 능력이 2,000L/min 이상일 것 • 소화 약액 탱크 및 소화 약액 혼합 장치를 비치할 것 • 10만L 이상의 포 수용액을 방사할 수 있는 양의 소화 약제를 비치할 것
분말 방사차	• 분말의 방사 능력이 35kg/s 이상일 것 • 분말 탱크 및 가압용 가스 설비를 비치할 것 • 1,400kg 이상의 분말을 비치할 것
할로겐화물 방사차	• 할로겐화물의 방사 능력이 40kg/s 이상일 것 • 할로겐화물 탱크 및 가압용 가스 설비를 비치할 것 • 1,000kg 이상의 할로겐화물을 비치할 것
이산화탄소 방사차	• 이산화탄소의 방사 능력이 40kg/s 이상일 것 • 이산화탄소 저장 용기를 비치할 것 • 3,000kg 이상의 이산화탄소를 비치할 것
제독차	가성소다 및 규조토를 각각 50kg 이상 비치할 것

정답 11. ④ 12. ③ 13. ②

14

위험물 탱크 성능 시험자가 갖추어야 할 등록 기준에 해당되지 않는 것은?

① 기술 능력   ② 시설
③ 장비   ④ 경력

해설 위험물 탱크 성능 시험자가 갖추어야 할 등록 기준
　　　㉠ 기술 능력
　　　㉡ 시설
　　　㉢ 장비

15

위험물안전관리법령상의 규제에 관한 설명 중 틀린 것은?

① 지정 수량 미만의 위험물의 저장·취급 및 운반은 시·도 조례에 의하여 규제한다.
② 항공기에 의한 위험물의 저장·취급 및 운반은 위험물안전관리법의 규제 대상이 아니다.
③ 궤도에 의한 위험물의 저장·취급 및 운반은 위험물안전관리법의 규제 대상이 아니다.
④ 선박법의 선박에 의한 위험물의 저장·취급 및 운반은 위험물안전관리법의 규제 대상이 아니다.

해설 ① 지정 수량 미만의 위험물의 저장·취급 및 운반은 특별시·광역시 및 도의 조례로 행한다.

16

다음 위험물의 저장 또는 취급에 관한 기술상의 기준과 관련하여 시·도의 조례에 의해 규제를 받는 경우는?

① 등유 2,000L를 저장하는 경우   ② 중유 3,000L를 저장하는 경우
③ 윤활유 5,000L를 저장하는 경우   ④ 휘발유 400L를 저장하는 경우

해설 1. 지정 수량 미만인 위험물의 저장·취급 : 기술상의 기준은 특별시, 광역시 및 도(시·도)의 조례로 정한다.
　　 2. 조례 : 지방자치단체가 고유 사무와 위임 사무 등을 지방의회의 결정에 의하여 제정하는 것
　　 ① $\frac{2,000}{1,000} = 2$배　　② $\frac{3,000}{2,000} = 1.5$배
　　 ③ $\frac{5,000}{6,000} = 0.83$배　　④ $\frac{400}{200} = 2$배

17

시·도의 조례가 정하는 바에 따라 관할 소방서장의 승인을 받아 지정 수량 이상의 위험물을 제조소 등이 아닌 장소에서 임시로 저장 또는 취급하는 기간은 최대 며칠 이내인가?

① 30   ② 60
③ 90   ④ 120

관할 소방서장의 승인을 받아 지정 수량 이상의 위험물을 제조소 등이 아닌 장소에서 임시로 저장 또는 취급하는 기간은 90일 이내이다.

18 제조소 등에서 위험물을 유출시켜 사람의 신체 또는 재산에 대하여 위험을 발생시킨 자에 대한 벌칙 기준으로 옳은 것은?

① 1년 이상 3년 이하의 징역
② 1년 이상 5년 이하의 징역
③ 1년 이상 7년 이하의 징역
④ 1년 이상 10년 이하의 징역

해설 제조소 등에서 위험물을 유출시켜 사람의 신체 또는 재산에 대하여 위험물을 발생시킨 자에 대한 벌칙
1년 이상 10년 이하의 징역

19 위험물 제조소 내의 위험물을 취급하는 배관에 대한 설명으로 옳지 않은 것은?

① 배관을 지하에 매설하는 경우 접합 부분에는 점검구를 설치하여야 한다.
② 배관을 지하에 매설하는 경우 금속성 배관의 외면에는 부식 방지 조치를 하여야 한다.
③ 최대 상용 압력의 1.5배 이상의 압력으로 수압 시험을 실시하여 이상이 없어야 한다.
④ 지상에 설치하는 경우에는 안전한 구조의 지지물로 지면에 밀착하여 설치하여야 한다.

해설 ④ 배관을 지상에 설치하는 경우에는 지진·풍압·지반 침하 및 온도 변화에 안전한 구조의 지지물에 설치하되, 지면에 닿지 아니하도록 하고 배관의 외면에 부식 방지를 위한 도장을 하여야 한다. 다만, 불변강의 경우에는 부식 방지를 위한 도장을 아니할 수 있다.

20 다음 중 위험물안전관리법에서 정한 제조 과정이 아닌 것은?

① 증류 공정 　　　　　　　　② 추출 공정
③ 염색 가공 공정 　　　　　　④ 건조 공정

해설 위험물의 취급 기준(위험물 제조 과정에서의 취급 기준)
　㉠ 증류 공정 : 위험물을 취급하는 설비의 내부 압력의 변동 등에 의하여 액체 또는 증기가 새지 않도록 해야 한다.
　㉡ 추출 공정 : 추출관의 내부 압력이 이상 상승하지 않도록 해야 한다.
　㉢ 건조 공정 : 위험물의 온도가 국부적으로 상승하지 않는 방법으로 가열 또는 건조시켜야 한다.
　㉣ 분쇄 공정 : 위험물의 분말이 현저하게 부유하고 있거나 기계, 기구 등에 위험물의 분말이 부착되어 있는 상태로 그 기계, 기구를 사용해서는 안 된다.

21

다음 중 위험물안전관리법에서 정한 위험물을 소비하는 작업이 아닌 것은?

① 분사 도장 작업

② 담금질 또는 열처리 작업

③ 버너를 사용하는 경우

④ 압축 순환 작업

해설 위험물을 소비하는 작업에 있어서의 취급 기준

㉠ 분사 도장 작업 : 방화상 유효한 격벽 등으로 구획된 안전한 장소에서 해야 한다.

㉡ 담금질 또는 열처리 작업 : 위험물이 위험한 온도에 이르지 아니하도록 해야 한다.

㉢ 버너를 사용하는 경우 : 버너의 역화를 방지하고, 위험물이 넘치지 않도록 해야 한다.

22

다음 (   ) 안에 적합한 숫자를 차례대로 나열한 것은?

자연 발화성 물질 중 알킬알루미늄 등은 운반 용기 내용적의 (   )% 이하의 수납률로 수납하되 50℃의 온도에서 (   )% 이상의 공간 용적을 유지하도록 할 것

① 90, 5

② 90, 10

③ 95, 5

④ 95, 10

해설 운반 용기의 수납률

위험물	수납률
알킬알루미늄 등	90% 이하(50℃에서 5% 이상 공간 용적 유지)
고체 위험물	95% 이하
액체 위험물	98% 이하(55℃에서 누설되지 않을 것)

23

A업체에서 제조한 위험물을 B업체로 운반할 때 규정에 의한 운반 용기에 수납하지 않아도 되는 위험물은? (단, 지정 수량의 2배 이상인 경우이다.)

① 덩어리 상태의 유황

② 금속분

③ 삼산화크롬

④ 염소산나트륨

해설 ① 운반 용기에 수납하지 않아도 되는 위험물은 덩어리 상태의 유황이다.

24

법령상 위험물을 수납한 운반 용기의 포장 외부에 표시하지 않아도 되는 사항은?

① 위험물의 품명

② 위험물 제조 회사

③ 위험물의 수량

④ 수납 위험물의 주의 사항

정답   21. ④   22. ①   23. ①   24. ②

해설 수납한 운반 용기의 포장 외부의 표시 사항

    ㉠ 위험물의 품명, 위험 등급, 화학명 및 수용성(수용성 표시는 제4류 위험물로써 수용성인 것에 한한다)

    ㉡ 위험물의 수량

    ㉢ 수납 위험물의 주의 사항

25

위험물안전관리법령상 제1류 위험물 중 알칼리금속의 과산화물의 운반 용기 외부에 표시하여야 하는 주의 사항을 모두 옳게 나타낸 것은?

① "화기 엄금", "충격 주의" 및 "가연물 접촉 주의"

② "화기·충격 주의", "물기 엄금" 및 "가연물 접촉 주의"

③ "화기 주의" 및 "물기 엄금"

④ "화기 엄금" 및 "충격 주의"

해설 위험물 운반 용기의 주의 사항

위험물		주의 사항
제1류 위험물	알칼리 금속의 과산화물	• 화기·충격 주의 • 물기 엄금 • 가연물 접촉 주의
	기타	• 화기·충격 주의 • 가연물 접촉 주의
제2류 위험물	철분·금속분·마그네슘	• 화기 주의 • 물기 엄금
	인화성 고체	화기 엄금
	기타	화기 주의
제3류 위험물	자연 발화성 물질	• 화기 엄금 • 공기 접촉 엄금
	금수성 물질	물기 엄금
제4류 위험물		화기 엄금
제5류 위험물		• 화기 엄금 • 충격 주의
제6류 위험물		가연물 접촉 주의

26

위험물 운반 용기 외부에 수납하는 위험물의 종류에 따라 표시하는 주의 사항으로 바르게 연결된 것은?

① 염소산칼륨 – 물기 주의

② 철분 – 물기 주의

③ 아세톤 – 화기 엄금

④ 질산 – 화기 엄금

해설 위험물 운반 용기의 주의 사항

위험물		주의 사항
제1류 위험물	알칼리 금속의 과산화물	• 화기·충격 주의 • 물기 엄금 • 가연물 접촉 주의
	기타	• 화기·충격 주의 • 가연물 접촉 주의
제2류 위험물	철분·금속분·마그네슘	• 화기 주의 • 물기 엄금
	인화성 고체	화기 엄금
	기타	화기 주의
제3류 위험물	자연 발화성 물질	• 화기 엄금 • 공기 접촉 엄금
	금수성 물질	물기 엄금
제4류 위험물		화기 엄금
제5류 위험물		• 화기 엄금 • 충격 주의
제6류 위험물		가연물 접촉 주의

① 염소산칼륨(제1류 위험물 중 기타) : 화기·충격 주의 및 가연물 접촉 주의
② 철분(제2류 위험물) : 화기 주의·물기 엄금
③ 아세톤(제4류 위험물) : 화기 엄금
④ 질산(제6류 위험물) : 가연물 접촉 주의

27 제3류 위험물 중 금수성 물질 위험물 제조소에는 어떤 주의 사항을 표시한 게시판을 설치하여야 하는가?

① 물기 엄금　　　　　　　　　② 물기 주의
③ 화기 엄금　　　　　　　　　④ 화기 주의

해설 제조소의 게시판 주의 사항

위험물		주의 사항
제1류 위험물	알칼리 금속의 과산화물	물기 엄금
	기타	별도의 표시를 하지 않는다.
제2류 위험물	인화성 고체	화기 엄금
	기타	화기 주의
제3류 위험물	자연 발화성 물질	화기 엄금
	금수성 물질	물기 엄금
제4류 위험물		화기 엄금
제5류 위험물		
제6류 위험물		별도의 표시를 하지 않는다.

28

옥내 저장 창고의 바닥을 물이 스며 나오거나 스며들지 아니하는 구조로 해야 하는 위험물은?

① 과염소산칼륨
② 니트로셀룰로오스
③ 적린
④ 트리에틸알루미늄

 해설 방수성이 있는 피복 조치

유 별	적용 대상
제1류 위험물	알칼리 금속의 과산화물
제2류 위험물	• 철분 • 금속분 • 마그네슘
제3류 위험물	금수성 물품(트리에틸알루미늄)

29

위험물안전관리법령상 위험물의 운반에 관한 기준에 따라 차광성이 있는 피복으로 가리는 조치를 하여야 하는 위험물에 해당하지 않는 것은?

① 특수 인화물
② 제1석유류
③ 제1류 위험물
② 제6류 위험물

해설 차광성이 있는 피복 조치

유 별	적용 대상
제1류 위험물	전부
제3류 위험물	자연 발화성 물품
제4류 위험물	특수 인화물
제5류 위험물	전부
제6류 위험물	

30

위험물안전관리법령에서 정하는 위험 등급 Ⅰ에 해당하지 않는 것은?

① 제3류 위험물 중 지정 수량이 10kg인 위험물
② 제4류 위험물 중 특수 인화물
③ 제1류 위험물 중 무기 과산화물
④ 제5류 위험물 중 지정 수량이 100kg인 위험물

해설 1. 위험 등급 Ⅰ의 위험물
  ㉠ 제1류 위험물 중 아염소산염류, 염소산염류, 과염소산염류, 무기 과산화물, 그 밖에 지정 수량이 50kg인 위험물
  ㉡ 제3류 위험물 중 칼륨, 나트륨, 알킬알루미늄, 알킬리튬, 황린, 그 밖에 지정 수량이 10kg인 위험물
  ㉢ 제4류 위험물 중 특수 인화물

정답 28. ④ 29. ② 30. ④

　ㄹ 제5류 위험물 중 유기 과산화물, 질산에스테르류, 그 밖에 지정 수량이 10kg인 위험물
　ㅁ 제6류 위험물
2. 위험 등급 Ⅱ의 위험물
　ㄱ 제1류 위험물 중 브롬산염류, 질산염류, 요오드산염류, 그 밖에 지정 수량이 300kg인 위험물
　ㄴ 제2류 위험물 중 황화인, 적린, 유황, 그 밖에 지정 수량이 100kg인 위험물
　ㄷ 제3류 위험물 중 알칼리 금속(칼륨 및 나트륨을 제외한다) 및 알칼리 토금속, 유기 금속 화합물
　　(알킬알루미늄 및 알킬리튬을 제외한다), 그 밖에 지정 수량이 50kg인 위험물
　ㄹ 제4류 위험물 중 제1석유류 및 알코올류
　ㅁ 제5류 위험물 중 위험 등급 Ⅰ의 위험물 외
3. 위험 등급 Ⅲ의 위험물 : 1 및 2에 정하지 아니한 위험물

31

위험물안전관리법령에 따라 지정 수량 10배의 위험물을 운반할 때 혼재가 가능한 것은?
① 제1류 위험물과 제2류 위험물　② 제2류 위험물과 제3류 위험물
③ 제3류 위험물과 제5류 위험물　④ 제4류 위험물과 제5류 위험물

해설 유별을 달리하는 위험물의 혼재 기준

구 분	제1류	제2류	제3류	제4류	제5류	제6류
제1류		×	×	×	×	○
제2류	×		×	○	○	×
제3류	×	×		○	×	×
제4류	×	○	○		○	×
제5류	×	○	×	○		×
제6류	○	×	×	×	×	

32

다음 위험물 중 혼재가 가능한 위험물은?
① 과염소산칼륨-황린　② 질산메틸-경유
③ 마그네슘-알킬알루미늄　④ 탄화칼슘-니트로글리세린

해설 유별을 달리하는 위험물의 혼재 기준

위험물의 구분	제1류	제2류	제3류	제4류	제5류	제6류
제1류		×	×	×	×	○
제2류	×		×	○	○	×
제3류	×	×		○	×	×
제4류	×	○	○		○	×
제5류	×	○	×	○		×
제6류	○	×	×	×	×	

① 과염소산칼륨(제1류)-황린(제3류)
② 질산메틸(제5류)-경유(제4류)
③ 마그네슘(제2류)-알킬알루미늄(제3류)
④ 탄화칼슘(제3류)-니트로글리세린(제5류)

33

위험물안전관리법령에 따라 위험물 운반을 위해 적재하는 경우 제4류 위험물과 혼재가 가능한 액화석유가스 또는 압축천연가스의 용기 내용적은 몇 L 미만인가?

① 120

② 150

③ 180

④ 200

해설 위험물 운반을 위해 적재하는 경우 제4류 위험물과 혼재가 가능한 액화석유가스 또는 압축천연가스의 용기 내용적은 120L 미만이다.

34

위험물을 저장 또는 취급하는 탱크의 용량은?

① 탱크의 내용적에서 공간 용적을 뺀 용적으로 한다.

② 탱크의 내용적으로 한다.

③ 탱크의 공간 용적으로 한다.

④ 탱크의 내용적에 공간 용적을 더한 용적으로 한다.

해설 탱크의 용량 = 탱크의 내용적 - 탱크의 공간 용적

35

위험물 저장 탱크의 내용적이 300L일 때 탱크에 저장하는 위험물의 용량 범위로 적합한 것은? (단, 원칙적인 경우에 한한다.)

① 240~270L

② 270~285L

③ 290~295L

④ 295~298L

해설 위험물 저장 탱크의 용량

탱크의 공간 용적은 탱크 용적의 $\frac{5}{100}$ 이상, $\frac{10}{100}$ 이하로 한다.

㉠ 300L×0.90=270L

㉡ 300L×0.95=285L

36

횡으로 설치한 원통형 위험물 저장 탱크의 내용적이 500L일 때 공간 용적은 최소 몇 L이어야 하는가? (단, 원칙적인 경우에 한한다.)

① 15

② 25

③ 35

④ 50

해설 ㉠ 공간 용적 : 위험물의 과주입 또는 온도의 상승으로 부피의 증가에 따른 체적 팽창에 의한 위험물의 넘침을 막아주는 기능을 한다.

㉡ 일반적인 탱크의 공간 용적 : 탱크 내용적의 $\frac{5}{100}$ 이상 $\frac{10}{100}$ 이하이다.

그러므로 500L×0.05=25L

 정답 **33.** ① **34.** ① **35.** ② **36.** ②

37

그림과 같은 타원형 탱크의 내용적은 약 몇 m³인가?

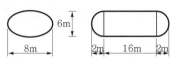

① 453

② 553

③ 653

④ 753

🌿**해설**

$$V = \frac{\pi ab}{4}\left(l + \frac{l_1 + l_2}{3}\right)$$

$$= \frac{3.14 \times 8 \times 6}{4} \times \left(16 + \frac{2+2}{3}\right)$$

$$= 653\text{m}^3$$

38

그림과 같이 횡으로 설치한 원통형 위험물 탱크에 대하여 탱크의 용량을 구하면 약 몇 m³인가? (단, 공간 용적은 탱크 내용적의 100분의 5로 한다.)

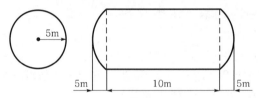

① 196.3

② 261.6

③ 785.0

④ 994.8

🌿**해설** $V = \pi r^2\left(l + \frac{l_1 + l_2}{3}\right) = 3.14 \times 5^2\left(10 + \frac{5+5}{3}\right) = 1046.67\text{m}^3$

∴ 공간 용적이 5%인 탱크의 용량 $= 1046.67 \times 0.95 = 994.34\text{m}^3$

39

그림의 원통형 중으로 설치된 탱크에서 공간 용적을 내용적의 10%라고 하면 탱크 용량 (허가 용량)은 약 얼마인가?

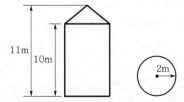

① 113.04

② 124.34

③ 129.06

④ 138.16

🌱해설 탱크 용량(허가 용량)=내용적−공간 용적

$$= \pi r^2 l - 0.1 \times \pi r^2 l$$
$$= 0.9\pi r^2 l$$
$$= 0.9 \times 3.14 \times 2^2 \times 10 = 113.04 \text{m}^3$$

40

그림과 같이 설치한 원형 탱크의 내용적을 구하는 공식이 올바른 것은?

① $\pi r^2 l$

② $\dfrac{\pi ab}{4}\left(l + \dfrac{l_1 + l_2}{3}\right)$

③ $\dfrac{\pi ab}{4}\left(l + \dfrac{l_1 - l_2}{3}\right)$

④ $\pi r^2\left(l + \dfrac{l_1 + l_2}{3}\right)$

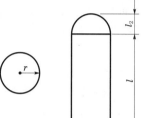

🌱해설 1. 타원형 탱크의 내용적

　　㉠ 양쪽이 볼록한 것

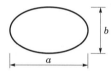 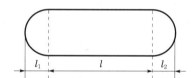

$$V = \frac{\pi ab}{4}\left[l + \frac{l_1 + l_2}{3}\right]$$

　　㉡ 한쪽이 볼록하고, 다른 한쪽은 오목한 것

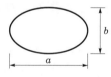 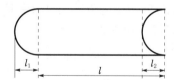

$$V = \frac{\pi ab}{4}\left[l + \frac{l_1 - l_2}{3}\right]$$

2. 원형 탱크의 내용적 : 횡(수평)으로 설치한 것

 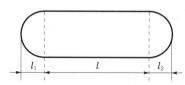

$$V = \pi r^2\left[l + \frac{l_1 + l_2}{3}\right]$$

정답 40. ①

41

다음 중 위험물안전관리법령상 위험물 제조소와의 안전 거리가 가장 먼 것은?

① 「고등교육법」에서 정하는 학교

② 「의료법」에 따른 병원급 의료기관

③ 「고압가스 안전관리법」에 의하여 허가를 받은 고압가스 제조 시설

④ 「문화재보호법」에 의한 유형 문화재와 기념물 중 지정 문화재

해설 문제의 보기에 해당하는 안전 거리는 다음과 같다.
① : 10m 이상, ② : 30m 이상, ③ : 20m 이상, ④ : 50m 이상

42

위험물 제조소 등에서 위험물안전관리법상 안전 거리 규제 대상이 아닌 것은?

① 제6류 위험물을 취급하는 제조소를 제외한 모든 제조소

② 주유 취급소

③ 옥외 저장소

④ 옥외 탱크 저장소

해설 안전 거리의 규제 대상
㉠ 위험물 제조소(제6류 위험물을 취급하는 제조소 제외)
㉡ 일반 취급소
㉢ 옥내 저장소
㉣ 옥외 탱크 저장소
㉤ 옥외 저장소

43

취급하는 위험물의 최대 수량이 지정 수량의 10배를 초과할 경우 제조소 주위에 보유하여야 하는 공지의 너비는?

① 3m 이상　　　② 5m 이상　　　③ 10m 이상　　　④ 15m 이상

해설 ㉠ 보유 공지 : 위험물을 취급하는 건축물, 그 밖의 시설의 주위에 마련해 놓은 안전을 위한 빈 터
㉡ 보유 공지 너비

위험물의 최대 수량	공지 너비
지정 수량 10배 이하	3m 이상
지정 수량 10배 초과	5m 이상

44

위험물안전관리법령상 위험물 제조소에 설치하는 "물기 엄금" 게시판의 색으로 옳은 것은?

① 청색 바탕·백색 글씨　　　② 백색 바탕 청색 글씨

③ 황색 바탕 청색 글씨　　　④ 청색 바탕 황색 글씨

정답　41. ④　42. ②　43. ②　44. ①

해설 표시 방식

　㉠ 화기 엄금, 화기 주의 : 적색 바탕에 백색 문자

　㉡ 물기 엄금 : 청색 바탕에 백색 문자

　㉢ 주유 취급소 : 청색 바탕에 백색 문자

　㉣ 옥외 탱크 저장소 : 백색 바탕에 흑색 문자

　㉤ 차량용 운반 용기 : 흑색 바탕에 황색 반사 도료

45

위험물 제조소의 건축물 구조 기준 중 연소의 우려가 있는 외벽은 출입구 외의 개구부가 없는 내화 구조의 벽으로 하여야 한다. 이때 연소의 우려가 있는 외벽은 제조소가 설치된 부지의 경계선에서 몇 m 이내에 있는 외벽을 말하는가? (단, 단층 건물일 경우이다.)

① 3　　　　　　　　　　　② 4

③ 5　　　　　　　　　　　④ 6

해설 위험물 제조소의 건축물 구조 기준 중 연소의 우려가 있는 외벽은 제조소가 설치된 부지의 경계선에서 5m 이내에 있는 외벽을 말한다(단층 건물일 경우이다).

46

위험물안전관리법령에 따른 위험물 제조소 건축물의 구조로 틀린 것은?

① 벽, 기둥, 서까래 및 계단은 난연 재료로 할 것

② 지하층이 없도록 할 것

③ 출입구에는 갑종 또는 을종 방화문을 설치할 것

④ 창에 유리를 이용하는 경우에는 망입 유리로 할 것

해설 ① 벽, 기둥, 바닥, 보, 서까래 및 계단은 불연 재료로 한다.

47

위험물안전관리법령상 제조소에서 위험물을 취급하는 건축물의 구조 중 내화 구조로 하여야 할 필요가 있는 것은?

① 연소의 우려가 있는 기둥　　② 바닥

③ 연소의 우려가 있는 외벽　　④ 계단

해설 1. 위험물을 취급하는 건축물의 기준

　㉠ 불연 재료로 하여야 하는 것 : 벽, 연소의 우려가 있는 기둥, 바닥, 보, 서까래, 계단

　㉡ 내화 구조로 하여야 하는 것 : 연소의 우려가 있는 외벽

2. 불연 재료 : 화재 시 불에 녹거나 열에 의해 빨갛게 되는 경우는 있어도 연소 현상은 일으키지 않는 재료

3. 내화 구조 : 화재에도 쉽게 연소하지 않고 건축물 내에서 화재가 발생하더라도 보통은 방화 구역 내에서 진화되며, 최종적으로 전소해도 수리하여 재사용할 수 있는 구조

48

위험물안전관리법령상 제1석유류를 취급하는 위험물 제조소의 건축물의 지붕에 대한 설명으로 옳은 것은?

① 항상 불연 재료로 하여야 한다.

② 항상 내화 구조로 하여야 한다.

③ 가벼운 불연 재료가 원칙이지만, 예외적으로 내화 구조로 할 수 있는 경우가 있다.

④ 내화 구조가 원칙이지만, 예외적으로 가벼운 불연 재료로 할 수 있는 경우가 있다.

 ㉠ 위험물 건축물의 지붕은 폭발력이 위로 방출될 정도의 가벼운 불연 재료로 덮어야 한다.
㉡ 다만, 예외적으로 내화 구조를 할 수 있는 경우가 있다.
- 제2류 위험물(분상·인화성 고체 제외)
- 제4류 위험물(제4석유류, 동·식물유류)
- 제6류 위험물

49

위험물안전관리법령에 따른 위험물 제조소와 관련한 내용으로 틀린 것은?

① 채광 설비는 불연 재료를 사용한다.

② 환기는 자연 배기 방식으로 한다.

③ 조명 설비의 전선은 내화·내열 전선으로 한다.

④ 조명 설비의 점멸 스위치는 출입구 안쪽 부분에 설치한다.

 ④ 조명 설비의 점멸 스위치는 출입구 바깥 부분에 설치한다. 다만, 스위치의 스파크로 인한 화재·폭발의 우려가 없는 경우에는 그러하지 아니 하다.

50

위험물 제조소의 건축물 환기 설비 중 급기구의 크기로 옳은 것은?

① 200cm^2 ② 400cm^2 ③ 600cm^2 ④ 800cm^2

제조소 등의 환기 설비의 설치 기준
㉠ 환기는 자연 배기 방식으로 할 것
㉡ 환기구는 지붕 위 또는 지상 2m 높이에 회전식 고정 벤틸레이터 또는 루프팬 방식으로 할 것
㉢ 급기구는 바닥 면적 150m^{2}마다 1개 이상으로 하되, 그 크기는 800cm^2 이상으로 할 것
㉣ 급기구는 낮은 곳에 설치하고, 가는 눈의 동망 등으로 인화 방지망을 설치할 것

51

가연성의 증기 또는 미분이 체류할 우려가 있는 건축물에는 배출 설비를 하여야 하는데 배출 능력은 1시간당 배출 장소 용적의 몇 배 이상인 것으로 하여야 하는가? (단, 국소 방식의 경우이다.)

① 5배   ② 10배   ③ 15배   ④ 20배

정답 48. ③ 49. ④ 50. ④ 51. ④

🌱해설 배출 설비

배출 능력은 1시간당 배출 장소 용적의 20배 이상인 것으로 하여야 한다. 다만, 전역 방식의 경우에는 바닥 면적 1m²당 18m³ 이상으로 할 수 있다.

52

제조소에서 위험물을 취급함에 있어서 정전기를 유효하게 제거할 수 있는 방법으로 가장 거리가 먼 것은?

① 접지에 의한 방법

② 상대 습도를 70% 이상 높이는 방법

③ 공기를 이온화하는 방법

④ 부도체 재료를 사용하는 방법

🌱해설 ④ 전기의 도체를 사용한다.

53

위험물 제조소에 설치하는 안전 장치 중 위험물의 성질에 따라 안전 밸브의 작동이 곤란한 가압 설비에 한하여 설치하는 것은?

① 파괴판

② 안전 밸브를 병용하는 경보 장치

③ 감압측에 안전 밸브를 부착한 감압 밸브

④ 연성계

🌱해설 위험물 제조소에 설치하는 안전 장치

㉠ 자동적으로 압력의 상승을 정지시키는 장치

㉡ 감압측에 안전 밸브를 부착한 감압 밸브

㉢ 안전 밸브를 병용하는 경보 장치

㉣ 파괴판(안전 밸브의 작동이 곤란한 가압 설비에 사용)

54

위험물 제조소 등의 안전 거리의 단축 기준과 관련해서 방화상 유효한 벽의 높이는 $H \leq PD^2 + a$ 인 경우 $h = 2$로 계산한다. 여기서 a는 무엇인가?

① 인접 건물의 높이(m)

② 제조소 등의 높이(m)

③ 제조소 등과 방화상 유효한 벽의 거리(m)

④ 방화상 유효한 벽의 높이(m)

🌱해설 방화상 유효한 담의 높이

㉠ $H \leq p D^2 + a$ 인 경우 : $h = 2$

㉡ $H > p D^2 + a$ 인 경우 : $h = H - p(D^2 + d^2)$

㉢ D, H, a, d, h 및 p 는 다음과 같다.

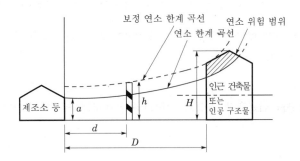

여기서, D : 제조소 등과 인근 건축물 또는 인공 구조물과의 거리(m)

H : 인근 건축물 또는 인공 구조물의 높이(m)

a : 제조소 등의 외벽의 높이(m)

d : 제조소 등과 방화상 유효한 담과의 거리(m)

h : 방화상 유효한 담의 높이(m)

p : 상수

55

지정 수량 20배 이상의 제1류 위험물을 저장하는 옥내 저장소에서 내화 구조로 하지 않아도 되는 것은? (단, 원칙적인 경우에 한한다.)

① 바닥   ② 보

③ 기둥   ④ 벽

해설 지정 수량 20배 이상의 제1류 위험물을 저장하는 옥내 저장소 : 벽, 기둥 및 바닥은 내화 구조로 하고 보와 서까래는 불연 재료로 한다.

56

저장하는 위험물의 최대 수량이 지정 수량의 15배일 경우, 건축물의 벽·기둥 및 바닥이 내화 구조로 된 위험물 옥내 저장소의 보유 공지는 몇 m 이상이어야 하는가?

① 0.5   ② 1

③ 2   ④ 3

해설 옥내 저장소

저장 또는 취급하는 위험물의 최대 수량	공지의 너비	
	벽·기둥 및 바닥이 내화 구조로 된 건축물	그 밖의 건축물
지정 수량의 5배 이하	–	0.5m 이상
지정 수량의 5배 초과 10배 이하	1m 이상	1.5m 이상
지정 수량의 10배 초과 20배 이하	2m 이상	3m 이상
지정 수량의 20배 초과 50배 이하	3m 이상	5m 이상
지정 수량의 50배 초과 200배 이하	5m 이상	10m 이상
지정 수량의 200배 초과	10m 이상	15m 이상

단, 지정 수량의 20배를 초과하는 옥내 저장소와 동일한 부지 내에 있는 다른 옥내 저장소와의 사이에는 공지 너비의 1/3(당해 수치가 3m 미만인 경우에는 3m)의 공지를 보유할 수 있다.

정답 55. ② 56. ③

57 지정 유기 과산화물의 옥내 저장 창고의 창문 1개의 면적 기준은?

① 0.8m²   ② 0.6m²

③ 0.4m²   ④ 0.2m²

해설 창의 기준
㉠ 바닥으로부터 2m 이상의 높이에 설치할 것
㉡ 창 하나의 면적은 0.4m² 이하로 할 것
㉢ 한 개 면의 벽에 설치하는 창의 면적 합계는 그 벽 면적의 1/80 이하가 되도록 할 것

58 옥내 저장소에서 위험물 용기를 겹쳐 쌓는 경우에 있어서 제4류 위험물 중 제3석유류만을 수납하는 용기를 겹쳐 쌓을 수 있는 높이는 최대 몇 m인가?

① 3   ② 4

③ 5   ④ 6

해설 옥내 저장소
㉠ 기계에 의하여 하역하는 구조로 된 용기만을 겹쳐 쌓는 경우 : 6m
㉡ 제4류 위험물 중 제3석유류, 제4석유류 및 동·식물유류를 수납하는 용기만을 겹쳐 쌓는 경우 : 4m
㉢ 그 밖의 경우 : 3m

59 위험물을 유별로 정리하여 상호 1m 이상의 간격을 유지하는 경우에도 동일한 옥내 저장소에 저장할 수 없는 것은?

① 제1류 위험물(알칼리 금속의 과산화물 또는 이를 함유한 것을 제외한다)과 제5류 위험물
② 제1류 위험물과 제6류 위험물
③ 제1류 위험물과 제3류 위험물 중 황린
④ 인화성 고체를 제외한 제2류 위험물과 제4류 위험물

해설 상호 1m 이상의 간격을 유지하는 경우에도 동일한 옥내 저장소에 저장할 수 있는 것
㉠ 제1류 위험물(알칼리 금속 과산화물) + 제5류 위험물
㉡ 제1류 위험물 + 제6류 위험물
㉢ 제1류 위험물 + 자연 발화성 물품(황린)
㉣ 제2류 위험물(인화성 고체) + 제4류 위험물
㉤ 제3류 위험물(알킬알루미늄 등) + 제4류 위험물(알킬알루미늄·알킬리튬을 함유한 것)
㉥ 제4류 위험물(유기 과산화물) + 제5류 위험물(유기 과산화물)

60

위험물안전관리법령상 위험물 옥외 저장소에 저장할 수 있는 품명은? (단, 국제해상위험물 규칙에 적합한 용기에 수납하는 경우를 제외한다.)

① 특수 인화물   ② 무기 과산화물

③ 알코올류   ④ 칼륨

해설 위험물 옥외 저장소에 저장할 수 있는 품명
　ㄱ 제2류 위험물 중 유황 또는 인화성 고체(인화점 0℃ 이상인 것에 한한다.)
　ㄴ 제4류 위험물 중 제1석유류(인화점 0℃ 이상인 것에 한한다.), 알코올류, 제2석유류, 제3석유류, 제4석유류, 동·식물유류
　ㄷ 제6류 위험물

61

옥외 저장소에서 저장할 수 없는 위험물은? (단, 시·도 조례에서 정하는 위험물 또는 국제해상위험물 규칙에 적합한 용기에 수납된 위험물은 제외한다.)

① 과산화수소   ② 아세톤

③ 에탄올   ④ 유황

해설 옥외 저장소
옥외의 장소에서 제2류 위험물 중 유황, 제4류 위험물 중 제1석유류(인화점이 0℃ 이상인 것에 한함)·알코올류·제2석유류·제3석유류·제4석유류 및 동·식물유류, 제6류 위험물을 저장하는 저장소

62

위험물 옥외 저장소에서 지정 수량 200배 초과의 위험물을 저장할 경우 보유 공지의 너비는 몇 m 이상으로 하여야 하는가? (단, 제4류 위험물과 제6류 위험물이 아닌 경우이다.)

① 0.5   ② 2.5

③ 10   ④ 15

해설 옥외 저장소

저장 또는 취급하는 위험물의 최대 수량	공지의 너비
지정 수량의 10배 이하	3m 이상
지정 수량의 10배 초과 20배 이하	5m 이상
지정 수량의 20배 초과 50배 이하	9m 이상
지정 수량의 50배 초과 200배 이하	12m 이상
지정 수량의 200배 초과	15m 이상

단, 제4류 위험물 중 제4석유류와 제6류 위험물을 저장 또는 취급하는 보유 공지는 공지 너비의 1/3 이상으로 할 수 있다.

63

옥외 탱크 저장소에 설치하는 통기 장치인 밸브 없는 통기관을 설치하는 경우 통기관의 지름은?

① 10mm 이상   ② 20mm 이상   ③ 25mm 이상   ④ 30mm 이상

해설 탱크 통기 장치의 기준
1. 밸브 없는 통기관
   ㉠ 통기관의 지름 : 30mm 이상
   ㉡ 통기관의 선단은 수평으로부터 45° 이상 구부려 빗물 등의 침입을 막는 구조일 것
   ㉢ 가는 눈의 동망 등으로 인화 방지망을 설치할 것
2. 대기 밸브 부착 통기관
   ㉠ 작동 압력 : 5kPa 이하
   ㉡ 가는 눈의 동망 등으로 인화 방지망을 설치할 것

64

제4류 위험물의 옥외 저장 탱크에 대기 밸브 부착 통기관을 설치할 때 몇 kPa 이하의 압력 차이로 작동하여야 하는가?

① 5kPa 이하   ② 10kPa 이하   ③ 15kPa 이하   ④ 20kPa 이하

해설 옥외 저장 탱크의 통기 장치
1. 밸브 없는 통기관
   ㉠ 직경 : 30mm 이상
   ㉡ 선단 : 45° 이상
   ㉢ 인화 방지 장치 : 가는 눈의 구리망 사용
2. 대기 밸브 부착 통기관
   ㉠ 직동 압력 차이 : 5kPa 이하
   ㉡ 인화 방지 장치 : 가는 눈의 구리망 사용

65

인화점이 21℃ 미만인 액체 위험물의 옥외 저장 탱크 주입구에 설치하는 "옥외 저장 탱크 주입구"라고 표시한 게시판의 바탕 및 문자색을 옳게 나타낸 것은?

① 백색 바탕－적색 문자   ② 적색 바탕－백색 문자
③ 백색 바탕－흑색 문자   ④ 흑색 바탕－백색 문자

해설 인화점이 21℃ 미만인 액체 위험물의 옥외 저장 탱크 주입구 게시판은 백색 바탕에 흑색 문자로 한다.

66

위험물 옥외 저장 탱크 중 압력 탱크에 저장하는 디에틸에테르 등의 저장 온도는 몇 ℃ 이하이어야 하는가?

① 60   ② 40   ③ 30   ④ 15

정답   63. ④   64. ①   65. ③   66. ②

🌱해설 옥외 저장 탱크의 위험물 저장 기준
1. 옥외 저장 탱크(옥내 저장 탱크 또는 지하 저장 탱크) 중 압력 탱크 외의 탱크에 저장하는 경우
  ㉠ 에틸에테르 또는 산화프로필렌 : 30℃ 이하
  ㉡ 아세트알데히드 : 15℃ 이하
2. 옥외 저장 탱크(옥내 저장 탱크 또는 지하 저장 탱크) 중 압력 탱크에 저장하는 경우
  ㉠ 에틸에테르, 아세트알데히드 또는 산화프로필렌의 온도 : 40℃ 이하

67

지정 수량 20배의 알코올류를 저장하는 옥외 탱크 저장소의 경우 펌프실 외의 장소에 설치하는 펌프 설비의 기준으로 옳지 않은 것은?

① 펌프 설비 주위에는 3m 이상의 공지를 보유한다.
② 펌프 설비 그 직하의 지반면 주위에 높이 0.15m 이상의 턱을 만든다.
③ 펌프 설비 그 직하의 지반면의 최저부에는 집유 설비를 만든다.
④ 집유 설비에는 위험물이 배수구에 유입되지 않도록 유분리 장치를 만든다.

🌱해설 ④ 제4류 위험물(20℃의 물 100g에 용해되는 양이 1g 미만인 것에 한한다)을 취급하는 펌프 설비에 있어서는 해당 위험물이 직접 배수구에 유입되지 아니하도록 집유 설비에 유분리 장치를 설치하여야 한다.

68

인화성 액체 위험물을 저장 또는 취급하는 옥외 탱크 저장소의 방유제 내에 용량 100,000L와 50,000L인 옥외 저장 탱크 2기를 설치하는 경우에 확보하여야 하는 방유제의 용량은?

① 50,000L 이상　　　　　　　　② 80,000L 이상
③ 110,000L 이상　　　　　　　　④ 150,000L 이상

🌱해설 옥외 탱크 저장소의 방유제 용량
  ㉠ 1기 : 탱크 용량의 110% 이상
  ㉡ 2기 이상 : 최대 용량의 110% 이상
  즉, 100,000L×1.1=110,000L 이상

69

옥외 저장 탱크의 방유제 높이는?

① 1.0m 이상 2.0m 이하
② 1.5m 이상 2.0m 이하
③ 0.5m 이상 3.0m 이하
④ 0.3m 이상 3.0m 이하

🌱해설 옥외 저장 탱크에 설치하는 방유제의 높이는 0.5m 이상 3.0m 이하로 하며, 높이가 1.0m 이상일 때는 계단을 설치할 것

70

옥외 저장 탱크의 방유제 면적은 얼마 이하로 해야 하는가?

① $40,000m^2$
② $60,000m^2$
③ $80,000m^2$
④ $100,000m^2$

해설 옥외 저장 탱크에 설치하는 하나의 방유제의 면적은 $80,000m^2$ 이하로 해야 한다.

71

다음 그림은 옥외 저장 탱크와 흙방유제를 나타낸 것이다. 탱크의 지름이 10m이고 높이가 15m라고 할 때 방유제는 탱크의 옆판으로부터 몇 m 이상의 거리를 유지하여야 하는가? (단, 인화점 200℃ 미만의 위험물을 저장한다.)

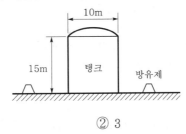

① 2
② 3
③ 4
④ 5

해설 옥외 저장 탱크 옆판과 방유제 사이의 거리(인화점 200℃ 이상인 위험물은 제외)

㉠ 탱크 지름 15m 미만 → 탱크 높이의 $\frac{1}{3}$ 이상

㉡ 탱크 지름 15m 이상 → 탱크 높이의 $\frac{1}{2}$ 이상

∴ 탱크 지름 10m, 높이 15m이므로 $\frac{1}{3} \times 15m = 5m$ 이상

72

인화점이 섭씨 200℃ 미만인 위험물을 저장하기 위하여 높이가 15m이고, 지름이 18m인 옥외 저장 탱크를 설치하는 경우 옥외 저장 탱크와 방유제와의 사이에 유지하여야 하는 거리는?

① 5.0m 이상
② 6.0m 이상
③ 7.5m 이상
④ 9.0m 이상

해설 옥외 탱크 저장소의 방유제와 탱크 측면의 이격 거리

탱크 지름	이격 거리
15m 미만	탱크 높이의 $\frac{1}{3}$ 이상
15m 이상	탱크 높이의 $\frac{1}{2}$ 이상

∴ $15m \times \frac{1}{2} = 7.5m$ 이상

73

위험물안전관리법령에서 정한 이황화탄소의 옥외 탱크 저장 시설에 대한 기준으로 옳은 것은?

① 벽 및 바닥의 두께가 0.2m 이상이고, 누수가 되지 아니하는 철근 콘크리트의 수조에 넣어 보관하여야 한다.

② 벽 및 바닥의 두께가 0.2m 이상이고, 누수가 되지 아니하는 철근 콘크리트의 석유조에 넣어 보관하여야 한다.

③ 벽 및 바닥의 두께가 0.3m 이상이고, 누수가 되지 아니하는 철근 콘크리트의 수조에 넣어 보관하여야 한다.

④ 벽 및 바닥의 두께가 0.3m 이상이고, 누수가 되지 아니하는 철근 콘크리트의 석유조에 넣어 보관하여야 한다.

해설 이황화탄소 옥외 탱크 저장 시설에 대한 기준
벽 및 바닥의 두께가 0.2m 이상이고, 누수가 되지 아니하는 철근 콘크리트의 수조에 보관한다.

74

옥외 탱크 저장소의 압력 탱크 수압 시험의 조건으로 옳은 것은?

① 최대 상용 압력의 1.5배의 압력으로 5분간 수압 시험을 한다.

② 최대 상용 압력의 1.5배의 압력으로 10분간 수압 시험을 한다.

③ 사용 압력에서 15분간 수압 시험을 한다.

④ 사용 압력에서 20분간 수압 시험을 한다.

해설 옥외 탱크 저장소
㉠ 압력 탱크 외의 탱크 : 충수 시험(새거나 변형되지 아니할 것)
㉡ 압력 탱크 : 최대 상용 압력의 1.5배의 압력으로 10분간 실시하는 수압 시험(새거나 변형되지 아니할 것)

75

특정 옥외 탱크 저장소라 함은 저장 또는 취급하는 액체 위험물의 최대 수량이 얼마 이상의 것을 말하는가?

① 50만 리터 이상

② 100만 리터 이상

③ 150만 리터 이상

④ 200만 리터 이상

해설 ㉠ 특정 옥외 탱크 저장소 : 옥외 탱크 저장소 중 저장·취급하는 액체 위험물의 최대 수량이 100만 L 이상인 것
㉡ 준특정 옥외 탱크 저장소 : 옥외 탱크 저장소 중 저장·취급하는 액체 위험물의 최대 수량이 50만 L 이상, 100만 L 미만인 것

76 옥내 탱크 저장소 중 탱크 전용실을 단층 건물 외의 건축물에 설치하는 경우 탱크 전용실을 건축물의 1층 또는 지하층에만 설치하여야 하는 위험물이 아닌 것은?

① 제2류 위험물 중 덩어리 유황
② 제3류 위험물 중 황린
③ 제4류 위험물 중 인화점이 38℃ 이상인 위험물
④ 제6류 위험물 중 질산

해설 옥내 탱크 저장소 중 1층 또는 지하층에 설치하는 위험물
㉠ 제2류 위험물 : 황화인, 적린, 덩어리 유황
㉡ 제3류 위험물 : 황린
㉢ 제4류 위험물 중 인화점이 40℃ 이상인 것
㉣ 제6류 위험물 : 질산

77 위험물안전관리법령에 따라 제4류 위험물 옥내 저장 탱크에 설치하는 밸브 없는 통기관의 설치 기준으로 가장 거리가 먼 것은?

① 통기관의 지름은 30mm 이상으로 한다.
② 통기관의 선단은 수평면에 대하여 아래로 45° 이상 구부려 설치한다.
③ 통기관은 가스가 체류되지 않도록 그 선단을 건축물의 출입구로부터 0.5m 이상 떨어진 곳에 설치하고, 끝에 팬을 설치한다.
④ 가는 눈의 구리망 등으로 인화 방지 장치를 한다.

해설 ③ 통기관은 가스가 체류하지 않도록 그 선단을 건축물의 출입구로부터 1m 이상 떨어진 곳에 설치하고, 끝에 팬을 설치한다.

78 옥내 탱크 전용실에 설치하는 탱크 상호 간에는 얼마의 간격을 두어야 하는가?

① 0.1m 이상 ② 0.3m 이상
③ 0.5m 이상 ④ 0.6m 이상

해설 옥내 탱크 전용실에 설치하는 탱크 상호 간에는 0.5m 이상의 간격을 둔다.

79 지하 탱크는 그 윗부분이 지면으로부터 얼마 이상의 깊이가 되도록 매설하여야 하는가?

① 2.0m 이상 ② 1.0m 이상
③ 0.6m 이상 ④ 0.5m 이상

🌱해설 지하 탱크 매설 기준

  ㉠ 탱크 본체와 지면까지의 거리 : 0.6m 이상
  ㉡ 탱크와 탱크 전용실 내벽과의 거리 : 상·하, 좌·우 각각 0.1m 이상
  ㉢ 2기 이상의 탱크를 인접하여 설치하는 경우 : 탱크 상호 간 이격 거리는 1m 이상(단, 2기 이상의 탱크 용량의 합계가 지정 수량 100배 미만인 경우에는 탱크 상호 간 0.5m 간격 유지)

80

지하 저장 탱크는 주위에 액체 위험물이 새는 것을 검사하기 위한 누유 검사관을 몇 개 설치해야 하는가?

① 1개 이상   ② 2개 이상

③ 3개 이상   ④ 4개 이상

🌱해설 누유 검사관의 설치 기준

  1. 설치 개수
     ㉠ 탱크 1기에 대해 4개 이상
     ㉡ 탱크를 2기 설치하는 경우 6개 이상
  2. 누유 검사관의 기준
     ㉠ 이중관으로 할 것
     ㉡ 재료는 금속관 또는 경질 합성수지관으로 할 것
     ㉢ 누유관은 탱크실의 바닥에 닿게 할 것
     ㉣ 관의 밑부분으로부터 탱크의 중심 높이까지 작은 구멍이 뚫려 있을 것
     ㉤ 상부는 물이 침투하지 않는 구조로 하고, 뚜껑은 검사 시에 쉽게 열 수 있도록 할 것

81

이동 저장 탱크 방호틀의 철판 두께는 최소 얼마 이상이어야 하는가?

① 1.6mm 이상   ② 2.3mm 이상

③ 3.2mm 이상   ④ 4.5mm 이상

🌱해설 이동 저장 탱크에 사용하는 강철판의 두께 기준

  ㉠ 탱크 본체(맨홀 및 탱크의 주입구 포함), 측면틀, 안전 칸막이 : 3.2mm 이상
  ㉡ 방호틀 : 2.3mm 이상
  ㉢ 방파판 : 1.6mm 이상

82

위험물의 지하 저장 탱크 중 압력 탱크 외의 탱크에 대해 수압 시험을 실시할 때 몇 kPa 의 압력으로 하여야 하는가? (단, 소방청장이 정하여 고시하는 기밀 시험과 비파괴 시험 을 동시에 실시하는 방법으로 대신하는 경우는 제외한다.)

① 40   ② 50

③ 60   ④ 70

해설 지하 탱크 저장소의 수압 시험
　㉠ 압력 탱크 : 최대 상용 압력의 1.5배 압력으로 10분간 실시
　㉡ 압력 탱크 외 : 70kPa의 압력으로 10분간 실시

83

이동 저장 탱크 방파판의 두께는?

① 1.6mm 이상　　　　　　② 2.3mm 이상
③ 3.2mm 이상　　　　　　④ 4.5mm 이상

해설 방파판은 1.6mm 이상이다. 위험물을 운송하는 중에 탱크 내부의 위험물이 출렁임 또는 급회전에 의한 쏠림 등을 감소시켜 운행 중인 차량의 안전성을 확보하기 위해 설치를 한다.

84

위험물안전관리법령에 따른 이동 저장 탱크의 구조 기준에 대한 설명으로 틀린 것은?
① 압력 탱크는 최대 상용 압력의 1.5배의 압력으로 10분간 수압 시험을 하여 새지 말 것
② 상용 압력이 20kPa를 초과하는 탱크의 안전 장치는 상용 압력의 1.5배 이하의 압력에서 작동할 것
③ 방파판은 두께 1.6mm 이상의 강철판 또는 이와 동등 이상의 강도, 내식성 및 내열성이 있는 금속성의 것으로 할 것
④ 탱크는 두께 3.2mm 이상의 강철판 또는 이와 동등 이상의 강도, 내식성 및 내열성을 갖는 재질로 할 것

해설 안전 장치

상용 압력	작동 압력
20kPa 이하	20~24kPa 이하
20kPa 초과	상용 압력의 1.1배 이하

85

이동 탱크 저장 시설의 탱크 중심에서 측면틀 최외측과 탱크의 최외측 연결선이 이루는 각도는?
① 15°　　　　　　② 25°
③ 35°　　　　　　④ 45°

해설 측면틀 부착 기준
　㉠ 최외측 선(측면틀의 최외측과 탱크의 최외측을 연결하는 직선)의 수평면에 대하여 내각이 75° 이상일 것
　㉡ 최대 수량의 위험물을 저장한 상태에서 당해 탱크 중량의 중심선과 측면틀의 최외측을 연결하는 직선 및 그 중심선을 지나는 직선 중 최외측 선과 직각을 이루는 직선과의 내각이 35° 이상이 되도록 할 것

86

이동 탱크 저장 시설 방호틀의 정상부는 부속 장치보다 최소 몇 mm 이상 높게 해야 하는가?

① 30mm 이상   ② 50mm 이상

③ 70mm 이상   ④ 100mm 이상

해설 방호틀 설치 기준
- ㉠ 재질은 두께 2.3mm 이상의 강철판으로 제작할 것
- ㉡ 산 모양의 형상으로 하거나 이와 동등 이상의 강도가 있는 형상으로 할 것
- ㉢ 정상 부분은 부속 장치보다 50mm 이상 높게 하거나 동등 이상의 성능이 있는 것으로 할 것

87

다음은 위험물안전관리법령에 따른 이동 탱크 저장소에 대한 기준이다. ( ) 안에 들어갈 수치로 알맞은 것은?

> 이동 저장 탱크는 그 내부에 (㉠)L 이하마다 (㉡)mm 이상의 강철판 또는 이와 동등 이상의 강도·내열성 및 내식성이 있는 금속성의 것으로 칸막이를 설치하여야 한다.

① ㉠ 2,500, ㉡ 3.2   ② ㉠ 2,500, ㉡ 4.8

③ ㉠ 4,000, ㉡ 3.2   ④ ㉠ 4,000, ㉡ 4.8

해설 이동 저장 탱크의 안전 칸막이 설치 기준
- ㉠ 4,000L 이하마다 구분하여 설치
- ㉡ 재질은 두께 3.2mm 이상의 강철판으로 제작

88

제4류 위험물을 저장하는 이동 탱크 저장소의 탱크 용량이 19,000L일 때 탱크의 칸막이는 최소 몇 개를 설치해야 하는가?

① 2   ② 3   ③ 4   ④ 5

해설 이동 탱크 저장소는 그 내부에 4,000L 이하마다 칸막이를 설치한다.

	1개	2개	3개	4개	
4,000L	4,000L	4,000L	4,000L	3,000L	

용량이 19,000L이므로 칸막이는 최소 4개를 설치할 수 있다.

89

위험물 운반 차량의 어느 곳에 "위험물"이라는 표지를 게시하여야 하는가?

① 전면 및 후면의 보기 쉬운 곳
② 운전석 옆 유리
③ 이동 저장 탱크의 좌우 측면의 보기 쉬운 곳
④ 차량의 좌우 문

정답   86. ②   87. ③   88. ③   89. ①

해설 지정 수량 이상의 위험물을 차량으로 운반하는 경우 당해 차량의 표지 설치 기준
　　ⓐ 한 변의 길이가 0.3m 이상, 다른 한 변의 길이가 0.6m 이상인 직사각형의 판으로 한다.
　　ⓑ 바탕은 흑색으로 하고, 황색의 반사 도료 그 밖의 반사성이 있는 재료로 위험물이라고 표시한다.
　　ⓒ 표지는 차량의 전면 및 후면의 보기 쉬운 곳에 내건다.

90

인화점이 몇 도 미만인 위험물을 이동 저장 탱크로부터 다른 저장 탱크로 주입할 때 그 이동 탱크의 원동기를 정지시켜야 하는가?

① 20℃ 미만　　　　　　　② 30℃ 미만
③ 40℃ 미만　　　　　　　④ 50℃ 미만

해설 인화점이 40℃ 미만의 위험물 주입 시는 당해 이동 저장 탱크의 원동기를 정지시켜야 한다.

91

이동 저장 탱크 주입관에 의하여 탱크의 위로부터 주입할 경우 액 표면이 주입관의 선단을 넘는 높이가 될 때까지 그 위험물의 주입 속도는?

① 1m/sec 이하
② 1m/sec 이상
③ 1.5m/sec 이하
④ 1.5m/sec 이상

해설 정전기 등으로 인한 재해 발생 방지 조치 사항
　　예 휘발유를 저장하던 이동 저장 탱크에 등유나 경유를 주입하거나 등유나 경유를 저장하던 동저장 탱크에 휘발유를 저장하는 경우
　　ⓐ 탱크의 위로부터 주입관에 의하여 위험물을 주입할 경우의 주입 속도 : 1m/sec 이하
　　ⓑ 탱크의 밑바닥에 설치된 고정 주입 배관에 의해 위험물을 주입할 경우의 주입 속도 : 1m/sec 이하
　　ⓒ 기타의 방법으로 위험물을 주입하는 경우 : 위험물을 주입하기 전에 탱크에 가연성 증기가 없도록 조치하고, 안전한 상태를 확인한 후 주입할 것

92

위험물안전관리법령상 이동 탱크 저장소로 위험물을 운송하게 하는 자는 위험물 안전 카드를 위험물 운송자로 하여금 휴대하게 하여야 한다. 다음 중 이에 해당하는 위험물이 아닌 것은?

① 휘발유　　　　　　　② 과산화수소
③ 경유　　　　　　　　④ 벤조일퍼옥사이드

해설 이동 탱크 저장소로 위험물 운송 시 위험물 운송자가 위험물 안전 카드를 휴대하여야 하는 위험물
　　ⓐ 휘발유
　　ⓑ 과산화수소
　　ⓒ 벤조일퍼옥사이드

정답　90. ③　91. ①　92. ③

93

이동 탱크 저장소의 위험물 운송에 있어서 운송 책임자의 감독·지원을 받아 운송하여야 하는 위험물의 종류에 해당하는 것은?

① 칼륨   ② 알킬알루미늄

③ 아염소산염류   ④ 질산에스테르류

> **해설** 이동 탱크 저장소의 위험물 운송 시 운송 책임자의 감독·지원을 받아야 하는 위험물
> ① 알킬알루미늄
> ② 알킬리튬
> ③ 알킬알루미늄 또는 알킬리튬을 함유하는 위험물

94

위험물 이동 저장 탱크의 외부 도장 색상으로 적합하지 않은 것은?

① 제2류-적색   ② 제3류-청색

③ 제5류-황색   ④ 제6류-회색

> **해설** 위험물 이동 저장 탱크의 외부 도장 색상
> ㉠ 제1류 : 회색
> ㉡ 제2류 : 적색
> ㉢ 제3류 : 청색
> ㉣ 제4류 : 도장에 색상 제한은 없으나 적색을 권장한다.
> ㉤ 제5류 : 황색
> ㉥ 제6류 : 청색

95

위험물 이동 탱크 저장소 관계인은 해당 제조소 등에 대하여 연간 몇 회 이상 정기 점검을 실시하여야 하는가? (단, 구조 안전 점검 외의 정기 점검인 경우이다.)

① 1회   ② 2회   ③ 4회   ④ 6회

> **해설** 위험물 이동 탱크 저장소 관계인은 해당 제조소 등에 대하여 연간 1회 이상 정기 점검을 실시한다.

96

위험물 간이 탱크 저장소의 간이 저장 탱크 수압 시험 기준으로 옳은 것은?

① 50kPa의 압력으로 7분간의 수압 시험

② 70kPa의 압력으로 10분간의 수압 시험

③ 50kPa의 압력으로 10분간의 수압 시험

④ 70kPa의 압력으로 7분간의 수압 시험

> **해설** 간이 저장 탱크 수압 시험 기준
> 두께 3.2mm 이상의 강판으로 흠이 없도록 제작하여야 하며, 70kPa의 압력으로 10분간의 수압 시험을 실시하여 새거나 변형되지 않아야 한다.

정답   93. ②   94. ④   95. ①   96. ②

97

다음 ( ) 안에 알맞은 수치를 차례대로 옳게 나열한 것은?

> 위험물 암반 탱크의 공간 용적은 당해 탱크 내에 용출하는 ( )일 간의 지하수 양에 상당하는 용적과 당해 탱크 내용적의 100분의 ( )의 용적 중에서 보다 큰 용적을 공간 용적으로 한다.

① 1, 1　　　　　　　　　　　② 7, 1
③ 1, 5　　　　　　　　　　　④ 7, 5

해설 위험물 암반 탱크의 공간 용적은 당해 탱크 내에 용출하는 7일 간의 지하수 양에 상당하는 용적과 당해 탱크 내용적의 100분의 1의 용적 중에서 보다 큰 용적을 공간 용적으로 한다.

98

주유 취급소의 보유 공지 기준은?

① 너비 15m 이상, 길이 5m 이상　　② 너비 15m 이상, 길이 6m 이상
③ 너비 10m 이상, 길이 6m 이상　　④ 너비 10m 이상, 길이 8m 이상

해설 주유 취급소의 보유 공지 기준 : 너비 15m 이상, 길이 6m 이상의 콘크리트로 포장된 공지를 보유할 것

99

주유 취급소의 고정 주유 설비에서 펌프 기기의 주유관 선단에서 최대 토출량으로 틀린 것은?

① 휘발유는 분당 50리터 이하
② 경유는 분당 180리터 이하
③ 등유는 분당 80리터 이하
④ 제1석유류(휘발유 제외)는 분당 100리터 이하

해설 펌프 기기의 주유관 선단에서 최대 토출량
㉠ 제1석유류(휘발유) : 50L/min 이하
㉡ 경유 : 180L/min 이하
㉢ 등유 : 80L/min 이하

100

주유 취급소의 고정 주유 설비는 고정 급유 설비의 중심선을 기점으로 하여 도로 경계선까지 몇 m 이상 떨어져 있어야 하는가?

① 2　　　　　　　　　　　② 3
③ 4　　　　　　　　　　　④ 5

⊙ 고정 주유 설비 : 펌프 기기 및 호스 기기로 되어 위험물을 자동차 등에 직접 주유하기 위한 설비로서 현수식을 포함한다.

ⓒ 고정 급유 설비 : 펌프 기기 및 호스 기기로 되어 위험물을 용기에 옮겨 담거나 이동 저장 탱크에 주입하기 위한 설비로서 현수식을 포함한다.

ⓒ 고정 주유 설비 또는 고정 급유 설비의 중심선을 기점으로
- 도로 경계면으로 4m 이상
- 대지 경계선·담 및 건축물의 벽까지 2m 이상
- 개구부가 없는 벽으로부터 1m 이상
- 고정 주유 설비와 고정 급유 설비 사이 4m 이상

101

주유 취급소 고정 주유 설비의 주유관 길이(선단의 개폐 밸브를 포함)는?

① 2m 이내 ② 5m 이내
③ 7m 이내 ④ 10m 이내

 주유관의 길이(선단의 개폐 밸브를 포함)
⊙ 5m 이내(단, 현수식 주유 설비의 경우에는 지면 위 0.5m의 수평면에 수직으로 내려 만나는 중심으로 반경 3m 이내일 것)
ⓒ 노즐 선단에는 축적되는 정전기 제거 장치를 설치할 것

102

주유 취급소에서 자동차 등에 위험물을 주유할 때에 자동차 등의 원동기를 정지시켜야 하는 위험물의 인화점 기준은? (단, 연료 탱크에 위험물을 주유하는 동안 방출되는 가연성 증기를 회수하는 설비가 부착되지 않은 고정 주유 설비에 의하여 주유하는 경우이다.)

① 20℃ 미만 ② 30℃ 미만
③ 40℃ 미만 ④ 50℃ 미만

 주유 취급소
자동차 등에 위험물을 주유할 때에 자동차 등의 원동기를 정지시켜야 하는 위험물의 인화점은 40℃ 미만이다.

103

주유 취급소 중 건축물의 2층에 휴게 음식점의 용도로 사용하는 것에 있어 해당 건축물의 2층으로부터 직접 주유 취급소의 부지 밖으로 통하는 출입구와 해당 출입구로 통하는 통로·계단에 설치하여야 하는 것은?

① 비상 경보 설비 ② 유도등
③ 비상 조명등 ④ 확성 장치

 주유 취급소 중 건축물의 2층에 휴게 음식점의 용도로 사용하는 것에 있어 해당 건축물의 2층으로부터 직접 주유 취급소의 부지 밖으로 통하는 출입구와 해당 출입구로 통하는 통로·계단에 유도등을 설치한다.

정답 101. ② 102. ③ 103. ②

104

1종 판매 취급소에 설치하는 위험물 배합실의 기준으로 틀린 것은?

① 바닥 면적은 6m² 이상 15m² 이하일 것
② 내화 구조 또는 불연 재료로 된 벽으로 구획할 것
③ 출입구는 수시로 열 수 있는 자동 폐쇄식의 갑종 방화문으로 설치할 것
④ 출입구 문턱의 높이는 바닥면으로부터 0.2m 이상일 것

 제1종 판매 취급소 위험물 배합실 기준
　ㄱ 바닥 면적은 6m² 이상 15m² 이하일 것
　ㄴ 내화 구조 또는 불연 재료로 된 벽으로 구획할 것
　ㄷ 바닥은 위험물이 침투하지 아니하는 구조로 하여 적당한 경사를 두고 집유 설비를 할 것
　ㄹ 출입구는 수시로 열 수 있는 자동 폐쇄식의 갑종 방화문으로 설치할 것
　ㅁ 출입구 문턱의 높이는 바닥면으로부터 0.1m 이상으로 할 것
　ㅂ 내부에 체류한 가연성의 증기 또는 가연성의 미분을 지붕 위로 방출하는 설비를 할 것

105

위험물 판매 취급소에 관한 설명 중 틀린 것은?

① 위험물을 배합하는 실의 바닥 면적은 6m² 이상 15m² 이하이어야 한다.
② 제1종 판매 취급소는 건축물의 1층에 설치하여야 한다.
③ 일반적으로 페인트점, 화공약품점이 이에 해당된다.
④ 취급하는 위험물의 종류에 따라 제1종과 제2종으로 구분된다.

 ④ 저장 또는 취급하는 위험물의 수량에 따라 제1종과 제2종으로 구분한다.

106

이송 취급소 배관 등의 용접부는 비파괴 시험을 실시하여 합격하여야 한다. 이 경우 이송 기지 내의 지상에 설치되는 배관 등은 전체 용접부의 몇 % 이상 발췌하여 시험할 수 있는가?

① 10　　　　　　② 15　　　　　　③ 20　　　　　　④ 25

 이송 취급소
　이송 기지 내의 지상에 설치되는 배관 등은 전체 용접부의 20% 이상 발췌하여 시험할 수 있다.

107

이송 취급소의 교체 밸브, 제어 밸브 등의 설치 기준으로 틀린 것은?

① 밸브는 원칙적으로 이송 기지 또는 전용 부지 내에 설치할 것
② 밸브는 그 개폐 상태를 설치 장소에서 쉽게 확인할 수 있도록 할 것
③ 밸브를 지하에 설치하는 경우에는 점검 상자 안에 설치할 것
④ 밸브는 해당 밸브의 관리에 관계하는 자가 아니면 수동으로만 개폐할 수 있도록 할 것

 ④ 밸브는 당해 밸브의 관리에 관계하는 자가 아니면 수동으로 개폐할 수 없도록 할 것

108

이송 취급소의 배관이 하천을 횡단하는 경우 하천 밑에 매설하는 배관의 외면과 계획하상(계획하상이 최심하상보다 높은 경우에는 최심하상)과의 거리는?

① 1.2m 이상　　　② 2.5m 이상　　　③ 3.0m 이상　　　④ 4.0m 이상

해설 하천 등 횡단 설치

하천 또는 수로의 밑에 배관을 매설하는 경우에는 배관의 외면과 계획하상(계획하상이 최심하상보다 높은 경우에는 최심하상)과의 거리는 다음의 규정에 의한 거리 이상으로 하되, 호안 그 밖에 하천 관리 시설의 기초에 영향을 주지 아니하고 하천 바닥의 변동, 패임 등에 의한 영향을 받지 아니하는 깊이로 매설하여야 한다.

1. 하천을 횡단하는 경우 : 4m
2. 수로를 횡단하는 경우
　　㉠ 하수도법 규정에 의한 하수도(상부가 개방되는 구조로 된 것에 한한다) 또는 운하 : 2.5m
　　㉡ '㉠'의 규정에 의한 수로에 해당되지 아니하는 좁은 수로(용수로, 그 밖에 유사한 것은 제외한다) : 1.2m

109

연면적이 1,000m²이고 지정 수량의 100배의 위험물을 취급하며, 지반면으로부터 6m 높이에 위험물 취급 설비가 있는 제조소의 소화 난이도 등급은?

① 소화 난이도 등급 Ⅰ　　　　　② 소화 난이도 등급 Ⅱ
③ 소화 난이도 등급 Ⅲ　　　　　④ 제시된 조건으로 판단할 수 없음

해설 소화 난이도 등급 I에 해당하는 제조소 등

구 분	적용 대상
제조소 일반 취급소	• 연면적 1,000m² 이상 • 지정 수량 100배 이상 • 지반면에서 6m 이상의 높이에 위험물 취급 설비가 있는 것 • 일반 취급소 이외의 건축물에 설치된 것
옥내 저장소	• 지정 수량 150배 이상 • 연면적 150m²를 초과 • 처마 높이 6m 이상인 단층 건물 • 옥내 저장소 이외의 건축물에 설치된 것
옥외 탱크 저장소	• 액표면적 40m² 이상 • 지반면에서 탱크 옆판의 상단까지 높이가 6m 이상 • 지중 탱크 · 해상 탱크로서 지정 수량 100배 이상 • 지정 수량 100배 이상(고체 위험물 저장)
옥내 탱크 저장소	• 액표면적 40m² 이상 • 바닥면에서 탱크 옆판의 상단까지 높이가 6m 이상 • 탱크 전용실이 단층 건물 외의 건축물에 있는 것
옥외 저장소	• 괴상의 유황 등을 저장하는 것으로서, 경계 표시 내부의 면적 100m² 이상인 것 • 지정 수량 100배 이상
암반 탱크 저장소	• 액표면적 40m² 이상 • 지정 수량 100배 이상(고체 위험물 저장)
이송 취급소	모든 대상

110 소화 난이도 등급 Ⅰ의 옥내 저장소에 설치하여야 하는 소화 설비에 해당하지 않는 것은?

① 옥외 소화전 설비　　　　　　② 연결 살수 설비

③ 스프링클러 설비　　　　　　④ 물분무 소화 설비

해설 소화 난이도 등급 Ⅰ에 대한 제조소 등의 소화 설비

제조소 등의 구분			소화 설비
제조소 및 일반 취급소			옥내 소화전 설비, 옥외 소화전 설비, 스프링클러 설비 또는 물분무 등 소화 설비(화재 발생 시 연기가 충만할 우려가 있는 장소에는 스프링클러 설비 또는 이동식 외의 물분무 등 소화 설비에 한한다)
옥내 저장소	처마 높이가 6m 이상인 단층 건물 또는 다른 용도의 부분이 있는 건축물에 설치한 옥내 저장소		스프링클러 설비 또는 이동식 외의 물분무 등 소화 설비
	그 밖의 것		옥외 소화전 설비, 스프링클러 설비, 이동식 외의 물분무 등 소화 설비 또는 이동식 포 소화 설비(포 소화전을 옥외에 설치하는 것에 한한다)
옥외 탱크 저장소	지중 탱크 또는 해상 탱크 외의 것	유황만을 저장·취급하는 것	물분무 소화 설비
		인화점 70℃ 이상의 제4류 위험물만을 저장·취급하는 것	물분무 소화 설비 또는 고정식 포 소화 설비
		그 밖의 것	고정식 포 소화 설비(포 소화 설비가 적응성이 없는 경우에는 분말 소화 설비)
	지중 탱크		고정식 포 소화 설비, 이동식 이외의 불활성가스 소화 설비 또는 이동식 이외의 할로겐화물 소화 설비
	해상 탱크		고정식 포 소화 설비, 물분무 소화 설비, 이동식 이외의 불활성가스 소화 설비 또는 이동식 이외의 할로겐화물 소화 설비
옥내 탱크 저장소	유황만을 저장·취급하는 것		물분무 소화 설비
	인화점 70℃ 이상의 제4류 위험물만을 저장·취급하는 것		물분무 소화 설비, 고정식 포 소화 설비, 이동식 이외의 불활성가스 소화 설비, 이동식 이외의 할로겐 화합물 소화 설비 또는 이동식 이외의 분말 소화 설비
	그 밖의 것		고정식 포 소화 설비, 이동식 이외의 불활성가스 소화 설비, 이동식 이외의 할로겐 화합물 소화 설비 또는 이동식 이외의 분말 소화 설비
옥외 저장소 및 이송 취급소			옥내 소화전 설비, 옥외 소화전 설비, 스프링클러 설비 또는 물분무 등 소화 설비(화재 발생 시 연기가 충만할 우려가 있는 장소에는 스프링클러 설비 또는 이동식 이외의 물분무 등 소화 설비에 한한다)
암반 탱크 저장소	유황만을 저장·취급하는 것		물분무 소화 설비
	인화점 70℃ 이상의 제4류 위험물만을 저장·취급하는 것		물분무 소화 설비 또는 고정식 포 소화 설비
	그 밖의 것		고정식 포 소화 설비(포 소화 설비가 적응성이 없는 경우에는 분말 소화 설비)

111

옥외 탱크 저장소의 소화 설비를 검토 및 적용할 때에 소화 난이도 등급 Ⅰ에 해당되는지를 검토하는 탱크 높이의 측정 기준으로서 적합한 것은?

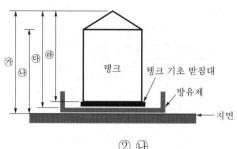

① ㉮

② ㉯

③ ㉰

④ ㉱

해설 소화 난이도 등급 Ⅰ에 해당하는 제조소 등

구 분	적용 대상
제조소 일반 취급소	• 연면적 1,000m² 이상 • 지정 수량 100배 이상 • 지반면에서 6m 이상의 높이에 위험물 취급 설비가 있는 것 • 일반 취급소 이외의 건축물에 설치된 것
옥내 저장소	• 지정 수량 150배 이상 • 연면적 150m²를 초과 • 처마 높이 6m 이상인 단층 건물 • 옥내 저장소 이외의 건축물에 설치된 것
옥외 탱크 저장소	• 액표면적 40m² 이상 • 지반면에서 탱크 옆판의 상단까지 높이가 6m 이상 • 지중 탱크·해상 탱크로서 지정 수량 100배 이상 • 지정 수량 100배 이상(고체 위험물 저장)
옥내 탱크 저장소	• 액표면적 40m² 이상 • 바닥면에서 탱크 옆판의 상단까지 높이가 6m 이상 • 탱크 전용실이 단층 건물 외의 건축물에 있는 것
옥외 저장소	• 괴상의 유황 등을 저장하는 것으로서, 경계 표시 내부의 면적 100m² 이상인 것 • 지정 수량 100배 이상
암반 탱크 저장소	• 액표면적 40m² 이상 • 지정 수량 100배 이상(고체 위험물 저장)
이송 취급소	모든 대상

112

위험물안전관리법령상 옥내 주유 취급소의 소화 난이도 등급은?

① Ⅰ

② Ⅱ

③ Ⅲ

④ Ⅳ

정답 111. ② 112. ②

🌱해설 소화 난이도 등급 Ⅱ에 해당하는 제조소 등

구 분	적용 대상
제조소 일반 취급소	• 연면적 600m² 이상 • 지정 수량 10배 이상
옥내 저장소	• 단층 건물 이외의 것 • 지정 수량 10배 이상 • 연면적 150m² 초과
옥외 저장소	• 괴상의 유황 등을 저장하는 것으로서 경계 표시 내부의 면적이 5~100m² 미만 • 지정 수량 100배 이상
주유 취급소	옥내 주유 취급소
판매 취급소	제2종 판매 취급소

113

인화점이 38℃ 이상인 제4류 위험물 취급을 주된 작업 내용으로 하는 장소에 스프링클러 설비를 설치할 경우 확보하여야 하는 1분당 방사 밀도는 몇 L/m² 이상이어야 하는가? (단, 살수 기준 면적은 250m²이다.)

① 12.2   ② 13.9   ③ 15.5   ④ 16.3

🌱해설 제4류 위험물을 저장·취급하는 장소의 살수 기준 면적에 따른 스프링클러 설비의 살수 밀도

살수 기준 면적 (m²)	방사 밀도(L/m²·분)		비 고
	인화점 38℃ 미만	인화점 38℃ 이상	
279 미만	16.3 이상	12.2 이상	살수 기준 면적은 내화 구조의 벽 및 바닥으로 구획된 하나의 실의 바닥 면적을 말하고, 하나의 실의 바닥 면적이 465m² 이상인 경우의 살수 기준 면적은 465m²로 한다. 다만, 위험물의 취급을 주된 작업 내용으로 하지 아니하고 소량의 위험물을 취급하는 설비 또는 부분이 넓게 분산되어 있는 경우에는 방사 밀도 8.2L/m²·분 이상, 살수 기준 면적은 279m² 이상으로 할 수 있다.
279~372 미만	15.5 이상	11.8 이상	
372~465 미만	13.9 이상	9.8 이상	
465 이상	12.2 이상	8.1 이상	

정답   113. ①

빨리 성장하는 것은 쉬 시들고,
서서히 성장하는 것은 영원히 존재한다.

- 호란드 -

'급히 먹는 밥이 체한다'는 말이 있지요. '급하다고 바늘허리에 실 매어 쓸까'라는 속담도 있고요.
그래요, 속성으로 성장한 것은 부실해지기 쉽습니다.
사과나무가 한 알의 영롱한 열매를 맺기 위해서는 꾸준하게 비바람을 맞고 적당하게 햇볕도 쪼여야 하지요.
빠른 것만이 꼭 좋은 것이 아닙니다. 주위를 두리번거리면서 느릿느릿, 서서히 커나가야 인생이 알차지고 단단해집니다.
이른바 "느림의 미학"이지요.

부록

과년도 출제문제

· · · · · · ·

- 직무 분야 : 화학, 위험물
- 자격 종목 : 위험물 산업기사
- 필기 검정 방법 : 객관식(60문항)
- 시험 시간 : 1시간 30분

필기 과목명		문제 수
제1과목	일반화학	20
제2과목	화재예방과 소화방법	20
제3과목	위험물의 성질과 취급	20

제1과목 **일반화학**

01 다음 중 전자 배치가 다른 것은?

① Ar
② F^-
③ Na^+
④ Ne

해설

원자 번호=양성자수=전자수
① 18, ② 9+1=10, ③ 11−1=10, ④ 10

02 물 36g을 모두 증발시키면 수증기가 차지하는 부피는 표준 상태를 기준으로 몇 L인가?

① 11.2
② 22.4
③ 33.6
④ 44.8

해설

H_2O(1몰)=18g, H_2O(2몰)=36g이므로
∴ 수증기의 부피는 2×22.4L=44.8L

03 $CuCl_2$의 용액에 5A 전류를 1시간 동안 흐르게 하면 몇 g의 구리가 석출되는가? (단, Cu의 원자량은 63.54이며, 전자 1개의 전하량은 1.602×10⁻¹⁹C이다.)

① 3.17
② 4.83
③ 5.93
④ 6.35

해설

$Q = I \cdot t = 5[A] \times 3,600[s] = 18,000[C]$
여기서, Q : 전하량[C]
I : 전류[A]
t : 시간[s]
$Cu^{2+} + 2e^- \rightarrow Cu$
Cu 1몰(63.54g)이 석출되는 데 약 $2 \times 96,500(2e^-)$[C]의 전하량이 필요하므로, 18,000[C]의 전하량으로 석출되는 구리의 양을 x라고 하면 $2 \times 96,500$[C] : 63.54g =18,000[C] : x
∴ $x = 5.93g$

04 NaCl의 결정계는 다음 중 무엇에 해당되는가?

① 입방정계(cubic)
② 정방정계(tetragonal)
③ 육방정계(hexagonal)
④ 단사정계(monoclinic)

해설

㉠ 7정계의 하나로서 격자정수 사이에 a=b=c, $\alpha = \beta = \gamma = 90°$의 관계가 성립되며, 단위 격자는 입방체, 단위 격자의 대각선 방향으로 3회 회전축을 갖고 있고 a, b, c축 방향으로 2회 또는 4회 대칭축이 존재함. 이 정계의 공간 격자에는 단순 격자, 체심 격자, 면심 격자가 있음
예 NaCl
㉡ 전후・좌우에 직교하는 2개의 길이가 같은 수평축과 이것과 직교하는 길이가 다른 수직축을 가진 결정계
㉢ 한 평면상에서 서로 60°로 교차하는 같은 길이의 3개의 수평축과 이들과 직교하면서 길이가 다른 수직축을 가진 결정계
㉣ 길이가 다른 a, b, c의 세 결정축을 가지며, 그 중에 서로 직교하는 a, b의 두 축과 b축과는 직교하나 a축과는 비스듬히 교차하는 c축으로 표시되는 결정계

05 다음 중 반응이 정반응으로 진행되는 것은?

① $Pb^{2+} + Zn \rightarrow Zn^{2+} + Pb$
② $I_2 + 2Cl^- \rightarrow 2I^- + Cl_2$
③ $2Fe^{3+} + 3Cu \rightarrow 3Cu^{2+} + 2Fe$
④ $Mg^{2+} + Zn \rightarrow Zn^{2+} + Mg$

해설

㉠ 금속의 이온화경향 : K>Ca>Na>Mg>Al>Zn>Fe>Ni>Sn>Pb>H>Cu>Hg>Ag>Pt>Au
㉡ 전기 음성도 : F>O>N>Cl>Br>C>S>I>H>P

06 다음 화합물 중 2mol이 완전 연소될 때 6mol의 산소가 필요한 것은?

① $CH_3 - CH_3$
② $CH_2 = CH_2$
③ $CH \equiv CH$
④ C_6H_6

해설

완전 연소 반응식

① $2C_2H_6 + 7O_2 \rightarrow 4CO_2 + 6H_2O$

② $2C_2H_4 + 6O_2 \rightarrow 4CO_2 + 4H_2O$

③ $2C_2H_2 + 5O_2 \rightarrow 4CO_2 + 2H_2O$

④ $2C_6H_6 + 15O_2 \rightarrow 12CO_2 + 6H_2O$

07 볼타 전지의 기전력은 약 1.3V인데, 전류가 흐르기 시작하면 곧 0.4V로 된다. 이러한 현상을 무엇이라고 하는가?

① 감극　　　　　　② 소극

③ 분극　　　　　　④ 충전

해설

① 감극(depolarization) : 전지가 전류를 흘리면 분극 현상을 일으킨다. 이 작용을 제거하는 것이 감극이며, 산화제로 양극에 발생하는 수소를 산화하여 수소 이온의 발생을 방지한다.

② 소극 : (+)극에 발생한 수소를 산화시켜 없애는 작용

③ 분극 : 볼타 전지의 기전력은 약 1.3V인데, 전류가 흐르기 시작하면 곧 0.4V로 되는 것

④ 충전 : 전지에 외부로부터 전기 에너지를 공급하여 전지 내에서 이것을 화학 에너지로 축적하는 것

08 벤젠에 수소 원자 한 개는 $-CH_3$기로, 또 다른 수소 원자 한 개는 $-OH$기로 치환되었다면 이성질체수는 몇 개인가?

① 1　　　　　　　② 2

③ 3　　　　　　　④ 4

해설

크레졸은 세 가지 이성질체를 갖는다.

(ortho)　　　　(meta)　　　　(para)

09 유기 화합물을 질량 분석한 결과 C 84%, H 16%의 결과를 얻었다. 다음 중 이 물질에 해당하는 실험식은?

① C_5H　　　　　　② C_2H_2

③ C_7H_8　　　　　　④ C_7H_{16}

해설

C_xH_y

$$x = \frac{84}{12} = 7, \quad y = \frac{16}{1} = 16$$

$$\therefore C_xH_y = C_7H_{16}$$

10 알칼리 금속이 다른 금속 원소에 비해 반응성이 큰 이유와 밀접한 관련이 있는 것은?

① 밀도가 작기 때문이다.

② 물에 잘 녹기 때문이다.

③ 이온화 에너지가 작기 때문이다.

④ 녹는점과 끓는점이 비교적 낮기 때문이다.

해설

㉠ 이온화 에너지 : 원자로부터 하나의 전자를 떼어내는 데 필요한 에너지

㉡ 알칼리 금속은 이온화 에너지가 가장 작다. 따라서 양이온이 되기 쉬우므로 다른 금속 원소에 비해 반응성이 크다.

11 수성 가스(water gas)의 주성분을 옳게 나타낸 것은?

① CO_2, CH_4

② CO, H_2

③ CO_2, H_2, O_2

④ H_2, H_2O

해설

수성 가스(water gas)

100℃ 이상으로 적열한 코크스에 수증기를 통하면 코크스에서 환원되어 얻어지는 가스이며, 발열량은 2,800kcal/Nm³ 정도이다.

$C + H_2O \rightarrow \underset{\text{수성 가스}}{\underline{CO + H_2}}$

12 지시약으로 사용되는 페놀프탈레인 용액은 산성에서 어떤 색을 띠는가?

① 적색　　　　　　② 청색

③ 무색　　　　　　④ 황색

해설

페놀프탈레인은 산성에서 무색이며, pH 8.3~10.0에서 붉은색으로 변한다.

13 다음 중 물이 산으로 작용하는 반응은?

① $NH_4^+ + H_2O \rightarrow NH_3 + H_3O^+$

② $HCOOH + H_2O \rightarrow HCOO^- + H_3O^+$

③ $CH_3COO^- + H_2O \rightarrow CH_3COOH + OH^-$

④ $HCl + H_2O \rightarrow H_3O^+ + Cl^-$

🌱**해설**

학 설	산(acid)	염기(base)
브뢴스테드설	H^+을 줄 수 있는 것	H^+을 받을 수 있는 것

① $\underset{산}{NH_4^+} + \underset{염기}{H_2O} \rightarrow NH_3 + H_3O^+$

② $\underset{산}{HCOOH} + \underset{염기}{H_2O} \rightarrow HCOO^- + H_3O^+$

③ $\underset{염기}{CH_3COO^-} + \underset{산}{H_2O} \rightarrow CH_3COOH + OH^-$

④ $\underset{산}{HCl} + \underset{염기}{H_2O} \rightarrow H_3O^+ + Cl^-$

14 다음 반응식 중 흡열 반응을 나타내는 것은?

① $CO + \frac{1}{2}O_2 \rightarrow CO_2 + 68kcal$

② $N_2 + O_2 \rightarrow 2NO, \ \Delta H = +42kcal$

③ $C + O_2 \rightarrow CO_2, \ \Delta H = -94kcal$

④ $H_2 + \frac{1}{2}O_2 \rightarrow H_2O - 58kcal$

🌱**해설**

㉠ 발열 반응 : 열을 방출하는 경우(ΔH가 음의 값)

㉡ 흡열 반응 : 열을 흡수하는 경우(ΔH가 양의 값)

15 다음 물질 중 sp^3 혼성 궤도 함수와 가장 관계가 있는 것은?

① CH_4 ② $BeCl_2$

③ BF_3 ④ HF

🌱**해설**

① sp^3 결합, ② sp 결합, ③ sp^2 결합, ④ p 결합

16 탄소 3g이 산소 16g 중에서 완전 연소되었다면, 연소한 후 혼합 기체의 부피는 표준 상태에서 몇 L가 되는가?

① 5.6   ② 6.8

③ 11.2   ④ 22.4

🌱**해설**

탄소 3g은 0.25mol이므로

$$C \quad + \quad O_2 \quad \rightarrow \quad CO_2$$

0.25mol	0.25mol	0.25mol
(3g)	(8g)	(11g)
(5.6L)	(5.6L)	(5.6L)

연소 후 혼합 기체는 O_2 : 0.25mol[0.5mol−0.25mol]와 CO_2 0.25mol이므로, 혼합 기체의 부피는 0.25×22.4L+0.25×22.4L=11.2L이다.

17 다음 중 전리도가 가장 커지는 경우는?

① 농도와 온도가 일정할 때

② 농도가 진하고, 온도가 높을수록

③ 농도가 묽고, 온도가 높을수록

④ 농도가 진하고, 온도가 낮을수록

🌱**해설**

㉠ 전리도(이온화도) : 전해질 수용액에서 용해된 전해질의 몰수에 대한 이온화된 전해질의 몰수의 비

$$전리도(이온화도, \ \alpha) = \frac{이온화 된 전해질의 몰수}{전해질의 전체 몰수}$$

$(0 < \alpha < 1)$

㉡ 전리도는 농도가 묽고, 온도가 높을수록 커진다.

18 아세틸렌 계열 탄화수소에 해당되는 것은?

① C_5H_8

② C_6H_{12}

③ C_6H_8

④ C_3H_2

🌱**해설**

아세틸렌 계열 탄화수소 : C_nH_{2n-2}

∴ $C_5H_{10-2} = C_5H_8$

19 어떤 용액의 $[OH^-] = 2 \times 10^{-5}M$이었다. 이 용액의 pH는 얼마인가?

① 11.3   ② 10.3

③ 9.3   ④ 8.3

🌱**해설**

$pOH = -\log[OH^-] = -\log(2 \times 10^{-5}) = 4.7$

∴ $pH = 14 - pOH = 14 - 4.7 = 9.3$

20 전극에서 유리되고 화학 물질의 무게가 전지를 통하여 사용된 전류의 양에 정비례하고, 또한 주어진 전류량에 의하여 생성된 물질의 무게는 그 물질의 당량에 비례한다는 화학 법칙은?

① 르 샤틀리에의 법칙

② 아보가드로의 법칙

③ 패러데이의 법칙

④ 보일-샤를의 법칙

🌱해설

① 르 샤틀리에의 법칙(Le Chatelier's principle) : 화학 평형계의 평형을 정하는 변수(온도와 압력, 농도)의 하나에 변화가 가해졌을 때 계가 어떻게 반응하는가를 설명한 것. 즉, 화학 평형에 있는 계는 평형을 정하는 인자의 하나가 변동하면 변화를 받게 되는데 그 변화는 생각하고 있는 인자를 역방향으로 변동시킨다는 법칙으로, 이 법칙은 열역학적으로 깁스 에너지가 최소의 조건에서 유도된다.

② 아보가드로의 법칙(Avogadro's law) : 같은 온도와 압력하에서 모든 기체는 같은 부피 속에 같은 수의 분자가 있다는 법칙이다.

④ 보일-샤를의 법칙(Boyle-Charle's law) : 온도가 일정할 때 기체의 압력은 부피에 반비례하고, 절대 온도에 비례한다.

제2과목 **화재예방과 소화방법**

21 위험물안전관리법령상 위험물 제조소와의 안전 거리 기준이 50m 이상이어야 하는 것은?

① 고압가스 취급 시설 ② 학교·병원

③ 유형 문화재　　　　 ④ 극장

🌱해설

제조소의 안전 거리

㉠ 3m 이상

　7,000V 초과 35,000V 이하의 특고압 가공 전선

㉡ 5m 이상

　35,000V를 초과하는 특고압 가공 전선

㉢ 10m 이상

　주거용으로 사용되는 것

㉣ 20m 이상

　• 고압가스 제조 시설(용기에 충전하는 것 포함)

　• 고압가스 사용 시설(1일 30m³ 이상 용적 취급)

　• 고압가스 저장 시설

　• 액화산소 소비 시설

　• 액화석유가스 제조·저장 시설

　• 도시가스 공급 시설

㉤ 50m 이상

　• 유형 문화재

　• 지정 문화재

22 위험물안전관리법령에 의거하여 개방형 스프링클러 헤드를 이용하는 스프링클러 설비에 설치하는 수동식 개방 밸브를 개방 조작하는 데 필요한 힘은 몇 kg 이하가 되도록 설치하여야 하는가?

① 5　　　　　　　　② 10

③ 15　　　　　　　 ④ 20

🌱해설

㉠ 개방형 스프링클러 헤드 : 감열체 없이 방수구가 항상 열려 있는 스프링클러 헤드를 말한다.

㉡ 개방형 스프링클러 헤드를 이용하는 스프링클러 설비에 설치하는 수동식 개방 밸브를 개방 조작하는 데 필요한 힘은 15kg 이하가 되도록 설치한다.

23 프로판 2m³이 완전 연소할 때 필요한 이론 공기량은 약 몇 m³인가? (단, 공기 중 산소 농도는 21vol%이다.)

① 23.81　　　　　　② 35.72

③ 47.62　　　　　　④ 71.43

🌱해설

$$C_3H_8 \ + \ 5O_2 \ \rightarrow \ 3CO_2 + 4H_2O$$

$$\underset{2m^3}{\overset{22.4m^3}{}} \quad \underset{x\,(m^3)}{\overset{5 \times 22.4m^3}{}}$$

$$x = \frac{5 \times 22.4 \times 2}{22.4} = 10m^3$$

$$\therefore \ 이론\ 공기량 = \frac{산소량}{산소\ 농도} = \frac{10}{0.21} = 47.62m^3$$

24 드라이아이스 1kg이 완전히 기화하면 약 몇 몰의 이산화탄소가 되겠는가?

① 22.7　　　　　　② 51.3

③ 230.1　　　　　 ④ 515.0

🌱해설

CO_2 1몰은 44g이므로

드라이아이스 1kg은 $\dfrac{1,000g}{44g} = 22.7$몰이다.

25 위험물안전관리법령상 포 소화 설비의 고정 포 방출구를 설치한 위험물 탱크에 부속하는 보조 포 소화전에서 3개의 노즐을 동시에 사용할 경우 각각의 노즐 선단에서의 분당 방사량은 몇 L/min 이상이어야 하는가?

① 80 　　　　　② 130

③ 230 　　　　　④ 400

🌱해설

고정식 포 방출구 방식 보조 포 소화전은 3개(호스 접속구가 3개 미만인 경우에는 그 개수)의 노즐을 동시에 사용할 경우에 각각의 노즐 선단의 방사 압력이 0.35MPa 이상이고, 방사량이 400L/min 이상의 성능이 되도록 설치한다.

26 위험물안전관리법령상 분말 소화 설비의 기준서 가압용 또는 축압용 가스로 사용하도록 지정한 것은?

① 헬륨 　　　　　② 질소

③ 일산화탄소 　　　④ 아르곤

🌱해설

분말 소화 설비에서 가압용 또는 혼합용으로 사용하는 가스 : 질소(N_2)

27 위험물 제조소 등에 설치하는 불활성가스 소화 설비의 기준으로 틀린 것은?

① 저장 용기의 충전비는 고압식에 있어서는 1.5 이상 1.9 이하, 저압식에 있어서는 1.1 이상 1.4 이하로 한다.
② 저압식 저장 용기에는 2.3MPa 이상 및 1.9MPa 이하의 압력에서 작동하는 압력 경보 장치를 설치한다.
③ 저압식 저장 용기에는 용기 내부의 온도를 -20℃ 이상 -18℃ 이하로 유지할 수 있는 자동 냉동기를 설치한다.
④ 기동용 가스 용기는 20MPa 이상의 압력에 견딜 수 있는 것이어야 한다.

🌱해설

④ 기동용 가스 용기는 25MPa 이상의 압력에 견딜 수 있는 것이어야 한다.

28 다음은 위험물안전관리법령에서 정한 제조소 등에서 위험물의 저장 및 취급에 관한 기준 중 위험물의 유별 저장·취급 공통 기준의 일부이다. ( ) 안에 알맞은 위험물 유별은?

( ) 위험물은 가연물과 접촉·혼합이나 분해를 촉진하는 물품과의 접근 또는 과열을 피하여야 한다.

① 제2류 　　　　　② 제3류

③ 제5류 　　　　　④ 제6류

🌱해설

제6류 위험물
가연물과의 접촉·혼합이나 분해를 촉진하는 물품과의 접근 또는 과열을 피하여야 한다.

29 위험물 제조소에서 화기 엄금 및 화기 주의를 표시하는 게시판의 바탕색과 문자색을 옳게 연결한 것은?

① 백색 바탕-청색 문자
② 청색 바탕-백색 문자
③ 적색 바탕-백색 문자
④ 백색 바탕-적색 문자

🌱해설

표시 방식
㉠ 화기 엄금·화기 주의 : 적색 바탕에 백색 문자
㉡ 물기 엄금 : 청색 바탕에 백색 문자
㉢ 주유 취급소 : 황색 바탕에 흑색 문자
㉣ 옥외 탱크 저장소 : 백색 바탕에 흑색 문자
㉤ 차량용 운반 용기 : 흑색 바탕에 황색 반사 도료

30 가연물의 주된 연소 형태에 대한 설명으로 옳지 않은 것은?

① 유황의 연소 형태는 증발 연소이다.
② 목재의 연소 형태는 분해 연소이다.
③ 에테르의 연소 형태는 표면 연소이다.
④ 숯의 연소 형태는 표면 연소이다.

🌱해설

③ 에테르의 연소 형태는 증발 연소이다.

31 제5류 위험물인 자기 반응성 물질에 포함되지 않는 것은?

① CH_3NO_2

② $[C_6H_7O_2(ONO_2)_3]_n$

③ $C_6H_2CH_3(NO_2)_3$

④ $C_6H_5NO_2$

해설

① 질산메틸 : 제5류 위험물 중 질산에스테르류(자기 반응성 물질)

② 니트로셀룰로오스 : 제5류 위험물 중 질산에스테르류(자기 반응성 물질)

③ 트리니트로톨루엔(TNT) : 제5류 위험물 중 니트로화합물(자기 반응성 물질)

④ 니트로벤젠 : 제4류 위험물 중 제3석유류(인화성 액체)

32 위험물 제조소 등에 설치하는 전역 방출 방식의 불활성가스 소화 설비 분사 헤드의 방사 압력은 고압식의 경우 몇 MPa 이상이어야 하는가?

① 1.05 ② 1.7

③ 2.1 ④ 2.6

해설

전역 방출 방식의 불활성가스 소화 설비의 분사 헤드의 방사 압력

고압식	저압식
2.1MPa 이상	1.05MPa 이상

33 위험물안전관리법령상 물 분무 소화 설비의 제어 밸브는 바닥으로부터 어느 위치에 설치하여야 하는가?

① 0.5m 이상 1.5m 이하

② 0.8m 이상 1.5m 이하

③ 1m 이상 1.5m 이하

④ 1.5m 이상

해설

물 분무 소화 설비 제어 밸브 : 바닥으로부터 0.8m 이상 1.5m 이하

34 다음 [보기] 중 상온에서의 상태(기체, 액체, 고체)가 동일한 것을 모두 나열한 것은?

[보기] Halon 1301, Halon 1211, Halon 2402

① Halon 1301, Halon 2402

② Halon 1211, Halon 2402

③ Halon 1301, Halon 1211

④ Halon 1301, Halon 1211, Halon 2402

해설

할로겐 화합물 소화 약제의 상온에서의 상태

Halon 명칭	Halon 1301	Halon 1211	Halon 2402	Halon 1011	Halon 104
상온에서의 상태	기체	기체	액체	액체	액체

35 다음 물질의 화재 시 내알코올 포를 쓰지 못하는 것은?

① 아세트알데히드 ② 알킬리튬

③ 아세톤 ④ 에탄올

해설

㉠ 내알코올 포 : 물에 녹는 위험물이 적합
  예) 아세트알데히드, 아세톤, 에탄올

㉡ 건조사 : 물과 심하게 반응하는 위험물
  예) 알킬리튬

36 특정 옥외 탱크 저장소라 함은 저장 또는 취급하는 액체 위험물의 최대 수량이 얼마 이상의 것을 말하는가?

① 50만 리터 이상

② 100만 리터 이상

③ 150만 리터 이상

④ 200만 리터 이상

해설

㉠ 특정 옥외 탱크 저장소 : 옥외 탱크 저장소 중 저장·취급하는 액체 위험물의 최대 수량이 100만 L 이상인 것

㉡ 준특정 옥외 탱크 저장소 : 옥외 탱크 저장소 중 저장·취급하는 액체 위험물의 최대 수량이 50만 L 이상 100만 L 미만인 것

37 할로겐 화합물인 Halon 1301의 분자식은?

① CH_3Br　　　　② CCl_4

③ CF_2Br_2　　　　④ CF_3Br

해설

㉠ Halon : 첫째-탄소수, 둘째-불소수, 셋째-염소수, 넷째-브롬수

㉡ Halon 1301 : CF_3Br

38 분말 소화기의 각 종별 소화 약제 주성분이 옳게 연결된 것은?

① 제1종 소화 분말 : $KHCO_3$

② 제2종 소화 분말 : $NaHCO_3$

③ 제3종 소화 분말 : $NH_4H_2PO_4$

④ 제4종 소화 분말 : $NaHCO_3+(NH_2)_2CO$

해설

분말 소화 약제의 종류

① 1종 분말($NaHCO_3$)

② 2종 분말($KHCO_3$)

③ 3종 분말($NH_4H_2PO_4$)

④ 4종 분말[$KHCO_3+(NH_2)_2CO$]

39 경유의 대규모 화재 발생 시 주수 소화가 부적당한 이유에 대한 설명으로 가장 옳은 것은?

① 경유가 연소할 때 물과 반응하여 수소가스를 발생하여 연소를 돕기 때문에

② 주소 소화하면 경유의 연소열 때문에 분해하여 산소를 발생하고, 연소를 돕기 때문에

③ 경유는 물과 반응하여 유독가스를 발생하므로

④ 경유는 물보다 가볍고, 또 물에 녹지 않기 때문에 화재가 널리 확대되므로

해설

경유의 대규모 화재 발생 시 주소 소화가 부적당한 이유

경유는 물보다 가볍고(비중 0.85), 또 물에 녹지 않기 때문에 화재가 널리 확대되므로

40 정전기를 유효하게 제거할 수 있는 설비를 설치하고자 할 때 위험물안전관리법령에서 정한 정전기 제거 방법의 기준으로 옳은 것은?

① 공기 중의 상대 습도를 70% 이상으로 하는 방법

② 공기 중의 상대 습도를 70% 이하로 하는 방법

③ 공기 중의 절대 습도를 70% 이상으로 하는 방법

④ 공기 중의 절대 습도를 70% 이하로 하는 방법

해설

정전기 제거 방법

공기 중의 상대 습도를 70% 이상으로 하는 방법

제3과목　위험물의 성질과 취급

41 염소산나트륨의 성질에 속하지 않는 것은?

① 환원력이 강하다.

② 무색 결정이다.

③ 주수 소화가 가능하다.

④ 강산과 혼합하면 폭발할 수 있다.

해설

① 산화력이 강하다.

42 위험물안전관리법령상 지정 수량이 나머지 셋과 다른 하나는?

① 적린　　　　② 황화인

③ 유황　　　　④ 마그네슘

해설

제2류 위험물의 품명과 지정 수량

성질	위험등급	품 명	지정 수량
가연성고체	II	1. 황화인	100kg
		2. 적린	100kg
		3. 유황	100kg
	III	4. 철분	500kg
		5. 금속분	500kg
		6. 마그네슘	500kg
	II~III	7. 그 밖의 행정안전부령이 정하는 것	100kg
		8. 1.~7.에 해당하는 어느 하나 이상을 함유한 것	또는 500kg
	III	9. 인화성 고체	1,000kg

43 다음은 위험물의 성질을 설명한 것이다. 위험물과 그 위험물의 성질을 모두 옳게 연결한 것은?

> A. 건조 질소와 상온에서 반응한다.
> B. 물과 작용하면 가연성 가스를 발생한다.
> C. 물과 작용하면 수산화칼슘을 발생한다.
> D. 비중이 1 이상이다.

① K - A, B, C
② Ca_3P_2 - B, C, D
③ Na - A, C, D
④ CaC_2 - A, B, D

해설

① K
  B. 물과 작용하면 가연성 가스를 발생한다.
  $$2K+2H_2O \rightarrow 2KOH+H_2\uparrow+2\times46.2kcal$$
② Ca_3P_2
  B. 물과 작용하면 가연성 가스를 발생한다.
  C. 물과 작용하면 수산화칼슘을 발생한다.
  $$Ca_3P_2+6H_2O \rightarrow 3Ca(OH)_2+2PH_3\uparrow$$
  D. 비중(2.5)이 1 이상이다.
③ Na
  C. 물과 작용하면 가연성 가스를 발생한다.
  $$2Na+2H_2O \rightarrow 2NaOH+H_2\uparrow+2\times44.1kcal$$
④ CaC_2
  B. 물과 작용하면 가연성 가스를 발생한다.
  $$CaC_2+2H_2O \rightarrow Ca(OH)_2+C_2H_2\uparrow+32kcal$$
  C. 비중(2.2)이 1 이상이다.

44 다음 중 물과 반응할 때 위험성이 가장 큰 것은?

① 과산화나트륨
② 과산화바륨
③ 과산화수소
④ 과염소산나트륨

해설

① ㉠ 상온에서 물과 접촉 시 격렬히 반응하여 부식성이 강한 수산화나트륨을 만들고, 물이 차고 다량인 경우는 H_2O_2를 만든다.
  $$Na_2O_2+2H_2O \rightarrow 2NaOH+H_2O_2$$
  ㉡ 상온에서 적당한 물과 반응한 경우 O_2를 발생한다.
  $$2Na_2O_2+4H_2O \rightarrow 4NaOH+2H_2O+O_2\uparrow$$
  ㉢ 온도가 높은 소량의 물과 반응한 경우 발열하고, O_2를 발생한다.
  $$2Na_2O_2+4H_2O \rightarrow 4NaOH+2H_2O+O_2\uparrow+2\times34.9kcal$$
② 물(온수)과 접촉하면 산소를 발생한다.
  $$2BaO_2+2H_2O \rightarrow 2Ba(OH)_2+O_2\uparrow$$

③ 물과는 임으로 혼합하며, 수용액 상태는 비교적 안정하다.
④ 조해되기 쉽고, 물에 매우 잘 녹는다.

45 다음 중 C_5H_5N에 대한 설명으로 틀린 것은?

① 순수한 것은 무색이고, 악취가 나는 액체이다.
② 상온에서 인화의 위험이 있다.
③ 물에 녹는다.
④ 강한 산성을 나타낸다.

해설

④ 약알칼리성을 나타낸다.

46 위험물안전관리법령에 따라 지정 수량 10배의 위험물을 운반할 때 혼재가 가능한 것은?

① 제1류 위험물과 제2류 위험물
② 제2류 위험물과 제3류 위험물
③ 제3류 위험물과 제5류 위험물
④ 제4류 위험물과 제5류 위험물

해설

유별을 달리하는 위험물의 혼재 기준

구 분	제1류	제2류	제3류	제4류	제5류	제6류
제1류		×	×	×	×	○
제2류	×		×	○	○	×
제3류	×	×		○	×	×
제4류	×	○	○		○	×
제5류	×	○	×	○		×
제6류	○	×	×	×	×	

47 위험물안전관리법령상 제6류 위험물에 해당하는 물질로서 햇빛에 의해 갈색의 연기를 내며 분해할 위험이 있으므로 갈색병에 보관해야 하는 것은?

① 질산
② 황산
③ 염산
④ 과산화수소

해설

질산(HNO_3)
제6류 위험물에 해당하는 물질로서 햇빛에 의해 갈색의 연기를 내며, 분해할 위험이 있으므로 갈색병에 보관하는 것
$$2HNO_3 \rightarrow \underline{2NO_2}+H_2O+O$$
갈색 연기

정답 43. ② 44. ① 45. ④ 46. ④ 47. ①

48 물과 접촉하였을 때 에탄이 발생되는 물질은?

① CaC_2

② $(C_2H_5)_3Al$

③ $C_6H_3(NO_2)_3$

④ $C_2H_5ONO_2$

해설

① $CaC_2 + 2H_2O \longrightarrow Ca(OH)_2 + C_2H_2\uparrow + 27.8kcal$

② $(C_2H_5)_3Al + 3H_2O \longrightarrow Al(OH)_3 + 3C_2H_6\uparrow$

③ 물에 녹지 않는다.

④ 물에 녹지 않는다.

49 주유 취급소의 고정 주유 설비는 고정 주유 설비의 중심선을 기점으로 하여 도로 경계선까지 몇 m 이상 떨어져 있어야 하는가?

① 2   ② 3

③ 4   ④ 5

해설

1. 고정 주유 설비
   펌프 기기 및 호스 기기로 되어 위험물을 자동차 등에 직접 주유하기 위한 설비로서 현수식을 포함한다.
2. 고정 급유 설비
   펌프 기기 및 호스 기기로 되어 위험물을 용기에 옮겨 담거나 이동 저장 탱크에 주입하기 위한 설비로서 현수식을 포함한다.
3. 고정 주유 설비 또는 고정 급유 설비의 중심선을 기점으로 했을 때 기준
   ㉠ 도로 경계면으로 4m 이상
   ㉡ 대지 경계선·담 및 건축물의 벽까지 2m 이상
   ㉢ 개구부가 없는 벽으로부터 1m 이상
   ㉣ 고정 주유 설비와 고정 급유 설비 사이 4m 이상

50 위험물의 저장법으로 옳지 않은 것은?

① 금속 나트륨은 석유 속에 저장한다.

② 황린은 물속에 저장한다.

③ 질화면은 물 또는 알코올에 적셔서 저장한다.

④ 알루미늄분은 분진 발생 방지를 위해 물에 적셔서 저장한다.

해설

④ 알루미늄분은 찬물과의 반응은 매우 느리고 미미하지만, 뜨거운물과는 격렬하게 반응하여 수소를 발생한다.

$2Al + 6H_2O \longrightarrow 2Al(OH)_3 + 3H_2\uparrow$

활성이 매우 커서 미세한 분말이나 미세한 조각이 대량으로 쌓여 있을 때 수분, 빗물의 접촉 또는 습기가 존재하면 자연 발화의 위험성이 있다.

51 위험물안전관리법령에 따르면 보냉 장치가 없는 이동 저장 탱크에 저장하는 아세트알데히드의 온도는 몇 ℃ 이하로 유지하여야 하는가?

① 30

② 40

③ 50

④ 60

해설

40℃ 이하

㉠ 압력 탱크의 디에틸에테르, 아세트알데히드의 온도

㉡ 보냉 장치가 없는 디에틸에테르, 아세트알데히드의 온도

52 위험물안전관리법령에 따른 위험물 저장 기준으로 틀린 것은?

① 이동 탱크 저장소에는 설치 허가증을 비치하여야 한다.

② 지하 저장 탱크의 주된 밸브는 위험물을 넣거나 빼낼 때 외에는 폐쇄하여야 한다.

③ 아세트알데히드를 저장하는 이동 저장 탱크에는 탱크 안에 불활성 가스를 봉입하여야 한다.

④ 옥외 저장 탱크 주위에 설치된 방유제의 내부에 물이나 유류가 괴었을 경우에는 즉시 배출하여야 한다.

해설

① 이동 탱크 저장소에는 설치 허가증을 비치하지 않아도 된다.

53 위험물안전관리법령에 근거한 위험물 운반 및 수납 시 주의 사항에 대한 설명 중 틀린 것은?

① 위험물을 수납하는 용기는 위험물이 누출되지 않게 밀봉시켜야 한다.

② 온도 변화로 가스 발생 우려가 있는 것은 가스 배출구를 설치한 운반 용기에 수납할 수 있다.

③ 액체 위험물은 운반 용기 내용적의 98% 이하의 수납률로 수납하되 55℃의 온도에서 누설되지 아니하도록 충분한 공간 용적을 유지하도록 하여야 한다.

④ 고체 위험물은 운반 용기 내용적의 98% 이하의 수납률로 수납하여야 한다.

🌱해설 ------------------------------------

운반 용기의 수납률

위험물	수납률
알킬알루미늄 등	90% 이하(50℃에서 5% 이상 공간 용적 유지)
고체 위험물	95% 이하
액체 위험물	98% 이하(55℃에서 누설되지 않는 것)

54 위험물안전관리법령상 산화프로필렌을 취급하는 위험물 제조 설비의 재질로 사용이 금지된 금속이 아닌 것은?

① 금

② 은

③ 동

④ 마그네슘

🌱해설 ------------------------------------

산화프로필렌, 아세트알데히드를 취급하는 설비의 사용 금지 물질
① 수은(Hg)
② 은(Ag)
③ 동(Cu)
④ 마그네슘(Mg)

55 위험물안전관리법령상 제1류 위험물 중 알칼리 금속의 과산화물의 운반 용기 외부에 표시하여야 하는 주의 사항을 모두 옳게 나타낸 것은?

① "화기 엄금", "충격 주의" 및 "가연물 접촉 주의"

② "화기·충격 주의", "물기 엄금" 및 "가연물 접촉 주의"

③ "화기 주의" 및 "물기 엄금"

④ "화기 엄금" 및 "충격 주의"

🌱해설 ------------------------------------

위험물 운반 용기의 주의 사항

위험물		주의 사항
제1류 위험물	알칼리 금속의 과산화물	• 화기·충격 주의 • 물기 엄금 • 가연물 접촉 주의
	기타	• 화기·충격 주의 • 가연물 접촉 주의
제2류 위험물	철분·금속분·마그네슘	• 화기 주의 • 물기 엄금
	인화성 고체	화기 엄금
	기타	화기 주의
제3류 위험물	자연 발화성 물질	• 화기 엄금 • 공기 접촉 엄금
	금수성 물질	물기 엄금
제4류 위험물		화기 엄금
제5류 위험물		• 화기 엄금 • 충격 주의
제6류 위험물		가연물 접촉 주의

56 다음 중 독성이 있고, 제2석유류에 속하는 것은?

① CH_3CHO

② C_6H_6

③ $C_6H_5CH=CH_2$

④ $C_6H_5NH_2$

🌱해설 ------------------------------------

① 특수 인화물로서 무색이며, 고농도의 것은 자극성 냄새가 나고, 저농도의 것은 과일 같은 냄새가 난다.

② 제1석유류로 무색 투명하며, 독특한 냄새를 가진 휘발성이 강한 액체이다.

③ 제2석유류이며, 유독성 및 마취성이 있다.

④ 제3석유류이며, 무색 또는 담황색의 특이한 아민 같은 냄새가 있는 기름상의 액체이다.

정답 **53. ④ 54. ① 55. ② 56. ③**

57 제4류 위험물을 저장하는 이동 탱크 저장소의 탱크 용량이 19,000L일 때 탱크의 칸막이는 최소 몇 개를 설치해야 하는가?

① 2   ② 3

③ 4   ④ 5

해설

이동 탱크 저장소는 그 내부에 4,000L 이하마다 칸막이를 설치한다.

	1개	2개	3개	4개	
4,000L	4,000L	4,000L	4,000L	3,000L	

용량이 19,000L이므로 칸막이는 최소 4개를 설치할 수 있다.

58 아세톤에 관한 설명 중 틀린 것은?

① 무색의 액체로서 특이한 냄새를 가지고 있다.

② 가연성이며, 비중은 물보다 작다.

③ 화재 발생 시 이산화탄소나 포에 의한 소화가 가능하다.

④ 알코올, 에테르에 녹지 않는다.

해설

④ 알코올, 에테르에 잘 녹는다.

59 위험물안전관리법령에 따른 위험물 제조소의 안전 거리 기준으로 틀린 것은?

① 주택으로부터 10m 이상

② 학교, 병원, 극장으로부터는 30m 이상

③ 유형 문화재와 기념물 중 지정 문화재로부터는 70m 이상

④ 고압가스 등을 저장·취급하는 시설로부터는 20m 이상

해설

③ 유형 문화재와 기념물 중 지정 문화재로부터는 50m 이상

60 탄화칼슘과 물이 반응하였을 때 생성되는 가스는?

① C_2H_2 ② C_2H_4

③ C_2H_6 ④ CH_4

해설

$CaC_2 + 2H_2O \rightarrow Ca(OH)_2 + C_2H_2 \uparrow + 32kcal$

위험물 산업기사 (2014. 5. 25 시행)

일반화학

01 염화칼슘의 화학식량은 얼마인가? (단, 염소의 원자량은 35.5, 칼슘의 원자량은 40, 황의 원자량은 32, 요오드의 원자량은 127이다.)

① 111
② 121
③ 131
④ 141

해설

염화칼슘($CaCl_2$)의 화학식량 : $40+35.5 \times 2 = 111$

02 방사성 동위 원소의 반감기가 20일 때 40일이 지난 후 남은 원소의 분율은?

① 1/2
② 1/3
③ 1/4
④ 1/6

해설

$$m = M\left(\frac{1}{2}\right)^{\frac{t}{T}}$$

여기서, m : t시간 후에 남은 질량
M : 처음 질량
t : 경과된 시간
T : 반감기

$$\therefore m = M\left(\frac{1}{2}\right)^{\frac{40}{20}} = \frac{1}{4}M$$

03 BF_3는 무극성 분자이고, NH_3는 극성 분자이다. 이 사실과 가장 관계가 있는 것은?

① 비공유 전자쌍은 BF_3에는 있고, NH_3에는 없다.
② BF_3는 공유 결합 물질이고, NH_3는 수소 결합 물질이다.
③ BF_3는 평면 정삼각형이고, NH_3는 피라미드형 구조이다.
④ BF_3는 sp^3 혼성 오비탈을 하고 있고, NH_3는 sp^2 혼성 오비탈을 하고 있다.

해설

㉠ 플루오르화붕소(BF_3)는 중심 원자인 붕소에 정삼각형의 세 꼭짓점에 플루오르가 결합한 형태를 지니고 있다. 그러므로 전자의 쏠림에 의한 전기력들이 서로 상쇄가 되어 전체적으로 무극성 분자가 된다.

㉡ 암모니아(NH_3)의 N은 5개의 전자가 있으며, 이 중 3개는 공유하고 2개는 비공유 전자쌍이 된다. 총 비공유 전자쌍 1개, 공유 전자쌍 3개의 배열에서 볼 수 있는 원자의 구조를 보면 삼각피라미드 형태가 되므로 극성 분자이다.

04 수소와 질소로 암모니아를 합성하는 반응의 화학 반응식은 다음과 같다. 암모니아의 생성률을 높이기 위한 조건은?

$$N_2 + 3H_2 \rightarrow 2NH_3 + 22.1kcal$$

① 온도와 압력을 낮춘다.
② 온도는 낮추고, 압력은 높인다.
③ 온도를 높이고, 압력은 낮춘다.
④ 온도와 압력을 높인다.

해설

발열 반응 : 온도를 낮추고, 압력을 높인다.

05 찬물을 컵에 담아서 더운 방에 놓아두었을 때 유리와 물의 접촉면에 기포가 생기는 이유로 가장 옳은 것은?

① 물의 증기 압력이 높아지기 때문에
② 접촉면에서 수증기가 발생하기 때문에
③ 방 안의 이산화탄소가 녹아 들어가기 때문에
④ 온도가 올라갈수록 기체의 용해도가 감소하기 때문에

해설

기체의 용해도 : 온도가 올라감에 따라 줄어드나 압력을 올리면 용해도가 커진다.

예 찬물을 컵에 담아서 더운 방에 놓아두었을 때 유리와 물의 접촉면에 기포가 생기는 이유

06 질소 2몰과 산소 3몰의 혼합 기체가 나타나는 전압력이 10기압일 때 질소의 분압은 얼마인가?

① 2기압 ② 4기압
③ 8기압 ④ 10기압

해설

질소의 분압 = 전압력 × $\dfrac{\text{질소의 분압}}{\text{전체 몰수}}$ = $10 \times \dfrac{2}{2+3} = 4$

07 물 500g 중에 설탕($C_{12}H_{22}O_{11}$) 171g이 녹아 있는 설탕물의 몰랄 농도는?

① 2.0 ② 1.5
③ 1.0 ④ 0.5

해설

몰랄 농도 = $\dfrac{\text{용질의 무게}(W)(g)}{\text{용질의 분자량}(M)(g)} \times \dfrac{1,000}{\text{용매의 무게}(g)}$

$= \dfrac{171g}{(12 \times 12 + 22 + 16 \times 11)g} \times \dfrac{1,000}{500} = 1$

08 같은 온도에서 크기가 같은 4개의 용기에 다음과 같은 양의 기체를 채웠을 때 용기의 압력이 가장 큰 것은?

① 메탄 분자 1.5×10^{23}
② 산소 1g당량
③ 표준 상태에서 CO_2 16.8L
④ 수소 기체 1g

해설

$PV = nRT$에서 압력은 몰수에 비례

① $\dfrac{1.5 \times 10^{23}}{6.02 \times 10^{23}} = 0.25$몰

② 산소 1g당량 = $\dfrac{16g}{2} = 8g$, $\dfrac{8g}{32g} = 0.25$몰

③ $\dfrac{16.8L}{22.4L} = 0.75$몰

④ $\dfrac{1g}{2g} = 0.5$몰

09 11g의 프로판이 연소하면 몇 g의 물이 생기는가?

① 4 ② 4.5
③ 9 ④ 18

해설

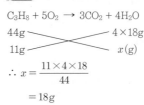

$C_3H_8 + 5O_2 \rightarrow 3CO_2 + 4H_2O$

44g ⟶ 4×18g
11g ⟶ x(g)

$\therefore x = \dfrac{11 \times 4 \times 18}{44}$

$= 18g$

10 포화 탄화수소에 해당하는 것은?

① 톨루엔 ② 에틸렌
③ 프로판 ④ 아세틸렌

해설

포화 탄화수소 : C_nH_{2n+2}

$n = 3$, $\therefore C_3H_8$

11 다음 중 나타내는 수의 크기가 다른 하나는?

① 질소 7g 중의 원자수
② 수소 1g 중의 원자수
③ 염소 71g 중의 분자수
④ 물 18g 중의 분자수

해설

① $\dfrac{7}{14} = 0.5$ ② $\dfrac{1}{1} = 1$

③ $\dfrac{71}{71} = 1$ ④ $\dfrac{18}{18} = 1$

12 분자 운동 에너지와 분자 간의 인력에 의하여 물질의 상태 변화가 일어난다. 다음 그림에서 (a), (b)의 변화는?

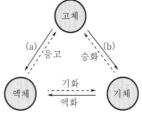

① (a) 융해, (b) 승화 ② (a) 승화, (b) 융해
③ (a) 응고, (b) 승화 ④ (a) 승화, (b) 응고

해설

고체 $\xrightarrow{\text{융해}}$ 액체, 고체 $\xrightarrow{\text{승화}}$ 기체

13 96wt% H_2SO_4(A)와 60wt% H_2SO_4(B)를 혼합하여 80wt% H_2SO_4 100kg을 만들려고 한다. 각각 몇 kg씩 혼합하여야 하는가?

① A : 30,　　B : 70
② A : 44.4, B : 55.6
③ A : 55.6, B : 44.4
④ A : 70,　　B : 30

해설 ----------------------------------

A+B=100

0.96A+0.6B=80

0.96A+0.6(100−A)=80

0.96A+60−0.6A=80

0.36A=20

∴ A=55.6

∴ B=100−A=44.4

14 8g의 메탄을 완전 연소시키는 데 필요한 산소 분자의 수는?

① $6.02×10^{23}$
② $1.204×10^{23}$
③ $6.02×10^{24}$
④ $1.204×10^{24}$

해설 ----------------------------------

메탄의 완전 연소 반응식

$CH_4+2O_2 \rightarrow CO_2+2H_2O$

16g → 2몰의 산소

8g → 1몰의 산소

∴ 산소 분자 1몰의 산소 분자수=$6.02×10^{23}$개

15 같은 질량의 산소 기체와 메탄 기체가 있다. 두 물질이 가지고 있는 원자수의 비는?

① 5 : 1
② 2 : 1
③ 1 : 1
④ 1 : 5

해설 ----------------------------------

산소(O_2) 1몰 : 32g

메탄(CH_4) 1몰 : 16g

같은 질량일 때 몰비는 O_2 : $2CH_4$이므로 원자수의 비는

O_2 : $2CH_4$=$6.02×10^{23}×2$: $2×6.02×10^{23}×5$

=1 : 5

16 $KMnO_4$에서 Mn의 산화수는 얼마인가?

① +3
② +5
③ +7
④ +9

해설 ----------------------------------

$KMnO_4$: $(+1)+Mn+(-2)×4=0$

∴ Mn의 산화수=+7

17 다음 산화수에 대한 설명 중 틀린 것은?

① 화학 결합이나 반응에서 산화, 환원을 나타내는 척도이다.
② 자유 원소 상태의 원자의 산화수는 0이다.
③ 이온 결합 화합물에서 각 원자의 산화수는 이온 전하의 크기와 관계없다.
④ 화합물에서 각 원자의 산화수는 총합이 0이다.

해설 ----------------------------------

③ 이온 결합 화합물에서 각 원자의 산화수는 그 이온의 전하와 같다.

18 다음 핵화학 반응식에서 산소(O)의 원자 번호는 얼마인가?

$$^{14}_{7}N+^{4}_{2}He(\alpha) \rightarrow O+^{1}_{1}H$$

① 6
② 7
③ 8
④ 9

해설 ----------------------------------

$^{14}_{7}N+^{4}_{2}He(\alpha) \rightarrow ^{17}_{8}O+^{1}_{1}H$

19 다음 물질 중 감광성이 가장 큰 것은 무엇인가?

① HgO
② CuO
③ $NaNO_3$
④ AgCl

해설 ----------------------------------

감광성

필름이나 인화지 등에 칠한 감광제가 색에 대해 얼마만큼 반응하느냐 하는 감광역을 말한다. 예) AgCl

20 분자량의 무게가 4배이면 확산 속도는 몇 배인가?

① 0.5배
② 1배
③ 2배
④ 4배

해설 ----------------------------------

$$\frac{u_1}{u_2}=\sqrt{\frac{M_2}{M_1}}=\sqrt{\frac{1}{4}}=\frac{1}{2}=0.5$$

정답 　13. ③　14. ①　15. ④　16. ③　17. ③　18. ③　19. ④　20. ①

제2과목 화재예방과 소화방법

21 다음 각각의 위험물의 화재 발생 시 위험물 안전관리법령상 적응 가능한 소화 설비를 옳게 나타낸 것은?

① $C_6H_5NO_2$: 이산화탄소 소화기

② $(C_2H_5)_3Al$: 봉상수 소화기

③ $C_2H_5OC_2H_5$: 봉상수 소화기

④ $C_3H_5(ONO_2)_3$: 이산화탄소 소화기

② $(C_2H_5)_3Al$: 팽창 질석, 팽창 진주암

③ $C_2H_5OC_2H_5$: CO_2

④ $C_3H_5(ONO_2)_3$: 다량의 물

22 불활성가스 소화 설비의 저압식 저장 용기에 설치하는 압력 경보 장치의 작동 압력은?

① 1.9MPa 이상의 압력 및 1.5MPa 이하의 압력

② 2.3MPa 이상의 압력 및 1.9MPa 이하의 압력

③ 3.75MPa 이상의 압력 및 2.3MPa 이하의 압력

④ 4.5MPa 이상의 압력 및 3.75MPa 이하의 압력

불활성가스 소화 설비의 저압식 저장 용기의 압력 경보 장치의 작동 압력 : 2.3MPa 이상의 압력 및 1.9MPa 이하의 압력

23 중유의 주된 연소 형태는?

① 표면 연소   ② 분해 연소

③ 증발 연소   ④ 자기 연소

② 분해 연소 : 가연성 고체에 충분한 열이 공급되면 가열 분해에 의하여 발생된 가연성 가스(CO, H_2, CH_4 등)가 공기와 혼합되어 연소하는 형태이다.
예 중유, 목재, 석탄, 종이, 플라스틱 등

24 제조소 건축물로 외벽이 내화 구조인 것의 1소요 단위는 연면적이 몇 m^2인가?

① 50   ② 100

③ 150   ④ 1,000

소요 단위(1단위)
제조소 또는 취급소용 건축물의 경우
㉠ 외벽이 내화 구조로 된 것으로 연면적 $100m^2$
㉡ 외벽이 내화 구조가 아닌 것으로 연면적 $50m^2$

25 다음 중 분말 소화 약제의 주된 소화 작용에 가장 가까운 것은?

① 질식

② 냉각

③ 유화

④ 제거

분말 소화 약제의 주된 소화 작용은 질식 효과이다.

26 다음 중 전기의 불량 도체로 정전기가 발생되기 쉽고, 폭발 범위가 가장 넓은 위험물은?

① 아세톤

② 톨루엔

③ 에틸알코올

④ 에틸에테르

1. 폭발 범위
   ① 2.6~12.8%
   ② 1.4~6.7%
   ③ 4.3~19%
   ④ 1.9~48%
2. 에틸에테르는 전기의 불량 도체로 정전기가 발생되기 쉽고, 폭발 범위가 넓은 위험물이다.

27 위험물 제조소에서 취급하는 제4류 위험물의 최대 수량의 합이 지정 수량의 15만 배인 사업소에 두어야 할 자체 소방대의 화학소방자동차와 자체 소방대원의 수는 각각 얼마로 규정되어 있는가? (단, 상호 응원 협정을 체결한 경우는 제외한다.)

① 1대, 5인

② 2대, 10인

③ 3대, 15인

④ 4대, 20인

해설

제조소 및 일반 취급소의 자체 소방대의 기준

사업소의 구분	화학소방 자동차	자체 소방대원의 수
제조소 또는 일반 취급소에서 취급하는 제4류 위험물의 최대 수량의 합이 지정 수량의 12만 배 미만인 사업소	1대	5인
제조소 또는 일반 취급소에서 취급하는 제4류 위험물의 최대 수량의 합이 지정 수량의 12만 배 이상 24만 배 미만인 사업소	2대	10인
제조소 또는 일반 취급소에서 취급하는 제4류 위험물의 최대 수량의 합이 지정 수량의 24만 배 이상 48만 배 미만인 사업소	3대	15인
제조소 또는 일반 취급소에서 취급하는 제4류 위험물의 최대 수량의 합이 지정 수량의 48만 배 이상인 사업소	4대	20인

28 위험물 제조소 등에 설치하는 옥내 소화전 설비의 설명 중 틀린 것은?

① 개폐 밸브 및 호스 접속구는 바닥으로부터 1.5m 이하에 설치
② 함의 표면에서 "소화전"이라고 표시할 것
③ 축전지 설비는 설치된 벽으로부터 0.2m 이상 이격할 것
④ 비상 전원의 용량은 45분 이상일 것

해설

③ 축전지 설비는 설치된 실의 벽으로부터 0.1m 이상 이격할 것

29 알코올 화재 시 수성막 포 소화 약제는 효과가 없다. 그 이유로 가장 적당한 것은?

① 알코올이 수용성이어서 포를 소멸시키므로
② 알코올이 반응하여 가연성 가스를 발생하므로
③ 알코올 화재시 불꽃의 온도가 매우 높으므로
④ 알코올이 포 소화 약제와 발열 반응을 하므로

해설

알코올 화재 시 수성막 포 소화 약제가 효과가 없는 이유
: 알코올이 수용성이어서 포를 소멸시키므로

30 분말 소화 약제인 탄산수소나트륨 10kg이 1기압, 270°C에서 방사되었을 때 발생하는 이산화 탄소의 양은 약 몇 m³인가?

① 2.65
② 3.65
③ 18.22
④ 36.44

 해설

$PV = \dfrac{W}{M}RT$ 이므로

$\therefore\ V = \dfrac{WRT}{PM} = \dfrac{10 \times 0.082 \times (273 + 270)}{1 \times 168} = 2.65\text{m}^3$

31 트리니트로톨루엔에 대한 설명으로 틀린 것은?

① 햇빛을 받으면 다갈색으로 변한다.
② 벤젠, 아세톤 등에 잘 녹는다.
③ 건조사 또는 팽창 질석만 소화 설비로 사용할 수 있다.
④ 폭약의 원료로 사용될 수 있다.

해설

③ 다량의 물로 냉각 소화한다.

32 제3종 분말 소화 약제를 화재면에 방출 시 부착성이 좋은 막을 형성하여 연소에 필요한 산소의 유입을 차단하기 때문에 연소를 중단시킬 수 있다. 그러한 막을 구성하는 물질은?

① H_3PO_4
② PO_4
③ HPO_3
④ P_2O_5

 해설

$NH_4H_2PO_4 \rightarrow \underset{\text{(메타인산)}}{HPO_3} + NH_3 + H_2O$

메타인산(HPO_3)을 화재면에 방출 시 부착성이 좋은 막을 형성하여 연소에 필요한 산소의 유입을 차단하기 때문에 연소를 중단시킬 수 있다.

33 경보 설비는 지정 수량 몇 배 이상의 위험물을 저장, 취급하는 제조소 등에 설치하는가?

① 2
② 4
③ 8
④ 10

해설

경보 설비 : 지정 수량 10배 이상의 위험물을 저장·취급하는 제조소 등에 설치한다.

정답 28. ③ 29. ① 30. ① 31. ③ 32. ③ 33. ④

34 BLEVE 현상에 대한 설명으로 가장 옳은 것은?

① 기름 탱크에서의 수증기 폭발 현상

② 비등 상태의 액화가스가 기화하여 팽창하고 폭발하는 현상

③ 화재 시 기름 속의 수분이 급격히 증발하여 기름 거품이 되고, 팽창해서 기름 탱크에서 밖으로 내뿜어져 나오는 현상

④ 원유, 중유 등 고점도의 기름 속에 수증기를 포함한 볼 형태의 물방울이 형성되어 탱크 밖으로 넘치는 현상

BLEVE 현상 : 비등 상태의 액화가스가 기화하여 팽창하고, 폭발하는 현상

35 다음은 위험물안전관리법령에 따른 할로겐화물 소화 설비에 관한 기준이다. ( )에 알맞은 수치는?

> 축압식 저장 용기 등은 온도 20℃에서 할론 1301을 저장하는 것은 ( )MPa 또는 ( )MPa이 되도록 질소가스로 가압할 것

① 0.1, 1.0   ② 1.1, 2.5

③ 2.5, 1.0   ④ 2.5, 4.2

할로겐화 소화 약제의 저장 용기

축압식 저장 용기의 압력은 온도 20℃에서 할론 1211을 저장하는 것은 1.1MPa 또는 2.5MPa, 할론 1301을 저장하는 것은 2.5MPa 또는 4.2MPa이 되도록 질소가스로 축압한다.

36 피리딘 2,000리터에 대한 소화 설비의 소요 단위는?

① 5단위   ② 10단위

③ 15단위   ④ 100단위

$$소요 단위 = \frac{저장량}{지정수량 \times 10배} = \frac{20,000L}{400 \times 10배}$$
$$= 5단위$$

37 표준 상태에서 적린 8mol이 완전 연소하여 오산화인을 만드는 데 필요한 이론 공기량은 약 몇 L인가? (단, 공기 중 산소는 21vol%이다.)

① 1066.7   ② 806.7

③ 224   ④ 22.4

$$\begin{array}{ccc} 4P & + & 5O_2 & \rightarrow & 2P_2O_5 \\ 4mol & & 5 \times 22.4 \\ 8mol & & x(L) \end{array}$$

$x = 224L$

$\therefore 224L \times \dfrac{100}{21} = 1066.7L$

38 위험물 이동 탱크 저장소 관계인은 해당 제조소 등에 대하여 연간 몇 회 이상 정기 점검을 실시하여야 하는가? (단, 구조 안전 점검 외의 정기 점검인 경우이다.)

① 1회   ② 2회

③ 4회   ④ 6회

위험물 이동 탱크 저장소 관계인은 해당 제조소 등에 대하여 연간 1회 이상 정기 점검을 실시한다.

39 위험물 제조소 등에 설치하는 포 소화 설비의 기준에 따르면 포 헤드 방식의 포 헤드는 방호 대상물의 표면적 1m² 당의 방사량이 몇 L/min 이상의 비율로 계산한 양의 포 수용액을 표준 방사량으로 방사할 수 있도록 설치하여야 하는가?

① 3.5   ② 4

③ 6.5   ④ 9

위험물 제조소 등에 설치하는 포 소화 설비의 기준

포 헤드 방식의 포 헤드는 방호 대상물의 표면적 1m² 당의 방사량이 6.5L/min 이상의 비율로 계산한 양의 포 수용액을 표준 방사량으로 방사할 수 있도록 설치한다.

40 위험물 저장소 건축물의 외벽이 내화 구조인 것은 연면적 얼마를 1소요 단위로 하는가?

① 50m²   ② 75m²

③ 100m²   ④ 150m²

해설

저장소 건축물의 경우 소요 단위
ㄱ 외벽이 내화 구조인 것으로 연면적 150m²
ㄴ 외벽이 내화 구조가 아닌 것으로 연면적 75m²

제3과목 위험물의 성질과 취급

41 다음 중 나트륨의 보호액으로 가장 적합한 것은?

① 메탄올 ② 수은
③ 물 ④ 유동 파라핀

해설

Na 보호액 : 유동 파라핀, 등유, 벤젠 등

42 벤젠의 일반적인 성질에 관한 사항 중 틀린 것은?

① 알코올, 에테르에 녹는다.
② 물에는 녹지 않는다.
③ 냄새는 없고, 색상은 갈색인 휘발성 액체이다.
④ 증기 비중은 약 2.8이다.

해설

③ 독특한 냄새를 가지며, 무색 투명하고 휘발성이 강한 액체이다.

43 인화석회가 물과 반응하여 생성하는 기체는?

① 포스핀
② 아세틸렌
③ 이산화탄소
④ 수산화칼슘

해설

인화석회(Ca_3P_2)는 물 및 산과 심하게 반응하여 포스핀을 발생한다.
$Ca_3P_2+6H_2O \rightarrow 3Ca(OH)_2+2PH_3\uparrow$
이 포스핀은 무색의 기체로서 악취가 있으며, 독성이 강하다.

44 위험물안전관리법령에 의한 위험물 제조소의 설치 기준으로 옳지 않은 것은?

① 위험물을 취급하는 기계, 기구, 기타 설비에 새거나 넘치거나 비산하는 것을 방지할 수 있는 구조로 한다.
② 위험물을 가열하거나 냉각하는 설비 또는 위험물 취급에 따라 온도 변화가 생기는 설비에는 온도 측정 장치를 설치하여야 한다.
③ 정전기 발생을 유효하게 제거할 수 있는 설비를 설치한다.
④ 스테인리스관을 지하에 설치할 때는 지진, 풍압, 지반 침하, 온도 변화에 안전한 구조의 지지물을 설치한다.

해설

④ 유리 섬유 강화 플라스틱, 고밀도 폴리에틸렌, 폴리우레탄 등 배관을 지상에 설치하는 경우에는 지진, 풍압, 지반 침하 및 온도 변화에 안전한 구조의 지지물에 설치하되 지면에 닿지 아니하도록 하고, 배관의 외면에 부식 방지를 위한 도장을 한다.

45 다음 반응식 중에서 옳지 않은 것은?

① $CaO_2+2HCl \rightarrow CaCl_2+H_2O_2$
② $CaH_2+2H_2O \rightarrow Ca(OH)_2+2H_2$
③ $Ca_3P_2+4H_2O \rightarrow Ca_3(OH)_2+2PH_3$
④ $CaC_2+2H_2O \rightarrow Ca(OH)_2+C_2H_2$

해설

③ $Ca_3P_2+6H_2O \rightarrow 3Ca(OH)_2+2PH_3\uparrow$

46 과산화수소의 성질 및 취급 방법에 관한 설명 중 틀린 것은?

① 햇빛에 의하여 분해한다.
② 인산, 요산 등의 분해 방지 안정제를 넣는다.
③ 저장 용기는 공기가 통하지 않게 마개로 꼭 막아둔다.
④ 에탄올에 녹는다.

해설

③ 용기는 밀전하지 말고, 구멍이 뚫린 마개를 사용한다.

47 위험물안전관리법령에 따른 위험물 제조소 건축물의 구조로 틀린 것은?

① 벽, 기둥, 서까래 및 계단은 난연 재료로 할 것
② 지하층이 없도록 할 것
③ 출입구에는 갑종 또는 을종 방화문을 설치할 것
④ 창에 유리를 이용하는 경우에는 망입 유리로 할 것

해설

① 벽, 기둥, 바닥, 보, 서까래 및 계단은 불연 재료로 한다.

48 제1류 위험물의 일반적인 성질이 아닌 것은?

① 불연성 물질이다.
② 유기 화합물이다.
③ 산화성 고체로서 강산화제이다.
④ 알칼리 금속의 과산화물은 물과 작용하여 발열한다.

해설

② 모두 무기 화합물이다.

49 다음 중 메탄올의 연소 범위에 가장 가까운 것은?

① 약 1.4~5.6%   ② 약 7.3~36%
③ 약 20.3~66%   ④ 약 42.0~77%

해설

메탄올의 연소 범위 : 7.3~36%

50 제4류 위험물 중 제1석유류에 속하는 것으로만 나열한 것은?

① 아세톤, 휘발유, 톨루엔, 시안화수소
② 이황화탄소, 디에틸에테르, 아세트알데히드
③ 메탄올, 에탄올, 부탄올, 벤젠
④ 중유, 크레오소트유, 실린더유, 의산에틸

해설

② 이황화탄소, 디에틸에테르, 아세트알데히드 : 특수 인화물

③ 메탄올, 에탄올, 부탄올 : 알코올류, 벤젠 : 제1석유류
④ 중유, 크레오소트유 : 제3석유류, 실린더유 : 제4석유류, 의산에틸 : 제2석유류

51 위험물안전관리법령에 따라 제4류 위험물 옥내 저장 탱크에 설치하는 밸브 없는 통기관의 설치 기준으로 가장 거리가 먼 것은?

① 통기관의 지름은 30mm 이상으로 한다.
② 통기관의 선단은 수평면에 대하여 아래로 45° 이상 구부려 설치한다.
③ 통기관은 가스가 체류되지 않도록 그 선단을 건축물의 출입구로부터 0.5m 이상 떨어진 곳에 설치하고 끝에 팬을 설치한다.
④ 가는 눈의 구리망 등으로 인화 방지 장치를 한다.

해설

③ 통기관은 가스가 체류하지 않도록 그 선단을 건축물의 출입구로부터 1m 이상 떨어진 곳에 설치하고, 끝에 팬을 설치한다.

52 위험물안전관리법령상 제1석유류를 취급하는 위험물 제조소의 건축물의 지붕에 대한 설명으로 옳은 것은?

① 항상 불연 재료로 하여야 한다.
② 항상 내화 구조로 하여야 한다.
③ 가벼운 불연 재료가 원칙이지만, 예외적으로 내화 구조로 할 수 있는 경우가 있다.
④ 내화 구조가 원칙이지만, 예외적으로 가벼운 불연 재료로 할 수 있는 경우가 있다.

해설

㉠ 위험물 건축물의 지붕은 폭발력이 위로 방출될 정도의 가벼운 불연 재료로 덮어야 한다.
㉡ 다만 예외적으로 내화 구조를 할 수 있는 경우가 있다.
 • 제2류 위험물(분상·인화성 고체 제외)
 • 제4류 위험물(제4석유류, 동·식물유류)
 • 제6류 위험물

53 가열했을 때 분해하여 적갈색의 유독한 가스를 방출하는 것은?

① 과염소산

② 질산

③ 과산화수소

④ 적린

해설

$$2HNO_3 \rightarrow 2NO_2 + H_2O + O$$
적갈색의 유독한 가스

54 위험물안전관리법령에서 정한 이황화탄소의 옥외 탱크 저장 시설에 대한 기준으로 옳은 것은?

① 벽 및 바닥의 두께가 0.2m 이상이고, 누수가 되지 아니하는 철근 콘크리트의 수조에 넣어 보관하여야 한다.

② 벽 및 바닥의 두께가 0.2m 이상이고, 누수가 되지 아니하는 철근 콘크리트의 석유조에 넣어 보관하여야 한다.

③ 벽 및 바닥의 두께가 0.3m 이상이고, 누수가 되지 아니하는 철근 콘크리트의 수조에 넣어 보관하여야 한다.

④ 벽 및 바닥의 두께가 0.3m 이상이고, 누수가 되지 아니하는 철근 콘크리트의 석유조에 넣어 보관하여야 한다.

해설

이황화탄소 옥외 탱크 저장 시설에 대한 기준
벽 및 바닥의 두께가 0.2m 이상이고, 누수가 되지 아니하는 철근 콘크리트 수조에 보관한다.

55 금속칼륨의 성질로서 옳은 것은?

① 중금속류에 속한다.

② 화학적으로 이온화경향이 큰 금속이다.

③ 물속에 보관한다.

④ 상온, 상압에서 액체 형태인 금속이다.

해설

① 은백색의 광택이 있는 경금속에 속한다.

③ 석유(등유) 속에 보관한다.

④ 상온, 상압에서 고체 형태인 금속이다.

56 위험물안전관리법령에 따라 지정 수량 10배의 위험물을 운반할 때 혼재가 가능한 것은?

① 제1류 위험물과 제2류 위험물

② 제2류 위험물과 제3류 위험물

③ 제3류 위험물과 제4류 위험물

④ 제5류 위험물과 제6류 위험물

해설

유별을 달리하는 위험물의 혼재 기준

구 분	제1류	제2류	제3류	제4류	제5류	제6류
제1류		×	×	×	×	○
제2류	×		×	○	○	×
제3류	×	×		○	×	×
제4류	×	○	○		○	×
제5류	×	○	×	○		×
제6류	○	×	×	×	×	

57 적린과 황린의 공통점이 아닌 것은?

① 화재 발생 시 물을 이용한 소화가 가능하다.

② 이황화탄소에 잘 녹는다.

③ 연소 시 P_2O_5의 흰 연기가 생긴다.

④ 구성 원소는 P이다.

해설

㉠ 적린 : CS_2에 녹지 않는다.

㉡ 황린 : CS_2에 잘 녹는다.

58 위험물안전관리법령에 따른 제1류 위험물 중 알칼리 금속의 과산화물 운반 용기에 반드시 표시하여야 할 주의 사항을 모두 옳게 나열한 것은?

① 화기·충격 주의·물기 엄금·가연물 접촉 주의

② 화기·충격 주의·화기 엄금

③ 화기 엄금·물기 엄금

④ 화기·충격 엄금·가연물 접촉 주의

정답 **53.** ② **54.** ① **55.** ② **56.** ③ **57.** ② **58.** ①

위험물 운반 용기의 주의 사항

위험물		주의 사항
제1류 위험물	알칼리 금속의 과산화물	• 화기·충격 주의 • 물기 엄금 • 가연물 접촉 주의
	기타	• 화기·충격 주의 • 가연물 접촉 주의
제2류 위험물	철분·금속분·마그네슘	• 화기 주의 • 물기 엄금
	인화성 고체	화기 엄금
	기타	화기 주의
제3류 위험물	자연 발화성 물질	• 화기 엄금 • 공기 접촉 엄금
	금수성 물질	물기 엄금
제4류 위험물		화기 엄금
제5류 위험물		• 화기 엄금 • 충격 주의
제6류 위험물		가연물 접촉 주의

59 트리니트로페놀의 성질에 대한 설명 중 틀린 것은?

① 폭발에 대비하여 철, 구리로 만든 용기에 저장한다.

② 휘황색을 띤 침상 결정이다.

③ 비중이 약 1.8로 물보다 무겁다.

④ 단독으로는 충격, 마찰에 둔감한 편이다.

해설

① 제조 시 중금속과의 접촉을 피하며 철, 구리, 납으로 만든 용기에 저장하지 말아야 한다.

60 A 업체에서 제조한 위험물을 B 업체로 운반할 때 규정에 의한 운반 용기에 수납하지 않아도 되는 위험물은? (단, 지정 수량의 2배 이상인 경우이다.)

① 덩어리 상태의 유황

② 금속분

③ 삼산화크롬

④ 염소산나트륨

해설

운반 용기에 수납하지 않아도 되는 위험물 : 덩어리 상태의 유황

01 어떤 물질 1g을 증발시켰더니 그 부피가 0℃, 4atm에서 329.2mL였다. 이 물질의 분자량은? (단, 증발한 기체는 이상 기체라 가정한다.)

① 17   ② 23

③ 30   ④ 60

해설

$PV = \dfrac{W}{M}RT$ 이므로

$\therefore M = \dfrac{WRT}{PV} = \dfrac{1 \times 0.082 \times 273}{4 \times 329.2 \times 10^{-3}} = 17$

02 $H_2S + I_2 \rightarrow 2HI + S$에서 I_2의 역할은?

① 산화제이다.

② 환원제이다.

③ 산화제이면서 환원제이다.

④ 촉매 역할을 한다.

해설

반응식에서 요오드(I_2)는 환원되었으므로 산화제 역할을 한다.

$I_2^0 \rightarrow 2HI^-$

└─ 환원 ─┘↑

03 다음 중 단원자 분자에 해당하는 것은?

① 산소   ② 질소

③ 네온   ④ 염소

해설

분자의 종류

㉠ 단원자 분자 : 1개의 원자로 구성된 분자

　예 He, Ne, Ar 등 주로 불활성 기체

㉡ 이원자 분자 : 2개의 원자로 구성된 분자

　예 H_2, O_2, N_2, Cl_2 등

04 다음 중 3차 알코올에 해당되는 것은?

①

```
   OH  H   H
    |   |   |
H - C - C - C - H
    |   |   |
    H   H   H
```

②

```
   H   H   H
    |   |   |
H - C - C - C - OH
    |   |   |
    H   H   H
```

③

```
   H   H   H
    |   |   |
H - C - C - C - H
    |   |   |
    H   OH  H
```

④

```
         CH₃
          |
CH₃ - C - CH₃
          |
         OH
```

해설

OH기가 결합된 탄소의 수에 따른 분류

㉠ 1차(제1급) 알코올($R-CH_2OH$) : OH기가 결합된 탄소가 다른 탄소 1개와 연결된 알코올

제1급 알코올 $\xrightarrow{\text{산화}}$ 알데히드 $\xrightarrow{\text{산화}}$ 카르복시산

예 $CH_3CH_2OH \xrightarrow{[O]} CH_3CHO \xrightarrow{[O]} CH_3COOH$

㉡ 2차(제2급) 알코올($\overset{R}{\underset{}{R-CHOH}}$) : OH기가 결합된 탄소가 다른 탄소 2개와 연결된 알코올

제2급 알코올 $\xrightarrow{\text{산화}}$ 케톤

예 $2CH_3-\underset{OH}{CH}-CH_3+O_2 \rightarrow \underset{\text{아세톤}}{2CH_3-CO-CH_3}+2H_2O$

㉢ 3차(제3급) 알코올($\overset{R}{\underset{R}{R-C-OH}}$) : OH기가 결합된 탄소가 다른 탄소 3개와 연결된 알코올

예 $(CH_3)_3C \cdot OH$(트리메틸카르비놀)

05 커플링(coupling) 반응 시 생성되는 작용기는?

① $-NH_2$ ② $-CH_3$

③ $-COOH$ ④ $-N-N-$

해설

커플링 반응
디아조늄에 페놀류나 방향족 아민을 작용시키면 아조기($-N=N-$)를 갖는 새로운 아조 화합물을 만든다.

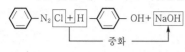

$$\longrightarrow \text{〈○〉}-N=N-\text{〈○〉}-OH+NaCl+H_2O$$
파라히드록시아조벤젠(염료)

06 이산화황이 산화제로 작용하는 화학 반응은?

① $SO_2 + H_2O \rightarrow H_2SO_4$

② $SO_2 + NaOH \rightarrow NaHSO_3$

③ $SO_2 + 2H_2S \rightarrow 3S + 2H_2O$

④ $SO_2 + Cl_2 + 2H_2O \rightarrow H_2SO_4 + 2HCl$

해설

㉠ 환원력이 강한 H_2S와 반응하면 산화제로 작용한다.
$$S^{4+}O_2 + 2H_2S \rightarrow 2H_2O + 3S^0$$
└── 환원(산화제로 작용) ──┘

㉡ 환원제로 작용한 것
$$S^{4+}O_2 + 2H_2O + Cl_2 \rightarrow H_2S^{6+}O_4 + 2HCl$$
└── 산화(환원제로 작용) ──┘

07 탄소수가 5개인 포화 탄화수소 펜탄의 구조 이성질체수는 몇 개인가?

① 2개   ② 3개

③ 4개   ④ 5개

해설

C_5H_{12}(펜탄) : 3개의 이성질체가 있다.

㉠ 노르말(n)-펜탄(b.p 36℃)
$$CH_3 - CH_2 - CH_2 - CH_2 - CH_3$$

㉡ 이소(iso)-펜탄(b.p 28℃)
$$CH_3 - CH_2 - CH_2 - CH_3$$
$$\qquad\qquad\quad |$$
$$\qquad\qquad CH_3$$

㉢ 네오(neo)-펜탄(b.p 9.5℃)
$$\qquad\quad CH_3$$
$$\qquad\quad\; |$$
$$CH_3 - C - CH_3$$
$$\qquad\quad\; |$$
$$\qquad\quad CH_3$$

08 구리선의 밀도가 7.81g/mL이고, 질량이 3.72g이다. 이 구리선의 부피는 얼마인가?

① 0.48   ② 2.09

③ 1.48   ④ 3.09

해설

밀도 $= \dfrac{질량}{부피}$ 이므로

$\therefore$ 부피 $= \dfrac{질량}{밀도} = \dfrac{3.72g}{7.81g/mL} = 0.48mL$

09 다음의 화합물 중 화합물 내 질소 분율이 가장 높은 것은?

① $Ca(CN)_2$ ② $NaCN$

③ $(NH_2)_2CO$ ④ NH_4NO_3

해설

질소 분율

① $Ca(CN)_2$

$\dfrac{N_2}{Ca(CN)_2} \times 100$, $\therefore \dfrac{28}{40+(24+28)} \times 100 = 30.43\%$

② $NaCN$

$\dfrac{N_2}{NaCN} \times 100$, $\therefore \dfrac{28}{23+12+14} \times 100 = 28.57\%$

③ $(NH_2)_2CO$

$\dfrac{N_2}{(NH_2)_2CO} \times 100$, $\therefore \dfrac{28}{(28+4)+12+16} \times 100 = 46.67\%$

④ NH_4NO_3

$\dfrac{N_2}{NH_4NO_3} \times 100$, $\therefore \dfrac{28}{14+4+14+48} \times 100 = 35\%$

10 원자 A가 이온 A^{2+}로 되었을 때 갖는 전자수와 원자 번호 n인 원자 B가 이온 B^{3-}으로 되었을 때 갖는 전자수가 같았다면 A의 원자 번호는?

① $n-1$ ② $n+2$

③ $n-3$ ④ $n+5$

해설

원자 번호 = 양성자수 = 전자수
A의 원자 번호를 x라고 하면
A^{2+}의 전자수 : $x-2$, B^{3-}의 전자수 : $n+3$,
A^{2+}의 전자수 = B^{3-}의 전자수
$x-2 = n+3$
$\therefore x = n+5$

11 중크롬산칼륨(다이크롬산칼륨)에서 크롬의 산화수는?

① 2   ② 4

③ 6   ④ 8

해설

$K_2Cr_2O_7$에서 크롬의 산화수를 x라고 하면

$2+2\times x-14=0$

$2x=12$

$\therefore x=6$

12 물 450g에 NaOH 80g이 녹아 있는 용액에서 NaOH의 몰분율은? (단, Na의 원자량은 23이다.)

① 0.074   ② 0.178

③ 0.200   ④ 0.450

해설

㉠ H_2O 몰수 : $\dfrac{450}{18}=25mol$

㉡ NaOH 몰수 : $\dfrac{80}{40}=2mol$

㉢ NaOH의 몰분율 $=\dfrac{2}{25+2}=0.074$

13 다음 작용기 중에서 메틸(methyl)기에 해당하는 것은?

① $-C_2H_5$ ② $-COCH_3$

③ $-NH_2$ ④ $-CH_3$

해설

① $-C_2H_5$: 에틸기

② $-COCH_3$: 아세틸기

③ $-NH_2$: 아미노기

④ $-CH_3$: 메틸기

14 수소 1.2몰과 염소 2몰이 반응할 경우 생성되는 염화수소의 몰수는?

① 1.2   ② 2

③ 2.4   ④ 4.8

해설

$$\underset{1.2몰}{H_2} + \underset{2몰}{Cl_2} \rightarrow \underset{2\times1.2몰=2.4몰}{2HCl}$$

15 수소 5g과 산소 24g의 연소 반응 결과 생성된 수증기는 0℃, 1기압에서 몇 L인가?

① 11.2   ② 16.8

③ 33.6   ④ 44.8

해설

수소 : $\dfrac{5}{2}=2.5$몰

산소 : $\dfrac{24}{32}=0.75$몰

$$\underset{2.5몰}{H_2} + \underset{0.75몰}{\dfrac{1}{2}O_2} \rightarrow \underset{1.5몰}{H_2O}$$

수소 2.5몰과 산소 0.75몰이 반응하여 1.5몰의 수증기가 생성되므로 수증기 1.5몰의 부피$=22.4L\times1.5=33.6L$ 이다.

16 중성 원자가 무엇을 잃으면 양이온으로 되는가?

① 중성자

② 핵전하

③ 양성자

④ 전자

해설

㉠ 양이온 : 중성 원자가 전자를 잃으면 (＋) 전기를 띤 양이온이 된다.

　　예 $Na-e \rightarrow Na^+$

㉡ 음이온 : 중성 원자가 전자를 얻으면 (－) 전기를 띤 음이온이 된다.

　　예 $Cl+e \rightarrow Cl^-$

17 벤젠을 약 300℃, 높은 압력에서 Ni 촉매로 수소와 반응시켰을 때 얻어지는 물질은?

① Cyclopentane

② Cyclopropane

③ Cyclohexane

④ Cyclooctane

해설

벤젠은 300℃, 높은 압력에서 Ni 촉매로 수소와 반응시켜 얻는다.

$$C_6H_6 + 3H_2 \xrightarrow[300℃]{Ni} \underset{cyclohexane}{C_6H_{12}} + 49kcal/mol$$

18 결합력이 큰 것부터 작은 순서로 나열한 것은?

① 공유 결합 > 수소 결합 > 반 데르 발스 결합
② 수소 결합 > 공유 결합 > 반 데르 발스 결합
③ 반 데르 발스 결합 > 수소 결합 > 공유 결합
④ 수소 결합 > 반 데르 발스 결합 > 공유 결합

해설

결합력의 세기 : 공유 결합(그물 구조체) > 이온 결합 > 금속 결합 > 수소 결합 > 반 데르 발스 결합

19 1기압의 수소 2L와 3기압의 산소 2L를 동일 온도에서 5L의 용기에 넣으면 전체 압력은 몇 기압이 되는가?

① $\frac{4}{5}$
② $\frac{8}{5}$
③ $\frac{12}{5}$
④ $\frac{16}{5}$

해설

전압 $P = \frac{P_1 V_1 + P_2 V_2}{V} = \frac{1 \times 2 + 3 \times 2}{5} = \frac{8}{5}$

20 KNO_3의 물에 대한 용해도는 70℃에서 130이며, 30℃에서 40이다. 70℃의 포화 용액 260g을 30℃로 냉각시킬 때 적출되는 KNO_3의 양은 약 얼마인가?

① 92g
② 101g
③ 130g
④ 153g

해설

용해도 : 용매 100g에 녹는 용질의 양
70℃에서 포화 용액 260g 속에 녹아 있는 용질(KNO_3)의 양을 x라고 하면
$230 : 130 = 260 : x$
$x = 147g$
용매(물) = 용액 - 용질 = 260 - 147 = 113g
30℃에서 물 113g에 녹을 수 있는 용질(KNO_3)의 양을 y라고 하면
$100 : 40 = 113 : y$
$y = 45.2$
∴ 석출되는 KNO_3의 양 = $x - y$
$= 147 - 45.2$
≒ 101g

제2과목 **화재예방과 소화방법**

21 불활성가스 소화 설비의 소화 약제 방출 방식 중 전역 방출 방식 소화 설비에 대한 설명으로 옳은 것은?

① 발화 위험 및 연소 위험이 적고 광대한 실내에서 특정 장치나 기계만을 방호하는 방식
② 일정 방호 구역 전체에 방출하는 경우 해당 부분의 구획을 밀폐하여 불연성 가스를 방출하는 방식
③ 일반적으로 개방되어 있는 대상물에 대하여 설치하는 방식
④ 사람이 용이하게 소화 활동을 할 수 있는 장소에는 호스를 연장하여 소화 활동을 행하는 방식

해설

불활성가스 소화 설비에서 전역 방출 방식 소화 설비 : 일정 방호 구역 전체에 방출하는 경우 해당 부분의 구획을 밀폐하여 불연성 가스를 방출하는 방식

22 다음 중 제5류 위험물의 화재 시에 가장 적당한 소화 방법은?

① 질소가스를 사용한다.
② 할로겐 화합물을 사용한다.
③ 탄산가스를 사용한다.
④ 다량의 물을 사용한다.

해설

제5류 위험물 화재 시 소화 방법 : 다량의 물을 사용한다.

23 위험물 제조소 등에 설치하는 옥내 소화전 설비가 설치된 건축물에 옥내 소화전이 1층에 5개, 2층에 6개가 설치되어 있다. 이때 수원의 수량은 몇 m³ 이상으로 하여야 하는가?

① 19
② 29
③ 39
④ 47

해설

$Q = N \times 7.8\text{m}^3 = 5 \times 7.8 = 39\text{m}^3$

여기서, Q : 수원의 수량

N : 옥내 소화전 설비 설치 개수(설치 개수가 5개 이상인 경우는 5개의 옥내 소화전)

24 위험물안전관리법령상 옥외 소화전 설비에서 옥외 소화전함은 옥외 소화전으로부터 보행 거리 몇 m 이하의 장소에 설치하여야 하는가?

① 5m 이내
② 10m 이내
③ 20m 이내
④ 40m 이내

해설

옥외 소화전 설비에서 옥외 소화전함 : 옥외 소화전으로부터 보행 거리 5m 이하의 장소에 설치한다.

25 인화성 액체의 화재를 나타내는 것은?

① A급 화재
② B급 화재
③ C급 화재
④ D급 화재

해설

화재의 구분

화재별 급수	가연 물질의 종류
A급 화재	목재, 종이, 섬유류 등 일반 가연물
B급 화재	유류(가연성·인화성 액체 포함)
C급 화재	전기
D급 화재	금속

26 처마의 높이가 6m 이상인 단층 건물에 설치된 옥내 저장소의 소화 설비로 고려될 수 없는 것은?

① 고정식 포 소화 설비
② 옥내 소화전 설비
③ 고정식 불활성가스 소화 설비
④ 고정식 분말 소화 설비

해설

소화 난이도 등급 Ⅰ에 대한 제조소 등의 소화 설비

구 분	소화 설비
제조소, 일반 취급소	•옥내 소화전 설비 •옥외 소화전 설비 •스프링클러 설비 •물분무 등 소화 설비

구 분	소화 설비
옥내 저장소 (처마 높이 6m 이상인 단층 건물)	•스프링클러 설비 •이동식 외의 물분무 등 소화 설비
옥외 탱크 저장소 (유황만을 저장·취급)	물분무 소화 설비
옥외 탱크 저장소 (인화점 70℃ 이상의 제4류 위험물 취급)	•물분무 소화 설비 •고정식 포 소화 설비
옥외 탱크 저장소 (지중 탱크)	•고정식 포 소화 설비 •이동식 이외의 불활성가스 소화 설비 •이동식 이외의 할로겐화물 소화 설비
옥외 저장소, 이송 취급소	•옥내 소화전 설비 •옥외 소화전 설비 •스프링클러 설비 •물분무 등 소화 설비

[비고] 물분무 등 소화 설비 : 물분무 소화 설비, 포 소화 설비, 불활성가스 소화 설비, 할로겐화물 소화 설비, 청정 소화 약제 소화 설비, 분말 소화 설비

27 폐쇄형 스프링클러 헤드는 설치 장소의 평상 시 최고 주위 온도에 따라서 결정된 표시 온도의 것을 사용해야 한다. 설치 장소의 최고 주위 온도가 28℃ 이상 39℃ 미만일 때, 표시 온도는?

① 58℃ 미만
② 58℃ 이상 79℃ 미만
③ 79℃ 이상 121℃ 미만
④ 121℃ 이상 162℃ 미만

해설

스프링클러 헤드 부착 장소의 평상시 최고 주위 온도와 표시 온도(℃)

부착 장소의 최고 주위 온도(℃)	표시 온도(℃)
28 미만	58 미만
28 이상 39 미만	58 이상 79 미만
39 이상 64 미만	79 이상 121 미만
64 이상 106 미만	121 이상 162 미만
106 이상	162 이상

28 가연물이 되기 쉬운 조건으로 가장 거리가 먼 것은?

① 열전도율이 클수록
② 활성화 에너지가 작을수록
③ 화학적 친화력이 클수록
④ 산소와 접촉이 잘 될수록

정답 24. ① 25. ② 26. ② 27. ② 28. ①

해설

가연물이 되기 쉬운 조건
㉠ 산소와의 친화력이 클 것(화학적 활성이 강할 것)
㉡ 열전도율이 적을 것
㉢ 산소와의 접촉 면적이 클 것(표면적이 넓을 것)
㉣ 발열량(연소열)이 클 것
㉤ 활성화 에너지가 적을 것(발열 반응을 일으키는 물질)
㉥ 건조도가 좋을 것(수분의 함유가 적을 것)

29 위험물안전관리법령상 옥외 소화전 설비는 모든 옥외 소화전을 동시에 사용할 경우 각 노즐 선단의 방수 압력은 얼마 이상이 되어야 하는가?

① 100kPa
② 170kPa
③ 350kPa
④ 520kPa

해설

옥내 소화전 설비와 옥외 소화전 설비

구 분	옥내 소화전 설비	옥외 소화전 설비
수평 거리	25m 이하	40m 이하
방수량	260L/min 이상	450L/min 이상
방수 압력	350kPa 이상	350kPa 이상
수원의 수량	$Q \geq 7.8N$ (N : 최대 5개)	$Q \geq 13.5N$ (N : 최대 4개)

30 제4류 위험물의 저장 및 취급 시 화재 예방 및 주의 사항에 대한 일반적인 설명으로 틀린 것은?

① 증기의 누출에 유의할 것
② 증기는 낮은 곳에 체류하기 쉬우므로 조심할 것
③ 전도성이 좋은 석유류는 정전기 발생에 유의할 것
④ 서늘하고 통풍이 양호한 곳에 저장할 것

해설
③ 비전도성이 좋은 석유류는 정전기 발생에 유의할 것

31 소화기가 유류 화재에 적응력이 있음을 표시하는 색은?

① 백색
② 황색
③ 청색
④ 흑색

해설

화재별 적응력 표시 색상

화재의 종류	적응력이 있음을 표시하는 색
일반 화재	백색
유류 화재	황색
전기 화재	청색
금속 화재	–

32 펌프와 발포기의 중간에 설치된 벤투리관의 벤투리 작용과 펌프 가압수의 포 소화 약제 저장 탱크에 대한 압력에 의하여 포 소화 약제를 흡입·혼합하는 방식은?

① 프레셔 프로포셔너
② 펌프 프로포셔너
③ 프레셔 사이드 프로포셔너
④ 라인 프로포셔너

해설

포 소화 약제 혼합 장치의 종류
㉠ 펌프 혼합 방식(펌프 프로포셔너 방식, pump proportioner type) : 펌프의 토출관과 흡입관 사이의 배관 도중에 설치한 흡입기에 펌프에서 토출된 물의 일부를 보내고 농도 조절 밸브에서 조정된 포 소화 약제의 필요량을 포 소화 약제 탱크에서 펌프 흡입측으로 보내어 이를 혼합하는 방식
㉡ 차압 혼합 방식(프레셔 프로포셔너 방식, pressure proportioner type) : 펌프와 발포기 중간에 설치된 벤투리관(venturi tube)의 벤투리 작용과 펌프 가압수의 포 소화 약제 저장 탱크에 대한 압력에 의하여 포 소화 약제를 흡입·혼합하는 방식
  ※ 벤투리 작용 : 관의 도중을 가늘게 하여 흡입력으로 약제와 물을 혼합하는 작용
㉢ 관로 혼합 방식(라인 프로포셔너 방식, line proportioner type) : 펌프와 발포기 중간에 설치된 벤투리관의 벤투리 작용에 의해 포 소화 약제를 흡입하여 혼합하는 방식
㉣ 압입 혼합 방식(프레셔 사이드 프로포셔너 방식, pressure side proportioner type) : 펌프의 토출관에 압입기를 설치하여 포 소화 약제 압입용 펌프로 포 소화 약제를 압입시켜 혼합하는 방식

33 할로겐화물 소화 설비 기준에서 할론 2402를 가압식 저장 용기에 저장하는 경우 충전비로 옳은 것은?

① 0.51 이상 0.67 이하

② 0.7 이상 1.4 미만

③ 0.9 이상 1.6 이하

④ 0.67 이상 2.75 이하

할로겐화물 소화 설비 저장 용기의 충전비 : 할론 2402를 저장하는 것 중 가압식 저장 용기에 있어서는 0.51 이상 0.67 미만, 축압식 저장 용기에 있어서는 0.67 이상 2.75 이하로 한다.

34 다음 중 C급 화재에 가장 적응성이 있는 소화 설비는?

① 봉상 강화액 소화기

② 포 소화기

③ 이산화탄소 소화기

④ 스프링클러 설비

해설

① 봉상 강화액 소화기 : A급 화재

② 포 소화기 : A, B급 화재

③ 이산화탄소 소화기 : B, C급 화재

④ 스프링클러 설비 : A급 화재

35 고체 연소에 대한 분류로 옳지 않은 것은?

① 혼합 연소　　② 증발 연소

③ 분해 연소　　④ 표면 연소

해설

연소의 형태

1. 기체의 연소
   ㉠ 확산 연소
   ㉡ 혼합 연소
2. 액체의 연소
   증발 연소
3. 고체의 연소
   ㉠ 표면(직접) 연소
   ㉡ 분해 연소
   ㉢ 증발 연소
   ㉣ 내부(자기) 연소

36 제조소 또는 취급소의 건축물로 외벽이 내화 구조인 것은 연면적 몇 m^2를 1소요 단위로 규정하는가?

① 100　　② 200

③ 300　　④ 400

해설

소요 단위(1단위)

1. 제조소 또는 취급소용 건축물의 경우
   ㉠ 외벽이 내화 구조로 된 것으로 연면적 $100m^2$
   ㉡ 외벽이 내화 구조가 아닌 것으로 연면적 $50m^2$
2. 저장소 건축물의 경우
   ㉠ 외벽이 내화 구조로 된 것으로 연면적 $150m^2$
   ㉡ 외벽이 내화 구조가 아닌 것으로 연면적 $75m^2$
3. 위험물의 경우 : 지정 수량 10배

37 불연성 기체로서 비교적 액화가 용이하며, 안전하게 저장할 수 있고 전기 절연성이 좋아 C급 화재에 사용되기도 하는 기체는?

① N_2　　② CO_2

③ Ar　　④ He

해설

CO_2 : 불연성 기체로서 비교적 액화가 용이하며 안전하게 저장할 수 있으며, 전기 절연성이 좋아 C급 화재에 사용된다.

38 주성분이 탄산수소나트륨인 소화 약제는 제 몇 종 분말 소화 약제인가?

① 제1종　　② 제2종

③ 제3종　　④ 제4종

해설

분말 소화 약제의 종류

㉠ 제1종 : $NaHCO_3$(백색)

㉡ 제2종 : $KHCO_3$(보라색)

㉢ 제3종 : $NH_4H_2PO_4$(담홍색 또는 핑크색)

㉣ 제4종 : $BaCl_2$, $KHCO_3$ + $(NH_2)_2CO$(회백색)

39 탄소 1mol이 완전 연소하는 데 필요한 최소 이론 공기량은 약 몇 L인가? (단 0℃, 1기압 기준이며, 공기 중 산소의 농도는 21vol%이다.)

① 10.7　　② 22.4

③ 107　　④ 224

해설

완전 연소 : $C + O_2 \rightarrow CO_2$

$\therefore$ 최소 이론 공기량 $= \dfrac{22.4L}{0.21} = 107L$

40 위험물안전관리법령상 옥외 소화전 설비의 옥외 소화전이 3개 설치되었을 경우 수원의 수량은 몇 m^3 이상이 되어야 하는가?

① 7
② 20.4
③ 40.5
④ 100

해설

$Q(m^3) = N \times 13.5m^3$

$= 3 \times 13.5 = 40.5m^3$

여기서, Q : 수원의 수량

N : 옥외 소화전 설비 설치 개수(설치 개수가 4개 이상인 경우는 4개의 옥외 소화전)

제3과목　위험물의 성질과 취급

41 질산에 대한 설명으로 틀린 것은?

① 무색 또는 담황색의 액체이다.
② 유독성이 강한 산화성 물질이다.
③ 위험물안전관리법령상 비중이 1.49 이상인 것만 위험물로 규정한다.
④ 햇빛이 잘 드는 곳에서 투명한 유리병에 보관하여야 한다.

해설

④ 햇빛이 차단되고, 통풍이 잘 되는 차고 어두운 곳에서 갈색 유리병에 보관해야 한다.

42 다음 물질 중 인화점이 가장 낮은 것은?

① 디에틸에테르
② 이황화탄소
③ 아세톤
④ 벤젠

해설

① 디에틸에테르 : $-45℃$
② 이황화탄소 : $-30℃$
③ 아세톤 : $-18℃$
④ 벤젠 : $-11.1℃$

43 다음 중 물과 접촉하였을 때 위험성이 가장 높은 것은?

① S
② CH_3COOH
③ C_2H_5OH
④ K

해설

K(칼륨)

물과 격렬히 반응하여 발열하고 수소를 발생한다.

$2K + 2H_2O \rightarrow 2KOH + H_2 \uparrow + 2 \times 46.2kcal$

여기서, H_2는 가연성 가스이고, KOH는 부식성이 매우 강한 물질이며 반응 시 소량의 증기로 변하여 눈, 목, 피부를 자극한다. 발생된 반응열은 K를 태우기도 하고 H_2와 공기 혼합물을 폭발시킬 수 있으므로 반응열과 나타난 현상은 매우 위험하다.

44 위험물 운반 용기 외부에 수납하는 위험물의 종류에 따라 표시하는 주의 사항으로 바르게 연결된 것은?

① 염소산칼륨-물기 주의
② 철분-물기 주의
③ 아세톤-화기 엄금
④ 질산-화기 엄금

해설

위험물 운반 용기의 주의 사항

위험물		주의 사항
제1류 위험물	알칼리 금속의 과산화물	• 화기·충격 주의 • 물기 엄금 • 가연물 접촉 주의
	기타	• 화기·충격 주의 • 가연물 접촉 주의
제2류 위험물	철분, 금속분, 마그네슘	• 화기 주의 • 물기 엄금
	인화성 고체	화기 엄금
	기타	화기 주의
제3류 위험물	자연 발화성 물질	• 화기 엄금 • 공기 접촉 엄금
	금수성 물질	물기 엄금
제4류 위험물		화기 엄금
제5류 위험물		• 화기 엄금 • 충격 주의
제6류 위험물		가연물 접촉 주의

㉠ 염소산칼륨(제1류 위험물 중 기타) : 화기·충격 주의 및 가연물 접촉 주의
㉡ 철분(제2류 위험물) : 화기 주의·물기 엄금
㉢ 아세톤(제4류 위험물) : 화기 엄금
㉣ 질산(제6류 위험물) : 가연물 접촉 주의

45 위험물안전관리법령상 위험물 제조소에 설치하는 "물기 엄금" 게시판의 색으로 옳은 것은?

① 청색 바탕 백색 글씨

② 백색 바탕 청색 글씨

③ 황색 바탕 청색 글씨

④ 청색 바탕 황색 글씨

해설

표시 방식

㉠ 화기 엄금, 화기 주의 : 적색 바탕에 백색 문자

㉡ 물기 엄금 : 청색 바탕에 백색 문자

㉢ 주유 취급소 : 청색 바탕에 백색 문자

㉣ 옥외 탱크 저장소 : 백색 바탕에 흑색 문자

㉤ 차량용 운반 용기 : 흑색 바탕에 황색 반사 도료

46 다음 중 3개의 이성질체가 존재하는 물질은?

① 아세톤   ② 톨루엔

③ 벤젠   ④ 자일렌

해설

자일렌(크실렌)의 3가지 이성질체

구 분 \ 명 칭	o-자일렌 (크실렌)	m-자일렌 (크실렌)	p-자일렌 (크실렌)
구조식	CH₃ / CH₃	CH₃ / CH₃	CH₃ / CH₃

47 질산나트륨을 저장하고 있는 옥내 저장소(내화 구조의 격벽으로 완전히 구획된 실이 2 이상 있는 경우에는 동일한 실)에 함께 저장하는 것이 법적으로 허용되는 것은? (단, 위험물을 유별로 정리하여 서로 1m 이상의 간격을 두는 경우이다.)

① 적린   ② 인화성 고체

③ 동·식물유류   ④ 과염소산

해설

1. 옥내·외 저장소의 위험물 혼재 기준

㉠ 제1류 위험물(알칼리 금속 과산화물) + 제5류 위험물

㉡ 제1류 위험물 + 제6류 위험물

㉢ 제1류 위험물 + 자연 발화성 물품(황린)

㉣ 제2류 위험물(인화성 고체) + 제4류 위험물

㉤ 제3류 위험물(알킬알루미늄 등) + 제4류 위험물 (알킬알루미늄, 알킬리튬 함유한 것)

㉥ 제4류 위험물(유기 과산화물) + 제5류 위험물(유기 과산화물)

2. ㉠ 질산나트륨 : 제1류 위험물

㉡ 과염소산 : 제6류 위험물

48 위험물이 물과 반응하였을 때 발생하는 가연성 가스를 잘못 나타낸 것은?

① 금속칼륨－수소

② 금속나트륨－수소

③ 인화칼슘－포스겐

④ 탄화칼슘－아세틸렌

해설

① $2K + 2H_2O \rightarrow 2KOH + H_2 \uparrow + 2 \times 46.2$kcal

② $2Na + 2H_2O \rightarrow 2NaOH + H_2 \uparrow + 2 \times 44.1$kcal

③ $Ca_3P_2 + 6H_2O \rightarrow 3Ca(OH)_2 + 2PH_3 \uparrow$

④ $CaC_2 + 2H_2O \rightarrow Ca(OH)_2 + C_2H_2 \uparrow + 32$kcal

49 그림과 같은 타원형 탱크의 내용적은 약 몇 m^3인가?

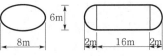

① 453   ② 553

③ 653   ④ 753

해설

$$V = \frac{\pi ab}{4}\left(l + \frac{l_1 + l_2}{3}\right)$$
$$= \frac{3.14 \times 8 \times 6}{4} \times \left(16 + \frac{2+2}{3}\right)$$
$$= 653 \text{m}^3$$

50 위험물안전관리법령상 이송 취급소 배관 등의 용접부는 비파괴 시험을 실시하여 합격하여야 한다. 이 경우 이송 기지 내의 지상에 설치되는 배관 등은 전체 용접부의 몇 % 이상 발췌하여 시험할 수 있는가?

① 10   ② 15

③ 20   ④ 25

정답 45. ① 46. ④ 47. ④ 48. ③ 49. ③ 50. ③

해설

이송 취급소의 비파괴 시험

㉠ 배관 등의 용접부는 비파괴 시험을 실시하여 합격하여야 한다. 이 경우 이송 기지 내의 지상에 설치된 배관 등은 전체 용접부의 20% 이상을 발췌하여 시험할 수 있다.

㉡ 비파괴 시험의 방법, 판정 기준 등은 소방방재청장이 정하여 고시하는 바에 의한다.

51 황이 연소할 때 발생하는 가스는?

① H_2S　　　　② SO_2

③ CO_2　　　　④ H_2O

해설

황이 연소하면 자극성이 강하고 매우 유독한 이산화황이 발생된다.

$S + O_2 \rightarrow SO_2 + 71.0kcal$

52 위험물을 저장 또는 취급하는 탱크의 용량은?

① 탱크의 내용적에서 공간 용적을 뺀 용적으로 한다.

② 탱크의 내용적으로 한다.

③ 탱크의 공간 용적으로 한다.

④ 탱크의 내용적에 공간 용적을 더한 용적으로 한다.

해설

탱크의 용량 = 탱크의 내용적 - 탱크의 공간 용적

53 산화프로필렌 300L, 메탄올 400L, 벤젠 200L를 저장하고 있는 경우 각 지정 수량 배수의 총합은 얼마인가?

① 4　　　　② 6

③ 8　　　　④ 10

해설

$\dfrac{300}{50} + \dfrac{400}{400} + \dfrac{200}{200} = 6 + 1 + 1 = 8$배

54 황린을 밀폐 용기 속에서 260℃로 가열하여 얻은 물질을 연소시킬 때 주로 생성되는 물질은?

① P_2O_5　　　　② CO_2

③ PO_2　　　　④ CuO

해설

황린은 공기 중 격렬하게 다량의 백색 연기를 내면서 연소한다.

$P_4 + 5O_2 \rightarrow 2P_2O_5 + 2 \times 370.8kcal$

55 다음 위험물의 저장 또는 취급에 관한 기술상의 기준과 관련하여 시·도의 조례에 의해 규제를 받는 경우는?

① 등유 2,000L를 저장하는 경우

② 중유 3,000L를 저장하는 경우

③ 윤활유 5,000L를 저장하는 경우

④ 휘발유 400L를 저장하는 경우

해설

1. 지정 수량 미만인 위험물의 저장·취급 : 기술상의 기준은 특별시, 광역시 및 도(시·도)의 조례로 정한다.

2. 조례 : 지방자치단체가 고유 사무와 위임 사무 등을 지방의회의 결정에 의하여 제정하는 것

① $\dfrac{2,000}{1,000} = 2$배　　② $\dfrac{3,000}{2,000} = 1.5$배

③ $\dfrac{5,000}{6,000} = 0.83$배　　④ $\dfrac{400}{200} = 2$배

56 위험물안전관리법령에서 정의한 특수 인화물의 조건으로 옳은 것은?

① 1기압에서 발화점이 100℃ 이상인 것 또는 인화점이 영하 10℃ 이하이고, 비점이 40℃ 이하인 것

② 1기압에서 발화점이 100℃ 이하인 것 또는 인화점이 영하 20℃ 이하이고, 비점이 40℃ 이하인 것

③ 1기압에서 발화점이 200℃ 이하인 것 또는 인화점이 영하 10℃ 이하이고, 비점이 40℃ 이하인 것

④ 1기압에서 발화점이 200℃ 이상인 것 또는 인화점이 영하 20℃ 이하이고, 비점이 40℃ 이하인 것

해설

특수 인화물의 조건 : 1기압에서 발화점이 100℃ 이하인 것 또는 인화점이 영하 20℃ 이하이고, 비점이 40℃ 이하인 것

57 위험물안전관리법령상 제조소에서 위험물을 취급하는 건축물의 구조 중 내화 구조로 하여야 할 필요가 있는 것은?

① 연소의 우려가 있는 기둥

② 바닥

③ 연소의 우려가 있는 외벽

④ 계단

해설
----
1. 위험물을 취급하는 건축물의 기준
   ㉠ 불연 재료로 하여야 하는 것 : 벽, 연소의 우려가 있는 기둥, 바닥, 보, 서까래, 계단
   ㉡ 내화 구조로 하여야 하는 것 : 연소의 우려가 있는 외벽
2. **불연 재료** : 화재 시 불에 녹거나 열에 의해 빨갛게 되는 경우는 있어도 연소 현상은 일으키지 않는 재료
3. **내화 구조** : 화재에도 쉽게 연소하지 않고 건축물 내에서 화재가 발생하더라도 보통은 방화 구역 내에서 진화되며 최종적으로 전소해도 수리하여 재사용할 수 있는 구조

58 질산암모늄에 관한 설명 중 틀린 것은?

① 상온에서 고체이다.

② 폭약의 제조 원료로 사용할 수 있다.

③ 흡습성과 조해성이 있다.

④ 물과 반응하여 발열하고, 다량의 가스를 발생한다.

해설
----
④ 물과 반응하여 흡열 반응을 한다.

59 염소산칼륨의 성질이 아닌 것은?

① 황산과 반응하여 이산화염소를 발생한다.

② 상온에서 고체이다.

③ 알코올보다는 글리세린에 더 잘 녹는다.

④ 환원력이 강하다.

해설
----
④ 산화력이 강하다.

60 위험물안전관리법령에 따른 위험물 제조소와 관련한 내용으로 틀린 것은?

① 채광 설비는 불연 재료를 사용한다.

② 환기는 자연 배기 방식으로 한다.

③ 조명 설비의 전선은 내화·내열 전선으로 한다.

④ 조명 설비의 점멸 스위치는 출입구 안쪽 부분에 설치한다.

해설
----
④ 조명 설비의 점멸 스위치는 출입구 바깥 부분에 설치한다. 다만, 스위치의 스파크로 인한 화재·폭발의 우려가 없는 경우에는 그러하지 아니 하다.

위험물 산업기사 (2015. 3. 8 시행)

01 폴리염화비닐의 단위체와 합성법이 옳게 나열된 것은?

① $CH_2=CHCl$, 첨가 중합
② $CH_2=CHCl$, 축합 중합
③ $CH_2=CHCN$, 첨가 중합
④ $CH_2=CHCN$, 축합 중합

해설

1. 폴리염화비닐(polyvinyl chloride)
   염화비닐의 단독 중합체 및 염화비닐을 50% 이상 함유한 혼성 중합체를 일컫는다. 결정성이 낮고, 가공이 어려운 특징이 있다.

   ㉠ 폴리염화비닐 단위체 :
   ㉡ 합성법(첨가 중합) : 과산화물과 아조산계 촉매를 써서 이루어지는데, 빛, α선의 조사로도 중합된다. 중합 방식은 에멀션화 중합법과 서스펜션 중합법 두 가지가 있으며, 물속에 염화비닐을 분산시켜서 중합열을 분산시킨다. 반응 조건에 따라 성질이 다른 각종 중합도의 것이 생긴다.

2. 아크릴로니트릴($CH_2=CHCN$), 첨가 반응

02 다음 중 헨리의 법칙으로 설명되는 것은?

① 극성이 큰 물질일수록 물에 잘 녹는다.
② 비눗물은 0℃보다 낮은 온도에서 언다.
③ 높은 산 위에서는 물이 100℃ 이하에서 끓는다.
④ 사이다의 병마개를 따면 거품이 난다.

해설

헨리의 법칙
액체 위의 압력이 줄어들어 용해도가 줄기 때문이다.
예 사이다의 병마개를 따면 거품이 난다.

03 $CH_3-CHCl-CH_3$의 명명법으로 옳은 것은?

① 2-chloropropane
② di-chloroethylene
③ di-methylmethane
④ di-methylethane

해설

$$CH_3 - \underset{1}{CH}Cl - \underset{3}{CH_3}$$
$$\underset{1}{} \quad \underset{2}{} \quad \underset{3}{}$$

구조식에서 직선상의 탄소 수가 3개이므로 propane가 되며 2번째 탄소에 chloro(-Cl)가 붙어 있으므로 2-chloropropane이다.

04 집기병 속에 물에 적신 빨간 꽃잎을 넣고 어떤 기체를 채웠더니 얼마 후 꽃잎이 탈색되었다. 이와 같이 색을 탈색(표백)시키는 성질을 가진 기체는?

① He
② CO_2
③ N_2
④ Cl_2

해설

염소(Cl_2)의 탈색(표백) 작용
염소(Cl_2)는 물속에 녹아 차아염소산(HClO)을 만들어 발생기 산소를 내므로 탈색(표백) 작용을 한다.
$$Cl_2 + H_2O \rightarrow HCl + HClO$$
$$\therefore HClO \rightarrow HCl + [O]$$
$$\qquad\qquad\qquad 발생기\ 산소$$

05 암모니아성 질산은 용액과 반응하여 은거울을 만드는 것은?

① CH_3CH_2OH
② CH_3OCH_3
③ CH_3COCH_3
④ CH_3CHO

해설

은거울 반응(silver mirror reaction)
암모니아성 질산은 용액에 알데히드를 가하면 은이 환원되어 석출이 되므로 거울이 된다(알데히드의 검출법).
$$CH_3CHO + Ag_2O \rightarrow CH_3COOH + 2Ag$$

06 25℃의 포화 용액 90g 속에 어떤 물질이 30g 녹아 있다. 이 온도에서 이 물질의 용해도는 얼마인가?

① 30
② 33
③ 50
④ 63

해설

$$용해도 = \frac{용질의\ g수}{용매의\ g수} \times 100$$
$$= \frac{30}{90-30} \times 100$$
$$= 50$$

07 질산은 용액에 담갔을 때 은(Ag)이 석출되지 않는 것은?

① 백금
② 납
③ 구리
④ 아연

해설

㉠ 금속의 이온화경향
K > Ca > Na > Mg > Al > Zn > Fe > Ni > Sn > Pb > [H] > Cu > Hg > Ag > Pt > Au
㉡ 백금(Pt)은 금속의 이온화경향이 은(Ag)보다 작으므로 질산은 용액에 담갔을 때 은(Ag)이 석출되지 않는다.

08 다음 밑줄 친 원소 중 산화수가 +5인 것은 어느 것인가?

① Na$_2$Cr$_2$O$_7$
② K$_2$SO$_4$
③ KNO$_3$
④ CrO$_3$

해설

① $(+1) \times 2 + 2 \times Cr + (-2) \times 7 = 0$에서 ∴ Cr $= +6$
② $(+1) \times 2 + N + (-2) \times 4 = 0$에서 ∴ S $= +6$
③ $(+1) + N + (-2) \times 3 = 0$에서 ∴ N $= +5$
④ $Cr + (-2) \times 3 = 0$에서 ∴ Cr $= +6$

09 벤젠에 진한 질산과 진한 황산의 혼합물을 작용시킬 때 황산이 촉매와 탈수제 역할을 하여 얻어지는 화합물은?

① 니트로벤젠
② 클로로벤젠
③ 알킬벤젠
④ 벤젠술폰산

해설

니트로화 반응

$$C_6H_6 + HNO_3 \xrightarrow{c-H_2SO_4} C_6H_5NO_2 \downarrow + H_2O$$

10 볼타 전지에 관련된 내용으로 가장 거리가 먼 것은?

① 아연판과 구리판
② 화학 전지
③ 진한 질산 용액
④ 분극 현상

해설

볼타 전지
㉠ 구조 : $(-)$Zn | H$_2$SO$_4$ | Cu$(+)$
㉡ 화학 전지 : 화학 변화로 생긴 화학적 에너지를 전기적 에너지로 변화시키는 장치
㉢ 분극 현상 : $(+)$극에서 발생한 수소가 다시 전자를 방출하고, 수소 이온으로 되려는 성질 때문에 기전력이 약화되는 현상

11 25℃에서 83% 해리된 0.1N HCl의 pH는 얼마인가?

① 1.08
② 1.52
③ 2.02
④ 2.25

해설

$[H^+] = 몰농도 \times 전리도$
$= 0.1 \times 0.83 = 0.083 \text{mol}/l$
∴ $pH = -\log(0.083) = 1.08$

12 C$_n$H$_{2n+2}$의 일반식을 갖는 탄화수소는?

① Alkyne
② Alkene
③ Alkane
④ Cycloalkane

해설

① Alkyne : C$_n$H$_{2n-2}$
② Alkene : C$_n$H$_{2n}$
③ Alkane : C$_n$H$_{2n+2}$
④ Cycloalkane : C$_n$H$_{2n}$

정답   6. ③ 7. ① 8. ③ 9. ① 10. ③ 11. ① 12. ③

13 프리델－크래프츠 반응에서 사용하는 촉매는?

① $HNO_3 + H_2SO_4$ ② SO_3

③ Fe ④ $AlCl_3$

알킬화(alkylnation, 일명 : 프리델－크래프츠 반응)
벤젠을 무수 염화알루미늄($AlCl_3$)을 촉매로 하여 할로
겐화 알킬(RX)을 치환시키면 알킬기(R)가 치환되어
알킬벤젠(C_6H_5R)이 생성된다.

$$C_6H_6 + CH_3Cl \xrightarrow{AlCl_3} C_6H_5CH_3 + HCl$$

14 다음 중 수용액에서 산성의 세기가 가장 큰 것은 어느 것인가?

① HF ② HCl

③ HBr ④ HI

전기 음성도가 작을수록 결합력이 약해 H^+이 더 증가
하므로 수용액에서 산성의 세기
$HI > HBr > HCl > HF$

15 다음 중 이성질체로 짝지어진 것은?

① CH_3OH와 CH_4

② CH_4와 C_2H_8

③ CH_3OCH_3와 $CH_3CH_2OCH_2CH_3$

④ C_2H_5OH와 CH_3OCH_3

이성질체
분자식은 같으나 시성식이나 구조식이 다른 물질

화학식	C_2H_5OH	CH_3OCH_3
분자식	C_2H_6O	C_2H_6O
구조식	H H | | H－C－C－O－H | | H H	H H | | H－C－O－C－H | | H H

16 이온화 에너지에 대한 설명으로 옳은 것은?

① 바닥 상태에 있는 원자로부터 전자를 제거하
는 데 필요한 에너지이다.

② 들뜬 상태에서 전자를 하나 받아들일 때 흡
수하는 에너지이다.

③ 일반적으로 주기율표에서 왼쪽으로 갈수록
증가한다.

④ 일반적으로 같은 족에서 아래로 갈수록 증가
한다.

② 들뜬 상태에서 전자 1개를 제거하는 데 필요한 에
너지이다.

③ 일반적으로 주기율표에서 0족으로 갈수록 증가한다.

④ 일반적으로 같은 족에서 원자 번호가 증가할수록
작아진다.

17 다음의 변화 중 에너지가 가장 많이 필요한 경우는?

① 100℃의 물 1몰을 100℃의 수증기로 변화시
킬 때

② 0℃의 얼음 1몰을 50℃의 물로 변화시킬 때

③ 0℃의 물 1몰을 100℃의 물로 변화시킬 때

④ 0℃의 얼음 10g을 100℃의 물로 변화시킬 때

① $Q = Gr = 18g \times 539cal/g$
   $= 9,702cal$

② $Q = Gr + Gc\Delta t = 18g \times 80cal/g + 18g \times 1 \times (50-0)$
   $= 2,340cal$

③ $Q = Gc\Delta t = 18g \times 1 \times (100-0)$
   $= 1,800cal$

④ $Q = Gr + Gc\Delta t = 10g \times 80cal/g + 10g \times 1 \times (100-0)$
   $= 1,800cal$

18 황산구리 수용액에 1.93A의 전류를 통할 때 매초 음극에서 석출되는 Cu의 원자수를 구하면 약 몇 개가 존재하는가?

① 3.12×10^{18} ② 4.02×10^{18}

③ 5.12×10^{18} ④ 6.02×10^{18}

$CuSO_4 \quad Cu^{2+} + 2e^- \rightarrow Cu(s)$
1.93A 전류를 1초 동안 흘렸다고 하면
$Q = nF$, $Q = it$이므로 $n \times 96,500 = 1.93 \times 1$
∴ $n = 0.00002mol$
전자 2mol이 흐르면 Cu 1몰이 생성되므로 전자 0.00002mol
이 흐르면 Cu 0.00001mol 생성
∴ $6.02 \times 10^{23} \times 0.00001 = 6.02 \times 10^{18}$개

19 1기압에서 2L의 부피를 차지하는 어떤 이상 기체를 온도의 변화 없이 압력을 4기압으로 하면 부피는 얼마가 되겠는가?

① 2.0L　　　　② 1.5L
③ 1.0L　　　　④ 0.5L

$PV = nRT$, $PV = K$, $PV = P_1V_1$에서
$1 \times 2 = 4 \times V'$, ∴ $V' = 0.5L$

20 비활성 기체 원자 Ar과 같은 전자 배치를 가지고 있는 것은?

① Na^+　　　　② Li^+
③ Al^{3+}　　　　④ S^{2-}

해설
전자 배치가 같으려면 전자수(원자 번호=양성자수)가 같아야 한다. 그러므로 Ar=18이다.
① $Na^+ = 11 - 1 = 0$
② $Li^+ = 3 - 1 = 2$
③ $Al^{3+} = 13 - 3 = 10$
④ $S^{2-} = 16 + 2 = 18$

제2과목　**화재예방과 소화방법**

21 보관 시 인산 등의 분해 방지 안정제를 첨가하는 제6류 위험물에 해당하는 것은?

① 황산　　　　② 과산화수소
③ 질산　　　　④ 염산

해설
보관 시 분해 방지 안정제(인산, 인산나트륨, 요산, 요소, 글리세린 등)를 첨가한다.

22 다음 중 분말 소화 약제에 해당하는 착색으로 옳은 것은?

① 탄산수소칼륨-청색
② 제1인산암모늄-담홍색
③ 탄산수소칼륨-담홍색
④ 제1인산암모늄-청색

해설
분말 소화 약제

종 별	명 칭	착 색
제1종	중탄산나트륨($NaHCO_3$)	백색
제2종	탄산수소칼륨($KHCO_3$)	보라색
제3종	제1인산암모늄($NH_4H_2PO_4$)	담홍색(핑크색)
제4종	탄산수소칼륨+요소 [$KHCO_3+CO(NH_2)_2$]	회백색

23 위험물안전관리법령상 위험물 저장·취급 시 화재 또는 재난을 방지하기 위하여 자체소방대를 두어야 하는 경우가 아닌 것은?

① 지정 수량의 3천배 이상의 제4류 위험물을 저장·취급하는 제조소
② 지정 수량의 3천배 이상의 제4류 위험물을 저장·취급하는 일반 취급소
③ 지정 수량의 2천배의 제4류 위험물을 취급하는 일반 취급소와 지정 수량의 1천배의 제4류 위험물을 취급하는 제조소가 동일한 사업소에 있는 경우
④ 지정 수량의 3천배 이상의 제4류 위험물을 저장·취급하는 옥외 탱크 저장소

해설
자체소방대를 두어야 하는 설치 대상
㉠ 지정 수량의 3천배 이상의 제4류 위험물을 저장·취급하는 제조소
㉡ 지정 수량의 3천배 이상의 제4류 위험물을 저장·취급하는 일반 취급소

24 다음 중 이황화탄소의 액면 위에 물을 채워 두는 이유로 가장 적합한 것은?

① 자연 분해를 방지하기 위해
② 화재 발생 시 물로 소화를 하기 위해
③ 불순물을 물에 용해시키기 위해
④ 가연성 증기의 발생을 방지하기 위해

해설
이황화탄소의 액면 위에 물을 채워 두는 이유
가연성 증기의 발생을 방지하기 위해

정답　19. ④　20. ④　21. ②　22. ②　23. ④　24. ④

25 위험물안전관리법령상 옥내 소화전 설비의 비상 전원은 자가 발전 설비 또는 축전지 설비로 옥내 소화전 설비를 유효하게 몇 분 이상 작동할 수 있어야 하는가?

① 10분　　　　② 20분

③ 45분　　　　④ 60분

 해설

옥내 소화전 설비의 비상 전원 : 45분 이상

26 위험물안전관리법령상 질산나트륨에 대한 소화 설비의 적응성으로 옳은 것은?

① 건조사만 적응성이 있다.

② 이산화탄소 소화기는 적응성이 있다.

③ 포 소화기는 적응성이 없다.

④ 할로겐 화합물 소화기는 적응성이 없다.

 해설

소화설비의 적응성

소화 설비의 구분		건축물·그 밖의 인공 구조물	전기 설비	제1류 위험물		제2류 위험물			제3류 위험물		제4류 위험물	제5류 위험물	제6류 위험물
				알칼리 금속 과산화물 등	그 밖의 것	철분·금속분·마그네슘 등	인화성 고체	그 밖의 것	금수성 물품	그 밖의 것			
옥내 소화전 설비 또는 옥외 소화전 설비		○			○		○	○		○	○	○	○
스프링클러 설비		○			○		○	○		○	△	○	○
물분무등소화설비	물분무 소화 설비	○	○		○		○	○		○	○	○	○
	포 소화 설비	○			○		○	○		○	○	○	○
	이산화탄소 소화 설비		○				○				○		
	할로겐 화합물 소화 설비		○				○				○		
	분말 소화 설비	인산 염류 등	○	○		○		○	○		○		○
		탄산 수소 염류 등		○	○		○		○		○		
		그 밖의 것			○			○		○			

[비고] "○" 표시는 당해 소방 대상물 및 위험물에 대하여 소화 설비가 적응성이 있음을 표시하고, "△" 표시는 제4류 위험물을 저장 또는 취급하는 장소의 살수 기준 면적에 따라 스프링클러 설비의 살수 밀도가 표에 정하는 기준 이상인 경우에는 당해 스프링클러 설비가 제4류 위험물에 대하여 적응성이 있음을, 제6류 위험물을 저장 또는 취급하는 장소로서 폭발의 위험이 없는 장소에 한하여 이산화탄소 소화기가 제6류 위험물에 대하여 적응성이 있음을 각각 표시한다.

27 제3종 분말 소화 약제의 제조 시 사용되는 실리콘 오일의 용도는?

① 경화제　　　　② 발수제

③ 탈색제　　　　④ 착색제

 해설

1. 실리콘 오일(silicon oil)의 용도 : 발수제
2. 발수제 : 물을 튀기는 성질을 갖는 물질
3. 실리콘 오일의 수지화 과정

 ㉠ 제1단계 : 용제+실리콘 오일+촉매제

 ㉡ 제2단계 : 실리콘 오일+촉매제

 ㉢ 제3단계 : 실리콘 수지+피막(방습 가공막)

28 C_6H_6 화재의 소화 약제로서 적합하지 않은 것은?

① 인산염류 분말

② 이산화탄소

③ 할로겐 화합물

④ 물(봉상수)

 해설

C_6H_6 화재의 소화 약제
인산염류 분말, 이산화탄소, 할로겐 화합물 등

29 위험물안전관리법령상 제1석유류를 저장하는 옥외 탱크 저장소 중 소화 난이도 등급 Ⅰ에 해당하는 것은? (단, 지중 탱크 또는 해상 탱크가 아닌 경우이다.)

① 액표면적이 10m²인 것

② 액표면적이 20m²인 것

③ 지반면으로부터 탱크 옆판의 상단까지 높이가 4m인 것

④ 지반면으로부터 탱크 옆판의 상단까지 높이가 6m인 것

해설

소화 난이도 등급 Ⅰ에 해당하는 제조소 등

구 분	적용 대상
제조소, 일반 취급소	• 연면적 1,000m² 이상 • 지정 수량 100배 이상 • 지반면에서 6m 이상의 높이에 위험물 취급 설비가 있는 것 • 일반 취급소 이외의 건축물에 설치된 것
옥내 저장소	• 지정 수량 150배 이상 • 연면적 150m²를 초과 • 처마 높이 6m 이상인 단층 건물 • 옥내 저장소 이외의 건축물에 설치된 것
옥외 탱크 저장소	• 액표면적 40m² 이상 • 지반면에서 탱크 옆판의 상단까지 높이가 6m 이상 • 지중 탱크·해상 탱크로서 지정 수량 100배 이상 • 지정 수량 100배 이상(고체 위험물 저장)
옥내 탱크 저장소	• 액표면적 40m² 이상 • 바닥면에서 탱크 옆판의 상단까지 높이가 6m 이상 • 탱크 전용실이 단층 건물 외의 건축물에 있는 것
옥외 저장소	• 괴상의 유황 등을 저장하는 것으로서 경계 표시 내부의 면적 100m² 이상인 것 • 지정 수량 100배 이상
암반 탱크 저장소	• 액표면적 40m² 이상 • 지정 수량 100배 이상(고체 위험물 저장)
이송 취급소	모든 대상

30 벼락으로부터 재해를 예방하기 위하여 위험물안전관리법령상 피뢰 설비를 설치하여야 하는 위험물 제조소의 기준은? (단, 제6류 위험물을 취급하는 위험물 제조소는 제외한다.)

① 모든 위험물을 취급하는 제조소

② 지정 수량 5배 이상의 위험물을 취급하는 제조소

③ 지정 수량 10배 이상의 위험물을 취급하는 제조소

④ 지정 수량 20배 이상의 위험물을 취급하는 제조소

해설

피뢰 설비

지정 수량 10배 이상의 위험물을 취급하는 제조소

31 Halon 1301에 해당하는 할로겐 화합물의 분자식을 옳게 나타낸 것은?

① CBr_3F

② CF_3Br

③ CH_3Cl

④ CCl_3H

해설

할론의 명칭 순서

㉠ 첫째 : 탄소

㉡ 둘째 : 불소

㉢ 셋째 : 염소

㉣ 넷째 : 브롬

Halon 1301 – CF_3Br

32 위험물안전관리법령에서 정한 제3류 위험물에 있어서 화재 예방법 및 화재 시 조치 방법에 대한 설명으로 틀린 것은?

① 칼륨과 나트륨은 금수성 물질로 물과 반응하여 가연성 기체를 발생한다.

② 알킬알루미늄은 알킬기의 탄소수에 따라 주수 시 발생하는 가연성 기체의 종류가 다르다.

③ 탄화칼슘은 물과 반응하여 폭발성의 아세틸렌가스를 발생한다.

④ 황린은 물과 반응하여 유독성의 포스핀가스를 발생한다.

해설

④ 황린 : 저장 용기 중에는 물을 넣어 보관한다.

33 화재 분류에 따른 표시 색상이 옳은 것은?

① 유류 화재 – 황색
② 유류 화재 – 백색
③ 전기 화재 – 황색
④ 전기 화재 – 백색

화재의 구분

화재 분류	표시 색상
일반 화재	백색
유류 화재	황색
전기 화재	청색
금속 화재	–

34 위험물안전관리법령상 옥외 소화전이 5개 설치된 제조소 등에서 옥외 소화전의 수원의 수량은 얼마 이상이어야 하는가?

① $14m^3$
② $35m^3$
③ $54m^3$
④ $78m^3$

옥외 소화전 설비의 수원의 수량

옥외 소화전 설비의 설치 개수(설치 개수가 4개 이상인 경우는 4개의 옥외 소화전)에 $13.5m^3$를 곱한 양 이상
∴ $Q(m^3) = N \times 13.5m^3 = 4 \times 13.5m^3 = 54m^3$

35 제4류 위험물 중 비수용성 인화성 액체의 탱크화재 시 물을 뿌려 소화하는 것은 적당하지 않다고 한다. 그 이유로서 가장 적당한 것은 어느 것인가?

① 인화점이 낮아진다.
② 가연성 가스가 발생한다.
③ 화재면(연소면)이 확대된다.
④ 발화점이 낮아진다.

제4류 위험물 중 비수용성 인화성 액체의 탱크화재 시 물을 뿌려 소화하면 화재면(연소면)이 확대된다.

36 준특정 옥외 탱크 저장소에서 저장 또는 취급하는 액체 위험물의 최대 수량 범위를 옳게 나타낸 것은 어느 것인가?

① 50만L 미만
② 50만L 이상 100만L 미만
③ 100만L 이상 200만L 미만
④ 200만L 이상

㉠ 준특정 옥외 탱크 저장소 : 옥외 탱크 저장소 중 그 저장 또는 취급하는 액체 위험물의 최대 수량이 50만L 이상 100L 미만의 것
㉡ 특정 옥외 탱크 저장소 : 옥외 탱크 저장소 중 그 저장 또는 취급하는 액체 위험물의 최대 수량이 100만L 이상의 것

37 클로로벤젠 300,000L의 소요 단위는 얼마인가?

① 20
② 30
③ 200
④ 300

소요 단위 $= \dfrac{저장량}{지정 수량 \times 10배}$

$= \dfrac{300,000}{1,000 \times 10}$

$= 30$

38 위험물안전관리법령에서 정한 위험물의 유별 저장·취급의 공통 기준(중요 기준) 중 제5류 위험물에 해당하는 것은?

① 물이나 산과의 접촉을 피하고 인화성 고체에 있어서는 함부로 증기를 발생시키지 아니하여야 한다.
② 공기와의 접촉을 피하고, 물과의 접촉을 피하여야 한다.
③ 가연물과의 접촉·혼합이나 분해를 촉진하는 물품과의 접근 또는 과열을 피해야 한다.
④ 불티·불꽃·고온체와의 접근이나 과열·충격 또는 마찰을 피하여야 한다.

해설

위험물안전관리법령에서 정한 위험물의 유별 저장·취급의 공통 기준

1. 제1류 위험물
   - ㉠ 가연물과의 접촉, 혼합, 분해를 촉진하는 물품과의 접근 또는 과열, 충격, 마찰 등을 피할 것
   - ㉡ 알칼리 금속의 과산화물 및 이를 함유한 것은 물과의 접촉을 피할 것
2. 제2류 위험물
   - ㉠ 산화제와의 접촉, 혼합이나 불티, 불꽃, 고온체와의 접근 또는 과열을 피할 것
   - ㉡ 철분, 금속분, 마그네슘 및 이를 함유한 것에 있어서는 물이나 산과의 접촉을 피하고, 인화성 고체에 있어서는 함부로 증기를 발생시키지 아니할 것
3. 제3류 위험물
   - ㉠ 자연발화성 물질에 있어서는 불티, 불꽃 또는 고온체와의 접근, 과열 또는 공기와의 접촉을 피할 것
   - ㉡ 금수성 물질에 있어서는 물과의 접촉을 피할 것
4. 제4류 위험물
   - ㉠ 불티, 불꽃, 고온체와의 접근 또는 과열을 피할 것
   - ㉡ 함부로 증기를 발생시키지 아니할 것
5. 제5류 위험물 : 불티, 불꽃, 고온체와의 접근이나 과열, 충격, 마찰을 피할 것
6. 제6류 위험물 : 가연물과의 접촉, 혼합이나 분해를 촉진하는 물품과 접근, 과열을 피할 것

39 표준 상태(0℃, 1atm)에서 2kg의 이산화탄소가 모두 기체 상태의 소화 약제로 방사될 경우 부피는 몇 m^3인가?

① 1.018   ② 10.18

③ 101.8   ④ 1,018

해설

$PV = \dfrac{W}{M}RT$, $V = \dfrac{WRT}{PM}$ 이므로

$$\therefore \ \frac{2 \times 0.082 \times (273+0)}{1 \times 44} = 1.018\,m^3$$

40 다음 중 가연물이 될 수 있는 것은?

① CS_2 ② H_2O_2

③ CO_2 ④ He

해설

① 이황화탄소(CS_2)는 연소기 되므로 가연물이다.

$$CS_2 + 3O_2 \rightarrow CO_2 + 2SO_2$$

② H_2O_2 : 산화성 액체

③ CO_2 : 불연성 물질

④ He : 불연성 물질

제3과목 위험물의 성질과 취급

41 위험물의 저장 방법에 대한 설명 중 틀린 것은 어느 것인가?

① 황린은 산화제와 혼합되지 않게 저장한다.

② 황은 정전기가 축적되지 않도록 저장한다.

③ 적린은 인화성 물질로부터 격리 저장한다.

④ 마그네슘분은 분진을 방지하기 위해 약간의 수분을 포함시켜 저장한다.

해설

④ 마그네슘은 산, 물 또는 습기와의 접촉을 피한다. 저장용기는 밀폐 건조시키고 습기나 빗물이 침투되지 않도록 한다.

42 취급하는 장치가 구리나 마그네슘으로 되어 있을 때 반응을 일으켜서 폭발성의 아세틸라이드를 생성하는 물질은?

① 이황화탄소   ② 이소프로필알코올

③ 산화프로필렌   ④ 아세톤

해설

산화프로필렌(CH_3CHCH_2)

취급하는 장치가 구리, 마그네슘, 은, 수은 및 그 합금으로 된 설비는 반응을 일으켜서 폭발성의 아세틸라이드를 생성한다.

43 황화인에 대한 설명으로 틀린 것은?

① 고체이다.

② 가연성 물질이다.

③ P_4S_3, P_2S_5 등의 물질이 있다.

④ 물질에 따른 지정 수량은 50kg, 100kg, 300kg이다.

④ 물질에 따른 지정 수량은 100kg이다.

44 다음 중 인화점이 20℃ 이상인 것은?

① CH_3COOCH_3

② CH_3COCH_3

③ CH_3COOH

④ CH_3CHO

해설

① -10℃

② -18℃

③ 42.8℃

④ -37.7℃

45 위험물안전관리법령상 제4류 위험물 옥외 저장 탱크의 대기 밸브 부착 통기관은 몇 kPa 이하의 압력 차이로 작동할 수 있어야 하는가?

① 2   ② 3

③ 4   ④ 5

해설

옥외 저장 탱크의 통기 장치
1. 밸브 없는 통기관
   ㉠ 직경 : 30mm 이상
   ㉡ 선단 : 45° 이상
   ㉢ 인화 방지 장치 : 가는 눈의 구리망 사용
2. 대기 밸브 부착 통기관
   ㉠ 작동 압력 차이 : 5kPa 이하
   ㉡ 인화 방지 장치 : 가는 눈의 구리망 사용

46 위험물안전관리법령상 옥내 저장 탱크의 상호 간에는 몇 m 이상의 간격을 유지하여야 하는가?

① 0.3   ② 0.5

③ 1.0   ④ 1.5

해설

옥내 저장 탱크의 상호간에는 0.5m 이상의 간격을 유지하여야 한다.

47 은백색의 광택이 있는 비중 약 2.7의 금속으로서 열, 전기의 전도성이 크며, 진한 질산에서는 부동태가 되며 묽은 질산에 잘 녹는 것은?

① Al   ② Mg

③ Zn   ④ Sb

해설

Al은 은백색의 광택이 있는 비중 약 2.7의 금속으로서 열, 전기의 전도성이 크며, 진한 질산에서는 부동태가 되고 묽은 질산에 잘 녹는다.

48 다음 중 위험물안전관리법령상 지정 수량의 각각 10배를 운반 시 혼재할 수 있는 위험물은 어느 것인가?

① 과산화나트륨과 과염소산

② 과망간산칼륨과 적린

③ 질산과 알코올

④ 과산화수소와 아세톤

해설

유별을 달리하는 위험물의 혼재 기준

구 분	제1류	제2류	제3류	제4류	제5류	제6류
제1류		×	×	×	×	○
제2류	×		×	○	○	×
제3류	×	×		○	×	×
제4류	×	○	○			
제5류	×	○	×	○		×
제6류	○	×	×	×	×	

① 과산화나트륨 : 제1류 위험물, 과염소산 : 제6류 위험물
② 과망간산칼륨 : 제1류 위험물, 적린 : 제2류 위험물
③ 질산 : 제6류 위험물, 적린 : 제2류 위험물
④ 과산화수소 : 제6류 위험물, 아세톤 : 제4류 위험물

49 금속나트륨이 물과 작용하면 위험한 이유로 옳은 것은?

① 물과 반응하여 과염소산을 생성하므로

② 물과 반응하여 염산을 생성하므로

③ 물과 반응하여 수소를 방출하므로

④ 물과 반응하여 산소를 방출하므로

해설

금속나트륨은 물과 반응하여 수소를 방출한다.
$2Na + 2H_2O \rightarrow 2NaOH + H_2 \uparrow + 2 \times 44.1kcal$

50 위험물안전관리법령에 따른 질산에 대한 설명으로 틀린 것은?

① 지정 수량은 300kg이다.

② 위험 등급은 Ⅰ이다.

③ 농도가 36중량퍼센트 이상인 것에 한하여 위험물로 간주된다.

④ 운반 시 제1류 위험물과 혼재할 수 있다.

해설

③ 비중이 1.49 이상인 것을 위험물로 간주한다.

51 위험물안전관리법령상 옥외 저장소에 저장할 수 없는 위험물은? (단, 국제해상위험물 규칙에 적합한 용기에 수납된 위험물인 경우를 제외한다.)

① 질산에스테르류

② 질산

③ 제2석유류

④ 동·식물유류

해설

옥외 저장소에 저장할 수 있는 위험물

㉠ 제2류 위험물 중 유황 또는 인화성 고체(인화점 0℃ 이상인 것에 한한다.)

㉡ 제4류 위험물 중 제1석유류(인화점 0℃ 이상인 것에 한한다.), 알코올류, 제2석유류, 제3석유류, 제4석유류, 제5석유류, 동·식물유류

㉢ 제6류 위험물

52 어떤 공장에서 아세톤과 메탄올을 18L 용기에 각각 10개, 등유를 200L 드럼으로 3드럼을 저장하고 있다면 각각의 지정 수량 배수의 총합은 얼마인가?

① 1.3 　　② 1.5

③ 2.3 　　④ 2.5

해설

㉠ 아세톤$= \dfrac{18L \times 10}{400L} = 0.45$배

㉡ 메탄올$= \dfrac{18L \times 10}{400L} = 0.45$배

㉢ 등유$= \dfrac{200L \times 3}{1,000L} = 0.6$배

∴ $0.45 + 0.45 + 0.6 = 1.5$배

53 피크린산에 대한 설명으로 틀린 것은?

① 화재 발생 시 다량의 물로 주수 소화 할 수 있다.

② 트리니트로페놀이라고도 한다.

③ 알코올, 아세톤에 녹는다.

④ 플라스틱과 반응하므로 철 또는 납의 금속용기에 저장해야 한다.

해설

제조 시 중금속과의 접촉을 피하며, 철, 구리, 납으로 만든 용기에 저장하지 말아야 한다.

54 위험물안전관리법령상 운반 시 적재하는 위험물에 차광성이 있는 피복으로 가리지 않아도 되는 것은?

① 제2류 위험물 중 철분

② 제4류 위험물 중 특수 인화물

③ 제5류 위험물

④ 제6류 위험물

해설

㉠ 차광성이 있는 피복 조치

유 별	적용 대상
제1류 위험물	전부
제3류 위험물	자연발화성 물품
제4류 위험물	특수 인화물
제5류 위험물	전부
제6류 위험물	

㉡ 방수성이 있는 피복 조치

유 별	적용 대상
제1류 위험물	알칼리 금속의 과산화물
제2류 위험물	• 철분 • 금속분 • 마그네슘
제3류 위험물	금수성 물품

55 무색 무취 입방정계 주상 결정으로 물, 알코올 등에 잘 녹고 산과 반응하여 폭발성을 지닌 이산화염소를 발생시키는 위험물로 살충제, 불꽃류의 원료로 사용되는 것은?

① 염소산나트륨 　　② 과염소산칼륨

③ 과산화나트륨 　　④ 과망간산칼륨

염소산나트륨($NaClO_3$)

무색, 무취 입방정계 주상 결정으로 물, 알코올 등에 잘 녹고 산과 반응하여 폭발성을 지닌 이산화염소를 발생시키는 위험물로 살충제, 불꽃류의 원료로 사용한다.

$$2NaClO_3 + 2HCl \rightarrow 2NaCl + 2ClO_2 + H_2O_2$$

56 다음 물질 중 증기 비중이 가장 작은 것은?

① 이황화탄소 　　　② 아세톤
③ 아세트알데히드 　④ 디에틸에테르

① 2.64
② 2.0
③ 1.5
④ 2.6

57 위험물 지하 탱크 저장소의 탱크 전용실 설치 기준으로 틀린 것은?

① 철근 콘크리트 구조의 벽은 두께 0.3m 이상으로 한다.
② 지하 저장 탱크와 탱크 전용실의 안쪽과의 사이는 50cm 이상의 간격을 유지한다.
③ 철근 콘크리트 구조의 바닥은 두께 0.3m 이상으로 한다.
④ 벽, 바닥 등에 적정한 방수 조치를 강구한다.

② 지하 저장 탱크와 탱크 전용실의 안쪽과의 사이는 0.1m 이상의 간격을 유지한다.

58 위험물안전관리법령상 위험물 운반 용기의 외부에 표시하도록 규정한 사항이 아닌 것은?

① 위험물의 품명 　　② 위험물의 제조 번호
③ 위험물의 주의 사항 ④ 위험물의 수량

위험물 운반 용기의 외부에 표시하도록 규정한 사항
㉠ 위험물의 품명, 위험 등급, 화학명 및 수용성(수용성 표시는 제4류 위험물로서 수용성인 것에 한한다.)
㉡ 위험물의 수량
㉢ 위험물의 주의 사항

59 [그림]과 같은 위험물을 저장하는 탱크의 내용적은 약 몇 m³인가? (단, r은 10m, L은 25m이다.)

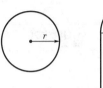

① 3,612
② 4,712
③ 5,812
④ 7,850

$$V = \pi r^2 L$$
$$= 3.14 \times 10^2 \times 25$$
$$= 7,850 m^3$$

60 가연성 물질이며, 산소를 다량 함유하고 있기 때문에 자기 연소가 가능한 물질은?

① $C_6H_2CH_3(NO_2)_3$ 　② $CH_3COC_2H_5$
③ $NaClO_4$ 　　　　　④ HNO_3

T.N.T[$C_6H_2CH_3(NO_2)_3$]
가연성 물질이며, 산소를 다량 함유하고 있기 때문에 자기 연소가 가능하다.

제1과목 **일반화학**

01 다음 물질 중 수용액에서 약한 산성을 나타내며 염화제이철 수용액과 정색 반응을 하는 것은?

① NH₂ ② OH

③ NO₂ ④ Cl

해설

페놀(OH) : 페놀성 -OH기 때문에 수용액에서 산성이며, $FeCl_3$와 반응하여 정색반응을 한다.

02 이소프로필알코올에 해당하는 것은?

① C_6H_5OH ② CH_3CHO

③ CH_3COOH ④ $(CH_3)_2CHOH$

해설

① C_6H_5OH : 페놀
② CH_3CHO : 아세트알데히드
③ CH_3COOH : 초산
④ $(CH_3)_2CHOH$: 이소프로필알코올

03 어떤 물질이 산소 50wt%, 황 50wt%로 구성되어 있다. 이 물질의 실험식을 옳게 나타낸 것은?

① SO ② SO_2

③ SO_3 ④ SO_4

해설

O와 S의 질량은 2배 차이가 난다.
산소 50wt%, 황 50wt%면 질량비가 똑같이 존재하므로 산소가 황의 2배이어야 한다.
∴ SO_2

04 NaOH 수용액 100mL를 중화하는 데 2.5N의 HCl 80mL가 소요되었다. NaOH 용액의 농도(N)는?

① 1 ② 2
③ 3 ④ 4

해설

$NV = N'V'$
$N \times 100 = 2.5 \times 80$
$N = \dfrac{2.5 \times 80}{100}$
∴ $N = 2$

05 수소 분자 1mol에 포함된 양성자수와 같은 것은?

① $\dfrac{1}{4} O_2$ mol 중 양성자수

② NaCl 1mol 중 ion의 총수

③ 수소 원자 $\dfrac{1}{2}$mol 중의 원자수

④ CO_2 1mol 중의 원자수

해설

양성자수=원자번호
수소(H_2)분자 1mol의 양성자수 : 2개

① $\dfrac{1}{4} O_2$mol $= \dfrac{1}{2}$O$= \dfrac{1}{2} \times 8 = 4$개
② NaCl → $Na^+ + Cl^- = 2$개
③ $\dfrac{1}{2}$H$= \dfrac{1}{2}$개
④ $CO_2 = C + 2O = 3$개

06 다음의 반응식에서 평형을 오른쪽으로 이동시키기 위한 조건은?

$$N_2(g) + O_2(g) \rightarrow 2NO(g) - 43.2kcal$$

① 압력을 높인다. ② 온도를 높인다.
③ 압력을 낮춘다. ④ 온도를 낮춘다.

해설

(흡열 반응) : 온도를 높이고, 압력을 낮춘다.
$2NO(g) - 43.2kcal$

07 비극성 분자에 해당하는 것은?

① CO ② CO_2

③ NH_3 ④ H_2O

해설

㉠ 비극성 분자 : 분자 구조의 대칭성 때문에 극성을 나타내지 않는 분자. 또는 비극성 결합으로 이루어진 분자

예 CO_2 등

㉡ 극성 분자 : 쌍극자 모멘트가 10 정도 이상인 분자

예 CO, NH_3, H_2O 등

08 방사능 붕괴의 형태 중 $^{226}_{88}Ra$이 α 붕괴할 때 생기는 원소는?

① $^{222}_{86}Rn$ ② $^{232}_{90}Th$

③ $^{231}_{91}Pa$ ④ $^{238}_{92}U$

해설

α 붕괴 : 원자 번호 2 감소, 질량수 4 감소

$^{226}_{88}Ra \xrightarrow{\alpha\ 붕괴} {}^{222}_{86}Rn + {}^{4}_{2}He$

09 은거울 반응을 하는 화합물은?

① CH_3COCH_3

② CH_3OCH_3

③ $HCHO$

④ CH_3CH_2OH

해설

은거울 반응 : $HCHO + Ag_2O \rightarrow HCOOH + 2Ag$

10 알루미늄 이온(Al^{3+}) 한 개에 대한 설명으로 틀린 것은?

① 질량수는 27이다.

② 양성자수는 13이다.

③ 중성자수는 13이다.

④ 전자수는 10이다.

해설

③ 중성자수＝질량수－양성자수
    ＝27－13＝14

11 CO_2 44g을 만들려면 C_3H_8 분자가 약 몇 개 완전 연소해야 하는가?

① 2.01×10^{23}

② 2.01×10^{22}

③ 6.02×10^{23}

④ 6.02×10^{22}

해설

$C_3H_8 + 5O_2 \rightarrow 3CO_2 + 4H_2O$

$44g\,CO_2$	$1mol\,CO_2$	$1mol\,C_3H_8$	6.02×10^{23}개의 C_3H_8
	$44g\,CO_2$	$3mol\,CO_2$	$1mol\,C_3H_8$

$= 2.01 \times 10^{23}$개

12 60℃에서 KNO_3의 포화 용액 100g을 10℃로 냉각시키면 몇 g의 KNO_3가 석출하는가? (단, 용해도는 60℃에서 100g KNO_3/100g H_2O, 10℃에서 20g KNO_3/100g H_2O이다.)

① 4   ② 40

③ 80   ④ 120

해설

석출되는 용질의 질량(x) $= (100 + S_2) : (S_2 - S_1) = W : x$

$\therefore\ x = (S_2 - S_1) \times \dfrac{W}{(100 + S_2)}$

$= (100 - 20) \times \dfrac{100}{(100 + 100)} = 40g$

13 공기의 평균 분자량은 약 29라고 한다. 이 평균 분자량을 계산하는 데 관계된 원소는?

① 산소, 수소

② 탄소, 수소

③ 산소, 질소

④ 질소, 탄소

해설

공기

㉠ 산소 : 21%

㉡ N_2 : 78%

㉢ Ar : 1%

$\therefore 32 \times 0.21 + 28 \times 0.78 + 40 \times 0.01 = 29$

즉 공기의 평균 분자량과 관계되는 원소는 산소와 질소이다.

14 $CuSO_4$ 용액에 0.5F의 전기량을 흘렸을 때 약 몇 g의 구리가 석출되겠는가? (단, 원자량은 Cu 64, S 32, O 16이다.)

① 16 ② 32

③ 64 ④ 128

해설

1F : 1g당량=0.5F : x(g당량)

x=0.5g당량

구리 mol=2g당량이므로 0.5g 당량은 0.25mol이다.

∴ 0.25×64=16g

15 C_6H_{14}의 구조 이성질체는 몇 개가 존재하는가?

① 4

② 5

③ 6

④ 7

해설

C_6H_{14}의 구조 이성질체

㉠ -C-C-C-C-C-C-

-C-

㉡ -C-C-C-C-C-

-C-

㉢ -C-C-C-C-

-C-

㉣ -C-C-C-C-C-

-C-

-C-

㉤ -C-C-C-C-

-C-

-C-

16 이온 평형계에서 평형에 참여하는 이온과 같은 종류의 이온을 외부에서 넣어주면 그 이온의 농도를 감소시키는 방향으로 평형이 이동한다는 이론과 관계 있는 것은?

① 공통 이온 효과

② 가수분해 효과

③ 물의 자체 이온화 현상

④ 이온 용액의 총괄성

해설

공통이온 효과의 설명이다.

17 sp^3 혼성 오비탈을 가지고 있는 것은?

① BF_3

② $BeCl_2$

③ C_2H_4

④ CH_4

해설

분자 궤도 함수와 분자 모형

분자 궤도 함수	sp 결합	sp^2 결합	sp^3 결합
분자 모형	직선형	평면 정삼각형	정사면체형
결합각	180°	120°	109°28′
화합물	$BeCl_2$	BF_3 C_2H_4	CH_4

18 어떤 금속(M) 8g을 연소시키니 11.2g의 산화물이 얻어졌다. 이 금속의 원자량이 140이라면 이 산화물의 화학식은?

① M_2O_3

② MO

③ MO_2

④ M_2O_7

해설

금속의 양과 원자량이 있으므로 $\dfrac{8g}{140g}$=0.05714mol

연소 후 산화물의 질량이 11.2g, 금속의 양이 8g이므로 반응에 참가한 산소의 양은 3.2g이다.

산소 3.2g=$\dfrac{3.2}{32}$=0.1mol, 산소 16g=$\dfrac{16}{32}$=0.5mol이다.

즉 반응 후 11.2g에는 금속(M) 0.05174mol과 산소(O) 0.5mol이 있다.

이것을 간단한 비로 나타내면

금속(M) : 산소(O)=1 : 3.5

∴ $MO_{3.5}×2=M_2O_7$

19 밑줄 친 원소의 산화수가 같은 것 끼리 짝지어진 것은?

① $\underline{S}O_3$와 $\underline{Ba}O_2$

② $\underline{Ba}O_2$와 $K_2\underline{Cr}_2O_7$

③ $K_2\underline{Cr}_2O_7$와 $\underline{S}O_3$

④ $H\underline{N}O_3$와 $\underline{N}H_3$

[해설]

① • $\underline{S}O_3$: $S+(-2)\times 3=0$

∴ $S=+6$

• $\underline{Ba}O_2$: $Ba+(-2)\times 2=0$

∴ $Ba=+4$

② • $\underline{Ba}O_2$: $Ba+(-2)\times 2=0$

∴ $Ba=+4$

• $K_2\underline{Cr}_2O_7$: $2+2\times Cr+(-2\times 7)=0$

$2Cr=12$

∴ $Cr=+6$

③ • $K_2\underline{Cr}_2O_7$: $(+1\times 2)\times Cr+(-2\times 7)=0$

$2Cr=12$

∴ $Cr=+6$

• $\underline{S}O_3$: $S+(-2)\times 3=0$

∴ $S=+6$

④ • $H\underline{N}O_3$: $(+1)\times 1+N+(-2)\times 3=0$

∴ $N=+5$

• $\underline{N}H_3$: $N+(+1)\times 3=0$

∴ $N=-3$

20 농도 단위에서 "N"의 의미를 가장 옳게 나타낸 것은?

① 용액 1L 속에 녹아 있는 용질의 몰수

② 용액 1L 속에 녹아 있는 용질의 g당량수

③ 용매 1,000g 속에 녹아 있는 용질의 몰수

④ 용매 1,000g 속에 녹아 있는 용질의 g당량수

[해설]

② N 농도 : 용액 1L 속에 녹아 있는 용질의 g당량수

제2과목 **화재예방과 소화방법**

21 다음 중 가연성 물질이 아닌 것은?

① $C_2H_5OC_2H_5$

② $KClO_4$

③ $C_2H_4(OH)_2$

④ P_4

[해설]

② $KClO_4$: 산화성 고체

22 스프링클러 설비의 장점이 아닌 것은?

① 소화 약제가 물이므로 소화 약제의 비용이 절감된다.

② 초기 시공비가 적게 든다.

③ 화재 시 사람의 조작 없이 작동이 가능하다.

④ 초기 화재의 진화에 효과적이다.

[해설]

스프링클러 설비의 장·단점

장 점	단 점
• 소화 약제가 물이므로 소화 약제 비용이 절감된다. • 화재 시 사람의 조작 없이 작동이 가능하다. • 초기 화재의 진화에 효과적이다.	• 물로 인한 피해가 크다. • 초기 시공비가 많이 든다. • 시공이 다른 설비와 비교했을 때 복잡하다.

23 가연물의 구비 조건으로 옳지 않은 것은?

① 열전도율이 클 것

② 연소열량이 클 것

③ 화학적 활성이 강할 것

④ 활성화 에너지가 작을 것

[해설]

① 열전도율이 적을 것

24 위험물안전관리법령상 물분무 소화 설비가 적응성이 있는 대상물은?

① 알칼리 금속 과산화물

② 전기 설비

③ 마그네슘

④ 금속분

정답 **19.** ③ **20.** ② **21.** ② **22.** ② **23.** ① **24.** ②

해설

소화 설비의 적응성

소화 설비의 구분		대상물 구분									
		건축물·그 밖의 인공구조물	전기 설비	제1류 위험물		제2류 위험물			제3류 위험물		제4류 위험물	제5류 위험물	제6류 위험물
				알칼리금속과산화물 등	그 밖의 것	철분·금속분·마그네슘 등	인화성 고체	그 밖의 것	금수성 물품	그 밖의 것			
옥내 소화전 설비 또는 옥외 소화전 설비		○			○		○	○		○		○	○
스프링클러 설비		○			○		○	○		○	△	○	○
물분무 등 소화 설비	물분무 소화 설비	○	○		○		○	○		○	○	○	○
	포 소화 설비	○			○		○	○		○	○	○	○
	불활성 가스 소화 설비		○					○			○		
	할로겐 화합물 소화 설비		○					○			○		
	분말 소화 설비	인산 염류 등	○	○		○		○	○			○		○
		탄산 수소 염류 등		○	○		○		○		○	○		
		그 밖의 것			○		○			○				

[비고] "○" 표시는 당해 소방 대상물 및 위험물에 대하여 소화 설비가 적응성이 있음을 표시하고, "△" 표시는 제4류 위험물을 저장 또는 취급하는 장소의 살수 기준 면적에 따라 스프링클러 설비의 살수 밀도가 표에 정하는 기준 이상인 경우에는 당해 스프링클러 설비가 제4류 위험물에 대하여 적응성이 있음을, 제6류 위험물을 저장 또는 취급하는 장소로서 폭발의 위험이 없는 장소에 한하여 이산화탄소 소화기가 제6류 위험물에 대하여 적응성이 있음을 각각 표시한다.

25 물을 소화 약제로 사용하는 장점이 아닌 것은?

① 구하기가 쉽다.

② 취급이 간편하다.

③ 기화 잠열이 크다.

④ 피연소 물질에 대한 피해가 없다.

 해설

물을 소화 약제로 사용하는 장점
㉠ 구하기가 쉽다.
㉡ 취급이 간편하다.
㉢ 기화 잠열이 크다.
㉣ 가격이 저렴하다.
㉤ 분무 시 적외선 등을 흡수하여 외부로부터의 열을 차단하는 효과가 있다.

26 트리에틸알루미늄의 소화 약제로서 다음 중 가장 적당한 것은?

① 마른 모래, 팽창 질석

② 물, 수성막포

③ 할로겐화물, 단백포

④ 이산화탄소, 강화액

 해설

트리에틸알루미늄의 소화 약제 : 마른 모래, 팽창 질석

27 다음 중 비열이 가장 큰 물질은?

① 물

② 구리

③ 나무

④ 철

 해설

물질과 비열

물질명	비열(cal/g·℃)
물	1
구리	0.09
나무	0.4
철	0.11

28 위험물안전관리법령상 제6류 위험물에 적응성이 있는 소화 설비는?

① 옥내 소화전 설비
② 불활성가스 소화 설비
③ 할로겐 화합물 소화 설비
④ 탄산수소염류 분말 소화 설비

해설

소화 설비의 적응성

소화 설비의 구분		대상물 구분										
		건축물·그 밖의 인공구조물	전기설비	제1류 위험물		제2류 위험물			제3류 위험물		제4류 위험물	제5류 위험물	제6류 위험물
				알칼리금속 과산화물 등	그 밖의 것	철분·금속분·마그네슘 등	인화성 고체	그 밖의 것	금수성 물품	그 밖의 것			
옥내 소화전 설비 또는 옥외 소화전 설비		○			○		○	○		○		○	○
스프링클러 설비		○			○		○	○		○	△	○	○
물분무 등 소화 설비	물분무 소화 설비	○	○		○		○	○		○	○	○	○
	포 소화 설비	○			○		○	○		○	○	○	○
	불활성 가스 소화 설비		○				○				○		
	할로겐 화합물 소화 설비		○				○				○		
	분말 소화 설비	인산염류 등	○	○		○		○	○			○		○
		탄산수소염류 등		○	○		○	○		○		○		
		그 밖의 것			○		○			○				

[비고] "○" 표시는 당해 소방 대상물 및 위험물에 대하여 소화 설비가 적응성이 있음을 표시하고, "△" 표시는 제4류 위험물을 저장 또는 취급하는 장소의 살수 기준 면적에 따라 스프링클러 설비의 살수 밀도가 표에 정하는 기준 이상인 경우에는 당해 스프링클러 설비가 제4류 위험물에 대하여 적응성이 있음을, 제6류 위험물을 저장 또는 취급하는 장소로서 폭발의 위험이 없는 장소에 한하여 이산화탄소 소화기가 제6류 위험물에 대하여 적응성이 있음을 각각 표시한다.

29 이산화탄소 소화기에 관한 설명으로 옳지 않은 것은?

① 소화 작용은 질식 효과와 냉각 효과에 의한다.
② A급, B급 및 C급 화재 중 A급 화재에 가장 적응성이 있다.
③ 소화 약제 자체의 유독성은 적으나, 공기 중 산소 농도를 저하시켜 질식의 위험이 있다.
④ 소화 약제의 동결, 부패, 변질 우려가 적다.

해설

② B급, C급 화재 중 C급 화재에 가장 적응성이 있다.

30 수소화나트륨 저장 창고에 화재가 발생하였을 때 주수 소화가 부적합한 이유로 옳은 것은?

① 발열 반응을 일으키고, 수소를 발생한다.
② 수화 반응을 일으키고, 수소를 발생한다.
③ 중화 반응을 일으키고, 수소를 발생한다.
④ 중합 반응을 일으키고, 수소를 발생한다.

해설

$NaH + H_2O \rightarrow NaOH + H_2\uparrow + Q(kcal)$

31 위험물안전관리법령상 마른 모래(삽 1개 포함) 50L의 능력단위는?

① 0.3 ② 0.5
③ 1.0 ④ 1.5

해설

능력단위 : 소방 기구의 소화 능력을 나타내는 수치. 즉 소요단위에 대응하는 소화 설비 소화 능력의 기준 단위

㉠ 마른 모래(50L, 삽 1개 포함) : 0.5단위
㉡ 팽창 질석 또는 팽창 진주암(160L, 삽 1개 포함) : 1단위
㉢ 소화 전용 물통(8L) : 0.3단위
㉣ 수조
 • 190L(8L 소화 전용 물통 6개 포함) : 2.5단위
 • 80L(8L 소화 전용 물통 3개 포함) : 1.5단위

32 위험물안전관리법령에서 정한 포 소화 설비의 기준에 따른 기동 장치에 대한 설명으로 옳은 것은?

① 자동식의 기동 장치만 설치하여야 한다.
② 수동식의 기동 장치만 설치하여야 한다.
③ 자동식의 기동 장치와 수동식의 기동 장치를 모두 설치하여야 한다.
④ 자동식의 기동 장치 또는 수동식의 기동 장치를 설치하여야 한다.

포 소화 설비의 기준에 따른 기동 장치 : 자동식의 기동 장치 또는 수동식의 기동 장치를 설치하여야 한다.

33 소화 설비 설치 시 동·식물유류 400,000L에 대한 소요단위는 몇 단위인가?

① 2
② 4
③ 20
④ 40

$$\text{소요단위} = \frac{\text{저장량}}{\text{지정 수량} \times 10\text{배}}$$
$$= \frac{400,000}{10,000 \times 10\text{배}} = 4$$

34 소화 약제 또는 그 구성 성분으로 사용되지 않는 물질은?

① CF_2ClBr
② $CO(NH_2)_2$
③ NH_4NO_3
④ K_2CO_3

① CF_2ClBr : 할로겐화물 소화기
② $CO(NH_2)_2$: 제4종 분말 소화기($KHCO_3 + CO(NH_2)_2$)의 구성 성분
③ NH_4NO_3 : 제1류 위험물 중 질산염류
④ K_2CO_3 : 강화액 소화기($H_2O + K_2CO_3$)의 구성 성분

35 위험물안전관리법령상 가솔린의 화재 시 적응성이 없는 소화기는?

① 봉상 강화액 소화기
② 무상 강화액 소화기
③ 이산화탄소 소화기
④ 포 소화기

소화 설비의 구분		대상물 구분											
		건축물·그 밖의 공작물	전기설비	제1류 위험물		제2류 위험물			제3류 위험물		제4류 위험물	제5류 위험물	제6류 위험물
				알칼리금속과산화물 등	그 밖의 것	철분·금속분·마그네슘 등	인화성 고체	그 밖의 것	금수성 물품	그 밖의 것			
옥내 소화전 설비 또는 옥외 소화전 설비		○			○		○	○		○		○	○
스프링클러 설비		○			○		○	○		○	△	○	○
물분무등 소화 설비	물분무 소화 설비	○	○		○		○	○		○	○	○	○
	포 소화 설비	○			○		○	○		○	○	○	○
	불활성가스 소화 설비		○				○				○		
	할로겐화합물 소화 설비		○				○				○		
	분말 소화 설비 인산염류 등	○	○		○		○	○			○		○
	분말 소화 설비 탄산수소염류 등		○	○		○	○		○		○		
	분말 소화 설비 그 밖의 것			○		○			○				
대형·소형수동식 소화기	봉상수(棒狀水) 소화기	○			○		○	○		○		○	○
	무상수(霧狀水) 소화기	○	○		○		○	○		○		○	○
	봉상강화액 소화기	○			○		○	○		○		○	○
	무상강화액 소화기	○	○		○		○	○		○	○	○	○
	포 소화기	○			○		○	○		○	○	○	○
	이산화탄소 소화기		○				○				○		△
	할로겐화물 소화기		○				○				○		
	분말 소화기 인산염류 소화기	○	○		○		○	○			○		○
	분말 소화기 탄산수소염류 소화기		○	○		○	○		○		○		
	분말 소화기 그 밖의 것			○		○			○				
기타	물통 또는 수조	○			○		○	○		○		○	○
	건조사			○	○	○	○	○	○	○	○	○	○
	팽창 질석 또는 팽창 진주암			○	○	○	○	○	○	○	○	○	○

36 다음 중 화학적 에너지원이 아닌 것은?

① 연소열
② 분해열
③ 마찰열
④ 융해열

화학적 에너지원
① 연소열
② 분해열
④ 융해열

37 소화 약제로서 물이 갖는 특성에 대한 설명으로 옳지 않은 것은?

① 유화 효과(emulsification effect)도 기대할 수 있다.

② 증발 잠열이 커서 기화 시 다량의 열을 제거한다.

③ 기화 팽창률이 커서 질식 효과가 있다.

④ 용융 잠열이 커서 주수 시 냉각 효과가 뛰어나다.

해설

④ 기화 잠열이 커서 주수 시 냉각 효과가 뛰어나다.

38 할론 2402를 소화약제로 사용하는 이동식 할로겐화물 소화설비는 20℃의 온도에서 하나의 노즐마다 분당 방사되는 소화약제의 양(kg)을 얼마 이상으로 하여야 하는가?

① 5 　　　　　② 35

③ 45 　　　　　④ 50

해설

이동식 할로겐화물 소화설비

소화약제의 종류	소화약제의 양	분당 방사량
할론 2402	50kg	45kg
할론 1211	45kg	40kg
할론 1301		35kg

39 위험물 제조소에 옥내 소화전을 각 층에 8개씩 설치하도록 할 때 수원의 최소 수량은 얼마인가?

① 13m³ 　　　　② 20.8m³

③ 39m³ 　　　　④ 62.4m³

해설

옥내 소화전 수원의 양

$Q(\text{m}^3) = N \times 7.8\text{m}^3 = 5 \times 7.8\text{m}^3 = 39\text{m}^3$

(N : 옥내 소화전 설비의 설치 개수로 설치 개수가 5개 이상인 경우는 5개임)

40 위험물안전관리법령에 따르면 옥외 소화전의 개폐 밸브 및 호스 접속구는 지반면으로부터 몇 m 이하의 높이에 설치해야 하는가?

① 1.5 　　　　　② 2.5

③ 3.5 　　　　　④ 4.5

해설

옥외 소화전의 개폐 밸브 및 호스 접속구는 지반면으로부터 1.5m 이하의 높이에 설치한다.

제3과목 **위험물의 성질과 취급**

41 다음 그림은 제5류 위험물 중 유기과산화물을 저장하는 옥내 저장소의 저장 창고를 개략적으로 보여 주고 있다. 창과 바닥으로부터 높이(a)와 하나의 창의 면적(b)은 각각 얼마로 하여야 하는가? (단, 이 저장 창고 바닥 면적은 150m² 이내이다.)

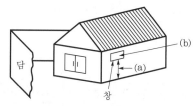

① (a) 2m 이상, (b) 0.6m² 이내

② (a) 3m 이상, (b) 0.4m² 이내

③ (a) 2m 이상, (b) 0.4m² 이내

④ (a) 3m 이상, (b) 0.6m² 이내

해설

제5류 위험물 중 유기과산화물을 저장하는 옥내 저장소의 저장 창고에서 창과 바닥으로부터의 높이는 2m 이상, 하나의 창의 면적은 0.4m² 이내이다.

42 위험물안전관리법령에 따라 특정 옥외 저장 탱크를 원통형으로 설치하고자 한다. 지반면으로부터의 높이가 16m일 때 이 탱크가 받는 풍하중은 1m²당 얼마 이상으로 계산하여야 하는가? (단, 강풍을 받을 우려가 있는 장소에 설치하는 경우는 제외한다.)

① 0.7640kN

② 1.2348kN

③ 1.6464kN

④ 2.348kN

특정 옥외 저장 탱크의 풍하중

$q = 0.588 k \sqrt{h}$

여기서, q : 풍하중(kN/m^2)

          k : 풍력 계수(원통형 탱크의 경우는 0.7,

              그 외의 탱크는 1.0)

          h : 지반면으로부터의 높이(m)

$= 0.588 \times 0.7 \sqrt{16}$

$= 1.646 kN$

43 제조소에서 취급하는 위험물의 최대수량이 지정 수량의 20배인 경우 보유 공지의 너비는 얼마인가?

① 3m 이상

② 5m 이상

③ 10m 이상

④ 20m 이상

해설

보유 공지

취급하는 위험물의 최대 수량	공지의 너비
지정 수량의 10배 이하	3m 이상
지정 수량의 10배 초과	5m 이상

44 위험물안전관리법령상 위험물을 수납한 운반 용기의 외부에 표시하여야 할 사항이 아닌 것은?

① 위험 등급

② 위험물의 수량

③ 위험물의 품명

④ 안전관리자의 이름

해설

위험물을 수납한 운반 용기의 외부에 표시하여야 할 사항

㉠ 위험물의 품명, 위험 등급, 화학명 및 수용성(수용성 표시는 제4류 위험물로서 수용성인 것에 한한다)

㉡ 위험물의 수량

㉢ 수납하는 위험물에 따른 주의 사항

45 옥내 저장소에서 안전 거리 기준이 적용되는 경우는?

① 지정 수량 20배 미만의 제4석유류를 저장하는 것

② 제2류 위험물 중 덩어리 상태의 유황을 저장하는 것

③ 지정 수량 20배 미만의 동·식물유류를 저장하는 것

④ 제6류 위험물을 저장하는 것

해설

옥내 저장소에서 안전 거리 기준이 적용되는 경우 : 제2류 위험물 중 덩어리 상태의 유황을 저장하는 것

46 위험물 제조소의 표지의 크기 규격으로 옳은 것은?

① 0.2m×0.4m

② 0.3m×0.3m

③ 0.3m×0.6m

④ 0.6m×0.2m

해설

위험물 제조소의 표지

㉠ 한 변의 길이 0.3m 이상, 다른 한 변의 길이 0.6m 이상

㉡ 백색 바탕에 흑색 문자

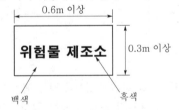

47 아염소산나트륨의 성상에 관한 설명 중 틀린 것은?

① 자신은 불연성이다.

② 열분해하면 산소를 방출한다.

③ 수용액 상태에서도 강력한 환원력을 가지고 있다.

④ 조해성이 있다.

해설

③ 수용액 상태에서도 강력한 산화력을 가지고 있다.

48 위험물 운반 시 유별을 달리하는 위험물의 혼재기준에서 다음 중 혼재가 가능한 위험물은? (단, 각각 지정 수량 10배의 위험물로 가정한다.)

① 제1류와 제4류

② 제2류와 제3류

③ 제3류와 제4류

④ 제1류와 제5류

해설

유별을 달리하는 위험물의 혼재 기준

구 분	제1류	제2류	제3류	제4류	제5류	제6류
제1류		×	×	×	×	○
제2류	×		×	○	○	×
제3류	×	×		○	×	×
제4류	×	○	○		○	×
제5류	×	○	×	○		×
제6류	○	×	×	×	×	

49 위험물안전관리법령상 제1석유류에 속하지 않는 것은?

① CH_3COCH_3　　　　② C_6H_6

③ $CH_3COC_2H_5$　　　④ CH_3COOH

해설

④ CH_3COOH : 제2석유류

50 위험물을 저장 또는 취급하는 탱크의 용량 산정 방법에 관한 설명으로 옳은 것은?

① 탱크의 내용적에서 공간 용적을 뺀 용적으로 한다.

② 탱크의 공간 용적에서 내용적을 뺀 용적으로 한다.

③ 탱크의 공간 용적에서 내용적을 더한 용적으로 한다.

④ 탱크의 볼록하거나 오목한 부분을 뺀 내용적으로 한다.

해설

탱크의 용량＝내용적－공간 용적

51 피리딘에 대한 설명 중 틀린 것은?

① 물보다 가벼운 액체이다.

② 인화점은 30℃ 보다 낮다.

③ 제1석유류이다.

④ 지정 수량이 200리터이다.

해설

④ 지정 수량이 400리터이다.

52 제3류 위험물을 취급하는 제조소와 3백명 이상의 인원을 수용하는 영화상영관과의 안전 거리는 몇 m 이상이어야 하는가?

① 10　　　　　　　② 20

③ 30　　　　　　　④ 50

해설

제조소와의 안전 거리 30m 이상

㉠ 학교, 병원, 공연장, 영화관(300명 이상 수용)

㉡ 노유자 시설 등(20명 이상 수용)

53 $KClO_4$에 관한 설명으로 옳지 못한 것은?

① 순수한 것은 황색의 사방정계 결정이다.

② 비중은 약 2.52이다.

③ 녹는점은 약 610℃이다.

④ 열분해하면 산소와 염화칼륨으로 분해된다.

해설

① 무색, 무취의 결정 또는 백색의 분말

54 과산화수소의 성질에 관한 설명으로 옳지 않은 것은?

① 농도에 따라 위험물에 해당하지 않는 것도 있다.

② 분해 방지를 위해 보관 시 안정제를 가할 수 있다.

③ 에테르에 녹지 않으며, 벤젠에 잘 녹는다.

④ 산화제이지만 환원제로서 작용하는 경우도 있다.

해설

③ 에테르에는 녹지만 벤젠에는 녹지 않는다.

55 물과 반응하여 가연성 또는 유독성 가스를 발생하지 않는 것은?

① 탄화칼슘

② 인화칼슘

③ 과염소산칼륨

④ 금속나트륨

해설

① $CaC_2 + 2H_2O \rightarrow Ca(OH)_2 + C_2H_2 \uparrow$ (가연성 가스)

② $Ca_3P_2 + 6H_2O \rightarrow 3Ca(OH)_2 + 2PH_3 \uparrow$ (가연성 및 유독성 가스)

③ 과염소산칼륨($KClO_4$)은 물에 그다지 녹지 않는다.

④ $2Na + 2H_2O \rightarrow 2NaOH + H_2 \uparrow$ (가연성 가스)

56 과산화벤조일에 대한 설명으로 틀린 것은?

① 벤조일퍼옥사이드라고도 한다.

② 상온에서 고체이다.

③ 산소를 포함하지 않는 환원성 물질이다.

④ 희석제를 첨가하여 폭발성을 낮출 수 있다.

해설

③ 산소를 포함하고 있는 폭발성이 강한 강산화제이다.

57 황화인의 성질에 해당되지 않는 것은?

① 공통적으로 유독한 연소 생성물이 발생한다.

② 종류에 따라 용해성질이 다를 수 있다.

③ P_4S_3의 녹는점은 100℃ 보다 높다.

④ P_2S_5는 물보다 가볍다.

해설

④ P_2S_5는 물보다 무겁다. (비중 2.09)

58 다음 중 일반적으로 자연 발화의 위험성이 가장 낮은 장소는?

① 온도 및 습도가 높은 장소

② 습도 및 온도가 낮은 장소

③ 습도는 높고, 온도는 낮은 장소

④ 습도는 낮고, 온도는 높은 장소

해설

자연 발화의 위험성이 가장 낮은 장소 : 습도 및 온도가 낮은 장소

59 옥외 저장 탱크를 강철판으로 제작할 경우 두께 기준은 몇 mm 이상인가? (단, 특정 옥외 저장 탱크 및 준특정 옥외 저장 탱크는 제외한다.)

① 1.2   ② 2.2

③ 3.2   ④ 4.2

해설

옥외 저장 탱크의 강철판 두께 : 3.2mm 이상

60 위험물안전관리법령상 취급소에 해당하지 않는 것은?

① 주유 취급소   ② 옥내 취급소

③ 이송 취급소   ④ 판매 취급소

해설

위험물 취급소의 구분

㉠ 주유 취급소

㉡ 이송 취급소

㉢ 판매 취급소

㉣ 일반 취급소

제1과목 **일반화학**

01 다음은 에탄올의 연소 반응이다. 반응식의 계수 x, y, z를 순서대로 옳게 표시한 것은?

$$C_2H_5OH + xO_2 \longrightarrow yH_2O + zCO_2$$

① 4, 4, 3   ② 4, 3, 2
③ 5, 4, 3   ④ 3, 3, 2

해설

$C_2H_5OH + xO_2 \rightarrow yH_2O + zCO_2$
양변에 각각의 원자수를 동일하게 계수를 맞춘다.
$C : 2=z$, $H : 6=2y$, $y=3$, $O : 2x+1=y=2z$
미지수의 값을 대입한다.
∴ $x=3$, $y=3$, $z=2$

02 촉매하에 H_2O의 첨가 반응으로 에탄올을 만들 수 있는 물질은?

① CH_4 ② C_2H_2
③ C_6H_6 ④ C_2H_4

해설

에틸렌은 묽은 황산을 촉매로 하여 물을 부가 반응시키면 에탄올이 생성된다.

$$\underset{\substack{H \quad H \\ | \quad \quad | }}{\overset{\substack{H \quad H \\ | \quad \quad |}}{C=C}} + HOH \xrightarrow{H_2SO_4} H-\underset{\substack{|\\H}}{\overset{\substack{H\\|}}{C}}-\underset{\substack{|\\H}}{\overset{\substack{H\\|}}{C}}-OH$$

03 다음 중 수용액의 pH가 가장 작은 것은?

① 0.01N HCl   ② 0.1N HCl
③ 0.01N CH_3COOH ④ 0.1N NaOH

해설

강산일수록 pH는 작아진다.
①: 강산, ②: 강산, ③: 약산, ④: 강염기이므로 ③, ④는 제외된다.
① 0.01N $HCl = pH = -\log[H^+] = -\log[10^{-2}] = 2$

② 0.1N $HCl = pH = -\log[H^+] = -\log[10^{-1}] = 1$
따라서 수용액의 pH가 가장 작은 것은 ②이다.

04 어떤 용기에 산소 16g과 수소 2g을 넣었을 때 산소와 수소의 압력의 비는?

① 1 : 2   ② 1 : 1
③ 2 : 1   ④ 4 : 1

해설

압력의 비는 몰비와 같으므로
산소 16g의 몰수$=\dfrac{16}{32}=0.5$

수소 2g의 몰수$=\dfrac{2}{2}=1$

∴ $0.5 : 1 = 1 : 2$

05 1패러데이(Faraday)의 전기량으로 물을 전기분해하였을 때 생성되는 수소 기체는 0℃, 1기압에서 얼마의 부피를 갖는가?

① 5.6L   ② 11.2L
③ 22.4L   ④ 44.8L

해설

$H_2O \xrightarrow[1F]{전기분해} \begin{cases} (+)극 : O_2 \rightarrow 1g당량 생성 : 8g : 5.6L \\ (-)극 : H_2 \rightarrow 1g당량 생성 : 1g : 11.2L \end{cases}$

06 다음 중 헨리의 법칙이 가장 잘 적용되는 기체는?

① 암모니아
② 염화수소
③ 이산화탄소
④ 플루오르화수소

해설

㉠ 헨리의 법칙이 적용되는 기체 : H_2, N_2, O_2, CO_2(물에 대한 용해도가 작다.)
㉡ 헨리의 법칙이 적용되지 않는 기체 : NH_3, HCl, SO_2, H_2S(물에 대한 용해도가 크다.)

07 방사선 중 감마선에 대한 설명으로 옳은 것은?

① 질량을 갖고, 음의 전하를 띰

② 질량을 갖고, 전하를 띠지 않음

③ 질량이 없고, 전하를 띠지 않음

④ 질량이 없고, 음의 전하를 띰

 해설

감마선(γ) : 질량이 없고, 전하를 띠지 않음

08 벤젠에 관한 설명으로 틀린 것은?

① 화학식은 C_6H_{12}이다.

② 알코올, 에테르에 잘 녹는다.

③ 물보다 가볍다.

④ 추운 겨울날씨에 응고될 수 있다.

 해설

벤젠의 화학식은 C_6H_6이다.

09 휘발성 유기물 1.39g을 증발시켰더니 100℃, 760mmHg에서 420mL였다. 이 물질의 분자량은 약 몇 g/mol인가?

① 53 ② 73

③ 101 ④ 150

 해설

$$PV = \frac{W}{M}RT$$

$$M = \frac{WRT}{PV} = \frac{1.39 \times 0.082 \times (100+273)}{1 \times 0.42} = 101 \text{g/mol}$$

10 원자량이 56인 금속 M 1.12g을 산화시켜 실험식이 M_xO_y인 산화물 1.60g을 얻었다. x, y는 각각 얼마인가?

① $x=1$, $y=2$

② $x=2$, $y=3$

③ $x=3$, $y=2$

④ $x=2$, $y=1$

 해설

$O_y = 1.6\text{g} - 1.12\text{g} = 0.48\text{g}$

$\dfrac{0.48\text{g}}{16\text{g}} = 0.03 \text{mol}$

$M_x = \dfrac{1.12\text{g}}{56\text{g}} = 0.02 \text{mol}$

$0.02 : 0.03 = 2 : 3$, 따라서 $x=2$, $y=3$

11 활성화 에너지에 대한 설명으로 옳은 것은?

① 물질이 반응 전에 가지고 있는 에너지이다.

② 물질이 반응 후에 가지고 있는 에너지이다.

③ 물질이 반응 전과 후에 가지고 있는 에너지의 차이이다.

④ 물질이 반응을 일으키는 데 필요한 최소한의 에너지이다.

 해설

활성화 에너지 : 물질이 반응을 일으키는 데 필요한 최소한의 에너지

12 요소 6g을 물에 녹여 1,000L로 만든 용액의 27℃에서의 삼투압은 약 몇 atm인가? (단, 요소의 분자량은 60이다.)

① 1.26×10^{-1}

② 1.26×10^{-2}

③ 2.46×10^{-3}

④ 2.56×10^{-4}

해설

요소 6g : $\dfrac{6}{60} = 0.1 \text{mol}$

$PV = nRT$

$$P = \frac{nRT}{V} = \frac{0.1 \times 0.082 \times (273+27)}{1,000} = 2.46 \times 10^{-3}$$

13 어떤 금속의 원자가는 2이며, 그 산화물의 조성은 금속이 80wt%이다. 이 금속의 원자량은?

① 32 ② 48

③ 64 ④ 80

해설

산화물 중 금속의 함량이 80%이므로 산소(O_2)는 20%가 된다.

금속의 당량은 산소(O_2) 8g에 대응하는 값이 된다.

즉 $80 : 20 = x : 8$, $x = 80 \times \dfrac{8}{20} = 32$

원자량 = 당량 × 원자가 = $32 \times 2 = 64$

14 산의 일반적 성질을 옳게 나타낸 것은?

① 쓴 맛이 있는 미끈거리는 액체로 리트머스시 험지를 푸르게 한다.

② 수용액에서 OH^- 이온을 내 놓는다.

③ 수소보다 이온화 경향이 큰 금속과 반응하여 수소를 발생한다.

④ 금속의 수산화물로서 비전해질이다.

① 염기의 성질
② 염기의 성질
③ 산의 성질
④ 산, 염기의 성질

15 같은 주기에서 원자 번호가 증가할수록 감소 하는 것은?

① 이온화 에너지

② 원자 반지름

③ 비금속성

④ 전기 음성도

해설

같은 주기에서 원자 번호가 증가할수록 원자 반지름이 감소한다.

16 아세트알데히드에 대한 시성식은?

① CH_3COOH

② CH_3COCH_3

③ CH_3CHO

④ CH_3COOCH_3

해설

아세트알데히드 시성식 : CH_3CHO

17 Mg^{2+}의 전자수는 몇 개인가?

① 2

② 10

③ 12

④ 6×10^{23}

해설

$Mg^{2+} = 12 - 2 = 10$

18 pH＝12인 용액의 $[OH^-]$는 pH＝9인 용액의 몇 배인가?

① 1/1,000

② 1/100

③ 100

④ 1,000

해설

$pOH = 14 - pH$

㉠ $14 - 12 = 2$, $pOH = -\log[OH^-] = 2$, $[OH^-] = 10^{-2}$

㉡ $14 - 9 = 5$, $pOH = -\log[OH^-] = 5$, $[OH^-] = 10^{-5}$

∴ ㉠÷㉡＝$10^{-2} \div 10^{-5} = 10^3 = 1,000$배

19 다음 중 1차 이온화 에너지가 가장 작은 것은?

① Li

② O

③ Cs

④ Cl

해설

이온화 에너지는 0족으로 갈수록 증가하고 같은 족에 서는 원자 번호가 증가할수록 작아진다. 따라서 1A족 원소 중 원자 번호가 가장 큰 Cs가 1차 이온화 에너지가 가장 작다.

20 다음 물질 중 환원성이 없는 것은?

① 설탕

② 엿당

③ 젖당

④ 포도당

해설

설탕은 환원성이 없다.

제2과목 **화재예방과 소화방법**

21 분말 소화기에 사용되는 분말 소화약제의 주성분이 아닌 것은?

① $NaHCO_3$

② $KHCO_3$

③ $NH_4H_2PO_4$

④ $NaOH$

해설

분말 소화약제의 주성분

㉠ 제1종 : $NaHCO_3$

㉡ 제2종 : $KHCO_3$

㉢ 제3종 : $NH_4H_2PO_4$

㉣ 제4종 : $KHCO_3 + (NH_2)_2CO$

22 소화 설비의 설치 기준에 있어서 위험물 저장소의 건축물로서 외벽이 내화 구조로 된 것은 연면적 몇 m²를 1 소요단위로 하는가?

① 50
② 75
③ 100
④ 150

해설

저장소 건축물의 경우
㉠ 외벽이 내화 구조로 된 것으로 연면적이 150m²
㉡ 외벽이 내화 구조가 아닌 것으로 연면적이 75m²

23 일반적으로 고급 알코올황산에스테르염을 기포제로 사용하며 냄새가 없는 황색의 액체로서 밀폐 또는 준밀폐 구조물의 화재 시 고팽창포로 사용하여 화재를 진압할 수 있는 포 소화약제는?

① 단백포 소화약제
② 합성계면활성제포 소화약제
③ 알코올형포 소화약제
④ 수성막포 소화약제

해설

① 단백포 소화약제 : 동·식물성 단백질을 가수분해한 것을 주원료로 하는 소화약제
③ 알코올형포 소화약제 : 단백질의 가수분해물이나 합성계면활성제 중에 지방산금속염이나 타 계통의 합성계면활성제 또는 고분자 및 생성물 등을 첨가한 약제로서 수용성 용제의 소화에 사용한다.
④ 수성막포 소화약제 : 일명 light water라 하며 소화 효과를 증대시키기 위하여 분말 소화약제와 병용하여 사용하며 합성계면활성제를 주원료로 하는 포 소화약제 중 기름 표면에서 수성막을 형성하는 소화약제

24 위험물안전관리법령상 정전기를 유효하게 제거하기 위해서는 공기 중의 상대습도는 몇 % 이상 되게 하여야 하는가?

① 40%
② 50%
③ 60%
④ 70%

해설

정전기를 유효하게 제거하기 위해 공기 중의 상대습도를 70% 이상 되게 한다.

25 위험물안전관리법령상 분말 소화설비의 기준에서 가압용 또는 축압용 가스로 사용이 가능한 가스로만 이루어진 것은?

① 산소, 질소
② 이산화탄소, 산소
③ 산소, 아르곤
④ 질소, 이산화탄소

해설

분말 소화설비의 기준에서 가압용 또는 축압용 가스로 사용이 가능한 가스 : 질소, 이산화탄소

26 분말 소화약제 중 열분해 시 부착성이 있는 유리상의 메타인산이 생성되는 것은?

① Na_3PO_4
② $(NH_4)_3PO_4$
③ $NaHCO_3$
④ $NH_4H_2PO_4$

해설

$NH_4H_2PO_4$: 열분해 부착성이 있는 유리상의 메타인산 (HPO_3)이 생성된다.

27 위험물 제조소 등에 "화기주의"라고 표시한 게시판을 설치하는 경우 몇 류 위험물의 제조소인가?

① 제1류 위험물
② 제2류 위험물
③ 제4류 위험물
④ 제5류 위험물

해설

제조소의 게시판 주의 사항

위험물		주의 사항
제1류 위험물	알칼리금속의 과산화물	물기 엄금
	기타	별도의 표시를 하지 않는다.
제2류 위험물	인화성 고체	화기 엄금
	기타	화기 주의
제3류 위험물	자연발화성 물질	화기 엄금
	금수성 물질	물기 엄금
제4류 위험물		화기 엄금
제5류 위험물		
제6류 위험물		별도의 표시를 하지 않는다.

정답 22. ④ 23. ② 24. ④ 25. ④ 26. ④ 27. ②

28 위험물안전관리법령상 자동화재탐지설비를 반드시 설치하여야 할 대상에 해당되지 않는 것은?

① 옥내에서 지정수량 200배의 제3류 위험물을 취급하는 제조소
② 옥내에서 지정수량 200배의 제2류 위험물을 취급하는 일반 취급소
③ 지정수량 200배의 제1류 위험물을 저장하는 옥내 저장소
④ 지정수량 200배의 고인화점 위험물만을 저장하는 옥내 저장소

해설

제조소 등별로 설치하여야 하는 경보 설비의 종류

제조소 등의 구분	제조소 등의 규모, 저장 또는 취급하는 위험물의 종류 및 최대수량 등	경보 설비
제조소 및 일반 취급소	• 연면적 500m² 이상인 것 • 옥내에서 지정수량의 100배 이상을 취급하는 것(고인화점 위험물만을 100℃ 미만의 온도에서 취급하는 것을 제외한다.) • 일반 취급소로 사용되는 부분 외의 부분이 있는 건축물에 설치된 일반 취급소(일반 취급소와 일반 취급소 외의 부분이 내화 구조의 바닥 또는 벽으로 개구부 없이 구획된 것을 제외한다.)	자동화재탐지설비
옥내 저장소	• 지정수량의 100배 이상을 저장 또는 취급하는 것(고인화점 위험물만을 저장 또는 취급하는 것을 제외한다.) • 저장 창고의 연면적이 150m²를 초과하는 것[해당 저장 창고가 연면적 150m² 이내마다 불연 재료의 격벽으로 개구부 없이 완전히 구획된 것과 제2류 또는 제4류의 위험물(인화성 고체 및 인화점이 70℃ 미만인 제4류 위험물을 제외한다)만을 저장 또는 취급하는 것에 있어서는 저장 창고의 연면적이 500m² 이상의 것에 한한다.] • 처마 높이가 6m 이상인 단층 건물의 것 • 옥내 저장소로 사용되는 부분 외의 부분이 있는 건축물에 설치된 옥내 저장소[옥내 저장소와 옥내 저장소 외의 부분이 내화 구조의 바닥 또는 벽으로 개구부 없이 구획된 것과 제2류 또는 제4류의 위험물(인화성 고체 및 인화점이 70℃ 미만인 제4류 위험물을 제외한다.)만을 저장 또는 취급하는 것을 제외한다.]	자동화재탐지설비
옥내 탱크 저장소	단층 건물 외의 건축물에 설치된 옥내 탱크 저장소로서 소화난이도 등급Ⅰ에 해당하는 것	자동화재탐지설비
주유 취급소	옥내 주유 취급소	
제1호 내지 제4호의 자동화재탐지설비 설치대상에 해당하지 아니하는 제조소 등	지정수량의 10배 이상을 저장 또는 취급하는 것	자동화재탐지설비, 비상경보설비, 확성장치 또는 비상방송설비 중 1종 이상

29 이산화탄소를 소화약제로 사용하는 이유로서 옳은 것은?

① 산소와 결합하지 않기 때문에
② 산화 반응을 일으키나 발열량이 적기 때문에
③ 산소와 결합하나 흡열 반응을 일으키기 때문에
④ 산화 반응을 일으키나 환원 반응도 일으키기 때문에

해설

이산화탄소를 소화약제로 사용하는 이유는 산소와 결합하지 않기 때문이다.

30 화재 발생 시 물을 사용하여 소화할 수 있는 물질은?

① K_2O_2
② CaC_2
③ Al_4C_3
④ P_4

해설

① 과산화칼륨(K_2O_2) : 건조사
② 탄화칼슘(CaC_2) : 건조사
③ 탄화알루미늄(Al_4C_3) : 건조사
④ 적린(P_4) : 다량의 물로 냉각 소화

31 위험물안전관리법령상 위험물별 적응성이 있는 소화 설비가 옳게 연결되지 않은 것은?

① 제4류 및 제5류 위험물 – 할로겐화합물 소화기

② 제4류 및 제6류 위험물 – 인산염류 분말 소화기

③ 제1류 알칼리금속 과산화물 – 탄산수소염류 분말 소화기

④ 제2류 및 제3류 위험물 – 팽창 질석

해설

소화 설비의 적응성

소화 설비의 구분		건축물·그 밖의 인공 구조물	전기 설비	제1류 위험물		제2류 위험물			제3류 위험물		제4류 위험물	제5류 위험물	제6류 위험물
				알칼리금속 과산화물 등	그 밖의 것	철분·금속분·마그네슘 등	인화성 고체	그 밖의 것	금수성 물품	그 밖의 것			
옥내 소화전 설비 또는 옥외 소화전 설비		○			○		○	○		○		○	○
스프링클러 설비		○			○		○	○		○	△	○	○
물분무 등 소화 설비	물분무 소화설비	○	○		○		○	○		○	○	○	○
	포 소화 설비	○			○		○	○		○	○	○	○
	불활성가스 소화설비		○				○				○		
	할로겐화합물 소화설비		○				○				○		
	분말 소화 설비 / 인산염류 등	○	○		○		○	○			○		○
	분말 소화 설비 / 탄산수소염류 등		○	○		○	○		○		○		
	분말 소화 설비 / 그 밖의 것			○		○			○				

[비고] "○"표시는 당해 소방 대상물 및 위험물에 대하여 소화설비가 적응성이 있음을 표시하고, "△"표시는 제4류 위험물을 저장 또는 취급하는 장소의 살수 기준 면적에 따라 스프링클러 설비의 살수 밀도가 표에 정하는 기준 이상인 경우에는 당해 스프링클러 설비가 제4류 위험물에 대하여 적응성이 있음을, 제6류 위험물을 저장 또는 취급하는 장소로서 폭발의 위험이 없는 장소에 한하여 이산화탄소 소화기가 제6류 위험물에 대하여 적응성이 있음을 각각 표시한다.

32 위험물 제조소 등에 설치하는 옥외 소화전 설비에 있어서 옥외 소화전함은 옥외 소화전으로부터 보행 거리 몇 m 이하의 장소에 설치하는가?

① 2m

② 3m

③ 5m

④ 10m

해설

위험물 제조소 등에 설치하는 옥외 소화전 설비 : 옥외 소화전함은 옥외 소화전으로부터 보행 거리 5m 이하의 장소에 설치한다.

33 할론 1301 소화약제의 저장 용기에 저장하는 소화약제의 양을 산출할 때는 「위험물의 종류에 대한 가스계 소화약제의 계수」를 고려해야 한다. 위험물의 종류가 이황화탄소인 경우 할론 1301에 해당하는 계수 값은 얼마인가?

① 1.0

② 1.6

③ 2.2

④ 4.2

해설

소화약제 계수

소화제 / 위험물의 종류	할로겐화물	
	1301	1211
아세톤	1.0	1.0
에탄올	1.0	1.2
휘발유	1.0	1.0
경유	1.0	1.0
원유	1.0	1.0
초산	1.1	1.1
디에틸에테르	1.2	1.0
톨루엔	1.0	1.0
이황화탄소	4.2	1.0
피리딘	1.1	1.1
벤젠	1.0	1.0

정답 31. ① 32. ③ 33. ④

34 위험물 제조소 등에 설치하는 불활성가스 소화 설비에 있어 저압식 저장 용기에 설치하는 압력 경보 장치의 작동 압력 기준은?

① 0.9MPa 이하, 1.3MPa 이상

② 1.9MPa 이하, 2.3MPa 이상

③ 0.9MPa 이하, 2.3MPa 이상

④ 1.9MPa 이하, 1.3MPa 이상

해설

불활성가스 소화 설비의 저압식 저장 용기의 압력 경보 장치의 작동 압력 : 1.9MPa 이하, 2.3MPa 이상

35 제4종 분말 소화약제의 주성분으로 옳은 것은?

① 탄산수소칼륨과 요소의 반응 생성물

② 탄산수소칼륨과 인산염의 반응 생성물

③ 탄산수소나트륨과 요소의 반응 생성물

④ 탄산수소나트륨과 인산염의 반응 생성물

해설

제4종 분말 소화약제 주성분 : 탄산수소칼륨과 요소의 반응 생성물

36 위험물 제조소 등의 옥내 소화전이 1층에 6개, 2층에 5개, 3층에 4개가 설치되었다. 이 때 수원의 수량은 몇 m³ 이상이 되도록 설치하여야 하는가?

① 23.4

② 31.8

③ 39.0

④ 46.8

해설

수원의 양 $Q(\text{m}^3) = N \times 7.8\text{m}^3$

(N : 설치 개수가 5개 이상인 경우는 5개의 옥내 소화전)

$\therefore Q = 5 \times 7.8\text{m}^3 = 39\text{m}^3$

37 다음은 위험물안전관리법령에서 정한 제조소 등에서의 위험물의 저장 및 취급에 관한 기준 중 위험물의 유별 저장 · 취급의 공통 기준에 관한 내용이다. ( ) 안에 알맞은 것은?

( )은 가연물과의 접촉 · 혼합이나 분해를 촉진하는 물품과의 접근 또는 과열을 피하여야 한다.

① 제2류 위험물

② 제4류 위험물

③ 제5류 위험물

④ 제6류 위험물

해설

위험물의 유별 저장 · 취급의 공통 기준

㉠ 제1류 위험물 : 가연물과의 접촉 · 혼합이나 분해를 촉진하는 물품과의 접근 또는 과열 · 충격 · 마찰 등을 피하는 한편, 알칼리금속의 과산화물 및 이를 함유한 것에 있어서는 물과의 접촉을 피하여야 한다.

㉡ 제2류 위험물 : 산화제와의 접촉 · 혼합이나 불티 · 불꽃 · 고온체와의 접근 또는 과열을 피하는 한편, 철분 · 금속분 · 마그네슘 및 이를 함유한 것에 있어서는 물이나 산과의 접촉을 피하고 인화성 고체에 있어서는 함부로 증기를 발생시키지 아니하여야 한다.

㉢ 제3류 위험물 : 자연발화성 물질에 있어서는 불티 · 불꽃 또는 고온체와의 접근 · 과열 또는 공기와의 접촉을 피하고, 금수성 물질에 있어서는 물과의 접촉을 피하여야 한다.

㉣ 제4류 위험물 : 불티 · 불꽃 · 고온체와의 접근 또는 과열을 피하고, 함부로 증기를 발생시키지 아니하여야 한다.

㉤ 제5류 위험물 : 불티 · 불꽃 · 고온체와의 접근이나 과열 · 충격 또는 마찰을 피하여야 한다.

㉥ 제6류 위험물 : 가연물과의 접촉 · 혼합이나 분해를 촉진하는 물품과의 접근 또는 과열을 피하여야 한다.

38 할로겐화합물의 화학식과 Halon 번호가 옳게 연결된 것은?

① CH_2ClBr – Halon 1211

② CF_2ClBr – Halon 104

③ $C_2F_4Br_2$ – Halon 2402

④ CF_3Br – Halon 1011

해설

할론의 명칭 순서

• 첫째 : 탄소

• 둘째 : 불소

• 셋째 : 염소

• 넷째 : 브롬

① CH_2ClBr – Halon 1011

② CF_2ClBr – Halon 1211

③ $C_2F_4Br_2$ – Halon 2402

④ CF_3Br – Halon 1301

39 1기압, 100℃에서 물 36g이 모두 기화되었다. 생성된 기체는 약 몇 L인가?

① 11.2   ② 22.4

③ 44.8   ④ 61.2

해설

$$PV = \frac{W}{M}RT$$

$$V = \frac{WRT}{PM}$$

$$= \frac{36 \times 0.082 \times (100 + 273)}{1 \times 18}$$

$$= 61.2L$$

40 스프링클러 설비에 대한 설명 중 틀린 것은 어느 것인가?

① 초기 화재의 진압에 효과적이다.

② 조작이 쉽다.

③ 소화약제가 물이므로 경제적이다.

④ 타 설비보다 시공이 비교적 간단하다.

해설

④ 시공이 다른 설비와 비교했을 때 복잡하다.

제3과목 위험물의 성질과 취급

41 마그네슘의 위험성에 관한 설명으로 틀린 것은?

① 연소 시 양이 많은 경우 순간적으로 맹렬히 폭발할 수 있다.

② 가열하면 가연성 가스를 발생한다.

③ 산화제와의 혼합물은 위험성이 높다.

④ 공기 중의 습기와 반응하여 열이 축적되면 자연발화의 위험이 있다.

해설

② 가열하면 연소하기 쉽고 양이 많은 경우 순간적으로 맹렬하게 폭발한다.

$$2Mg + O_2 \rightarrow 2MgO + 2 \times 143.7kcal$$

42 위험물안전관리법령에서 정한 제1류 위험물이 아닌 것은?

① 질산메틸   ② 질산나트륨

③ 질산칼륨   ④ 질산암모늄

해설

① 질산메틸 : 제5류 위험물

43 다음 ( ) 안에 알맞은 용어는?

지정수량이라 함은 위험물의 종류별로 위험성을 고려하여 ( )이(가) 정하는 수량으로서 규정에 의한 제조소 등의 설치 허가 등에 있어서 최저의 기준이 되는 수량을 말한다.

① 대통령령   ② 행정안전부령

③ 소방본부장   ④ 시·도지사

해설

지정수량이 적은 물품은 큰 물품보다는 같은 양, 같은 조건일 때 더 위험하다는 정도이며, 안전 관리는 모두 같아야 한다. 위험물로서의 취급 곤란도 예방, 진압상의 대책, 경제상의 부담 등이 대체적인 균형에 따라 전체를 조정하고 있다. 지정수량을 초과했다 하여 갑자기 위험성이 생기는 것은 아니다.

44 위험물안전관리법령상 간이 탱크 저장소의 위치·구조 및 설비의 기준에서 간이 저장 탱크 1개의 용량은 몇 L 이하이어야 하는가?

① 300   ② 600

③ 1,000   ④ 1,200

해설

간이 저장 탱크의 용량 : 600L 이하

45 제5류 위험물의 제조소에 설치하는 주의 사항 게시판에서 게시판의 바탕 및 문자의 색을 옳게 나타낸 것은?

① 청색 바탕에 백색 문자

② 백색 바탕에 청색 문자

③ 백색 바탕에 적색 문자

④ 적색 바탕에 백색 문자

정답 39. ④ 40. ④ 41. ② 42. ① 43. ① 44. ② 45. ④

해설

제조소의 게시판 주의 사항

위험물		주의사항
제1류 위험물	알칼리 금속의 과산화물	물기 엄금
	기타	별도의 표시를 하지 않는다.
제2류 위험물	인화성 고체	화기 엄금
	기타	화기 주의
제3류 위험물	자연발화성 물질	화기 엄금
	금수성 물질	물기 엄금
제4류 위험물		화기 엄금
제5류 위험물		
제6류 위험물		별도의 표시를 하지 않는다.

※ 화기 엄금 : 적색 바탕에 백색 문자

46 다음 중 물과 반응하여 산소를 발생하는 것은?

① $KClO_3$　　　　　② Na_2O_2
③ $KClO_4$　　　　　④ CaC_2

해설

① 온수에는 잘 녹으며, 냉수에는 녹지 않는다.
② $2Na_2O + 2H_2O \rightarrow 4NaOH + O_2\uparrow$
③ 물에는 약간 녹는다.
④ $CaC_2 + 2H_2O \rightarrow Ca(OH)_2 + C_2H_2$

47 황린을 물속에 저장할 때 인화수소의 발생을 방지하기 위한 물의 pH는 얼마 정도가 좋은가?

① 4　　　　　② 5
③ 7　　　　　④ 9

해설

황린은 반드시 저장 용기 중에는 물을 넣어 보관한다. 저장 시 pH를 측정하여 산성을 나타내면 $Ca(OH)_2$를 넣어 약알칼리성(pH=9)이 유지되도록 한다. 경우에 따라서 불활성 가스를 봉입하기도 한다.

48 염소산칼륨에 관한 설명 중 옳지 않은 것은?

① 강산화제로 가열에 의해 분해하여 산소를 방출한다.
② 무색의 결정 또는 분말이다.

③ 온수 및 글리세린에 녹지 않는다.
④ 인체에 유독하다.

해설

③ 온수 및 글리세린에는 잘 녹는다.

49 제1류 위험물 중 무기과산화물 150kg, 질산염류 300kg, 중크롬산염류 3,000kg을 저장하려고 한다. 각각 지정수량의 배수의 총합은 얼마인가?

① 5　　　　　② 6
③ 7　　　　　④ 8

 해설

$$\frac{150}{50} + \frac{300}{300} + \frac{3,000}{1,000} = 3 + 3 + 1 = 7배$$

50 물과 반응하였을 때 발생하는 가연성 가스의 종류가 나머지 셋과 다른 하나는?

① 탄화리튬(Li_2C_2)
② 탄화마그네슘(MgC_2)
③ 탄화칼슘(CaC_2)
④ 탄화알루미늄(Al_4C_3)

해설

① $Li_2C_2 + 2H_2O \rightarrow 2LiOH + C_2H_2\uparrow$
② $MgC_2 + 2H_2O \rightarrow Mg(OH)_2 + C_2H_2\uparrow$
③ $CaC_2 + 2H_2O \rightarrow Ca(OH)_2 + C_2H_2\uparrow$
④ $Al_4C_3 + 12H_2O \rightarrow 4Al(OH)_3 + 3CH_4\uparrow$

51 물보다 무겁고 비수용성인 위험물로 이루어진 것은?

① 이황화탄소, 니트로벤젠, 크레오소트유
② 이황화탄소, 글리세린, 클로로벤젠
③ 에틸렌글리콜, 니트로벤젠, 의산메틸
④ 초산메틸, 클로로벤젠, 크레오소트유

해설

① 이황화탄소(비중 1.26, 비수용성), 니트로벤젠(비중 1.2, 비수용성), 크레오소트유(비중 1.02~1.05, 비수용성)
② 이황화탄소(비중 1.26, 비수용성), 글리세린(비중 1.26, 수용성), 클로로벤젠(비중 1.11, 비수용성)

③ 에틸렌글리콜(비중 1.113, 수용성), 니트로벤젠(비중 1.2, 비수용성), 의산메틸(비중 0.97, 수용성)

④ 초산메틸(비중 0.92, 수용성), 클로로벤젠(비중 1.11, 비수용성), 크레오소트유(비중 1.02~1.05, 비수용성)

52 다음 중 저장하는 위험물의 종류 및 수량을 기준으로 옥내 저장소에서 안전 거리를 두지 않을 수 있는 경우는?

① 지정수량 20배 이상의 동식물유류

② 지정수량 20배 미만의 특수인화물

③ 지정수량 20배 미만의 제4석유류

④ 지정수량 20배 이상의 제5류 위험물

 해설 --------------------------------

옥내 저장소에서 안전 거리를 두지 않을 수 있는 경우

㉠ 제6류 위험물

㉡ 지정수량 20배 미만의 제4석유류

㉢ 지정수량 20배 미만의 동식물유류

53 위험물안전관리법령상 1기압에서 제3석유류의 인화점 범위로 옳은 것은?

① 21℃ 이상 70℃ 미만

② 70℃ 이상 200℃ 미만

③ 200℃ 이상 300℃ 미만

④ 300℃ 이상 400℃ 미만

 **해설** --------------------------------

석유류의 구분 기준 : 인화점

㉠ 제1석유류 : 1기압에서 인화점이 21℃ 미만인 것

㉡ 제2석유류 : 1기압에서 인화점이 21℃ 이상 70℃ 미만인 것

㉢ 제3석유류 : 1기압에서 인화점이 70℃ 이상 200℃ 미만인 것

㉣ 제4석유류 : 1기압에서 인화점이 200℃ 이상 250℃ 미만인 것

54 위험물 옥내 저장소의 피뢰 설비는 지정수량의 최소 몇 배 이상인 저장 창고에 설치하도록 하고 있는가? (단, 제6류 위험물의 저장 창고를 제외한다.)

① 10

② 15

③ 20

④ 30

 해설 --------------------------------

옥내 저장소의 피뢰 설비 : 지정수량의 10배 이상인 저장 창고에 설치한다(단, 제6류 위험물의 저장 창고는 제외).

55 다음 물질 중 발화점이 가장 낮은 것은?

① CS_2

② C_6H_6

③ CH_3COCH_3

④ CH_3COOCH_3

 해설 --------------------------------

① 100℃, ② 498℃, ③ 538℃, ④ 454℃

56 염소산나트륨의 위험성에 대한 설명 중 틀린 것은?

① 조해성이 강하므로 저장 용기는 밀전한다.

② 산과 반응하여 이산화염소를 발생한다.

③ 황, 목탄, 유기물 등과 혼합한 것은 위험하다.

④ 유리 용기를 부식시키므로 철제 용기에 저장한다.

해설 --------------------------------

④ 철을 부식시키므로 철제 용기에 저장하지 말아야 한다.

57 위험물안전관리법령에서 정한 품명이 나머지 셋과 다른 하나는?

① $(CH_3)_2CHCH_2OH$

② $CH_2OHCHOHCH_2OH$

③ CH_2OHCH_2OH

④ $C_6H_5NO_2$

해설 --------------------------------

㉠ 제2석유류 : 부틸알코올[$(CH_3)_2CHCH_2OH$]

㉡ 제3석유류 : 글리세린[$CH_2OHCHOHCH_2OH$], 에틸렌글리콜[CH_2OHCH_2OH], 니트로벤젠[$C_6H_5NO_2$]

58 염소산칼륨이 고온에서 열분해할 때 생성되는 물질을 옳게 나타낸 것은?

① 물, 산소

② 염화칼륨, 산소

③ 이염화칼륨, 수소

④ 칼륨, 물

해설 --------------------------------

염소산칼륨은 고온에서 열분해한다.

$$2KClO_3 \xrightarrow{\triangle} 2KCl + 3O_2$$

59 주거용 건축물과 위험물 제조소와의 안전 거리를 단축할 수 있는 경우는?

① 제조소가 위험물의 화재 진압을 하는 소방서와 근거리에 있는 경우

② 취급하는 위험물의 최대수량(지정수량의 배수)이 10배 미만이고 기준에 의한 방화상 유효한 벽을 설치한 경우

③ 위험물을 취급하는 시설이 철근 콘크리트 벽일 경우

④ 취급하는 위험물이 단일 품목일 경우

 해설

주거용 건축물과 위험물 제조소와의 안전 거리를 단축할 수 있는 경우 : 취급하는 위험물이 최대수량(지정수량의 배수)이 10배 미만이고 기준에 의한 방화상 유효한 벽을 설치한 경우

60 아밀알코올에 대한 설명으로 틀린 것은?

① 8가지 이성체가 있다.

② 청색이고 무취의 액체이다.

③ 분자량은 약 88.15이다.

④ 포화지방족 알코올이다.

 해설

② 불쾌한 냄새가 나는 무색의 투명한 액체이다.

위험물 산업기사 필기
www.cyber.co.kr

제1과목 일반 화학

01 27℃에서 500mL에 6g의 비전해질을 녹인 용액의 삼투압은 7.4기압이었다. 이 물질의 분자량은 약 얼마인가?

① 20.78
② 39.89
③ 58.16
④ 77.65

해설

$$PV = \frac{W}{M}RT$$

$$M = \frac{WRT}{PV}$$

$$= \frac{6 \times 0.082 \times (273+27)}{7.4 \times 0.5} = 39.89$$

02 다음 화합물들 가운데 기하학적 이성질체를 가지고 있는 것은?

① $CH_2=CH_2$

② $CH_3-CH_2-CH_2-OH$

③ $\begin{matrix} CH_3 \\ CH_3 \end{matrix} C=C \begin{matrix} CH_3 \\ CH_3 \end{matrix}$

④ $CH_3-CH=CH-CH_3$

해설

기하학적 이성질체 : 두 탄소 원자가 이중결합으로 연결될 때 탄소에 결합된 원자나 원자단의 위치가 다름으로 인하여 생기는 이성질체로 Cis형과 trans형이 있다.
예 2-부텐($CH_3-CH=CH-CH_3$)

$\begin{matrix} H \\ H_3C \end{matrix} C = C \begin{matrix} H \\ CH_3 \end{matrix}$ $\begin{matrix} H \\ H_3C \end{matrix} C = C \begin{matrix} CH_3 \\ H \end{matrix}$

Cis−2−부텐   trans−2부텐

03 pH에 대한 설명으로 옳은 것은?

① 건강한 사람의 혈액의 pH는 5.7이다.
② pH 값은 산성 용액에서 알칼리성 용액보다 크다.
③ pH가 7인 용액에 지시약 메틸오렌지를 넣으면 노란색을 띤다.
④ 알칼리성 용액은 pH가 7보다 작다.

해설

① 건강한 사람의 혈액의 pH는 7.35~7.45의 약알칼리성이다.
② pH 값은 산성 용액에서 알칼리성 용액보다 작다.
④ 알칼리성 용액은 pH가 7보다 크다.

04 에틸렌(C_2H_4)을 원료로 하지 않은 것은?

① 아세트산
② 염화비닐
③ 에탄올
④ 메탄올

해설

에틸렌(C_2H_4)을 원료로 하는 물질 : 아세트산, 염화비닐, 에탄올

05 물 200g에 A 물질 2.9g을 녹인 용액의 빙점은? (단, 물의 어는점 내림 상수는 1.86℃·kg/mol이고, A 물질의 분자량은 58이다.)

① −0.465℃
② −0.932℃
③ −1.871℃
④ −2.453℃

해설

$$\Delta Tf = \frac{2.9}{58} \times \frac{1,000}{200} \times 1.86 = -0.465℃$$

06 3가지 기체 물질 A, B, C가 일정한 온도에서 다음과 같은 반응을 하고 있다. 평형에서 A, B, C가 각각 1몰, 2몰, 4몰이라면 평형상수 K의 값은?

| A+3B → 2C+열 |

① 0.5
② 2
③ 3
④ 4

해설

$$K = \frac{[C]}{[A][B]} = \frac{4^2}{1 \times 2^3} = 2$$

07 n그램(g)의 금속을 묽은 염산에 완전히 녹였더니 m 몰의 수소가 발생하였다. 이 금속의 원자가를 2가로 하면 이 금속의 원자량은?

① $\dfrac{n}{m}$ 　　　② $\dfrac{2n}{m}$

③ $\dfrac{n}{2m}$ 　　　④ $\dfrac{2m}{n}$

해설

㉠ 금속과 수소의 관계에 의해서 당량을 구한다.

금속의 당량은 수소 1g($\frac{1}{2}$ 몰)에 대응되는 값이므로

$$\left. \begin{array}{l} n(\text{g}) : m\text{몰} \\ x : \frac{1}{2} \text{몰} \end{array} \right\} x(\text{금속당량}) = \frac{n}{m} \times \frac{1}{2} = \frac{n}{2m}$$

㉡ 원자가가 2이므로 다음 식에 의해서 원자량을 구한다.

$$\text{원자량} = \text{당량} \times \text{원자가} = \frac{n}{2m} \times 2 = \frac{n}{m}$$

08 20℃에서 4L를 차지하는 기체가 있다. 동일한 압력 40℃에서는 몇 L를 차지하는가?

① 0.23 　　　② 1.23

③ 4.27 　　　④ 5.27

해설

샤를의 법칙

$$\frac{V}{T} = \frac{V_1}{T_1}$$

$$\frac{4}{20+273} = \frac{V_1}{40+273}$$

$$V_1 = \frac{4 \times (40+273)}{(20+273)}$$

$$\therefore V_1 = 4.27\text{L}$$

09 최외각 전자가 2개 또는 8개로써 불활성인 것은?

① Na과 Br 　　　② N와 Cl

③ C와 B 　　　④ He와 Ne

해설

불활성	He	Ne
최외각 전자	2	8

10 다음 물질 중 C_2H_2와 첨가반응이 일어나지 않는 것은?

① 염소 　　　② 수은

③ 브롬 　　　④ 요오드

해설

C_2H_2와 첨가(부가)반응 : 할로겐족(Cl_2, Br_2, I_2)

예

디클로로에틸렌　　　　테트라클로로에탄

11 H_2O가 H_2S보다 비등점이 높은 이유는?

① 이온결합을 하고 있기 때문에

② 수소결합을 하고 있기 때문에

③ 공유결합을 하고 있기 때문에

④ 분자량이 적기 때문에

해설

수소결합

물(H_2O)의 비등점은 100℃, 산소(O) 원자 대신에 같은 족의 황(S) 원자를 바꾼 황화수소(H_2S)는 분자량이 큼에도 불구하고 비등점이 −61℃이다.

12 산화에 의하여 카르보닐기를 가진 화합물을 만들 수 있는 것은?

① $CH_3-CH_2-CH_2-COOH$

② $\begin{array}{c} CH_3-CH-CH_3 \\ | \\ OH \end{array}$

③ $CH_3-CH_2-CH_2-OH$

④ $\begin{array}{cc} CH_2 - CH_2 \\ | \quad\quad | \\ OH \quad\quad OH \end{array}$

해설

- 케톤(R−OR−R') : 알킬기 두 개와 카르보닐기(−CO−) 한 개가 결합된 물질이다.

- 2차 알코올($\begin{array}{c} R \\ R-CHO \end{array}$) : OH기가 결합된 탄소가 다른 탄소 2개와 연결된 알코올이다.

제2차 알코올 $\xrightarrow{\text{산화}}$ 케톤

$\therefore CH_3-\underset{\underset{OH}{|}}{CH}-CH_3$: 2차 알코올이므로 산화되면 카르보닐기를 갖는다.

13
0.01N NaOH 용액 100mL에 0.02N HCl 55mL를 넣고 증류수를 넣어 전체 용액을 1,000mL로 한 용액의 pH는?

① 3
② 4
③ 10
④ 11

해설

0.01N NaOH 용액 100mL에 0.02N HCl 55mL를 넣는다.

$NV = N'V'$

$0.01 \times 0.1 = 0.02 \times 0.05$

여기서, 0.01 NaOH 100mL에 0.02N HCl 50mL를 첨가하면 중화된다.

즉, 0.02N HCl 5mL 중화되지 못하고 존재한다.

$0.02 = n \cdot M = 1 \times 0.02$

$\therefore M = 0.02 mol/L$이다.

그러므로 0.02M HCl 5mL에 0.02mol/L × 0.005L $= 10^{-4} mol$이 존재한다.

전체 용액 1,000mL에 존재하는 H^+의 몰수 : 10^{-4}

$[H^+] = \dfrac{10^{-4}}{1} = 10^{-4} mol/L = 10^{-4} mol$

$pH = -\log[H^+]$

$\therefore pH = -\log(10^{-4}) = 4$

14
다음의 그래프는 어떤 고체 물질의 용해도 곡선이다. 100℃ 포화용액(비중 1.4) 100mL를 20℃의 포화용액으로 만들려면 몇 g의 물을 더 가해야 하는가?

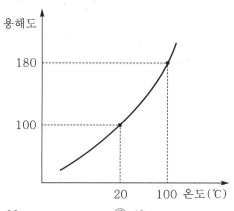

① 20g
② 40g
③ 60g
④ 80g

해설

용해도 : 용매 100g에 녹을 수 있는 용질의 g수
100℃ 포화용액(비중 1.4g/mL), 100L
1. 용액의 질량=용매의 질량=용질의 질량
2. 용액의 질량=1.4×100=140g
   ㉠ 100℃에서 용해도는 180
      여기서, 100 : 180 = (140−x) : x, (x : 용질의 g수)
             180(140−x) = 100x
             1.8(140−x) = x
             2.8x = 1.8 × 140
      ∴ x = 90g
   ㉡ 용액의 질량−용질의 질량=140g−90g
      =50g(용매의 g수)
      100 : 100 = 50 : x'
      x' = 50g(x'은 20℃에서 포화되는 용질의 g수)
      x − x' = 90 − 50 = 40g(남은 용질의 수)
즉, 포화용액을 만들기 위해 40g의 물이 더 필요하다.

15
염(salt)을 만드는 화학반응식이 아닌 것은?

① $HCl + NaOH \rightarrow NaCl + H_2O$
② $2NH_4OH + H_2SO_4 \rightarrow (NH_4)_2SO_4 + 2H_2O$
③ $CuO + H_2 \rightarrow Cu + H_2O$
④ $H_2SO_4 + Ca(OH)_2 \rightarrow CaSO_4 + 2H_2O$

해설

염 : 산과 염기가 반응을 일으킬 때 물과 함께 생성되는 물질로 산의 음이온과 염기의 양이온으로 만들어지는 화합물이다.

① $HCl + NaOH \rightarrow NaCl + H_2O$
　　산　　염기　　염　　물
② $2NH_4OH + H_2SO_4 \rightarrow (NH_4)_2SO_4 + 2H_2O$
　　염기　　　산　　　　염　　　物
③ $CuO + H_2 \rightarrow Cu + H_2O$
　　　　　　　　金속
　∴ 구리는 금속이기 때문에 이온이 아니므로 염이 아니다.
④ $H_2SO_4 + Ca(OH)_2 \rightarrow CaSO_4 + 2H_2O$
　　산　　　염기　　　　염　　物

16
에탄(C_2H_6)을 연소시키면 이산화탄소(CO_2)와 수증기(H_2O)가 생성된다. 표준 상태에서 에탄 30g을 반응시킬 때 발생하는 이산화탄소와 수증기의 분자수는 모두 몇 개인가?

① 6×10^{23}개
② 12×10^{23}개
③ 18×10^{23}개
④ 30×10^{23}개

해설

$C_2H_6 + \frac{7}{2}O_2 \rightarrow 2CO_2 + 3H_2O$

$2C_2H_6 + 7O_2 \rightarrow 4CO_2 + 6H_2O$

C_2H_6 분자량 $(12 \times 2 + 1 \times 6)g/mol = 30g/mol$

C_2H_6 $30g : \frac{30g}{30g/mol} = 1mol$

$C_2H_6 : CO_2 : H_2O = 2 : 4 : 6 = 1 : 2 : 3$ (부피비=몰비)

즉 C_2H_6 1mol에는 CO_2 2mol, H_2O 3mol이 생성된다.

그러므로 $(CO_2 + H_2O)$의 몰수 $= 2 + 3 = 5mol$

$\therefore 1.5 \times 6.02 \times 10^{23} = 30.10 \times 10^{23}$개

17 일반적으로 환원제가 될 수 있는 물질이 아닌 것은?

① 수소를 내기 쉬운 물질

② 전자를 잃기 쉬운 물질

③ 산소와 화합하기 쉬운 물질

④ 발생기의 산소를 내는 물질

해설

④ 발생기의 수소를 내는 물질(환원제), 발생기의 산소를 내는 물질(산화제)

18 25g의 암모니아가 과잉의 황산과 반응하여 황산암모늄이 생성될 때 생성된 황산암모늄의 양은 약 얼마인가? (단, 황산암모늄의 몰질량은 132g/mol이다.)

① 82g ③ 86g

③ 92g ④ 97g

해설

$2NH_3 + H_2SO_4 \rightarrow (NH_4)_2SO_4$

$\qquad 34g \qquad\qquad 132g$

$\qquad 25g \qquad\qquad x(g)$

$x = \frac{25 \times 132}{34}$

$\therefore x = 97g$

19 d 오비탈이 수용할 수 있는 최대 전자의 총수는?

① 6 ② 8

③ 10 ④ 14

해설

오비탈이 수용할 수 있는 최대 전자수

부전자 껍질	s	p	d	f
수용할 수 있는 전자수	2	6	10	14

20 표준 상태에서 11.2L의 암모니아에 들어있는 질소는 몇 g인가?

① 7 ② 8.5

③ 22.4 ④ 14

해설

NH_3에서 N는 14g이다.

즉, 표준 상태에서 $22.4L : 14g = 11.2L : x(g)$

$\therefore x = 7g$

제2과목 **화재예방과 소화방법**

21 자연발화가 잘 일어나는 조건에 해당하지 않는 것은?

① 주위 습도가 높을 것

② 열전도율이 클 것

③ 주위 온도가 높을 것

④ 표면적인 넓을 것

해설

② 열전도율이 적을 것

22 주유취급소에 캐노피를 설치하고자 한다. 위험물안전관리법령에 따른 캐노피의 설치 기준이 아닌 것은?

① 캐노피의 면적은 주유취급소 공지면적의 1/2 이하로 할 것

② 배관이 캐노피 내부를 통과할 경우에는 1개 이상의 점검구를 설치할 것

③ 캐노피 외부의 배관이 일광열의 영향을 받을 우려가 있는 경우에는 단열재로 피복할 것

④ 캐노피 외부의 점검이 곤란한 장소에 배관을 설치하는 경우에는 용접이음으로 할 것

해설

캐노피의 설치 기준

㉠ 배관이 캐노피 내부를 통과할 경우에는 1개 이상의 점검구를 설치할 것

㉡ 캐노피 외부의 배관이 일광열의 영향을 받을 우려가 있는 경우에는 단열재로 피복할 것

㉢ 캐노피 외부의 점검이 곤란한 장소에 배관을 설치하는 경우에는 용접이음으로 할 것

정답 17. ④ 18. ④ 19. ③ 20. ① 21. ② 22. ①

23 알코올 화재 시 수성막 포 소화약제는 내알코올 포 소화약제에 비하여 소화효과가 낮다. 그 이유로서 가장 타당한 것은?

① 소화약제와 섞이지 않아서 연소면을 확대하기 때문에
② 알코올은 포와 반응하여 가연성 가스를 발생하기 때문에
③ 알코올이 연료로 사용되어 불꽃의 온도가 올라가기 때문에
④ 수용성 알코올로 인해 포가 소멸되기 때문에

해설

알코올 화재 시 수성막 포 소화약제가 효과가 낮은 이유 : 수용성 알코올로 인해 포가 소멸되기 때문에

24 분말 소화약제를 종별로 주성분을 바르게 연결한 것은?

① 1종 분말 약제 – 탄산수소나트륨
② 2종 분말 약제 – 인산암모늄
③ 3종 분말 약제 – 탄산수소칼륨
④ 4종 분말 약제 – 탄산수소칼륨＋인산암모늄

해설

분말 소화약제

종 류	주성분
1종	탄산수소나트륨
2종	탄산수소칼륨
3종	인산암모늄
4종	탄산수소칼륨＋요소

25 다음 위험물의 저장창고에 화재가 발생하였을 때 소화방법으로 주수소화가 적당하지 않은 것은?

① $NaClO_3$
② S
③ NaH
④ TNT

해설

수소화나트륨(NaH) 화재에 주수소화하면 물과 실온에서 격렬하게 반응하여 수소를 발생한다.
$NaH + H_2O \rightarrow NaOH + H_2 \uparrow$

26 가연물에 대한 일반적인 설명으로 옳지 않은 것은?

① 주기율표에서 0족의 원소는 가연물이 될 수 없다.
② 활성화 에너지가 작을수록 가연물이 되기 쉽다.
③ 산화 반응이 완결된 산화물은 가연물이 아니다.
④ 질소는 비활성 기체이므로 질소의 산화물은 존재하지 않는다.

해설

④ 질소는 산화물을 만들지만 흡열반응을 한다.

27 이산화탄소 소화약제에 대한 설명으로 틀린 것은?

① 장기간 저장하여도 변질, 부패 또는 분해를 일으키지 않는다.
② 한랭지에서 동결의 우려가 없고 전기절연성이 있다.
③ 밀폐된 지역에서 방출 시 인명피해의 위험이 있다.
④ 표면 화재보다는 심부화재에 적응력이 뛰어나다.

해설

④ 심부 화재보다는 표면 화재에 적응력이 뛰어나다.
(심부 화재 : 고체 가연물에서 발생하는 화재 형태로서 가연물 내부에서 연소하는 화재)
예 목재, 섬유, 스티로폼 등 (표면 화재 : 가연성 물질의 표면에서 연소하는 화재)

28 위험물안전관리법령상 물분무 소화설비가 적응성이 있는 위험물은?

① 알칼리금속 과산화물
② 금속분·마그네슘
③ 금수성 물질
④ 인화성 고체

해설

소화 설비의 적응성

소화 설비의 구분		대상물 구분									
		건축물·그 밖의 인공구조물	전기 설비	제1류 위험물		제2류 위험물			제3류 위험물		제4류 위험물	제5류 위험물	제6류 위험물

위 표는 복잡하여 아래와 같이 정리한다.

소화 설비의 구분		건축물·그 밖의 인공구조물	전기 설비	알칼리금속 과산화물 등	그 밖의 것	철분·금속분·마그네슘 등	인화성 고체	그 밖의 것	금수성 물품	그 밖의 것	제4류 위험물	제5류 위험물	제6류 위험물
옥내 소화전 설비 또는 옥외 소화전 설비		○			○		○	○		○		○	○
스프링클러 설비		○			○		○	○		○	△	○	○
물분무 등 소화 설비	물분무 소화설비	○	○		○		○	○		○	○	○	○
	포 소화 설비	○			○		○	○		○	○	○	○
	불활성 가스 소화설비		○				○				○		
	할로겐 화합물 소화설비		○				○				○		
	분말 소화 설비	인산 염류 등	○	○		○		○	○			○		○
		탄산 수소 염류 등		○	○		○	○		○		○		
		그 밖의 것			○		○			○				

[비고] "○" 표시는 해당 소방 대상물 및 위험물에 대하여 소화 설비가 적응성이 있음을 표시하고, "△" 표시는 제4류 위험물을 저장 또는 취급하는 장소의 살수 기준 면적에 따라 스프링클러 설비의 살수 밀도가 표에 정하는 기준 이상인 경우에는 해당 스프링클러 설비가 제4류 위험물에 대하여 적응성이 있음을, 제6류 위험물을 저장 또는 취급하는 장소로서 폭발의 위험이 없는 장소에 한하여 이산화탄소 소화기가 제6류 위험물에 대하여 적응성이 있음을 각각 표시한다.

29 다음 제1류 위험물 중 물과의 접촉이 가장 위험한 것은?

① 아염소산나트륨

② 과산화나트륨

③ 과염소산나트륨

④ 중크롬산암모늄

해설

과산화나트륨(Na_2O_2)는 온도가 높은 소량의 물과 반응한 경우 발열하고 O_2를 발생한다.

$Na_2O_2 + 2H_2O \rightarrow 4NaOH + O_2\uparrow$

30 최소 착화에너지를 측정하기 위해 콘덴서를 이용하여 불꽃 방전실험을 하고자 한다. 콘덴서의 전기용량을 C, 방전전압을 V, 전기량을 Q라 할 때 착화에 필요한 최소 전기에너지 E를 옳게 나타낸 것은?

① $E = \frac{1}{2}CQ^2$ ② $E = \frac{1}{2}C^2V$

③ $E = \frac{1}{2}QV^2$ ④ $E = \frac{1}{2}CV^2$

해설

전기불꽃 에너지 공식

$E = \frac{1}{2}QV = \frac{1}{2}CV^2$

여기서, Q : 전기량
V : 방전전압
C : 전기용량

31 할론 2402를 소화약제로 사용하는 이동식 할로겐화물·소화설비는 20℃의 온도에서 하나의 노즐마다 분당 방사되는 소화약제의 양(kg)을 얼마 이상으로 하여야 하는가?

① 5 ② 35

③ 45 ④ 50

해설

이동식 할로겐화물 소화설비

소화약제의 종류	소화약제의 양	분당 방사량
할론 2402	50kg	45kg
할론 1211	45kg	40kg
할론 1301		35kg

정답 **29.** ② **30.** ④ **31.** ③

32 불활성 가스 소화약제 중 "IG-55"의 성분 및 그 비율을 옳게 나타낸 것은? (단, 용량비 기준이다.)

① 질소 : 이산화탄소＝55 : 45

② 질소 : 이산화탄소＝50 : 50

③ 질소 : 아르곤＝55 : 45

④ 질소 : 아르곤＝50 : 50

해설

불활성 가스 소화약제

소화약제	상품명	화학식
불연성·불활성 기체 혼합가스	Argonite	N_2 : 50%, Ar : 50%

33 물의 특성 및 소화효과에 관한 설명으로 틀린 것은?

① 이산화탄소보다 기화 잠열이 크다.

② 극성분자이다.

③ 이산화탄소보다 비열이 작다.

④ 주된 소화효과가 냉각소화이다.

해설

물과 CO_2의 비열

물질명	비열(cal/g·℃)
물	1.00
CO_2	0.20

34 분말 소화약제로 사용되는 탄산수소칼륨(중탄산칼륨)의 착색 색상은?

① 백색 ② 담홍색

③ 청색 ④ 담회색

해설

분말 소화약제

종별	명칭	착색
제1종	중탄산나트륨($NaHCO_3$)	백색
제2종	탄산수소칼륨($KHCO_3$)	보라색(담회색)
제3종	제1인산암모늄($NH_4H_2PO_4$)	담홍색(핑크색)
제4종	탄산수소칼륨＋요소 [$KHCO_3$＋$(NH_2)_2CO$]	회백색

35 제1석유류를 저장하는 옥외 탱크 저장소에 특형 포 방출구를 설치하는 경우, 방출률은 액표면적 $1m^2$당 1분에 몇 리터 이상이어야 하는가?

① 9.5L ② 8.0L

③ 6.5L ④ 3.7L

해설

고정 포 방출구의 포 수용액량 및 방출률

포 방출구의 종류	제4류 위험물	인화점이 21℃ 미만	인화점이 21℃ 이상 70℃ 미만	인화점이 70℃ 이상
I 형	포 수용액량 (L/m^2)	120	80	60
	방출률 (L/m^2·min)	4	4	4
II 형	포 수용액량 (L/m^2)	220	120	100
	방출률 (L/m^2·min)	4	4	4
특형	포 수용액량 (L/m^2)	240	160	120
	방출률 (L/m^2·min)	8	8	8
III형	포 수용액량 (L/m^2)	220	120	100
	방출률 (L/m^2·min)	4	4	4
IV형	포 수용액량 (L/m^2)	220	120	100
	방출률 (L/m^2·min)	4	4	4

[비고] 옥외 탱크 저장소의 고정 포 방출구수에서 정한 고정 지붕 구조의 탱크 중 탱크 직경이 24m 미만인 것은 해당 포 방출구(III형 및 IV형은 제외)의 개수에서 1을 뺀 개수에 유효하게 방출할 수 있도록 설치할 것

36 화재발생 시 소화방법으로 공기를 차단하는 것이 효과가 있으며, 연소물질을 제거하거나 액체를 인화점 이하로 냉각시켜 소화할 수도 있는 위험물은?

① 제1류 위험물 ② 제4류 위험물

③ 제5류 위험물 ④ 제6류 위험물

해설

제4류 위험물 소화방법 : 질식효과, 제거효과, 냉각효과

37 위험물 제조소에서 옥내 소화전이 1층에 4개, 2층에 6개가 설치되어 있을 때 수원의 수량은 몇 L 이상이 되도록 설치하여야 하는가?

① 13,000 ② 15,600
③ 39,000 ④ 46,800

 해설

$Q = N \times 7.8m^3 = 5 \times 7.8 = 39m^3 = 39,000L$
여기서, Q : 수원의 수량
N : 옥내 소화전 설비 설치개수(설치개수가 5개 이상인 경우는 5개의 옥내 소화전)

38 위험물안전관리법령상 전기설비에 적응성이 없는 소화설비는?

① 포 소화설비 ② 불활성 가스 소화설비
③ 물분무 소화설비 ④ 할로겐화합물 소화설비

 해설

28번 해설 참조

39 위험물안전관리법령에 따른 옥내 소화전 설비의 기준에서 펌프를 이용한 가압송수장치의 경우 펌프의 전양정 H는 소정의 산식에 의한 수치 이상 이어야 한다. 전양정 H를 구하는 식으로 옳은 것은? (단, h_1은 소방용 호스의 마찰손실수두, h_2는 배관의 마찰손실수두, h_3는 낙차이며, h_1, h_2, h_3의 단위는 모두 m이다.)

① $H = h_1 + h_2 + h_3$
② $H = h_1 + h_2 + h_3 + 0.35m$
③ $H = h_1 + h_2 + h_3 + 35m$
④ $H = h_1 + h_2 + h_3 + 0.35m$

해설

옥내 소화전 설비의 펌프를 이용한 가압송수장치
전양정 $(H) = h_1 + h_2 + h_3 + 35m$

40 드라이아이스의 성분을 옳게 나타낸 것은?

① H_2O ② CO_2
③ $H_2O + CO_2$ ④ $N_2 + H_2O + CO_2$

 해설

드라이아이스의 성분 : CO_2

제3과목 위험물의 성질과 취급

41 염소산칼륨이 고온에서 완전 열분해할 때 주로 생성되는 물질은?

① 칼륨과 물 및 산소 ② 염화칼륨과 산소
③ 이염화칼륨과 수소 ④ 칼륨과 물

 해설

염소산칼륨은 고온에서 완전 열분해하여 염화칼륨과 산소가 생성된다.
$2KClO_3 \xrightarrow{\triangle} 2KCl + 3O_2 \uparrow$

42 과산화나트륨의 위험성에 대한 설명으로 틀린 것은?

① 가열하면 분해하여 산소를 방출한다.
② 부식성 물질이므로 취급 시 주의해야 한다.
③ 물과 접촉하면 가연성 수소가스를 방출한다.
④ 이산화탄소와 반응을 일으킨다.

해설

과산화나트륨(Na_2O_2)은 물과 접촉하면 지연성 산소 가스를 방출한다.
$2Na_2O_2 + 2H_2O \rightarrow 4NaOH + O_2 \uparrow$

43 다음의 2가지 물질을 혼합하였을 때 위험성이 증가하는 경우가 아닌 것은?

① 과망간산칼륨 + 황산
② 니트로셀룰로오스 + 알코올 수용액
③ 질산나트륨 + 유기물
④ 질산 + 에틸알코올

해설

② 니트로셀룰로오스와 알코올 수용액을 혼합하면 위험성이 감소된다.

44 위험물의 운반용기 재질 중 액체 위험물의 외장 용기로 사용할 수 없는 것은?

① 유리 ② 나무
③ 파이버판 ④ 플라스틱

해설

액체 위험물의 외장 용기로 사용할 수 없는 것 : 유리

45 위험물 제조소 건축물의 구조 기준이 아닌 것은?

① 출입구에는 갑종방화문 또는 을종방화문을 설치할 것
② 지붕은 폭발력이 위로 방출될 정도의 가벼운 불연재료로 덮을 것
③ 벽·기둥·바닥·보·서까래 및 계단을 불연재료로 하고, 연소(延燒)의 우려가 있는 외벽은 출입구 외의 개구부가 없는 내화구조의 벽으로 하여야 한다.
④ 산화성 고체, 가연성 고체 위험물을 취급하는 건축물의 바닥은 위험물이 스며들지 못하는 재료를 사용할 것

해설

④ 산화성 고체, 가연성 고체 위험물을 취급하는 건축물의 바닥은 아스팔트, 그 밖에 부식되지 아니하는 재료로 피복하여야 한다.

46 트리에틸알루미늄(triethyl aluminium) 분자식에 포함된 탄소의 개수는?

① 2 ② 3
③ 5 ④ 6

해설

$(C_2H_5)_3Al$의 탄소의 개수 : 6개

47 연소반응을 위한 산소 공급원이 될 수 없는 것은?

① 과망간산칼륨 ② 염소산칼륨
③ 탄화칼슘 ④ 질산칼륨

해설

③ 탄화칼슘 : 제3류 위험물

48 옥외 저장탱크·옥내 저장탱크 또는 지하 저장탱크 중 압력탱크에 저장하는 아세트알데히드 등의 온도는 몇 ℃ 이하로 유지하여야 하는가?

① 30 ② 40
③ 55 ④ 65

해설

옥외 저장탱크의 위험물 저장기준
1. 옥외 저장탱크(옥내 저장탱크 또는 지하 저장탱크) 중 압력탱크 외의 탱크에 저장하는 경우
   ㉠ 에틸에테르 또는 산화프로필렌 : 30℃ 이하
   ㉡ 아세트알데히드 : 15℃ 이하
2. 옥외 저장탱크(옥내 저장탱크 또는 지하 저장탱크) 중 압력탱크에 저장하는 경우
   ㉠ 에틸에테르, 아세트알데히드 또는 산화프로필렌의 온도 : 40℃ 이하

49 외부의 산소공급이 없어도 연소하는 물질이 아닌 것은?

① 알루미늄의 탄화물 ② 히드록실아민
③ 유기과산화물 ④ 질산에스테르

해설

① 알루미늄의 탄화물(Al_4C_3) : 금수성 물질
  $Al_4C_3 + 12H_2O \rightarrow 4Al(OH)_3 + 3CH_4\uparrow$
②, ③, ④ : 자기 반응성 물질

50 셀룰로이드류를 다량으로 저장하는 경우, 자연발화의 위험성을 고려하였을 때 다음 중 가장 적합한 장소는?

① 습도가 높고 온도가 낮은 곳
② 습도와 온도가 모두 낮은 곳
③ 습도와 온도가 모두 높은 곳
④ 습도가 낮고 온도가 높은 곳

해설

셀룰로이드류를 다량 저장 시 가장 적합한 장소 : 습도와 온도가 모두 낮은 곳

51 이황화탄소의 인화점, 발화점, 끓는점에 해당하는 온도를 낮은 것부터 차례대로 나타낸 것은?

① 끓는점 < 인화점 < 발화점
② 끓는점 < 발화점 < 인화점
③ 인화점 < 끓는점 < 발화점
④ 인화점 < 발화점 < 끓는점

해설

위험물	인화점	발화점	끓는점
CS_2	-30℃	100℃	46℃

52 물과 접촉 시 발생되는 가스의 종류가 나머지 셋과 다른 하나는?

① 나트륨

② 수소화칼슘

③ 인화칼슘

④ 수소화나트륨

해설

① $2Na + 2H_2O \rightarrow 2NaOH + H_2 \uparrow$

② $CaH_2 + 2H_2O \rightarrow Ca(OH)_2 + 2H_2 \uparrow$

③ $Ca_3P_2 + 6H_2O \rightarrow 3Ca(OH)_2 + 2PH_3 \uparrow$

④ $NaH + H_2O \rightarrow NaOH + H_2 \uparrow$

53 위험물안전관리법령에 따른 제4류 위험물 중 제1석유류에 해당하지 않는 것은?

① 등유

② 벤젠

③ 메틸에틸케톤

④ 톨루엔

해설

① 등유는 제2석유류에 속한다.

54 위험물안전관리법령에 따른 제1류 위험물과 제6류 위험물의 공통적 성질로 옳은 것은?

① 산화성 물질이며 다른 물질을 환원시킨다.

② 환원성 물질이며 다른 물질을 환원시킨다.

③ 산화성 물질이며 다른 물질을 산화시킨다.

④ 환원성 물질이며 다른 물질을 산화시킨다.

해설

제1류 위험물과 제6류 위험물의 공통적 성질
산화성 물질이며 다른 물질을 산화시킨다.

55 위험물 운반용기 외부 표시의 주의사항으로 틀린 것은?

① 제1류 위험물 중 알칼리토금속의 과산화물 : 화기·충격주의, 물기엄금 및 가연물 접촉주의

② 제2류 위험물 중 인화성 고체 : 화기엄금

③ 제4류 위험물 : 화기엄금

④ 제6류 위험물 : 물기엄금

해설

④ 제6류 위험물 : 가연물 접촉주의

56 다음 제4류 위험물 중 인화점이 가장 낮은 것은?

① 아세톤

② 아세트알데히드

③ 산화프로필렌

④ 디에틸에테르

해설

① $-18℃$

② $-37.7℃$

③ $-37.2℃$

④ $-45℃$

57 제3류 위험물의 운반 시 혼재할 수 있는 위험물은 제 몇 류 위험물인가? (단, 각각 지정수량의 10배인 경우이다.)

① 제1류

② 제2류

③ 제4류

④ 제5류

해설

유별을 달리하는 위험물의 혼재 기준

구 분	제1류	제2류	제3류	제4류	제5류	제6류
제1류		×	×	×	×	○
제2류	×		×	○	○	×
제3류	×	×		○	×	×
제4류	×	○	○		○	×
제5류	×	○	×	○		×
제6류	○	×	×	×	×	

58 TNT의 폭발, 분해 시 생성물이 아닌 것은?

① CO

② N_2

③ CO_2

④ H_2

해설

TNT의 폭발, 분해 반응식

$2C_6H_2(NO_2)_3CH_3 \xrightarrow{\triangle} 12CO + 3N_2 + 5H_2 + 2C$

정답 52. ③ 53. ① 54. ③ 55. ④ 56. ④ 57. ③ 58. ③

59 1기압 27℃에서 아세톤 58g을 완전히 기화 시키면 부피는 약 몇 L가 되는가?

① 22.4 　　　　　② 24.6

③ 27.4 　　　　　④ 58.0

 해설

$$PV = \frac{W}{M}RT$$

$$V = \frac{WRT}{PM} = \frac{58 \times 0.082 \times (273 + 27)}{1 \times 58} = 24.6L$$

60 다음 중 증기비중이 가장 큰 것은?

① 벤젠

② 아세톤

③ 아세트알데히드

④ 톨루엔

 해설

① 2.8, ② 2.0, ③ 1.5, ④ 3.17

위험물 산업기사 (2016. 5. 8 시행)

01 대기압 하에서 열린 실린더에 있는 1mol의 기체를 20℃에서 120℃까지 가열하면 기체가 흡수하는 열량은 몇 cal인가? (단, 기체 몰열용량은 4.97cal/mol이다.)

① 97 ② 100

③ 497 ④ 760

해설

$Q = Cm\Delta t$ (C : 비열, m : 질량)

$C' = Cm$ (C' : 열용량)

$4.97 = C \cdot 1$

$\therefore Q = C'\Delta t = 4.97 \times (120 - 20) = 497$

02 분자 구조에 대한 설명으로 옳은 것은?

① BF_3는 삼각 피라미드형이고 NH_3는 선형이다.

② BF_3는 평면 정삼각형이고, NH_3는 삼각 피라미드형이다.

③ BF_3는 굽은 형(V형)이고, NH_3는 삼각 피라미드형이다.

④ BF_3는 평면 정삼각형이고, NH_3는 선형이다.

해설

분자 구조에 대한 설명으로 옳은 것

㉠ BF_3 ㉡ NH_3

03 다음은 열역학 제 몇 법칙에 대한 내용인가?

> 0K(절대영도)에서 물질의 엔트로피는 0이다.

① 열역학 제0법칙 ② 열역학 제1법칙

③ 열역학 제2법칙 ④ 열역학 제3법칙

해설

① 열역학 제0법칙 : 온도가 서로 다른 두 물체를 접촉시키면 높은 온도를 지닌 물체의 온도는 내려가고, 낮은 온도의 물체는 온도가 올라가서, 두 물체의 온도차가 없어지고 두 물체는 열평형이 된다.

② 열역학 제1법칙 : 에너지 보존의 법칙이라고 하며 열(Q)은 일(W)에너지로, 일에너지는 열로 상호 쉽게 바꿀 수 있으며, 그 비는 일정하다.

③ 열역학 제2법칙 : 열 이동의 방향성을 나타내는 경험법칙이다(열효율이 100%인 기관을 만들 수 없다).

04 물(H_2O)의 끓는점이 황화수소(H_2S)의 끓는점보다 높은 이유는?

① 분자량이 작기 때문에

② 수소결합 때문에

③ pH가 높기 때문에

④ 극성 결합 때문에

해설

수소결합 : 물(H_2O)의 비등점이 100℃, 산소(O) 원자 대신에 같은 족의 황(S) 원자를 바꾼 황화수소(H_2S)는 분자량이 큼에도 불구하고 비등점이 -61℃이다.

05 다음 중 비공유 전자쌍을 가장 많이 가지고 있는 것은?

① CH_4 ② NH_3

③ H_2O ④ CO_2

해설

비공유 전자쌍

① 0쌍 ② 1쌍

③ 2쌍 ④ 4쌍

06 NH_4Cl에서 배위결합을 하고 있는 부분을 옳게 설명한 것은?

① NH_3의 N-H 결합

② NH_3와 H^+의 결합

③ NH_4^+와 Cl^-과의 결합

④ H^+과 Cl^-과의 결합

🌱해설
─────────────────────

배위결합 : $NH_3 + H^+ \rightarrow [NH_4^+]$

07 중크롬산이온($Cr_2O_7^{2-}$)에서 Cr의 산화수는?

① +3　　　　　　② +6

③ +7　　　　　　④ +12

🌱해설
─────────────────────

($Cr_2O_7^{2-}$) Cr의 산화수

㉠ O의 산화수 : -2

㉡ Cr의 산화수를 x라고 할 때

$2x + (-2) \times 7 = -2$

$2x = 12$

$\therefore x = 6$

08 어떤 비전해질 12g을 물 60.0g에 녹였다. 이 용액이 $-1.88\,℃$의 빙점 강하를 보였을 때 이 물질의 분자량을 구하면? (단, 물의 몰랄 어는점 내림 상수 $K_f = 1.86\,℃/m$이다.)

① 297　　　　　　② 202

③ 198　　　　　　④ 165

🌱해설
─────────────────────

라울(Raoult)의 법칙

묽은 용액의 비등점 상승도(ΔT_b)나 빙점 강하도(ΔT_f)는 그 용액의 몰랄 농도(m)에 비례한다.

$\Delta T_b = m \times K_b$

$\Delta T_f = m \times K_f$

(m : 몰랄 농도, K_b : 몰오름상수, K_f : 몰내림상수)

$1.88 = m \times 1.86 \rightarrow m = \dfrac{1.88}{1.86}$

몰랄농도(m) $= \dfrac{용질의 몰수}{분자량} \times \dfrac{1,000}{용매 g수}$

$\dfrac{1.88}{1.86} = \dfrac{12}{x} \times \dfrac{1,000}{60}$

$\therefore x = 197.87 \simeq 198$

09 페놀 수산기(-OH)의 특성에 대한 설명으로 옳은 것은?

① 수용액이 강알칼리성이다.

② -OH기가 하나 더 첨가되면 물에 대한 용해도가 작아진다.

③ 카르복실산과 반응하지 않는다.

④ $FeCl_3$ 용액과 정색 반응을 한다.

🌱해설
─────────────────────

① 수용액이 약산성이다.

② -OH기가 하나 더 첨가되면 물에 대한 용해도가 커진다.

③ 카르복실산과 반응한다.

10 시약의 보관방법으로 옳지 않은 것은?

① Na : 석유 속에 보관

② NaOH : 공기가 잘 통하는 곳에 보관

③ P_4(흰인) : 물속에 보관

④ HNO_3 : 갈색병에 보관

🌱해설
─────────────────────

수산화나트륨(NaOH) : 밀폐된 유리용기나 플라스틱용기에 보관

11 17g의 NH_3와 충분한 양의 황산이 반응하여 만들어지는 황산암모늄은 몇 g인가? (단, 원소의 원자량은 H : 1, N : 14, O : 16, S : 32이다.)

① 66g　　　　　　② 106g

③ 115g　　　　　　④ 132g

🌱해설
─────────────────────

$2NH_3 + H_2SO_4 \rightleftharpoons (NH_4)_2SO_4$

- NH_3의 분자량 : $(1 \times 3 + 14) = 17g/mol$
- H_2SO_4의 분자량 : $(1 \times 2 + 32 + 16 \times 4) = 98g/mol$
- $(NH_4)_2SO_4$의 분자량 : $2(1 \times 4 + 14) + 32 + 16 \times 4$
　　　　　　　　　 $= 132g/mol$

NH_3와 H_2SO_4의 반응비 = 2:1

NH_3 : 1몰 존재, H_2SO_4 0.5몰과 반응하여 $(NH_4)_2SO_4$ 0.5몰 생성

$0.5몰 = \dfrac{x}{132}$

$\therefore x = 66g$

12 다음에서 설명하는 물질의 명칭은?

- HCl과 반응하여 염산염을 만든다.
- 니트로벤젠을 수소로 환원하여 만든다.
- $CaOCl_2$ 용액에서 붉은 보라색을 띤다.

① 페놀   ② 아닐린

③ 톨루엔   ④ 벤젠술폰산

해설

아닐린($C_6H_5NH_2$)

㉠ HCl과 반응하여 염산염을 만든다.

⃝—NH₂ + NaNO₂ + 2HCl $\xrightarrow{\text{디아조화}}$

[⃝—N⁺≡N]Cl⁻ + NaCl + 2H₂O

㉡ 니트로 벤젠을 수소로 환원하여 만든다.

$C_6H_5NO_2 + 3H_2 \xrightarrow{\text{Fe, Sn + HCl}} C_6H_5NO_2 + 2H_2O$

㉢ $CaOCl_2$ 용액에서 붉은 보라색을 띤다.

13 원자에서 복사되는 빛은 선 스펙트럼을 만드는데 이것으로부터 알 수 있는 사실은?

① 빛에 의한 광전자의 방출

② 빛이 파동의 성질을 가지고 있다는 사실

③ 전자껍질의 에너지의 불연속성

④ 원자핵 내부의 구조

해설

선 스펙트럼이 생기는 이유는 원자에 포함된 전자가 가질 수 있는 에너지가 불연속적이기 때문이다.

14 원자가 전자배열이 as^2ap^2인 것은? (단, a= 2, 3이다.)

① Ne, Ar   ② Li, Na

③ C, Si   ④ N, P

해설

원자가전자가 4이므로 4족 원소이다.

15 다음의 반응에서 환원제로 쓰인 것은?

$$MnO_2 + 4HCl \rightarrow MnCl_2 + 2H_2O + Cl_2$$

① Cl_2 ② $MnCl_2$

③ HCl   ④ MnO_2

해설

환원제란 다른 물질을 환원시키는 성질이 강한 물질이다. 즉, 자신은 산화되기 쉬운 물질이다.

산 화	환 원
산소와 결합	산소를 잃음
수소를 잃음	수소와 결합
전자를 잃음	전자를 얻음
산화수 증가	산화수 감소

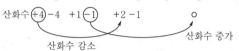

$$MnO_2 + 4HCl \rightarrow MnCl_2 + 2H_2O + Cl_2$$

산화수 ⊕4 −4   +1 ⊖1   +2 −1   ○

산화수 감소   산화수 증가

16 벤조산은 무엇으로 산화하면 얻을 수 있는가?

① 톨루엔   ② 니트로벤젠

③ 트리니트로톨루엔   ④ 페놀

해설

톨루엔 산화제($KMnO_4 + H_2SO_4$)를 작용시키면 산화되어 벤젠알데히드(C_6H_5CHO)를 거쳐 벤조산(C_6H_5COOH, 안식향산)이 된다.

CH₃ $\xrightarrow[\text{산화}]{KMnO_4 + H_2SO_4}$ CHO $\xrightarrow[\text{산화}]{KMnO_4 + H_2SO_4}$ COOH

벤즈알데히드   벤조산 (안식향산)

17 다음 화학반응으로부터 설명하기 어려운 것은?

$$2H_2(g) + O_2(g) \rightarrow 2H_2O(g)$$

① 반응물질 및 생성물질의 부피비

② 일정성분비의 법칙

③ 반응물질 및 생성물질의 몰수비

④ 배수비례의 법칙

해설

㉠ 배수비례의 법칙

두 원소가 일련의 화합물을 만들 때 일정한 질량의 한 원소와 결합하는 다른 원소의 질량들은 서로 작은 정수비로 존재한다.

㉡ 일정성분비의 법칙

화합물을 조성하는 원소의 질량비가 정해지면 화합물의 근원이나 만들어지는 방법에 관계 없이 일정하다는 법칙

정답   12. ②   13. ③   14. ③   15. ③   16. ①   17. ④

18 질산칼륨을 물에 용해시키면 용액의 온도가 떨어진다. 다음 사항 중 옳지 않은 것은?

① 용해시간과 용해도는 무관하다.

② 질산칼륨의 용해 시 열을 흡수한다.

③ 온도가 상승할수록 용해도는 증가한다.

④ 질산칼륨 포화용액을 냉각시키면 불포화용액이 된다.

🌱해설
④ 질산칼륨 포화용액을 냉각시키면 과포화용액이 된다.

19 볼타전지에서 갑자기 전류가 약해지는 현상을 "분극현상"이라 한다. 이 분극현상을 방지해주는 감극제로 사용되는 물질은?

① MnO_2

② $CuSO_3$

③ $NaCl$

④ $Pb(NO_3)_2$

🌱해설
감극제 : 산화제로 양주에 발생하는 수소를 산화하여 수소이온의 발생을 방지한다.
예 MnO_2, K_2CrO_7, O_2

20 디클로로벤젠의 구조 이성질체 수는 몇 개인가?

① 5 ② 4

③ 3 ④ 2

🌱해설

디클로로벤젠($C_6H_4Cl_2$)

㉠ 1,2-디클로로벤젠(와소 디클로로벤젠)

㉡ 1,3-디클로로벤젠(메타 디클로로벤젠)

㉢ 1,4-디클로로벤젠(파라 디클로로벤젠)

화재예방과 소화방법

21 위험물안전관리법령에서 정한 다음의 소화설비 중 능력단위가 가장 큰 것은?

① 팽창진주암 160L(삽 1개 포함)

② 수조 80L(소화 전용 물통 3개 포함)

③ 마른 모래 50L(삽 1개 포함)

④ 팽창질석 160L(삽 1개 포함)

🌱해설
능력단위
① 팽창진주암 160L(삽 1개 포함) : 1단위
② 수조 80L(소화 전용 물통 3개 포함) : 1.5단위
③ 마른 모래 50L(삽 1개 포함) : 0.5단위
④ 팽창질석 160L(삽 1개 포함) : 1단위

22 강화액 소화기에 대한 설명으로 옳은 것은?

① 물의 유동성을 크게 하기 위한 유화제를 첨가한 소화기이다.

② 물의 표면장력을 강화한 소화기이다.

③ 산·알칼리 액을 주성분으로 한다.

④ 물의 소화효과를 높이기 위해 염류를 첨가한 소화기이다.

🌱해설
강화액 소화기 : 물의 소화효과를 높이기 위해 염류(K_2CO_3)를 첨가한 소화기이다.

23 소화약제 제조 시 사용되는 성분이 아닌 것은?

① 에틸렌글리콜

② 탄산칼륨

③ 인산이수소암모늄

④ 인화알루미늄

🌱해설
① 에틸렌글리콜 : 단백포 소화약제 제조 시 사용되는 성분
② 탄산칼륨 : 강화액 소화기 제조 시 사용되는 성분
③ 인산이수소암모늄 : 제3종 분말소화기 제조 시 사용되는 성분

정답 18. ④ 19. ① 20. ③ 21. ② 22. ④ 23. ④

24 가연성 가스나 증기의 농도를 연소한계(하한) 이하로 하여 소화하는 방법은?

① 희석 소화

② 제거 소화

③ 질식 소화

④ 냉각 소화

> **해설**
>
> 희석 소화 : 가연성 가스나 증기의 농도를 연소한계(하한) 이하로 하여 소화하는 방법

25 열의 전달에 있어서 열전달 면적과 열전도도가 각각 2배로 증가한다면, 다른 조건이 일정한 경우 전도에 의해 전달되는 열의 양은 몇 배가 되는가?

① 0.5배   ② 1배

③ 2배   ④ 4배

> **해설**
>
> 푸리에 법칙(Fourier's law)
>
> $$\frac{g}{A} = -k\frac{dT}{dx}$$
>
> g : 열량
>
> A : 단위 면적
>
> k : 물질의 고유 상수(열전도도)
>
> dT : 온도 변화
>
> dx : 거리 변화
>
> 이때 열전달 면적과 열전도도가 각 2배로 증가하면,
>
> $$\frac{g}{2A} = -2k\frac{dT}{dx}$$
>
> $$g = -4k\frac{dT}{dx} \cdot A$$
>
> g는 4배로 증가한다.

26 마그네슘에 화재가 발생하여 물을 주수하였다. 그에 대한 설명으로 옳은 것은?

① 냉각소화 효과에 의해서 화재가 진압된다.

② 주수된 물이 증발하여 질식소화 효과에 의해서 화재가 진압된다.

③ 수소가 발생하여 폭발 및 화재 확산의 위험성이 증가한다.

④ 물과 반응하여 독성가스를 발생한다.

> **해설**
>
> 마그네슘에 화재가 발생하여 물을 주수하였다면 수소가 발생하여 폭발 및 화재 확산의 위험성이 증가한다.

27 위험물 제조소 등에 설치된 옥외 소화전 설비는 모든 옥외 소화전(설치개수가 4개 이상인 경우는 4개의 옥외 소화전)을 동시에 사용할 경우에 각 노즐선단의 방수압력은 몇 kPa 이상이어야 하는가?

① 250

② 300

③ 350

④ 450

> **해설**
>
> 위험물 제조소 등에 설치된 옥외 소화전 설비의 방수압력은 350kPa 이상이다.

28 불활성 가스 소화약제 중 IG-100의 성분을 옳게 나타낸 것은?

① 질소 100%

② 질소 50%, 아르곤 50%

③ 질소 52%, 아르곤 40%, 이산화탄소 8%

④ 질소 52%, 이산화탄소 40%, 아르곤 8%

> **해설**
>
> 불활성 가스 소화약제
>
> | 소화약제 | 상품명 | 화학식 |
> |---|---|---|
> | IG-100 | Nitrogen | N_2 : 100% |
> | IG-55 | Argonite | N_2 : 50%, Ar : 50% |
> | IG-541 | Inergen | Ni : 52%, Ar : 40%, CO_2 : 8% |

29 위험물안전관리법령상 제3류 위험물 중 금수성 물질 이외의 것에 적응성이 있는 소화설비는?

① 할로겐화합물 소화설비

② 불활성 가스 소화설비

③ 포 소화설비

④ 분말 소화설비

해설

소화 설비의 적응성

소화 설비의 구분		건축물·그 밖의 인공구조물	전기설비	제1류 위험물 알칼리금속과산화물 등	제1류 위험물 그 밖의 것	제2류 위험물 철분·금속분·마그네슘 등	제2류 위험물 인화성 고체	제2류 위험물 그 밖의 것	제3류 위험물 금수성 물품	제3류 위험물 그 밖의 것	제4류 위험물	제5류 위험물	제6류 위험물
옥내 소화전 설비 또는 옥외 소화전 설비		○			○		○	○		○		○	○
스프링클러 설비		○			○		○	○		○	△	○	○
물분무 등 소화설비	물분무 소화설비	○	○		○		○	○		○	○	○	○
	포 소화설비	○			○		○	○		○	○	○	○
	불활성 가스 소화설비		○				○				○		
	할로겐화합물 소화설비		○				○				○		
	분말 소화설비 인산염류 등	○	○		○		○	○			○		○
	분말 소화설비 탄산수소염류 등		○	○		○	○		○		○		
	분말 소화설비 그 밖의 것			○		○			○				

[비고] "○" 표시는 해당 소방 대상물 및 위험물에 대하여 소화 설비가 적응성이 있음을 표시하고, "△" 표시는 제4류 위험물을 저장 또는 취급하는 장소의 살수 기준 면적에 따라 스프링클러 설비의 살수 밀도가 표에 정하는 기준 이상인 경우에는 해당 스프링클러 설비가 제4류 위험물에 대하여 적응성이 있음을, 제6류 위험물을 저장 또는 취급하는 장소로서 폭발의 위험이 없는 장소에 한하여 이산화탄소 소화기가 제6류 위험물에 대하여 적응성이 있음을 각각 표시한다.

30 제1종 분말 소화약제의 소화효과에 대한 설명으로 가장 거리가 먼 것은?

① 열분해 시 발생하는 이산화탄소와 수증기에 의한 질식효과

② 열분해 시 흡열반응에 의한 냉각효과

③ H^+이온에 의한 부촉매 효과

④ 분말 운무에 의한 열방사의 차단효과

 해설

제1종 분말 소화약제의 소화효과

㉠ 열분해 시 발생하는 이산화탄소와 수증기에 의한 질식효과

㉡ 열분해 시 흡열반응에 의한 냉각효과

㉢ 분말 운무에 의한 열방사의 차단효과

31 다음 ( )에 알맞은 수치를 옳게 나열한 것은?

위험물안전관리법령상 옥내 소화전 설비는 각층을 기준으로 하여 당해 층의 모든 옥내 소화전(설치 개수가 5개 이상인 경우는 5개의 옥내 소화전)을 동시에 사용할 경우에 각 노즐선단의 방수압력이 ( )kPa 이상이고 방수량이 1분당 ( )L 이상의 성능이 되도록 할 것

① 350, 260

② 260, 350

③ 450, 260

④ 260, 450

 해설

옥내 소화전 설비의 노즐선단의 성능 기준

방수압 350kPa 이상, 방수량 260L/min 이상

32 다음 중 물을 소화약제로 사용하는 가장 큰 이유는?

① 기화 잠열이 크므로

② 부촉매 효과가 있으므로

③ 환원성이 있으므로

④ 기화하기 쉬우므로

 해설

물을 소화제로 사용하는 가장 큰 이유는 기화 잠열이 크기 때문이다.

33 위험물 취급소의 건축물 연면적이 500m²인 경우 소요단위는? (단, 외벽은 내화구조이다.)

① 2단위   ② 5단위
③ 10단위   ④ 50단위

 해설

$$\frac{500m^2}{100m^2} = 5단위$$

34 트리에틸알루미늄의 화재발생 시 물을 이용한 소화가 위험한 이유를 옳게 설명한 것은?

① 가연성의 수소가스가 발생하기 때문에
② 유독성의 포스핀가스가 발생하기 때문에
③ 유독성의 포스겐가스가 발생하기 때문에
④ 가연성의 에탄가스가 발생하기 때문에

해설

트리에틸알루미늄의 화재 발생 시 물을 이용한 소화가 위험한 이유는 가연성의 에탄가스가 발생하기 때문이다.
예 $(C_2H_5)_3Al + 3H_2O \rightarrow Al(OH)_3 + 3C_2H_6$

35 불꽃의 표면 온도가 300℃에서 360℃로 상승하였다면 300℃보다 약 몇 배의 열을 방출하는가?

① 1.49배   ② 3배
③ 7.27배   ④ 10배

해설

슈테판-볼츠만의 법칙(Stefan-Boltzman's law)

$$\frac{Q_2}{Q_1} = \frac{(273+t_2)^4}{(273+t_1)^4}$$

$$\frac{Q_2}{Q_1} = \frac{(273+360)^4}{(273+300)^4} = 1.49배$$

36 인화점이 70℃ 이상인 제4류 위험물을 저장·취급하는 소화 난이도 등급 Ⅰ의 옥외 탱크 저장소 (지중탱크 또는 해상탱크 외의 것)에 설치하는 소화설비는?

① 스프링클러 소화설비
② 물분무 소화설비
③ 간이 소화설비
④ 분말 소화설비

해설

소화 난이도 등급 Ⅰ에 대한 제조소 등의 소화설비

구 분	소화 설비
제조소, 일반 취급소	• 옥내 소화전 설비 • 옥외 소화전 설비 • 스프링클러 설비 • 물분무 등 소화설비
옥내 저장소 (처마 높이 6m 이상인 단층 건물)	• 스프링클러 설비 • 이동식 외의 물분무 등 소화설비
옥외 탱크 저장소 (유황만을 저장·취급)	물분무 소화설비
옥외 탱크 저장소 (인화점 70℃ 이상의 제4류 위험물 취급)	• 물분무 소화설비 • 고정식 포 소화설비
옥외 탱크 저장소 (지중 탱크)	• 고정식 포 소화설비 • 이동식 이외의 불활성가스 소화설비 • 이동식 이외의 할로겐화물 소화설비
옥외 저장소, 이송 취급소	• 옥내 소화전 설비 • 옥외 소화전 설비 • 스프링클러 설비 • 물분무 등 소화설비

[비고] 물분무 등 소화설비 : 물분무 소화설비, 포 소화설비, 불활성 가스 소화설비, 할로겐화물 소화설비, 청정 소화약제 소화설비, 분말 소화설비

37 제4류 위험물의 소화방법에 대한 설명 중 틀린 것은?

① 공기차단에 의한 질식소화가 효과적이다.
② 물분무 소화도 적응성이 있다.
③ 수용성인 가연성 액체의 화재에는 수성막 포에 의한 소화가 효과적이다.
④ 비중이 물보다 작은 위험물의 경우는 주수소화가 효과가 떨어진다.

해설

알코올 화재 시 수성막 포 소화약제가 효과가 없는 이유는 알코올이 수용성이어서 포를 소멸시키기 때문이다.

38 위험물안전관리법령상 이산화탄소 소화기가 적응성이 있는 위험물은?

① 트리니트로톨루엔   ② 과산화나트륨
③ 철분   ④ 인화성 고체

정답   33. ②   34. ④   35. ①   36. ②   37. ③   38. ④

해설

29번 해설 참조

39 위험물안전관리법령상 이산화탄소를 저장하는 저압식 저장용기에는 용기 내부의 온도를 어떤 범위로 유지할 수 있는 자동 냉동기를 설치하여야 하는가?

① 영하 20℃ ~ 영하 18℃

② 영하 20℃ ~ 0℃

③ 영하 25℃ ~ 영하 18℃

④ 영하 25℃ ~ 0℃

해설

CO_2를 저장하는 저압식 저장용기 : 용기 내부의 온도를 −20℃ ~ −18℃ 범위로 유지할 수 있는 자동 냉동기를 설치한다.

40 위험물안전관리법령상 연소의 우려가 있는 위험물 제조소의 외벽의 기준으로 옳은 것은?

① 개구부가 없는 불연재료의 벽으로 하여야 한다.

② 개구부가 없는 내화구조의 벽으로 하여야 한다.

③ 출입구 외의 개구부가 없는 불연재료의 벽으로 하여야 한다.

④ 출입구 외의 개구부가 없는 내화구조의 벽으로 하여야 한다.

해설

㉠ 위험물을 취급하는 건축물의 기준
 • 불연재료로 하여야 하는 것 : 벽, 연소의 우려가 있는 기둥, 바닥, 보, 서까래, 계단
 • 내화구조로 하여야 하는 것 : 연소의 우려가 있는 외벽

㉡ 불연재료 : 화재 시 불에 녹거나 열에 의해 빨갛게 되는 경우는 있어도 연소 현상은 일으키지 않는 재료

㉢ 내화구조 : 화재에도 쉽게 연소하지 않고 건축물 내에서 화재가 발생하더라도 보통은 방화 구역 내에서 진화되며, 최종적으로 전소해도 수리하여 재사용할 수 있는 구조

제3과목 위험물의 성질과 취급

41 다음은 위험물안전관리법령에 관한 내용이다. ( )에 알맞은 수치의 합은?

• 위험물안전관리자를 선임한 제조소 등의 관계인은 그 안전관리자를 해임하거나 안전관리자가 퇴직한 때에는 해임하거나 퇴직한 날부터 ( )일 이내에 다시 안전관리자를 선임하여야 한다.

• 제조소 등의 관계인은 해당 제조소 등의 용도를 폐지한 때에는 행정안전부령이 정하는 바에 따라 제조소 등의 용도를 폐지한 날부터 ( )일 이내에 시 · 도지사에게 신고하여야 한다.

① 30　　　　　② 44

③ 49　　　　　④ 62

해설

㉠ 위험물안전관리자를 선임한 제조소 등의 관계인은 그 안전관리자를 해임하거나 안전관리자가 퇴직한 때에는 해임하거나 퇴직한 날부터 30일 이내에 다시 안전관리자를 선임하여야 한다.

㉡ 제조소 등의 관계인은 해당 제조소 등의 용도를 폐지한 때에는 행정안전부령이 정하는 바에 따라 제조소 등의 용도를 폐지한 날부터 14일 이내에 시 · 도지사에게 신고하여야 한다.

42 제4류 위험물의 일반적인 성질 또는 취급 시 주의사항에 대한 설명 중 가장 거리가 먼 것은?

① 액체의 비중은 물보다 가벼운 것이 많다.

② 대부분 증기는 공기보다 무겁다.

③ 제1석유류 ~ 제4석유류는 비점으로 구분한다.

④ 정전기 발생에 주의하여 취급하여야 한다.

해설

③ 제1석유류 ~ 제4석유류는 인화점으로 구분한다.

43 위험물안전관리법령상 HCN의 품명으로 옳은 것은?

① 제1석유류　　　② 제2석유류

③ 제3석유류　　　④ 제4석유류

해설

HCN의 품명 : 제1석유류

44 과산화나트륨이 물과 반응할 때의 변화를 가장 옳게 설명한 것은?

① 산화나트륨과 수소를 발생한다.
② 물을 흡수하여 탄산나트륨이 된다.
③ 산소를 방출하여 수산화나트륨이 된다.
④ 서서히 물에 녹아 과산화나트륨의 안정한 수용액이 된다.

 해설

과산화나트륨이 물과 반응하면 산소를 방출하여 수산화나트륨이 된다.
$Na_2O_2 + H_2O \rightarrow 2NaOH + 1/2O_2$

45 다음과 같이 위험물을 저장할 경우 각각의 지정수량 배수의 총합은 얼마인가?

- 클로로벤젠 : 1,000L
- 동 · 식물유류 : 5,000L
- 제4석유류 : 12,000L

① 2.5　　　　② 3.0
③ 3.5　　　　④ 4.0

 해설

$\dfrac{1,000}{1,000} + \dfrac{5,000}{10,000} + \dfrac{12,000}{6,000} = 3.5$배

46 위험물안전관리법령상 다음 암반탱크의 공간용적은 얼마인가?

- 암반탱크의 내용적 100억L
- 탱크 내에 용출하는 1일 지하수의 양 2천만L

① 2천만L　　　② 1억L
③ 1억 4천L　　④ 100억L

 해설

암반탱크의 공간용적
㉠ 해당 탱크 내에 용출하는 7일간의 지하수 양에 상당하는 용적과
㉡ 해당 탱크 내용적 1/100의 용적 중 보다 큰 용적으로 한다.
→ ㉠ 2천만L/1일×7일=1억 4천만L > ㉡ 100억L× $\dfrac{1}{100}$ =
1억L

47 다음 중 물과 접촉 시 유독성의 가스를 발생하지는 않지만 화재의 위험성이 증가하는 것은?

① 인화칼슘
② 황린
③ 적린
④ 나트륨

해설

① $Ca_3P_2 + 6H_2O \rightarrow 3Ca(OH)_2 + \underline{2PH_3}\uparrow$
　　　　　　　　　　　　　　　　유독성 가스
② 황린은 물속에 저장
③ 적린은 석유 속에 저장
④ $2Na + 2H_2O \rightarrow 2NaOH + \underline{H_2}\uparrow$
　　　　가연성 가스를 발생하며 위험성이 증가한다.

48 위험물안전관리법령에서 정하는 제조소와의 안전거리의 기준이 다음 중 가장 큰 것은?

① 「고압가스 안전관리법」의 규정에 의하여 허가를 받거나 신고를 하여야 하는 고압가스 저장시설
② 사용전압이 35,000[V]를 초과하는 특고압 가공전선
③ 병원, 학교, 극장
④ 「문화재보호법」의 규정에 의한 유형문화재와 기념물 중 지정문화재

해설

① 20m 이상
② 5m 이상
③ 30m 이상
④ 50m 이상

49 위험물의 운반에 관한 기준에서 위험물의 적재 시 혼재가 가능한 위험물은? (단, 지정수량의 5배인 경우이다.)

① 과염소산칼륨-황린
② 질산메틸-경유
③ 마그네슘-알킬알루미늄
④ 탄화칼슘-니트로글리세린

정답　**44.** ③　**45.** ③　**46.** ③　**47.** ④　**48.** ④　**49.** ②

해설

유별을 달리하는 위험물의 혼재 기준

구 분	제1류	제2류	제3류	제4류	제5류	제6류
제1류		×	×	×	×	○
제2류	×		×	○	○	×
제3류	×	×		○	×	×
제4류	×	○	○		○	×
제5류	×	○	×	○		×
제6류	○	×	×	×	×	

① 과염소산칼륨 : 제1류 위험물, 황린 : 제3류 위험물
② 질산메틸 : 제5류 위험물, 경유 : 제4류 위험물
③ 마그네슘 : 제2류 위험물, 알킬알루미늄 : 제3류 위험물
④ 탄화칼슘 : 제3류 위험물, 니트로글리세린 : 제5류 위험물

50 다음 중 지정수량이 나머지 셋과 다른 금속은?

① Fe분
② Zn분
③ Na
④ Mg

해설

① 500kg
② 500kg
③ 10k
④ 500kg

51 다음은 위험물안전관리법령상 위험물의 운반 기준 중 적재방법에 관한 내용이다. ( )에 알맞은 내용은?

( ) 위험물 중 ( )℃ 이하의 온도에서 분해될 우려가 있는 것은 보냉 컨테이너에 수납하는 등, 적정한 온도관리를 할 것

① 제5류, 25
② 제5류, 55
③ 제6류, 25
④ 제6류, 55

해설

제5류 위험물 중 55℃ 이하의 온도에서 분해될 우려가 있는 것은 보냉 컨테이너에 수납하는 등, 적정한 온도관리를 할 것

52 오황화인에 관한 설명으로 옳은 것은?

① 물과 반응하면 불연성 기체가 발생된다.
② 담황색 결정으로서 흡습성과 조해성이 있다.
③ P_5S_2로 표현되며 물에 녹지 않는다.
④ 공기 중에서 자연발화한다.

해설

① 물과 반응하면 유독성 가스가 발생된다.
$$P_2S_5 + 8H_2O \rightarrow 5H_2S + 2H_3PO_4$$
③ P_2O_5로 표현되며 물에 분해된다.
④ 공기 중에서 자연발화하지 않는다.

53 짚, 헝겊 등을 다음의 물질과 적셔서 대량으로 쌓아 두었을 경우 자연 발화의 위험성이 제일 높은 것은?

① 동유
② 야자유
③ 올리브유
④ 피마자유

해설

① 동유 : 건성유(자연발화의 위험성이 제일 높다.)
② 야자유 : 불건성유
③ 올리브유 : 불건성유
④ 피마자유 : 불건성유

54 위험물안전관리법령상 다음 사항을 참고하여 제조소의 소화설비의 소요단위의 합을 옳게 산출한 것은?

A. 제조소 건축물의 연면적은 3,000m^2
B. 제조소 건축물의 외벽은 내화구조이다.
C. 제조소 허가 지정수량은 3,000배이다.
D. 제조소의 옥외 공작물은 최대 수평 투영 면적은 500m^{2}이다.

① 335
② 395
③ 400
④ 440

해설

소요단위(1단위)
㉠ 제조소 또는 취급소용 건축물의 경우
  외벽이 내화구조로 된 것으로 연면적 100m^2
㉡ 위험물의 경우 : 지정수량 10배
㉢ 제조소 등의 옥외에 설치된 공작물은 외벽이 내화구조인 것으로 간주하고 공작물의 수평 투영 면적을 연면적으로 간주한다.

A, B : $\dfrac{3,000\text{m}^2}{100\text{m}^2} = 30$단위

C : $\dfrac{3,000\text{배}}{10\text{배}} = 300$단위

D : $\dfrac{500\text{m}^2}{100\text{m}^2} = 5$단위

∴ 30 + 300 + 5 = 335단위

55 다음 중 물과 반응하여 수소를 발생하지 않는 물질은?

① 칼륨   ② 수소화붕소나트륨

③ 탄화칼슘   ④ 수소화칼슘

해설

① $2K + 2H_2O \rightarrow 2KOH + H_2\uparrow$

② $3NaBH_4 + 6H_2O \rightarrow NaB_3O_6 + 12H_2\uparrow$

③ $CaC_2 + 2H_2O \rightarrow Ca(OH)_2 + C_2H_2\uparrow$

④ $CaH_2 + 2H_2O \rightarrow Ca(OH)_2 + 2H_2\uparrow$

56 제4석유류를 저장하는 옥내 탱크 저장소의 기준으로 옳은 것은? (단, 단층건축물에 탱크전용실을 설치하는 경우이다.)

① 옥내 저장 탱크의 용량은 지정수량의 40배 이하일 것

② 탱크전용실은 벽, 기둥, 바닥, 보를 내화구조로 할 것

③ 탱크전용실에는 창을 설치하지 아니할 것

④ 탱크전용실에 펌프설비를 설치하는 경우에는 그 주위에 0.2m 이상의 높이로 턱을 설치할 것

해설

② 탱크전용실은 벽, 기둥, 바닥을 내화구조로 하고 보를 불연재료로 한다.

③ 탱크전용실의 창 및 출입구에는 갑종방화문 또는 을종방화문을 설치한다.

④ 탱크전용실에 펌프를 설치하는 경우에는 견고한 기초 위에 고정한 다음, 그 주위에는 불연재료로 된 턱을 0.2m 이상의 높이로 설치하는 등, 누설된 위험물이 유출되거나 유입되지 아니하도록 하는 조치를 한다.

57 인화칼슘의 성질이 아닌 것은?

① 적갈색의 고체이다.

② 물과 반응하여 포스핀 가스를 발생한다.

③ 물과 반응하여 유독한 불연성 가스를 발생한다.

④ 산과 반응하여 포스핀 가스를 발생한다.

해설

③ 물과 반응하여 유독한 가연성인 인화수소(PH_3) 가스를 발생한다.

$Ca_3P_2 + 6H_2O \rightarrow 3Ca(OH)_2 + 2PH_3\uparrow$

58 이동 저장 탱크에 저장할 때 불연성 가스를 봉입하여야 하는 위험물은?

① 메틸에틸케톤 퍼옥사이드

② 아세트알데히드

③ 아세톤

④ 트리니트로톨루엔

해설

아세트알데히드는 이동 저장 탱크에 저장할 때 불연성 가스를 봉입한다.

59 위험물안전관리법령상 위험물 운반 시에 혼재가 금지된 위험물로 이루어진 것은? (단, 지정수량의 $\frac{1}{10}$ 초과이다.)

① 과산화나트륨과 유황

② 유황과 과산화벤조일

③ 황린과 휘발유

④ 과염소산과 과산화나트륨

해설

유별을 달리하는 위험물의 혼재 기준

구 분	제1류	제2류	제3류	제4류	제5류	제6류
제1류		×	×	×	×	○
제2류	×			×	○	○	×
제3류	×	×		○	×	×
제4류	×	○	○		○	×
제5류	×	○	×	○		×
제6류	○	×	×	×	×	

① 과산화나트륨 : 제1류 위험물, 유황 : 제2류 위험물

② 유황 : 제2류 위험물, 과산화벤조일 : 제5류 위험물

③ 황린 : 제3류 위험물, 휘발유 : 제4류 위험물

④ 과염소산 : 제6류 위험물, 과산화나트륨 : 제1류 위험물

60 위험물 주유취급소의 주유 및 급유 공지의 바닥에 대한 기준으로 옳지 않은 것은?

① 주위 지면보다 낮게 할 것

② 표면을 적당하게 경사지게 할 것

③ 배수구, 집유설비를 할 것

④ 유분리장치를 할 것

해설

① 주위 지면보다 높게 할 것

 55. ③ 56. ① 57. ③ 58. ② 59. ① 60. ①

위험물 산업기사 (2016. 10. 1 시행)

일반 화학

01 황산구리 수용액을 전기분해하여 음극에서 63.54g의 구리를 석출시키고자 한다. 10A의 전기를 흐르게 하면 전기분해에는 약 몇 시간이 소요되는가? (단, 구리의 원자량은 63.54이다.)

① 2.72

② 5.36

③ 8.13

④ 10.8

해설

$p = nF = I \cdot t$ 이므로

$2 \times \dfrac{63.54}{63.54} \text{mole}^- \cdot 96,500 \text{C/mole}^- = 10\text{A} \cdot x(\text{s})$

$\therefore x = 19,300\text{s} \times \dfrac{1\text{hr}}{3,600\text{s}} = 5.36\text{hr}$

02 100mL 메스플라스크로 10ppm 용액 100mL를 만들려고 한다. 1,000ppm 용액 몇 mL를 취해야 하는가?

① 0.1 ② 1

③ 10 ④ 100

해설

$10\text{ppm} \times 100\text{mL} = 1,000\text{ppm} \times x$

$\therefore x = 1\text{mL}$

03 발연황산이란 무엇인가?

① H_2SO_4의 농도가 98% 이상인 거의 순수한 황산

② 황산과 염산을 1 : 3의 비율로 혼합한 것

③ SO_3를 황산에 흡수시킨 것

④ 일반적인 황산을 총괄하는 것

해설

발연황산이란 SO_3를 황산에 흡수시킨 것

04 다음 중 $FeCl_3$과 반응하면 색깔이 보라색으로 되는 현상을 이용해서 검출하는 것은?

① CH_3OH ② C_6H_5OH

③ $C_6H_5NH_2$ ④ $C_6H_5CH_3$

해설

C_6H_5OH : 벤젠 핵에 $-OH$기가 붙어 있는 페놀은 수용액에 $FeCl_3$ 수용액을 작용시키면 보라색을 띤다.

05 다음의 평형계에서 압력을 증가시키면 반응에 어떤 영향이 나타나는가?

$$N_2(g) + 3H_2(g) \rightleftarrows 2NH_3(g)$$

① 오른쪽으로 진행

② 왼쪽으로 진행

③ 무변화

④ 왼쪽과 오른쪽에서 모두 진행

해설

압력을 증가시키면 → 분자수가 감소하는 방향(몰수가 작은 쪽)

즉, 오른쪽으로 진행된다.

06 물 100g에 황산구리 결정($CuSO_4 \cdot 5H_2O$) 2g을 넣으면 몇 % 용액이 되는가? (단, $CuSO_4$의 분자량은 160g/mol이다.)

① 1.25% ② 1.96%

③ 2.4% ④ 4.42%

해설

• 황산구리 결정($CuSO_4 \cdot 5H_2O$)의 분자량

$= 160 + 5 \times 18 = 250\text{g/mol}$

• 황산구리 결정 2g에 해당하는 몰수

$= \dfrac{2\text{g}}{250\text{g/mol}} = 0.008\text{mol}$

• 황산구리의 양

$= 0.008\text{mol} \times 160\text{g/mol} = 1.28\text{g}$

$\therefore \%$농도 $= \dfrac{\text{용질 질량(g)}}{\text{용액의 질량(g)}} \times 100 = \dfrac{1.28\text{g}}{102\text{g}} \times 100$

$= 1.25\%$

07 다음 중 유리기구 사용을 피해야 하는 화학 반응은?

① $CaCO_3 + HCl$

② $Na_2CO_3 + Ca(OH)_2$

③ $Mg + HCl$

④ $CaF_2 + H_2SO_4$

해설

불산(HF)의 제로반응 : 형석 분말에 진한 황산을 가하여 가열한다.

$CaF_2 + H_2SO_4 \rightarrow 2HF + CaSO_4$

불산(HF)은 유리기구, 모래, 석영 등을 부식시킨다.

08 원소의 주기율표에서 같은 족에 속하는 원소들의 화학적 성질에는 비슷한 점이 많다. 이것과 관련 있는 설명은?

① 같은 크기의 반지름을 가지는 이온이 된다.

② 제일 바깥의 전자 궤도에 들어 있는 전자의 수가 같다.

③ 핵의 양 하전의 크기가 같다.

④ 원자 번호를 8a + b라는 일반식으로 나타낼 수 있다.

해설

같은 족에 속하는 원소들의 화학적 성질이 비슷한 점 : 제일 바깥의 전자 궤도에 들어 있는 전자의 수가 같다.

09 0℃의 얼음 20g을 100℃의 수증기로 만드는 데 필요한 열량은? (단, 융해열은 80cal/g, 기화열은 539cal/g이다.)

① 3,600cal

② 11,600cal

③ 12,380cal

④ 14,380cal

해설

$Q = Q_1 + Q_2 + Q_3$ 에서

$Q_1 = Gr = 20 \times 80 = 1,600$

$Q_2 = Gc\Delta t = 20 \times 1 \times (100 - 0) = 2,000$

$Q_3 = Gr = 20 \times 539 = 10,780$

$\therefore Q = 1,600 + 2,000 + 10,780 = 14,380 \text{cal}$

10 어떤 용액의 pH를 측정하였더니 4였다. 이 용액을 1,000배 희석시킨 용액의 pH를 옳게 나타낸 것은?

① $pH = 3$

② $pH = 4$

③ $pH = 5$

④ $6 < pH < 7$

해설

pH $4 = 10^{-4}$에서 1,000배 희석했을 때 $[H^+]$는

$10^{-4} \times 10^{-3} = 10^{-7}$

이론적으로 pH = 7이다.

하지만 산성 용액으로 pH = 7을 넘을 수 없기 때문에

$\therefore 6 < pH < 7$

11 다음 중 물이 산으로 작용하는 반응은?

① $3Fe + 4H_2O \rightarrow Fe_3O_4 + 4H_2$

② $NH_4^+ + H_2O \rightleftarrows NH_3 + H_3O^+$

③ $HCOOH + H_2O \rightarrow HCOO^- + H_3O^+$

④ $CH_3COO^- + H_2O \rightarrow CH_3COOH + OH^-$

해설

금속과 치환할 수 있는 수소 화합물을 산이라 하며 물에 녹아서 $H^+(H_3O^+)$을 내는 물질이다.

학 설	산(acid)	염기(base)
아레니우스설	수용액에서 $H^+(H_3O^+)$을 내는 것	수용액에서 OH^-를 내는 것
브뢴스테드설	H^+을 줄 수 있는 것	H^+을 받을 수 있는 것
루이스설	비공유 전자쌍을 받는 것	비공유 전자쌍을 제공하는 것

① $\underline{3Fe} + \underline{4H_2O} \rightarrow \underline{Fe_3O_4} + \underline{4H_2}$(루이스설)
　　산　　염기　　　염기　　산

② $\underline{NH_4^+} + \underline{H_2O} \rightleftarrows \underline{NH_3} + \underline{H_3O^+}$(브뢴스테드설)
　　산　　염기　　　염기　　산

③ $\underline{HCOOH} + \underline{H_2O} \rightarrow \underline{HCOO^-} + \underline{H_3O^+}$(브뢴스테드설)
　　산　　염기　　　염기　　산

④ $\underline{CH_3COO^-} + \underline{H_2O} \rightarrow \underline{CH_3COOH} + \underline{OH^-}$ (브뢴스테드설)
　　염기　　산　　　염기　　산

12 Ca^{2+} 이온의 전자배치를 옳게 나타낸 것은?

① $1s^2 2s^2 2p^6 3s^2 3p^6 3d^2$

② $1s^2 2s^2 2p^6 3s^2 3p^6 4s^2$

③ $1s^2 2s^2 2p^6 3s^2 3p^6 4s^2 3d^2$

④ $1s^2 2s^2 2p^6 3s^2 3p^6$

해설

Ca^{2+} 이온의 전자배치 : $1s^2 2s^2 2p^6 3s^2 3p^6$

13 콜로이드 용액 중 소수콜로이드는?

① 녹말 　　　　　　② 아교

③ 단백질 　　　　　④ 수산화철

해설

콜로이드의 종류

㉠ 소수 콜로이드 : 물과의 친화력이 작고, 소량의 전 해질에 의해 응석이 일어나는 콜로이드

　예 먹물, $Fe(OH)_3$, $Al(OH)_3$ 등

㉡ 친수 콜로이드 : 물과의 친화력이 크고, 다량의 전해 질에 의해 염석이 일어나는 콜로이드

　예 녹말, 단백질, 비누, 한천, 젤라틴 등

㉢ 보호 콜로이드 : 불안정한 소수 콜로이드에 친수 콜 로이드를 가하면 친수 콜로이드가 소수 콜로이드를 둘러싸서 안정하게 되며, 전해질을 가하여도 응석 이 잘 일어나지 않도록 하는 콜로이드

　예 아교, 아라비아 고무 등

14 다음 화합물 중 펩티드 결합이 들어있는 것은?

① 폴리염화비닐

② 유지

③ 탄수화물

④ 단백질

해설

단백질 : 아미노산의 탈수 축합 반응에 의해 펩티드 결 합($-CO-NH-$)으로 된 고분자 물질이다. 또한 펩티 드 결합을 갖는 물질을 폴리아미드라 한다.

15 0°C, 1기압에서 1g의 수소가 들어 있는 용 기에 산소 32g을 넣었을 때 용기의 총 내부 압력 은? (단, 온도는 일정하다.)

① 1기압 　　　　　② 2기압

③ 3기압 　　　　　④ 4기압

해설

이상기체방정식 $PV=nRT$에서 용기의 체적 V와 기체 상수 R, 절대온도 T 모두 일정하므로, 압력과 몰수의 관 계식($P \propto n$)이다. 처음에 수소 1g(0.5mol)만 들어있을 때는 1기압 $\times V = 0.5mol \times R \times T$인데 산소 32g(1mol) 을 넣으면 x기압 $\times V = (0.5+1mol) \times R \times T$가 되므로 몰수가 총 3배 증가(0.5mol → 1.5mol)되었으므로 압력 도 3배 증가해야 한다.

∴ 3기압

16 축중합반응에 의하여 나일론-66을 제조할 때 사용되는 주 원료는?

① 아디프산과 헥사메틸렌디아민

② 이소프렌과 아세트산

③ 염화비닐과 폴리에틸렌

④ 멜라민과 클로로벤젠

해설

축합(Condensation) : 유기화합물의 2분자 또는 그 이상의 분자가 반응하여 간단한 분자가 제거되면서 새 로운 화합물을 만드는 반응

6,6-나일론 : 아미드(펩티드) 결합

17 0.001N-HCl의 pH는?

① 2 　　　　　　② 3

③ 4 　　　　　　④ 5

해설

$$pH = -\log[H^+] = -\log[10^{-3}] = 3$$

18 ns^2np^5의 전자구조를 가지지 않는 것은?

① F(원자번호 9) 　　② Cl(원자번호 17)

③ Se(원자번호 34) 　④ I(원자번호 53)

해설

Se(셀렌)은 원자번호가 34이므로 $4ns^2np^4$의 전자구조 를 갖는다.

19 표준 상태를 기준으로 수소 2.24L가 염소와 완전히 반응했다면 생성된 염화수소의 부피는 몇 L인가?

① 2.24 　　　　　② 4.48

③ 22.4 　　　　　④ 44.8

해설

기체반응의 법칙 : 화학 반응을 하는 물질이 기체일 때 반응 물질의 부피와 생성되는 물질의 부피는 간단 한 정수비가 성립된다.

$$\underline{H_2} + \underline{Cl_2} \rightarrow \underline{2HCl}$$
2.24L　2.24L　　$2 \times 2.24L$

20 다음 화학반응에서 밑줄 친 원소가 산화된 것은?

① $H_2 + \underline{Cl_2} \rightarrow 2HCl$

② $2\underline{Zn} + O_2 \rightarrow 2ZnO$

③ $2KBr + \underline{Cl_2} \rightarrow 2KCl + Br_2$

④ $2\underline{Ag^+} + Cu \rightarrow 2Ag + Cu^{++}$

해설

산화 : 산화수가 증가하는 반응(전자를 잃음)
환원 : 산화수가 감소하는 반응(전자를 얻음)

① $\underset{0}{H_2} + \underset{0}{Cl_2} \rightarrow 2\underset{+1}{H}\underset{-1}{Cl}$
  : Cl의 산화수 0에서 −1로 감소(환원)

② $2\underset{0}{Zn} + \underset{0}{O_2} \rightarrow 2\underset{-2}{Zn}\underset{-2}{O}$
  : Zn의 산화수가 0에서 +2로 증가(산화)

③ $2\underset{+1}{K}\underset{-1}{Br} + \underset{0}{Cl_2} \rightarrow 2\underset{+1}{K}\underset{-1}{Cl} + \underset{0}{Br_2}$
  : Cl의 산화수가 0에서 −1로 감소(환원)

④ $2\underset{+1}{Ag^+} + \underset{0}{Cu} \rightarrow 2\underset{0}{Ag} + \underset{+2}{Cu^{++}}$
  : Ag의 산화수가 +1에서 0으로 감소(환원)

제2과목 **화재예방과 소화방법**

---

21 다음 위험물을 보관하는 창고에 화재가 발생하였을 때 물을 사용하여 소화하면 위험성이 증가하는 것은?

① 질산암모늄　　　② 탄화칼슘

③ 과염소산나트륨　④ 셀룰로이드

해설

탄화칼슘은 물과 심하게 반응하여 소석회와 아세틸렌을 만들며, 공기 중 수분과 반응하여도 아세틸렌을 발생한다.
$CaC_2 + 2H_2O \rightarrow Ca(OH)_2 + C_2H_2$

22 위험물안전관리법령상 이동식 불활성 가스 소화 설비의 호스접속구는 모든 방호 대상물에 대하여 당해 방호 대상물의 각 부분으로부터 하나의 호스접속구까지의 수평거리가 몇 m 이하가 되도록 설치하여야 하는가?

① 5　　　　　　　② 10

③ 15　　　　　　　④ 20

해설

이동식 불활성 가스 소화 설비의 호스접속구는 모든 방호 대상물에 대하여 당해 방호 대상물의 각 부분으로부터 하나의 호스접속구까지의 수평거리는 15m 이하가 되어야 한다.

23 화재 예방을 위하여 이황화탄소는 액면 자체 위에 물을 채워주는데 그 이유로 가장 타당한 것은?

① 공기와 접촉하면 발생하는 불쾌한 냄새를 방지하기 위하여

② 발화점을 낮추기 위하여

③ 불순물을 물에 용해시키기 위하여

④ 가연성 증기의 발생을 방지하기 위하여

해설

이황화탄소를 액면 자체 위에 물을 채워주는 이유는 가연성 증기의 발생을 방지하기 위함이다.

24 액체 상태의 물이 1기압, 100℃ 수증기로 변하면 체적이 약 몇 배 증가하는가?

① 530~540　　　　② 900~1,100

③ 1,600~1,700　　④ 2,300~2,400

해설

액체 상태의 물이 1기압, 100℃ 수증기로 변하면 체적은 1,600~1,700배로 증가한다.

25 연소 및 소화에 대한 설명으로 틀린 것은?

① 공기 중의 산소 농도가 0%까지 떨어져야만 연소가 중단되는 것은 아니다.

② 질식소화, 냉각소화 등은 물리적 소화에 해당한다.

③ 연소의 연쇄반응을 차단하는 것은 화학적 소화에 해당한다.

④ 가연 물질에 상관없이 온도, 압력이 동일하면 한계산소량은 일정한 값을 가진다.

해설

④ 가연 물질에 따라 온도, 압력이 동일하여도 한계산소량은 다르다.

26 분말 소화 약제의 소화 효과로서 가장 거리가 먼 것은?

① 질식 효과 ② 냉각 효과

③ 제거 효과 ④ 방사열 차단효과

분말 소화 약제의 소화 효과

㉠ 질식 효과

㉡ 냉각 효과

㉢ 방사열 차단효과

27 제2류 위험물의 화재에 일반적인 특징으로 옳은 것은?

① 연소 속도가 빠르다.

② 산소를 함유하고 있어 질식소화는 효과가 없다.

③ 화재 시 자신이 환원되고 다른 물질을 산화시킨다.

④ 연소열이 거의 없어 초기 화재 시 발견이 어렵다.

해설

제2류 위험물의 화재에 대한 일반적인 특징 : 연소 속도가 빠르다.

28 제1종 분말 소화 약제가 1차 열분해되어 표준상태를 기준으로 2m³의 탄산가스가 생성되었다. 몇 kg의 탄산수소나트륨이 사용되었는가? (단, 나트륨의 원자량은 23이다.)

① 15 ② 18.75

③ 56.25 ④ 75

해설

$$2NaHCO_3 \rightarrow Na_2CO_3 + CO_2 + H_2O$$

$2 \times 84 \text{kg}$ ⤬ 22.4m^3

$x(\text{kg})$ 2m^3

$$x = \frac{2 \times 84 \times 2}{22.4}$$

$$x = 15\text{kg}$$

29 수성막 포 소화 약제에 대한 설명으로 옳은 것은?

① 물보다 가벼운 유류의 화재에는 사용할 수 없다.

② 계면활성제를 사용하지 않고 수성의 막을 이용한다.

③ 내열성이 뛰어나고 고온의 화재일수록 효과적이다.

④ 일반적으로 불소계 계면활성제를 사용한다.

해설

기계 포 소화 약제

1. 비수용성 액체(석유류)용 포 소화 약제
   ㉠ 단백 포 소화 약제
      · 단백질의 가수분해물
      · 단백질의 가수분해물과 불소계 계면활성제의 혼합물
   ㉡ 합성계면활성제 포 소화 약제
      · 탄화수소계 계면활성제
   ㉢ 수성막 포 소화 약제
      · 불소계 계면활성제
2. 알코올형 포 소화 약제(수용성 액체용 포 소화 약제)
   ㉠ 금속석검형
      · 단백질의 가수분해물, 계면활성제와 지방산금속 염의 혼합물
   ㉡ 불화단백형
      · 단백질의 가수분해물과 불소계 계면활성제의 혼합물
   ㉢ 고분자겔(Gel) 생성형
      · 불소계 계면활성제와 겔(Gel) 생성물의 혼합물
      · 탄화수소계 계면활성제와 겔(Gel) 생성물의 혼합물

30 위험물안전관리법령상 방호 대상물의 표면적이 70m²인 경우 물분무 소화 설비의 방사구역은 몇 m²로 하여야 하는가?

① 35 ② 70

③ 150 ④ 300

해설

방호 대상물의 표면적이 70m²인 경우 물분무 소화 설비의 방사구역은 70m²로 하여야 한다.

31 위험물안전관리법령상 인화성 고체와 질산에 공통적으로 적응성이 있는 소화설비는?

① 불활성 가스 소화설비

② 할로겐 화합물 소화설비

③ 탄산수소염류 분말 소화설비

④ 포 소화설비

해설

소화 설비의 적응성

소화 설비의 구분		건축물·그 밖의 인공구조물	전기설비	제1류 위험물		제2류 위험물			제3류 위험물		제4류 위험물	제5류 위험물	제6류 위험물
				알칼리금속 과산화물 등	그 밖의 것	철분·금속분·마그네슘 등	인화성 고체	그 밖의 것	금수성 물품	그 밖의 것			
옥내 소화전 설비 또는 옥외 소화전 설비		○			○		○	○		○		○	○
스프링클러 설비		○			○		○	○		○	△	○	○
물분무 등 소화 설비	물분무 소화설비	○	○		○		○	○		○	○	○	○
	포 소화 설비	○			○		○	○		○	○	○	○
	불활성 가스 소화설비		○				○				○		
	할로겐 화합물 소화설비		○				○				○		
	분말 소화 설비	인산 염류 등	○	○		○		○	○			○		○
		탄산 수소 염류 등		○	○		○	○		○		○		
		그 밖의 것			○		○			○				

[비고] "○" 표시는 해당 소방 대상물 및 위험물에 대하여 소화 설비가 적응성이 있음을 표시하고, "△" 표시는 제4류 위험물을 저장 또는 취급하는 장소의 살수 기준 면적에 따라 스프링클러 설비의 살수 밀도가 표에 정하는 기준 이상인 경우에는 해당 스프링클러 설비가 제4류 위험물에 대하여 적응성이 있음을, 제6류 위험물을 저장 또는 취급하는 장소로서 폭발의 위험이 없는 장소에 한하여 이산화탄소 소화기가 제6류 위험물에 대하여 적응성이 있음을 각각 표시한다.

32 위험물안전관리법령상 옥내 소화전 설비의 기준에서 옥내 소화전의 개폐밸브 및 호스접속구의 바닥면으로부터 설치 높이 기준으로 옳은 것은?

① 1.2m 이하　　② 1.2m 이상
③ 1.5m 이하　　④ 1.5m 이상

해설

옥내 소화전의 개폐밸브 및 호스접속구의 설치 높이 : 바닥면으로부터 1.5m 이하

33 위험물안전관리법령상 톨루엔의 화재에 적응성이 있는 소화방법은?

① 무상수(霧狀水) 소화기에 의한 소화
② 무상강화액 소화기에 의한 소화
③ 봉상수(棒狀水) 소화기에 의한 소화
④ 봉상강화액 소화기 의한 소화

해설

31번 해설 참조

34 다음 중 증발잠열이 가장 큰 것은?

① 아세톤　　② 사염화탄소
③ 이산화탄소　　④ 물

해설

여러 가지 물질의 증발잠열

물질명	증발잠열(cal/g)
아세톤	6.23
사염화탄소	46.6
이산화탄소	56.12
물	539

35 위험물안전관리법령에 따른 불활성 가스 소화 설비의 저장용기 설치 기준으로 틀린 것은?

① 방호구역 외의 장소에 설치할 것
② 저장용기에는 안전장치(용기밸브에 설치되어 있는 것은 제외)를 설치할 것
③ 저장용기의 외면에 소화약제의 종류와 양, 제조년도 및 제조자를 표시할 것
④ 온도가 섭씨 40도 이하이고 온도 변화가 적은 장소에 설치할 것

 　32. ③　33. ②　34. ④　35. ②

② 저장용기에는 안전장치(용기밸브에 설치되어 있는 것은 포함)를 설치할 것

36 다음 [보기]의 물질 중 위험물안전관리법령상 제1류 위험물에 해당하는 것의 지정수량을 모두 합산한 것은?

• 퍼옥소이황산염류   • 요오드산
• 과염소산   • 차아염소산염류

① 350kg   ② 400kg
③ 650kg   ④ 1,350kg

㉠ 퍼옥소이황산염류(제1류 위험물, 300kg)
㉡ 요오드산(제6류 위험물, 300kg)
㉢ 과염소산(제6류 위험물, 300kg)
㉣ 차아염소산염류(제1류 위험물, 50kg)

37 이산화탄소를 이용한 질식소화에 있어서 아세톤의 한계산소농도(vol%)에 가장 가까운 값은?

① 15   ② 18
③ 21   ④ 25

CO_2를 이용한 질식소화에서 아세톤의 한계산소농도 : 15vol%

38 소화기에 'B-2'라고 표시되어 있었다. 이 표시의 의미를 가장 옳게 나타낸 것은?

① 일반 화재에 대한 능력단위 2단위에 적용되는 소화기
② 일반 화재에 대한 무게단위 2단위에 적용되는 소화기
③ 유류 화재에 대한 능력단위 2단위에 적용되는 소화기
④ 유류 화재에 대한 무게단위 2단위에 적용되는 소화기

소화기의 B-2 표시
유류 화재에 대한 능력단위 2단위에 적용되는 소화기

39 위험물안전관리법령상 제4류 위험물의 위험등급에 대한 설명으로 옳은 것은?

① 특수 인화물은 위험등급 Ⅰ, 알코올류는 위험등급 Ⅱ이다.
② 특수 인화물과 제1석유류는 위험등급 Ⅰ이다.
③ 특수 인화물은 위험등급 Ⅰ, 그 이외에는 위험등급 Ⅱ이다.
④ 제2석유류는 위험등급 Ⅱ이다.

1. 위험등급 Ⅰ의 위험물
   ㉠ 제1류 위험물 중 아염소산염류, 염소산염류, 과염소산염류, 무기 과산화물, 그 밖에 지정수량이 50kg인 위험물
   ㉡ 제3류 위험물 중 칼륨, 나트륨, 알킬알루미늄, 알킬리튬, 황린, 그 밖에 지정수량이 10kg인 위험물
   ㉢ 제4류 위험물 중 특수 인화물
   ㉣ 제5류 위험물 중 유기 과산화물, 질산에스테르류, 그 밖에 지정수량이 10kg인 위험물
   ㉤ 제6류 위험물
2. 위험등급 Ⅱ의 위험물
   ㉠ 제1류 위험물 중 브롬산염류, 질산염류, 요오드산염류, 그 밖에 지정수량이 300kg인 위험물
   ㉡ 제2류 위험물 중 황화인, 적린, 유황, 그 밖에 지정수량이 100kg인 위험물
   ㉢ 제3류 위험물 중 알칼리금속(칼륨 및 나트륨을 제외한다) 및 알칼리토금속, 유기 금속화합물(알킬알루미늄 및 알킬리튬을 제외한다), 그 밖에 지정수량이 50kg인 위험물
   ㉣ 제4류 위험물 중 제1석유류 및 알코올류
   ㉤ 제5류 위험물 중 위험등급 Ⅰ의 위험물 외
3. 위험등급 Ⅲ의 위험물 : 1 및 2에 정하지 아니한 위험물
※ 특수 인화물은 위험등급 Ⅰ, 알코올류는 위험등급 Ⅱ, 제2석유류는 위험등급 Ⅲ이다.

40 이산화탄소 소화기의 장·단점에 대한 설명으로 틀린 것은?

① 밀폐된 공간에서 사용 시 질식으로 인명 피해가 발생할 수 있다.
② 전도성이어서 전류가 통하는 장소에서의 사용은 위험하다.
③ 자체의 압력으로 방출할 수가 있다.
④ 소화 후 소화 약제에 의한 오손이 없다.

② 전기절연성이 우수하여 전기화재에 효과적이다.

제3과목 | 위험물의 성질과 취급

41 위험물안전관리법령에 따른 위험물 제조소의 안전거리 기준으로 틀린 것은?

① 주택으로부터 10m 이상

② 학교로부터 30m 이상

③ 유형 문화재와 기념물 중 지정 문화재로부터는 30m 이상

④ 병원으로부터 30m 이상

[해설]

③ 유형 문화재와 기념물 중 지정 문화재로부터는 50m 이상

42 위험물안전관리법령상 위험물의 운반용기 외부에 표시해야 할 사항이 아닌 것은? (단, 용기의 용적은 10L이며 원칙적인 경우에 한한다.)

① 위험물의 화학명

② 위험물의 지정수량

③ 위험물의 품명

④ 위험물의 수량

[해설]

위험물 운반용기 외부에 표시해야 할 사항

㉠ 위험물의 품명, 위험 등급, 화학명 및 수용성(수용성 표시는 제4류 위험물로써 수용성인 것에 한한다.)

㉡ 위험물의 수량

㉢ 수납 위험물의 주의사항

43 위험물안전관리법령상 제1류 위험물 중 알칼리금속의 과산화물의 운반용기 외부에 표시하여야 하는 주의사항을 모두 나타낸 것은?

① "화기 엄금", "충격 주의" 및 "가연물 접촉 주의"

② "화기·충격 주의", "물기 엄금" 및 "가연물 접촉 주의"

③ "화기 주의" 및 "물기 엄금"

④ "화기 엄금" 및 "물기 엄금"

[해설]

위험물 운반용기의 주의사항

위험물		주의사항
제1류 위험물	알칼리금속의 과산화물	• 화기·충격 주의 • 물기 엄금 • 가연물 접촉 주의
	기타	• 화기·충격 주의 • 가연물 접촉 주의
제2류 위험물	철분, 금속분, 마그네슘	• 화기 주의 • 물기 엄금
	인화성 고체	화기 엄금
	기타	화기 주의
제3류 위험물	자연 발화성 물질	• 화기 엄금 • 공기 접촉 엄금
	금수성 물질	물기 엄금
제4류 위험물		화기 엄금
제5류 위험물		• 화기 엄금 • 충격 주의
제6류 위험물		가연물 접촉 주의

㉠ 염소산칼륨(제1류 위험물 중 기타) : 화기·충격 주의 및 가연물 접촉 주의

㉡ 철분(제2류 위험물) : 화기 주의·물기 엄금

㉢ 아세톤(제4류 위험물) : 화기 엄금

㉣ 질산(제6류 위험물) : 가연물 접촉 주의

44 과염소산과 과산화수소의 공통된 성질이 아닌 것은?

① 비중이 1보다 크다.

② 물에 녹지 않는다.

③ 산화제이다.

④ 산소를 포함한다.

[해설]

② 물에 녹기 쉽다.

45 위험물안전관리법령에서는 위험물을 제조 외의 목적으로 취급하기 위한 장소와 그에 따른 취급소의 구분을 4가지로 정하고 있다. 다음 중 법령에서 정한 취급소의 구분에 해당되지 않는 것은?

① 주유 취급소   ② 특수 취급소

③ 일반 취급소   ④ 이송 취급소

[해설]

② 판매 취급소

 정답   41. ③ 42. ② 43. ② 44. ② 45. ②

46 물과 접촉되었을 때 연소 범위의 하한값이 2.5vol%인 가연성 가스가 발생하는 것은?

① 금속나트륨 ② 인화칼슘

③ 과산화칼륨 ④ 탄화칼슘

해설

탄산칼슘은 물과 심하게 반응하여 수산화칼슘과 아세틸렌을 만들며 공기 중 수분과 반응하여도 아세틸렌을 발생한다.

$CaC_2 + 2H_2O \rightarrow Ca(OH)_2 + C_2H_2$

∴ 이때 발생한 C_2H_2의 연소 범위가 2.5~81%이다.

47 삼황화인과 오황화인의 공통 연소생성물을 모두 나타낸 것은?

① H_2S, SO_2

② P_2O_5, H_2S

③ SO_2, P_2O_5

④ H_2S, SO_2, P_2O_5

해설

삼황화인과 오황화인의 연소생성물은 모두 유독하다.

$P_4S_3 + 8O_2 \rightarrow 2P_2O_5 \uparrow + 3SO_2$

$2P_2S_5 + 15O_2 \rightarrow 2P_2O_5 + 10SO_2$

∴ 공통 연소생성물 : P_2O_5, SO_2

48 위험물의 적재 방법에 관한 기준으로 틀린 것은?

① 위험물은 규정에 의한 바에 따라 재해를 발생시킬 우려가 있는 물품과 함께 적재하지 아니하여야 한다.

② 적재하는 위험물의 성질에 따라 일광의 직사 또는 빗물의 침투를 방지하기 위하여 유효하게 피복하는 등 규정에서 정하는 기준에 따른 조치를 하여야 한다.

③ 증기발생·폭발에 대비하여 운반용기의 수납구를 옆 또는 아래로 향하게 하여야 한다.

④ 위험물을 수납한 운반용기가 전도·낙하 또는 파손되지 아니하도록 적재하여야 한다.

해설

③ 증기 발생·폭발에 대비하여 운반용기의 수납구를 위로 향하게 하여야 한다.

49 이동 저장 탱크로부터 위험물을 저장 또는 취급하는 탱크에 인화점이 몇 ℃ 미만인 위험물을 주입할 때에는 이동 탱크 저장소의 원동기를 정지시켜야 하는가?

① 21 ② 40

③ 71 ④ 200

해설

이동 탱크 저장소의 원동기 정지 : 인화점이 40℃ 미만인 위험물 주입 시

50 적재 시 일광의 직사를 피하기 위하여 차광성이 있는 피복으로 가려야 하는 것은?

① 메탄올 ② 과산화수소

③ 철분 ④ 가솔린

해설

① 메탄올 : 제4류 위험물 중 알코올류

② 과산화수소 : 제6류 위험물

③ 철분 : 제2류 위험물

④ 가솔린 : 제4류 위험물 중 제1석유류

차광성이 있는 피복 조치

유 별	적용 대상
제1류 위험물	전부
제3류 위험물	자연 발화성 물품
제4류 위험물	특수 인화물
제5류 위험물	전부
제6류 위험물	

51 위험물의 취급 중 소비에 관한 기준으로 틀린 것은?

① 열처리 작업은 위험물이 위험한 온도에 이르지 아니하도록 실시하여야 한다.

② 담금질 작업은 위험물이 위험한 온도에 이르지 아니하도록 하여 실시하여야 한다.

③ 분사도장 작업은 방화상 유효한 격벽 등으로 구획한 안전한 장소에서 하여야 한다.

④ 버너를 사용하는 경우에는 버너의 역화를 유지하고 위험물이 넘치지 아니하도록 하여야 한다.

해설

④ 버너를 사용하는 경우에는 버너의 역화를 방지하고 위험물이 넘치지 아니하도록 하여야 한다.

정답 46. ④ 47. ③ 48. ③ 49. ② 50. ② 51. ④

52 산화제와 혼합되어 연소할 때 자외선을 많이 포함하는 불꽃을 내는 것은?

① 셀룰로이드
② 니트로셀룰로오스
③ 마그네슘분
④ 글리세린

🌱해설

마그네슘분 : 산화제와 혼합되어 연소할 때 자외선을 많이 포함하는 불꽃을 낸다.

53 제3류 위험물 중 금수성 물질의 위험물 제조소에 설치하는 주의사항 게시판의 색상 및 표시 내용으로 옳은 것은?

① 청색 바탕 – 백색 문자, "물기 엄금"
② 청색 바탕 – 백색 문자, "물기 주의"
③ 백색 바탕 – 청색 문자, "물기 엄금"
④ 백색 바탕 – 청색 문자, "물기 주의"

🌱해설

제조소의 게시판 주의사항

위험물		주의사항
제1류 위험물	알칼리 금속의 과산화물	물기 엄금
	기타	별도의 표시를 하지 않는다.
제2류 위험물	인화성 고체	화기 엄금
	기타	화기 주의
제3류 위험물	자연발화성 물질	화기 엄금
	금수성 물질	물기 엄금
제4류 위험물		화기 엄금
제5류 위험물		
제6류 위험물		별도의 표시를 하지 않는다.

※ 물기 엄금 : 청색 바탕에 백색 문자

54 지정수량에 따른 제4류 위험물 옥외 탱크 저장소 주위의 보유 공지 너비의 기준으로 틀린 것은?

① 지정수량의 500배 이하 – 3m 이상
② 지정수량의 500배 초과 1,000배 이하 – 5m 이상
③ 지정수량의 1,000배 초과 2,000배 이하 – 9m 이상
④ 지정수량의 2,000배 초과 3,000배 이하 – 15m 이상

🌱해설

옥외 탱크 저장소의 보유 공지

저장 또는 취급하는 위험물의 최대 수량	공지의 너비
지정수량의 500배 이하	3m 이상
지정수량의 500배 초과 1,000배 이하	5m 이상
지정수량의 1,000배 초과 2,000배 이하	9m 이상
지정수량의 2,000배 초과 3,000배 이하	12m 이상
지정수량의 3,000배 초과 4,000배 이하	15m 이상
지정수량의 4,000배 초과	당해 탱크의 수평 단면의 최대 지름(횡형인 경우에는 긴 변)과 높이 중 큰 것과 같은 거리 이상. 다만, 30m 초과의 경우에는 30m 이상으로 할 수 있고, 15m 미만의 경우에는 15m 이상으로 하여야 한다.

55 위험물안전관리법령에서 정의한 철분의 정의로 옳은 것은?

① "철분"이라 함은 철의 분말로서 53마이크로미터의 표준체를 통과하는 것이 50중량퍼센트 미만인 것은 제외한다.
② "철분"이라 함은 철의 분말로서 50마이크로미터의 표준체를 통과하는 것이 53중량퍼센트 미만인 것은 제외한다.
③ "철분"이라 함은 철의 분말로서 53마이크로미터의 표준체를 통과하는 것이 50부피퍼센트 미만인 것은 제외한다.
④ "철분"이라 함은 철의 분말로서 50마이크로미터의 표준체를 통과하는 것이 53부피퍼센트 미만인 것은 제외한다.

🌱해설

철분의 정의 : 철의 분말로서 53마이크로미터의 표준체를 통과하는 것이 50중량퍼센트 미만인 것은 제외한다.

56 다음 물질 중 인화점이 가장 낮은 것은?

① CS_2

② $C_2H_5OC_2H_5$

③ CH_3COCH_3

④ CH_3OH

 해설 ----------

① $CS_2 : -30°C$

② $C_2H_5OC_2H_5 : -45°C$

③ $CH_3COCH_3 : 18°C$

④ $CH_3OH : 11°C$

57 제조소 등의 관계인은 당해 제조소 등의 용도를 폐지한 때에는 행정안전부령이 정하는 바에 따라 제조소 등의 용도를 폐지한 날부터 며칠 이내에 시·도지사에게 신고하여야 하는가?

① 5일

② 7일

③ 14일

④ 21일

 해설 ----------

㉠ 제조소 등의 용도 폐지 : 14일 이내에 시·도지사에게 신고

㉡ 제조소 등의 승계 : 30일 이내에 시·도지사에게 신고

58 일반 취급소 1층에 옥내 소화전 6개, 2층에 옥내 소화전 5개, 3층에 옥내 소화전 5개를 설치하고자 한다. 위험물안전관리법령상 이 일반 취급소에 설치되는 옥내 소화전에 있어서 수원의 수량은 얼마 이상이어야 하는가?

① $13m^3$

② $15.6m^3$

③ $39m^3$

④ $46.8m^3$

해설 ----------

$Q = N \times 7.8m^3 = 5 \times 7.8 = 39m^3$

여기서, Q : 수원의 수량

N : 옥내 소화전 설비 설치 개수(설치 개수가 5개 이상인 경우는 5개의 옥내 소화전)

59 제4류 제2석유류 비수용성인 위험물 180,000 리터를 저장하는 옥외 저장소의 경우 설치하여야 하는 소화설비의 기준과 소화기 개수를 설명한 것이다. ( ) 안에 들어갈 숫자의 합은?

- 해당 옥외 저장소는 소화 난이도 등급Ⅱ에 해당하며 소화 설비의 기준은 방사능력 범위 내에 공작물 및 위험물이 포함되도록 대형 수동식 소화기를 설치하고 당해 위험물의 소요단위의 ( )에 해당하는 능력단위의 소형 수동식 소화기를 설치하여야 한다.

- 해당 옥외 저장소의 경우 대형 수동식 소화기와 설치하고자 하는 소형 수동식 소화기의 능력단위가 2라고 가정할 때 비치하여야 하는 소형 수동식 소화기의 최소 개수는 ( )개이다.

① 2.2

② 4.5

③ 9

④ 10

해설 ----------

㉠ 소화 난이도 등급 Ⅱ의 제조소 등에 설치하여야 하는 소화 설비

제조소 등의 구분	소화 설비
제조소	방사 능력 범위 내에 당해 건축물, 그 밖의 인공 구조물 및 위험물이 포함되도록 대형 수동식 소화기를 설치하고, 당해 위험물의 소요 단위의 1/5 이상에 해당하는 능력 단위의 소형 수동식 소화기 등을 설치할 것
옥내 저장소	
옥외 저장소	
주유 취급소	
판매 취급소	
일반 취급소	
옥외 탱크 저장소	대형 수동식 소화기 및 소형 수동식 소화기 등을 각각 1개 이상 설치할 것
옥내 탱크 저장소	

㉡ 1소요단위 : 지정수량의 10배

- 제4류 제2석유류 비수용성의 지정수량을 1,000L
- 따라서 1소요단위는 10,000L, 18,000L는 18소요단위

즉 18소요단위의 $\frac{1}{5}$ 이상에 해당하는 능력단위의 소형 수동식 소화기 등을 설치한다. 즉 3.6 능력단위 이상이 필요하다.

소형 수동식 소화기의 능력단위가 2라고 하였으므로

$\frac{3.6}{2} = 1.8$개의 소화기가 필요한데, 절상하여 2개가 된다.

여기서 ㉠과 ㉡를 더하면 $\frac{1}{5}$, 따라서 0.2+2=2.2

60 위험물안전관리법령상 시·도의 조례가 정하는 바에 따라, 관할소방서장의 승인을 받아 지정수량 이상의 위험물을 임시로 제조소 등이 아닌 장소에서 취급할 때 며칠 이내의 기간 동안 취급할 수 있는가?

① 7

② 30

③ 90

④ 180

해설 ----------

위험물 임시 저장 기간 : 90일 이내

위험물 산업기사 필기
www.cyber.co.kr

제1과목	일반화학

01 모두 염기성 산화물로만 나타낸 것은?

① CaO, Na_2O

② K_2O, SO_2

③ CO_2, SO_3

④ Al_2O_3, P_2O_5

해설

산화물의 종류

㉠ 염기성 산화물 : 물에 녹아 염기가 되거나 산과 반응하여 염과 물을 만드는 금속 산화물(대부분 산화수가 +2가 이하)

예 CaO, MgO, Na_2O, CuO 등

㉡ 산성 산화물 : 물에 녹아 산이 되거나 염기와 반응할 때 염과 물을 만드는 비금속 산화물(대부분 산화수가 +3가 이상)

예 CO_2, SiO_2, NO_2, SO_3, P_2O_5 등

㉢ 양쪽성 산화물 : 양쪽성 원소의 산화물로서 산, 염기와 모두 반응하여 염과 물을 만드는 양쪽성 산화물

예 Al_2O_3, ZnO, SnO, PbO 등

02 다음 이원자 분자 중 결합에너지 값이 가장 큰 것은?

① H_2 ② N_2

③ O_2 ④ F_2

해설

결합에너지 : 입자들의 결합을 끊을 수 있을 정도의 에너지이며, 기체상태의 원자 1몰의 공유결합을 끊어서 구성입자(원자 또는 이온)로 만드는 데 필요한 에너지로 결합에너지는 결합이 강할수록, 극성이 클수록, 단일결합보다는 다중결합일수록 증가한다.

① H-H(단일결합)

② N≡N(삼중결합)

③ O=O(이중결합)

④ F-F(단일결합)

03 액체 공기에서 질소 등을 분리하여 산소를 얻는 방법은 다음 중 어떤 성질을 이용한 것인가?

① 용해도   ② 비등점

③ 색상   ④ 압축율

해설

액화 분류법 : 액체의 비등점의 차를 이용하여 분리하는 방법

예 공기를 액화시켜 질소(b.p. -196℃), 아르곤(b.p. -186℃), 산소(b.p. -183℃) 등으로 분리하는 방법

04 CH_4 16g 중에는 C가 몇 mol 포함되었는가?

① 1

② 4

③ 16

④ 22.4

해설

CH_4의 분자량$=12+1\times4=16g/mol$

CH_4 16g에 해당하는 몰수는 $\dfrac{16g}{16g/mol}=1mol$

∴ C는 1mol이 포함됨

05 황산구리 결정 $CuSO_4 \cdot 5H_2O$ 25g을 100g의 물에 녹였을 때 몇 wt% 농도의 황산구리($CuSO_4$) 수용액이 되는가? (단, $CuSO_4$ 분자량은 160이다.)

① 1.28%   ② 1.60%

③ 12.8%   ④ 16.0%

해설

$CuSO_4 \cdot 5H_2O$ 분자량$=160+5\times18=250g/mol$

$CuSO_4 \cdot 5H_2O$ 25g은 $\dfrac{25}{250}mol=0.1mol$이므로 여기에

포함된 $CuSO_4$는 0.1몰이다.

$CuSO_4$ 0.1몰은 $160g/mol\times0.1$몰$=16g$

∴ $\dfrac{16}{125}\times100=12.8\%$

06 KMnO₄에서 Mn의 산화수는 얼마인가?

① +3 ② +5

③ +7 ④ +9

해설

$KMnO_4 \rightarrow (+1)+Mn+(-2)\times4=0$

∴ Mn의 산화수=+7

07 pH가 2인 용액은 pH가 4인 용액과 비교하면 수소이온 농도가 몇 배인 용액이 되는가?

① 100배 ② 2배

③ 10^{-1}배 ④ 10^{-2}배

해설

$pH=-\log[H^+]$

$pH\ 2=-\log[H^+] \rightarrow [H^+]=10^{-2}$

$pH\ 4=-\log[H^+] \rightarrow [H^+]=10^{-4}$

∴ pH 2는 pH 4와 비교하였을 때 수소이온 농도가 100배 차이가 난다.

08 일정한 온도하에서 물질 A와 B가 반응을 할 때 A의 농도만 2배로 하면 반응속도가 2배가 되고 B의 농도만 2배로 하면 반응속도가 4배로 된다. 이 반응의 속도식은? (단, 반응속도 상수는 k이다.)

① $v = k[A][B]^2$ ② $v = k[A]^2[B]$

③ $v = k[A][B]^{0.5}$ ④ $v = k[A][B]$

해설

$v = k[A]^n[B]^m$

A의 농도를 2배로 해 주었을 때 반응속도가 2배 증가하였으므로 $n=1$

B의 농도를 2배로 해 주었을 때 반응속도가 2^2배(4배) 증가하였으므로 $m=2$

∴ $v = k[A][B]^2$

09 다음 화합물 수용액 농도가 모두 0.5M일 때 끓는점이 가장 높은 것은?

① $C_6H_{12}O_6$(포도당)

② $C_{12}H_{22}O_{11}$(설탕)

③ $CaCl_2$(염화칼슘)

④ $NaCl$(염화나트륨)

해설

$C_6H_{12}O_6$(포도당)과 $C_{12}H_{22}O_{11}$(설탕)은 공유결합물실로 분자간의 인력이 약하여 융점과 비등점이 낮다.

$CaCl_2$(염화칼슘)과 $NaCl$(염화나트륨)은 이온결합물질로 융점이나 비등점이 높다.

$CaCl_2$의 끓는점은 1,935℃, NaCl의 끓는점은 1,465℃이다.

10 $CH_3COOH \rightarrow CH_3COO^- + H^+$의 반응식에서 전리평형상수 K는 다음과 같다. K값을 변화시키기 위한 조건으로 옳은 것은?

$$K=\frac{[CH_3COO^-][H^+]}{[CH_3COOH]}$$

① 온도를 변화시킨다.

② 압력을 변화시킨다.

③ 농도를 변화시킨다.

④ 촉매 양을 변화시킨다.

해설

평형상수(K) : 화학평형상태에서 반응물질의 농도의 곱과 생성물질의 농도의 곱의 비는 일정하며, 이 일정한 값을 평형상수라 한다. 평형상수는 각 물질의 농도와 관계없이 반응의 종류와 온도에 의해서만 결정된다.

11 염화철(Ⅲ)(FeCl₃) 수용액과 반응하여 정색반응을 일으키지 않는 것은?

① OH

② CH₂OH

③ CH₃ OH

④ COOH OH

해설

페놀류 검출법 : 벤젠핵에 수산기(−OH)가 붙어 있는 페놀류의 수용액에 FeCl₃ 수용액을 가하면 청자색이나 적자색을 띤다.

② 에는 페놀이 포함되어 있지 않다.

12 C–C–C–C를 부탄이라고 한다면 C=C–C–C의 명명은? (단, C와 결합된 원소는 H이다.)

① 1-부텐
② 2-부텐
③ 1, 2-부텐
④ 3, 4-부텐

해설

C=C–C–C에서 이중결합이 1번과 2번 사이에 있다.
  1 2 3 4
화학식의 명명은 숫자가 작은 것으로 한다.
따라서 1-부텐이 된다.

13 포화탄화수소에 해당하는 것은?

① 톨루엔
② 에틸렌
③ 프로판
④ 아세틸렌

해설

포화탄화수소 : 다중결합이 없는 탄화수소로 Alkane 계열이 있다.

① 톨루엔(⬡) : 방향족탄화수소
② 에틸렌(C=C) : 불포화탄화수소
③ 프로판(∧) : 포화탄화수소
④ 아세틸렌(C≡C) : 불포화탄화수소

14 비누화 값이 작은 지방에 대한 설명으로 옳은 것은?

① 분자량이 작으며, 저급 지방산의 에스테르이다.
② 분자량이 작으며, 고급 지방산의 에스테르이다.
③ 분자량이 크며, 저급 지방산의 에스테르이다.
④ 분자량이 크며, 고급 지방산의 에스테르이다.

해설

비누화 값이란 유지 1g을 비누화시키는 데 필요한 염기(NaOH, KOH)의 양을 말한다.
비누화 값은 분자량이 작은 물질의 경우 크고, 반대로 분자량이 크고 고급 지방산일 경우 작다.

15 p오비탈에 대한 설명 중 옳은 것은?

① 원자핵에서 가장 가까운 오비탈이다.
② s오비탈보다는 약간 높은 모든 에너지준위에서 발견된다.
③ X, Y의 2방향을 축으로 한 원형 오비탈이다.
④ 오비탈의 수는 3개, 들어갈 수 있는 최대 전자수는 6개이다.

해설

① 원자의 전자배열 순서는 $1s < 2s < 2p < 3s < 3p$ … 순으로 채워지며 원자핵에서 가장 가까운 오비탈은 s오비탈이다.

②

〈오비탈의 에너지준위〉

③ p오비탈은 X, Y, Z의 3방향을 축으로 한 아령모양이다.
④ X, Y, Z의 p오비탈은 X, Y, Z 3개이며, 각각 2개의 전자가 들어갈 수 있다. 따라서 총 6개의 전자가 채워질 수 있다.

16 기체 A 5g은 27℃, 380mmHg에서 부피가 6,000mL이다. 이 기체의 분자량(g/mol)은 약 얼마인가? (단, 이상기체로 가정한다.)

① 24
② 41
③ 64
④ 123

해설

$$PV = \frac{W}{M}RT$$

$$M = \frac{WRT}{PV}$$

$$= \frac{5 \times 0.082 \times (273+27)}{\frac{380}{760} \times 6} = 41\text{g/mol}$$

17 다음 중 완충용액에 해당하는 것은?

① CH_3COONa와 CH_3COOH
② NH_4Cl와 HCl
③ CH_3COONa와 $NaOH$
④ $HCOONa$와 Na_2SO_4

해설

완충용액이란 일반적으로 산이나 염기를 가해도 공통이온효과에 의해 그 용액의 수소이온농도(pH)가 크게 변하지 않는 용액을 말한다.
예 CH_3COONa와 CH_3COOH, CH_3COOH와 $Pb(CH_3COO)_2$, NH_4OH와 NH_4Cl

18 다음 분자 중 가장 무거운 분자의 질량은 가장 가벼운 분자의 몇 배인가? (단, Cl의 원자량은 35.5이다.)

$$H_2, \quad Cl_2, \quad CH_4, \quad CO_2$$

① 4배 ② 22배

③ 30.5배 ④ 35.5배

🌱해설 --------

㉠ H_2의 분자량 : 2

㉡ Cl_2의 분자량 : $35.5 \times 2 = 71$

㉢ CH_4의 분자량 : $12 + 1 \times 4 = 16$

㉣ CO_2의 분자량 : $12 + 16 \times 2 = 44$

∴ 가장 무거운 분자 : Cl_2, 가장 가벼운 분자 : H_2

즉, $\dfrac{71}{2} = 35.5$배

19 다음 물질의 수용액을 같은 전기량으로 전기분해해서 금속을 석출한다고 가정할 때 석출되는 금속의 질량이 가장 많은 것은? (단, 괄호 안의 값은 석출되는 금속의 원자량이다.)

① $CuSO_4(Cu=64)$

② $NiSO_4(Ni=59)$

③ $AgNO_3(Ag=108)$

④ $Pb(NO_3)_2(Pb=207)$

🌱해설 --------

① $Cu^{2+} + 2e^- \rightarrow Cu(S)$

　전자 2몰당 Cu(S) 1몰 석출됨.

② $Ni^{2+} + 2e^- \rightarrow Ni(S)$

　전자 2몰당 Ni(S) 1몰 석출됨.

③ $Ag^+ + e^- \rightarrow Ag(S)$

　전자 1몰당 Ag(S) 1몰 석출됨.

④ $Pb^{2+} + 2e^- \rightarrow Pb(S)$

　전자 2몰당 Pb(S) 1몰 석출됨.

전자가 2몰 존재할 때,

• Cu(S) 1몰 석출, 즉 Cu(S) 64g 석출

• Ni(S) 1몰 석출, 즉 Ni(S) 59g 석출

• Ag(S) 2몰 석출, 즉 Ag(S) $108 \times 2 = 216g$ 석출

• Pb(S) 1몰 석출, 즉 Pb(S) 207g 석출

∴ Ag(S)가 가장 많이 석출됨.

20 25℃에서 $Cd(OH)_2$염의 몰 용해도는 1.7×10^{-5}mol/L다. $Cd(OH)_2$염의 용해도곱 상수(K_{sp})를 구하면 약 얼마인가?

① 2.0×10^{-14} ② 2.2×10^{-12}

③ 2.4×10^{-10} ④ 2.6×10^{-8}

🌱해설 --------

$Cd(OH)_2 \rightleftarrows Cd^{2+} + 2OH^-$

$K_{sp} = [Cd^{2+}][OH^-]^2$

$Cd(OH)_2$염의 몰 용해도가 1.7×10^{-5}mol/L이므로

$[Cd^{2+}] = 1.7 \times 10^{-5}$

$[OH^-] = 2 \times 1.7 \times 10^{-5}$이다. 이것을 위 식에 대입하면

$K_{sp} = (1.7 \times 10^{-5})(2 \times 1.7 \times 10^{-5})^2$

∴ $K_{sp} ≒ 2.0 \times 10^{-14}$

제2과목	**화재예방과 소화방법**

21 특정옥외탱크저장소라 함은 옥외탱크저장소 중 저장 또는 취급하는 액체 위험물의 최대수량이 얼마 이상인 것을 말하는가?

① 50만 리터 이상

② 100만 리터 이상

③ 150만 리터 이상

④ 200만 리터 이상

🌱해설 --------

특정옥외탱크저장소 등

㉠ 특정옥외탱크저장소 : 옥외탱크저장소 중 그 저장 또는 취급하는 액체 위험물의 최대수량이 100만L 이상인 것

㉡ 준특정옥외탱크저장소 : 옥외탱크저장소 중 저장·취급하는 액체 위험물의 최대수량이 50만 이상 100만L 미만인 것

22 양초(파라핀)의 연소형태는?

① 표면연소 ② 분해연소

③ 자기연소 ④ 증발연소

고체의 연소형태

① 표면(직접)연소 : 목탄, 숯, 코크스, 금속분, Na 등
② 분해연소 : 석탄, 목재, 종이, 플라스틱, 고무 등
③ 자기(내부)연소 : 제5류 위험물
④ 증발연소 : 양초(파라핀), 황, 나프탈렌, 왁스, 파라핀, 장뇌 등

23 다량의 비수용성 제4류 위험물의 화재 시 물로 소화하는 것이 적합하지 않은 이유는?

① 가연성 가스를 발생한다.
② 연소면을 확대한다.
③ 인화점이 내려간다.
④ 물이 열분해한다.

물로 소화하면 연소면을 확대하기 때문에 적합하지 않다.

24 제4류 위험물을 취급하는 제조소에서 지정수량의 몇 배 이상을 취급할 경우 자체소방대를 설치하여야 하는가?

① 1,000배
② 2,000배
③ 3,000배
④ 4,000배

자체소방대 설치대상

㉠ 지정수량 3,000배 이상의 제4류 위험물을 저장, 취급하는 제조소
㉡ 지정수량 3,000배 이상의 제4류 위험물을 저장, 취급하는 일반취급소

25 위험물안전관리법령상 제2류 위험물인 철분에 적응성이 있는 소화설비는?

① 포소화설비
② 탄산수소염류 분말소화설비
③ 할로겐화합물소화설비
④ 스프링클러설비

소화설비의 적응성

소화설비의 구분	건축물·그 밖의 인공구조물	전기설비	제1류 위험물 알칼리금속 과산화물 등	제1류 위험물 그 밖의 것	제2류 위험물 철분·금속분·마그네슘 등	제2류 위험물 인화성 고체	제2류 위험물 그 밖의 것	제3류 위험물 금수성 물품	제3류 위험물 그 밖의 것	제4류 위험물	제5류 위험물	제6류 위험물
옥내소화전설비 또는 옥외소화전설비	○			○		○	○		○		○	○
스프링클러설비	○			○		○	○		○	△	○	○
물분무 등 소화설비 — 물분무소화설비	○	○		○		○	○		○	○	○	○
물분무 등 소화설비 — 포소화설비	○			○		○	○		○	○	○	○
물분무 등 소화설비 — 불활성가스소화설비		○				○				○		
물분무 등 소화설비 — 할로겐화합물소화설비		○				○				○		
물분무 등 소화설비 — 분말소화설비 — 인산염류 등	○	○		○		○	○			○		○
물분무 등 소화설비 — 분말소화설비 — 탄산수소염류 등		○	○		○	○		○		○		
물분무 등 소화설비 — 분말소화설비 — 그 밖의 것			○		○			○				

[비고] "○" 표시는 당해 소방대상물 및 위험물에 대하여 소화설비가 적응성이 있음을 표시하고, "△" 표시는 제4류 위험물을 저장 또는 취급하는 장소의 살수기준면적에 따라 스프링클러설비의 살수밀도가 표에 정하는 기준 이상인 경우에는 당해 스프링클러설비가 제4류 위험물에 대하여 적응성이 있음을, 제6류 위험물을 저장 또는 취급하는 장소로서 폭발의 위험이 없는 장소에 한하여 이산화탄소소화기가 제6류 위험물에 대하여 적응성이 있음을 각각 표시한다.

26 위험물제조소에 옥내소화전이 가장 많이 설치된 층의 옥내소화전 설치개수가 2개이다. 위험물안전관리법령의 옥내소화전설비 설치기준에 의하면 수원의 수량은 얼마 이상이 되어야 하는가?

① $7.8m^3$ ② $15.6m^3$
③ $20.6m^3$ ④ $78m^3$

 해설

옥내소화전 수원의 양 $Q(m^3) = N \times 7.8m^3$
(N : 설치개수가 5개 이상인 경우는 5개의 옥내소화전)
∴ $15.6m^3 = 2 \times 7.8m^3$

27 트리에틸알루미늄이 습기와 반응할 때 발생되는 가스는?

① 수소 ② 아세틸렌
③ 에탄 ④ 메탄

 해설

$(C_2H_5)_3Al + 3H_2O \rightarrow Al(OH)_3 + 3C_2H_6 \uparrow$

28 일반적으로 다량의 주수를 통한 소화가 가장 효과적인 화재는?

① A급 화재 ② B급 화재
③ C급 화재 ④ D급 화재

 해설

① A급 화재 : 다량의 주수를 통한 소화
② B급 화재 : 질식소화(포, CO_2, 분말, 할론 등)
③ C급 화재 : 물분무주수
④ D급 화재 : 건조사

29 프로판 $2m^3$가 완전연소할 때 필요한 이론공기량은 약 몇 m^3인가? (단, 공기 중 산소농도는 21vol%이다.)

① 23.81 ② 35.72
③ 47.62 ④ 71.43

해설

$C_3H_8 + 5O_2 \rightarrow 3CO_2 + 4H_2O$
$\begin{array}{cc} 1m^3 \\ 2m^3 \end{array} \times \begin{array}{cc} 5m^3 \\ x(m^3) \end{array}$
$x = \dfrac{2 \times 5}{1}, \ x = 10m^3$
∴ $x = 10 \times \dfrac{100}{21} = 47.62m^3$

30 탄산수소칼륨 소화약제가 열분해반응 시 생성되는 물질이 아닌 것은?

① K_2CO_3 ② CO_2
③ H_2O ④ KNO_3

 해설

$2KHCO_3 \xrightarrow{\triangle} K_2CO_3 + CO_2 + H_2O$

31 포소화약제와 분말소화약제의 공통적인 주요 소화효과는?

① 질식효과 ② 부촉매효과
③ 제거효과 ④ 억제효과

 해설

포, 분말 소화약제의 공통적인 주요 소화효과 : 질식효과

32 위험물안전관리법령상 지정수량의 3천배 초과 4천배 이하의 위험물을 저장하는 옥외탱크저장소에 확보하여야 하는 보유공지의 너비는 얼마인가?

① 6m 이상 ② 9m 이상
③ 12m 이상 ④ 15m 이상

해설

옥외탱크저장소의 보유공지

저장 또는 취급하는 위험물의 최대수량	공지의 너비
지정수량의 500배 이하	3m 이상
지정수량의 500배 초과 1,000배 이하	5m 이상
지정수량의 1,000배 초과 2,000배 이하	9m 이상
지정수량의 2,000배 초과 3,000배 이하	12m 이상
지정수량의 3,000배 초과 4,000배 이하	15m 이상
지정수량의 4,000배 초과	당해 탱크의 수평단면의 최대지름(횡형인 경우에는 긴 변)과 높이 중 큰 것과 같은 거리 이상. 다만, 30m 초과의 경우에는 30m 이상으로 할 수 있고, 15m 미만의 경우에는 15m 이상으로 하여야 한다.

33 과산화나트륨의 화재 시 적응성이 있는 소화설비로만 나열된 것은?

① 포소화기, 건조사

② 건조사, 팽창질석

③ 이산화탄소소화기, 건조사, 팽창질석

④ 포소화기, 건조사, 팽창질석

해설

과산화나트륨(Na_2O_2) 화재 시 적응성이 있는 소화설비
: 건조사, 팽창질석

34 다음 중 소화약제의 종류에 해당하지 않는 것은?

① CF_2BrCl ② $NaHCO_3$

③ NH_3BrO_3 ④ CF_3Br

해설

③ NH_3BrO_3 : 제1류 위험물 브롬산 염류

35 화재예방 시 자연발화를 방지하기 위한 일반적인 방법으로 옳지 않은 것은?

① 통풍을 방지한다.

② 저장실의 온도를 낮춘다.

③ 습도가 높은 장소를 피한다.

④ 열의 축적을 막는다.

해설

① 통풍이 잘 되게 한다.

36 청정소화약제 중 IG-541의 구성 성분을 옳게 나타낸 것은?

① 헬륨, 네온, 아르곤

② 질소, 아르곤, 이산화탄소

③ 질소, 이산화탄소, 헬륨

④ 헬륨, 네온, 이산화탄소

해설

불활성가스 청정소화약제

소화약제	상품명	화학식
IG-541	Inergen	N_2 : 52%, Ar : 40%, CO_2 : 8%

37 분말소화약제의 분해반응식이다. ( ) 안에 알맞은 것은?

$$2NaHCO_3 \rightarrow (\qquad) + CO_2 + H_2O$$

① $2NaCO$

② $2NaCO_2$

③ Na_2CO_3

④ Na_2CO_4

해설

제1종 분말소화약제 분해식
$$2NaHCO_3 \rightarrow Na_2CO_3 + CO_2 + H_2O$$

38 다음 소화설비 중 능력단위가 1.0인 것은 어느 것인가?

① 삽 1개를 포함한 마른모래 50L

② 삽 1개를 포함한 마른모래 150L

③ 삽 1개를 포함한 팽창질석 100L

④ 삽 1개를 포함한 팽창질석 160L

해설

능력단위

㉠ 마른모래(50L, 삽 1개 포함) : 0.5단위

㉡ 팽창질석 또는 팽창진주암(160L, 삽 1개 포함) : 1단위

㉢ 소화전용 물통(8L) : 0.3단위

㉣ 수조
• 190L(8L 소화전용 물통 6개 포함) : 2.5단위
• 80L(8L 소화전용 물통 3개 포함) : 1.5단위

39 제2류 위험물의 일반적인 특징에 대한 설명으로 가장 옳은 것은?

① 비교적 낮은 온도에서 연소하기 쉬운 물질이다.

② 위험물 자체 내에 산소를 갖고 있다.

③ 연소속도가 느리지만 지속적으로 연소한다.

④ 대부분 물보다 가볍고 물에 잘 녹는다.

해설

② 위험물 자체 내에 산소를 갖고 있지 않다.

③ 연소속도가 매우 빠르다.

④ 대부분 물보다 무겁고 물에 잘 녹지 않는다.

33. ② 34. ③ 35. ① 36. ② 37. ③ 38. ④ 39. ①

부록
17-7

40 폐쇄형 스프링클러헤드 부착장소의 평상시의 최고주위온도가 39℃ 이상 64℃ 미만일 때 표시온도의 범위로 옳은 것은?

① 58℃ 이상 79℃ 미만

② 79℃ 이상 121℃ 미만

③ 121℃ 이상 162℃ 미만

④ 162℃ 이상

해설

스프링클러헤드 부착장소의 평상시 최고주위온도와 표시온도(℃)

부착장소의 최고주위온도(℃)	표시온도(℃)
28 미만	58 미만
28 이상 39 미만	58 이상 79 미만
39 이상 64 미만	79 이상 121 미만
64 이상 106 미만	121 이상 162 미만
106 이상	162 이상

제3과목 위험물의 성질과 취급

41 옥외저장소에서 저장할 수 없는 위험물은? (단, 시·도 조례에서 별도로 정하는 위험물 또는 국제해상위험물규칙에 적합한 용기에 수납된 위험물은 제외한다.)

① 과산화수소

② 아세톤

③ 에탄올

④ 유황

해설

옥외저장소에 저장할 수 있는 위험물

㉠ 제2류 위험물 중 유황, 인화성 고체(인화점이 0℃ 이상인 것에 한함)

㉡ 제4류 위험물 중 알코올류 제1석유류(인화점이 0℃ 이상인 것에 한함), 제2석유류, 제3석유류, 제4석유류, 동식물유류

㉢ 제6류 위험물

42 탄화칼슘에 대한 설명으로 틀린 것은?

① 화재 시 이산화탄소소화기가 적응성이 있다.

② 비중은 약 2.2로 물보다 무겁다.

③ 질소 중에서 고온으로 가열하면 $CaCN_2$가 얻어진다.

④ 물과 반응하면 아세틸렌가스가 발생한다.

해설

① 화재 시 건조사가 적응성이 있다.

43 옥외탱크저장소에서 취급하는 위험물의 최대수량에 따른 보유공지 너비가 틀린 것은? (단, 원칙적인 경우에 한한다.)

① 지정수량 500배 이하 – 3m 이상

② 지정수량 500배 초과 1,000배 이하 – 5m 이상

③ 지정수량 1,000배 초과 2,000배 이하 – 9m 이상

④ 지정수량 2,000배 초과 3,000배 이하 – 15m 이상

해설

옥외탱크저장소의 보유공지

저장 또는 취급하는 위험물의 최대수량	공지의 너비
지정수량의 500배 이하	3m 이상
지정수량의 500배 초과 1,000배 이하	5m 이상
지정수량의 1,000배 초과 2,000배 이하	9m 이상
지정수량의 2,000배 초과 3,000배 이하	12m 이상
지정수량의 3,000배 초과 4,000배 이하	15m 이상
지정수량의 4,000배 초과	당해 탱크의 수평단면의 최대지름(횡형인 경우에는 긴 변)과 높이 중 큰 것과 같은 거리 이상. 다만, 30m 초과의 경우에는 30m 이상으로 할 수 있고, 15m 미만의 경우에는 15m 이상으로 하여야 한다.

44 다음 그림과 같은 타원형 탱크의 내용적은 약 몇 m³인가?

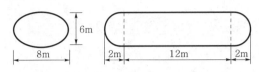

① 453
② 553
③ 653
④ 753

$$V = \frac{\pi ab}{4}\left(l + \frac{l_1 + l_2}{3}\right)$$
$$= \frac{3.14 \times 8 \times 6}{4} \times \left(16 + \frac{2+2}{3}\right)$$
$$= 653 m^3$$

45 동식물유류에 대한 설명으로 틀린 것은?

① 요오드화 값이 작을수록 자연발화의 위험성이 높아진다.
② 요오드화 값이 130 이상인 것은 건성유이다.
③ 건성유에는 아마인유, 들기름 등이 있다.
④ 인화점이 물의 비점보다 낮은 것도 있다.

① 요오드화 값이 클수록 자연발화의 위험성이 높아진다.

46 과산화수소의 저장방법으로 옳은 것은?

① 분해를 막기 위해 히드라진을 넣고 완전히 밀전하여 보관한다.
② 분해를 막기 위해 히드라진을 넣고 가스가 빠지는 구조로 마개를 하여 보관한다.
③ 분해를 막기 위해 요산을 넣고 완전히 밀전하여 보관한다.
④ 분해를 막기 위해 요산을 넣고 가스가 빠지는 구조로 마개를 하여 보관한다.

과산화수소의 저장방법 : 분해를 막기 위해 요산을 넣고 가스가 빠지는 구조로 마개를 하여 보관한다.

47 염소산칼륨에 대한 설명으로 옳은 것은?

① 강한 산화제이며, 열분해하여 염소를 발생한다.
② 폭약의 원료로 사용된다.
③ 점성이 있는 액체이다.
④ 녹는점이 700℃ 이상이다.

① 강한 산화제이며, 열분해하여 산소를 발생한다.

$$2KClO_3 \xrightarrow{\triangle} 2KCl + 3O_2 \uparrow$$

② 무색, 무취의 결정 또는 분말이다.
④ 녹는점이 368.4℃ 이상이다.

48 위험물제조소 등의 안전거리의 단축기준과 관련해서 $H \le pD^2 + a$인 경우 방화상 유효한 담의 높이는 2m 이상으로 한다. 다음 중 a에 해당되는 것은?

① 인근 건축물의 높이(m)
② 제조소 등의 외벽의 높이(m)
③ 제조소 등과 공작물과의 거리(m)
④ 제조소 등과 방화상 유효한 담과의 거리(m)

방화상 유효한 담의 높이(h)
$H \le pD^2 + a$인 경우
여기서, D : 제조소 등과 인근 건축물 또는 공작물과의 거리(m)
H : 인근 건축물 또는 공작물의 높이(m)
a : 제조소 등의 외벽의 높이(m)
h : 방화상 유효한 담의 높이(m)
p : 상수

49 다음 물질 중 지정수량이 400L인 것은?

① 포름산메틸
② 벤젠
③ 톨루엔
④ 벤즈알데히드

① 포름산메틸 : 제1석유류(수용성 액체), 400L
② 벤젠 : 제1석유류(비수용성 액체), 200L
③ 톨루엔 : 제1석유류(비수용성 액체), 200L
④ 벤즈알데히드 : 제2석유류(비수용성 액체), 1,000L

50 벤젠에 진한 질산과 진한 황산의 혼산을 반응시켜 얻어지는 화합물은?

① 피크린산

② 아닐린

③ TNT

④ 니트로벤젠

해설

$$\bigcirc\!\!-H + HONO_2 \xrightarrow{H_2SO_4} \bigcirc\!\!-NO_2 + H_2O$$

51 셀룰로이드의 자연발화 형태를 가장 옳게 나타낸 것은?

① 잠열에 의한 발화

② 미생물에 의한 발화

③ 분해열에 의한 발화

④ 흡착열에 의한 발화

해설

자연발화 형태

㉠ 분해열에 의한 발화

　예 셀룰로이드, 니트로셀룰로오스(질화면) 등

㉡ 산화열에 의한 발화

　예 건성유, 원면, 석탄 등

㉢ 중합열에 의한 발화

　예 시안화수소(HCN), 산화에틸렌(C_2H_4O) 등

㉣ 흡착열에 의한 발화

　예 활성탄, 목탄분말 등

㉤ 미생물에 의한 발화

　예 퇴비, 퇴적물, 먼지 등

52 다음과 같은 물질이 서로 혼합되었을 때 발화 또는 폭발의 위험성이 가장 높은 것은?

① 벤조일퍼옥사이드와 질산

② 이황화탄소와 증류수

③ 금속나트륨과 석유

④ 금속칼륨과 유동성 파라핀

해설

서로 혼합되어 있을 때 발화 또는 폭발의 위험성이 가장 높은 것 : 벤조일퍼옥사이드와 질산

53 다음 중 조해성이 있는 황화인만 모두 선택하여 나열한 것은?

P_4S_3, P_2S_5, P_4S_7

① P_4S_3, P_2S_5　　　② P_4S_3, P_4S_7

③ P_2S_5, P_4S_7　　　④ P_4S_3, P_2S_5, P_4S_7

해설

P_2S_5, P_4S_7 : 조해성이 있다.

54 위험물안전관리법령상 위험등급 I 의 위험물이 아닌 것은?

① 염소산염류　　　② 황화인

③ 알킬리튬　　　　④ 과산화수소

해설

황화인 : 위험등급 II

55 가솔린 저장량이 2,000L일 때 소화설비 설치를 위한 소요단위는?

① 1　　　　　　② 2

③ 3　　　　　　④ 4

해설

$$소요단위 = \frac{저장량}{지정수량 \times 10배}$$

$$\therefore \frac{2,000L}{200L \times 10} = 1$$

56 위험물안전관리법령상 은, 수은, 동, 마그네슘 및 이의 합금으로 된 용기를 사용하여서는 안 되는 물질은?

① 이황화탄소

② 아세트알데히드

③ 아세톤

④ 디에틸에테르

해설

금속 사용제한 조치기준 : 아세트알데히드 또는 산화프로필렌의 옥외탱크저장소에는 은, 수은, 동, 마그네슘 및 이의 합금으로 된 용기를 사용하여서는 안된다.

정답 50. ④　51. ③　52. ①　53. ③　54. ②　55. ①　56. ②

57 다음 중 금속칼륨의 일반적인 성질로 옳지 않은 것은?

① 은백색의 연한 금속이다.

② 알코올 속에 저장한다.

③ 물과 반응하여 수소가스를 발생한다.

④ 물보다 가볍다.

 해설

② 석유(등유) 속에 저장한다.

58 다음 중 물과 접촉했을 때 위험성이 가장 큰 것은?

① 금속칼륨　　　② 황린

③ 과산화벤조일　④ 디에틸에테르

 해설

금속칼륨은 물과 격렬히 반응하여 발열하고 수소를 발생한다.

$2K + 2H_2O \rightarrow 2KOH + H_2$

59 질산암모늄에 관한 설명 중 틀린 것은?

① 상온에서 고체이다.

② 폭약의 제조 원료로 사용할 수 있다.

③ 흡습성과 조해성이 있다.

④ 물과 반응하여 발열하고 다량의 가스를 발생한다.

 해설

④ 물과 반응하여 흡열하고 온도가 내려간다.

60 산화프로필렌 300L, 메탄올 400L, 벤젠 200L를 저장하고 있는 경우 각각 지정수량배수의 총합은 얼마인가?

① 4　　　　　　② 6

③ 8　　　　　　④ 10

 해설

$\dfrac{300}{50} + \dfrac{400}{400} + \dfrac{200}{200} = 8$배

위험물 산업기사 (2017. 5. 7 시행)

제1과목   일반화학

01 산성 산화물에 해당하는 것은?

① CaO

② Na_2O

③ CO_2

④ MgO

해설

산화물의 종류

㉠ 산성 산화물 : 물에 녹아 산이 되거나 염기와 반응할 때 염과 물을 만드는 비금속 산화물(대부분 산화수가 +3가 이상)

예 CO_2, SiO_2, NO_2, SO_3, P_2O_5 등

㉡ 염기성 산화물 : 물에 녹아 염기가 되거나 산과 반응하여 염과 물을 만드는 금속 산화물(대부분 산화수가 +2가 이하)

예 CaO, Na_2O, MgO, CuO 등

㉢ 양쪽성 산화물 : 양쪽성 원소(Al, Zn, Sn, Pb 등)의 산화물로서 산, 염기와 모두 반응하여 염과 물을 만드는 양쪽성 산화물

02 다음 화합물의 0.1mol 수용액 중에서 가장 약한 산성을 나타내는 것은?

① H_2SO_4

② HCl

③ CH_3COOH

④ HNO_3

해설

㉠ 강산 : HCl, HNO_3, H_2SO_4

㉡ 약산 : CH_3COOH

03 다음 반응식에서 브뢴스테드의 산·염기 개념으로 볼 때 산에 해당하는 것은?

$$H_2O + NH_3 \rightleftharpoons OH^- + NH_4^+$$

① NH_3와 NH_4^+

② NH_3와 OH^-

③ H_2O와 OH^-

④ H_2O와 NH_4^+

해설

학설	산(acid)	염기(base)
브뢴스테드설	H^+을 줄 수 있는 것	H^+을 받을 수 있는 것

$$\underset{\text{산}}{H_2O} + \underset{\text{염기}}{NH_3} \rightleftharpoons \underset{\text{염기}}{OH^-} + \underset{\text{산}}{NH_4^+}$$

04 같은 몰 농도에서 비전해질 용액은 전해질 용액보다 비등점 상승도의 변화추이가 어떠한가?

① 크다.

② 작다.

③ 같다.

④ 전해질 여부와 무관하다.

해설

같은 몰 농도에서 비전해질 용액은 전해질 용액보다 비등점 상승도의 변화추이가 작다.

05 다음 화학반응식 중 실제로 반응이 오른쪽으로 진행되는 것은?

① $2KI + F_2 \rightarrow 2KF + I_2$

② $2KBr + I_2 \rightarrow 2KI + Br_2$

③ $2KF + Br_2 \rightarrow 2KBr + F_2$

④ $2KCl + Br_2 \rightarrow 2KBr + Cl_2$

해설

할로겐 원소의 활성도 순서 : $F_2 > Cl_2 > Br_2 > I_2$

06 나일론(Nylon 6, 6)에는 다음 어느 결합이 들어있는가?

① $-S-S-$

② $-O-$

③

④

해설

나일론은 펩티드 결합($-NH-CO-$)을 하고 있다.

정답   1. ③   2. ③   3. ④   4. ②   5. ①   6. ④

07 0.1N KMnO₄ 용액 500mL를 만들려면 KMnO₄ 몇 g이 필요한가? (단, 원자량은 K : 39, Mn : 55, O : 16이다.)

① 15.8g ② 7.9g
③ 1.58g ④ 0.89g

1N 농도는 용액 1L 속에 녹아 있는 용질의 g당량수

$$N \text{ 농도} = \frac{\text{용질의 당량수}}{\text{용액 } 1L} = \frac{\dfrac{g}{D}}{\dfrac{V}{1,000}}$$

$$0.1 = \frac{\dfrac{g}{158}}{\dfrac{500}{1,000}} \qquad \therefore \ g = 7.9g$$

08 황산구리 수용액을 Pt 전극을 써서 전기분해하여 음극에서 63.5g의 구리를 얻고자 한다. 10A의 전류를 약 몇 시간 흐르게 하여야 하는가? (단, 구리의 원자량은 63.5이다.)

① 2.36 ② 5.36
③ 8.16 ④ 9.16

$p = nF = I \cdot t$ 이므로

$$2 \times \frac{63.5}{63.5} \text{mole}^- \cdot 96,500 C/\text{mole}^- = 10A \cdot x(s)$$

$$\therefore \ x = 19,300s \times \frac{1hr}{3,600s} = 5.36hr$$

09 물 2.5L 중에 어떤 불순물이 10mg 함유되어 있다면 약 몇 ppm으로 나타낼 수 있는가?

① 0.4 ② 1
③ 4 ④ 40

1ppm = 1mg/L

$$ppm(mg/L) = \frac{10mg}{2.5L} = 4mg/L = 4ppm$$

10 표준상태에서 기체 A 1L의 무게는 1.964g이다. A의 분자량은?

① 44 ② 16
③ 4 ④ 2

해설

$$PV = \frac{W}{M}RT, \quad M = \frac{WRT}{PV}$$

$$M = \frac{1.964 \times 0.082 \times (273 + 0)}{1 \times 1} = 44$$

$$\therefore \ M = 44$$

11 C₃H₈ 22.0g을 완전연소 시켰을 때 필요한 공기의 부피는 약 얼마인가? (단, 0℃, 1기압 기준이며, 공기 중의 산소량은 21%이다.)

① 56L ② 112L
③ 224L ④ 267L

해설

$$C_3H_8 \ + \ 5O_2 \rightarrow 3CO_2 + 4H_2O$$

$$44g \diagdown 5 \times 22.4L$$
$$22g \diagup x(L)$$

$$x = \frac{22 \times 5 \times 22.4}{44}, \quad x = 56L$$

$$\therefore \ \text{공기의 부피} = \text{산소의 부피} \times \frac{100}{21}$$

$$= 56 \times \frac{100}{21}$$

$$= 267L$$

12 화약제조에 사용되는 물질인 질산칼륨에서 N의 산화수는 얼마인가?

① +1 ② +3
③ +5 ④ +7

KNO_3에서 K : +1, O : -2가

$$+1 + x + (-2 \times 3) = 0$$

$$\therefore \ x = 5$$

13 이온결합 물질의 일반적인 성질에 관한 설명 중 틀린 것은?

① 녹는점이 비교적 높다.
② 단단하며 부스러지기 쉽다.
③ 고체와 액체 상태에서 모두 도체이다.
④ 물과 같은 극성용매에 용해되기 쉽다.

해설

③ 액체 상태에서만 도체이다.

14 전형 원소 내에서 원소의 화학적 성질이 비슷한 것은?

① 원소의 족이 같은 경우

② 원소의 주기가 같은 경우

③ 원자번호가 비슷한 경우

④ 원자의 전자수가 같은 경우

 해설

전형 원소 내에서 원소의 화학적 성질이 비슷한 것은 원소의 족이 같은 경우이다.

15 볼타전지에 관한 설명으로 틀린 것은?

① 이온화 경향이 큰 쪽의 물질이 (−)극이다.

② (+)극에서는 방전 시 산화반응이 일어난다.

③ 전자는 도선을 따라 (−)극에서 (+)극으로 이동한다.

④ 전류의 방향은 전자의 이동방향과 반대이다.

 해설

② (+)극에서는 방전 시 환원반응이 일어난다.

16 탄소와 모래를 전기로에 넣어서 가열하면 연마제로 쓰이는 물질이 생성된다. 이에 해당하는 것은?

① 카보런덤　　　　② 카바이드

③ 카본블랙　　　　④ 규소

해설

㉠ 탄화규소(SiC : 카보런덤) : 코크스(탄소 성분)와 규사(모래)를 전기로 속에서 1,800~1,900℃로서 가열하여 만든다.

㉡ 카본블랙 : 천연가스, 석유 등을 불완전연소 또는 열분해하여 얻는 탄소(C)가루이다.

17 어떤 금속 1.0g을 묽은 황산에 넣었더니 표준상태에서 560mL의 수소가 발생하였다. 이 금속의 원자가는 얼마인가? (단, 금속의 원자량은 40으로 가정한다.)

① 1가　　　　　② 2가

③ 3가　　　　　④ 4가

해설

$$M + H_2SO_4 \rightarrow MSO_4 + H_2$$

금속 1g ： 560mL 수소 발생

x(g) ： 11,200mL

$x = \dfrac{1 \times 11,200}{560}$, $x = 20$g(금속의 당량)

∴ 원자가 $= \dfrac{원자량}{당량} = \dfrac{40}{20} = 2$가

18 불꽃반응 시 보라색을 나타내는 금속은?

① Li　　　　　② K

③ Na　　　　　④ Ba

해설

① Li : 빨강　　　② K : 보라

③ Na : 노랑　　　④ Ba : 황록색

19 다음 화학식의 IUPAC 명명법에 따른 올바른 명명법은?

$$CH_3 - CH_2 - CH - CH_2 - CH_3$$
$$|$$
$$CH_3$$

① 3−메틸펜탄

② 2, 3, 5−트리메틸헥산

③ 이소부탄

④ 1, 4−헥산

 해설

$$\overset{1}{CH_3} - \overset{2}{CH_2} - \overset{3}{CH} - \overset{4}{CH_2} - \overset{5}{CH_3}$$
$$|$$
$$CH_3$$

왼쪽부터 번호를 붙인다. 메틸기가 3번에 1개, 직선상의 탄소수는 5개(펜탄)이므로 이 물질의 명칭은 3−메틸펜탄이다.

20 주기율표에서 원소를 차례대로 나열할 때 기준이 되는 것은?

① 원자의 부피　　　② 원자핵의 양성자수

③ 원자가전자수　　　④ 원자 반지름의 크기

해설

주기율표에서 원소를 차례대로 나열할 때 기준이 되는 것 : 원사핵의 양성사수

제2과목 | 화재예방과 소화방법

21 포소화약제의 혼합방식 중 포원액을 송수관에 압입하기 위하여 포원액용 펌프를 별도로 설치하여 혼합하는 방식은?

① 라인 프로포셔너 방식
② 프레져 프로포셔너 방식
③ 펌프 프로포셔너 방식
④ 프레져 사이드 프로포셔너 방식

해설

① 라인 프로포셔너 방식 : 펌프와 발포기 중간에 설치된 벤투리관의 벤투리작용에 의해 포소화약제를 흡입하여 혼합하는 방식
② 프레져 프로포셔너 방식 : 펌프와 발포기 중간에 설치된 벤투리관의 벤투리작용과 펌프 가압수의 포소화약제 저장탱크에 대한 압력에 의하여 포소화약제를 흡입 혼합하는 방식
③ 펌프 프로포셔너 방식 : 펌프의 토출관과 흡입관 사이의 배관 도중에 설치한 흡입기에 펌프에서 토출된 물의 일부를 보내고 농도조절밸브에서 조정된 포소화약제의 필요량을 포소화약제 탱크에서 펌프 흡입측으로 보내어 이를 혼합하는 방식

22 자연발화가 일어나는 물질과 대표적인 에너지원의 관계로 옳지 않은 것은?

① 셀룰로이드－흡착열에 의한 발열
② 활성탄－흡착열에 의한 발열
③ 퇴비－미생물에 의한 발열
④ 먼지－미생물에 의한 발열

해설

자연발화의 형태
㉠ 분해열에 의한 발열 : 셀룰로이드류, 니트로셀룰로오스(질화면) 등
㉡ 산화에 의한 발열 : 건성유, 원면 등
㉢ 중합에 의한 발열 : 시안화수소(HCN), 산화에틸렌(C_2H_4O) 등
㉣ 흡착에 의한 발열 : 활성탄, 목탄분말 등
㉤ 미생물에 의한 발열 : 퇴비, 먼지, 퇴적물 등

23 할로겐화합물 소화약제의 조건으로 옳은 것은?

① 비점이 높을 것
② 기화되기 쉬울 것
③ 공기보다 가벼울 것
④ 연소성이 좋을 것

해설

할로겐화합물 소화약제의 조건
㉠ 비점이 낮을 것
㉡ 기화되기 쉽고, 증발잠열이 클 것
㉢ 공기보다 무겁고 불연성일 것
㉣ 연소성이 없을 것
㉤ 기화 후 잔유물을 남기지 않을 것
㉥ 전기절연성이 우수할 것

24 소화기와 주된 소화효과가 옳게 짝지어진 것은?

① 포소화기－제거소화
② 할로겐화합물소화기－냉각소화
③ 탄산가스소화기－억제소화
④ 분말소화기－질식소화

해설

① 포소화기－질식소화
② 할로겐화합물소화기－질식소화
③ 탄산가스소화기－질식소화

25 위험물안전관리법령상 물분무 등 소화설비에 포함되지 않는 것은?

① 포소화설비　　　② 분말소화설비
③ 스프링클러설비　　④ 불활성가스소화설비

해설

물분무 등 소화설비
㉠ 물분무소화설비
㉡ 미분무소화설비
㉢ 포소화설비
㉣ 불활성가스소화설비
㉤ 할로겐화합물소화설비
㉥ 청정소화설비
㉦ 분말소화설비
㉧ 강화액소화설비

26 위험물에 화재가 발생하였을 경우 물과의 반응으로 인해 주수소화가 적당하지 않은 것은?

① CH_3ONO_2

② $KClO_3$

③ Li_2O_2

④ P

해설

③ Li_2O_2는 물과 심하게 반응하여 발열하고 산소를 방출한다.

$2Li_2O_2 + 2H_2O \rightarrow 4LiOH + O_2$

Li_2O_2 소화약제 – 건조사

27 과염소산 1몰을 모두 기체로 변환하였을 때 질량은 1기압, 50℃를 기준으로 몇 g인가? (단, Cl의 원자량은 35.5이다.)

① 5.4 　　　　② 22.4

③ 100.5 　　　④ 224

해설

$HClO_4 = 1 + 35.5 + 64 = 100.5g$

28 다음에서 설명하는 소화약제에 해당하는 것은 어느 것인가?

- 무색, 무취이며, 비전도성이다.
- 증기상태의 비중은 약 1.5이다.
- 임계온도는 약 31℃이다.

① 탄산수소나트륨

② 이산화탄소

③ 할론 1301

④ 황산알루미늄

해설

이산화탄소소화약제에 대한 설명이다.

29 위험물안전관리법령상 소화설비의 적응성에서 이산화탄소소화기가 적응성이 있는 것은?

① 제1류 위험물 　　② 제3류 위험물

③ 제4류 위험물 　　④ 제5류 위험물

해설

소화 설비의 적응성

소화설비의 구분		건축물·그 밖의 인공구조물	전기설비	제1류 위험물		제2류 위험물			제3류 위험물		제4류 위험물	제5류 위험물	제6류 위험물
				알칼리금속 과산화물 등	그 밖의 것	철분·금속분·마그네슘 등	인화성 고체	그 밖의 것	금수성 물품	그 밖의 것			
옥내소화전설비 또는 옥외소화전설비		○			○		○	○		○		○	○
스프링클러설비		○			○		○	○		○	△	○	○
물분무 등 소화설비	물분무 소화설비	○	○		○		○	○		○	○	○	○
	포소화 설비	○			○		○	○		○	○	○	○
	불활성가스 소화설비		○				○				○		
	할로겐 화합물 소화설비		○				○				○		
	분말 소화 설비	인산 염류 등	○	○		○		○	○			○		○
		탄산 수소 염류 등		○	○		○	○		○		○		
		그 밖의 것			○		○			○				

[비고] "○" 표시는 해당 소방대상물 및 위험물에 대하여 소화설비가 적응성이 있음을 표시하고, "△" 표시는 제4류 위험물을 저장 또는 취급하는 장소의 살수기준 면적에 따라 스프링클러설비의 살수밀도가 표에 정하는 기준 이상인 경우에는 해당 스프링클러설비가 제4류 위험물에 대하여 적응성이 있음을, 제6류 위험물을 저장 또는 취급하는 장소로서 폭발의 위험이 없는 장소에 한하여 이산화탄소소화기가 제6류 위험물에 대하여 적응성이 있음을 각각 표시한다.

정답 　26. ③ 　27. ③ 　28. ② 　29. ③

30 자연발화에 영향을 주는 인자로 가장 거리가 먼 것은?

① 수분
② 증발열
③ 발열량
④ 열전도율

자연발화에 영향을 주는 인자
㉠ 수분
㉡ 발열량
㉢ 열전도율
㉣ 열의 축적
㉤ 퇴적방법
㉥ 공기의 유동상태
㉦ 촉매물질

31 경보설비는 지정수량 몇 배 이상의 위험물을 저장, 취급하는 제조소 등에 설치하는가?

① 2
② 4
③ 8
④ 10

경보설비 : 지정수량 10배 이상의 위험물을 저장, 취급하는 제조소 등에 설치한다.

32 탄화칼슘 60,000kg을 소요단위로 산정하면?

① 10단위
② 20단위
③ 30단위
④ 40단위

$$소요단위 = \frac{저장량}{지정수량 \times 10배} = \frac{60,000}{300 \times 10배} = 20단위$$

33 고체의 일반적인 연소형태에 속하지 않는 것은?

① 표면연소
② 확산연소
③ 자기연소
④ 증발연소

연소의 형태
㉠ 기체의 연소 : 발염연소, 확산연소
㉡ 액체의 연소 : 증발연소
㉢ 고체의 연소 : 표면연소, 분해연소, 증발연소, 자기연소

34 주된 연소형태가 표면연소인 것은?

① 황
② 종이
③ 금속분
④ 니트로셀룰로오스

① 황 : 증발연소
② 종이 : 분해연소
③ 금속분 : 표면연소
④ 니트로셀룰로오스 : 자기(내부)연소

35 위험물의 화재위험에 대한 설명으로 옳은 것은?

① 인화점이 높을수록 위험하다.
② 착화점이 높을수록 위험하다.
③ 착화에너지가 작을수록 위험하다.
④ 연소열이 작을수록 위험하다.

① 인화점이 낮을수록 위험하다.
② 착화점이 낮을수록 위험하다.
④ 연소열이 클수록 위험하다.

36 외벽이 내화구조인 위험물저장소 건축물의 연면적이 1,500m²인 경우 소요단위는?

① 6
② 10
③ 13
④ 14

저장소 건축물의 경우
㉠ 외벽이 내화구조로 된 것으로 연면적이 150m²
㉡ 외벽이 내화구조가 아닌 것으로 연면적이 75m²
$$\therefore 소요단위 = \frac{1,500m^2}{150m^2} = 10$$

37 중유의 주된 연소형태는?

① 표면연소
② 분해연소
③ 증발연소
④ 자기연소

중유 : 분해연소

38 제5류 위험물의 화재 시 일반적인 조치사항으로 알맞은 것은?

① 분말소화약제를 이용한 질식소화가 효과적이다.
② 할로겐화합물소화약제를 이용한 냉각소화가 효과적이다.
③ 이산화탄소를 이용한 질식소화가 효과적이다.
④ 다량의 주수에 의한 냉각소화가 효과적이다.

제5류 위험물 화재 시 일반적인 조치사항 : 다량의 주수에 의한 냉각소화가 효과적이다.

39 Halon 1301에 해당하는 화학식은?

① CH_3Br
② CF_3Br
③ CBr_3F
④ CH_3Cl

Halon 번호
첫째 : 탄소수, 둘째 : 불소수, 셋째 : 염소수, 넷째 : 브롬수
∴ Halon 1301－CF_3Br

40 다음 중 소화약제의 열분해반응식으로 옳은 것은?

① $NH_4H_2PO_4 \xrightarrow{\triangle} HPO_3 + NH_3 + H_2O$

② $2KNO_3 \xrightarrow{\triangle} 2KNO_2 + O_2$

③ $KClO_4 \xrightarrow{\triangle} KCl + 2O_2$

④ $2CaHCO_3 \xrightarrow{\triangle} 2CaO + H_2CO_3$

② 제1류 위험물 중 질산칼륨의 열분해반응식
③ 제1류 위험물 중 과염소산칼륨의 열분해반응식
④ 탄산수소칼슘의 열분해반응식

제3과목

위험물의 성질과 취급

41 금속칼륨 20kg, 금속나트륨 40kg, 탄화칼슘 600kg 각각의 지정수량 배수의 총합은 얼마인가?

① 2
② 4
③ 6
④ 8

$\dfrac{20kg}{10kg} + \dfrac{40kg}{10kg} + \dfrac{600kg}{300kg} = 2 + 4 + 2 = 8$배

42 다음 중 C_5H_5N에 대한 설명으로 틀린 것은?

① 순수한 것은 무색이고 악취가 나는 액체이다.
② 상온에서 인화의 위험이 있다.
③ 물에 녹는다.
④ 강한 산성을 나타낸다.

④ 약알칼리성을 나타낸다.

43 물에 녹지 않고 물보다 무거우므로 안전한 저장을 위해 물속에 저장하는 것은?

① 디에틸에테르
② 아세트알데히드
③ 산화프로필렌
④ 이황화탄소

이황화탄소에 대한 설명이다.

44 알루미늄의 연소생성물을 옳게 나타낸 것은?

① Al_2O_3
② $Al(OH)_3$
③ Al_2O_3, H_2O
④ $Al(OH)_3$, H_2O

알루미늄은 흰 연기를 내면서 연소하므로 소화가 곤란하다.
$4Al + 3O_2 \rightarrow 2Al_2O_3$

45 다음 물질을 적셔서 얻은 헝겊을 대량으로 쌓아 두었을 경우 자연발화의 위험성이 가장 큰 것은?

① 아마인유   ② 땅콩기름
③ 야자유   ④ 올리브유

 해설

자연발화의 위험성이 가장 큰 것은 건성유이다.
① 아마인유 : 건성유
② 땅콩기름 : 불건성유
③ 야자유 : 불건성유
④ 올리브유 : 불건성유

46 염소산나트륨이 열분해하였을 때 발생하는 기체는?

① 나트륨
② 염화수소
③ 염소
④ 산소

 해설

염소산나트륨은 매우 불안정하여 300℃의 분해온도에서 산소를 분해 방출하고 촉매에 의해서는 낮은 온도에서 분해한다.

$$2NaClO_3 \xrightarrow[\triangle]{촉매} 2NaCl + 3O_2$$

47 트리니트로페놀의 성질에 대한 설명 중 틀린 것은?

① 폭발에 대비하여 철, 구리로 만든 용기에 저장한다.
② 휘황색을 띤 침상결정이다.
③ 비중이 약 1.8로 물보다 무겁다.
④ 단독으로는 테트릴보다 충격, 마찰에 둔감한 편이다.

해설

① 금속과 반응하여 수소가스를 발생하고 Fe, Pb, Cu, Al 등의 금속분과 화합하여 예민한 금속염을 만들어 본래의 피크르산보다 폭발강도가 예민하여 건조한 것은 폭발위험이 있다.

48 [그림]과 같은 위험물을 저장하는 탱크의 내용적은 약 몇 m³인가? (단, r은 10m, L은 25m이다.)

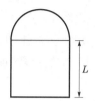

① 3,612   ② 4,754
③ 5,812   ④ 7,854

 해설

$$V = \pi r^2 l = \pi \times (10m)^2 \times 25m = 7,854m^3$$

49 충격마찰에 예민하고 폭발위력이 큰 물질로 뇌관의 첨장약으로 사용되는 것은?

① 니트로글리콜   ② 니트로셀룰로오스
③ 테트릴   ④ 질산메틸

해설

테트릴에 대한 설명이다.

50 다음은 위험물안전관리법령상 제조소 등에서의 위험물의 저장 및 취급에 관한 기준 중 저장기준의 일부이다. (   ) 안에 알맞은 것은?

옥내저장소에 있어서 위험물은 규정에 의한 바에 따라 용기에 수납하여 저장하여야 한다. 다만, (   )과 별도의 규정에 의한 위험물에 있어서는 그러하지 아니하다.

① 동식물유류
② 덩어리상태의 유황
③ 고체상태의 알코올
④ 고화된 제4석유류

 해설

옥내저장소에 있어서 위험물은 규정에 의한 바에 따라 용기에 수납하여 저장하여야 한다. 다만, 덩어리상태의 유황과 별도의 규정에 의한 위험물에 있어서는 그러하지 아니하다.

51 메틸에틸케톤의 저장 또는 취급 시 유의할 점으로 가장 거리가 먼 것은?

① 통풍을 잘 시킬 것
② 찬 곳에 저장할 것
③ 직사일광을 피할 것
④ 저장용기에는 증기배출을 위해 구멍을 설치할 것

<해설>
④ 저장용기에는 증기의 누설 및 액체의 누출 방지를 위해 완전히 밀폐한다.

52 과산화수소의 성질 또는 취급방법에 관한 설명 중 틀린 것은?

① 햇빛에 의하여 분해한다.
② 인산, 요산 등의 분해방지 안정제를 넣는다.
③ 공기와의 접촉은 위험하므로 저장용기는 밀전(密栓)하여야 한다.
④ 에탄올에 녹는다.

<해설>
③ 용기는 밀전하지 말고, 구멍이 뚫린 마개를 사용한다.

53 위험물안전관리법령상 유별을 달리하는 위험물의 혼재기준에서 제6류 위험물과 혼재할 수 있는 위험물의 유별에 해당하는 것은? (단, 지정수량의 1/10을 초과하는 경우이다.)

① 제1류
② 제2류
③ 제3류
④ 제4류

<해설>
유별을 달리하는 위험물의 혼재기준

구 분	제1류	제2류	제3류	제4류	제5류	제6류
제1류		×	×	×	×	○
제2류	×		×	○	○	×
제3류	×	×		○	×	×
제4류	×	○	○		○	×
제5류	×	○	×	○		×
제6류	○	×	×	×	×	

54 금속나트륨에 대한 설명으로 옳은 것은?

① 청색 불꽃을 내며 연소한다.
② 경도가 높은 중금속에 해당한다.
③ 녹는점이 100℃보다 낮다.
④ 25% 이상의 알코올수용액에 저장한다.

<해설>
③ 녹는점은 97.8℃이다.

55 염소산칼륨의 성질에 대한 설명 중 옳지 않은 것은?

① 비중은 약 2.3으로 물보다 무겁다.
② 강산과의 접촉은 위험하다.
③ 열분해하면 산소와 염화칼륨이 생성된다.
④ 냉수에도 매우 잘 녹는다.

<해설>
④ 냉수에는 녹기 어렵다.

56 마그네슘리본에 불을 붙여 이산화탄소 기체 속에 넣었을 때 일어나는 현상은?

① 즉시 소화된다.
② 연소를 지속하며 유독성의 기체를 발생한다.
③ 연소를 지속하며 수소기체를 발생한다.
④ 산소를 발생하며 서서히 소화된다.

<해설>
② $2Mg + CO_2 \rightarrow 2MgO + 2C$
$Mg + CO_2 \rightarrow 2MgO + CO \uparrow$
이때 분해된 C는 흑연을 내면서 연소하고, CO는 맹독성, 가연성 가스이다.

57 자기반응성 물질의 일반적인 성질로 옳지 않은 것은?

① 강산류와의 접촉은 위험하다.
② 연소속도가 대단히 빨라서 폭발성이 있다.
③ 물질자체가 산소를 함유하고 있어 내부연소를 일으키기 쉽다.
④ 물과 격렬하게 반응하여 폭발성 가스를 발생한다.

④ 대부분 물에 잘 녹지 않으며 물과의 직접적인 반응 위험성은 적다.

58 다음 중 에틸알코올의 인화점(℃)에 가장 가까운 것은?

① -4℃   ② 3℃

③ 13℃   ④ 27℃

위험물 종류	인화점
에틸알코올	13℃

59 자연발화를 방지하는 방법으로 가장 거리가 먼 것은?

① 통풍이 잘되게 할 것

② 열의 축적을 용이하지 않게 할 것

③ 저장실의 온도를 낮게 할 것

④ 습도를 높게 할 것

④ 습도를 낮게 한다.

60 다음 중 일반적인 연소의 형태가 나머지 셋과 다른 하나는?

① 나프탈렌

② 코크스

③ 양초

④ 유황

고체의 연소

㉠ 표면(자기)연소 : 코크스, 숯, 목탄, 나트륨, 금속분(아연분) 등

㉡ 분해연소 : 목재, 석탄, 종이, 플라스틱 등

㉢ 증발연소 : 나프탈렌, 양초, 유황, 장뇌, 고급알코올 등

㉣ 내부(자기)연소 : 질산에스테르류, 니트로셀룰로오스 등

위험물 산업기사 (2017. 9. 23 시행)

01 밑줄 친 원소의 산화수가 +5인 것은?

① $H_3\underline{P}O_4$
② $K\underline{Mn}O_4$
③ $K_2\underline{Cr}_2O_7$
④ $K_3[\underline{Fe}(CN)_6]$

🌱**해설**

① $H_3\underline{P}O_4$
H의 산화수 : +1, 산소의 산화수 : −2
$(+1)\times 3 + x + (-2)\times 4 = 0$
∴ $x = +5$

② $K\underline{Mn}O_4$
K의 산화수 : +1, 산소의 산화수 : −2
$(+1)\times 1 + x + (-2)\times 4 = 0$
∴ $x = +7$

③ $K_2\underline{Cr}_2O_7$
K의 산화수 : +1, 산소의 산화수 : −2
$(+1)\times 2 + 2x + (-2)\times 7 = 0$
∴ $x = +6$

④ $K_3[\underline{Fe}(CN)_6]$
K의 산화수 : +1, CN의 산화수 : −1
$(+1)\times 3 + x + (-1)\times 6 = 0$
∴ $x = 3$

02 탄소와 수소로 되어 있는 유기화합물을 연소시켜 CO_2 44g, H_2O 27g을 얻었다. 이 유기화합물의 탄소와 수소 몰비율(C : H)은 얼마인가?

① 1 : 3
② 1 : 4
③ 3 : 1
④ 4 : 1

🌱**해설**

$C_xH_y + AO_2 \rightarrow BCO_2 + CH_2O$

CO_2의 몰수 $= \dfrac{44g}{(12+32)g/mol} = \dfrac{44}{44} = 1mol$

H_2O의 몰수 $= \dfrac{27g}{18g/mol} = 1.5mol$

∴ $B = 1$, $C = 1.5$

$C_xH_y + 1.75O_2 \rightarrow CO_2 + 1.5H_2O$

∴ $x = 1$, $y = 3$ → 몰비율(C : H = 1 : 3)

03 미지농도의 염산용액 100mL를 중화하는 데 0.2N NaOH 용액 250mL가 소모되었다. 이 염산의 농도는 몇 N인가?

① 0.05
② 0.2
③ 0.25
④ 0.5

🌱**해설**

노르말 농도 : 용액 1L에 녹아있는 용질의 g당량수
N = g당량수/용액(L) (g당량수 = 분자량/당량수)
$0.2(N) \times 0.25(L) = 0.05g$

∴ $\dfrac{0.05g}{0.1L} = 0.5N$

04 탄소수가 5개인 포화탄화수소 펜탄의 구조 이성질체 수는 몇 개인가?

① 2개
② 3개
③ 4개
④ 5개

🌱**해설**

펜탄(C_5H_{12})의 이성질체

㉠ n−펜탄 : C−C−C−C−C

㉡ iso−펜탄 :

㉢ neo−펜탄 :

※ • C−C−C−C는 n−펜탄이다(끝까지는 회전이 가능함).
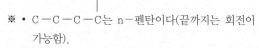
iso−펜탄으로 같은 구조이다.

05 25℃의 포화용액 90g 속에 어떤 물질이 30g 녹아 있다. 이 온도에서 이 물질의 용해도는?

① 30
② 33
③ 50
④ 63

해설

조건 : 온도가 일정

$$용해도 = \frac{용질의\ g수}{용매의\ g수} \times 100 = \frac{30}{90-30} \times 100 = 50$$

06 다음 물질 중 산성이 가장 센 물질은?

① 아세트산
② 벤젠술폰산
③ 페놀
④ 벤조산

해설

① 아세트산 – 약산
② 벤젠술폰산 – 강산
③ 페놀 – 약산
④ 벤조산 – 약산

07 다음 중 침전을 형성하는 조건은?

① 이온곱 > 용해도곱
② 이온곱 = 용해도곱
③ 이온곱 < 용해도곱
④ 이온곱 + 용해도곱 = 1

해설

침전을 형성하는 조건
이온곱이 용해도곱보다 클 때, 이온곱과 용해도곱이 같아질 때까지 침전이 된다.
∴ 이온곱 > 용해도곱 일 때 침전이 일어남.

08 어떤 기체가 탄소원자 1개당 2개의 수소원자를 함유하고 0℃, 1기압에서 밀도가 1.25g/L일 때 이 기체에 해당하는 것은?

① CH_2
② C_2H_4
③ C_3H_6
④ C_4H_8

해설

C_xH_{2x} 분자량 = 기체의 밀도(g/L) × 22.4L
= 1.25 × 22.4 = 28
∴ 분자량이 28인 C_2H_4
① CH_2의 분자량 : 14
③ C_3H_6의 분자량 : 42
④ C_4H_8의 분자량 : 56

09 집기병 속에 물에 적신 빨간 꽃잎을 넣고 어떤 기체를 채웠더니 얼마 후 꽃잎이 탈색되었다. 이와 같이 색을 탈색(표백)시키는 성질을 가진 기체는?

① He
② CO_2
③ N_2
④ Cl_2

해설

염소(Cl_2)의 성질
㉠ 상수도의 살균, 면직물의 표백작용을 한다.
㉡ 황록색의 자극성 기체로 산화성이 있고, 물에 녹아 염소수가 된다.
㉢ KI 전분지와 작용하여 염소 검출에 이용된다.

10 방사선에서 γ선과 비교한 α선에 대한 설명 중 틀린 것은?

① γ선보다 투과력이 강하다.
② γ선보다 형광작용이 강하다.
③ γ선보다 감광작용이 강하다.
④ γ선보다 전리작용이 강하다.

해설

① γ선보다 투과력이 약하다($\gamma > \beta > \alpha$).

11 탄산음료수의 병마개를 열면 거품이 솟아오르는 이유를 가장 올바르게 설명한 것은?

① 수증기가 생성되기 때문이다.
② 이산화탄소가 분해되기 때문이다.
③ 용기 내부압력이 줄어들어 기체의 용해도가 감소하기 때문이다.
④ 온도가 내려가게 되어 기체가 생성물의 반응이 진행되기 때문이다.

해설

기체의 용해도는 온도 상승에 의해 감소하기 때문에 접촉면에 기포가 생긴다.

12 어떤 주어진 양의 기체의 부피가 21℃, 1.4atm 에서 250mL이다. 온도가 49℃로 상승되었을 때의 부피가 300mL라고 하면 이 때의 압력은 약 얼마인가?

① 1.35atm

② 1.23atm

③ 1.21atm

④ 1.16atm

 해설 ----------

$PV = nRT$

$T_1 = 294K$, $P_1 = 1.4atm$, $V_1 = 0.25L$

$1.4 \times 0.25 = n \times 0.082 \times 294$

∴ $n = 0.014mol$

$T_2 = 322K$, $P_2 = x$, $V_2 = 0.3L$

$x \times 0.3 = 0.014 \times 0.082 \times 322$

∴ $x = 1.23atm$

13 다음과 같은 순서로 커지는 성질이 아닌 것은 어느 것인가?

$$F_2 < Cl_2 < Br_2 < I_2$$

① 구성원자의 전기음성도

② 녹는점

③ 끓는점

④ 구성원자의 반지름

 해설 ----------

전기음성도 : 원자가 전자를 잡아당기는 능력을 상대적인 값으로 나타낸 수치로 일반적으로 비금속성이 강할수록 증가한다.

(증가) F > O > N > Cl > Br > C

      4.10 3.50 3.07 2.83 2.74 2.50

14 금속의 특징에 대한 설명 중 틀린 것은 어느 것인가?

① 고체금속은 연성과 전성이 있다.

② 고체상태에서 결정구조를 형성한다.

③ 반도체, 절연체에 비하여 전기전도도가 크다.

④ 상온에서 모두 고체이다.

 해설 ----------

④ Hg(수은)의 경우 상온에서 액체상태이다.

15 다음 중 산소와 같은 족의 원소가 아닌 것은 어느 것인가?

① S

② Se

③ Te

④ Bi

해설 ----------

① 산소족 원소 : O, S, Se, Te, Po

② 질소족 원소 : N, P, As, Sb, Bi

16 공기 중에 포함되어 있는 질소와 산소의 부피비는 0.79 : 0.21이므로 질소와 산소의 분자수의 비도 0.79 : 0.21이다. 이와 관계있는 법칙은?

① 아보가드로의 법칙

② 일정성분비의 법칙

③ 배수비례의 법칙

④ 질량보존의 법칙

해설 ----------

① 아보가드로의 법칙 : 온도와 압력이 같으면 모든 기체는 같은 부피 속에 같은 수의 분자가 들어있다.

② 일정성분비의 법칙 : 같은 종류의 화합물에서 성분원소의 무게의 비는 항상 일정하다.

③ 배수비례의 법칙 : 두 가지의 원소가 두 가지 이상의 화합물을 만들 때 한 가지 원소의 일정량과 화합하는 다른 원소의 무게비에는 간단한 정수비가 성립된다.

④ 질량보존의 법칙 : 화학 변화에서 물질의 무게의 총합은 생성된 물질의 무게의 총합과 같다.

17 다음 중 두 물질을 섞었을 때 용해성이 가장 낮은 것은?

① C_6H_6과 H_2O

② $NaCl$과 H_2O

③ C_2H_5OH과 H_2O

④ C_2H_5OH과 CH_3OH

해설 ----------

① C_6H_6 무극성 – H_2O 극성

② $NaCl$ 극성 – H_2O 극성

③ C_2H_5OH 극성 – H_2O 극성

④ C_2H_5OH 극성 – CH_3OH 극성

18 다음 물질 1g을 각각 1kg의 물에 녹였을 때 빙점강하가 가장 큰 것은?

① CH_3OH

② C_2H_5OH

③ $C_3H_5(OH)_3$

④ $C_6H_{12}O_6$

라울의 법칙 : 묽은 용액에서의 비등점 상승이나 빙점 강하는 용질의 몰랄농도(m)에 비례한다.

$\Delta T_b = m \times K_b$

① CH_3OH의 $m = \dfrac{1}{32} \times \dfrac{1}{1,000} = 3.125 \times 10^{-5}$

② C_2H_5OH의 $m = \dfrac{1}{46} \times \dfrac{1}{1,000} = 2.173 \times 10^{-5}$

③ $C_3H_5(OH)_3$의 $m = \dfrac{1}{68} \times \dfrac{1}{1,000} = 1.47 \times 10^{-5}$

④ $C_6H_{12}O_6$의 $m = \dfrac{1}{180} \times \dfrac{1}{1,000} = 0.556 \times 10^{-5}$

19 [OH^-]$=1 \times 10^{-5}$mol/L인 용액의 pH와 액성으로 옳은 것은?

① pH=5, 산성 ② pH=5, 알칼리성

③ pH=9, 산성 ④ pH=9, 알칼리성

pH+pOH= 14

pH $=-\log[H^+]$, pOH $=-\log[OH^-]$

pH $+5 = 14$

∴ pH $= 9$

pH = 7은 중성, pH가 7 미만이면 산성, 초과이면 알칼리성이다.

20 원자번호 11이고, 중성자수가 12인 나트륨의 질량수는?

① 11 ② 12

③ 23 ④ 24

질량수=원자번호+중성자수

$23 = 11 + 12$

제2과목	화재예방과 소화방법

21 불활성가스소화약제 중 IG−541의 구성 성분이 아닌 것은?

① N_2 ② Ar

③ He ④ CO_2

IG−541 구성 성분 : N_2(52%), Ar(40%), CO_2(8%)

22 위험물안전관리법령에서 정한 물분무소화설비의 설치기준에서 물분무소화설비의 방사구역은 몇 m^2 이상으로 하여야 하는가? (단, 방호대상물의 표면적이 150m^2 이상인 경우이다.)

① 75 ② 100

③ 150 ④ 350

물분무소화설비

구 분	기 준
방사구역	150m^2 이상
방사압력	350kPa 이상
수원의 수량	20L/min · $m^2 \times$30min 이상

23 이산화탄소소화기는 어떤 현상에 의해서 온도가 내려가 드라이아이스를 생성하는가?

① 줄−톰슨 효과 ② 사이펀

③ 표면장력 ④ 모세관

줄−톰슨 효과 : 기체 또는 액체가 가는 관을 통과할 때 온도가 급강하하여 고체로 되는 현상

예 CO_2 소화기가 온도가 내려가 드라이아이스를 생성하는 것

24 Halon 1301, Halon 1211, Halon 2402 중 상온 · 상압에서 액체상태인 Halon 소화약제로만 나열한 것은?

① Halon 1211

② Halon 2402

③ Halon 1301, Halon 1211

④ Halon 2402, Halon 1211

할로겐화합물 소화약제의 상온에서의 상태

Halon 명칭	Halon 1301	Halon 1211	Halon 2402	Halon 1011	Halon 104
상온에서의 상태	기체	기체	액체	액체	액체

25 연소형태가 나머지 셋과 다른 하나는?

① 목탄   ② 메탄올

③ 파라핀   ④ 유황

해설

① 목탄 : 표면(직접)연소

② 메탄올, ③ 파라핀, ④ 유황 : 증발연소

26 연소 시 온도에 따른 불꽃의 색상이 잘못된 것은?

① 적색 : 약 850℃

② 황적색 : 약 1,100℃

③ 휘적색 : 약 1,200℃

④ 백적색 : 약 1,300℃

해설

③ 휘적색 : 950℃

27 스프링클러 설비의 장점이 아닌 것은?

① 소화약제가 물이므로 소화약제의 비용이 절감된다.

② 초기시공비가 매우 적게 든다.

③ 화재 시 사람의 조작 없이 작동이 가능하다.

④ 초기화재의 진화에 효과적이다.

해설

스프링클러 설비의 장·단점

장 점	단 점
• 초기화재의 진화에 효과적이다. • 소화약제가 물이므로 소화약제의 비용이 절감된다. • 화재 시 사람의 조작 없이 작동이 가능하다. • 오동작, 오보가 없다. (감지부가 기계적) • 조작이 간편하고 안전하다.	• 초기시공비가 매우 많이 든다. • 다른 설비와 비교했을 때 시공이 복잡하다. • 물로 인한 피해가 크다.

28 능력단위가 1단위의 팽창질석(삽 1개 포함)은 용량이 몇 L인가?

① 160   ② 130

③ 90   ④ 60

해설

간이 소화용구		능력단위
마른모래	삽을 상비한 50L 이상의 것 1포	0.5단위
팽창질석 또는 팽창진주암	삽을 상비한 160L 이상의 것 1포	1단위

29 물통 또는 수조를 이용한 소화가 공통적으로 적응성이 있는 위험물은 제 몇 류 위험물인가?

① 제2류 위험물   ② 제3류 위험물

③ 제4류 위험물   ④ 제5류 위험물

해설

소화설비의 구분		건축물·그 밖의 공작물	전기설비	제1류 위험물 알칼리금속·과산화물 등	제1류 위험물 그 밖의 것	제2류 위험물 철분·금속분·마그네슘 등	제2류 위험물 인화성 고체	제2류 위험물 그 밖의 것	제3류 위험물 금수성 물품	제3류 위험물 그 밖의 것	제4류 위험물	제5류 위험물	제6류 위험물
옥내소화전설비 또는 옥외소화전설비		○			○		○	○		○		○	○
스프링클러설비		○			○		○	○		○	△	○	○
물분무등소화설비	물분무소화설비	○	○		○		○	○		○	○	○	○
	포소화설비	○			○		○	○		○	○	○	○
	불활성가스소화설비		○				○				○		
	할로겐화물소화설비		○				○				○		
분말소화설비	인산염류 등	○	○		○		○	○			○		○
	탄산수소염류 등		○	○		○	○		○		○		
	그 밖의 것			○		○			○				
대형·소형 수동식 소화기	봉상수(棒狀水)소화기	○			○		○	○		○		○	○
	무상수(無狀水)소화기	○	○		○		○	○		○		○	○
	봉상강화액소화기	○			○		○	○		○		○	○
	무상강화액소화기	○	○		○		○	○		○	○	○	○
	포소화기	○			○		○	○		○	○	○	○
	이산화탄소소화기		○				○				○		△
	할로겐화물소화기		○				○				○		
분말소화기	인산염류소화기	○	○		○		○	○			○		○
	탄산수소염류소화기		○	○		○	○		○		○		
	그 밖의 것			○		○			○				
기타	물통 또는 수조	○			○		○	○		○		○	○
	건조사			○	○	○	○	○	○	○	○	○	○
	팽창질석 또는 팽창진주암			○	○	○	○	○	○	○	○	○	○

정답   25. ①   26. ③   27. ②   28. ①   29. ④

30 표준상태에서 벤젠 2mol이 완전연소하는 데 필요한 이론 공기요구량은 몇 L인가? (단, 공기 중 산소는 21vol%이다.)

① 168　　　　　　　② 336
③ 1,600　　　　　　④ 3,200

$2C_6H_6+15O_2 \rightarrow 12CO_2+6H_2O$

2mol　15×22.4L

여기서, $15×22.4=336L$

즉, $336L×\dfrac{100}{21}=1,600L$

31 할로겐화합물 중 CH_3I에 해당하는 할론 번호는?

① 1031　　　　　　② 1301
③ 13001　　　　　　④ 10001

㉠ Halon 번호
　첫째－탄소수, 둘째－불소수, 셋째－염소수, 넷째－브롬수, 다섯째－요오드수
㉡ Halon 10001－CH_3I

32 제3종 분말소화약제에 대한 설명으로 틀린 것은?

① A급을 제외한 모든 화재에 적응성이 있다.
② 주성분은 $NH_4H_2PO_4$의 분자식으로 표현된다.
③ 제1인산암모늄이 주성분이다.
④ 담홍색(또는 황색)으로 착색되어 있다.

① A, B, C급 화재에 적응성이 있다.

33 위험물을 저장하기 위해 제작한 이동저장탱크의 내용적이 20,000L인 경우 위험물 허가를 위해 산정할 수 있는 이 탱크의 최대용량은 지정수량의 몇 배인가? (단, 저장하는 위험물은 비수용성 제2석유류이며, 비중은 0.8, 차량의 최대적재량은 15톤이다.)

① 21배　　　　　　② 18.75배
③ 12배　　　　　　④ 9.375배

해설

비수용성 제2석유류의 지정수량은 1,000L이며, 차량의 최대적재량은 15ton(15,000kg)이다.

여기서, $\dfrac{15,000kg}{0.8kg/L}=18,750L$

즉 $\dfrac{18,750L}{1,000L}=18.75$배

34 위험물안전관리법령상 전역방출방식 또는 국소방출방식의 분말소화설비의 기준에서 가압식의 분말소화설비에는 얼마 이하의 압력으로 조정할 수 있는 압력조정기를 설치하여야 하는가?

① 2.0MPa

② 2.5MPa

③ 3.0MPa

④ 5MPa

전역방출방식 또는 국소방출방식의 분말소화설비의 기준 : 가압식의 분말소화설비에는 2.5MPa 이하의 압력으로 조정할 수 있는 압력조정기를 설치하여야 한다.

35 다음 중 점화원이 될 수 없는 것은?

① 전기스파크　　　② 증발잠열
③ 마찰열　　　　　④ 분해열

해설

점화원이 될 수 없는 것 : 증발잠열

36 그림과 같은 타원형 위험물탱크의 내용적은 약 얼마인가? (단, 단위는 m이다.)

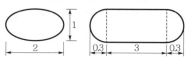

① 5.03m³　　　　　② 7.52m³
③ 9.03m³　　　　　④ 19.05m³

해설

$V=\dfrac{\pi ab}{4}\left(l+\dfrac{l_1+l_2}{3}\right)$

$=\dfrac{3.14×2×1}{4}\left(3+\dfrac{0.3+0.3}{3}\right)$

$=5.03m^3$

37 대통령령이 정하는 제조소 등의 관계인은 그 제조소 등에 대하여 연 몇 회 이상 정기점검을 실시해야 하는가? (단, 특정옥외탱크저장소의 정기점검은 제외한다.)

① 1　　　　　　　② 2

③ 3　　　　　　　④ 4

 해설

제조소 등 정기점검 : 연 1회 이상

38 위험물의 화재발생 시 적응성이 있는 소화설비의 연결로 틀린 것은?

① 마그네슘－포소화기

② 황린－포소화기

③ 인화성 고체－이산화탄소소화기

④ 등유－이산화탄소소화기

 해설

① 마그네슘－탄산수소염류 등, 건조사, 팽창질석 또는 팽창진주암

39 위험물안전관리법령상 전역방출방식의 분말소화설비에서 분사헤드의 방사압력은 몇 MPa 이상이어야 하는가?

① 0.1

② 0.5

③ 1

④ 3

 해설

전역방출방식의 분말소화설비 분사헤드 : 방사압력은 0.1MPa 이상

40 전기설비에 화재가 발생하였을 경우에 위험물안전관리법령상 적응성을 가지는 소화설비는?

① 물분무소화설비　　② 포소화기

③ 봉상강화액소화기　④ 건조사

 해설

29번 해설과 동일

제3과목　**위험물의 성질과 취급**

41 황의 연소생성물과 그 특성을 옳게 나타낸 것은?

① SO_2, 유독가스　② SO_2, 청정가스

③ H_2S, 유독가스　④ H_2S, 청정가스

 해설

$S + O_2 \rightarrow \underline{SO_2}$
　　　　　　유독가스

42 위험물안전관리법령에 의한 위험물제조소의 설치기준으로 옳지 않은 것은?

① 위험물을 취급하는 기계·기구, 그 밖의 설비는 위험물이 새거나 넘치거나 비산하는 것을 방지할 수 있는 구조로 하여야 한다.

② 위험물을 가열하거나 냉각하는 설비 또는 위험물의 취급에 수반하여 온도변화가 생기는 설비에는 온도측정장치를 설치하여야 한다.

③ 위험물을 취급함에 있어서 정전기가 발생할 우려가 있는 설비에는 정전기를 유효하게 제거할 수 있는 설비를 설치하여야 한다.

④ 위험물을 취급하는 동관을 지하에 설치하는 경우에는 지진·풍압·지반침하 및 온도변화에 안전한 구조의 지지물에 설치하여야 한다.

 해설

④ 배관을 지상에 설치하는 경우에는 지진, 풍압, 지반침하 및 온도 변화에 안전한 구조의 지지물에 설치하되, 지면에 닿지 아니하도록 하고 배관의 외면에 부식방지를 위한 포장을 하여야 한다.

43 다음 중 위험물안전관리법령상 제2석유류에 해당되는 것은?

①

②

③ C_2H_5

④ CHO

① 벤젠 : 제1석유류
② 헥산 : 제1석유류
③ 에틸벤젠 : 제1석유류
④ 벤즈 알데히드 : 제2석유류

44 다음 위험물 중 가연성 액체를 옳게 나타낸 것은?

$$HNO_3, \ HClO_4, \ H_2O_2$$

① $HClO_4, \ HNO_3$
② $HNO_3, \ H_2O_2$
③ $HNO_3, \ HClO_4, \ H_2O_2$
④ 모두 가연성이 아님

해설

④ 불연성 물질로서 강산화제

45 다음 중 산화프로필렌에 대한 설명으로 틀린 것은?

① 무색의 휘발성 액체이고, 물에 녹는다.
② 인화점이 상온 이하이므로 가연성 증기 발생을 억제하여 보관해야 한다.
③ 은, 마그네슘 등의 금속과 반응하여 폭발성 혼합물을 생성한다.
④ 증기압이 낮고 연소범위가 좁아서 위험성이 높다.

해설

④ 증기압이 높고 연소범위가 넓어서 위험성이 높다.

46 다음 중 황린과 적린의 공통점으로 옳은 것은 어느 것인가?

① 독성
② 발화점
③ 연소생성물
④ CS_2에 대한 용해성

해설

성 질 \ 종 류	황 린	적 린
독성	있다	없다
발화점	34℃	260℃
연소생성물	P_2O_5	P_2O_5
CS_2에 대한 용해성	용해	불용

47 질산나트륨을 저장하고 있는 옥내저장소(내화구조의 격벽으로 완전히 구획된 실이 2 이상 있는 경우에는 동일한 실)에 함께 저장하는 것이 법적으로 허용되는 것은? (단, 위험물을 유별로 정리하여 서로 1m 이상의 간격을 두는 경우이다.)

① 적린
② 인화성 고체
③ 동식물유류
④ 과염소산

해설

상호 1m 이상의 간격을 유지하는 경우에도 동일한 옥내저장소에 저장할 수 있는 것
㉠ 제1류 위험물(알칼리금속과 산화물)+제5류 위험물
㉡ 제1류 위험물+제6류 위험물
㉢ 제1류 위험물+자연발화성 물품(황린)
㉣ 제2류 위험물(인화성 고체)+제4류 위험물
㉤ 제3류 위험물(알킬알루미늄 등)+제4류 위험물(알킬알루미늄, 알킬리튬을 함유한 것)
㉥ 제4류 위험물(유기과산화물)+제5류 위험물(유기과산화물)
∴ 제1류 위험물(질산나트륨)+제6류 위험물(과염소산)

48 위험물안전관리법령상 옥외탱크저장소의 위치·구조 및 설비의 기준에서 간막이 둑을 설치할 경우, 그 용량의 기준으로 옳은 것은?

① 간막이 둑 안에 설치된 탱크 용량의 110% 이상일 것
② 간막이 둑 안에 설치된 탱크의 용량 이상일 것
③ 간막이 둑 안에 설치된 탱크 용량의 10% 이상일 것
④ 간막이 둑 안에 설치된 탱크의 간막이 둑 높이 이상 부분의 용량 이상일 것

해설

옥외탱크저장소의 위치, 구조 및 설비의 기준 : 간막이 둑 안에 설치된 탱크 용량의 10% 이상일 것

49 위험물을 저장 또는 취급하는 탱크의 용량 산정 방법에 관한 설명으로 옳은 것은?

① 탱크의 내용적에서 공간용적을 뺀 용적으로 한다.
② 탱크의 공간용적에서 내용적을 뺀 용적으로 한다.
③ 탱크의 공간용적에 내용적을 더한 용적으로 한다.
④ 탱크의 볼록하거나 오목한 부분을 뺀 용적으로 한다.

해설

탱크의 용량=탱크의 내용적−탱크의 공간용적

50 위험물안전관리법령상의 지정수량이 나머지 셋과 다른 하나는?

① 질산에스테르류   ② 니트로소화합물
③ 디아조화합물   ④ 히드라진유도체

해설

제5류 위험물의 품명과 지정수량

성 질	위험 등급	품 명	지정수량
자기 반응성 물질	I	1. 유기과산화물	10kg
		2. 질산에스테르류	10kg
	II	3. 니트로화합물	200kg
		4. 니트로소화합물	200kg
		5. 아조화합물	200kg
		6. 디아조화합물	200kg
		7. 히드라진 유도체	200kg
		8. 히드록실아민	100kg
		9. 히드록실아민염류	100kg
		10. 그 밖에 행정안전부령이 정하는 것 ① 금속의 아지드화합물 ② 질산구아니딘	200kg
	I〜II	11. 1.〜10.에 해당하는 어느 하나 이상을 함유한 것	10kg, 100kg 또는 200kg

51 금속칼륨의 일반적인 성질에 대한 설명으로 틀린 것은?

① 칼로 자를 수 있는 무른 금속이다.
② 에탄올과 반응하여 조연성 기체(산소)를 발생한다.
③ 물과 반응하여 가연성 기체를 발생한다.
④ 물보다 가벼운 은백색의 금속이다.

해설

② 에탄올과 반응하여 수소가스를 발생한다.
$$2K+2C_2H_5OH \rightarrow 2C_2H_5OK+H_2$$

52 위험물을 지정수량이 큰 것부터 작은 순서로 옳게 나열한 것은?

① 니트로화합물 > 브롬산염류 > 히드록실아민
② 니트로화합물 > 히드록실아민 > 브롬산염류
③ 브롬산염류 > 히드록실아민 > 니트로화합물
④ 브롬산염류 > 니트로화합물 > 히드록실아민

해설

④ 브롬산염류(300kg)>니트로화합물(200kg)>히드록실아민(100kg)

53 다음에서 설명하는 위험물을 옳게 나타낸 것은?

- 지정수량은 2,000L이다.
- 로켓의 연료, 플라스틱 발포제 등으로 사용된다.
- 암모니아와 비슷한 냄새가 나고, 녹는점은 약 2℃이다.

① N_2H_4 ② $C_6H_5CH=CH_2$
③ NH_4ClO_4 ④ C_6H_5Br

해설

히드라진(N_2H_4)에 대한 설명이다.

54 다음 중 물과 반응하여 산소와 열을 발생하는 것은?

① 염소산칼륨   ② 과산화나트륨
③ 금속나트륨   ④ 과산화벤조일

<해설>

① 물에는 잘 녹는다.

② $Na_2O_2 + H_2O \rightarrow 2NaOH + \frac{1}{2}O_2$

③ $2Na + 2H_2O \rightarrow 2NaOH + H_2$

④ 물에는 잘 녹지 않는다.

55 동식물유류에 대한 설명 중 틀린 것은?

① 요오드가가 클수록 자연발화의 위험이 크다.

② 아마인유는 불건성유이므로 자연발화의 위험이 낮다.

③ 동식물유류는 제4류 위험물에 속한다.

④ 요오드가가 130 이상인 것이 건성유이므로 저장할 때 주의한다.

<해설>

② 아마인유는 건성유이므로 자연발화의 위험이 높다.

56 다음 표의 빈칸(㉠, ㉡)에 알맞은 품명은?

품 명	지정수량
㉠	100킬로그램
㉡	1,000킬로그램

① ㉠ : 철분, ㉡ : 인화성 고체

② ㉠ : 적린, ㉡ : 인화성 고체

③ ㉠ : 철분, ㉡ : 마그네슘

④ ㉠ : 적린, ㉡ : 마그네슘

<해설>

제2류 위험물(가연성 고체)의 품명과 지정수량

성 질	위험등급	품 명	지정수량
가연성 고체	II	1. 황화인 2. 적린 3. 유황	100kg 100kg 100kg
	III	4. 철분 5. 금속분 6. 마그네슘	500kg 500kg 500kg
	II~III	7. 그 밖의 행정안전부령이 정하는 것 8. 1.~7.에 해당하는 어느 하나 이상을 함유한 것	100kg 또는 500kg
	III	9. 인화성 고체	1,000kg

57 다음 위험물 중 인화점이 가장 높은 것은?

① 메탄올

② 휘발유

③ 아세트산메틸

④ 메틸에틸케톤

<해설>

① 11℃

② -20~-43℃

③ -10℃

④ -1℃

58 다음 ㉠~㉢ 물질 중 위험물안전관리법상 제6류 위험물에 해당하는 것은 모두 몇 개인가?

㉠ 비중 1.49인 질산

㉡ 비중 1.7인 과염소산

㉢ 물 60g + 과산화수소 40g 혼합수용액

① 1개

② 2개

③ 3개

④ 없음

<해설>

위험물에 해당하는 것

㉠ 질산 : 비중이 1.49 이상인 것

㉡ 과염소산 : 비중이 1.7 이상인 것

㉢ 과산화수소 : 수용액의 농도가 36wt% 이상인 것

예 $\frac{40g}{60g + 40g} \times 100 = 40wt\%$

59 지정수량 이상의 위험물을 차량으로 운반하는 경우 차량에 설치하는 표지의 색상에 관한 내용으로 옳은 것은?

① 흑색바탕에 청색의 도료로 "위험물"이라고 표기할 것

② 흑색바탕에 황색의 반사도료로 "위험물"이라고 표기할 것

③ 적색바탕에 흰색의 반사도료로 "위험물"이라고 표기할 것

④ 적색바탕에 흑색의 도료로 "위험물"이라고 표기할 것

<해설>

위험물을 차량으로 운반하는 경우 차량에 설치하는 표지 : 흑색바탕에 황색의 반사도료로 "위험물"이라고 표기

60 제1류 위험물의 과염소산염류에 속하는 것은?

① $KClO_3$ ② $NaClO_4$

③ $HClO_4$ ④ $NaClO_2$

과염소산 염류
① 과염소산칼륨($KClO_4$)
② 과염소산나트륨($NaClO_4$)
③ 과염소산암모늄(NH_4ClO_4)
④ 과염소산마그네슘($Mg(ClO_4)_2$)

위험물 산업기사 (2018. 3. 4 시행)

01 다음 중 CH₃COOH와 C₂H₅OH의 혼합물에 소량의 진한황산을 가하여 가열하였을 때 주로 생성되는 물질은?

① 아세트산에틸
② 메탄산에틸
③ 글리세롤
④ 디에틸에테르

해설

$$CH_3COOH + C_2H_5OH \xrightarrow[\text{탈수축합}]{c-H_2SO_4} CH_3COOC_2H_5 + H_2O$$

02 다음 중 비극성 분자는 어느 것인가?

① HF
② H₂O
③ NH₃
④ CH₄

해설

㉠ 비극성 분자 : 대칭구조로 이루어진 분자
             (예 CH₄)
㉡ 극성 분자 : 비대칭구조로 이루어진 분자
             (예 HF, H₂O, NH₃)

03 다음 중 전리도가 가장 커지는 경우는?

① 농도와 온도가 일정할 때
② 농도가 진하고 온도가 높을수록
③ 농도가 묽고 온도가 높을수록
④ 농도가 진하고 온도가 낮을수록

해설

전리도가 가장 커지는 경우 : 농도가 묽고 온도가 높을수록

04 산소의 산화수가 가장 큰 것은?

① O₂
② KClO₄
③ H₂SO₄
④ H₂O₂

해설

① O₂ : 0
② KClO₄ : −2가
③ H₂SO₄ : −2가
④ H₂O₂ : −1

05 어떤 기체의 확산속도가 SO₂(g)의 2배이다. 이 기체의 분자량은 얼마인가? (단, 원자량은 S = 32, O = 16이다.)

① 8
② 16
③ 32
④ 64

해설

그레이엄의 확산속도 법칙

$$\frac{u_A}{u_B} = \sqrt{\frac{M_B}{M_A}}$$

여기서, u_A, u_B : 기체의 확산속도
         M_A, M_B : 분자량

$$\frac{2SO_2}{SO_2} = \sqrt{\frac{64g/mol}{M_A}}$$

$$\therefore M_A = \frac{64g/mol}{2^2} = 16g/mol$$

06 다음 중 결합력이 큰 것부터 작은 순서로 나열한 것은?

① 공유결합 > 수소결합 > 반 데르 발스 결합
② 수소결합 > 공유결합 > 반 데르 발스 결합
③ 반 데르 발스 결합 > 수소결합 > 공유결합
④ 수소결합 > 반 데르 발스 결합 > 공유결합

해설

결합력의 세기 : 공유결합(그물구조체) > 이온결합 > 금속결합 > 수소결합 > 반 데르 발스 결합

07 반투막을 이용해서 콜로이드 입자를 전해질이나 작은 분자로부터 분리 정제하는 것을 무엇이라 하는가?

① 틴들현상　　　　② 브라운운동
③ 투석　　　　　　④ 전기영동

해설
① 틴들현상 : 콜로이드 입자의 산란성에 의해 빛의 진로가 보이는 현상
② 브라운운동 : 콜로이드 입자가 용매분자의 불균일한 충돌을 받아서 불규칙한 운동을 하는 현상
④ 전기영동 : 콜로이드 용액에 (+), (−)의 전극을 넣고 직류전압을 걸어 주면 콜로이드 입자가 어느 한쪽 극으로 이동하는 현상

08 다음 중 배수비례의 법칙이 성립하는 화합물을 나열한 것은?

① CH_4, CCl_4　　　② SO_2, SO_3
③ H_2O, H_2S　　　④ NH_3, BH_3

해설
배수비례의 법칙 : 두 가지 원소가 두 가지 이상의 화합물을 만들 때, 한 가지 원소의 일정량과 화합하는 다른 원소의 무게 비에는 간단한 정수비가 성립된다.

09 다음 중 양쪽성 산화물에 해당하는 것은?

① NO_2　　　　　② Al_2O_3
③ MgO　　　　　④ Na_2O

해설
① NO_2 : 산성 산화물
② Al_2O_3 : 양쪽성 산화물
③ MgO : 염기성 산화물
④ Na_2O : 염기성 산화물

10 지시약으로 사용되는 페놀프탈레인 용액은 산성에서 어떤 색을 띠는가?

① 적색　　　　　　② 청색
③ 무색　　　　　　④ 황색

해설
페놀프탈레인 용액은 산성에서 무색이다.

11 1기압에서 2L의 부피를 차지하는 어떤 이상기체를 온도의 변화 없이 압력을 4기압으로 하면 부피는 얼마가 되겠는가?

① 8L　　　　　　② 2L
③ 1L　　　　　　④ 0.5L

해설
$$PV = P'V', \quad 1 \times 2 = 4 \times V', \quad V' = \frac{1 \times 2}{4}$$
$$\therefore \ V' = 0.5L$$

12 다음 중 방향족 화합물이 아닌 것은?

① 톨루엔
② 아세톤
③ 크레졸
④ 아닐린

해설
② 아세톤은 지방족 탄화수소의 유도체 중 케톤류이다.

13 어떤 금속(M) 8g을 연소시키니 11.2g의 산화물이 얻어졌다. 이 금속의 원자량이 140이라면 이 산화물의 화학식은?

① M_2O_3　　　　　② MO
③ MO_2　　　　　④ M_2O_7

해설
㉠ M : 8g, 140g/mol → 0.057mol
㉡ O : 11.2g−8g=3.2g, 16g/mol → 0.2mol
∴ $MO_{3.5} \times 2 = M_2O_7$이다.

14 다음 중 밑줄 친 원자의 산화수 값이 나머지 셋과 다른 하나는?

① $\underline{Cr}_2O_7{}^{2-}$　　　　② $H_3\underline{P}O_4$
③ $H\underline{N}O_3$　　　　　④ $HCl\underline{O}_3$

해설
① $Cr_2O_7{}^{2-}$: $2x + (-2) \times 7 = -2$, $2x = 12$ ∴ $x = 6$
② H_3PO_4 : $(+1) \times 3 + P + (-2) \times 4 = 0$ ∴ $P = 5$
③ HNO_3 : $(+1) \times 1 + N + (-2) \times 3 = 0$ ∴ $N = 5$
④ $HClO_3$: $(+1) \times 1 + Cl + (-2) \times 3 = 0$ ∴ $Cl = 5$

15 Rn은 α선 및 β선을 2번씩 방출하고 다음과 같이 변했다. 마지막 Po의 원자번호는 얼마인가? (단, Rn의 원자번호는 86, 원자량은 222이다.)

$$Rn \xrightarrow{\alpha} Po \xrightarrow{\alpha} Pb \xrightarrow{\beta} Bi \xrightarrow{\beta} Po$$

① 78 ② 81
③ 84 ④ 87

 해설

㉠ α 붕괴 : 원자번호 2 감소, 질량수 4 감소
㉡ β 붕괴 : 원자번호 1 증가

16 에탄올 20.0g과 물 40.0g을 함유한 용액에서 에탄올의 몰분율은 약 얼마인가?

① 0.090 ② 0.164
③ 0.444 ④ 0.896

해설

에탄올 : $\dfrac{20g}{46g} = 0.43 \text{mol}$

물 : $\dfrac{40g}{18g} = 2.22 \text{mol}$

∴ 에탄올의 몰분율 $= \dfrac{0.43}{0.43 + 2.22} = 0.162$

17 구리를 석출하기 위해 $CuSO_4$ 용액에 0.5F의 전기량을 흘렸을 때 약 몇 g의 구리가 석출되겠는가? (단, 원자량은 Cu 64, S 32, O 16이다.)

① 16 ② 32
③ 64 ④ 128

해설

1F = Cu 0.5mol 석출, 0.5F이므로 Cu 0.25mol 석출
∴ $64 \times 0.25 = 16g$

18 불순물로 식염을 포함하고 있는 NaOH 3.2g을 물에 녹여 100mL로 한 다음 그 중 50mL를 중화하는 데 1N의 염산이 20mL 필요했다. 이 NaOH의 농도(순도)는 약 몇 wt%인가?

① 10 ② 20
③ 33 ④ 50

해설

중화반응에서,

$\underline{NaOH + HCl} \rightarrow NaCl + H_2O + Q(\text{cal})$
40g : 36.5g으로 반응(당량 : 당량)

문제에서,
NaCl + NaOH = 3.2g/100mL = 1.6g/50mL
(식염)

1N의 HCl 20mL는

$\dfrac{36.5g}{1L} \times 0.02 = 0.73g/20mL$이므로

HCl 0.73g과 반응하는 NaOH는
40g : 36.5g = x : 0.73g

$x = \dfrac{40 \times 0.73}{36.5} = 0.8g$

결국, NaCl + NaOH에서
(식염)
50mL 중의 NaOH = NaCl = 0.8g
100mL 중의 NaOH = NaCl = 1.6g

∴ NaOH의 농도(wt%) = $\dfrac{1.6}{1.6 + 1.6} \times 100 = 50 \text{wt}\%$

19 다음 중 아르곤(Ar)과 같은 전자수를 갖는 양이온과 음이온으로 이루어진 화합물은?

① NaCl
② MgO
③ KF
④ CaS

해설

아르곤(Ar)의 전자수 : 18개
① NaCl = 11 − 1 = 10과 17 + 1 = 18
② MgO = 12 − 2 = 10과 8 + 2 = 10
③ KF = 19 + 2 = 20과 9 + 1 = 10
④ CaS = 20 − 2 = 18과 16 + 2 = 18

20 다음 물질 중 비점이 약 197℃인 무색 액체이고, 약간 단맛이 있으며 부동액의 원료로 사용하는 것은?

① CH_3CHCl_2
② CH_3COCH_3
③ $(CH_3)_2CO$
④ $C_2H_4(OH)_2$

해설

부동액(antifreezing solution) : 내연기관의 냉각용으로서 물에 염류를 혼합하여 물의 비등점을 높게, 응고점은 낮게 한 수용액 염류로 에틸렌글리콜을 널리 이용한다. 냉각액은 비등점이 높을수록 대기와의 온도차를 크게 취하기 때문에 냉각기는 소형으로도 가능하다. 응고점이 낮으면, 한랭 시 동결의 걱정이 없다.

제2과목 화재예방과 소화방법

21 칼륨, 나트륨, 탄화칼슘의 공통점으로 옳은 것은?

① 연소생성물이 동일하다.
② 화재 시 대량의 물로 소화한다.
③ 물과 반응하면 가연성 가스를 발생한다.
④ 위험물안전관리법령에서 정한 지정수량이 같다.

 해설

$2K + 2H_2O \rightarrow 2KOH + \underline{H_2}$
$2K + 2H_2O \rightarrow 2NaOH + \underline{H_2}$
$CaC_2 + 2H_2O \rightarrow Ca(OH)_2 + \underline{C_2H_2}$
∴ 물과 반응하면 가연성 가스를 발생한다.

22 CO_2에 대한 설명으로 옳지 않은 것은?

① 무색, 무취의 기체로서 공기보다 무겁다.
② 물에 용해 시 약알칼리성을 나타낸다.
③ 농도에 따라서는 질식을 유발할 위험성이 있다.
④ 상온에서도 압력을 가해 액화시킬 수 있다.

 해설

② 물에 약간 녹아 약산성(H_2CO_3)이 된다.

23 위험물안전관리법령상 옥내소화전설비의 설치기준에 따르면 수원의 수량은 옥내소화전이 가장 많이 설치된 층의 옥내소화전 설치개수(설치개수가 5개 이상인 경우는 5개)에 몇 m^3를 곱한 양 이상이 되도록 설치하여야 하는가?

① 2.3   ② 2.6
③ 7.8   ④ 13.5

 해설

옥내소화전설비 수원의 양(Q) : 옥내소화전설비의 설치개수(N : 설치개수가 5개 이상인 경우는 5개의 옥내소화전)에 $7.8m^3$를 곱한 양 이상

24 공기포 발포배율을 측정하기 위해 중량 340g, 용량 1,800mL의 포수집용기에 가득히 포를 채취하여 측정한 용기의 무게가 540g이었다면 발포배율은? (단, 포수용액의 비중은 1로 가정한다.)

① 3배   ② 5배
③ 7배   ④ 9배

 해설

$$발포배율(팽창비) = \frac{내용적(용량)}{전체 중량 - 빈 시료용기의 중량}$$
$$= \frac{1,800}{540 - 340}$$
$$= 9배$$

25 수소의 공기 중 연소범위에 가장 가까운 값을 나타내는 것은?

① 2.5~82.0vol%
② 5.3~13.9vol%
③ 4.0~74.5vol%
④ 12.5~55.0vol%

 해설

가스	연소범위(vol%)
수소	4.0~74.5

26 가연성 고체 위험물의 화재에 대한 설명으로 틀린 것은?

① 적린과 유황은 물에 의한 냉각소화를 한다.
② 금속분, 철분, 마그네슘이 연소하고 있을 때에는 주수해서는 안 된다.
③ 금속분, 철분, 마그네슘, 황화린은 마른모래, 팽창질석 등으로 소화를 한다.
④ 금속분, 철분, 마그네슘의 연소 시에는 수소와 유독가스가 발생하므로 충분한 안전거리를 확보해야 한다.

🌱해설
④ 금속분, 철분, 마그네슘이 연소하고 있을 때 주수하면 급격히 발생한 수증기의 압력이나 분해에 의해 발생한 수소에 의해 폭발의 위험이 있으며 연소 중인 금속의 비산을 가져와 오히려 화재 면적을 확대시킬 수 있으므로 절대 주수해서는 안 된다.

27 인화성 액체의 화재 분류로 옳은 것은?

① A급 화재　　　　② B급 화재
③ C급 화재　　　　④ D급 화재

🌱해설

화재의 구분

화재별 급수	가연물질의 종류
A급 화재	목재, 종이, 섬유류 등 일반 가연물
B급 화재	유류(가연성·인화성 액체 포함)
C급 화재	전기
D급 화재	금속

28 할로겐화합물 청정소화약제 중 HFC-23의 화학식은?

① CF_3I
② CHF_3
③ $CF_3CH_2CF_3$
④ C_4F_{10}

🌱해설

할로겐화합물 청정소화약제

종류	화학식
FIC-1311	CF_3I
HFC-23	CHF_3
HFC-236fa	$CF_3CH_2CF_3$
FC-3-1-10	C_4F_{10}

29 보통의 포소화약제보다 알코올형 포소화약제가 더 큰 소화효과를 볼 수 있는 대상물질은?

① 경유　　　　② 메틸알코올
③ 등유　　　　④ 가솔린

🌱해설

알코올형 포소화약제 : 수용성 화재(예 메틸알코올)

30 위험물안전관리법령상 전역방출방식 또는 국소방출방식의 불활성가스소화설비 저장용기의 설치기준으로 틀린 것은?

① 온도가 40℃ 이하이고 온도 변화가 적은 장소에 설치할 것
② 저장용기의 외면에 소화약제의 종류와 양, 제조년도 및 제조자를 표시할 것
③ 직사일광 및 빗물이 침투할 우려가 적은 장소에 설치할 것
④ 방호구역 내의 장소에 설치할 것

🌱해설

④ 방호구역 외의 장소에 설치할 것

31 물리적 소화에 의한 소화효과(소화방법)에 속하지 않는 것은?

① 제거효과　　　　② 질식효과
③ 냉각효과　　　　④ 억제효과

🌱해설

④ 억제효과 : 화학소화

32 위험물안전관리법령상 간이소화용구(기타 소화설비)인 팽창질석은 삽을 상비한 경우 몇 L가 능력단위 1.0인가?

① 70L　　　　② 100L
③ 130L　　　　④ 160L

🌱해설

간이소화용구		능력단위
마른모래	삽을 상비한 50L 이상의 것 1포	0.5단위
팽창질석 또는 팽창진주암	삽을 상비한 160L 이상의 것 1포	1단위

33 위험물안전관리법령상 위험물저장소 건축물의 외벽이 내화구조인 것은 연면적 얼마를 1소요단위로 하는가?

① $50m^2$　　　　② $75m^2$
③ $100m^2$　　　　④ $150m^2$

저장소 건축물의 경우
- ㉠ 외벽이 내화구조로 된 것으로 연면적이 150m²
- ㉡ 외벽이 내화구조가 아닌 것으로 연면적이 75m²

34 위험물안전관리법령상 제3류 위험물 중 금수성 물질에 적응성이 있는 소화기는?

① 할로겐화합물소화기
② 인산염류분말소화기
③ 이산화탄소소화기
④ 탄산수소염류분말소화기

소화설비의 구분			건축물·그 밖의 공작물	전기설비	제1류 위험물		제2류 위험물			제3류 위험물		제4류 위험물	제5류 위험물	제6류 위험물
					알칼리금속과산화물 등	그 밖의 것	철분·금속분·마그네슘 등	인화성 고체	그 밖의 것	금수성 물품	그 밖의 것			
옥내소화전설비 또는 옥외소화전설비			O			O		O	O		O		O	O
스프링클러설비			O			O		O	O		O	△	O	O
물분무 등 소화설비		물분무소화설비	O	O		O		O	O		O	O	O	O
		포소화설비	O			O		O	O		O	O	O	O
		불활성가스소화설비		O				O				O		
		할로겐화물소화설비		O				O				O		
	분말소화설비	인산염류 등	O	O		O		O	O			O		O
		탄산수소염류 등		O	O		O	O		O		O		
		그 밖의 것			O		O			O				
대형·소형수동식소화기		봉상수(棒狀水)소화기	O			O		O	O		O		O	O
		무상수(無狀水)소화기	O	O		O		O	O		O		O	O
		봉상강화액소화기	O			O		O	O		O		O	O
		무상강화액소화기	O	O		O		O	O		O		O	O
		포소화기	O			O		O	O		O		O	O
		이산화탄소소화기		O				O				O		△
		할로겐화물소화기		O				O				O		
	분말소화기	인산염류소화기	O	O		O		O	O			O		O
		탄산수소염류소화기		O	O		O	O		O		O		
		그 밖의 것			O		O			O				
기타		물통 또는 수조	O			O		O	O		O		O	O
		건조사			O	O	O	O	O	O	O	O	O	O
		팽창질석 또는 팽창진주암			O	O	O	O	O	O	O	O	O	O

35 위험물안전관리법령상 소화설비의 구분에서 물분무 등 소화설비에 속하는 것은?

① 포소화설비
② 옥내소화전설비
③ 스프링클러설비
④ 옥외소화전설비

물분무 등 소화설비
- ㉠ 물분무소화설비
- ㉡ 포소화설비
- ㉢ 불활성가스소화설비
- ㉣ 할로겐화물소화설비
- ㉤ 분말소화설비
- ㉥ 청정소화설비

36 연소의 3요소 중 하나에 해당하는 역할이 나머지 셋과 다른 위험물은?

① 과산화수소
② 과산화나트륨
③ 질산칼륨
④ 황린

해설
- ㉠ 지연(조연)물 : 과산화수소, 과산화나트륨, 질산칼륨
- ㉡ 가연물 : 황린

37 질식효과를 위해 포의 성질로서 갖추어야 할 조건으로 가장 거리가 먼 것은?

① 기화성이 좋을 것
② 부착성이 좋을 것
③ 유동성이 좋을 것
④ 바람 등에 견디고 응집성과 안정성이 있을 것

해설
① 열에 대한 센막을 가질 것

38 마그네슘 분말이 이산화탄소소화약제와 반응하여 생성될 수 있는 유독기체의 분자량은?

① 28
② 32
③ 40
④ 44

$Mg + CO_2 \rightarrow MgO + \underset{\text{유독기체}}{CO}$

∴ CO 분자량 = 12 + 16 = 28

정답 34. ④ 35. ① 36. ④ 37. ① 38. ①

39 물이 일반적인 소화약제로 사용될 수 있는 특징에 대한 설명 중 틀린 것은?

① 증발잠열이 크기 때문에 냉각시키는 데 효과적이다.

② 물을 사용한 봉상수소화기는 A급, B급 및 C급 화재의 진압에 적응성이 뛰어나다.

③ 비교적 쉽게 구해서 이용이 가능하다.

④ 펌프, 호스 등을 이용하여 이송이 비교적 용이하다.

② 물을 사용한 봉상수소화기는 A급 화재의 진압에 적응성이 뛰어나다.

40 과산화칼륨이 다음과 같이 반응하였을 때 공통적으로 포함된 물질(기체)의 종류가 나머지 셋과 다른 하나는?

① 가열하여 열분해하였을 때

② 물(H_2O)과 반응하였을 때

③ 염산(HCl)과 반응하였을 때

④ 이산화탄소(CO_2)와 반응하였을 때

① $2K_2O_2 \rightarrow 2K_2O + \underline{O_2}$

② $2K_2O_2 + 2H_2O \rightarrow 4KOH + \underline{O_2}$

③ $K_2O_2 + 2HCl \rightarrow 2KCl + \underline{H_2O_2}$

④ $2K_2O_2 + 2CO_2 \rightarrow 2K_2CO_2 + \underline{O_2}$

제3과목 **위험물의 성질과 취급**

41 다음 위험물 중 보호액으로 물을 사용하는 것은?

① 황린   ② 적린

③ 루비듐   ④ 오황화린

위험물	보호액
CS_2, 황린	물속
K, Na, 적린	석유

42 다음 제4류 위험물 중 연소범위가 가장 넓은 것은?

① 아세트알데히드

② 산화프로필렌

③ 휘발유

④ 아세톤

위험물	연소범위
아세트알데히드	4.1~57%
산화프로필렌	2.5~38.5%
휘발유	1.4~7.6%
아세톤	2.5~12.8%

43 이황화탄소를 물속에 저장하는 이유로 가장 타당한 것은?

① 공기와 접촉하면 즉시 폭발하므로

② 가연성 증기의 발생을 방지하므로

③ 온도의 상승을 방지하므로

④ 불순물을 물에 용해시키므로

이황화탄소를 물속에 저장하는 이유 : 가연성 증기의 발생을 방지하므로

44 다음 중 황린의 연소생성물은?

① 삼황화린   ② 인화수소

③ 오산화인   ④ 오황화린

$4P + 5O_2 \rightarrow 2P_2O_5$

45 다음 중 과산화벤조일에 대한 설명으로 틀린 것은?

① 벤조일퍼옥사이드라고도 한다.

② 상온에서 고체이다.

③ 산소를 포함하지 않는 환원성 물질이다.

④ 희석제를 첨가하여 폭발성을 낮출 수 있다.

③ 산소를 포함하고 있는 자기반응성 물질이다.

46 질산염류의 일반적인 성질에 대한 설명으로 옳은 것은?

① 무색 액체이다.

② 물에 잘 녹는다.

③ 물에 녹을 때 흡열반응을 나타내는 물질은 없다.

④ 과염소산염류보다 충격, 가열에 불안정하여 위험성이 크다.

 해설

① 무색 고체이다.

③ 물에 녹을 때 질산암모늄은 흡열반응을 나타낸다.

④ 과염소산염류보다 충격, 가열에 안정하여 위험성이 작다.

47 금속칼륨의 보호액으로 적당하지 않은 것은?

① 유동파라핀

② 등유

③ 경유

④ 에탄올

 해설

위험물	보호액
K	유동파라핀, 등유, 경유

48 제조소에서 위험물을 취급함에 있어서 정전기를 유효하게 제거할 수 있는 방법으로 가장 거리가 먼 것은?

① 접지에 의한 방법

② 공기 중의 상대습도를 70% 이상으로 하는 방법

③ 공기를 이온화하는 방법

④ 부도체 재료를 사용하는 방법

 해설

④ 대전방지제를 사용한다.

49 다음 위험물안전관리법령에서 정한 지정수량이 가장 작은 것은?

① 염소산염류   ② 브롬산염류

③ 니트로화합물   ④ 금속의 인화물

해설

위험물	지정수량
염소산염류	50kg
브롬산염류	300kg
니트로화합물	200kg
금속의 인화물	300kg

50 다음 중 요오드값이 가장 작은 것은?

① 아마인유   ② 들기름

③ 정어리기름   ④ 야자유

해설

위험물	요오드값
아마인유	168~190
들기름	192~208
정어리기름	154~196
야자유	7~16

51 위험물안전관리법령상 옥내저장소의 안전거리를 두지 않을 수 있는 경우는?

① 지정수량 20배 이상의 동식물유류

② 지정수량 20배 미만의 특수인화물류

③ 지정수량 20배 미만의 제4석유류

④ 지정수량 20배 이상의 제5류 위험물

해설

옥내저장소의 안전거리를 두지 않을 수 있는 경우

㉠ 지정수량 20배 미만의 제4석유류와 동·식물유류 저장·취급 장소

㉡ 제6류 위험물 저장·취급 장소

52 다음 중 발화점이 가장 높은 것은?

① 등유   ② 벤젠

③ 디에틸에테르   ④ 휘발유

해설

위험물	발화점
등유	254℃
벤젠	498℃
디에틸에테르	180℃
휘발유	300℃

53 인화칼슘이 물과 반응하였을 때 발생하는 기체는?

① 수소   ② 산소

③ 포스핀   ④ 포스겐

$Ca_3P_2 + 6H_2O \rightarrow 3Ca(OH)_2 + 2PH_3$

54 위험물안전관리법령에 따른 질산에 대한 설명으로 틀린 것은?

① 지정수량은 300kg이다.

② 위험등급은 Ⅰ이다.

③ 농도가 36wt% 이상인 것에 한하여 위험물로 간주된다.

④ 운반 시 제1류 위험물과 혼재할 수 있다.

③ 비중 1.49(약 89.6wt%) 이상인 것을 위험물로 본다.

55 휘발유의 일반적인 성질에 대한 설명으로 틀린 것은?

① 인화점은 0℃보다 낮다.

② 액체비중은 1보다 작다.

③ 증기비중은 1보다 작다.

④ 연소범위는 약 1.4~7.6%이다.

③ 증기비중은 3~4이다.

56 다음 위험물의 지정수량 배수의 총합은?

• 휘발유 : 2,000L
• 경유 : 4,000L
• 등유 : 40,000L

① 18   ② 32

③ 46   ④ 54

$$\frac{2,000}{200} + \frac{4,000}{1,000} + \frac{40,000}{1,000} = 10 + 4 + 40 = 54\text{배}$$

57 위험물안전관리법령상 위험물의 지정수량이 틀리게 짝지어진 것은?

① 황화린 – 50kg   ② 적린 – 100kg

③ 철분 – 500kg   ④ 금속분 – 500kg

① 황화린 – 100kg

58 휘발유를 저장하던 이동저장탱크에 탱크의 상부로부터 등유나 경유를 주입할 때 액표면이 주입관의 선단을 넘는 높이가 될 때까지 그 주입관 내의 유속을 몇 m/s 이하로 하여야 하는가?

① 1   ② 2

③ 3   ④ 5

등유나 경유 주입 시 액표면이 주입관의 선단을 넘는 높이가 될 때까지 그 주입관의 유속 : 1m/s 이하

59 취급하는 장치가 구리나 마그네슘으로 되어 있을 때 반응을 일으켜서 폭발성의 아세틸라이트를 생성하는 물질은?

① 이황화탄소   ② 이소프로필알코올

③ 산화프로필렌   ④ 아세톤

산화프로필렌 또는 아세트알데히드를 취급하는 장치가 구리나 마그네슘으로 되어 있을 때 반응을 일으켜서 폭발성의 아세틸라이트를 생성한다.

60 과산화수소 용액의 분해를 방지하기 위한 방법으로 가장 거리가 먼 것은?

① 햇빛을 차단한다.

② 암모니아를 가한다.

③ 인산을 가한다.

④ 요산을 가한다.

② 약산성으로 만든다.

위험물 산업기사 (2018. 4. 28 시행)

01 A는 B이온과 반응하나 C이온과는 반응하지 않고, D는 C이온과 반응한다고 할 때 A, B, C, D의 환원력 세기를 큰 것부터 차례대로 나타낸 것은? (단, A, B, C, D는 모두 금속이다.)

① A>B>D>C

② D>C>A>B

③ C>D>B>A

④ B>A>C>D

해설

A>B, C>A, D>C ∴ D>C>A>B이다.

02 1패럿(Farad)의 전기량으로 물을 전기분해하였을 때 생성되는 기체 중 산소기체는 0℃, 1기압에서 몇 L인가?

① 5.6   ② 11.2

③ 22.4   ④ 44.8

해설

$H_2O \xrightarrow[\text{1F}]{\text{전기분해}} \begin{cases} (+)극 : O_2 \rightarrow 1g당량 생성 : 8g : 5.6L \\ (-)극 : H_2 \rightarrow 1g당량 생성 : 1g : 11.2L \end{cases}$

03 메탄에 직접 염소를 작용시켜 클로로포름을 만드는 반응을 무엇이라 하는가?

① 환원반응   ② 부가반응

③ 치환반응   ④ 탈수소반응

해설

$CH_4 + 3Cl_2 \xrightarrow{\text{치환}} CHCl_3 + 3HCl$

04 다음 물질 중 감광성이 가장 큰 것은?

① HgO   ② CuO

③ NaNO₃   ④ AgCl

해설

감광성 : 필름이나 인화지 등에 칠한 감광제가 색에 대해 얼마만큼 반응하느냐 하는 감광역을 말한다(예 AgCl).

05 다음 중 산성 산화물에 해당하는 것은?

① BaO   ② CO₂

③ CaO   ④ MgO

해설

- 산성 산화물 : 물에 녹아 산이 되거나 염기와 반응할 때 염과 물을 만드는 비금속 산화물(대부분 산화수가 +3가 이상)
  예 CO_2, SiO_2, NO_2, SO_3, P_2O_5 등
- 염기성 산화물 : 물에 녹아 염기가 되거나 산과 반응하여 염과 물을 만드는 금속 산화물(대부분 산화수가 +2가 이하)
  예 CaO, MgO, BaO, Na_2O, CuO 등

06 배수비례의 법칙을 적용 가능한 화합물을 옳게 나열한 것은?

① CO, CO₂

② HNO₃, HNO₂

③ H₂SO₄, H₂SO₃

④ O₂, O₃

해설

배수비례의 법칙 : 두 가지의 원소가 두 가지 이상의 화합물을 만들 때 한 가지 원소의 일정량과 화합하는 다른 원소의 무게비에는 간단한 정수비가 성립된다.

07 엿당을 포도당으로 변화시키는 데 필요한 효소는?

① 말타아제   ② 아밀라아제

③ 치마아제   ④ 리파아제

해설

$\underset{\text{맥아당(엿당)}}{C_{12}H_{22}O_{11}} + H_2O \xrightarrow{\text{말타아제}} \underset{\text{포도당}}{2C_6H_{12}O_6}$

08 다음 중 가수분해가 되지 않는 염은?

① NaCl
② NH_4Cl
③ CH_3COONa
④ CH_3COONH_4

강산과 강염기로 생성된 염은 가수분해되지 않는다.

$$\underset{\text{강산}}{HCl} + \underset{\text{강염기}}{NaOH} \rightarrow \underset{\text{염}}{NaCl} + H_2O$$

09 다음의 반응 중 평형상태가 압력의 영향을 받지 않는 것은?

① $N_2 + O_2 \leftrightarrow 2NO$
② $NH_3 + HCl \leftrightarrow NH_4Cl$
③ $2CO + O_2 \leftrightarrow 2CO_2$
④ $2NO_2 \leftrightarrow N_2O_4$

반응물과 생성물의 몰수, 즉 분자수가 같은 것은 압력의 영향을 받지 않는다.

10 공업적으로 에틸렌을 $PdCl_2$ 촉매하에 산화시킬 때 주로 생성되는 물질은?

① CH_3OCH_3
② CH_3CHO
③ $HCOOH$
④ C_3H_7OH

CH_3CHO 제법
㉠ 에틸렌과 산소를 $PdCl_2$ 또는 $CuCl_2$의 촉매하에서 반응시켜 만든다.
㉡ 에탄올을 백금 촉매하에 산화시켜 얻어진다.
㉢ $HgSO_4$ 촉매하에서 아세틸렌에 물을 첨가시켜 얻는다.

$$C_2H_4 + H_2O \xrightarrow{HgSO_4} CH_3CHO$$

11 다음과 같은 전자배치를 갖는 원자 A와 B에 대한 설명으로 옳은 것은?

• A : $1s^2 2s^2 2p^6 3s^2$
• B : $1s^2 2s^2 2p^6 3s^1 3p^1$

① A와 B는 다른 종류의 원자이다.
② A는 홑원자이고, B는 이원자 상태인 것을 알 수 있다.
③ A와 B는 동위원소로서 전자배열이 다르다.
④ A에서 B로 변할 때 에너지를 흡수한다.

A와 B는 같은 원소이며 Mg에 해당된다. $3s^2$에 있는 두 개의 전자 중 하나의 전자가 에너지를 받아 $3p$의 껍질로 이동한 것이므로 A에서 B로 변할 때 에너지를 흡수한다.

12 $1N-NaOH$ 100mL 수용액으로 10wt% 수용액을 만들려고 할 때의 방법으로 다음 중 가장 적합한 것은?

① 36mL의 증류수 혼합
② 40mL의 증류수 혼합
③ 60mL의 수분 증발
④ 64mL의 수분 증발

NaOH 1mol = 1NaOH 1N이 된다.
$1N-NaOH$ 100mL에는 $0.1mol\left(\dfrac{1mol}{1L} \times 0.1L\right)$의 NaOH가 들어있다.
NaOH의 분자량 = 40g/mol이므로
100mL NaOH 수용액 안에는 4g의 NaOH가 존재한다.
그러므로 $\dfrac{4g}{x(g)} \times 100 = 10wt\%$, $x = 40g$이다.
이는 용액을 뜻하므로 40g − 4g = 36g의 물이 존재하면 10wt%의 수용액이 된다.
즉 $l_물$ = 1g/mL를 기준으로 계산하면
100mL − 36mL = 64mL
즉, 64mL의 수분이 증발한다.

13 다음 반응식에 관한 사항 중 옳은 것은?

$$SO_2 + 2H_2S \rightarrow 2H_2O + 3S$$

① SO_2는 산화제로 작용
② H_2S는 산화제로 작용
③ SO_2는 촉매로 작용
④ H_2S는 촉매로 작용

• 환원력이 강한 H_2S와 반응하면 산화제로 작용한다.
$$S^{4+}O_2 + 2H_2S \rightarrow 2H_2O + 3S^0$$
환원(산화제로 작용)
• 환원제로 작용한 것
$$S^{4+}O_2 + 2H_2O + Cl_2 \rightarrow H_2S^{6+}O_4 + 2HCl$$
산화(환원제로 작용)

14 주기율표에서 3주기 원소들의 일반적인 물리 · 화학적 성질 중 오른쪽으로 갈수록 감소하는 성질들로만 이루어진 것은?

① 비금속성, 전자흡수성, 이온화에너지
② 금속성, 전자방출성, 원자반지름
③ 비금속성, 이온화에너지, 전자친화도
④ 전자친화도, 전자흡수성, 원자반지름

해설

3주기 원소들은 오른쪽으로 갈수록 금속성, 전자방출성, 원자반지름이 감소한다.

15 30wt%인 진한 HCl의 비중은 1.1이다. 진한 HCl의 몰농도는 얼마인가? (단, HCl의 화학식량은 36.5이다.)

① 7.21
② 9.04
③ 11.36
④ 13.08

해설

몰농도 = 1,000 × 비중 × % ÷ 용질의 분자량

$9.04 = 1,000 \times 1.1 \times \dfrac{30}{100} \div 36.5$

16 방사성 원소에서 방출되는 방사선 중 전기장의 영향을 받지 않아 휘어지지 않는 선은?

① α선
② β선
③ γ선
④ α, β, γ선

해설

방사선의 종류와 작용
㉠ α선 : 전기장을 작용하면 (−)쪽으로 구부러지므로 그 자신은 (+)전기를 가진 입자의 흐름임을 알게 된다.
㉡ β선 : 전기장을 작용하면 (+)쪽으로 구부러지므로 그 자신은 (−)전기를 가진 입자의 흐름이다. 즉 전자의 흐름이다.
㉢ γ선 : 전기장의 영향을 받지 않아 휘어지지 않는 선이며, 광선이나 X선과 같은 일종의 전자파이다.

17 다음 중 산성염으로만 나열된 것은 어느 것인가?

① $NaHSO_4$, $Ca(HCO_3)_2$
② $Ca(OH)Cl$, $Cu(OH)Cl$
③ $NaCl$, $Cu(OH)Cl$
④ $Ca(OH)Cl$, $CaCl_2$

해설

산성염 : 염 속에 수소원자(H)가 들어 있는 염
예 $NaHCO_3$, $NaHSO_4$, $Ca(HCO_3)_2$

18 어떤 기체의 확산속도는 SO_2의 2배이다. 이 기체의 분자량은 얼마인가? (단, SO_2의 분자량은 64이다.)

① 4
② 8
③ 16
④ 32

해설

그레이엄의 확산속도 법칙

$$\dfrac{u_A}{u_B} = \sqrt{\dfrac{M_B}{M_A}}$$

여기서, u_A, u_B : 기체의 확산속도
        M_A, M_B : 분자량

$$\dfrac{2SO_2}{SO_2} = \sqrt{\dfrac{64\text{g/mol}}{M_A}}$$

$$\therefore \; M_A = \dfrac{64\text{g/mol}}{2^2} = 16\text{g/mol}$$

19 다음 중 물의 끓는점을 높이기 위한 방법으로 가장 타당한 것은?

① 순수한 물을 끓인다.
② 물을 저으면서 끓인다.
③ 감압하에 끓인다.
④ 밀폐된 그릇에서 끓인다.

해설

• 물의 끓는점을 높이기 위한 방법 : 밀폐된 그릇에서 끓인다.
• 물의 끓는점을 낮출 수 있는 방법 : 외부 압력을 낮추어 준다.

20 한 분자 내에 배위결합과 이온결합을 동시에 가지고 있는 것은?

① NH_4Cl

② C_6H_6

③ CH_3OH

④ $NaCl$

NH_4Cl은 한 분자 내에 공유, 배위, 이온 결합을 동시에 한다.

㉠ 공유결합 : $N + 3H \rightarrow NH_3$

㉡ 배위결합 : $NH_3 + H^+ \rightarrow NH_4^+$

㉢ 이온결합 : $NH_4^+ + Cl^- \rightarrow NH_4Cl$

제2과목 **화재예방과 소화방법**

21 어떤 가연물의 착화에너지가 24cal일 때, 이것을 일에너지의 단위로 환산하면 약 몇 Joule인가?

① 24

② 42

③ 84

④ 100

1cal = 4.186J

∴ $24cal \times 4.186J = 100Joule$

22 위험물제조소 등에 옥내소화전설비를 압력수조를 이용한 가압송수장치로 설치하는 경우 압력수조의 최소압력은 몇 MPa인가? (단, 소방용호스의 마찰손실수두압은 3.2MPa이고, 배관의 마찰손실수두압은 2.2MPa이며, 낙차의 환산수두압은 1.79MPa이다.)

① 5.4

② 3.99

③ 7.19

④ 7.54

$P = p_1 + p_2 + p_3 + 0.35MPa$

$= 3.2 + 2.2 + 1.79 + 0.35$

$= 7.54MPa$

23 디에틸에테르 2,000L와 아세톤 4,000L를 옥내저장소에 저장하고 있다면 총 소요단위는 얼마인가?

① 5

② 6

③ 50

④ 60

$$소요단위 = \frac{저장량}{지정수량 \times 10배} + \frac{저장량}{지정수량 \times 10배}$$

$$= \frac{2,000}{50 \times 10} + \frac{4,000}{400 \times 10}$$

$$= 4 + 1$$

$$= 5단위$$

24 연소 이론에 대한 설명으로 가장 거리가 먼 것은?

① 착화온도가 낮을수록 위험성이 크다.

② 인화점이 낮을수록 위험성이 크다.

③ 인화점이 낮은 물질은 착화점도 낮다.

④ 폭발한계가 넓을수록 위험성이 크다.

③ 인화점이 낮다고 해서 발화점이 낮지는 않다.

25 분말소화약제의 착색 색상으로 옳은 것은?

① $NH_4H_2PO_4$: 담홍색

② $NH_4H_2PO_4$: 백색

③ $KHCO_3$: 담홍색

④ $KHCO_3$: 백색

분말소화약제

㉠ 제1종 : $NaHCO_3$(백색)

㉡ 제2종 : $KHCO_3$(보라색 또는 담회색)

㉢ 제3종 : $NH_4H_2PO_4$(담홍색 또는 핑크색)

㉣ 제4종 : $KHCO_3 + (NH_2)_2CO$(회백색)

26 불활성가스소화설비에 의한 소화적응성이 없는 것은?

① $C_3H_5(ONO_2)_3$

② $C_6H_4(CH_3)_2$

③ CH_3COCH_3

④ $C_2H_5OC_2H_5$

해설

$C_3H_5(ONO_2)_3$ 소화 적응성 : 옥내소화전설비 또는 옥외소화전설비, 스프링클러설비, 물분무소화설비, 포소화설비

27 위험물안전관리법령상 염소산염류에 대해 적응성이 있는 소화설비는?

① 탄산수소염류 분말소화설비
② 포소화설비
③ 불활성가스소화설비
④ 할로겐화합물소화설비

해설

소화설비의 구분			건축물·그 밖의 공작물	전기설비	제1류 위험물		제2류 위험물			제3류 위험물		제4류 위험물	제5류 위험물	제6류 위험물
					알칼리금속 과산화물 등	그 밖의 것	철분·금속분·마그네슘 등	인화성 고체	그 밖의 것	금수성 물품	그 밖의 것			
옥내소화전설비 또는 옥외소화전설비			○			○		○	○		○		○	○
스프링클러설비			○			○		○	○		△	○	○
물분무 등 소화설비	물분무소화설비		○	○		○		○	○		○	○	○	○
	포소화설비		○			○		○	○		○	○	○	○
	불활성가스소화설비			○				○				○		
	할로겐화합물소화설비			○				○				○		
	분말소화설비	인산염류 등	○	○		○		○				○		○
		탄산수소염류 등		○	○		○	○		○			○		
		그 밖의 것			○		○			○				
대형·소형 수동식 소화기	봉상수(棒狀水)소화기		○			○		○	○		○		○	○
	무상수(無狀水)소화기		○	○		○		○	○		○		○	○
	봉상강화액소화기		○			○		○	○		○		○	○
	무상강화액소화기		○	○		○		○	○		○	○	○	○
	포소화기		○			○		○	○		○	○	○	○
	이산화탄소소화기			○				○				○		△
	할로겐화합물소화기			○				○				○		
	분말소화기	인산염류소화기	○	○		○		○				○		○
		탄산수소염류소화기		○	○		○	○		○			○		
		그 밖의 것			○		○			○				
기타	물통 또는 수조		○			○		○	○		○		○	○
	건조사				○	○	○	○	○	○	○	○	○	○
	팽창질석 또는 팽창진주암				○	○	○	○	○	○	○	○	○	○

28 벤젠에 관한 일반적 성질로 틀린 것은?

① 무색투명한 휘발성 액체로 증기는 마취성과 독성이 있다.
② 불을 붙이면 그을음을 많이 내고 연소한다.
③ 겨울철에는 응고하여 인화의 위험이 없지만, 상온에서는 액체상태로 인화의 위험이 높다.
④ 진한 황산과 질산으로 니트로화 시키면 니트로벤젠이 된다.

해설

③ 융점이 5.5℃이고, 인화점이 −11.1℃이기 때문에 겨울철에는 응고된 상태에서도 연소할 가능성이 있다.

29 다음은 위험물안전관리법령상 위험물제조소 등에 설치하는 옥내소화전설비의 설치 표시 기준 중 일부이다. ( )에 알맞은 수치를 차례대로 옳게 나타낸 것은?

옥내소화전함의 상부의 벽면에 적색의 표시등을 설치하되, 당해 표시등의 부착면과 ( ) 이상의 각도가 되는 방향으로 ( ) 떨어진 곳에서 용이하게 식별이 가능하도록 할 것

① 5°, 5m
② 5°, 10m
③ 15°, 5m
④ 15°, 10m

해설

옥내소화전 설치 표시 기준 : 옥내소화전함의 상부의 벽면에 적색의 표시등을 설치하되 당해 표시등의 부착면과 15° 이상의 각도가 되는 방향으로 10m 떨어진 곳에서 용이하게 식별이 가능하도록 할 것

30 벤조일퍼옥사이드의 화재 예방상 주의사항에 대한 설명 중 틀린 것은?

① 열, 충격 및 마찰에 의해 폭발할 수 있으므로 주의한다.
② 진한 질산, 진한 황산과의 접촉을 피한다.
③ 비활성의 희석제를 첨가하면 폭발성을 낮출 수 있다.
④ 수분과 접촉하면 폭발의 위험이 있으므로 주의한다.

정답 27. ② 28. ③ 29. ④ 30. ④

🌱해설
④ 물, 불활성 용매 등의 희석제를 혼합하면 폭발성이 줄어든다. 따라서 저장, 취급 중 희석제의 증발을 막아야 한다.

31 전역방출방식의 할로겐화물 소화설비의 분사헤드에서 Halon 1211을 방사하는 경우의 방사압력은 얼마 이상으로 하여야 하는가?

① 0.1MPa
② 0.2MPa
③ 0.5MPa
④ 0.9MPa

🌱해설
전역방출방식 할로겐화물 소화설비의 분사헤드 방사압력

할로겐화물 소화설비	분사헤드 방사압력
Halon 2402	0.1MPa 이상
Halon 1211	0.2MPa 이상
Halon 1301	0.9MPa 이상

32 이산화탄소소화약제의 소화작용을 옳게 나열한 것은?

① 질식소화, 부촉매소화
② 부촉매소화, 제거소화
③ 부촉매소화, 냉각소화
④ 질식소화, 냉각소화

🌱해설
CO_2 소화약제의 소화작용 : 질식소화, 냉각소화

33 금속나트륨의 연소 시 소화방법으로 가장 적절한 것은?

① 팽창질석을 사용하여 소화한다.
② 분무상의 물을 뿌려 소화한다.
③ 이산화탄소를 방사하여 소화한다.
④ 물로 적신 헝겊으로 피복하여 소화한다.

🌱해설
금속나트륨 소화방법 : 팽창질석 등

34 다음 중 이산화탄소소화기에 대한 설명으로 옳은 것은?

① C급 화재에는 적응성이 없다.
② 다량의 물질이 연소하는 A급 화재에 가장 효과적이다.
③ 밀폐되지 않은 공간에서 사용할 때 가장 소화효과가 좋다.
④ 방출용 동력이 별도로 필요치 않다.

🌱해설
① C급 화재에는 적응성이 있다.
② 다량의 물질이 연소하는 B급, C급 화재에 가장 효과적이다.
③ 밀폐된 공간에서 사용할 때 가장 소화효과가 좋다.

35 위험물안전관리법령상 제5류 위험물에 적응성 있는 소화설비는?

① 분말을 방사하는 대형소화기
② CO_2를 방사하는 소형소화기
③ 할로겐화합물을 방사하는 대형소화기
④ 스프링클러설비

🌱해설
27번 해설 참조

36 자연발화의 원인으로 가장 거리가 먼 것은?

① 기화열에 의한 발열
② 산화열에 의한 발열
③ 분해열에 의한 발열
④ 흡착열에 의한 발열

🌱해설
자연발화의 원인
㉠ ②, ③, ④
㉡ 중합열에 의한 발화
㉢ 미생물에 의한 발화

37 10℃의 물 2g을 100℃의 수증기로 만드는 데 필요한 열량은?

① 180cal
② 340cal
③ 719cal
④ 1,258cal

$$Q_1 - Gc\Delta t = 2 \times 1 \times (100 - 10) = 180 \text{cal}$$

$$Q_2 = Gr = 2 \times 539 = 1,078 \text{cal}$$

$$\therefore \ Q = Q_1 + Q_2 = 180 + 1,078 = 1,258 \text{cal}$$

38 과산화나트륨 저장장소에서 화재가 발생하였다. 과산화나트륨을 고려하였을 때 다음 중 가장 적합한 소화약제는?

① 포소화약제
② 할로겐화합물
③ 건조사
④ 물

27번 해설 참조

39 위험물안전관리법령상 마른모래(삽 1개 포함) 50L의 능력단위는?

① 0.3　　　　② 0.5
③ 1.0　　　　④ 1.5

기타 소화설비의 능력단위

소화설비	용량	능력단위
소화전용(專用) 물통	8L	0.3
수조(소화전용 물통 3개 포함)	80L	1.5
수조(소화전용 물통 6개 포함)	190L	2.5
마른모래(삽 1개 포함)	50L	0.5
팽창질석 또는 팽창진주암 (삽 1개 포함)	160L	1.0

40 불활성가스소화약제 중 IG-541의 구성성분이 아닌 것은?

① N_2　　　　② Ar
③ Ne　　　　④ CO_2

소화약제	화학식
불활성가스소화약제	N_2 52%, Ar 40%, CO_2 8%

제3과목　**위험물의 성질과 취급**

41 위험물안전관리법령상 위험물의 운반에 관한 기준에 따르면 위험물은 규정에 의한 운반용기에 법령에서 정한 기준에 따라 수납하여 적재하여야 한다. 다음 중 적용 예외의 경우에 해당하는 것은? (단, 지정수량의 2배인 경우이며, 위험물을 동일구내에 있는 제조소 등의 상호간에 운반하기 위하여 적재하는 경우는 제외한다.)

① 덩어리상태의 유황을 운반하기 위하여 적재하는 경우
② 금속분을 운반하기 위하여 적재하는 경우
③ 삼산화크롬을 운반하기 위하여 적재하는 경우
④ 염소산나트륨을 운반하기 위하여 적재하는 경우

운반용기 적재 및 운반방법의 중요기준에서 적용 예외의 경우
㉠ 덩어리상태의 유황을 운반하기 위하여 적재하는 경우
㉡ 위험물을 동일 구역에 있는 제조소 등의 상호간에 운반하기 위하여 적재하는 경우

42 제4류 위험물인 동식물유류의 취급방법이 잘못된 것은?

① 액체의 누설을 방지하여야 한다.
② 화기 접촉에 의한 인화에 주의하여야 한다.
③ 아마인유는 섬유 등에 흡수되어 있으면 매우 안정하므로 취급하기 편리하다.
④ 가열할 때 증기는 인화되지 않도록 조치하여야 한다.

③ 아마인유는 산화 발열량이 커서 섬유 등 다공성 가연물에 스며 배이면 공기와 잘 반응, 축열하기 쉬운 상태가 되면 산화가 계속되어 재차 고온이 되어 자연발화한다.

43 다음 중 메탄올의 연소범위에 가장 가까운 것은?

① 약 1.4~5.6vol% ② 약 7.3~36vol%

③ 약 20.3~66vol% ④ 약 42.0~77vol%

해설

위험물	연소범위(vol%)
메탄올	7.3~36

44 금속 과산화물을 묽은 산에 반응시켜 생성되는 물질로서 석유와 벤젠에 불용성이고, 표백작용과 살균작용을 하는 것은?

① 과산화나트륨 ② 과산화수소

③ 과산화벤조일 ④ 과산화칼륨

해설

과산화수소의 설명이다.

45 연소범위가 약 2.5~38.5vol%로 구리, 은, 마그네슘과 접촉 시 아세틸라이드를 생성하는 물질은?

① 아세트알데히드

② 알킬알루미늄

③ 산화프로필렌

④ 콜로디온

해설

산화프로필렌의 설명이다.

46 제5류 위험물 제조소에 설치하는 표지 및 주의사항을 표시한 게시판의 바탕 색상을 각각 옳게 나타낸 것은?

① 표지 : 백색, 주의사항을 표시한 게시판 : 백색

② 표지 : 백색, 주의사항을 표시한 게시판 : 적색

③ 표지 : 적색, 주의사항을 표시한 게시판 : 백색

④ 표지 : 적색, 주의사항을 표시한 게시판 : 적색

해설

제5류 위험물(화기엄금) 게시판의 바탕 색상 : 표지(백색), 주의사항을 표시한 게시판(적색)

47 최대 아세톤 150톤을 옥외탱크저장소에 저장할 경우 보유공지의 너비는 몇 m 이상으로 하여야 하는가? (단, 아세톤의 비중은 0.79이다.)

① 3 ② 5

③ 9 ④ 12

해설

아세톤 150ton=150,000kg

여기서, 0.7kg/L×150,000kg=118,500L

$$\therefore \frac{118,500L}{400L} = 296.25배$$

즉 아래 도표의 지정수량 500배 이하이므로 3m 이상이다.

보유공지

저장 또는 취급하는 위험물의 최대수량	공지의 너비
지정수량의 500배 이하	3m 이상
지정수량의 500배 초과 1,000배 이하	5m 이상
지정수량의 1,000배 초과 2,000배 이하	9m 이상
지정수량의 2,000배 초과 3,000배 이하	12m 이상
지정수량의 3,000배 초과 4,000배 이하	15m 이상
지정수량의 4,000배 초과	당해 탱크의 수평단면의 최대지름(횡형인 경우에는 긴 변)과 높이 중 큰 것과 같은 거리 이상. 다만, 30m 초과의 경우에는 30m 이상으로 할 수 있고, 15m 미만의 경우에는 15m 이상으로 하여야 한다.

48 위험물이 물과 접촉하였을 때 발생하는 기체를 옳게 연결한 것은?

① 인화칼슘 - 포스핀

② 과산화칼륨 - 아세틸렌

③ 나트륨 - 산소

④ 탄화칼슘 - 수소

해설

① $Ca_3P_2 + 6H_2O \rightarrow 3Ca(OH)_2 + 2PH_3$

② $2K_2O_2 + 2H_2O \rightarrow 2KOH + O_2$

③ $2Na + 2H_2O \rightarrow 2NaOH + H_2$

④ $CaC_2 + 2H_2O \rightarrow Ca(OH)_2 + C_2H_2$

49 다음 위험물 중 물에 가장 잘 녹는 것은?

① 적린 ② 황
③ 벤젠 ④ 아세톤

🌱해설

④ 아세톤은 물과 에테르, 알코올에 잘 녹는다.

50 다음 위험물 중 가열 시 분해온도가 가장 낮은 물질은?

① $KClO_3$ ② Na_2O_2
③ NH_4ClO_4 ④ KNO_3

🌱해설

① 400℃
② 600℃
③ 130℃
④ 400℃

51 제5류 위험물 중 니트로화합물에서 니트로기(nitro group)를 옳게 나타낸 것은?

① $-NO$ ② $-NO_2$
③ $-NO_3$ ④ $-NON_3$

🌱해설

니트로기 : $-NO_2$

52 위험물안전관리법령에 따른 위험물 저장기준으로 틀린 것은?

① 이동탱크저장소에는 설치허가증과 운송허가증을 비치하여야 한다.
② 지하저장탱크의 주된 밸브는 위험물을 넣거나 빼낼 때 외에는 폐쇄하여야 한다.
③ 아세트알데히드를 저장하는 이동저장탱크에는 탱크 안에 불활성 가스를 봉입하여야 한다.
④ 옥외저장탱크 주위에 설치된 방유제의 내부에 물이나 유류가 괴었을 경우에는 즉시 배출하여야 한다.

🌱해설

① 이동탱크저장소에는 완공검사필증과 정기점검기록을 비치한다.

53 다음 2가지 물질을 혼합하였을 때 그로 인한 발화 또는 폭발의 위험성이 가장 낮은 것은?

① 아염소산나트륨과 티오황산나트륨
② 질산과 이황화탄소
③ 아세트산과 과산화나트륨
④ 나트륨과 등유

🌱해설

나트륨과 등유를 혼합하면 위험성이 낮아진다.

54 다음 중 황린이 자연발화하기 쉬운 가장 큰 이유는?

① 끓는점이 낮고, 증기의 비중이 작기 때문에
② 산소와 결합력이 강하고, 착화온도가 낮기 때문에
③ 녹는점이 낮고, 상온에서 액체로 되어 있기 때문에
④ 인화점이 낮고, 가연성 물질이기 때문에

🌱해설

황린이 자연발화하기 쉬운 가장 큰 이유 : 산소와 결합력이 강하고, 착화온도가 낮기 때문에

55 위험물의 저장 및 취급에 대한 설명으로 틀린 것은?

① H_2O_2 : 직사광선을 차단하고 찬 곳에 저장한다.
② MgO_2 : 습기의 존재하에서 산소를 발생하므로 특히 방습에 주의한다.
③ $NaNO_3$: 조해성이 있으므로 습기에 주의한다.
④ K_2O_2 : 물과 반응하지 않으므로 물속에 저장한다.

🌱해설

④ K_2O_2 : 물기엄금, 가열금지, 화기엄금, 용기는 차고 건조하며 환기가 잘 되는 곳에 저장한다.

56 위험물안전관리법령상 제5류 위험물 중 질산에스테르류에 해당하는 것은?

① 니트로벤젠 ② 니트로셀룰로오스
③ 트리니트로페놀 ④ 트리니트로톨루엔

해설

① 제4류 위험물 중 제3석유류
③, ④ 제5류 위험물 중 니트로화합물

57 옥내저장소에서 위험물 용기를 겹쳐 쌓는 경우에 있어서 제4류 위험물 중 제3석유류만을 수납하는 용기를 겹쳐 쌓을 수 있는 높이는 최대 몇 m인가?

① 3   ② 4
③ 5   ④ 6

해설

옥내저장소
㉠ 기계에 의하여 하역하는 구조로 된 용기만을 겹쳐 쌓는 경우 : 6m
㉡ 제4류 위험물 중 제3석유류, 제4석유류 및 동·식물유류를 수납하는 용기만을 겹쳐 쌓는 경우 : 4m
㉢ 그 밖의 경우 : 3m

58 연면적 1,000m²이고 외벽이 내화구조인 위험물 취급소의 소화설비 소요단위는 얼마인가?

① 5   ② 10
③ 20   ④ 100

해설

제조소 또는 취급소용 건축물의 경우(외벽이 내화구조로 된 것 : 100m²)

$$\frac{1,000m^2}{100m^2} = 10단위$$

59 물에 대한 용해도가 가장 낮은 물질은?

① $NaClO_3$ ② $NaClO_4$
③ $KClO_4$ ④ NH_4ClO_4

해설

① 용해도=77g/100g 물
② 용해도=170g/100g 물
③ 용해도=1.8g/100g 물
④ 용해도=10.9g/100g 물

60 위험물안전관리법령상 다음의 ( ) 안에 알맞은 수치는?

이동저장탱크로부터 위험물을 저장 또는 취급하는 탱크에 인화점이 ( )℃ 미만인 위험물을 주입할 때에는 이동탱크저장소의 원동기를 정지시킬 것

① 40   ② 50
③ 60   ④ 70

해설

인화점이 40℃ 미만의 위험물 주입 시는 당해 이동저장탱크의 원동기를 정지시켜야 한다.

위험물 산업기사 (2018. 9. 15 시행)

일반화학

01 물 450g에 NaOH 80g이 녹아있는 용액에서 NaOH의 몰분율은? (단, Na의 원자량은 23이다.)

① 0.074
② 0.178
③ 0.200
④ 0.450

해설

A성분의 몰분율 $= \dfrac{\text{A성분의 몰수}}{\text{전체 성분의 총 몰수}}$

$\qquad = \dfrac{n_A}{n_T} = \dfrac{n_A}{n_A + n_B}$

여기서, $n_T = n_A + n_B$

$mol_{H_2O} = \dfrac{450g}{18g/mol} = 25mol$

$mol_{NaOH} = \dfrac{80g}{40g/mol} = 2mol$

$\therefore \eta_{NaOH} = \dfrac{2mol}{25mol + 2mol} = 0.074$

02 다음 할로겐족 분자 중 수소와의 반응성이 가장 높은 것은?

① Br_2
② F_2
③ Cl_2
④ I_2

해설

원자번호가 작을수록 반응성은 커진다.
반응성의 크기 : $F_2 > Cl_2 > Br_2 > I_2$

03 1몰의 질소와 3몰의 수소를 촉매와 같이 용기 속에 밀폐하고 일정한 온도로 유지하였더니 반응물질의 50%가 암모니아로 변하였다. 이때의 압력은 최초 압력의 몇 배가 되는가? (단, 용기의 부피는 변하지 않는다.)

① 0.5
② 0.75
③ 1.25
④ 변하지 않는다.

해설

	N_2	$+$	$3H_2$	$\rightarrow$	$2NH_3$

- 반응 전   1mol   3mol $\rightarrow$ 총 4mol
- 50% 반응 후 0.5mol 1.5mol 1mol $\rightarrow$ 총 3mol

몰비=부피비=압력비

즉, $\dfrac{\text{50% 반응 후 압력}}{\text{최초 압력}} = \dfrac{3mol}{4mol} = 0.75$

04 다음 pH 값에서 알칼리성이 가장 큰 것은?

① pH=1
② pH=6
③ pH=8
④ pH=13

해설

pH 7 초과부터 pH 14까지가 알칼리성이다. 이때 알칼리성이 큰 것은 pH의 숫자가 클수록 큰 것이다.

05 다음 화합물 가운데 환원성이 없는 것은?

① 젖당
② 과당
③ 설탕
④ 엿당

해설

이당류에서 설탕과 다당류는 환원성이 없다.

06 주기율표에서 제2주기에 있는 원소 성질 중 왼쪽에서 오른쪽으로 갈수록 감소하는 것은?

① 원자핵의 하전량
② 원자가전자의 수
③ 원자 반지름
④ 전자껍질의 수

해설

같은 주기에서 원자 번호가 증가함에 따라 핵의 하전량이 커지므로 전자를 강하게 잡아당겨 원자 반지름이 감소한다.

07 95wt% 황산의 비중은 1.84이다. 이 황산의 몰농도는 약 얼마인가?

① 8.9
② 9.4
③ 17.8
④ 18.8

$$1,000 \times 1.84 \times \frac{95}{100} \div 98 = 17.8M$$

08 우유의 pH는 25℃에서 6.4이다. 우유 속의 수소이온농도는?

① $1.98 \times 10^{-7}M$ 　② $2.98 \times 10^{-7}M$

③ $3.98 \times 10^{-7}M$ 　④ $4.98 \times 10^{-7}M$

$pH = -\log 10[H^+]$

여기서, $[H^+]$: 몰농도

$[H^+] = 10^{-pH} = 10^{-6.4} = 3.98 \times 10^{-7}M$

09 20개의 양성자와 20개의 중성자를 가지고 있는 것은?

① Zr 　② Ca

③ Ne 　④ Zn

양성자=원자번호, 중성자=질량수-원자번호

예 $\frac{40}{20}Ca$

10 벤젠의 유도체인 TNT의 구조식을 옳게 나타낸 것은?

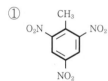

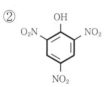

TNT 구조식

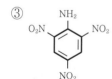

11 다음 물질 중 동소체의 관계가 아닌 것은?

① 흑연과 다이아몬드

② 산소와 오존

③ 수소와 중수소

④ 황린과 적린

동소체 : 같은 원소로 되어 있으나 성질이 다른 단체

12 헥산(C_6H_{14})의 구조이성질체의 수는 몇 개인가?

① 3개 　② 4개

③ 5개 　④ 9개

구조이성질체

(1) 사슬이성질체 : 탄소골격이 달라서 생기는 이성질체

분자식	CH_4	C_2H_6	C_3H_8	C_4H_{10}	C_5H_{12}	C_6H_{14}
이성질체	1	1	1	2	3	5

(2) 헥산의 구조이성질체(H 생략)

㉠ C－C－C－C－C－C

㉡

```
              C
              |
    C－C－C－C－C
```

㉢
```
    C－C－C－C－C
            |
            C
```

㉣
```
    C－C－C－C
          |
          C
          |
          C
```

㉤
```
    C－C－C－C
        |   |
        C   C
```

13 다음과 같은 반응에서 평형을 왼쪽으로 이동시킬 수 있는 조건은?

$$A_2(g) + 2B_2(g) \rightleftharpoons 2AB_2(g) + 열$$

① 압력 감소, 온도 감소

② 압력 증가, 온도 증가

③ 압력 감소, 온도 증가

④ 압력 증가, 온도 감소

발열반응 : 온도를 낮추고, 압력을 높인다.

14 이상기체상수 R값이 0.082라면 그 단위로 옳은 것은?

① $\dfrac{atm \cdot mol}{L \cdot K}$ ② $\dfrac{mmHg \cdot mol}{L \cdot K}$

③ $\dfrac{atm \cdot L}{mol \cdot K}$ ④ $\dfrac{mmHg \cdot L}{mol \cdot K}$

해설

$R = \dfrac{PV}{T} = \dfrac{1 \times 22.4}{273} = 0.082 \left(\dfrac{L \cdot 기압}{mol \cdot K} \right)$

15 $K_2Cr_2O_7$에서 Cr의 산화수를 구하면?

① +2 ② +4

③ +6 ④ +8

해설

$K_2Cr_2O_7 : (+1 \times 2) \times Cr + (-2 \times 7) = 0$

$2Cr = 12$

$\therefore Cr = +6$

16 NaOH 1g이 물에 녹아 메스플라스크에서 250mL의 눈금을 나타낼 때 NaOH 수용액의 농도는 얼마인가?

① 0.1N

② 0.3N

③ 0.5N

④ 0.7N

해설

$N = \dfrac{용질의 \ 무게}{용질의 \ 분자량} \times \dfrac{1,000}{용액의 \ 부피(mL)}$

$0.1N = \dfrac{1}{40} \times \dfrac{1,000}{250}$

17 방사능 붕괴의 형태 중 $^{226}_{88}Ra$이 α붕괴할 때 생기는 원소는?

① $^{222}_{86}Rn$ ② $^{232}_{90}Th$

③ $^{231}_{91}Pa$ ④ $^{238}_{92}U$

해설

α붕괴 : 원자번호 2 감소, 질량 4 감소한다.

$^{226}_{88}Ra \xrightarrow{\alpha붕괴} {}^{222}_{86}Rn + {}^{4}_{2}He$

18 pH=9인 수산화나트륨 용액 100mL 속에는 나트륨이온이 몇 개 들어 있는가? (단, 아보가드로수는 6.02×10^{23}이다.)

① 6.02×10^9개 ② 6.02×10^{17}개

③ 6.02×10^{18}개 ④ 6.02×10^{21}개

해설

$pH = -\log 10[H^+]$이므로 $[H^+] = 10^{-9}M$

$K_w = [H^+][OH^-] = 1.0 \times 10^{-14}$이므로 $[OH^-] = 10^{-5}M$이 된다.

NaOH는 Na^+와 OH^-의 비가 1 : 1이므로 Na^+의 개수는 OH^-의 개수와 같다.

즉, 용액 100mL 내 OH^-이온 수를 구하면

$10^{-5}mol/1,000mL \times 100mL \times \dfrac{6.02 \times 10^{23}}{1mol} = 6.02 \times 10^{17}$개

19 다음 반응식에서 산화된 성분은?

$$MnO_2 + 4HCl \longrightarrow MnCl_2 + 2H_2O + Cl_2$$

① Mn ② O

③ H ④ Cl

해설

$MnO_2 + 4HCl \rightarrow MnCl_2 + 2H_2O + Cl_2$

(1) 반응물 산화수

  MnO_2에서 Mn=+4, O=−2

  HCl에서 H=+1, Cl=−1

(2) 생성물 산화수

  $MnCl_2$에서 Mn=+2, Cl=−1

  H_2O에서 H=+1, O=−2

  Cl_2에서 Cl=0

즉, Mn은 +4 → +2 (환원, 산화수 감소)

Cl은 −1 → 0 (산화, 산화수 증가)

• 산화반응 : $2Cl^- \rightarrow Cl_2 + 2e^-$

• 환원반응 : $MnO_2 + 4H^+ + 2e^- \rightarrow Mn^{2+} + 2H_2O$

20 다음 중 기하이성질체가 존재하는 것은 어느 것인가?

① C_5H_{12}

② $CH_3CH=CHCH_3$

③ C_3H_7Cl

④ $CH \equiv CH$

해설

기하이성질체 : 두 탄소원자가 2중결합으로 연결될 때 탄소에 결합된 원자나 원자단의 위치가 다름으로 인하여 생기는 이성질체로서 cis형과 trans형으로 구분한다.

예 $CH_3CH=CHCH_3$(2-부텐)의 경우

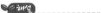

〈cis-2-부텐〉   〈trans-2-부텐〉

제2과목 화재예방과 소화방법

21 다음 중 포소화설비의 가압송수장치에서 압력수조의 압력 산출 시 필요 없는 것은 어느 것인가?

① 낙차의 환산수두압
② 배관의 마찰손실수두압
③ 노즐선의 마찰손실수두압
④ 소방용 호스의 마찰손실수두압

해설

압력수조를 이용한 가압송수장치

$P = P_1 + P_2 + P_3 + P_4$

여기서, P : 필요한 압력(MPa)

P_1 : 방출구의 설계압력 또는 노즐선단의 방사압력(MPa)

P_2 : 배관의 마찰손실수두압(MPa)

P_3 : 낙차의 환산수두압(MPa)

P_4 : 소방용 호스의 마찰손실수두압(MPa)

22 위험물안전관리법령상 소화설비의 적응성에서 제6류 위험물에 적응성이 있는 소화설비는 어느 것인가?

① 옥외소화전설비
② 불활성가스소화설비
③ 할로겐화합물소화설비
④ 분말소화설비(탄산수소염류)

해설

소화설비의 구분			건축물·그 밖의 공작물	전기설비	제1류 위험물		제2류 위험물			제3류 위험물		제4류 위험물	제5류 위험물	제6류 위험물
					알칼리금속 과산화물 등	그 밖의 것	철분·금속분·마그네슘 등	인화성 고체	그 밖의 것	금수성 물품	그 밖의 것			
옥내소화전설비 또는 옥외소화전설비			O			O		O	O		O		O	O
물분무 등 소화설비		스프링클러설비	O			O		O	O		O	△	O	O
	물분무소화설비		O	O		O		O	O		O	O	O	O
	포소화설비		O			O		O	O		O	O	O	O
	불활성가스소화설비			O				O				O		
	할로겐화물소화설비			O				O				O		
	분말 소화설비	인산염류 등	O	O		O		O	O			O		O
		탄산수소염류 등		O	O		O	O		O		O		
		그 밖의 것			O		O			O				
대형·소형 수동식 소화기		봉상수(棒狀水)소화기	O			O		O	O		O		O	O
		무상수(無狀水)소화기	O	O		O		O	O		O		O	O
		봉상강화액소화기	O			O		O	O		O		O	O
		무상강화액소화기	O	O		O		O	O		O	O	O	O
		포소화기	O			O		O	O		O	O	O	O
		이산화탄소소화기		O				O				O		△
		할로겐화물소화기		O				O				O		
	분말 소화기	인산염류소화기	O	O		O		O	O			O		O
		탄산수소염류소화기		O	O		O	O		O		O		
		그 밖의 것			O		O			O				
기타		물통 또는 수조	O			O		O	O		O		O	O
		건조사			O	O	O	O	O	O	O	O	O	O
		팽창질석 또는 팽창진주암			O	O	O	O	O	O	O	O	O	O

23 가연물에 대한 일반적인 설명으로 옳지 않은 것은?

① 주기율표에서 0족의 원소는 가연물이 될 수 없다.
② 활성화에너지가 작을수록 가연물이 되기 쉽다.
③ 산화반응이 완결된 산화물은 가연물이 아니다.
④ 질소는 비활성 기체이므로 질소의 산화물은 존재하지 않는다.

해설

④ 질소는 불연성 기체이며 질소산화물이 생성된다.

24 메탄올에 대한 설명으로 틀린 것은?

① 무색투명한 액체이다.
② 완전연소하면 CO_2와 H_2O가 생성된다.
③ 비중값이 물보다 작다.
④ 산화하면 포름산을 거쳐 최종적으로 포름알데히드가 된다.

④ 산화하면 포름알데히드를 거쳐 최종적으로 포름산이 된다.

25 물을 소화약제로 사용하는 이유는?

① 물은 가연물과 화학적으로 결합하기 때문에
② 물은 분해되어 질식성 가스를 방출하므로
③ 물은 기화열이 커서 냉각능력이 크기 때문에
④ 물은 산화성이 강하기 때문에

물을 소화제로 사용하는 이유는 기화열이 커서 냉각능력이 크기 때문이다.

26 위험물안전관리법령에서 정한 다음의 소화설비 중 능력단위가 가장 큰 것은?

① 팽창진주암 160L(삽 1개 포함)
② 수조 80L(소화전용 물통 3개 포함)
③ 마른모래 50L(삽 1개 포함)
④ 팽창질석 160L(삽 1개 포함)

① 팽창진주암 160L(삽 1개 포함) : 1단위
② 수조 80L(소화전용 물통 3개 포함) : 1.5단위
③ 마른모래 50L(삽 1개 포함) : 0.5단위
④ 팽창질석 160L(삽 1개 포함) : 1단위

27 "Halon 1301"에서 각 숫자가 나타내는 것을 틀리게 표시한 것은?

① 첫째자리 숫자 "1" – 탄소의 수
② 둘째자리 숫자 "3" – 불소의 수
③ 셋째자리 숫자 "0" – 요오드의 수
④ 넷째자리 숫자 "1" – 브롬의 수

③ 셋째자리 숫자 "0" 염소의 수

28 고체 가연물의 일반적인 연소형태에 해당하지 않는 것은?

① 등심연소   ② 증발연소
③ 분해연소   ④ 표면연소

① 등심연소 : 액체 가연물의 연소형태

29 금속분의 화재 시 주수소화를 할 수 없는 이유는?

① 산소가 발생하기 때문에
② 수소가 발생하기 때문에
③ 질소가 발생하기 때문에
④ 이산화탄소가 발생하기 때문에

금속분 화재 시 주수소화를 할 수 없는 이유는 수소가 발생하기 때문이다.

30 다음 중 제6류 위험물의 안전한 저장·취급을 위해 주의할 사항으로 가장 타당한 것은?

① 가연물과 접촉시키지 않는다.
② 0℃ 이하에서 보관한다.
③ 공기와의 접촉을 피한다.
④ 분해방지를 위해 금속분을 첨가하여 저장한다.

제6류 위험물의 안전한 저장·취급을 위해 주의할 사항
: 가연물과 접촉시키지 않는다.

31 제1종 분말소화약제의 소화효과에 대한 설명으로 가장 거리가 먼 것은?

① 열분해 시 발생하는 이산화탄소와 수증기에 의한 질식효과
② 열분해 시 흡열반응에 의한 냉각효과
③ H^+이온에 의한 부촉매효과
④ 분말운무에 의한 열방사의 차단효과

해설

③ 부촉매 효과 : 화학적으로 활성을 가진 물질이 가연물질의 연속적인 연소의 연쇄반응을 더 이상 진행하지 않도록 억제·차단 또는 방해하여 소화시키는 역할을 하므로 부촉매소화작용을 일명 화학소화작용이라 한다. 제1종 분말소화약제는 탄산수소나트륨($NaHCO_3$)으로부터 유리되어 나온 나트륨 이온(Na^+)이 가연물질 내부에 함유되어 있는 화염의 연락물질인 활성화된 수산이온(OH^-)과 반응하여 더 이상 연쇄반응이 진행되지 않도록 함으로써 화재가 소화되도록 한다.

32 표준관입시험 및 평판재하시험을 실시하여야 하는 특정옥외저장탱크의 지반의 범위는 기초의 외측이 지표면과 접하는 선의 범위 내에 있는 지반으로서 지표면으로부터 깊이 몇 m까지로 하는가?

① 10 ② 15
③ 20 ④ 25

해설

표준관입시험 및 평판재하시험을 실시하여야 하는 특정옥외저장탱크의 지반의 범위 : 기초의 외측이 지표면과 접하는 선의 범위 내에 있는 지반으로서 지표면으로부터 깊이 15m까지로 한다.

33 주된 소화효과가 산소공급원의 차단에 의한 소화가 아닌 것은?

① 포소화기
② 건조사
③ CO_2 소화기
④ Halon 1211 소화기

해설

④ Halon 1211 소화기의 주된 소화효과 : 부촉매효과

34 위험물안전관리법령상 제2류 위험물 중 철분의 화재에 적응성이 있는 소화설비는?

① 물분무소화설비
② 포소화설비
③ 탄산수소염류분말소화설비
④ 할로겐화합물소화설비

해설

소화설비의 구분		건축물·그 밖의 공작물	전기설비	제1류 위험물 알칼리금속 과산화물 등	제1류 위험물 그 밖의 것	제2류 위험물 철분·금속분·마그네슘 등	제2류 위험물 인화성 고체	제2류 위험물 그 밖의 것	제3류 위험물 금수성 물품	제3류 위험물 그 밖의 것	제4류 위험물	제5류 위험물	제6류 위험물
물분무등소화설비	옥내소화전설비 또는 옥외소화전설비	O			O		O	O		O		O	O
	스프링클러설비	O			O		O	O		O	△	O	O
	물분무소화설비	O	O		O		O	O		O	O	O	O
	포소화설비	O			O		O	O		O	O	O	O
	불활성가스소화설비		O				O				O		
	할로겐화물소화설비		O				O				O		
분말소화설비	인산염류 등	O	O		O		O	O			O		O
	탄산수소염류 등		O	O		O	O		O		O		
	그 밖의 것			O		O			O				
대형·소형수동식소화기	봉상수(棒狀水)소화기	O			O		O	O		O		O	O
	무상수(霧狀水)소화기	O	O		O		O	O		O		O	O
	봉상강화액소화기	O			O		O	O		O		O	O
	무상강화액소화기	O	O		O		O	O		O	O	O	O
	포소화기	O			O		O	O		O	O	O	O
	이산화탄소소화기		O				O				O		△
	할로겐화물소화기		O				O				O		
분말소화기	인산염류소화기	O	O		O		O	O			O		O
	탄산수소염류소화기		O	O		O	O		O		O		
	그 밖의 것			O		O			O				
기타	물통 또는 수조	O					O	O		O		O	O
	건조사			O	O	O	O	O	O	O	O	O	O
	팽창질석 또는 팽창진주암			O	O	O	O	O	O	O	O	O	O

35 위험물제조소 등에 설치하는 이동식 불활성가스소화설비의 소화약제 양은 하나의 노즐마다 몇 kg 이상으로 하여야 하는가?

① 30 ② 50
③ 60 ④ 90

해설

위험물제조소 등에 설치하는 이동식 불활성가스소화설비의 소화약제 등은 하나의 노즐마다 90kg 이상으로 하여야 한다.

정답 32. ② 33. ④ 34. ③ 35. ④

36 위험물안전관리법령상 옥외소화전설비의 옥외소화전이 3개 설치되었을 경우 수원의 수량은 몇 m^3 이상이 되어야 하는가?

① 7
② 20.4
③ 40.5
④ 100

해설

$Q(m^3) = N \times 13.5m^3$

$40.5m^3 = 3 \times 13.5$

여기서, Q : 수원의 수량

N : 옥외소화전설비 설치개수(설치개수가 4개 이상인 경우는 4개의 옥외소화전)

37 알코올 화재 시 보통의 포소화약제는 알코올형 포소화약제에 비하여 소화효과가 낮다. 그 이유로서 가장 타당한 것은 어느 것인가?

① 소화약제와 섞이지 않아서 연소면을 확대하기 때문에
② 알코올은 포와 반응하여 가연성 가스를 발생하기 때문에
③ 알코올이 연료로 사용되어 불꽃의 온도가 올라가기 때문에
④ 수용성 알코올로 인해 포가 파괴되기 때문에

해설

알코올 화재 시 보통의 포소화약제는 알코올형 포소화약제에 비하여 소화효과가 낮은데 그 이유는 수용성 알코올로 인해 포가 파괴되기 때문이다.

38 위험물의 취급을 주된 작업내용으로 하는 다음의 장소에 스프링클러설비를 설치할 경우 확보하여야 하는 1분당 방사밀도는 몇 L/m^2 이상이어야 하는가? (단, 내화구조의 바닥 및 벽에 의하여 2개의 실로 구획되고, 각 실의 바닥면적은 $500m^2$이다.)

- 취급하는 위험물 : 제4류 제3석유류
- 위험물을 취급하는 장소의 바닥면적 : $1,000m^2$

① 8.1
② 12.2
③ 13.9
④ 16.3

해설

제4류 위험물을 저장·취급하는 장소의 살수기준면적에 따른 스프링클러설비의 살수밀도

살수기준면적 (m^2)		279 미만	279 이상 372 미만	372 이상 465 미만	465 이상
방사밀도 $(L/m^2 \cdot 분)$	인화점 38℃ 미만	16.3 이상	15.5 이상	13.9 이상	12.2 이상
	인화점 38℃ 이상	12.2 이상	11.8 이상	9.8 이상	8.1 이상
비고		살수기준면적은 내화구조의 벽 및 바닥으로 구획된 하나의 실의 바닥면적을 말하고, 하나의 실의 바닥면적이 $465m^2$ 이상인 경우의 살수기준면적은 $465m^2$로 한다. 다만, 위험물의 취급을 주된 작업내용으로 하지 아니하고 소량의 위험물을 취급하는 설비 또는 부분이 넓게 분산되어 있는 경우에는 방사밀도는 $8.2L/m^2 \cdot$ 분 이상, 살수기준면적은 $279m^2$ 이상으로 할 수 있다.			

∴ 살수기준면적은 $1,000m^2$이므로 $465m^2$ 이상이고 제4류 제3석유류(인화점 70℃ 이상 200℃ 미만)이므로 인화점 38℃ 이상에 해당하므로 방사밀도는 $8.1L/m^2 \cdot$ 분 이상이다.

39 열의 전달에 있어서 열전달면적과 열전도도가 각각 2배로 증가한다면, 다른 조건이 일정한 경우 전도에 의해 전달되는 열의 양은 몇 배가 되는가?

① 0.5배
② 1배
③ 2배
④ 4배

해설

푸리에의 법칙

$\dfrac{g}{A} = -k\dfrac{dT}{dx}$

여기서, g : 열량

A : 단위면적

k : 물질의 고유상수(열전도도)

dT : 온도 변화

dx : 거리 변화

이때 열전달면적과 열전도도가 각각 2배로 증가하면

$\dfrac{g}{2A} = -2k\dfrac{dT}{dx}$

$g = -4k\dfrac{dT}{dx} \cdot A$

g는 4배로 증가한다.

40 다음 중 소화약제가 아닌 것은?

① CF_3Br
② $NaHCO_3$
③ C_4F_{10}
④ N_2H_4

해설

④ N_2H_4 : 제4류 위험물 제2석유류

제3과목 **위험물의 성질과 취급**

41 위험물안전관리법령상 과산화수소가 제6류 위험물에 해당하는 농도 기준으로 옳은 것은?

① 36wt% 이상
② 36vol% 이상
③ 1.49wt% 이상
④ 1.49vol% 이상

해설

과산화수소가 제6류 위험물에 해당하는 농도 : 36wt% 이상

42 니트로소화합물의 성질에 관한 설명으로 옳은 것은?

① −NO기를 가진 화합물이다.
② 니트로기를 3개 이하로 가진 화합물이다.
③ −NO$_2$기를 가진 화합물이다.
④ −N=N−기를 가진 화합물이다.

해설

니트로소화합물 : −NO기를 가진 화합물

43 동식물유의 일반적인 성질로 옳은 것은?

① 자연발화의 위험은 없지만 점화원에 의해 쉽게 인화한다.
② 대부분 비중값이 물보다 크다.
③ 인화점이 100℃보다 높은 물질이 많다.
④ 요오드값이 50 이하인 건성유는 자연발화의 위험이 높다.

해설

③ 인화점이 대체로 220~250℃ 미만이다.

44 운반할 때 빗물의 침투를 방지하기 위하여 방수성이 있는 피복으로 덮어야 하는 위험물은?

① TNT
② 이황화탄소
③ 과염소산
④ 마그네슘

해설

방수성이 있는 피복 조치

유 별	적용 대상
제1류 위험물	알칼리금속의 과산화물
제2류 위험물	• 철분 • 금속분 • 마그네슘
제3류 위험물	금수성 물품

45 연소생성물로 이산화황이 생성되지 않는 것은?

① 황린
② 삼황화린
③ 오황화린
④ 황

해설

① $4P+5O_2 \rightarrow 2P_2O_5$
② $P_4S_3+8O_2 \rightarrow 2P_2O_5+3SO_2$
③ $2P_2S_5+15O_2 \rightarrow 2P_2O_5+10SO_2$
④ $S+O_2 \rightarrow SO_2$

46 다음 중 인화점이 가장 낮은 것은?

① 실린더유
② 가솔린
③ 벤젠
④ 메틸알코올

해설

① 250℃
② −20~−43℃
③ −11.1℃
④ 11℃

47 적린의 성상에 관한 설명 중 옳은 것은?

① 물과 반응하여 고열을 발생한다.
② 공기 중에 방치하면 자연발화한다.
③ 강산화제와 혼합하면 마찰·충격에 의해서 발화할 위험이 있다.
④ 이황화탄소, 암모니아 등에 매우 잘 녹는다.

해설

① 물에 녹지 않는다.
② 공기 중에서 연소하면 유독성이 심한 백색 연기의 오산화인(P_2O_5)이 생성된다.
④ 이황화탄소, 암모니아 등에는 녹지 않는다.

48 위험물 지하탱크저장소의 탱크전용실 설치 기준으로 틀린 것은?

① 철근콘크리트 구조의 벽은 두께 0.3m 이상으로 한다.
② 지하저장탱크와 탱크전용실의 안쪽과의 사이는 50cm 이상의 간격을 유지한다.
③ 철근콘크리트 구조의 바닥은 두께 0.3m 이상으로 한다.
④ 벽, 바닥 등에 적정한 방수 조치를 강구한다.

해설
② 지하저장탱크와 탱크전용실의 안쪽과의 사이는 0.1m 이상의 간격을 유지한다.

49 제1류 위험물에 관한 설명으로 틀린 것은?

① 조해성이 있는 물질이 있다.
② 물보다 비중이 큰 물질이 많다.
③ 대부분 산소를 포함하는 무기화합물이다.
④ 분해하여 방출된 산소에 의해 자체 연소한다.

해설
④ 분해하여 방출된 산소에 의해 가연성 물질과 연소한다.

50 제4석유류를 저장하는 옥내탱크저장소의 기준으로 옳은 것은? (단, 단층건축물에 탱크전용실을 설치하는 경우이다.)

① 옥내저장탱크의 용량은 지정수량의 40배 이하일 것
② 탱크전용실은 벽, 기둥, 바닥, 보를 내화구조로 할 것
③ 탱크전용실에는 창을 설치하지 아니할 것
④ 탱크전용실에 펌프설비를 설치하는 경우에는 그 주위에 0.2m 이상의 높이로 턱을 설치할 것

해설
② 탱크전용실의 벽, 기둥, 바닥은 내화구조로 하고, 보는 불연재료로 한다.
③ 탱크전용실에는 창을 설치한다.
④ 탱크전용실에 펌프설비를 설치하는 경우에는 그 주위에 불연재료로 된 턱을 0.2m 이상의 높이로 설치한다.

51 탄화칼슘이 물과 반응했을 때 반응식을 옳게 나타낸 것은?

① 탄화칼슘+물 → 수산화칼슘+수소
② 탄화칼슘+물 → 수산화칼슘+아세틸렌
③ 탄화칼슘+물 → 칼슘+수소
④ 탄화칼슘+물 → 칼슘+아세틸렌

해설
탄화칼슘은 물과 심하게 반응하여 수산화칼슘(소석회)과 아세틸렌을 만들며 공기 중 수분과 반응하여도 아세틸렌을 발생한다.
$CaC_2 + 2H_2O \rightarrow Ca(OH)_2 + C_2H_2$

52 위험물안전관리법령에 따른 제4류 위험물 중 제1석유류에 해당하지 않는 것은?

① 등유   ② 벤젠
③ 메틸에틸케톤   ④ 톨루엔

해설
① 등유 : 제4류 위험물 중 제2석유류

53 다음 중 물과 반응하여 산소를 발생하는 것은?

① $KClO_3$ ② Na_2O_2
③ $KClO_4$ ④ CaC_2

해설
① $KClO_3$: 찬물에 녹기 어렵고 온수에 잘 녹는다.
② $Na_2O_2 + H_2O \rightarrow 2NaOH + 0.5O_2$
③ $KClO_4$: 물에 녹기 어렵다.
④ $CaC_2 + 2H_2O \rightarrow Ca(OH)_2 + C_2H_2$

54 다음 중 벤젠에 대한 설명으로 틀린 것은?

① 물보다 비중값이 작지만, 증기비중값은 공기보다 크다.
② 공명구조를 가지고 있는 포화탄화수소이다.
③ 연소 시 검은 연기가 심하게 발생한다.
④ 겨울철에 응고된 고체상태에서도 인화의 위험이 있다.

해설
② 벤젠고리를 가진 방향족 탄화수소이다.

55 다음 물질 중 증기비중이 가장 작은 것은 어느 것인가?

① 이황화탄소
② 아세톤
③ 아세트알데히드
④ 디에틸에테르

 해설

① 2.64
② 2.0
③ 1.5
④ 2.6

56 인화칼슘이 물 또는 염산과 반응하였을 때 공통적으로 생성되는 물질은?

① $CaCl_2$
② $Ca(OH)_2$
③ PH_3
④ H_2

해설

- $Ca_3P_2 + 6H_2O \rightarrow 3Ca(OH)_2 + 2PH_3$
- $Ca_3P_2 + 6HCl \rightarrow 3CaCl_2 + 2PH_3$

57 질산나트륨 90kg, 유황 70kg, 클로로벤젠 2,000L 각각의 지정수량의 배수의 총합은?

① 2
② 3
③ 4
④ 5

해설

$$\frac{90}{300} + \frac{70}{100} + \frac{2,000}{1,000} = 3배$$

58 외부의 산소공급이 없어도 연소하는 물질이 아닌 것은?

① 알루미늄의 탄화물
② 과산화벤조일
③ 유기과산화물
④ 질산에스테르

 해설

① 알루미늄의 탄화물 : 금수성 물질

59 위험물 제조소의 배출설비의 배출능력은 1시간당 배출장소 용적의 몇 배 이상인 것으로 해야 하는가? (단, 전역방식의 경우는 제외한다.)

① 5
② 10
③ 15
④ 20

해설

배출능력은 1시간당 배출장소 용적의 20배 이상인 것으로 하여야 한다. (다만, 전역방식의 경우에는 바닥 면적 $1m^2$당 $18m^3$ 이상으로 할 수 있다.)

60 위험물안전관리법령에서 정한 위험물의 지정수량으로 틀린 것은?

① 적린 : 100kg
② 황화린 : 100kg
③ 마그네슘 : 100kg
④ 금속분 : 500kg

해설

③ 마그네슘 : 500kg

위험물 산업기사 필기
www.cyber.co.kr

위험물 산업기사 (2019. 3. 3 시행)

01 할로겐화수소의 결합에너지 크기를 비교하였을 때 옳게 표시된 것은?

① $HI > HBr > HCl > HF$

② $HBr > HI > HF > HCl$

③ $HF > HCl > HBr > HI$

④ $HCl > HBr > HF > HI$

강산은 쉽게 H^+을 내놓으므로 결합에너지가 작다. 따라서 약산인 HF의 결합에너지가 가장 크다.

02 다음 중 반응이 정반응으로 진행되는 것은?

① $Pb^{2+} + Zn \rightarrow Zn^{2+} + Pb$

② $I_2 + 2Cl^- \rightarrow 2I^- + Cl_2$

③ $2Fe^{3+} + 3Cu \rightarrow 3Cu^{2+} + 2Fe$

④ $Mg^{2+} + Zn \rightarrow Zn^{2+} + Mg$

- 금속의 이온화 경향 : K>Ca>Na>Mg>Al>Zn>Fe> Ni>Sn>Pb>H>Cu>Hg>Ag>Pt>Au
- 전기 음성도 : F>O>N>Cl>Br>C>S>I>H>P

03 메틸알코올과 에틸알코올이 각각 다른 시험관에 들어있다. 이 두 가지를 구별할 수 있는 실험 방법은?

① 금속나트륨을 넣어본다.

② 환원시켜 생성물을 비교하여 본다.

③ KOH와 I_2의 혼합용액을 넣고 가열하여 본다.

④ 산화시켜 나온 물질에 은거울 반응시켜 본다.

- 메틸알코올 검출법 : $CH_3OH + CuO$
$\rightarrow Cu\downarrow + H_2O + HCHO$

- 에틸알코올 검출법 : $C_2H_5OH + KOH(NaOH) + I_2$
$\rightarrow \underline{CHI_3}$(노란색 침전)
요오드포름

04 다음 중 수용액의 pH가 가장 작은 것은?

① 0.01N HCl   ② 0.1N HCl

③ 0.01N CH_3COOH ④ 0.1N NaOH

① 2   ② 1   ③ 2   ④ 14

05 다음 중 동소체 관계가 아닌 것은?

① 적린과 황린

② 산소와 오존

③ 물과 과산화수소

④ 다이아몬드와 흑연

동소체 : 같은 원소로 되어 있으나 성질과 모양이 다른 단체

06 질산칼륨 수용액 속에 소량의 염화나트륨이 불순물로 포함되어 있다. 용해도 차이를 이용하여 이 불순물을 제거하는 방법으로 가장 적당한 것은?

① 증류   ② 막분리

③ 재결정   ④ 전기분해

고체 혼합물의 분리에서 재결정은 용해도의 차를 이용하여 분리 정제한다.

07 다음 반응식은 산화-환원 반응이다. 산화된 원자와 환원된 원자를 순서대로 옳게 표현한 것은?

$$3Cu + 8HNO_3 \rightarrow 3Cu(NO_3)_2 + 2NO + 4H_2O$$

① Cu, N   ② N, H

③ O, Cu   ④ N, Cu

해설

$$3Cu + 8\underline{H}\,\underline{N}\,O_3 \rightarrow 3Cu(\underline{N}\,O_3)_2 + 2\,\underline{N}\,O + 4\underline{H_2}\,\underline{O}$$
$$0 \quad 1\;5\;-6 \qquad\qquad 2\;-2 \qquad 2\;-2 \quad 2\;-2$$

여기서, Cu(0 → 8) : 산화

　　　　N(5 → 2) : 환원

08 물이 브뢴스테드산으로 작용한 것은?

① $HCl + H_2O \rightleftarrows H_3O^+ + Cl^-$

② $HCOOH + H_2O \rightleftarrows HCOO^- + H_3O^+$

③ $NH_3 + H_2O \rightleftarrows NH_4^+ + OH^-$

④ $3Fe + 4H_2O \rightleftarrows Fe_3O_4 + 4H_2$

해설

H^+을 주는 물질을 산, H^+을 받는 물질을 염기라 한다.

$$NH_3 + H_2O \rightleftarrows NH_4^+ + OH^-$$
$$\text{염기} \quad \text{산} \qquad\quad \text{산} \qquad \text{염기}$$

09 분자식이 같으면서도 구조가 다른 유기화합물을 무엇이라고 하는가?

① 이성질체　　　　② 동소체

③ 동위원소　　　　④ 방향족 화합물

해설

이성질체의 설명이다.

10 27℃에서 부피가 2L인 고무풍선 속의 수소기체 압력이 1.23atm이다. 이 풍선 속에 몇 mol의 수소기체가 들어 있는가? (단, 이상기체라고 가정한다.)

① 0.01　　　　② 0.05

③ 0.10　　　　④ 0.25

해설

$$PV = nRT, \quad n = \frac{PV}{RT} = \frac{1.23 \times 2}{0.082 \times (273 + 27)} = 0.10\,mol$$

11 20℃에서 600mL의 부피를 차지하고 있는 기체를 압력의 변화 없이 온도를 40℃로 변화시키면 부피는 얼마로 변하겠는가?

① 300mL　　　　② 641mL

③ 836mL　　　　④ 1,200mL

해설

샤를의 법칙 : $\dfrac{V}{T} = \dfrac{V_1}{T_1}$, $\dfrac{600}{20 + 273} = \dfrac{V'}{273 + 40}$

$$V' = \frac{600 \times (273 + 40)}{(20 + 273)}, \quad V' = 641\,mL$$

12 수산화칼슘에 염소가스를 흡수시켜 만드는 물질은?

① 표백분　　　　② 수소화칼슘

③ 염화수소　　　　④ 과산화칼슘

해설

$$Ca(OH)_2 + Cl_2 \rightarrow \underline{CaOCl_2 \cdot H_2O}$$
$$\text{표백분}$$

13 다음 중 불균일 혼합물은 어느 것인가?

① 공기　　　　② 소금물

③ 화강암　　　　④ 사이다

해설

혼합물

㉠ 균일 혼합물 : 혼합물 중 그 성분이 고르게 되어 있는 것

　예 소금물, 설탕물, 공기, 사이다 등

㉡ 불균일 혼합물 : 혼합물 중 그 성분이 고르지 못한 것

　예 우유, 찰흙, 흙탕물, 화강암 등

14 물 500g중에 설탕($C_{12}H_{22}O_{11}$) 171g이 녹아 있는 설탕물의 몰랄농도(m)는?

① 2.0　　　　② 1.5

③ 1.0　　　　④ 0.5

해설

$$\text{몰랄농도} = \frac{\text{용질의 무게}(W)}{\text{용질의 분자량}(M)} \times \frac{1,000}{\text{용매의 무게}(g)}$$

$$= \frac{171g}{(12 \times 12 + 22 + 16 \times 11)g} \times \frac{1,000}{500}$$

$$= 1$$

15 기체상태의 염화수소는 어떤 화학결합으로 이루어진 화합물인가?

① 극성 공유결합　　　　② 이온 결합

③ 비극성 공유결합　　　　④ 배위 공유결합

정답　8. ③　9. ①　10. ③　11. ②　12. ①　13. ③　14. ③　15. ①

해설

극성 공유결합 : 전기 음성도가 다른 두 원자(또는 원자단) 사이에 결합이 이루어질 때 형성된다.

예 HF, HCl, NH_3, CH_3COOH, CH_3COCH_3 등

16 다음 반응식을 이용하여 구한 $SO_2(g)$의 몰 생성열은?

$$S(s)+1.5O_2(g) \rightarrow SO_3(g), \quad \Delta H^0 = -94.5kcal$$
$$2SO_2(g)+O_2(g) \rightarrow 2SO_3(g), \quad \Delta H^0 = -47kcal$$

① $-71kcal$ ② $-47.5kcal$

③ $71kcal$ ④ $47.5kcal$

해설

$$S(s)+1.5O_2(g) \rightarrow SO_3 \qquad \Delta H^0 = -94.5kcal$$
$$2SO_2(g)+O_2(g) \rightarrow 2SO_3 \qquad \Delta H^0 = -47kcal$$
$$\underline{-2S(s)+3O_2(g) \rightarrow 2SO_3 \qquad \Delta H^0 = -189kcal}$$
$$2SO_2(g) \rightarrow 2S+2O_2 \qquad \Delta H^0 = 142kcal$$
$$\therefore S+O_2 \rightarrow SO_2 \qquad \Delta H^0 = -71kcal$$

17 다음 물질 중 벤젠고리를 함유하고 있는 것은?

① 아세틸렌 ② 아세톤

③ 메탄 ④ 아닐린

해설

①

$H-C \equiv C-H$

②

$\begin{array}{ccc} & H & H \\ & | & | \\ H-C & -C & -C-H \\ & | & | \\ & H & OH \end{array}$

③

$\begin{array}{c} H \\ | \\ H-C-H \\ | \\ H \end{array}$

④

NH_2

18 용매분자들이 반투막을 통해서 순수한 용매나 묽은 용액으로부터 좀 더 농도가 높은 용액쪽으로 이동하는 알짜이동을 무엇이라 하는가?

① 총괄이동 ② 등방성

③ 국부이동 ④ 삼투

해설

삼투의 설명이다.

19 다음은 원소의 원자번호와 원소기호를 표시한 것이다. 전이원소만으로 나열된 것은?

① $_{20}Ca$, $_{21}Sc$, $_{22}Ti$

② $_{21}Sc$, $_{22}Ti$, $_{29}Cu$

③ $_{26}Fe$, $_{30}Zn$, $_{38}Sr$

④ $_{21}Sc$, $_{22}Ti$, $_{38}Sr$

해설

- 알칼리토금속 : $_{20}Ca$, $_{38}Sr$
- 전이원소 : $_{21}Sc$, $_{22}Ti$, $_{26}Fe$, $_{29}Cu$
- 금속원소 : $_{30}Zn$

20 20%의 소금물을 전기분해하여 수산화나트륨 1몰을 얻는 데는 1A의 전류를 몇 시간 통해야 하는가?

① 13.4 ② 26.8

③ 53.6 ④ 104.2

해설

$F=96485.3383C/mol$

$Q=I \cdot t$

여기서, Q의 단위 : C

I의 단위 : A

t의 단위 : s

수산화나트륨 1mol을 전기분해하기 위해서는 전자 1mol이 필요하다. 즉, 96,485C의 전하를 얻기 위해서는 1A의 전류를 96,485s의 시간만큼 흘려주어야 한다. 96,485초는 약 26.8시간이다.

제2과목 **화재예방과 소화방법**

21 인화알루미늄의 화재 시 주수소화를 하면 발생하는 가연성 기체는?

① 아세틸렌

② 메탄

③ 포스겐

④ 포스핀

해설

$AlP+3H_2O \rightarrow Al(OH)_3+PH_3 \uparrow$

22 위험물제조소 등에 설치하는 포소화설비의 기준에 따르면 포헤드방식의 포헤드는 방호대상물의 표면적 $1m^2$당 방사량이 몇 L/min 이상의 비율로 계산한 양의 포수용액을 표준방사량으로 방사할 수 있도록 설치하여야 하는가?

① 3.5

② 4

③ 6.5

④ 9

표준방사량 : 방호대상물 표면적 $1m^2$당 방사량이 6.5L/min 이상의 비율로 계산한 양의 포수용액은 표준방사량으로 방사할 수 있도록 설치한다.

23 일반적으로 고급 알코올황산에스테르염을 기포제로 사용하며 냄새가 없는 황색의 액체로서 밀폐 또는 준밀폐 구조물의 화재 시 고팽창포로 사용하여 화재를 진압할 수 있는 포소화약제는?

① 단백포소화약제

② 합성계면활성제포소화약제

③ 알코올형포소화약제

④ 수성막포소화약제

합성계면활성제포소화약제의 설명이다.

24 위험물제조소 등의 스프링클러설비의 기준에 있어 개방형 스프링클러헤드는 스프링클러헤드의 반사판으로부터 하방 및 수평방향으로 각각 몇 m의 공간을 보유하여야 하는가?

① 하방 0.3m, 수평방향 0.45m

② 하방 0.3m, 수평방향 0.3m

③ 하방 0.45m, 수평방향 0.45m

④ 하방 0.45m, 수평방향 0.3m

개방향 스프링클러헤드 : 스프링클러헤드의 반사판으로부터 하방으로 0.45m, 수평방향으로 0.3m 공간을 보유한다.

25 제1종 분말소화약제가 1차 열분해되어 표준상태를 기준으로 $2m^3$의 탄산가스가 생성되었다. 몇 kg의 탄산수소나트륨이 사용되었는가? (단, 나트륨의 원자량은 23이다.)

① 15

② 18.75

③ 56.25

④ 75

$$2NaHCO_3 \rightarrow Na_2CO_3 + \underset{22.4m^3}{CO_2} + H_2O$$

$$\frac{22.4m^3}{2m^3} \times \frac{44kg}{x\,(kg)}$$

$$x = \frac{2 \times 44}{22.4}, \quad x = 3.93kg$$

$$\therefore 168kg : 44kg = x : 3.93kg$$

$$x = 15kg$$

26 위험물안전관리법령상 정전기를 유효하게 제거하기 위해서는 공기 중의 상대습도는 몇 % 이상 되게 하여야 하는가?

① 40%

② 50%

③ 60%

④ 70%

정전기를 유효하게 제거할 수 있는 방법
㉠ 접지에 의한 방법
㉡ 상대습도를 70% 이상 높이는 방법
㉢ 공기를 이온화하는 방법

27 이산화탄소소화설비의 소화약제 방출방식 중 전역방출방식 소화설비에 대한 설명으로 옳은 것은?

① 발화위험 및 연소위험이 적고 광대한 실내에서 특정장치나 기계만을 방호하는 방식

② 일정 방호구역 전체에 방출하는 경우 해당 부분의 구획을 밀폐하여 불연성 가스를 방출하는 방식

③ 일반적으로 개방되어 있는 대상물에 대하여 설치하는 방식

④ 사람이 용이하게 소화활동을 할 수 있는 장소에서는 호스를 연장하여 소화활동을 행하는 방식

해설

CO_2소화설비의 소화약제 방출방식 중 전역방출방식

소화설비 : 일정 방호구역 전체에 방출하는 경우 해당 부분의 구획을 밀폐하여 불연성 가스를 방출하는 방식

28 가연성 가스의 폭발범위에 대한 일반적인 설명으로 틀린 것은?

① 가스의 온도가 높아지면 폭발범위는 넓어진다.
② 폭발한계농도 이하에서 폭발성 혼합가스를 생성한다.
③ 공기 중에서보다 산소 중에서 폭발범위가 넓어진다.
④ 가스압이 높아지면 하한값은 크게 변하지 않으나 상한값은 높아진다.

해설

② 폭발한계농도 내에서만 폭발성 혼합가스를 생성한다.

29 소화약제로서 물이 갖는 특성에 대한 설명으로 옳지 않은 것은?

① 유화효과(emulsification effect)도 기대할 수 있다.
② 증발잠열이 커서 기화 시 다량의 열을 제거한다.
③ 기화팽창률이 커서 질식효과가 있다.
④ 용융잠열이 커서 주수 시 냉각효과가 뛰어나다.

해설

④ 주된 소화효과가 냉각소화이다.

30 클로로벤젠 300,000L의 소요단위는 얼마인가?

① 20 ② 30
③ 200 ④ 300

해설

$$소요단위 = \frac{저장량}{지정수량 \times 10배}$$
$$= \frac{300,000}{1,000 \times 10}$$
$$= 30$$

31 제1류 위험물 중 알칼리금속과산화물의 화재에 적응성이 있는 소화약제는?

① 인산염류분말 ② 이산화탄소
③ 탄산수소염류분말 ④ 할로겐화합물

해설

소화설비의 구분			건축물·그 밖의 공작물	전기설비	제1류 위험물 알칼리금속과산화물 등	그 밖의 것	제2류 위험물 철분·금속분·마그네슘 등	인화성 고체	그 밖의 것	제3류 위험물 금수성 물품	그 밖의 것	제4류 위험물	제5류 위험물	제6류 위험물
옥내소화전설비 또는 옥외소화전설비			○			○		○	○		○		○	○
스프링클러설비			○			○		○	○		○	△	○	○
물분무등 소화설비	물분무소화설비		○	○		○		○	○		○	○	○	○
	포소화설비		○			○		○	○		○	○	○	○
	불활성가스소화설비			○				○				○		
	할로겐화합물소화설비			○				○				○		
	분말소화설비	인산염류 등	○	○		○		○				○		○
		탄산수소염류 등		○	○		○	○		○		○			
		그 밖의 것			○		○			○					
대형·소형 수동식 소화기	봉상수(棒狀水)소화기		○			○		○	○		○		○	○
	무상수(無狀水)소화기		○	○		○		○	○		○		○	○
	봉상강화액소화기		○			○		○	○		○		○	○
	무상강화액소화기		○	○		○		○	○		○	○	○	○
	포소화기		○			○		○	○		○	○	○	○
	이산화탄소소화기			○				○				○		△
	할로겐화합물소화기			○				○				○		
	분말소화기	인산염류소화기	○	○		○		○				○		○
		탄산수소염류소화기		○	○		○	○		○		○			
		그 밖의 것			○		○			○					
기타	물통 또는 수조		○			○		○	○		○		○	○
	건조사				○	○	○	○	○	○	○	○	○	○
	팽창질석 또는 팽창진주암				○	○	○	○	○	○	○	○	○	○

32 알루미늄분의 연소 시 주수소화하면 위험한 이유를 옳게 설명한 것은?

① 물에 녹아 산이 된다.
② 물과 반응하여 유독가스가 발생한다.
③ 물과 반응하여 수소가스가 발생한다.
④ 물과 반응하여 산소가스가 발생한다.

해설

$2Al + 6H_2O \rightarrow 2Al(OH)_3 + 3H_2$

33 할로겐화합물 소화약제가 전기화재에 사용될 수 있는 이유에 대한 다음 설명 중 가장 적합한 것은?

① 전기적으로 부도체이다.

② 액체의 유동성이 좋다.

③ 탄산가스와 반응하여 포스겐가스를 만든다.

④ 증기의 비중이 공기보다 작다.

해설

할로겐화합물 소화약제가 전기화재에 사용될 수 있는 이유 : 전기적으로 부도체이다.

34 가연성 물질이 공기 중에서 연소할 때의 연소형태에 대한 설명으로 틀린 것은?

① 공기와 접촉하는 표면에서 연소가 일어나는 것을 표면연소라 한다.

② 유황의 연소는 표면연소이다.

③ 산소공급원을 가진 물질 자체가 연소하는 것을 자기연소라 한다.

④ TNT의 연소는 자기연소이다.

해설

② 유황의 연소는 증발연소이다.

35 전기불꽃에너지 공식에서 ( )에 알맞은 것은? (단, Q는 전기량, V는 방전전압, C는 전기용량을 나타낸다.)

$$E = \frac{1}{2}(\quad) = \frac{1}{2}(\quad)$$

① QV, CV　　② QC, CV

③ QV, CV^2　　④ QC, QV^2

해설

전기불꽃에너지 공식

$E = \frac{1}{2}QV = \frac{1}{2}CV^2$

여기서, Q : 전기량, V : 방전전압, C : 전기용량

36 강화액 소화약제의 소화력을 향상시키기 위하여 첨가하는 물질로 옳은 것은?

① 탄산칼륨　　　② 질소

③ 사염화탄소　　④ 아세틸렌

해설

강화액 소화약제 : 소화력을 향상시키기 위하여 탄산칼륨(K_2CO_3)을 첨가한다.

37 다음 A~D 중 분말소화약제로만 나타낸 것은?

- A. 탄산수소나트륨　• B. 탄산수소칼륨
- C. 황산구리　　　　• D. 제1인산암모늄

① A, B, C, D　　② A, D

③ A, B, C　　　　④ A, B, D

해설

분말소화약제

㉠ 제1종 : 탄산수소나트륨($NaHCO_3$)

㉡ 제2종 : 탄산수소칼륨($KHCO_3$)

㉢ 제3종 : 제1인산암모늄($NH_4H_2PO_4$)

38 벤젠과 톨루엔의 공통점이 아닌 것은?

① 물에 녹지 않는다.

② 냄새가 없다.

③ 휘발성 액체이다.

④ 증기는 공기보다 무겁다.

해설

- 벤젠 : 독특한 냄새를 가진 휘발성이 강한 액체
- 톨루엔 : 독특한 향기를 가진 무색 투명한 액체

39 제6류 위험물인 질산에 대한 설명으로 틀린 것은?

① 강산이다.

② 물과 접촉 시 발열한다.

③ 불연성 물질이다.

④ 열분해 시 수소를 발생한다.

해설

④ 열분해 시 산소를 발생한다.

40 적린과 오황화린의 공통 연소생성물은?

① SO_2 ② H_2S

③ P_2O_5 ④ H_3PO_4

🌱해설 --

적린 : $4P + 5O_2 \rightarrow 2P_2O_5$

오황화린 : $2P_2S_5 + 15O_2 \rightarrow 2P_2O_5 + 10SO_2$

∴ 공통 연소생성물 : P_2O_5

제3과목 　위험물의 성질과 취급

41 제1류 위험물 중 무기과산화물 150kg, 질산염류 300kg, 중크롬산염류 3,000kg을 저장하고 있다. 각각 지정수량의 배수의 총합은 얼마인가?

① 5   ② 6

③ 7   ④ 8

🌱해설 --

$\dfrac{150kg}{50kg} + \dfrac{300kg}{300kg} + \dfrac{3,000kg}{1,000kg} = 3 + 1 + 3 = 7$배

42 유기과산화물에 대한 설명으로 틀린 것은?

① 소화방법으로는 질식소화가 가장 효과적이다.

② 벤조일퍼옥사이드, 메틸에틸케톤퍼옥사이드 등이 있다.

③ 저장 시 고온체나 화기의 접근을 피한다.

④ 지정수량은 10kg이다.

🌱해설 --

① 다량의 물에 의한 주수소화가 효과적이다.

43 동식물유류에 대한 설명으로 틀린 것은?

① 건성유는 자연발화의 위험성이 높다.

② 불포화도가 높을수록 요오드가가 크며 산화되기 쉽다.

③ 요오드값이 130 이하인 것이 건성유이다.

④ 1기압에서 인화점이 섭씨 250도 미만이다.

🌱해설 --

③ 요오드값이 130 이상인 것이 건성유이다.

44 다음 중 연소범위가 가장 넓은 위험물은?

① 휘발유   ② 톨루엔

③ 에틸알코올   ④ 디에틸에테르

🌱해설 --

위험물	연소범위(%)
휘발유	1.4~7.6
톨루엔	1.4~6.7
에틸알코올	4.3~19
디에틸에테르	1.9~48

45 위험물안전관리법령에 근거한 위험물 운반 및 수납 시 주의사항에 대한 설명 중 틀린 것은?

① 위험물을 수납하는 용기는 위험물이 누설되지 않게 밀봉시켜야 한다.

② 온도 변화로 가스가 발생해 운반용기 안의 압력이 상승할 우려가 있는 경우(발생한 가스가 위험성이 있는 경우 제외)에는 가스 배출구가 설치된 운반용기에 수납할 수 있다.

③ 액체 위험물은 운반용기 내용적의 98% 이하의 수납률로 수납하되 55℃의 온도에서 누설되지 아니하도록 충분한 공간용적을 유지하도록 하여야 한다.

④ 고체 위험물은 운반용기 내용적의 98% 이하의 수납률로 수납하여야 한다.

🌱해설 --

④ 고체 위험물은 운반용기 내용적의 95% 이하의 수납률로 수납하여야 한다.

46 다음은 위험물안전관리법령에서 정한 아세트알데히드 등을 취급하는 제조소의 특례에 관한 내용이다. ( ) 안에 해당하지 않는 물질은?

아세트알데히드 등을 취급하는 설비는 ( )·( )·( )·마그네슘 또는 이들을 성분으로 하는 합금으로 만들지 아니할 것

① Ag   ② Hg

③ Cu   ④ Fe

해설

아세트알데히드 등을 취급하는 설비 : Cu, Hg, Ag, Mg 또는 이들을 성분으로 하는 합금으로 만들지 아니 할 것

47 위험물안전관리법령상 시·도의 조례가 정하는 바에 따르면 관할소방서장의 승인을 받아 지정수량 이상의 위험물을 임시로 제조소 등이 아닌 장소에서 취급할 때 며칠 이내의 기간 동안 취급할 수 있는가?

① 7일   ② 30일
③ 90일   ④ 180일

해설

지정수량 이상의 위험물을 임시로 제조소 등이 아닌 장소에서 취급하는 경우 : 관할 소방서장에게 승인 후 90일 이내

48 제2류 위험물과 제5류 위험물의 공통적인 성질은?

① 가연성 물질이다.
② 강한 산화제이다.
③ 액체 물질이다.
④ 산소를 함유한다.

해설

제2류 위험물과 제5류 위험물의 공통성질 : 가연성 물질

49 메틸에틸케톤의 취급방법에 대한 설명으로 틀린 것은?

① 쉽게 연소하므로 화기 접근을 금한다.
② 직사광선을 피하고 통풍이 잘되는 곳에 저장한다.
③ 탈지작용이 있으므로 피부에 접촉하지 않도록 주의한다.
④ 유리용기를 피하고 수지, 섬유소 등의 재질로 된 용기에 저장한다.

해설

④ 용기는 갈색병을 사용한다.

50 과산화나트륨이 물과 반응할 때의 변화를 가장 옳게 설명한 것은?

① 산화나트륨과 수소를 발생한다.
② 물을 흡수하여 탄산나트륨이 된다.
③ 산소를 방출하며, 수산화나트륨이 된다.
④ 서서히 물에 녹아 과산화나트륨의 안정한 수용액이 된다.

해설

③ $Na_2O_2 + H_2O \rightarrow 2NaOH + \frac{1}{2}O_2$

51 오황화린에 관한 설명으로 옳은 것은?

① 물과 반응하면 불연성 기체가 발생된다.
② 담황색 결정으로서 흡습성과 조해성이 있다.
③ P_2S_5로 표현되며, 물에 녹지 않는다.
④ 공기 중 상온에서 쉽게 자연발화 한다.

해설

① 물과 반응하면 황화수소 기체가 발생된다.
③ 물이나 알칼리와 반응하면 분해하여 유독성 가스인 황화수소와 인산으로 된다.
④ 공기 중 142℃에서 자연발화 한다.

52 위험물안전관리법령에서 정한 위험물의 운반에 관한 설명으로 옳은 것은?

① 위험물을 화물차량으로 운반하면 특별히 규제받지 않는다.
② 승용차량으로 위험물을 운반할 경우에만 운반의 규제를 받는다.
③ 지정수량 이상의 위험물을 운반할 경우에만 운반의 규제를 받는다.
④ 위험물을 운반할 경우 그 양의 다소를 불문하고 운반의 규제를 받는다.

해설

① 위험물을 화물차량으로 운반하면 규제를 받는다.
② 차량으로 위험물을 운반할 경우 운반의 규제를 받는다.
③ 지정수량 이상 또는 미만의 위험물을 운반할 경우 운반의 규제를 받는다.

정답   47. ③   48. ①   49. ④   50. ③   51. ②   52. ④

53 다음 물질 중 인화점이 가장 낮은 것은?

① 톨루엔　　　② 아세톤

③ 벤젠　　　　④ 디에틸에테르

① 4.5℃

② −18℃

③ −11.1℃

④ −45℃

54 황린에 대한 설명으로 틀린 것은?

① 백색 또는 담황색의 고체이며, 증기는 독성이 있다.

② 물에는 녹지 않고, 이황화탄소에는 녹는다.

③ 공기 중에서 산화되어 오산화인이 된다.

④ 녹는점이 적린과 비슷하다.

위험물 종류	녹는점
황린	44℃
적린	596℃

55 위험물제조소의 배출설비 기준 중 국소방식의 경우 배출능력은 1시간당 배출장소 용적의 몇 배 이상으로 해야 하는가?

① 10배　　　② 20배

③ 30배　　　④ 40배

국소방식의 경우 배출능력은 1시간당 배출장소 용적의 20배 이상으로 한다.

56 인화칼슘이 물과 반응하여 발생하는 기체는?

① 포스겐　　② 포스핀

③ 메탄　　　④ 이산화황

$Ca_3P_2+6H_2O \rightarrow 3Ca(OH)_2+2PH_3$

57 물과 접촉하였을 때 에탄이 발생되는 물질은?

① CaC_2　　② $(C_2H_5)_3Al$

③ $C_6H_3(NO_2)_3$　　④ $C_2H_5ONO_2$

$(C_2H_5)_3Al+3H_2O \rightarrow Al(OH)_3+3C_2H_6$

58 아염소산나트륨이 완전 열분해하였을 때 발생하는 기체는?

① 산소　　　② 염화수소

③ 수소　　　④ 포스겐

$3NaClO_2 \rightarrow 2NaClO_3+NaCl$
$NaClO_3 \rightarrow NaClO+O_2$

59 묽은 질산에 녹고, 비중이 약 2.7인 은백색 금속은?

① 아연분　　② 마그네슘분

③ 안티몬분　④ 알루미늄분

알루미늄분의 설명이다.

60 제6류 위험물의 취급방법에 대한 설명 중 옳지 않은 것은?

① 가연성 물질과의 접촉을 피한다.

② 지정수량의 $\frac{1}{10}$을 초과할 경우 제2류 위험물과의 혼재를 금한다.

③ 피부와 접촉하지 않도록 주의한다.

④ 위험물제조소에는 "화기엄금" 및 "물기엄금" 주의사항을 표시한 게시판을 반드시 설치하여야 한다.

④ 위험물제조소에서는 주의사항을 표시한 게시판을 별도의 표시를 하지 않는다.

제1과목 일반화학

01 자철광 제조법으로 빨갛게 달군 철에 수증기를 통할 때의 반응식으로 옳은 것은?

① $3Fe+4H_2O \rightarrow Fe_3O_4+4H_2$

② $2Fe+3H_2O \rightarrow Fe_2O_3+3H_2$

③ $Fe+H_2O \rightarrow FeO+H_2$

④ $Fe+2H_2O \rightarrow FeO_2+2H_2$

자철광 제조법 : $3Fe+4H_2O \rightarrow Fe_3O_4+4H_2$

02 화학반응속도를 증가시키는 방법으로 옳지 않은 것은?

① 온도를 높인다.

② 부촉매를 가한다.

③ 반응물 농도를 높게 한다.

④ 반응물 표면적을 크게 한다.

② 부촉매 : 반응속도를 느리게 한다.

03 비금속원소와 금속원소 사이의 결합은 일반적으로 어떤 결합에 해당되는가?

① 공유결합 ② 금속결합

③ 비금속결합 ④ 이온결합

이온결합에 대한 설명이다.

04 네슬러 시약에 의하여 적갈색으로 검출되는 물질은 어느 것인가?

① 질산이온 ② 암모늄이온

③ 아황산이온 ④ 일산화탄소

NH_3, NH_4^++네슬러 시약 → 황갈색이 적갈색으로 변색

05 불꽃반응 결과 노란색을 나타내는 미지의 시료를 녹인 용액에 $AgNO_3$ 용액을 넣으니 백색침전이 생겼다. 이 시료의 성분은?

① Na_2SO_4 ② $CaCl_2$

③ NaCl ④ KCl

알칼리금속은 불꽃반응에서 Na은 노란색을 나타낸다.

$AgNO_3+NaCl \rightarrow AgCl\downarrow +NaNO_3$
         흰색 침전

06 다음 화합물 중에서 밑줄친 원소의 산화수가 서로 다른 것은?

① $\underline{C}Cl_3$ ② $Ba\underline{O}_2$

③ $\underline{S}O_2$ ④ $\underline{O}H^-$

① $x+(-1)\times4=0$ ∴ $x=4$

② $x+(-2)\times2=0$ ∴ $x=4$

③ $x+(-2)\times2=0$ ∴ $x=4$

④ $x+(+1)=-1$ ∴ $x=-2$

07 먹물에 아교나 젤라틴을 약간 풀어주면 탄소입자가 쉽게 침전되지 않는다. 이 때 가해준 아교는 무슨 콜로이드로 작용하는가?

① 서스펜션

② 소수

③ 복합

④ 보호

보호 콜로이드 : 먹물 속의 아교나 젤라틴, 잉크 속의 아라비아 고무 등

08 황의 산화수가 나머지 셋과 다른 하나는?

① Ag_2S ② H_2SO_4

③ SO_4^{2-} ④ $Fe_2(SO_4)_3$

해설

① $(+1)\times2+x=0$ ∴ $x=-2$

② $(+1)\times2+x+(-2)\times4=0$ ∴ $x=+6$

③ $x+(-2)\times4=-2$ ∴ $x=+6$

④ $\{x+(-2\times4)\}\times3+(+3)\times2=0$ ∴ $x=+6$

09 황산구리 용액에 10A의 전류를 1시간 통하면 구리(원자량=63.54)를 몇 g 석출하겠는가?

① 7.2g ② 11.85g

③ 23.7g ④ 31.77g

해설

1A=1C/s, 10A=10C/s

1시간은 3,600초

∴ 10A의 전류가 1시간 흐르면 36,000C이다.

여기서, Cu의 원자량은 64g/mol이며, [2g당량(Cu^{2+})]이다.

$2\times1F : 64=36,000 : x$ (단, 1F=96,485)

∴ $x=\dfrac{(64\times36,000)}{(96,485\times2)}=11.9g$

10 H_2O가 H_2S보다 끓는점이 높은 이유는?

① 이온결합을 하고 있기 때문에

② 수소결합을 하고 있기 때문에

③ 공유결합을 하고 있기 때문에

④ 분자량이 적기 때문에

해설

수소결합 : 물(H_2O)의 비등점이 100℃, 산소(O)원자 대신에 같은 족의 황(S)원자를 바꾼 황화수소(H_2S)는 분자량이 큼에도 불구하고 비등점이 -61℃이다.

11 황이 산소와 결합하여 SO_2를 만들 때에 대한 설명으로 옳은 것은?

① 황은 환원된다.

② 황은 산화된다.

③ 불가능한 반응이다.

④ 산소는 산화되었다.

해설

$$\overbrace{S + O_2}^{산화} \rightarrow SO_2$$

12 순수한 옥살산($C_2H_2O_4 \cdot 2H_2O$) 결정 6.3g을 물에 녹여서 500mL의 용액을 만들었다. 이 용액의 농도는 몇 M인가?

① 0.1 ② 0.2

③ 0.3 ④ 0.4

해설

$(C_2H_2O_4 \cdot 2H_2O)=126g/mol$

$\dfrac{1mol}{126g}\left|\dfrac{6.3g}{0.5L}\right.=0.1m/L=0.1M$

13 실제기체는 어떤 상태일 때 이상기체방정식에 잘 맞는가?

① 온도가 높고 압력이 높을 때

② 온도가 낮고 압력이 낮을 때

③ 온도가 높고 압력이 낮을 때

④ 온도가 낮고 압력이 높을 때

해설

이상기체는 기체분자간의 인력을 무시하고, 기체 자신의 체적도 무시한 상태의 기체로서, 온도가 높고 압력이 낮을 경우에 잘 적용된다.

14 다음 물질 중 이온결합을 하고 있는 것은?

① 얼음 ② 흑연

③ 다이아몬드 ④ 염화나트륨

해설

① 수소결합

②, ③ 공유결합

15 다음 반응속도식에서 2차 반응인 것은?

① $v=k[A]^{\frac{1}{2}}[B]^{\frac{1}{2}}$

② $v=k[A][B]$

③ $v=k[A][B]^2$

④ $v=k[A]^2[B]^2$

<해설>
- 1차 반응 : $V = k[A]$
- 2차 반응 : $V = k[A]^2$ 또는 $V = k[A][B]$

16 산(acid)의 성질을 설명한 것 중 틀린 것은?

① 수용액 속에서 H^+를 내는 화합물이다.
② pH 값이 작을수록 강산이다.
③ 금속과 반응하여 수소를 발생하는 것이 많다.
④ 붉은색 리트머스 종이를 푸르게 변화시킨다.

<해설>
④ 푸른 리트머스 종이를 붉게 변화시킨다.

17 다음 화학반응 중 H_2O가 염기로 작용한 것은?

① $CH_3COOH + H_2O \rightarrow CH_3COO^- + H_3O^+$
② $NH_3 + H_2O \rightarrow NH_4^+ + OH^-$
③ $CO_3^{-2} + 2H_2O \rightarrow H_2CO_3 + 2OH^-$
④ $Na_2O + H_2O \rightarrow 2NaOH$

<해설>
① $H_2O \rightarrow H_3O^+$: 수소를 얻음(염기로 작용)
② $H_2O \rightarrow OH^-$: 수소를 잃음(산으로 작용)
③ $2H_2O \rightarrow 2OH^-$: 수소를 잃음(산으로 작용)
④ $2NaOH$: 수소를 잃음(산으로 작용)

18 AgCl의 용해도는 0.0016g/L이다. 이 AgCl의 용해도곱(solubility product)은 약 얼마인가? (단, 원자량은 각각 Ag 108, Cl 35.5이다.)

① 1.24×10^{-10}
② 2.24×10^{-10}
③ 1.12×10^{-5}
④ 4×10^{-4}

<해설>
$AgCl(s) \rightleftarrows Ag^+ + Cl^-$에서 $K_{sp} = [Ag^+][Cl^-]$이다.

$[AgCl] = \dfrac{0.0016g}{1L} \times \dfrac{1mol}{143.5g}$

$\qquad = 1.11 \times 10^{-5}M$

$K_{sp} = (1.11 \times 10^{-5})^2$

$\qquad = 1.24 \times 10^{-10}$

19 NH_4Cl에서 배위결합을 하고 있는 부분을 옳게 설명한 것은?

① NH_3의 N-H 결합
② NH_3와 H^+과의 결합
③ NH_4^+과 Cl^-과의 결합
④ H^+과 Cl^-과의 결합

<해설>
배위결합 : $NH_3 + H^+ \rightarrow NH_4^+$

20 0.1M 아세트산 용액의 해리도를 구하면 약 얼마인가? (단, 아세트산의 해리상수는 1.8×10^{-5}이다.)

① 1.8×10^{-5}
② 1.8×10^{-2}
③ 1.3×10^{-5}
④ 1.3×10^{-2}

<해설>

$$CH_3COOH \rightarrow H^+ + CH_3COO^-$$

$$
\begin{array}{c|ccc}
0.1 & & & \\
& -x & +x & +x \\
\hline
0.1-x & +x & +x
\end{array}
$$

$K_a = \dfrac{[H^+][CH_3COO^-]}{[CH_3COOH]}, \quad 1.8 \times 10^{-5} = \dfrac{x^2}{(0.1-x)}$

$x^2 = 1.8 \times 10^{-5}(0.1-x)$

$x^2 + 1.8 \times 10^{-5}x - 0.1 \times 1.8 \times 10^{-5} = 0$

$x = (-0.9 \times 10^{-5}) \pm \sqrt{(-0.9 \times 10^{-5})^2 - (0.1 \times 1.8 \times 10^{-5})}$

$\therefore x = 1.3 \times 10^{-2}$

제2과목 **화재예방과 소화방법**

21 다음 중 화재 시 다량의 물에 의한 냉각소화가 가장 효과적인 것은?

① 금속의 수소화물
② 알칼리금속과산화물
③ 유기과산화물
④ 금속분

<해설>
유기과산화물 소화방법 : 다량의 물에 의한 냉각소화

22 위험물안전관리법령상 소화설비의 설치기준에서 제조소등에 전기설비(전기배선, 조명기구 등은 제외)가 설치된 경우에는 해당 장소의 면적 몇 m^2마다 소형수동식 소화기를 1개 이상 설치하여야 하는가?

① 50 ② 75
③ 100 ④ 150

 해설

제조소 등에 설치된 전기설비 : 100m^2마다 소형수동식 소화기를 1개 이상 설치한다.

23 불활성가스소화약제 중 IG-55의 구성성분을 모두 나타낸 것은?

① 질소
② 이산화탄소
③ 질소와 아르곤
④ 질소, 아르곤, 이산화탄소

 해설

IG-55의 구성성분 : N_2(50%), Ar(50%)

24 수성막포소화약제를 수용성 알코올 화재 시 사용하면 소화효과가 떨어지는 가장 큰 이유는?

① 유독가스가 발생하므로
② 화염의 온도가 높으므로
③ 알코올은 포와 반응하여 가연성 가스를 발생하므로
④ 알코올이 포 속의 물을 탈취하여 포가 파괴되므로

 해설

수성막포소화약제를 수용성 알코올 화재 시 사용하면 소화효과가 떨어지는 이유 : 알코올이 포 속의 물을 탈취하여 포가 파괴되므로

25 탄소 1mol이 완전연소하는 데 필요한 최소 이론공기량은 약 몇 L인가? (단, 0℃, 1기압 기준이며, 공기 중 산소의 농도는 21vol%이다.)

① 10.7 ② 22.4
③ 107 ④ 224

완전연소 : $C + O_2 \rightarrow CO_2$

$\therefore$ 최소이론공기량 $= \dfrac{22.4L}{0.21} = 107L$

26 다음은 제4류 위험물에 해당하는 물품의 소화방법을 설명한 것이다. 소화효과가 가장 떨어지는 것은?

① 산화프로필렌 : 알코올형 포로 질식소화한다.
② 아세톤 : 수성막포를 이용하여 질식소화한다.
③ 이황화탄소 : 탱크 또는 용기 내부에서 연소하고 있는 경우에는 물을 사용하여 질식소화한다.
④ 디에틸에테르 : 이산화탄소소화설비를 이용하여 질식소화한다.

 해설

② 아세톤 : CO_2를 이용하여 질식소화한다.

27 위험물안전관리법령상 옥내소화전설비의 비상전원은 자가발전설비 또는 축전지설비로 옥내소화전설비를 유효하게 몇 분 이상 작동할 수 있어야 하는가?

① 10분
② 20분
③ 45분
④ 60분

 해설

옥내소화전설비의 비상전원 : 자가발전설비 또는 축전지설비로 45분 이상 작동할 수 있어야 한다.

28 다음 중 위험물안전관리법령상 위험물과 적응성 있는 소화설비가 잘못 짝지어진 것은 어느 것인가?

① K - 탄산수소염류 분말소화설비
② $C_2H_5OC_2H_5$ - 불활성가스소화설비
③ Na - 건조사
④ CaC_2 - 물통

소화설비의 구분		건축물 · 그 밖의 공작물	전기설비	제1류 위험물		제2류 위험물			제3류 위험물		제4류 위험물	제5류 위험물	제6류 위험물
				알칼리금속 과산화물 등	그 밖의 것	철분 · 금속분 · 마그네슘 등	인화성 고체	그 밖의 것	금수성 물품	그 밖의 것			
옥내소화전설비 또는 옥외소화전설비		○			○		○	○		○	○	○	○
스프링클러설비		○			○		○	○		○	△	○	○
물분무 등 소화설비	물분무소화설비	○	○		○		○	○		○	○	○	○
	포소화설비	○			○		○	○		○	○	○	○
	불활성가스소화설비		○				○				○		
	할로겐화합물소화설비		○				○				○		
	분말소화설비 인산염류 등	○	○		○		○	○			○		○
	탄산수소염류 등		○	○		○	○		○		○		
	그 밖의 것			○		○			○				
대형 · 소형 수동식 소화기	봉상수(棒狀水)소화기	○			○		○	○		○	○	○	○
	무상수(無狀水)소화기	○	○		○		○	○		○	○	○	○
	봉상강화액소화기	○			○		○	○		○	○	○	○
	무상강화액소화기	○	○		○		○	○		○	○	○	○
	포소화기	○			○		○	○		○	○	○	○
	이산화탄소소화기		○				○				○		△
	할로겐화물소화기		○				○				○		
	분말소화기 인산염류소화기	○	○		○		○	○			○		○
	탄산수소염류소화기		○	○		○	○		○		○		
	그 밖의 것			○		○			○				
기타	물통 또는 수조	○			○		○	○		○	○	○	○
	건조사			○	○	○	○	○	○	○	○	○	○
	팽창질석 또는 팽창진주암			○	○	○	○	○	○	○	○	○	○

29 ABC급 화재에 적응성이 있으며 열분해되어 부착성이 좋은 메타인산을 만드는 분말소화약제는 어느 것인가?

① 제1종   ② 제2종
③ 제3종   ④ 제4종

제3종 분말소화약제

$$NH_4H_2PO_4 \rightarrow \underset{질식}{HPO_3} + NH_3 + \underset{냉각}{H_2O}$$

30 자연발화가 일어날 수 있는 조건으로 가장 옳은 것은?

① 주위의 온도가 낮을 것
② 표면적이 작을 것
③ 열전도율이 작을 것
④ 발열량이 작을 것

① 주위의 온도가 높을 것
② 표면적이 넓을 것
④ 발열량이 많을 것

31 인산염 등을 주성분으로 한 분말소화약제의 착색은?

① 백색
② 담홍색
③ 검은색
④ 회색

분말소화약제의 종류
㉠ 제1종 분말소화약제 : $NaHCO_3$(백색)
㉡ 제2종 분말소화약제 : $KHCO_3$(보라색)
㉢ 제3종 분말소화약제 : $NH_4H_2PO_4$(담홍색 또는 핑크색)
㉣ 제4종 분말소화약제 : $BaCl_2$, $KHCO_3 + (NH_2)_2CO$ (회백색)

32 위험물제조소 등에 설치하는 포소화설비에 있어서 포헤드방식의 포헤드는 방호대상물의 표면적(m^2) 얼마당 1개 이상의 헤드를 설치하여야 하는가?

① 3
② 6
③ 9
④ 12

포소화설비 : 포헤드방식의 포헤드는 방호대상물의 표면적 $9m^2$당 1개 이상의 헤드를 설치한다.

33 위험물안전관리법령상 이동저장탱크(압력탱크)에 대해 실시하는 수압시험은 용접부에 대한 어떤 시험으로 대신할 수 있는가?

① 비파괴시험과 기밀시험
② 비파괴시험과 충수시험
③ 충수시험과 기밀시험
④ 방폭시험과 충수시험

이동저장탱크 수압시험
㉠ 압력탱크 : 최대상용압력의 1.5배의 압력으로 각각 10분간의 수압시험을 실시하여 새거나 변형되지 아니할 것. 이 경우 수압시험을 용접부에 대한 비파괴시험과 기밀시험으로 대신할 수 있다.
㉡ 압력탱크 외의 탱크 : (최대상용압력의 46.7kPa 이상인 탱크를 말한다) 외의 탱크는 70kPa의 압력으로 10분간 수압시험을 실시하여 새거나 변형되지 아니할 것

34 다음 [보기]에서 열거한 위험물의 지정수량을 모두 합산한 값은?

[보기] 과요오드산, 과요오드산염류, 과염소산, 과염소산염류

① 450kg
② 500kg
③ 950kg
④ 1,200kg

(과요오드산)300kg+(과요오드산염류)300kg+(과염소산)300kg+(과염소산염류)50kg=950kg

35 위험물안전관리법령상 옥내소화전설비의 기준으로 옳지 않은 것은?

① 소화전함은 화재발생 시 화재 등에 의한 피해의 우려가 많은 장소에 설치하여야 한다.
② 호스접속구는 바닥으로부터 1.5m 이하의 높이에 설치한다.
③ 가압송수장치의 시동을 알리는 표시등은 적색으로 한다.
④ 별도의 정해진 조건을 충족하는 경우는 가압송수장치의 시동표시등을 설치하지 않을 수 있다.

① 소화전함은 불연재료로 제작하고 점검에 편리하며 화재발생 시 연기가 충만할 우려가 없는 장소 중 접근이 가능하고 화재 등에 의한 피해를 받을 우려가 적은 장소에 설치한다.

36 정전기를 유효하게 제거할 수 있는 설비를 설치하고자 할 때 위험물안전관리법령에서 정한 정전기 제거방법의 기준으로 옳은 것은?

① 공기 중의 상대습도를 70% 이상으로 하는 방법
② 공기 중의 상대습도를 70% 미만으로 하는 방법
③ 공기 중의 절대습도를 70% 이상으로 하는 방법
④ 공기 중의 절대습도를 70% 미만으로 하는 방법

정전기 제거방법 : 공기 중의 상대습도를 70% 이상으로 하는 방법

37 피리딘 20,000리터에 대한 소화설비의 소요단위는?

① 5단위
② 10단위
③ 15단위
④ 100단위

$$소요단위 = \frac{저장량}{지정수량 \times 10배}$$
$$= \frac{20,000L}{400 \times 10배}$$
$$= 5단위$$

38 다음 각 위험물의 저장소에서 화재가 발생하였을 때 물을 사용하여 소화할 수 있는 물질은?

① K_2O_2
② CaC_2
③ Al_4C_3
④ P_4

①, ②, ③ : 건조사

39 위험물제조소에 옥내소화전설비를 3개 설치하였다. 수원의 양은 몇 m^3 이상이어야 하는가?

① $7.8m^3$
② $9.9m^3$
③ $10.4m^3$
④ $23.4m^3$

해설

$Q = N \times 7.8\text{m}^3 = 3 \times 7.8 = 23.4\text{m}^3$

여기서, Q : 수원의 수량

N : 옥내소화전설비 설치개수(설치개수가 5개 이상인 경우는 5개의 옥내소화전)

40 위험물안전관리법령상 제6류 위험물에 적응성이 있는 소화설비는?

① 옥내소화전설비

② 불활성가스소화설비

③ 할로겐화합물소화설비

④ 탄산수소염류 분말소화설비

해설

소화설비의 구분		대상물 구분										
		건축물 · 그 밖의 공작물	전기설비	제1류 위험물		제2류 위험물			제3류 위험물		제4류 위험물	제5류 위험물	제6류 위험물
				알칼리금속과산화물 등	그 밖의 것	철분 · 금속분 · 마그네슘 등	인화성 고체	그 밖의 것	금수성 물품	그 밖의 것			
옥내소화전설비 또는 옥외소화전설비		O			O		O	O		O	O	O	O
스프링클러설비		O			O		O	O		O	△	O	O
물분무 등 소화설비	물분무소화설비	O	O		O		O	O		O	O	O	O
	포소화설비	O			O		O	O		O	O	O	O
	불활성가스소화설비		O				O				O		
	할로겐화합물소화설비		O				O				O		
분말 소화 설비	인산염류 등	O	O		O		O	O			O		O
	탄산수소염류 등		O	O		O	O		O		O		
	그 밖의 것			O		O			O				
대형 · 소형 수동식 소화기	봉상(棒狀水)소화기	O			O		O	O		O	O	O	O
	무상수(無狀水)소화기	O	O		O		O	O		O	O	O	O
	봉상강화액소화기	O			O		O	O		O	O	O	O
	무상강화액소화기	O	O		O		O	O		O	O	O	O
	포소화기	O			O		O	O		O	O	O	O
	이산화탄소소화기		O				O				O		△
	할로겐화합물소화기		O				O				O		
분말 소화기	인산염류소화기	O	O		O		O	O			O		O
	탄산수소염류소화기		O	O		O	O		O		O		
	그 밖의 것			O		O			O				
기타	물통 또는 수조	O			O		O	O		O	O	O	O
	건조사			O	O	O	O	O	O	O	O	O	O
	팽창질석 또는 팽창진주암			O	O	O	O	O	O	O	O	O	O

---

41 제5류 위험물 중 상온(25℃)에서 동일한 물리적 상태(고체, 액체, 기체)로 존재하는 것으로만 나열된 것은?

① 니트로글리세린, 니트로셀룰로오스

② 질산메틸, 니트로글리세린

③ 트리니트로톨루엔, 질산메틸

④ 니트로글리콜, 트리니트로톨루엔

해설

위험물	물리적 상태
니트로글리세린, 질산메틸	액체
니트로셀룰로오스, 트리니트로톨루엔, 니트로글리콜	고체

42 위험물안전관리법령상 주유취급소에서의 위험물 취급기준에 따르면 자동차 등에 인화점 몇 ℃ 미만의 위험물을 주유할 때에는 자동차 등의 원동기를 정지시켜야 하는가? (단, 원칙적인 경우에 한한다.)

① 21　　　　　　② 25

③ 40　　　　　　④ 80

해설

자동차 등에 인화점 40℃ 미만의 위험물을 주유할 때에는 자동차 등의 원동기를 정지시켜야 한다.

43 연소 시에는 푸른 불꽃을 내며, 산화제와 혼합되어 있을 때 가열이나 충격 등에 의하여 폭발할 수 있으며 흑색화약의 원료로 사용되는 물질은?

① 적린　　　　　② 마그네슘

③ 황　　　　　　④ 아연분

해설

황의 설명이다.

44 고체위험물은 운반용기 내용적의 몇 % 이하의 수납률로 수납하여야 하는가?

① 90　　　　　　② 95

③ 98　　　　　　④ 99

운반용기의 수납률

위험물	수납률
알킬알루미늄 등	90% 이하 (50℃에서 5% 이상 공간용적 유지)
고체위험물	95% 이하
액체위험물	98% 이하 (55℃에서 누설되지 않을 것)

45 과산화수소의 성질에 대한 설명 중 틀린 것은?

① 에테르에 녹지 않으며, 벤젠에 녹는다.
② 산화제이지만 환원제로서 작용하는 경우도 있다.
③ 물보다 무겁다.
④ 분해방지 안정제로 인산, 요산 등을 사용할 수 있다.

① 에테르에 녹으나, 벤젠에는 녹지 않는다.

46 염소산칼륨이 고온에서 완전 열분해할 때 주로 생성되는 물질은?

① 칼륨과 물 및 산소
② 염화칼륨과 산소
③ 이염화칼륨과 수소
④ 칼륨과 물

$$2KClO_3 \xrightarrow{\triangle} 2KCl + 3O_2 \uparrow$$

47 황린이 연소할 때 발생하는 가스와 수산화나트륨 수용액과 반응하였을 때 발생하는 가스를 차례대로 나타낸 것은?

① 오산화인, 인화수소
② 인화수소, 오산화인
③ 황화수소, 수소
④ 수소, 황화수소

㉠ $4P + 5O_2 \rightarrow 2P_2O_5 \uparrow$
㉡ $P_4 + 3NaOH + H_2O \rightarrow PH_3 \uparrow + 3NaH_2PO_2$

48 P_4S_7에 고온의 물을 가하면 분해된다. 이 때 주로 발생하는 유독물질의 명칭은?

① 아황산
② 황화수소
③ 인화수소
④ 오산화인

칠황화인(P_4S_7) : 고온의 물에는 급격히 분해하여 황화수소를 발생한다.

49 다음 중 자연발화의 위험성이 제일 높은 것은?

① 야자유　　　② 올리브유
③ 아마인유　　　④ 피마자유

①, ②, ④ : 불건성유
③ : 건성유(자연발화의 위험성이 높다.)

50 아세톤과 아세트알데히드에 대한 설명으로 옳은 것은?

① 증기비중은 아세톤이 아세트알데히드보다 작다.
② 위험물안전관리법령상 품명은 서로 다르지만 지정수량은 같다.
③ 인화점과 발화점 모두 아세트알데히드가 아세톤보다 낮다.
④ 아세톤의 비중은 물보다 작지만, 아세트알데히드는 물보다 크다.

① 증기비중은 아세톤(2)이 아세트알데히드(1.5)보다 크다.
② 위험물안전관리법령상 품명 및 지정수량이 다르다.
④ 아세톤(0.79)의 비중은 물(1)보다 작고, 아세트알데히드(0.783)도 물보다 작다.

51 위험물안전관리법령상 위험물의 운반에 관한 기준에서 적재하는 위험물의 성질에 따라 직사일광으로부터 보호하기 위하여 차광성 있는 피복으로 가려야 하는 위험물은?

① S
② Mg
③ C_6H_6
④ $HClO_4$

해설

차광성이 있는 피복 조치

유 별	적용대상
제1류 위험물	전부
제3류 위험물	자연발화성 물품
제4류 위험물	특수인화물
제5류 위험물	전부
제6류 위험물	

① S, ② Mg : 제2류 위험물
③ C_6H_6 : 제4류 위험물 중 제1석유류
④ $HClO_4$: 제6류 위험물

52 위험물안전관리법령상 지정수량의 10배를 초과하는 위험물을 취급하는 제조소에 확보하여야 하는 보유공지의 너비의 기준은?

① 1m 이상
② 3m 이상
③ 5m 이상
④ 7m 이상

해설

보유공지

취급하는 위험물의 최대수량	공지의 너비
지정수량 10배 이하	3m 이상
지정수량 10배 초과	5m 이상

53 제4류 위험물의 일반적인 성질에 대한 설명 중 가장 거리가 먼 것은?

① 인화되기 쉽다.
② 인화점, 발화점이 낮은 것은 위험하다.
③ 증기는 대부분 공기보다 가볍다.
④ 액체비중은 대체로 물보다 가볍고 물에 녹기 어려운 것이 많다.

해설

③ 증기는 공기보다 무겁다.

54 다음 중 과산화칼륨에 대한 설명으로 옳지 않은 것은?

① 염산과 반응하여 과산화수소를 생성한다.
② 탄산가스와 반응하여 산소를 생성한다.
③ 물과 반응하여 수소를 생성한다.
④ 물과의 접촉을 피하고 밀전하여 저장한다.

해설

③ 물과 반응하여 산소를 생성한다.
$2K_2O_2 + 2H_2O \rightarrow 4KOH + O_2 \uparrow$

55 다음 중 특수인화물이 아닌 것은?

① CS_2
② $C_2H_5OC_2H_5$
③ CH_3CHO
④ HCN

해설

④ HCN : 제1석유류

56 위험물을 저장 또는 취급하는 탱크의 용량은?

① 탱크의 내용적에서 공간용적을 뺀 용적으로 한다.
② 탱크의 내용적으로 한다.
③ 탱크의 공간용적으로 한다.
④ 탱크의 내용적에 공간용적을 더한 용적으로 한다.

해설

위험물탱크의 용량 : 탱크의 내용적에서 공간용적을 뺀 용적으로 한다.

57 위험물안전관리법령상 $C_6H_2(NO_2)_3OH$의 품명에 해당하는 것은?

① 유기과산화물
② 질산에스테르류
③ 니트로화합물
④ 아조화합물

해설

품 명	품 목
니트로화합물	$C_6H_2(NO_2)_3OH$

58 다음과 같은 성질을 갖는 위험물로 예상할 수 있는 것은?

• 지정수량 : 400L	• 증기비중 : 2.07
• 인화점 : 12℃	• 녹는점 : −89.5℃

① 메탄올　　　　　② 벤젠
③ 이소프로필알코올　④ 휘발유

 해설

이소프로필알코올의 설명이다.

59 $C_2H_5OC_2H_5$의 성질 중 틀린 것은?

① 전기 양도체이다.
② 물에는 잘 녹지 않는다.
③ 유동성의 액체로 휘발성이 크다.
④ 공기 중 장시간 방치 시 폭발성 과산화물을 생성할 수 있다.

 해설

① 전기의 불량도체이다.

60 금속칼륨에 관한 설명 중 틀린 것은?

① 연해서 칼로 자를 수가 있다.
② 물속에 넣을 때 서서히 녹아 탄산칼륨이 된다.
③ 공기 중에서 빠르게 산화하여 피막을 형성하고 광택을 잃는다.
④ 등유, 경유 등의 보호액 속에 저장한다.

 해설

② 물과 반응하여 수소가스를 발생하고 발화한다.
$2K + 2H_2O \rightarrow 2KOH + H_2 \uparrow$

위험물 산업기사 (2019. 9. 21 시행)

01 n그램(g)의 금속을 묽은 염산에 완전히 녹였더니 m몰의 수소가 발생하였다. 이 금속의 원자가를 2가로 하면 이 금속의 원자량은?

① $\dfrac{n}{m}$ 　　　　② $\dfrac{2n}{m}$

③ $\dfrac{n}{2m}$ 　　　　④ $\dfrac{2m}{n}$

해설

㉠ 금속과 수소의 관계에 의해 당량을 구한다.

금속의 당량은 수소 $1g\left(\dfrac{1}{2}\ \text{몰}\right)$에 대응되는 값이므로

$$\left.\begin{array}{l} n(g) : m\text{몰} \\ x : \dfrac{1}{2}\text{몰} \end{array}\right) x(\text{금속당량}) = \dfrac{n}{m} \times \dfrac{1}{2} = \dfrac{n}{2m}$$

㉡ 원자가가 2이므로 다음 식에 의해 원자량을 구한다.

원자량＝당량×원자가 $= \dfrac{n}{2m} \times 2 = \dfrac{n}{m}$

02 질산나트륨의 물 100g에 대한 용해도는 80℃에서 148g, 20℃에서 88g이다. 80℃의 포화용액 100g을 70g으로 농축시켜서 20℃로 냉각시키면, 약 몇 g의 질산나트륨이 석출되는가?

① 29.4 　　　　② 40.3

③ 50.6 　　　　④ 59.7

해설

㉠ 80℃에서 248g의 포화용액에는 148g의 질산나트륨이 녹아 있다. 100g의 포화용액에는 248 : 148＝ 100 : x, x＝59.68g

㉡ 70g으로 농축하면 물만 30g 증발하여 물 10.32g, 질산나트륨 59.68g의 상태가 된다. 그러므로 20℃로 냉각시키면 100 : 88＝10.32 : x, x＝9.082g

80℃에서 석출되는 59.68g에서 20℃에서 석출되는 9.082g을 제외하면 석출된 질산나트륨의 양(g)을 구할 수 있다. 59.68－9.082＝50.68g

03 다음과 같은 경향성을 나타내지 않는 것은 어느 것인가?

Li < Na < K

① 원자번호 　　　　② 원자반지름

③ 제1차 이온화에너지 ④ 전자수

해설

제1차 에너지는 원자번호가 커질수록 대체로 커지는 경향을 보인다.

04 금속은 열, 전기를 잘 전도한다. 이와 같은 물리적 특성을 갖는 가장 큰 이유는?

① 금속의 원자반지름이 크다.

② 자유전자를 가지고 있다.

③ 비중이 대단히 크다.

④ 이온화에너지가 매우 크다.

해설

금속은 자유전자에 의해 열, 전기의 전도성이 크다.

05 어떤 원자핵에서 양성자의 수가 3이고, 중성자의 수가 2일 때 질량수는 얼마인가?

① 1 　　　　② 3

③ 5 　　　　④ 7

해설

질량수 ＝ 양성자수 ＋ 중성자수
　5　＝　　3　＋　　2

06 상온에서 1L의 순수한 물에는 H^+과 OH^-가 각각 몇 g 존재하는가? (단, H의 원자량은 1.008×10^{-7} g/mol이다.)

① 1.008×10^{-7}, 17.008×10^{-7}

② $1,000 \times \dfrac{1}{18}$, $1,000 \times \dfrac{17}{18}$

③ 18.016×10^{-7}, 18.016×10^{-7}

④ 1.008×10^{-14}, 17.008×10^{-14}

해설

$H_2O \rightarrow H^+ + OH^-$

여기서, $H^+ : 1.008 \times 10^{-7} g/mol$

$OH^- : 17.008 \times 10^{-7} g/mol$

H^+, OH^-의 수소이온농도지수는 동일하다. 단, 순수한 물에서다.

---

07 프로판 1kg을 완전 연소시키기 위해서는 표준상태의 산소 약 몇 m^3가 필요한가?

① 2.55 ② 5

③ 7.55 ④ 10

해설

$C_3H_8 + 5O_2 \rightarrow 3CO_2 + 4H_2O$

$\begin{matrix} 44kg \\ 1kg \end{matrix} \Large{\times} \begin{matrix} 5 \times 22.4m^3 \\ x(m^3) \end{matrix}$

$x = \dfrac{1 \times 5 \times 22.4}{44} = 2.55m^3$

---

08 다음의 염을 물에 녹일 때 염기성을 띠는 것은?

① Na_2CO_3 ② $NaCl$

③ NH_4Cl ④ $(NH_4)_2SO_4$

해설

약산과 강염기로 된 염 : 가수분해, 염기성

예 $H_2CO_3 + 2NaOH \rightarrow Na_2CO_3 + 2H_2O$

---

09 콜로이드 용액을 친수 콜로이드와 소수 콜로이드로 구분할 때 소수 콜로이드에 해당하는 것은?

① 녹말 ② 아교

③ 단백질 ④ 수산화철(Ⅲ)

해설

①, ③ : 친수 콜로이드

② : 보호 콜로이드

④ : 소수 콜로이드

---

10 기하이성질체 때문에 극성 분자와 비극성 분자를 가질 수 있는 것은?

① C_2H_4 ② C_2H_3Cl

③ $C_2H_2Cl_2$ ④ C_2HCl_3

해설

기하이성질체 : 두 탄소원자가 이중결합으로 연결될 때 탄소에 결합된 원자나 원자단의 위치가 다름으로 인하여 생기는 이성질체이다.

---

11 메탄에 염소를 작용시켜 클로로포름을 만드는 반응을 무엇이라 하는가?

① 중화반응

② 부가반응

③ 치환반응

④ 환원반응

해설

$CH_4 + Cl_2 \rightarrow CH_3Cl$ 계속 반응되어 CCl_4가 된다.

이 반응은 치환반응이다.

---

12 제3주기에서 음이온이 되기 쉬운 경향성은? (단, 0족(18족) 기체는 제외한다.)

① 금속성이 큰 것

② 원자의 반지름이 큰 것

③ 최외각 전자수가 많은 것

④ 염기성 산화물을 만들기 쉬운 것

해설

제3주기에서 음이온이 되기 쉬운 경향성 : 최외각 전자수가 많은 것

---

13 황산구리(Ⅱ) 수용액을 전기분해할 때 63.5g의 구리를 석출시키는 데 필요한 전기량은 몇 F인가? (단, Cu의 원자량은 63.5이다.)

① 0.635F

② 1F

③ 2F

④ 63.5F

해설

1F = 1g당량 석출

Cu의 g당량 $= \dfrac{원자량}{원자가} = \dfrac{63.5g}{2} = 31.75g$

∴ $1F : x(F) = 31.75g : 63.5g$

∴ $\dfrac{1 \times 63.5}{31.75} = 2F$

---

14 수성가스(water gas)의 주성분을 옳게 나타낸 것은?

① CO_2, CH_4

② CO, H_2

③ CO_2, H_2, O_2

④ H_2, H_2O

해설

수성가스(water gas) : 100℃ 이상으로 적열한 코크스에 수증기를 통하면 코크스에서 환원되어 얻어지는 가스이며, 발열량은 2,800kcal/Nm³ 정도이다.

$$C + H_2O \rightarrow \underset{\text{수성가스}}{CO + H_2}$$

15 다음은 열역학 제 몇 법칙에 대한 내용인가?

0K(절대영도)에서 물질의 엔트로피는 0이다.

① 열역학 제0법칙

② 열역학 제1법칙

③ 열역학 제2법칙

④ 열역학 제3법칙

해설

열역학 제3법칙 : 어떤 계를 절대영도(0K)에 이르게 할 수 없다는 법칙

16 다음과 같은 구조를 가진 전지를 무엇이라 하는가?

$(-)Zn \parallel H_2SO_4 \parallel Cu(+)$

① 볼타전지　　② 다니엘전지

③ 건전지　　　④ 납축전지

해설

① 볼타전지 : $(-)Zn \parallel H_2SO_4 \parallel Cu(+)$

② 다니엘전지 : $(-)Zn \mid ZnSO_4 \parallel CuSO_4 \mid Cu(+)$

③ 건전지 : $(-)Zn \mid NH_4Cl$ 포화 용액 $\mid MnO_2$, $C(+)$

④ 납축전지 : $(-)Pb \mid H_2SO_4 \mid PbO_2(+)$

17 다음 중 20℃에서의 NaCl 포화용액을 잘 설명한 것은? (단, 20℃에서 NaCl의 용해도는 36이다.)

① 용액 100g 중에 NaCl이 36g 녹아 있을 때

② 용액 100g 중에 NaCl이 136g 녹아 있을 때

③ 용액 136g 중에 NaCl이 36g 녹아 있을 때

④ 용액 136g 중에 NaCl이 136g 녹아 있을 때

해설

용해도 : 일정한 온도에서 용매 100g에 녹일 수 있는 용질의 최대 g수

$$\therefore 36 = \frac{36g}{100g} \times 100$$

18 다음 중 $KMnO_4$에서 Mn의 산화수는?

① +1　　　　② +3

③ +5　　　　④ +7

해설

$KMnO_4 \rightarrow (+1) + Mn + (-2) \times 4 = 0$

$\therefore$ Mn의 산화수 = +7

19 다음 중 배수비례의 법칙이 성립하지 않는 것은?

① H_2O와 H_2O_2

② SO_2와 SO_3

③ N_2O와 NO

④ O_2와 O_3

해설

배수비례의 법칙 : 두 가지의 원소가 두 가지 이상의 화합물을 만들 때 한 가지 원소의 일정량과 화합하는 다른 원소의 무게비에는 간단한 정수비가 성립된다.

20 $[H^+] = 2 \times 10^{-6}$M인 용액의 pH는 약 얼마인가?

① 5.7

② 4.7

③ 3.7

④ 2.7

해설

$pH = -\log[H^+] = -\log(2 \times 10^{-6}) = 5.699 = 5.7$

제2과목 화재예방과 소화방법

21 다음 중 자연발화가 잘 일어나는 조건이 아닌 것은?

① 주위 습도가 높을 것
② 열전도율이 클 것
③ 주위 온도가 높을 것
④ 표면적이 넓을 것

해설
② 열전도율이 적을 것

22 제조소 건축물로 외벽이 내화구조인 것의 1소요단위는 연면적이 몇 m²인가?

① 50   ② 100
③ 150   ④ 1,000

해설
1소요단위(제조소 또는 취급소용 건축물의 경우)
① 외벽이 내화구조로 된 것의 연면적 : 100m²
② 외벽이 내화구조가 아닌 것으로 된 것의 연면적 : 50m²

23 종별 분말소화약제에 대한 설명으로 틀린 것은?

① 제1종은 탄산수소나트륨을 주성분으로 한 분말
② 제2종은 탄산수소나트륨과 탄산칼슘을 주성분으로 한 분말
③ 제3종은 제일인산암모늄을 주성분으로 한 분말
④ 제4종은 탄산수소칼륨과 요소와의 반응물을 주성분으로 한 분말

해설
② 제2종은 탄산수소칼륨을 주성분으로 한 분말

24 위험물제조소 등에 펌프를 이용한 가압송수장치를 사용하는 옥내소화전을 설치하는 경우 펌프의 전양정은 몇 m인가? (단, 소방용 호스의 마찰손실수두는 6m, 배관의 마찰손실수두는 1.7m, 낙차는 32m이다.)

① 56.7   ② 74.7
③ 64.7   ④ 39.87

해설
$H = h_1 + h_2 + h_3 + 35m$
$= 6m + 1.7m + 32m + 35m$
$= 74.7m$

25 자체소방대에 두어야 하는 화학소방자동차 중 포수용액을 방사하는 화학소방자동차는 전체 법정 화학소방자동차 대수의 얼마 이상으로 하여야 하는가?

① 1/3
② 2/3
③ 1/5
④ 2/5

해설
포수용액을 방사하는 화학소방자동차의 대수는 화학소방자동차 대수의 $\frac{2}{3}$ 이상

26 제1인산암모늄 분말소화약제의 색상과 적응화재를 옳게 나타낸 것은?

① 백색, B · C급
② 담홍색, B · C급
③ 백색, A · B · C급
④ 담홍색, A · B · C급

해설
분말소화약제

분자식	적응화재
제1인산암모늄($NH_4H_2PO_4$)	A, B, C

27 과산화수소 보관장소에 화재가 발생하였을 때 소화방법으로 틀린 것은?

① 마른모래로 소화한다.
② 환원성 물질을 사용하여 중화 소화한다.
③ 연소의 상황에 따라 분무주수도 효과가 있다.
④ 다량의 물을 사용하여 소화할 수 있다.

해설
과산화수소의 소화방법 : 다량의 물, 분무주수, 마른모래

28 할로겐화합물 소화약제의 구비조건과 거리가 먼 것은?

① 전기절연성이 우수할 것
② 공기보다 가벼울 것
③ 증발 잔유물이 없을 것
④ 인화성이 없을 것

해설

② 공기보다 무겁고 불연성일 것

29 강화액 소화기에 대한 설명으로 옳은 것은?

① 물의 유동성을 강화하기 위해 유화제를 첨가한 소화기이다.
② 물의 표면장력을 강화하기 위해 탄소를 첨가한 소화기이다.
③ 산·알칼리 액을 주성분으로 하는 소화기이다.
④ 물의 소화효과를 높이기 위해 염류를 첨가한 소화기이다.

해설

강화액 소화기 : 물의 소화효과를 높이기 위해 염류를 첨가한 소화기

30 불활성 가스 소화약제 중 IG-541의 구성 성분이 아닌 것은?

① 질소   ② 브롬
③ 아르곤   ④ 이산화탄소

해설

IG-541의 구성성분 : N_2 52%, Ar 40%, CO_2 80%

31 연소의 주된 형태가 표면연소에 해당하는 것은?

① 석탄   ② 목탄
③ 목재   ④ 유황

해설

①, ③ : 분해연소
④ : 증발연소

32 마그네슘 분말의 화재 시 이산화탄소 소화약제는 소화적응성이 없다. 그 이유로 가장 적합한 것은?

① 분해반응에 의하여 산소가 발생하기 때문이다.
② 가연성의 일산화탄소 또는 탄소가 생성되기 때문이다.
③ 분해반응에 의하여 수소가 발생하고 이 수소는 공기 중의 산소와 폭명반응을 하기 때문이다.
④ 가연성의 아세틸렌가스가 발생하기 때문이다.

해설

Mg 분말 화재 시 CO_2 소화약제가 소화적응성이 없는 이유 :
$2Mg+CO_2 \rightarrow 2MgO+C$, $Mg+CO_2 \rightarrow MgO+CO$

33 분말소화약제 중 열분해 시 부착성이 있는 유리상의 메타인산이 생성되는 것은?

① Na_3PO_4 ② $(NH_4)_3PO_4$
③ $NaHCO_3$ ④ $NH_4H_2PO_4$

해설

$NH_4H_2PO_4 \rightarrow \underline{HPO_3}+NH_3+H_2O$
　　　　　　　유리상의
　　　　　　메타인산 생성

34 제3류 위험물의 소화방법에 대한 설명으로 옳지 않은 것은?

① 제3류 위험물은 모두 물에 의한 소화가 불가능하다.
② 팽창질석은 제3류 위험물에 적응성이 있다.
③ K, Na의 화재 시에는 물을 사용할 수 없다.
④ 할로겐화합물 소화설비는 제3류 위험물에 적응성이 없다.

해설

① 제3류 위험물은 그 밖의 것은 물에 의한 소화가 가능하다.

35 이산화탄소 소화기 사용 중 소화기 방출구에서 생길 수 있는 물질은?

① 포스겐   ② 일산화탄소
③ 드라이아이스   ④ 수소가스

해설

CO_2 소화기의 방출구에 생길 수 있는 물질 : 드라이아이스

36 위험물제조소에 옥내소화전을 각 층에 8개씩 설치하도록 할 때 수원의 최소수량은 얼마인가?

① $13m^3$ ② $20.8m^3$

③ $39m^3$ ④ $62.4m^3$

해설

$Q = N \times 7.8m^3 = 5 \times 7.8 = 39m^3$

여기서, Q : 수원의 수량

N : 옥내소화전설비의 설치개수(설치개수가 5개 이상인 경우는 5개의 옥내소화전)

37 위험물안전관리법령상 위험물 저장·취급 시 화재 또는 재난을 방지하기 위하여 자체소방대를 두어야 하는 경우가 아닌 것은?

① 지정수량의 3천배 이상의 제4류 위험물을 저장·취급하는 제조소

② 지정수량의 3천배 이상의 제4류 위험물을 저장·취급하는 일반취급소

③ 지정수량의 2천배의 제4류 위험물을 취급하는 일반취급소와 지정수량의 1천배의 제4류 위험물을 취급하는 제조소가 동일한 사업소에 있는 경우

④ 지정수량의 3천배 이상의 제4류 위험물을 저장·취급하는 옥외탱크저장소

해설

자체소방대를 두어야 할 대상의 기준 : 지정수량 3,000배 이상의 제4류 위험물을 취급하는 제조소 또는 일반취급소

38 경보설비를 설치하여야 하는 장소에 해당되지 않는 것은?

① 지정수량 100배 이상의 제3류 위험물을 저장·취급하는 옥내저장소

② 옥내주유취급소

③ 연면적 $500m^2$이고 취급하는 위험물의 지정수량이 100배인 제조소

④ 지정수량 10배 이상의 제4류 위험물을 저장·취급하는 이동탱크저장소

해설

지정수량 10배 이상의 위험물을 제조, 저장, 취급하는 제조소 등에는 경보설비를 설치하여야 한다.

39 위험물안전관리법령상 옥내소화전설비에 관한 기준에 대해 다음 (   )에 알맞은 수치를 옳게 나열한 것은?

옥내소화전설비는 각 층을 기준으로 하여 당해 층의 모든 옥내소화전(설치개수가 5개 이상인 경우는 5개의 옥내소화전)을 동시에 사용할 경우에 각 노즐 선단의 방수압력이 (ⓐ)kPa 이상이고, 방수량이 1분당 (ⓑ)L 이상의 성능이 되도록 할 것

① ⓐ 350, ⓑ 260   ② ⓐ 450, ⓑ 260

③ ⓐ 350, ⓑ 450   ④ ⓐ 450, ⓑ 450

해설

옥내소화전의 노즐 선단의 성능기준 : 방수압 350kPa 이상, 방수량 260L/min 이상

40 제1류 위험물 중 알칼리금속의 과산화물을 저장 또는 취급하는 위험물제조소에 표시하여야 하는 주의사항은?

① 화기엄금   ② 물기엄금

③ 화기주의   ④ 물기주의

해설

제조소의 게시판 주의사항

위험물		주의사항
제1류 위험물	알칼리금속의 과산화물	물기엄금
	기타	별도의 표시를 하지 않는다.
제2류 위험물	인화성 고체	화기엄금
	기타	화기주의
제3류 위험물	자연발화성 물질	화기엄금
	금수성 물질	물기엄금
제4류 위험물		화기엄금
제5류 위험물		
제6류 위험물		별도의 표시를 하지 않는다.

제3과목 위험물의 성질과 취급

41 다음 중 물과 접촉하면 위험한 물질로만 나열된 것은?

① CH_3CHO, CaC_2, $NaClO_4$
② K_2O_2, $K_2Cr_2O_7$, CH_3CHO
③ K_2O_2, Na, CaC_2
④ Na, $K_2Cr_2O_7$, $NaClO_4$

해설

- $2K_2O_2 + 2H_2O \rightarrow 4KOH + O_2$
- $2Na + 2H_2O \rightarrow 2NaOH + H_2$
- $CaC_2 + 2H_2O \rightarrow Ca(OH)_2 + C_2H_2$

42 위험물안전관리법령상 지정수량의 각각 10배를 운반할 때 혼재할 수 있는 위험물은?

① 과산화나트륨과 과염소산
② 과망간산칼륨과 적린
③ 질산과 알코올
④ 과산화수소와 아세톤

해설

유별을 달리하는 위험물의 혼재 기준

구 분	제1류	제2류	제3류	제4류	제5류	제6류
제1류		×	×	×	×	○
제2류	×		×	○	○	×
제3류	×	×		○	×	×
제4류	×	○	○		○	×
제5류	×	○	×	○		×
제6류	○	×	×	×	×	

① 과산화나트륨 : 제1류 위험물, 과염소산 : 제6류 위험물
② 과망간산칼륨 : 제1류 위험물, 적린 : 제2류 위험물
③ 질산 : 제6류 위험물, 알코올 : 제4류 위험물
④ 과산화수소 : 제6류 위험물, 아세톤 : 제4류 위험물

43 다음 중 위험물의 저장 또는 취급에 관한 기술상의 기준과 관련하여 시 · 도의 조례에 의해 규제를 받는 경우는?

① 등유 2,000L를 저장하는 경우
② 중유 3,000L를 저장하는 경우
③ 윤활유 5,000L를 저장하는 경우
④ 휘발유 400L를 저장하는 경우

해설

지정수량 미만의 위험물인 경우 : 시 · 도의 조례

① $\dfrac{2,000L}{1,000L} = 2$배   ② $\dfrac{3,000L}{2,000L} = 1.5$배

③ $\dfrac{5,000L}{6,000L} = 0.83$배   ④ $\dfrac{400L}{200L} = 2$배

44 위험물제조소 등의 안전거리의 단축기준과 관련해서 $H \leq pD^2 + a$인 경우 방화상 유효한 담의 높이는 2m 이상으로 한다. 다음 중 a에 해당되는 것은?

① 인근 건축물의 높이(m)
② 제조소 등의 외벽의 높이(m)
③ 제조소 등과 공작물과의 거리(m)
④ 제조소 등과 방화상 유효한 담과의 거리(m)

해설

방화상 유효한 담의 높이(h)

$H \leq pD^2 + a$인 경우

여기서, D : 제조소 등과 인근 건축물 또는 공작물과의 거리(m)
H : 인근 건축물 또는 공작물의 높이(m)
a : 제조소 등의 외벽의 높이(m)
h : 방화상 유효한 담의 높이(m)
p : 상수

45 위험물제조소는 문화재보호법에 의한 유형문화재로부터 몇 m 이상의 안전거리를 두어야 하는가?

① 20m   ② 30m
③ 40m   ④ 50m

해설

유형문화재로부터는 50m 이상

46 황화린에 대한 설명으로 잘못된 것은?

① 고체이다.
② 가연성 물질이다.
③ P_4S_3, P_2S_5 등의 물질이 있다.
④ 물질에 따른 지정수량은 50kg, 100kg 등이 있다.

해설

④ 황화린의 지정수량은 100kg이다.

 41. ③ 42. ① 43. ③ 44. ② 45. ④ 46. ④

47 아세트알데히드의 저장 시 주의할 사항으로 틀린 것은?

① 구리나 마그네슘 합금용기에 저장한다.

② 화기를 가까이 하지 않는다.

③ 용기의 파손에 유의한다.

④ 찬 곳에 저장한다.

① 구리, 마그네슘, 은, 수은 및 그 합금용기에 저장하지 못한다.

48 질산과 과염소산의 공통 성질로 옳은 것은?

① 강한 산화력과 환원력이 있다.

② 물과 접촉하면 반응이 없으므로 화재 시 주수 소화가 가능하다.

③ 가연성이 없으며 가연물 연소 시에 소화를 돕는다.

④ 모두 산소를 함유하고 있다.

① 강한 산화력이 있다.

② 물과 접촉하면 발열하므로 다량의 물에 의한 분무 주수, 다량의 물로 희석소화한다.

③ 불연성이지만 다른 물질의 연소를 돕는 조연성 물질이다.

49 가솔린에 대한 설명 중 틀린 것은?

① 비중은 물보다 작다.

② 공기비중은 공기보다 크다.

③ 전기에 대한 도체이므로 정전기 발생으로 인한 화재를 방지해야 한다.

④ 물에는 녹지 않지만 유기용제에 녹고 유지 등을 녹인다.

③ 전기에 대한 불량도체로서 정전기 발생으로 인한 화재를 방지해야 한다.

50 위험물을 적재·운반할 때 방수성 덮개를 하지 않아도 되는 것은?

① 알칼리금속의 과산화물

② 마그네슘

③ 니트로화합물

④ 탄화칼슘

방수성이 있는 피복 조치

유 별	적용 대상
제1류 위험물	• 알칼리금속의 과산화물
제2류 위험물	• 철분 • 금속분 • 마그네슘
제3류 위험물	• 금수성 물품(탄화칼슘)

51 질산암모늄이 가열분해하여 폭발하였을 때 발생하는 물질이 아닌 것은?

① 질소   ② 물

③ 산소   ④ 수소

$2NH_4NO_3 \rightarrow 2N_2 \uparrow + 4H_2O \uparrow + O_2 \uparrow$

52 다음 중 과망간산칼륨과 혼촉하였을 때 위험성이 가장 낮은 물질은?

① 물   ② 디에틸에테르

③ 글리세린   ④ 염산

혼촉발화 : 일반적으로 두 가지 이상 물질의 혼촉에 의해 위험한 상태가 생기는 것을 말하지만, 혼촉발화가 모두 발화위험을 일으키는 것은 아니며 유해위험도 포함된다.

② $KMnO_4 + (C_2H_5)_2O$: 최대 위험비율 = 8wt%

③ $KMnO_4 + CH_2OHCHOHCH_2OH$: 최대 위험비율 = 15wt%

④ $KMnO_4 + HCl$: 최대 위험비율 = 63wt%

53 오황화린이 물과 작용해서 발생하는 기체는?

① 이황화탄소   ② 황화수소

③ 포스겐가스   ④ 인화수소

$P_2S_5 + 8H_2O \rightarrow 5H_2S + 2H_3PO_4$

54 제5류 위험물에 해당하지 않는 것은?

① 니트로셀룰로오스 ② 니트로글리세린

③ 니트로벤젠 ④ 질산메틸

해설

③ 제4류 위험물 제3석유류

55 질산칼륨에 대한 설명 중 틀린 것은?

① 무색의 결정 또는 백색 분말이다.

② 비중은 약 0.81, 녹는점은 약 200℃이다.

③ 가열하면 열분해하여 산소를 방출한다.

④ 흑색화약의 원료로 사용된다.

해설

② 비중은 2.1, 녹는점은 339℃이다.

56 가연성 물질이며 산소를 다량 함유하고 있기 때문에 자기연소가 가능한 물질은?

① $C_6H_2CH_3(NO_2)_3$ ② $CH_3COC_2H_5$

③ $NaClO_4$ ④ HNO_3

해설

① 자기연소(내부연소)
② 증발연소
③, ④ : 불연성

57 어떤 공장에서 아세톤과 메탄올을 18L 용기에 각각 10개, 등유를 200L 드럼으로 3드럼을 저장하고 있다면 각각의 지정수량 배수의 총합은 얼마인가?

① 1.3 ② 1.5

③ 2.3 ④ 2.5

해설

㉠ 아세톤 = $\dfrac{18L \times 10}{400L} = 0.45$배

㉡ 메탄올 = $\dfrac{18L \times 10}{400L} = 0.45$배

㉢ 등유 = $\dfrac{200L \times 3}{1,000L} = 0.6$배

∴ 0.45 + 0.45 + 0.6 = 1.5배

58 위험물안전관리법령상 제4류 위험물 중 1기압에서 인화점이 21℃인 물질은 제 몇 석유류에 해당하는가?

① 제1석유류 ② 제2석유류

③ 제3석유류 ④ 제4석유류

해설

석유류의 구분 기준 : 인화점

㉠ 제1석유류 : 1기압에서 인화점이 21℃ 미만인 것
㉡ 제2석유류 : 1기압에서 인화점이 21℃ 이상 70℃ 미만인 것
㉢ 제3석유류 : 1기압에서 인화점이 70℃ 이상 200℃ 미만인 것
㉣ 제4석유류 : 1기압에서 인화점이 200℃ 이상 250℃ 미만인 것

59 다음 중 증기비중이 가장 큰 물질은?

① C_6H_6 ② CH_3OH

③ $CH_3COC_2H_5$ ④ $C_3H_5(OH)_3$

해설

① 2.8
② 1.1
③ 2.5
④ 3.1

60 다음 중 금속칼륨의 성질에 대한 설명으로 옳은 것은?

① 중금속류에 속한다.

② 이온화경향이 큰 금속이다.

③ 물속에 보관한다.

④ 고광택을 내므로 장식용으로 많이 쓰인다.

해설

① 무른 경금속
③ 등유, 경유, 유동파라핀, 벤젠 속에 보관한다.
④ 은백색의 광택이 있고, 감속제 등에 쓰인다.

위험물 산업기사 (2020. 6. 14 시행)

01 구리줄을 불에 달구어 약 50℃ 정도의 메탄올에 담그면 자극성 냄새가 나는 기체가 발생한다. 이 기체는 무엇인가?

① 포름알데히드   ② 아세트알데히드

③ 프로판   ④ 메틸에테르

$$CH_3OH + \frac{1}{2}O_2 \rightarrow \underset{\text{자극성 냄새}}{HCHO} + H_2O$$

02 다음과 같은 기체가 일정한 온도에서 반응을 하고 있다. 평형에서 기체 A, B, C가 각각 1몰, 2몰, 4몰이라면 평형상수 K의 값은?

A+3B → 2C+열

① 0.5   ② 2

③ 3   ④ 4

$$K = \frac{[C]}{[A][B]} = \frac{4^2}{1 \times 2^3} = \frac{16}{8} = 2$$

03 "기체의 확산속도는 기체의 밀도(또는 분자량)의 제곱근에 반비례한다."라는 법칙과 연관성이 있는 것은?

① 미지의 기체 분자량을 측정에 이용할 수 있는 법칙이다.

② 보일-샤를이 정립한 법칙이다.

③ 기체상수값을 구할 수 있는 법칙이다.

④ 이 법칙은 기체상태방정식으로 표현된다.

Graham의 법칙

미지의 기체 분자량의 측정에 이용된다.

04 다음 중 파장이 가장 짧으면서 투과력이 가장 강한 것은?

① α-선   ② β-선

③ γ-선   ④ X-선

파장이 가장 짧고 투과력이 가장 강한 것 : γ-선

05 98% H_2SO_4 50g에서 H_2SO_4에 포함된 산소 원자수는?

① 3×10^{23}개   ② 6×10^{23}개

③ 9×10^{23}개   ④ 1.2×10^{24}개

아보가드로수 : 0℃, 1기압에서 기체의 종류와 관계없이 1몰의 부피는 22.4L, 분자수는 6.02×10^{23}개이다.

98% 황산의 구성은 2%의 H_2O와 98%의 H_2SO_4이다.

$0.02 \times (2+16) + 0.98 \times (2+32+64) = 96.4$

이 중 산소는 $0.02 \times 16 + 0.98 \times 64 = 63.04$의 비율이다.

이 황산 50g에는 $96.4 : 50 = 63.04 : x$, $x = 32.6971$g의 산소가 들어있다.

몰수는 $32.6971 : y$몰 $= 32 : 1$몰, $y = 1.0218$몰

따라서, $1.0218 \times 6.02 \times 10^{23}$개의 분자

$1.0218 \times 6.02 \times 10^{23} \times 2$개의 원자가 된다.

$= 1.2302 \times 10^{24}$개의 원자

06 질소와 수소로 암모니아를 합성하는 반응의 화학반응식은 다음과 같다. 암모니아의 생성률을 높이기 위한 조건은?

$N_2 + 3H_2 \rightarrow 2NH_3 + 22.1kcal$

① 온도와 압력을 낮춘다.

② 온도는 낮추고, 압력은 높인다.

③ 온도를 높이고, 압력은 낮춘다.

④ 온도와 압력을 높인다.

발열반응 : 온도를 낮추고, 압력을 높인다.

07 다음 그래프는 어떤 고체물질의 온도에 따른 용해도 곡선이다. 이 물질의 포화용액을 80℃에서 0℃로 내렸더니 20g의 용질이 석출되었다. 80℃에서 이 포화용액의 질량은 몇 g인가?

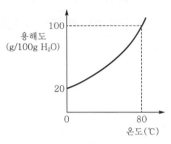

① 50g
② 75g
③ 100g
④ 150g

용매 100g에 0℃에서는 용질 20g이 용해되고 80℃에서는 용질 100g이 용해된다. 각 지점의 용액, 용매, 용질을 표기하면,

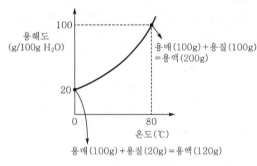

따라서, 용질 80g이 석출되어야 한다. 그런데 용질이 20g이 석출되었다는 것은 애초에 용액이 200g의 $\frac{1}{4}$인 50g이라는 것을 말한다.

08 1패러데이(Faraday)의 전기량으로 물을 전기분해하였을 때 생성되는 수소기체는 0℃, 1기압에서 얼마의 부피를 갖는가?

① 5.6L
② 11.2L
③ 22.4L
④ 44.8L

해설

$$H_2O \xrightarrow[1F]{전기분해} \begin{cases} (+)극 : O_2 \to 1g당량 \ 생성 : 8g : 5.6L \\ (-)극 : H_2 \to 1g당량 \ 생성 : 1g : 11.2L \end{cases}$$

09 물 200g에 A물질 2.9g을 녹인 용액의 어는점은? (단, 물의 어는점 내림 상수는 1.86℃ · kg/mol이고, A물질의 분자량은 58이다.)

① -0.017℃
② -0.465℃
③ -0.932℃
④ -1.871℃

$$\Delta T_f = \frac{2.9}{58} \times \frac{1,000}{200} \times 1.86 = -0.465℃$$

10 다음 물질 중에서 염기성인 것은?

① $C_6H_5NH_2$
② $C_6H_5NO_2$
③ C_6H_5OH
④ C_6H_5COOH

염기 : H^+을 받아들일 수 있는 물질

11 다음은 표준수소전극과 짝지어 얻은 반쪽반응 표준환원전위값이다. 이들 반쪽 전지를 짝지었을 때 얻어지는 전지의 표준전위차 $E°$는?

$Cu^{2+} + 2e^- \to Cu$	$E° = +0.34V$
$Ni^{2+} + 2e^- \to Ni$	$E° = -0.23V$

① +0.11V
② -0.11V
③ +0.57V
④ -0.57V

해설

반쪽반응에서 표준환원전위값이 (+)이면 음극(환원반응), (-)이면 양극(산화반응)
따라서, Cu는 음극으로 환원반응
　　　　 Ni은 양극으로 산화반응
기전력 = 환원표준환원전위값－산화표준환원전위값
　　　　 = (+)0.34V－(-)0.23V
　　　　 = (+)0.57V

12 0.01N CH_3COOH의 전리도가 0.01이라고 하면 pH는 얼마인가?

① 2
② 4
③ 6
④ 8

$CH_3COOH \rightarrow CH_3COO^- + H^+$에서

H^+의 농도 $= 0.01 \times 0.01 = 0.0001 = 10^{-4}$

$\therefore \ pH = -\log[10^{-4}] = 4$

13 액체나 기체 안에서 미소입자가 불규칙적으로 계속 움직이는 것을 무엇이라 하는가?

① 틴들 현상   ② 다이알리시스

③ 브라운운동   ④ 전기 영동

브라운운동의 설명이다.

14 ns^2np^5의 전자구조를 가지지 않는 것은?

① F(원자번호 9)

② Cl(원자번호 17)

③ Se(원자번호 34)

④ I(원자번호 53)

Se(셀렌)은 원자번호가 34이므로 $4ns^2np^4$의 전자구조를 갖는다.

15 pH가 2인 용액은 pH가 4인 용액과 비교하면 수소이온농도가 몇 배인 용액이 되는가?

① 100배   ② 2배

③ 10^{-1}배   ④ 10^{-2}배

해설

pH 2의 $H^+=10^{-2}$, pH 4의 $H^+=10^{-4}$이므로 $\dfrac{10^{-2}}{10^{-4}}$

$=100$배

16 다음의 반응에서 환원제로 쓰인 것은?

$$MnO_2 + 4HCl \rightarrow MnCl_2 + 2H_2O + Cl_2$$

① Cl_2 ② $MnCl_2$

③ HCl   ④ MnO_2

해설

환원제란 다른 물질을 환원시키는 성질이 강한 물질이다. 즉, 자신은 산화되기 쉬운 물질이다.

산 화	환 원
산소와 결합	산소를 잃음
수소를 잃음	수소와 결합
전자를 잃음	전자를 얻음
산화수 증가	산화수 감소

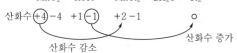

17 중성원자가 무엇을 잃으면 양이온으로 되는가?

① 중성자

② 핵전하

③ 양성자

④ 전자

해설

중성원자가 전자를 잃으면 양이온이 된다.

18 2차 알코올을 산화시켜서 얻어지며, 환원성이 없는 물질은?

① CH_3COCH_3

② $C_2H_5OC_2H_5$

③ CH_3OH

④ CH_3OCH_3

해설

$2CH_3-CH-CH_3 + O_2 \rightarrow \underline{2CH_3-CO-CH_3} + 2H_2O$
$\quad\quad\quad |$
$\quad\quad OH \quad\quad\quad\quad\quad\quad$ 아세톤

제2차 알코올 $\xrightleftharpoons[\text{환원}]{\text{산화}}$ 케톤

19 디에틸에테르는 에탄올과 진한황산의 혼합물을 가열하여 제조할 수 있는데 이것을 무슨 반응이라고 하는가?

① 중합반응

② 축합반응

③ 산화반응

④ 에스테르화 반응

해설

축합반응의 설명이다.

20 다음의 금속원소를 반응성이 큰 순서부터 나열한 것은?

> Na, Li, Cs, K, Rb

① Cs > Rb > K > Na > Li

② Li > Na > K > Rb > Cs

③ K > Na > Rb > Cs > Li

④ Na > K > Rb > Cs > Li

해설

금속원소에서 반응성이 큰 순서는 원자량이 클수록 반응성이 크다.

제2과목 | **화재예방과 소화방법**

21 1기압, 100℃에서 물 36g이 모두 기화되었다. 생성된 기체는 약 몇 L인가?

① 11.2L ② 22.4L

③ 44.8L ④ 61.2L

해설

$$PV = \frac{W}{M}RT$$

$$V = \frac{WRT}{PM}$$

$$= \frac{36 \times 0.082 \times (273 + 100)}{1 \times 18}$$

$$= 61.2L$$

22 위험물안전관리법령상 분말소화설비의 기준에서 가압용 또는 축압용 가스로 사용하도록 지정한 것은 어느 것인가?

① 산소 또는 수소

② 수소 또는 질소

③ 질소 또는 이산화탄소

④ 이산화탄소 또는 산소

해설

분말소화설비의 가압용 또는 축압용 가스 : 질소 또는 이산화탄소

23 다음 중 소화효과에 대한 설명으로 옳지 않은 것은 어느 것인가?

① 산소공급원 차단에 의한 소화는 제거효과이다.

② 가연물질의 온도를 떨어뜨려서 소화하는 것은 냉각효과이다.

③ 촛불을 입으로 바람을 불어 끄는 것은 제거효과이다.

④ 물에 의한 소화는 냉각효과이다.

해설

① 산소공급원 차단에 의한 소화는 질식효과이다.

24 위험물안전관리법령에 따른 옥내소화전설비의 기준에서 펌프를 이용한 가압송수장치의 경우 펌프의 전양정 H는 소정의 산식에 의한 수치 이상이어야 한다. 전양정 H를 구하는 식으로 옳은 것은? (단, h_1은 소방용 호스의 마찰손실수두, h_2는 배관의 마찰손실수두, h_3는 낙차이며, h_1, h_2, h_3의 단위는 모두 m이다.)

① $H = h_1 + h_2 + h_3$

② $H = h_1 + h_2 + h_3 + 0.35m$

③ $H = h_1 + h_2 + h_3 + 35m$

④ $H = h_1 + h_2 + 0.35m$

해설

옥내소화전설비의 펌프를 이용한 가압송수장치에서 펌프의 전양정(H)식 : $H = h_1 + h_2 + h_3 + 35m$

25 다음 중 이산화탄소의 특성에 관한 내용으로 틀린 것은?

① 전기의 전도성이 있다.

② 냉각 및 압축에 의하여 액화될 수 있다.

③ 공기보다 약 1.52배 무겁다.

④ 일반적으로 무색, 무취의 기체이다.

해설

① 전기의 전도성이 없다.

26 다음 물질의 화재 시 내알코올포를 쓰지 못하는 것은?

① 아세트알데히드   ② 알킬리튬
③ 아세톤   ④ 에탄올

🌱해설
내알코올포 : 수용성 위험물에 적합하다.
예 아세트알데히드, 아세톤, 에탄올 등

27 스프링클러설비에 관한 설명으로 옳지 않은 것은?

① 초기화재 진화에 효과가 있다.
② 살수밀도와 무관하게 제4류 위험물에는 적응성이 없다.
③ 제1류 위험물 중 알칼리금속 과산화물에는 적응성이 없다.
④ 제5류 위험물에는 적응성이 있다.

🌱해설
② 살수밀도가 표에서 정하는 기준 이상의 경우에는 제4류 위험물에 적응성이 있다.

28 위험물 제조소에서 옥내소화전이 1층에 4개, 2층에 6개가 설치되어 있을 때 수원의 수량은 몇 L 이상이 되도록 설치하여야 하는가?

① 13,000   ② 15,600
③ 39,000   ④ 46,800

🌱해설
옥내소화전 수원의 양(L)
소화전 최대 설치 개수(최대 5개)
∴ Q(L)$=5 \times 7,800L=39,000L$

29 다음 중 고체 가연물로서 증발연소를 하는 것은?

① 숯   ② 나무
③ 나프탈렌   ④ 니트로셀룰로오스

🌱해설
① 표면(직접)연소
② 분해연소
④ 내부(자기)연소

30 위험물안전관리법령상 제조소 등에서의 위험물의 저장 및 취급에 관한 기준에 따르면 보냉장치가 있는 이동저장탱크에 저장하는 디에틸에테르의 온도는 얼마 이하로 유지하여야 하는가?

① 비점   ② 인화점
③ 40℃   ④ 30℃

🌱해설
보냉장치의 유무에 따른 이동저장탱크
㉠ 보냉장치가 있는 디에틸에테르, 아세트알데히드 등
   온도 : 비점 이하
㉡ 보냉장치가 없는 디에틸에테르, 아세트알데히드 등
   온도 : 40℃ 이하

31 Halon 1301에 대한 설명 중 틀린 것은?

① 비점은 상온보다 낮다.
② 액체 비중은 물보다 크다.
③ 기체 비중은 공기보다 크다.
④ 100℃에서도 압력을 가해 액화시켜 저장할 수 있다.

🌱해설
④ 100℃에서도 압력을 가해 액화시켜 저장할 수 없다.

32 일반적으로 다량의 주수를 통한 소화가 가장 효과적인 화재는?

① A급화재   ② B급화재
③ C급화재   ④ D급화재

🌱해설
다량의 주수를 통한 소화효과 : A급화재

33 다음 중 인화점이 70℃ 이상인 제4류 위험물을 저장·취급하는 소화난이도 등급 Ⅰ의 옥외탱크저장소(지중탱크 또는 해상탱크 외의 것)에 설치하는 소화설비는?

① 스프링클러소화설비
② 물분무소화설비
③ 간이소화설비
④ 분말소화설비

정답   26. ② 27. ② 28. ③ 29. ③ 30. ① 31. ④ 32. ① 33. ②

소화난이도등급 1에 대한 제조소 등의 소화설비

구 분	소화설비
제조소, 일반취급소	• 옥내소화전설비 • 옥외소화전설비 • 스프링클러설비 • 물분무 등 소화설비
옥내저장소 (처마 높이 6m 이상인 단층 건물)	• 스프링클러설비 • 이동식 외의 물분무 등 소화설비
옥외탱크저장소 (유황만을 저장·취급)	물분무소화설비
옥외탱크저장소 (인화점 70℃ 이상의 제4류 위험물 취급)	• 물분무소화설비 • 고정식 포소화설비
옥외탱크저장소 (지중탱크)	• 고정식 포소화설비 • 이동식 이외의 불활성가스소화설비 • 이동식 이외의 할로겐화물소화설비
옥외저장소, 이송취급소	• 옥내소화전설비 • 옥외소화전설비 • 스프링클러설비 • 물분무 등 소화설비

[비고] 물분무 등 소화설비 : 물분무소화설비, 포소화설비, 불활성가스소화설비, 할로겐화물소화설비, 청정소화약제소화설비, 분말소화설비

34 다음 중 점화원이 될 수 없는 것은?

① 기화열
② 산화열
③ 정전기불꽃
④ 마찰열

해설

점화원 역할을 할 수 없는 것 : 기화열, 온도, 압력, 중화열

35 표준상태에서 프로판 2m^{3}가 완전연소할 때 필요한 이론 공기량은 약 몇 m^{3}인가? (단, 공기 중 산소 농도는 21vol%이다.)

① 23.81
② 35.72
③ 47.62
④ 71.43

해설

$C_3H_8 + 5O_2 \rightarrow 3CO_2 + 4H_2O$

$\dfrac{1m^3}{2m^3} \diagdown \dfrac{5m^3}{x\,m^3}$

$x = \dfrac{2 \times 5}{1} = 10m^3$

공기량 = 산소량 $\times \dfrac{100}{21} = 10 \times \dfrac{100}{21} = 47.62m^3$

36 분말소화약제인 제1인산암모늄(인산이수소암모늄)의 열분해반응을 통해 생성되는 물질로 부착성 막을 만들어 공기를 차단시키는 역할을 하는 것은?

① HPO$_3$
② PH$_3$
③ NH$_3$
④ P$_2$O$_3$

$NH_4H_2PO_4 \xrightarrow{\triangle} \underset{공기차단}{HPO_3} + NH_3 + H_2O$

37 Na$_2$O$_2$와 반응하여 제6류 위험물을 생성하는 것은?

① 아세트산
② 물
③ 이산화탄소
④ 일산화탄소

해설

$Na_2O_2 + 2CH_3COOH \rightarrow 2CH_3COONa + \underset{\substack{제6류\\위험물}}{H_2O_2}$

38 묽은질산이 칼슘과 반응하였을 때 발생하는 기체는 어느 것인가?

① 산소
② 질소
③ 수소
④ 수산화칼슘

해설

$2HNO_3 + 2Ca \rightarrow 2CaNO_3 + H_2$

39 다음 중 과산화수소의 화재예방방법으로 틀린 것은?

① 암모니아와의 접촉은 폭발의 위험이 있으므로 피한다.
② 완전히 밀전·밀봉하여 외부공기와 차단한다.
③ 불투명용기를 사용하여 직사광선이 닿지 않게 한다.
④ 분해를 막기 위해 분해방지안정제를 사용한다.

해설

② 용기는 밀전하지 말고, 구멍이 뚫린 마개를 사용한다.

정답   34. ①   35. ③   36. ①   37. ①   38. ③   39. ②

40 소화기와 주된 소화효과가 옳게 짝지어진 것은?

① 포소화기－제거소화

② 할로겐화합물소화기－냉각소화

③ 탄산가스소화기－억제소화

④ 분말소화기－질식소화

> **해설**
> ① 포소화기－질식소화
> ② 할로겐화합물소화기－부촉매소화
> ③ 탄산가스소화기－질식소화

제3과목 위험물의 성질과 취급

41 적린에 관한 설명으로 옳은 것은?

① 발화방지를 위해 염소산칼륨과 함께 보관한다.

② 물과 격렬하게 반응하여 열이 발생한다.

③ 공기 중에 방치하면 자연발화한다.

④ 산화제와 혼합한 경우 마찰·충격에 의해서 발화한다.

> **해설**
> ① 염소산칼륨과 함께 보관하면 마찰에 의해 착화된다.
> ② 물에는 녹지 않는다.
> ③ 발화성이 없다.

42 옥내탱크저장소에서 탱크 상호 간에는 얼마 이상의 간격을 두어야 하는가? (단, 탱크의 점검 및 보수에 지장이 없는 경우는 제외한다.)

① 0.5m ② 0.7m

③ 1.0m ④ 1.2m

> **해설**
> 옥내탱크저장소의 탱크 상호 간격 : 0.5m 이상 간격

43 주유취급소에서 고정주유설비는 도로경계선과 몇 m 이상 거리를 유지하여야 하는가? (단, 고정주유설비의 중심선을 기점으로 한다.)

① 2 ② 4

③ 6 ④ 8

> **해설**
> 고정주유설비 중심선을 기점으로
> ㉠ 도로경계선 : 4m 이상
> ㉡ 대지경계선·담 및 건축물의 벽 : 2m 이상
> ㉢ 개구부가 없는 벽 : 1m 이상
> ㉣ 고정주유설비와 고정급유설비 사이 : 4m 이상

44 인화칼슘의 성질에 대한 설명 중 틀린 것은?

① 적갈색의 괴상고체이다.

② 물과 격렬하게 반응한다.

③ 연소하여 불연성의 포스핀가스가 발생한다.

④ 상온의 건조한 공기 중에서는 비교적 안정하다.

> **해설**
> ③ 물 또는 산과 반응하여 유독하고, 가연성인 포스핀 가스가 발생한다.
> $Ca_3P_2 + 6H_2O \rightarrow 3Ca(OH)_2 + 2PH_3\uparrow$
> $Ca_3P_2 + 6HCl \rightarrow 3CaCl_2 + 2PH_3\uparrow$

45 칼륨과 나트륨의 공통 성질이 아닌 것은?

① 물보다 비중값이 작다.

② 수분과 반응하여 수소가 발생한다.

③ 광택이 있는 무른 금속이다.

④ 지정수량이 50kg이다.

> **해설**
> ④ 지정수량이 10kg이다.

46 다음 중 제1류 위험물에 해당하는 것은?

① 염소산칼륨 ② 수산화칼륨

③ 수소화칼륨 ④ 요오드화칼륨

> **해설**
> ② 화공약품 ③ 제3류 위험물 ④ 화공약품

47 제1류 위험물로서 조해성이 있으며 흑색화약의 원료로 사용하는 것은?

① 염소산칼륨 ② 과염소산나트륨

③ 과망간산암모늄 ④ 질산칼륨

> **해설**
> 질산칼륨의 설명이다.

48 짚, 헝겊 등을 다음의 물질로 적셔서 대량으로 쌓아 두었을 경우 자연발화의 위험성이 제일 높은 것은?

① 동유
② 야자유
③ 올리브유
④ 피마자유

🌱**해설**
① 건성유(동유)가 자연발화 위험성이 가장 높다.

49 4몰의 니트로글리세린이 고온에서 열분해·폭발하여 이산화탄소, 수증기, 질소, 산소의 4가지 가스를 생성할 때 발생하는 가스의 총 몰수는?

① 28
② 29
③ 30
④ 31

🌱**해설**

$$4C_3H_5(ONO_2)_3 \xrightarrow{\triangle} 12CO_2+10H_2O+6N_2+O_2$$

∴ $12+10+6+1=29$몰

50 물과 반응하였을 때 발생하는 가연성 가스의 종류가 나머지 셋과 다른 하나는?

① 탄화리튬(Li_2C_2)
② 탄화마그네슘(MgC_2)
③ 탄화칼슘(CaC_2)
④ 탄화알루미늄(Al_4C_3)

🌱**해설**

① $Li_2C_2+2H_2O \longrightarrow 2LiOH+C_2H_2\uparrow$
② $MgC_2+2H_2O \longrightarrow Mg(OH)_2+C_2H_2\uparrow$
③ $CaC_2+2H_2O \longrightarrow Ca(OH)_2+C_2H_2\uparrow$
④ $Al_4C_3+12H_2O \longrightarrow 4Al(OH)_3+3CH_4\uparrow$

51 트리니트로페놀의 성질에 대한 설명 중 틀린 것은?

① 폭발에 대비하여 철, 구리로 만든 용기에 저장한다.
② 휘황색을 띤 침상결정이다.
③ 비중이 약 1.8로 물보다 무겁다.
④ 단독으로는 테트릴보다 충격, 마찰에 둔감한 편이다.

🌱**해설**
① 중금속(Fe, Cu, Pb 등)과 화합하여 예민한 금속염을 만든다.

52 제4류 위험물 중 제1석유류를 저장, 취급하는 장소에서 정전기를 방지하기 위한 방법으로 볼 수 없는 것은?

① 가급적 습도를 낮춘다.
② 주위 공기를 이온화시킨다.
③ 위험물 저장, 취급 설비를 접지시킨다.
④ 사용기구 등은 도전성 재료를 사용한다.

🌱**해설**
① 가급적 습도를 높인다.

53 위험물안전관리법령상 위험물의 취급 중 소비에 관한 기준에 해당하지 않는 것은?

① 분사도장작업은 방화상 유효한 격벽 등으로 구획한 안전한 장소에서 실시할 것
② 버너를 사용하는 경우에는 버너의 역화를 방지할 것
③ 반드시 규격용기를 사용할 것
④ 열처리작업은 위험물이 위험한 온도에 이르지 아니하도록 실시할 것

🌱**해설**
③ 염색 또는 세척의 작업은 가연성 증기의 환기를 잘하여 실시하는 한편, 폐액을 함부로 방치하지 말고 안전하게 처리할 것

54 제4류 위험물 중 제1석유류란 1기압에서 인화점이 몇 ℃인 것을 말하는가?

① 21℃ 미만
② 21℃ 이상
③ 70℃ 미만
④ 70℃ 이상

🌱**해설**
제1석유류 : 1기압에서 인화점이 21℃ 미만인 것

55 위험물을 저장 또는 취급하는 탱크의 용량 산정방법에 관한 설명으로 옳은 것은?

① 탱크의 내용적에서 공간용적을 뺀 용적으로 한다.
② 탱크의 공간용적에서 내용적을 뺀 용적으로 한다.
③ 탱크의 공간용적에 내용적을 더한 용적으로 한다.
④ 탱크의 볼록하거나 오목한 부분을 뺀 용적으로 한다.

해설

탱크용량 산정방법 : 탱크의 내용적에서 공간용적을 뺀 용적

56 주유취급소의 표지 및 게시판의 기준에서 "위험물 주유취급소" 표지와 "주유 중 엔진정지" 게시판의 바탕색을 차례대로 옳게 나타낸 것은?

① 백색, 백색   ② 백색, 황색
③ 황색, 백색   ④ 황색, 황색

해설

㉠ 위험물 주유취급소 표지 바탕색 : 백색
㉡ 주유 중 엔진정지 게시판 바탕색 : 황색

57 제6류 위험물인 과산화수소의 농도에 따른 물리적 성질에 대한 설명으로 옳은 것은?

① 농도와 무관하게 밀도, 끓는점, 녹는점이 일정하다.
② 농도와 무관하게 밀도는 일정하나, 끓는점과 녹는점은 농도에 따라 달라진다.
③ 농도와 무관하게 끓는점, 녹는점은 일정하나, 밀도는 농도에 따라 달라진다.
④ 농도에 따라 밀도, 끓는점, 녹는점이 달라진다.

해설

④ 과산화수소의 농도에 따라 밀도, 끓는점, 녹는점이 달라진다.

58 삼황화인과 오황화인의 공통 연소생성물을 모두 나타낸 것은?

① H_2S, SO_2
② P_2O_5, H_2S
③ SO_2, P_2O_5
④ H_2S, SO_2, P_2O_5

해설

• $P_4S_3 + 8O_2 \rightarrow 2P_2O_5 \uparrow + 3SO_2 \uparrow$
• $2P_2S_5 + 15O_2 \rightarrow 2P_2O_5 \uparrow + 10SO_2 \uparrow$

59 디에틸에테르 중의 과산화물을 검출할 때 그 검출시약과 정색반응의 색이 옳게 짝지어진 것은?

① 요오드화칼륨용액 – 적색
② 요오드화칼륨용액 – 황색
③ 브롬화칼륨용액 – 무색
④ 브롬화칼륨용액 – 청색

해설

디에틸에테르 중의 과산화물 검출
㉠ 검출시약 : 요오드화칼륨용액
㉡ 정색반응 : 황색

60 다음 중 3개의 이성질체가 존재하는 물질은?

① 아세톤   ② 톨루엔
③ 벤젠   ④ 자일렌(크실렌)

해설

자일렌(크실렌)의 3가지 이성질체

구분 \ 명칭	o – 자일렌 (크실렌)	m – 자일렌 (크실렌)	p – 자일렌 (크실렌)
구조식			

위험물 산업기사 (2020. 8. 23 시행)

일반화학

01 액체 0.2g을 기화시켰더니 그 증기의 부피가 97℃, 740mmHg에서 80mL였다. 이 액체의 분자량에 가장 가까운 값은?

① 40   ② 46
③ 78   ④ 121

$$PV = \frac{W}{M}RT, \quad M = \frac{WRT}{PV}$$

$$\therefore \ \frac{0.2 \times 0.082 \times (273+97)}{740/760 \times 0.082} = 75.85$$

02 원자량이 56인 금속 M 1.12g을 산화시켜 실험식이 M_xO_y인 산화물 1.60g을 얻었다. x, y는 각각 얼마인가?

① $x=1, \ y=2$
② $x=2, \ y=3$
③ $x=3, \ y=2$
④ $x=2, \ y=1$

M의 몰수 : $\frac{1.12}{56} = 0.02$몰

반응한 산소의 몰수 : 먼저 산소의 질량이 1.60g−1.12g =0.48g, 산소의 원자량이 16이므로 $\frac{0.48}{16} = 0.03$몰, 0.02 : 0.03=2 : 3, 따라서 $x=2, \ y=3$

03 백금 전극을 사용하여 물을 전기분해할 때 (+)극에서 5.6L의 기체가 발생하는 동안 (−)극에서 발생하는 기체의 부피는?

① 2.8L   ② 5.6L
③ 11.2L   ④ 22.4L

전해액	전극	(−)극	(+)극
물	pt	H_2 1g(11.2L)	O_2 8g(5.6L)

04 방사성 원소인 U(우라늄)이 다음과 같이 변화되었을 때의 붕괴 유형은?

$$^{238}_{92}U \rightarrow {}^{234}_{90}Th + {}^{4}_{2}He$$

① α붕괴   ② β붕괴
③ γ붕괴   ④ R붕괴

α붕괴 : 원자번호가 2 감소되며, 질량수는 4 감소한다. (붕괴 원인은 He 원자핵의 방출)

05 다음 중 방향족 탄화수소가 아닌 것은?

① 에틸렌
② 톨루엔
③ 아닐린
④ 안트라센

에틸렌계 탄화수소 : 에틸렌

06 전자 배치가 $1s^2 2s^2 2p^6 3s^2 3p^5$인 원자의 M껍질에는 몇 개의 전자가 들어 있는가?

① 2   ② 4
③ 7   ④ 17

염소의 전자배열

주전자껍질	K전극	L껍질	M껍질
부전자껍질	$1s^2$	$2s^2, 2p^6$	$3s^2, 3p^5$

∴ M껍질 : 7개의 전자

07 황산 수용액 400mL 속에 순황산이 98g 녹아 있다면 이 용액의 농도는 몇 N인가?

① 3　　　　　　　　② 4
③ 5　　　　　　　　④ 6

해설

$$N농도 = \frac{용질의\ 무게(W)}{용질의\ 1g당량} \times \frac{1,000}{용액의\ 부피(mL)}$$

$$= \frac{98}{49} \times \frac{1,000}{400} = 5N$$

08 다음 [보기]의 벤젠 유도체 가운데 벤젠의 치환반응으로부터 직접 유도할 수 없는 것은?

[보기] ⓐ -Cl　ⓑ -OH　ⓒ -SO₃H

① ⓐ
② ⓑ
③ ⓒ
④ ⓐ, ⓑ, ⓒ

해설

페놀의 유도체 : -OH

09 다음 각 화합물 1mol이 완전연소할 때 3mol의 산소를 필요로 하는 것은?

① CH_3-CH_3
② $CH_2=CH_2$
③ C_6H_6
④ $CH \equiv CH$

해설

$CH_2=CH_2+3O_2 \rightarrow 2CO_2+2H_2O$

10 원자번호가 7인 질소와 같은 족에 해당되는 원소의 원자번호는?

① 15　　　　　　　② 16
③ 17　　　　　　　④ 18

해설

같은 족의 원소들은 화학적 성질이 비슷하다.
[예] $^{14}_{7}N$, $^{30}_{15}P$, $^{75}_{33}As$, …

11 1패러데이(Faraday)의 전기량으로 물을 전기분해하였을 때 생성되는 기체 중 산소 기체는 0℃, 1기압에서 몇 L인가?

① 5.6　　　　　　　② 11.2
③ 22.4　　　　　　④ 44.8

해설

$$H_2O \xrightarrow[1F]{전기분해} \begin{cases} (+)극 : O_2 \rightarrow 1g당량\ 생성 : 8g : 5.6L \\ (-)극 : H_2 \rightarrow 1g당량\ 생성 : 1g : 11.2L \end{cases}$$

12 다음 화합물 중에서 가장 작은 결합각을 가지는 것은?

① BF_3　　　　　　② NH_3
③ H_2　　　　　　④ $BeCl_2$

해설

결합각과 화합물

결합각	120°	90~93°	180°	180°
화합물	BF_3	NH_3	H_2	$BeCl_2$

13 지방이 글리세린과 지방산으로 되는 것과 관련이 깊은 반응은?

① 에스테르화
② 가수분해
③ 산화
④ 아미노화

해설

가수분해의 설명이다.

14 $[OH^-]=1\times10^{-5}$mol/L인 용액의 pH와 액성으로 옳은 것은?

① pH=5, 산성
② pH=5, 알칼리성
③ pH=9, 산성
④ pH=9, 알칼리성

해설

$[OH^-]=10^{-5}$이므로 $[H^+]=10^{-9}$
$pH=-\log[H^+]=9$
∴ pH > 7이므로 알칼리성

15 다음에서 설명하는 법칙은 무엇인가?

일정한 온도에서 비휘발성이며, 비전해질인 용질이 녹은 묽은 용액의 증기압력 내림은 일정량의 용매에 녹아 있는 용질의 몰수에 비례한다.

① 헨리의 법칙

② 라울의 법칙

③ 아보가드로의 법칙

④ 보일－샤를의 법칙

 해설

라울의 법칙의 설명이다.

16 질량수 52인 크롬의 중성자수와 전자수는 각각 몇 개인가? (단, 크롬의 원자번호는 24이다.)

① 중성자수 24, 전자수 24

② 중성자수 24, 전자수 52

③ 중성자수 28, 전자수 24

④ 중성자수 52, 전자수 24

 해설

㉠ 중성자수 ＝ 질량수－원자번호

  28　　＝　52　－　24

㉡ 원자번호 ＝ 양성자수 ＝ 전자수

  24　　＝　24　＝　24

17 다음 중 물이 산으로 작용하는 반응은?

① $NH_4^+ + H_2O \rightarrow NH_3 + H_3O^+$

② $HCOOH + H_2O \rightarrow HCOO^- + H_3O^+$

③ $CH_3COO^- + H_2O \rightarrow CH_3COOH + OH^-$

④ $HCl + H_2O \rightarrow H_3O^+ + Cl^-$

해설

학설	산(acid)	염기(base)
브뢴스테드설	H^+을 줄 수 있는 것	H^+을 받을 수 있는 것

① $NH_4^+ + H_2O \rightarrow NH_3 + H_3O^+$
　　산　　　염기

② $HCOOH + H_2O \rightarrow HCOO^- + H_3O^+$
　　산　　　염기

③ $CH_3COO^- + H_2O \rightarrow CH_3COOH + OH^-$
　　염기　　　산

④ $HCl + H_2O \rightarrow H_3O^+ + Cl^-$
　산　　염기

18 일정한 온도하에서 물질 A와 B가 반응을 할 때 A의 농도만 2배로 하면 반응속도가 2배가 되고 B의 농도만 2배로 하면 반응속도가 4배로 된다. 이 경우 반응속도식은? (단, 반응속도 상수는 k이다.)

① $v = k[A][B]^2$　　② $v = k[A]^2[B]$

③ $v = k[A][B]^{0.5}$　　④ $v = k[A][B]$

 해설

반응차수는 0 또는 1 또는 2(3 이상은 극히 드물다.)

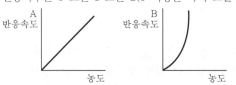

물질 A는 1차 그래프, 물질 B는 2차 그래프가 된다. 따라서 A의 차수는 1, B의 차수는 2가 되고 $v = k[A]^1[B]^2 \rightarrow v = k[A][B]^2$, 단, 반응차수가 0인 물질은 반응속도식에 넣지 않는다.′

19 다음 물질 1g을 1kg의 물에 녹였을 때 빙점강하가 가장 큰 것은? (단, 빙점강하 상수값(어는점 내림상수)은 동일하다고 가정한다.)

① CH_3OH　　② C_2H_5OH

③ $C_3H_5(OH)_3$　　④ $C_6H_{12}O_6$

해설

각 물질의 질량이 똑같이 10g이므로, 몰수$\left(\dfrac{질량}{분자량}\right)$가 가장 큰 것이 빙점강화가 제일 크며, 몰수가 가장 크기 위해서는 질량이 같으므로 분자량이 가장 작아야 한다. 따라서 CH_3OH이 분자량이 가장 작고, 몰수가 가장 크므로 빙점강하가 제일 크다.

20 다음 밑줄 친 원소 중 산화수가 +5인 것은?

① $Na_2\underline{Cr}_2O_7$　　② $K_2\underline{S}O_4$

③ $K\underline{N}O_3$　　④ $\underline{Cr}O_3$

해설

① $+1 \times 2 + 2x + (-2 \times 7)$
　∴ $x = 6$

② $+1 \times 2 + x + (-2 \times 4)$
　∴ $x = 6$

③ $+1 + x + (-2 \times 3) = 0$
　∴ $x = 5$

④ $x + (-2 \times 3) = 0$
　∴ $x = 6$

제2과목 화재예방과 소화방법

21 위험물안전관리법령상 이동탱크저장소에 의한 위험물의 운송 시 위험물운송자가 위험물안전카드를 휴대하지 않아도 되는 물질은?

① 휘발유
② 과산화수소
③ 경유
④ 벤조일퍼옥사이드

해설

위험물안전카드를 휴대하는 대상 위험물
㉠ 제1류 위험물
㉡ 제2류 위험물
㉢ 제3류 위험물
㉣ 제4류 위험물(특수인화물, 제1석유류)
㉤ 제5류 위험물
㉥ 제6류 위험물

22 분말소화약제인 탄산수소나트륨 10kg이 1기압, 270℃에서 방사되었을 때 발생하는 이산화탄소의 양은 약 몇 m³인가?

① 2.65
② 3.65
③ 18.22
④ 36.44

해설

$PV = \dfrac{W}{M}RT$ 이므로

$\therefore V = \dfrac{WRT}{PM} = \dfrac{10 \times 0.082 \times (273+270)}{1 \times 168} = 2.65\text{m}^3$

23 다음 중 주된 연소형태가 분해연소인 것은 어느 것인가?

① 금속분
② 유황
③ 목재
④ 피크르산

해설

① 금속분 : 표면연소
② 유황 : 증발연소
④ 피크린산(피크르산) : 자기(내부)연소

24 포 소화약제의 종류에 해당되지 않는 것은?

① 단백포 소화약제
② 합성계면활성제포 소화약제
③ 수성막포 소화약제
④ 액표면포 소화약제

해설

포 소화약제의 종류
㉠ ①, ②, ③
㉡ 불화단백포 소화약제
㉢ 알코올형(내알코올) 포 소화약제

25 전역방출방식의 할로겐화물소화설비 중 할론 1301을 방사하는 분사헤드의 방사압력은 얼마 이상이어야 하는가?

① 0.1MPa
② 0.2MPa
③ 0.5MPa
④ 0.9MPa

해설

할로겐화물소화설비 중 전역방출방식 분사헤드의 방사압력
㉠ 할론 2402 : 0.1MPa 이상
㉡ 할론 1211 : 0.2MPa 이상
㉢ 할론 1301 : 0.9MPa 이상

26 드라이아이스 1kg이 완전히 기화하면 약 몇 몰의 이산화탄소가 되겠는가?

① 22.7
② 51.3
③ 230.1
④ 515.0

해설

1kg=1,000g이므로

∴ 1,000g ÷ 44g=22.7mol

27 위험물안전관리법령상 전역방출방식 또는 국소방출방식의 분말소화설비의 기준에서 가압식의 분말소화설비에는 얼마 이하의 압력으로 조정할 수 있는 압력조정기를 설치하여야 하는가?

① 2.0MPa
② 2.5MPa
③ 3.0MPa
④ 5MPa

해설

가압식의 분말소화설비 압력조정기 : 2.5MPa 이하

28 다음 위험물의 저장창고에서 화재가 발생하였을 때 주수에 의한 냉각소화가 적절치 않은 위험물은?

① $NaClO_3$ ② Na_2O_2

③ $NaNO_3$ ④ $NaBrO_3$

해설 --

② Na_2O_2 : 건조사, 소다회(Na_2CO_3), 암분 등

29 이산화탄소가 불연성이 이유를 옳게 설명한 것은?

① 산소와의 반응이 느리기 때문이다.

② 산소와 반응하지 않기 때문이다.

③ 착화되어도 곧 불이 꺼지기 때문이다.

④ 산화반응이 일어나도 열 발생이 없기 때문이다.

해설 --

CO_2가 불연성인 이유 : 산소와 반응하지 않기 때문에

30 특수인화물이 소화설비 기준 적용상 1소요단위가 되기 위한 용량은?

① 50L ② 100L

③ 250L ④ 500L

해설 --

소요단위(1단위)

위험물의 경우 : 지정수량 10배

∴ 50L×10=500L

31 이산화탄소소화기의 장·단점에 대한 설명으로 틀린 것은?

① 밀폐된 공간에서 사용 시 질식으로 인명피해가 발생할 수 있다.

② 전도성이어서 전류가 통하는 장소에서의 사용은 위험하다.

③ 자체의 압력으로 방출할 수가 있다.

④ 소화 후 소화약제에 의한 오손이 없다.

해설 --

② 전기절연성이 우수하여 전기화재에 효과적이다.

32 다음 중 질산의 위험성에 대한 설명으로 옳은 것은 어느 것인가?

① 화재에 대한 직·간접적인 위험성은 없으나 인체에 묻으면 화상을 입는다.

② 공기 중에서 스스로 자연발화하므로 공기에 노출되지 않도록 한다.

③ 인화점 이상에서 가연성 증기를 발생하여 점화원이 있으면 폭발한다.

④ 유기물질과 혼합하면 발화의 위험성이 있다.

해설 --

① 화재에 대한 직·간접적인 위험성이 있고 인체에 묻으면 화상을 입는다.

② 공기 중에서 자연발화하지 않는다.

③ 불연성이지만 다른 물질의 연소를 돕는 조연성 물질이다.

33 분말소화기에 사용되는 소화약제의 주성분이 아닌 것은?

① $NH_4H_2PO_4$

② Na_2SO_4

③ $NaHCO_3$

④ $KHCO_3$

해설 --

분말소화약제

종 별	소화약제 주성분	적응화재
제1종	$NaHCO_3$	B·C
제2종	$KHCO_3$	B·C
제3종	$NH_4H_2PO_4$	A·B·C
제4종	$KHCO_3+(NH_2)_2CO$	B·C

34 마그네슘 분말이 이산화탄소소화약제와 반응하여 생성될 수 있는 유독기체의 분자량은?

① 26 ② 28

③ 32 ④ 44

해설 --

$Mg+CO_2 \rightarrow MgO+CO$

$CO : 12+16=28$

정답 28. ② 29. ② 30. ④ 31. ② 32. ④ 33. ② 34. ②

35 위험물안전관리법령상 알칼리금속과산화물의 화재에 적응성이 없는 소화설비는 다음 중 어느 것인가?

① 건조사
② 물통
③ 탄산수소염류 분말소화설비
④ 팽창질석

 해설

소화 설비의 구분			건축물·그 밖의 공작물	전기 설비	알칼리금속과산화물 등	그 밖의 것	철분·금속분·마그네슘 등	인화성 고체	그 밖의 것	금수성 물품	그 밖의 것	제4류 위험물	제5류 위험물	제6류 위험물
옥내 소화전 설비 또는 옥외 소화전 설비			O			O		O	O		O		O	O
스프링클러 설비			O			O		O	O		O	△	O	O
물분무 등 소화설비	물분무 소화 설비		O	O		O		O	O		O	O	O	O
	포 소화 설비		O			O		O	O		O	O	O	O
	불활성가스 소화 설비			O				O				O		
	할로겐화합물 소화 설비			O				O				O		
	분말 소화 설비	인산염류 등	O	O		O		O	O			O		O
		탄산수소염류 등		O	O		O	O		O		O		
		그 밖의 것			O		O			O				
대형·소형 수동식 소화기	봉상수(棒狀水) 소화기		O			O		O	O		O		O	O
	무상수(無狀水) 소화기		O	O		O		O	O		O		O	O
	봉상강화액 소화기		O			O		O	O		O		O	O
	무상강화액 소화기		O	O		O		O	O		O	O	O	O
	포 소화기		O			O		O	O		O	O	O	O
	이산화탄소 소화기			O				O				O		△
	할로겐화물 소화기			O				O				O		
	분말 소화기	인산염류 소화기	O	O		O		O	O			O		O
		탄산수소염류 소화기		O	O		O	O		O		O		
		그 밖의 것			O		O			O				
기타	물통 또는 수조		O			O		O	O		O		O	O
	건조사				O	O	O	O	O	O	O	O	O	O
	팽창 질석 또는 팽창 진주암				O	O	O	O	O	O	O	O	O	O

36 위험물제조소의 환기설비 설치기준으로 옳지 않은 것은?

① 환기구는 지붕 위 또는 지상 2m 이상의 높이에 설치할 것
② 급기구는 바닥면적 150m² 마다 1개 이상으로 할 것
③ 환기는 자연배기방식으로 할 것
④ 급기구는 높은 곳에 설치하고, 인화방지망을 설치할 것

해설

④ 급기구는 낮은 곳에 설치하고, 인화방지망을 설치한다.

37 위험물제조소 등에 설치하는 옥외소화전설비에 있어서 옥외소화전함은 옥외소화전으로부터 보행거리 몇 m 이하의 장소에 설치하는가?

① 2
② 3
③ 5
④ 10

해설

옥외소화전함 : 옥외소화전으로부터 보행거리 5m 이하의 장소에 설치한다.

38 다음 중 화재의 종류가 옳게 연결된 것은 어느 것인가?

① A급 화재－유류화재
② B급 화재－섬유화재
③ C급 화재－전기화재
④ D급 화재－플라스틱화재

해설

화재의 종류

화재별 급수	가연물질의 종류
A급 화재	목재, 종이, 섬유류 등 일반가연물
B급 화재	유류(플라스틱 포함)
C급 화재	전기
D급 화재	금속

39 수성막포소화약제에 대한 설명으로 옳은 것은?

① 물보다 비중이 작은 유류의 화재에는 사용할 수 없다.

② 계면활성제를 사용하지 않고 수성의 막을 이용한다.

③ 내열성이 뛰어나고 고온의 화재일수록 효과적이다.

④ 일반적으로 불소계 계면활성제를 사용한다.

① 물보다 비중이 작은 유류의 화재에 사용할 수 있다.

② 불소계통의 합성계면활성제가 함유되어 있다.

③ 추운지방에서도 사용이 가능한 초내한용으로서 유동점이 −22.5℃이며 사용온도 범위는 −20 ~ −30℃이다.

40 다음 중 발화점에 대한 설명으로 가장 옳은 것은?

① 외부에서 점화했을 때 발화하는 최저온도

② 외부에서 점화했을 때 발화하는 최고온도

③ 외부에서 점화하지 않더라도 발화하는 최저온도

④ 외부에서 점화하지 않더라도 발화하는 최고온도

발화점 : 외부에서 점화하지 않더라도 발화하는 최저온도

제3과목 위험물의 성질과 취급

41 황린이 자연발화하기 쉬운 이유에 대한 설명으로 가장 타당한 것은?

① 끓는점이 낮고, 증기압이 높기 때문에

② 인화점이 낮고, 조연성 물질이기 때문에

③ 조해성이 강하고, 공기 중의 수분에 의해 쉽게 분해되기 때문에

④ 산소와 친화력이 강하고, 발화온도가 낮기 때문에

황린이 자연발화하기 쉬운 이유 : 산소와 친화력이 강하고 발화온도가 낮기 때문에

42 [보기] 중 칼륨과 트리에틸알루미늄의 공통 성질을 모두 나타낸 것은?

[보기]
ⓐ 고체이다.
ⓑ 물과 반응하여 수소를 발생한다.
ⓒ 위험물안전관리법령상 위험등급이 Ⅰ이다.

① ⓐ   ② ⓑ

③ ⓒ   ④ ⓑ, ⓒ

물질의 특성

칼륨	트리에틸알루미늄
고체이다.	액체이다.
$2K + 2H_2O \rightarrow 2KOH + H_2$	$(C_2H_5)_3Al + 3H_2O$ $\rightarrow Al(OH)_3 + 3C_2H_6$
위험등급 Ⅰ	위험등급 Ⅰ

43 탄화칼슘은 물과 반응하면 어떤 기체가 발생하는가?

① 과산화수소

② 일산화탄소

③ 아세틸렌

④ 에틸렌

$CaC_2 + 2H_2O \rightarrow Ca(OH)_2 + C_2H_2$

44 다음 중 물이 접촉되었을 때 위험성(반응성)이 가장 작은 것은?

① Na_2O_2

② Na

③ MgO_2

④ S

① $Na_2O_2 + H_2O \rightarrow 2NaOH + \dfrac{1}{2}O_2$

② $2Na + 2H_2O \rightarrow 2NaOH + H_2$

③ $MgO_2 + H_2O \rightarrow Mg(OH)_2 + \dfrac{1}{2}O_2$

④ 유황은 물과 접촉했을 때 녹지 않는다.

45 위험물안전관리법령상 제6류 위험물에 해당하는 물질로서 햇빛에 의해 갈색의 연기를 내며 분해할 위험이 있으므로 갈색병에 보관해야 하는 것은?

① 질산　　　　　　　② 황산
③ 염산　　　　　　　④ 과산화수소

 해설

질산의 설명이다.

46 디에틸에테르를 저장, 취급할 때의 주의사항에 대한 설명으로 틀린 것은?

① 장시간 공기와 접촉하고 있으면 과산화물이 생성되어 폭발의 위험이 생긴다.
② 연소범위는 가솔린보다 좁지만 인화점과 착화온도가 낮으므로 주의하여야 한다.
③ 정전기 발생에 주의하여 취급해야 한다.
④ 화재 시 CO_2소화설비가 적응성이 있다.

 해설

물질과 연소범위

물 질	연소범위(%)
디에틸에테르	1.9~48
가솔린	1.4~7.6

47 다음 위험물 중 인화점이 약 $-37℃$인 물질로서 구리, 은, 마그네슘 등의 금속과 접촉하면 폭발성 물질인 아세틸라이드를 생성하는 것은?

① CH_3CHOCH_2　　　② $C_2H_5OC_2H_5$
③ CS_2　　　　　　　④ C_6H_6

해설

산화프로필렌(CH_3CHOCH_2)의 설명이다.

48 다음 그림과 같은 위험물 탱크에 대한 내용적 계산방법으로 옳은 것은?

[그림: 타원형 탱크, 높이 b, 폭 a, 길이 l_1, l, l_2]

① $\dfrac{\pi ab}{3}\left(l+\dfrac{l_1+l_2}{3}\right)$　　② $\dfrac{\pi ab}{4}\left(l+\dfrac{l_1+l_2}{3}\right)$

③ $\dfrac{\pi ab}{4}\left(l+\dfrac{l_1+l_2}{4}\right)$　　④ $\dfrac{\pi ab}{3}\left(l+\dfrac{l_1+l_2}{4}\right)$

해설

타원형 탱크의 내용적 양쪽이 볼록한 것

$$\dfrac{\pi ab}{4}\left(l+\dfrac{l_1+l_2}{3}\right)$$

49 온도 및 습도가 높은 장소에서 취급할 때 자연발화의 위험이 가장 큰 물질은?

① 아닐린　　　　　　② 황화린
③ 질산나트륨　　　　④ 셀룰로이드

해설

셀룰로이드의 설명이다.

50 위험물안전관리법령상 위험물의 취급기준 중 소비에 관한 기준으로 틀린 것은?

① 열처리 작업은 위험물이 위험한 온도에 이르지 아니하도록 하여 실시하여야 한다.
② 담금질 작업은 위험물이 위험한 온도에 이르지 아니하도록 하여 실시하여야 한다.
③ 분사도장 작업은 방화상 유효한 격벽 등으로 구획한 안전한 장소에서 하여야 한다.
④ 버너를 사용하는 경우에는 버너의 역화를 유지하고 위험물이 넘치지 아니하도록 하여야 한다.

해설

④ 버너를 사용하는 경우에는 버너의 역화를 방지하고 위험물이 넘치지 아니하도록 하여야 한다.

51 저장·수송할 때 타격 및 마찰에 의한 폭발을 막기 위해 물이나 알코올로 습면시켜 취급하는 위험물은?

① 니트로셀룰로오스
② 과산화벤조일
③ 글리세린
④ 에틸렌글리콜

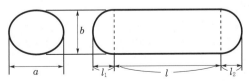

해설

니트로셀룰로오스의 설명이나.

52 제4류 위험물을 저장하는 이동탱크저장소의 탱크 용량이 19,000L일 때 탱크의 칸막이는 최소 몇 개를 설치해야 하는가?

① 2   ② 3
③ 4   ④ 5

해설

이동탱크저장소는 그 내부에 4,000L 이하마다 칸막이를 설치한다.

	1개	2개	3개	4개	
4,000L	4,000L	4,000L	4,000L	3,000L

용량이 19,000L이므로 칸막이는 최소 4개를 설치할 수 있다.

53 위험물안전관리법령상 제4류 위험물옥외저장탱크의 대기밸브부착 통기관은 몇 kPa 이하의 압력 차이로 작동할 수 있어야 하는가?

① 2   ② 3
③ 4   ④ 5

해설

옥외저장탱크의 통기장치
1. 밸브 없는 통기관
   ㉠ 직경 : 30mm 이상
   ㉡ 선단 : 45° 이상
   ㉢ 인화방지장치 : 가는 눈의 구리망 사용
2. 대기밸브부착 통기관
   ㉠ 직동압력 차이 : 5kPa 이하
   ㉡ 인화방지장치 : 가는 눈의 구리망 사용

54 위험물안전관리법령상 위험물제조소의 위험물을 취급하는 건축물의 구성부분 중 반드시 내화구조로 하여야 하는 것은?

① 연소의 우려가 있는 기둥
② 바닥
③ 연소의 우려가 있는 외벽
④ 계단

해설

위험물을 취급하는 건축물의 기준
㉠ 불연재료로 하여야 하는 것 : 벽, 연소의 우려가 있는 기둥, 바닥, 보, 서까래, 계단
㉡ 내화구조로 하여야 하는 것 : 연소의 우려가 있는 외벽

55 물보다 무겁고, 물에 녹지 않아 저장 시 가연성 증기 발생을 억제하기 위해 수조 속의 위험물 탱크에 저장하는 물질은?

① 디에틸에테르   ② 에탄올
③ 이황화탄소   ④ 아세트알데히드

해설

이황화탄소의 설명이다.

56 다음 중 금속나트륨의 일반적인 성질로 옳지 않은 것은?

① 은백색의 연한 금속이다.
② 알코올 속에 저장한다.
③ 물과 반응하여 수소가스를 발생한다.
④ 물보다 비중이 작다.

해설

② 석유(등유), 경유, 유동파라핀 속에 저장한다.

57 과염소산칼륨과 적린을 혼합하는 것이 위험한 이유로 가장 타당한 것은?

① 마찰열이 발생하여 과염소산칼륨이 자연발화할 수 있기 때문에
② 과염소산칼륨이 연소하면서 생성된 연소열이 적린을 연소시킬 수 있기 때문에
③ 산화제인 과염소산칼륨과 가연물인 적린이 혼합하면 가열, 충격 등에 의해 연소·폭발할 수 있기 때문에
④ 혼합하면 용해되어 액상 위험물이 되기 때문에

해설

과염소산칼륨과 적린을 혼합한 것이 위험한 이유 : 산화제인 과염소산칼륨과 가연물인 적린이 혼합하면 가열, 충격 등에 의해 연소·폭발할 수 있기 때문에

58 다음 위험물 중에서 인화점이 가장 낮은 것은?

① $C_6H_5CH_3$ ② $C_6H_5CHCH_2$

③ CH_3OH ④ CH_3CHO

 해설

① 4.5℃

② 32℃

③ 11℃

④ −37.7℃

59 1기압 27℃에서 아세톤 58g을 완전히 기화 시키면 부피는 약 몇 L가 되는가?

① 22.4   ② 24.6

③ 27.4   ④ 58.0

 해설

$$PV = \frac{W}{M}RT, \quad V = \frac{WRT}{PM}$$

$$\therefore \frac{58 \times 0.082 \times (273+27)}{1 \times 58} = 24.6L$$

60 염소산칼륨에 대한 설명 중 틀린 것은?

① 촉매 없이 가열하면 약 400℃에서 분해한다.

② 열분해하여 산소를 방출한다.

③ 불연성 물질이다.

④ 물, 알코올, 에테르에 잘 녹는다.

 해설

④ 온수에 잘 녹고, 냉수, 에테르에는 녹지 않으며, 알코올에는 약간 녹는다.

제1과목	일반화학

01 $H^+ = 2 \times 10^{-6}$M인 용액의 pH는 약 얼마인가?

① 5.7　　　　② 4.7
③ 3.7　　　　④ 2.7

$pH = -\log[H^+] = -\log(2 \times 10^{-6}) = 5.699 = 5.7$

02 730mmHg, 100℃에서 257mL 부피의 용기 속에 어떤 기체가 채워져 있으며, 그 무게는 1.671g이다. 이 물질의 분자량은 약 얼마인가?

① 28　　　　② 56
③ 207　　　　④ 257

$PV = \dfrac{W}{M}RT$ 이므로

$\therefore M = \dfrac{WRT}{PV}$

$= \dfrac{1.671\text{g} \times (0.082\text{atm} \cdot \text{L/K} \cdot \text{mol}) \times (100 + 273)\text{K}}{(730/760)\text{atm} \times 0.257\text{L}}$

$= 207.04 ≒ 207$

03 암모니아 분자의 구조는?

① 평면
② 선형
③ 피라밋
④ 사각형

암모니아분자의 구조(피라밋, p³형) : 질소원자는 그 궤도함수가 $1s^2 2s^2 2p^3$로서, 2p 궤도 3개에 쌍을 이루지 않은 전자가 3개여서 3개의 H원자의 $1s^1$과 공유 결합하여 Ne형의 전자배열이 된다. 이 경우 3개의 H는 N원자를 중심으로 이론상 90°이지만 실제는 107°의 각도를 유지하며, 그 모형이 피라밋이다.

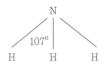

04 어떤 기체의 확산속도는 SO_2의 2배이다. 이 기체의 분자량은 얼마인가?

① 8　　　　② 16
③ 32　　　　④ 64

그레이엄의 확산속도 법칙

$\dfrac{u_A}{u_B} = \sqrt{\dfrac{M_B}{M_A}}$

여기서, u_A, u_B : 기체의 확산속도
　　　　M_A, M_B : 분자량

$\dfrac{2SO_2}{SO_2} = \sqrt{\dfrac{64\text{g/mol}}{M_A}}$

$\therefore M_A = \dfrac{64\text{g/mol}}{2^2} = 16\text{g/mol}$

05 밀도가 2g/mL인 고체의 비중은 얼마인가?

① 0.002　　　　② 2
③ 20　　　　④ 200

고체의 비중 $= \dfrac{\rho_S(\text{물질의 밀도})}{\rho_w(\text{물의 밀도})}$

$= \dfrac{2\text{g/mL}}{1\text{g/mL}} = 2$

06 방사성 원소에서 방출되는 방사선 중 전기장의 영향을 받지 않아 휘어지지 않는 선은?

① α선
② β선
③ γ선
④ α, β, γ선

해설

방사선의 종류와 작용

㉠ α선 : 전기장을 작용하면 (−)쪽으로 구부러지므로 그 자신은 (+)전기를 가진 입자의 흐름임을 알게 된다.

㉡ β선 : 전기장을 작용하면 (+)쪽으로 구부러지므로 그 자신은 (−)전기를 가진 입자의 흐름임을 알게 된다. 즉 전자의 흐름이다.

㉢ γ선 : 전기장의 영향을 받지 않아 휘어지지 않는 선이며, 광선이나 X선과 같은 일종의 전자파이다.

07 다음 중 전자의 수가 같은 것으로 나열된 것은?

① Ne, Cl^- ② Mg^{2+}, O^{2-}

③ F, Ne   ④ Na, Cl^-

해설

① Ne : 10, Cl^- : 17+1
② Mg^{2+} : 12−2, O^{2-} : 8+2
③ F : 9, Ne : 10
④ Na : 11, Cl^- : 17+1

08 분자식이 같으면서도 구조가 다른 유기화합물을 무엇이라고 하는가?

① 이성질체   ② 동소체

③ 동위원소   ④ 방향족화합물

해설

② 동소체 : 같은 원소로 되어 있으나 성질과 모양이 다른 단체이다.

③ 동위원소 : 양성자수는 같으나 질량수가 다른 원소, 즉 중성자수가 다른 원소이다.

④ 방향족화합물 : 벤젠고리나 나프탈렌고리를 가진 탄화수소를 방향족탄화수소라 하며, 지방족탄화수소는 대부분 석유를 분별 증류하여 얻지만, 방향족탄화수소는 석탄을 건류할 때 생기는 콜타르를 분별 증류하여 얻는다.

09 다음은 열역학 제 몇 법칙에 대한 내용인가?

0K(절대영도)에서 물질의 엔트로피는 0이다.

① 열역학 제0법칙   ② 열역학 제1법칙

③ 열역학 제2법칙   ④ 열역학 제3법칙

해설

① 열역학 제0법칙 : 열의 평형법칙
② 열역학 제1법칙 : 에너지는 결코 생성될 수도, 없어질 수도 없고 단지 형태의 이변이라는 에너지의 보존 법칙
③ 열역학 제2법칙 : 일을 열로 바꾸는 것은 용이하나, 열을 일로 바꾸는 것은 제한을 받는다는 법칙

10 원자번호 19, 질량수 39인 칼륨원자의 중성자수는 얼마인가?

① 19   ② 20

③ 39   ④ 58

해설

원자번호=양성자수=전자수
원자량=양성자+중성자수
$39=19+x$
$\therefore x=20$

11 물분자들 사이에 작용하는 수소결합에 의해 나타나는 현상과 가장 관계가 없는 것은?

① 물의 기화열이 크다.

② 물의 끓는점이 높다.

③ 무색 투명한 액체이다.

④ 얼음이 물 위에 뜬다.

해설

1. 수소결합
   물분자의 수소원자는 다른 물분자의 산소원자의 고립 전자쌍과 약한 결합을 이루는 것이다.
2. 수소결합에 의해 나타나는 현상
   ㉠ 물의 기화열이 크다.
   ㉡ 물의 끓는점이 높다.
   ㉢ 얼음이 물 위에 뜬다.

12 A는 B이온과 반응하지만 C이온과는 반응하지 않고, D는 C이온과 반응한다고 할 때 A, B, C, D의 환원력 세기를 큰 것부터 차례대로 나타낸 것은? (단, A, B, C, D는 모두 금속이다.)

① A>B>D>C

② D>C>A>B

③ C>D>B>A

④ B>A>C>D

해설

$A > B$, $C > A$, $D > C$
$\therefore D > C > A > B$

13 공유결정(원자결정)으로 되어 있어 녹는점이 매우 높은 것은?

① 얼음
② 수정
③ 소금
④ 나프탈렌

해설

그물구조를 이루고 있는 공유결정(원자결정)은 녹는점이 높고, 단단하다.
예 수정(SiO_2), 다이아몬드(C)

14 어떤 기체가 탄소원자 1개당 2개의 수소원자를 함유하고, $0\,^\circ\!C$, 1기압에서 밀도가 $1.25g/L$일 때 이 기체에 해당하는 것은?

① CH_2
② C_2H_4
③ C_3H_6
④ C_4H_8

해설

$$밀도(g/L) = \frac{분자량(g)}{22.4(L)}$$

① $CH_2 = \dfrac{12+2g}{22.4L} = 0.625g/L$

② $C_2H_4 = 24+4 = \dfrac{28g}{22.4L} = 1.25g/L$

③ $C_3H_6 = 36+6 = \dfrac{42g}{22.4L} = 1.875g/L$

④ $C_4H_8 = 48+8 = \dfrac{56g}{22.4L} = 2.5g/L$

15 평면구조를 가진 $C_2H_2Cl_2$의 이성질체의 수는?

① 1개
② 2개
③ 3개
④ 4개

해설

$C_2H_2Cl_2$의 이성질체는 3가지이다.

cis형	trans형	구조이성질체

16 염소는 2가지 동위원소로 구성되어 있는데 원자량이 35인 염소가 75% 존재하고, 37인 염소는 25% 존재한다고 가정할 때, 이 염소의 평균 원자량은 얼마인가?

① 34.5
② 35.5
③ 36.5
④ 37.5

해설

평균 원자량 $= 35 \times 0.75 + 37 \times 0.25 = 35.5$

17 가열하면 부드러워져 소성을 나타내고, 식히면 경화하는 수지는?

① 페놀수지
② 멜라민수지
③ 요소수지
④ 폴리염화비닐수지

해설

㉠ 열가소성 수지 : 가열하면 부드러워져 소성을 나타내고, 식히면 경화하는 수지
예 폴리염화비닐수지(PVC), 폴리에틸렌, 폴리스티렌, 아크릴수지, 규소수지(실리콘수지)

㉡ 열경화성 수지 : 축중합에 의한 중합체로 한 번 성형되어 경화된 후에는 재차 용융하지 않는 수지
예 페놀수지(phenol resin), 멜라민수지(melamin resine), 요소수지(urea resine)

18 옥텟 규칙(octet rule)에 따르면 게르마늄이 반응할 때, 다음 중 어떤 원소의 전자수와 같아지려고 하는가?

① Kr
② Si
③ Sn
④ As

해설

옥텟 규칙(octet rule) : 모든 원자들은 주기율표 0족에 있는 비활성 기체(Ne, Ar, Kr, Xe 등)와 같이 최외각 전자 8개를 가져서 안정되려는 경향(단, He은 2개의 가전자를 가지고 있으며 안정하다.)

19 공유결합과 배위결합에 의하여 이루어진 것은 어느 것인가?

① NH_3
② $Cu(OH)_2$
③ K_2CO_3
④ $[NH_4]^+$

 13. ② **14.** ② **15.** ③ **16.** ② **17.** ④ **18.** ① **19.** ④

해설

공유 · 배위 결합을 모두 가지는 화합물 : $[NH_4]^+$

예 $N + 3H \xrightarrow{\text{공유}} NH_3$, $NH_3 + H^+ \xrightarrow{\text{배위}} [NH_4]^+$

20 Be의 원자핵에 α입자를 충격하였더니 중성자 n이 방출되었다. 다음 반응식을 완결하기 위하여 ( ) 속에 알맞은 것은?

$$Be + {}_2^4He \rightarrow (\quad) + {}_0^1n$$

① Be
② B
③ C
④ N

해설

$${}_4^9Be + {}_2^4He \rightarrow ({}_6^{12}C) + {}_0^1n$$

제2과목	화재예방과 소화방법

21 위험물안전관리법령상 제1류 위험물에 속하지 않는 것은?

① 염소산염류
② 무기과산화물
③ 유기과산화물
④ 중크롬산염류

해설

③ 유기과산화물 : 제5류 위험물

22 위험물안전관리법령상 디에틸에테르 화재발생 시 적응성이 없는 소화기는?

① 이산화탄소소화기
② 포소화기
③ 봉상강화액소화기
④ 할로겐화합물소화기

해설

디에틸에테르 적응성이 있는 소화기 : 이산화탄소소화기, 포소화기, 할로겐화합물소화기, 분말소화기

23 고정지붕구조 위험물옥외탱크저장소의 탱크 안에 설치하는 고정포 방출구가 아닌 것은?

① 특형 방출구
② Ⅰ형 방출구
③ Ⅱ형 방출구
④ 표면하주입식 방출구

해설

고정지붕구조 위험물옥외탱크저장소의 탱크 안에 설치하는 고정포방출구의 종류
㉠ Ⅰ형 방출구
㉡ Ⅱ형 방출구
㉢ 표면하주입식 방출구

24 공기 중 산소는 부피백분율과 질량백분율로 각각 약 몇 %인가?

① 79, 21
② 21, 23
③ 23, 21
④ 21, 79

해설

산소는 공기 중에 21%(용량) 또는 23%(중량) 존재하고 있으므로 공급되는 공기 중의 산소의 양에 따라 화재가 확대 또는 축소되기도 하므로 가연물질의 연소 또는 화재에 미치는 산소의 역할은 크다.

25 가연성의 증기 또는 미분이 체류할 우려가 있는 건축물에는 배출설비를 하여야 하는데 배출능력은 1시간당 배출장소 용적의 몇 배 이상인 것으로 하여야 하는가? (단, 국소방식의 경우이다.)

① 5배
② 10배
③ 15배
④ 20배

해설

배출설비 : 배출능력은 1시간당 배출장소 용적의 20배 이상인 것으로 하여야 한다. 다만, 전역방식의 경우에는 바닥면적 $1m^2$당 $18m^3$ 이상으로 할 수 있다.

26 고체의 일반적인 연소형태에 속하지 않는 것은?

① 표면연소
② 확산연소
③ 자기연소
④ 증발연소

연소의 형태
① 기체의 연소 : 발염연소, 확산연소
② 액체의 연소 : 증발연소
③ 고체의 연소 : 표면(직접)연소, 분해연소, 증발연소, 내부(자기)연소

27 고온체의 색깔과 온도 관계에서 다음 중 가장 낮은 온도의 색깔은?

① 적색
② 암적색
③ 휘적색
④ 백적색

1. 발광에 따른 온도 구분
   ㉠ 적열상태 : 500℃ 부근
   ㉡ 백열상태 : 1,000℃ 이상
2. 고온체의 색깔과 온도의 관계
   ㉠ 암적색 : 700℃
   ㉡ 적색 : 850℃
   ㉢ 휘적색 : 950℃
   ㉣ 황적색 : 1,100℃
   ㉤ 백적색 : 1,300℃
   ㉥ 휘백색 : 1,500℃

28 제1종 분말소화약제가 1차 열분해되어 표준상태를 기준으로 10m³의 탄산가스가 생성되었다. 몇 kg의 탄산수소나트륨이 사용되었는가? (단, 나트륨의 원자량은 23이다.)

① 18.75   ② 37
③ 56.25   ④ 75

$2NaHCO_3 \rightarrow Na_2CO_3 + CO_2 + H_2O$

$2 \times 84kg$ $22.4m^3$
$x(kg)$ $10m^3$

$\therefore x = \dfrac{2 \times 84 \times 10}{22.4} = 75kg$

29 제3종 분말소화약제의 표시색상은?

① 백색   ② 담홍색
③ 검은색   ④ 회색

분말소화약제의 종류
㉠ 제1종 분말소화약제 : $NaHCO_3$(백색)
㉡ 제2종 분말소화약제 : $KHCO_3$(보라색)
㉢ 제3종 분말소화 약제 : $NH_4H_2PO_4$(담홍색 또는 핑크색)
㉣ 제4종 분말소화약제 : $BaCl_2$, $KHCO_3 + (NH_2)_2CO$ (회백색)

30 위험물안전관리법령에 따라 폐쇄형 스프링클러헤드를 설치하는 장소의 평상시 최고주위온도가 28℃ 이상, 39℃ 미만일 경우 헤드의 표시온도는?

① 52℃ 이상 76℃ 미만
② 52℃ 이상 79℃ 미만
③ 58℃ 이상 76℃ 미만
④ 58℃ 이상 79℃ 미만

스프링클러헤드 부착장소의 평상시 최고주위온도와 표시온도(℃)

부착장소의 최고주위온도(℃)	표시온도(℃)
28 미만	58 미만
28 이상 39 미만	58 이상 79 미만
39 이상 64 미만	79 이상 121 미만
64 이상 106 미만	121 이상 162 미만
106 이상	162 이상

31 전기설비에 화재가 발생하였을 경우에 위험물안전관리법령상 적응성을 가지는 소화설비는?

① 이산화탄소소화기
② 포소화기
③ 봉상강화액소화기
④ 마른모래

전기설비 : C급 화재
① 이산화탄소소화기 : B·C급 화재
② 포소화기 : A·B급 화재
③ 봉상강화액소화기 : A급 화재
④ 마른모래 : A·B·C·D급 화재

32 다음 중 산소와 화합하지 않는 원소는?

① 황
② 질소
③ 인
④ 헬륨

해설
④ 헬륨 : 비활성 기체이므로 산소와 화합하지 않는다.

33 질소 함유량 약 11%의 니트로셀룰로오스를 장뇌와 알코올에 녹여 교질상태로 만든 것을 무엇이라고 하는가?

① 셀룰로이드
② 펜트리트
③ TNT
④ 니트로글리콜

해설
셀룰로이드 제법 : 일종의 인조플라스틱으로 질화도가 낮은 니트로셀룰로오스(질소 함유량 10.5~11.5%)에 장뇌와 알코올을 녹여 교질상태로 만든다. 보통 니트로셀룰로오스 40~45%, 장뇌 15~20%, 알코올 40% 비율로 배합하여 24시간 반죽하여 섞어 만든다.

34 위험물제조소 등에 설치하는 포소화설비에 있어서 포헤드방식의 포헤드는 방호대상물의 표면적(m^2) 얼마당 1개 이상의 헤드를 설치하여야 하는가?

① 3
② 6
③ 9
④ 12

해설
포헤드 : 특정소방대상물의 천장 또는 반자에 설치하되, 바닥면적 $9m^2$/1개 이상으로 하여 해당 방호대상물의 화재를 유효하게 소화할 수 있도록 한다.

35 위험물안전관리법령상 지정수량의 몇 배 이상의 제4류 위험물을 취급하는 제조소에는 자체소방대를 두어야 하는가?

① 1,000배
② 2,000배
③ 3,000배
④ 5,000배

해설
자체소방대설치대상 : 지정수량 3,000배 이상의 제4류 위험물을 저장·취급하는 제조소 또는 일반 취급소

36 옥내저장소 내부에 체류하는 가연성 증기를 지붕 위로 방출시키는 배출설비를 하여야 하는 위험물은?

① 과염소산
② 과망간산칼륨
③ 피리딘
④ 과산화나트륨

해설
배출설비는 인화성 액체위험물(피리딘)에서 가연성 증기가 발생하므로 지붕 위로 방출시켜야 한다.

37 다음 위험물 중 자연발화 위험성이 가장 낮은 것은?

① 알킬리튬
② 알킬알루미늄
③ 칼륨
④ 유황

해설
①, ②, ③ : 자연발화성 및 금수성 물질
④ : 가연성 고체

38 위험물안전관리법령에서 정한 다음의 소화설비 중 능력단위가 가장 큰 것은?

① 팽창진주암 160L(삽 1개 포함)
② 수조80L(소화전용 물통 3개 포함)
③ 마른모래 50L(삽 1개 포함)
④ 팽창질석 160L(삽 1개 포함)

해설
능력단위 : 소방기구의 소화능력을 나타내는 수치, 즉 소요단위에 대응하는 소화설비 소화능력의 기준단위
㉠ 마른모래(50L, 삽 1개 포함) : 0.5단위
㉡ 팽창질석 또는 팽창진주암(160L, 삽 1개 포함) : 1단위
㉢ 소화전용 물통(8L) : 0.3단위
㉣ 수조
 • 190L(8L 소화전용 물통 6개 포함) : 2.5단위
 • 80L(8L 소화전용 물통 3개 포함) : 1.5단위

39 수성막포소화약제를 수용성 알코올 화재 시 사용하면 소화효과가 떨어지는 가장 큰 이유는?

① 유독가스가 발생하므로
② 화염의 온도가 높으므로
③ 알코올은 포와 반응하여 가연성 가스를 발생하므로
④ 알코올은 소포성을 가지므로

해설

수성막포소화약제를 수용성 알코올 화재 시 사용하면 소화효과가 떨어지는 이유 : 알코올은 소포성을 가지므로

40 위험물안전관리법령상 제6류 위험물을 저장 또는 취급하는 제조소 등에 적응성이 없는 소화설비는?

① 팽창질석
② 할로겐화합물소화기
③ 포소화기
④ 인산염류분말소화기

해설

팽창질석 및 팽창진주암, 포소화기, 인산염류 등의 분말소화기가 제6류 위험물에 대하여 적응성이 있고, 폭발의 위험성이 없는 장소에 한하여 불활성가스소화설비가 적응성이 있다.

제3과목 **위험물의 성질과 취급**

41 제5류 위험물 중 니트로화합물에서 니트로기(nitro group)를 옳게 나타낸 것은?

① −NO
② −NO$_2$
③ −NO$_3$
④ −NON$_3$

해설

니트로화합물이란 유기화합물의 알킬기(C_nH_{2n+1}) 또는 페닐기($\bigcirc$−) 등의 탄소원자에 니트로기(−NO$_2$)가 직접 결합(니트로화 반응)하고 있는 화합물을 말하며, 위험물안전관리법상 니트로기가 2개 이상 결합하고 있는 것이다.

42 다음 중 인화점이 가장 낮은 것은?

① C$_6$H$_5$NH$_2$
② C$_6$H$_5$NO$_2$
③ C$_5$H$_5$N
④ C$_6$H$_5$CH$_3$

해설

① C$_6$H$_5$NH$_2$: 70℃
② C$_6$H$_5$NO$_2$: 88℃
③ C$_5$H$_5$N : 20℃
④ C$_6$H$_5$CH$_3$: 4.5℃

43 다음과 같이 위험물을 저장할 경우 각각의 지정수량 배수의 총합은 얼마인가?

- 클로로벤젠 : 1,000L
- 동·식물유류 : 5,000L
- 제4석유류 : 12,000L

① 2.5
② 3.0
③ 3.5
④ 4.0

해설

$$\frac{1,000}{1,000} + \frac{5,000}{10,000} + \frac{12,000}{6,000} = 3.5배$$

44 지정수량 이상의 위험물을 차량으로 운반할 때 게시판의 색상에 대한 설명으로 옳은 것은 어느 것인가?

① 흑색바탕에 청색의 도료로 "위험물"이라고 게시한다.
② 흑색바탕에 황색의 반사도료로 "위험물"이라고 게시한다.
③ 적색바탕에 흰색의 반사도료로 "위험물"이라고 게시한다.
④ 적색바탕에 흑색의 도료로 "위험물"이라고 게시한다.

해설

지정수량 이상의 위험물을 차량으로 운반 시 게시판의 색상 : 흑색바탕에 황색의 반사도료로 "위험물"이라고 게시한다.

45 [보기]의 물질이 K_2O_2와 반응하였을 때 주로 생성되는 가스의 종류가 같은 것으로만 나열된 것은?

[보기] 물, 이산화탄소, 아세트산, 염산

① 물, 이산화탄소
② 물, 이산화탄소, 염산
③ 물, 아세트산
④ 이산화탄소, 아세트산, 염산

해설

ⓐ $2K_2O_2 + 2H_2O \rightarrow 4KOH + O_2\uparrow$
ⓑ $2K_2O_2 + 2CO_2 \rightarrow 2K_2CO_3 + O_2\uparrow$
ⓒ $K_2O_2 + 2CH_3COOH \rightarrow 2CH_3COOK + H_2O_2\uparrow$
ⓓ $K_2O_2 + 2HCl \rightarrow 2KCl + H_2O_2\uparrow$

46 다음 중 물에 가장 잘 녹는 것은?

① CH_3CHO ② $C_2H_5OC_2H_5$
③ P_4 ④ $C_2H_5ONO_2$

해설

① 물, 에탄올, 에테르에 잘 녹는다.
② 물에 잘 녹지 않는다.
③ 물에 녹지 않는다.
④ 물에 잘 녹지 않지만 에틸알코올, 에테르에 녹는다.

47 동·식물유류에 대한 설명으로 틀린 것은?

① 건성유는 자연발화의 위험성이 높다.
② 불포화도가 높을수록 요오드가 크며, 산화되기 쉽다.
③ 요오드값이 130 이하인 것이 건성유이다.
④ 1기압에서 인화점이 섭씨 250도 미만이다.

해설

③ 요오드값이 130 이상인 것이 건성유이다.

48 다음 각 위험물을 저장할 때 사용하는 보호액으로 틀린 것은?

① 니트로셀룰로오스－알코올
② 이황화탄소－알코올
③ 금속칼륨－등유
④ 황린－물

해설

② 이황화탄소－물

49 적린이 공기 중에서 연소할 때 생성되는 물질은?

① P_2O ② PO_2
③ PO_3 ④ P_2O_5

해설

적린은 연소하면 황린과 같이 유독성이 심한 백색연기의 오산화인을 발생한다.
$4P + 5O_2 \rightarrow 2P_2O_5\uparrow$

50 제조소에서 위험물을 취급함에 있어서 정전기를 유효하게 제거할 수 있는 방법으로 가장 거리가 먼 것은?

① 접지에 의한 방법
② 상대습도를 70% 이상 높이는 방법
③ 공기를 이온화하는 방법
④ 부도체 재료를 사용하는 방법

해설

④ 전기의 도체를 사용한다.

51 위험물안전관리법령상 위험물의 운반에 관한 기준에 따라 차광성이 있는 피복으로 가리는 조치를 하여야 하는 위험물에 해당하지 않는 것은?

① 특수인화물
② 제1석유류
③ 제1류 위험물
② 제6류 위험물

해설

차광성이 있는 피복 조치

유 별	적용대상
제1류 위험물	전부
제3류 위험물	자연발화성 물품
제4류 위험물	특수인화물
제5류 위험물	전부
제6류 위험물	

52 안전한 저장을 위해 첨가하는 물질로 옳은 것은?

① 과망간산나트륨에 목탄을 첨가

② 질산나트륨에 유황을 첨가

③ 금속칼륨에 등유를 첨가

④ 중크롬산칼륨에 수산화칼슘을 첨가

위험물	보호액
K, Na, 적린	등유(석유)
황린, CS_2	물속(수조)

53 황린의 연소생성물은?

① 삼황화인   ② 인화수소

③ 오산화인   ④ 오황화인

해설

황린은 공기 중에서 격렬하게 다량의 백색연기를 내면서 연소한다.

$P_4 + 5O_2 \rightarrow 2P_2O_5 + 2 \times 370.8kcal$

54 다음 중 피크린산의 각 특성온도 중 가장 낮은 것은?

① 인화점   ② 발화점

③ 녹는점   ④ 끓는점

해설

① 인화점 : 150℃

② 발화점 : 300℃

③ 녹는점 : 122.5℃

④ 끓는점 : 255℃

55 디에틸에테르의 성상에 해당하는 것은?

① 청색 액체

② 무미, 무취 액체

③ 휘발성 액체

④ 불연성 액체

해설

디에틸에테르 : 무색 투명한 휘발성 액체로 자극성, 마취작용이 있다.

56 위험물안전관리법령에서 정한 위험물의 운반에 관한 설명으로 옳은 것은?

① 위험물을 화물 차량으로 운반하면 특별히 규제받지 않는다.

② 승용차량으로 위험물을 운반할 경우에만 운반의 규제를 받는다.

③ 지정수량 이상의 위험물을 운반할 경우에만 운반의 규제를 받는다.

④ 위험물을 운반할 경우 그 양의 다소를 불문하고 운반의 규제를 받는다.

해설

위험물의 운반 : 위험물을 운반할 경우 그 양의 다소를 불문하고 운반의 규제를 받는다.

57 위험물안전관리법령상 어떤 위험물을 저장 또는 취급하는 이동탱크저장소가 불활성 기체를 봉입할 수 있는 구조를 하여야 하는가?

① 아세톤

② 벤젠

③ 과염소산

④ 산화프로필렌

해설

이동탱크저장소에 불활성 기체를 봉입하는 구조로 하여야 하는 것 : 산화프로필렌

58 위험물안전관리법령에서 정하는 제조소와의 안전거리 기준이 다음 중 가장 큰 것은?

① 「고압가스안전관리법」의 규정에 의하여 허가를 받거나 신고를 하여야 하는 고압가스 저장시설

② 사용전압이 35,000V를 초과하는 특고압가공전선

③ 병원, 학교, 극장

④ 「문화재보호법」의 규정에 의한 유형 문화재

해설

① 20m 이상

② 5m 이상

③ 30m 이상

④ 50m 이상

59 니트로셀룰로오스의 안전한 저장 및 운반에 대한 설명으로 옳은 것은?

① 습도가 높으면 위험하므로 건조한 상태로 취급한다.

② 아닐린과 혼합한다.

③ 산을 첨가하여 중화시킨다.

④ 알코올 수용액으로 습면시킨다.

해설

ㄱ 습도가 높으면 안전하므로 즉시 습한 상태를 유지시킨다.

ㄴ 아닐린과 혼합하면 자연발화의 위험이 있다.

ㄷ 산을 첨가하면 직사광선과 습기의 영향에 따라 분해하여 자연발화하고, 폭발위험이 증가한다.

60 휘발유를 저장하던 이동저장탱크에 탱크의 상부로부터 등유나 경유를 주입할 때 액표면이 주입관의 선단을 넘는 높이가 될 때까지 그 주입관 내의 유속을 몇 m/s 이하로 하여야 하는가?

① 1

② 2

③ 3

④ 5

해설

이동저장탱크

ㄱ 휘발유 저장 → 등유, 경유 주입 : 1m/s 이하

ㄴ 등유, 경유 저장 → 휘발유 주입 : 1m/s 이하

저 자 소 개

저자 김재호
• 울산대학교 외래교수
• 삼육대학교 외래교수
• 호서대학교 외래교수
• 한국폴리텍 I 대학 겸임교수
• 경남정보대학 외래교수

위험물산업기사 필기

2006. 3. 20. 초 판 1쇄 발행
2021. 1. 5. 개정증보 15판 1쇄(통산 16쇄) 발행

지은이 | 김재호
펴낸이 | 이종춘
펴낸곳 | **BM** (주)도서출판 성안당

주소 | 04032 서울시 마포구 양화로 127 첨단빌딩 3층(출판기획 R&D 센터)
     | 10881 경기도 파주시 문발로 112 파주 출판 문화도시(제작 및 물류)

전화 | 02) 3142-0036
     | 031) 950-6300
팩스 | 031) 955-0510
등록 | 1973. 2. 1. 제406-2005-000046호
출판사 홈페이지 | **www.cyber.co.kr**
ISBN | 978-89-315-3972-1 (13530)
정가 | 35,000원

이 책을 만든 사람들
기획 | 최옥현
진행 | 이용화
전산편집 | 이다혜, 전채영
표지 디자인 | 박원석
홍보 | 김계향, 유미나
국제부 | 이선민, 조혜란, 김혜숙
마케팅 | 구본철, 차정욱, 나진호, 이동후, 강호묵
마케팅 지원 | 장상범
제작 | 김유석

▶ **위험물 성안당 저자가 직강하는 전문학원**
관인 **대원 위험물 기술학원** | 서울 당산동 TEL. 02) 6013-3999 |